物理(電磁學與光學篇)(第十一版)

Halliday and Resnick's
PRINCIPLES OF PHYSICS 11/E
Global Edition

DAVID HALLIDAY

ROBERT RESNICK　　原著

JEARL WALKER

葉泳蘭、林志郎　編譯

WILEY

全華圖書股份有限公司

緣起二三事

我寫這本書是為了引導學生進入被稱為物理學的美好境界。當然，這個旅程充滿挑戰，不但使學生進行精神層面的拓展，同時也充滿了驚喜。在每一章之後，學生將對這個世界有不同的看法，的確，這本書教導學生如何真正看見轉動世界的發條。

因為這本書將提供工程，物理科學或醫學領域的學生使用，所以我的主要目標之一就是提升他們閱讀技術性資料，與對於數學或具邏輯及有序之概念性結果陳述的能力。

WHAT'S NEW

對於章節末端的問題，我從第十版中選擇了一些我所喜愛的題目，並更改了原本的數據，使問題新穎。然後，我收錄了較早版本中我所喜歡的問題，其中一些問題可以追溯到 Halliday 和 Resnick 出版的第一本書。由於本書的主要目的是引導學生解決技術性的問題，因此本書涵蓋了從概念到數學上難以解決的各種問題。

模組與學習目標

「我應該從本節中學到什麼？」幾十年來，從最弱到最強的學生們一直在問我這個問題，問題在於，即便是一個可以思考的學生，可能在閱讀章節時對抓到要點感到信心不足，當我在讀物理一年級的時候，閱讀第一版 Halliday 和 Resnick 時我也有相同的感覺。

為了減緩這個普遍的問題，我根據主要主題將各章組織成概念模組，並在模組的開頭列出了該模組的學習方向。該清單明確說明在閱讀該模組時應具備的技能與學習要點，每個列表均列有關鍵想法的簡短摘要。

例如，請查看第 16 章中的第一個模組，學生要面對大量的概念和項目，我提供的是一個明確的清單，而不是根據學生收集與整理這些想法的能力而定，其類似於飛行員從跑道滑行到起飛之前清單。

WILEYPLUS

當我在第一年念物理學習第一版 Halliday 和 Resnick 時，我不斷地重複閱讀一章，直到相關知識變成我的時候再開始學習。這些天，我們更了解到學生擁有廣泛的學習類型。因此，出版商和我共同製作了 WileyPlus，這是一個線上的動態學習中心，裡面裝有許多不同的學習工具，其中包括可即時解決問題的輔導、鼓勵閱讀的嵌入式閱讀測驗、動畫人物及數百個範例問題，負載模擬和示範，更有 1,500 多個動態影像，從數學複習、微型講座再到實例，教科書中的一些照片已轉換為動態影像，因此可以減慢動作並加以分析。

　　這些學習輔助工具可以使用，並且可以根據需要重複多次。因此，如果學生在 2:00 AM（這似乎是處理物理作業的熱門時間）卡在作業問題上，只需使用滑鼠標即可獲得友善且有用的資源。

學習工具

作業問題與學習目的間的連結　WILEY PLUS

　　在 WileyPLUS 中，章節後面的每個題目與問題均與學習目標相關聯，以回答問題（通常是不發聲的）：「我為什麼要做這個問題？我應該從中學到什麼？」透過明確指出問題的目的，我相信學生可以不同的文字但卻相同的關鍵概念去轉換學習目標至其它問題上，這種轉換將有助學生在學習解決特定問題時所常遇見的困難，但無法應用此關鍵概念於其他不同設置的題目上。

影片　WILEY PLUS

　　在 WileyPLUS 的電子版文本中(eVersion)，Rutgers 大學的 David Maiullo 已經提供了將近 30 部影片版的圖表。大部分關於運動學的物理，影片能夠提供比靜態圖片更好的表達方式。

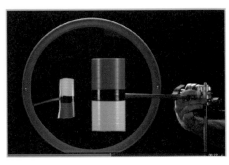

動畫　Ⓐ

　　每章重要圖片的對應動畫。本書裡，這些圖會標上一個漩渦圖。WileyPLUS 的線上章節裡，滑鼠點擊即可開始動畫。所選圖片都含有很多資訊，所以學生能夠看到活生生的物理，動個一兩分鐘才結束，而不是只是躺在紙上的平面。這不僅賦予生命給物理，學生也能無限次重播動畫。

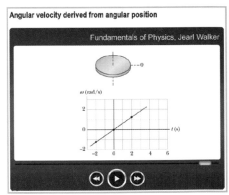

影片　WILEY PLUS

　　我已經作了超過 1500 個教學影片，每學期都會再做更多出來。學生可以在螢幕上看我畫圖或寫字出來，這樣聽我談論解法、指引、範例或複習，非常像在我辦公室裡坐我旁邊看我在筆記本上處理問題時的感覺。教師的講課跟指導永遠都是最重要的學習工具，但影片能一天 24 小時，一週七天這樣隨時看，而且無限次重複觀看。

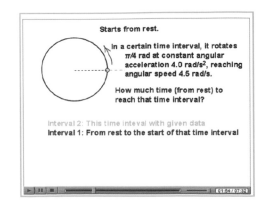

- **章節主題的指導影片**：我挑選最能刺激學生的主題，那些讓我的學生抓耳撓腮的頭痛主題。
- **高中數學的複習影片**：例如基本代數運算，三角函數，以及聯立方程式。
- **數學新工具的介紹影片**：像向量運算，這對學生是新的工具。
- **每道課本中範例的展示影片**：我的用意是以「關鍵概念」來開始解決物理問題，而不僅僅是抓公式來套。然而，我也想示範如何閱讀一個範例，亦即，如何閱讀技術性資料以學習問題解法，並轉而應用至其他類型的問題。
- **20%章末習題的解答影片**：教師要控制這些解答影片的取得及使用時機。例如，交回家作業的期限後或小考後，才給學生。每個解答不僅僅是「代入計算」的竅門而已。反之，我建立一個從「關鍵概念」到開始推演的第一步，再到最後答案，這樣的求解過程。學生不是只學怎麼求解特定問題，而是學如何處理任何問題，甚至那些需要物理勇氣挑戰的題目。
- **如何讀解圖示資料的示範影片**(不僅僅讀取一個數字而不理解其物理意義)。

解題協助　WILEY PLUS

為了建立學生解決問題的能力，我已經寫了大量的閱讀資源在 WileyPLUS。

- **課本每道範例**：都可線上使用，有閱讀格式或影片格式。
- **數百題額外的範例題目**：這些是獨立的資源，但(由教師決定)也可與回家作業作搭配。所以，如果一題作業是要算比如對斜坡上物塊的作用力，便會提供相關範例的連結。然而，範例並非只是又一題作業而已，因此不是提供不經理解就單純套用的解答。
- **GO 指導系統**：這是 15%章末習題的指導。以多步驟方式，引導學生循序處理一道習題，從「關鍵概念」開始，且給出錯誤答案時加以提示。然而，會故意把最後一個步驟(求最終答案)留給學生，讓他們負責這最後部分。一些線上指導系統會讓學生給出錯誤答案時就卡住，這會造成很多挫折感。我的 GO 指導系統並不是這樣的卡關設計，因為在過程中的任何步驟，學生都能回到問題的主要中心。
- **每道章末習題的提示**：都可線上取得(由教師決定)。這些提示都是真的用來提示主要觀念跟一般求解步驟，並非那種提供不經理解的答案的竅門。

評估材料 PLUS

- **每個線上章節內都有閱讀題目**：編寫的這些材料並沒有要求分析或任何深入理解；而是只是測試學生是否已經讀了該章節。當學生開啟一節時，一個隨機選取的閱讀題目(取自題庫)出現在最後。教師可決定該題是否為該節評分用的一部分，或單純對學生有益。

- **測試站散見於大多數小節**：其用意是需要該節物理觀念的分析及判斷。測試站的答案列於書末。

 測試站 1

這裡有三組分別位在 x 軸上的初及末位置。那一組是負位移：(a) −3 m，+5 m；(b) −3 m，−7 m；(c) 7 m，−3 m？

- **所有章末習題**：都有在 WileyPLUS(還有更多題)。教師可建構一套指派作業，並設計線上作答的評分方式。例如，教師設定遞交答案期限，以及允許學生多少次嘗試解出答案。教師也可控制每一題作業能有什麼學習協助連結(如果有的話)。這樣的連結可包括：提示、範例、章內閱讀材料、指導影片、數學複習影片，甚至解答影片(比如可在交作業期限後開放給學生取得)。

- **符號運算題型**：每章都有需要數值答案的題型。

教師補助資料 PLUS

教師解答手冊

手冊提供章末所有習題的完整解答。它也有 MSWord 和 PDF 版本。

教師輔助網

http://www.wiley.com/go/halliday/principles of physics GE

- **教師手冊**(Instructor's Manual)
  教師手冊包含了概述各章最重要主題的授課講義、示範實驗、研究室及電腦計畫、影音資源、所有討論題/範例/習題集/測試站的所有答案、以及與前一版的討論題/範例/習題集的相關性導引。它也包含了學生可獲得詳解的所有習題清單。

- **教學投影片**
  這些投影片可作為教師的有力基本配備，概述了關鍵概念，並引用書中的圖片及公式。

- **Wiley 物理模擬**
  由 Boston 大學的 Andrew Duffy 以及 Vernier Software 的 John Gastineau 編寫。總計有 50 個互動模擬(Java applet)可供課堂教學示範。

- **Wiley 物理示範**
  由羅格斯大學(Rutgers University)的 David Maiullo 編寫。此配件含有 80 段標準物理示範的數位影像。可以在 WileyPLUS 上取得並課堂上播放。另附有教師指南(Instructor's Guide)，其中包含了「clicker」問題。

- **題庫**(Test Bank)

  在第 10 版中，題庫已經由 Northern Illinois University 的 Suzanne Willis 完全修復。題庫包含了超過 2200 題的多重選擇問題。這些題目在電腦計算題庫中也會出現，而且提供了完整的編輯功能讓你自訂測驗(在 IBM 及麥金塔電腦中皆可使用)。

- **文字配圖**

  所有檔案可適用於課堂投影和列印。

致 謝

許多人對本書做出了貢獻，出版商 John Wiley & Sons, Inc.和 Jearl Walker 都希望感謝以下所列對最新版本的編輯提供評論和想法的人。

Jonathan Abramson, *Portland State University*; Omar Adawi, *Parkland College*; Edward Adelson, *The Ohio State University*; Steven R. Baker, *Naval Postgraduate School*; George Caplan, *Wellesley College*; Richard Kass, *The Ohio State University*; M.R. Khoshbin-e-Khoshnazar, *Research Institution for Curriculum Development & Educational Innovations (Tehran)*; Craig Kletzing, *University of Iowa*, Stuart Loucks, *American River College*; Laurence Lurio, *Northern Illinois University*; Ponn Maheswaranathan, *Winthrop University;* Joe McCullough, *Cabrillo College*; Carl E. Mungan, *U. S. Naval Academy*, Don N. Page, *University of Alberta*; Elie Riachi, *Fort Scott Community College*; Andrew G. Rinzler, *University of Florida*; Dubravka Rupnik, *Louisiana State University*; Robert Schabinger, *Rutgers University*; Ruth Schwartz, *Milwaukee School of Engineering*; Carol Strong, *University of Alabama at Huntsville*, Nora Thornber, *Raritan Valley Community College*; Frank Wang, *LaGuardia Community College*; Graham W. Wilson, *University of Kansas*; Roland Winkler, *Northern Illinois University*; William Zacharias, *Cleveland State University*; Ulrich Zurcher, *Cleveland State University*.

最後，我們的外部審校團隊也當然非常傑出，謹此為每位成員的努力及專業予以誠摯致謝。

Maris A.Abolins, *Michigan State University*

Edward Adelson, *Ohio State University*

Nural Akchurin, *Texas Tech*

Yildirim Aktas, *University of North Carolina- Charlotte*

Barbara Andereck, *Ohio Wesleyan University*

Tetyana Antimirova, *Ryerson University*

Mark Arnett, *Kirkwood Community College*

Arun Bansil, *Northeastern University*

Richard Barber, *Santa Clara University*

Neil Basecu, *Westchester Community College*

Anand Batra, *Howard University*

Kenneth Bolland, *The Ohio State University*

Richard Bone, *Florida International University*

Michael E. Browne, *University of Idaho*

Timothy J. Burns, *Leeward Community College*

Joseph Buschi, *Manhattan College*

Philip A. Casabella, *Rensselaer Polytechnic Institute*

Randall Caton, *Christopher Newport College*

Roger Clapp, *University of South Florida*

W. R. Conkie, *Queen's University*

Renate Crawford, *University of Massachusetts-Dartmouth*

Mike Crivello, *San Diego State University*

Robert N. Davie, Jr., *St. Petersburg Junior College*

Cheryl K. Dellai, *Glendale Community College*

Eric R. Dietz, *California State University at Chico*

N. John DiNardo, *Drexel University*

Eugene Dunnam, *University of Florida*

Robert Endorf, *University of Cincinnati*

F. Paul Esposito, *University of Cincinnati*

Jerry Finkelstein, *San Jose State University*

Robert H. Good, *California State University-Hayward*

Michael Gorman, *University of Houston*

Benjamin Grinstein, *University of California, San Diego*

John B. Gruber, *San Jose State University*

Ann Hanks, *American River College*

Randy Harris, *University of California-Davis*

Samuel Harris, *Purdue University*

Harold B. Hart, *Western Illinois University*

Rebecca Hartzler, *Seattle Central Community College*

John Hubisz, *North Carolina State University*

Joey Huston, *Michigan State University*

David Ingram, *Ohio University*

Shawn Jackson, *University of Tulsa*

Hector Jimenez, *University of Puerto Rico*

Sudhakar B. Joshi, *York University*

Leonard M. Kahn, *University of Rhode Island*

Sudipa Kirtley, *Rose-Hulman Institute*

Leonard Kleinman, *University of Texas at Austin*

Craig Kletzing, *University of Iowa*

Peter F. Koehler, *University of Pittsburgh*

Arthur Z. Kovacs, *Rochester Institute of Technology*

Kenneth Krane, *Oregon State University*

Hadley Lawler, *Vanderbilt University*

Priscilla Laws, *Dickinson College*

Edbertho Leal, *Polytechnic University of Puerto Rico*

Vern Lindberg, *Rochester Institute of Technology*

Peter Loly, *University of Manitoba*

James MacLaren, *Tulane University*

Andreas Mandelis, *University of Toronto*

Robert R.Marchini, *Memphis State University*

Andrea Markelz, *University at Buffalo, SUNY*

Paul Marquard, *Caspar College*

David Marx, *Illinois State University*

Dan Mazilu, *Washington and Lee University*

James H.McGuire, *Tulane University*

David M.McKinstry, *Eastern Washington University*

Jordon Morelli, *Queen's University*

Eugene Mosca, *United States Naval Academy*

Eric R.Murray, *Georgia Institute of Technology, School of Physics*

James Napolitano, *Rensselaer Polytechnic Institute*

Blaine Norum, *University of Virginia*

Michael O' Shea, *Kansas State University*

Patrick Papin, *San Diego State University*

Kiumars Parvin, *San Jose State University*

Robert Pelcovits, *Brown University*

Oren P. Quist, *South Dakota State University*

Joe Redish, *University of Maryland*

Timothy M. Ritter, *University of North Carolina at Pembroke*

Dan Styer, *Oberlin College*

Frank Wang, *LaGuardia Community College*

Robert Webb, *Texas A&M University*

Suzanne Willis, *Northern Illinois University*

Shannon Willoughby, *Montana State University*

編 輯 序

本書譯自 David Halliday、Robert Resnick 及 Jearl Walker 等三人合著之

Principles of Physics

第十一版,Extended 完整版,國際學生版(Global Edition)
ISBN:978-1-119-45401-4 (13 碼)

原文書分五大部分(共 44 章),為普通物理之經典教本,取材豐富完整,內容銜接高中物理至一般大專理工科系必修之普物課程,範例及書中題目更均與生活應用切身相關,可引領讀者初窺此領域堂奧。

中譯(電磁學與光學篇)涵蓋第三至第五部分,即 21～44 章,範圍主要包括電學、磁學、光學、相對論、核物理等;適合公私立大學、科技大學與技術學院等,理工相關科系的「普通物理」及「物理學」等相關課程使用;亦可供作高中數理資優生的物理進階參考教材。

另外,本書的國際學生版原文僅授權於歐洲、亞洲、非洲及中東等地區販售,且不得自其出口。凡地區間的進出口係未經出版商授權者,係屬違法及對出版商之侵權行為。出版商得採法律訴訟行動以執行其權利。如提起訴訟,出版商可申請包括但不限於所損失之利益及律師費等損害及訴訟費之賠償。

最後,若您在各方面有任何問題,歡迎隨時連繫,我們將竭誠為您服務。

全華編輯部　謹致

在 UV 波段下,最高解析度的仙女座大星系(又名 M31)影像,是最靠近我們銀河系的星系,僅僅 2.5 百萬光年。圖中內含了 2 萬個左右星體,主要是發出高能紫外光的年輕炙熱恆星以及緻密星團。

(來源:**NASA**)

目 錄

CHAPTER 21

庫侖定律

21-1 庫侖定律

學習目標

在閱讀完這個區塊的文字之後，讀者應該能夠...

21.01 區別電中性、負帶電、正帶電，以及多餘電荷。

21.02 區分導體、非導體(絕緣體)、半導體以及超導體。

21.03 描述原子內粒子之電性。

21.04 了解導電電荷，以及解釋它們在使導體帶正電或負電荷時所扮演的角色。

21.05 解釋電性絕緣以及接地。

21.06 解釋帶電物體如何使另一物體產生感應電荷。

21.07 了解相同電性的電荷會互相排斥，而電性相異的電荷會互相吸引。

21.08 對成對的帶電粒子中的每一個粒子，畫出自由體圖，並呈現出靜電力(庫侖力)，以及用箭號在另一粒子上畫出力向量。

21.09 對成對的帶電粒子中的每一個粒子，應用庫侖定律連結靜電力大小、粒子電荷數以及粒子間的距離。

21.10 了解庫侖定律只適用在(點狀)粒子或是物體可以被視為質點的時候。

21.11 如果有超過一個力作用於一粒子上，要以向量(而非純量)的方法加總所有力，並找出淨力。

21.12 了解電荷均勻分佈球殼在吸引或排斥殼外一帶電粒子時，可將球殼電荷視為集中在球心。

21.13 若一帶電粒子位於一電荷均勻分佈球殼內，球殼對該粒子的淨靜電力為零。

21.14 理解若將多餘電荷置於一導電球體，電荷會均勻分佈在表面的外部。

21.15 理解若是有兩個相同的球形導體接觸或是以導線連接，任何多餘電荷將會均勻共享。

21.16 了解非導體可以有任一形式的電荷分佈，包含內部點的電荷。

21.17 將電流視為電荷經過某點的速率。

21.18 對流經某點的電流，運用電流、時間間隔以及在時間間隔內流經該點電荷量之間的關係。

關鍵概念

● 一粒子與其周圍帶電物體之間電力交互作用的強度取決於其電荷(可正可負)。同性電荷相斥，異性電荷相吸。

● 具有等量正負電荷的物體呈電中性，而正負電不平衡時則為帶電體，並具有多餘電荷。

● 導體中有大量可自由移動的帶電粒子(在金屬中為電子)。在非導體或絕緣體中的帶電粒子無法自由移動。

● 電流 i 為電荷通過某點的變化率 dq/dt

$$i = \frac{dq}{dt}$$

● 庫侖定律描述兩個相距 r ，帶電量為 q_1 與 q_2 之靜止(或幾乎靜止)點電荷間的靜電力：

$$F = \frac{1}{4\pi\varepsilon_0} \frac{|q_1||q_2|}{r^2} \quad \text{(庫侖定律)}$$

其中 $\varepsilon_0 = 8.85 \times 10^{-12} \ \text{C}^2/\text{N} \cdot \text{m}^2$ 稱為介電常數；且 $1/4\pi\varepsilon_0 = k = 8.99 \times 10^9 \ \text{N} \cdot \text{m}^2/\text{C}^2$ 。

● 兩靜止點電荷間之吸引力或排斥力是沿著兩個電荷間的連線作用。

● 如果存在兩個以上的電荷， 此淨力是其它電荷作用於此一電荷之力的向量和。

● 殼層定理1：均勻電荷分佈之殼層對其外部的帶電粒子的吸力或斥力，就好像將球殼上的電荷集中於球心時產生的作用一樣。

● 殼層定理2：均勻電荷分佈之殼層對位於其內部之帶電粒子無淨靜電力作用。

● 球殼導體上的電荷會均勻分佈於表面外。

物理學是什麼？

我們周遭的許多裝置是根據物理學的電磁理論所製造，這種理論是電性和磁性現象的結合。這種物理學是電腦、電視、收音機、電傳視訊和家庭照明的發展根源，而且甚至與食物包裝能緊密黏附於容器有關。這種物理學也是自然世界的基礎。它不僅將世界中所有原子和分子聯繫在一起，它也是閃電、極光和彩虹產生的原因。

早期希臘哲學家是最早探討電磁物理學的人，他們發現若摩擦一塊琥珀，然後將它放在一些稻草附近，則稻草將會跳到琥珀上。我們現在都知道琥珀和稻草之間互相吸引是由電力所引起。希臘哲學家也發現，如果某種石頭(自然生成的磁石)放在幾片的鐵塊附近，則鐵塊將會跳到這塊石頭上。我們現在都知道磁石和鐵片之間互相吸引是由磁力所引起。

從這些與希臘哲學家相關的物理源頭開始，電學與和磁學個別地發展了數個世紀；事實上直到 1820 年，Hans Christian Oersted 才發現他們之間的關連：在電線中流動的電流能使具有磁性的指南針方向偏折。相當有趣的是，Oersted 是在為物理學學生準備課程示範的時候，發現了此令人驚奇的現象。

在許多國家中，電磁學這門新科學，正由許多研究工作者加以進一步發展。其中做得最好的是法拉第(Michael Faraday)，他是位真正具有物理直覺和想像力天才的實驗家。這樣的天才可以經由下列事實予以證明，那就是他的實驗室筆記本並不包含任何一個方程式。在十九世紀中葉，馬克斯威爾(James Clerk Maxwell)將法拉第的想法整理成數學形式，再加上許多自己的新想法後，電磁學從此便具備完整的理論基礎。

有關電磁學的討論分佈在隨後的 16 章中。我們以電的現象作為整個探討過程的開始，而第一步是討論電荷和電力的本質。

電荷

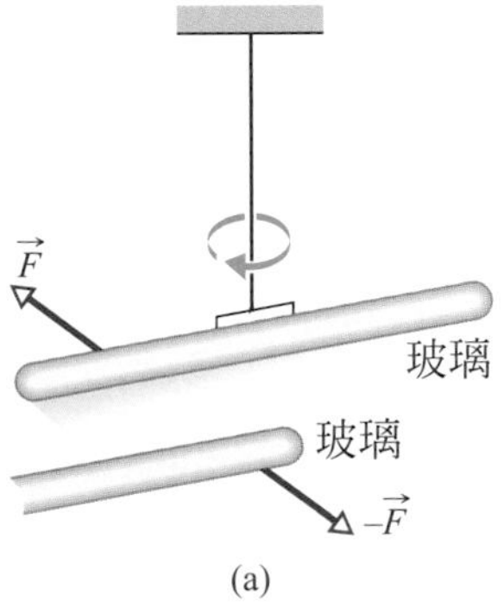

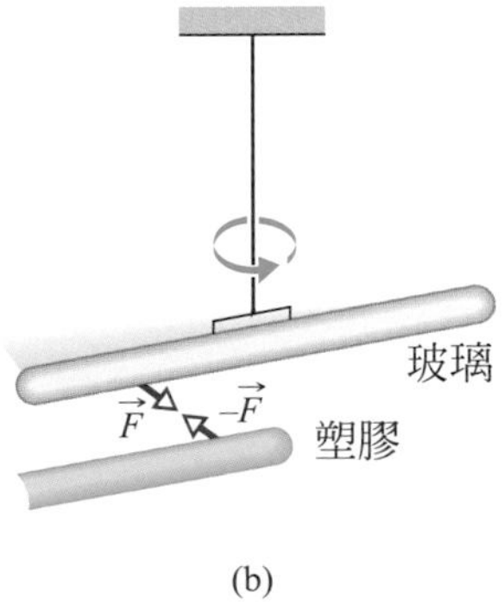

這裡有兩個看似神奇的例子，但是我們的工作是要來瞭解它們。在用絲絹摩擦完一玻璃棒之後(在一天中濕度較低的時候)，我們用細線綁在棒子中心處吊起來(圖 21-1a)。然後我們用絲絹摩擦第二根玻璃棒，並將它靠近吊起的玻璃棒。吊起的棒子會神奇的移開。我們可以看到第二根棒子有個排斥它的力，但是為何會這樣？第二根棒子跟它沒有接觸，也沒有微風推它，也沒有聲波干擾。

在第二個例子中，我們用被毛皮摩擦過的塑膠棒來取代第二根棒子。這次，吊起的棒子靠向了附近的塑膠棒(圖 21-1b)。跟上個排斥現象一樣，這次的吸引力發生在沒有任何接觸或是兩棒間有明顯的溝通下發生的。

圖 21-1 (a)兩支被絲絹摩擦過的玻璃棒，其中一支以細線吊著，當他們互相接近時會互相排斥。(b)塑膠棒被毛皮摩擦，當其靠近玻璃棒時，兩者會互相吸引。

在下一章節中,我們會討論吊著的棒子如何知道其他棒子的存在,但在這章中讓我們專注在參與其中的力。在第一個例子中,第一根棒子所受到的力是排斥力,而第二個例子是吸引力。經過大量的研究之後,科學家指出在這些例子的力是來自於棒子與絲絹或毛皮接觸而產生的電荷。電荷是物體(像是那些棒子、絲絹、毛皮)中基本粒子的本質。換句話說,無論那些粒子在何處,電荷是伴隨著那些粒子的特質。

兩種形態。電荷有兩種形態,由美國科學家與政治家班傑明·富蘭克林(Benjamin Franklin)命名爲正電荷與負電荷。他當時可以用任何其他名稱(像是櫻桃或核桃),卻用實用的代數符號對來作爲命名,以便我們要計算淨電荷。在我們的日常生活物品中,像是杯子,正電荷粒子與負電荷粒子大約是相等的,所以淨電荷是零,電荷可以說是平衡狀態,因此物體可以說是電中性(或是簡稱中性)。

多餘電荷。正常來說,你是處於接近電中性的狀態。然而,若你所處的區域是低濕度,你就會知道當你走過地毯時,身體上的電荷會些微的不平衡。無論你從地毯(在鞋子與地毯的所有接觸點)得到電子帶電負電,或是失去電子而帶正電。多出來的電荷就是稱爲是多餘電荷。也許一直到你接觸到門把或是其他人之前,你都不會發現。然後,若你身上多餘電荷夠多,在你跟其他物體之間就會產生火花來釋放多餘電荷。這樣的火花是令人厭煩甚至有某種程度的疼痛。而這樣的放電或充電不會發生在潮溼的環境裡,因爲空氣中的水氣中和掉你多餘電荷,其速度會跟你獲得的一樣快。

在物理上,有兩個大謎團:(1)爲什麼宇宙中會有帶電荷粒子(它實際上是什麼東西)?(2)爲什麼電荷會有兩種形態(而不是一種或三種形態)?我們就是不知道。然而,經過了無數類似我們那兩個粒子的實驗,科學家發現

具同符號電荷的粒子會互相排斥,而具相異符號的粒子會互相吸引。

我們很快就會將這個規則放入量化的形式,如帶電粒子間的庫侖靜電力定律(或庫侖電力定律)。相較於其他狀態,「靜電」是用來強調電荷是處於靜止或是以很慢的速度在移動的狀態。

例子。現在讓我們回去先前的例子,來了解棒子的移動是某些原因造成的而非魔術。當我們用絲絹摩擦棒子時,一些負電荷從棒子轉移到絲絹上(一種像是你和地毯間的電荷移轉),失去負電荷的棒子會有一些多餘正電荷。(負電荷移轉的路徑不容易看到,需要相當多的實驗。)我們用絲絹來摩擦整根棒子以增加更多接觸點和電荷移轉(仍是少量)。用細線吊

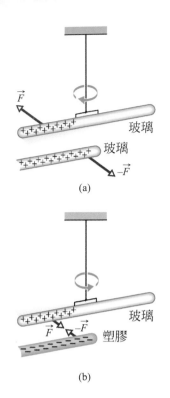

圖 21-2 (a)兩個帶同性電荷而互斥的棒子；(b)兩個帶異性電荷而互相吸引的棒子。加號代表正的淨電荷；減號代表負的淨電荷。

起棒子讓它相對於環境處於電隔離狀態(以便讓環境無法藉著提供棒子足夠的負電荷來再次平衡棒子的電荷。)當我們用絲絹摩擦第二根棒子，它也會變成正電。所以當我們讓它靠近第一根棒子時，兩根棒子會互相排斥(圖 21-2a)。

接下來，我們用毛皮摩擦塑膠棒，它會從毛皮得到多餘的負電荷。(同樣的，這種移轉方向可以從許多實驗中得知)。當我們把塑膠棒(帶負電荷)靠近懸著的玻璃棒(帶正電荷)時，兩根棒子會互相吸引(圖 21-2b)。所有的這些現象是微妙的。看不見電荷和期間的電荷轉換，只能看到它所造成的結果。

導體與絕緣體

我們可以根據電荷通過物質的能力，將物質一般性地進行分類。**導體**(conductor)是電荷在其內可以相當自由地移動的物質；其實例包括金屬(例如在常見連接到電燈之電線中的銅)、人體，以及自來水。**非導體**(nonconductor)──也稱為**絕緣體**(insulator)──是電荷不能自由移動的物質；其實例包括橡膠(例如在常見之電線外的絕緣體)，塑膠、玻璃和化學純水。**半導體**(semiconductor)是導電性介於導體和絕緣體之間的物質；其實例包括在電腦晶片中的矽和鍺。**超導體**(superconductor)是一種完美導體的物質，它可以允許電荷不受任何阻礙的移動。在這些章節中，我們只討論導體和絕緣體。

導電路徑。這裡有一個導體如何能夠將物體上的多餘電荷予以移除的例子。如果以羊毛摩擦銅棒，電荷會從羊毛轉移到銅棒。然而如果我們握住銅棒的時候，同時也接觸水龍頭，則雖然有電荷轉移，但是並不能讓銅棒帶有電荷。其理由是人體、銅棒及水龍頭全都是導體，經由配管線路連接到地表，而地表是一個巨型導體。因為由羊毛轉移到銅棒的電荷會彼此排斥，首先通過銅棒，然後通過我們的身體，然後通過水龍頭再經由配管線路抵達地表，之後在地表散開。這個過程會讓銅棒變成電中性。

將物體與地面之間用導體構成導電路徑的過程，稱為將物體接地(ground)，而且在使物體電中性化時(經由消除物體上沒有達成平衡狀態的正、負電荷)，我們稱此過程為將物體放電(discharge)。如果我們不是將銅棒握在手中，而是以絕緣手套抓住銅棒，那麼這個時候我們已經截斷了銅棒與地面連結的通路，所以只要我們不要以手直接觸碰銅棒，則銅棒便可因摩擦而帶電(電荷遺留在銅棒上)。

帶電粒子。原子的結構與電性決定了導體與絕緣體的特性。原子由帶正電的質子、帶負電的電子與電中性的中子所組成。質子與中子彼此緊密的被束縛在中央的原子核裡。

　　單一電子與單一質子帶有相同的電荷量，但電性相反。因此電中性的原子包含著相同數量的電子與質子。因為電子的電性與原子核中的質子相反，也因此電子受原子核吸引，而維持在原子核的附近。如果不是這樣的話，將不會有原子存在，因此也不會有你。

　　當如銅之類的導體原子聚集起來形成固體的時候，它們最外圍的一些電子(也因此束縛最鬆散)變成可以在固體中自由游移，因而使得原子成為正電性(正離子)。我們將這種可移動的電子稱為傳導電子(conduction electron)。非導體中則存在著相當少的(如果有的話)自由電子。

　　感應電荷。圖 21-3 的實驗說明了電荷在導體中的遷移性。帶負電的塑膠棒可以吸引一根孤立的電中性銅棒的任何一端。這是因為銅棒靠近塑膠棒一端的傳導電子，受塑膠棒上負電荷排斥的緣故。有些傳導電子游移到銅棒較遠的另一端，使得較近的一端呈現電子空乏狀態，因此造成近塑膠棒的一端呈現正電荷多於負電荷的不平衡現象。這些正電荷會受到帶負電塑膠棒的吸引。雖然此時銅棒仍是電中性，但是由於受到附近的電荷影響，銅棒上有些正、負電荷產生分離開來的現象，我們稱呼此時銅棒具有感應電荷(induced charge)。

　　同理，當我們將帶正電的玻璃棒靠近銅棒的一端，在中性的銅棒內又再一次產生了感應電荷，但近端會是導電電子而變成帶負電，吸引玻璃棒，同時銅棒遠端為帶正電。

　　要注意的是，只有帶負電的傳導電子可以移動；正離子則是固定的。因此，要使一個物體帶正電，只能經由移去負電荷來達成。

由「冬青救命丹」發出的藍色閃光

　　具有相反電性符號的電荷會彼此吸引的現象，可利用「冬青救命丹」(wintergreen Lifesaver)(一種形狀如救生圈的糖果當作間接證據。)如果我們使自己的眼睛適應黑暗大約 15 分鐘，然後讓朋友在黑暗中咀嚼一塊這種糖果，則在朋友每一次咀嚼的時候，我們都可以在他的口中看見黯淡的藍色閃光。每當咀嚼動作將糖晶體咬成碎片時，每一碎片可能會具有數量不一的電子。假設一個晶體破裂成碎片 A 和碎片 B，而且碎片 A 在其表面上具有比碎片 B 更多的電子(圖 21-4)。這意謂著在其表面上具有正離子(電子遺留在碎片上的原子)。因為碎片 A 上的電子與碎片 B 上的正離子具有強烈吸引力，所以這些電子其中一些會跳躍過在碎片之間的間隙。

　　當 A 和 B 彼此分離時，空氣(主要是氮)會流入間隙中，許多跳躍中的電子會與空氣中的氮分子相互碰撞，導致分子放射紫外光。我們無法看見這類型的光。然而糖果碎片表面上的冬青分子會吸收紫外光，然後放射出可見的藍光，那就是我們在朋友口中見到的藍色光。　　　　　✈

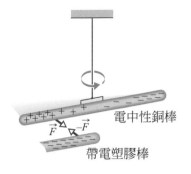

圖 21-3　用非導電性細線將電中性銅棒懸吊起來，使銅棒與環境隔離開來。銅棒之任何一端都會受帶電塑膠棒所吸引。此時，銅棒上的傳導電子受塑膠棒上負電荷推斥，而移向棒上較遠的一端。然後塑膠棒的負電荷會吸引銅棒上近塑膠棒一端的正電荷，造成銅棒產生旋轉，因而使銅棒近端更靠近塑膠棒。

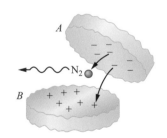

圖 21-4　當「冬青救命丹」糖果分離成兩碎片時。從 A 碎片負電性表面跳躍到碎片正電性表面的電子，與在空氣中的氮(N_2)分子互相碰撞。

✔️ **測試站 1**

圖中有五對平板：A、B、D 爲帶電塑膠板，C 爲電中性的銅板。
其中三對平板已經標示出其間的靜電力。試問其餘兩對是互相排
斥還是互相吸引？

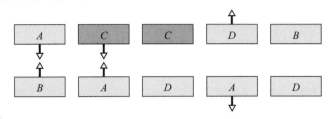

庫侖定律

現在我們來討論庫侖定律的式子，但是首先我們要注意一件事。這
個式子只適用帶電粒子(和一些可以被視爲粒子的東西)。對於電荷位於不
同地方的延展物體，我們需要更有威力的技巧。所以，在這邊我們只考
慮帶電粒子，而非兩隻帶電的貓。

假如讓兩個帶電粒子互相靠近，粒子間將會產生**靜電力**。力向量的
方向決定於電荷的符號。假如此兩粒子帶有相同的電荷符號，它們將會
被彼此推開。這表示每一粒子的力向量是直接遠離其他粒子的方向(圖
21-5a 和 b)。一旦這些粒子被釋放，他們就會加速互相遠離彼此。相反地，
假如兩粒子具有的是相反的電荷符號，它們將會彼此吸引。這表示每一
粒子的力向量是直接指向其他粒子的方向(圖 21-5c)。只要這些粒子被釋
放後，就會加速向彼此移動。

帶電粒子的靜電力方程式稱爲**庫侖定律**(Coulomb's law)，其紀念庫侖
-查里奧古斯丁(Charles-Augustin de Coulomb)，他在 1785 年由實驗中證
實。讓我們用向量的形式寫下這式子，其中包含圖 21-6 粒子 1 的電荷 q_1
與粒子 2 的電荷 q_2 (這些符號可以表示出正或負電荷)。讓我們把焦點放
在粒子 1，以 $\hat{r}$ 來表示沿兩粒子之間徑向延伸軸的單位向量，寫出作用於
粒子 1 的力式子與徑向遠離粒子 2 的方向。(如同其他單位向量一樣，$\hat{r}$ 的
大小是 1 而且沒有因次或單位，它的目的只是用來指向而已，像是街道
標示的方位箭頭)。有了這些討論過程之後，我們可以將靜電力寫爲

$$\vec{F} = k \frac{q_1 q_2}{r^2} \hat{r} \quad \text{(庫侖定律)} \tag{21-1}$$

r 是粒子間的距離，k 是正的常數，稱作靜電常數或庫侖常數(下面我們會
討論 k)。

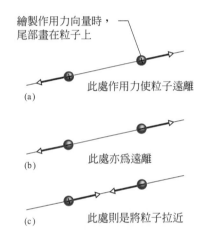

繪製作用力向量時，
尾部畫在粒子上

(a) 此處作用力使粒子遠離

(b) 此處亦爲遠離

(c) 此處則是將粒子拉近

圖 21-5 兩個帶電粒子互相排斥若
他們帶有相同電性，即(a)皆爲正，或
(b)皆爲負。(c)如果兩者電荷電性符號
相反，則彼此互相吸引。

圖 21-6 在粒子 1 的靜電力可以用沿
著兩個粒子的軸以單位向量表示，徑
向遠離粒子 2。

讓我們先來看 21-1 式中作用在粒子 1 的力方向。若 q_1 和 q_2 具有相同的正負號,那 q_1q_2 的乘積會是正號,因此 21-1 式告訴我們,作用在粒子 1 的力與 $\hat{r}$ 是同向的,這也證明了粒子 1 正受到來自粒子 2 的排斥力。接下來,若 q_1 和 q_2 具有相反的正負號,那 q_1q_2 的乘積會是負號,因此 21-1 式告訴我們,作用在粒子 1 的力與 $\hat{r}$ 是反向的,這也證明了粒子 1 正受粒子 2 的吸引。

小離題。奇妙的是,21-1 式的形式相同於牛頓定律的形式(13-3 式),對距離為 r,質量為 m_1、m_2 的兩個質點間,表示重力的牛頓方程式:

$$\vec{F} = G\frac{m_1 m_2}{r^2}\hat{r} \quad \text{(牛頓方程式)} \tag{21-2}$$

其中 G 是重力常數。

雖然這兩種力相當的不同,但是方程式皆是平方反比的定律(與 $1/r^2$ 相關),且也都與作用粒子特性(一種是電荷,另一種是質量)之乘積相關。然而,這兩定律的不同處在於重力總是相吸引的,而靜電力則是有時相吸引有時相排斥,端看電荷的正負號。這樣的不同起因於質量只有一種型態,而電荷有兩種形態。

單位。電荷的 SI 制單位為**庫侖**(簡寫 C)。為了獲得量測上的精確度,電荷的 SI 制單位是由電流 SI 制單位的安培(簡寫為 A)所導出來的。我們會在第 26 章詳細討論電流,但在這邊先讓我們記下電流是電荷流經某一點或某一區域的變化率 dq/dt:

$$i = \frac{dq}{dt} \quad \text{(電流)} \tag{21-3}$$

將 21-3 式重新排列,並各符號換成各自單位(庫侖 C、安培 A、秒 s),可推得:

$$1\ C = (1\ A)(1\ s)$$

力的大小。基於歷史的緣故(而且這樣做可以簡化許多其它公式),21-1 式中的靜電常數 k 通常被寫成 $1/4\pi\varepsilon_0$,則庫侖定律中的作用力大小將變為:

$$F = \frac{1}{4\pi\varepsilon_0}\frac{|q_1||q_2|}{r^2} \quad \text{(庫侖定律)} \tag{21-4}$$

21-1 與 21-4 式中的常數值為

$$k = \frac{1}{4\pi\varepsilon_0} = 8.99 \times 10^9\ \text{N} \cdot \text{m}^2/\text{C}^2 \tag{21-5}$$

其中 ε_0 稱為**介電常數**(permittivity constant)，有時會個別出現在其它方程式中，而且其值為

$$\varepsilon_0 = 8.85 \times 10^{-12} \, \text{C}^2 / \text{N} \cdot \text{m}^2 \tag{21-6}$$

解習題時。請注意 21-4 式出現了電荷大小，其可決定出作用力之大小。所以在做本章習題時，我們用 21-4 式來計算第二個粒子作用在被選定粒子的力大小，以及另外考慮這兩粒子的正負號來決定作用的方向。

多個作用力。如同本書中所討論的力，靜電力遵守疊加原理(Principle of Superposition)。如果有 n 個帶電粒子在被選定當為粒子 1 的附近；然後可藉由向量和得到作用在粒子 1 的淨力

$$\vec{F}_{1,net} = \vec{F}_{12} + \vec{F}_{13} + \vec{F}_{14} + \vec{F}_{15} + \cdots + \vec{F}_{1,n} \tag{21-7}$$

例如，上式的 $\vec{F}_{14}$ 是因粒子 4 的存在而產生於粒子 1 的力。

這個式子是許多習題的關鍵，所以讓我們換另外一種方式來說明它。若你想知道某個被選定的粒子，在其附近的帶電荷粒子對它所施的淨作用力，首先要先明確的指出被選定粒子，然後算出其他每個粒子對它的作用力。在被選定粒子的自由體圖上畫出力向量，其向量尾巴定錨在該粒子上。(這可能聽起來不是很重要，但做錯的話很容易導致錯誤。)然後根據第 3 章的規則，將那些力加入成為向量，而非純量。(不可以隨意地加入它們的大小。)得到的結果就是作用在該粒子上的淨力(或是合成力)。

雖然向量的本質會讓在做習題時比單單使用純量麻煩，但是感謝 21-7 式是可用的。若兩個力向量不是單純相加，而是基於某種因素會互相放大，這個世界將會變得很難去理解跟應付。

殼層定理。類似重力的殼層定理(Shell Theories)，靜電力也有兩個殼層定理：

殼層定理 1：均勻分佈之殼層對於其外部帶電粒子之吸力或斥力，就好像將球殼上的電荷集中於球心時產生的作用一樣。

殼層定理 2：均勻電荷分佈之殼層對位於其內部之帶電粒子無淨靜電力作用。

(在第一個定理中，我們假設球殼上的電荷遠大於質點之電荷。因此，粒子的存在對於球殼上電荷分佈的影響可忽略。)

球形導體

　　將多餘的電荷置於一導體球殼上，電荷會均勻的分佈在球殼(外層)表面。例如，如果我們將多餘電子置於一金屬球殼上，這些電子將互相排斥而分開，並佈滿整個可利用面積上，直到均勻分佈為止。此時，每一對相鄰電子間的距離為最大距離。根據上述第一個殼層定理，此時球殼對外部電荷的作用與球殼上電荷集中於球心時的效應相同。

　　同理，若從金屬球殼上移走負電荷，則所產生的正電荷也將均勻的分佈在球殼表面。例如，若移走 n 個電子，則相對所產生的 n 個位置的正電荷(失去電子的位置)將均勻分佈在球殼表面。根據第一個殼層定理，此時球殼對其外部電荷的作用與球殼上電荷集中於球心時的效應相同。

測試站 2

圖中顯示位於同一軸上的兩質子(以 p 表示)及一電子(以 e 表示)。(a)介於中心質子至電子的靜電力方向，(b)中心的質子對於其他質子的靜電力方向，和(c)中心的質子淨靜電力方向，各為何？

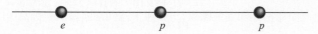

範例 21.01　由兩個粒子作用的淨力

　　這個簡單的範例實際上包含了三個例子，從簡單到困難來建立概念。在每個例子中，我們有相同的帶電粒子 1。第一個例子中有單一粒子作用於它(簡單的)。然後，有兩個力作用於它，但是這兩力剛好是反向(不會太困難)。接下來，再度是兩個力，但是它們是在很不同的方向(啊，這下我們就需要認真考慮它們是向量了)。重點是在使用計算機之前，這三個例子都要正確的畫出力，否則計算機的計算就會是無意義的。(圖 21-7 在 *WileyPLUS* 中是有旁白的動畫。)

(a)圖 21-7a 中兩個正電粒子固定在軸上。該電量分別為 $q_1 = 1.60 \times 10^{-19}$ C 和 $q_2 = 3.20 \times 10^{-19}$ C，且間距為 $R = 0.0200$ m。從粒子 1 作用於粒子 2 的靜電力 $\vec{F}_{12}$ 大小與方向為何？

關鍵概念

　　因為兩個粒子皆帶正電，所以粒子 1 會受到粒子 2 的排斥力，其大小可由 21-4 式求出。因此，粒子 1 所受的斥力 $\vec{F}_{12}$ 方向為遠離粒子 2，也就是負軸的方向，如圖 21-7b 中的自由體圖所示。

兩粒子 將 21-4 式中的 R 以 r 來代替，所以 F_{12} 的大小可寫為

$$
\begin{aligned}
F_{12} &= \frac{1}{4\pi\varepsilon_0} \frac{|q_1||q_2|}{r^2} \\
&= (8.99 \times 10^9 \text{ N·m}^2\text{C}^2) \\
&\quad \times \frac{(1.60 \times 10^{-19} \text{ C})(3.20 \times 10^{-19} \text{ C})}{(0.0200 \text{ m})^2} \\
&= 1.15 \times 10^{-24} \text{ N}
\end{aligned}
$$

因此，力 $\vec{F}_{12}$ 的大小與方向(相對於正 x 軸的方向)為

$$1.15 \times 10^{-24} \text{ N} \quad \text{及} \quad 180° \tag{答}$$

我們亦可以用單位向量標記法來表示 $\vec{F}_{12}$ 如下

$$\vec{F}_{12} = -(1.15 \times 10^{-24}\,\text{N})\,\hat{\text{i}} \qquad (答)$$

(b) 圖 21-7c 與圖 21-7a 相同，但多了一個粒子 3 位於粒子 1 與 2 之間的 x 軸上。粒子 3 的帶電量為 -3.20×10^{-19} C 且與粒子 1 的距離為 $\frac{3}{4}R$。則粒子 1 受到來自於粒子 2 與粒子 3 的淨靜電力 $\vec{F}_{1,net}$ 為何？

關鍵概念

　　粒子 3 的出現並未改變粒子 2 對粒子 1 的靜電作用力。因此，力 $\vec{F}_{12}$ 仍然作用於粒子 1；同理，粒子 3 對粒子 1 的作用力 $\vec{F}_{13}$ 也未受到粒子 2 的存在所影響。因為粒子 1 與粒子 3 所帶的電荷異號，所以粒子 1 會被粒子 3 所吸引。所以力 $\vec{F}_{13}$ 指向粒子 3，如圖 21-7d 中的自由體圖所示。

三粒子　我們可如下改寫 21-4 式來得到 $\vec{F}_{13}$ 的大小

$$
\begin{aligned}
F_{13} &= \frac{1}{4\pi\varepsilon_0} \frac{|q_1||q_3|}{\left(\dfrac{3}{4}R\right)^2} \\
&= (8.99 \times 10^9\,\text{N}\cdot\text{m}^2\text{C}^2) \\
&\quad \times \frac{(1.60 \times 10^{-19}\,\text{C})(3.20 \times 10^{-19}\,\text{C})}{\left(\dfrac{3}{4}\right)^2 (0.0200\,\text{m})^2} \\
&= 2.05 \times 10^{-24}\,\text{N}
\end{aligned}
$$

我們亦可以用單位向量標記法來表示 $\vec{F}_{13}$

$$\vec{F}_{13} = (2.05 \times 10^{-24}\,\text{N})\,\hat{\text{i}}$$

粒子 1 上的合力 $\vec{F}_{1,net}$ 為 $\vec{F}_{12}$ 及 $\vec{F}_{13}$ 的向量和；即利用 21-7 式，我們可將作用於粒子 1 的淨力 $\vec{F}_{1,net}$ 以單位向量表示法表示為

$$
\begin{aligned}
\vec{F}_{1,net} &= \vec{F}_{12} + \vec{F}_{13} \\
&= -(1.15 \times 10^{-24}\,\text{N})\,\hat{\text{i}} + (2.05 \times 10^{-24}\,\text{N})\,\hat{\text{i}} \qquad (答) \\
&= (9.00 \times 10^{-25}\,\text{N})\,\hat{\text{i}}
\end{aligned}
$$

因此 $\vec{F}_{1,net}$ 的大小及方向(相對於正 x 軸的方向)為

$$9.00 \times 10^{-25}\,\text{N} \quad 及 \quad 0° \qquad (答)$$

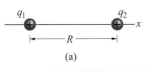

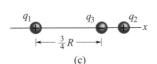

圖 21-7　(a)兩帶電量分別為 q_1 及 q_2 的粒子固定在 x 軸上。(b)粒子 1 的自由體圖顯示出其靜電力來自於粒子 2。(c)包含粒子 3。(d)粒子 1 的自由體圖。(e)包含粒子 4。(f)粒子 1 的自由體圖。

(c) 除了加進粒子 4 外，圖 21-7e 與圖 21-7a 皆相同。粒子 4 的電量為 $q_4 = 3.20 \times 10^{-19}$ C，且位於一條與 x 軸成 $\theta = 60°$ 的直線上，與粒子 1 相距 $\frac{3}{4}R$。則粒子 1 受到來自於粒子 2 與粒子 4 的淨靜電力 $\vec{F}_{1,net}$ 為何？

關鍵概念

淨力 $\vec{F}_{1,net}$ 為 $\vec{F}_{12}$ 與 $\vec{F}_{14}$（粒子 4 對粒子 1 的作用力）的向量和。因為粒子 1 與粒子 4 所帶的電荷異號，所以粒子 1 會被粒子 4 所吸引。因此粒子 1 的受力 $\vec{F}_{14}$ 為指向粒子 4 的方向，並與 x 軸夾 60 度角，如圖 21-7f 中的自由體圖所示。

四粒子 我們可以將 21-4 式重寫為下式，來獲得的大小

$$F_{14} = \frac{1}{4\pi\varepsilon_0} \frac{|q_1||q_4|}{\left(\frac{3}{4}R\right)^2}$$

$$= (8.99 \times 10^9 \text{ N·m}^2\text{C}^2)$$
$$\times \frac{(1.60 \times 10^{-19} \text{ C})(3.20 \times 10^{-19} \text{ C})}{\left(\frac{3}{4}\right)^2 (0.0200\text{m})^2}$$
$$= 2.05 \times 10^{-24} \text{ N}$$

然後由 21-7 式，我們可以寫出粒子 1 的受力 $\vec{F}_{1,net}$ 為

$$\vec{F}_{1,net} = \vec{F}_{12} + \vec{F}_{14}$$

因為力 $\vec{F}_{12}$ 與 $\vec{F}_{14}$ 並不在同一軸上，我們便不能簡單地只是將其大小相加而達成向量和。我們須以下列之其中一種方法來完成向量相加。

方法一 直接在能做向量運算的計算機上相加。
對 $\vec{F}_{12}$ 而言，大小為 1.15×10^{-24}，角度為 180 度。對 $\vec{F}_{14}$ 而言，大小為 2.05×10^{-24}，角度為 60 度。然後將這兩個向量相加即可。

方法二 以單位向量表示法來相加。
我們將 $\vec{F}_{14}$ 重新表示如下

$$\vec{F}_{14} = (\vec{F}_{14}\cos\theta)\hat{i} + (\vec{F}_{14}\sin\theta)\hat{j}$$

把 2.05×10^{-24} N 代入 F_{14} 及 60 度代入 θ，可得：
$$\vec{F}_{14} = (1.025 \times 10^{-24} \text{ N})\hat{i} + (1.775 \times 10^{-24} \text{ N})\hat{j}$$

所以我們可求得粒子 1 上的合力為

$$\vec{F}_{1,net} = \vec{F}_{12} + \vec{F}_{14}$$
$$= -(1.15 \times 10^{-24} \text{ N})\hat{i}$$
$$+ (1.025 \times 10^{-24} \text{ N})\hat{i} + (1.775 \times 10^{-24} \text{ N})\hat{j}$$
$$\approx (-1.25 \times 10^{-25} \text{ N})\hat{i} + (1.78 \times 10^{-24} \text{ N})\hat{j}$$

方法三 分別將每個軸上的分量相加。
x 軸的分量和為

$$F_{1,net,x} = F_{12,x} + F_{14,x} = F_{12} + F_{14}\cos 60°$$
$$= -1.15 \times 10^{-24} \text{ N}$$
$$+ (2.05 \times 10^{-24} \text{ N})(\cos 60°)$$
$$= -1.15 \times 10^{-25} \text{ N}$$

y 軸的分量和為

$$F_{1,net,y} = F_{12,y} + F_{14,y} = 0 + F_{14}\sin 60°$$
$$= (2.05 \times 10^{-24} \text{ N})(\sin 60°)$$
$$= 1.78 \times 10^{-24} \text{ N}$$

則合力 $\vec{F}_{1,net}$ 的大小為

$$F_{1,net} = \sqrt{F_{1,net,x}^2 + F_{1,net,y}^2} = 1.78 \times 10^{-24} \text{ N} \quad \text{（答）}$$

方向為

$$\theta = \tan^{-1}\frac{F_{1,net,y}}{F_{1,net,x}} = -86.0°$$

然而，這個結果並不合理，因為 $\vec{F}_{1,net}$ 的方向必介於 $\vec{F}_{12}$ 與 $\vec{F}_{14}$ 之間。為修正此問題，我們將 θ 加上 180 度，得到：

$$-86.0° + 180° = 94.0° \quad \text{（答）}$$

測試站 3

下圖中有一個電子與兩個質子的三種排列情形。(a)根據電子受到質子的淨靜電作用力，由大至小排列之。

(b)在(c)的情形中，電子所受到的合力與標示為 d 的直線之夾角將小於或大於 45 度？

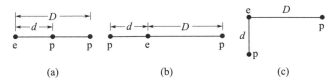

範例 **21.02** 作用於粒子上的兩力平衡

圖 21-8a 中有兩個固定在空間中的粒子：一帶電量 $q_1 = +8q$ 粒子位於原點處，而另一電子帶電量 $q_2 = -2q$ 為位於 $x = L$。試問，若我們欲放入一個質子，(除了無窮遠以外)該放置於何處使其達到平衡(淨力為零)？此處之平衡穩定與否？(也就是說，當此質子放置之後，是否會被推向平衡點，抑或被推向遠方？)

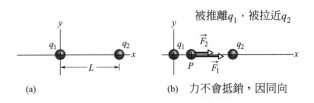

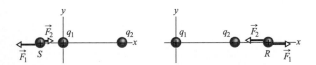

圖 21-8 (a)兩帶電粒子 q_1、q_2 被固定在 x 軸上，距離為 L。(b)至(d)圖中的 P、S、R 為質子的三個可能位置。在各個位置，$\vec{F}_1$ 為粒子 1 作用於質子的力，$\vec{F}_2$ 為粒子 2 作用於質子的力。

關鍵概念

若 $\vec{F}_1$ 為電荷 q_1 對質子的施力，$\vec{F}_2$ 為電荷 q_2 對質子的施力，則我們要尋找的點為 $\vec{F}_1 + \vec{F}_2 = 0$ 的位置。因此，

$$\vec{F}_1 = -\vec{F}_2 \tag{21-8}$$

上式告訴我們在該點上，質子受到其餘兩個粒子的靜電力具有相同大小。

$$F_1 = F_2 \tag{21-9}$$

且兩個力量方向相反。

推論 因為質子具有正電荷，所以質子與帶電量為 q_1 的粒子具有相同電性，並且作用於質子的力 $\vec{F}_1$ 其方向必定指離 q_1。另外，質子和電荷為 q_2 的粒子具有相反的電性，所以作用在質子的力 $\vec{F}_2$，其方向必然指向 q_2。只有當質子被放在 x 軸上時，「指離 q_1」與「指向 q_2」才會互為相反方向。

如果質子位於 x 軸上 q_1、q_2 之間任一位置，例如圖 21-8b 中的 P 點，則 $\vec{F}_1$ 與 $\vec{F}_2$ 的方向將為同向而非反向，與我們的要求相左。最後，如果質子位於 x 軸上 q_1 的左側，如圖 21-8c 中的點 S，則 $\vec{F}_1$ 與 $\vec{F}_2$ 亦為反向。然而，21-4 式告訴我們，在該處 $\vec{F}_1$ 與 $\vec{F}_2$ 的大小將不可能相同：F_1 必大於 F_2，因為 F_1 是由質子與一個較為靠近(r 較小)且較大電荷($8q$ 相較於 $2q$)之間的交互作用而來。

最後，如果質子位於 x 軸上 q_2 的右側，如圖 21-8d 中的點 R，則 $\vec{F}_1$ 與 $\vec{F}_2$ 亦為反向。然而，現在質子與較大電荷 q_1 的距離比電荷 q_2 遠，因此就會存在一個使得 F_1 與 F_2 相等的位置。令 x 為這個位置的座標，q_P 為質子的電量。

計算　利用 21-4 式，我們可將 21-9 式(這個式子的意義是兩個力具有相同的大小)重新表示如下

$$\frac{1}{4\pi\varepsilon_0}\frac{8qq_p}{x^2}=\frac{1}{4\pi\varepsilon_0}\frac{2qq_p}{(x-L)^2} \qquad (21\text{-}10)$$

(請注意，上式 21-10 中只出現電荷的大小而無符號。我們在畫圖 21-8d 的時候已經決定力的方向，並且不想包含任何正或負號。)

經整理式 21-10 後，可得

$$\left(\frac{x-L}{x}\right)^2=\frac{1}{4}$$

等號兩邊開方，可得

$$\frac{x-L}{x}=\frac{1}{2}$$

$$x = 2L \qquad (答)$$

在 $x = 2L$ 的平衡並不穩定；因為質子如果從 R 點向左移動，則 F_1 與 F_2 會同時增加，但因 q_2 較 q_1 靠近質子，所以 F_2 增加較多，因此新的合力將使質子更往左邊移動。如果質子向右偏移，F_1 與 F_2 皆會減小，但 F_2 減少的程度較大，因此新的合力將使質子更向右邊移動。但是在穩定平衡狀態下，每次當質子做了少許的位移後，它都會回到原來的平衡位置。

範例 21.03　兩個相同導體球之間電荷

圖 21-9a 中有兩個完全相同但是彼此電性絕緣的導體球 A、B，其距離(球心到球心)為 a，此值大於球的尺寸。球 A 帶有正電量$+Q$，球 B 為電中性。起初，兩球間並沒有靜電力的作用存在(夠遠的距離代表粒子間無感應電荷)。

(a)假設兩球以導線連接一段時間。且此導線夠細，以至於可以忽略其上的淨電荷。試問當導線移走後，兩球間的靜電力為何？

關鍵概念

(1) 因為球體是相同的，所以在導線將其連接後它們應該會具有相同的電荷(相同的符號與相同的量)。

(2) 最初的電荷總量(包括電荷的符號)必須等於最後的電荷總量。

推論　當兩導體球以導線連接時，球上彼此相斥的傳導電子(負電)，便可沿著導線流向具有正電荷(吸引電子)的球 A 上(見圖 21-9b)。當球失去負電荷，它便開始帶正電，此時球 A 獲得負電荷，所以其正電

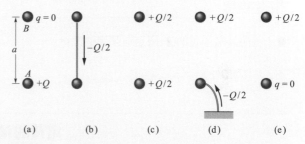

圖 21-9　兩導體小球 A 和 B。(a)一開始，球 A 帶正電。(b)負電荷透過連接的導線從 B 轉移至 A。(c)兩球皆帶正電。(d)負電荷經由接地線流向球 A。(e)球 A 成中性。

量將減少。當在球 B 上的過量電荷增加到$+Q/2$，而且在球 A 上的過量電荷減少到$+Q/2$ 的時候，電荷轉移將會停止，這種情況是發生在當有$-Q/2$ 的電荷經由金屬線，從球 B 流到球 A 的時候。

當導線移除後(圖 21-9c)，因球的尺寸相對小於它們分開的距離，我們便可假設兩球上的電荷並不會對彼此的均勻電荷分佈造成影響。所以我們可將第一殼層定理應用到每一個球上。

將 $q_1 = q_2 = Q/2$、$r = a$ 代入 21-4 式，

$$F=\frac{1}{4\pi\varepsilon_0}\frac{(Q/2)(Q/2)}{a^2}=\frac{1}{16\pi\varepsilon_0}\left(\frac{Q}{a}\right)^2 \qquad (答)$$

此時兩球皆帶正電,彼此相斥。

(b)接下來,假設球 A 短暫接地,並馬上移除接地線路。此時兩球間的靜電力為何?

推論 當我們提供帶電物體一個導電路徑到大地(為一個巨大的導體)時,我們將會把此物體中性化。假如球 A 一開始帶負電,球上的過量電子將因為彼此的排斥力而移動到大地上。然而,因為球 A 一開始是帶正電,所以 $-Q/2$ 的總電荷將由大地流到球體(圖21-9d)上,導致球體上的電荷變成 0(圖 21-9e)。此時,兩球之間將(再一次)沒有靜電力的存在。

WILEY PLUS Additional example, video, and practice available at *WileyPLUS*

21-2 電荷的量子化

學習目標

在閱讀完這個區塊的文字之後,讀者應該能夠...
21.19 了解基本電荷。

21.20 了解粒子或物體的電荷必須是基本電荷的正整數或負整數倍。

關鍵概念

● 電荷是量子化的(被限定在某幾個值)。

● 任何電荷均可寫成 ne,其中 n 為正或負整數,e 為基本電荷,其大小為電子或質子電荷($\approx 1.602 \times 10^{-19}$ C)。

電荷的量子化

在班傑明-富蘭克林的時代,電荷被想像成是連續的流體——對許多用途來說,這是一個很有用的觀念。然而,如今我們明白諸如空氣、水之類的流體並不是連續的,而是由不連續的原子和分子所組成。實驗證明,「電流」乃由許多某種基本電荷所構成的不連續體。任何可測得的正電或負電荷 q,都可以表示為

$$q = ne, \quad n = \pm1, \pm2, \pm3 \ldots \tag{21-11}$$

其中 e 為**基本電荷**,其大小約為

$$e = 1.602 \times 10^{-19} \text{ C} \tag{21-12}$$

基本電荷 e 為許多重要自然常數中的一個。電子與質子的電量大小皆為 e(表 21-1)(組成質子及中子等粒子的夸克帶有 $\pm e/3$ 或 $\pm 2e/3$ 的電量,但是很顯然的,它們是不能個別量測出來的。再加上歷史性的理由,我們並未拿它們當作基本電荷)。

我們經常可以看到諸如「一個球上的電荷」、「轉移的電荷量」及「電子的帶電量」等慣用語,這些皆表示電荷為一種物質(事實上,這些

表 21-1 三個粒子的電荷

粒子	符號	電荷
電子	e 或 e^-	$-e$
質子	p	$+e$
中子	n	0

敘述已經在本章節中出現過）。然而，我們應該記住的是：粒子是一種物質，而電荷是它們的特性之一，就如同質量一樣。

當像電荷這樣的物理量，僅允許有不連續的數值，而不是任何數值都可以的時候，我們稱此物理量是**量子化**(quantized)的。例如，我們可能發現一粒子會不帶電量或帶有$+10e$或$-6e$的電量，但不會發現它帶$3.57e$的電量。

電荷的量子是很小的。例如在普通的 100 瓦燈泡中，每秒進出的基本電荷約有10^{19}個。但在此種巨觀的情形下，並不能顯示出電的粒子性(燈泡並不隨著每個電子進出而閃爍不定)，就像我們將手放入水中無法感覺到單獨的水分子一樣。

測試站 4

一開始，A球帶電量$-50e$，B球帶電量$+20e$。球以導電材料製成並且大小相同。若兩球相接觸，則A球最後帶電量為多少？

範例 21.04　原子核的靜電斥力

鐵原子原子核之半徑約為4.0×10^{-15}公尺，含有 26 個質子。

(a)相距 4.0×10^{-15} 公尺的兩個質子間的靜電斥力大小若干？

關鍵概念

質子可視同帶電粒子，所以彼此間的靜電力可由庫侖定律得出。

計算 由表 21-1 可知，質子的電荷是$+e$。因此從 21-4 式得到

$$F = \frac{1}{4\pi\varepsilon_0}\frac{e^2}{r^2}$$

$$= \frac{(8.99\times10^9 \text{ N}\cdot\text{m}^2/\text{C}^2)(1.602\times10^{-19}\text{ C})^2}{(4.0\times10^{-15}\text{ m})^2}$$

$$= 14\,\text{N} \tag{答}$$

不爆炸 對像甜瓜般大小的物體而言，此力並不大，但對一個質子而言，此力極為巨大。除了氫(原子核中只有一個質子)以外，這樣巨大的力量應該會打散任何元素的原子核。但是它沒有如此，即使是擁有眾多質子的原子核也是一樣。因此必然存在某種巨大吸引力，以對抗此巨大的互斥靜電力。

(b)這兩個質子間的重力大小為何？

關鍵概念

由於質子是粒子，所以彼此間的重力大小可由牛頓重力方程式(21-2 式)得出。

計算 令m_p (= 1.67×10^{-27} kg)代表質子的質量，由 21-2 式可得

$$F = G\frac{m_p^2}{r^2}$$

$$= \frac{(6.67\times10^{-11}\text{ N}\cdot\text{m}^2/\text{kg}^2)(1.67\times10^{-27}\text{ kg})^2}{(4.0\times10^{-15}\text{ m})^2}$$

$$= 1.2\times10^{-35}\text{ N} \tag{答}$$

強與弱的力 此結果告訴我們，(相吸的)重力太弱了，不足以抵抗原子核中，質子間互斥的靜電力。實際狀況是一種稱為強核力(strong nuclear force)的巨大力量將質子束縛在一起；此力在質子(及中子)靠在一起時，如在原子核中，才會產生作用。

雖然重力比靜電力弱了許多倍，但因為它永遠相吸，所以在大尺度的情形下更重要多了。這意味著它可以集合許多小物體形成巨大質量，例如行星及恆星，然後產生巨大重力。另一方面，當電荷是相同符號時，靜電力是互斥的，因此它不能集合正電荷或負電荷形成高密度的電荷群，然後產生巨大靜電力。

WILEY PLUS Additional example, video, and practice available at *WileyPLUS*

21-3　電荷守恆

學習目標

在閱讀完這個區塊的文字之後，讀者應該能夠...

21.21 了解在封閉的物理環境中，淨電荷是不變的(淨電荷總是守恆的)。

21.22 了解粒子的共滅過程(annihilation process)與對生過程(pair production)。

21.23 了解質量數與原子序是和質子、中子以及電子的數目相關的。

關鍵概念

● 孤立系統之淨電量不變。

● 若有兩個粒子歷經共滅過程，他們的電荷符號是相異的。

● 若有兩個粒子是對生過程的產物，他們的電荷符號是相異的。

電荷守恆

以絲絹摩擦玻璃棒，棒上就會出現正電荷。量測結果顯示，與此同時，絲絹上出現等量的負電荷。這暗示著摩擦並不能創造電荷，而是將電荷自一物體轉移至另一物體，在此過程中，每個物體的電中性已受到破壞。這個**電荷守恆**假說最早是由富蘭克林所提出，經過許多審慎的檢驗，包括大型的帶電物體以及原子、原子核等基本粒子。迄今尚未發現違反此一假設者。因此，我們現在將電荷加入守恆定律的行列，包含能量、線動量以及角動量守恆定律。

原子核的放射性衰變(radioactive decay)是電荷守恆的重要範例，在這種衰變過程中，原子核會轉換成(變成)另一種不同類型的原子核。舉例來說，鈾 238 原子核(^{238}U)可以經由放射一個 α 粒子(alpha particle)，轉換成釷 234 原子核(^{234}Th)。因為該粒子具有與氦 4 原子核相同的組成，所以其表示符號是 ^{4}He。在原子核名稱中所使用的數字，以及在原子核符號中的上標，稱為質量數(mass number)，它是原子核內質子和中子數量的總和數。例如，^{238}U 中的總和數是 238。在原子核中的質子數量是原子序(atomic number) Z，附錄 F 羅列了所有元素的原子序。利用該表我們發現在下列衰退過程中

$$^{238}\text{U} \rightarrow \,^{234}\text{Th} + \,^4\text{He}$$

(21-13)

母核(parent) ^{238}U 含有 92 個質子(電量是+92e)，子核(daughter) ^{234}Th 含有 90 個質子(電量是+90e)，而且放射出來的粒子 ^{4}He 含有兩個質子(電量+2e)。我們看到衰變之前和之後，總電荷量都是+92e；因此電荷守恆。(質子和中子的總數量也是守恆的：在衰變以前是 238，衰變以後是 234 + 4 = 238)。

另一電荷守恆例子：當電子 e^-(電量−e)和其反粒子即正電子 e^+(電量為+e)，經歷共滅過程(annihilation process)而轉化為兩道射線(高能光線)：

$$e^- + e^+ \rightarrow \gamma + \gamma \quad \text{(共滅)} \tag{21-14}$$

在利用電荷守恆原理的時候，我們將電荷相加，並且必須注意電荷的符號。在 21-14 式的共滅過程，在之前和之後，系統的淨電荷均為零，因此電荷守恆。

與共滅過程相反的對生過程亦遵守電荷守恆原理。在此過程中射線會轉變為一個電子與正電子：

$$\gamma \rightarrow e^- + e^+ \quad \text{(對生)} \tag{21-15}$$

圖 21-10 為發生在氣泡室的對生過程。(這個裝置的液體會突然被加熱到超過沸點。若有帶電粒子經過，小氣泡會尾隨粒子形成。)γ 射線由底部進入腔體，並且在某一個位置轉化為電子和正電子。由於兩個新粒子帶電並且在運動，因而留下了泡沫軌跡(因為氣泡室內已經建立了磁場，所以軌跡呈彎曲狀)。γ 射線為電中性，所以未留下任何軌跡。另外，我們可由圖中 V 型軌跡的尖端看出對生作用發生的位置，這裡正是電子與正電子的軌跡開始產生的地方。

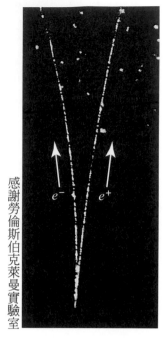

圖 **21-10** 由電子與正電子於氣泡室所留下的軌跡。γ 射線由氣泡室下方進入，並產生這兩個粒子由於 γ 射線的電中性，因此未能如電子與正電子般留下氣泡軌跡

重 點 回 顧

電荷 一粒子與其周圍帶電物體之間的電力交互作用的強度取決於其**電荷**(通常表示為 q，且可正可負)。同性電荷相斥，異性電荷相吸。具有等量正負電荷的物體呈電中性，但含有不平衡電量時則具有多餘電荷。

導體中有大量可自由移動的帶電粒子(在金屬中為電子)。在**非導體**或**絕緣體**中的帶電粒子無法自由移動。

電流 i 是電荷通過某一特定點的變化率 dq/dt：

$$i = \frac{dq}{dt} \quad \text{(電流)} \tag{21-3}$$

庫侖定律 庫侖定律是描述點電荷間的靜電力(或電力)。若兩粒子的電荷為 q_1 與 q_2、相距 r，且相對於對方為靜止狀態(或僅是緩慢移動)，每一粒子作用於對方的力大小為：

$$F = \frac{1}{4\pi\varepsilon_0} \frac{|q_1||q_2|}{r^2} \quad \text{(庫侖定律)} \tag{21-4}$$

其中 $\varepsilon_0 = 8.85 \times 10^{-12} \text{C}^2/\text{N} \cdot \text{m}^2$ 稱為**介電常數**；且 $1/4\pi\varepsilon_0$ 常以**靜電常數**(或**庫侖常數**)$k = 8.99 \times 10^9 \text{ N} \cdot \text{m}^2/\text{C}^2$ 所取代。

一電荷因另一電荷所產生靜電力向量的方向是指向另一電荷(電荷符號相異)或是遠離另一電荷(電荷符號相同)。如同其他類型的力，若有多個靜電力

作用在一粒子上，淨力爲每一個別作用力的向量和(非純量和)。

兩個靜電力的殼層定理：

殼層定理 1：均勻電荷分佈之殼層對其外部的帶電粒子的吸力或斥力，就好像將球殼上的電荷集中於球心時產生的作用一樣。

殼層定理 2：均勻電荷分佈之殼層對位於其內部之帶電粒子無淨的靜電力作用。

導電球殼上的電荷會均勻分佈在表面外。

基本電荷 電荷是量子化的，任何電荷均可寫成 ne，其中 n 爲正或負整數，e 爲自然界的常數，稱爲基本電荷(約爲 1.602×10^{-19} C)。

電荷守恆 孤立系統的淨電荷總是守恆的。

討論題

1 在圖 21-11 中，四個粒子形成一個正方形。其電荷值是 $q_1 = q_4 = Q$ 和 $q_2 = q_3 = 7.90$ fC。(a)如果作用在粒子 1 和 4 的淨靜電力爲零，試問 Q 是多少？(b)是否有存在任何 q 值，能使作用在所有這四個粒子的每一個的淨靜電力等於零？請解釋。

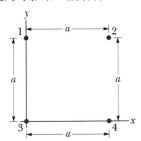

圖 21-11 習題 1、2 和 3

2 在圖 21-11 中，各粒子的電荷是 $q_1 = -q_2 = 100$ nC 和 $q_3 = -q_4 = 200$ nC，而且距離 $a = 3.0$ cm。請問作用在粒子 3 的淨靜電力的：(a) x 分量和(b) y 分量爲何？

3 在圖 21-11 中，四個粒子形成一個正方形。其電荷分別是 $q_1 = +Q$，$q_2 = q_3 = q$，$q_4 = -2.00Q$。如果作用在粒子 1 的淨靜電力是零，請問 q/Q 是多少？

4 圖 21-12 之電荷量$+1.0$ μC 的粒子 1 和電荷量-3.0 μC 的粒子 2 在 x 軸，間隔距離保持爲 $L = 15.0$ cm。如果具有未知電荷量 q_3 的粒子 3 要被放置在，能使由粒子 1 和 2 作用在其上的淨靜電力等於零的位置上，請問粒子 3 的：(a) x 座標，(b) y 座標爲何？

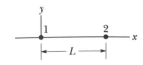

圖 21-12 習題 4、5、6、7 和 8

5 在圖 21-12 中，電荷量$+q$ 的粒子 1 和電荷量$+4.00q$ 的粒子 2 位於 x 軸上，而且其間隔距離保持爲 $L = 12.00$ cm。如果電荷量 q_3 的粒子 3 所放置的位置，恰好使得三個粒子被釋放的時候，都能維持在位置上，試問粒子 3 的：(a) x 座標和(b) y 座標比值 q_3/q 各爲何？

6 在圖 21-12 中，粒子 1 和 2 固定於 x 軸上的特定位置，其間隔距離是 $L = 6.00$ cm。它們的電荷爲 $q_1 = +e$ 和 $q_2 = -27e$。帶有電荷 $q_3 = +4e$ 的粒子 3 放置在連接粒子 1 和 2 的線段上，使得這兩個粒子作用於粒子 3 的淨靜電力爲 $\vec{F}_{3,\text{net}}$。(a)爲了使該力的大小達到最小，請問粒子 3 應該放在什麼座標上？(b)該最小值爲何？

7 在圖 21-12 中，電荷量-80.0 μC 的粒子 1 和電荷量$+40.0$ μC 的粒子 2 位於 x 軸上，其間隔距離保持爲 $L = 20.0$ cm。如果將具有電荷量 $Q_3 = 20.0$ μC 的粒子 3 放置在：(a) $x = 40.0$ cm 和(b) $x = 80.0$ cm 處，請問作用於粒子 3 的淨靜電力爲何，並且以單位向量標記法表示之？如果由粒子 1 和 2 所引起作用於粒子 3 的淨靜電力爲零，試問此時粒子 3 的(c) x 和(d) y 座標應該是多少？

8 在圖 21-12 中，具有電荷$-5.00q$ 的粒子 1 和具有$+2.00q$ 的粒子 2 在 x 軸上保持著間隔距離 L。如果具有未知電荷量 q_3 的粒子 3 要被放置在，能使由粒子 1 和 2 作用在其上的淨靜電力等於零的位置上，請問粒子 3 的(a)座標和(b)座標爲何？

9 某一個 6.0 μC 的電荷分裂成兩部份，這兩個部分的分隔距離是 3.0 mm。請問在這兩個部分之間，其靜電力的最大可能大小是多少？

10 試問在 1.00 mol 不帶電的氫氣(H_2)中，有多少百萬庫侖的正電荷？

11 圖 21-13 顯示了一根不導電、無質量長桿，其長度是 L，以其中心爲軸承；在平衡狀態下，與桿子左方端點相距 x 處，懸吊著重量 W 的物塊。在桿子左端點和右端點附著著小型導電球體，它們分別帶有正電荷 q 和 $2q$。在這兩個球體的正下方 h 處，都有一個已經固定而且帶著正電荷 Q 的球體。(a)試求當桿子呈現水平和平衡狀態時的距離 x。(b)請問 h 值應該是多少，才能使桿子呈現水平和平衡狀態的時候，桿子不會施加任何垂直力在軸承上？

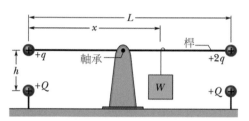

圖 21-13 習題 11

12 一個流經我們胸膛的 0.300 A 電流可以讓我們的心臟進入纖維性顫動的狀態，這將破壞心臟跳動的正常節奏，使送入腦部的血液流動(以及其中的氧氣)中斷。如果該電流持續了 1.50 分，請問通過我們胸膛的導電電子有多少？

13 兩帶等電量的粒子相距 3.2×10^{-3} m，在靜止狀態釋放此二粒子。已知第一個粒子的初加速度爲 14.0 m/s^2。第二個粒子則爲 9.0 m/s^2，如果第一個粒子的質量爲 8.4×10^{-7} kg，(a)第二個粒子的質量爲何？(b)每個粒子的電荷量爲何？

14 有兩個工程學生約翰和瑪麗彼此相距 30 m，約翰的質量是 90 kg 而且瑪麗的質量是 45 kg。假設他們每一個人在正電荷與負電荷數量上都有 0.01%的不平衡，而且其中一個人帶著正電荷，另一個人帶負電荷。在將每個學生以和學生具有相同質量的水球代替之後，試藉此求出作用在兩個學生之間的靜電力大小的數量級。

15 請問 75.0 kg 的電子，具有多少庫侖的總電荷？

16 一個 100 W 的燈在其燈絲中具有 0.83 A 的穩定電流，則 1 莫耳電子通過此燈需要多長時間？

17 具有電荷+6.0 μC 和–4.0 μC 的兩個點電荷分別放置在 x 軸的 $x = 8.0$ m 和 $x = 16$ m 兩個位置。試問必須在 $x = 24$ m 的位置放置電荷量多大的電荷，才能使置於原點的任何電荷不會受到靜電力的作用？

18 電荷 Q 的粒子固定在 xy 坐標系的原點。$t = 0$ 時，一粒子($m = 0.800$ g, $q = 4.00$ μC)位於 x 軸上 $x = 20.0$ cm 處，沿正 y 方向以 50.0 m/s 的速度移動。Q 值爲多少時，可使粒子進行圓周運動？（忽略粒子上的引力）

19 求出下列核反應方程式中的 X 值：(a) $^1H + ^9B \rightarrow X + n$；(b) $^{12}N + ^1H \rightarrow X$；(c) $^{15}N + ^2H \rightarrow ^4He + X$。利用附錄 F。

20 圖 21-14a 顯示固定在 x 軸特定位置的帶電粒子 1 和 2。粒子 1 的電荷大小爲$|q_1| = 16e$。電荷量 $q_3 = +8.00e$ 的粒子 3 起初位於 x 軸上靠近粒子 2 之處。然後粒子 3 沿 x 軸正向漸漸移動。結果造成由粒子 1 和 3 所引起作用在粒子 2 的淨靜電力 $\vec{F}_{2,net}$ 的大小跟著改變。圖 21-14b 提供了該淨力 x 分量，表示成粒子 3 的位置 x 函數圖形。x 軸尺度設定爲 $x_s = 1.40$ m。當 $x \rightarrow \infty$ 時，圖形具有漸進線 $F_{2,net} = 1.5 \times 10^{-25}$ N。試問粒子 2 的電荷 q_2 是多少，請將它表示成 e 的倍數，並且必須表示出其電性符號？

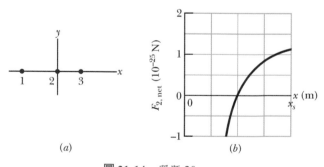

圖 21-14 習題 20

21 我們知道在電子上的負電荷與質子上的正電荷是相等的。然而讓我們假設這些值彼此之間相差 0.00010%。試問兩個彼此間相隔 1.0 m 的銅板，會以多大的力量？假設每個銅板含有3×10^{22}個銅原子(提示：一個不帶電銅原子含有 29 個質子和 29 個電子)。並且請問我們可以獲得怎樣的結論？

22 在一個小球體具有電荷 Q，一部分電荷 α 被轉移到第二個在附近的球體，球體可以被視為粒子。則(a) α 值為多少時，可使兩個球體之間的靜電力 F 達到最大？使 F 為最大幅度的一半的(b)較小和(c)較大的 α 值分別是多少？

23 如果在乾燥天有一隻貓不斷地靠著我們的棉質長褲磨擦，則在貓的毛和褲子的棉之間所形成的電荷轉移，可以在我們身上產生-2.00 μC 的多餘電荷。(a) 試問在我們和貓之間的轉移電子有多少？

我們將會經由地板慢慢放電，但是如果我們不想等待這麼久，我們可以立即前去碰觸水龍頭，當我們的手指頭靠近水龍頭的時候，會出現一道讓我們感到疼痛的火花。(b)在該火花中，電子會從我們身上流到水龍頭，或者是反向流動？(c)就在火花出現以前的瞬間，我們會在水龍頭中感應出正電荷或負電荷？(d)如果情況變成是貓伸出腳掌靠近水龍頭，則在所產生的火花中，電子流動的方向為何？(e)如果在乾燥天我們以赤裸的手撫摸貓，我們應該注意不要讓手指靠近貓的鼻子，否則我們會經由火花傷害貓。在考慮到貓毛是絕緣體以後，請解釋為何會出現火花。

24 在圖 21-15 中，有三個帶電粒子位於 x 軸上。粒子 1 和 2 固定在特定位置。粒子 3 可以自由移動，但是由粒子 1 和 2 作用在粒子 3 的淨靜電力恰好等於零。如果 $L_{23} = L_{12}$，請問比值 q_1/q_2 為何？

圖 21-15 習題 24 和 43

25 相距 9.976×10^{-10} m 的兩相同離子間的靜電力為 3.700×10^{-9} N。(a)各離子所帶電荷為何？(b)各離子「失去」多少電子(因此造成離子的電性不平衡)？

26 當兩個帶 1.00 C 的點電荷之間的分隔距離是：(a) 1.00 m 和(b) 1.00 km 的時候，而且如果這樣的點電荷是存在的(它們並不存在)且這樣的配置方式是可以建置的，則這兩個點電荷之間的靜電力大小是多少？

27 早期氫原子模型（波爾模型）中，電子是以等速圓周運動環繞質子，圓半徑被限制（量化）為由下式給出的某些值

$$r = n^2 a_0, \text{ for } n = 1, 2, 3, \ldots,$$

其中 a_0 = 52.92 pm。如果電子在(a)可允許的最小軌道和(b)第二小的軌道上運行，那麼它的速度是多少？(c)如果電子移動到更大的軌道，它的速度是增加、減少還是保持不變？

28 有三個粒子形成一個三角形：粒子 1 具有電荷 Q_1 = 80.0 nC，其位置是在 xy 座標(0, 3.00 mm)，粒子 2 具有電荷 Q_2，其位置是在(0, –3.00 mm)，而且粒子 3 具有電荷 q = 18.0 nC，其位置為(4.00 mm, 0)。如果 Q_2 等於(a) 80.0 nC 和(b) –80.0 nC，請問由其餘兩個粒子所引起作用在粒子 3 的靜電力為何，試以單位向量標記法表示之？

29 在圖 21-16 中，三個相同導電球體起初具有下列電荷：球 A，$2Q$；球 B，$-6Q$；和球 C，0。球 A 和 B 固定於特定位置，其中心對中心的間隔距離比球大很多。我們在這些條件下進行了兩次實驗。在實驗 1 中，使球 C 碰觸球 A，然後碰觸(個別地)球 B，最後移除球 C。在實驗 2 中，從相同初始狀態開始，但是將程序倒轉：使 C 球碰觸球 B，然後碰觸(個別地)球 A，最後再移除球 C。試問在實驗 2 結束的時候，A 和 B 之間的靜電力，與在實驗 1 結束時的靜電力的比值為何？

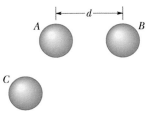

圖 21-16 習題 29 和 51

30 在圖 21-17 上，請問由其餘三個粒子所引起作用於粒子 4 的淨靜電力的：(a)大小和(b)方向為何？所有四個粒子都固定在 xy 平面上，而且 $q_1 = -3.20 \times 10^{-19}$ C，$q_2 = +3.20 \times 10^{-19}$ C，$q_3 = +6.40 \times 10^{-19}$ C，$q_4 = +3.20 \times 10^{-19}$ C，θ_1 = 35.0。，d_1 = 3.00 cm，和 $d_2 = d_1$ = 2.00 cm。

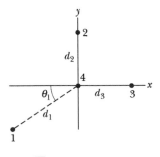

圖 21-17 習題 30

31 中子是由一個具有電荷 $+2e/3$ 的「向上」夸克和兩個都具有電荷 $-e/3$ 的「向下」夸克所組成。如果我們假設在中子裡面,兩個向下夸克之間的距離是 2.6×10^{-15} m,請問它們之間的靜電力大小是多少?

32 在圖 21-18 中,粒子 1 和 2 的電荷量($q_1 = q_2 = +3.20 \times 10^{-19}$ C),兩個粒子位於 y 軸上與原點相距 $d = 21.0$ cm 的位置。電荷量 $q_3 = +6.40 \times 10^{-19}$ C 的粒子 3 沿著 x 軸從 $x = 0$ 到 $x = +5.0$ m 漸漸移動。請問當 x 值為何的時候,由其餘兩個粒子作用在第三個粒子的靜電力大小會是(a)最小值和(b)最大值?該大小的(c)最小值和(d)最大值為何?

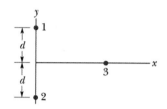

圖 21-18 習題 32

33 某一個帶有電荷但是無法導電的棒子具有長度 2.00 m 和截面積 4.00 cm²,將棒子沿著 x 軸正方向擺放,並且使其一端位於原點上。體積電荷密度(volume charge density) ρ 是代表每單位體積的電荷量,這裡的單位是每立方公尺庫侖。如果 ρ 是:(a)均勻的,且其值為 $-4.00\ \mu$C/m³,及(b)非均勻的,且其值可表示成 $\rho = bx^2$,其中 $b = -2.00\ \mu$C/m⁵,則請問在棒子上有多少多餘的電子?

34 在圖 21-19 中,具有相等質量 m 和相等電荷 q 的兩個導電球體,懸吊在長度 L 而且不能導電的細繩上。假設 θ 夠小而 $\tan \theta$ 可以用近似的 $\sin \theta$ 取代。(a)試證明

$$x = \left(\frac{q^2 L}{2\pi\varepsilon_0 mg} \right)^{1/3}$$

提供了兩顆球的平衡分隔距離,若 $L = 120$ cm,$m = 10$ g,而且 $x = 5.0$ cm,請問 $|q|$ 為何?

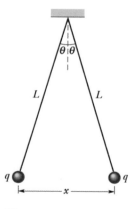

圖 21-19 習題 34 和 44

35 在圖 21-20 中,具有電荷 $+4e$ 的粒子 1 位於地板上方 $d_1 = 2.00$ mm 的位置,而且具有電荷 $+6e$ 的粒子 2 位於地板上,它與粒子 1 之間的水平距離是 $d_2 = 6.00$ mm。請問由粒子 1 所引起作用在粒子 2 的靜電力的 x 分量為何?

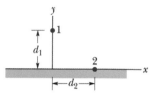

圖 21-20 習題 35

36 如果兩個質子彼此互相作用的靜電力大小,等於作用在位於地球表面的質子的重力大小,請問兩個質子之間的距離必須是多少?

37 電荷量分別為 30 nC 和 -40 nC 的點電荷固定於 x 軸上,其位置分別為原點和 $x = 72$ cm。帶有電荷 42 μC 的粒子在 $x = 28$ cm 從靜止釋放。如果一開始粒子的加速度大小是 100 km/s²,請問粒子的質量是多少?

38 在圖 21-21 中,六個帶電粒子以徑向距離 $d = 1.0$ cm 或者 $2d$ 圍繞著粒子 7,如圖所示。這些粒子的電荷分別是 $q_1 = +2e$,$q_2 = +4e$,$q_3 = +e$,$q_4 = +4e$,$q_5 = +2e$,$q_6 = +8e$,$q_7 = +6e$,其中 $e = 1.60 \times 10^{-19}$ C。試問作用在粒子 7 的淨靜電力大小為何?

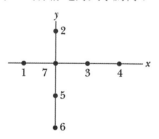

圖 21-21 習題 38

39 有一個電子處於靠近地球表面的真空狀態中,而且它位於垂直 y 軸的 $y = 0$。試問我們應該將第二個電子放置在什麼 y 值上,才能使它作用在第一個電子上的靜電力,抵銷掉作用在第一個電子上的重力?

40 一個電子以初始速度 $v_i = 3.2 \times 10^5$ m/s 直接射向一個非常遙遠的靜止質子。由於質子質量相對大於電子質量,因此假設質子保持靜止。試計算靜電力對電子所作的功,並求出電子瞬時速度為 $2v_i$ 時兩粒子間的距離?

41 圖 21-22 顯示了四個完全相同的導電球體，它們彼此實際上相隔了有相當的距離。球體 W (具有零初始電荷)已經與球體 A 碰觸過，然後才分開。接著，球體 W 也與球體 B(具有$-32e$ 的初始電荷)碰觸，然後再將它們分隔開。最後，再將球體碰觸球體 C(具有初始電荷$+48e$)，然後分隔開它們。已知在球體 W 上的最後電荷是$+18e$。請問球體 A 的初始電荷爲何？

圖 21-22 習題 41

42 在圖 21-23 中，有四個粒子沿著 x 軸固定於特定位置上，彼此的間隔距離是 $d = 2.00$ cm。粒子的電荷分別是 $q_1 = +2e$，$q_2 = -e$，$q_3 = +e$，$q_4 = +4e$，其中 $e = 1.60 \times 10^{-19}$ C。試問由其餘粒子所引起作用在：(a)粒子 1 和(b)粒子 2 的淨靜電力爲何，請以單位向量標記法表示之？

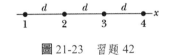

圖 21-23 習題 42

43 在圖 21-15 中，粒子 1 和 2 固定於特定位置，但是粒子 3 可以自由移動。如果由粒子 1 和 2 所引起作用在粒子 3 的淨靜電力爲零，且 $L_{23} = 2.00L_{12}$，請問比值 q_1/q_2 爲何？

44 (a)在習題 34 中，如果兩顆球其中一個被放電 (譬如說，將其電荷 q 流失於地中)，請解釋這兩顆球會發生什麼事情。(b)試使用已知數值 L 和 m 和已經計算出來的 $|q|$，求出新的平衡距離 x。

45 在 21-13 式的放射型蛻變中，^{238}U 原子核轉換成 ^{234}Th 並且射出 ^{4}He (這些是原子核，不是原子，因此沒有牽涉到電子)。當在 ^{234}Th 和 ^{4}He 之間的間隔距離是 9.0×10^{-15} m 時，請問(a)在這兩個原子核之間的靜電力大小，(b) ^{4}He 粒子的加速度大小爲何？

46 在圖 21-24 中，三個相同導電球體形成一個等邊三角形，其邊長是 $d = 20.0$ cm。球體半徑遠小於 d，而且球體所帶電荷是 $q_A = -2.00$ nC，$q_B = -4.00$ nC，$q_C = +8.00$ nC。(a)請問在球體 A 和 C 之間的靜電力大小爲何？我們進行了以下步驟：將 A 和 B 以細金屬線連接在一起，然後移除金屬線；以金屬線將接地，然後將金屬線移除；將 B 和 C 以金屬線連接在一起，然後移除金屬線。請問此時(b)在球體 A 和 C 之間，以及(c)在球體 B 和 C 之間的靜電力大小爲何？

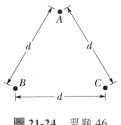

圖 21-24 習題 46

47 兩個小型帶有正電荷的球體的總電荷是 5.0×10^{-5} C。如果當兩個球體的分隔距離是 2.0 m 時，它們彼此會以 1.0 N 的靜電力互相排斥，請問具有比較少電荷的球體具有多少電荷？

48 在半徑爲 R 的球形金屬殼中，電子從中心直接射向殼中的一個小孔，並通過該小孔逃脫。金屬殼帶負電，表面的電荷密度（每單位面積的電荷）爲 6.90×10^{-13} C。當電子到達徑向距離(a) $r = 0.500R$ 和(b) $2.00R$ 時，其加速度的大小是多少？

49 (a)請問我們必須在地球和月球放置多少的相等數量正電荷，才能抵銷它們之間的重力？(b)在解答這個問題的時候，爲什麼我們不需要知道月球的距離？爲了供應(a)小題所計算得到的正電荷，我們需要多少公斤的氫離子(換言之，就是質子)？

50 一個電子和一個正電子的電荷分別爲$-e$ 和$+e$，其質量是 9.11×10^{-31} kg，則電子和正電子間電力與萬有引力之比是多少？

51 在圖 21-16 中三個相同金屬球的初始電荷如下：球 A，Q；球 B，$-Q/4$；球 C，$Q/2$，其中 $Q = 2.00 \times 10^{-14}$ C。假設 A 和 B 固定在特定位置，其中心對中心的間距 $d = 1.20$ m，且此間隔距離比球大很多。首先將 C 球與球 A 互相碰觸，然後將球 C 碰觸球 B，最後將球 C 移除。請問在球體 A 和 C 之間的靜電力大小爲何？

22-1 電場

學習目標

在閱讀完這個區塊的文字之後，讀者應該能夠...

22.01 了解圍繞在帶電粒子之空間中的每一點均有該粒子產生的電場 $\vec{E}$，其為向量，因此同時具有大小和方向。

22.02 了解電場 $\vec{E}$ 如何用來解釋，即使兩粒子在無接觸的狀況下，其一粒子會受到第二個粒子的靜電力。

22.03 解釋一小帶正電的測試電荷如何被用來(原則上)量測一給定位置的電場。

22.04 解釋電場線，包含它們的開端與終點，以及其空間分佈狀況。

關鍵概念

● 每個電荷都會在其周圍建立一個電場(向量)。若有第二個粒子在其空間中，會因其所在位置的場大小與方向，而受到靜電力。

● 任一點的電場 $\vec{E}$ 的定義是一個正測試電荷 q_0 在該點所受的靜電力 $\vec{F}$：

$$\vec{E} = \frac{\vec{F}}{q_0}$$

● 電場線提供了一種以圖形表示電場大小與方向的方法。在任一點的電場向量與該處的場線相切。場線的密度與該區域電場的強弱成正比。因此，電場線越密集，電場越強。

● 電場線起於正電荷終於負電荷。因此，自正電荷延伸的場線必定終止於負電荷。

物理學是什麼？

圖 22-1 顯示兩個帶正電粒子。前一章告訴我們，作用在粒子 1 的靜電力是因為粒子 2 的存在。同時我們也知道力的方向，針對某一給定的數值下，我們可以算出力大小。另外還有一個嘮叨的問題：粒子 1 如何「知道」粒子 2 的存在？換言之，既然兩個粒子互不接觸，粒子 2 如何推動粒子 1—是如何能夠有這種「隔空產生作用」的現象呢？

物理學的一個目的是記錄有關於我們的世界的觀察結果，例如像是作用在粒子 1 的推力的大小和方向。另一個目的是提供對所記錄的資料更深一層的解釋。本章的一個目的是想對我們嘮叨地提問，關於有相當距離的電力那樣一個問題，提供比較深入的解釋。

在這邊我們應該細察的解釋是：粒子 2 在其周圍空間(即使是在眞空)中建立一個**電場**(electric field)。如果我們將粒子 1 放在該空間中任何一給定的點，則粒子 1 會「知道」到粒子 2 的存在，因為它已經受到粒子 2 在該點所建立電場所影響。因此，粒子 2 不需要經由碰觸(像你碰咖啡杯那樣的碰觸)粒子 1 來對它施以推力，而是利用粒子 2 產生的電場。

圖 **22-1** 在兩粒子無接觸的情況下，帶電粒子 2 如何在粒子 1 上產生推力？

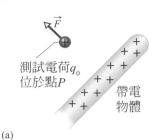

(a)

棒子產生一個電場，
而使測試電荷受到作用力

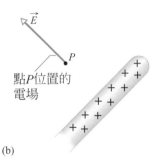

(b)

圖 22-2 (a)正測試電荷位於靠近帶電物體的 P 點上。靜電力作用在該測試電荷上。(b)帶電物體在 P 點處所產生的電場 $\vec{E}$。

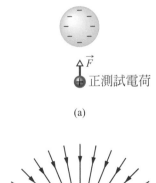

(a)

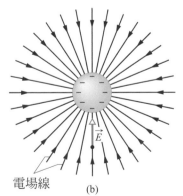

(b)

圖 22-3 作用於正測試電荷上的靜電力 $\vec{F}$，此測試電荷鄰近一個負電荷均勻分佈的球體，測試電荷處的電場向量 $\vec{E}$，及接近球體附近空間的電場線。這些場線指向帶負電的球體(這些場線可視為由極遠處的正電荷所發出)。

在本章中，我們的目的是(1)定義電場，並且(2)討論在帶電粒子或物體在不同的空間分佈情況下，如何計算電場，以及(3)討論電場如何影響一帶電粒子(例如，使它移動)。

電場

在科學和工程上有許多不同的場概念。例如，禮堂中每一點的溫度皆有明確的值。我們可以利用溫度計量測禮堂中每一個或多個點的溫度值。最後所得到的溫度分佈稱為溫度場。利用相同的方法，我們可以想像也有一壓力場存在游泳池中。這樣的場是純量場的例子，因為溫度和壓力是純量，僅有值而沒有方向。

相較之下，電場是一個向量場，因為它負責傳達力的資訊，力同時有值與方向的資訊。此電場是由帶電物體在周圍空間中每一點的電場向量 $\vec{E}$ 分佈所組成。原則上，我們可以下列方式定義帶電物體附近各點(如圖 22-2a 中的 P 點)的電場：首先我們在 P 點上放置一正電荷 q_0，我們稱之為測試電荷，因為我們用它來測量電場。(我們希望這個電荷很小，小到不會影響物體的電荷分佈)然後測量測試電荷所受到的靜電力 F。最後，該點的電場為：

$$\vec{E} = \frac{\vec{F}}{q_0} \quad (\text{電場}) \tag{22-1}$$

因為該測試電荷為正的，所以 22-1 式中的兩向量是同方向，因此 $\vec{E}$ 的方向就是我們測量 $\vec{F}$ 的方向。$\vec{E}$ 在 P 點的大小是 F/q_0。如圖 22-2b 所示，我們總是用尾巴定錨在量測點上的箭頭來表示電場。(這聽起來或許不太重要，但是用其他方法來畫出向量常導致錯誤。而且，另一個常見錯誤是搞混力和場，因為它們的英文單字都是 f 開頭的。電力是拉或推。電場是電荷體所建立一種抽象的特性。)從 22-1 式，我們可以知道電場的 SI 單位是每庫侖牛頓(N/C)。

我們可以平移測試電荷至附近其他點，以量測該處的電場，所以我們可以描繪出由該帶電體所建立的電場分佈。該電場獨立於測試電荷而存在。它是一種由帶電體在周圍空間(甚至是真空)所建立的東西，且不受我們使用之測試方法的影響。

接下來幾個小節，我們將決定帶電粒子附近的場，以及各種帶電體。然而，首先讓我們來細察一種將電場視覺化的方法。

電場線

環視圍繞在你所處房間的空間。你能夠看到遍佈空間的向量場－有著不同大小和方向的向量嗎？這看起來似乎不可能，法拉第於 19 世紀提出電場的觀念並找到一個方法。他想像帶電物體周圍的空間充滿著力線，稱為**電場線**。

圖 22-3 中為一帶有均勻負電荷的球。若我們在其附近任何位置放置一正測試電荷(圖 22-3a)，則有朝向球心的靜電力作用在該測試電荷上。換句話說，該球附近所有位置的電場向量依照徑向方向指向該球中心。

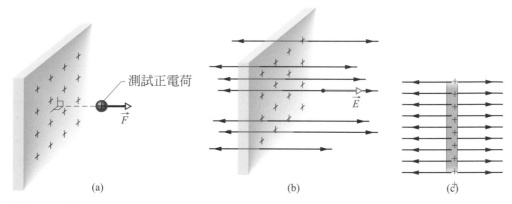

圖 22-4 (a)鄰近一非常大、一側均勻正電荷分佈的非導體平板，圖中顯示的是此時正測試電荷所受的靜電力。(b)測試電荷處的電場向量，及接近球體附近空間的電場線。這些場線由此帶正電的平板向外延伸。(c)圖(b)的側視圖。

這種形式的向量場可用圖 22-3b 中的場線表示出來。如該圖所示，在任何點，穿過該點的場線方向和該點上的電向量方向一樣。

畫電場線的法則如下：(1) 在任一點，電場向量必須在該點上切線於電場線，並在同一方向(這可以輕易的在圖中看到，在圖 22-3 上的線是直的，但很快地我們可以看到有些是曲線的。)(2) 在垂直於這些場線的平面上，相對的線密度表示那裡場的相對大小。密度越大，場大小越大。

如果在圖 22-3 中為正電荷均勻分佈的球體，則其附近所有點的電場向量將沿徑向方向遠離該球。因此，電場線也將沿該球的徑向方向向外輻射。然後我們可得到下列的規則：

 電場線是由正電荷出發，終止於負電荷。

在圖 22-3b 中，它們源自於遙遠但沒有在圖上顯示出的正電荷。在另一個例子中，圖 22-4a 展示一個無限大、無導線性的平板，它的一端帶有均勻的正電荷。若我們放一正測試電荷在靠近板子(任一邊)的某一點，會發現作用在粒子上的靜電力是向外並垂直於板子。這垂直方向是合理的，因為任何向上的力分量會被等量向下的力平衡掉。只剩下向外的力，因此電場向量與電場線也必須是向外並垂直於平板，如圖 22-4b 與 c 所示。

因為板子上的電荷是均勻的，所以場向量和場線也會是。這樣的場是均勻場線，其意思是在場內每一點的電場大小與方向相同。(這比每個點都不一樣的非均勻場好處理。)當然，並沒有東西像無限平板這樣。這只是一種方法，用來說明量測靠近板子之點的場，與該板子的大小有關，而且也不是量測板子邊緣附近的場。

圖 22-5 展示兩個帶正電荷粒子的場線。現在這些線是彎曲的，但規則仍然成立：(1)任何點的電場向量必須正切於該點的場線，且在同一方向，如圖示的向量。以及(2)線越密表示場大小越大。想像圍繞在這些粒子的三維場線圖，在心裡著對稱軸(穿過兩粒子的垂直線)旋轉圖 22-5 中的圖形。

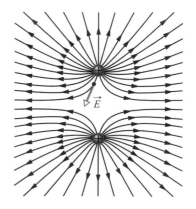

圖 22-5 兩個相等正電荷的場線圖。圖形本身不就表示著兩電荷相互排斥嗎？

22-2 帶電粒子所產生的電場

學習目標

在閱讀完這個區塊的文字之後,讀者應該能夠...

22.05 在一張草圖上畫出一帶電粒子,標出它的符號,並選擇附近的一個點,然後畫出該點的電場向量 $\vec{E}$,並在該點附上箭頭。

22.06 對於一帶電粒子所產生之電場中的某一點,指認出當粒子為正電或負電時,各自的電場 $\vec{E}$ 方向。

22.07 對一帶電粒子所產生之電場中的某一點,運用場大小 E、電荷大小 $|q|$ 以及點跟粒子距離 r 之間的關係。

22.08 了解此處所討論關於電場大小的方程式只能運用於粒子,而不能用在連續體上。

22.09 若超過一個電場作用於某一點,畫出每一電場的向量,然後把個別電場視為向量(而非當成純量)來找出淨電場。

關鍵概念

● 由點電荷 q 在距離 r 處所建立的電場 $\vec{E}$ 之大小為

$$E = \frac{1}{4\pi\varepsilon_0}\frac{|q|}{r^2}$$

● 如果電荷為正,$\vec{E}$ 的方向為離開點電荷;如果電荷為負,其方向則指向點電荷。

● 若有超過一個帶電粒子在某一點建立電場,淨電場是個別電場的向量和-電場遵守疊加定理。

點電荷產生的電場

要找出距一點電荷 q(或帶電粒子)r 處的電場,我們可在該處放置一正測試電荷 q_0。根據庫侖定律(21-4 式),作用在 q_0 上之靜電力為

$$\vec{F} = \frac{1}{4\pi\varepsilon_0}\frac{qq_0}{r^2}\hat{r}$$

若 q 為正,則 $\vec{F}$ 的方向為指離電荷的方向;若 q 為負,則 $\vec{F}$ 為指向電荷的方向。由 22-1 式可知,我們現在可以把該粒子(在測試電荷的位置)建立的電場寫成為

$$\vec{E} = \frac{\vec{F}}{q_0} = \frac{1}{4\pi\varepsilon_0}\frac{q}{r^2}\hat{r} \quad \text{(點電荷)} \tag{22-2}$$

讓我們再次從方向來思考。$\vec{E}$ 的方向即為正測試電荷的受力方向:若 q 為正,則方向為指離點電荷;反之,則指向點電荷。

所以,給定另一個電帶粒子,我們可以僅藉由查看該電荷 q 的符號,很快的決定出其附近之電場向量的方向。藉由將 22-2 式轉換成大小數值的形式,來找出在任一給定距離 r 的電場大小:

$$E = \frac{1}{4\pi\varepsilon_0}\frac{|q|}{r^2} \quad \text{(點電荷)} \tag{22-3}$$

我們寫 $|q|$ 來避免在 q 為負時得到負電場 E 的危險,然後避免考慮負號所需處理的方向問題。22-3 式只是給出電場大小 E。我們必須分別考慮方向的問題。

　　圖 22-6 是位於正電粒子附近的許多電場向量，但要小心，每一向量表示箭號定錨處之點的向量值。該向量不是像位移向量那樣從這裡延伸到那裡的東西。

　　一般來說，若在某給定點上有幾個帶電粒子所建立的向量，我們可以藉由放一個正電測試電荷在該點上來找出淨電場，然後寫出每一粒子作用於其上的作用力，像是粒子 1 的作用力 $\vec{F}_{01}$。力遵守疊加定理，所以我們僅將這些力當成向量相加：

$$\vec{F}_0 = \vec{F}_{01} + \vec{F}_{02} + \cdots + \vec{F}_{0n}.$$

轉換至電場，我們為了每個單獨的作用力重複使用 22-1 式：

$$\vec{E} = \frac{\vec{F}_0}{q_0} = \frac{\vec{F}_{01}}{q_0} + \frac{\vec{F}_{02}}{q_0} + \cdots + \frac{\vec{F}_{0n}}{q_0}$$

$$= \vec{E}_1 + \vec{E}_2 + \cdots + \vec{E}_n \qquad (22\text{-}4)$$

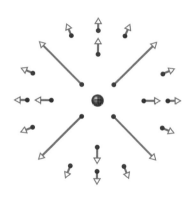

圖 22-6　正點電荷周圍的電場向量。

　　這告訴我們電場也遵守疊加定理。若你想知道某給定位置的淨電場，先找出每一粒子建立的電場(像是粒子 1 建立的電場 $\vec{E}_1$)，然後將這些場以向量相加。(如同靜電力，你不能毫不考慮就任意地將它們的大小相加了事。)場相加是許多習題的主題。

✅ **測試站 1**

　　附圖中 x 軸上有一質子 p 與電子 e。則電子 e 在(a) S 點及(b) R 點處所建立的電場方向為何？(c) R 點及(d) S 處的淨電場方向為何？

範例 **22.01**　三個帶電粒子產生的淨電場

　　圖 22-7a 中有三個距離原點皆為 d 的粒子，其帶電量分別為 $q_1 = +2Q$，$q_2 = -2Q$，$q_3 = -4Q$。則原點處的淨電場為何？

關鍵概念

　　若由電荷 q_1、q_2 及 q_3 在原點處造成之電場為 $\vec{E}_1$、$\vec{E}_2$ 及 $\vec{E}_3$，則原點上之淨電場為 $\vec{E} = \vec{E}_1 + \vec{E}_2 + \vec{E}_3$。為了得到這個總和的結果，我們須先找到這三個向量的大小及方向。

▎大小與方向▎　由 22-3 式且以 d 代替 r、以 $2Q$ 代替 q，我們可得到由 q_1 產生的電場 $\vec{E}_1$ 之大小為

$$E_1 = \frac{1}{4\pi\varepsilon_0}\frac{2Q}{d^2}$$

同理，我們可得 $\vec{E}_2$ 及 $\vec{E}_3$ 的大小為：

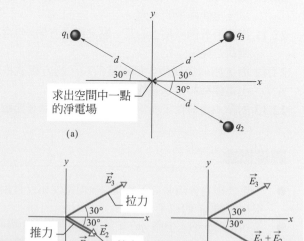

圖 22-7　(a)電荷 q_1、q_2、q_3 與原點的距離皆為 d。(b)這三個電荷在原點形成的電場向量分別為 $\vec{E}_1$、$\vec{E}_2$ 及 $\vec{E}_3$。(c)原點處的電場向量 $\vec{E}_3$ 與合向量 $\vec{E}_1 + \vec{E}_2$。

$$E_2 = \frac{1}{4\pi\varepsilon_0}\frac{2Q}{d^2} \quad 及 \quad E_3 = \frac{1}{4\pi\varepsilon_0}\frac{4Q}{d^2}$$

接下來我們必須找出那三個電場在原點處的方向。因為 q_1 為正,所以它的場向量是指向遠離它的方向,而 q_2 及 q_3 為負,所以它們各自的場向量是指向它們自己的方向。圖 22-7b 為此三個電場在原點上的方位向量圖(注意:我們已將場向量的起點畫在原點上,如此可減少錯誤產生。若向量的尾端畫在粒子上建立電場可能會造成錯誤)。

<u>電場相加</u> 我們現在可利用如 21 章中力的向量加法,將這些場以向量的方式相加起來。然而此處我們可以利用對稱性來簡化處理程序。由圖 22-7b 可知,$\vec{E}_1$ 與 $\vec{E}_2$ 的方向相同。因此,它們的向量和也是該方向,且大小為:

$$E_1 + E_2 = \frac{1}{4\pi\varepsilon_0}\frac{2Q}{d^2} + \frac{1}{4\pi\varepsilon_0}\frac{2Q}{d^2}$$
$$= \frac{1}{4\pi\varepsilon_0}\frac{4Q}{d^2}$$

它恰好與 $\vec{E}_3$ 的大小相同。

現在我們必須將 $\vec{E}_3$ 及 $\vec{E}_1 + \vec{E}_2$ 合向量結合起來,這兩個向量大小相同並且對稱於 x 軸,如圖 22-7c 中所示。由圖 22-7c 中的對稱性可知,這兩個向量相等的 y 分量會相互抵消(因一朝上一朝下),相等的 x 分量會相加。因此,原點處的淨電場 $\vec{E}$ 為指向 x 軸的正方向,大小為:

$$E = 2E_{3x} = 2E_3\cos 30°$$
$$= (2)\frac{1}{4\pi\varepsilon_0}\frac{4Q}{d^2}(0.866) = \frac{6.93Q}{4\pi\varepsilon_0 d^2} \qquad (答)$$

WILEY PLUS Additional example, video, and practice available at *WileyPLUS*

22-3 偶極所產生的電場

學習目標

在閱讀完這個區塊的文字之後,讀者應該能夠...

22.10 畫出電偶極,指認出電荷(大小與符號)、偶極軸,以及電偶極矩的方向。

22.11 指認沿著偶極軸上的某一點之電場方向,包含該電荷之間。

22.12 簡述如何從偶極中個別電荷粒子的方程式推導出電偶極的電場方程式。

22.13 對單一電荷粒子與電偶極,比較它們隨著距離的

增加導致電場大小減小的比率。也就是說,指認何者減少的比率最快。

22.14 對一電偶極,運用偶極大小 p、電荷之間距離 d 與其一電荷大小 q 之間的關係。

22.15 對任何沿著偶極軸的遠點,運用電場大小 E、距偶極中心的距離 z,以及無論是偶極矩大小 p 或是電荷大小 q 與電荷距離 d 的乘積之間的關係。

關鍵概念

● 一電偶極包含兩個帶等電荷 q,但電性相反且相距很小距離 d 的粒子。

● 電偶極矩 $\vec{p}$ 的大小為 qd,並且由負電荷指向正電荷。

● 電偶極在偶極軸(同時通過兩個電荷的軸)上一點所建立的電場,可以以乘積 qd 或偶極矩的大小 p 寫為:

$$E = \frac{1}{2\pi\varepsilon_0}\frac{qd}{z^3} = \frac{1}{2\pi\varepsilon_0}\frac{p}{z^3}$$

其中 z 為該點至偶極中心點的距離。

● 因為與 $1/z^3$ 相關,所以電偶極的場大小隨著距離快速變小的比率,比其一個別電荷所形成偶極的場大小(與 $1/r^2$ 相關)還快。

電偶極產生的電場

　　圖 22-8 顯示兩具有相同電荷大小但電性相反粒子的電場線圖形，一個很常見也很重要的組合，稱為**電偶極**(electric dipole)。這些粒子沿著偶極軸相距 d，且偶極軸為一種對稱軸，你可想像以該軸旋轉圖 22-8 中的圖形。讓我們把該軸標為 z 軸。在這裡我們只對沿著偶極軸上任一點 P (與偶極的中點相距 z)的電場 E 的大小與方向有興趣。

　　圖 22-9a 表示每一粒子在 P 點所建立的電場。較近且帶正電荷+q 的粒子沿著正 z 軸(直接遠離粒子)建立電場 $E_{(+)}$。較遠且帶負電荷-q 的粒子沿著負軸(直接指向粒子)建立較弱的電場 $E_{(-)}$。我們想知道在 P 點的淨電場，如同 22-4 式那樣。然而，因為這些場向量是沿著同個軸，所以我們可以簡單的將向量方向用正負號表示，就像我們一般在處理單一軸上的力。然後，我們可以將在 P 點的淨場寫成

$$E = E_{(+)} - E_{(-)}$$

$$= \frac{1}{4\pi\varepsilon_0}\frac{q}{r^2(+)} - \frac{1}{4\pi\varepsilon_0}\frac{q}{r^2(-)}$$

$$= \frac{q}{4\pi\varepsilon_0(z - \frac{1}{2}d)^2} - \frac{q}{4\pi\varepsilon_0(z + \frac{1}{2}d)^2} \tag{22-5}$$

經過少許運算，我們可將此式改寫成

$$E = \frac{q}{4\pi\varepsilon_0 z^2}\left(\frac{1}{\left(1 - \frac{1}{2z}d\right)^2} - \frac{1}{\left(1 + \frac{1}{2z}d\right)^2}\right) \tag{22-6}$$

把分母通分，整理後可得

$$E = \frac{q}{4\pi\varepsilon_0 z^2}\frac{2d/z}{\left(1 - \left(\frac{d}{2z}\right)^2\right)^2} = \frac{q}{2\pi\varepsilon_0 z^3}\frac{d}{\left(1 - \left(\frac{d}{2z}\right)^2\right)^2} \tag{22-7}$$

　　通常我們只對離偶極較遠處的偶極電場效應有興趣(距離遠大於偶極尺寸的情形)——亦即，$z \gg d$。在此長距離下，22-7 式中得到 $d/2z \ll 1$。如此，在我們的近似下，我們可以忽略分母中的 $d/2z$，使式子變成：

$$E = \frac{1}{2\pi\varepsilon_0}\frac{qd}{z^3} \tag{22-8}$$

其中乘積項 qd 與電偶極的內部固有性質 q 與 d 相關，其等於一向量之大小 p，此向量即為**電偶極矩** $\vec{p}$ ($\vec{p}$ 的單位為庫侖-公尺)。因此我們將 22-8 式表為

$$E = \frac{1}{2\pi\varepsilon_0}\frac{p}{z^3} \quad \text{(電偶極)} \tag{22-9}$$

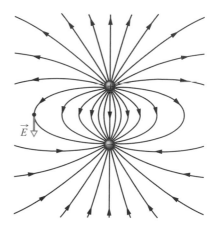

圖 22-8　一電偶極周圍的電場線圖形，以及其所示某一點的電場(其方向為在該點處電場線的切線方向)。

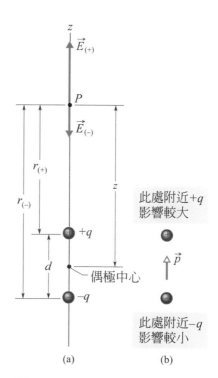

圖 22-9　(a)電偶極。由兩個電荷在 P 點所產生的電場分別為 $\vec{E}_{(+)}$ 與 $\vec{E}_{(-)}$。P 點與兩電荷的距離為個別電荷產生的偶極所構成。(b)電偶極矩 $\vec{p}$ 之方向由負電荷指向正電荷。

$\vec{p}$ 的方向爲電偶極中的負極端指向正極端,如圖 22-9b 所示。我們可以 $\vec{p}$ 來指定電偶極的方向。

22-9 式顯示,如果我們只在遠處測量一個電偶極產生的電場,我們只能測得 q 與 d 的乘積,但無法得到它們各別的值。例如,當 q 加倍而 d 減半時,遠處的電場將無任何改變。雖然 22-9 式只適用於沿著偶極軸的遠處,但結果卻顯示出,不管這些點是否位於極軸上,一電偶極產生的電場 E 是與距離 r 成 $1/r^3$ 之關係,其中 r 爲觀測點到電偶極中心的距離。

由圖 22-9 及圖 22-8 的電場線可知,在偶極軸上較遠處的電場($\vec{E}$)方向總是與偶極矩向量 $\vec{E}$ 同向。無論圖 22-9a 中的 P 點是在偶極軸的上半部或下半部,這都是成立的。

22-9 式中表示,如果我們將觀測點到偶極的距離加倍,則該點處的電場將會下降爲八分之一。然而,若我們將觀測點到一點電荷的距離加倍,其電場將只下降爲原來的四分之一(參考 22-3 式)。因此,偶極矩的電場隨距離的衰減較點電荷快。這個現象的物理意義是,對於遠處的觀測點而言,偶極看起來就像是一對電量相同,但符號相異並且靠的很近的點電荷(幾乎要碰在一起)。所以它們的電場在遙遠的觀測點上幾乎是互相抵消的。

範例 **22.02** 電偶極及幽靈光

幽靈光(圖 22-10a)是一種發生在暴風雨雲上方遠處的巨大閃光。數十年來,飛行員在夜間飛行時曾看見它們,但因為它們的出現既短暫又暗淡,所以大多的飛行員指出那只是一個幻覺而已。然而在 1990 年間,幽靈光首次被錄影下來。科學家並沒有完全瞭解幽靈光,但是一般相信產生的時機是在地面與暴風雨雲層之間發生特別強烈閃電時,尤其是當閃電從地面傳遞非常大量負電荷到雲層底部的時候(圖 22-10b)。

就在這樣的電荷轉移之後,地面產生複雜的正電荷分佈。然而我們可以經由假設一個在高度為 h 的雲層中的負電荷 $-q$,以及在地面下深度為 h 的正電荷 $+q$,所形成的垂直電偶極,來作為由雲和地面的電荷所引起的電場之模型(圖 22-10c)。若 $q = 200$ C 且 $h = 6.0$ km,則此電偶極在稍高於雲層上方 $z_1 = 30$ km 處,以及在稍高於平流層上方 $z_2 = 60$ km 處之電場大小各為何?

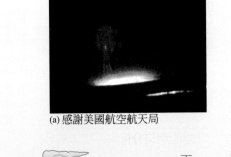

(a) 感謝美國航空航天局

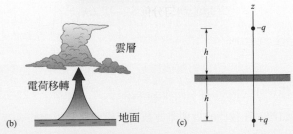

圖 22-10 (a)幽靈光的照片(NASA 提供圖片)。(b)大量負電荷從地面轉移到雲層底部所產生的閃電。(c)將雲層-地面系統塑造成垂直電偶極的模型。

關鍵概念

我們可以利用 22-8 式，來近似求出在偶極軸上的電偶極之電場大小 E。

計算 我們把式子寫出如下

$$E = \frac{1}{2\pi\varepsilon_0}\frac{q(2h)}{z^3}$$

其中 $2h$ 是在圖 22-10c 中 $-q$ 和 $+q$ 之間的距離。對於位在高度 $z_1 = 30$ km 處的電場，我們求得

$$E = \frac{1}{2\pi\varepsilon_0}\frac{(200\text{C})(2)(6.0\times10^3\text{ m})}{(30\times10^3\text{ m})^3} \quad \text{(答)}$$
$$= 1.6\times10^3\text{ N/C}$$

同樣地，對於位在高度 $z_2 = 60$ km 處，我們求得

$$E = 2.0\times10^2\text{ N/C} \quad \text{(答)}$$

如同我們在第 22-6 節所討論的，當一電場大小超過某個臨界值時，此電場可將電子拉出原子(使原子離子化)，然後釋放出來的電子可以跑進其他的原子中，導致這些原子放出光。E_c 的值與電場所在之處的空氣密度有關。在高度 $z_2 = 60$ km 處，空氣密度低到使得 $E = 2.0\times10^2$ N/C 而超過該處 E_c，因此空氣中的原子會放出光。這種光形成幽靈光。高度再往下降，在稍高於雲層上方 $z_1 = 30$ km 處，空氣密度高出許多，此時 $E = 1.6\times10^3$ N/C 而沒有超過該處 E_c，所以沒有光線放射出來。因此幽靈光只發生在遠高於暴風雨雲層上方的地方。

PLUS Additional example,video,and practice available at *WileyPLUS*

22-4 線電荷所產生的電場

學習目標

在閱讀完這個區塊的文字之後，讀者應該能夠...

22.16 對一均勻分佈的電荷體，找出沿著一線分佈之電荷的線電荷密度 λ，分佈於一表面之電荷的表面電荷密度 σ，分佈於一體積內之電荷的體電荷密度 ρ。

22.17 對沿著線的均勻分佈電荷體，找出於線附近的某一點之淨電場，方法是藉由將該電荷體切分成電荷元素 dq，然後加總(使用積分)其在該點每一電荷元素建立的電場向量 $d\vec{E}$。

22.18 解釋在某一點，該點靠近電荷均勻分佈的線，如何使用對稱性來簡化電場的計算。

關鍵概念

● 用來計算粒子建立之電場的公式不能運用在電荷連續體(其電荷為連續分佈)。

● 計算由連續分佈電荷在某點所建立的電場，首先，我們考慮在連續體中的電荷元素 dq 所建立的電場，在此電荷元素足夠小到讓我們運用粒子的電場公式。然後加總(用積分)所有從電荷元素來的電場分量 $d\vec{E}$。

● 因為個別電場 $d\vec{E}$ 有不同的大小以及不同方向的點，所以我們先看對稱性是否可以讓我們抵消某些場的分量，用來簡化積分。

線電荷產生的電場

到目前為止，我們只處理了單一或簡單集合的帶電粒子。現在我要轉向處理更具挑戰性的情況，像繩子或環這種由一大堆粒子組成(多過我們曾經算過的)的細條狀帶電物體(接近是一維物體)。在下一節中，我們

表 22-1 電荷的一些測量值

名稱	符號	SI 單位
電荷	q	C
線電荷密度	λ	C/m
面電荷密度	σ	C/m^2
體電荷密度	ρ	C/m^3

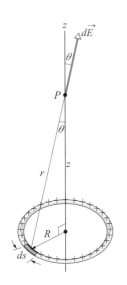

圖 22-11 均勻正電荷的環。一微小電荷元素佔據長度 ds(為了清楚起見而過度誇張)。這個元素在 P 點建立了電場 $d\vec{E}$。

將考慮二維物體,像是表面遍佈電荷的盤子。在下一章中,我們要處理三維物體,像是電荷遍佈球體的球。

提醒。有許多學生基於不同的原因認為這小節是整本書裡最困難的。有許多步驟要遵循,有許多向量特徵要知道,在這些之後,我們要建立並解一個積分。然而,最慘的是這些流程會隨著不同的電荷排列而有不同。在這裡,如同我們專注在特殊的排列(電荷環),請注意一般通用的方法,讓你可以處理作業中不同電荷的排列模式(像是棍子或部分圓)。

圖 22-11 展示了半徑 R 且在圓周均勻佈滿正電荷的細環。它是塑膠製的,這代表它的電荷是固定在某位置的。環的周圍被一電場線的圖形所圍繞,但這裡我們將焦點限縮於中間軸(該軸穿過環的中心並垂直於環平面)上的某點 P,該點距中心點距離 z。

連續體的電荷常以電荷密度而非總電荷數來表示。對於電荷線,我們使用線電荷密度 λ(每單位長度的電荷),其 SI 單位為每公尺庫侖。表 22-1 展示其他電荷密度,我們可以用在帶電表面或帶電體。

第一個大問題。到目前為止,我們有了粒子的電場公式(我們可以結合幾個粒子的電場,如同我們之前討論的電偶極所得到的特殊公式,但是基本上我們仍然使用 22-3 式。)現在我們來看圖 22-11 中的環。這很明顯的不是粒子,所以 22-3 式不適用。所以我們該怎麼做呢?

答案是在心裡將環切成不同的電荷元素,小到可以把它們看成是粒子。然後就能夠運用 22-3 式。

第二個大問題。現在我們知道將 22-3 式運用在每一電荷元素 dq(前面的 d 是強調該電荷非常小),且可以寫出其所貢獻之電場 $d\vec{E}$ 的式子(前面的 d 是強調該貢獻非常小)。然而,在 P 點,每一這樣的貢獻電場向量都有其自己的方向。我們要如何加總它們以得到 P 點的淨場?

答案是將這些向量拆成分量,然後分別將同一系列的分量相加,之後其他系列的也是。然而,我們首先檢查看是否同一系列的可以輕易的全相加削去。(削去分量會省去很多工作。)

第三個大問題。在環中有著大量的 dq 元素,因此,即使我們能夠削去一個系列的分量,仍有大量的 $d\vec{E}$ 分量要加起來。我們如何將前所未有的大量分量相加呢?答案是借用積分來把它們加起來。

做吧。我們來把整個過程做一遍(但同樣的,請記住一般通用流程,而非只是微小的細節)。圖 22-11 是我們任意挑選的電荷元素。ds 是該元素 dq(或任何其他)的弧長。然後,放入線密度 λ(單位長度電荷),得到:

$$dq = \lambda ds \qquad (22\text{-}10)$$

元素的場。如圖 22-11 所示，這個電荷元素在 P 點，從該元素算起距離 r 的地方建立起微小的電場 $d\vec{E}$。(是的，我們正引出了一個在問題描述中未提及的符號，但很快我們應該將它換成「合法的符號」。)然後，我們以新符號 dE 和 dq 重寫粒子場公式(22-3 式)，但接下來使用 22-10 式來置換 dq。電荷元素所形成的場大小為

$$dE = \frac{1}{4\pi\varepsilon_0}\frac{dq}{r^2} = \frac{1}{4\pi\varepsilon_0}\frac{\lambda ds}{r^2} \qquad (22\text{-}11)$$

請注意，不合法的符號 r 是展示在圖 22-11 中直角三角形的斜邊。因此，我們重寫 22-11 式置換 r 來得到

$$dE = \frac{1}{4\pi\varepsilon_0}\frac{\lambda ds}{(z^2 + R^2)} \qquad (22\text{-}12)$$

因為每一電荷元素有相同的電荷，距 P 點有相同的距離，22-12 式可以得出每一個元素所貢獻的場大小。圖 22-11 也告訴我們每一貢獻 $d\vec{E}$ 和中心軸的夾角為 θ 角，因此有垂直和平行於該軸的分量。

削去分量。現在出現了整齊的部分，在這裡我們削去了那些分量中的其一系列。在圖 22-11 中，考慮環對邊的電荷元素。它也貢獻了場大小 dE，但該場向量的傾斜角為 θ 角，和第一個電荷元素所形成的場向量方向相反，就像圖 22-12 所示。因此兩個垂直分量抵消。在整個環的每一個電荷元素都會和它在環上對面的對稱夥伴形成上述的分量抵消。所以，我們能夠忽略所有的垂直分量。

分量相加。在這邊我們有了另一項大勝利。所有剩下的分量都是沿著正 z 軸，所以我們就能夠把它們當成純量相加。因此，我們已經知道在 P 點的淨電場的方向是直接遠離環的。從圖 22-12，我們知道每一個水平分量的大小為 $dE\cos\theta$，但 θ 是另一個不合法的符號。我們能夠再次用圖 22-11 中直角三角形裡的合法符號來置換 $\cos\theta$，可以寫出

$$\cos\theta = \frac{z}{r} = \frac{z}{(z^2 + R^2)^{1/2}} \qquad (22\text{-}13)$$

將 22-12 式和 22-13 式相乘可以得到每個電荷元素的水平電場分量：

$$dE\cos\theta = \frac{1}{4\pi\varepsilon_0}\frac{z\lambda}{(z^2 + R^2)^{3/2}}ds \qquad (22\text{-}14)$$

積分。因為我們必須將大量的分量相加，每一分量都很小，所以我們建立一個沿著環的積分，從元素到元素，從起始點(稱作 $s = 0$)繞一整圈($s = 2\pi R$)。只有 s 這個量會隨著元素而改變，22-14 式中的其他符號都一樣，所以我們可以將它們移到積分之外，而得到

$$E = \int dE\cos\theta = \frac{z\lambda}{4\pi\varepsilon_0(z^2 + R^2)^{3/2}}\int_0^{2\pi R} ds$$

$$= \frac{z\lambda(2\pi R)}{4\pi\varepsilon_0(z^2 + R^2)^{3/2}} \qquad (22\text{-}15)$$

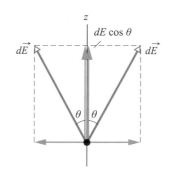

圖 22-12 一電荷元素在 P 點所建立的電場，以及其對稱的夥伴(在環上的對邊)。垂直於 z 軸的分量抵消；平行分量相加。

這是一個很好的答案，但我們也能夠藉著用 $\lambda = q/(2\pi R)$ 將答案改成總電荷：

$$E = \frac{qz}{4\pi\varepsilon_0(z^2 + R^2)^{3/2}} \qquad \text{(帶電環)} \qquad (22\text{-}16)$$

如果環上是帶負電，而非我們預設的正電，P 點處的電場大小仍將由 22-16 式決定。但是，電場的方向將改為指向帶電圓環。

我們以位於軸上的遠處一點($z \gg R$)來檢查 22-16 式。對這樣的點而言，22-16 式中的 $z^2 + R^2$ 可近似為 z^2，然後 22-16 式將變為

$$E = \frac{1}{4\pi\varepsilon_0}\frac{q}{z^2} \qquad \text{(遠距離的帶電圓環)} \qquad (22\text{-}17)$$

這是一個長距離下的合理結果，此時該環可被「視為」一點電荷。如果我們將 22-17 式中的 r 以 z 來代替，我們便可得到 22-3 式所代表的點電荷的電場大小。

接下來，我們以位於環心的一點來檢驗 22-16 式——即 $z = 0$。於此點，22-16 式告訴我們，該點處 $E = 0$。這是一個合理的結果，因為當我們放置一測試電荷在環心時，將不會有淨靜電力對它作用；環上任一元素對它的作用力都會被另一與其相對元素之作用力所抵消。由 22-1 式可知，當環心處的作用力為零時，該處的電場也必須是零。

範例 22.03　帶電圓環的電場

圖 22-13a 中為一帶均勻電荷 $-Q$ 的塑膠棒。該棒被彎曲為一個 120 度，半徑 r 的圓弧。我們設置一個座標軸，使得圓弧對稱於 x 軸，且原點位於圓弧的曲率中心 P 點處。以 Q 及 r 表示該棒在 P 點處造成的電場為何？

關鍵概念

因為該棒帶有連續的電荷分佈，所以我們必須找出每一個微分元素所造成電場的表示式，然後藉由微積分取其向量和。

一個元素　現在考慮微分元素的弧長為 ds，並與 x 軸夾 θ 角(如圖 22-13b 和圖 22-13c)。若我們以 λ 表示該棒的線電荷密度，則微分元素 ds 所帶的電荷量為

$$dq = \lambda\, ds \qquad (22\text{-}18)$$

元素的場　該微分元素會在距其 r 處的 P 點造成一微分電場 $d\vec{E}$。將此微分元素視為一點電荷，則我們可重寫 22-3 式來表示 $d\vec{E}$ 的大小為

$$dE = \frac{1}{4\pi\varepsilon_0}\frac{dq}{r^2} = \frac{1}{4\pi\varepsilon_0}\frac{\lambda\, ds}{r^2} \qquad (22\text{-}19)$$

因為電荷 dq 為負，所以 $d\vec{E}$ 的方向朝向 ds。

對稱伙伴　該微分元素有一與其對稱(鏡像元素)的微分元素 ds'，位於棒的下半部。在 P 點處由 ds' 造成的電場 $d\vec{E}'$ 之大小也是由 22-19 式所決定，但電場向量朝向 ds'，如圖 22-13d 所示。如果我們將 ds 與 ds' 的電場分解為 x 及 y 分量，如圖 22-13e 及 f 所示，則其 y 分量將會互相抵消(因為大小相等，但方向相反)。但 x 分量大小相同，且同向。

求和　因此，欲得到這根塑膠棒造成的電場，我們只需對棒上每個微分元素所造成的微分電場之 x 分量求和(積分)即可。由圖 22-13f 及 22-19 式可得，ds 之電場的 x 分量 dE_x 為

$$dE_x = dE\cos\theta = \frac{1}{4\pi\varepsilon_0}\frac{\lambda}{r^2}\cos\theta\, ds \qquad (22\text{-}20)$$

22-20 式中有 θ、s 兩個變數。在積分之前，我們必須消除其中一個變數。利用下列的關係取代 ds

$$ds = r\,d\theta$$

其中 $d\theta$ 為弧長 ds 對 P 點的張角(圖 22-13g)。經由這個代換，我們可對 22-20 式進行積分，角度範圍為 $\theta = -60$ 度到 $\theta = 60$ 度，則我們可得到塑膠棒在 P 點處造成的電場為

$$E = \int dE_x = \int_{-60°}^{60°} \frac{1}{4\pi\varepsilon_0} \frac{\lambda}{r^2}\cos\theta\,r\,d\theta$$

$$= \frac{\lambda}{4\pi\varepsilon_0 r}\int_{-60°}^{60°}\cos\theta\,d\theta = \frac{\lambda}{4\pi\varepsilon_0 r}\left[\sin\theta\right]_{-60°}^{60°}$$

$$= \frac{\lambda}{4\pi\varepsilon_0 r}\left[\sin 60° - \sin(-60°)\right]$$

$$= \frac{1.73\lambda}{4\pi\varepsilon_0 r} \tag{22-21}$$

(如果我們將積分的上下限對調，我們可得到相同的

結果，但多一負號。因為此積分所求的只是 $\vec{E}$ 的大小，所以可將負號拿掉。)

　電荷密度　　接下來計算，因為此環的總弧度為 120 度，為一完整圓的三分之一。所以其弧長為 $2\pi r/3$，則其線電荷密度為

$$\lambda = \frac{電荷}{長度} = \frac{Q}{2\pi r/3} = \frac{0.477Q}{r}$$

將上式代入 22-21 式，可化簡得

$$E = \frac{(1.73)(0.477Q)}{4\pi\varepsilon_0 r^2}$$

$$= \frac{0.83Q}{4\pi\varepsilon_0 r^2} \tag{答}$$

$\vec{E}$ 的方向朝向塑膠棒，沿著電荷分佈的對稱軸。我們亦可以用單位向量標記法來表示 $\vec{E}$ 如下：

$$\vec{E} = \frac{0.83Q}{4\pi\varepsilon_0 r^2}\hat{i}$$

PLUS Additional example, video, and practice available at *WileyPLUS*

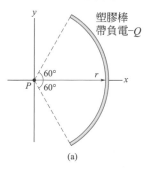

此一帶負電之棒子明顯不是一個質點

塑膠棒帶負電$-Q$

(a)

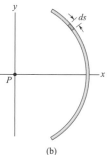

但如圖之元素可視為質點處理

(b)

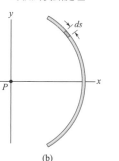

該元素產生如圖之電場

(c)

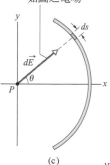

相同大小及角度之對稱元素產生之電場

對稱元素ds'

(d)

圖 22-13 在 *WileyPLUS* 中有赴旁白的動畫。(a)一帶有電荷$-Q$ 的塑膠棍，其為圓形截面半徑 r、中心角 $120°$的彎曲棍。(b)–(c)在棍上半部的一微小元素，與 x 軸夾角 θ 以及弧長 ds，在 P 點建立微小電場 $d\vec{E}$。(d) 一相對於 x 軸對稱於 ds 的元素 ds' 在 P 點建立一大小相同的電場 $d\vec{E}'$。(e)–(f) 場分量。(g) 弧長 ds 相對於點的角 $d\theta$。

y分量恰相消故可忽略

對稱元素ds'

(e)

x分量會相加，所以相加所有水平分量

對稱元素ds'

(f)

元素弧長與張角之關係

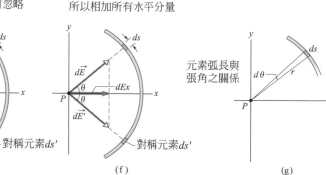

(g)

解題策略 求解線電荷產生的電場

此指引是針對求解帶有均勻電荷之線型(圓形或直線)分佈電荷在某點 P 所造成的電場 $\vec{E}$。解題的一般對策是先取出一電荷元素 dq，找出該元素造成的電場 $d\vec{E}$，然後將 $d\vec{E}$ 對整個線電荷積分。

步驟 1　若是圓形線電荷分佈，令 ds 為電荷分佈基本元素的弧長。若為直線電荷分佈，讓 x 軸沿此直線延伸，並取為其基本元素的長度。在圖上標出此元素。

步驟 2　以 $dq = \lambda\, ds$ 或 $dq = \lambda\, dx$ 關聯起元素電荷 dq 與其長度。將 dq 及 λ 視為正號，即使它實際上為負值也是如此(電荷的符號會在下個步驟中使用到)。

步驟 3　以 22-3 式(式中的 q 換成 λds 及 λdx)表示由 dq 在 P 點處產生的電場 $d\vec{E}$。如果線上的電荷為正，則在 P 處畫一遠離 dq 的電場 $d\vec{E}$。如果電荷為負，則畫一指向 dq 的向量。

步驟 4　在問題中尋找其任何對稱性。如果 P 點位於電荷分佈的對稱軸上，將 dq 的電場 $d\vec{E}$ 分解為平行及垂直此對稱軸的分量。接著考慮 dq 的對稱元素 dq'。在 P 點畫出此元素的電場 $d\vec{E}$，並將其分解成分量。dq 所產生的分量之一為相消性分量；它會與 dq' 所產生的分量之一相抵消，因此可不考慮它。另一由 dq 所產生的分量則為相加性分量；它會與 dq' 所產生的分量之一相加。利用積分將相加性分量取其總和。

步驟 5　以下為四種常見的均勻電荷分佈，及簡化步驟四的積分過程的方法。

圓環，P 點在(中心)對稱軸上，如圖 22-11 所示。在 $d\vec{E}$ 的表示式中，如 22-12 式所示，將 r^2 以 $z^2 + R^2$ 來取代。將 $d\vec{E}$ 的相加性分量以 θ 表示之。這將會導入 $\cos\theta$ 項，但 θ 並非變數，因為它對所有元素而言都是一樣的。如 22-13 式般代換 $\cos\theta$。再沿著圓環的圓周對 s 積分。

圓弧，P 點位於曲率中心，如圖 22-13 所示。將 $d\vec{E}$ 的相加性分量以 θ 表示之。這將引入 $\sin\theta$ 或 $\cos\theta$ 的項。藉由以 $rd\theta$ 取代 ds，將兩個變數 s 與 θ，簡化為 θ 一個變數。由弧的一端到另一端對 θ 作積分。

直線，P 點在其延長線上，如圖 22-14a 所示。在 $d\vec{E}$ 的表示式中，以 x 取代 r。由線電荷的一端到另一端，對 x 進行積分。

直線，P 點在線電荷的垂直距離 y 處，如圖 22-14b 所示。$d\vec{E}$ 在的表示式中，以 x 和 y 的表示式取代 r。若 P 點位於線電荷的垂直平分線上，則找出 $d\vec{E}$ 的相加分量表示式。這會引入 $\sin\theta$ 或 $\cos\theta$。將三角函數以 x 與 y 的表示式取代，以便將 x 與 θ 兩個變數，簡化為 x 一個變數。由線電荷的一端到另一端，對 x 進行積分。如果 P 點不在對稱線上，如圖 22-14c，則先求得 dE_x，再對 x 作積分，以求得 E_x。接下來，求得 dE_y，再對 y 作積分，以求得 E_y。根據 E_x 及 E_y 求出大小 E 及 $\vec{E}$ 的方向。

步驟 6　如果設定一個積分之上下限而得到正的結果。則將上下限對調，會得到相同的結果，但帶一負號，此時捨去負號即可。如果欲將結果以總的電荷分佈 Q 來表示，則我們可以 Q/L 來代替 λ，其中 L 為分佈的長度。

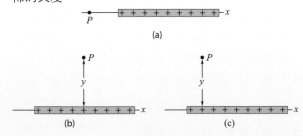

圖 22-14　(a) P 點位於線電荷的延長線上。(b) P 點位於線電荷的對稱軸上、與該線距離 y 處。(c)情況與(b)同，但 P 不是在對稱軸上。

測試站 2

附圖中為三根非導體桿，一根圓形，兩根直線形。每一根桿沿其上半部及下半部均帶有均勻電量 Q。試問對每一根桿而言，在 P 點的總電場方向為何？

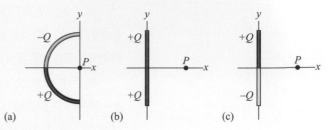

22-5　帶電圓盤所產生的電場

學習目標

在閱讀完這個區塊的文字之後，讀者應該能夠...

22.19 畫出一帶均勻電荷之圓盤，並在電荷為正或負的時候，指出位於中心軸某點的電場方向。

22.20 解釋如何將位於帶均勻電荷環中心軸的電場公式，用於找出帶均勻電荷之圓盤中心軸的電場。

22.21 對於均勻電荷圓盤的中心上某點，應用表面電荷密度 σ、圓盤半徑 R 以及到該點距離 z 之間的關係。

關鍵概念

● 在穿過一均勻電荷圓盤的中心軸上，

$$E = \frac{\sigma}{2\varepsilon_0}(1 - \frac{z}{\sqrt{z^2 + R^2}})$$

可得出電場大小。z 是沿著該軸到圓盤中心點的距離，R 是圓盤半徑，σ 是表面電荷密度。

帶電圓盤產生的電場

現在我們藉著檢視半徑 R 以及均勻表面電荷密度 σ（每單位面積電荷，表 22-1）之塑膠圓盤的電場，從線電荷轉換表面電荷。該盤在其周邊建立一電場線的圖形，但在這便我們只將注意力放在中心軸上任一點 P 的電場，其到圓盤中心的距離為 z，如圖 22-15 所示。

我們可能如前一節那樣的演算，但要建立一個二維積分來包含來自表面上二維電荷分佈所貢獻的所有電場。然而，我們使用之前在細環中心軸場的簡潔技巧可以省去很多工作。

在任一半徑 $r \leq R$ 時，我們如圖 22-15 那樣在盤上疊加環。該環相當細所以我們能夠將其上的電荷是為電荷元素 dq。為了得出在 P 點電場細微的貢獻 dE，我們以環的電荷 dq 與半徑重寫 22-16 式：

$$dE = \frac{dq\,z}{4\pi\varepsilon_0(z^2 + r^2)^{3/2}} \tag{22-22}$$

環的場指向正 z 軸方向。

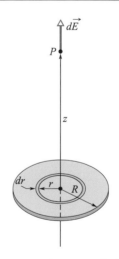

圖 22-15　一半徑 R 及帶均勻正電荷的圓盤。圖中的圓環半徑為 r，其徑向寬度為 dr。在其中心軸上的 P 點處，此圓環建立的微分電場 $d\vec{E}$。

　　為了得出 P 點的總電場，我們將從該盤中心點 $r = 0$ 處往外倒邊緣 $r = R$ 處對 22-22 式作積分，以便將所有 dE 的貢獻相加(藉著在整個盤的表面掃過任一環)。然而，這代表我們要對環的半徑變數 r 作積分。

　　我們用 dr 來置換掉 22-22 式中的 dq。因為環很細，所以定其厚度為 dr。然後，其表面積 dA 是其圓周長 $2\pi r$ 和厚度 dr 的乘積。所以，以表面積密度 σ 來表示，得到

$$dq = \sigma dA = \sigma(2\pi dr) \tag{22-23}$$

代入 22-22 式並略為簡化，我們可以加總所有 dE 的貢獻

$$E = \int dE = \frac{\sigma z}{4\varepsilon_0} \int_0^R (z^2 + r^2)^{-3/2} (2r) dr \tag{22-24}$$

其中我們已把常數拉出積分外。

此積分可代入 $\int X^m dX$ 的形式求解，其中設定 $X = (z^2 + r^2)$，$m = -\frac{3}{2}$ 和 $dX = (2r)dr$。對於改變型式的積分我們有

$$\int X^m dX = \frac{X^{m+1}}{m+1}$$

所以 22-24 式變為

$$E = \frac{\sigma z}{4\varepsilon_0} \left[\frac{(z^2 + r^2)^{-1/2}}{-\frac{1}{2}} \right]_0^R \tag{22-25}$$

將上下限代入 22-25 式，並重新整理可得

$$E = \frac{\sigma}{2\varepsilon_0} \left(1 - \frac{z}{\sqrt{z^2 + R^2}} \right) \quad \text{(帶電圓盤)} \tag{22-26}$$

上式即為平坦帶電圓盤在其中心軸上一點的電場大小(在積分過程中我們假設了 $z \geq 0$)。

　　如果我們讓 $R \to \infty$，而保持有限值，則 22-26 式中的第二項會趨近零，此時方程式便會簡化為

$$E = \frac{\sigma}{2\varepsilon_0} \quad \text{(無限大平板)} \tag{22-27}$$

這便是單面帶均勻電荷的無限大非導體(例如塑膠)平板，所產生的電場。這種情況下的電場線如圖 22-4 所示。

　　若 22-26 式中 $z \to 0$ 而 R 保持有限時，我們亦可得到 22-27 式。此即說明了，非常靠近圓盤的電場與當圓盤無限大時所造成的電場是相同的。

22-6　電場中的點電荷

學習目標

在閱讀完這個區塊的文字之後，讀者應該能夠...

22.22 對一放置在外部電場(其他帶電體造成的場)的電荷粒子，運用該點電場 $\vec{E}$、粒子電荷 q，和作用在該粒子上的靜電力 $\vec{F}$ 之間的關係，以及指認力的相關方向，與當粒子為正電和負電時的電場。

22.23 解釋密立坎量測基本電荷的過程。

22.24 解釋一般印表機的列印機制。

關鍵概念

● 若一電荷 q 的粒子放在一外部電場 $\vec{E}$ 中，作用在該粒子的靜電力 $\vec{F}$ 為

$$\vec{F} = q\vec{E}$$

● 若電荷 q 為正，其力向量和場向量方向相同。若電荷 q 為負，其力向量和場向量方向相反(公式中的負號讓該場向量翻轉為力向量)。

電場中的點電荷

在前面四節中，我們完成了兩項工作的第一項：對一已知分佈電荷求其周圍的電場。在此我們要開始第二項工作：決定當一靜止或緩慢移動之電荷形成一電場時，此電場對其它帶電粒子造成的影響。

其結果是帶電粒子會受到一靜電力作用，此力可表示成

$$\vec{F} = q\vec{E} \tag{22-28}$$

其中 q 為該粒子的帶電量(含符號)，$\vec{E}$ 為其它電荷在粒子的位置處形成的電場(這個場並不是粒子本身所建立的；為了區分這兩個場，22-28 式中作用在粒子上的場稱為外部電場。帶電粒子或物體不會被它自己建立的電場所影響)。22-28 式告訴我們

　　在外部電場中之帶電粒子若帶正電，則其所受的靜電力 $\vec{F}$ 方向與電場 $\vec{E}$ 方向相同；若其帶負電，則受力方向與電場反向。

基本電荷的測量

22-28 式在美國物理學家密立坎於 1910 到 1913 年間，對基本電荷 e 所作的量測實驗中，扮演一個重要的角色。圖 22-14 為其實驗裝置圖。當微小的油滴被噴到腔體 A 室中時，部分的油滴會帶電，不是帶正電就是帶負電。考慮一個油滴經由平板 P_1 上的小洞漂移進入腔體 C 室中。我們假設此油滴帶負電 q。

如果圖 22-16 中的開關 S 斷路，則電池 B 對 C 室沒有任何電的作用。如果開關是通路的(C 室和電池的正極便連接起來)，則電池會使導體板 P_1

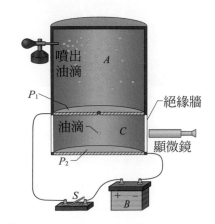

圖 22-16 用來量測基本電荷 e 的密立坎油滴裝置。當一帶電油滴經過平板 P_1 上的小孔進入 C 室時，其運動可由開關 S 的啟閉(即消除或建立 C 室中的電場)來控制。顯微鏡是用來觀察油滴的運動，以對其運動所需時間進行量測。

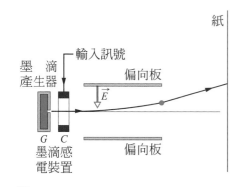

圖 22-17 噴墨印表機。墨滴自產生器 G 中射出，並經充電裝置 C 後帶電。一個由電腦所產生的訊號可控制每個墨滴所帶電量及其受到電場 $\vec{E}$ 的影響後，到達紙上的位置。

亞當·哈特戴維斯/
Photo Researchers, Inc.

圖 22-18 金屬線帶電導致產生的靜電場周圍空氣絕緣破壞。

帶正電，而導體板 P_2 帶負電。此時這兩個帶電平板會在 C 室中建立一向下的電場 $\vec{E}$。根據 22-28 式，此電場會對 C 室中任意的帶電油滴施一靜電力，而且影響其運動狀態。特別是先前所提到的負電荷油滴將會向上移動。

密立坎以開關的啟閉，量測油滴的運動時間，來決定電荷 q 的效應，他發現 q 的值永遠是

$$q = ne, \quad n = 0, \pm 1, \pm 2, \pm 3, \ldots \tag{22-29}$$

因此證明出 e 是我們稱之為基本電荷的一個基本常數，其值為 1.60×10^{-19} 庫侖。密立坎的實驗是電荷量子化的有力證據，因為這項研究成果，使得他在 1923 年獲頒諾貝爾物理獎。現代基本電荷的量測都仰賴許多互相關聯的實驗，都比早期密立坎的實驗更精密。

噴墨式列印

為了達到高品質、高速度的列印效果，除了標準打字機的撞擊式列印外，其它的列印方法正在發展中。將細微的墨滴噴在紙上印出文字則是方法之一。

圖 22-17 所示為一帶負電的墨滴在兩個導體偏向板間移動的情形，該兩板間有一向下的均勻電場 $\vec{E}$。根據 22-28 式，墨滴會向上偏移，並打在紙張的某一位置上，該位置由電場 $\vec{E}$ 的大小及電量 q 而決定。

實際上，E 是保持不變的，而墨滴的位置是由墨滴經過充電裝置後，添加在墨滴上的電荷 q 所決定。將要印出的物件經過編碼後，便會形成電子訊號來控制墨滴起電裝置。

絕緣破壞和電花

如果空氣中的電場強度超過某個臨界值 E_c，則空氣將產生絕緣破壞 (electrical breakdown) 的現象，在這個破壞過程中，電場會將空氣中原子的電子移走。然後因為釋放出來的電子受電場推動而運動，所以空氣開始導通電流。當電子運動的時候，它們會與其運動路徑上的任何原子互相碰撞，導致這些原子放出光。我們可以經由該放射出來的光，看見釋放出來的電子所行經的路徑，這些路徑稱為電花 (spark)。圖 22-18 以帶電金屬線上方的電花為例，其中由金屬線引起的電場會導致空氣的絕緣破壞現象。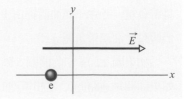

 測試站 3

(a) 如附圖所示，電子受到來自於電場的靜電力之方向為何？

(b) 若電子進入電場前沿著平行 y 軸的方向運動，則此時電子的加速度方向為何？

(c) 若一開始電子是向右運動的，則其速度會增加、減少或維持不變呢？

範例 22.04　電場中帶電粒子的運動

　　圖 22-19 顯示了噴墨式印表機的偏向板，圖中亦顯示出兩座標軸。質量 m 為 1.3×10^{-10} kg，帶負電 $Q = 1.5 \times 10^{-13}$ C 之墨滴進入兩偏向板間，且起初墨滴沿 x 移動，速度 $v_x = 18$ m/s。偏向板的長度 L 為 1.6 cm。偏向板充電因而在所有介於它們之間的點產生一電場。假設偏向板間之電場 $\vec{E}$ 為均勻向下，大小為 1.4×10^6 N/C。在偏向板末端，墨滴的垂直偏移量為何？（墨滴所受重力遠小於靜電力，可忽略不計）

關鍵概念

　　由於墨滴帶負電荷，且電場方向向下。由 22-28 式可知，一大小固定為 QE 之靜電力向上作用於墨滴。因此當墨滴沿著 x 軸以等速 v_x 運動，其以一等加速度 a_y 向上加速。

計算　對 y 軸分量應用牛頓第二運動定律($F = ma$)，可得：

$$a_y = \frac{F}{m} = \frac{QE}{m} \tag{22-30}$$

令 t 代表墨滴通過兩平板間區域所需的時間。在時間 t 之期間，墨滴的垂直及水平位移分別為：

$$y = \tfrac{1}{2}a_y t^2 \quad 與 \quad L = v_x t \tag{22-31}$$

消去此二方程式中的 t，並以 22-30 式代入 a_y 可得

$$y = \frac{QEL^2}{2mv_x^2}$$

$$= \frac{(1.5\times10^{-13}\,\text{C})(1.4\times10^6\,\text{N/C})(1.6\times10^{-2}\,\text{m})^2}{(2)(1.3\times10^{-10}\,\text{kg})(18\,\text{m/s})^2} \quad (答)$$

$$= 6.4\times10^{-4}\,\text{m}$$

$$= 0.64\,\text{mm}$$

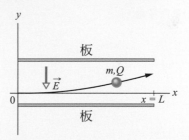

圖 22-19　墨滴的質量 m，帶電量 Q，在噴墨式印表機電場內之偏向情形。

22-7　電場中的電偶極

學習目標

在閱讀完這個區塊的文字之後，讀者應該能夠...

22.25 在位於外加電場之電偶極的圖上，指出場的方向、偶極矩的方向、位於電偶極兩端靜電力方向，以及這些傾向旋轉該偶極的力方向。算出偶極上的淨力值。

22.26 藉由計算偶極矩向量和電場向量的外積得出外加電場於電偶極的力矩，以角度大小和單位向量表示。

22.27 對一位於外加電場的電偶極，當偶極在電場中旋轉，連結偶極位能與力矩的作功。

22.28 對一位於外加電場的電偶極，藉由取偶極矩向量和電場向量的內積，計算位能，以角度和單位向量表示。

22.29 對一位於外加電場的電偶極，指認最小位能和最大位能的角度，以及最小力矩值和最大力矩值的角度。

關鍵概念

● 當電偶極放置於一外加電場 $\vec{E}$ 時，在電偶極的偶極矩 $\vec{p}$ 上的力矩可由外積得到：

$$\vec{\tau} = \vec{p} \times \vec{E}$$

● 位能 U 和偶極矩與場中的方向有關，可由內積得到：

$$U = -\vec{p} \cdot \vec{E}$$

● 若偶極方向改變，電場作功為

$$W = -\Delta U$$

若方向改變是外部媒介，其媒介作功為 $W_a = -W$。

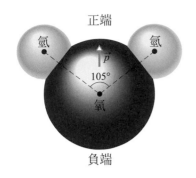

正端

氫

氫

$\vec{p}$

105°

氧

負端

圖 22-20 水分子的三個原子核(以黑點表示)以及核外電子的分佈軌域。電偶極 $\vec{p}$ 由分子的(負)氧原子端指向(正)氫原子端。

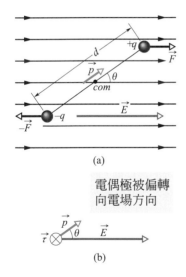

$+q$

d

$\vec{F}$

$\vec{p}$

θ

com

$-\vec{F}$

$-q$

$\vec{E}$

(a)

電偶極被偏轉向電場方向

$\vec{p}$

$\vec{\tau}$ $\otimes$ θ $\vec{E}$

(b)

圖 22-21 (a)在均勻外部電場 $\vec{E}$ 中的電偶極。兩個電量相同但電性相反的電荷相距 d。它們之間的連線,表示它們為一個剛體連接。(b)電場 $\vec{E}$ 對偶極產生一個轉矩 $\vec{\tau}$。$\vec{\tau}$ 的方向是進入紙面的,以符號 $\otimes$ 表示。

電場中的電偶極

我們前面已經定義了一電偶極的電偶極矩 $\vec{p}$,其為由偶極負電端指向正電端的向量。接下來我們將看到,在外加均勻電場 $\vec{E}$ 中的電偶極,其行為可完全由 $\vec{E}$ 和 $\vec{p}$ 這兩個向量加以描述,而不需考慮到電偶極的內部結構細節。

水分子(H_2O)是一個電偶極;圖 22-20 說明了其原因。黑點代表氧原子核(8 個質子)和兩個氫原子核(各有一個質子)。塗上色彩的區域代表原子核周圍的電子分佈範圍。

在水分子中,兩個氫原子與氧原子並非排列在一直線上,而是成 105 度角的結構,如圖 22-20 所示。因此該分子有一明顯的「氧端」和「氫端」。此外,分子中的 10 個電子傾向於靠近氧原子。這個結果造成氧端的負電性稍較氫端強,因而產生了一偶極矩 $\vec{p}$,其方向為沿著分子的對稱軸,如圖所示。如果將水分子置於一外加電場中,它的行為就像圖 22-9 較為抽象的電偶極一般。

為了檢驗這個行為,我們現在考慮這樣一個位於外加電場中抽象的電偶極,如圖 22-21a 所示。假設這個偶極是由電量皆為 q 的兩個相反電荷所組成的剛體結構,分開的距離為 d。偶極矩 $\vec{p}$ 與 $\vec{E}$ 電場夾 θ 角。

靜電力作用在偶極兩端的電荷上。因為電場是均勻的,這些力會作用在相反的方向上(如圖 22-21a 所示),且具有相同的大小 $F = qE$。因為電場是均勻的,因此偶極所受到來自電場的總作用力為零,且其質心也不會移動。然而,作用在電荷端的力確實對該偶極,相對於質心產生了一個淨力矩 $\vec{\tau}$。質心位於兩端電荷的連線上,其與一端相距 x,而與另一端相距 $d-x$。由 10-39 式($\tau = rF\sin\theta$),我們可將淨力矩 $\vec{\tau}$ 的大小寫為

$$\tau = Fx\sin\theta + F(d-x)\sin\theta = Fd\sin\theta \qquad (22\text{-}32)$$

我們亦可將 $\vec{\tau}$ 的大小以電場 E 及偶極矩 $p = qd$ 的大小來表示。只要將 22-32 式中的 F、d 分別以 qE、p/q 代替即可,所以 $\vec{\tau}$ 的大小為

$$\tau = pE\sin\theta \qquad (22\text{-}33)$$

我們可將此式以向量的形式寫出

$$\vec{\tau} = \vec{p} \times \vec{E} \quad \text{(作用在偶極上的力矩)} \qquad (22\text{-}34)$$

向量 $\vec{p}$ 和 $\vec{E}$ 如圖 22-21b 所示。作用在偶極上的力矩傾向於 $\vec{p}$(以及偶極),將轉向電場 $\vec{E}$ 的方向,以減小 θ。圖 22-21 中是一個順時針旋轉。如我們在第 10 章已討論過的,我們可將此種因順時針旋轉所造成的力矩,在其數值前加一負號來表示它。根據旋轉方向,圖 22-21 中的力矩為

$$\tau = -pE\sin\theta \qquad (22\text{-}35)$$

電偶極的位能

　　電偶極的位能與電偶極在電場中所指的方向有關。在平衡狀態下，偶極具有一個最小的位能，此時偶極矩 $\vec{p}$ 與 $\vec{E}$ 成一直線排列（則 $\vec{\tau} = \vec{p} \times \vec{E} = 0$）。在其它方向，偶極有較大的位能。因此，偶極就像鐘擺一樣，我們知道鐘擺在其平衡位置(擺到最低點處)有最小的重力位能。欲使偶極(或鐘擺)轉動到其他方向，則需要外界作功。

　　在與位能有關的任何情況下，我們可以任意定義一個零位能的狀態，因爲只有相對位能(位能差)才有物理意義。經驗告訴我們，當我們將圖 22-21 中 $\theta = 90$ 度時的狀態設定其位能爲零時，則電偶極在外加電場中的位能會成爲一個最簡單的表示式。當偶極的 θ 角由 90 度開始變動時，藉由計算電場對偶極所做的功 W，並由 8-1 式($\Delta U = -W$)，我們便可得到偶極在任意 θ 角時的位能 U。由 10-53 式($W = \int \tau d\theta$)及 22-35 式，我們可得到任意角度 θ 下的位能 U 爲

$$U = -W = -\int_{90°}^{\theta} \tau d\theta = \int_{90°}^{\theta} pE \sin\theta d\theta \tag{22-36}$$

計算積分式後可得

$$U = -pE \cos\theta \tag{22-37}$$

我們可將此式以向量的形式寫出

$$U = -\vec{p} \cdot \vec{E} \quad \text{(偶極的位能)} \tag{22-38}$$

22-37 式及 22-38 式顯示，當 $\theta = 0$ 時，偶極有最小的位能($U = -pE$)($\vec{p}$ 與 $\vec{E}$ 同方向)；當 $\theta = 180$ 度時，位能最大($U = pE$)($\vec{p}$ 與 $\vec{E}$ 反方向)。

　　當偶極由初始方位 θ_i 轉動到另一方位 θ_f 時，電場對偶極所做的功 W 爲

$$W = -\Delta U = -(U_f - U_i) \tag{22-39}$$

其中 U_f 與 U_i 可由 22-38 式計算得知。如果方位的改變是由外加力矩所產生(一般爲外力所引起)，則外加力矩對偶極所做的功 W_a 爲外加場對偶極作功的負值，即

$$W_a = -W = (U_f - U_i) \tag{22-40}$$

 測試站 4

附示爲一電偶極在外加電場中的四個方向。試依(a)作用在偶極的力矩大小及(b)偶極的位能，由大到小排列之。

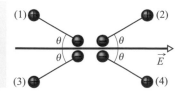

微波烹調

因為水分子本身呈現電極性，所以一旦食物內含水，它就可以在微波爐內加熱與烹煮。當你啟動爐子時，微波發射器就會快速地在爐子和食物裡面建立振盪的電場 $\vec{E}$。由式子 22-34，我們可以看到任何電場 $\vec{E}$ 在電偶極矩 $\vec{p}$ 上產生一個力矩，此力矩會使 $\vec{p}$ 變得與 $\vec{E}$ 同向。因為微波爐內的電場 $\vec{E}$ 不斷地振盪，所以水分子便連續不斷地翻轉以努力嘗試與 $\vec{E}$ 同向。

在有三個水分子鍵結成一個群體處，能量便由電場轉換成水的熱能(也因此到食物上)。水分子的翻轉破壞了某些分子鍵。當分子重新形成鍵結時，能量轉換成群體的混亂運動，然後傳到周圍分子上。很快地，水的熱能足夠煮熟食物了。

範例 22.05　在電場中電偶極的力矩與能量

一中性水分子(H_2O)在氣態時之電偶極矩大小為 6.2×10^{-30} C·m。

(a)分子的正電荷與負電荷中心相距多遠？

關鍵概念

一個分子的偶極矩與正電荷和負電荷的電量 q，及其分開的距離 d 有關。

計算　中性分子中有 10 個電子與 10 個質子；所以偶極矩的大小可表為

$$p = qd = (10e)(d)$$

其中 d 是欲求的距離，e 是基本電荷。因此

$$d = \frac{p}{10e} = \frac{6.2 \times 10^{-30} \text{ C·m}}{(10)(1.60 \times 10^{-19} \text{ C})}$$

$$= 3.9 \times 10^{-12} \text{ m} = 3.9 \text{ pm} \qquad (答)$$

此一距離極小，甚至小於氫原子的半徑。

(b)如果分子放在 1.5×10^4 N/C 的電場中，此電場作用於分子的最大力矩為何？(此一電場可在實驗室中輕易的產生。)

關鍵概念

當 $\vec{p}$ 與 $\vec{p}$ 的夾角 θ 為 90 度時，偶極矩為最大。

計算　將 $\theta = 90°$ 代入 22-33 式

$$\tau = pE\sin\theta$$
$$= (6.2 \times 10^{-30} \text{ C·m})(1.5 \times 10^4 \text{ N/C})(\sin 90°)$$
$$= 9.3 \times 10^{-26} \text{ N·m} \qquad (答)$$

(c)假設分子原來和電場方向一致，即 $\theta = 0$，欲使此分子在電場中倒轉 180 度，則外界必須作多少功？

關鍵概念

由外界(即外力對分子施以一力矩)所做的功等於分子因方向轉變產生的位能變化量。

計算　由 22-40 式，可得

$$W_a = U_{180°} - U_0$$
$$= (-pE\cos 180°) - (-pE\cos 0)$$
$$= 2pE = (2)(6.2 \times 10^{-30} \text{ C·m})(1.5 \times 10^4 \text{ N/C})$$
$$= 1.9 \times 10^{-25} \text{ J} \qquad (答)$$

重點回顧

電場　為了解釋電荷間產生的靜電力，我們假設每個電荷都會在其周圍建立一個電場。則任一電荷所受的靜電力是由其它電荷在該電荷所在位置建立的電場所造成。

電場的定義　任一點的電場 $\vec{E}$ 的定義是一個正測試電荷 q_0 在該點所受的靜電力 $\vec{F}$：

$$\vec{E} = \frac{\vec{F}}{q_0} \tag{22-1}$$

電場線　電場線提供了一種以圖形表示電場大小與方向的方法。在任一點的電場向量與該處的場線相切。場線的密度與該區域電場的強弱成正比。電場線起於正電荷終於負電荷。

點電荷所產生的電場　由點電荷 q 在距離 r 處所建立的電場 $\vec{E}$ 之大小為

$$\vec{E} = \frac{1}{4\pi\varepsilon_0} \frac{|q|}{r^2} \tag{22-3}$$

如果電荷為正，$\vec{E}$ 的方向為離開點電荷；如果電荷為負，其方向則指向點電荷。

電偶極產生的電場　一電偶極包含兩個帶等量電荷 q，但電性相反且相距 d 的粒子。**電偶極矩** $\vec{p}$ 的大小為 qd，並且由負電荷指向正電荷。電偶極在偶極軸(同時通過兩電荷的軸)上一點所建立的電場為：

$$E = \frac{1}{2\pi\varepsilon_0} \frac{p}{z^3} \tag{22-9}$$

其中 z 為該點至偶極中心點的距離。

連續分佈電荷所建立之電場　計算由連續分佈電荷所建立的電場，可先將電荷元素視為點電荷，然後利用積分法將所有電荷元素產生的電場向量總和計算出來。

帶電圓盤的電場　穿過一均勻電荷圓盤的中心軸上某點之電場大小為

$$E = \frac{\sigma}{2\varepsilon_0} \left(1 - \frac{z}{\sqrt{z^2 + R^2}} \right) \tag{22-26}$$

其中 z 是沿著該軸到圓盤中心點的距離，R 是圓盤半徑，σ 是表面電荷密度。

點電荷在電場中的受力　當一點電荷 q 置於一個由其它電荷建立的電場 $\vec{E}$ 中時，作用於此點電荷的靜電力 $\vec{F}$ 為

$$\vec{F} = q\vec{E} \tag{22-28}$$

若 q 為正，$\vec{F}$ 與 $\vec{E}$ 同向；若 q 為負，則 $\vec{F}$ 與 $\vec{E}$ 反向。

電場中的偶極　當一偶極矩為 $\vec{p}$ 之電偶極被置於電場 $\vec{E}$ 中時，電場作用一力矩 $\vec{\tau}$ 於偶極上：

$$\vec{\tau} = \vec{p} \times \vec{E} \tag{22-34}$$

偶極之位能 U 與其在電場中的方向有關：

$$U = -\vec{p} \cdot \vec{E} \tag{22-38}$$

當 $\vec{p}$ 與 $\vec{E}$ 垂直時，定義其位能為零；當 $\vec{p}$ 與 $\vec{E}$ 同方向時，位能為最小($U = -pE$)；當 $\vec{p}$ 與 $\vec{E}$ 方向相反時，位能最大($U = pE$)。

討論題

1　(a)在圖 22-15 中的圓盤必須具有多少總(過剩)電荷 q，才能讓圓盤表面中心點處的電場量值為 3.0×10^6 N/C，而這是使空氣電性崩潰、產生火花的 E 值？請選定半徑值為 2.5 cm。(b)假設每一個表面原子都具有有效截面積 0.015 nm^2。試問需要多少原子才能組成圓盤表面？(c)在(a)小題計算得到的電荷是由具有一個過剩電子的表面原子所引起。請問有多少比例的表面原子必須如此帶電？

2　具有電荷 $-q_1$ 的粒子位於 x 軸的原點上。(a)請問具有電荷 $-4q_1$ 的粒子應該放置在 x 軸上的什麼位置，才能使在 x 軸上 $x = 2.0$ mm 處的淨電場為零？(b)如果情況變成是將具有電荷 $+4q_1$ 的粒子放置在該位置，試問在 $x = 2.0$ mm 處的淨電場方向(相對於 x 軸正方向)為何？

3　圖 22-22 顯示了電子 e 和質子 p 在半徑 r = 2.50 cm 圓弧上的不均勻配置方式，其中角度 θ_1 = 30.0°，θ_2 = 50.0°，θ_3 = 30.0°，θ_4 = 20.0°。試問在圓弧中心所產生的淨電場：(a)大小和(b)方向(相對於軸正方向)為何？

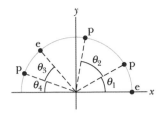

圖 22-22　習題 3

4　密度，密度，密度。(a)電荷量 $-300e$ 沿著半徑 1.50 cm 的圓弧均勻分佈，其中此圓弧所對應的角度是 40 度。請問沿著圓弧的線性電荷密度為何？(b)電荷量 $-300e$ 均勻分佈在半徑 1.50 cm 的圓盤的一個表面上。試問在該表面上的面電荷密度為何？(c)電荷量 $-300e$ 均勻分佈在半徑 1.50 cm 的球體表面上。試問在該表面上的面電荷密度為何？(d)電荷量 $-300e$ 均勻分佈在半徑 1.50 cm 的球體體積中。請問在該球體中的體電荷密度為何？

5　在圖 22-23 中，粒子 1(具有電荷 $+1.00\ \mu$C)，粒子 2(具有電荷 $+1.00\ \mu$C)，和粒子 3(電荷 Q)形成邊長為 a 的等邊三角形。試問當 Q (同時考慮符號與大小)為多少時，由這些粒子在三角形中心所產生的電場將為零？

圖 22-23　習題 5 和 11

6　具有 4.00×10^8 cm/s 速度之電子進入大小為 2.40×10^3 N/C 之電場中，沿著阻止其運動的電場方向前進。(a)在電子停止前能走多遠？及(b)必須花多少時間？(c)若電場區僅有 8.00 mm 長(不足以令電子停止)，則電子的初動能在此區域中會損失多少？

7　在圖 22-24 中，三個電荷固定不動且電荷為 $q_1 = q_2$ = $+5e$ 與 $q_3 = +2e$。距離 a = 2.50 μm。試問由這些粒子在點 P 處所產生的淨電場：(a)量值和(b)方向為何？

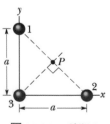

圖 22-24　習題 7

8　圖 22-25 所示為兩平行絕緣環，兩絕緣環均以相同直線為中心軸排列。環 1 帶均勻電荷 q_1，半徑為 R；環 2 帶均勻電荷 q_2，半徑同樣為 R。兩環相距 d = 4.00R 遠。在同一條線上，與環 1 距離 R 處的 P 點總電場為零。問 q_1/q_2 比例為何？

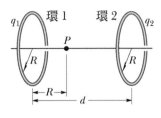

圖 22-25　習題 8

9　某一個電子以初始速率 75 km/s 進入具有均勻電場的區域，其方向與電場方向相同，而且電場的量值是 E = 95 N/C。(a)試問電子在進入此區域 1.5 ns 以後，其速率是多少？(b)在這 1.5 ns 時間間隔內，電子移動了多遠的距離？

10　圖 22-26 中，具有電荷 q_1 = 1.00 pC 的粒子 1 與具有電荷 q_2 = 2.00 pC 的粒子 2 固定於特定位置，其相隔距離是 d = 5.00 cm。(a) A，(b) B，(c) C 的淨電場為何？以單位向量表示法表示。(d)請畫出電場線。

圖 22-26　習題 10

11　在圖 22-23 中，粒子 1(具有電荷 $+2.00$ pC)，粒子 2 (具有電荷 -2.00 pC)，和粒子 3(具有電荷 $+5.00$ pC)形成邊長為 a = 9.50 cm 的等邊三角形。(a)請藉由畫出其餘粒子的電場線，求出由其餘粒子所引起作用在粒子 3 的力 $\vec{F}_3$ 相對於 x 軸正方向的方向。(b)試計算力 $\vec{F}_3$ 的大小。

12　在地球表面附近的大氣中，一個平均強度約為 150 N/C 的電場 $\vec{E}$ 指向下方。我們希望通過給球體充電來"漂浮"一個重 4.4 N 的硫球體。(a)必須使用什麼電荷（符號和大小）？(b)為什麼這個實驗是不切實際的？

13　電荷（均勻線密度= 9.0 nC/m）位於沿 x 軸從 x = 0 拉伸到 x = 3.0 m 的弦上，計算在 x 軸上 x = 4.0 m 位置的電場大小。

14 下表給出了密立坎在他的實驗中，在不同時間看到的單滴電荷。根據數據，計算基本電荷 e 為何？

6.563×10^{-19} C	13.13×10^{-19} C	19.71×10^{-19} C
8.204×10^{-19} C	16.48×10^{-19} C	22.89×10^{-19} C
11.50×10^{-19} C	18.08×10^{-19} C	26.13×10^{-19} C

15 對於習題 14 的數據，假設液滴上的電荷 q 由 $q = ne$ 給出，其中 n 是整數，而 e 是基本電荷。(a)為每個給定的 q 值找出 n 值。(b)對 q 值與 n 值進行線性回歸擬合，然後使用該擬合找到 e。

16 計算相距 4.30 nm 之電子與質子之間的偶極矩。

17 圖 22-27a 中，某電荷 $+Q$ 的粒子在點 P 產生量值 E_{part} 的電場，已知點 P 與粒子相距 R。圖 22-27b 中，該相同數量的電荷沿著一半徑 R 的圓弧均勻分佈，且此圓弧的張角是 θ。圓弧的電荷在曲率中心 P 產生量值為 E_{arc} 的電場。當 θ 值是多少時，$E_{\text{arc}} = 0.500E_{\text{part}}$？(提示：我們可能需要訴諸圖形解答。)

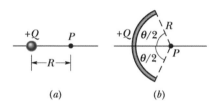

圖 22-27 習題 17

18 某一個帶電雲系統在靠近地球表面的空氣中建立了電場。在這個電場中，帶電量-2.0×10^{-9} C 的粒子會受到向下的 5.2×10^{-6} N 靜電力作用。(a)請問電場的量值為何？放置在此電場中的質子，受到的靜電力 $\vec{F}_{el}$ 的(b)大小和(c)方向為何？(d)作用於質子上的重力 $\vec{F}_g$ 的大小為何？(e)在此情況下，比值 F_{el}/F_g 為何？

19 電場將電子以 9.71×10^9 m/s² 加速度向東方前進。試求電場的(a)大小與(b)方向。

20 在圖 22-28 中，兩根具有弧度的塑膠棒在 xy 平面中形成半徑 $R = 4.23$ cm 的圓，其中一根塑膠棒具有電荷$+q$，另一根具有電荷$-q$。軸恰好通過兩根塑膠棒的連接點，而且電荷均勻分佈在兩根棒子上。如果 $q = 39.0$ pC，試問在圓心 P 所產生的電場 $\vec{E}$ 的(a)量值和(b)方向(相對於 x 軸正方向)為何？

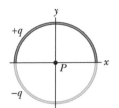

圖 22-28 習題 20

21 在圖 22-29 中，正電荷 $q = 9.56$ pC 沿著長 $L = 8.50$ cm 的無導電性細桿均勻分佈。點 P 沿著桿子的垂直平分線與桿子相距 $R = 6.00$ cm，試問在點 P 由桿子所引起的電場(a)大小和(b)方向(相對於 x 軸正方向)為何？

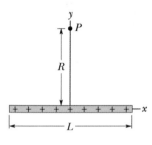

圖 22-29 習題 21

22 半徑為 R 帶有電荷的圓環，有一個電子被侷限在圓環的中心軸上。如圖 22-11 所示且 $z \ll R$，試證明作用在電子的靜電力，可以使電子通過圓環中心進行振盪，其角頻率為

$$\omega = \sqrt{\frac{eq}{4\pi\varepsilon_0 mR^3}}$$

其中 q 是圓環的電荷，而 m 是電子的質量。

23 在圖 22-30 中，電荷量 $q_1 = -8.00q$ 的粒子 1 和電荷量 $q_2 = +4.00q$ 的粒子 2 固定在 x 軸上。(a)請問在 x 軸上什麼座標的位置，由兩個粒子所產生的淨電場會等於零，並且以距離 L 的倍數表示之？(b)畫出淨電場線。

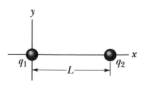

圖 22-30 習題 23

24 一點電荷的大小若干，才能在距離 2.00 cm 處建立 3.5 N/C 之電場？

25　圖 22-31 中左邊的電場線的間隔是右邊的兩倍。(a)如果在 A 點電場的大小為 65.0 N/C，在點的一個質子所受之力為何？(b) B 點電場的大小若干？

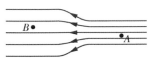

圖 22-31　習題 25

26　在某一瞬間，運動於兩帶電平板間的電子的速度分量為 $v_x = 1.5 \times 10^5$ m/s 與 $v_y = 3.0 \times 10^3$ m/s。若二平板間的電場為 $\vec{E} = (350\ \text{N/C})\hat{j}$，以單位向量表示(a)電子的加速度為何？(b)當電子所在位置的 x 座標改變 2.0 cm 後之電子速度為何？

27　一位於電偶極之電子距偶極矩的中心為 25 nm。如果偶極矩為 4.9×10^{-29} C·m，作用於該電子之靜電力大小為何？假設 25 nm 相對於偶極的電荷間距是很大的距離。

28　某一個圓形棒具有曲率半徑 $R = 9.00$ cm，和均勻分佈的正電荷 $Q = 6.25$ pC，而且其所張角度 $\theta = 2.40$ rad。試問 Q 在曲率中心所產生的電場大小為何？

29　圖 22-32 顯示了以座標系統原點為圓心的三個圓弧。在每一個圓弧上，其均勻分佈的電荷數量以 $Q = 6.50\ \mu$C 表示。各半徑以 $R = 6.00$ cm 表示。試問在原點上，

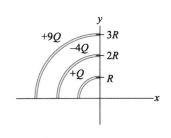

圖 22-32　習題 29

由這些圓弧所引起的淨電場：(a)大小和(b)方向(相對於正 x 方向)為何？

30　三個都具有正電荷 Q 的粒子，形成邊長為 d 的等邊三角形。試問由這些粒子在任何一個邊的中點，所產生的電場大小為何？

31　具有電荷大小 12 nC 的兩個粒子，位於邊長 2.0 m 的等邊三角形兩個頂點上。如果(a)兩個電荷都是正的，以及(b)一個是正的另一個是負的，試問在第三個頂點上的電場大小為何？

32　某特定電偶極放置在大小為 40 N/C 的均勻電場 $\vec{E}$ 中。圖 22-33 提供了電偶極的電位能 U 對 $\vec{E}$ 和偶極矩 $\vec{p}$ 間夾角的關係圖。縱軸的尺度設為 $U_s = 100 \times 10^{-28}$ J。試問 $\vec{p}$ 的大小為何？

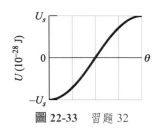

圖 22-33　習題 32

33　二平行銅板相距 9.3 cm，兩板中間有一均勻電場如圖 22-34 所示。電子在負極釋放，質子也同時由正極釋放，不考慮二粒子

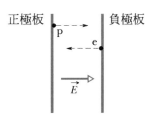

圖 22-34　習題 33

間的相互作用力，在距正極多少距離時，二粒子相遇？(你會因為不需要知道電場大小就能解此題而感到驚訝嗎？)

34　20 nC 的電荷沿著長度 4.0 m 的筆直桿子均勻分佈，將桿子彎曲成半徑 2.0 m 的圓弧。試問在圓弧的曲率中心處，其電場大小是多少？

35　都具有正電荷 q 的兩個粒子固定於 y 軸上，其中一個在 $y = d$，另一個在 $y = -d$。(a)當我們將 x 軸上的點以 $x = \alpha d$ 表示時，關於 x 軸上的點的電場 E，請寫出其大小的數學表示式。(b)繪製 E 對 α 之圖形，範圍在 $0 < \alpha < 4$。利用此曲線圖，求出當(c) E 具有最大值時，以及(d) E 具有最大值一半時的 α 值。

36　一質量 10.0 g，帶電量 $+3.00 \times 10^{-5}$ C 之物體置於電場 $\vec{E} = (3000\hat{i} - 600\hat{j})$ N/C。(a)此物體所受力的大小與(b)方向為何(相對於正 x 軸方向)？若此物體於原點處，於 $t = 0$ 時在靜止狀態下釋放，$t = 3.00$ 秒後其(c) x 與(d) y 座標為何？

37　在圖 22-35 中，一長度為 $L = 8.15$ cm 的非導電長桿有電荷 $-q = -9.15$ fC

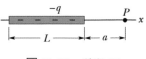

圖 22-35　習題 37

均勻地沿長度方向分佈。(a)桿子的線性電荷密度是多少？在與桿子相距 $a = 12.0$ cm 的點 P 處，由桿子所產生的電場(b)量值和(c)方向(相對於 x 軸正方向)為何？在 $a = 45$ m 的距離處，由(d)桿子和(e)取代這根桿子而且具有電荷 $-q = -9.15$ fC 的粒子，所產生的電場量值？（在此距離下，桿子可視為粒子）

38　在圖 22-36 中，一根細玻璃桿形成半徑 $r = 4.00$ cm 的半圓。電荷是沿著桿子均勻分佈的，其中 $+q = 6.50$ pC 分佈在上半部，而且 $-q = -4.50$ pC 分佈在下半部。試問在半圓的中心 P，其電場 $\vec{E}$ 的：(a)大小和 (b)方向(相對於 x 軸正方向)爲何？

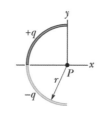

圖 22-36　習題 38

39　在一半徑爲 0.400 m 的均勻帶電圓盤中心軸上，距離圓盤面多遠處的電場，爲圓盤表面中心處電場值的一半？

40　電荷沿著半徑 $R = 4.80$ cm 的圓環均勻分佈，而且沿著圓環中心軸(垂直於圓環所在平面)所產生的電場量值 E 已經予以量測。試問與圓環中心相距多遠的位置，其 E 是最大值？

41　半徑 1.8 cm 的圓盤向上的一面，有 6.9 $\mu C/m^2$ 的面電荷密度。問在圓盤的中心軸上，距離圓盤面 $z = 12$ cm 處，此圓盤所產生的電場大小爲多少？

42　在圖 22-37 中，四個粒子固定在適當的位置上，其電荷量 $q_1 = q_2 = +6e$，$q_3 = +4e$，$q_4 = -12e$。距離 $d = 5.0$ μm。試問在點 P 處由這些粒子所引起的淨電場量值爲何？

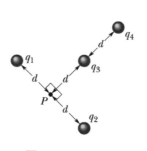

圖 22-37　習題 42

43　兩個帶電粒子固定在 x 軸上：電荷 $q_1 = 5.64 \times 10^{-8}$ C 的粒子 1 位於位置 $x = 20.0$ cm，電荷 $q_2 = -8.00q_1$ 的粒子 2 位於位置 $x = 70.0$ cm。兩個粒子產生的淨電場在 x 軸上的哪個坐標處（除無窮遠以外）爲零？

44　兩個帶電粒子在 x 軸上：粒子 1 帶電 -2.00×10^{-7} C 位於 $x = 4.00$ cm，粒子 2 帶電 $+2.00 \times 10^{-7}$ C 位於 $x = 16.0$ cm。在兩粒子間，它們以單位向量表示的淨電場是多少？

45　某一個具有下列偶極矩的電偶極

$$\vec{p} = (3.00\hat{i} + 4.00\hat{j})(1.24 \times 10^{-30} C \cdot m)$$

位於電場 $\vec{E} = (4000 N/C)\hat{i}$ (a)試問此電偶極的位能爲何？(b)作用在此電偶極的力矩是多少？(c)如果有一個外界因素轉動電偶極，直到電偶極矩是

$$\vec{p} = (-4.00\hat{i} + 3.00\hat{j})(1.24 \times 10^{-30} C \cdot m)$$

試問此外界因素做的功是多少？

46　在圖 22-38 中，在一均勻外加電場 $\vec{E}$ 中有一個電偶極從初始方位 i ($\theta_i = 20.0°$)擺動到最終方位 f ($\theta_f = 20.0°$)。電偶極矩是 1.60×10^{-27} C·m；電場大小是 3.00×10^6 N/C。試問電偶極矩的位能改變量是多少？

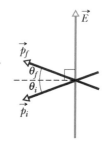

圖 22-38　習題 46

47　時鐘正面有負的點電荷 $-q$，$-2q$，$-3q$，…，$-12q$，固定在相對應的數值位置上。假設時鐘指針不會影響這些電荷所產生的淨電場。請問時針指的方向在什麼時候會與鐘盤中心處的電場具有相同方向？(提示：使用對稱概念。)

48　在 xy 平面中，由一個正電荷粒子在點 (3.0, 3.0) cm 所產生的電場是 $7.2(4.0\hat{i}+3.0\hat{j})$ N/C，在點 (2.0, 0) cm 所產生的電場是 $100\hat{i}$ N/C。請問此粒子的(a) x 座標和(b) y 座標爲何？(c)這個粒子的電荷是多少？

49　圖 22-39 顯示了兩個同心圓環，其半徑爲 R 和 $R' = 3.00R$，而且兩個圓環位於相同平面上。點 P 位於中心 z 軸上，它與圓環中心相距 $D = 3.00R$。比較小的圓環具有均勻分佈的電荷 $+Q$。如果在點 P 的淨電場爲零，請問大圓環的均勻分佈電荷量是多少，並且以 Q 表示之？

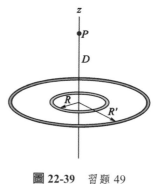

圖 22-39　習題 49

50 (a)請問在大小爲 1.40×10^6 N/C 的均勻電場中，電子的加速度大小是多少？(b)一個電子從靜止出發，要到達十分之一光速，將需要花費多少時間？(c)在這段時間內，電子會行進多長的距離？

51 一電偶極具有電荷+2e 與 −2e，相距 0.78 nm。置於 5.7×10^5 N/C 之電場中。當與電偶極與電場(a)平行，(b)垂直，(c)反向時，計算作用於電偶極上的力矩大小。

52 在圖 22-40 中，八個粒子形成一個正方形，其中距離 d = 2.0 cm。粒子的電荷分別是 q_1 = +3e，q_2 = +e，q_3 = −5e，q_4 = −2e，q_5 = +3e，q_6 = +e，q_7 = −5e，q_8 = +e。請問這些粒子在正方形中心所產生的淨電場爲何，並且以單位向量標記法表示之？

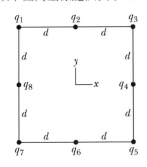

圖 22-40 習題 52

53 有一個電偶極放置在量值 E = 62.0 N/C 的均勻電場中，如果電偶極量值 p = 4.90×10^{-25} C·m，而且電場和電偶極的初始角度是 64 度，試問要將此電偶極在這個均勻電場中轉動 180 度，需要做多少功？

54 方程式 22-8 和 22-9 是電偶極在沿著偶極軸上的位置，所產生電場的量值的近似式。考慮在該軸上與偶極的中心相距 z = 4.00d 的點 P（d 是偶極的粒子之間的間隔距離）。令 E_{appr} 是利用 22-8 式和 22-9 式在點 P 處近似得到的電場量值。令 E_{act} 是實際量值。試問比值 E_{appr}/E_{act} 爲何？

55 由於方向向下的大氣電場的緣故，某一個直徑 1.20 μm 的球形水滴懸浮在平靜空氣中，其中電場量值爲：E = 462 N/C。(a)試問作用在水滴的重力大小爲何？(b)請問此水滴具有多少過量電子？

56 電荷大小 1.21 nC 相距 4.05 μm 之電偶極置於 950 N/C 之電場中。請問：(a)偶極矩大小爲何？(b)此電偶極平行或反平行於電場 $\vec{E}$ 時，位能相差若干？

57 圖 22-41 中，兩個水平平板之間已經建立了一個大小爲 2.00×10^3 N/C 的均勻、方向向上的電場 $\vec{E}$，其下方平板帶有正電荷，上

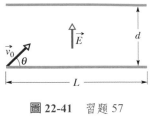

圖 22-41 習題 57

方平板帶有負電荷。平板的長度 L = 10.0 cm 而且間隔距離 d = 2.00 cm。然後將一個電子從下方平板的左側邊緣，射入兩個平板之間。電子的初始速度 $\vec{v}_0$ 與下方平板形成角度 θ = 45.0°，而且其量值是 6.00×10^6 m/s。(a)試問電子會撞擊到兩個平板其中一個嗎？(b)如果會，請問電子會撞擊到哪一個平板，以及其撞擊位置與左側邊緣的水平距離有多少？

58 電四極。圖 22-42 爲一電四極。包含兩個大小相等，但方向相反的電偶極。試證在電四極軸上距其中心點距離 z ($z \gg d$)的 P 點之電場值爲：

$$E = \frac{3Q}{4\pi\varepsilon_0 z^4}$$

其中 $Q(= 2qd^2)$爲此種電荷分佈之四極矩。

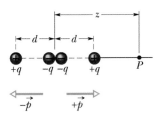

圖 22-42 習題 58

59 圖 22-43 顯示了一個電偶極。在 $r \gg d$ 的條件下，試問電偶極在點 P 所產生電場的：(a)量值和(b)方向(相對於 x 軸正方向)爲何？

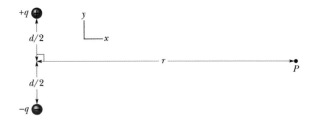

圖 22-43 習題 59

60 一個質子和一個電子形成邊長 2.0×10^{-6} m 的等邊三角形的兩個頂點。試問這兩個粒子在第三個頂點所產生的淨電場大小爲何？

CHAPTER 23

高斯定律

23-1　電通量

學習目標

在閱讀完這個區塊的文字之後,讀者應該能夠...

23.01 了解高斯定律連結了位於封閉表面(不論真實或想像的,都稱作高斯面)上點之電場與被侷限在該表面上的淨電荷。

23.02 了解電場通量沖穿流過一表面(並非在表面上掠過)為流過該表面的電通量。

23.03 了解一平面的面積向量是指一垂直於該表面的向量,其大小與表面面積相等。

23.04 了解任一表面可以被分割成面積元素(網目單元),此元素足夠小且平,使得 $d\vec{A}$ 可以被指定為面積向量,此向量垂直於表面且其大小與該元素面積相同。

23.05 藉由積分一表面上之電場向量 $\vec{E}$ 與單位面積向量 $d\vec{A}$ (網目單元)的內積,來計算穿過該表面的通量,以大小－角度和單位－向量表示。

23.06 對一封閉表面,解釋流入通量與流出通量的數學符號。

23.07 藉由在整個表面上對電場向量 $\vec{E}$ 和面積向量 $d\vec{A}$ (網目單元)的內積作積分,計算流過一封閉表面的淨通量 Φ,並包含其符號。

23.08 決定一封閉表面是否能夠被切成小部分(例如管子的外邊)來簡化積分,其積分產生流經表面的淨通量。

關鍵概念

● 穿過一表面的電通量 Φ 是沖流過該表面的電場量。

● 表面上之面積元素(網目單元)的面積向量 $d\vec{A}$ 是垂直於該元素的向量,且其大小與該元素面積 dA 相等。

● 穿過面積向量 $d\vec{A}$ 之網目單元的電通量 $d\Phi$ 是由內積產生:

$$d\Phi = \vec{E} \cdot d\vec{A}$$

● 流經一表面的總通量為

$$\Phi = \int \vec{E} \cdot d\vec{A} \quad \text{(總通量)}$$

此式是由表面積分得來。

● 流經一封閉表面(在高斯定律中使用)的淨通量為

$$\Phi = \oint \vec{E} \cdot d\vec{A} \quad \text{(淨通量)}$$

此式是由整個表面積分得來。

物理學是什麼?

在前一章我們探討在無限延伸的帶電體(像是棒子)附近點之電場,以前我們的技巧是勞力密集法:把電荷分佈切成電荷元素 dq,找出其建立的電場 $d\vec{E}$,再把其向量分解成分量。然後決定所有元素的分量最終是相消還是相加。最後,順著這方法經由數次符號改變,藉由積分所有元素來加總需相加的分量。

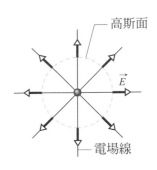

圖 23-1 沖流經一假想的球形高斯面的電場向量與場線,帶電荷+Q 的粒子被該高斯面所封閉。

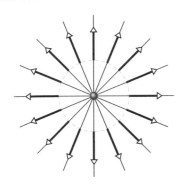

圖 23-2 現在被封閉的粒子電量是+2Q。

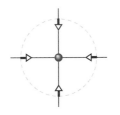

圖 23-3 你能夠說出現在被封閉的電荷是多少嗎?

物理的其中一個主要目的是尋找簡單的方法來解勞力密集的問題。其中一種達到此一目標的主要工具是對稱性的使用。在這一章,我們電荷與電場之間美妙的關係,在某種對稱的情況下,此關係允許我們用少數幾行代數來找出一無限延伸的帶電體之電場。此關係稱作**高斯定律**,其是由德國數學與物理學家高斯(Carl Friedrich Gauss,1777–1855)所發展。

首先讓我們快速的來看一些帶有高斯定律精神的例子。圖 23-1 展示了一帶電荷+Q 的粒子被一個假想的同心球所圍繞。在表面(稱作高斯表面)上的點,其電場向量有一適中的大小(為 $E = kQ/r^2$)以及徑向遠離粒子的方向(因為是正電荷)。該電場線也是向外且有一適中的密度(與該場大小有關)。我們知道場向量和場線沖流此表面。

圖 23-2 是一個類似的例子,一封閉粒子帶有電荷+2Q。因為現在該封閉電荷是兩倍之多,所以沖流過高斯表面向外的場向量大小是圖 23-1 的兩倍,且其場線密度也是兩倍。簡而言之,下句即為高斯定律。

 高斯定律連結了一高斯(封閉)表面上各點電場與該表面所圍淨電荷之間的關係。

讓我們用第三個例子來檢驗它,如圖 23-3 所示,一粒子被同樣的球形高斯表面(若你想要的話,也可以稱高斯球,甚至是易記的 G 球)所封閉。這封閉電荷的電量和符號為何?嗯,從向內沖流,我們很快可以知道電荷必定是負的。從場線密度是圖 23-1 的一半,我們也知道此電荷一定是 0.5Q(使用高斯定律就像是憑著觀看盒子的包裝紙就可以知道裡面的禮物是什麼。)

這章的問題有兩種,有時候我們知道電荷,且使用高斯定律找出某點的電場;有時候我們知道位於某高斯面上的場,且使用高斯定律來找出被該表面所封閉的電荷。然而,我們無法如同剛剛所做的,靠著簡單的比較場線電荷密度來解決問題。我們需要一個量化的方法來知道電場如何沖流經表面。該物理量稱為電通量。

電通量

平坦表面,均勻場。我們以面積 A 的平坦表面在一均勻電場中作為開始。圖 23-4a 展示電場向量沖流經過其中一個面積 ΔA(Δ 表示「小」的意思)的小正方網目。事實上,只有 x 分量(在圖 23-4b 中的大小為 $E_x = E\cos\theta$)沖流過該網目。y 分量幾乎是沿著表面掠過(在其中無沖流),且在高斯定律中不扮演角色。沖流過該網目的電場量被定義為通過它的電通量 $\Delta\Phi$:

$$\Delta\Phi = (E\cos\theta)\Delta A$$

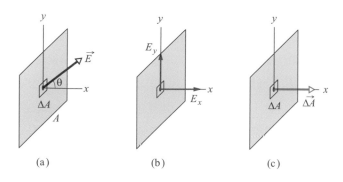

(a)　　　　　　(b)　　　　　　(c)

圖 23-4　(a)一電場向量沖流過一平坦表面的小方形網目單元。(b)只有 x 分量真正沖流過該網目單元；y 分量則是掠過它。(c)網目單元的面積向量垂直於該網目，其大小與網目面積相等。

有另一種方式來寫這個式子的右邊，使得我們只有 $\vec{E}$ 的沖流分量。我們定義面積向量 $\Delta\vec{A}$，其垂直於該網目且大小和網目面積 ΔA 一樣(圖23-4c)。然後，我們能夠寫出

$$\Delta\Phi = \vec{E} \cdot \Delta\vec{A}$$

以及內積自動給出平行於 $\Delta\vec{A}$ 的 $\vec{E}$ 分量，且因此沖流過該網目。

　　為了得到在圖 23-4 中穿過表面的總通量 Φ，我們透過加總此表面上每一網目的通量：

$$\Phi = \sum \vec{E} \cdot \Delta\vec{A} \tag{23-1}$$

然而，因為我們不想要加總數百個(或更多)通量值，所以透過將面積ΔA的小正方形網目縮小為面積 dA 的網目單元(或面積元素)，把相加式轉成積分式，則總通量為

$$\Phi = \int \vec{E} \cdot d\vec{A} \quad \text{(總通量)} \tag{23-2}$$

現在我們可以藉由積分整個表面的內積來得到總通量。

　　內積。我們能夠透過以單位向量的符號寫出兩個向量來計算積分內的內積。例如，在圖 23-4，$d\vec{A} = dA\hat{i}$ 和 $\vec{E}$ 可以是 $(4\hat{i}+4\hat{j})$N/C。另外，我們能夠用大小－角度的符號 $E\cos\theta dA$ 來計算內積。當電場是均勻且表面是平的時，內積 $E\cos\theta$ 是常數且可置於積分之外。剩下的 $\int dA$ 表示是相加所有網目單元來得到總面積，但是，我們已經知道總面積是 A。所以在這簡單的情境中，總通量是

$$\Phi = (E\cos\theta)A \quad \text{(均勻場，平坦表面)} \tag{23-3}$$

　　封閉表面。使用高斯定律來連結通量和電荷，我們需要一個封閉表面。讓我們考慮圖 23-5 中在一非均勻電場中的封閉表面。(別擔心，習題是較不複雜的表面。)跟之前一樣，我們先考慮通過小方形網目的通量。然而，我們現在不只對電場的沖流分量有興趣，也對沖流是向內還向外有興趣(就像我們在圖 23-1 到圖 23-3 所做的)。

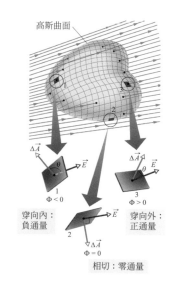

圖 23-5　在電場中，任意形狀的高斯面。它分割成許多面積為顛的小正方形。圖中顯示三個代表性小正方形 1, 2, 3 上的電場與面積向量。

方向。爲了持續追蹤沖流方向,我們再次使用垂直於網目單元的面積向量 $\Delta\vec{A}$,但現在總是把方向畫成從表面向外(遠離內部)。然後,假設場向量向外沖流,它和該面積向量在同一方向,角度 $\theta = 0$ 且 $\cos\theta = 1$。因此,內積 $\vec{E}\cdot d\vec{A}$ 是正的,通量也是。相反地,若場向量沖流向內,角度 $\theta = 180°$ 且 $\cos\theta = -1$。因此,內積是負的,通量也是。若場向量掠過該表面(無沖流),內積是零(因爲 $\cos 90° = 0$),且通量也是零。圖 23-5 是一些例子,以下是摘要:

 向內沖流的場是負通量。向外沖流的場是正通量。掠過的場是零通量。

淨通量。原則上,要得到圖 23-5 中經過表面的淨通量,我們要找出每一個網目的通量,然後把這些結果相加(包含正負號)。然而,我們將不用費這麼大力氣。相反的,我們將網目單元縮小成面積向量 $d\vec{A}$,然後積分:

$$\Phi = \oint \vec{E}\cdot d\vec{A} \quad \text{(淨通量)} \tag{23-4}$$

積分符號上的圓圈表示我們必須積分整個封閉表面,以獲得流經該表面的淨通量(如圖 23-5,通量可能由一端進入,由另一端離開)。需謹記在心的是我們要的是流經表面的通量,因爲這就是在高斯定律中,要和被表面封閉之電荷連結在一起的東西。(這定律接下來要介紹)。請注意通量是純量(是的,我們討論場向量,但通量是場沖流的量,其本身不是向量。)通量的 SI 單位是每庫侖牛頓平方公尺 ($\text{N}\cdot\text{m}^2/\text{C}$)。

 測試站 1

圖示爲一面積的高斯立方體面,置於均勻電場 $\vec{E}$ 中,$\vec{E}$ 指向 z 軸的正方向。試問通過(a)前面(在 xy 平面)、(b)背面、(c)頂面,及(d)整個立方體面的通量有若干?以 E 及 A 表示。

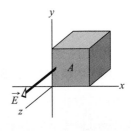

範例 **23.01** 均勻電場中通過封閉圓柱體的通量

圖 23-6 爲一半徑 R 之封閉圓柱(高斯圓柱或 G-圓柱)的高斯面。它被置於一均勻電場 $\vec{E}$ 中,圓柱軸(沿著圓柱的長邊)平行於該場。試問流經圓柱的淨電場通量爲何?

關鍵概念

在 23-4 式中,藉由積分圓柱表面的內積 $\vec{E}\cdot d\vec{A}$ 可得到淨通量。然而我們無法寫出用一次積分來解決問題的方程式,反而需要更聰明的方法:將該表面拆解成可實際作積分的部分。

計算　我們將 23-4 式拆解成三個部分：左邊端面的積分路徑 a，圓柱曲面的積分路徑 b，以及右邊端面的積分路徑 c：

$$\Phi = \oint \vec{E} \cdot d\vec{A}$$

$$= \oint_a \vec{E} \cdot d\vec{A} + \oint_b \vec{E} \cdot d\vec{A} + \oint_c \vec{E} \cdot d\vec{A} \qquad (23\text{-}5)$$

　　來看左邊端面的網目單元。它的面積向量 $d\vec{A}$ 定是垂直於網目單元，且指向遠離圓柱內部的方向。在圖 23-6 中，它與場沖流網目的角度就是 180°。此外，請注意流經底邊端面的電場是均勻的，因此可以 E 拉到積分之外。所以，流經左邊端面的通量可寫為

$$\int_a \vec{E} \cdot d\vec{A} = \int E(\cos 180°) dA = -E \int dA = -EA$$

其中代表端面的面積 $A\ (=\pi R^2)$。同理，對右方的端面 $(\theta = 0)$：

$$\int_c \vec{E} \cdot d\vec{A} = \int E(\cos 0) dA = EA$$

最後，在圓柱面上，各點的 $\theta = 90°$

$$\int_b \vec{E} \cdot d\vec{A} = \int E(\cos 90°) dA = 0$$

將此三個結果代入 23-5 式，得

$$\Phi = -EA + 0 + EA = 0 \qquad \text{(答)}$$

所有電場線均通過高斯面，自左方端面進入而自右方端面離去，因此通過高斯面的總通量為零。

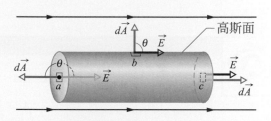

圖 23-6　在均勻電場中，具有兩端面的圓柱形高斯面。圓柱之中心軸平行於電場方向。

範例 23.02　不均勻電場中通過封閉立方體的通量

　　一不均勻電場 $\vec{E} = 3.0x\hat{i} + 4.0\hat{j}$ 通過如圖 23-5a 所示的一個高斯立方體面(E 的單位為牛頓/庫侖，x 單位為公尺)。試問通過右面、左面及頂面的電通量為何？(我們在另一範例考慮其他面。)

關鍵概念

　　對每個面作純量乘積 $\vec{E} \cdot d\vec{A}$ 的積分便可求得通量 Φ。

　　右表面　面積向量 $\vec{A}$ 總是垂直於其表面，且總是指向遠離高斯表面內部的方向。因此，在立方體右面之任一網目單元的向量 $d\vec{A}$ 必定指向 x 軸的正向。這樣單位元素的例子展示於圖 23-7b 和 c，但對於那個表面上的每一其他網目單元，都有相等的向量。表示該向量最簡便的方法是以單位向量表示，

$$d\vec{A} = dA\hat{i}$$

由 23-4 式可知，通過右面的通量 Φ 為

$$\Phi_r = \int \vec{E} \cdot d\vec{A} = \int (3.0x\hat{i} + 4.0\hat{j}) \cdot (dA\hat{i})$$

$$= \int [(3.0x)(dA)\hat{i} \cdot \hat{i} + (4.0)(dA)\hat{j} \cdot \hat{i}]$$

$$= \int [(3.0x\,dA + 0) = 3.0 \int x\,dA$$

我們即將對右面進行積分，但我們注意到在此面上 x 的值均相同——即 $x = 3.0$ m。這表示我們可將此常數值代入 x。這可以是一個模糊的參數。即使 x 是一個明確的變數從圖的左至右，由於右面是與 x 軸垂直，在該面每個點都有相同的 x 座標(y 及 z 座標對積分沒有影響)。所以，我們有

$$\Phi_r = 3.0 \int (3.0)\,dA = 9.0 \int dA$$

此積分 $\int dA$ 即右面的面積 $A = 4.0$ m^2；因此

$$\Phi_r = (9.0\ \text{N/C})(4.0\ \text{m}^2) = 36\ \text{N} \cdot \text{m}^2/\text{C} \qquad \text{(答)}$$

左表面 我們對於左表面重複這流程。然而，要改變兩個因子。(1)面積元素向量 $d\vec{A}$ 指向 x 軸的負向，因此 $d\vec{A} = -dA\hat{i}$ (圖 23-7d)。(2)在左表面，$x = 1.0$ m。經過這些改變，可以得到流經左表面的通量 Φ_l 為

$$\Phi_l = -12 \text{ N·m}^2/\text{C} \qquad \text{(答)}$$

上表面 $d\vec{A}$ 現在指向 y 軸的正向，因此 $d\vec{A} = -dA\hat{j}$ (圖 23-7e)。通量 Φ_t 為

$$\Phi_t = \int (3.0x\hat{i} + 4.0\hat{j}) \cdot (dA\hat{j})$$
$$= \int [(3.0x)(dA)\hat{i} \cdot \hat{j} + (4.0)(dA)\hat{j} \cdot \hat{j}]$$
$$= \int (0 + 4.0dA) = 4.0\int dA$$
$$= 16 \text{ N·m}^2/\text{C} \qquad \text{(答)}$$

 PLUS Additional example,video,and practice available at WileyPLUS

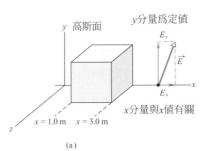

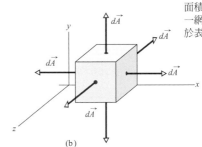

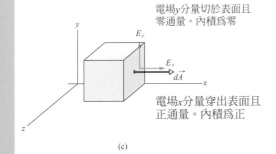

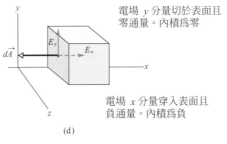

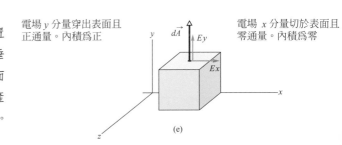

圖 23-7 (a)一置於非均勻電場的高斯立方體，其一邊置於 x 軸上，該電場值隨 x 而變。(b)每一網目單元有一垂直於面積的向外向量。(c)右表面：場的 x 分量沖流該面積且產生正(向外)通量。場的 y 分量不沖流該面積且不產生任何通量。(d)左表面：場的 x 分量產生負(向內)通量。(e)上表面：場的 y 分量產生正(向外)通量。

23-2 高斯定律

學習目標

在閱讀完這個區塊的文字之後，讀者應該能夠...

23.09 應用高斯定律連結流經封閉表面的淨通量 Φ 與被包圍的淨電荷 q_{enc}。

23.10 了解被封閉之淨電荷的符號如何對應於通過高斯表面的淨通量方向(向內或向外)。

23.11 了解高斯表面外的電荷對於流經該封閉表面的淨通量是無貢獻的。

23.12 藉由高斯定律推導一帶電粒子的電場大小方程式。

23.13 了解對於帶電粒子或是均勻帶電球體，高斯定律被應用在同心球體的高斯表面。

關鍵概念

● 高斯定律連結流經一封閉表面的淨通量 Φ 與被該表面所包圍的淨電荷 q_{enc}：

$$\varepsilon_0 \Phi = q_{enc} \quad \text{(高斯定律)}$$

● 高斯定律也能夠以電場沖流經其所封閉的高斯表面來寫成

$$\varepsilon_0 \oint \vec{E} \cdot d\vec{A} = q_{enc} \quad \text{(高斯定律)}$$

高斯定律

　　高斯定律描述電場通過封閉曲面(高斯面)之總通量 Φ，與該曲面內之淨電荷 q_{enc} 之間的關係。它告訴我們

$$\varepsilon_0 \Phi = q_{enc} \quad \text{(高斯定律)} \tag{23-6}$$

將 23-4 式通量之定義代入，我們可將高斯定律寫成：

$$\varepsilon_0 \oint \vec{E} \cdot d\vec{A} = q_{enc} \quad \text{(高斯定律)} \tag{23-7}$$

23-6 與 23-7 式僅適用於當淨電荷位於眞空或大氣(對大部分實際用途而言，這兩者視爲相同)中的情況。在 25 章中，我們會對高斯定律作修正，使其適用於雲母、油或玻璃等物質存在的狀況。

　　在 23-6 與 23-7 式中，淨電荷 q_{enc} 是封閉曲面內所有正負電荷的代數和，其值可爲正、負、或零。我們將電荷的符號包含在 q_{enc} 中，因爲 q_{enc} 的符號告訴我們一些關於通過高斯面之淨通量的資料：如果 q_{enc} 爲正，淨通量向外，如果 q_{enc} 爲負，淨通量向內。

　　在高斯面外的電荷，不論電荷多大或多靠近，都不包含在高斯定律的 q_{enc} 項中。電荷在高斯面內的形式或位置都無關緊要，在 23-6 式和 23-7 式右邊唯一要緊的是，封閉曲面包圍的淨電荷的大小與符號。然而，在 23-7 式左邊的 $\vec{E}$ 是所有(包括高斯面內外)電荷所建立的電場。看起來此點似乎不合理，但我們記得這個：因爲進入曲面的電場線數等於離開曲面的電場線數，所以在高斯面外的電荷所建立的電場對通過曲面的通量貢獻爲零。

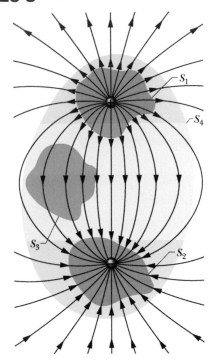

圖 23-8 兩個大小相等，符號相反的點電荷，電場線表示其淨電場。圖中並顯示四個高斯面的截面。曲面 S_1 包圍正電荷。曲面 S_2 包圍負電荷。曲面 S_3 不包圍任何電荷。曲面 S_4 包圍兩個電荷，因此也無淨電荷。

讓我們在圖 23-8 運用這些想法，該圖說明了兩個電荷量大小相等但符號相反的粒子，場線描繪著粒子在四周空間所建立的電場，而四個高斯表面亦表現在截面中。讓我們依序來討論。

曲面 S_1 在此曲面上的任意一點，電場均向外。因此通過此曲面的通量為正，而且此曲面中的電荷也為正；這正如高斯定律所要求的。(即在 23-6 式中，若 Φ 為正，q_{enc} 也必為正。)

曲面 S_2 在此曲面上任意一點，電場均朝內。因此電場通量為負，而且被包圍的電荷亦為負；就如高斯定律所要求的。

曲面 S_3 此曲面不包含電荷，因此 $q_{enc} = 0$。由高斯定律(23-6 式)知此曲面之電場通量為零。我們可發現所有經過此曲面的電場線自上方進入，自下方離開，所以高斯定律的預測是合理的。

曲面 S_4 由於此曲面含等量的正負電荷，所以此曲面不包含淨電荷。高斯定律要求通過此曲面的通量為零。這是合理的，我們發現進入 S_4 的電場線數等於離開 S_4 的電場線數。

假如我們將大量的電荷 Q 靠近圖 23-8 的 S_4，則會發生什麼狀況？當然，電場線的形狀會改變，但通過圖 23-8 中所有高斯面的淨通量不會改變。我們瞭解此點，因為由外在電荷所產生的電場線會完全通過四個高斯面，但對通過它們的總通量並無貢獻。因為 Q 在我們所考慮的四個高斯面之外，所以 Q 值不會在高斯定律中產生任何影響。

✓ **測試站 2**

如圖所示，位於電場中之高斯立方體面的三種情形。其數值和箭頭表示了通過每個立方體六個面的通量大小(N·m²/C)及方向(較淡的箭頭代表進入隱藏面的通量)。問在那一種情形下，立方體面所包圍的是(a)正的淨電荷，(b)負的淨電荷及(c)內無淨電荷？

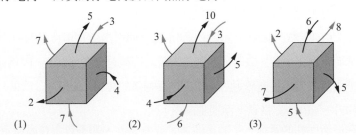

高斯定律與庫侖定律

我們可應用高斯定律的其中一種情況，來找出帶電粒子的電場。那樣的場是球形對稱(該場與該粒子相距的距離 r 相關而非方向)。所以，用這樣的對稱性，我們用一高斯球體來包圍該粒子，該球體的球心位於該粒子，圖 23-9 展示一帶正電荷 q 的粒子。然後，電場在球體上的任一點

(所有點都有相同距離 r)有同大小的 E。這樣的性質將會簡化積分。

　　此流程演練和前面一樣。挑一個表面上的網目單元，並畫出其面積向量 $d\vec{A}$ 垂直於此網目且指向外。從這例子的對稱性，我們知道位於該網目的電場 $\vec{E}$ 也是徑向向外而且跟 $d\vec{A}$ 的角度 $\theta = 0$。所以，我們重寫高斯定律為

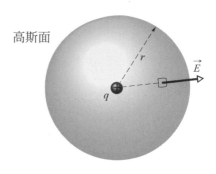

圖 **23-9**　球型高斯表面以一電荷 q 之粒子為中心。

$$\varepsilon_0 \oint \vec{E} \cdot d\vec{A} = \varepsilon_0 \oint E\, dA = q_{enc} \qquad (23\text{-}8)$$

在這邊 $q_{enc} = q$。因為場大小 E 在每一網目單元是相同的，E 可以被拉到積分之外：

$$\varepsilon_0 E \oint dA = q \qquad (23\text{-}9)$$

剩下的積分只是加總球體上所有網目單元的面積，但是我們已經知道總面積為 $4\pi r^2$。置換掉這個，得到

$$\varepsilon_0 E(4\pi r^2) = q$$

$$E = \frac{1}{4\pi\varepsilon_0} \frac{q}{r^2} \qquad (23\text{-}10)$$

這就是我們先前使用庫侖定律得到的 22-3 式。

☑　**測試站 3**

總通量 Φ 通過一半徑 r、包圍著隔離的帶電粒子之高斯球面。假設將此封閉的高斯面變為(a)較大的高斯球面，(b)邊長為 r 的高斯立方體面，(c)邊長為 $2r$ 的高斯立方體面。在每一種情況中，通過新的高斯面的總通量是大於、小於或等於 Φ_i？

範例 **23.03**　使用高斯定律來得到電場

　　圖 23-10a 說明了在截面中，一塑膠球殼有均勻電荷 $Q = -16e$ 以及半徑 $R = 10$ cm。一帶電荷 $q = +5e$ 的粒子位於球心。(a)在距球心 $r_1 = 6.00$ cm 處的 P_1 點以及(b)在距球心 $r_2 = 12.0$ cm 處的 P_2 點之電場(大小與方向)各為何？

關鍵概念

(1) 因為圖 23-10a 的情況有球形對稱，所以若我們以粒子和殼的共同球心形式使用高斯定律，就可以應用高斯定律來找出某點的電場。

(2) 找出某點的電場，我們把那一點放在高斯表面上(使得我們想要找的電場 $\vec{E}$ 是高斯定律中積分裡面內積的電場 $\vec{E}$)(3) 高斯定律連結流經封閉表面的淨電通量與被封閉的淨電荷，並未包含任何外部電荷。

計算　要得到 P_1 的電場，我們建立一個高斯球體，讓 P_1 位於其表面上，且半徑為 r_1。因為被高斯球體所封閉的電荷是正的，因此方向向外。所以，電場 $\vec{E}$ 沖流出表面，且因為球形對稱，所以是徑向向外，如圖 23-10b，該圖沒有包含塑膠殼，因為該殼未被高斯球體所包圍。

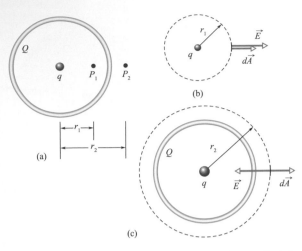

圖 23-10 (a)一帶電塑膠球殼圈住一點電荷。(b)為了找出在 P_1 點的電場，須把此點放在高斯球體上，此電場方向是向外的，對於網目單元的面積向量也是向外的。(c)在高斯球體上的 P_2 點，其 $\vec{E}$ 是向內的，而 $d\vec{A}$ 仍向外。

考慮球體上 P_1 點的一網目單元，它的面積向量 $d\vec{A}$ 是徑向向外(它必須總是從高斯表面向外)，因此 $\vec{E}$ 和 $d\vec{A}$ 之間的角度 θ 是零。我們現在可以重寫 23-7 式(高斯定律)的左邊為

$$\varepsilon_0 \oint \vec{E} \cdot d\vec{A} = \varepsilon_0 \oint E \cos 0 \, dA = \varepsilon_0 \oint E \, dA = \varepsilon_0 E \oint dA$$

在最後步驟中，因為電場 E 大小在所有位於高斯面的點都是一樣的，且為一個常數。所以把它拉出積分之外。剩下的積分對我們來說是簡單的，就是球體上所有網目單元的面積和，但我們已知球體的表面積為 $4\pi r^2$，替換這些結果，高斯定律的 23-7 式變為

$$\varepsilon_0 E 4\pi r^2 = q_{enc}$$

僅只有被通過 P_1 之高斯表面包圍的電荷會是粒子的電荷。解出 E 以及置換 $q_{enc} = 5e$ 和 $r = r_1 = 6.00 \times 10^{-2}$ m，我們可以得到位於 P_1 的電場大小為

$$E = \frac{q_{enc}}{4\pi\varepsilon_0}$$
$$= \frac{5(1.60\times10^{-19}\,\text{C})}{4\pi(8.85\times10^{-12}\,\text{C}^2/\text{N}\cdot\text{m}^2)(0.0600\text{m})^2}$$
$$= 2.00\times10^{-6}\,\text{N/C} \qquad\qquad (答)$$

要得到位於 P_2 的電場，我們藉由建立一表面使其通過 P_2 的高斯球體來循著一樣的流程。然而，這次被該球體所包圍的淨電荷是 $q_{enc} = q + Q = 5e + (-16e) = -11e$。因為淨電荷是負的，所以球體表面上的電場向量是沖流向內(圖 23-10c)，$\vec{E}$ 和 $d\vec{A}$ 之間的角度 θ 是 180°，且內積為 $E(\cos180°)\,dA = -E\,dA$。現在用高斯定律解出 E，並置換 $r = r_2 = 12.00\times10^{-2}$ m 和新的 q_{enc}，可以得到

$$E = \frac{-q_{enc}}{4\pi\varepsilon_0 r^2}$$
$$= \frac{-\left[-11(1.60\times10^{-19}\,\text{C})\right]}{4\pi(8.85\times10^{-12}\,\text{C}^2/\text{N}\cdot\text{m}^2)(0.120\text{m})^2}$$
$$= 1.10\times10^{-6}\,\text{N/C} \qquad\qquad (答)$$

請注意，若我們將 P_1 和 P_2 置於高斯立方體的表面，而非仿造高斯球體的球形對稱，計算會是很不一樣的。然後角度 θ 以及 E 大小在立方體表面會有很大的變化，高斯定律的積分計算將會是較困難的。

範例 23.04 使用高斯定律找出被封閉的電荷

在例題 23.02 中，電場為 $\vec{E} = 3.0x\hat{i} + 4.0\hat{j}$ 的高斯立方體所包圍淨電荷為多少?(E 的單位為牛頓/庫侖，x 單位為公尺。)

關鍵概念

一個(無論是實際或數學模式)封閉面內所含的淨電荷與通過這個面的總電場通量有關，如 23-6 式 ($\varepsilon_0 \Phi = q_{enc}$)的高斯定律所示。

通量 為了運用 23-6 式，我們需要知道通過立體六個面的通量。我們已經知道右面($\Phi = 36$ N·m²/C)、左面($\Phi_l = -12$ N·m²/C)與頂面($\Phi_t = 16$ N·m²/C)的通量。

對底部表面來說，我們的計算就像對頂部表面，除了單位元素面積向量 $d\vec{A}$，現在是沿著 y 軸向下(回憶一下，它一定是從高斯封閉面向外)。所以，我們有 $d\vec{A} = -dA\hat{j}$；我們得到

$$\Phi_b = -16 \text{ N·m}^2/\text{C}$$

對於正面，我們得到 $d\vec{A} = dA\hat{k}$，對於背面，我們得到 $d\vec{A} = -dA\hat{k}$。當我們利用已知的電場 $\vec{E} = 3.0x\hat{i} + 4.0\hat{j}$ 與這些 $d\vec{A}$ 任一個表示式求點積時，我們得到 0，因此表示這些面上沒有通量。我們現在求出立方體六面的總通量。

$$\Phi = (36 - 12 + 16 - 16 + 0 + 0) \text{ N·m}^2/\text{C}$$
$$= 24 \text{ N·m}^2/\text{C}$$

被包圍的電荷 接著，我們使用高斯定律計算被立方體圍繞之電荷 q_{enc}：

$$q_{enc} = \varepsilon_0 \Phi = (8.85 \times 10^{-12} \text{ C}^2/\text{N·m}^2)(24 \text{ N·m}^2/\text{C})$$
$$= 2.1 \times 10^{-10} \text{ C} \tag{答}$$

因此，此立方體所包圍的淨電荷量為正。

PLUS Additional example,video,and practice available at WileyPLUS

23-3 帶電的孤立導體

學習目標

在閱讀完這個區塊的文字之後，讀者應該能夠...

23.14 運用表面電荷密度 σ 和該電荷均勻散佈的面積之間的關係。

23.15 了解若額外電荷(正或負)被放置在一隔絕的導體上，那些電荷會移到表面上而不會在內部。

23.16 知道一個隔絕導體的內部電場值。

23.17 對於一腔內有一帶電體的導體，知道腔體壁與外表面的電荷。

23.18 解釋高斯定律如何使用於找出一隔絕導體表面附近的電場，其表面為均勻表面電荷密度 σ。

23.19 對一均勻帶電導體表面，運用電荷密度 σ 與導體附近一點的電場大小 E 之間的關係，並知道其方向有場向量。

關鍵概念

● 在一隔絕導體上的外加電荷會完全分佈在導體的外表面上。

● 帶電且隔絕之導體的內部電場是零，且外部電場(在鄰近的點)是垂直於表面，並且其大小與表面電荷密度 σ 相關：

$$E = \frac{\sigma}{\varepsilon_0}$$

帶電的孤立導體

高斯定律可證明有關導體的重要定理：

如果將額外電荷置於一孤立導體上，這些電荷將全部移動至導體表面。在導體內部將無任何電荷。

這項陳述似乎合理，因同性電荷會互相排斥。當外加的電荷受力互相遠離時，它們就移動到導體表面。我們將用高斯定律來證明這項假設。

圖 23-11a 為一孤立銅塊的截面，銅塊帶有外加電荷 q，並由一絕緣線懸掛。高斯面就恰好在導體真實表面的內側。

在導體內部的電場必為零。因為如果不為零，電場就會對導體的傳導(自由)電子施力，而在導體內部產生電流(即電荷會在導體內部自一處移至另一處)。當然，在孤立導體內部沒有此種持續性的電流，所以其內部的電場為零。

(導體正在添加電荷時，其內部確實會有電場，但新加入的電荷會快速分佈，使得由內、外部電荷所造成之內部電場強度歸零。接著，因作用於每一電荷上之力為零，所以電荷停止移動，此時電荷達靜電平衡)。

如果在導體內部任一處 $\vec{E}$ 為零，則在高斯面上各點的電場也一定是零，因為高斯面雖靠近導體表面，但仍在導體內部，這表示通過高斯面的通量為零。由高斯定律可知高斯面內部之淨電荷必為零，因外加電荷不在導體內部，則必在導體的真實表面上。

具有空腔的孤立導體

圖 23-11b 為相同的懸吊導體，但有一空腔在導體內部。我們也許可以合理的假設，在挖去電中性物質以形成空腔時，我們不會改變在圖 23-11a 中的電荷分佈或電場形態，我們必須再一次使用高斯定律來定量地證明此項假設。

在空腔的周圍，靠近其表面但仍在導體內部的位置，畫一高斯面。因為在導體內部 $\vec{E} = 0$，所以通過此高斯面的通量為零。由高斯定律知，高斯面所包圍的淨電荷為零。我們的結論是，在空腔壁上並無電荷，電荷仍然停留在導體的外表面如圖 23-11a 所示。

移去導體

假設用某種方法，例如在導體表面塗上一層薄塑膠，使額外電荷嵌在塑膠層中，而令這些電荷「固定」在導體上的原先位置不動，然後把導體移走，這相當於把圖 23-11b 中的空腔加大，直到它等於整個導體，只剩下電荷。此時，電場的形態不會改變，在電荷層內，電場為零，在電荷層外的電場仍和先前一樣。這一現象說明了電場是由電荷，而不是由導體所建立。導體只是電荷藉以改變位置的途徑。

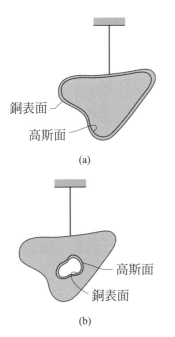

銅表面

高斯面

(a)

高斯面

銅表面

(b)

圖 23-11 (a)由絕緣線懸掛，帶電荷 q 之銅塊。高斯面在金屬內部，恰好位在實際表面之內。(b)銅塊內部有一空腔。高斯面在金屬內部，接近空腔表面的地方。

外部電場

我們已見到在孤立導體上的額外電荷全部會移動至導體表面。但除非是球形導體，否則電荷不會均勻分佈。換句話說，在非球形導體表面的電荷密度(單位面積的電荷)是會變化的。這種複雜的變化使表面電荷建立的電場難以計算。

然而，僅就導體表面外部的電場可以輕易用高斯定律來決定。為了要討論它，我們考慮一表面區域，該區域小到允許我們忽視任何曲率，因此把該區域視為平面。然後想像一細的圓柱高斯表面部分地鑲入該小區域，如圖 23-12 所示：一頂部帽端完全在導體內，另一端完全在外面，以及該圓柱垂直於導體的表面。

恰在導體表面外部的電場 $\vec{E}$ 必然也垂直於導體表面。否則它就有沿著導體表面的分量，作用於表面電荷而使電荷移動。但這種移動違反了我們靜電平衡的假設。因此，$\vec{E}$ 垂直於導體表面。

現在我們將通過高斯面的通量加起來。在內部的端面沒有通量通過，因為導體內電場為零。在圓柱曲面上也沒有通量通過，因為在導體內部之電場為零，而在導體外電場平行於曲面的法線。唯一有通量通過的高斯面在外部的端面，此處電場垂直於該端面。假設端面的面積 A 甚小，使得我們可將端面上的電場 E 視為常數。因此通過端面的通量等於 EA，此即通過高斯面的總通量。

在一面積 A 中，被高斯表面所圍的電荷位於導體表面上。(把該圓柱想成是餅乾切割刀。)若 σ 是每單位面積電荷，然後 q_{enc} 等於 σA。當我們用 σA 換掉 q_{enc}，用 EA 換掉 Φ，高斯定律(23-6 式)會變成

$$\varepsilon_0 EA = \sigma A$$

自此式可得

$$E = \frac{\sigma}{\varepsilon_0} \quad \text{(導體表面)} \tag{23-11}$$

因此，僅在導體外部的電場大小和導體上的表面電荷密度成比例。電荷的符號告訴我們場的方向。若導體上的電荷是正的，電場就是指向遠離導體的方向，如圖 23-12。若電荷為負的，它則指向導體。

圖 23-12 中的電場線必須終止於環境中某處的負電荷。如果我們將這些負電荷移近導體，在導體上任一位置的電荷密度都會改變，電場的大小也會改變。但是與之間的關係仍為 23-11 式。

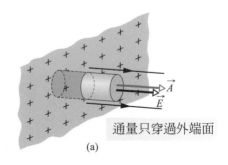

通量只穿過外端面

(a)

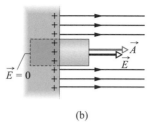

(b)

圖 23-12 表面帶有多餘正電荷的大型孤立導體的一小部分之(a)透視圖與(b)側視圖。(封閉)之圓柱形高斯面垂直嵌入導體中，包圍一些電荷。電場線穿過外部的圓柱端面，而不穿過內部端面。外部端面之面積為 A，面積向量為 $\vec{A}$。

範例 **23.05** 金屬球殼，電場和其所包圍的電荷

圖 23-13a 為內半徑為 R 之金屬球殼截面。帶 $-5.0\ \mu C$ 之點電荷置於距球心 $R/2$ 處。如果球殼為電中性，則在球殼內表面與外表面的(感應)電荷各為若干？這些電荷的分佈均勻嗎？球殼內外電場之形態為何？

關鍵概念

圖 23-13b 表示一個在金屬球內部產生之球型高斯面的橫切面，其恰在殼層內壁之外的殼層內。由於在金屬內部的電場必為零(在金屬內部的高斯面上亦為零)。通過高斯面的電通量也必為零。由高斯定律知，高斯面所包圍的淨電荷必為零。

推論 為一旦殼內有帶 $-5.0\ \mu C$ 的電荷，而球殼內表面上則會有帶 $+5.0\ \mu C$ 的電荷使得所包圍的總電荷為零。如果將負電荷置於球殼中心，正電荷就會均勻分佈於球殼內壁上。然而，當負電荷不在中心點，正電荷的分佈就會不均勻，如同圖 23-13b 所假設，因為正電荷有集中在最靠近負電荷內壁上的趨勢。

因為球殼是電中性，只有從內壁帶有 $-5.0\ \mu C$ 電量之電子移動至外壁時，內壁才會有產生帶有 $+5.0\ \mu C$ 電量的電子，如圖 23-13b 所示。這些負電

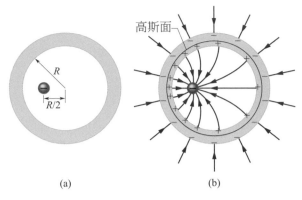

圖 23-13 (a) 一帶負電的粒子放置於電中性的金屬球殼內。(b) 結果，在殼內壁正電荷並非均勻分佈，但等電量的負電荷在殼外壁則均勻分佈。

荷在金屬球體表面會均勻分佈，而且因為不均勻分佈於內壁的正電荷無法在球殼上產生可影響外壁電荷分佈的電場，而且，這些負電荷是互相排斥的。

球殼內外的電場線大略如圖 23-13b 所示。所有電場線均與球殼和點電荷垂直相交。由於正電荷的不均勻分佈，球殼內部的電場線形態也不均勻。在球殼外部，電場線的形態，如同一點電荷置於球心，而無球殼時的形態。事實上，不論點電荷在球殼內的位置為何，此情形都成立。

23-4 高斯定律的應用：圓柱對稱

學習目標

在閱讀完這個區塊的文字之後，讀者應該能夠...

23.20 解釋高斯定律如何用在推導線電荷或圓柱表面(像是塑膠棒)外的電場大小，其線電荷密度為 λ。

23.21 運用圓柱表面的線電荷密度 λ 與從中心軸算起徑向距離 r 的電場大小 E 之間的關係。

23.22 解釋高斯定律如何能夠找出在柱狀(像是塑膠棒)非導體表面的電場大小，其體電荷密度為 ρ。

關鍵概念

● 位於無限長線電荷(或帶電的棒子)附近一點的電場，且垂直於該線，其線電荷密度爲 λ ，則電場大小爲

$$E = \frac{\lambda}{2\pi\varepsilon_0 r} \quad \text{(線電荷)}$$

r是從該線到點的垂直距離。

高斯定律的應用：圓柱對稱

圖 23-14 表示一部分的無限長柱狀塑膠棒，該棒有均勻電荷密度 λ。我們想找一個式子來表示棒外距中心軸 r 處的電場大小 E。我們可以使用第 22 章的方法(電荷元素 dq，場向量 $d\vec{E}$ 等)來討論它。然而，高斯定律提供了一個更快速且簡單的(較完美)方法。

電荷分佈與場有柱狀對稱性。要得到半徑 r 處的場，我們以半徑爲 r、高爲 h 的同中心軸高斯圓柱面來包圍棒子的一部分。(若你想要知道某一點的場，就放一高斯表面通過那一點。)現在我們能夠運用高斯定律來連結被圓柱包圍的電荷與通過圓柱表面的淨通量。

首先要注意，由於對稱性，所以在任一點的電場必須是徑向向外(電荷爲正。)這代表在底端處的任一點，該場只有掠過表面，並未沖流過它。所以流經每一底端的通量是零。

要得到通過圓柱曲面的通量，首要注意的是，對表面上任一網目單元，面積向量 $d\vec{A}$ 是徑向向外(遠離該高斯表面內部)，且與和沖流過該網目單元的場方向相同，然後高斯定律的內積爲 $E\,dA\cos\theta = E\,dA$，且我們可以將 E 拉出積分之外。剩下的積分就只是圓柱曲面上所有網目單元的面積和，但我們已經知道總面積是圓柱高 h 和圓周長 $2\pi r$ 的乘積，所以流經圓柱的淨通量爲

$$\Phi = E\,A\cos\theta = E(2\pi rh)\cos 0 = E(2\pi rh)$$

在高斯定律的另一邊，我們有被圓柱包圍的電荷 q_{enc}，因爲線性電荷密度(記得，是每單位長度電荷)是均勻的，所以被包圍的電荷是 λh。因此，高斯定律，

$$\varepsilon_0\Phi = q_{enc}$$

可化簡爲

$$\varepsilon_0 E(2\pi rh) = \lambda h$$

則　　　$E = \dfrac{\lambda}{2\pi\varepsilon_0 r}$　(線電荷)　　　　　　　　　(23-12)

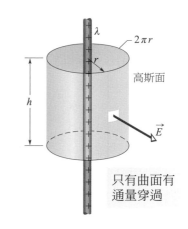

圖 23-14　在一甚長，電荷均勻分佈之圓柱形塑膠桿周圍之高斯面。

此為由無限長之線電荷在徑向距離處所建立的電場。如果線電荷為正，電場 $\vec{E}$ 的方向為沿徑向向外；如果電荷為負，則沿徑向向內。23-12 式也可以用來說明有限長電荷線所產生的電場中，在不太靠近兩端點(相較於線長)的近似電場情形。

若該棒子有均勻體電荷密度 ρ，我們就能夠用類似的流程來找出棒子內的電場大小。我們只要如圖 23-14 縮小高斯圓柱面一直到該面在棒子內。然後因電荷密度是均勻的，所以被封閉在圓柱內的電荷 q_{enc} 就會和棒子被圓柱面所封閉的體積成比例。

範例 23.06 高斯定律與雷雨中的向上閃流

雷雨中的向上閃流(Upward streamer)。圖 23-15 中的女孩正站在紅衫國家公園(Sequoia National Park)的瞭望台上，此時有一個大型暴風雲層靠近她的頭頂。在她身體中的一些導電電子受雲層的負電底層驅趕到地面(圖 23-16a)，導致她帶著正電。因為她的頭髮互相排斥地立著，而且頭髮沿著其體內電荷所產生電場線外延伸，所以可看出來她帶有不少電量。

感謝 NOAA

圖 23-15 由於其頭頂上的暴風雨雲層，這個女人已變成帶著正電荷。

閃電並沒有打到這個女人，但是因為其電場已經大到足以破壞周圍空氣的絕緣，所以她其實是非常危險的。這樣的破壞作用將發生在沿著從她身上往外延伸的路徑來進行，這種路徑稱為向上閃流(upward streamer)。向上閃是很危險的，因為它會導致空氣中分子產生離子化，同時釋放數量龐大的電子。如果向上閃流發生在圖 23-15 的女人身上，空氣中的自由電子將移動到她身上，以中和其身上的電荷(圖 23-16b)，因而導致流過她

身上巨大而且或許是致命的電流。電流是很危險的，因為它會干擾甚至中斷她的呼吸(所必須要的氧氣)以及她的心跳(需要由血液流動所攜帶的氧氣)。電流也可能造成燃燒。

讓我們將她的身體設想成是狹窄的垂直圓柱，且高度 $L = 1.8$ m，半徑 $R = 0.10$ m(圖 23-16c)。假設電荷 Q 沿著圓柱體均勻分佈，並且假設如果沿著她的身體的電場強度，超過臨界值 $E_c = 2.4$ MN/C，便會發生絕緣破壞。試問會讓沿著其身體的空氣處於絕緣破壞邊緣的電荷 Q 是多少？

關鍵概念

因為 $R \ll L$，所以我們可以將電荷分佈近似為一條長電荷線。另外，因為我們假設電荷沿著這條線均勻分佈，所以我們可以利用 23-12 式($E = \lambda / 2\pi\varepsilon_0 r$)，來近似於沿著其身體旁邊的電場強度。

計算 以 E_c 代替 E，以圓柱體半徑 R 代替徑向距離 r，並且以 Q/L 代替線電荷密度 λ，我們得到

$$E_c = \frac{Q/L}{2\pi\varepsilon_0 R}$$

或 $Q = 2\pi\varepsilon_0 R L E_c$

然後代入已知數據，我們得到

$$Q = (2\pi)(8.85 \times 10^{-12} \text{ C}^2/\text{N} \cdot \text{m}^2)(0.10 \text{ m})$$
$$\times (1.8 \text{ m})(2.4 \times 10^6 \text{ N/C})$$
$$= 2.402 \times 10^{-5} \text{ C} \approx 24 \ \mu\text{C} \qquad \text{(答)}$$

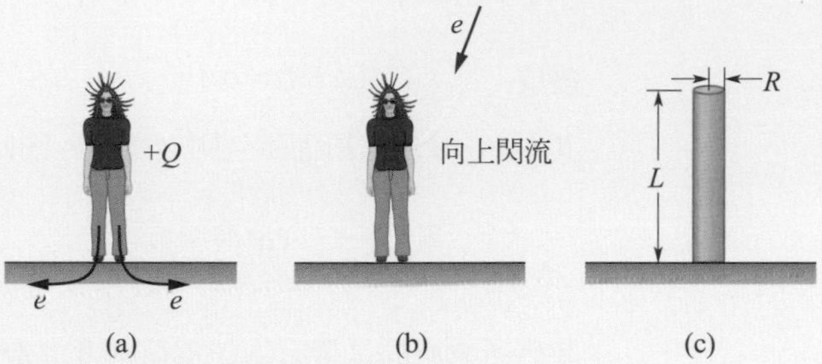

圖 23-16 (a)在這個女人體內的一些導電電子被驅趕到地面，導致她帶有正電荷。(b)如果空氣產生絕緣破壞的現象，則將發展出向上閃流，這種破壞作用將替空氣分子釋放出來的電子提供一條流到此女人身上的路徑。(c)圓柱體代表女人。

PLUS Additional example, video, and practice available at *WileyPLUS*

23-5 高斯定律的應用：平面對稱

學習目標

在閱讀完這個區塊的文字之後，讀者應該能夠...

22.23 運用高斯定律推導在一大面積、平坦、非導體之表面附近的電場大小 E，該表面有均勻表面電荷密度 σ。

22.24 對於具有均勻表面電荷密度 σ 之大面積且平坦的非導體表面，運用電荷密度與電場大小 E 之間的關係，並且確認場的方向。

22.25 對於兩個具有均勻表面電荷密度 σ 之大面積、平坦且平行的導體表面，運用電荷密度與電場大小 E 之間的關係，並確認場的方向。

關鍵概念

● 具有均勻面電荷密度 σ 的無限非導體平板之電場垂直於平板面，其大小為

$$E = \frac{\sigma}{2\varepsilon_0} \quad \text{(非導體電荷平板)}$$

● 一位於隔離之電荷導體表面(表面電荷密度 σ)之外的外部電場垂直於該表面，其大小為

$$E = \frac{\sigma}{\varepsilon_0} \quad \text{(外部，帶電荷導體)}$$

於導體內，電場為零。

高斯定律的應用：平面對稱

非導體平板

圖 23-17 為一無限大絕緣薄板的一部分，具有均勻(正的)之面電荷密度 σ。一張塑膠保鮮膜，其一面帶均勻電荷，可以當作此問題的一個簡單模型。我們要計算出距離平板 r 處之電場 $\vec{E}$。

如圖所示，一有效的高斯面為一封閉之圓柱，端面之面積為 A，垂直穿過平板。由其對稱性可知，$\vec{E}$ 必垂直於平板，因此也垂直於端面。此外，因為電荷為正，$\vec{E}$ 必然指向離開平板的方向，電場線向外穿出高斯面。由於電場線不穿過曲面圓柱，所以沒有通量流經高斯面部分。所以 $\vec{E} \cdot d\vec{A}$ 僅為於 $E \, dA$；接著高斯定律為：

$$\varepsilon_0 \oint \vec{E} \cdot d\vec{A} = q_{enc}$$

變成　　　$\varepsilon_0 (EA + EA) = \sigma A$

其中，σA 為高斯面所包圍之電荷。因此可得

$$E = \frac{\sigma}{2\varepsilon_0} \quad \text{(電荷平板)} \tag{23-13}$$

我們所考慮的是帶有均勻電荷密度之無限平板，這個結果對任何距平板
有限距離之點均成立。23-13 式與 22-27 式結果相同，22-27 式是將單獨
電荷之電場分量加以積分而得。

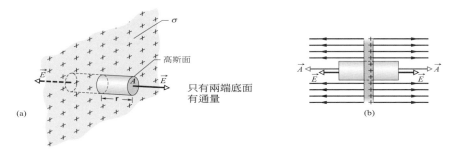

圖 23-17　一大型薄塑膠板之(a)透視圖及(b)側視圖。板的一面具有均勻面電荷密度 σ。一個封閉
的圓柱高斯表面垂直通過該塑膠版。

兩導體板

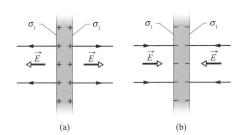

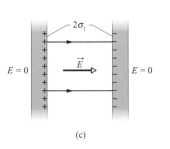

圖 23-18　(a)帶多餘正電荷的大型薄導體
板。(b)帶多餘負電荷的相同平板。(c)兩平
板平行且靠近。

　　圖 23-18a 是一無限導體薄板之截面，帶有多餘的正電荷。由 23-3
節我們知道多餘的電荷必停留於平板表面。由於平板薄且大，基本上我
們可以假設，所有多餘的電荷都在板的兩面。

　　如果沒有外加電場使正電荷成某一特殊分佈，電荷會均勻分佈在兩
面，其電荷密度為 σ_1。由 23-11 式可知，恰好在平板外側由電荷所建立
的電場大小為 $E = \sigma_1 / \varepsilon_0$。因為平板上的電荷為正，電場為離開平板之
方向。

　　圖 23-18b 為一相同之平板，且帶有多餘的負電荷，及相同面電荷密
度 σ_1。唯一的不同是電場的方向朝向平板。

　　假設我們將圖 23-18a 與 b 之平板相互靠近且保持平行(圖 23-18c)。
由於平板為導體，當兩平板互相靠近時，兩平板上的多餘電荷會互相吸
引，所有的多餘電荷均會移至兩平板的內側，如圖 23-18c 所示。由於現
在內側平面上有兩倍的電荷，平板內側新的電荷密度 σ 為 σ_1 的兩倍。因
此在二平板間任一點的電場之大小為：

$$E = \frac{2\sigma_1}{\varepsilon_0} = \frac{\sigma}{\varepsilon_0} \tag{23-14}$$

此電場之方向由正電荷之平板指向負電荷之平板。由於兩平板之外側截
面無額外電荷，所以平板外部的電場為零。

當我們把兩平板互相接近時，因電荷會移動，所以兩板系統的電荷分佈不只是單一板電荷分佈之和。

一個為何我們討論看似不切實際情況(像是無限帶電平板所建立的場)的原因是無限平板的分析對於很多實際世界的問題是很好的近似。因此，23-13 式對有限非導體平板是個好例子，只要我們處理的點是平板附近而非其邊緣。23-14 式對一對有限導體平板是個好例子，只要我們考慮的點不要太靠近兩板的邊緣。邊緣的問題在於靠近邊緣時，我們無法再使用平面對稱性來找場的方程式。事實上，那裡的場線是彎曲的(也稱邊緣效應，*edge effect* 或 *fringing*)，且該場很難用代數表示。

範例 23.07 靠近兩個平行帶電荷的非導體平板之電場

圖 23-19a 為兩個大型非導體平板，二者之一側皆有均勻之電荷分佈。面電荷密度的大小分別為 $\sigma_{(+)} = 6.8\ \mu C/m^2$ 與 $\sigma_{(-)} = 4.3\ \mu C/m^2$。

計算：(a)二平板左邊，(b)二平板之間，(c)二平板右邊之電場 $\vec{E}$。

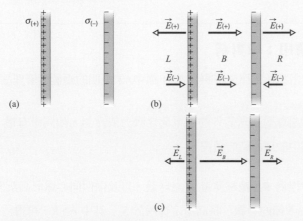

圖 23-19 (a)二大型平行板，單一面上皆帶有均勻電荷。(b)分別由兩個平板所產生之電場，(c)利用疊加法算出二平板產生之淨電場。

關鍵概念

由於電荷固定在平板上(它們是在絕緣體上)，欲求圖 23-19a 中平板的電場可由：(1)先計算每一平板之電場，如同為一孤立平板。(2)利用疊加原理將孤立平板之電場相加(因為電場互相平行，所以可用代數相加)。

計算 由 23-13 式，在任一點由正電荷平板所建立的電場 $\vec{E}_{(+)}$，其方向指離平板，大小則為

$$E_{(+)} = \frac{\sigma_{(+)}}{2\varepsilon_0} = \frac{6.8 \times 10^{-6}\ C/m^2}{(2)(8.85 \times 10^{-12}\ C^2/N \cdot m^2)}$$
$$= 3.84 \times 10^5\ N/C$$

同理，在任一點由負電荷平板建立之電場 $\vec{E}_{(-)}$，其方向指向平板，大小為：

$$E_{(-)} = \frac{\sigma_{(-)}}{2\varepsilon_0} = \frac{4.3 \times 10^{-6}\ C/m^2}{(2)(8.85 \times 10^{-12}\ C^2/N \cdot m^2)}$$
$$= 2.43 \times 10^5\ N/C$$

圖 23-19b 顯示了二平板在其左方 L，中間 B 與右方 R 所建立的電場。

在此三區域的合成電場可由疊加原理求得。左邊的電場大小為：

$$E_L = E_{(+)} - E_{(-)}$$
$$= 3.84 \times 10^5\ N/C - 2.43 \times 10^5\ N/C$$
$$= 1.4 \times 10^5\ N/C \quad (答)$$

因為 $\vec{E}_{(+)}$ 大於 $\vec{E}_{(-)}$，在此區域之淨電場 $\vec{E}_L$ 指向左邊，如圖 23-19c 所示。在兩平板的右邊，電場有相同的大小但指向右邊，如圖 23-19c 所示。

在二平板之間，由兩電場相加，得

$$E_B = E_{(+)} + E_{(-)}$$
$$= 3.84 \times 10^5\ N/C + 2.43 \times 10^5\ N/C$$
$$= 6.3 \times 10^5\ N/C \quad (答)$$

電場指向右邊。

23-6 高斯定律的應用：球對稱

學習目標

在閱讀完這個區塊的文字之後，讀者應該能夠...

23.26 了解一均勻帶電殼吸引或排斥一殼外的帶電粒子，就好像殼上所有電荷集中於殼的中心處。

23.27 了解若帶電粒子被一均勻帶電殼所包圍，殼無靜電力施於粒子上。

23.28 對於均勻帶電球殼外的一點，運用電場大小 E、殼上電荷 q 與到殼中心距離 r 之間的關係。

23.29 了解對於被均勻帶電球殼所包圍的各點之電場大小。

23.30 對於一均勻球形電荷分佈(均勻電荷球)，決定內部與外部點的電場大小與方向。

關鍵概念

● 在一帶有均勻電荷 q 的球殼外部，球殼造成的電場是徑向(向內或向外，端看電荷符號)且大小為

$$E = \frac{1}{4\pi\varepsilon_0}\frac{q}{r^2} \quad \text{(球殼之外)}$$

r 是量測點到球殼中心的距離。
場和電荷如粒子般集中於球殼中心處一樣。

● 在球殼內，球殼造成的場為零。

● 在帶有均勻體電荷密度的球體內，場是徑向的且大小為

$$E = \frac{1}{4\pi\varepsilon_0}\frac{q}{R^3}r \quad \text{(帶電球內部)}$$

其中 q 是總電荷，R 是球半徑，以及 r 是從球體中心到量測點的徑向距離。

高斯定律的應用：球對稱

這裡我們使用高斯定律來證明在 21-1 節中，未證明的兩個殼層理論。

 均勻帶電球殼對球殼外的點電荷之吸力或斥力，如同所有電荷均集中於球心時的情況。

圖 23-20 為一半徑為 R，總電荷量 q 之球殼，以及兩個同心球形高斯面 S_1 與 S_2。根據 23-5 節的步驟，將高斯定律用於 S_2，其中 $r \geq R$，可得

$$E = \frac{1}{4\pi\varepsilon_0}\frac{q}{r^2} \quad \text{(球形分佈，在 } r \geq R \text{ 之電場)} \tag{23-15}$$

這個場會和帶電荷 q 粒子被置在帶電球殼之球心所建立的場一樣。因此，帶電荷 q 之球殼對一球殼外的帶電粒子所產生的力會一樣，如同球殼電荷像粒子一樣並集中於球心，這證明了第一殼層定律。

將高斯定律應用於曲面 S_1，其中 $r < R$，可得

$$E = 0 \quad \text{(球殼，在 } r < R \text{ 處之電場)}$$

此乃高斯面包圍的淨電荷為零的緣故。因此，如果球殼中有一帶電粒子，則球殼對它並無作用力(因球殼內電場為零)。如此證明了第二殼層定理。

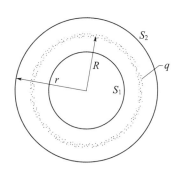

圖 23-20 帶電量 q 之均勻帶電薄球殼橫截面。S_1 與 S_2 為兩個高斯面，S_2 包圍整個球殼，而 S_1 僅包圍球殼內部的部分。

 均勻帶電球殼對殼內之帶電粒子沒有靜電力。

任何如圖 23-21 的球形對稱電荷分佈都可以看成是由一層一層的帶電球殼所組成。為了配合使用兩個殼層定理，每一球殼上的體積電荷密度 ρ 必須為常數，但各球殼的 ρ 值不需要一樣。就電荷的整體分佈而言，ρ 可以改變，但僅能隨距球心的徑向距離 r 而變。那麼，我們便可「逐層」檢測電荷分佈的效應了。

在圖 23-21a 中，整個電荷放置於 $r > R$ 的高斯表面內。電荷在高斯表面產生一個電場，如同電荷位於中心處，以及 23-15 式成立。

圖 23-21b 顯示了 $r < R$ 的高斯表面。為了找到位於這高斯表面上的各點的電場，我們將電荷在其內與其外分開考慮。從 23-16 式，外部電荷並不會在高斯表面上建立場。從 23-15 式，內部電荷建立了一個場，如同電荷集中在中心處一樣。讓 q' 表示那個被包圍的電荷，然後重寫 23-15 式為

$$E = \frac{1}{4\pi\varepsilon_0}\frac{q'}{r^2} \quad \text{（球形分佈，在 } r \le R \text{ 之電場）} \tag{23-17}$$

如果在半徑 R 的範圍內之總電荷 q 是均勻的，則在圖 23-19b 中，半徑 r 內的電荷 q' 會正比於 q：

$$\frac{\text{（由半徑 } r \text{ 之球包住的電荷）}}{\text{（由半徑 } r \text{ 之球包住的體積）}} = \frac{\text{全部電荷}}{\text{全部體積}}$$

或
$$\frac{q'}{\frac{4}{3}\pi r^3} = \frac{q}{\frac{4}{3}\pi R^3} \tag{23-18}$$

由此我們可得

$$q' = q\frac{r^3}{R^3} \tag{23-19}$$

代入式 23-17，可得：

$$E = \left(\frac{q}{4\pi\varepsilon_0 R^3}\right)r \quad \text{（均勻電荷，在 } r \le R \text{ 處之電場）} \tag{23-20}$$

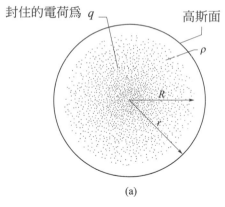

封住的電荷為 q　　高斯面

(a)

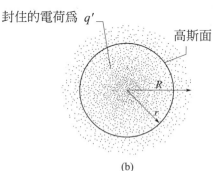

封住的電荷為 q'　　高斯面

(b)

穿過表面的通量僅取決於包住的電荷

圖 23-21 黑點代表半徑為 R 之球形對稱電荷分佈，其體積電荷密度 ρ 僅為距圓心距離的函數。此電荷體為非導體，且假設電荷都固定不動。圖(a)為一同心球形，$r > R$ 之高斯面。圖(b)為 $r < R$ 的相似高斯面。

 測試站 4

圖示為兩個大且平行的不導電平板，兩者帶有相同的均勻（正）面電荷密度，以及一帶有均勻（正）體電荷密度的平板。試依總電場的大小，由大到小排列圖中標有數字的四個點。

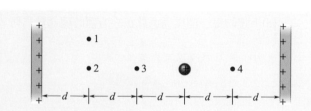

重點回顧

高斯定律 在描述靜態電荷與電場的關係方面,高斯定律與庫侖定律是不同方式(但卻是等效的)。高斯定律為

$$\varepsilon_0 \Phi = q_{enc} \quad \text{(高斯定律)} \tag{23-6}$$

其中 q_{enc} 為在一假想封閉曲面(高斯面)內的淨電荷,而 Φ 為通過此曲面電場之淨通量:

$$\Phi = \oint \vec{E} \cdot d\vec{A} \tag{23-4}$$

庫侖定律可以由高斯定律導出。

高斯定律的應用 使用高斯定律以及某些對稱性,我們可導出在靜電情況下的數種重要結果。包括:

1. 孤立導體上的多餘電子全分佈在導體外表面上。

2. 接近帶電導體表面的外部電場是垂直於表面,且其大小與表面電荷密度 σ 相關:

$$E = \frac{\sigma}{\varepsilon_0} \quad \text{(導體表面)} \tag{23-11}$$

在導體內,$E = 0$。

3. 具有均勻線電荷密度的無限長線電荷,在任一點所建立的電場方向垂直於此線電荷,且大小為

$$E = \frac{\lambda}{2\pi\varepsilon_0 r} \quad \text{(線電荷)} \tag{23-12}$$

其中 r 為自線電荷至該點的垂直距離。

4. 一具有均勻面電荷密度 σ 之無限大絕緣平板之電場,會垂直於板面,且大小為:

$$E = \frac{\sigma}{2\varepsilon_0} \quad \text{(電荷平板)} \tag{23-13}$$

5. 一半徑為 R,總電荷為 q 之球殼電荷所建立的電場方向為沿著徑向,大小為

$$E = \frac{1}{4\pi\varepsilon_0}\frac{q}{r^2} \quad \text{(球殼,} r \geq R \text{)} \tag{23-15}$$

這裡 r 為球心到 E 的測量點的距離(對外部的點而言,電荷的作用相當於電荷集中在球心之情形)。在一均勻球殼內部內的電場為零:

$$E = 0 \quad \text{(球殼,} r < R \text{)} \tag{23-16}$$

6. 在一均勻電荷球內之電場,方向在徑向上,其大小為:

$$E = \left(\frac{q}{4\pi\varepsilon_0 R^3}\right)r \tag{23-20}$$

討論題

1 一邊長為 0.850 m 之正立方體置於一均勻電場中,如圖 23-22 所示。計算通過右方表面之電通量,如果電場為:(a)$6.00\hat{i}$,(b)$-2.00\hat{j}$;(c)$-3.00\hat{i} + 4.00\hat{k}$;(d)上述的每一個場通過此正立方體的總通量為何?

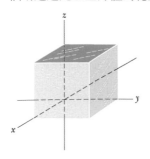

圖 23-22 習題 1, 2, 3

2 圖 23-22 中,立方體各個表面上每一點的電場皆指向正 z 方向。立方體的邊長為 2.0 公尺。立方體的上表面的電場為 $\vec{E} = -30\hat{k}$ N/C 以及下表面之電場為 $\vec{E} = +25\hat{k}$ N/C,試求立方體內所包含之淨電荷若干?

3 圖 23-22 顯示了外形為邊長 1.40 m 正立方體的高斯面。若 $\vec{E} = (1.90y\hat{j})$ N/C,其中 y 的單位是公尺,則:(a)通過此高斯面的淨電通量 Φ,(b)被此面圈住的淨電荷 q_{enc} 是多少?若 $\vec{E} = [-4.00\hat{i} + (6.00 + 1.90y)\hat{j}]$ N/C,則:(c) Φ,(d) q_{enc} 為何?

4 圖 23-23 中,一個內半徑 $a = 2.20$ cm 且外半徑 $b = 2.40$ cm 的絕緣球殼具有(在其厚度內)正的體電荷密度 $\rho = A/r$,其中 A 是常數,而且 r 是到球殼中心點的

距離。此外，有一個電荷量 $q = 23.0$ fC 的小球放置在該中心點上。如果在球殼內($a \leq r \leq b$)的電場是均勻的，試問 A 的值應該是多少？

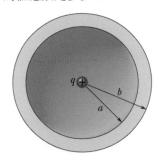

圖 23-23 習題 4

5 圖 23-24 提供了某一個球體內部和外部的電場大小的曲線圖，其中此球體在其體積內具有均勻的正電荷分佈。垂直軸的尺度被設定為 $E_s = 2.0 \times 10^7$ N/C。試問在此球體上的電荷是多少？

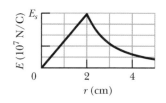

圖 23-24 習題 5

6 一個電子直接射向一塊表面電荷密度為-5.7×10^{-6} C/m^2 的大金屬板中心。如果電子的初始動能為 1.60×10^{-17} J，並且電子在到達金屬板時停止（由於平板的靜電排斥力），那麼發射點離金屬板多遠的距離？

7 圖 23-25 為一半徑為 $R = 3.00$ cm 之長薄壁金屬管的剖面，其線電荷密度為 $\lambda = 2.00 \times 10^{-8}$ C/m。試導出與管軸距離：(a) $r = R/2.00$，(b) $r = 1.50R$ 處之電場 E 大小？(c)畫出自 $r = 0$ 至 $2.00R$ 之 E 對 r 圖形。

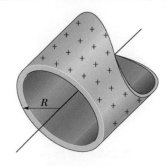

圖 23-25 習題 7

8 電通量和絕緣球殼。某一個帶電粒子懸浮在兩個同心球殼的中心點上，兩個球殼都非常薄，而且都是由絕緣材料所製成。圖 23-26a 顯示了其橫截面。圖 23-26b 提供了通過以粒子為中心的高斯球面的淨電通量 Φ，相對於球面半徑 r 的函數關係圖形。垂直的尺度被設定為 $\Phi_s = 10 \times 10^5$ N · m^2/C。(a)請問中心粒子的電荷量是多少？(b)球殼 A 和(c)球殼 B 的淨電荷是多少？

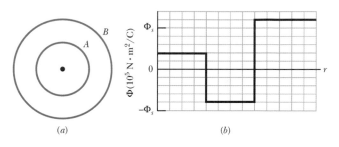

圖 23-26 習題 8

9 通過地球輻射帶的太空船與大量電子碰撞。大量聚積的電荷可能破壞電子元件並使作業停擺。假設直徑 0.85 m 之球形金屬人造衛星，在軌道繞行一周累積 3.3 μC 的電荷。(a)求產生的表面電荷密度。(b)求因累積之表面電荷，造成位於衛星表面之電場大小。

10 兩個帶電的同心長形圓筒半徑分別為 3.0 與 6.0cm。內圓筒之電荷密度為 7.5×10^{-6} C/m，外圓筒為-8.0×10^{-6} C/m。試問在徑向距離 $r = 4.0$ cm 處的電場：(a)大小 E 和(b)方向(徑向往內或往外)為何？計算在 $r = 8.0$ cm 處之電場：(c)大小 E 及(d)方向。

11 一細長絕緣棒上有均勻之線電荷密度 1.50 nC/m。此棒與一內徑 5.00 公分，外徑 10.0 公分的長形中空導體圓筒同軸。且圓筒導體上無淨電荷。(a)距圓筒軸心 15.0 公分處的電場大小為？(b)導體內表面，(c)導體外表面的面電荷密度為何？

12 圖 23-27a 顯示了三個大的、彼此平行而且電荷均勻分佈的塑膠薄片。圖 23-27b 提供了沿著 x 軸的淨電場分量，其中 x 軸穿過三個薄片。垂直軸的尺度被設定為 $E_s = 9.0 \times 10^5$ N/C。試問在薄片 3 上的電荷密度，相對於薄片 2 上的電荷密度的比值為何？

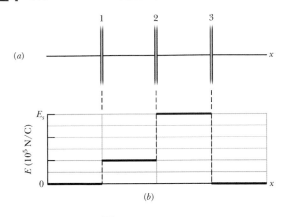

圖 23-27 習題 12

13 圖 23-28 以橫斷面的方式顯示了三個無限大之絕緣薄片,在這些薄片上,電荷是均勻分佈的。其面電荷密度 $\sigma_1 = +2.00\ \mu C/m^2$, $\sigma_2 = +4.00\ \mu C/m^2$, $\sigma_3 = -5.00\ \mu C/m^2$,而且距離 $L = 1.50$ cm。請問在點 P 處的淨電場為何,試以單位向量標記法表示之?

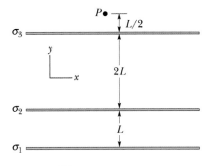

圖 23-28 習題 13

14 6.00 pC 的電荷均勻散佈在半徑 $r = 4.00$ cm 的球狀體整個體積內。請問在徑向距離(a) 6.00 cm 和(b) 3.00 cm 處的電場大小是多少?

15 某一個可以表示為 $\vec{E} = 5.0\hat{i} - 4.0(y^2 + 2.0)\hat{j}$ 的電場穿過圖 23-7 中邊長 2.0 m 的高斯正立方體表面(強度 E 的單位是牛頓/庫侖,而且 x 的單位是公尺)。試問通過:(a)頂部表面,(b)底部表面,(c)左方表面,和(d)背部表面的電通量?(e)請問通過正立方體表面的淨電通量為何?

16 有一個半徑 R 的無限長實心圓柱體,其整個體積均勻分佈著電荷。試證明,與圓柱體中心軸相距 r 的位置上,且 $r < R$,電場

$$E = \frac{\rho r}{2\varepsilon_0}$$

其 ρ 是體電荷密度。試寫出當 $r > R$ 時,E 的數學表示式。

17 某一個均勻的電荷密度 500 nC/m³ 分佈在半徑 6.00 cm 球體的全部體積內。考慮一個正立方高斯面,並且將其中心點設定在球體的中心。如果正立方體表面的邊長是(a) 4.00 cm,(b) 14.0 cm,請問通過此正立方體表面的電通量是多少?

18 具有均勻面電荷密度 8.00 nC/m² 的電荷分佈在整個平面上;具有均勻面電荷密度 3.00 nC/m² 的電荷分佈在另一個 $z = 2.00$ m 的平行平面上。求出 z 座標為:(a) 1.00 m,(b) 3.00 m 的任何點處的電場大小。

19 圖 23-29 顯示了一個蓋格計數器(Geiger counter),這是一種用於偵測會導致原子離子化之游離輻射的裝置。計數器含有細的、帶有正電荷的中心金屬線,其周圍圍繞著同心導電圓柱殼,圓柱殼具有相等數量的負電荷,因此,在圓柱殼內部會建立起強的徑向電場。已知殼內含有低壓惰性氣體。某一個通過殼壁進入這個裝置的輻射粒子,將一些氣體原子離子化。所產生的自由電子(e)會被拉向帶正電的金屬線。然而,殼內電場是如此地大,因而使得自由電子在與不同氣體原子發生碰撞的過程之間,自由電子能夠獲得足夠大的能量讓這些原子也離子化。藉此可以創造出更多自由電子,而且這個過程會不斷進行,直到電子抵達金屬線為止。所產生「崩潰」的電子將由金屬線收集起來,這會產生一個信號,此信號可以用於記錄原始輻射粒子的經過。假設中心金屬線的半徑是 25 μm,圓柱殼的內半徑是 1.4 cm,而且圓柱殼的長度是 16 cm。如果在圓柱殼內部壁面上的電場是 2.9 × 10⁴ N/C,請問在中心金屬線上的總正電荷是多少?

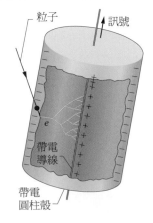

圖 23-29 習題 19

20 某個中空球狀導體的內半徑是 10 cm，外半徑是 20 cm，點 P 位於外表面以外但極為接近外表面，在點 P 的電場大小是 450 N/C 且方向指向外。當有一個電荷量未知的點電荷 Q 被放置在球狀導體的中心點時，在點 P 的電場仍然指向外，但是大小現在變成 180 N/C。試問在引入 Q 以前，外表面所圍住的淨電荷有多少？(b)電荷 Q 為何？在將 Q 放入以後，請問在導體(c)內表面和(d)外表面上的電荷為何？

21 某一個厚度很薄、半徑 a 的金屬球殼具有電荷 q_a。與這個金屬球殼具有共同球心的另一個薄金屬球殼，其半徑 $b > a$，且具有電荷 q_b。試求與共同球心相距 r 的位置上，且當：(a) $r < a$，(b) $a < r < b$，(c) $r > b$ 時的電場。試討論可用來判斷，在兩個球殼的內表面和外表面上，電荷如何分佈的判斷準則。

22 巧克力碎屑的秘密。在處理細顆粒和粉末的設施中，由靜電放電(火花)點燃的爆炸會造成很嚴重的危險。在 1970 年代，某工廠的巧克力碎屑粉末發生過這樣的爆炸。工人通常會將新送來的粉末袋粉末，完全倒入填裝容器，這些粉末會經由電性接地的塑膠管，吹入用於儲存的筒倉。沿著這條路徑的某些地方，會滿足發生爆炸的兩個條件：(1)電場大小變成 3.0×10^6 N/C 或者更大，因而發生破壞絕緣而導致火花產生。(2)火花的能量為 150 mJ 或者更大，導致它能點燃粉末使其爆炸。讓我們檢查通過塑膠管的粉末流中的第一項條件。

　　假設帶著負電荷的粉末流吹過半徑 $R = 5.0$ cm 的圓柱形導管。假設通過導管的時候，粉末和電荷是均勻分佈的，而且體積電荷密度是？。(a)請使用高斯定理，求出在導管內部電場的大小的數學表示式，並且將它表示成與導管中心的徑向距離 r 的函數。(b) E 會隨著 r 的增加而增加或減少？(c) $\vec{E}$ 是沿著徑向往外或往內？(d)對於 $\rho = 1.1 \times 10^{-3}$ C/m³ (工廠中的典型值)，求出最大的 E 值，並且判斷該最大電場發生在何處。(e)火花可能發生嗎，如果會，請問會發生在什麼地方？(第 24 章習題 22 將繼續引用這個情節。)

23 在某一個特定空間的電場是 $\vec{E} = (x+2)\hat{i}$ N/C，其中 x 的單位是公尺。考慮一個半徑 20 cm 的圓柱高斯面，而且此圓柱與 x 軸同軸。圓柱的一端位於 $x = 0$。(a)請問通過圓柱位於 $x = 2.0$ m 的另一端的電通量大小是多少？(b)由圓柱所圍住的淨電荷是多少？

24 電荷 Q 均勻分佈在半徑 R 的球體內。(a)在半徑 $r = R/2.00$ 以內包含了多少比例的電荷？(b) $r = R/2.00$ 處的電場大小，相對於在球體表面的電場大小的比值是多少？

25 一個帶有電荷 $q = 1.0 \times 10^{-7}$ C 的點電荷在半徑 3.0 cm 的金屬球形腔體中央，找出(a)距離中心 1.5 cm 的電場和(b)金屬中任何位置的電場。

26 圖 23-30 中，質量 $m = 5.3$ mg 且整個體積均勻帶電 $q = 2.0 \times 10^{-8}$ C 之絕緣小球，由一絕緣線懸掛，絕緣線並與垂直而均勻帶電之絕緣平板成 $\theta = 30°$。考慮球之重量，並假設平板，在垂直方向上下無限延伸，計算平板的面電荷密度 σ。

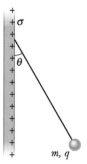

圖 23-30 習題 26

27 兩帶電同心球殼半徑分別為 10.0 cm 與 15.0 cm。內球之電荷為 5.00×10^{-8} C，外球為 3.00×10^{-8} C。試求：(a) $r = 12.0$ cm 與(b) $r = 20.0$ cm 處之電場。

28 在圖 23-31 中，一個半徑 $a = 2.00$ cm 的實心球體與一個導電球殼形成同心結構，球殼的內半徑是 $b = 2.00a$，外半徑是 $c = 2.40a$。球體具有淨均勻電荷 $q_1 = +8.00$ fC；球殼具有淨電荷 $q_2 = -q_1$。在徑向距離：(a) $r = 0$，(b) $r = a/2.00$，(c) $r = a$，(d) $r = 1.50a$，(e) $r = 2.30a$，(f) $r = 3.50a$ 處的電場大小為何？在球殼(g)內表面和(h)外表面上的淨電荷是多少？

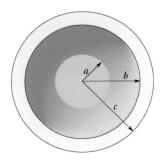

圖 23-31 習題 28

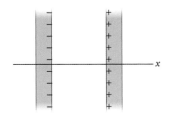

圖 23-32 習題 36

29 實驗發現在地球大氣某處，電場方向為垂直向下。在高度 300 m 處，電場大小為 80.0 N/C，在 200 m 處，電場大小為 100 N/C。求水平面分別在高度 200 與 300 m、邊長 100 m 正立方體內淨電荷量。

30 一無限長之線電荷在距離 0.85 m 處產生 6.0×10^4 N/C 的電場。計算線電荷密度。

31 影印機帶電磁鼓表面的電場 E 的大小為 1.2×10^5 N/C。磁鼓的面電荷密度為何？

32 長直導線上有固定負電荷，其線電荷密度為 1.9 nC/m。今以半徑 2.1 cm 的同軸非導體圓筒將該線包住。筒的外表面有正電荷，使圓筒外部的電場為零之面電荷密度為 σ。試計算 σ。

33 某一個金屬球殼具有薄的金屬壁，其半徑是 25.0 cm 而且電荷為 2.00×10^{-7} C。試求：(a)球殼內部的一點，(b)在球殼外但是很接近球殼的一點，(c)與球中心相距 3.00 m 處的一點的 E 值。

34 一帶電粒子對以其為圓心，半徑為 10.0 cm 的球形高斯面，產生 -750 N·m²/C 的電通量。(a)如果高斯面的半徑加倍，通過高斯面的通量若干？(b)帶電粒子電荷之值為若干？

35 某一個速率 $v = 3.00 \times 10^5$ m/s 的質子，在半徑 $r = 1.00$ cm 的帶電球體外面，但是很接近其表面，繞著球體運行。試問球體上的電荷是多少？

36 在圖 23-32 中，兩個大型薄金屬平板彼此平行而且相當靠近。在兩個平板的內表面上，有電性相反的表面電荷密度存在，其量值是 1.53×10^{-22} C/m²。試問：(a)在兩個平板左側，(b)在兩個平板右側，(c)在兩個平板之間等位置，其電場為何，並且以單位向量標記法表示之？

37 密度為 8.0 nC/m² 的均勻表面電荷分佈在整個 xy 平面上，試求通過以原點為中心且半徑為 5.0 cm 的球面高斯表面的電通量是多少？

38 通過骰子每一個面的淨電通量，如果以 10^3 N·m²/C 為單位，其大小恰好等於該面上的點數 N（從 1 到 6）。當是奇數的時候，通量方向向內，當是偶數的時候，通量方向向外。試問在骰子內的淨電荷是多少？

39 圖 23-33 為兩個具有均勻分佈相同正電荷密度 $\sigma = 3.77 \times 10^{-22}$ C/m² 的大型平行絕緣平板。以單位向量表示，(a)兩平板上方，(b)兩平板之間，(c)兩平板下方，上述各處之 $\vec{E}$ 為何？

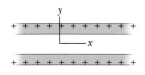

圖 23-33 習題 39

40 某個絕緣實心球體具有均勻之體積電荷密度 ρ。令 $\vec{r}$ 是從球體中心到球體內任何一點 P 的向量。(a)試證明在點 P 處的電場可以表示成 $\vec{E} = \rho\vec{r} / 3\varepsilon_0$（請注意電場與球體半徑無關）。如圖 23-34 所示，有一個球形空穴位於球體內。請使用疊加法的概念去證明，在空穴內所有位置的電場是相同的，且等於 $\vec{E} = \rho\vec{a} / 3\varepsilon_0$，其中 $\vec{a}$ 是從球體中心到空穴中心的位置向量。

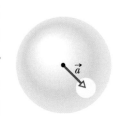

圖 23-34 習題 10

41 一半徑 5.0 cm 的實心絕緣球體上帶有均勻體電荷密度 $\rho = 3.2$ μC/m³。請問與球體中心相距(a) 3.5 cm 和(b) 8.0 cm 的位置上，其電場大小是多少？

42 某一個具有帶電粒子的球體具有均勻的電荷密度。請問在球體(a)內部和(b)外部，徑向距離為多少的位置，其電場的大小會等於電場最大值的 1/4，試以球體的半徑 R 表示之？

43 某一個能導電的殼狀物體其外表面上具有電荷 $-14\,\mu C$，而且在其中空部分有一個具有電荷的粒子。如果在殼狀物體上的淨電荷是 $-10\,\mu C$，求(a)在殼狀物體內表面上的電荷，(b)粒子的電荷。

44 23-11 式 $(E = \sigma/\varepsilon_0)$ 告訴我們在帶電導體表面附近的位置上的電場。請將這個數學式應用到半徑為 r 而且帶有電荷 q 的導電球體，並且證明在球體外部的電場，與位於球心的點電荷所產生的電場相同。

45 具有相同體積密度 $\rho = 1.2\ nC/m^3$ 的電荷，分佈在介於 $x = -5.0\ cm$ 和 $x = +5.0\ cm$ 之間的無限大平板上。請問在座標：(a) $x = 4.0\ cm$，(b) $x = 6.0\ cm$ 的任何位置上，其電場大小是多少？

46 某一個高斯面的形式為半徑 $R = 5.68\ cm$ 的半球形，它位於大小 $E = 2.50\ N/C$ 的均勻電場內。此高斯面所圍住的空間沒有任何淨電荷。在表面的底部(平坦部分)，電場與表面垂直，而且方向指向內部。試問通過表面(a)底部和(b)曲面部分的電通量為何？

47 圖 23-35 顯示了一個封閉的高斯面，它是邊長 2.00 m 的正立方體，且一個頂點位於 $x_1 = 5.00\ m$，$y_1 = 4.00\ m$。正立方體所放置的區域內，其電場可以表示成 $\vec{E} = -6.15\hat{i} - 5.00y^2\hat{j} + 9.50\hat{k}\ N/C$，其中 y 的單位是公尺。試問正立方體包含的淨電荷有多少？

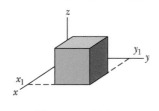

圖 23-35 習題 47

48 求習題 15 的高斯立方面圍住的淨電荷是多少？

49 圖 23-36 的正方形截面邊長為 2.7 mm，置於 $E = 1400\ N/C$ 的均勻電場中。電場線與截面之法線成 35。角，如圖所示。取法線的方向「朝外」，就如同此平面是盒子的其中一面。求通過截面的通量。

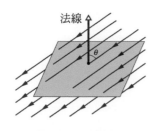

圖 23-36 習題 49

50 半徑 10 cm 之導電球體上有未知之電量。如果距此球中心 23 cm 處的電場為 $5.6 \times 10^3\ N/C$ 且方向沿徑向內，球上之淨電荷若干？

51 在一個寬度 $w = 3.22\ m$ 且深度 $d = 1.04\ m$ 的灌溉溝渠中，水的流速是 0.207 m/s。水流過一個想像表面的質量流率是，水的密度($1000\ kg/m^3$)與水通過該表面的體積通量的乘積。試求通過下列想像表面的質量通量：(a)完全在水中而且面積為 wd 的表面，此表面與流動方向垂直；(b)面積為 $3wd/2$ 的表面，其中有 wd 的面積在水中，而且與流動方向垂直；(c)完全在水中而且面積為 $wd/2$ 的表面，此表面與流動方向垂直；(d)面積為 wd 的表面，有一半在水中，一半在外面，且此表面與流動方向垂直；(e)完全在水中而且面積為 wd 的表面，其法向量偏離流動方向 34.0 度。

52 一捕蝶網置於均勻電場 $E = 7.7\ mN/C$ 中，如圖 23-37 所示。網的半徑為 $a = 13\ cm$，且垂直於此電場。網子不帶電荷。計算通過網的電通量。

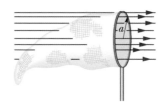

圖 23-37 習題 52

53 一個電荷量為 $2.3\,\mu C$ 的粒子位於邊長 12 厘米的高斯立方體的中心，試求通過表面的淨電通量是多少？

54 將封閉浴室中的蓮蓬頭打開時，濺灑在空浴缸中的水，會使浴室內的空氣充滿負電離子，並形成一大小為 1000 N/C 的電場。考慮浴室的大小為 2.5 m × 3.0 m × 2.0 m。沿著天花板、地板及四面牆壁，空氣中的電場方向與這幾個面垂直且有均勻大小 850 N/C。另外，將這幾個面視為包圍房間空氣中的一個封閉高斯面。求(a)體積電荷密度 ρ，(b)室內空氣中，每立方公尺的多餘基本電荷 e 之數量為何？

55 在圖 23-38a 中,有一個電子以速率 $v_s = 4.0 \times 10^5$ m/s,從均勻帶電塑膠薄片上往遠離薄片的方向射出。圖 23-38b 提供了電子的垂直速度分量相對於時間的曲線圖形,其顯示的時間範圍是從發射到返回射出點為止。請問薄片的面電荷密度為何?

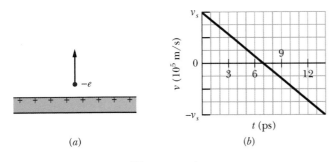

圖 **23-38** 習題 55

56 一根非常長的絕緣桿子上具有線電荷,然後將一個電子,在與桿子的垂直距離 11.0 cm 處,從靜止狀態釋放。桿子上的電荷是均勻分佈每公尺有 5.00 μC。請問電子的初始加速度大小為何?

57 一直徑 0.90 m 之均勻帶電導體球之面電荷密度為 8.1 μC/m²。(a)求球體上之淨電荷以及(b)離開球表面之總電通量。

58 圖 23-39 顯示了一個封閉的高斯表面,它是一個邊長 1.50 m 的正立方體。它所放置的區域內,電場可表示成 $\vec{E} = (4.00x + 4.00)\hat{i} + 6.00\hat{j} + 7.00\hat{k}$ N/C,其中 x 的單位是公尺。求正立方體包含的淨電荷。

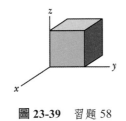

圖 **23-39** 習題 58

59 在圖 23-40 顯示兩個相當長的帶電平行線固定在距離 $L = 8.0$ cm 的位置。線 1 與線 2 上具有+8.0 μC/m 與–2.0 μC/m 的均勻線電荷密度。沿著 x 軸的哪一個地方,其兩線所產生的淨電場會等於零?

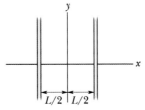

圖 **23-40** 習題 59

60 圖 23-41 顯示了兩固定在 x 軸上適當位置的絕緣球殼。球殼 1 的外表面上具有均勻面電荷密度+4.0 μC/m²,且其半徑是 0.70 cm,球殼 2 在其外表面上具有均勻面電荷密度–2.0 μC/m²,而且其半徑是 2.0 cm;兩個球殼的中心彼此相隔 $L = 6.0$ cm。試問除了 $x = \infty$ 以外,在 x 軸上的什麼位置,其淨電場等於零?

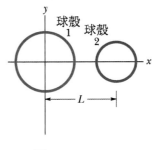

圖 **23-41** 習題 60

CHAPTER 24

電位

24-1 電位

學習目標

在閱讀完這個區塊的文字之後，讀者應該能夠...

24.01 了解電力是保守力，因此有一關聯的位能。

24.02 了解在帶電物體之電場中的每一點，此物體建立了一電位 V，它是純量，也可正可負，端看物體電荷的符號。

24.03 對於一個放置於一物體之電場中某一點的帶電粒子，運用在該點的物體電位 V、粒子電荷 q 以及粒子-物體系統的電位能 U。

24.04 在焦耳與電子伏特之間做能量單位轉換。

24.05 若一帶電粒子在電場中從起始點移動到終點，運用電位改變量 ΔV、粒子電荷 q、位能變化量 ΔU、以及電力所作的功 W 之間的關係。

24.06 若一帶電粒子在一帶電體之電場中的兩點間移動，了解電力所作的功與路徑無關。

24.07 若一帶電粒子在無外力作用於它之下，移動造成電位改變量 ΔV 時，連結 ΔV 和粒子動能變化量 ΔK 之間的關係。

24.08 若一帶電粒子在有外力作用的情況下，移動造成電位改變量 ΔV 時，連結 ΔV、粒子動能變化量 ΔK 與外力所作的功 W_{app} 之間的關係。

關鍵概念

● 位於帶電體之電場中 P 點的電位 V 為

$$V = \frac{-W_\infty}{q_0} = \frac{U}{q_0}$$

其中 W_∞ 是電力作用在一正測試電荷 q_0 的功，其位移是從無限遠處到 P 點，以及 U 是被存於測試電荷-物體系統中的電位能。

● 若一電荷 q 的粒子在放在一點上，該點所在位置的帶電體電位是 V，粒子-物體系統電位能 U 為

$$U = qV$$

● 若粒子在電位差 ΔV 間移動，電位能變化量為

$$\Delta U = q\Delta V = q(V_f - V_i)$$

● 若一粒子在無外力作用情況下移動，經過電位變化量 ΔV，並運用力學能守恆來得到動能變化量為

$$\Delta K = -q\Delta V$$

● 相反地，若一外力作功 W_{app} 於該粒子，其動能變化量為

$$\Delta K = -q\Delta V + W_{app}$$

● 當 $\Delta K = 0$ 時，在特殊例子中，外力所作的功只影響經過電位差的粒子運動：

$$W_{app} = q\Delta V$$

圖24-1 粒子 1 位於粒子 2 電場內的 P 點。

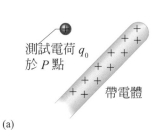

測試電荷 q_0 於 P 點

帶電體

(a)

此桿建立了一電位，且決定了位能

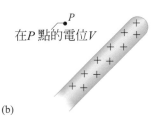

P

在 P 點的電位 V

(b)

圖 24-2 (a) 一測試電荷在棒子的電場內從無限遠處被帶到 P 點。(b) 基於(a)中組態的電位能，我們在 P 點定義了一個電位 V。

物理學是什麼？

物理學的目標之一是找出這世上的基本力，例如我們在第 21 章中討論的電力。一個相關的目標是決定一個力是否爲保守的(conservative)——換言之，就是決定是否存在一可與它聯繫的位能。將位能與力聯繫在一起的動機是我們可以將機械能守恆原理應用於牽涉到這種力的封閉系統。這是一個非常有用的原理，可以讓我們針對只使用力的概念來計算將會有很困難的實驗結果。物理學者和工程師經由實驗發現電力是保守力，因此具有一個相關的電位能。在這一章中，我們首先將定義這一類型的位能，然後討論如何活用它。

讓我們來個快速的初探，回到在第 22 章考慮過的情況：在圖 24-1 中，帶正電荷 q_1 的粒子 1 位在有正電荷 q_2 的粒子 2 附近。在第 22 章中，我們解釋了粒子 2 如何能在無接觸的情況下在粒子 1 上產生推力。爲了解釋該力 $\vec{F}$ (它是一向量)，我們定義粒子 2 在 P 點建立了一電場 $\vec{E}$ (也是一向量)，該場不管粒子 1 是否在 P 點都會一直存在著。若我們選擇把粒子 1 放在那邊，於其上的推力是來自於電荷 q_1 以及早已存在在那邊的電場 $\vec{E}$。

這有個相關的問題。若我們在 P 點釋放粒子 1，它會開始移動且具有動能。能量不會如魔術般的神奇出現，那它是來自於何處呢？它來自於電位能 U，與圖 24-1 中所安排的兩粒子之間的力有關。爲了解釋電位能 U(它是純量)，我們定義粒子 2 在 P 點建立了**電位** V(也是純量)，電位不管粒子 1 是否在 P 點都會存在著。若我們選擇粒子 1 放在那邊，然後該雙粒子系統的動能就是來自於電荷 q_1 以及已存在的電位 V。

在這一章我們的目標是 (1) 定義電位，(2) 討論帶電粒子或物體在不同的排列情形下之電位計算，(3) 討論電位 V 如何與電位能 U 相關。

電位與電位能

我們將要以電位能來定義電位(原文 electric potential 可簡稱 potential)，所以我們的首要工作是思考如何量測電位能。回到第 8 章，我們藉由 (1) 對一參考點(例如桌面上的一物體)指定 $U = 0$，以及 (2) 若該物體在桌面上移上移下，計算重力所做的功，並測量出此物體的重力位能 U。而我們定義出位能爲

$$U = -W \quad \text{(位能)} \tag{24-1}$$

讓我們在新的保守力(電力)上遵循相同的流程。在圖 24-2a 中，我們想要找到與位於 P 點的正測試電荷 q_0 相關的電位能，該電荷在一帶電棒的電場內。首先，我們需要 $U = 0$ 的參考點。一個合理的選擇是，對測試電荷來說從帶電棒算起的無限遠處，因爲該處會與帶電棒無交互作用。再來，將測試電荷從無限遠處帶至 P 點以形成圖 24-2a 的組態。沿

著這個路徑，我們藉由作用於測試電荷的電力來計算功。而最終組態的電位能可以 24-1 式得出，在這裡 W 是電力所做的功。現在讓我們使用符號 W_∞ 來強調該電荷是從無限遠處在帶過來的。因此，依棒子上的電荷符號，功和電位能可以是正或負的。

　　接下來，我們以電力所做的功和前面得到的電位能來定義 P 點的電位 V：

$$V = \frac{-W_\infty}{q_0} = \frac{U}{q_0} \quad \text{（電位）} \tag{24-2}$$

　　也就是說，當一正測試電荷從無限遠處被帶過來時，電位是每單位電荷的電位能大小。帶電棒在 P 點所建立的電位不受測試電荷(或是其他東西)是否在該處的影響(圖 24-2b)。從 24-2 式，我們知道 V 是純量(因為沒有方向是和電位能或電荷相關的)且可以是正或負的(因為電位能和電荷有正負號)。

　　重複同樣的步驟，我們可以找到該棒電場於場中每一點所建立的電位。事實上，每一帶電體在整個電場中的點均建立一電位。若我們碰巧放了一電荷 q 的粒子於一個已有電位 V 的點，我們能夠立即得到該組態的電位能：

$$\text{（電位能）} = \text{（粒子電荷）}\left(\frac{\text{電位能}}{\text{單位電荷}}\right)$$

或　　　　　$U = qV$ $\tag{24-3}$

其中 q 可以是正或負的。

　　兩個注意點。(1) V 稱為「位」的決定(現在非常老了)不是很理想，因為這種稱法很容易與電位能造成混淆。是的，這兩個量是相關的，但卻很不同且不能互換。(2) 電位是純量，非向量。(當你開始做習題時，你會對此感到高興。)

　　描述模式。位能是一物體系統(或組態)的本質，但有時我們得指定單一物體的位能。例如，被打到外野之棒球的重力位能實際上是棒球－地球系統的位能(因為它跟棒球和地球之間的作用力有關)。然而，因為只有棒球是很明顯的在移動(它的移動並不會影響地球)，所以我們能單獨指定重力位能給它。類似的方式，若一帶電粒子在一電場中，且對電場(或對建立該場的帶電體)沒有明顯的效應影響，我們通常會單獨指定電位能給該粒子。

　　單位。24-2 式中位能的 SI 單位是每庫侖焦耳。這組合很常發生，以致於有一個特別的單位伏特(volt 縮寫為 V)來表示它。因此，

　　　　一伏特＝每庫侖焦耳

透過兩單位的轉換，現在我們可以將電場的單位從每庫侖牛頓轉成更慣用的單位：

$$1 \text{ N/C} = (1 \frac{\text{N}}{\text{C}})(\frac{1 \text{ V}}{1 \text{ J/C}})(\frac{1 \text{ J}}{1 \text{ } E \cdot \text{m}})$$
$$= 1 \text{ V/m}$$

第二組括號中的轉換因子來自我們前面對伏特的定義；第三組括號中的轉換因子則由焦耳的定義導出。從現在起，我們將用每公尺伏特來表示電場，而不再用每庫侖牛頓。

在電場中移動

電位的改變。若我們在一帶電體的電場中，從起始點 i 移動到第二點 f，其電位改變為

$$\Delta V = V_f - V_i$$

若我們將帶電荷 q 的粒子從 i 移到 f，從 24-3 式，系統電位能改變為

$$\Delta U = q\Delta V = q(V_f - V_i) \tag{24-4}$$

改變量可以是正或負的，是根據 q 和 ΔV 符號所決定的。若從 i 到 f(那些電位相等的點)的電位沒有變化，它也可以是零。因為電力是保守的，所以在 i 和 f 之間的電位能 ΔU 會和那些點之間的所有路徑一樣(它與路徑無關)。

場所做的功。我們可以透過電力連結位能變化 ΔU 與作功 W 之間的關係，如同透過運用保守力(8-1 式)之一般式中的粒子從 i 移到 f：

$$W = -\Delta U \quad \text{(功，保守力)} \tag{24-5}$$

其次，我們可透過從 24-4 式的替換，連結功與電位改變量：

$$W = -\Delta U = -q\Delta V = -q(V_f - V_i) \tag{24-6}$$

到現在為止，我們大致已將功歸因於力，但在這裡也可以說 W 是電場(當然，因為它產生力)在粒子上作的功。功可以是正、負或零。因為在任兩點之間的 ΔU 是路徑獨立的(與路徑無關)，場作的功 W 也是。(若你需要計算經過一複雜路徑的功，須轉到較簡單的路徑—你會得到一樣的結果。)

能量守恆。若一帶電粒子移動經過一電場，除了該電場所造成的電力之外，該場並無其他力作用於此粒子，則力學能為守恆。假設我們單獨指定一電位能給該粒子，則我們可寫出粒子從 i 到 f 的力學能守恆為

$$U_i + K_i = U_f + K_f \qquad (24\text{-}7)$$

或 $\qquad \Delta K = -\Delta U \qquad (24\text{-}8)$

置換 24-4 式，我們得到一個非常有用的粒子動能改變量式子，作爲此粒子移經一位能差的結果：

$$\Delta K = -q\Delta V = -q(V_f - V_i) \qquad (24\text{-}9)$$

外力作功。若有一電力之外的力作用於該粒子，這額外的力稱爲外力或外部力，通常這種力來自於外部媒介。像這樣的力作用於該粒子上，則此力可能不會守恆，因此，一般來說，我們無法把它和位能連上關係。我們透過修改 24-7 式來討論它的作功 W_{app}：

(起始能量)＋(外力作功)＝(末能量)

或 $\qquad U_i + K_i + W_{app} = U_f + K_f \qquad (24\text{-}10)$

重新排列並從 24-4 式置換，我們也可寫成

$$\Delta K = -\Delta U + W_{app} = -q\Delta V + W_{app} \qquad (24\text{-}11)$$

外力所作的功可以是正、負或零，因此系統的能量可以是增加、減少或維持一樣。

在粒子移動前後都處於靜止的特殊例子中，24-10 式和 24-11 式中的動能項爲零，於是得到

$$W_{app} = q\Delta V \qquad (對於 K_i = K_f) \qquad (24\text{-}12)$$

在這個特殊例子中，功 W_{app} 影響了粒子穿過位差 ΔV 的移動，並無對粒子的動能有改變。

透過比較 24-6 式和 24-12 式，我們知道這特殊的例子中，外力所作的功是場作功的負值：

$$W_{app} = -W \qquad (對於 K_i = K_f) \qquad (24\text{-}13)$$

電子伏特。在原子和次原子物理中，量測能量的 SI 焦耳單位常需要難搞的十次方。一種較慣用(非 SI 單位)的作法是用電子-伏特(eV)，定義爲與單一基本電荷 e (像是電子或質子)經過一伏特電位差 ΔV 所作的功相等。從式 24-6，我們知道這個功的大小爲 $q\Delta V$。因此，

$$1\,\text{eV} = e(1\text{V})$$
$$= (1.602 \times 10^{-19}\text{C})(1\,\text{J/C}) = 1.602 \times 10^{-19}\text{J} \qquad (24\text{-}14)$$

測試站 1

附圖中，一個質子在均勻電場中由 i 點移動到 f 點，電場方向如圖所示。(a)電場對質子作正功或負功？(b)移動質子對其作正功或負功？(c)質子的電位能是增加或減少？(d)質子移動到電位較高或較低的點？

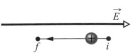

範例 24.01　電場中的功與位能

來自太空的宇宙線粒子不斷地把電子從大氣層的空氣分子中撞擊出來。一旦游離，電子便受到地球上已存在於大氣層中的帶電粒子產生的電場 $\vec{E}$ 的靜電力 $\vec{F}$ 作用。在接近地表處，此電場的大小 $E = 150$ N/C，方向向下。當此靜電力使一游離電子垂直向上移動了 $d = 520$ m 的距離時(圖 24-3)，問此電子的電位能變化 ΔU 為何？電子移動經過了多大的電位改變量？

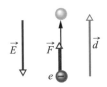

圖 24-3 大氣層中的一個電子，受到來自電場 $\vec{E}$ 的靜電力 $\vec{F}$ 作用，向上移動了位移 $\vec{d}$ 。

關鍵概念

(1)把電子電位能的變化 ΔU 和電場對電子作的功結合起來。24-1 式($\Delta U = -W$)。(2)一定值的力作用在一粒子上使其移動的位移所作的功為

$$W = \vec{F} \cdot \vec{d} \tag{24-3}$$

(3)我們知道靜電力和電場的關係為 $\vec{F} = q\vec{E}$ ，其中 q ($= -1.6 \times 10^{-19}$ C)是一個電子所含的電量。

計算　將 $\vec{F}$ 代入 24-3 式並計算出內積，得

$$W = q\vec{E} \cdot \vec{d} = qEd\cos\theta$$

其中 θ 為 $\vec{E}$ 和 $\vec{d}$ 的夾角。電場 $\vec{E}$ 方向朝下，而位移 $\vec{d}$ 是指向上，因此 $\theta = 180°$，將此值與其它資料代入求功的值，可得

$$W = (-1.6 \times 10^{-19} \text{ C})(150 \text{ N/ C})(520 \text{ m})\cos 180°$$
$$= 1.2 \times 10^{-14} \text{ J}$$

由 24-5 式得到

$$\Delta U = -W = -1.2 \times 10^{-14} \text{ J} \tag{答}$$

這結果告訴我們，在上升 520 m 的過程中，此電子的電位能會減少 1.2×10^{-14} J。為了得到電位改變量，我們運用 24-4 式：

$$\Delta V = \frac{\Delta U}{-q} = \frac{-1.2 \times 10^{-14} \text{ J}}{-1.6 \times 10^{-19} \text{ C}}$$
$$= 7.5 \times 10^{4} \text{ V} = 75 \text{ kV} \tag{答}$$

這告訴我們電力作功將該電子移往較高電位。

PLUS Additional example, video, and practice available at *WileyPLUS*

24-2　等位面與電場

學習目標

在閱讀完這個區塊的文字之後，讀者應該能夠...

24.09 了解等位面以及描述它如何與相關電場方向有關。

24.10 對一個以位置爲函數的電場，透過在兩點之間選擇路徑，並沿此路徑對場 $\vec{E}$ 和路徑元素 $d\vec{s}$ 的內積作積分，計算從起始位置到末位置的電位改變量 ΔV。

24.11 對一均勻電場，連結場大小 E 以及兩相鄰等位線之間的電位差 ΔV 和相距距離 Δx。

24.12 對一電場和軸上位置的關係圖，透過圖形積分來計算起始位置到末位置的電位改變量 ΔV。

24.13 解釋零電位位置的用處。

關鍵概念

● 等電位面上的所有點均有相等電位。測試電荷移動從此表面到另一表面時，作用於其上的功與這些表面上的起始位置以及末位置無關，也與包含這些點的路徑無關。電場總是垂直指向伴隨的等位面。

● 在 i 和 f 兩點之間的電位差爲

$$V_f - V_i = -\int_i^f \vec{E} \cdot d\vec{s}$$

其中積分是沿著包含這些點的任一路徑。若沿著某特殊路徑的積分太困難，我們可以選擇不一樣的路徑來讓積分較爲簡單。

● 若我們選 $V_i = 0$，在一特殊點的電位爲

$$V = -\int_i^f \vec{E} \cdot d\vec{s}$$

● 在一大小均勻電場 E 中，從較高等電位面到較低等電位面(兩等電位面相距 Δx)的電位改變量爲

$$\Delta V = -E\Delta x$$

等位面

　　在空間中，所有具有相同電位相鄰接的點形成一個**等位面**，此面可以是一個假想面，或是一個眞實的實體表面。當電荷在同一等位面上的兩個點 i 及 f 之間移動時，電場對此電荷並沒有做淨功。這個結果可由 24-6 式得到，若 $V_f = V_i$，則 W 必定爲零。由於功(位能及電位亦如是)與路徑無關，對任何連接 i 點與 f 點的路徑而言，$W = 0$，不論此路徑是否全部位在同一個等位面上。

　　圖 24-4 表示爲某種電荷分佈所建立電場的等位面。當一個帶電粒子沿路徑 I 與 II 自一點移動至另一點時，電場對它所做的功爲零，因爲此二路徑之起點與終點都在同一等位面上，位能沒有淨變化。當帶電粒子沿路徑 III 與 IV 從一點移至另一點時，所做的功不爲零但相等，因爲此二路徑的起點與終點的電位相同，換句話說，路徑 III 與 IV 連接著相同的二個等位面。

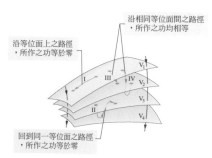

圖 24-4　四個等位面分別具有電位 $V_1 = 100\ V$、$V_2 = 80\ V$、$V_3 = 60\ V$、$V_4 = 40\ V$。一組測試電荷移動的四個路徑亦標示在圖中。並指出兩條電場線。

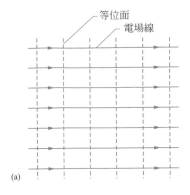

(a)

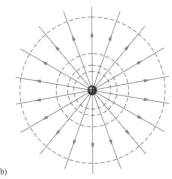

(b)

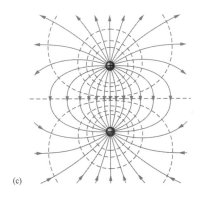

(c)

圖 24-5 在(a)均勻電場,(b)點電荷的電場,及(c)電偶極的電場中,電場線(紫色)的分佈和等位面分佈的橫截面(金色)。

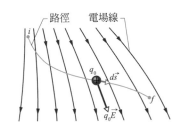

圖 24-6 測試電荷 q_0 在不均勻電場中沿圖示之路徑自 i 點移向 f 點。在 $d\vec{s}$ 的位移過程中,靜電力 $q_0\vec{E}$ 作用在此測試電荷。力的方向為測試電荷處電場線的方向。

根據對稱性,一點電荷或球形對稱分佈之電荷產生的等位面是一組同心球面。對均勻電場而言,等位面是一組垂直於電場線的平面。事實上,等位面永遠垂直於電場線,因此也垂直於與電場線相切的電場。如果不垂直於等位面,它就會有一個沿著等位面的分量。此分量會對沿此等位面移動的帶電粒子作功,但由 24-6 式知,如果是在同一個等位面的話就無法對帶電粒子作功,因此唯一的可能結論是,在任何地方 $\vec{E}$ 都必須垂直於等位面。圖 24-5 為均勻電場、點電荷與一電偶極之電場的電場線與等位面的截面。

從電場計算電位

若我們知道連接電場中任意兩點 i 與 f 的任何路徑的電場向量 $\vec{E}$,則可計算這兩點之間的電位差。我們先計算一正測試電荷自 i 移至 f 時,電場對電荷所做的功,然後利用 24-7 式進行計算。考慮圖 24-6 中由電場線所表示的任意電場,一正測試電荷 q_0 從 i 點運動至 f 點,在此路徑上的任意點,當電荷移動一段小位移 $d\vec{s}$ 時,會有靜電力 $q_0\vec{E}$ 作用在此電荷上。從第 7 章可知,外力 $\vec{F}$ 作用在粒子上,產生位移 $d\vec{s}$ 後,所做的功 dW 為:

$$dW = \vec{F} \cdot d\vec{s} \tag{24-15}$$

在圖 24-6 的情形時,$\vec{F} = q_0\vec{E}$,而 24-15 式變為:

$$dW = q_0\vec{E} \cdot d\vec{s} \tag{24-16}$$

欲求粒子自 i 點運動至 f 點,電場對粒子所做的總功 W,我們利用積分將路徑上在每一小段位移 $d\vec{s}$ 所做的功 dW 加起來:

$$W = q_0 \int_i^f \vec{E} \cdot d\vec{s} \tag{24-17}$$

如果我們將 24-17 式的總功 W 代入 24-6 式,得

$$V_f - V_i = -\int_i^f \vec{E} \cdot d\vec{s} \tag{24-18}$$

因此電場中任意兩點 i 與 f 之間的電位差 $V_f - V_i$ 等於自點 i 到 f 點的線積分(指沿某個特定路徑積分)的負值。然而因為靜電力是保守力,所有的路徑(不論是否容易使用)都會產生相同的結果。

我們可用 24-18 式計算電場中任意兩點間的電位差。如果我們選擇 i 點的電位 V_i 為零,則 24-18 式變為:

$$V = -\int_i^f \vec{E} \cdot d\vec{s} \tag{24-19}$$

式中我們省去 V_f 的下標。24-19 式提供了電場中任一 f 點相對於零電位 i 點的電位 V。如果 i 點在無窮遠處,則 24-19 式為電場中任一點 f 相對於無窮遠處(零電位)的電位 V。

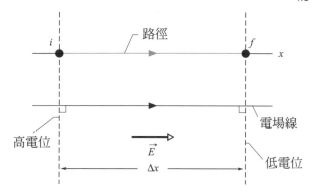

圖 24-7 我們在 i 點和 f 點之間移動，也是在一均勻電場 $\vec{E}$ 中的鄰近兩條等位線之間，並平行於場線。

　　均勻場。如圖 24-7 所示，讓我們對一均勻場應用 24-18 式。以電位 V_i 之等電位線上的 i 點作為開始，以及移較低電位 V_f 之等電位線的點 f，兩等電位線之間的距離為 Δx。讓我們也沿著平行電場(因此會垂直於等電位線)的路徑移動。在 24-18 式中，$\vec{E}$ 和 $d\vec{s}$ 之間的角度為零，內積為

$$\vec{E} \cdot d\vec{s} = E\, ds \cos 0 = E ds$$

因為均勻電場中 E 是常數，所以 24-18 式變為

$$V_f - V_i = -E \int_i^f ds \tag{24-20}$$

積分對我們來說是一個簡單用於加總所有由 i 至 f 之位移元素 ds 的指令，但是我們已經知道 ds 加總和的長度為 Δx。因此，我們可寫出在此均勻場中的電位變化量 $V_f - V_i$ 為

$$\Delta V = -E\Delta x \quad (均勻場) \tag{24-21}$$

這就是在大小為 E 的均勻電場中，以及兩相距 Δx 的等電位線之間的電位改變量 ΔV。若我們在場的方向移動距離 Δx，電位就會減小。反方向，它就會增加。

⭐　　電場向量從高電位指向低電位。

✅ **測試站 2**

附圖所示為一組平行等位面(以截面表示)，及五個我們可以把電子由一個面移動到另一個面的路徑。(a)這些面所代表的電場方向？(b)在每一條路徑，我們所作的功是正、負或零？(c)試依我們所做的功，由大到小排列這些路徑。

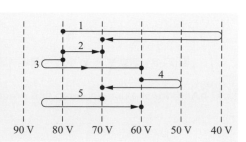

範例 24.02 電場中找出電荷之電位能

(a)圖 24-8a 為均勻電場 $\vec{E}$ 中的兩個點 i 與 f，置於同一條電場線上(未表示出)，且相距 d。將一正測試電荷 q_0 沿一平行於電場方向之路徑，由 i 點移動至 f 點，求其電位差 $V_f - V_i$。

關鍵概念

我們可根據 24-18 式，沿連結任兩點的路徑進行 $\vec{E} \cdot d\vec{s}$ 的積分，以求得該兩點之間的電位差。

計算 當推導了 24-21 式後，對均勻場中之電場線方向上的路徑來說，實際上我們已經做完計算了。在符號上作些微改變，由 24-21 式得到

$$V_f - V_i = -Ed \qquad (答)$$

(b)沿圖 24-8b 中之路徑 icf，自 i 點至 f 點移動此正測試電荷 q_0，求電位差。

計算 (a)中的關鍵概念亦可應用於此，除了我們現在沿著由兩條路徑所組成的路徑移動測試電荷：ic 和

cf。在沿著路徑 ic 上，測試點電荷的移動 $d\vec{s}$ 與 $\vec{E}$ 互相垂直。因此，$\vec{E}$ 和 $d\vec{s}$ 的夾角 θ 為 90°，且 $\vec{E} \cdot d\vec{s}$ 的內積為 0。24-18 式表示在 i 點與 c 點的電位相同：$V_c - V_i = 0$。啊，我們應該已知道此結果，這些點在相同的等位面上，而該等位面垂直於電場線。

在路徑 cf 上，知 $\theta = 45°$，由 24-18 式得：

$$V_f - V_i = -\int_c^f \vec{E} \cdot d\vec{s} = -\int_c^f E(\cos 45°)ds$$
$$= -E(\cos 45°)\int_c^f ds$$

此式中之積分為線段 cf 之長度，由圖 24-8b，其長度等於 $d/\cos 45°$。因此

$$V_f - V_i = -E(\cos 45°)\frac{d}{\cos 45°} = -Ed \qquad (答)$$

此結果與(a)小題之結果相同；兩點之間的電位差與連接此兩點的路徑無關。判斷：當你利用在兩點之間移動測試電荷來求取兩點之間的電位差時，可以選擇使用 24-18 式時最簡單的路徑。

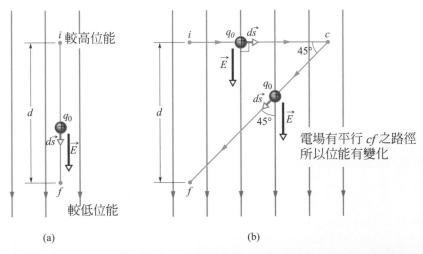

電場從較高位能指向較低位能

i 較高位能

較低位能

(a)

電場垂直於 ic 路徑，所以位能沒有變化

電場有平行 cf 之路徑所以位能有變化

(b)

圖 24-8 測試電荷 q_0 在均勻電場中沿電場方向從點移動至 f 點，電荷 q_0 在同一電場中沿路徑 icf 移動。

24-3　帶電粒子所產生的電位

學習目標

在閱讀完這個區塊的文字之後，讀者應該能夠...

24.14 對於一帶電粒子電場中的某一點，運用電位 V、該粒子電荷 q 以及與該粒子距離 r 之間的關係。

24.15 了解由粒子所建立之電位的代數符號與該粒子電荷之間的關係。

24.16 對於一球形對稱之電荷，其分布於表面上或表面外的點，如同所有電荷像粒子一樣集中於球心，來計算電位。

24.17 計算任意點於幾個帶電粒子所建立的淨電位，並了解是使用純量代數相加，而非向量相加。

24.18 畫出帶電粒子的等電位線。

關鍵概念

● 單一帶電粒子在距離此粒子 r 處所引起的電位為

$$V = \frac{1}{4\pi\varepsilon_0}\frac{q}{r}$$

其中 V 和 q 有相同符號。

● 一群帶電粒子所引起的電位為

$$V = \sum_{i=1}^{n} V_i = \frac{1}{4\pi\varepsilon_0}\sum_{i=1}^{n}\frac{q_i}{r_i}$$

因此，此電位是個別電荷的純量代數和，並不需要考慮方向。

點電荷產生的電位

　　現在，我們要用 24-18 式來求出在點電荷四周電位 V 的表示式，並以無窮遠處的電位為零電位做為參考值。考慮與一正電荷 q 之固定點距離 R 的 P 點(圖 24-9)。由 24-18 式，我們可想像一正測試電荷 q_0 由 P 點移到無窮遠處。因為此測試電荷行經之路徑並不重要，我們可作最簡單的選擇——由點電荷 q_0 出發，從此點延伸經過 P 到無窮遠處的徑向方向線。

　　使用 24-18 式前，我們必須先計算內積

$$\vec{E}\cdot d\vec{s} = E\cos\theta\, ds \tag{24-22}$$

圖 24-9 中，電場 $\vec{E}$ 是沿著徑向方向由固定粒子向外移動。因此測試電荷沿著此路徑的微分位移 $d\vec{s}$ 與 $\vec{E}$ 同向。這表示 24-22 式中的角度 $\theta = 0$，$\cos\theta = 1$。因為路徑是徑向的，所以將 ds 寫成 dr。然後代入上、下限 R 和 ∞，我們可將 24-18 式寫為

$$V_f - V_i = -\int_R^\infty E\, dr \tag{24-23}$$

接下來，我們設定 $V_f = 0$(在∞處)，$V_i = V$(在 R 處)，於測試電荷所在位置的電場大小，可由 22-3 式得

$$E = \frac{1}{4\pi\varepsilon_0}\frac{q}{r^2} \tag{24-24}$$

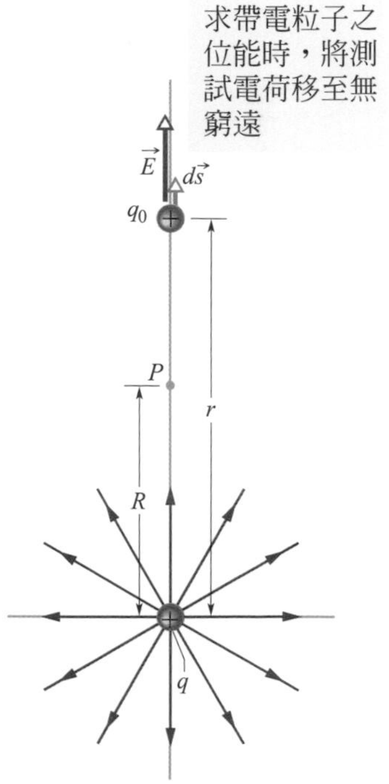

求帶電粒子之位能時，將測試電荷移至無窮遠

圖 24-9　帶正電荷 q 之粒子，在 P 點產生電場 $\vec{E}$ 及電位 V。我們把一個測試電荷 q_0 由 P 點移到無窮遠處以求其電位。圖中顯示在進行微小位移 $d\vec{s}$ 期間，此測試電荷位在距離點電荷 r 處。

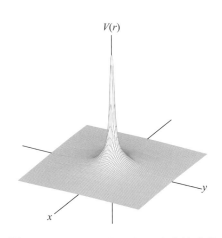

圖 24-10　由電腦繪圖之正電荷的電位 $V(r)$ 的圖形，點電荷位於 xy 平面之原點。平面上各點之電位是以垂直圖形表示（曲線的加入是為了幫助你觀看此圖）。在 24-26 式中所指出的，$r = 0$ 時值無窮大，在此並未標出。

加入這些改變，由 24-23 式可得

$$0 - V = -\frac{q}{4\pi\varepsilon_0} \int_R^\infty \frac{1}{r^2}\, dr = \frac{q}{4\pi\varepsilon_0}\left[\frac{1}{r}\right]_R^\infty$$

$$= -\frac{q}{4\pi\varepsilon_0}\frac{q}{R} \tag{24-25}$$

將 R 換成 r，並解出 V，則

$$V = \frac{1}{4\pi\varepsilon_0}\frac{q}{R} \tag{24-26}$$

此即帶電荷量 q 之粒子在徑向距離 r 處之電位 V。

　　雖然我們是針對一正電粒子推導出 24-26 式，但這對帶負電粒子仍成立，此時 q 為負值。請注意，V 的正負號與 q 相同：

　　一個正電粒子會產生正電位。一個負電粒子會產生負電位。

　　圖 24-10 為由電腦繪圖所畫出 24-26 式的正點電荷之圖形，其電位 V 的大小描繪成垂直高度。請注意，$r \to 0$ 時，V 的大小跟著增加。事實上，根據 24-26 式，在 $r = 0$ 的地方，V 為無窮大，雖然圖 24-10 所顯示為有限且緩慢平滑的數值。

　　24-26 式也給予球對稱的電荷分佈於外部或外表面上產生的電位。利用 21-1 節及 23-6 節其中一個殼層定理，把實際上的電荷以聚集在球狀分佈中心的等量電荷代替，便可以證明它。假設我們不考慮實際電荷分佈以內的點，則可以依此推導出 24-26 式。

一群帶電粒子產生的電位

　　我們可利用疊加原理計算一群點電荷在某一定點的淨電位。我們利用 24-26 式，包含電荷的正負號，分別計算每一個電荷在該點的電位，然後再取其總和。對 n 個電荷而言，淨電位為：

$$V = \sum_{i=1}^{n} V_i = \frac{1}{4\pi\varepsilon_0}\sum_{i=1}^{n}\frac{q_i}{r_i} \quad \text{(n 個點電荷)} \tag{24-27}$$

其中 q_i 是第 i 個電荷之值，r_i 是給定一點到第 i 個電荷的徑向距離。24-27 式中的和是代數和，而非計算一群電荷之電場時的向量和。此處，我們可看出計算電位比計算電場方便的地方：純量和遠比向量和容易計算，因為向量的方向與分量都必須考慮。

測試站 3

附圖所示為兩個質子的三種排列方式。試依質子在 P 點所產生的淨電位，由大到小排列之。

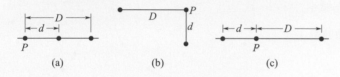

(a)　　　　　(b)　　　　　(c)

範例 24.03　數個帶電粒子之淨電位能

圖 24-11a 中，由點電荷所構成的正方形，其中央 P 點處的電位為何？假設 $d = 1.3$ m 且電荷：

$$q_1 = +12 \text{ nC}, q_3 = +31 \text{ nC}$$

$$q_2 = -24 \text{ nC}, q_4 = +17 \text{ nC}$$

關鍵概念

P 點電位 V 為 4 個點電荷所分別造成電位之代數和(因為電位是純量，所以點電荷的方向不重要)。

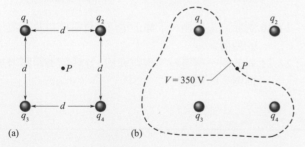

圖 24-11　(a)四個帶電粒子。(b)封閉曲線是包含 P 點之等電位面的截面(粗略畫的)。

計算　由 24-27 式可得

$$V = \sum_{i=1}^{4} V_i = \frac{1}{4\pi\varepsilon_0}\left(\frac{q_1}{r} + \frac{q_2}{r} + \frac{q_3}{r} + \frac{q_4}{r}\right)$$

距離 r 為 $d/\sqrt{2}$，等於 0.919 m，且電荷之和為

$$q_1 + q_2 + q_3 + q_4 = (12 - 24 + 31 + 17) \times 10^{-9} \text{ C}$$

$$= 36 \times 10^{-9} \text{ C}$$

因此　　$V = \dfrac{(8.99\times10^9 \text{ N}\cdot\text{m}^2/\text{C}^2)(36\times10^{-9} \text{ C})}{0.919\,\text{m}}$

$$\approx 350 \text{ V} \quad\text{(答)}$$

在接近圖 24-11a 中三個正電荷中的任一電荷時，電位有極大的正值。在接近該負電荷時，電位有極大的負值。因此在正方形內必存在許多點，其電位同 P 點之電位。圖 24-11b 中的曲線顯示包含 P 點之等位面的截面。在此曲線上任一點的電位都等於 P 點的電位。

範例 24.04　電位不是向量，與方向無關

(a)圖 24-12a 中，12 個電子(電量為−e)等距固定於半徑為 R 之圓上。相對於無窮遠處之零電位，在圓心 C 處由電子所產生之電位與電場各為若干？

關鍵概念

(1)C 點的電位 V 是所有電子產生之電位的代數和(因電位是一種純量，所以電子所在的方位並不重要)。
(2)在 C 處的電場是向量，所以電子方位很重要。

計算　因所有電子都有相同的負電荷−e，且距 C 點距離均為 R，由 24-27 式，在 C 點的電位為：

$$V = -12\frac{1}{4\pi\varepsilon_0}\frac{e}{R} \quad\text{(答)} \quad (24\text{-}28)$$

因為電位為純量，任何電荷相對於 C 點的方向與電位 V 無關，但是電場為一向量，其電荷的方向十分重要：此處，由於圖 24-12a 中排列的對稱性，由電子在 C 點所產生的電場互相抵消。故，在 C 點

$$\vec{E} = 0 \quad\text{(答)}$$

(b)電子不均勻的分佈在 120° 的圓弧上，如圖 24-12b 所示，C 點的電位為何？在 C 點的電場如何變化？

推論 電位仍用 24-28 式表示，因為電子與點間的距離不變，而其方向無關緊要。不過電場就不再是零，因為電子的分佈不再對稱。現在會有一淨電場指向電荷分佈的方向。

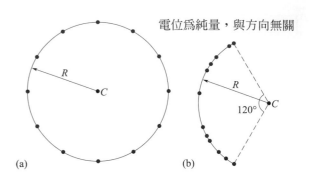

電位為純量，與方向無關

(a)   (b)

圖 24-12 (a) 12 個電子以均勻間隔置於一圓上。(b)這些電子以不均勻間隔的置於一圓弧上。

WILEY PLUS Additional example,video,and practice available at *WileyPLUS*

24-4 電偶極產生的電位

學習目標

在閱讀完這個區塊的文字之後，讀者應該能夠...

24.19 計算任一點由電偶極所引起的電位 V，並以偶極矩大小 p，或電荷距離 d 與任一電荷大小 q 之內積表示。

24.20 對於一電偶極，了解正電位、負電位以及零電位的位置。

24.21 對於單一帶電粒子與電偶極，比較隨著距離增加而減少的電位。

關鍵概念

● 於 $r \gg d$ 情況下，距離一偶極矩大小為 $p = qd$ 的電偶極之 r 處，此偶極的電位為

$$V = \frac{1}{4\pi\varepsilon_0}\frac{p\cos\theta}{r^2}$$

此處 θ 是指偶極矩向量和偶極中點到量測點的延伸線之夾角。

電偶極產生的電位

我們可將 24-27 式應用於電偶極以計算圖 24-13a 中任一點 P 之電位。在 P 點，正點電荷(距離 $r_{(+)}$)建立一電位 $V_{(+)}$，負點電荷(距離 $r_{(-)}$)建立一電位 $V_{(-)}$。因此在 P 點之淨電位可由 24-27 式求得，為：

$$V = \sum_{i=1}^{2}V_i = V_{(+)} + V_{(-)} = \frac{1}{4\pi\varepsilon_0}\left(\frac{q}{r_{(+)}} + \frac{-q}{r_{(-)}}\right)$$

$$= \frac{q}{4\pi\varepsilon_0}\frac{r_{(-)} - r_{(+)}}{r_{(-)}r_{(+)}} \tag{24-29}$$

　　自然界的電偶極－像是那些由多分子組成的物質－是相當小的，所以我們通常只對距離電偶極相當遠的點有興趣，像是 $r \gg d$，其中 d 是電荷之間的距離，r 是電偶極中點到 P 之間的距離。在那個例子中，我們可以近似的畫兩條互相平行的線到遙遠的 P，而兩條線的長度差會是斜邊為 d 之三角形的鄰邊(圖 24-13b)。而且，此長度差非常小，以致於兩個長度的乘積接近 r^2。因此，

$$r_{(-)} - r_{(+)} \approx d\cos\theta \quad \text{且} \quad r_{(-)}r_{(+)} \approx r^2$$

將這些量代入 24-29 式，V 可近似為：

$$V = \frac{q}{4\pi\varepsilon_0}\frac{d\cos\theta}{r^2}$$

其中 θ 是由偶極軸量起的角度，如圖 24-13a 所示。現在 V 可寫為

$$V = \frac{1}{4\pi\varepsilon_0}\frac{p\cos\theta}{r^2} \quad \text{(電偶極)} \tag{24-30}$$

其中 $p\ (= qd)$ 為電偶極矩 $\vec{p}$ 的大小(見 22-3 節的定義)。向量 $\vec{p}$ 沿著偶極軸，由負電荷指向正電荷(因此，θ 是由 $\vec{p}$ 的方向量起)。我們使用此向量來表示電偶及的方位。

測試站 4

有三個點位於離如圖 24-13 的偶極中心相等且很遠的距離 r：a 點位於偶極軸上正電荷的上方，b 點位於軸上負電荷的下方，c 點則位於通過連接兩電荷之線的垂直平分線上。依該偶極在這些位置的電位，由大到小排列此三個點。

感應偶極矩

　　許多分子(如水)具有永久的電偶極矩。而在其它的分子(非極化分子)與每一個孤立原子中，正電荷與負電荷的中心為重合(圖 24-14a)，因此不產生電偶極。但是如果把原子或非極化分子置於一外加電場中，此電場會使電子軌域變形，正電荷與負電荷的中心會因為電場的干擾而分開(圖 24-14b)。由於電子帶負電，電子會偏向與電場相反的方向。此一偏移便建立了電偶極矩，指向電場的方向。此種電偶極矩稱為被電場感應的偶極矩，而此原子或分子稱為被電場極化(具有正端與負端)。當電場消失時，感應之電偶極矩以及極化效應也會消失。

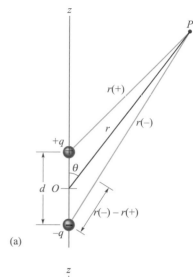

(a)

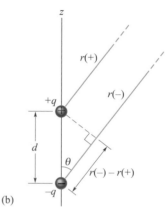

(b)

圖 24-13　(a) P 點與偶極的中點 O 相距 r。OP 直線與偶極軸之夾角為 θ。(b)如果 P 點距此偶極甚遠，則 $r_{(+)}$ 與 $r_{(-)}$ 近似於與 r 平行，圖中標示的黑色虛線則近似於垂直 $r_{(-)}$。

圖 **24-14** (a)一個帶正電原子核(綠色)與帶負電電子(金色區域)的原子。(b)若將此原子置於一外電場 $\vec{E}$ 中,電子軌道會偏移,因此正負電荷之中心點不再重合。產生一感應之電偶極矩 $\vec{p}$。此處已將此種偏移故意誇大顯示。

電場使正負電荷分離,產生偶極

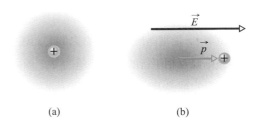

(a) (b)

24-5 連續電荷分佈產生的電位

學習目標

在閱讀完這個區塊的文字之後,讀者應該能夠...

24.22 對於沿一線或一表面上的電荷分佈為均勻,透過將電荷分佈切成電荷元素,並把每一元素引起的電位加起來(藉由積分),來得出某一點於此分佈的淨電位。

關鍵概念

● 對電荷的連續分佈(在一無限延伸的物體上),可以透過 (1) 將電荷分佈切為可被視為粒子的電荷元素 dq,然後 (2) 藉由對整個分佈的積分,將每一元素引起的電位加起來,來得到淨電位:

$$V = \frac{1}{4\pi\varepsilon_0} \int \frac{dq}{r}$$

● 為了完成積分,可用線電荷密度 λ 和長度元素(如 dx)的乘積,或以表面電荷密度 σ 和面積元素的乘積(如 $dx\,dy$),來置換 dq。

● 在一些電荷有對稱性分佈的例子中,二維積分可以被簡化成一維積分。

連續電荷分佈產生的電位

當電荷分佈 q 為連續時(例如在細桿或圓盤上的均勻電荷),我們就不能用 24-27 式的加總方式來求某一 P 點的電位 V。我們必須選擇微分電荷元素 dq,並決定在 P 點由 dq 造成的電位 dV,然後對整個連續電荷分佈進行積分。

假設以無窮遠處為零電位。如果我們把電荷元素 dq 視為一點電荷,則我們可用 24-26 式表示在 P 點由電荷 dq 所產生之電位 dV:

$$dV = \frac{1}{4\pi\varepsilon_0} \frac{dq}{r} \quad \text{(正或負電荷元素 } dq\text{)} \tag{24-31}$$

其中 r 為 P 點與 dq 之間的距離。欲求在 P 點之總電位 V,我們用積分法算出所有電荷元素產生的電位的總和:

$$V = \int dV = \frac{1}{4\pi\varepsilon_0} \int \frac{dq}{r} \tag{24-32}$$

此積分須對整個電荷分佈作積分。注意，因為電位是純量，在 24-32 式中不考慮任何向量分量。

　　以下我們討論兩種連續電荷分佈，就是線電荷與帶電圓盤。

線電荷

　　圖 24-15a 中，一長度為 L 之非導體細桿具有正的均勻線電荷密度 λ。我們來計算與此桿左端垂直距離為 d 之 P 點的電位 V。

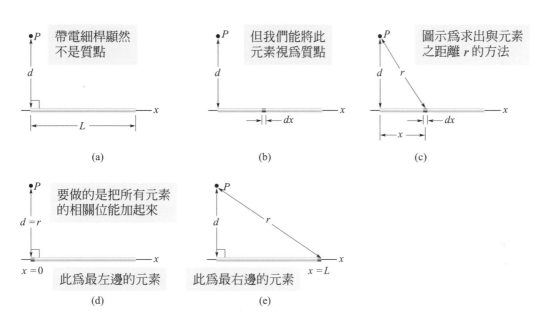

圖 24-15　(a)帶均勻電荷之細桿在 P 點產生電位 V。(b)各元素可視為粒子。(c)P 點對於元素的電位取決於距離 r。求出從左邊(d)至右邊(e)所有元素的電位之總和。

　　考慮此桿的微分元素 dx，如圖 24-15b 所示。此元素(或任一)所含之電荷數為：

$$dq = \lambda dx \tag{24-33}$$

此一元素在 P 點產生電位 dV，其中 P 點距此元素之距離為 $r = (x^2 + d^2)^{1/2}$(圖 24-15c)。把此元素視為一點電荷，利用 24-31 式可寫出電位 dV 為：

$$dV = \frac{1}{4\pi\varepsilon_0}\frac{dq}{r} = \frac{1}{4\pi\varepsilon_0}\frac{\lambda dx}{(x^2 + d^2)^{1/2}} \tag{24-34}$$

在桿上之電荷為正電荷，且在無窮遠處之電位 $V = 0$，由 24-3 節可知，24-34 式中的 dV 必為正。

欲求桿上所有電荷在 P 點所產生的總電位 V，須將 24-34 式沿桿的長度，從 $x = 0$ 積分至 $x = L$(圖 24-15d,e)，利用附錄 E 的積分式 17，可得：

$$V = \int dV = \int_0^L \frac{1}{4\pi\varepsilon_0} \frac{\lambda}{(x^2 + d^2)^{1/2}} dx$$

$$= \frac{\lambda}{4\pi\varepsilon_0} \int_0^L \frac{dx}{(x^2 + d^2)^{1/2}}$$

$$= \frac{\lambda}{4\pi\varepsilon_0} \left[\ln\left(x + x^2 + d^2\right)^{1/2} \right]_0^L$$

$$= \frac{\lambda}{4\pi\varepsilon_0} \left[\ln\left(L + \left(L^2 + d^2\right)^{1/2}\right) - \ln d \right]$$

我們可利用 $\ln A - \ln B = \ln(A/B)$ 之關係，將上式化簡。我們得出

$$V = \frac{\lambda}{4\pi\varepsilon_0} \ln\left[\frac{L + \left(L^2 + d^2\right)^{1/2}}{d} \right] \tag{24-35}$$

因 V 為正值 dV 之和，因此 V 也必為正，與真數大於 1 的對數值為正一致。

帶電圓盤

在 22-5 節中，我們曾經計算一半徑為 R，表面均勻電荷密度為 σ 之塑膠圓盤中心軸上各點的電場大小。現在我們要導出中心軸上任意一點電位 $V(z)$ 的表示式。因為我們在盤上有圓形電荷分佈，所以我們以微分元素來表示角度 $d\theta$ 和徑向距離 dr 作為開始。然後，我們需要建立一個二維積分來讓我們用較簡單的方式來進行。

圖 24-16 中，考慮一半徑為 R'，微分徑向寬度 dR' 之微分細環。它的電荷量大小為

$$dq = \sigma(2\pi R')(dR')$$

其中 $(2\pi R')(dR')$ 為細環之上表面積。細環上每一個電荷元素與軸上一點 P 的距離皆為 r。由圖 24-16，我們可利用 24-31 式寫出此環在 P 點產生的電位之大小為

$$dV = \frac{1}{4\pi\varepsilon_0} \frac{dq}{r} = \frac{1}{4\pi\varepsilon_0} \frac{\sigma(2\pi R')(dR')}{\sqrt{z^2 + R'^2}} \tag{24-36}$$

P 點的淨電位可由積分法算出自 $R' = 0$ 到 $R' = R$，所有微分細環所產生的電位總和為：

$$V = \int dV = \frac{\sigma}{2\varepsilon_0} \int_0^R \frac{R'dR'}{\sqrt{z^2 + R'^2}} = \frac{\sigma}{2\varepsilon_0}\left(\sqrt{z^2 + R'^2} - z\right) \tag{24-37}$$

注意在 24-37 式中第二個積分的變數是 R' 而非 z，在沿著圓盤表面積分時，z 始終保持常數(也應注意，積分時，我們假設 $z \geq 0$)。

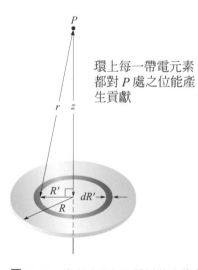

環上每一帶電元素都對 P 處之位能產生貢獻

圖24-16 半徑為 R 之塑膠圓盤在其上表面帶有均勻面電荷密度 σ。我們想要計算圓盤中心軸上 P 點之電位 V。

24-6　從電位計算電場

學習目標

在閱讀完這個區塊的文字之後，讀者應該能夠...

24.23 對一軸上以位置作為函數的電位，找出沿著此軸的電場。

24.24 對一軸上以位置作為電位的函數圖，決定出沿著此軸的電場。

24.25 對於一均勻電場，連結此場大小 E 和兩鄰近等電位線之間的電位差 ΔV 和距離 Δx 之間的關係。

24.26 連結電場方向與在電位減少或增加時的方向之關係

關鍵概念

● 任何方向上的 $\vec{E}$ 分量是電位在其方向上的電位隨著距離之變化率為負值：

$$E_s = -\frac{\partial V}{\partial x}$$

● $\vec{E}$ 的 x、y、z 分量可從以下式子得到

$$E_x = -\frac{\partial V}{\partial x} \; ; \; E_y = -\frac{\partial V}{\partial y} \; ; \; E_z = -\frac{\partial V}{\partial z}$$

● 當 $\vec{E}$ 是均勻的，所有都可以消減為

$$E = -\frac{\Delta V}{\Delta s}$$

其中 s 垂直於等電位面。

● 電場不會平行於等電位面。

從電位計算電場

在 24-2 節中，若我們知道從參考點到 f 點的某路徑上的電場，就能計算在點 f 的電位。本節中，我們要從已知的電位來計算電場。如圖 24-5 所示，用圖解法解出此一問題是很容易的：如果在一群電荷周圍所有點的電位均為已知，我們可以畫出一組等位面。垂直於這些等位面的電場線，就顯示出 $\vec{E}$ 的變化。我們所追求的，就是圖解法的數學化表示。

圖 24-17 顯示間隔緊密的等位面之橫截面圖，相鄰等位面間的電位差為 dV。如圖所示，在任一點 P 的電場 $\vec{E}$ 必垂直於通過 P 點的等位面。

假設正測試電荷 q_0 經由位移 $d\vec{s}$，自一等位面移動到另一相鄰的等位面上。由 24-6 式知，在移動期間電場對此測試電荷所做的功為 $-q_0 dV$。而由 24-16 式及圖 24-17 可知，此電場所作的功也可寫為純量積 $(q_0\vec{E}) \cdot d\vec{s}$ 或 $q_0 E(\cos\theta)\, ds$。將此二表示式置於等號兩邊，得：

$$-q_0 dV = q_0 E(\cos\theta) ds \tag{24-38}$$

或

$$E\cos\theta = -\frac{dV}{ds} \tag{24-39}$$

由於 $E\cos\theta$ 為 $\vec{E}$ 沿 $d\vec{s}$ 方向之分量，因此 24-39 式成為

$$E_s = -\frac{\partial V}{\partial s} \tag{24-40}$$

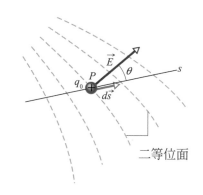

圖 24-17　測試電荷 q_0 從一等位面到另一等位面移動的距離 $d\vec{s}$（等位面之間的間隔為了清楚起見已刻意加大）。位移 $d\vec{s}$ 與電場方向 $\vec{E}$ 夾 θ 角。

我們將 E 添加下標並使用偏微分符號，用來強調 24-40 式只與電位 V 沿某一特定軸(此處爲 x 軸)的變化以及沿此軸 $\vec{E}$ 的分量有關。總而言之，24-40 式(基本上這是 24-18 式之逆運算)指出：

任何方向上的 $\vec{E}$ 分量在其方向上的電位隨距離之變化率爲負值。

如果我們取代 s 軸爲 x、y 與 z 軸，則在任何點 $\vec{E}$ 的 x、y 與 z 分量爲：

$$E_x = -\frac{\partial V}{\partial x} \qquad E_y = -\frac{\partial V}{\partial y} \qquad E_z = -\frac{\partial V}{\partial z} \qquad (24\text{-}41)$$

因此，若我們知道一電荷分佈周圍所有點的電位 V——亦即，若我們知道 $V(x, y, z)$——則可利用偏微分求得在任何點的 $\vec{E}$ 分量(即 $\vec{E}$ 本身)。

在電場 $\vec{E}$ 爲均勻場的簡單情況中，24-40 式變爲

$$E = -\frac{\Delta V}{\Delta s} \qquad (24\text{-}42)$$

其中 s 垂直於等位面。與等位面相平行的任何方向之電場分量爲零，因爲沿著等位面沒有電位變化。

 測試站 5

如圖所示爲三對有相同間距的平行平板，並標示了每個平板的電位。平板之間的電場均勻且垂直於平板。(a)試依平板間的電場大小，由大到小排列此三對平板。(b)哪一個的電場指向右邊？(c)如果在第三對平板中間釋放一個電子，則它會靜止、以等速右移、以等速左移、以加速度向右，或者以加速度向左？

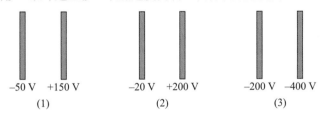

-50 V $+150$ V -20 V $+200$ V -200 V -400 V
       (1)   (2)   (3)

範例 24.05　從電位計算電場

一均勻帶電圓盤中心軸上任一點的電位由 24-37 式所示，我們可將其寫成：

$$V = \frac{\sigma}{2\varepsilon_0}\left(\sqrt{z^2 + R^2} - z\right)$$

由此公式導出在圓盤軸上任一點電場的表示式。

關鍵概念

我們希望電場 $\vec{E}$ 是沿著圓盤軸上的距離 z 之函數。因爲圓盤對此軸具有圓形對稱性，因此對於任何距離 z，電場 $\vec{E}$ 的方向均是沿此軸方向。所以我們希望求出沿著圓盤軸的分量 E_z。此分量爲電位沿著 z 軸之變化率的負值。

計算 由 24-41 式的最後一項可知

$$E_z = -\frac{\partial V}{\partial z} = -\frac{\sigma}{2\varepsilon_0}\frac{d}{dz}\left(\sqrt{z^2 + R^2} - z\right)$$

$$= \frac{\sigma}{2\varepsilon_0}\left(1 - \frac{z}{\sqrt{z^2 + R^2}}\right) \qquad (答)$$

此式與 22-5 節用庫侖定律所導出的公式相同。

24-7 帶電粒子系統的電位能

學習目標

在閱讀完這個區塊的文字之後，讀者應該能夠...

24.27 了解帶電粒子系統的總電位能等於外力必須作用於組合該系統所作的功，從距離無限遠的粒子開始算起。

24.28 計算一對帶電粒子的電位能。

24.29 了解若一個系統有兩個以上粒子，系統的總電位能會等於每一對粒子之電位能的總和。

24.30 對帶電多粒子系統運用力學能守恆定律。

24.31 計算一帶電粒子從帶電多粒子系統的逃離速度(要移到距離系統無限遠處的最小初速度)。

關鍵概念

● 帶電粒子系統的電位能是將一開始靜止且互相距無限遠的粒子集合成此系統所需的功。對於相距 r 的兩粒子，

$$U = W = \frac{1}{4\pi\varepsilon_0}\frac{q_1 q_2}{r}$$

帶電粒子系統的電位能

在這一節中，我們將要計算兩帶電粒子系統的電位能，以及簡短討論如何將結果延伸到多於兩粒子的系統。一開始要檢視我們必須做的工作(如外部媒介)，把兩個相距無限遠的帶電粒子拉於附近且靜止。若此兩粒子帶有相同符號的電荷，我們必須力抗他們的排斥。若討論過程中符號都為正時，對雙粒子系統來說，結果是產出一正電位能。相反的，若兩粒子符號相異，我們的工作就較簡單，因為粒子會互相吸引。若討論過程中都為負時，對系統來說會產出負電位能。

讓我們照著此流程來建立圖 24-18 中的雙粒子系統，其中粒子 1(帶正電荷 q_1)和粒子 2(帶正電荷 q_2)相距 r。雖然兩粒子都是帶正電，我們的結果也將應用於兩個都是帶負電或符號相異的情況。

我們以粒子 2 固定在某處，粒子 1 在無限遠處作為開始，以及雙粒子系統的初始電位能 U_i。接下來，我們將粒子 1 移至末位置，然後系統的電位能為 U_f。我們以 $\Delta U = U_f - U_i$ 來改寫系統的電位能。

配合 24-4 式($\Delta U = q(V_f - V_i)$)，我們可以連結 ΔU 和我們移動粒子 1 的電位改變：

$$U_f - U_i = q_1(V_f - V_i) \tag{24-43}$$

接下來計算其他項。起始電位能為 $U_i = 0$，因為兩粒子是在參考組態中(如 24-1 節所討論的)。24-43 式中的兩電位是起因於粒子 2，並由 24-26 式所得到：

$$V = \frac{1}{4\pi\varepsilon_0}\frac{q_2}{r} \tag{24-44}$$

圖 24-18 測試電荷 q_0 從一等位面到另一等位面移動的距離 $d\vec{s}$ (等位面之間的間隔為了清楚起見已刻意加大)。位移 $d\vec{s}$ 與電場方向 $\vec{E}$ 夾 θ 角。

這告訴我們，當粒子 1 在距離 $r = \infty$ 處，其位置的電位為 $V_i = 0$。當我們將它移到相距 r 的末位置，在此位置的電位是

$$V_f = \frac{1}{4\pi\varepsilon_0}\frac{q_2}{r} \tag{24-45}$$

將這些結果代入 24-43 式，並將下標 f 消去，我們得到最終組態的電位能

$$U = \frac{1}{4\pi\varepsilon_0}\frac{q_1 q_2}{r} \quad \text{(雙粒子系統)} \tag{24-46}$$

24-46 式包含兩粒子的符號。若兩粒子同號，U 爲正的。若兩粒子異號，U 爲負的。

若接下來我們擺進第三個電荷 q_3 的粒子，我們可以重複前面的計算，以粒子 3 在無限遠處作爲開始，然後將它帶至與粒子 1 距離爲 r_{31} 且與粒子 2 距離爲 r_{32} 處的末位置。在末位置上，在粒子 3 之位置的電位 V_f 是起因於粒子 1 的電位 V_1 和粒子 2 的電位 V_2 之代數和。當我們做完此代數後，會發現

 多粒子系統的總電位能是系統中每對粒子的電位能總和。

這個結果可以應用到任何粒子數目的系統。

現在我們有多粒子系統的電位能公式，可用 24-10 式來對系統運用能量守恆定律。例如，若一系統有許多粒子組成，我們也許要思考其中一個粒子要從其他粒子中逃離所需的動能(以及相關的逃離速度)。

範例 24.06　三個帶電粒子系統之電位能

圖 24-19 爲三個固定電荷，使其固定的外力則未顯示。此電荷系統的電位能爲何？假設 $d = 12$ cm 且

$$q_1 = +q, \quad q_2 = -4q, \quad q_3 = +2q$$

其中 $q = 150$ nC。

關鍵概念

此系統的電位能等於我們把每個電荷由無窮遠處移近，然後組成此系統，在這個過程中所作的功。

計算　我們先想像圖 24-19 中其中一個電荷先固定在其位置上，假設是 q_1，其它兩個電荷仍在無窮遠處。然後把另一個電荷 q_2，從無窮遠處移到其位置

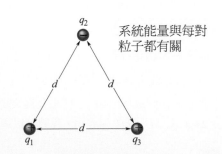

系統能量與每對粒子都有關

圖 24-19　三個電荷固定在等邊三角形的三個頂點。此系統的電位能爲何？

上。由 24-46 式，將 d 取代 r，則 q_1 與 q_2 之間的電位能 U_{12} 爲：

$$U_{12} = \frac{1}{4\pi\varepsilon_0}\frac{q_1 q_2}{d}$$

接著，我們將最後一個電荷 q_3 由無窮遠處移到其目標位置。在這最後的步驟我們所必須作的功，等於將 q_3 移近 q_1 所須作的功，加上將它移近 q_2 所須作的功。由 24-46 式，將 d 取代 r，其和為

$$W_{13} + W_{23} = U_{13} + U_{23} = \frac{1}{4\pi\varepsilon_0}\frac{q_1 q_3}{d} + \frac{1}{4\pi\varepsilon_0}\frac{q_2 q_3}{d}$$

此「三電荷系統」的總電位能 U 為三對電荷之間電位能之和。此和(與此三個電荷被移到其目前位置的順序無關)為

$$U = U_{12} + U_{13} + U_{23}$$

$$= \frac{1}{4\pi\varepsilon_0}\left(\frac{(+q)(-4q)}{d} + \frac{(+q)(+2q)}{d} + \frac{(-4q)(+2q)}{d}\right)$$

$$= -\frac{10q^2}{4\pi\varepsilon_0 d}$$

$$= -\frac{(8.99\times10^9\,\text{N·m}^2/\text{C}^2)(10)(150\times10^{-9}\,\text{C})^2}{0.12\,\text{m}}$$

$$= -1.7\times10^{-2}\,\text{J} = -17\,\text{mJ} \tag{答}$$

由於電位能為負，表示要將這三個起初分離於無窮遠處且靜止的電荷組成如圖示的結構，所必須做的功為負。換句話說，外界必須做 17 mJ 的功才能將此系統分開，使此三個電荷相距無限遠。

這裡要學的是：若有一電粒子的集合體，可透過找出每一可能粒子對的電位能，然後將其結果加總，就能得到總電位能。

範例 **24.07**　電位能的機械能守恆

α 粒子(兩個質子，兩個中子)向靜止的金原子(79 個質子，118 個中子)移動，通過像球殼一樣圍繞著金原子核的電子區域，並且直接衝向原子核(圖 24-20)。此時 α 粒子速度減慢，一直到當 α 粒子中心與原子核中心的徑向距離為 $r = 9.23$ fm 的時候，它才短暫地停止。然後它將沿著進來的路徑往後運動(因為金原子核比 α 粒子重非常多，所以我們可以假設金原子核不會移動)。試問當 α 粒子起初在距離非常遙遠(因此在金原子外部)的地方，其動能 K_i 是多少？假設在 α 粒子與金原子核之間的唯一作用力是庫侖力(靜電力)，並將每一個視為單一帶電粒子。

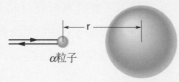

α粒子　　金原子核

圖 24-20　直接往金原子核中心行進的 α 粒子變成短暫停止(在此時其所有動能已經轉換成電位能)，然後沿著原來的路徑往後運動。

關鍵概念

整個過程中，α 粒子-金原子系統的機械能守恆。

推論　當 α 粒子位於金原子的外部，因為原子具有相等的電子數和質子數，使得所產生的淨電場為零，所以系統的初始電位能 U_i 為零。一旦 α 粒子在其前往原子核的路徑上，通過了圍繞著原子核的電子區域，則由電子所產生的電場會變成零。其理由是電子的作用像具有均勻負電荷的密閉圓形球殼，且如 23-6 節所討論，這樣的球殼會在其所包圍的空間中產生零電場強度。此時 α 粒子仍然受原子核內質子所產生電場的作用，這會對 α 粒子內的質子產生排斥力。

當進入的 α 粒子受這個排斥力影響而減緩速度時，其動能會轉移成系統的電位能。當 α 粒子短暫停止且動能 $K_f = 0$ 時，轉換過程即告完成。

計算　機械能守恆原理告訴我們，

$$K_i + U_i = K_f + U_f \tag{24-47}$$

我們知道兩個數值：$U_i = 0$ 及 $K_f = 0$。我們也知道在停止點的位能 U_f，可以利用 24-46 式的右側加以計算，代入的數值是 $q_1 = 2e$，$q_2 = 79e$(其中 e 是基本電荷 1.60×10^{-19} C)，$r = 9.23$ fm。因此，我們可以將 24-47 式重新寫成

$$K_i = \frac{1}{4\pi\varepsilon_0}\frac{(2e)(79e)}{9.23\,\text{fm}}$$

$$= \frac{(8.99\times10^9\,\text{N·m}^2/\text{C}^2)(158)(1.60\times10^{-19}\,\text{C})^2}{9.23\times10^{-15}\,\text{m}}$$

$$= 3.94\times10^{-12}\,\text{J} = 24.6\,\text{MeV} \tag{答}$$

24-8 孤立帶電導體的電位

學習目標

在閱讀完這個區塊的文字之後，讀者應該能夠...

24.32 了解一多餘電荷放置於一絕緣導體(或連接的絕緣導體)上，電荷將會在導體表面自我分配，使得導體上各點變成等電位。

24.33 對於一絕緣的球形導體殼，畫出距離中心、殼內外之電位與電場大小的圖。

24.34 對於一絕緣的球形導體殼，了解內部電場為零，以及如表面一樣有相同電位。且殼外電場與電位的大小，如同殼電荷像粒子般被集中於球心一樣。

24.35 對於一絕緣的柱形導體殼，了解內部電場為零，以及如表面一樣有相同電位。且殼外電場與電位的大小，如同殼電荷像線電荷般的集中於柱中心軸一樣。

關鍵概念

● 在平衡狀態時，置於導體的多餘電荷會全部分佈於導體外表面。

● 整個導體(包含內部點)是一均勻電位。

● 若一孤立導體置於一外部電場，然後在內部的每一點，傳導電子引起的電場會抵消原本要存在於該區域的外部電場。

● 另外，表面上每一點的淨電場垂直於該表面。

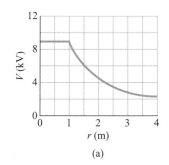

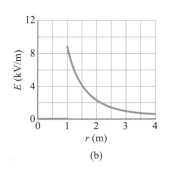

圖 24-21 (a)半徑 1.0 m 之帶電球殼內外 $V(r)$ 之圖形，(b)同一球殼 $E(r)$ 的圖形。

帶電孤立導體的電位

在 23-3 節中，我們得到的結論是在孤立導體中的每一點 $\vec{E}=0$，且利用高斯定律證明了置於孤立導體上的多餘電荷將全部停留在表面上(即使導體內有空洞，此一結論仍成立)。此處我們欲利用孤立導體內部所有點的 $\vec{E}=0$ 來證明：

置於孤立導體上之多餘電荷將自動分佈在導體的外表面上，使得導體的所有點，包括內部及表面之電位皆相同。不管導體內部是否有空洞或者甚至空洞內存有電荷，上述之結論均成立。

我們的證明是直接來自 24-18 式：

$$V_f - V_i = -\int_i^f \vec{E} \cdot d\vec{s}$$

在導體內部所有點 $\vec{E}=0$，因此對導體內所有可能的兩點 i 及 f 而言，$V_f = V_i$。

圖 24-21a 為半徑 1.0 m 之孤立導體球殼，帶有 1.0 μC 之電荷，自球心沿徑向距離 r 之電位圖形。對球殼外之點，我們可用 24-26 式計算 $V(r)$，因為電荷 q 的行為對球殼外之點而言，與電荷集中在球心時一樣。這個公式只適用到球殼表面。現在假設殼上有一小洞，我們將一測試電荷經此小洞推入球殼，到達球心。因為一旦測試電荷進入球殼，便沒有淨電

力作用在測試電荷上，所以不需要額外的功來完成此一過程。因此，球殼內所有點皆與表面上之電位相同，如圖 24-21a 所示。

　　圖 24-21b 為同一球殼沿徑向距離，電場的變化。注意到，在球殼內部各處 $E = 0$。圖 24-21b 之曲線可從圖 24-21a 的曲線，利用 24-40 式對 r 微分而得(記住，對一常數之微分為零)。而圖 24-21a 的曲線也可以利用 24-19 式，將圖 24-21b 的曲線對 r 積分而得。

帶電導體的火花放電

　　在非球形導體上，電荷並非均勻的分佈在導體表面。在尖銳之點或邊緣處，面電荷密度以及正比於面電荷密度的外部電場，都可能達到極高值。在尖端周圍的空氣可能會離子化，而產生電暈放電，高爾夫球員與登山者常在雷雨中的灌木頂端，高爾夫球場或攀岩支柱上看到此種現象。像頭髮端豎起，電暈放電也是雷擊的前兆。在此情形下，躲在導體殼內為明智之舉，因為裡面的電場必為零。汽車(除非是有摺篷或是塑膠製車體)確實是個理想的避難所(見圖 24-22)。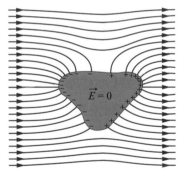

感謝西屋電氣公司

圖 24-22　火花跳至汽車車身然後從左前輪打穿絕緣輪胎而導入地面，車中之人並未受傷。

圖 24-23　不帶電之導體被懸吊於外部電場中。導體中之自由電子分佈在表面上，如圖所示，使得導體內部之電場為零，並使在表面之淨電場垂直於表面。

在外部電場中的孤立導體

　　如果孤立導體置於一外電場中，如圖 24-23 所示，導體上任何點之電位均相同，不論導體上是否有多餘電荷。自由電子會自動分佈在導體表面，會使內部所產生的電場抵消外部電場。此外，電子之分佈將使表面任一點之淨電場垂直於此表面。如果圖 24-23 中的導體可用某一方法移走，只剩下電荷固定在原位，則其內部與外部之電場形態將完全不變。

重點回顧

電位　帶電體之電場中，在 P 點的電位 V 爲

$$V = \frac{-W_\infty}{q_0} = \frac{U}{q_0} \tag{24-2}$$

其中 W_∞ 是電力將正測試電荷從無限遠處帶到 P 點所作的功，且 U 是存於測試粒子-物體系統中的電位能。

電位能　若電荷 q 的粒子被放置於帶電體電位爲 V 之處，則粒子-物體系統的電位能 U 爲

$$U = qV \tag{24-3}$$

若此粒子移經電位差 ΔV，則電位能改變量爲

$$\Delta U = q\Delta V = q(V_f - V_i) \tag{24-4}$$

力學能　若一粒子在無外力作用的情況下，移經電位差 ΔV，則運用力學能守恆得到的動能改變量爲

$$\Delta K = -q\Delta V \tag{24-9}$$

相反的，若有一外力作用於此粒子上，作功 W_{app}，則動能改變量爲

$$\Delta K = -q\Delta V + W_{app} \tag{24-11}$$

在 $\Delta K = 0$ 的特殊例子中，外力的功只影響粒子移經電位差的運動：

$$W_{app} = q\Delta V \quad (對於 K_i = K_f 而言) \tag{24-12}$$

等位面　在**等位面**上各點的電位均相等。電荷自某個等位面移動到另一個等位面所做的功，與初始點和終點在等位面上的位置，以及連接此二點之間的路徑無關。電場 $\vec{E}$ 的方向永遠垂直於相對應的等位面。

由 $\vec{E}$ 求得 V　任兩點 i 及 f 間的電位差爲：

$$V_f - V_i = \int_i^f \vec{E} \cdot d\vec{s} \tag{24-18}$$

其中積分過程是沿連接這兩點之間的某一路徑來進行。若沿著任意特定的路徑積分困難，我們可以選擇積分較容易的不同路徑。如果我們選定 $V_i = 0$，則在一個特定點的電位：

$$V = \int_i^f \vec{E} \cdot d\vec{s} \tag{24-19}$$

在大小之均勻場 E 的特殊例子中，兩鄰近(平行)且相隔 Δx 的等電位線之間的電位變化量爲

$$\Delta V = -E\Delta x \tag{24-21}$$

帶電粒子產生之電位　距單一帶電粒子 r 處之電位爲：

$$V = \frac{1}{4\pi\varepsilon_0}\frac{q}{r} \tag{24-26}$$

其中 V 與 q 有相同符號。一群帶電粒子產生之電位爲：

$$V = \sum_{i=1}^n V_i = \frac{1}{4\pi\varepsilon_0}\sum_{i=1}^n \frac{q_i}{r_i} \tag{24-27}$$

電偶極產生的電位　電偶極矩爲 $p = qd$ 之電偶極在距其 r 處所建立之電位爲：

$$V = \frac{1}{4\pi\varepsilon_0}\frac{p\cos\theta}{r^2} \tag{24-30}$$

其中 $r \gg d$；θ 角定義在圖 24-10 中。

連續電荷分佈產生的電位　對連續分佈之電荷，24-27 式變成：

$$V = \frac{1}{4\pi\varepsilon_0}\int\frac{dq}{r} \tag{24-32}$$

此式之計算必須沿整個電荷分佈進行積分。

從 V 求得 $\vec{E}$　在任一方向之 $\vec{E}$ 分量，是沿著此方向的電位隨距離而產生的變化率，再取其負值：

$$E_s = -\frac{\partial V}{\partial s} \tag{24-40}$$

$\vec{E}$ 的 x、y 與 z 分量可用下式計算：

$$E_x = -\frac{\partial V}{\partial x} \quad E_y = -\frac{\partial V}{\partial y} \quad E_z = -\frac{\partial V}{\partial z} \tag{24-41}$$

當 $\vec{E}$ 爲均勻時，24-40 式化簡爲

$$E = -\frac{\Delta V}{\Delta s} \tag{24-42}$$

其中 s 垂直於等位面。電場在平行等位面的方向爲零。

帶電粒子系統的電位能　帶電粒子系統之電位能等於將各電荷自無窮遠處移到目標位置而形成此電荷系統，在此過程中所需要做的功。對兩個相距 r 之電荷而言：

$$U = W = \frac{1}{4\pi\varepsilon_0}\frac{q_1 q_2}{r} \tag{24-46}$$

帶電導體的電位　達到平衡狀態之後，存在於導體上之多餘電荷將完全位於導體的外表面。電荷的分佈會使導體內部與表面各點均爲同一電位。(1)整個導體包括內部的點，都在同一個電位下。(2)在每個內部的點，由於電荷抵銷了外部電場，否則會一直存在。(3)淨電場在表面上各點都與表面垂直。

討論題

1　在電位井中的電子。圖 24-24 顯示了沿著 x 軸的電位 V。垂直軸的尺度設定爲 $V_s = 8.0$ V。有一個電子要由 $x = 4.5$ cm 處以初始動能 3.00 eV 予以釋放。(a)如果起初它是沿著 x 軸負方向移動，請問它會抵達折返點(如果是這樣，則該點的 x 座標爲何)，或者它將從圖中所示區域逃脫(如果是這樣，則它在 $x = 0$ 處的速率是多少)？(b)如果起初它是沿著 x 軸負方向移動，請問它會抵達折返點(如果是這樣，則該點的 x 座標爲何)，或者它將從圖中所示區域逃脫(如果是這樣，則它在 $x = 7.0$ 處的速率是多少)？當質子移動到 $x = 4.0$ cm 的左側，但是極爲靠近這個位置的時候，請問作用於質子上的電力的(c)大小 F 和(d)方向(在 x 軸正方向或負方向)各爲何？當電子移動到 $x = 5.0$ cm 的右側，但是極爲靠近這個位置的時候，請問作用於電子上的電力：(e) F 和(f)方向各爲何？

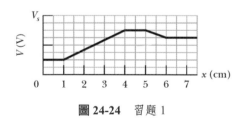

圖 24-24　習題 1

2　某一個半徑 3.0 cm 的實心導電球體具有電荷 30 nC，而且此電荷均勻分佈在此球體的表面上。令 A 是與球體中心相距 1.0 cm 的一點，S 是在球體表面上的一點，而且 B 是與球體中心相距 5.0 cm 的一點。求電位差：(a) $V_S - V_B$ 和(b) $V_A - V_B$。

3　半徑 0.85 cm 且有均勻分佈電荷 3.3×10^{-15} C 的球體，在其表面上有一個起初呈靜止的電子，試問此電子的逃離速率(escape speed)爲何？換言之，爲了使電子抵達與球體相距無限遠的地方，而且抵達以後其動能爲零，則其初始速率必須是多少？

4　如果圖 24-25 中的 $q = 5.16$ pC，$a = 45.0$ cm，而且這些粒子起初彼此分隔的距離是無限遠並且處於靜止狀態，請問要建立圖 24-25 的電荷配置，需要做多少功？

圖 24-25　習題 4

5　電荷分別爲 $q_1 = +10\ \mu$C，$q_2 = -20\ \mu$C，$q_3 = +30\ \mu$C 的三個粒子，被放置在如圖 24-26 所示的等腰三角形的頂點上。若 $a = 10$ cm 且 $b = 6.0$ cm，外界必須做多少功，才能交換(a) q_1 和 q_3，(b) q_1 和 q_2 的位置？

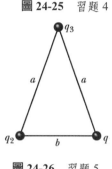

圖 24-26　習題 5

6　圖 24-27 所顯示的環具有外半徑 $R = 13.0$ cm，內半徑 $r = 0.200R$，以及均勻面電荷密度 $\sigma = 6.20$ pC/m^2。令在無限遠處 $V = 0$，試求在環的中心軸上點 P 的電位，其中點 P 與環的中心點相距 $z = 2.00R$。

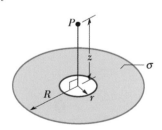

圖 24-27　習題 6

7　(a)在某一個細圓環(具有電荷 q 和半徑 R)的中心軸上，有一個點與圓環的距離是 z，請利用 24-32 式，證明在該點上的電位是：

$$V = \frac{1}{4\pi\varepsilon_0} = \frac{q}{\sqrt{z^2 + R^2}}$$

(b)利用這個結果，推導在圓環的軸上各點的電場大小 E 的表示式；將自己的推導結果與 22-4 節所計算得到的 E 互相比較。

8 帶正電荷 Q 的粒子固定在點 P。另一質量 m、帶負電荷 $-q$ 的粒子，以固定速率在半徑 r_1 的圓上移動，圓心在 P。如果要將第二個粒子的圓週運動半徑增加到 r_2，請推導外界必須做的功 W 的數學表示式。

9 電荷 q 均勻分佈在半徑為 R 的球體的整個體積內。令在無限遠處 $V = 0$。請問(a)在徑向距離 $r < R$ 的位置上，其 V 是多少，(b) $r = R$ 在處的各點和 $r = 0$ 的點之間的電位差是多少？

10 兩個位於 xy 平面上的帶電粒子：其電荷量和座標值為 $q_1 = +3.00 \times 10^{-16}$ C，$x = +3.50$ cm，$y = +0.500$ cm 及 $q_2 = -4.00 \times 10^{-6}$ C，$x = -2.00$ cm，$y = +1.50$ cm。請問將這些電荷從無限遠的地方擺放到它們的指定位置，必須做多少功？

11 當一個正電子(電荷量 $+e$，而且質量等於電子質量)在 $x = 0$ 處碰到方向和 x 軸平行的電場時，它正在以速率 5.0×10^6 m/s 移動，運動方向是 x 的正方向。

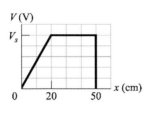

圖 24-28 習題 11

與該電場相關的電位 V 顯示於圖 24-28。垂直軸的尺度設定為 $V_s = 600.0$ V。(a)試問正電子會在 $x = 0$ 處(這代表其運動方向已經反轉)或在 $x = 0.50$ m 處(這代表其運動方向沒有反轉)離開此電場區域？(b)請問它離開此電場區域時的速率為何？

12 在圖 24-29 中，電荷量 $q_1 = +5e$ 和 $q_2 = -15e$ 的兩個粒子固定於適當位置，兩者距離是 $d = 32.0$ cm。假設無限遠處

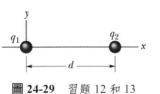

圖 24-29 習題 12 和 13

$V = 0$，在(a)正 x 軸上和(b)負 x 軸上的什麼位置，其淨電位將為零？

13 電荷量 q_1 和 q_2 的兩個粒子彼此分隔的距離是 d，如圖 24-29 所示。在 $x = d/5$ 處由粒子產生之靜電場為 0。設無限遠處 $V = 0$，請找出(以 d 表示之)在 x 軸上(除了無限遠處)由兩個粒子所引起的電位等於零的任何點。

14 (a)圖 24-30a 顯示了一根長度 $L = 6.00$ cm 的無導電性桿子，其具有均勻線電荷密度 $\lambda = +9.54$ pC/m。將無限遠處設定成 $V = 0$。沿著桿子的垂直平分線並且與桿子相距 $d = 8.00$ cm 的點 P 處，其 V 是多少？(b)圖 24-30b 顯示了另一根完全相同的桿子，不過這一根桿子有一半帶著負電。兩個半邊的線電荷密度的大小都是 3.68 pC/m。假設在無限遠處的 $V = 0$，試問在點 P 的 V 是多少？

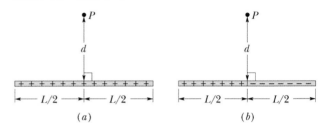

圖 24-30 習題 14

15 在某次雷雨中，雲層與地面間的電位差為 2.0×10^9 V。以電子伏特為單位，經由雲層到地面的電子電位能變化若干？

16 某半徑 8.50 cm 的導電球體之電位 20.0 V，求其表面上的(a)電荷和(b)電荷密度(在無限遠處 $V = 0$)。

17 某一個無限大無導電性薄片具有面電荷密度 $\sigma = +3.84$ pC/m^2。(a)如果將一個電荷量 $q = +1.60 \times 10^{-19}$ C 的粒子從薄片移動到與薄片相距 $d = 1.73$ mm 的 P 點，試問由薄片產生的電場做了多少功？(b)如果將薄片上的電位 V 定義為零，請問在 P 點的 V 是多少？

18 在基本粒子的夸克模型中，質子是由三個夸克組成：兩個「向上」的夸克和一個「向下」的夸克，向上的夸克都具有電荷 $+2e/3$，向下夸克具有電荷 $-e/3$。假設三個夸克彼此之間是等距離的。令該間隔距離是 1.32×10^{-15} m，如果(a)只有考慮兩個向上夸克，和(b)考慮所有三個夸克，則試計算系統的電位能。

19 考慮一個粒子帶有電荷 $q = 1.50 \times 10^{-8}$ C，並且令無限遠處 $V = 0$。(a)試問由 q 單獨造成、具有 30.0 V 電位的等電位面，其外型與尺寸為何？(b)其電位相差固定數量(譬如說 1.0 V)的等電位面，是否具有相等的間隔？

20　兩個帶有電荷、互相平行而且平坦的導電表面，彼此相隔 $d = 1.00$ cm，並且在它們之間產生了電位差 $\Delta V = 625$ V。某一個電子從一個表面筆直投射向另一個表面。如果此電子在抵達另一個表面的瞬間恰好停止，請問此電子的初始速率為何？

21　某一實心銅質球體的半徑是 1.0 cm，其具有非常薄的鎳表面塗層。有些鎳原子是具有放射性的，當這種鎳原子在蛻變時，每一個原子會放射出一個電子。這些電子有一半會進入銅球體內，每一個這種電子會在銅球體內留下 100 keV 能量。另一半電子會逃離球體，每一個電子帶走電荷 $-e$。鎳塗層具有的放射性是每秒 3.70×10^8 個放射性蛻變。球體懸吊在一條不會導電的長繩上，並且與其周圍處於隔離狀態。試問球體的電位增加 1000 V，將花費多少時間？電子遺留在球體的能量導致球體溫度增加 5.0 K 的過程，試問需要多久的時間？球體的熱容量是 14 J/K。

22　巧克力碎屑的秘密。這個敘述情節是從第 23 章習題 22 開始。試利用該習題(a)小題的答案，求出電位的數學表示式，並且將它表示成管路中心的徑向距離的函數(在被接地的管壁上，其電位為零)。對於典型的體積電荷密度 $\rho = -1.1 \times 10^{-3}$ C/m 而言，試問在管路中心和管路內壁之間的電位差為何？(第 25 章習題 22 將繼續引用這個情節)。

23　一帶有 22.0 pC 之球形水滴，表面電位為 615 V(令無限遠處 $V = 0$)，則(a)水滴的半徑為何？(b)若載有相同電量之兩顆此種水滴結合成一大球形水滴時，此新水滴之表面電位為何？

24　圖 24-31 顯示由固定於適當位置的帶電粒子形成的矩形陣列，其中距離 $a = 21.0$ cm，且圖中顯示各電荷是 $q_1 = 3.40$ pC 和 $q_2 = 7.50$ pC 的整數倍。假設在無限遠處 $V = 0$，求在矩形中央的淨電位(提示：仔細地檢視排列方式可以有效減少運算)。

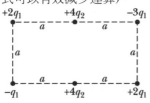

圖 24-31　習題 24

25　在某一個空間區域中的電場具有分量 $E_y = E_z = 0$ 及 $E_x = (2.25$ N/C$) x$。點 A 位於 y 軸上，其座標是 $y = 3.00$ m，且點 B 位於 x 軸上，其座標是 $x = 3.50$ m。試問電位差 $V_B - V_A$ 是多少？

26　在圖 24-32 中，一個具有電荷 $q = 5.00$ μC 且半徑 $r = 3.00$ cm 的金屬球，與另一個具有電荷 $Q = 15.0$ μC 且半徑 $R = 6.00$ cm 的較大金屬球同心，則(a)此兩球體間的電位差是多少？如果我們用電線連接球體，那麼(b)較小的球體和(c)較大的球體上所具有的電荷量是多少？

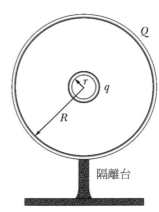

圖 24-32　習題 26

27　某一個 α 粒子(有兩個質子)被筆直送向靶核，此靶核具有 92 個質子。α 粒子的初始動能是 0.48 pJ。假設靶核並不會移動，請問 α 粒子和靶核之間最小的中心對中心距離是多少？

28　某電偶極具有電荷 e，電荷分隔距離 $d = 20$ pm，並且固定在特定位置，我們將一個電子由電偶極軸從靜止狀態予以釋放。釋放的位置是在電偶極的正側，與電偶極中心點相距 7.0d。請問當電子抵達與電偶極中心點相距 5.0d 的位置時，電子的速率是多少？

29　請從 24-30 式出發，推導出在偶極軸上的一點上由電偶極所引起的電場數學式。

30　在密立根油滴實驗中(第 22-6 節)，兩個相隔距離 1.50 cm 的平板之間的區域，維持著均勻電場 1.92×10^5 N/C。試求兩個平板之間的電位差。

31　圖 24-33 中，點 P 與粒子 1($q_1 = -2e$)相距 $d_1 = 4.00$ m，與粒子 2($q_2 = +2e$)相距 $d_2 = 2.00$ m，而且兩個粒子都固定在特定位置。假設在

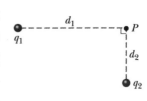

圖 24-33　習題 31

無限遠處的 $V = 0$，試問在點 P 的 V 是多少？如果我們將電荷量 $q_3 = +2e$ 的粒子從無限遠處帶到 P，試問：(b)我們做了多少功，及(c)此三粒子系統的位能為何？

32 在 xy 平面上的電位分佈為 $V = (4.5 \text{ V/m}^2) x^2 - (7.0 \text{ V/m}^2) y^2$。問在點(3.0 m , 2.0 m)處的電場之大小及方向為何？

33 圖 24-34 顯示長度 $L = 20.0$ cm 且帶有均勻正電荷 $Q = 33.2$ fC 的塑膠細桿，此細桿位於 x 軸上。假設在無限遠處的 $V = 0$，試求在 x 軸上的點 P_1 處的電位，其中點 P_1 與桿子的一個端點相距 $d = 2.50$ cm。

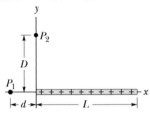

圖 24-34 習題 33、34 和 51

34 在圖 24-34 中，長度 $L = 8.50$ cm 的塑膠細桿具有非均勻線電荷密度 $\lambda = cx$，其中 $c = 32.6$ pC/m^2。(a)假設在無限遠處的 $V = 0$，試求在 y 軸上的點 P_2 處的電位，其中點 P_2 的座標 $y = D = 3.56$ cm。(b)求出在點 P_2 的電場分量 E_y。(c)為什麼在點 P_2 的電場分量 E_x 不能利用(a)小題的結果求得？

35 三個 $+0.12$ C 電荷形成邊長 1.7 m 的等邊三角形。如果我們以 0.83 kW 的速率使用能量，那麼要將其中一個電荷移置到連接另外兩個電荷的線段中點，需要花費多少天的時間？

36 一厚球殼帶電量為 Q，其均勻體電荷密度 ρ 限制於 r_1 及 $r_2 > r_1$。令無限遠處 $V = 0$，請針對：(a) $r > r_2$，(b) $r_2 > r > r_1$，(c) $r < r_1$ 等區域，求出電位 V，並且將它表示成與電荷分佈中心點的距離 r 的函數。這些解答在 $r = r_2$ 和 $r = r_1$ 處會彼此一致嗎？(提示：參看第 23-6 節。)

37 圖 24-35 中，一帶均勻電荷 $Q = -39.4$ pC 之塑膠桿彎曲成一個半徑為 $R = 1.60$ cm，圓心角為 $\phi = 120°$ 之圓弧。若以無限遠處之 $V = 0$，則桿之曲率中心 P 點之電位為何？

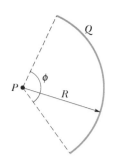

圖 24-35 習題 37

38 如果某個區域內電位可以表示成 $V = 3.00 \, xyz^2$，其中 V 的單位是伏特，x、y 和 z 的單位是公尺，請問在點$(3.00\hat{i} - 5.00\hat{j} + 4.00\hat{k})$ m 的電場大小為何？

39 兩電子起初固定在特定位置，而且其間隔距離是 2.00 μm。如果要將第三個電子從無限遠處帶到其周遭，並且形成等邊三角形，請問我們必須做多少功？

40 某一個長的實心導電圓柱的半徑為 2.0 cm。在圓柱體表面的電場是 160 N/C，其方向向外。令 A，B 和 C 分別是與圓柱中心軸相距 1.0 cm，2.0 cm，5.0 cm 的點。請問(a)在點 C 的電場大小，以及(b) $V_B - V_C$ 和 (c) $V_A - V_B$ 的電位差各為何？

41 圖 24-36 中，將電荷量$+2e$ 的粒子從無限遠處移動到x軸上。請問我們做了多少功？距離 D 為 4.00 m。

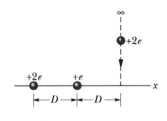

圖 24-36 習題 41

42 在圖 24-37 中，點 P 是位於矩形中心。在無限遠處 $V = 0$，$q_1 = 5.00$ fC，$q_2 = 2.00$ fC，$q_3 = 3.00$ fC，而且 $d = 2.54$ cm，試問在點 P 處由六個帶電粒子所引起的淨電位是多少？

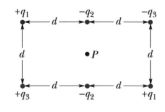

圖 24-37 習題 42

43 $E = A/r^4$ 爲電場的大小 E 與徑向距離 r 的關係式，常數 A 單位是伏特-立方公尺。求 $r = 2.00$ m 和 $r = 3.00$ m 間的電位差大小爲何，並表示成 A 的倍數。

44 兩個電荷量都是 50.0 μC 的完全相同粒子固定在 x 軸上的 $x = \pm3.00$ m。然後將電荷量 $q = -15.0$ μC 的粒子從 y 軸的正值區域釋放，而且此粒子起初是靜止的。由於這個情況的對稱性，此粒子沿著 y 軸移動，而且在它通過點 $x = 0$，$y = 4.00$ m 的時候，具有動能 1.60 J。(a)試問當此粒子通過原點的時候，其動能爲何？(b)此粒子在座標爲負值的時候，將短暫停止運動，請問此 y 座標值爲何？

45 兩金屬球之半徑皆爲 3.0 cm，中心至中心之距離爲 2.0 m。一球帶電荷$+2.0 \times 10^{-8}$ C，另一球-3.0×10^{-8} C。假設兩球相距足夠遠，球上之電荷可視爲均勻分佈(兩球並未感應對方，影響到電荷分佈狀態)。若以無限遠處爲 $V = 0$，計算(a)兩球之間中點位置處之電位，以及(b)球 1(c)球 2 表面之電位。

46 在圖 24-38 中，一個帶電粒子(不是電子就是質子)在兩個平行帶電板之間往右移動，兩個平行板之間的距離是 $d = 2.00$ mm。平板電位分別是 $V_1 = -70.0$ V 和 $V_2 = -50.0$ V。粒子從位於左側平板的初始速率 120 km/s 減緩下來。(a)請問此粒子是電子或質子？(b)此粒子剛抵達平板 2 時的速率爲何？

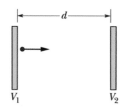

圖 24-38　習題 46

47 某一個細圓環上具有均勻分佈的電荷$+16.0$ μC，此圓環位於 xy 平面中，而且其中心點即爲原點。圓環半徑是 3.00 cm。如果點 A 是在原點，而且點 B 是在 z 軸上 $z = 4.00$ cm 的位置，試問 $V_B - V_A$ 爲何？

48 兩位置固定的電荷 $q = +2.0$ μC 相隔 $d = 2.0$ cm (圖 24-39)。(a)令無限遠處 $V = 0$，試問在點 C 的電位是多少？(b)我們將第三個電荷 $q = +2.0$ μC 從無限遠處帶到點 C。請問我們必須做多少功？當第三個電荷放置在應該擺放的位置時，此三電荷組態的位能 U 爲何？

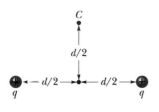

圖 24-39　習題 48

49 圖 24-40 顯示了某一根具有均勻電荷密度 4.15 μC/m 的細桿。如果 $d = D = L/5.00$，請計算在點 P 的電位。假設在無窮遠處的電位爲 0。

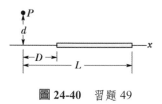

圖 24-40　習題 49

50 兩平行導體板相距 8.0 cm，在其相對面上有相等但極性相反之電荷。在平板間任何地方的電子受到 1.2×10^{-15} N 的靜電力(忽略邊緣效應)。(a)計算電子所在位置的電場。(b)二平板間的電位差爲何？

51 圖 24-34 所顯示的塑膠細桿具有長度 $L = 20.0$ cm 以及均勻線電荷密度 $\lambda = cx$，其中 $c = 18.9$ pC/m^2。假設在無限遠處的 $V = 0$，試求在 x 軸上的點 P_1 處的電位，其中點 P_1 與桿子的一個端點相距 $d = 3.00$ cm。

52 將一空心金屬球充電，直到它對地(定義爲 $V = 0$ 處)的電位爲$+230$ V，並帶有 5.0×10^{-9} C 的電量。求球心處之電位。

53 如果有一個受到隔離、半徑爲 10 cm 的導電球體具有淨電荷 4.0 μC，而且如果在無限遠處 $V = 0$，試問在球體表面上的電位是多少？假設當電場超過 3.0 MV/m 的時候，球體附近的空氣將產生電性崩潰的情形，請問球體的上述各項條件實際上會存在嗎？

54 (a)若地球具有淨面電荷密度 1.0 electron/m^2(很不自然的假設)，請問其電位是多少？(以無限遠處爲 $V = 0$)在地球表面外部但是極接近表面處，由地球所引起的電場(b)大小和(c)方向(徑向往內或往外)爲何？

55 圖24-41顯示了半徑 $R = 8.50$ cm而且無法導電的三個圓弧。在圓弧上的電荷分別是 $q_1 = 4.52$ pC，$q_2 = -2.00q_1$，$q_3 = +3.00q_1$。令在無限遠處 $V = 0$，請問在三個圓弧的共同曲率中心處，其淨電位是多少？

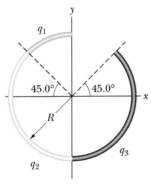

圖 24-41 習題 55

56 在地球表面附近通常可以觀察到大約為 100 V/m 的電場。如果這是整個地球表面上的電場，請問在表面上的一點，其電位為何？(以無限遠處為 $V = 0$。)

57 圖24-42 顯示了具有 4.00 μC 電荷的半球體，這些電荷是均勻分佈在其體積中。半球體放置在 xy 平面上，其放置方式就像一半葡萄柚的平面部分會往下正對桌面一樣。點 P 位於 xy 平面上，而且是在從半球體曲率中心射出的徑向直線上，其徑向距離是 15 cm。試問在點 P 處，由半球體所引起的電位是多少？

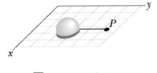

圖 24-42 習題 57

58 某一個半徑 4.00 cm 的高斯球體，以半徑 1.00 cm 而且具有均勻電荷分佈的小球為中心。通過高斯球體表面的總(淨)電通量是 $+5.60 \times 10^4$ N·m²/C。試問與小球中心相距 12.0 cm 處的電位是多少？

59 在圖 24-43 中，兩個電荷量 $q_1 = +6e$ 和 $q_2 = -q_1/2$ 的粒子固定於適當位置，另一個電荷量 $Q = +12e$ 的粒子起初位於無限遠處並且處於靜止狀態，如果我們要將該位於無限遠處的粒子沿著虛線帶到圖中指定的位置，請問我們將需要做多少功？距離 $d = 1.40$ cm，$\theta_1 = 43°$，$\theta_2 = 60°$。

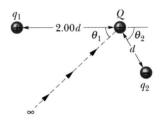

圖 24-43 習題 59

60 有一個電荷量 1.50×10^{-8} C 的電荷，放置在半徑 16.0 cm 的隔離金屬球上。令無限遠處的電位 $V = 0$，請問在球體表面的點上，其電位是多少？

61 在圖 24-44 中，帶有電荷 q_1 和 q_2 的兩個粒子固定在 x 軸上。如果具有電荷 +6.0 μC 的第三個粒子從無限遠處被帶到點 P 的位置，則此三粒子系統和原先的二粒子系統具有相同電位能。試問電荷比值 q_1/q_2 是多少？

圖 24-44 習題 61

CHAPTER 25

電容

25-1 電容

學習目標

在閱讀完這個區塊的文字之後,讀者應該能夠...

25.01 描繪一包含平行板電容器、電池、以及開關轉換器之電路的概要圖表。

25.02 對一附有電池、開關開啓以及未充電電容器的電路,解釋當關掉開關時傳導電子會發生何事。

25.03 對於電容器,應用兩板其一上的電荷大小 q("電容器上的電荷")、兩板間的電位差 V("跨電容器的電位"),以及電容器的電容 C 之間的關係。

關鍵概念

● 由帶有$+q$與$-q$之兩隔離導體(平板)所組成的電容器,其電容C定義爲:

$$q = CV$$

其中V是兩板之間的電位差。

● 當一附有電池、開關開啓、以及未充電電容器的電路,在關掉開關時,傳導電子外移,讓電容器板剩下相異符號的電荷。

物理學是什麼?

物理學的目標之一爲工程師設計的實際裝置提供基本的科學原理。這一章討論的焦點是一個非常普通的例子——電容器;它是一種可以儲存電能的裝置。舉例來說,照相機中的電池對電容器充電,而將能量儲存在閃光燈中。電池只能以中等的速率供應能量,對於要讓閃光燈放出閃光而言過於緩慢。然而一旦將電容器充電,當閃光燈觸發時,它就能以大很多的速率供應能量——此能量足以讓閃光燈發出明亮的光線。

電容器的物理學可以推廣到其他裝置,以及與電場有關的任何情形。舉例來說,氣象學者將地球的大氣電場模擬成由巨型球形電容器所產生,且此電容器的電能是經由閃電作來部分放電得來。滑雪者沿著雪堆向前滑行時所聚集的電荷可以模擬成是正在儲存於電容器中,且此電容器時常以火花的形式來放電(我們可以在夜間滑雪者滑行於乾雪上時看到火花)。

我們討論電容器的第一步是決定電容器可以儲存多少電荷。此「多少」稱爲電容(capacitance)。

電容

圖 25-1 電容器有各種不同的大小與形狀。圖 25-2 任意電容的基本元素——兩塊任意形狀的隔離導體。不論其形狀是否平坦,我們通稱爲導體極板。

保羅·西爾弗曼/Fundamental Photographs

圖 25-1 電容的種類

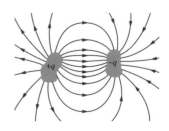

圖 25-2 兩個彼此絕緣且也與周圍環境絕緣的導體,會形成電容器。當電容器充電後,兩個導體,或稱之爲極板,各帶有異號而等量 q 之電荷。

圖 25-3 (a)平行板電容器，由兩塊面積為 A，相距為 d 的金屬板組成。在它們相對的表面上，帶有等量但異號的電荷 q。(b)如場線所示，在面板間的中央區域內由帶電平板產生的電場為均勻電場。在邊緣處的場線則並不均勻，圖中顯示邊緣處的場線呈現「邊緣效應」。

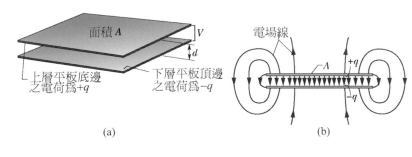

(a)

(b)

圖 25-3a 為一個平行板電容器，它是一種較不普遍但傳統的排列方式，它是由兩塊面積均為 A，相隔距離為 d 的平行導體平板所組成。電容器的符號為 ─||─，此符號是來自於平行板電容器的結構，但是仍然適用於任何形狀的電容器。暫時先假設在兩塊平板之間沒有任何介質材料(如玻璃或塑膠)存在。在 25-5 節中，我們會將這項限制去掉。

當電容器充電後，兩極板會帶有大小相同，但符號相反的電量：$+q$ 與 $-q$。因而我們稱此電容器的帶電量為 q，這是單一極板上的電量之絕對值(注意電容器之淨電荷為零，並不是 q)。

由於極板是導體，所以是一等位面；極板上所有點的電位均等。此外，在兩極板間會產生一電位差。由於歷史上的原因，我們以 V 來表示此電位差的絕對值，而不是用先前的記號 ΔV。

電容器所充電荷 q 與電位差 V 彼此成正比，即

$$q = CV \tag{25-1}$$

式子中的 C 為比例常數，稱為電容器之**電容**(capacitance)。其值只和極板的幾何形狀有關，而與其電荷或電位差無關。電容是在極板之間產生某電位差所必須加入的電荷數量之度量：電容越大，所需的電荷越多。

由 25-1 式可得到電容之 SI 單位為每伏特庫侖。因為這個單位經常使用，因此特別稱為法拉(簡寫為 F)：

$$1 \text{ 法拉} = 1 \text{ F} = 1 \text{ 每伏特庫侖} = 1 \text{ C/V} \tag{25-2}$$

我們將發現法拉事實上是一個很大的單位。因此，一法拉的一部分，例如微法拉(1 微法拉$=10^{-6}$ F)及 pF(1 pF $=10^{-12}$ F)將是更實用的單位。

對電容器充電

將電容器透過電路與電池相連接，是對電容器充電的方式之一。電路乃是電流能流通的路徑。電池是在輸入、出端之間(電荷流入或流出點)維持某一電位差的裝置，此種功用是由其內部電化學反應所造成，使產生的電力可推動內部電荷。

圖 25-4a 中，電池 B、開關 S、未充電電容器 C 與電線連接成一電路。圖 25-4b 的電路圖可用來表示上述的電路連接，其中使用了相關符號來代表這些裝置。電池兩端點間的電位差維持為 V。電位較高的端點標示為+，通常稱為正極，電位較低的端點則標示為−，通常稱為負極。

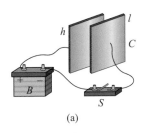

(a)

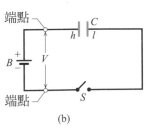

(b)

圖 25-4 電池 B、開關 S，及電容器 C 的極板 h、l 連接在一電路上。以電路元件之符號所繪成的線路圖。

　　圖 25-4a 及 b 所示之電路並未形成迴路，因為開關 S 是打開的；意即，開關上的導線並未連接起來。當開關閉合時，導線連接起來，即形成一完整電路，電荷便可流過開關及導線。如同我們在第 21 章所討論的，可以流過導體(如導線)之電荷為電子。當圖 25-4 的電路形成迴路後，電子便藉由電池在導線上建立的電場驅動，而通過導線。此電場驅使電子由電容器的極板 h 移到電池的正極；因此極板 h 便失去電子而帶正電。電場也驅使同樣數量的電子由電池的負極移到電容器的極板 l；因此極板 l 便獲得電子而帶負電，恰與面板 h 所帶正電等量。

　　最初未充電的平板之間的電位差為零。當兩平板帶有相反電荷，電位差會一直增加，直到等於電池兩極間的電位差 V 為止。那麼，平板 h 及電池的正極電位相同，其間的導線便無電場存在。同樣的，平板 l 及電池的負極達到相同電位，其間的導線便沒有電場。因為電場為零，電子便沒有驅動力。此時電容器被完全充電，帶有電位差 V 及電荷 q，其關係如 25-1 式所示。

　　在本書中，我們假設在電容的充電期間及充電後，電荷不會經由兩板間的間隙到達另外一方。我們也假設，除非將電容器置入電路中使其放電，否則電容器可無限制地儲存電荷。

測試站 1

當(a)電容器上的電荷 q 增為兩倍及(b)當其電位差 V 增加三倍時，此電容器的電容 C 會增加、減少或不變？

25-2　電容之計算

學習目標

在閱讀完這個區塊的文字之後，讀者應該能夠...

25.04 解釋如何使用高斯定律來找到平行板電容器的電容。

25.05 對於平行板電容器、柱狀電容器、球形電容器、以及孤立球體，計算其電容。

關鍵概念

● 透過 (1) 假設電荷 q 已經放在平板上，(2) 找到電荷引起的電場，(3) 計算板間的電位差，(4) 從 $q = CV$ 計算 C，來逐步計算特殊電容器組成的電容。這些結果如下：

● 平板面積 A 且板間距 d 的平行板電容器，其電容為

$$C = \frac{\varepsilon_0 A}{d}$$

● 柱長 L 且兩半徑為 a 與 b 的柱狀電容器(兩同軸圓柱)，其電容為

$$C = 2\pi\varepsilon_0 \frac{L}{\ln(\frac{b}{a})}$$

● 兩半徑a與b之同心球板的電容器，其電容為

$$C = 4\pi\varepsilon_0 \frac{ab}{b-a}$$

● 半徑為 R 之孤立球體，其電容為

$$C = 4\pi\varepsilon_0 R$$

電容之計算

我們的目標是一旦知道電容器的幾何形狀後，便能計算出其電容。因為我們將要考慮各種不同的幾何形狀，因此先行設計一個計算方法，是較為明智的做法。簡單地說，此方法就是：(1)假設極板上之電荷為 q；(2)利用高斯定律，計算極板間的電場 $\vec{E}$，並以此電荷表示；(3)得到 $\vec{E}$ 以後，利用 24-18 式，計算兩極板之間的電位差 V；(4)利用 25-1 式求出 C。

在開始之前，我們還可以透過一些假設來簡化電場及電位之計算。下面將逐一討論。

電場之計算

為了將電容器極板間的電場 $\vec{E}$ 與極板上電荷 q 關聯起來，我們使用高斯定律：

$$\varepsilon_0 \oint \vec{E} \cdot d\vec{A} = q \tag{25-3}$$

其中 q 為高斯面包圍住的電荷，而 $\oint \vec{E} \cdot d\vec{A}$ 是通過此面的淨電通量。在所有我們將考慮的情況中，電通量穿過高斯面時，可將之大小 E 視為定值，而且 $\vec{E}$ 之方向與 $d\vec{A}$ 互相平行。因此 25-3 式可簡化為

$$q = \varepsilon_0 E A \quad \text{(25-3 式的特例)} \tag{25-4}$$

其中 A 是高斯面上有電通量穿過之面積。為方便起見，我們畫出的高斯面都會完全包圍住正極板上的所有電荷，如圖 25-5 所示。

電位差之計算

若以第 24 章記號來表示 24-18 式，電容器兩極板間之電位差與電場 $\vec{E}$ 之關係為

$$V_f - V_i = -\int_i^f \vec{E} \cdot d\vec{s} \tag{25-5}$$

式中的積分係沿著任何一條起於某一極板，而以另一極板為終點的路徑來計算。我們始終選擇沿著某一條起始於負電極板，終止於正電極板的電場線做為積分路徑。如此一來，向量 $\vec{E}$ 與 $d\vec{s}$ 將呈反向，所以上式中的內積 $\vec{E}$ 會等於 $-Eds$。因此 25-5 式的右邊是正的。令 V 代表差距 $V_f - V_i$，我們可將 25-5 式重新寫成

$$V = \int_-^+ E\,ds \quad \text{(25-5 式的特例)} \tag{25-6}$$

式子中的 – 及 + 號提醒我們積分路徑起始於負電極板，終止於正電極板。

我們現在準備應用 25-4 式及 25-6 式於一些特別的情形。

平行板電容器

如圖 25-5 所示，假設兩塊面板足夠大，而且距離足夠小，因此可以把電場在面板邊緣處之邊際效應予以忽略，並將兩面板間的視為定值。

考慮僅包含正電面板上所有 q 之高斯面，如圖 25-5 所示。則由 25-4 式可得到

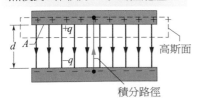

使用高斯定律建立 q 及 E 之關係。然後對 E 作積分，求出位能差

圖 25-5 帶電的平行板電容器。有一高斯面包含所有正電板上的電荷。25-6 式的積分路徑是由負電板直接到正電板。

$$q = \varepsilon_0 EA \qquad\qquad (25\text{-}7)$$

式子中，A 是此極板的面積。

由 25-6 式可得

$$V = \int_-^+ E\,ds = E\int_0^d ds = Ed \qquad\qquad (25\text{-}8)$$

在 25-8 式中，因 E 爲定值，所以能移到積分符號外，因此第二個積分只不過是兩極板之間的距離 d。

如果把 25-7 式的 q 及 25-8 式的 V 代入 $q = CV$ (25-1 式)，可得

$$C = \frac{\varepsilon_0 A}{d} \quad \text{(平行板電容器)} \qquad\qquad (25\text{-}9)$$

由此可知電容量僅與電容器之幾何性質有關——即與極板面積 A、兩極板間之距離 d 有關。注意，當我們增加面積 A 或減少距離 d 時，C 便會增加。

另外，我們要做個補充說明，25-9 式提示了爲什麼在庫侖定律中要把靜電常數寫成 $1/4\pi\varepsilon_0$。假如不這樣的話，25-9 式的形式將變得比較複雜。此外，在有關於電容器的問題中，介電常數的單位可以利用 25-9 式更適當地表示成

$$\varepsilon_0 = 8.85\times10^{-12}\ \text{F/m} = 8.85\ \text{pF/m} \qquad\qquad (25\text{-}10)$$

在前面，我們已經把這常數寫成

$$\varepsilon_0 = 8.85\times10^{-12}\ \text{C}^2/\text{N}\cdot\text{m}^2 \qquad\qquad (25\text{-}11)$$

圓柱電容器

圖 25-6 所示爲一圓柱電容器之橫截面，電容器長度爲 L，由兩個半徑分別爲 a 及 b 的同軸圓柱所組成。假設 $L \gg b$，所以圓柱末端的邊際效應可以忽略。每一極板所含的電荷大小爲 q。

以半徑爲 r 和長度爲 L 之同軸圓柱作爲高斯面，封閉端平面如圖 25-6 所示。同軸圓柱的中心爲封閉且帶有電荷 q 的圓柱體，由 25-4 式可求出 E 爲

$$q = \varepsilon_0 EA = \varepsilon_0 E(2\pi rL)$$

式中之 $2\pi rL$ 爲高斯面曲面部分之面積。在其兩端平面沒有電通量通過。則由上式可求出 E 爲

$$E = \frac{q}{2\pi\varepsilon_0 Lr} \qquad\qquad (25\text{-}12)$$

把上式代入 25-6 式，可得

$$V = \int_-^+ E\,ds = -\frac{q}{2\pi\varepsilon_0 L}\int_b^a \frac{dr}{r} = \frac{q}{2\pi\varepsilon_0 L}\ln\!\left(\frac{b}{a}\right) \qquad\qquad (25\text{-}13)$$

其中，我們利用了 $ds = -dr$ (我們沿著徑向向內積分)的關係。此外，由 $C = q/V$，可以得到

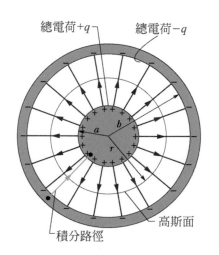

圖 25-6 長圓柱電容器之橫截面，圖中顯示了半徑 r 的高斯面(包含了正電極板)，以及 25-6 式中的徑向積分路徑。此圖也可以代表球形電容器中，通過球心的橫截面。

$$C = 2\pi\varepsilon_0 \frac{L}{\ln(b/a)} \quad \text{(圓柱形電容器)} \tag{25-14}$$

和平行板電容器一樣,圓柱電容器的電容只跟其幾何性質有關,即長度 L 及兩半徑 b 和 a。

球形電容器

圖 25-6 也可視為半徑 a 與 b 的同心球殼組成的電容器中通過圓心的截面。以半徑為 r 且與兩球殼同心的球面作為高斯面;應用 25-4 式可得

$$q = \varepsilon_0 EA = \varepsilon_0 E(4\pi r^2)$$

其中,$4\pi r^2$ 是高斯球面之面積。由上式可求出 E 為

$$E = \frac{1}{4\pi\varepsilon_0} \frac{q}{r^2} \tag{25-15}$$

實際上,這就是均勻球形電荷分佈所產生的電場(23-15 式)。

把上式代入 25-6 式,可得到

$$V = \int_-^+ E\,ds = -\frac{q}{4\pi\varepsilon_0} \int_b^a \frac{dr}{r^2} = \frac{q}{4\pi\varepsilon_0} \left(\frac{1}{a} - \frac{1}{b}\right) = \frac{q}{4\pi\varepsilon_0} \frac{b-a}{ab} \tag{25-16}$$

此處再次以$-dr$ 代替 ds。若把 25-16 式代入 25-1 式,並解出 C,則發現

$$C = 4\pi\varepsilon_0 \frac{ab}{b-a} \quad \text{(球形電容器)} \tag{25-17}$$

孤立球體

延續以上討論,如果我們假設另一塊「看不見的極板」是一個半徑為無限大的導體球殼,則半徑為 R 的單一孤立球體亦可指定電容。從這帶正電孤立導體上所發出的場線畢竟也是有終點的;因此,導體所在之房間的四壁可以等效地作為此無限大球殼。

為求出孤立導體之電容,首先需將 25-17 式改寫為

$$C = 4\pi\varepsilon_0 \frac{a}{1-a/b}$$

接著令 $b \to \infty$,並以 R 代替 a,則可得到

$$C = 4\pi\varepsilon_0 R \quad \text{(孤立球體)} \tag{25-18}$$

注意,此式及其它我們導出的電容公式(25-9、25-14 及 25-17 式)中都包含有常數 ε_0 與因次為長度之量的乘積。

 測試站 2

以相同的電池對電容器充電,則在下列情況中,電容器所儲存的電荷會增加、減少、或不變:(a)平行板電容器的極板距離增加。(b)圓柱電容器的內圓柱之半徑增加。(c)球形電容器的外球殼半徑增加。

範例 **25.01** 平行板電容充電

在圖 25-7a 中,接上開關 S 把電容值為 $C = 0.25$ μF 的未充電電容與 $V = 12$ V 電位差的電池連接起來。電容底板的厚度為 $L = 0.50$ cm、表面積為 $A = 2.0 \times 10^{-4}$ m^2,而且由銅組成,而銅的導電電子密度為 $n = 8.49 \times 10^{28}$ 電子/m^3。當電容充電時,電子能移到電容板(圖 25-7b)中多深的地方?

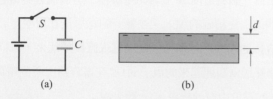

圖 **25-7** (a)電池和電容的電路。(b)電容的底板。

關鍵概念

電容板的充電量與電容大小及電容器的跨壓有關,即 25-1 式($q = CV$)。

計算 因底板與電池的負端連接,導電電子便可移動到此板的面上。由式 25-1,該處所收集的電荷量為

$$q = CV = (0.25 \times 10^{-6} \text{ F})(12 \text{ V}) = 3.0 \times 10^{-6} \text{ C}$$

除以 e 可以得到移到此面上的電子數 N:

$$N = \frac{q}{e} = \frac{3.0 \times 10^{-6} \text{ C}}{1.602 \times 10^{-19} \text{ C}}$$
$$= 1.873 \times 10^{13} \text{個電子}$$

這些電子來自我們尋找的表面積 A 與深度 d 中的體積。因此藉由導電電子的密度(單位體積中的個數),我們可以寫成

$$n = \frac{N}{Ad}$$

或 $$d = \frac{N}{An} = \frac{1.873 \times 10^{13} \text{ 個電子}}{(2.0 \times 10^{-4} \text{ m}^2)(8.49 \times 10^{28} \text{ electrons/ m}^3)}$$
$$= 1.1 \times 10^{-12} \text{ m} = 1.1 \text{pm} \qquad \text{(答)}$$

通常我們會說電子從電池移到負極,但事實上電池在導線和板子中建立電場,就像非常接近板面的電子向上移至負極。

25-3 電容器之並聯及串聯

學習目標

在閱讀完這個區塊的文字之後,讀者應該能夠...

25.06 對一電池與(a)三電容器並聯和(b)三電容器串聯畫出概要圖表。

25.07 了解並聯電容器有相同電位差,其值與它們的等效電容相同。

25.08 計算並聯電容器的等效電容。

25.09 了解存於並聯電容器的電荷等於存於個別電容器電荷之和。

25.10 了解串聯電容器有相同電荷,其值與它們的等效電容器相同。

25.11 計算串聯電容器的等效電容。

25.12 了解串聯電容器的電位等於個別電容器電位之和。

25.13 對附有電池、一些並聯電容器以及一些串聯電容器的電路,透過找出等效電容器來逐步簡化電路,直到可以訂出最終等效電容的電荷與電位,然後以逆向流程找出個別電容器的電荷與電位。

25.14 對附有電池、開關開啓以及一個或多個未充電電容器的電路,當開關關閉時,決定流經電路中某點的電荷量。

25.15 當一個帶電的電容器並聯到一個或多個未充電的電容器時,在達到平衡後,決定出每一電容器上的電荷量與電位差。

關鍵概念

● 個別電容器以並聯或串聯之組合的等效電容 C_{eq} 可以由下式得到

$$C_{eq} = \sum_{j=1}^{n} C_j \quad (n \text{ 個電容器並聯})$$

以及 $$\frac{1}{C_{eq}} = \sum_{j=1}^{n} \frac{1}{C_j} \quad (n \text{ 個電容器串聯})$$

等效電容可以用來計算更複雜之串-並聯組合的電容。

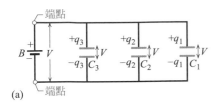

(a)

平行的電容及等效電容
具有相同的 V

(b)

圖 25-8 (a)三個並聯在一起的電容器與電池 B 相連接，電池在兩端點處維持一電位差 V，此電位差也會出現在每個電容器兩端。(b)具有電容 C_{eq} 的等效電容器取代了並聯組合。

電容器之並聯及串聯

當電路中有幾個電容器組合在一起時，有時可用等效電容器加以代替。所謂**等效電容器**是指與此電容器組合具有相同電容量的單一電容器，經過此種取代後，就能把電路簡化，進而很容易地求出電路中的未知量。以下，我們將討論可以這樣取代的電容器的兩種基本組合。

電容並聯

圖 25-8a 所示為三個與電池 B 並聯的電容器，這個描述與電容器極板的畫法沒多大關連。更精確的說，「並聯」的意思是在這些電容器的其中一板以電線直接連起來，並在另一板以電線直接連起來，且同樣的外加電位差 V 會跨在這兩組連起來的板子間，並在電容器上產生電荷。(在圖 25-8a 中，外加的電位由電池提供。)一般來說：

 當電位差 V 施加於一組並聯電容器兩端時，每個電容器的電位差 V 都是相同的。此時電容器中儲存的總電荷 q 是個別電容器中之電荷總和。

當分析並聯電容器之電路時，可利用假想的替代電容器來簡化它：

 並聯的一組電容器可以用具有相同總電荷 q，相同電位差 V 的等效電容器來替代。

(讀者可能記得這個贅字「par-V」，其中近似「同位」，意思是具有相同電壓 V 的並聯電容)。圖 25-8b 中為取代圖 25-8a 中的三個電容器(其電容分別為 C_1、C_2 和 C_3)之等效電容器(具有等效電容 C_{eq})。

我們將導出等效於並聯組合的單一電容 C_{eq}(如圖 25-8b 所示)，首先對每一個電容器，我們都可以利用 25-1 式得到

$$q_1 = C_1V \text{，} q_2 = C_2V \text{，} q_3 = C_3V$$

在圖 25-8a 中並聯組合的總電荷為

$$q = q_1 + q_2 + q_3 = (C_1 + C_2 + C_3)V$$

由於具有與電容器組合相同的總電荷 q 及電位差 V，所以等效電容等於

$$C_{eq} = \frac{q}{V} = C_1 + C_2 + C_3$$

上述結果很容易推廣到 n 個串聯之電容器上

$$C_{eq} = \sum_{j=1}^{n} C_j \quad (n \text{ 個並聯的電容器}) \tag{25-19}$$

所以，只要把個別電容器之電容相加，就能求出並聯組合的等效電容。

電容器之串聯

圖 25-9a 中為與電池 *B* 串聯的三個電容器。這個描述與這些電容器的畫法沒有多大關連。其實「串聯」的意思是電容器以導線一個接一個的接連在一起，然後電位差 *V* 施加在這一串電容器的兩端(圖 25-9a 中的電位差 *V* 是由電池 *B* 來維持)。串聯的各電容器兩端的電位差，使每個電容器都有相同的電荷量 *q*。

 當電位差 *V* 施加在串聯的數個電容器兩端時，每一個電容器都會有相同的電荷 *q*。個別電容器上的電位差之總和等於外加的電位差 *V*。

我們可用以下一連串的事件(前一個電容器會使下一個電容器感應充電)來解釋為何各電容器上會充上等量的電荷。我們由電容器 3 開始往上看，直到電容器 1。當電池一開始被接到串聯的電容器時，它會在電容器 3 的下方極板產生電荷−*q*。這些電荷會排斥電容器 3 上極板中的負電荷(並留下電荷+*q*)。這些被排斥的負電荷會移動到電容器2的下極板上(使它帶電荷−*q*)。這些負電荷便會排斥電容器 2 的上極板之負電(留下電荷+*q*)，使其移動到電容器 1 的下極板上(使它帶電荷−*q*)。最後，電容器 1 下極板的這些負電荷，便使得電容器 1 的上極板之負電荷經由導線移動到電池裡，而使得上極板帶電荷+*q*。

這裡有兩個關於串聯電容器的重要事項：

1. 當電荷自串聯的某個電容器移動到另一電容器時，它只能移動到下一個電容器，如圖 25-9a 中的電容器 3 到電容器 2。如果有其他的移動路徑，這些電容器就不是串聯。

2. 電池只在與它直接連接的兩個極板上產生電荷(圖 25-9a 中的電容器 3 的下極板與電容器 1 的上極板)。其它極板上的電荷是靠本來已經存在的電荷的移動轉換而來。例如，圖 25-9a 中，虛線範圍內的部分與電路的其它部分是電絕緣的。因此，它的電荷僅有重新分配。

當我們分析電路中的串聯電容器時，我們可以用假想的替代方式來簡化它：

 串聯的電容器可以由一個具有相同電荷 *q* 和總電位差 *V* 的等效電容來替代。

(讀者應該記得「seri-q」這個贅字表示具有相同電荷的電容串聯)。圖 25-9b 顯示了一個替代圖 25-9a 中三個真實電容器(其電容分別為 C_1、C_2、C_3)的等效電容器(具等效電容 C_{eq})。

為了推導圖 25-9b 中 C_{eq} 的表示式，我們應用 25-1 式求出每個電容器的電位差：

$$V_1 = \frac{q}{C_1} \quad V_2 = \frac{q}{C_2} \quad V_3 = \frac{q}{C_3}$$

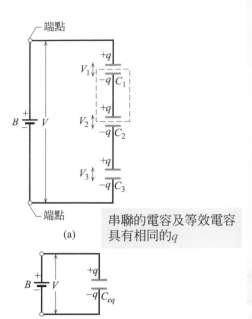

串聯的電容及等效電容具有相同的*q*

圖 25-9　(a)三個串聯在一起的電容器與電池 *B* 相連接，電池在串聯組合上下兩端維持電位差 *V*。(b)電容量 C_{eq} 的等效電容器取代了串聯組合。

電池造成的總電位差爲其總和

$$V = V_1 + V_2 + V_3 = q\left(\frac{1}{C_1} + \frac{1}{C_2} + \frac{1}{C_3}\right)$$

所以等效電容爲

$$C_{eq} = \frac{q}{V} = \frac{1}{1/C_1 + 1/C_2 + 1/C_3}$$

或　　　$$\frac{1}{C_{eq}} = \frac{1}{C_1} + \frac{1}{C_2} + \frac{1}{C_3}$$

上述結果很容易推廣到 n 個串聯之電容器上

$$\frac{1}{C_{eq}} = \sum_{j=1}^{n} \frac{1}{C_j} \quad (n \text{ 個串聯的電容器}) \tag{25-20}$$

由 25-20 式可以發現，串聯組合之等效電容恆小於該組合中之最小電容。

 測試站 3

電位 V 的電池在兩個相同電容器的組合中儲存電荷 q。若電阻器是以(a)並聯、(b)串聯方式連結，則兩個電阻兩端的電位差及通過兩個電阻器的電流各爲多少？

範例 25.02　電容器之並聯及串聯

(a)求出圖 25-10a 中電容器組合之等效電容，組合的外加電位差爲 V。假設

$$C_1 = 12.0\,\mu F \quad C_2 = 5.30\,\mu F \quad C_3 = 4.50\,\mu F$$

關鍵概念

任何串聯或並聯的電容器皆可以用等效電容來代替。因此，我們首先要判斷出圖 25-10a 中的電容器是串聯或並聯。

求等效電容　電容器 1 與電容器 3 前後相接，它們是串聯嗎？不是。電位差使得電容器 3 的下極板充電。這使得電容器 3 之上極板的電荷向外移動。然而，這些外移電荷可到達電容器 1 及電容器 2 的下極板。因爲這些外移電荷有一個以上的迴路可走，所以電容器 3 與電容器 1(或電容器 2)並非串聯。

電容器 1 與電容器 2 是並聯嗎？是的。它們的上極板與下極板分別都以導線相連接，在這些上、下極板對之間施加了電位差。因此，電容器 1 與電容器 2 是並聯的，且 25-19 式告訴我們其等效電容 C_{12} 爲

$$C_{12} = C_1 + C_2 = 12.0\,\mu F + 5.30\,\mu F = 17.3\,\mu F$$

圖 25-10b 中，已將電容器 1 和 2 以其等效電容器代替，稱之爲電容器 12(念爲「一二」，不是「十二」)。(圖 25-10a 和 b 中的接觸點 A 點和 B 點則保持不變)。

電容器 12 與電容器 3 是串聯嗎？再一次利用對串聯電容器的測試，我們可以看到，由電容器 3 上極板移出的電荷會全部到達電容器 12 的下極板，因此電容器 12 與電容器 3 是串聯的。我們可以其等效電容 C_{123} 來代替，如圖 25-10c 所示。由 25-20 式可得

$$\frac{1}{C_{123}} = \frac{1}{C_{12}} + \frac{1}{C_3}$$

$$= \frac{1}{17.3\,\mu F} + \frac{1}{4.50\,\mu F} = 0.280\,\mu F^{-1}$$

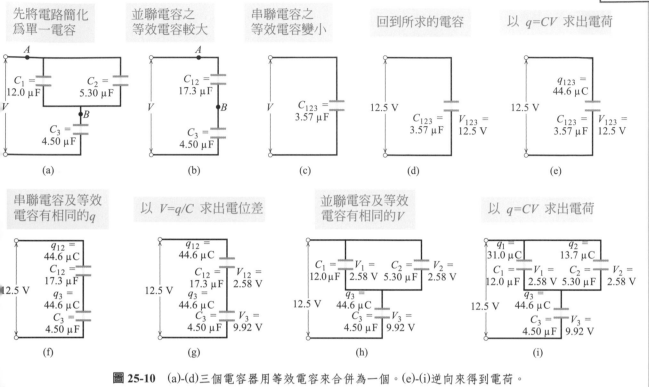

圖 25-10 (a)-(d)三個電容器用等效電容來合併為一個。(e)-(i)逆向來得到電荷。

其中得到

$$C_{123} = \frac{1}{0.280 \ \mu F^{-1}} = 3.57 \ \mu F \qquad \text{(答)}$$

　　(b)電位差 $V = 12.5$ V 施加於圖 25-10a 的輸入端上。求 C_1 上的電荷？

關鍵概念

　　我們需要利用等效電容，並反向解題來得到個別電容上的電荷。對於「反向解題」的方法我們有兩個技巧：(1)串聯電荷：如同它們的等效電容一樣，串聯的電容都有相同的電荷。(1)並聯電壓：如同它們的等效電容一樣，並聯的電容都有相同的電位差。

　　反向解題 為了得到電容器 1 上的電荷 q_1，我們先由等效電容器 123 開始。因為電位差 $V(= 12.5$ V$)$ 是施加在圖 25-10a 中的三個電容器組合兩端，所以它也

施加在圖 25-10d 的電容器 123 兩端。因此，由 25-1 式$(q = CV)$可得

$$q_{123} = C_{123}V = (3.57 \ \mu F)(12.5 V) = 44.6 \ \mu C$$

圖 25-10b 中串聯的電容器 12 和 3 與它們的等效電容器 123(圖 25-10f)有相同的電荷。因此，電容器 12 的電荷為 $q_{12} = q_{123} = 44.6 \ \mu C$。由 25-1 式和圖 25-10g，電容器 12 兩端的電位差必為

$$V_{12} = \frac{q_{12}}{C_{12}} = \frac{44.6 \ \mu C}{17.3 \ \mu F} = 2.58 \ V$$

並聯的電容器 1 和 2 如同它們的等效電容器 12 一般，有相同的電位差(圖 25-10h)。因此，電容器 1 的電位差 $V_1 = V_{12} = 2.58$ V，由 25-1 式及圖 25-10i，電容器 1 上的電荷為

$$q_1 = C_1V_1 = (12.0 \ \mu F)(2.58 \ V)$$
$$= 31.0 \ \mu C \qquad \text{(答)}$$

範例 **25.03** 由一個電容充電至另一個電容

電容器 1 之 $C_1 = 3.55\ \mu F$，利用 6.30 V 的電池充電至 $V_0 = 6.30$ V。然後將電池移走，把 C_1 接於不帶電的電容器 $C_2 = 8.95\ \mu F$ 上，如圖 25-11 所示。當開關 S 閉合時，電荷從 C_1 流向 C_2，當達到平衡時，求出每個電容器所帶電荷為何？

開關閉合後，電荷發生轉移
直到電位差一致

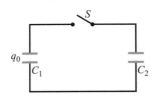

圖 25-11 將電位差 V_0 加於 C_1 後，移走電池。然後讓開關 S 閉合，使原本只在 C_1 上的電荷，現在也被 C_2 分享。

關鍵概念

此題情形與上題不同，因為提供外加電位的裝置，如電池，不再用來維持電容器組合的電位。開關 S 閉合後，電容器 2 上的電位僅由電容器 1 來提供，且其電位會減小。因此，圖 25-11 中的電容並非串聯，且雖然它們畫成並聯形式，但在此情況下也非並聯。當電容器 1 上的電位減少時，電容器 2 上的電位便增加。當兩個電位相等時，平衡便達到，這是由於兩電容器的電場板間沒有電位差時，就不會有可以移動導電電子的電場存在於連接線上。然後，在電容器 1 上原有的電荷將由這兩電容器共享。

計算 一開始，當電容器 1 被連接上電池時，它所獲得的電荷可由 25-1 式算出，

$$q_0 = C_0 V_0 = (3.55\times10^{-6}\,\text{F})(6.30\,\text{V})$$
$$= 22.365\times10^{-6}\,\text{C}$$

當圖 25-11 的 S 開關關閉而使電容器 1 開始對電容器 2 充電時，電容器 1 上的電位和電荷開始減少而電容器 2 則開始增加，直到

$$V_1 = V_2 \quad (\text{平衡})$$

由 25-1 式，我們可以再將其寫成

$$\frac{q_1}{C_1} = \frac{q_2}{C_2} \quad (\text{平衡})$$

因為總電荷不可能像魔法地改變，因此在電荷移轉後其總量必須是

$$q_1 + q_2 = q_0 \quad (\text{電荷守恆})$$

所以 $q_2 = q_0 - q_1$。

我們現在可以再將第二個平衡式寫為

$$\frac{q_1}{C_1} = \frac{q_0 - q_2}{C_2}$$

將已有的資料帶入以解出 q_1，我們發現

$$q_1 = 6.35\ \mu C \qquad\qquad (\text{答})$$

原有電荷($q_0 = 22.365\ \mu C$)剩下的部分必定在電容器 2 上：

$$q_2 = 16.0\ \mu C \quad (\text{答})$$

25-4　儲存在電場中的能量

學習目標

在閱讀完這個區塊的文字之後，讀者應該能夠...

25.16 解釋電容器充電所需的功如何轉乘於電容器的電位能。

25.17 對於電容器，運用電位能 U、電容 C 與電位差 V 之間的關係。

25.18 對於電容器，運用電位能、內部體積與內部能量密度之間的關係。

25.19 對任一電場，運用場內電位能密度 u 與電場大小 E 之間的關係。

25.20 解釋空氣粉塵中火花的危險性。

關鍵概念

● 一帶電電容器的電位能 U，

$$U = \frac{q^2}{2C} = \frac{1}{2}CV^2$$

是等於對電容器充電所需的功。此能量與電容器的電場 $\vec{E}$ 有關。

● 在電容器或從其他來源中，每一電場都有相關的儲存能量。在真空中，場大小的能量密度 u(每單位體積電位能)為

$$u = \frac{1}{2}\varepsilon_0 E^2$$

儲存在電場中的能量

　　作功必須由外部媒介來使電容器充電。我們可想像此任務，透過從一板子移轉電子到另一板子，一個接一個來。當充電了，電場也會在板間建立，該場會抑制持續的移轉，所以，就需要更多功。事實上，電池消耗其所存的化學能來為我們做這些事。我們想像這些功，如同被存成板間電場中的電位能。

　　假設在某一時刻，電荷 q' 已經自一極板移至另一極板。此時兩極板間之電位差 V' 為 q'/C。若欲再轉移 dq' 的額外電荷至極板上，則由 24-6 式，所需增加之功為，

$$dW = V'dq' = \frac{q'}{C}dq'$$

電容器充電至電荷值為 q 時，所需作之功為

$$W = \int dW = \frac{1}{C}\int_0^q q'dq' = \frac{q^2}{2C}$$

此功以位能的形式儲存於電容器中，所以

$$U = \frac{q^2}{2C} \quad \text{(位能)} \tag{25-21}$$

由 25-1 式，上式亦可以改寫成

$$U = \tfrac{1}{2}CV^2 \quad \text{(位能)} \tag{25-22}$$

無論電容器之幾何形狀爲何，25-21 及 25-22 式恆成立。

　　爲了更深入地瞭解能量儲存的物理意義，讓我們考慮兩個平行板電容器 C_1 與 C_2，除 C_1 的兩板間之距離是 C_2 的兩倍以外，它們的構造是完全相同的。因此 C_1 兩面板間的體積將是 C_2 的兩倍，由 25-9 式得知，其電容則爲 C_2 的一半。25-4 式告訴我們，如果每一個電容器上帶有相同電荷 q，則在每一個電容器之兩極板間所建立的電場將一樣。由 25-21 式可以發現，電容器 C_1 中儲存的位能是 C_2 的兩倍。因此，兩個有相同電荷和電場且在其他方面完全相同的電容，在其兩板間具兩倍體積的電容器，就會儲存有兩倍的位能。由這個例子推論下去，便可以得下述結論：

 　　一充電電容器的電位能，可被視爲儲存於兩極板間的電場內。

懸浮粉塵中的爆炸

　　如同我們在第 24-8 節中所討論的，與某些物質接觸，例如衣服、地毯、甚至是遊樂場的溜滑梯，都會讓你身上產生電位。假如火花在你和水龍頭之類的接地物體間跳躍，你也許會疼痛地驚覺這個電位的存在。在許多牽涉到粉末製造與輸送的工業，例如化妝與食品工業，這種火花可能導致大災難。雖然成堆的粉末也許完全不會燃燒，但是當個別的粉末顆粒在空氣中呈現懸浮狀態並被氧氣包圍時，它們的燃燒是非常激烈地，以致於一團懸浮粉塵的燃燒會將導致爆炸的發生。在粉末工業中，環安工程師無法完全去除火花的可能來源。反之，他們會盡力讓火花中所含有的能量維持在一個限制值 $U_t (\approx 150 \text{ mJ})$ 以下，而該值是使懸浮粉塵起火的最小能量。

　　假設當一個人走過懸浮粉塵時，他與各種表面接觸而變得帶電。我們可以粗略地把這個人當作是一個半徑 $R = 1.8$ m 的球狀電容。利用式 25-18($C = 4\pi\varepsilon_0 R$)和式 25-22($U = \tfrac{1}{2}CV^2$)，我們看到這個電容的能量是

$$U = \frac{1}{2}(4\pi\varepsilon_0 R)V^2$$

由此，我們看到對應此能量的電壓爲

$$V = \sqrt{\frac{2U_t}{4\pi\varepsilon_0 R}} = \sqrt{\frac{2(150\times10^{-3}\text{ J})}{4\pi(8.85\times10^{-12}\text{ C}^2/\text{N}\cdot\text{m}^2)(1.8\text{m})}}$$

$$= 3.9\times10^4\text{ V}$$

環安工程師利用導電的地板將工作員工身上的電荷放掉，使他們身上的電位設法維持在這個等級以下。

能量密度

在平行板電容器中，如果忽略邊緣效應，則兩極板間各點電場之值均相同。所以**能量密度** u——即兩板間單位體積內儲存之能量，亦應為均勻。將能量除以兩極板間之體積 Ad，便可以得到 u。利用 25-22 式，可以得到

$$u = \frac{U}{Ad} = \frac{CV^2}{2Ad} \tag{25-23}$$

由 25-9 式($C = \frac{\varepsilon_0 A}{d}$)，則上式變為

$$u = \frac{1}{2}\varepsilon_0 \left(\frac{V}{d}\right)^2 \tag{25-24}$$

由 24-42 式($E = -\Delta V/\Delta s$)，V/d 等於電場的大小 E，所以

$$u = \frac{1}{2}\varepsilon_0 E^2 \quad \text{(能量密度)} \tag{25-25}$$

雖然我們對平行板電容器電場這個特殊例子推導出這結果，但它適用於任何電場。若一電場 $\vec{E}$ 存在於中間的任一點，該點會有一電位能，伴隨著由 25-25 式得到的密度(每單位體積的量)。

範例 25.04　電場的位能與能量密度

半徑 $R = 6.85$ cm 的孤立導體球帶有電荷 $q = 1.25$ nC，試求

(a)此帶電導體之電場內所儲存的電能為若干？

關鍵概念

(1)孤立球體的電容可以用 25-18 式($C = 4\pi\varepsilon_0 R$)表示。(2)根據 25-21 式($U = q^2/2C$)，儲存在電容器中的能量 U 由電容器上之電荷 q 及其電容 C 決定。

計算　將 $C = 4\pi\varepsilon_0 R$ 代入 25-21 式，我們可以得到

$$U = \frac{q^2}{2C} = \frac{q^2}{8\pi\varepsilon_0 R}$$

$$= \frac{(1.25 \times 10^{-9}\,\text{C})^2}{(8\pi)(8.85 \times 10^{-12}\,\text{F/m})(0.0685\,\text{m})}$$

$$= 1.03 \times 10^{-7}\,\text{J} = 103\,\text{nJ} \qquad \text{(答)}$$

(b)球表面上的能量密度為多少？

關鍵概念

根據 25-25 式($u = \frac{1}{2}\varepsilon_0 E^2$)，電場中的能量密度 u 由電場的大小 E 決定。

計算　在此，首先我們必須求出球面上的 E，這可以由 23-15 式計算得到：

$$E = \frac{1}{4\pi\varepsilon_0}\frac{q}{R^2}$$

因此能量密度為

$$u = \frac{1}{2}\varepsilon_0 E^2 = \frac{q^2}{32\pi^2\varepsilon_0 R^4}$$

$$= \frac{(1.25 \times 10^{-9}\,\text{C})^2}{(32\pi^2)(8.85 \times 10^{-12}\,\text{C}^2/\text{N}\cdot\text{m}^2)(0.0685\,\text{m})^4}$$

$$= 2.54 \times 10^{-5}\,\text{J/m}^3 = 25.4\,\mu\text{J/m}^3 \qquad \text{(答)}$$

25-5 具有介電質之電容器

學習目標

在閱讀完這個區塊的文字之後，讀者應該能夠...

25.21 了解若板間的空間填滿介電質，電容會增加。

25.22 對於電容器，計算有介電質和無介電質時的電容。

25.23 對於一區域填滿某一介電常數 κ 的介電質，了解所有包含導電係數 ε_0 的靜電力方程式，要透過該係數與介電常數 κ 相乘而得的 $\kappa\varepsilon_0$ 來修正。

25.24 指認一些常見的介電質。

25.25 加入介電質於帶電電容器中，區分(a)有連接電池與(b)無連接電池之電容器的結果。

25.26 區分極性介電質與非極性介電質。

25.27 在加入介電質的帶電電容器中，以原子在介電質中行為來解釋兩極板之間的電場發生何事。

關鍵概念

● 若電容器的兩極板間完全填滿介電質，真空中(或是空氣中也是有效的)的電容 C 要乘上物質的介電常數 κ，此常數大於1。

● 在完全填滿介電質的區域中，所有包含導電係數 ε_0 的靜電力方程式中要以 $\kappa\varepsilon_0$ 取代 ε_0 作修正。

● 當介電物質放置於一外部電場中時，它會發展一個與外部電場方向相反的內部電場，因此削減物質內部的電場大小。

● 當介電質置於一帶有固定電荷量於表面的電容器裡時，兩極板間的淨電場會減小。

表 25-1　介電質之特性 [a]		
材料	介電常數 κ	介電強度 (kV/mm)
空氣(1atm)	1.00054	3
聚苯乙烯	2.6	24
紙	3.5	16
變壓器用油	4.5	
耐熱玻璃	4.7	14
紅色雲母片	5.4	
瓷	6.5	
矽	12	
鍺	16	
酒精	25	
水(20°C)	80.4	
水(25°C)	78.5	
鈦陶瓷	130	
鈦酸鍶	310	8
真空 $\kappa = 1$		

[a] 除水以外，均為在室溫下測量之結果。

具有介電質之電容器

如果用介電質來填充電容器兩極板間的空間，例如礦物油或塑膠等絕緣物質，對電容將造成怎樣的影響呢？電容的整個觀念絕大部分由法拉第創始，為了紀念他而將電容之 SI 單位以其名命之。他在 1837 年第一次研究這個主題，他使用一些簡單靜電裝置(如圖 25-12 所示)，發現電容增加了 κ 倍，他稱為該填充材料之**介電常數**(dielectric constant)。表 25-1 列出了一些介電材料及它們的介電常數。依據定義，真空之介電常數為 1。因為空氣可以視為空無一物之空間，其介電常數之測量值僅稍微大於 1。即使一般紙張也可以顯著地增加電容值，並且某些材料，例如鈦酸鍶可以增加兩個數量及的幅度。

加入介電質的另一個效應是替兩極板間所能承受的電位差設定一上限值 V_{max}，稱為崩潰電位。當超過此上限值時，介電質會被破壞，而在兩極板間形成通路。每一種介電質都具有介電強度特性，即介電質被破壞前所能忍受的最大電場。表 25-1 中列出了一些材料的介電強度值。

如同我們在 25-18 式之後所討論的，任何電容器之電容均可以寫成

$$C = \varepsilon_0 \mathcal{L} \tag{25-26}$$

其中，$\mathscr{L}$ 之因次為長度。例如，對平行板電容器而言，$\mathscr{L} = A/d$。法拉第發現，如果兩極板間全部被介電質所填滿，則 25-26 式就變成

$$C = \kappa\varepsilon_0\mathscr{L} = \kappa C_{air} \tag{25-27}$$

英國皇家學院/紐約－布里奇曼藝術圖書館

圖 **25-12** 法拉第所使用的簡單靜電儀器。儀器(左邊數來第二個)的球形電容由中心黃銅球筏與同心的黃銅球殼組成。法拉第將介電材料放在介於球與殼之間的空間

其中 C_{air}，為電容器兩極板間只有空氣存在時之電容。例如，若我們以鈦酸鍶填入電容，介電常數為 310，電容值即乘以 310。

圖 25-13 可以用來更加瞭解法拉第的實驗。在圖 25-13a 中，電池會使兩極板間的電位差 V 固定不變。當將介電質平板插入兩極板間時，電池之電荷就會跑到電容器極板上，使極板上的電荷 q 增加至原來的 κ 倍在圖 25-13b 中，沒有連接電池，所以當插入介電質平板時，極板上之電荷 q 會保持不變，但兩極板間的電位差 V 則會下降一個 κ 因子。由 $q = CV$ 這一關係式，我們可以發現上述結果，事實上是彼此一致的，它們都是因為介電質導致電容增加所造成的結果。

比較 25-26 式與 25-27 式以後，便可以將介電質的效應歸納如下：

 在填滿介電常數為 κ 之介電質的空間中，所有含有導電係數 ε_0 之靜電公式要修正成 ε_0 換成 $\kappa\varepsilon_0$。

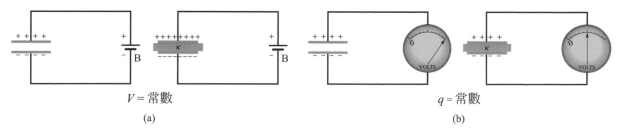

V = 常數

(a)

q = 常數

(b)

圖 **25-13** (a)如果電容器的兩極板間的電位差由電池 B 維持一定，則介電質之效應會使板上之電荷增加。(b)若極板上之電荷維持不變，則介電質之作用會使兩極板間之電位差下降。圖示之刻度為電位計所有，它可用來量測電位差(此處為極板間)。電容器不能經由電位計放電。

因此，介電質中某一點電荷所產生之電場大小由 23-15 式修改形式可得：

$$E = \frac{1}{4\pi\kappa\varepsilon_0}\frac{q}{r^2} \tag{25-28}$$

另外，對位於介電質內的隔離導體而言，在其表面外附近的電場爲(見 23-11 式)

$$E = \frac{\sigma}{\kappa\varepsilon_0} \tag{25-29}$$

因爲 κ 永遠大於 1，由上面兩個式子可以得知，對固定於空間中的電荷分佈而言，介電質之效應將使其原本之電場減弱。

範例 25.05　當介電質加入電容的功與能量

一平行板電容器 $C = 13.5$ pF，兩極板間以電池施加電位差 $V = 12.5$ V，進行充電。當充電用的電池移走後，在兩極板間插入一瓷板($\kappa = 6.50$)。

(a)試求在插入瓷板前位能為多少？

關鍵概念

我們可將電容器的電位能 U_i 與電容 C 以及電位 V(由 25-22 式)，或電荷 q(由 25-21 式)關聯起來：

$$U_i = \frac{1}{2}CV^2 = \frac{q^2}{2C}$$

計算　由 25-22 式及初電位 $V(=12.5$ V)可得到最初位能爲

$$U_i = \tfrac{1}{2}CV^2 = \tfrac{1}{2}\left(13.5\times10^{-12}\text{ F}\right)(12.5\text{ V})^2$$

$$= 1.055\times10^{-9}\text{ J} = 1055\,\text{pJ} \approx 1100\,\text{pJ} \qquad \text{(答)}$$

(b)在插入瓷板後，位能為多少？

關鍵概念

因爲電池已經被移走了，當介電質插入時，電容器便沒辦法再被充電。然而，電位的確改變了。

計算　因此，我們現在必須使用 25-21 式(與 q 相關)來寫出最後的電位能 U_f，但是現在該瓷板是在電容器裡面，所以其電容爲 κC。可得

$$U_f = \frac{q^2}{2\kappa C} = \frac{U_i}{\kappa} = \frac{1055\,\text{pJ}}{6.50}$$

$$= 162\,\text{pJ} \approx 160\,\text{pJ} \qquad \text{(答)}$$

當瓷板被插入時，電位能會減少一個 κ 的因子

原則上，這個「消失」的能量會被將瓷板放入電容器中的人所感受到。電容器會對瓷板施以一拉扯的力，並對它作功，大小爲

$$W = U_i - U_f = (1055 - 162)\,\text{pJ} = 893\,\text{pJ}$$

如果瓷板可被允許在極板間作無限制的滑動且無摩擦力存在，則瓷板會在兩板間以一固定的力學能 893 pJ 作前後的來回震盪，且這個系統的能量會在瓷板的移動動能與儲存在電場中的位能間，不停地作轉換。

PLUSAdditional example,video,and practice available at *WileyPLUS*

介電質：原子觀點

由原子與分子的觀點來看，當把介電質放在電場中時，介電質將發生何種變化呢？依分子的性質可能的情形有二：

1. 極性介電質：有些介電質的分子具有永久電偶極矩，例如水。在這類叫做極性介電質的材料中，電偶極有沿外部電場排列的趨勢，如圖 25-14 所示。由於分子的隨機熱運動的緣故，分子不斷地推擠對

方，此排列並不完全整齊，但是當外加電場強度增加或溫度降低時，推擠會減少，其整齊度就會增大。電偶極的排列會產生一個與外加電場方向相反，但強度較弱的電場。

2. 非極性介電質：不管分子是否具有永久電偶極矩，若將其置於外部電場時，均可因感應而獲得電偶極矩。在第 24-4 節(見圖 24-14)中已知，外部電場會使分子「拉長」，而令正、負電荷中心有稍微分開的趨勢。

圖 25-15a 所示為沒有外部電場作用時的非極性介電質厚片。在圖 25-15b 中，一電場 $\vec{E}_0$ 經由一電容器產生，其充電如圖所示。其結果是厚片中的正、負電荷分佈之中心稍微分離，而使得正電荷分佈在厚片之右面(由那裡偶極的正端所引起)，負電荷則分佈在左面(由那裡偶極的負端所引起)。整塊介電質厚片則仍保持為電中性，而且在其內部之任何體積中，皆沒有多餘的電荷存在。

如圖 25-15c 所示，由感應所產生之表面電荷將使得它們所產生的電場 $\vec{E}'$ 與外加電場 $\vec{E}_0$ 方向相反。介電質內之電場 $\vec{E}$ (為 $\vec{E}_0$ 與 $\vec{E}'$ 的向量和)方向與 $\vec{E}_0$ 相同，但其大小比較小。

圖 25-15c 中，由面電荷產生的電場 $\vec{E}'$ 及由圖 25-14 中之永久電偶極產生的電場均有相同的行為：都會對抗外加電場 $\vec{E}$ 。因此，極性與非極性介電質的效應，均為減弱任何外加在它們之內的電場，如電容器極板間的電場。

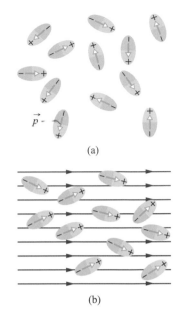

(a)

(b)

圖 25-14 (a)有永久電偶極矩之分子，圖中顯示在無外部電場時分子凌亂排列。(b)施以電場，將使偶極部分對齊。熱擾動會使此排列的情形不完全整齊。

在非極性介電質厚片中的初始電場為零

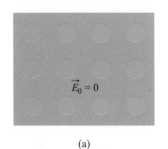

(a)

施加之電場使原子內的偶極矩對齊

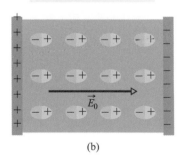

(b)

對齊之原子產生與施加電場反向之電場

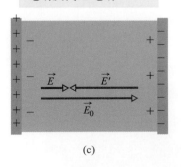

(c)

圖 25-15 (a)非極性介電質厚片。各個圓圈代表在厚片之內的電中性原子。(b)帶電電容器極板對厚片施以電場；電場稍微將原子拉長，使正電荷和負電荷中心分離。(c)電荷分離的現象使得厚片表面產生面電荷。這些電荷建立起對抗外加電場 $\vec{E}'$ 的電場 $\vec{E}_0$ 。介電質內部的合電場 $\vec{E}$ (是 $\vec{E}_0$ 和 $\vec{E}'$ 的向量和)與 $\vec{E}_0$ 相同方向，但是合電場的大小比較小。

25-6 介電質與高斯定律

學習目標

在閱讀完這個區塊的文字之後，讀者應該能夠...

25.28 在有介電質的電容器中，區分自由電荷與感應電荷。

25.29 當介電質部分或全部填滿於電容器的空間時，找出自由電荷、感應電荷、兩極板間的電場(若部分填滿，會有多於一個場值)以及兩極板間的電位。

關鍵概念

● 在電容器中加入介電質會造成介電質表面出現感應電荷，並弱化兩極板間的電場。

● 在極板上，感應電荷會比自由電荷少。

● 當有介電質存在時，高斯定律可以被通用化為

$$\varepsilon_0 \oint \kappa \vec{E} \cdot d\vec{A} = q$$

其中 q 是自由電荷。因積分內有包含介電常數 κ，所以表面感應電荷有被算進去。

介電質與高斯定律

在第 23 章中討論高斯定律時，假設了電荷皆存在於真空中。現在要來看如何把這定律加以修正，以便推廣至有介電質(如表 25-1 中所列者)存在的情形。圖 25-16 所示為有介電質和無介電質之兩個平行板電容器，其極板面積為 A。假設這兩個電容器極板上的電荷 q 相同。注意，極板間的電場可以用 25-5 節中的方法之一，在介電質的表面產生感應電荷。

在圖 25-16a 為沒有介電質的情況中，我們可以找出極板間的電場 $\vec{E}_0$，如同我們在圖 25-5 中所做的：將上方極板中的電荷+q 以高斯面包圍起來，並應用高斯定律。令 E_0 表示電場的大小，則

$$\varepsilon_0 \oint \vec{E} \cdot d\vec{A} = \varepsilon_0 EA = q \tag{25-30}$$

或 $$E_0 = \frac{q}{\varepsilon_0 A} \tag{25-31}$$

在圖 25-16b 中，當插入介電質後，我們可用相同的高斯面求出極板間(且在介電質中)的電場。然而，此時高斯面包含了兩種電荷：它仍圍住了上方極板中的+q 電荷，同時也圍住了在介電質上表面的感應電荷–q'。在導體極板上的電荷稱之為自由電荷，若我們改變極板電位，它便會移動其位置；在介電質表面的感應電荷，因無法離開表面，所以不是自由電荷。

圖 25-16 (a)沒有介電質的平行板電容器(b)插入介電質厚片後的同一電容器。假設在(a)、(b)中，板上之電荷同為 q。

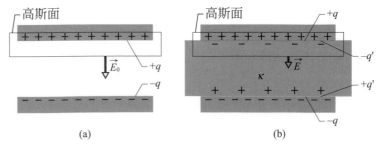

(a)　　　　　(b)

圖 25-16b 中的高斯面內之淨電荷為 $q - q'$，因此由高斯定律可給出

$$\varepsilon_0 = \oint \vec{E} \cdot d\vec{A} = \varepsilon_0 EA = q - q' \tag{25-32}$$

或　　　$E = \dfrac{q - q'}{\varepsilon_0 A}$ (25-33)

介電質之效應會使電場 E_0 減少為原來的 $1/\kappa$，亦即

$$E = \frac{E_0}{\kappa} = \frac{q}{\kappa \varepsilon_0 A} \tag{25-34}$$

比較 25-33 與 25-34 式，可得

$$q - q' = \frac{q}{\kappa} \tag{25-35}$$

25-35 式正確地指出，感應之表面電荷 q' 的大小恆小於自由電荷 q，而且如沒有介電質存在時為零(因為於 25-35 式中 $\kappa = 1$)。

　　若把 25-35 式中的 $q - q'$ 代入 25-32 式中，則高斯定律可以寫成

$$\varepsilon_0 \oint \kappa \vec{E} \cdot d\vec{A} = q \quad \text{(有介電質存在的高斯定律)} \tag{25-36}$$

此重要的關係式，雖然是由平行板電容器所導出，但仍適用於其它情形，這是高斯定律的最普遍形式。請注意下列幾點：

1.　現在通量積分所處理的是 $\kappa \vec{E}$，而不再是 $\vec{E}$ (向量 $\varepsilon_0 \kappa \vec{E}$ 有時被稱做電位移 $\vec{D}$，因此 25-36 式便可簡化為 $\oint \vec{D} \cdot d\vec{A} = q$ 的形式)。

2.　高斯面內所包含之電荷 q，現在只取自由電子而已。在 25-36 式的右邊，故意把感應的表面電荷略去不計，而整個表面電荷的效應，則由加到左邊的常數 κ 所涵蓋

3.　25-36 式與高斯定律的原始形式(即 23-7 式)間的差異，僅在於後者的 ε_0 被 $\kappa\varepsilon_0$ 所取代。我們將 κ 放進到 25-36 式的積分號內以便顧及 x 在高斯面上可能不為常數之情形。

範例 **25.06**　電容間隙填入部分的介電質

　　圖 25-17 所示為一平行板電容器，其面積為 A，極板間距為 d。兩極板連接電池的板間電位差為 V_0。若移開充電電池，然後在兩極板間插入厚度為 b，介電常數為 κ 的介電質，如圖所示，假設 $A = 115 \text{ cm}^2$，$d = 1.24 \text{ cm}$，$V_0 = 85.5 \text{ V}$，$b = 0.780 \text{ cm}$ 和 $\kappa = 2.61$。

(a) 插入介電質厚片之前的電容 C_0 為多少？

計算　由 25-9 式可得

$$C_0 = \frac{\varepsilon_0 A}{d} = \frac{(8.85 \times 10^{-12} \text{ F/m})(115 \times 10^{-4} \text{ m}^2)}{1.24 \times 10^{-2} \text{ m}}$$

$$= 8.21 \times 10^{-12} \text{ F} = 8.21 \text{pF} \tag{答}$$

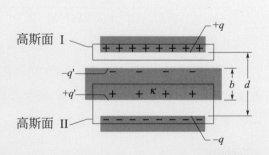

圖 25-17　平行板電容器內包含了一塊只能填充其部分空間的介電質厚片。

(b)在極板上的自由電荷為多少？

計算 由 25-1 式可得

$$q = C_0 V_0 = (8.21 \times 10^{-12} \text{ F})(85.5 \text{ V})$$
$$= 7.02 \times 10^{-10} \text{ C} = 702 \text{ pC} \qquad \text{(答)}$$

因為在插入介電質之前已經把電池移開，自由電荷之數目維持不變。

(c)極板與介電質厚片之間空隙處的電場 E_0 為多少？

關鍵概念

我們需要應用 25-36 式的高斯定律到圖 25-17 的高斯面 I。

計算 此高斯面通過間隙，所以僅包圍了電容器上極板的自由電荷。電場僅穿越高斯面的底部，因為面積向量 $d\vec{A}$ 及場向量 $\vec{E}_0$ 均指向下，所以 25-36 式中的點積變成

$$\vec{E}_0 \cdot d\vec{A} = E_0 \, dA \cos 0° = E_0 \, dA$$

則 25-36 式會變成

$$\varepsilon_0 \kappa E_0 \oint dA = q$$

現在此積分單純就是極板面積 A。所以可知

$$\varepsilon_0 \kappa E_0 A = q$$

或 $\qquad E_0 = \dfrac{q}{\varepsilon_0 \kappa A}$

我們須令 $\kappa = 1$，這是因為高斯面 I 並沒有通過介電質。所以，我們有

$$E_0 = \frac{q}{\varepsilon_0 \kappa A} = \frac{7.02 \times 10^{-10} C}{(8.85 \times 10^{-12} \text{ F/m})(1)(115 \times 10^{-4} \text{ m}^2)}$$
$$= 6900 \text{ V/m} = 6.90 \text{ kV/m} \qquad \text{(答)}$$

注意，因高斯面 1 在圖 25-17 中所包圍的電荷量並未改變，所以當介電質厚片插入時，E_0 的值並未改變。

(d)介電質厚片內之電場 E_1 為多少？

關鍵概念

現在我們對圖 25-17 中的高斯面 II 應用於 25-36 式。

計算 只有自由電荷 $-q$ 在 25-36 式中，所以

$$\varepsilon_0 \oint \kappa \vec{E}_1 \cdot d\vec{A} = -\varepsilon_0 \kappa E_1 A = -q \qquad (25\text{-}37)$$

這個方程式的第一個減號來自內積 $\vec{E}_1 \cdot d\vec{A}$，其沿著高斯面的頂端，這是因為電場向量 $\vec{E}_1$ 現在指向下方，而面積向量 $d\vec{A}$（一個封閉高斯面由內對外的點）指向上方的緣故。而兩個向量間為 180 度，則點積為負。現在 $\kappa = 2.61$。因此，25-37 式告訴我們

$$E_1 = \frac{q}{\varepsilon_0 \kappa A} = \frac{\varepsilon_0}{\kappa} = \frac{6.90 \text{ kV/m}}{2.61}$$
$$= 2.64 \text{ kV/m} \qquad \text{(答)}$$

(e)當插入介電質後，兩極板間的電位差 V 為多少？

關鍵概念

我們利用積分來找出 V，積分路徑是由下極板至上極板的直線。

計算 在介電質內，其積分路徑長度為 b，電場為 E_1。在介電質上方與下方間的空隙之積分路徑總長度為 $d - b$，電場則為 E_0。由 25-6 式得到

$$V = \int_-^+ E \, ds = E_0(d-b) + E_1 b$$
$$= (6900 \text{ V/m})(0.0124 \text{ m} - 0.00780 \text{ m})$$
$$\quad + (2640 \text{ V/m})(0.00780 \text{ m})$$
$$= 52.3 \text{ V} \qquad \text{(答)}$$

較原來的電位差 85.5 V 小。

(f) 板子置入時電容為何？

關鍵概念

電容 C 可與 25-1 式中的 q 和 V 作連結。

計算 利用(b)中的 q 與(e)中的 V，可得

$$C = \frac{q}{V} = \frac{7.02 \times 10^{-10} C}{52.3 \text{ V}}$$
$$= 1.34 \times 10^{-11} \text{ F} = 13.4 \text{ pF} \qquad \text{(答)}$$

比原先 8.21 pF 的電容大。

重點回顧

電容器；電容　電容器是由兩個帶$+q$、$-q$ 電荷之孤立導體(極板)所組成，其**電容** C 的定義爲

$$q = CV \qquad (25\text{-}1)$$

其中 V 是兩極板間的電位差。

電容之計算　通常我們依下列的步驟來計算電容器的電容：(1)假設電荷 q 被置於電容器極板上，(2)求出由這些電荷所建立的電場，(3)計算出電位差 V，(4)利用 25-1 式求出 C。下面爲一些特例的結果：

由面積爲 A，相距爲 d 的兩平行極板所組成的平行板電容器，其電容爲

$$C = \frac{\varepsilon_0 A}{d} \qquad (25\text{-}9)$$

由內、外半徑分別爲 a、b，長度爲 L 的兩同軸圓柱所組成的圓柱電容器的電容爲

$$C = 2\pi\varepsilon_0 \frac{L}{\ln(b/a)} \qquad (25\text{-}14)$$

由內、外半徑分別爲 a 及 b 之同心球殼組成的球形電容器，其電容爲

$$C = 4\pi\varepsilon_0 \frac{ab}{b-a} \qquad (25\text{-}17)$$

可得到半徑 R 之孤立球體的電容爲

$$C = 4\pi\varepsilon_0 R \qquad (25\text{-}18)$$

電容器之並聯及串聯　幾個電容器**串聯**和**並聯**組合時的**等效電容** C_{eq} 爲

$$C_{eq} = \sum_{j=1}^{n} C_j \quad (n \text{ 個電容器並聯}) \qquad (25\text{-}19)$$

及

$$\frac{1}{C_{eq}} = \sum_{j=1}^{n} \frac{1}{C_j} \quad (n \text{ 個電容器串聯}) \qquad (25\text{-}20)$$

這些等效電容式子，可用來計算更複雜的串聯及並聯電容器組合。

位能與能量密度　已充電之電容器的**電位能** U 爲

$$U = \frac{q^2}{2C} = \frac{1}{2}CV^2 \qquad (25\text{-}21,\ 25\text{-}22)$$

此即對電容器充電所須作的功。此能量通常被視爲儲存於電容器的電場 $\vec{E}$ 中。推而廣之，我們可以將儲存的能量關連於電場。眞空中，在大小爲 E 的電場內，**能量密度** u (單位體積之位能)爲

$$u = \frac{1}{2}\varepsilon_0 E^2 \qquad (25\text{-}25)$$

具有介電質之電容　如果電容器的兩塊極板之間填滿介電質材料，則電容 C 將增爲原來的 κ 倍，κ 稱爲**介電常數**，它是材料的特性在一個填滿介質的區域內，所有靜電公式中包含有 ε_0 的都必須加以修正，並以 $\kappa\varepsilon_0$ 取代 ε_0。

我們可以由電場對介電質平板之永久性電偶極或感應電偶極的作用，進而瞭解加入介電質後所造成的影響。其結果爲感應表面電荷的形成，對電容器極板上給定的自由電荷而言，此感應電荷會使得介電質物體內的電場減弱。

有介電質存在的高斯定律　當介電質存在時，高斯定律可被寫成

$$\varepsilon_0 \oint \kappa \vec{E} \cdot d\vec{A} = q \qquad (25\text{-}36)$$

式子中的 q 爲自由電子，感應的表面電荷之效應已經被積分式子中 κ 所涵蓋了

討論題

1　(a)若圖 25-18 中的 $C = 50\ \mu\text{F}$，則在點 A 和 B 之間的等效電容量是多少？(提示：先想像有個電池連接在這兩個點之間。)(b)計算在點 A 和 D 之間的等效電容量。

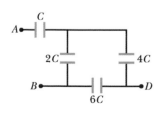

圖 25-18　習題 1

2 當兩個具有半徑 $R = 1.52$ mm 水銀球合爲一滴時，此滴的電容值爲何？

3 某個 $b = 2.00$ mm 的銅片被塞入平行極板電容器裡面，極板面積是 $A = 2.40$ cm^2，而且極板的間隔距離是 $d = 5.00$ mm，如圖 25-19

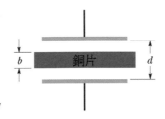

圖 25-19 習題 3 和 4

所示；銅片恰好位於極板之間的中央。請問在塞入銅片之後的電容量是多少？(b)若有電荷 $q = 3.40$ μC 維持在極板上，試問塞入銅片之前的電容器儲存能量，相對於塞入銅片之後的儲存能量的比值是多少？(c)塞入銅片的過程中，對銅片做的功是多少？(d)銅片是被吸入或者必須將它推入極板之間？

4 假設塞入銅片的過程中，維持固定的是電位差 $V = 85.0$ V，而不是讓電荷固定，請重做習題 3。

5 如圖 25-20 所示，電容器的電容爲 38 μF，開始時並未充電。電池提供 30 V 的電位差。當開關 S 閉合後，有多少電荷會流經電容器？

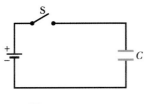

圖 25-20 習題 5

6 我們手上有許多 2.0 μF 電容器，每一個都能夠承受 200 V 電壓而不會發生電性崩潰的現象(在這種情形下，它們將導通電荷而不是儲存電荷)。我們應該如何組裝一個具有：(a) 0.40 μF，(b) 1.2 μF 等效電容量的電容器電路，而且每一個電容器電路都能夠承受 1000 V 的電壓？

7 在圖 25-21 中，電池具有電位差 $V = 9.0$ V，$C_2 = 3.0$ μF，$C_4 = 4.0$ μF，而且所有電容器起初都沒有電荷。當開關 S 閉合的時候，有 15 μC 的總電荷通過點 a，而且有 6.0 μC 的總電荷通過點 b。請問(a) C_1 和(b) C_3 爲何？

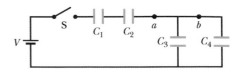

圖 25-21 習題 7

8 圖 25-22 所顯示的平行板電容器具有極板面積 $A = 3.90$ cm^2，和極板間隔距離 $d = 5.56$ mm。極板之間的間隙的左半邊填裝了介電常數 $\kappa_1 = 7.00$ 的材料；右半邊填裝了介電常數 $\kappa_1 = 12.0$ 的材料。試問電容值爲何？

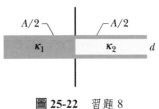

圖 25-22 習題 8

9 圖 25-23 顯示的平行板電容器具有極板面積 $A = 6.15$ cm^2 和極板間隔距離 $d = 4.62$ mm。極板間隙的上半部填裝了介電常數 $\kappa_1 = 11.0$ 的材料；下半部填裝了介電常數 $\kappa_2 = 12.0$ 的材料。試問電容值爲何？

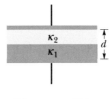

圖 25-23 習題 9

10 圖 25-24 顯示的平行板電容器具有極板面積 $A = 25.3$ cm^2 和極板間距 $2d = 7.12$ mm。極板間隙的左半邊填裝介電常數 $\kappa_1 = 21.0$ 的材料；右半邊的上半部填裝介電常數 $\kappa_2 = 42.0$ 的材料；右半邊的下半部填裝介電常數 $\kappa_3 = 58.0$ 的材料。試問電容值爲何？

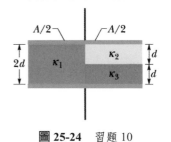

圖 25-24 習題 10

11 某一個具有未知電容量 C 的電容器被充電到 100 V，然後跨接在起初沒有電荷的 60 μF 電容器上。如果在 60 μF 電容器兩端的最終電位差是 40 V，請問 C 是多少？

12 某一個 10 V 電池連接到個串聯電容，每一個電容的電容量是 2.0 μF。若儲存在這些電容的總能量是 25 μJ，試問 n 為何？

13 圖 25-25 中，連接到 12.0 V 電池的電容 1(C_1 = 8.00 μF)，電容 2(C_2 = 6.00 μF)，電容 3(C_3 = 8.00 μF)。當開

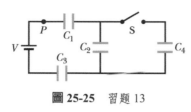

圖 25-25 習題 13

關 S 閉合，使得尚未具有電荷的電容 4(C_4 = 6.00 μF) 連接到電路的時候，請問(a)有多少電荷會從電池流過點 P，(b)有多少電荷出現在電容 4？(c)試解釋這兩種結果的差異。

14 在圖 25-26 中，兩個平行板電容器(在極板之間填裝的是空氣)連接到一個電池上。電容器 1 具有極板面積 1.5 cm^2，以及量值為 2500 V/m 的電場(在極板之間)。電容器 2 具有極板面積 0.70 cm^2，以及量值為 2000 V/m 的電場。試問在兩個電容器上的總電荷是多少？

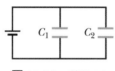

圖 25-26 習題 14

15 試求圖 25-27 所示電容器組合的等效電容？假設 C_1 = 15.0 μF，C_2 = 5.00 μF，C_3 = 6.00 μF。

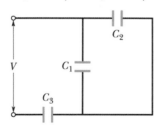

圖 25-27 習題 15、25 和 39

16 圖 25-28 中的每一未充電電容器之電容均為 25.0 μF。當開關閉合時會產生 350 V 的電位差。則有多少庫侖的電荷會通過電錶 A？

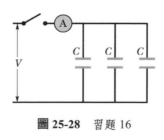

圖 25-28 習題 16

17 圖 25-29a 的曲線 1 提供了電容器 1 能儲存的電荷 q，相對於電容器 1 兩端電位差 V 的圖形。垂直比例設為 q_s = 32.0 μC，而水平比例設為 V_s = 2.00 V。曲線 2 和 3 分別是針對電容器 2 和 3 的相似圖形。圖 25-29b 顯示了這三個電容器組成的電路，及一個 6.0 V 電池。在該電路中，儲存於電容器 2 的電荷為何？

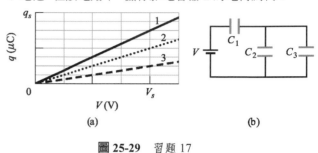

圖 25-29 習題 17

18 平行板電容器的電容為 100 pF，面板面積為 100 cm^2，並用雲母作介電質(κ = 5.4)。若電位差為 40 V，試求(a)雲母中的電場 E？(b)面板上的自由電荷？(c)面板上的感應電荷？

19 我們有兩個銅製極板，一片雲母(厚度 0.10 mm，κ = 5.4)，一片玻璃(厚度 2.0 mm，κ = 7.0)，以及一片石蠟(厚度 1.0 cm，κ = 2.0)。如果想要製造具有最大電容量 C 的平行極板電容器，我們應該在銅極板之間放置哪一種材質的薄片？

20 由平行極板組成的兩個電容器都具有電容量 6.0 μF，它們以並聯的形式連接到 10 V 電池。然後將其中一個電容予以擠壓，使得極板之間的距離變成原來一半。由於距離變短的緣故，試問(a)電池會轉移多少額外電荷到兩個電容器上，以及(b)儲存在兩個電容器上的總電荷增加多少(在一個電容器的正極板上的電荷，加上另一個電容器正極板上的電荷)？

21 在圖 25-30 中，平行極板電容器的極板面積是 2.00×10^{-2} m^2，並且在極板之間填裝了兩片介電質，每一片的厚度是 2.00 mm。其中一片的介電常數是 3.00，另一片是 4.00。請問 7.00 V 電池在電容器上儲存了多少電荷？

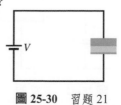

圖 25-30 習題 21

22 巧克力碎屑的秘密。這個敘述情節是從第 23 章習題 22 開始。這是有關餅乾工廠發生爆炸的部分研究，當工廠工人將裝著巧克力碎屑粉末的麻袋，倒空至填裝倉的時候，會在他們周遭擾動起一團雲狀粉末，此時我們量測工人身上的電位。每一位工人相對於地的電位大約是 7.0 kV，而且我們將地的電位選定為零。假設每一位工人的有效電容是典型的 200 pF 電容值，試求該有效電容所儲存的能量。如果在工人和任何連接到地的導電物體之間的單獨一道火花，中和了工人身上的電性，則該能量會轉移到火花上。根據量測結果，火花要能夠點燃巧克力碎屑的雲狀粉末，並且因而引起爆炸，必須至少具有能量 150 mJ。請問工人身上的火花能夠引爆填裝倉中的雲狀粉末嗎？(第 26 章習題 22 將繼續引用這個情節。)

23 平行板電容器之面板為圓形，半徑為 5.20 cm，相距 2.00 mm。(a)計算其電容為何。(b)當外加電位差為 30.0 V 時，試求面板上有多少電荷。

24 某一個圓柱形電容器具有如圖 25-6 所示的半徑 a 和 b。請證明所儲存的電位能有一半是位於半徑 $r = \sqrt{ab}$ 的圓柱體內。

25 在圖 25-27 中，將 $V = 80.0$ V 的電位差施加在電容器組合電路的兩端，其中 $C_1 = 10.0$ μF，$C_2 = 5.00$ μF，且 $C_3 = 4.00$ μF。如果電容器 3 發生電性崩潰現象，導致它變成等效於導電金屬線，試問在(a)電容器 1 的電荷增加量，以及(b)電容器 1 兩端電位差的增加量為何？

26 80 pF 之電容器充電至 50 V 之電位差，然後將電池移開。再將此電容器與一未充電的電容器並聯在一起。如果測量到其電位差降為 35 V，試求第二個電容器的電容為多少？

27 圖 25-31 中，電池之電位差為 24.0 V，五個電容器之電容均為 10.0 μF。試問在：(a)電容器 1，(b)在電容器 2 上的電荷是多少？

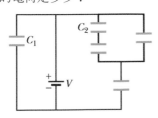

圖 25-31 習題 27

28 將兩填裝空氣的平行極板電容連接到 10 V 電池，先個別連接，再串聯連接，最後並聯連接。在這些配置方式中，經測量發覺儲存於電容的能量由小而大各為：75 μJ、100 μJ、300 μJ 和 400 μJ。則在這兩個電容器中，(a)比較小和(b)比較大的電容為何？

29 在圖 25-32 中，$V = 12$ V，$C_1 = C_5 = C_6 = 6.0$ μF，且 $C_2 = C_3 = C_4 = 4.0$ μF。則(a)儲存在所有電容器上的淨電荷，(b)在電容器 4 上的電荷各是多少？

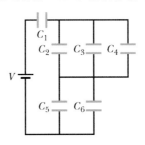

圖 25-32 習題 29

30 將電位差 300 V 施加在由兩個電容器串聯連接而成的電容組合的兩端，這兩個電容器的電容量分別為 $C_1 = 2.00$ μF 和 $C_2 = 8.00$ μF。則在電容器 1 上的(a)電荷 q_1 和(b)電位差 V_1，及在電容器 2 上的(c) q_2 和(d) V_2 各為何？然後將被充電的電容器彼此分隔開，必且也與電池分隔開。接著再以金屬線將這兩個電容器中，具有相同極性的極板重新連結在一起(不使用電池)。試問現在 q_1，(f) V_1，(g) q_2，(h) V_2 各為何？假設情況變成是，在重新連接電容器的時候，將具有相反極性的極板以金屬線連結在一起。請問(i) q_1，(j) V_1，(k) q_2，(l) V_2 各為何？

31 平行板電容器具有電荷 q 和極板面積 A。(a)通過找到將極板間距從 x 增加到 $x + \mathrm{d}x$ 所需的功，確定極板之間的力。（提示：參見方程式 8-22）；(b)然後證明作用在任一板上的單位面積力（靜電應力）等於兩板之間的能量密度 $\varepsilon_0 E^2/2$。

32 球形電容器之兩面板半徑分別為 31.0 mm 及 45.0 mm。(a)計算其電容為多少。(b)若以同樣間隔的平行板電容器代替，則平行板面積須為多少才能得到相同的電容？

33 試求出圖 25-33 中組合的等效電容爲多少？假設 $C_1 = 15.0\ \mu\text{F}$，$C_2 = 5.00\ \mu\text{F}$，$C_3 = 9.00\ \mu\text{F}$。

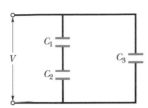

圖 25-33 習題 33 和 36

34 由平行極板組成的兩個電容器都具有電容量 $6.00\ \mu\text{F}$，它們以並聯的形式連接到 24.0 V 電池。然後將其中一個電容予以擠壓，使得極板之間的距離變爲原來的 50.0%。由於擠壓的緣故，試問(a)電池會轉移多少額外電荷到兩個電容器上，以及(b)儲存在兩個電容器上的總電荷增加多少？

35 圖 25-34 中，$V = 20$ V、$C_1 = 10\ \mu\text{F}$、$C_2 = C_3 = 20\ \mu\text{F}$。開關 S 剛開始是擺置在左側，直到電容器 1 達到平衡。然後開關會投置在右側。當再度達到平衡的時候，試問在電容器 1 上有多少電荷？

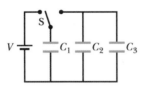

圖 25-34 習題 35

36 在圖 25-33 中，將電位差 $V = 250$ V 施加在電容器組成的電路兩端，各電容值分別是 $C_1 = 10.0\ \mu\text{F}$，$C_2 = 5.00\ \mu\text{F}$，$C_3 = 4.00\ \mu\text{F}$。請問電容器 3 的(a)電荷量 q_3，(b)電位差 V_3，(c)儲存的能量 U_3，電容器 1 的 (d) q_1，(e) V_1，(f) U_1，及電容器 2 的(g) q_2，(h) V_2，(i) U_2 各爲何？

37 給你一個 7.4 pF 的電容器，並要求你在最大電位差 750 V 的限制下，設計出一個可儲存 7.4 μJ 的新電容器。若不允許有誤差發生，則你會使用介電常數爲多少的介電質？

38 圖 25-35 顯示了一個 20.0 V 的電池，以及三個沒有電荷的電容器，各電容值是 $C_1 = 4.00\ \mu\text{F}$，$C_2 = 6.00\ \mu\text{F}$，$C_3 = 3.00\ \mu\text{F}$。然後開關會投置在右側。試問在(a)電容器 1，(b)電容器 2，(c)電容器 3 的最後電荷是多少？

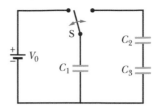

圖 25-35 習題 38

39 在圖 25-27 中，將電位差 $V = 100$ V 施加在電容器組成的電路兩端，各電容值是 $C_1 = 10.0\ \mu\text{F}$，$C_2 = 5.00\ \mu\text{F}$，$C_3 = 20.0\ \mu\text{F}$。請問電容器 3 的(a)電荷量 q_3，(b)電位差 V_3，(c)儲存的能量 U_3，電容器 1 的(d) q_1，(e) V_1，(f) U_1，及電容器 2 的(g) q_2，(h) V_2，(i) U_2 各爲何？

40 要在 800 V 的電位差下儲存 10.0 kW·h 的能量，則需要用多大的電容？

41 平行板空氣電容器的 $A = 31\ \text{cm}^2$，$d = 1.4$ mm，充電至電位差 $V = 600$ V。試求：(a)電容？(b)每一面板之電荷大小？(c)所儲存的能量？(d)面板間的電場？(e)面板間能量密度？

42 在圖 25-36 中，電池電位差是 10.0 V，且每個電容器都具有電容量 10.0 μF。試問在(a)電容器 1 上和(b)在電容器 2 上的電荷是多少？

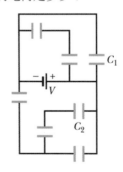

圖 25-36 習題 42

43 在圖 25-37 中，$V = 12$ V、$C_1 = C_4 = 2.0\ \mu\text{F}$、$C_2 = 4.0\ \mu\text{F}$ 和 $C_3 = 1.0\ \mu\text{F}$。試問在電容器 4 上的電荷有多少？

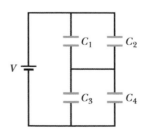

圖 25-37 習題 43

44　二電容器分別為 $2.0\ \mu F$ 和 $4.0\ \mu F$，並聯在一起，外加電位差為 112 V。試求此組合所儲存之總能量？

45　假設靜止的電子是一個點電荷。試問在徑向距離 (a) $r = 1.00$ mm，(b) $r = 2.00\ \mu m$，(c) $r = 2.00$ nm，(d) $r = 2.00$ pm 處，電子電場的能量密度 u 是多少？(e) 試問當 $r \rightarrow 0$ 的時候，u 的極限值為何？

46　某個平行板電容器填裝了 $\kappa = 4.0$ 的介電質。每一個極板的面積是 $0.034\ m^2$，而且極板之間的間隔距離是 3.0 mm。如果極板之間的電場超過 200 kN/C，則電容器將故障(短路或燒毀)。試問電容器所能儲存的最大能量為何？

47　在晴天時，由空氣所造成的 150 V/m 之電場裡，0.600 立方公尺空氣中儲存有多少能量？

48　電容量 $C_1 = 6.00\ \mu F$ 的電容器以串聯的方式與電容量 $C_2 = 4.00\ \mu F$ 的電容器連接在一起，並且有電位差 200 V 施加在此串聯組合的兩端。(a)計算等效電容量。請問在電容器 1 上的(a)電荷 q_1 和(b)電位差 V_1，以及在電容器 2 上的(c) q_2 和(d) V_2 各為何？

49　如果在習題 48 中，兩個電容器是以並聯方式連結在一起，試重做該習題一次。

50　在圖 25-38 中，兩個平行極板電容器 A 和 B 以並聯方式跨接在 600 V 電池兩端。其中每一個極板的面積都是 $80.0\ cm^2$；極板的間隔距離是 3.00 mm。電容器 A 內部填裝的是空氣；電容器 B 內部填裝的是介電常數為 $\kappa = 2.60$。試求在(a)電容器 B 的介電質內，(b) 在電容器 A 的空氣內的電場大小。在(c)電容器 A 和(d) 電容器 B 中，具有比較高電位的極板上，其自由電荷密度 σ 是多少？(e)試問在介電質的頂部表面上所感應的電荷密度 σ' 為何？

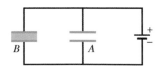

圖 25-38　習題 50

51　在圖 25-39 中，12.0 V 電池能夠在兩個平行極板電容器上儲存多少電荷？其中一個電容器填充了空氣，另一個則填充了 $\kappa = 4.50$ 的介電材質；兩電容器均有平板面積 $5.80 \times 10^{-3}\ m^2$，平板間距 2.00 mm。

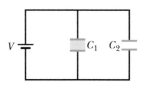

圖 25-39　習題 51

52　將某特定電容器充電到具有電位差 V。如果我們想要讓它儲存的能量增加 10%，試問我們應該使 V 增加多少%？

53　在電容器中的平行極板具有極板面積 $8.50\ cm^2$，間隔距離 3.00 mm，極板之間的填充物質是空氣，而且電容器以 12.0 V 電池進行充電。然後將電池自兩個極板上移除，並且將極板的間隔距離拉開到(沒有放電)8.00 mm。請忽略電場在極板上的邊緣效應(fringing)，然後求出(a)兩個極板之間的電位差，(b)起初儲存的能量，(c)最後儲存的能量，以及(d)增加極板的間隔距離所需要做的功。

54　在圖 25-40 中，$C_1 = 10.0\ \mu F$，$C_2 = 20.0\ \mu F$，而且 $C_3 = 40.0\ \mu F$。如果其中沒有一個電容器可以承受超過 100 V 電位差而不會損壞，請問(a)在點 A 和點 B 之間能夠存在的最大電位差的大小，(b)三個電容器的組合電路所能儲存的最大能量為何？

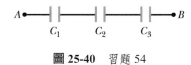

圖 25-40　習題 54

55　當電容間具有 110 V 的電壓時，要多少個 $1.00\ \mu F$ 的電容並聯才可以儲存 50.0 mC 的電荷？

56　在圖 25-41 中，將 12.0 V 電池連接到電容器組合電路的兩端，其中各電容器的電容量是 $C_1 = C_6 = 3.00$ μF，$C_3 = C_5 = 2.00 C_2 = 2.00 C_4 = 4.00\ \mu F$。試問(a)這些電容器的等效電容量 C_{eq}，(b)儲存的能量，(c)電容 1 的 V_1，(d)電容 1 的 q_1，(e)電容 2 的 V_2，(f)電容 2 的 q_2，(g)電容 3 的 V_3，(h)電容 3 的 q_3？

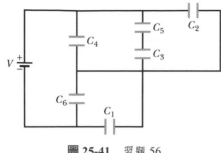

圖 **25-41**　習題 56

57　圖 25-42 所示的四個電容器配置方式會經由點 A 和 B 連接到比較大的電路上。各電容量是 $C_1 = 10 \ \mu F$ 和 $C_2 = C_3 = C_4 = 20 \ \mu F$。已知在電容器 1 上的電荷是 $30 \ \mu C$。試問電位差 $V_A - V_B$ 的大小是多少？

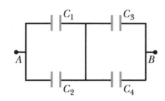

圖 **25-42**　習題 57

58　將一個電容器充電直到其儲存的能量達到 4.00 J。然後將第二個電容器並聯第一個電容器。(a)如果電荷分佈均勻，電場中儲存的總能量是多少？(b)消失的能量去了哪裡？

59　圖 25-43 中，$V = 9.0$ V、$C_1 = C_2 = 30 \ \mu F$ 和 $C_3 = C_4 = 15 \ \mu F$。則在電容器 4 上的電荷有多少？

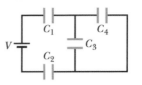

圖 **25-43**　習題 59

60　圖 25-44 中各電容器起初均無電荷。各電容值是 $C_1 = 4.0 \ \mu F$，$C_2 = 8.0 \ \mu F$，$C_3 = 12 \ \mu F$，且電池電位差 $V = 20$ V。當開關 S 閉合時，有多少電子通過(a)點 a，(b)點 b，(c)點 c，(d)點 d？在這個圖形中，電子是往上或往下通過(e)點 b 和(f)點 c？

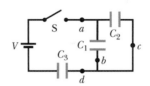

圖 **25-44**　習題 60

CHAPTER 26

電流與電阻

26-1 電流

學習目標

在閱讀完這個區塊的文字之後，讀者應該能夠...

26.01 運用電荷移動通過某點之速率的電流定義，包含處理在某時間間隔內電荷通過該點的情況。

26.02 了解在正常狀態下，電流是因傳導電子受電場推動的運動。

26.03 了解電路中的接點，並應用進入一接點的總電流必須等於流出該接點的總電流之概念(因爲電荷守恆)。

26.04 解釋如何在電路的簡圖中畫出電流箭頭，並了解是箭頭並非向量。

關鍵概念

● 導體中的電流 i 定義爲

$$i = \frac{dq}{dt}$$

其中 dq 是在時間 dt 中流經的正電荷量。

● 傳統上，雖然只有傳導電子在移動(正常來說)，但電流的方向是採用正電載子的移動方向。

物理學是什麼？

前面 5 章中我們討論了靜電學，這是一種靜止電荷的物理學。在這一章和下一章中，我們將討論電流的物理學——即運動的電荷。

電流的例子很多，並且涉及到許多行業。氣象學者關心的是閃電，以及通過大氣、比較不引人注目的緩慢電荷流。生物學家、生理學家以及與醫學技術有關的工程師所關心的是控制肌肉的神經電流，尤其是脊髓受傷之後那些電流如何重新建立。電機工程師關心的是無數的電氣系統，例如電力系統、避雷系統、資料儲存系統和音樂系統。因爲來自太陽的帶電粒子的流動，可以徹底摧毀地球軌道中的通訊系統，甚至損壞地面上的電力傳輸系統，所以太空工程師會監測和研究這類電荷流動。除了學術性工作有關之外，絕大多數的日常生活面向均和電流乘載資訊有關，從股市交易到 ATM 轉帳，從影視娛樂到社交網絡都是。

在這一章中我們將討論電流的基本物理學，以及爲什麼在某些材料中可以建立電流，但是其他材料則無法如此。我們從電流的意義開始這一章的討論。

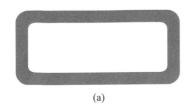

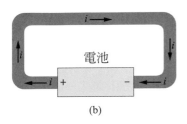

電池

(b)

圖 26-1 (a)靜電平衡的銅金屬迴路。因為整個迴路處於同一電位，所以其內部每一點的電場均為零。加上電池即代表在迴路的兩端加上電位差。此電池會在迴路內產生電場，因而使電荷沿著迴路移動。此電荷的移動即形成電流 i。

電流在任何截面都相同

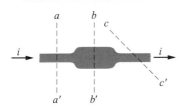

圖 26-2 通過導體的電流 i，在平面 aa'、bb' 及 cc' 處的電流值都一樣。

電流

雖然電流是一連串移動的電荷，但並不是所有移動的電荷都構成電流。假如說有一電流通過一特定表面，則一定有淨電荷流經該表面。下列兩個例子可以幫助闡明上述的意義。

1. 在一段孤立的銅線裡的自由電子，即導電電子，以 10^6 m/s 的速率隨機運動。假如令一假想面截過這樣一個導線，則從兩邊通過該面的導電電子數目會高達每秒數十億之多——但是，因為沒有淨電荷的傳輸，所以沒有電流產生。不過，若是在銅線的兩端接上電池，將會造成電子流動稍微偏向某一方向，以至有淨電荷傳輸，所以就產生電流了。

2. 水管中水的流動方向代表正電荷(水分子中的質子)的運動方向，其流動的速率是每秒數百萬庫侖。但因為有相同數量的負電荷(水分子中的電子)也以同一方向流動，所以沒有淨電荷的傳輸。

在這一章裡，我們大體上會限制在古典物理架構裡，探討由傳導電子在金屬導體內移動造成的穩定電流，銅線即為此種金屬導體之一例。

圖 26-1a 提醒我們，在一個孤立的導體迴路中，無論是否帶有多餘的電荷，此迴路上各點的電位都是相同的。在導體迴路的裡面或表面不可能存在電場。雖然導體中存在傳導電子，由於沒有淨電力作用在這些電子上，所以沒有電流產生。

如果在迴路中加上電池(如圖 26-1b)，導體迴路就不再只有單一電位了。銅線內部的電場作用對傳導電子施力使其移動，因而建立了電流。在很短的時間內，電子的流動會達到定值，此時電流即處於穩態(它不隨時間改變)。

圖 26-2 是一個已經有電流流動的導體迴路中的一小部分。若在時間 dt 內，通過某一虛構平面(如 aa')的電荷量是 dq，則通過這個平面的電流 i 定義為

$$i = \frac{dq}{dt} \quad (\text{電流的定義}) \tag{26-1}$$

透過積分我們可以算出從 0 延伸到 t 的時間內通過該平面的電荷為

$$q = \int dq = \int_0^t i\,dt \tag{26-2}$$

其中電流 i 可能會隨時間而變化。

在穩態狀況之下，無論是通過平面 aa'、bb'、cc'，以及所有在導體中任何完整截面上的電流都是相同的，不論此截面所在的位置或方向為何。此乃根據電荷守恆的事實。在我們所假設的穩態狀況下，當電子通過平面 cc'，必然也會通過平面 aa'。同樣的道理，如果水在水管中穩定地流著，當一滴水流出水管的同時，必定會有一滴水從另一端流進水管。

如此水管中的水量是守恆的。

　　電流的 SI 單位是每秒庫侖，或安培(A)，後者是 SI 的基本單位：

　　　　1 安培　= 1 A = 1 庫侖/秒　= 1 C/s

安培的正式定義將在第 29 章再行討論。

　　26-1 式中定義的電流是一個純量，因為在式中的電荷及時間都是純量。然而，如圖 26-1b 所示，我們常常使用箭頭來表示電流中的電荷在導體中流動。但是這些箭頭並不是向量，且它們並不需要向量加法。圖 26-3a 表示一個導體內的電流 i_0 在一個接點處分成兩分支路。因為電荷是守恆的，所以分支的電流值相加，其大小必定等於原來導體中的電流值大小，故

　　　　$i_0 = i_1 + i_2$　　　　　　　　　　　　　　　(26-3)

圖 26-3b 則是用來說明即使導線是彎曲的或重新排放，也不會影響 26-3 式的正確性。電流箭頭符號只是表示沿著導體流動的方向，不是在空間的方向。

電流的方向

　　在圖 26-1b 中，我們將帶正電粒子受電場作用而沿迴路流動的方向畫上電流箭頭符號。這樣的正電荷載子，通常我們如此稱呼它，由電池正極端移動到負極端。事實上，在圖 26-1b 中的銅線迴路裡，電荷載子是攜帶負電荷的電子。電場驅使它們流動的方向剛好與電流方向相反，是由負極流動到正極。由於歷史的因素，我們使用下列的慣例：

　　　　電流箭號的方向是依據正電荷載子的運動方向而定，即使實際的電荷載子是負電荷載子，且往相反方向移動。

　　我們可以使用這個慣例，是因為在大多數的情況裡，在某方向正電載子的假想移動，與負電載子在相反方向的實際移動，具有相同的效應（當然，在兩者造成的效應不同時，我們會捨棄這個慣例，而描述真正的運動狀況）。

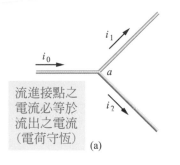

流進接點之電流必等於流出之電流（電荷守恆）(a)

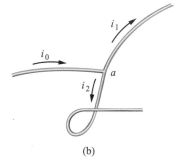

(b)

圖 26-3　在接 a 點處，$i_0 = i_1 + i_2$ 的關係式恆為正確，無論這三條導線在空間裡的位置與方向為何。電流是純量，不是向量。

 測試站 1

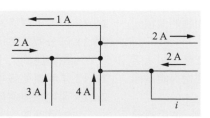

圖示為某電路的一部分。在下方右側的電流 i 之方向及大小為何？

範例 26.01 電流為某一點的電荷通過率

水以體積流率 dV/dt 等於 450 cm³/s 流經花園的水管，則其負電荷電流為何？

關鍵概念

負電荷電流 i 是來自於流過水管的水分子中的電子。電流即為負電荷通過任一水管橫截面的流率。

計算 我們可以用每秒通過該截面的分子數來表示此電流如下

$$i = (每電子電荷)(每分子電子數)(每秒分子數)$$

或

$$i = (e)(10)\frac{dN}{dt}$$

因為水分子(H_2O)中，單一氧原子有 8 個電子，且兩個氫原子中各有 1 個電子，所以我們代入每一個分子中含有 10 個電子。

我們可用已知的體積流率 dV/dt 來表示 dN/dt，首先先寫出

(每秒分子數) = (每莫耳分子數)(每單位質量莫耳數)

$\times$(每單位體積質量數)(每秒體積)

「每莫耳分子數」為亞佛加厥數 N_A。「每單位質量莫耳數」為每莫耳質量倒數，也就是水的分子量 M。

「單位體積質量」為水的(質量)密度 ρ_{mass}。每秒體積為體積流率 dV/dt。所以，我們有

$$\frac{dN}{dt} = N_A\left(\frac{1}{M}\right)\rho_{mass}\left(\frac{dV}{dt}\right) = \frac{N_A\rho_{mass}}{M}\frac{dV}{dt}$$

將此 i 代入的方程式中，可得

$$i = 10eN_AM^{-1}\rho_{mass}\frac{dV}{dt}$$

其中亞佛加厥數 N_A 為 6.02×10^{23} 分子/莫耳，或 6.02×10^{23} mol⁻¹，及利用表 14-1 可知水的密度 ρ_{mass} 在一般條件下為 1000 kg/m³。我們可由附錄 F 中的莫耳質量表(每莫耳克數)獲得水的莫耳質量：將一個氧原子的莫耳質量(16 克/莫耳)加上兩個氫原子的莫耳質量(1 克/莫耳)，可得 18 克/莫耳= 0.018 公斤/莫耳。因此，由於水中電子所造成的負電電流為：

$$i = (10)(1.6\times10^{-19}\text{ C})(6.02\times10^{23}\text{ mol}^{-1})$$
$$\times(0.018\text{kg/ mol})^{-1}(1000\text{kg/ m}^3)(450\times10^{-6}\text{ m}^3\text{/ s})$$
$$= 2.41\times10^7\text{ C/ s} = 2.41\times10^7\text{ A}$$
$$= 24.1\text{MA} \qquad\qquad (答)$$

負電荷電流與組成水分子之三個原子核中的正電荷電流相等，互相抵消。因此，沒有淨電荷流通過水管。

PLUS Additional example, video, and practice available at *WileyPLUS*

26-2 電流密度

學習目標

在閱讀完這個區塊的文字之後，讀者應該能夠...

26.05 了解電流密度與電流密度向量。

26.06 對於電流流經一導體(例如導線)截面積的面積元素，了解此元素的面積向量為 $d\vec{A}$。

26.07 透過在整個截面積上對電流密度向量 $\vec{J}$ 和元素面積向量 $d\vec{A}$ 內積的積分，得出流經過導體截面積的電流。

26.08 對於電流在導體內均勻流經一截面，運用電流 i、電流密度大小 J 與面積 A 之間的關係。

26.09 了解電流線。

26.10 以電子漂移速度來解釋傳導電子的運動。

26.11 區分傳導電子的漂移速率與隨機運動速率，包含相對應的大小。

26.12 了解電荷載子密度 n。

26.13 運用電流密度 J、電荷載子密度 n 與電荷載子漂移速率 v_d 之間的關係。

關鍵概念

● 電流 i (純量)透過下式與電流密度 $\vec{J}$ (向量)相關

$$i = \int \vec{J} \cdot d\vec{A}$$

其中 $d\vec{A}$ 是垂直於表面面積元素 dA 的向量，積分是作用於導體切面的表面。若電荷為正，電流密度和電荷移動速度的方向一樣；若電荷為負的，方向為相反。

● 當導體中有一電場 $\vec{E}$ 時，電荷載子(假設為正)在電場 $\vec{E}$ 的方向會獲得一漂移速率 v_d。

● 漂移速率 v_d 透過下式與電流密度相關

$$\vec{J} = (ne)\vec{v}_d$$

其中 ne 是電荷載子密度。

電流密度

　　有時候我們著重在特定導體內的電流 i。其他時候卻採取局部觀而著重在導體內某截面上一點的電荷流動。為了描述這種流動，我們介紹**電流密度**(current density) $\vec{J}$，它是個向量，方向與正電荷的移動速度方向相同，而與負電荷的移動速度方向相反。J 的大小等於通過此截面的每單位面積電流量。我們可將通過此面積元素的電流量寫成 $\vec{J} \cdot d\vec{A}$，其中 $d\vec{A}$ 為此元素之面積向量，垂直於電流方向。通過該面之總電流便為

$$i = \int \vec{J} \cdot d\vec{A} \tag{26-4}$$

如果通過此面的電流是均勻的，且平行於 $d\vec{A}$，則 $\vec{J}$ 也是均勻的且平行於 $d\vec{A}$。則 26-4 式變成：

$$i = \int J \, dA = J \int dA = JA$$

所以　　$$J = \frac{i}{A} \tag{26-5}$$

其中 A 是截面的總面積。由 26-4 或 26-5 式可知電流密度的 SI 單位為安培/平方公尺(A/m^2)。

　　在第 22 章中我們看到，電場可用電場線來表示。圖 26-4 所示為如何以類似的一組線來表示電流密度，我們稱為電流線。圖 26-4 中向右行進的電流，是從左邊較寬的導體轉移到右邊較窄的導體。因為電荷在此轉移中是守恆的，所以電荷量以及電流量不會改變。然而，電流密度確實變了──它在較窄的導體中較大。電流線的間隔暗示了電流密度的增加；較密的流線代表了較大的電流密度。

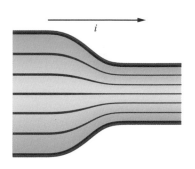

圖 26-4　導體中流動電荷的電流密度可用電流線來表示。

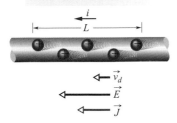

描述電流為電場推動的正電荷所造成

圖 26-5 正電荷載子在外加電場 $\vec{E}$ 的方向上，以速率 v_d 漂移。根據慣例，電流密度 $\vec{J}$ 的方向及電流箭號均畫在相同方向。

漂移速率

當導體內沒有電流通過時，其傳導電子的移動是隨機的，在任何方向都沒有淨運動。當導體有電流通過後，這些電子實際上仍是任意移動的，但此時它們傾向於以**漂移速率**(drift speed)v_d，沿著與引起電流的外加電場相反的方向漂移。此漂移速率與隨機運動的速率相比的話是很微小的。例如，在家用的銅導線裡，電子漂移速率約為 10^{-5} 或 10^{-4} m/s，但其隨機運動的速率可達約 10^6 m/s。

我們可用圖 26-5，把在導線電流中的傳導電子的漂移速率 v_d，和導線中的電流密度大小 J 連繫起來。為了方便起見，圖 26-5 所示為正電載子沿著外加電場 $\vec{E}$ 方向的等效漂移。假設這些帶電載子均以相同的漂移速率 v_d 移動，且通過導線截面積 A 的電流密度 J 是均勻的。在長度 L 的導線中帶電載子的數目為 nAL，其中 n 為每單位體積的載子數。在長度 L 中的載子(均帶電荷 e)的總帶電荷為

$$q = (nAL)\,e$$

因為載子均以 v_d 的速率沿著導線移動，上式的總電荷在下式時間間隔內通過導線的任何截面

$$t = \frac{L}{v_d}$$

26-1 式告訴我們電流為電荷通過截面的傳輸時率，因此我們可得

$$i = \frac{q}{t} = \frac{nALe}{L/v_d} = nAev_d \tag{26-6}$$

將 26-5 式($J = i/A$)代入，我們可解得 v_d 為

$$v_d = \frac{i}{nAe} = \frac{J}{ne}$$

或延伸為向量型式

$$\vec{J} = (ne)\vec{v}_d \tag{26-7}$$

其中乘積 ne 的 SI 單位是 C/m^3，也就是載子電荷密度。對正電載子而言，ne 是正的，且 26-7 式預測 $\vec{J}$ 和 $\vec{v}_d$ 有相同方向。反之，ne 為負，$\vec{J}$ 與 $\vec{v}_d$ 反向。

 測試站 2

如圖所示為傳導電子在導線上向左移動。問下列各項是向左或向右：(a)電流 i，(b)電流密度 $\vec{J}$，(c)導線中的電場 $\vec{E}$？

範例 26.02 均勻與非均勻的電流密度

(a)在半徑 R = 2.0 mm 的圓柱導線中之電流密度，於導線的截面上是均勻分佈，其大小為 $J = 2.0 \times 10^5$ A/m²。在導線外緣部分，通過徑向距離 $R/2$ 到 R 之間的電流是多少(圖 26-6a)？

關鍵概念

因為電流密度在截面處是均勻的，我們可以使用 26-5 式($J = i/A$)來將電流密度 J、電流 i 與截面積 A，關聯起來。

計算 我們所要的只是通過較小的截面積 A' 的電流(而不是全部面積)，此面積為

$$A' = \pi R^2 - \pi\left(\frac{R}{2}\right)^2 = \pi\left(\frac{3R^2}{4}\right)$$

$$= \frac{3\pi}{4}(0.0020\,\text{m})^2 = 9.424 \times 10^{-6}\,\text{m}^2$$

所以，將 26-5 式重寫如下

$$i = JA'$$

再代入數據，得

$$i = (2.0 \times 10^5\,\text{A/m}^2)(9.424 \times 10^{-6}\,\text{m}^2)$$

$$= 1.9\,\text{A} \tag{答}$$

(b)假設此時通過截面的電流密度隨徑向距離而變，即 $J = ar^2$，其中 $a = 3.0 \times 10^{11}$ A/m⁴ 且 r 以公尺為單位。現在，通過同樣的導線靠外緣部分的電流為何？

關鍵概念

此處的關鍵概念為，因為電流密度不均勻，我們必須使用 26-4 式($i = \int \vec{J} \cdot d\vec{A}$)，並對電流密度積分，範圍為導線從 $r = R/2$ 到 $r = R$ 的部分。

欲求兩半徑間的區域中的電流

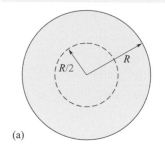

(a)

若電流不均勻，以一個極細環開始在環內之電流密度可近似為均勻

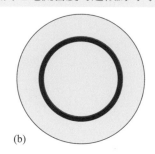

(b)

環的面積為週長與寬度的乘積

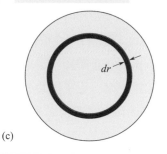

(c)

環內的電流為電流密度與環面積之乘積

從最小的環開始，將所有環的電流相加

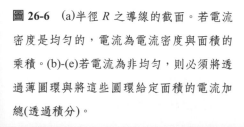

(d)

加到最大的環為止

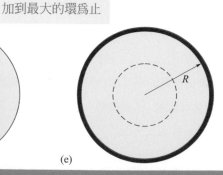

(e)

圖 26-6 (a)半徑 R 之導線的截面。若電流密度是均勻的，電流為電流密度與面積的乘積。(b)-(e)若電流為非均勻，則必須將透過薄圓環與將這些圓環給定面積的電流加總(透過積分)。

計算 電流密度向量 $\vec{J}$ (沿著導線的長度)及微量面積向量 $d\vec{A}$ (垂直導線截面)有相同的方向。因此

$$\vec{J} \cdot d\vec{A} = J\,dA\cos 0 = J\,dA$$

我們需要以某個能在 $r = R/2$ 及 $r = R$ 之間積分的東西取代微分面積 dA。最簡單的替代品(因為 J 是 r 的函數)為圓周 $2\pi r$、寬 dr 的細環面積 $2\pi r\,dr$(見圖 26-6b)。如此我們便可以 r 為積分變數來進行積分。則 26-4 式為

$$i = \int \vec{J} \cdot d\vec{A} = \int J\,dA$$
$$= \int_{R/2}^{R} ar^2\,2\pi r\,dr = 2\pi a \int_{R/2}^{R} r^3\,dr$$
$$= 2\pi a \left[\frac{r^4}{4}\right]_{R/2}^{R} = \frac{\pi a}{2}\left[R^4 - \frac{R^4}{16}\right] = \frac{15}{32}\pi a R^4$$
$$= \frac{15}{32}\pi (3.0\times10^{11}\ \text{A/m}^4)(0.0020\,\text{m})^4 = 7.1\,\text{A} \quad \text{(答)}$$

範例 26.03 電流中傳導電子移動非常緩慢

試問當半徑為 $r = 900$ μm 的銅導線內具有均勻電流 $i = 17$ mA 時,其內部傳導電子的漂移速率為何?假設每一個銅原子提供一個傳導電子,且在導線的橫截面上,其電流密度是均勻的。

關鍵概念

1. 漂移速率 v_d 與電流密度 $\vec{J}$ 和單位體積內的傳導電子數目 n 有關,其關係式為 26-7 式,其可寫為 $J = nev_d$。

2. 因為電流密度是均勻的,它的大小 J 可根據 26-5 式,與電流 i 和導線尺寸相關($J = i/A$,其中 A 為導線的橫截面面積)。

3. 因為我們假設每一原子提供一個傳導電子,所以單位體積的傳導電子數 n 與單位體積的原子數相同。

計算 我們先由第三點開始,並寫下

$$n = \begin{pmatrix} \text{每單位} \\ \text{體積原} \\ \text{子數} \end{pmatrix} = \begin{pmatrix} \text{每莫耳} \\ \text{原子數} \end{pmatrix}\begin{pmatrix} \text{每單位} \\ \text{質量原} \\ \text{子數} \end{pmatrix}\begin{pmatrix} \text{每單位} \\ \text{體積質} \\ \text{量數} \end{pmatrix}$$

每莫耳的原子數即為亞弗加厥數 N_A ($= 6.02 \times 10^{23}$ mol^{-1})。每單位質量的莫耳數為每莫耳質量之倒數,此處為銅的莫耳質量 M 的倒數。每單位體積的質量為銅的(質量)密度 ρ_{mass}。因此

$$n = N_A \left(\frac{1}{M}\right)\rho_{mass} = \frac{N_A\,\rho_{mass}}{M}$$

因此由附錄 F 中,我們可查出銅的莫耳質量 M 和密度 ρ_{mass},所以我們可得(配合一些單位的轉換)

$$n = \frac{(6.02\times10^{23}\ \text{mol}^{-1})(8.96\times10^3\ \text{kg/m}^3)}{63.54\times10^{-3}\ \text{kg/mol}}$$
$$= 8.49\times10^{28}\ \text{electrons/m}^3$$

或 $n = 8.49\times10^{28}\ \text{m}^{-3}$。

接下來,我們將前兩個關鍵概念合併為

$$\frac{i}{A} = nev_d$$

將 A 以 $\pi r^2 (= 2.54 \times 10^{-6}\ \text{m}^2)$ 代入,並解出 v_d,可得

$$v_d = \frac{i}{ne(\pi r^2)}$$
$$= \frac{17\times10^{-3}\ \text{A}}{(8.49\times10^{28}\ \text{m}^{-3})(1.6\times10^{-19}\ \text{C})(2.54\times10^{-6}\ \text{m}^2)}$$
$$= 4.9\times10^{-7}\ \text{m/s} \quad \text{(答)}$$

其僅為 1.8 mm/h,比動作遲緩的蝸牛還慢。

光很快 你可能會問:「假如電子的漂移速率那麼慢,為什麼電燈開關一開便立即亮起來?」造成迷惑的原因乃是將電子漂移速率與電場變化沿導線傳遞的速率混為一談。後者的傳遞速率接近光速,導線內各處的電子,包括電燈內的,幾乎立刻就開始漂移。同樣的當你打開水龍頭,在水管充滿水的狀況下,壓力波沿著水管以音速傳遞。而水本身在水管內流動的速率(也許以染料標誌測量)卻緩慢得多。

26-3 電阻與電阻率

學習目標

在閱讀完這個區塊的文字之後，讀者應該能夠...

26.14 運用兩選取點間之跨接於物體的電位差、物體的電阻 R 與流經物體所產生的電流之間的關係。

26.15 了解電阻器。

26.16 運用在某一材料中的某點所建立的電場大小 E，材料電阻率 ρ 以及於該點所產生的電流密度大小 J 之間的關係。

26.17 對一在導線中建立的均勻電場，運用電場大小 E、兩端點間的電位差 V 以及導線長度 L 之間的關係。

26.18 運用電阻率 ρ 與電導率 σ 之間的關係。

26.19 運用物體電阻 R、其材料電阻率 ρ、長度 L 以及其截面積 A 之間的關係。

26.20 運用以溫度 T 作為函數之導體電阻率 ρ 的近似方程式。

26.21 畫出金屬之電阻率 ρ 對溫度 T 的圖。

關鍵概念

● 導體的電阻 R 定義為

$$R = \frac{V}{i}$$

其中 V 是跨接導體的電位差，i 是電流。

● 一材料的電阻率 ρ 與電導率 σ 透過下式相連結

$$\rho = \frac{1}{\sigma} = \frac{E}{J}$$

其中 E 是外加電場的大小，J 是電流密度的大小。

● 電場和電流密度透過下式與電阻率相關連

$$\vec{E} = \rho \vec{J}$$

● 長 L 與其均勻截面之導線的電阻為

$$R = \rho \frac{L}{A}$$

其中 A 是截面積。

● 多數材料的電阻率 ρ 隨溫度變化。對於許多材料，包含金屬，與溫度 T 的關係近似下式

$$\rho - \rho_0 = \rho_0 \alpha (T - T_0)$$

其中 T_0 是參考溫度，ρ_0 是在 T_0 時的電阻率，以及 α 是該金屬電阻率的溫度係數。

電阻與電阻率

假若以相同的電位差分別加在幾何形狀相似的銅棒及玻璃棒的兩端，所產生的電流值極不相同。這裡我們將討論的導體特性是**電阻**(resistance)。在導體的兩點加以電位差 V，並測量電流 i 之值。然後即可算出電阻 R 為

$$R = \frac{V}{i} \quad (R \text{ 之定義}) \tag{26-8}$$

由 26-8 式，電阻的 SI 單位是伏特/安培。因為這個組合常常出現，所以我們給它一個專有名稱，**歐姆**(符號 Ω)，即

$$1 \text{ 歐姆} = 1\,\Omega = 1 \text{ 伏特/安培} = 1 \text{ V/A} \tag{26-9}$$

在電路中，其功能是提供特定電阻值的導體，稱為**電阻器**(resistor)(見圖 26-7)。在電路圖中以符號 $-\!\bigwedge\!\bigwedge\!-$ 來表示電阻器及其電阻值。若我們將式

圖 26-7 一些電阻的種類，圓形帶是表示阻值的色碼。

26-8 寫爲

$$i = \frac{V}{R}$$

我們看到在特定的電位差 V 下，電阻越大，則電流越小。

　　導體的電阻會因電位差跨接在導體上的方式不同，而有所不同。例如，圖 26-8 所示爲電位差以兩種不同的方式施加於同一導體上。如電流密度的電流線所示，在這兩例中的電流及所測量的電阻會不同。除非另外說明，我們將假設任何電位差均以圖 26-8b 中的方式施加於導體上。

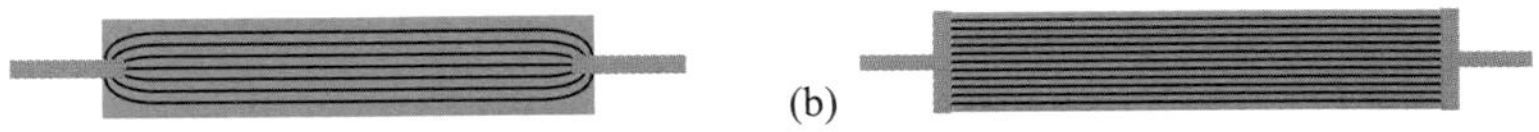

(a)　　　　　　　　　　　(b)

圖 26-8　以兩種不同方法對導體加上電位差。假設暗灰色接頭部分沒有電阻，則(a)中的電阻比(b)中的爲大，前者的電位差是施加在一個小區域上，後者的電位差則是施加在整個端邊緣上。

　　就像我們以往在其他場合所做的一樣，我們希望從一般整體的觀念來討論一種材料，而不是某一種特定物體。因此，我們不把重點放在跨接於電阻器的電位差 V 上，而是在電阻上某一點之電場上。這裡我們不考慮流通於電阻器內的電流 i，而是該點上的電流密度 $\vec{J}$。用以替代物體之電阻 R，我們定義其**電阻率**(resistivity)ρ：

$$\rho = \frac{E}{J} \quad (\rho \text{ 的定義}) \tag{26-10}$$

(與 26-8 式比較)。

　　若將 E 和 J 的 SI 單位根據 26-10 式作結合，便可得到 ρ 的單位，$\Omega \cdot$ m(歐姆-公尺)：

$$\frac{\text{單位}(E)}{\text{單位}(J)} = \frac{\text{V/m}}{\text{A/m}^2} = \frac{\text{V}}{\text{A}}\text{m} = \Omega \cdot \text{m}$$

(不要把電阻率的單位 ohm-meter 和測量電阻的儀器歐姆計(ohmmeter)弄混了)。表 26-1 列出了一些材料的電阻率。

　　我們可將 26-10 式以向量形式表示之

$$\vec{E} = \rho\vec{J} \tag{26-11}$$

26-10 和 26-11 式只對等向性材料有效，這種物質的電性質在材料中任何方向皆相同。

　　我們時常提到材料的**導電率**(conductivity)σ。事實上它只是電阻率的倒數，即

$$\sigma = \frac{1}{\rho} \quad (\sigma \text{ 的定義}) \tag{26-12}$$

表 26-1　某些材料的室溫(20℃)電阻率

材料	電阻率 ρ ($\Omega \cdot$m)	電阻率的溫度係數 α (K^{-1})
典型金屬		
銀	1.62×10^{-8}	4.1×10^{-3}
銅	1.69×10^{-8}	4.3×10^{-3}
金	2.35×10^{-8}	4.0×10^{-3}
鋁	2.75×10^{-8}	4.4×10^{-3}
錳銅[a]	4.82×10^{-8}	0.002×10^{-3}
鎢	5.25×10^{-8}	4.5×10^{-3}
鐵	9.68×10^{-8}	6.5×10^{-3}
鉑	10.6×10^{-8}	3.9×10^{-3}
典型半導體		
純矽	2.5×10^{3}	-70×10^{-3}
n 型矽[b]	8.7×10^{-4}	
p 型矽[c]	2.8×10^{-3}	
典型絕緣體		
玻璃	$10^{10} \sim 10^{14}$	
熔融石英	$\sim 10^{16}$	

[a]　特殊設計而 α 值很小的合金。
[b]　滲入磷雜質在純矽中，使其電荷載子密度爲 10^{23} m^{-3}。
[c]　滲入鋁雜質在純矽中，使其電荷載子密度爲 10^{23} m^{-3}。

σ 的 SI 單位是 $(\Omega \cdot M)^{-1}$。有時也使用姆歐(歐姆的相反)作為單位名稱。由 σ 的定義，我們可將 26-11 式寫成另一個形式

$$\vec{J} = \sigma \vec{E} \tag{26-13}$$

由電阻率計算電阻

我們剛作了一個很重要的區別：

電阻是物體的性質。電阻率則是材料的性質。

假如我們知道某一物質(如銅)的電阻率，便能夠計算由此物質做成導線的電阻。假設 A(圖 26-9)為該導線的截面積，L 為長度，施加於兩端的電位差為 V。若電流線所表示的電流密度在整條導線上為均勻分佈，則在導線上各點的電場及電流密度均為定值，由 24-42 及 26-5 式，其值分別為

$$E = V/L \ \ 及 \ \ J = i/A \tag{26-14}$$

然後我們可以將 26-10 和 26-14 式結合成

$$\rho = \frac{E}{J} = \frac{V/L}{i/A} \tag{26-15}$$

但是由於 V/i 是電阻 R，所以我們可以把 26-15 式改寫成

$$R = \rho \frac{L}{A} \tag{26-16}$$

在此必須注意 26-16 式只能應用在一均勻等向性的導體上，而且導體的各截面之面積皆相等，兩端跨接電壓的方式也必須如圖 26-8b 所示。

當量測某一特定導體時，我們對 V、i 及 R 這些巨觀量有興趣。這些量都可直接從測量器中讀取。當要研究物質的基本電性質時，我們對 E、J 及 ρ 這些微觀量有興趣。

 測試站 3

如圖所示為三個圓柱銅導體之截面積及長度。當相同的電位差 V 施加於兩端時，依其電流由大到小排列之。

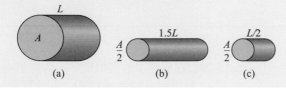

(a)　　　(b)　　　(c)

隨溫度之變化

大部分的物理性質的值都會隨溫度而變化，電阻率也不例外。例如圖 26-10 中即顯示出銅的電阻率在廣大的溫度範圍內所呈現的變化。對於銅線及大部分的金屬而言，在廣大溫度範圍內，溫度和電阻率之間呈

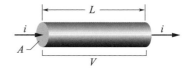

圖 26-9 在長度為 L，截面積為 A 的導線兩端加上電位差 V，就會產生電流 i。

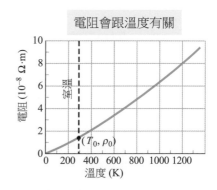

圖 26-10 銅線的電阻率與溫度的函數關係。曲線上的點是很便利的參考點($T_0 = 293$ K，$\rho_0 = 1.69 \times 10^{-8} \ \Omega \cdot$ m)。

現線性關係。所以依據此線性關係，我們可以歸納出近似結果，供大部分工程上的應用

$$\rho - \rho_0 = \rho_0 \alpha (T - T_0) \tag{26-17}$$

此處 T_0 是選擇性的參考溫度，而 ρ_0 是在 T_0 溫度下的電阻率。通常我們選擇 $T_0 = 293$ K(室溫)，在此溫度下銅的 $\rho_0 = 1.69 \times 10^{-8}\ \Omega \cdot$ m。

因為 26-17 式只考慮溫度差，所以無論使用攝氏溫度或凱氏溫度為單位，其大小都是一樣的。在 26-17 式中的 α 稱作電阻率的溫度係數，α 值的選擇使得公式的計算結果在選擇的溫度範圍內能與實驗結果達到最佳的一致性。一些金屬的 α 值列在表 26-1 中。

範例 26.04 具有電阻率的材料，一個具有電阻的材料

一矩形的鐵塊形狀為 1.2 cm × 1.2 cm × 15 cm，於其平行的兩端面，施予電位差，其施加方式如圖 26-8b 所示，使得兩面呈現等電位。試問在下列兩種施加電位差的情形下，鐵塊的電阻是多少：(1)電位差施加於正方形端表面(1.2 cm × 1.2 cm)及(2)兩個矩形端表面(1.2 cm × 15 cm)？

關鍵概念

一物體的電阻與電位如何施加在此物體上有關。尤其是，根據 26-16 式($R = \rho L/A$)，它取決於 L/A 的比例，其中，A 是施以電位差的表面面積，L 為電位差施加表面之間分隔的距離。

在第一種情形下，$L = 15$ cm $= 0.15$ m，而且

$$A = (1.2\ \text{cm})^2 = 1.44 \times 10^{-4}\ \text{m}^2$$

由表 26-1 中我們查出在室溫下鐵的電阻率 ρ，將這些數值代入 26-16 式，我們得到第一種情形下的電阻

$$R = \frac{\rho L}{A} = \frac{(9.68 \times 10^{-8}\ \Omega \cdot \text{m})(0.15\,\text{m})}{1.44 \times 10^{-4}\ \text{m}^2}$$

$$= 1.0 \times 10^{-4}\ \Omega = 100\ \mu\Omega \tag{答}$$

在第二種情形下，鐵塊的 $L = 1.2$ cm，而且長方形面積 $A = (1.2\ \text{cm})(15\ \text{cm})$，從 26-16 式可以得到

$$R = \frac{\rho L}{A} = \frac{(9.68 \times 10^{-8}\ \Omega \cdot \text{m})(1.2 \times 10^{-2}\ \text{m})}{1.80 \times 10^{-3}\ \text{m}^2}$$

$$= 6.5 \times 10^{-7}\ \Omega = 0.65\ \mu\Omega \tag{答}$$

PLUS Additional example,video,and practice available at *WileyPLUS*

26-4 歐姆定律

學習目標

在閱讀完這個區塊的文字之後，讀者應該能夠...

26.22 區分遵守歐姆定律的物體與不遵守的物體。

26.23 區分遵守歐姆定律的物質與不遵守的物質。

26.24 描述在電流中傳導電子的一般運動。

26.25 對於在導體中的傳導電子，解釋平均自由時間 τ、等效速率和(隨機)運動之間的關係。

26.26 運用電阻率 ρ、傳導電子數量密度 n、電子平均自由時間 τ 之間的關係。

關鍵概念

● 若裝置的電阻 R ($=V/i$) 獨立於外加電位差 V，則該裝置(導體、電阻或任何電子裝置)遵守歐姆定律。

● 若一物質的電阻率 ρ ($=E/J$) 獨立於外加電場 $\vec{E}$ 的大小與方向，則此物質遵守歐姆定律。

● 假設金屬中的傳導電子可以像分子在氣體中那樣自由移動，金屬的電阻率表示式為：

$$\rho = \frac{m}{e^2 n \tau}$$

其中 n 是每單位體積自由電子數目，τ 是金屬分子附近電子在每次碰撞間的平均時間。

● 金屬遵守歐姆定律，因為平均自由時間 τ 近似獨立於金屬上的任何外加電場大小 E。

歐姆定律

誠如我們所討論的，電阻器是一個具有特定電阻的導體。同時不論其施加電壓之大小或極性是否改變，它都有相同的電阻。然而，其他的導電元件有的會依電位差的不同而有不同的電阻產生。

圖 26-11a 所示為如何區分此種元件。將一電位差 V 施加在待測物的兩端，流過的電流 i 將依電壓大小及極性的改變而分別測量。電位 V 的極性可任意指定某端為正，當待測物的左端電壓比右端高。電流的方向(從左至右)就指定為正向電流。假如將 V 的極性倒過來(右端的電壓較高)則 V 為負值，那麼電流則需加上個負號。

圖 26-11b 表示某一元件的電流與電壓 V 兩者的關係。圖上是一條通過原點的直線，不論 V 值如何，直線的斜率 i/V 不改變。這意謂著待測物的電阻 $R = V/i$ 是一常數，不隨著電位差極性 V 或大小的改變而改變。

圖 26-11c 是由另一個元件測試而得的。電流只有在當電壓的極性為正且大於 1.5 V 時，方能存在於元件中。當電流存在時，i 與 V 之間的關係不是線性的，而是受到電位差 V 的影響。

我們說這兩個元件之一服從歐姆定律，另一個則否，並以此來區分這兩個元件。

 歐姆定律是主張流經裝置的電流總是正比於施加於裝置兩端的電位差。

(這個主張只在某些情況下成立；由於歷史上的原因，我們使用「定律」這個詞)。我們說圖 26-11b 中的裝置(如一個 1000 Ω 電阻器)遵守歐姆定律。而圖 26-11c 中的裝置(如一個接面二極體)則不遵守歐姆定律。

 當裝置的電阻與施加於其兩端的電位差之大小及極性無關時，該導電裝置遵守歐姆定律。

將 $V = iR$ 當作歐姆定律的爭論，並非事實！該公式只是電阻的定義，不論導電裝置是否符合歐姆定律均可使用它。如果我們測出任何元件，即使是 pn 接面二極體的電位差 V 及電流 i，便可以由 $R = V/i$，求出在這

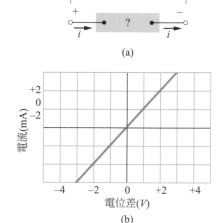

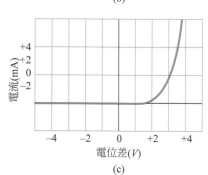

圖 26-11 (a)裝置的兩端，加以電位差，即能建立電流 i。(b)當裝置為一個 1000 Ω 電阻器時所畫出的 V-i 圖。(c)當裝置為一個半導體(pn 接面二極體)時的 V-i 圖。

個 V 值時，其電阻的大小。歐姆定律的精義即是在其 $V\text{-}i$ 圖是線性的，即 R 值與 V 值無關。針對導體物質，我們可以透過 26-11 式($\vec{E} = \rho\vec{J}$)將此概念通則化：

 當一個導電材料的電阻率與所加的電場大小及方向無任何關係時，我們稱此導電材料符合歐姆定律。

所有均勻的材料是否為導體(如銅)或半導體(含純矽或滲雜質者)，在電場的某些範圍內都會遵守歐姆定律。若電場太強，則任何材料都會偏離歐姆定律。

 測試站 4

下表提供了兩個元件在不同的電位差(伏特)下的電流值(安培)。由這些資料求出那一個元件不符合歐姆定律。

元件 1		元件 2	
V	I	V	i
2.00	4.50	2.00	1.50
3.00	6.75	3.00	2.20
4.00	9.00	4.00	2.80

歐姆定律的微觀觀點

為了找出為什麼某些材料會遵守歐姆定律，我們必須要從原子的層面去了解導電的過程。在此我們僅討論金屬的導電性，如銅。我們將以自由電子模型來作為分析的基礎，即假設在金屬中傳導電子能自由的移動，就像密閉容器中的氣體分子。同時我們也假設電子與電子間不相互碰撞，僅和金屬原子碰撞。

依據古典物理，電子應具有馬克斯威爾速率分佈，類似氣體中的分子一樣在這種分佈下(參閱第 19-6 節)，電子的平均速率取決於其溫度。但是電子的運動是不受古典物理的法則約束，而是量子物理。因此我們作一較接近電子的量子性質之假設，即電子以單一等效速率 v_{eff} 移動，此速度與溫度無關。以銅來說，$v_{eff} \approx 1.6 \times 10^6$ m/s。

當我們將電場加在金屬上時，在電場的反方向電子會微微的改變其隨機運動，並以平均漂移速率 v_d 緩慢地移動。電子在典型金屬導體中的漂移速率(約 5×10^{-7} m/s)比其等效速率(1.6×10^6 m/s)小很多個數量級。圖 26-12 顯示出此兩種速率之間的關係。灰色線代表未加電場時電子可能經過的任意路徑，電子從 A 到 B 點行經途中產生六次碰撞。綠色線則表示當加上電場時，電子可能的路徑。我們可以看到電子穩定地向右移動，終點在 B' 而不是 B。圖 26-12 是依 $v_d \approx 0.02\,v_{eff}$ 的假設而繪製的。實際上的值約為 $v_d \approx (10^{-13})v_{eff}$，所以圖中所示的移動過於誇大。

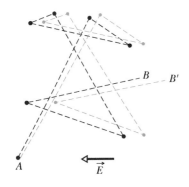

圖 26-12 灰色線表示電子經過六次碰撞後，自 A 點移到 B 點。綠色線表示有電場 $\vec{E}$ 時，電子路徑的可能情形。注意電子向 $-\vec{E}$ 的方向移動(事實上，綠色線應該是稍微彎曲的。因為在電場的作用下，電子經碰撞後的路徑應該是呈拋物線)。

傳導電子在電場 $\vec{E}$ 中的運動是來自隨機的碰撞和電場 $\vec{E}$ 兩者之結合。當我們考慮所有的自由電子隨機碰撞運動的平均值時，它可說是零，對於漂移速率毫無貢獻。因此，漂移速率僅僅是來自電場作用在電子上的影響。

假若把一質量為 m 的電子放置在大小為 E 的電場中，由牛頓第二定律可得到電子所產生的加速度為

$$a = \frac{F}{m} = \frac{eE}{m} \tag{26-18}$$

傳導電子所經歷的碰撞特性是：在一次典型的碰撞後，電子將會遺忘前次與漂移速率有關的記憶。在每次碰撞後，電子將重新開始一次全新的運動，朝向任意的方向運動。兩次碰撞之間所經歷的時間平均值以 τ 來表示，則每一電子的漂移速率 $v_d = a\tau$。此外，無論何時我們測量所有的電子，其平均漂移速率也將會是 $a\tau$。因此，平均而言，電子在任何時刻的漂移速率為 $v_d = a\tau$。由 26-18 式可以得到下列式子

$$v_d = a\tau = \frac{eE\tau}{m} \tag{26-19}$$

將此式與 26-7 式（$(\vec{J} = ne\vec{v}_d)$）合併，可得其大小為

$$v_d = \frac{J}{ne} = \frac{eE\tau}{m} \tag{26-20}$$

可寫成

$$E = \left(\frac{m}{e^2 n\tau}\right) J \tag{26-21}$$

與 26-11 式（$\vec{E} = \rho\vec{J}$）比較，可得

$$\rho = \frac{m}{e^2 n\tau} \tag{26-22}$$

若我們能證明金屬的 ρ 是常數，且與所加的電場 $\vec{E}$ 強度無關時，則 26-22 式可用來作為金屬遵守歐姆定律的描述。我們可以合理地假設 n，每單位體積傳導電子數量是獨立的，且 m 和 e 均為常數，所以問題簡化成只要確信，碰撞間的平均時間(或平均自由時間) τ 是一常數，並與電場的大小無關即可。的確，τ 可視為常數，因為電場所造成的漂移速率 v_d 比等效速率 v_{eff} (電子速度)小非常多，因此電子速率或 τ 就很難被電場影響。因此，因為 26-22 式的右邊是獨立於場大小，所以金屬遵守歐姆定律。

範例 26.05 平均自由時間與平均自由距離

(a)計算銅的傳導電子碰撞間的平均自由時間 τ。

關鍵概念

銅的平均自由時間 τ，近似為常數，且與外加電場無關。因此我們不需考慮任何外加電場的值。然而，因為在電場下銅的電阻率 ρ 與 τ 有關，我們可由 26-22 式($\rho = m/e^2 n\tau$)求出平均自由時間 τ。

計算 我們可得

$$\tau = \frac{m}{ne^2\rho} \tag{26-23}$$

每單位體積的電荷載子數量是 8.49×10^{28} m^{-3}。從表 26-1 上則可查出 ρ。因此分母為

$$(8.49\times10^{28} \text{ m}^{-3})(1.6\times10^{-19} \text{ C})^2(1.69\times10^{-8}\Omega\cdot\text{m})$$
$$= 3.67\times10^{-17} \text{ C}^2\cdot\Omega/\text{m}^2 = 3.67\times10^{-17} \text{ kg/s}$$

其中，單位轉換為

$$\frac{\text{C}^2\cdot\Omega}{\text{m}^2} = \frac{\text{C}^2\cdot\text{V}}{\text{m}^2\cdot\text{A}} = \frac{\text{C}^2\cdot\text{J}/\text{C}}{\text{m}^2\cdot\text{C}/\text{s}} = \frac{\text{kg}\cdot\text{m}^2/\text{s}^2}{\text{m}^2/\text{s}} = \frac{\text{kg}}{\text{s}}$$

接著我們可算出平均自由時間為

$$\tau = \frac{9.1\times10^{-31} \text{ kg}}{3.67\times10^{-17} \text{ kg/s}} = 2.5\times10^{-14} \text{ s} \tag{答}$$

(b)導體中傳導電子的平均自由路徑 λ，為電子於兩次碰撞間所行經的平均距離(此定義與 19-5 節中氣體分子的平均自由路徑同)。求銅的傳導電子之平均自由路徑 λ，假設等效速率 $v_{eff} = 1.6 \times 10^6$ m/s?

關鍵概念

任一粒子以定速率 v 於時間 t 內所行走的距離為 $d = vt$。

計算 對銅中的電子而言，可得

$$\lambda = v_{eff}\tau \tag{26-24}$$
$$= (1.6\times10^6 \text{ m/s})(2.5\times10^{-14} \text{ s})$$
$$= 4.0\times10^{-8} \text{ m} = 40 \text{ nm} \tag{答}$$

這個值大約為銅晶格中兩鄰近離子間距離的 150 倍。因此每一傳導電子於碰撞另一電子前，會經過許多個銅原子。

WILEY PLUS Additional example,video,and practice available at *WileyPLUS*

26-5 半導體及超導體之功率

學習目標

在閱讀完這個區塊的文字之後，讀者應該能夠...

26.27 解釋電路中的傳導電子如何在電阻的裝置中失去能量。

26.28 了解功率是能量從一種型態轉變成另一種的速率。

26.29 對有電阻的裝置，運用功率 P、電流 i、電壓 V、與電阻 R 之間的關係。

26.30 對於電池，運用功率 P、電流 i、電位差 V 之間的關係。

26.31 對於有電池與電阻的裝置，運用能量守恆定律來連結電路中的能量轉換。

26.32 區分導體、半導體與超導體。

關鍵概念

● 在一跨接電位差 V 的電子裝置中，功率 P(或能量轉換速率)為

$$P = iV$$

● 若裝置是一電阻器，功率可以寫為

$$P = i^2 R = \frac{V^2}{R}$$

● 在電阻器中，電位能是由電荷載子與原子之間碰撞的內熱能轉換來的。

● 當電子伴隨著其他原子摻雜進物質而變成電荷載子時，半導體是具有少數傳導電子但可以變成導體的物質。

● 超導體是失去所有電性阻值的物質。大部分這樣的物質需要非常低的溫度，但有一些在和室溫一樣的溫度時會有超導性。

電路中的功率

圖 26-13 所示，電路中有一電池 B 與未指定裝置以電阻可忽略之導線相連。此裝置可以是電阻器、蓄電池、馬達或其他電機裝置。電池 B 兩端有電位差 V，將其跨接在此裝置的兩端，其中 a 端的電位較高。

因為電池兩端有外部導電路徑相連接，且電池保持著固定電位差，所以從路徑 a 到 b 有穩定的電流 i 流過。在時間 dt 內從端點 a 移至端點 b 的電荷總數 dq 等於 idt。此電荷 dq 移動經過了大小減少了 V 的電位，因此其電位能將減少

$$dU = dq\,V = i\,dt\,V \tag{26-25}$$

由能量守恆原理可知減少的電位能會轉換成其它形式的能量。能量轉換率功率 P 是 dU/dt，由 26-25 式可得，

$$P = iV \quad \text{(電能之轉換率)} \tag{26-26}$$

此外，功率 P 也是從電池的能量轉換到某裝置的能量轉換率。假如裝置內是一個馬達連接至機械負載，能量會轉換成對負載所作的功。假如裝置內是一正在充電中的電池，能量則會轉換成化學能貯存在充電電池中。假如裝置是電阻器，則能量會轉換成內部熱能，而使電阻器之溫度升高。

從 26-26 式可知功率的單位是伏特-安培(V · A)。我們可以寫成

$$1\text{V}\cdot\text{A} = \left(1\frac{\text{J}}{\text{C}}\right)\left(1\frac{\text{C}}{\text{s}}\right) = 1\frac{\text{J}}{\text{s}} = 1\text{W}$$

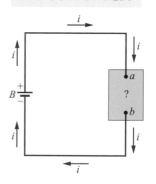

左邊電池提供能量給傳導電子而形成電流

圖 26-13　電池 B 在連有「不明裝置」的電路中建立電流 i。

當電子移動時，它的平均動能保持不變，而失去的電位能則成為電阻器及周遭的熱能。在微觀尺度上，能量的轉換是由於電子與電阻分子之間的碰撞，而導致晶格溫度的上升。由於能量轉換無法逆轉，因此力學能會轉換成熱能而消耗掉。

對具有電阻 R 的電阻器或裝置，我們可以將 26-8 式($R = V/i$)與 26-26 式作結合，得到因電阻而損失的電能消耗率為

$$P = i^2R \quad \text{(電阻性消耗率)} \tag{26-27}$$

或 $\quad P = \dfrac{V^2}{R} \quad \text{(電阻性消耗率)} \tag{26-28}$

注意：我們必須把這兩個式子和 26-26 式小心地加以區別：$P = iV$ 可應用在各式電能轉換，但是 $P = i^2R$ 式和 $P = V^2/R$ 卻只能應用在具有電阻的裝置中，電能轉換為熱能的情況。

測試站 5

電位差 V 連接到一具有電阻 R 的裝置，並使得電阻有電流 i 通過。將下列變化，依其在電阻中電能轉成熱能之轉換率的變化，由大到小排列之：(a) V 倍增，R 不變，(b) i 倍增，R 不變，(c) R 倍增，V 不變，(d) R 倍增，i 不變。

範例 26.06 載流導線的能量耗損率

有一鎳鉻鐵合金的均勻電熱線，電阻 R 為 72 Ω。試求下列情形的能量消耗：(1)跨接於電熱線全長的電壓是 120 V，(2)將電熱線剪成兩半，將 120 V 電壓接於每一半電熱線的兩端？

關鍵概念

電流在電阻性物質中，會產生力學能轉化為熱能的轉換，轉換率由 26-26 到 26-28 式所提供。

計算 因為我們已知電位 V 和電阻值 R，從 26-28 式，狀況 1 中電熱線的功率為

$$P = \frac{V^2}{R} = \frac{(120\,\text{V})^2}{72\,\Omega} = 200\,\text{W} \quad \text{(答)}$$

在狀況 2 中，電熱線一半長度的電阻為(72 Ω)/2 或 36 Ω。所以一半電熱線的消耗功率為

$$P' = \frac{(120\,\text{V})^2}{36\,\Omega} = 400\,\text{W}$$

則兩個「一半長度電熱線」的總功率是

$$P = 2P' = 800\,\text{W} \quad \text{(答)}$$

為單段電熱線的四倍。這似乎建議你去買一電熱線圈後，把它剪成兩半，再連接起來以便獲得四倍的熱輸出。為什麼這不是一個好主意呢？(線圈的電流會發生什麼改變？)

半導體

　　半導體裝置是微電子革命的核心且迎來資訊時代。表 26-2 中把矽(典型半導體)和銅(典型金屬導體)兩者的性質作一比較。相較於銅，矽的電荷數目少許多，電阻率高很多，電阻溫度係數較大且呈現負值。因此，雖然銅的電阻率隨溫度而增加，純矽的電阻率卻隨溫度降低。

表 26-2　銅及矽的一些電性質

性質	單位	銅	矽
材料的種類		金屬	半導體
帶電載子密度	M^{-3}	8.49×10^{28}	1×10^{16}
電阻率	$\Omega \cdot m$	1.69×10^{-8}	2.5×10^{3}
電阻的溫度係數	K^{-1}	$+4.3 \times 10^{-3}$	-70×10^{-3}

　　純矽的電阻率如此高是因為事實上矽是絕緣體，也因此純矽不會直接用在微電子線路上。在純矽中加入少量的特殊雜質原子可減少純矽的電阻率(此過程稱為摻雜)。表 26-1 提供了矽摻雜前及摻雜兩種不同物質後的標準電阻率值。

　　我們可粗略地以電子的能量來解釋半導體、絕緣體和金屬導體間電阻率(導電率可同樣解釋)的差異(我們需要以量子物理來作更詳細的說明)。在金屬導體如銅線中，大部分的電子都被固定在分子中；欲使其能自由移動，特別是在電路中，需要許多的能量。然而，還有一些電子僅受到輕微的束縛，只需要小能量便可使其自由移動。熱能便可提供該能量，如同對導體施以外加電場。這個場不僅使這些受到輕微束縛的電子自由行動，而且驅使它們沿導線移動；因此，該場會在導體中驅動電流。

　　在絕緣體中，需要相當大的能量，才能使電子自由地在該物質中移動。熱能無法提供此一足夠的能量，且任何施加在絕緣體上的合理電場也不夠。因此，沒有有效的電子可通過絕緣體，且在外加電場下也沒有電流會產生。

　　半導體與絕緣體相似，但欲使其電子自由活動的能量並不需要那麼的大。更重要的是，摻雜的雜質可在物質內提供受束縛較小且容易驅動的電子或正電荷載子。此外，藉由對半導體的摻雜控制，我們可以控制組成電流之電荷載子的密度，因此，進而可以控制它的一些電性。大部分的半導體裝置，如電晶體和接面二極體，是將不同的雜質原子，在矽晶片上不同區域進行選擇性的摻雜而製成的。

　　現在讓我們重新看 26-22 式(導體電阻率的關係式)

$$\rho = \frac{m}{e^2 n \tau} \tag{26-29}$$

其中 n 是單位體積內帶電載子的數目，τ 是帶電載子碰撞之間的平均時間(此式是以導體推導出來的，但在半導體中也可適用)。現在考慮當溫度升高時，n 及 τ 會有怎樣的變化。

在導體中，n 值很大，但幾乎爲常數，即使溫度改變，該值不會有明顯的變化。而金屬的電阻率會隨溫度上升而跟著增加的原因(圖 26-10)，是因爲帶電載子之間的碰撞率增加，所以使得 26-29 式中的 τ (平均碰撞時間)減小。

在半導體中，n 值很小，但當溫度升高而使熱擾動增加時，帶電載子的數目便會迅速增加。這導致電阻率降低，如表 26-2 所示，半導體的電阻率具有負溫度係數特性。半導體中的碰撞率也會像金屬般的增加，但是這個效應會被迅速增加的帶電載子數目所抵消。

超導體

在 1911 年，荷蘭物理學家 Kamerlingh Onnes 發現大約在 4 K 的溫度下，水銀的電阻率會完全消失(見圖 26-14)。這種**超導電性**(superconductivity)的現象，對科技有巨大的重要性，因爲這代表著電荷在超導體中流動時，其能量不會以熱能的形式消失。例如，超導體環中的感應電流能維持好幾年而不減少，組成此電流的電子一開始需要力及能量源，但此後即不再需要。

1986 年前，因爲要達到產生此效應的超低溫的費用非常昂貴，超導科技的發展因而受到限制。但在 1986 年，新的陶瓷材料被發現，能在較高溫度(也較便宜)產生超導性。在室溫下應用超導元件也許會成爲事實。

超導性和導電性是相當不同的。事實上，最好的導體，如銀或銅，不管在任何溫度都不會變成超導體，而新的陶瓷超導體，當其溫度沒有低到可到達超導態時，都是絕緣體。

對於超導性的一個解釋爲：構成電流的電子是成對移動的。電子對的其中一個電子在移動時，使得超導材料中的分子結構變形，並在鄰近的地方造成短暫的正電荷集中。另一個電子便會被此正電荷吸引。根據此理論，這樣的電子對可以防止它們與分子碰撞，並消除電阻。對於 1986 年以前，較低溫的超導體可用此理論加以解釋，但對較新的，較高溫的超導體，則需要出現新理論。

圖 26-14 在溫度約等於 4 K 時，水銀的電阻率降至零。

由液態氫所冷卻的超導體材料，使一圓盤形磁鐵浮在空中，金魚則在缸中自在游動。

感謝日本東京國際超導科技中心的 Shoji Tonaka 提供照片

重點回顧

電流　導體中之電流 i 定義為

$$i = \frac{dq}{dt} \tag{26-1}$$

dq 是在 dt 時間內經過導體之任何假設截面的總(正)電荷。電流的方向是正電荷載子移動的方向。電流的 SI 單位是**安培**(A)：1 A = 1 C/s。

電流密度　電流(純量)與**電流密度** $\vec{J}$ (向量)關係為

$$i = \int \vec{J} \cdot d\vec{A} \tag{26-4}$$

其中 $d\vec{A}$ 是垂直於面積為 dA 之面積元素的向量，而積分的計算則是對任何切過導體的表面進行。$\vec{J}$ 的方向與正電荷的運動速度同向，而與負電荷之速度反向。

電荷載子的漂移速率　當導體中建立電場，電荷載子(設為正)即在 $\vec{E}$ 的方向上獲得一**漂移速率** v_d，$\vec{v}_d$ 與電流密度的關係為

$$\vec{J} = (ne)\vec{v}_d \tag{26-7}$$

其中 ne 為電荷載子密度。

導體的電阻　導體的**電阻** R 被定義為

$$R = \frac{V}{i} \quad (R \text{ 的定義}) \tag{26-8}$$

其中 V 為跨接於導體的電位差，i 為電流。電阻的 SI 單位是**歐姆**(Ω)：1 Ω = 1 V/A。有一相似的方程式是用來定義材料的**電阻率** ρ 及**導電率** σ：

$$\sigma = \frac{1}{\rho} = \frac{E}{J} \quad (\sigma \text{ 和} \rho \text{的定義}) \tag{26-12, 26-10}$$

其中 E 為外加電場的大小。電阻率的 SI 單位為歐姆‧公尺(Ω‧m)。與 26-10 式對應的向量方程式為

$$\vec{E} = \rho \vec{J} \tag{26-11}$$

長度為 L 之均勻截面導線的電阻 R 為

$$R = \rho \frac{L}{A} \tag{26-16}$$

其中 A 為截面積。

ρ 隨溫度改變　大部分材料的 ρ 會隨溫度而改變。對許多材料(包括金屬)，ρ 與溫度的關係，大約成下列的線性關係

$$\rho - \rho_0 = \rho_0 \alpha (T - T_0) \tag{26-17}$$

其中 T_0 為參考溫度，ρ_0 是在 T_0 的電阻率，而 α 是該物質電阻率的溫度係數。

歐姆定律　若導體之電阻 R(由 26-8 式定義為 V/i)與外加之電位差 V 無關，則稱此裝置(導體、電阻器或其它電器)遵守歐姆定律。若材料的電阻率(由 26-10 式定義)與外加的電場 $\vec{E}$ 的大小及方向無關，則稱此材料遵守歐姆定律。

金屬的電阻率　假設金屬中之傳導電子可自由移動，如同氣體的分子，則可得金屬之電阻率為：

$$\rho = \frac{m}{e^2 n \tau} \tag{26-22}$$

此處 n 是單位體積的電子數，τ 是電子與金屬中原子碰撞的平均時間。而事實上 τ 與外加於金屬上之電場無關，此即金屬遵守歐姆定律的原因。

功率　在電器裝置兩端維持電位差 V，此時其能量轉換率(即功率 P)為

$$P = iV \quad (\text{電能之轉換率}) \tag{26-26}$$

電阻性消耗　如果裝置為電阻，我們可將 26-26 式改寫為

$$P = i^2 R = \frac{V^2}{R} \quad (\text{電阻性消耗率}) \tag{26-27, 26-28}$$

在電阻器中，電位能是藉由帶電載子和原子間的碰撞，轉換成內部熱能。

半導體　半導體材料的傳導電子之數目並不多，但可在材料中摻入可以在導電帶中產生電子的其它原子，便可以使半導體材料變成導體。

超導體　在低溫度時，超導體會失去所有電阻。現今的研究已經發現了具有更高臨界溫度的材料。

討論題

1 某一道由 α 粒子($q = +2e$)構成的穩定粒子束攜帶著 0.25 μA 的電流，α 粒子具有固定動能 20 MeV。(a) 如果粒子束的方向垂直於一個平坦表面，試問在 3.0 s 內會有多少 α 粒子撞擊到該表面上？(b)在任何瞬間，粒子束中一個給定的 20 cm 長的區域，會包含多少個 α 粒子？(c)為了讓 α 粒子達到能量 20 MeV，必須使每一個 α 粒子從靜止開始，通過多少電位差進行加速？

2 某一根圓柱形金屬棒長 1.60 m，而且直徑是 5.50 mm。在其兩端之間的電阻(在 20 ℃ 下)是 1.09×10^{-3} Ω。(a)此金屬棒是什麼材質？(b)一個圓盤的直徑是 2.00 cm，厚度是 1.00 mm，並且是使用相同材質製成。假設兩端的圓形正面都是等位面，請問在兩個圓形正面之間的電阻是多少？

3 當施加在 400 Ω 電阻器兩端的電位是 90.0 V，試問在 2.00 h 內由電阻器消耗的能量有多少？

4 電流為 2.00 A 時，電阻器上的熱能為 170 W。電阻為何？

5 在圖 26-15a 中，通過電池、電阻 1 和電阻 2 的電流為 2.00 A。能量在兩個電阻中，經由電流轉換成熱能 E_{th}。在圖 26-15b 中的曲線 1 和 2 分別提供了電阻 1 和 2 的熱能 E_{th} 表示成時間 t 的函數圖形。垂直尺度被設定為 $E_{th,s}$ = 40.0 mJ，而水平尺度則被設定為 t_s = 2.50 s。請問電池的功率為何？

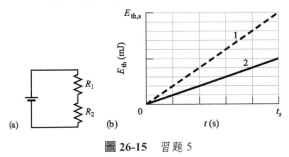

圖 26-15 習題 5

6 某一個圓柱形電阻的半徑是 5.0 mm，而且長度是 2.0 cm，製造這個電阻的材料具有電阻率 3.5×10^{-5} Ω·m。當電阻的能量消耗率是 1.0 W 的時候，請問 (a)電流密度的量值，以及(b)其電位差各為何？

7 來自迴旋加速器的 16 MeV 氘核束撞擊銅塊，粒子束相當於 15 μA 的電流，則(a)氘核撞擊銅塊的時間比率是多少？(b)銅塊中熱能產生率是多少？

8 5.0 A 的電流在電線中持續流過 5.0 分鐘，試求有 (a)多少庫侖以及(b)多少電子經過電線的任一截面？

9 一個 30 μF 的電容器連接在一個可程序化的電源上，在 $t = 0$ 到 $t = 3.00$ s 的時間間隔內，電源的輸出電壓由 $V(t) = 6.00 + 4.00t - 2.00t^2$ 伏特給出。在 $t = 0.500$ s 時求出(a)電容器上的電荷，(b)流入電容器的電流，以及(c)電源輸出的功率。

10 某一個鋼鐵製的電車車軌具有橫截面面積 56.0 cm²。試問 10.0 km 車軌的電阻是多少？已知鋼鐵的電阻率是 3.00×10^{-7} Ω·m。

11 某 X 射線管的操作電流是 7.00 mA，操作電位差是 80.0 kV。則其功率為多少瓦特？

12 在圖 26-16 中，某一個電位差 $V = 18$ V 的電池，連接到電阻 $R = 6.0$ Ω 之阻抗條。當電子從阻抗條的一端移動到另一端的時候，請問(a)電子在圖中的移動方向為何，(b)在阻抗條中的電場對電子作了多少功，以及(c)被電子轉換成熱能的能量有多少？

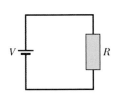

圖 26-16 習題 12

13 在某特定圓形金屬線中，電流密度大小是 $J = (2.75 \times 10^{10} \text{ A/m}^4)r^2$，其中 r 是徑向距離，往外可以達到金屬線半徑 2.50 mm。施加於金屬線的電位差(端點到端點)是 60.0 V。試問在 1.00 h 內有多少能量轉換成熱能？

14 某一個 18.0 W 的裝置具有 9.00 V 的供應電壓。試問在 4.00 h 內流經裝置的電荷有多少？

15 某一個在其兩端具有電位差 200 V 的電阻器，以 3000 W 的速率將電能轉換成熱能。則其電阻為何？

16 當某一個馬達不動作的時候，在 20 ℃ 下馬達的銅線繞組具有電阻 50 Ω。在馬達運轉若干小時以後，馬達電阻上升到 58 Ω。請問此時繞組的溫度是多少？忽略繞組尺寸的改變。(請利用表 26-1。)

17 在圖 26-17a 中，一個 20 Ω 電阻器連接到電池上。圖 26-17b 顯示了在電阻器內，其熱能 E_{th} 增加量相對於時間 t 的函數關係。垂直的尺度被設定為 $E_{th,s}$ = 5.00 mJ，水平的尺度被設定為 t_s = 4.0 s。請問在電池兩端的電位是多少？

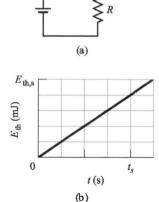

圖 26-17 習題 17

18 一未知電阻連接於 6.00 V 電池之兩端。電阻上消耗之功率為 0.540 W，試求相同之電阻接於 1.5 V 電池時，所消耗的功率為多少？

19 某一部正在移動的汽車的車頭燈，需要 12 V 交流發電機供應 10 A 電流，而且此交流發電機是由引擎所驅動。假設交流發電機的效率是 80%(其輸出電功率是輸入機械功率的 80%)，試計算要讓車頭燈運作，引擎所必須供應的馬力。

20 電阻為 9.0 Ω 之導線以一拉模將長度拉長為原來的兩倍。如果材料中之電阻率及密度皆保持不變，則拉長之後的電阻變為多少？

21 在假設的核融合研究實驗室中，高溫氦氣完全電離，每個氦原子被分離成兩個自由電子和帶正電的原子核，稱為 α 粒子。施加的電場使 α 粒子以 25.0 m/s 的速度向東移動，而電子則以 88.0 m/s 的速度向西移動。α 粒子密度為 2.80×10^{15} cm^{-3}，則(a)淨電流密度和(b)電流方向為何？

22 巧克力碎屑的秘密。這個敘述情節是從第 23 章習題 22 開始，而且在第 24 章和第 25 章都已經延續過這個敘述情節。巧克力碎屑粉末經由半徑為 R 的管路，以均勻速率 v 和均勻電荷密度 ρ 移動到筒倉。試求通過管路垂直橫截面的電流 i(在粉末上的電荷流動率)的數學式。(b)針對下列的工廠條件去計算 i：管路半徑 R = 5.0 cm，速率 v = 2.0 m/s，以及電荷密度 ρ = 1.1×10^{-3} C/m。

如果粉末將會流過電位變化量 V，其能量能夠以速率 $P = iV$ 轉移到火花上。(c)試問在管路內，由於第 24 章習題 22 所討論的徑向電位差的緣故，是否會存在這樣一種能量轉移？在粉末由管路流入筒倉時，粉末的電位產生變化。這個電位變化量值至少會等於管路內的徑向電位差(如同第 24 章習題 22 所計算的)。(d)假設電位差是該數值並且使用上述(b)小題求出的電流值，試求當粉末流出管路的時候，從粉末轉移到火花的能量轉移率。(e)如果在出口處確實發生了火花，並且持續了 0.20 s(一個合理的預期數值)，請問有多少能量轉移到火花？

請回想一下第 23 章習題 22，要引起爆炸所需的最小能量轉移是 150 mJ。(f)粉末爆炸最可能發生在什麼地方：在填裝倉的雲狀粉末中(第 25 章習題 22)，在管路內，或者是在管路進入筒倉的出口處？

23 有位學生將 9.0 V、5.0 W 之收音機，以全音量從下午九點開到凌晨兩點。有多少電荷通過收音機？

24 某金屬線的橫截面是半徑 R = 2.50 mm 的圓形構造，在此金屬線中的電流密度大小 J 可以表示成 $J = (3.00 \times 10^8) r^2$，其中的單位是每平方公尺安培，而且徑向距離 r 的單位是公尺。請問通過由 r = 0.900R 和 r = R 所包圍的區域的電流是多少？

25 一導線長 4.00 m，直徑為 6.00 mm，電阻為 12.0 mΩ。如果有 45.0 V 之電位差加於兩端，(a)在金屬線中的電流為何？(b)電流密度為何？(c)導線材料之電阻率為何？

26 絕緣帶以 30 m/s 的速度移動，寬度為 50 cm。它將電荷帶入實驗裝置的速率相當於 100 μA 的電流，皮帶上的表面電荷密度是多少？

27 直徑為 2.0 mm 之銅線載有很小但可量得之 1.2×10^{-10} A 電流(每單位體積的電荷載子數量是 8.49×10^{28} m^{-3})。假設電流是均勻的，試求(a)電流密度？(b)電子之漂移速率？

28 將 400 W 浸入式加熱器置於裝有 2.00 L，20° C 水的鍋中。(a)假設 80% 的能量被水吸收，水升到沸騰溫度需要多長時間？(b)蒸發一半的水需要多長時間？

29 人類心臟受 50 mA 之電流流過，即會致命。若電氣人員兩手握導體。假設人體的電阻為 1800 Ω，問多大的電壓將會使其致命？

30 在某一條金屬線中的電流密度是均勻的,而且其量值爲 2.0×10^6 A/m²,金屬線的長度是 5.0 m,而且導電電子的密度是 8.49×10^{28} m⁻³。試問電子行進通過金屬線的長度將花費多長的時間(平均而言)?

31 孤立導電球體的半徑爲 8.0 cm。有一導線將 1.000 020 0 A 的電流引入此球。另一導線則將 1.000 000 0 A 的電流導出。如欲將球的電位增加至 1800 V,則需花多少時間?

32 當有足夠高電位差施加在氣體放電管兩端的時候,放電管內將建立起電流。管內的氣體會離子化;電子往正電電極移動,帶正電的離子往負電極移動。(a)若每一秒有 3.1×10^{18} 個電子和 1.1×10^{18} 個質子通過管內的一個橫截面積,則在氫氣放電管內的電流是多少?(b)電流密度 $\vec{J}$ 的方向是移向或移離負電極?

33 密度爲每立方厘米 4.0×10^8 個之二價正離子束,以 3.0×10^5 m/s。請問所產生電流密度之(a)大小(b)方向爲何?(c)還需要什麼物理量才可以求出此離子束所帶之電流 i。

34 浸入式電加熱器通常需要100分鐘才能將絕緣良好容器中的冷水加熱到一定溫度,然後恆溫器關閉加熱器。有一天,由於實驗室過載,線路電壓降低了 6.00%,假設加熱元件電阻在不變的狀況下,加熱水需要多長時間?

35 當金屬棒受熱時,不僅其電阻會發生變化,而且其長度和橫截面積也會發生變化。關係式 $R = \rho L/A$ 表明在測量不同溫度下的 ρ 時,應考慮所有三個因素。如果溫度變化 1.0 C°,對於銅導體,(a) L、(b) A 和 (c) R 發生的變化百分比是多少?(d)你得出什麼結論?線膨脹係數爲 1.70×10^{-5} K⁻¹。

36 某一條圓柱形電線攜帶著電流。在圖 26-18a 中,我們繞著金屬線中心軸畫出半徑爲 r 的圓,以便求出在此圓內的電流 i。圖 26-18b 顯示了電流 i 表示成 r^2 的函數關係圖。垂直量定義爲 $i_s = 8.0$ mA,且水平定義爲 $r_s^2 = 4.0$ mm²。(a)試問電流密度是否均勻?(b)如果是,請問其量值爲何?

(a)

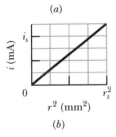

(b)

圖 26-18 習題 36

37 一條直徑 1.0 mm、長 4.0 m 且電阻爲 100 mΩ 的電線其電阻率爲何?

38 將電位差 V 施加在橫截面積 A、長度 L 和電阻率輯的金屬線上我們想改變所施加的電位差並且拉長金屬線,使得能量消耗率乘以 30.0 倍,而且電流乘以 4.00 倍。假設金屬線的密度不會改變,試問(a)新長度相對於 L 的比值,及(b)新橫截面積相對於 A 的比值各爲何?

39 某一個乾衣機內的 2.0 kW 加熱裝置具有長度 80 cm。如果將一節 10 cm 加熱裝置移除,試問在 120 V 電壓下,該變短的加熱裝置可以產生多少功率?

40 在長度 2.00 cm 的銅金屬線兩端有 3.00 nV 電位差存在著,而且此金屬線的半徑是 2.50 mm。試問在 4.00 ms 內有多少電荷漂移過某一個橫截面?

41 某一隻長 4.0 cm 的毛毛蟲沿著直徑 5.2 mm 的裸銅線,以和電子漂移相同的方向爬行,其中銅線攜帶著均勻電流 12 A。試問在毛毛蟲兩端的電位差是多少?毛毛蟲的尾巴相對於其頭部是正或負電位?如果毛毛蟲爬行的速率等於電子在金屬線中的漂移速率,請問毛毛蟲爬行 1.0 cm 將花費多少時間?(每單位體積的電荷載子數量是 8.49×10^{28} m⁻³。)

42 某一根具有正方形橫截面的鋁棒長度爲 1.3 m,而且正方形邊長是 5.2 mm。(a)在其兩端間的電阻是多少?(b)若要讓長 1.3 m 的圓柱形銅棒具有與鋁棒相同的電阻,試問其直徑必須是多少?

43 一長方實心塊具有截面積 3.50 cm²,前後長度爲 15.8 cm,電阻 935 Ω。長方塊之材料包含 5.33×10^{22} 個導電電子/m³。施加一 22.0 V 的電位差維持於前後面。(a)電流之值爲多少?(b)如果電流密度均勻,則其值爲多少?(c)導電電流的移動速度爲何?(d)長方塊中的電場強度爲多少?

44 當 200 V 的電壓加於半徑爲 0.30 mm,長度爲 10 m 之導線時,其電流密度爲 1.4×10^8 A/m²。導線之電阻率爲何?

45　電路中所使用的保險絲爲一導線，被設計成在使用的電流超過臨界值時會熔斷。假如有一種作成金屬熔絲的物質在電流密度超過 300 A/cm^2 時會熔斷。如果我們希望臨界電流爲 2.00 A，則用此物質所做成的圓柱形導線，直徑須爲多少？

46　一條由攜帶著電流的鎳鉻金屬線製成的線圈，浸沒在某液體中（鎳鉻合金是鎳-鉻-鐵的合金，通常使用於加熱元件上）。當線圈兩端的電位差是 12 V，且通過線圈的電流是 5.2 A 的時候，液體以穩定速率 21 mg/s 蒸發掉。請計算液體的蒸發熱（參看第 18-4 節）。

47　試求電子由汽車電池到馬達所需的時間？假設電流爲 280 A，電子通過截面積爲 0.30 cm^2，長 0.85 m 的銅線且銅線每單位體積的電荷載子的數量是 8.49 × 10^{28} m^{-3}。

48　直線加速器產生脈衝電子束，脈衝電流爲 0.50 A，脈衝持續時間爲 0.10 μs。(a)每個脈衝加速了多少電子？(b)以 500 脈衝／秒運行的機器的平均電流是多少？如果電子被加速到 50 MeV 的能量，加速器的 (c)平均功率和(d)峰值功率是多少？

49　當施加在某一個鎳鉻加熱器的電位差是 110 V，而且金屬線溫度是 800℃ 的時候，此加熱器消耗的功率是 500W。如果我們藉由將金屬線浸沒在冷卻油中，使得金屬線溫度維持在 200℃，起問此時的能量消耗率是多少？施加的電位差維持不變，而且鎳鉻合金在 800℃ 時的 α 是 4.0 × 10^{-4} K^{-1}。

50　某一個 500 W 加熱裝置設計成在 115 V 電位差下進行操作。如果施加在加熱器上的電位差掉落到 110 V，試問加熱器的熱能輸出會掉落多少百分比？假設電阻不會改變。如果我們將電阻隨著溫度變化的因素考慮在內，請問實際的輸出熱能下降率，會比(a)小題的計算結果大或者是小？

51　電位差 1.20 V 將會施加在 33.0 m 長、18 號規格的銅金屬線（直徑 0.0400 in）。試計算在金屬線內的試計算在金屬線內的(a)電流，(b)電流密度量值，(c)電場量值，及(d)在金屬線中產生熱能的速率。

52　以截面積 2.6 × 10^{-6} m^2 的鎳鉻絲製成電熱器，並在其兩端維持 55.0 V 之電壓。鎳鉻絲的電阻率 5.00 ×

10^{-7} Ω·m。(a)若電熱器所消耗之功率爲 5000 W，則其長度爲何？(b)若電壓改爲 100 V，如要維持相同的功率消耗，則長度應該變爲多少？

53　750 W 的電熱器，使用 120 V 時，試求(a)運轉時的電阻爲多少？(b)流經電熱器元件任何截面之電子流率爲多少？

54　圖 26-19 顯示出，導線截面 1 之直徑爲 $D_1 = 4.00R$ 而截面 2 之直徑爲 $D_2 = 2.00R$，兩截面間之截面則由大而小連接。金屬線是銅製的，而且傳送著電流。假設電流是均勻分佈在通過金屬線寬度的任何橫截面區域上。在區段 2 中，沿著圖中所顯示的 $L = 2.00$ m 長度的電位改變量是 15.0 μV（每單位體積的電荷載子數量是 8.49×10^{28} m^{-3}）。請問在區段 1 中，導電電子的漂移速率爲何？

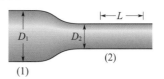

圖 26-19　習題 54

55　(a)在什麼溫度下，銅導體的電阻會變成它在 20.0℃ 下的電阻的兩倍？（使用 20.0℃ 作爲 26-17 式中的參考點；將計算結果與圖 26-10 進行比較。）(b)對所有銅導體而言，不論外型和尺寸如何，這個相同的「電阻加倍的溫度」都爲眞嗎？

CHAPTER 27

電路

27-1 單迴路電路

學習目標

在閱讀完這個區塊的文字之後，讀者應該能夠...

27.01 以作功來了解電動勢 *emf* 的行為。

27.02 對理想電池，運用電動勢、電流與功率(功轉換的速率)之間的關係。

27.03 對包含一電池與三個電阻器的單一迴路畫出簡圖。

27.04 運用迴路規則寫出與整個迴路上的電路元件電位差相關的迴路數學式。

27.05 在橫跨一電阻器中運用電阻法則。

27.06 在橫跨一電動勢中運用電動勢法則。

27.07 了解電阻器串聯有相同的電流，其值與等效電阻相同。

27.08 計算串聯電阻器的等效值。

27.09 了解外加於串聯電阻的電位差等於跨越個別電阻器的電位之和。

27.10 計算電路中任兩點之電位差。

27.11 區分理想電池與實際電池，以及在電路圖中，以理想電池與精確電阻來取代實際電池。

27.12 對電路中的真實電池，計算電動勢方向與反方向之電流末端之間的電位差。

27.13 了解電路接地的意義，以及對此連接畫出簡圖。

27.14 了解電路接地並不會影響電路中的電流。

27.15 計算在真實電池中的能量損耗率。

27.16 對一真實電池中電動勢方向與反方向的電流，計算能量的淨轉換率。

關鍵概念

● 電動勢裝置會對電荷作功以維持輸出末端間的電位差。若 dW 是裝置推正電荷 dq 由負到正端點的作功，然後裝置的電動勢(每單位電荷作功)為

$$\mathcal{E} = \frac{dW}{dq} \quad (\mathcal{E} \text{ 的定義})$$

● 理想電動勢裝置是一種不考慮內電阻的裝置。其端點電位差等於電動勢。

● 真實電動勢裝置有內電阻。若沒有電流流經裝置，其端點電位差才等於電動勢。

● 在電流方向穿越一電阻R的電位改變量為 $-iR$；反方向則為 $+iR$ (電阻法則)。

● 在電動勢箭頭方向穿越一理想電動勢裝置的電位改變量為 $+\mathcal{E}$；反方向則為 $-\mathcal{E}$ (電動勢法則)。

● 能量守恆導出路法則：**迴路法則**。在電路的任何迴路中，算進所有流通之電位差改變量必須為零。能量守恆導出節點法則(第26章)：**節點法則**。進入任一節點的電流和必須等於離開該節點的電流和。

● 在通過電池的電流 i 中，當一真實電動勢 *emf* 的電池與內部電阻 r 對電荷載子作功時，能量移轉到電荷載子的比率 P 是

$$P = iV$$

其中V 是跨電池端點的電位。

● 在電池中，流量消耗成為熱能的比率 P_r 為

$$P_r = i^2 r$$

● 在電池中化學能改變的比率 P_{emf} 為

$$P_{emf} = i\mathcal{E}$$

● 當電阻串聯時，它們具有相同電流。能夠取代串聯電阻組合的等效電阻為

$$R_{eq} = \sum_{j=1}^{n} R_j \quad (n \text{ 個電阻串聯})$$

物理學是什麼？

我們周遭到處都是電流。我們可能為自己所擁有電子裝置的數量感到驕傲，而且甚至可能在心中有一張自己希望擁有的裝置的清單。這些裝置中的每一個，以及讓你家擁有電力供應的輸電網路，都依靠現代的電機工程學。我們無法輕易地估計電機工程與其產品的現行財政價值，但是我們可以確定，隨著越來越多的工作以電氣方式處理，其財政價值將每年持續成長。收音機現在是以電子方式代替手動方式進行調頻。現今訊息是以電子郵件代替郵政系統傳達；研究期刊則是在電腦上而不是在圖書館中閱讀，且研究論文現在是以電子方式複製和建檔，而不是影印和塞進檔案櫃中。的確，你可能正在讀此書的電子版。

電機工程的基本科學是物理學。在這一章中將探討由電阻和電池(以及第 27-4 節中的電容器)組合成的電路的物理學。我們將討論範圍限制在電荷只在一個方向上流動的電路，這種電路稱直流電路或 DC 電路。我們由這一個問題開始整個討論過程：我們如何讓電荷流動？

「推動」電荷

如果你想讓帶電載子流過電阻器，則必須在此元件的兩端建立電位差。其中一個方法是在電阻器的兩端分別接上帶電電容器的兩個極板之一。但問題是，因為電荷的流動，將使得電容器放電，於是兩個電極板的電位很快地就變成一樣。當這種情況出現時，在電阻器中不再有電場存在，電荷就會停止流動。

要產生穩定的電荷流，你需要一部「電荷幫浦」，一種藉由對帶電載子作功來保持兩極間一定的電位差之裝置。這種裝置稱為**電動勢裝置**，此裝置可以供應**電動勢** $\mathscr{E}$ (*emf*)，其意就是它可以對帶電載子作功。電動勢裝置有時候又叫做電動勢座。*emf* 這個名稱來自於 electromotive force 這個字，在科學家們清楚的瞭解電動勢裝置的功用之前，這個字早就已經開始被採用了。

在第 26 章中，我們討論了在電路中之電場會使電路中的帶電載子運動，因電場產生作用力而移動了載子。此章中提出了另一個不同的觀點：我們將討論在電路中，提供能量使電路中的帶電載子運動——意即一個電動勢裝置提供了能量使帶電載子運動。

常見的電動勢裝置就是電池，它可以作為手錶乃至潛水艇的電源。與我們日常生活最息息相關的電動勢裝置是發電機，它是由發電廠的輸出電纜，將其電位差連接至各個家庭或工廠。一提起太陽電池這項電動勢裝置，人們便會想起太空船上像翅膀一樣的太陽能電池板。事實上，即使在鄉間，太陽電池也用在家庭電器上。較不為人知的電動勢裝置像

提供太空梭電能的燃料電池以及太空船上或南極及其他地方偵測站內使用的溫差電堆。電動勢裝置並不一定是一種儀器，各種生物，從電鰻、人類乃至植物，都有一種生理學的電動勢裝置。

　　雖然上面所提的各種設備，其運作方式各不相同，但它們都能發揮電動勢裝置的基本功能：藉著對帶電載子作功，而令電動勢裝置的輸出端間維持一定的電位差。

功、能與電動勢

　　圖 27-1 顯示了簡單電路中的電動勢裝置，可以想成一個電池，而且此電路含有一個電阻 R (電阻和電阻器的符號是 -\/\/\/-)。此裝置之一端(稱為正極且通常標示為+)保持比另一端(稱為負極且通常標示為–)更高的電位。我們可用一個由負極指向正極的箭號來表示此電動勢裝置，如圖 27-1 所示。電動勢箭號尾端畫一小圓圈，以免和電流箭號相混淆。

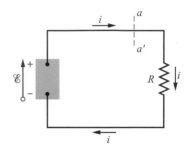

圖 27-1 簡單的電路，電動勢 $\mathscr{E}$ 對帶電載子作功，使電阻上有一穩定電流 i 通過。

　　當一電動勢裝置未連接到電路時，內部的化學物質並沒有引發任何淨電荷載子流動。然而一旦它接上了如圖 27-1 所示的電路，內部的化學物質便會引發由負極到正極的淨正電荷載子流，方向為電動勢箭頭所示。此流動為以同方向繞著電路建立起來的電流(在圖 27-1 中為順時針)的一部分。

　　在電動勢裝置內，正電荷由較低電位能的低電位區(即負極)移向較高電位能的高電位區(即正極)。此運動方向恰與兩端點間的電場驅使正電荷運動的方向(由正極指向負極)相反。

　　因此，在電動勢裝置中必存有一種能量源對電荷作功，使得電荷作上述的運動。此能量源可以是化學能(如電池及燃料電池)。也可以是與機械力有關的(例如傳統的發電機或靜電發電機)。在溫差電堆中，溫度差也提供了電動勢。而太陽電池中，其能量則來自太陽能。

　　現在讓我們由功-能轉換的觀點來分析圖 27-1 的電路。在 dt 時間內電荷 dq 通過電路中的任一截面，如 aa'。相同的電荷量也通過了電動勢裝置的低電位端及高電位端。此電動勢裝置必對電荷 dq 做了 dW 的功，使之移動。我們定義此電動勢裝置的電動勢為

$$\mathscr{E} = \frac{dW}{dq} \quad (\mathscr{E}\text{ 的定義}) \tag{27-1}$$

其意為，電動勢裝置的電動勢為此裝置將每單位電荷由低電位端移至高電位端所作的功。電動勢的 SI 單位為每庫侖焦耳；在第 24 章，我們將它定義為伏特。

　　所謂的**理想電動勢裝置**就是當其內部電荷由一端移動至另一端時不會碰到任何阻抗。理想電動勢裝置兩端的電位差就等於該裝置的電動勢。例如電動勢為 12.0 V 的理想電池，其兩端的電位差為 12.0 V。

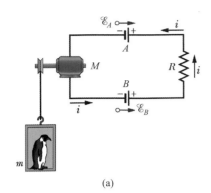

(a)

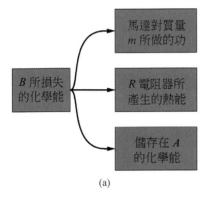

(a)

圖 27-2 (a)電路中，$\mathscr{E}_B > \mathscr{E}_A$，所以 B 電池決定了此單迴路的電流方向。(b) 電路中的能量移轉換。

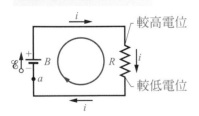

電池驅動電流流經電阻 從高電位往低電位

圖 27-3 由電阻 R 連接到電動勢 $\mathscr{E}$ 的電池所形成的單一迴路。總電流在整個迴路中均相同。

真實電動勢裝置(例如任何眞實電池)對內部電荷運動有內電阻。當眞實電動勢裝置沒有連接到電路時，就沒有電流流經它，因此兩末端間的電位差等於其電動勢。然而，當裝置有電流流經時，兩末端間的電位差就會和其電動勢不同。在本節末，我們應該會討論到這樣的眞實電池。

當電動勢裝置連接到電路時，裝置會轉換能量至通過它的電荷載子。然後這能量就會從該電荷載子轉換到電路中其他裝置，例如，點亮燈泡。圖 27-2a 展示一個包含兩眞實可重複充電(儲存)電池 A 和 B，電阻 R 以及電動馬達 M 的電路，此馬達可藉由從電路中電荷載子獲得能量來抬升物體。請注意電池是連接著的，所以電池傾向把電路中的電荷送往反方向。在電路中，電流的實際方向是由具有較大電動勢的電池所決定的，它可能恰巧是 B，所以電池 B 內的化學能正在減少，並轉成能量到通過它的電荷載子。然而，電池 A 中的化學能正在增加，因爲其內的電流方向是由正端往負端。因此，電池 B 正在對電池 A 充電。電池 B 也同時在提供能量給馬達 M，而電阻 R 也正在耗損能量。圖 27-2b 展示了從電池 B 轉換的三種能量；每一種都減少了該電池的化學能。

計算單一迴路中的電流

在此我們將討論兩種等效的方法，來計算圖 27-3 的單一迴路中的電流值。其中一個方法是基於能量守恆的考慮，另一個方法則基於電位的觀念。此電路由電動勢爲 $\mathscr{E}$ 的電池 B，電阻值爲 R 的電阻器及兩條連接導線所組成(除非特別說明，否則導線的阻值忽略不計。它們的功能，只是用來提供帶電載子移動的路徑而已)。

能量的方法

26-27 式($P = i^2 R$)告訴我們在 dt 的時間內，將有 $i^2 R\,dt$ 的能量轉換成圖 27-3 中電阻器的熱能。如同 26-5 節，能量是會消散的(由於假設導線的阻值不計，所以導線中不會出現熱能)。與此同時，$dq = i\,dt$ 的電荷將通過電池 B，電池對電荷所作的功，由 27-1 式得到爲

$$dW = \mathscr{E}\,dq = \mathscr{E}i\,dt$$

根據能量守恆原理，電池所作的功必等於出現於電阻器中的熱能：

$$\mathscr{E}i\,dt = i^2 R\,dt$$

由此我們可得

$$\mathscr{E} = iR$$

電動勢 $\mathscr{E}$ 爲電池傳給每單位電荷的能量。iR 爲每單位電荷能量，即在電阻器內，轉換成熱能的能量。傳給每單位電荷的能量與傳給電阻的能量相等。解上式的 i，得到

$$i = \frac{\mathscr{E}}{R} \tag{27-2}$$

電位的方法

假如從圖 27-3 的電路中的某一點，沿著任一方向繞電路一圈，把所有電位差作代數相加。當回到起點時，電位必須回到起始值。在實際這麼做之前，我們應該先將這個想法表述為式子，其不只對圖 27-3 的單迴路正確，對更複雜的多迴路電路亦正確，如我們將在 27-2 節加以討論：

迴路法則：任一電路沿著任一迴路完整走一圈，其電位變化的代數和為零。

這通常稱為克希荷夫迴路法則(Kirchhoff's loop rule)，或稱為克希荷夫電壓定律(Kirchhoff's voltage law)，用以紀念德國的物理學家克希荷夫。此一法則的意義相當於山上的任意點相對於海平面只有一高度。如果從該點出發沿著此山走一遭再回到原點，則其高度變化的代數和為零。

在圖 27-3 中，由點 a (其電位為 V_a)開始沿順時針方向通過電路，再回到 a 點，並注意電位的變化。我們的起點是電池的低電位端。由於是一理想電池，所以其兩端的電位差等於 $\mathscr{E}$，所以當穿過電池到達高電位端時，電位的變化值為$+\mathscr{E}$。

當我們由上端的導線到達電阻的頂端，由於導線的電阻值不計，所以電位沒有變化也就是跟電池的高電位端相同。當我們通過電阻器，電位的變化如 26-8 式(可寫成 $V = iR$)。又由於我們是由電阻較高位能的一端穿過電阻，所以位能減小。綜上所述，電位變化為$-iR$。

我們沿著底部的導線再回到 a 點。由於導線的電阻值仍忽略不計，所以電位不會再有變化。回到 a 點的時候，其電位又回到 V_a。因為沿著整個迴路走了一圈，起始的電位將會等於最終的電位，也就是說

$$V_a + \mathscr{E} - iR = V_a$$

消去式中的 V_a，得到

$$\mathscr{E} - iR = 0$$

解出上式的 i，可以得到與使用能量方法計算出相同的結果，$i = \mathscr{E}/R$(27-2 式)。

如果我們用迴路法則，沿著逆時針方向走一圈，此法則告訴我們

$$-\mathscr{E} + iR = 0$$

一樣，我們得到 $i = \mathscr{E}/R$ 的結果。因此你可以循著兩種方向運用迴路法則。

為了做好研究比圖 27-3 更複雜電路的準備，讓我們設定求電位差的兩個法則：

 電阻法則：若順電流方向經過電阻器，電位改變量為$-iR$；反方向則為$+iR$。

 電動勢法則：若順電動勢方向經過電動勢裝置則電位改變量為$+\mathscr{E}$，反向則為$-\mathscr{E}$。

✓ **測試站 1**

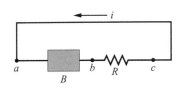

如圖所示為單一迴路中的電流 i，此迴路含有電池 B 及電阻 R(及可忽略電阻的導線)。(a) B 中的電動勢箭號應畫朝左或朝右？試依在 a、b、c 中的(b)電流，(c)電位，及(d)帶電載子之電位能的大小，由大到小排列此三個點。

其他單一迴路的電路

在本節，我們將把圖 27-3 的簡單迴路用兩種方式加以擴充。

內部電阻

圖 27-4a 顯示，具有內電阻 r 的實際電池用導線和電阻值為的外部電阻器相連接。電池的內電阻是電池內部導電物質所具有的電阻值，這是電池原有的特性。圖 27-4a 中，電池被畫成是由具有電動勢的理想電池及阻值為 r 的電阻器所組成。兩部分的符號在圖中的順序則無關緊要。

從 a 點開始順時針方向運用迴路法則，得到

$$\mathscr{E} - ir - iR = 0 \tag{27-3}$$

解出電流，得到

$$i = \frac{\mathscr{E}}{R + r} \tag{27-4}$$

注意此式，如果電池為一理想電池即 $r = 0$，則可以簡化成 27-2 式

圖 27-4b 是以圖形的方式表示電位的變化(想像把圖 27-4b 圈成圓柱，將 a 點相接，使之成一封閉迴路，將更容易瞭解它與圖 27-4a 的關係)。注意，沿著此電路前進，就好像在繞著一座山(電位)行走，並且又回到你的出發點。

本書中，若沒有說明是實際電池或沒有給予內電阻，則均假設該電池為理想電池。當然在實際的自然界中，電池都會有內部電阻。

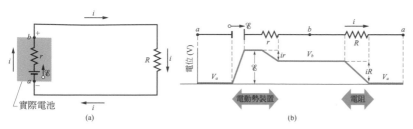

圖 **27-4** (a)此單一迴路包括內電阻為 r，電動勢為 $\mathscr{E}$ 的電池。(b)相同的電路在一條直線中予以展開。圖中也顯示了從 a 點循順時針方向的電路電位的變化(如圖示)。將 V_a 電位任意選定為 0，線路中其它點的電位則為相對於 V_a 的值。

串聯的電阻

　　圖 27-5a 顯示 3 個電阻以**串聯**與電動勢 $\mathscr{E}$ 的理想電池連接。此描述與電阻如何畫出並無關係。反之，「串聯」指的是將電阻的頭尾相接，然後再將這一串相連接電阻的最前端及最後端接上電位差 V。圖 27-5a 中，電阻即在 a 及 b 兩端間頭尾相接，電池提供的電位差亦連接 a 及 b 兩端。存在於串聯電阻兩端的電位差，在每個串聯電阻中產生相同的電流。一般而言：

> ★　施加於串聯電阻兩端的電位差 V，在每個串聯電阻中產生相同的電流。每一個電阻兩端的電位差的和等於所施加的電位差 V。

請注意流過此串聯電阻的電荷只有唯一的路徑。如果有其他路徑，那麼不同電阻內的電流大小也會不同，則電阻的連接就不是串聯。

> ★　串聯電阻可用等效電阻 R_{eq} 置換，該等效電阻與實際電阻具有相等的電流 i，及相同的總電位差 V。

應該記得 R_{eq} 及所有實際串連電阻具有相同電流 i。圖 27-5b 顯示出等效電阻 R_{eq}，它可以用於置換圖 27-5a 的三個電阻。

　　為導出圖 27-5b 中等效電阻的值 R_{eq}，我們對上述兩個電路採用迴路法則。對圖 27-5a，以點 a 為起點，順時針方向沿著此電路計算，可得：

$$\mathscr{E} - iR_1 - iR_2 - iR_3 = 0$$

或　　　$$i = \frac{\mathscr{E}}{R_1 + R_2 + R_3} \tag{27-5}$$

若以等效電阻 R_{eq} 取代那三個電阻，從圖 27-5b 可以得到

$$\mathscr{E} - iR_{eq} = 0 \quad \mathscr{E} - iR_{eq} = 0$$

或　　　$$i = \frac{\mathscr{E}}{R_{eq}} \tag{27-6}$$

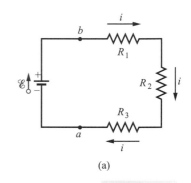

(a)

串聯電阻及
等效電阻具
有相同電流

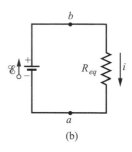

(b)

圖 **27-5**　三個電阻串聯連接於 a、b 點之間。等效電路，其中以等效電阻 R_{eq} 取代三個電阻。

比較 27-5 式及 27-6 式可以得到

$$R_{eq} = R_1 + R_2 + R_3$$

將此結果直接推廣至 n 個電阻,可得

$$R_{eq} = \sum_{j=1}^{n} R_j \quad (n\ 個電阻串聯) \tag{27-7}$$

注意,當電阻串聯時,其等效電阻大於任一個單獨的電阻。

兩點之間的電位差

我們常常會想要求出電路內兩點之間的電位差。例如在圖 27-6 中,在 a、b 兩點之間的電位差 $V_a - V_b$ 是多少?為了求出這項數值,讓我從 a 點(電位是 V_a)開始移動,然後通過電池到達 b 點(電位是 V_b),與此同時,我們追蹤記錄下我們遇到的電位變化。當我們通過電池電動勢的時候,電位增加量是 $\mathscr{E}$。當我們通過電池內部電阻 r 的時候,因為我們移動的方向是電流的方向,因此電位減少 ir。然後我們將處於 b 點的電位,而且我們得到

$$V_a + \mathscr{E} - ir = V_b$$

或　　　　$$V_b - V_a = \mathscr{E} - ir \tag{27-8}$$

內阻會減少端點間的電位差

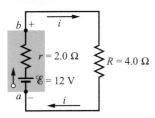

圖 27-6 a、b 兩點位於實際電池的兩個端點,這兩者的電位是有差異的。

為了計算出這個數學式,我們需要電流 i。請注意,此電流與圖 27-4a 中的電流相同,關於此電流值,27-4 式告訴我們此電流是

$$i = \frac{\mathscr{E}}{R + r} \tag{27-9}$$

將這個方程式代入 27-8 式,我們得到

$$V_b - V_a = \mathscr{E} - \frac{\mathscr{E}}{R + r} r$$
$$= \frac{\mathscr{E}}{R + r} R \tag{27-10}$$

現在代入圖 27-6 中的已知數據,我們得到

$$V_b - V_a = \frac{12\ \text{V}}{4.0\ \Omega + 2.0\ \Omega} 4.0\ \Omega = 8.0\ \text{V} \tag{27-11}$$

現在我們採取另一種作法,假設我們以逆時鐘方向從 a 移動到 b,因此是通過電阻而不是電池。因為我們的移動方向與電流方向相反,所以電位增加量是 iR。

$$V_a + iR = V_b$$

$$V_b - V_a = iR \tag{27-12}$$

利用 27-9 式替換掉 i,我們再一次地求得 27-10 式。因此代入圖 27-6 中的數據將得到相同的結果,即 $V_b = V_a = 8.0\ \text{V}$。一般而言:

> 欲求電路中任何兩點間的電位差，可由電路中一點開始沿電路之任何路徑到另一點，並將其間所遭遇的各電位變化相加即可。

實際電池兩端的電位差

在圖 27-6 中，a、b 兩點位於電池的端點。因此電位差 $V_b - V_a$ 就是跨電池的端點到端點電位差 V。利用 27-8 式，我們知道

$$V = \mathcal{E} - ir \qquad (27\text{-}13)$$

如果圖 27-6 的電池內部電阻 r 是零，則 27-13 式告訴我們，V 將等於電池的電動勢即 12 V。然而，因為 $r = 2.0\ \Omega$，所以 27-13 式告訴我們，V 小於 $\mathcal{E}$。利用 27-11 式我們知道，V 只有 8.0 V。請注意，這項結果與通過電池的電流值有關。如果將相同電池放置在不同的電路中，而且通過電池的電流是不同的，則 V 將會變成其他不同的數值。

電路接地

除了圖 27-7a 的 a 點直接連接到地(ground)以外，圖 27-7a 顯示的電路與圖 27-6 相同，其中的地以常見符號(⏚)來代表。將電路接地通常代表的意義是將電路連接到通往地球表面的導通路徑(實際上是連接到地面以下的導電潮濕土壤或岩石)。在這裡，這種連接方式只表示在電路接地點上，電路的電位會被定義成零。因此在圖 27-7a 中，a 點的電位將定義為 $V_a = 0$。然後 27-11 式告訴我們 b 點的電位是 $V_b = 8.0$ V。

除了 b 點現在直接連接到地外，圖 27-7b 也是相同電路。因此，該處的電位定義為 $V_b = 0$。現在 27-11 式告訴我們，a 點的電位是 $V_a = -8.0$V。

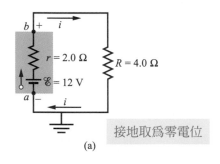

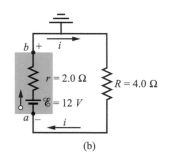

圖 27-7　(a) a 點直接連接到地。(b) b 點直接連接到地。

功率、電位、及電動勢

當電池或其他電動勢裝置對電流 i 中的帶電載子作功時，便從它的能量源(如電池中的化學能)將能量傳遞給帶電載子。因為實際的電動勢裝置含有內電阻 r，所以也會藉由電阻損耗而把能量轉成內部熱能，如同我們在 26-5 節中所討論的。讓我們把這些轉換連繫起來。

由 26-26 式，電動勢裝置將能量傳給帶電載子的淨功率 P 為

$$P = iV \qquad (27\text{-}14)$$

其中 V 為跨於電動勢裝置兩端的電位差。由 27-13 式,我們可將 $V = \mathscr{E} - ir$ 代入 27-14 式,得到

$$P = i(\mathscr{E} - ir) = i\mathscr{E} - i^2 r \tag{27-15}$$

由 26-27 式可知,$i^2 r$ 此項即為電動勢裝置內,能量轉成熱能的功率 P_r:

$$P_r = i^2 r \quad \text{(內部損耗率)} \tag{27-16}$$

而 27-15 式中 $i\mathscr{E}$ 的項,便是電動勢裝置將能量轉移給帶電載子及內部熱能二者的轉換率 P_{emf}。因此

$$P_{emf} = i\mathscr{E} \quad \text{(電動式裝置之功率)} \tag{27-17}$$

如果電池可充電,且電流以「相反方向」流過它,那麼能量便從帶電載子轉移到了電池內,包括電池的化學能及內電阻 r 所損耗的能量。化學能的轉換率可由 27-17 式得到;損耗率可由 27-16 式得到;而載子供應能量的速率可由 27-14 式得到。

測試站 3

電池電動勢為 12 V,且有內電阻 2 Ω。如果電池中的電流(a)由負極流到正極,(b)由正極流到負極,(c)等於零,則兩極間的電位差會大於、小於或等於 12 V?

範例 27.01　雙理想電池單迴路電路

圖 27-8a 的電路其電動勢和電阻值分別如下:

$$\mathscr{E}_1 = 4.4 \text{ V} \quad \mathscr{E}_2 = 2.1 \text{ V}$$

$$r_1 = 2.3 \text{ Ω} \quad r_2 = 1.8 \text{ Ω} \quad R = 5.5 \text{ Ω}$$

(a)電路中的電流大小 i 為何?

關鍵概念

透過運用迴路法則,我們可以得到在這單一迴路電路的電流 i 表示式,在之中我們加總了整個迴路的電位改變。

計算 雖然知道 i 的方向並不是必要的,但我們還是可以很容易的藉由兩個電池電動勢的大小判斷出來。因 $\mathscr{E}_1$ 大於 $\mathscr{E}_2$,故由電池 1 決定 i 的方向,遂方向為順時針方向(關於從哪個點開始的決定與決定用什麼方式,一旦選擇了就必須要一致地決定哪邊是正和負)。從 a 點逆時針方向運用迴路法則,我們發現

$$-\mathscr{E}_1 + ir_1 + iR + ir_2 + \mathscr{E}_2 = 0$$

讀者可用順時針方向或由 a 點以外的其他點做起點,檢查是否得到相同的結果。同時,將此式與圖 27-8b 逐項比對,圖中以圖形表示電位的變化(將 a 點的電位任意選定為零)。

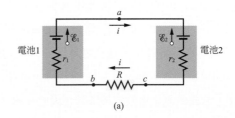

(a)

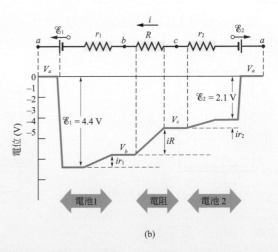

(b)

圖 27-8 (a)包括兩個電池及一個電阻的單迴路。兩個電池的方向相反,也就是說它們向電阻傳送相反方向的電流。(b)從 a 點開始沿著電路逆時針方向遭遇到各點的電位圖,假設 a 點的電位為零(想像一下,把電路由 a 點切斷,將電路的左側向左展開,右側向右展開,這對於將電路和圖形聯想起來會有幫助)。

解出上式中的電流 i，可以得到

$$i = \frac{\mathscr{E}_1 + \mathscr{E}_2}{R + r_1 + r_2} = \frac{4.4\,\text{V} - 2.1\,\text{V}}{5.5\,\Omega + 2.3\,\Omega + 1.8\,\Omega}$$

$$= 0.2396\,\text{A} \approx 240\,\text{mA} \qquad \text{(答)}$$

(b) 圖 27-8a 中電池 1 兩端的電位差為多少？

關鍵概念

我們需要求出 a 及 b 兩點間電位差的和。

計算　讓我們從 b 點(也就是電池 1 的負端)開始，經過電池 1 到達 a 點(也就是正端)，觀察電位的變化。可以得到

$$V_b - ir_1 + \mathscr{E}_1 = V_a$$

WILEY PLUS Additional example, video, and practice available at *WileyPLUS*

由此得到

$$V_a - V_b = -ir_1 + \mathscr{E}_1$$
$$= -(0.2396\,\text{A})(2.3\,\Omega) + 4.4\,\text{V} \qquad \text{(答)}$$
$$= +3.84\,\text{V} \approx 3.8\,\text{V}$$

此數值小於電池的電動勢。我們也可以從圖 27-8a 的 b 點開始順著電路的逆時針方向到達 a 點來證明上述的結果。在此可以學到兩點：(1)電路中介於兩點的電位差與我們所選的路徑是獨立的。(2)當電流在電池內是以「適當」方向，端點-端點的電位差非常低。也就是說，會低於印在電池上那個宣稱的電動勢。

27-2　多迴路電路

學習目標

在閱讀完這個區塊的文字之後，讀者應該能夠...

27.17 運用節點法則。

27.18 對一電池以及三個並聯電阻器畫出簡圖，並從圖來區分它與一電池和三個串聯電阻器的不同。

27.19 了解並聯的電阻器具有相同電位差，其值與他們的等效電阻相等。

27.20 計算數個電阻器並聯的等效電阻。

27.21 了解通過並聯電阻器的總電流等於通過個別電阻器電流之和。

27.22 對於一個具備電池、一些串聯電阻器與一些並聯電阻器的電路，透過找出等效電阻器來逐步簡化該電路，直到可以算出通過該電池的電流，然後逆向這些步驟以找出個別電阻器的電流與電位差。

27.23 若一電路不能透過等效電阻器來簡化，了解電路中的幾個迴路，對迴路分支的電流選取名字與方向，然後對這些未知電流同時解出方程式。

27.24 在一具有相同真實電池串聯的電路中，以單一理想電池與單一電阻器來取代它。

27.25 在一具有相同真實電池並聯的電路中，以單一理想電池與單一電阻器來取代它。

關鍵概念

● 當電阻是並聯時，他們有相同電位差。等效電阻可以由一個電阻並聯的組合來取代，其值可由下式得到

$$\frac{1}{R_{eq}} = \sum_{j=1}^{n} \frac{1}{R_j} \quad (n\,\text{個並聯電阻})$$

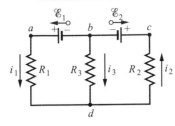

流入接點之電流
必等於流出之電流
（電荷守恆）

圖 27-9　由三個支路組成的多迴路電路：左邊的支路 *bad*，右邊的支路 *bcd*，及中間支路 *bd*。此電路也可視為有三個迴路：左邊迴路 *badb*，右邊迴路 *bcdb*，及大迴路 *badcb*。

多迴路電路

　　圖 27-9 為含有超過一個迴路的電路。為求簡化，假設電池為理想電池。電路之中有二個節點 *b* 及 *d*，同時有三個支路連接此二個節點。左邊的支路為 *bad*，右邊的支路為 *bcd*，中間的支路為 *bd*。此三支路的電流為何？

　　我們以代表每一個支路的不同下標來標示各電流。電流 i_1 在支路 *bad* 上有相同的值；i_2 在支路 *bcd* 上有相同的值；i_3 在支路 *bd* 上有相同的值。電流方向均是任意選擇。

　　考慮節點 *d*：電荷藉由電流 i_1 及 i_3 流進此一節點而進入，藉由 i_2 流出此點而離開。因為在此節點上的電荷沒有變化，因此流入的總電流會等於流出的總電流：

$$i_1 + i_3 = i_2 \qquad (27\text{-}18)$$

我們也可以很容易地應用這個條件在節點 *b*，而得到相同的式子。因此 27-18 式代表一個共通性的原理：

　　節點法則：流進任一節點的電流總和必等於流出該節點的電流總和。

此法則又稱為克希荷夫節點法則(或克希荷夫電流定律)。它就是電荷守恆的意義，在穩定電荷流中，電荷既不會堆積在節點，也不會耗竭。因此我們用以解釋複雜電路的工具就是迴路法則(基於能量守恆)以及節點法則(基於電荷守恆)。

　　27-18 式是包含了三個未知數的單一式子。要完全解出這個電路(即求出三個電流)，我們需要另外兩個包含相同未知數的方程式。將迴路法則再應用兩次即可得到。在圖 27-9 的電路中，我們有三個迴路可選：左邊迴路(*badb*)，右邊迴路(*bcdb*)及大迴路(*badcb*)。選那兩個都無所謂，這裡我們選擇左邊及右邊的迴路。

　　在左邊的迴路，依據迴路法則，從 *b* 點開始，循逆時針方向可得到

$$\mathcal{E}_1 - i_1 R_1 + i_3 R_3 = 0 \qquad (27\text{-}19)$$

同樣從 *b* 點開始循逆時針方向，依據迴路法則，右邊的迴路可以得到

$$-i_3 R_3 - i_2 R_2 - \mathcal{E}_2 = 0 \qquad (27\text{-}20)$$

現在我們有了三個方程式(27-18、27-19、27-20 式)，其中有三個電流變數，藉由各種計算過程便可以把它們解出來。

　　如果我們把迴路法則應用到大迴路上，我們會得到(由 *b* 點作逆時針方向移動)

$$\mathscr{E}_1 - i_1 R_1 - i_2 R_2 - \mathscr{E}_2 = 0$$

但事實上它只是將 27-19 及 27-20 式相加而已。

並聯電阻

圖 27-10a 為三個並聯電阻與電動勢為 $\mathscr{E}$ 的理想電池相連接，**並聯**一詞表示電阻組合的兩端是連接在一起的，另有一個電位差 V 跨接於此電阻組合的兩端。於是三個電阻有相同的電位差 V，並有電流流過個別的電阻。一般而言：

> 當一個電位差跨接於並聯電阻組合的兩端時，這些電阻具有相同的電位差。

圖 27-10a 中，電池持續提供電位差 V。圖 27-10b 中，三個並聯電阻被等效電阻 R_{eq} 取代了。

並聯電阻及其等效電阻
具有相同電位差 ("par-V")

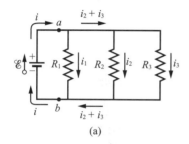

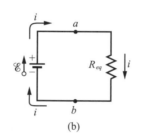

(a)　　　　　(b)

圖 **27-10** (a)三個電阻器並聯接於 a 及 b 兩點間。(b)等效電路，其中以等效電阻 R_{eq} 取代三個電阻。

> 並聯的電阻組合可以被等效電阻取代，其中此等效電阻與實際電阻組合具有相等的電位差 V，相等的總電流和 i。

讀者可能記得 R_{eq} 以及並聯的所有電阻具有相同的電位差 V 及一個沒意義的單字 par-V。

為了導出圖 27-10b 中的等效電阻 R_{eq}，我們可以寫下圖 27-10a 中三個支路的電流為：

$$i_1 = \frac{V}{R_1} \quad i_2 = \frac{V}{R_2} \quad i_3 = \frac{V}{R_3}$$

其中 V 是兩點 a 及 b 間的電位差。如果我們對圖 27-10a 中的 a 點應用節點法則並將這些數值代入，則可以得到

$$i = i_1 + i_2 + i_3 = V\left(\frac{1}{R_1} + \frac{1}{R_2} + \frac{1}{R_3}\right) \tag{27-21}$$

如果用等效電阻 R_{eq} 取代並聯組合(圖 27-10b)，則可以得到

$$i = \frac{V}{R_{eq}} \tag{27-22}$$

比較 27-21 式及 27-22 式得到

$$\frac{1}{R_{eq}} = \frac{1}{R_1} + \frac{1}{R_2} + \frac{1}{R_3}$$ (27-23)

將此一結果擴充至 n 個電阻，可以得到

$$\frac{1}{R_{eq}} = \sum_{j=1}^{n} \frac{1}{R_j} \quad (n \text{ 個電阻並聯})$$ (27-24)

以兩個電阻為例，其等效電阻為兩者的乘積除以兩者之和；也就是

$$R_{eq} = \frac{R_1 R_2}{R_1 + R_2}$$ (27-25)

注意，當兩個或更多個電阻並聯接在一起時，等效電阻會比此組合中任何一個的電阻都小。表 27-1 將串聯及並聯的電阻器及電容器之間的關係做了歸納。

表 27-1　串連及並聯的電阻器與電容器

串聯	並聯	串聯	並聯
電阻器		電容器	
$R_{eq} = \sum_{j=1}^{n} R_j$　27-7 式	$\frac{1}{R_{eq}} = \sum_{j=1}^{n} \frac{1}{R_j}$　27-24 式	$\frac{1}{C_{eq}} = \sum_{j=1}^{n} \frac{1}{C_j}$　25-20 式	$C_{eq} = \sum_{j=1}^{n} C_j$　25-19 式
所有電阻電流相同	所有電阻的電位差相同	所有電容器的電荷相同	所有電容器的電位差相同

 測試站 4

電位差 V 的電池連接到兩個相同電阻器的組合上，然後有電流 i 通過電池。若電阻器是以(a)串聯，(b)並聯方式連結，則兩個電阻兩端的電位差及通過兩個電阻器的電流各為多少？

範例 27.02　電容器之並聯及串聯

圖 27-11a 所示為一個多迴路電路，含有一個理想電池及四個電阻器，其值如下：

$$R_1 = 20\ \Omega \quad R_2 = 20\ \Omega \quad \mathscr{E} = 12\ V$$

$$R_3 = 30\ \Omega \quad R_4 = 8.0\ \Omega$$

(a)電池的電流為多少？

關鍵概念

通過電池的電流即通過 R_1 的電流，我們知道要找出此電流，我們得寫下通過 R_1 的一個迴路方程式，因為此電流由 R_1 兩端的電位差所引起。

不正確方法 左邊迴路或大迴路均可。注意，既然電池的電動勢箭號指向上，且此電池提供的電流是順時針，我們可以考慮將迴路法則由 a 點順時針應用到左邊迴路上。以 i 代表通過電池的電流，我們得

$$+\mathscr{E} - iR_1 - iR_2 - iR_4 = 0 \quad (\text{不正確})$$

然而，此方程式是錯誤的，因為它假設 R_1、R_2 及 R_4 具有相同電流 i。電阻器 R_1 及 R_4 是有相同電流，因為通過 R_4 的電流必然會通過電池，然後以相同大小通過 R_1。但是，電流在節點 b 會分成兩路，只有部分通過 R_2，其餘的通過 R_3。

不成功方法 為區分電路中的這幾個電流，我們將它們個別標示，如圖 27-11b。那麼，由 a 以順時針方向循環，我們便可以針對左邊迴路寫下迴路法則，即

$$+\mathscr{E} - i_1R_1 - i_2R_2 - i_4R_4 = 0$$

很不幸的，此方程式包含兩個未知數，i_1 及 i_2；我們至少得再有一個方程式才能把它們找出來。

成功方法 一個較容易的方法是將圖 27-11b 的電路以等效電阻簡化。要注意，R_1 及 R_2 並非串聯，因此不能由一個等效電阻取代。然而，R_2 及 R_3 是並聯的，因此我們可由 27-24 或 27-25 式來求它們的等效電阻 R_{23}。由後者，

$$R_{23} = \frac{R_2 R_3}{R_2 + R_3} = \frac{(20\Omega)(30\Omega)}{50\Omega} = 12\ \Omega$$

現在我們可以重畫電路，如圖 27-11c 所示；注意到，因通過 R_1 及 R_4 的電流 i_1 必然會接著通過 R_{23}，所以通過 R_{23} 的電流必為 i_1。對於此單一迴路的簡單電路，迴路法則(由 a 點循順時針方向，如圖 27-11d)可求出

$$+\mathscr{E} - i_1R_1 - i_1R_{23} - i_1R_4 = 0$$

將所給的資料代入，可得

$$12\,\text{V} - i_1(20\Omega) - i_1(12\Omega) - i_1(80\Omega) = 0$$

由此得到

$$i_1 = \frac{12\,\text{V}}{40\Omega} = 0.30\,\text{A} \tag{答}$$

(b)通過 R_2 的電流 i_2 為何？

關鍵概念

我們必須再回頭看看圖 27-11d，其中 R_{23} 已代換了 R_2 和 R_3。因為 R_2 及 R_3 為並聯，它們的兩端會有相等的電位差(即跨越 R_{23} 的電位差)。

從後面開始 已知通過 R_{23} 的電流為 $i_1 = 0.30$ A。因此，我們便可由 26-8 式($R = V/i$)及圖 27-11e 來找出跨接於 R_{23} 的電位差 V_{23}：由(a)設定 $R_{23} = 12\ \Omega$，可將 26-8 式寫為

$$V_{23} = i_1 R_{23} = (0.30\,\text{A})(12\Omega) = 3.6\,\text{V}$$

因此跨接於 R_2 的電位差也為 3.6 V(圖 27-11f)，故 R_2 之電流 i_2 由 26-8 式及圖 27-11g 可得為：

$$i_2 = \frac{V_2}{R_2} = \frac{3.6\,\text{V}}{20\Omega} = 0.18\,\text{A} \tag{答}$$

(c)通過 R_3 的電流 i_3 為何？

關鍵概念

我們可以用兩個技巧來解這個問題：(1)應用所用過的 26-8 式。(2)由圖 27-11b 及先前的結果，在 b 點應用節點法則可知輸入電流 i_1 和輸出電流 i_2 與 i_3 有此關係

$$i_1 = i_2 + i_3$$

計算 重整這個節點法則可得圖 27-11g：

$$i_3 = i_1 - i_2 = 0.30\,\text{A} - 0.18\,\text{A}$$
$$= 0.12\,\text{A} \tag{答}$$

並聯電阻之等效電阻變小

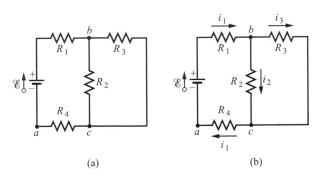
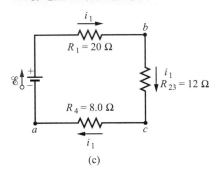

(a)　　　　　　　(b)　　　　　　　(c)

使用迴路法則得到電流　　　　使用 $V=iR$ 得到電位差

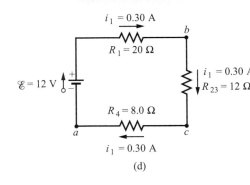
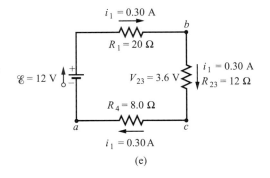

(d)　　　　　　　(e)

並聯電阻及其等效電阻具有相同的 V　　　使用 $i=V/R$ 得到電流

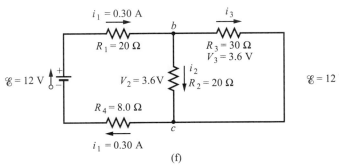
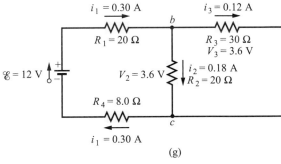

(f)　　　　　　　(g)

圖 27-11 (a)含有一個理想電池的電路。(b)電流標示。(c)以等效電阻取代並聯電阻。(d)-(g)透過並聯電阻求出電流。

範例 27.03　電鰻中多個理想電池的串聯與並聯

　　電鰻可以由生物電動勢細胞來產生電流，該細胞稱為生物電池。在南美電鰻中，該裝置有 140 排，每一排都沿著身體水平的排列，每排可以有 5000 個細胞，如圖 27-12a 所示。每一個細胞有 0.15V 的電動勢 $\mathscr{E}$，以及 $0.25\ \Omega$ 的內電阻 r。鰻魚身邊的水可構成一個位於細胞排兩端點間的電路，一端位於鰻魚頭，一端位於尾巴。

(a) 若附近水的電阻為 $R_w = 800\ \Omega$，電鰻在水中產生的電流為何？

關鍵概念

　　經由電動勢及內部電阻以等效電動勢及等效電阻予以代換，將圖 27-12a 加以簡化。

計算　首先考慮單獨一排的迴路。每一排 5000 個電板的總電動勢 $\mathscr{E}_{row}$ 為各個電動勢的和：

$$\mathscr{E}_{row} = 5000\mathscr{E} = (5000)(0.15\ \text{V}) = 750\ \text{V}$$

每排的總電阻 R_{row} 為 5000 個電板的內部電阻的和：

$$R_{row} = 5000\,r = (5000)(0.25\ \Omega) = 1250\ \Omega$$

我們可以把 140 個相同的電板排表示成單一 $\mathscr{E}_{row}$ 電動勢及單一 R_{row} 電阻，如圖 27-12b 所示。

在圖 27-12b 中，任一排的 a、b 兩點間的電動勢為 $\mathscr{E}_{row} = 750\ \text{V}$。因為每排均相同且在圖 27-12b 的左邊均接在一起，所以圖中所有的點電位均相同。因此我們可以把它們看成是連接在單一的 b 點。於是 a、b 點之間的電動勢為 $\mathscr{E}_{row} = 750\ \text{V}$，因此就可以得到如同圖 27-12c 的電路。

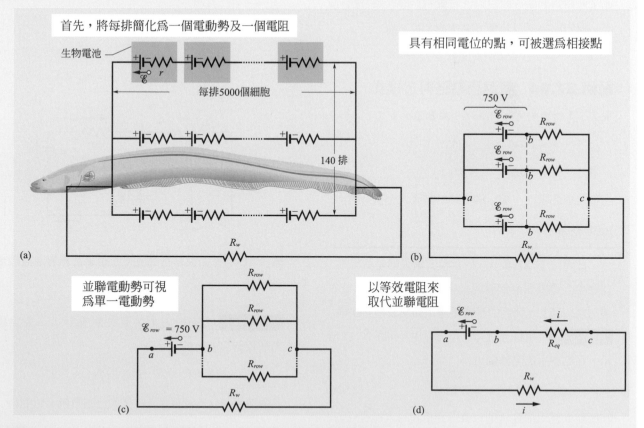

圖 27-12　(a) 水中電鰻的電路模型。140 排中的每一排均沿著電鰻頭到尾，每排有 5000 個細胞。周圍水的電阻為 R_w。(b) 每一排的電動勢 $\mathscr{E}_{row}$ 與電阻 R_{row}。(c) a、b 兩點之間的電動勢為 $\mathscr{E}_{row}$。點 b 和 c 之間是並聯了 140 排電阻 R_{row} (d) 簡化的電路。

在圖 27-12c 中，b 與 c 點之間有 140 個 $R_{row}=1250$ Ω 的電阻並聯在一起。此一組合的等效電阻 R_{eq} 由 27-24 式得到為：

$$\frac{1}{R_{eq}} = \sum_{j=i}^{140} \frac{1}{R_j} = 140\frac{1}{R_{row}}$$

$$R_{eq} = \frac{R_{row}}{140} = \frac{1250\Omega}{140} = 8.93\Omega$$

以 R_{row} 取代並聯組合，可以將線路簡化為圖 27-12d。由 b 點循逆時針方向在此電路利用迴路法則，可得

$$\mathscr{E}_{row} - iR_w - iR_{eq} = 0$$

代入已知的數值，求得為

$$i = \frac{e_{row}}{R_w + R_{eq}} = \frac{750\text{V}}{800\Omega + 8.93\Omega}$$

$$= 0.927\text{A} \approx 0.93\text{A} \qquad (答)$$

如果此電鰻的頭或尾巴附近有魚，此電流的一部分會沿一狹窄路徑通過此魚，擊昏或者殺了牠。

範例 27.04　多迴路電路與方程式

圖 27-13 所示的電路中各元件的數值如下：

$$\mathscr{E}_1 = 3.0\text{V} \qquad \mathscr{E}_2 = 6.0\text{V}$$

$$R_1 = 2.0\Omega \qquad R_2 = 4.0\Omega$$

全都是理想電池。求三個支路的電流大小及方向。

關鍵概念

此電路不需要簡化，因為沒有電阻器是並聯的，此圖中的電阻器毫無疑問是串聯的(在左邊迴路或右邊迴路)。所以，我們的計畫是應用節點及迴路法則。

節點定律　用任意選擇的電流方向，如圖 27-13 所示，在點應用節點法則可得

$$i_3 = i_1 + i_2 \qquad (27\text{-}26)$$

在節點 b 應用節點法則只會得到相同的方程式，因此我們接著由電路中三個迴路，任選兩個來使用迴路法則。

(b)圖 27-12a 中每一排的電流 i_{row} 為多少？

關鍵概念

因為每一排均相同，所以電鰻的電流會平均分配到每一排：

計算　因此，我們寫成

$$i_{row} = \frac{i}{140} = \frac{0.927\text{A}}{140} = 6.6 \times 10^{-3}\text{A} \qquad (答)$$

故每一排的電流非常的小，大約比水中電流小兩個數量級。這就是為什麼電鰻在殺傷其他魚類時，不會傷害到牠自己的原因。

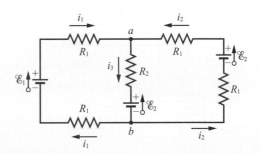

圖 27-13　含三個理想電池及五個電阻器的多迴路電路。

左邊迴路　首先，我們選擇左邊迴路，以 b 點為起點順時針方向前進，可得

$$-i_1R_1 + \mathscr{E}_1 - i_1R_1 - (i_1 + i_2)R_2 - \mathscr{E}_2 = 0$$

其中使用了 $(i_1 + i_2)$ 代替 i_3。代入已知數值並化簡得

$$i_1(8.0\Omega) + i_2(4.0\Omega) = -3.0\text{V} \qquad (27\text{-}27)$$

右邊迴路　第二個迴路法則的應用，我們選擇右邊迴路，由 b 點以逆時針方向進行

$$-i_2R_1 + \mathscr{E}_2 - i_2R_1 - (i_1 + i_2)R_2 - \mathscr{E}_2 = 0$$

代入已知數值並化簡得

$$i_1(4.0\Omega) + i_2(8.0\Omega) = 0 \qquad (27\text{-}28)$$

將方程式結合　現在有式 27-27 及 27-28 兩式之聯立系統，可以直接手算(這裡是夠簡單的了)或者用「套裝數學解題方式」(其中一項解答技巧是 Cramer 法則，見附錄 E)。

$$i_1 = -0.50 \text{ A} \qquad (27\text{-}29)$$

(負號表示我們在圖 27-13 中為任意選擇的方向是錯的，但我們必須等到後面再改正過來。將 $i_1 = -0.50$ A 代入 27-28 式，解出

$$i_2 = 0.25 \text{ A} \qquad \text{(答)}$$

由 27-26 式則可得到

$$i_3 = i_1 + i_2 = -0.50 \text{ A} + 0.25 \text{ A}$$
$$= -0.25 \text{ A}$$

i_2 訊號為正表示我們設定的電流方向是正確的。然而，i_1 和 i_3 為負則表示我們設定的電流方向是錯誤的。因此，這裡的在最後一步就是改正答案，把圖 27-13 中的 i_1 和 i_3 流向轉向並將它們寫下來

$$i_1 = 0.50 \text{ A} \quad \text{與} \quad i_3 = 0.25 \text{ A} \qquad \text{(答)}$$

注意：這個步驟不需在計算所有電流時進行，永遠在最後一步改正答案即可。

27-3　安培計與伏特計

學習目標

在閱讀完這個區塊的文字之後，讀者應該能夠...
27.26 解釋安培計與伏特計的使用方法，包含在操作中每一所需的電阻並不影響量測值。

關鍵概念

● 三種使用電路的量測儀器：安培計測電流，伏特計測伏特(電位差)，萬用電表可以用來測電流、伏特或電阻。

安培計與伏特計

　　測量電流的儀器稱為安培計。要測量電路中的電流，通常必須將線路切斷並插入安培計，使電流能流經安培計(在圖 27-14 中，安培計 A 被設置來量測電流 i)。基本上安培計本身有一電阻 R_A，其值與線路中的電阻比起來必須小很多。否則安培計的出現將會使得要測量的電流值發生變化。

用來測量電位差的儀器稱為伏特計。要測量電路中兩點之間的電位差，只要把伏特計兩端跨接在這兩點之間，而無需切斷線路(在圖 27-14 中，伏特計 V 被設置來量測 R_1 兩端的電壓)。

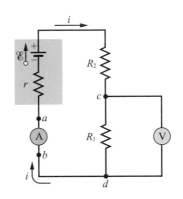

圖 **27-14** 單一迴路電路，其中顯示了如何接安培計(A)及伏特計(V)。

伏特計的電阻 R_V 必須比伏特計所跨接於兩端的電路元件的電阻值大許多。否則，儀器會改變要測量的電位差。

通常電表都會有一開關，可切換電表當作安培計或伏特計來用(通常也會有一歐姆計，用以測量端點間的電阻值)，這種多功能的電表稱為萬用電表。

27-4 *RC* 電路

學習目標

在閱讀完這個區塊的文字之後，讀者應該能夠...

27.27 畫出充電與放電的 *RC* 電路簡圖。

27.28 寫出充電電路的迴路方程式(微分方程式)。

27.29 寫出放電 *RC* 電路的迴路方程式(微分方程式)。

27.30 對充電或放電 *RC* 電路中的電容器，運用相關概念來得到以時間為函數的電荷。

27.31 在充電或放電的 *RC* 電路中，從讓電荷是時間函數的式子，來找出以時間為函數的電容器電位差。

27.32 在充電或放電的 *RC* 電路中，得出以時間為函數的電阻器電流和電位差。

27.33 計算電容時間常數 τ。

27.34 對充電或放電 *RC* 電路中的電容器，決定在過程中的起始時間以及經過長時間之後的電容器電荷與電位差。

關鍵概念

● 當有一電動勢 $\mathscr{E}$ 外加於串聯的電阻 R 與電容 C 時，根據下式，電容器上電荷會增加

$$q = C\mathscr{E}(1 - e^{-t/RC}) \quad \text{(電容器充電中)}$$

其中 $C\mathscr{E} = q_0$ 是平衡(最終)電荷，$RC = \tau$ 是電路的電容時間常數。

● 充電過程的電流為

$$i = \frac{dq}{dt} = \left(\frac{\mathscr{E}}{R}\right) e^{-t/RC} \quad \text{(電容器充電中)}$$

● 當電容器透過電阻 R 放電時，根據下式，電容器讓的電荷會減少

$$q = q_0 e^{-t/RC} \quad \text{(電容器放電中)}$$

● 放電過程的電流為

$$i = \frac{dq}{dt} = -\left(\frac{q_0}{RC}\right) e^{-t/RC} \quad \text{(電容器放電中)}$$

RC 電路

　　在前幾節裡所討論的電路，其電流都不會隨著時間變化。在此我們將討論時變電流。

對電容充電

　　圖 27-15 的電容器 *C* 剛開始時並未充電。若要將之充電，則我們可以把開關 *S* 撥至 *a* 點。使電動勢 $\mathscr{E}$ 的理想電池與電容及電阻 *R* 形成串聯的 *RC* 電路。

　　在 25-1 節中，我們已經知道在電路接通的瞬間，電荷便開始在電容器極板及其所接的電池之間流動(有電流存在)。此電流增加了面板上的電荷及跨接在電容器的電位差 $V_C(= q/C)$。當此電位差等於電池兩極的電位差(在這裡等於電動勢)時，電流便成為零。由 25-1 式($q = CV$)可知，在此充電完成的電容器上，其平衡(最終)電荷就等於 $C\mathscr{E}$。

　　這裡我們要來檢視充電過程。實際上，我們是想知道在此充電過程中，面板上的電荷 $q(t)$、電容器的電位差 $V_C(t)$、及電路中的電流 $i(t)$ 是如何隨著時間變化的。我們從對電路應用迴路法則開始，由電池的負極順時針方向走。我們發現

$$\mathscr{E} - iR - \frac{q}{C} = 0 \tag{27-30}$$

此式左側的最後一項為電容器的電位差。由於電容器的上方面板(接在電池的正極)比下方面板電位高，因此這一項是負的。因此，當我們通過此電容器時，電位下降了。

　　由於 27-30 式中包括兩個變數，電流 *i* 及電荷 *q*，所以無法立刻求解。然而兩個變數並非獨立變數，其間的關係為

$$i = \frac{dq}{dt} \tag{27-31}$$

將之代入 27-30 式中的 *i*，得到

$$R\frac{dq}{dt} + \frac{q}{C} = \mathscr{E} \quad \text{(充電方程式)} \tag{27-32}$$

這是圖 27-15 中電容器的電荷隨著時間變化的微分方程式。我們現在要做的是，求出滿足此式的函數 $q(t)$，同時此解也必需滿足電容器起始未充電時的條件；也就是 $t = 0$ 時 $q = 0$。

　　我們很快會證明，27-32 式之解為

$$q = C\mathscr{E}(1 - e^{-t/RC}) \quad \text{(對電容器充電)} \tag{27-33}$$

(於此 *e* 是指數的底 2.718...，而不是基本電荷)。注意，27-33 式確實滿足我們的起始條件，因 $t = 0$ 時，$e^{-t/RC}$ 便等於 1，此方程式就得到 $q = 0$ 的結果。同時注意 $t = \infty$(即很久以後)時，$e^{-t/RC}$ 變成零，此式便算出電容器上

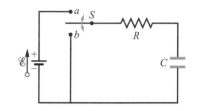

圖 27-15　當開關撥至 *a* 點，電容器 *C* 經由電阻 *R* 充電。當開關撥回到 *b* 點，電容器經由 *R* 放電。

當電阻之電流變小時
電容之電荷增加

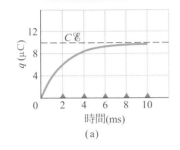

(a)

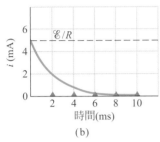

(b)

圖 **27-16** (a) 27-33 式的圖形，代表圖 27-15 中電容器的電荷建立的情形。(b) 27-34 式的圖形，代表圖 27-15 電路的充電電流的衰減情形。兩條曲線是根據 $R = 2000\ \Omega$，$C = 1\ \mu F$，$\mathscr{E} = 10\ V$ 所畫成，小三角形代表一個時間常數的連續時間間隔。

全部(平衡)電荷的值，即 $q = C\mathscr{E}$。圖 27-16a 顯示充電過程的 $q(t)$ 圖形。

$q(t)$ 的導數即對電容器充電的電流 $i(t)$：

$$i = \frac{dq}{dt} = \left(\frac{\mathscr{E}}{R}\right)e^{-t/RC} \quad \text{(對電容器充電)} \tag{27-34}$$

充電過程的 $i(t)$ 圖如圖 27-16b 所示。注意電流的初始值為 $\mathscr{E}/R$，而後在電容器充滿電荷後降為零。

 剛開始充電的電容器，對充電電流而言就像一般的連接電線。一段長時間以後，其作用就像是斷掉的電線一樣。

將 25-1 式 ($q = CV$) 及 27-33 式組合起來，我們發現在此充電過程中，電容器的電位差為

$$V_C = \frac{q}{C} = \mathscr{E}(1 - e^{-t/RC}) \quad \text{(對電容器充電)} \tag{27-35}$$

由此可知，$t = 0$ 時 $V_C = 0$，而當 $t \to \infty$ 而電容器充滿電荷時，$V_C = \mathscr{E}$。

時間常數

27-33，27-34 及 27-35 式中的乘積 RC 的單位因次為時間(因為式中指數的自變數必需是無因次的，且事實上，$1.0\ \Omega \times 1.0\ F = 1.0\ s$)。我們稱 RC 為此線路的電容時間常數，並由符號 τ 來表示

$$\tau = RC \quad \text{(時間常數)} \tag{27-36}$$

由 27-33 式，我們可以看出在時間 $t = \tau\ (= RC)$ 時，圖 27-15 中尚未充電的電容器之電荷由零增加到

$$q = C\mathscr{E}(1 - e^{-1}) = 0.63 C\mathscr{E} \tag{27-37}$$

意即，在經過第一個時間常數 τ 後，電荷由零增加至其最終值在圖 27-16 中，沿著時間軸的小三角形標示出在電容器充電期間，以一個時間常數為計數基準的連續間隔。RC 電路的充電時間常以 τ 來描述。例如，$\tau = 1\ \mu s$ 的電流會快速充電，但 $\tau = 100\ s$ 的電流充電則慢很多，

電容的放電

現在假設圖 27-15 中的電容已經完全充電至電池的電位差 V_0，等於其電動勢。在另一個新的時間 $t = 0$ 時，將開關 S 由 a 撥至 b，則電容器開始經由電阻 R 放電。此時，電容器中的電荷 $q(t)$ 及通過此電容器及電阻器之放電迴路的電流 $i(t)$ 是如何隨著時間變化的？

描述 $q(t)$ 的微分方程式就類似 27-32 式，除了放電回路中沒有電池了，即 $\mathscr{E} = 0$。因此

$$R\frac{dq}{dt} + \frac{q}{C} = 0 \quad \text{(放電方程式)} \tag{27-38}$$

這微分方程式的解爲

$$q = q_0 e^{-t/RC} \quad \text{(將電容器放電)} \tag{27-39}$$

其中 $q_0 (= CV_0)$ 爲電容器的初始電荷值。我們可以將之代入證明 27-39 式確實是 27-38 式的解。

27-39 式告訴我們 q 隨著時間作指數遞減，且是以時間常數 τ 所定的速率在時間 $t = \tau$ 時，電容器的電荷降到 $q_0 e^{-1}$，或約初始值的 37%。請注意 τ 越大意味著放電時間越久。

將 27-39 式微分可得到電流 $i(t)$：

$$i = \frac{dq}{dt} = -\left(\frac{q_0}{RC}\right) e^{-t/RC} \quad \text{(將電容器放電)} \tag{27-40}$$

此式說明了電流也是隨著由 τ 所定的速率，作指數遞減。初電流 i_0 等於 q_0/RC。注意，你只要在 $t = 0$ 時將迴路法則應用到電路上，便可以找到電流 i_0，此時的電容器初電位 V_0 是連接在電阻上的，因此電流必爲 $i_0 = V_0/R = (q_0/C)/R = q_0/RC$。27-40 式中的負號可以忽略不管，那只代表了電容器中的電荷 q 正在減少。

27-33 式的推導

爲了求解 27-32 式，首先將它重新寫成

$$\frac{dq}{dt} + \frac{q}{RC} = \frac{\mathscr{E}}{R} \tag{27-41}$$

此微分方程式的通解形式爲

$$q = q_p + K e^{-at} \tag{27-42}$$

其中 q_p 是此微分方程式的特解，K 是由起始條件求出的常數，$a = 1/RC$ 即 27-41 式中 q 的係數。爲了解出 q_p，我們設定 27-41 式中的 $dq/dt = 0$(此符合不再充電的最終情形)，令 $q = q_p$，然後解得

$$q_p = C\mathscr{E} \tag{27-43}$$

若要求 K 值，首先將此式代入 27-42 式得

$$q = C\mathscr{E} + K e^{-at}$$

然後代入起始條件 $q = 0$ 及 $t = 0$ 得

$$0 = C\mathscr{E} + K$$

或 $K = -C\mathscr{E}$。最後，代入 q_p、a 及 K 值，27-42 式便成爲

$$q = C\mathscr{E} - C\mathscr{E} e^{-t/RC}$$

稍微整理一下，此即 27-33 式。

測試站 5

如表定出了圖 27-15 中電路元件的四組數值。試依(a)起始電流(當開關撥接到 *a*)，(b)電流降到其起始值的一半所需時間，由大到小排列這四組數據。

	1	**2**	**3**	**4**
$\mathscr{E}(V)$	12	12	10	10
$R\,(\Omega)$	2	3	10	5
$C\,(\mu F)$	3	2	0.5	2

範例 27.05　*RC* 電路放電以避免賽車進站引起火花

　　當汽車沿著路面滾動，電子首先會從路面移動到輪胎上，然後移動到汽車本體。汽車將儲存此過量電荷以及相關的電位能，就好像汽車本體是電容的一個極板，而路面是另一個極板(圖 27-17a)。當汽車停止運動的時候，它會經由輪胎釋放過量的電荷與能量，就好像電容可以經由電阻放電一樣。如果在汽車放電完畢以前，有一個導電物體靠近到汽車的幾公分範圍以內，則剩餘的能量會突然轉變成在汽車與導電物體之間的火花。假設導電物體是燃料分送器。此時如果火花能量低於臨界值 $U_{fire} = 50$ mJ，則火花將不會引燃燃料，以及引起火災。

　　當圖 27-17a 的汽車在時間 $t = 0$ 停止的時候，汽車-地面電位差是 $V_0 = 30$ kV。汽車-地面電容是 $C = 500$ pF，而且每一個輪胎的電阻是 $R_{tire} = 100$ GΩ。試問汽車要經由輪胎放電到低於臨界值 U_{fire}，所需要的時間是多少？

關鍵概念

(1)在任何時間 t，電容儲存的電位能 U 可以根據 25-21 式($U = q^2/2C$)，與其儲存的電荷 q 產生關聯。在電容放電的過程中，其電荷會根據 27-39 式($q = q_0 e^{-t/RC}$)，隨著時間減少。

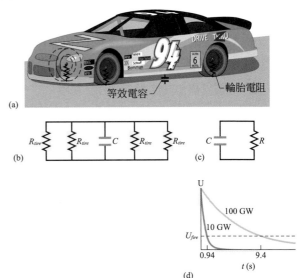

(a)

(b)

(c)

(d)

圖 27-17　(a)帶電的汽車與路面就像可以經由輪胎放電的電容一樣。(b)汽車-路面電容的等效電路，其中四個輪胎電阻 R_{tire} 以並聯方式連接在一起。(c)所有輪胎所形成的等效電阻 R。(d)在放電過程中，汽車-路面電容的電位能 U 會隨時間減少。

計算　我們將四個輪胎視為電阻，而且這四個電阻在其頂部會經由汽車本體彼此連接在一起，在底部會經由路面連接在一起。圖 27-17b 顯示這四個電阻如何跨接在汽車電容上，進而並聯連接在一起，而且圖 27-17c 顯示了它們的等效電阻 R。利用 27-24 式，可以藉著下列數學式求出 R

$$\frac{1}{R} = \frac{1}{R_{tire}} + \frac{1}{R_{tire}} + \frac{1}{R_{tire}} + \frac{1}{R_{tire}}$$

或　　$$R = \frac{R_{tire}}{4} = \frac{100 \times 10^9 \,\Omega}{4} = 25 \times 10^9 \,\Omega \qquad (27\text{-}44)$$

當汽車停止的時候，它會經由電阻 R 釋放其過量電荷和能量。

我們現在使用兩個關鍵概念去分析放電過程。將 27-39 式代入 25-21 式，結果得到

$$U = \frac{q^2}{2C} = \frac{(q_0 e^{-t/RC})^2}{2C}$$

$$= \frac{q_0^2}{2C} e^{-2t/RC} \qquad (27\text{-}45)$$

利用 25-1 式($q = CV$)，我們可以讓汽車的初始電荷值 q_0，與已知的初始電位差 V_0 產生關連：$q_0 = CV_0$。將這個方程式代入 27-45 式，結果得到

$$U = \frac{(CV_0)^2}{2C} e^{-2t/RC} = \frac{CV_0^2}{2} e^{-2t/RC}$$

$$e^{-2t/RC} = \frac{2U}{CV_0^2} \qquad (27\text{-}46)$$

對此方程式兩邊取自然對數，我們得到

$$-\frac{2t}{RC} = \ln\left(\frac{2U}{CV_0^2}\right)$$

或　　$$t = -\frac{RC}{2} \ln\left(\frac{2U}{CV_0^2}\right) \qquad (27\text{-}47)$$

PLUS Additional example, video, and practice available at *WileyPLUS*

將已知數據代入，我們求得汽車要放電到能量值 U_{fire} = 50 mJ 所需要的時間是

$$t = -\frac{(25 \times 10^9\,\Omega)(500 \times 10^{-12}\,\text{F})}{2}$$

$$\times \ln\left(\frac{2(50 \times 10^{-3}\,\text{J})}{(500 \times 10^{-12}\,\text{F})(30 \times 10^3\,\text{V})^2}\right)$$

$$= 9.4\,\text{s} \qquad \qquad (\text{答})$$

起火與否　燃料或燃料分送器可以安全地靠近這輛汽車以前，所需要的時間最少要有 9.4 秒。但是在賽車過程，加油休息站的組員無法等待那麼久。取而代之的作法是，讓賽車的輪胎包含某種類型的導電物質（例如碳黑），以便降低輪胎電阻，並且因而增加汽車的放電速率。圖 27-17d 顯示的是當輪胎電阻為 R = 100 G Ω（這是本例題的計算過程使用的數值）和 R = 10 G Ω 時，電容儲存的能量相對於時間 t 的關係曲線圖形。請注意當輪胎具有比較低電阻值 R 的時候，汽車放電到能量位準 U_{fire} 會有多快。

重點回顧

電動勢　**電動勢**裝置對電荷作功，維持其輸出端之間的電位差。如果電動勢裝置將正的 dq 電荷由負極推至正極所作的功為 dW，則此裝置的**電動勢**(每單位電荷的功)為

$$\mathcal{E} = \frac{dW}{dq} \ (\mathcal{E}\,\text{的定義}) \qquad (27\text{-}1)$$

電動勢及電位差的 SI 單位均為伏特。所謂的**理想電動勢裝置**，其內部無內電阻，其兩極的電位差就等於電動勢。**真實電動勢裝置**有一內電阻，其端點間的電位差只有在電流為零時才會等於其電動勢。

分析電路　電阻器的電位差，若是順著電流的方向走則為 $-iR$；若是方向反過來，則為 $+iR$(電阻法則)。理想電動勢裝置的電位變化，若是順著電動勢的箭頭方向走，則為 $+$；若是反向則為 $-$(emf 法則)。由能量守恆可以導出迴路法則：

迴路法則　任一電路沿著任一迴路完整走一圈，其電位變化的總和為零。由電荷守恆可以導出節點法則：

節點法則　流進任一節點的電流總和必等於流出該節點的電流總和。

單一迴路電路 在包含電動勢，內電阻的電動勢裝置及單一電阻 R 的單一迴路電路，其電流爲

$$i = \frac{\mathscr{E}}{R+r} \qquad (27\text{-}4)$$

對於 $r = 0$ 的理想電動勢裝置，上式可簡化成 $i = \mathscr{E}/R$。

功率 當具有電動勢及內部電阻的實際電池，對通過它的電流 i 中的帶電載子作功時，能量轉移給帶電載子的速率

$$P = iV \qquad (27\text{-}14)$$

其中 V 爲電池兩極間的電位。能量轉移爲電池內部熱能的功率 P_r 爲

$$P_r = i^2 r \qquad (27\text{-}16)$$

而電池內化學能的變化率 P_{emf} 爲

$$P_{emf} = i\mathscr{E} \qquad (27\text{-}17)$$

串聯電阻 在若干個電阻**串聯**在一起的時候，這些電阻將具有相同的電流。可以用來代替此電阻串聯組合的等效電阻爲

$$R_{eq} = \sum_{j=1}^{n} R_j \qquad (n\text{ 個電阻串聯}) \qquad (27\text{-}7)$$

並聯電阻 當若干個電阻**並聯**在一起的時候，這些電阻將具有相同電位差。可以用來代替並聯電阻組合的等效電阻爲

$$\frac{1}{R_{eq}} = \sum_{j=1}^{n} \frac{1}{R_j} \qquad (n\text{ 個電阻並聯}) \qquad (27\text{-}24)$$

RC 電路 當一電動勢 $\mathscr{E}$ 加到一串聯的 R、C 電路時，如圖 27-15，將開關位於 a 點時，電容器的電荷量依下式增加

$$q = C\mathscr{E}(1 - e^{-t/RC}) \quad (\text{對電容器充電}) \quad (27\text{-}33)$$

其中 $C\mathscr{E} = q_0$ 爲平衡(最終)電荷值，而 $RC = \tau$ 爲此電路的**電容時間常數**。在充電期間，其電流值爲

$$i = \frac{dq}{dt} = \left(\frac{\mathscr{E}}{R}\right)e^{-t/RC} \quad (\text{對電容器充電}) \quad (27\text{-}34)$$

當電容器經由電阻 R 放電的時候，電容器的電荷值依下式減少

$$q = q_0 e^{-t/RC} \quad (\text{將電容器放電}) \qquad (27\text{-}39)$$

放電期間的電流值爲

$$i = \frac{dq}{dt} = -\left(\frac{q_0}{RC}\right)e^{-t/RC} \quad (\text{將電容器放電}) \qquad (27\text{-}40)$$

討論題

1 假設圖 27-14 的 $\mathscr{E} = 5.0\ V$，$r = 2.0\ \Omega$，$R_2 = 5.0\ \Omega$，$R_2 = 300\ \Omega$。如果安培計電阻 R_A 是 $0.10\ \Omega$，請問它會在測量電流時造成多少百分比的誤差？假設這裡並沒有使用伏特計。

2 某一個起初沒有電荷的電容器 C，透過具有固定電動勢 $\mathscr{E}$、並且與電阻器 R 串聯連接的裝置，完全充飽電荷。(a)試證明儲存在電容器中的最終能量是由電動勢裝置所供應能量的一半。(b)在充電時間內對 $i^2 R$ 進行直接積分，請證明由電阻器所消耗的熱能，也是由電動勢裝置所供應能量的一半。

3 (a)在圖 27-4a 中，試證明當 $R = r$ 的時候，由電阻 R 消耗成熱能的能量是最大數值。(b)證明最大功率爲 $P = \mathscr{E}^2/4r$。

4 在圖 27-8a 中，請考慮一條包含 R，r_1 和 $\mathscr{E}_1$ 的路徑，以計算在點 a 和 c 之間的電位差。

5 某一部汽車的啓動馬達轉動得太慢，技工必須判斷究竟要更換馬達、接線或電池。汽車的使用手冊提到，12 V 電池的內阻應該不會超過 $0.020\ \Omega$，馬達不會超過 $0.200\ \Omega$ 電阻，而且接線電阻不會超過 $0.040\ \Omega$。技工開啓馬達，並且在電池兩端量測到 11.4 V，在接線兩端量測到 3.0 V，而且電流是 50 A。哪一部份有問題？

6 有一個會漏電(意即電荷會由一個極板洩漏到另一個極板)$2.0\ \mu F$ 電容器，其兩個極板之間的電位差在 2.0 s 內下降爲其初始值的四分之一。試問在電容器極板之間的等效電阻爲何？

7 圖 27-18 的電路顯示一個電容器，兩個理想電池，兩個電阻器和一個開關 S。起初 S 已經開啓了很長一段時間。如果隨後讓它閉合很長一段時間，試問在電容器上的電荷改變量是多少？假設 $C = 10\ \mu F$，$\mathscr{E}_1 = 1.0\ V$，$\mathscr{E}_2 = 3.0\ V$，$R_1 = 0.20\ \Omega$，$R_2 = 0.40\ \Omega$。

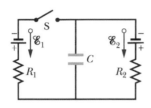

圖 27-18 習題 7

8 在圖 27-19 中，$R_1 = 5.00\ \Omega$，$R_2 = 10.0\ \Omega$，$R_3 = 15.0\ \Omega$，$C_1 = 5.00\ mF$，$C_2 = 10.0\ \mu F$，而且理想電池具有電動勢 $\mathscr{E} = 20.0\ V$。假設電路處於穩態，請問儲存在兩個電容器中的總能量是多少？

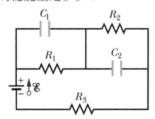

圖 27-19 習題 8

9 試問在圖 27-20 中的電流的(a)大小和(b)方向(往上或往下)爲何，已知在圖 27-20 中，所有的電阻都是 4.0 Ω，所有的電池都是理想的，而且都具有電動勢 10 V？(提示：這個問題可以只使用心算就能回答。)

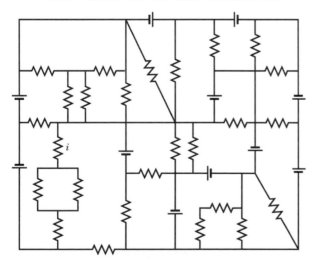

圖 27-20 習題 9

10 假設在我們坐在椅子上的時候，在我們的衣服和椅子之間的電荷隔離，造成我們具有電位 200 V，而且在我們和椅子之間具有電容量 150 pF。(a)你的身體電位多少？在我們身上的電荷經由身體和鞋子移出的過程中，該電位將隨著時間減少(此時我們是一個經由電阻放電的電容器)。假設沿著這個路徑的電阻是 300 G。如果在我們身上的電位大於 100 V 的時候，我們碰觸某一個電子元件，則我們可能會破壞該元件。試問要讓我們身上的電位降低到安全位準 100 V，我們必須等待多長的時間？

如果我們戴上具有導電性並且連接到地的腕帶，則當我們站起來的時候，我們身上的電位將不會增加得那麼多；因爲此接地路徑的電阻遠比經由身體和鞋子的路徑的電阻來得小，所以我們也會放電得很快。(c)假設當我們站起來的時候，我們身上的電位是 1400 V，而且椅子到我們身體的電容量是 10 pF。試問該接地腕帶的電阻是多少的時候，可以讓我們的身體在 0.30 s 以內放電到 100 V，而 0.30 s 這個時間值小於我們伸手觸及電子設備的時間？

11 在圖 27-21，令 $R_1 = 30.0\ \Omega$，$R_2 = R_3 = 60.0\ \Omega$，$R_4 = 90.0\ \Omega$，$\mathscr{E} = 6.00\ V$，假設電池是理想電池。(a)等效電阻爲多少？流經(b)電阻 1，(c)電阻 2，(d)電阻 3，和(e)電阻 4 的電流是多少？

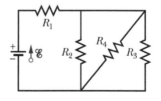

圖 27-21 習題 11

12 在圖 27-22 中，$R_1 = 3.00R$，安培計電阻是零，且電池爲理想。則安培計中的電流是 $\mathscr{E}/R$ 的多少倍？

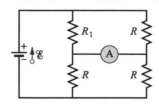

圖 27-22 習題 12

13　在圖 27-23 中，$R_1 = R_2 = 5.00\ \Omega$，而且 $R_3 = 3.50\ \Omega$。D、E 點間的等效電阻？(提示：兩個電池與一個外部電阻 R 串聯連接在一起。)

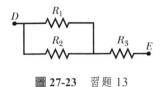

圖 27-23　習題 13

14　在圖 27-24 中，兩個理想電池的電動勢 $\mathscr{E}_1 = 12$ V，$\mathscr{E}_2 = 8.0$ V，試求(a)電流，在(b)電阻 1(4.0 Ω)和(c)電阻 2(8.0 Ω)的耗損率，以及在(d)電池 1 和(e)電池 2 的能量轉換率。(f)電池 1 和(g)電池 2 是供應或吸收能量？

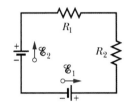

圖 27-24　習題 14

15　(a)圖 27-25 中，如果電路的電流爲 3.5 mA，則爲多少？其中 $\mathscr{E}_1 = 2.0$ V、$\mathscr{E}_2 = 3.0$ V 和 $r_1 = r_2 = 3.0\ \Omega$。出現的熱能功率爲多少？

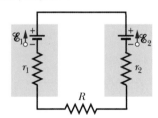

圖 27-25　習題 15

16　圖 27-26 的電路，$R_1 = 2.00\ \Omega$，$R_2 = 5.00\ \Omega$，而且電池是理想的。試求 R_3 等於多少的時候可以使電阻 3 消耗最大的能量？

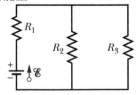

圖 27-26　習題 16 和 21

17　圖 27-27 中，$\mathscr{E}_1 = 8.00$ V，$\mathscr{E}_2 = 12.0$ V，$R_1 = 100\ \Omega$，$R_2 = 200\ \Omega$，$R_3 = 250\ \Omega$。電路中有一個點已經予以接地($V = 0$)。請問通過電阻 1 的電流的(a)大小和(b)方向(往上或往下)，通過電阻 2 的電流的(c)大小和(d)方向(往左或往右)，及通過電阻 3 的電流的(e)大小和(f)方向各爲何？(g)試問 A 點的電位爲何？

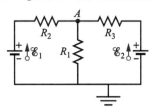

圖 27-27　習題 17

18　圖 27-28 中，理想電池之電動勢爲 $\mathscr{E}_1 = 12.0$ V，$\mathscr{E}_2 = 0.500\ \mathscr{E}_1$，每個電阻均爲 6.00 Ω。試問：(a)電阻 2，(b)電阻 3 中的電流是多少？

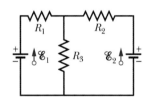

圖 27-28　習題 18、19 和 20

19　圖 27-28 中，$\mathscr{E}_1 = 4.00$ V，$\mathscr{E}_2 = 2.00$ V，$R_1 = 4.00\ \Omega$，$R_2 = 6.00\ \Omega$，$R_3 = 5.00\ \Omega$，而且兩個電池都是理想的。請問能量消耗在(a) R_1，(b) R_2，(c) R_3 中的速率爲何？試問：(a)電池 1，(b)電池 2 的功率是多少？

20　在圖 27-28 中，$R_1 = 10.0\ \Omega$，$R_2 = 20.0\ \Omega$，且理想電池的電動勢分別是 $\mathscr{E}_1 = 20.0$ V 和 $\mathscr{E}_2 = 50.0$ V。R_3 的數值爲何的時候，會使通過電池 1 的電流爲零？

21　在圖 27-26 中，$R_1 = R_2 = 10.0\ \Omega$，而且電池的電動勢是 $\mathscr{E} = 12.0$ V。(a)試問當 R_3 值是多少的時候，可以讓電池供應能量的速率達到最大，以及(b)該最大速率是多少？

22　在圖 27-29 中，$\mathscr{E}_1 = 6.00$ V，$\mathscr{E}_2 = 12.0$ V，$R_1 = 200\ \Omega$，$R_2 = 100\ \Omega$。電流通過電阻 1 的(a)大小和(b)方向（向上或向下）是什麼，通過電阻 2 的電流的(c)大小和(d)方向，以及(e)大小和(f)通過電池 2 的電流方向？

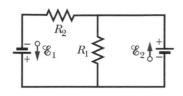

圖 27-29 習題 22

23 圖 27-30 顯示了三個 20.0 Ω 電阻器。試求在各點：(a) A 和 B，(b) A 和 C，(c) B 和 C 之間的等效電阻(提示：想像有 一個電池連接住一對給定的點之間)。

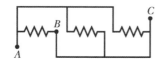

圖 27-30 習題 23

24 包含兩根燈絲的三路 120 V 燈泡額定功率為 100-200-300 W，一根燈絲燒壞之後，燈泡在最低和最高開關位置以相同強度（以相同速率耗散能量）工作，但在中間位置時完全不工作。(a)兩根燈絲如何連接到三個開關位置？燈絲電阻的(b)較小值和(c)較大值分別是多少？

25 在圖 27-31 中，幾個理想電池的電動勢是 $\mathscr{E}_1 = 20.0$ V，$\mathscr{E}_2 = 10.0$ V，$\mathscr{E}_3 = 5.00$ V，而且每個電阻都是 2.00 Ω。試問電流 i_1 的(a)大小和(b)方向(往左或往右)為何？(c)電池 1 是供應或吸收能量，(d)其功率為何？(e)電池 2 是供應或吸收能量，及(f)其功率為何？(g)電池 3 是供應或吸收能量，及(h)其功率為何？

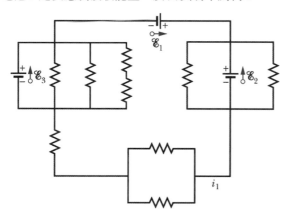

圖 27-31 習題 25

26 在圖 27-32 中，六個實際電池的電動勢都是 20 V，電阻均為 4.0 Ω。(a)試問流過(外部)電阻 $R = 4.0$ Ω 的電流是多少？(b)每一個電池兩端的電位差是多少？(c)每一個電池的功率為何？(d)每一個電池將能量轉移成內部熱能的速率是多少？

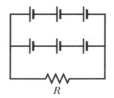

圖 27-32 習題 26

27 在圖 27-33 中，理想電池具有電動勢 $\mathscr{E} = 30.0$ V，而且各電阻分別是 $R_1 = R_2 - 14$ Ω，$R_3 = R_4 = R_5 = 6.0$ Ω，$R_6 = 2.0$ Ω，$R_7 = 1.5$ Ω。請問電流：(a) i_2，(b) i_4，(c) i_1，(d) i_3，(e) i_5 各為何？

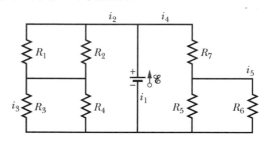

圖 27-33 習題 27

28 圖 27-34 中，兩電池電動勢 $\mathscr{E} = 14.0$ V，內阻 $r = 0.400$ Ω，以並聯方式連接一電阻 R。(a) R 值為多少時，電阻中消耗功率最大？(b)消耗的最大功率為何？

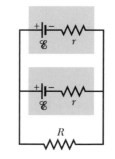

圖 27-34 習題 28 和 29

29 兩個電動勢 $\mathscr{E} = 12.0$ V 且內電阻 $r = 0.400$ Ω 的相同電池，要以並聯(圖 27-34)或串聯(圖 27-35)連接到一個外部電阻 R。如果 $R = 2.00r$，試問於下列方式流經外部電阻的電流 i：(a)並聯，(b)串聯？(c)哪一種連接方式的 i 比較大？如果 $R = r/2.00$，在(d)並聯連接方式中，和(e)串聯連接方式中，流經外部電阻的電流 i 是多少？(f)此時哪一種連接方式的 i 比較大？

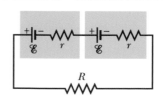

圖 27-35 習題 29

30 在圖 27-36 中，阻值 $R_1 = 2.0\ \Omega$，$R_2 = 5.0\ \Omega$，理想電池的電動勢 $\mathscr{E}_1 = 3.0$ V，$\mathscr{E}_2 = \mathscr{E}_3 = 5.0$ V。試問在電池 1 中的電流(a)大小和(b)方向為何，在電池 2 中的電流(c)大小和(d)方向為

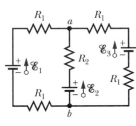

圖 27-36 習題 30

何，在電池 3 中的電流(e)大小和(f)方向為何？電位差 $V_a - V_b$ 為何？

31 圖 27-37 中 $R_1 = 90\ \Omega$，$R_2 = 50\ \Omega$，和理想電池具有電動勢 $\mathscr{E}_1 = 6.0$ V，$\mathscr{E}_2 = 9.0$ V 和 $\mathscr{E}_3 = 4.0$ V。求出(a)電阻 1 的電流，(b)電阻 2 的電流和(c)介於點 a 和 b 之間的電位差。

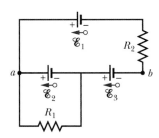

圖 27-37 習題 31

32 我們想要將一個未知電阻器連接到一個 20.0 Ω 的電阻器，藉此產生總電阻 4.00 Ω。(a)試問此未知電阻值為何，以及(b)它應該採取串聯或並聯連接方式？

33 圖 27-38 中，當電流 $i = 2.0$ A 時，線路 AB 的部份吸收了 50 W 的功率。$R = 4.0\ \Omega$。A 與 B 間的電位差為多少？元件電動勢裝置 X 沒有內阻。(b)求其電動勢？(c)點 B 連接到 X 的正極或負極？

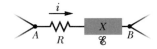

圖 27-38 習題 33

34 0.40 Ω 的導線連接 $\mathscr{E} = 2.0$ V 的電動勢裝置，其內阻為 0.20 Ω。在四十秒鐘的時間內，(a)試問有多少化學能轉換成電能？(b)線路中消散多少熱能？(c)電池中消散多少熱能？

35 在圖 27-39 中，兩個理想電池的電動勢為 $\mathscr{E}_1 = 150$ V，$\mathscr{E}_2 = 80$ V，而電阻為 $R_1 = 4.0\ \Omega$，$R_2 = 6.0\ \Omega$。如果 P 點的電位為 100 V，則 Q 點的電位為何？

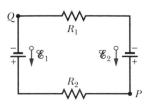

圖 27-39 習題 35

36 在圖 27-40 中，兩個理想電池具有電動勢 $\mathscr{E}_1 = 12.0$ V 和 $\mathscr{E}_2 = 4.00$ V，且每個電阻都是 4.00 Ω。試問電流 i_1 的(a)大小和(b)方向(往上或往下)為何，以及電流 i_2 的(c)大小和(d)方向為何？(e)電池 1 是供應或吸收能量，及(f)其功率為何？(g)電池 2 是供應或吸收能量，及(h)其功率為何？

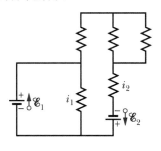

圖 27-40 習題 36

37 兩個電阻 R_1 和 R_2 可以串聯或並聯連接在具有電動勢 $\mathscr{E}$ 的理想電池上。我們希望並聯組合的能量耗散率是串聯組合的五倍，如果 $R_1 = 100\ \Omega$，則該耗散率的兩個 R_2 值中的(a)較小值和(b)較大值分別是多少？

38 我們想要藉著將 0.10 Ω 的電阻連接到一個其電動勢是 1.5 V 的電池上，使得電阻以 10 W 的速率產生熱能。(a)試問電阻器兩端的電位差必須是多少？(b)電池的內阻必須是多少？

39 在圖 27-41 中，$R_1 = 10.0\ \text{k}\Omega$，$R_2 = 15.0\ \text{k}\Omega$，$C = 0.400\ \mu\text{F}$，而且理想電池具有電動勢 $\mathscr{E} = 20.0$ V。首先，讓開關閉合一段很長時間，使得電路達到一個穩定電流。然後，讓開關在時間 $t = 0$ 開啟。試問在 $t = 14.0$ ms 的時候，流經電阻器 2 的電流為何？

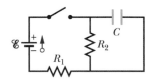

圖 27-41 習題 39 和 40

40 在圖 27-41 中，理想電池的電動勢是 $\mathscr{E} = 30$ V，電阻值分別是 $R_1 = 20$ kΩ 和 $R_2 = 10$ kΩ，而且電容是沒有電荷的。當開關在 $t = 0$ 予以閉合，請問在(a)電阻 1 和(b)電阻 2 中的電流是多少？經過一段很長時間以後，試問電阻 2 中的電流是多少？

41 在圖 27-42 中，$R_1 = R_2 = 2.0$ Ω，$R_3 = 4.0$ Ω，$R_4 = 3.0$ Ω，$R_5 = 1.0$ Ω，$R_6 = R_7 = R_8 = 8.0$ Ω，理想電池的電動勢 $\mathscr{E}_1 = 16$ V 和 $\mathscr{E}_2 = 8.0$ V。電流 i_1 的(a)大小和(b)方向（向上或向下）以及電流 i_2 的(c)大小和(d)方向為何？(e)電池 1 和(f)電池 2 的能量傳輸率是多少？(g)電池 1 和(h)電池 2 是否提供或吸收能量？

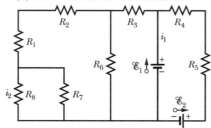

圖 27-42　習題 41

42 圖 27-43 中的開關 S 在時間 $t = 0$ 閉合，以便開始經由電阻值 $R = 35.0$ Ω 的電阻器，對起初沒有電荷而且電容值 $C = 17.5$ μF

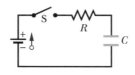

圖 27-43　習題 42 和 43

的電容器進行充電。試問在什麼時候，電容器兩端的電位差將等於電阻器兩端的電位差？

43 圖 27-43 顯示了電動勢 $\mathscr{E} = 12$ V 的理想電池，電阻值 $R = 4.0$ Ω 的電阻器，及電容值 $C = 4.0$ μF、但向未充電的電容。在開關 S 閉合後，請問當在電容器上的電荷是 8.0 μC 的時候，通過電阻器的電流為何？

44 下表給出了電池端子之間的電勢差 V_T 作為從電池中獲得電流 i 的函數。(a)寫出一個方程來表示 V_T 和 i 之間的關係。將數據輸入圖形計算器並執行 V_T 與 i 的線性回歸擬合。從擬合的參數中，找出(b)電池的電動勢和(c)其內電阻。

i(A):	50.0	75.0	100	125	150	175	200
V_T(V):	10.7	9.00	7.70	6.00	4.80	3.00	1.70

45 某一條 120 V 功率線路藉著 15 A 保險絲予以保護。請問在保險絲沒有因為電流過大而燒毀的情形下，這個線路能夠以並聯的方式同時連接 500 W 燈泡的最大數目是多少個？

46 在 RC 串聯電路中，電動勢 $\mathscr{E} = 20.0$ V，電阻 $R = 4.30$ MΩ，電容 $C = 1.80$ μF。(a)求時間常數。(b)求充電期間電容器上最大的電荷量。(c)充電至 16.0 μC 所需的時間為多少？

47 在圖 27-44 中，電池 1 具有電動勢 $\mathscr{E}_1 = 12.0$ V，和內部電阻 $r_1 = 0.020$ Ω，而且電池 2 具有電動勢 $\mathscr{E}_2 = 12.0$ V，和內部電阻 $r_2 = 0.012$ Ω。兩個電池與一個外部電阻 R 串聯連接在一起。(a)當 R 值等於多少時，其中一個電池的端點到端點電位差將等於零？(b)此時哪個電池是如此？

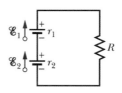

圖 27-44　習題 47

48 在圖 27-45 中，流經電阻 6 的電流是 $i_6 = 2.50$ A，而且各電阻值是 $R_1 = R_2 = R_3 = 2.00$ Ω，$R_4 = 16.0$ Ω，$R_5 = 8.00$ Ω，$R_6 = 4.00$ Ω。試問理想電池的電動勢是多少？

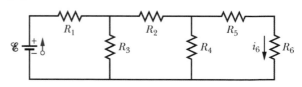

圖 27-45　習題 48

49 在圖 27-46 中，理想電池的電動勢為 $\mathscr{E}_1 = 5.0$ V 與 $\mathscr{E}_2 = 19$ V，每一顆電阻的阻值皆為 2.0 Ω，且在此電路的地電位被定義為零。在指示點(a) V_1 與 (b) V_2 的電位為何？

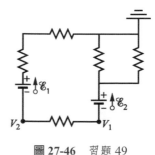

圖 27-46　習題 49

50 圖 27-47 顯示了某一個電路的一部份,且此時有電流 $I = 6.00$ A 通過其中。相關電阻是 $R_1 = R_2 = 2.00 R_3 = 2.00 R_4 = 4.00$ Ω。通過電阻器 1 的電流 i_1 爲何?

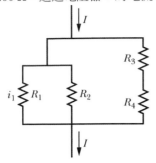

圖 27-47 習題 50

51 某一個對溫度很穩定的電阻的製作方式是,將一個矽製電阻器與一個鐵製的電阻器串聯連接在一起。如果在大約 20°C 的溫度範圍內,所需要的總電阻是 1000 Ω,試問:(a)矽電阻器,(b)鐵電阻器的電阻是多少?(參看表 26-1。)

52 某個電腦遊戲機的控制器是由連接在 0.220 μF 電容器兩個極板上的可變電阻所組成。將電容器充電到 5.00 V,然後經由電阻放電。利用遊戲機內部的時鐘,我們可測得到電容器極板間的電位差,減少爲 0.800 V 所經歷的時間。如果放電時間的範圍可以有效地從 10.0 μs 調整到 6.00 ms,請問電阻器的電阻變動範圍的(a)最低數值和(b)最高數值爲何?

53 有一組 N 個完全相同的電池,每一個電池都具有電動勢 $\mathscr{E}$ 和內阻,這些電池可以全部用串聯方式(圖 27-48a)或全部用並聯方式(圖 27-48b)連接在一起,然後跨接在電阻器 R 上。試證明如果 $R = r$,則這兩種配置方式會在 R 中造成相同電流。

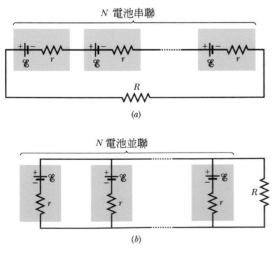

圖 27-48 習題 53

54 金屬線 A 和 B 具有相同長度 40.0 m 和相同直徑 2.60 mm,而且兩條金屬線串聯連接在一起。將電位差 60.0 V 施加在合成金屬線的兩端。已知其電阻分別爲 $R_A = 0.127$ Ω 和 $R_B = 0.729$ Ω。對金屬線 A 而言,請問(a)電流密度的量值 J 和(b)電位差 V 爲何?(c)金屬線 A 是由哪一種類型的材料所製成(請參看表 26-1)?對於金屬線 B 而言,試問其(d)J,(e)V 爲何?(f)B 是由哪一種類型的材料製成?

55 15.0 kΩ 的電阻與電容相串聯,若突然有 14.0 V 的電位差加在其兩端。(a)電容器的電位差於 9.80 μs 內上升至 5.00 V。(a)求電路的時間常數。(b)求電容器的電容值。

56 在圖 27-5a 中,如果 $\mathscr{E} = 12$ V,$R_1 = 3.0$ Ω,$R_2 = 4.0$ Ω,且 $R_3 = 5.0$ Ω,試求在 R_2 兩端的電位差。

57 圖 27-49 中,$R = 10$ Ω。請問在點 A 和 B 之間的等效電阻是多少?(提示:如果我們一開始便假設點 A 和 B 點會連接到電池上,則這個電路看起來會比較簡單)。

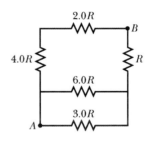

圖 27-49 習題 57

58 在圖 27-50 中,電動勢 $\mathscr{E} = 12.0$ V 的理想電池連接到電路上,電路上之 $R_1 = 6.00$ Ω、$R_2 = 12.0$ Ω、$R_3 = 4.00$ Ω、$R_4 = 3.00$ Ω 和 $R_5 = 5.00$ Ω。電阻 5 兩端的電位差是多少?

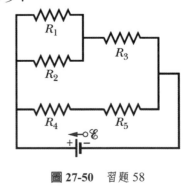

圖 27-50 習題 58

59 在圖 27-51 中，$R_1 = 20\ \Omega$，$R_2 = 18.0\ \Omega$，而且理想電池具有電動勢 $\mathscr{E} = 120\ V$。如果我們(a)只閉合開關 S_1，(b)只閉合開關 S_1 和 S_2，(c)閉合所有三個開關，試問此時在點 a 處的電流是多少？

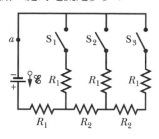

圖 27-51 習題 59

60 在圖 27-52 中，理想電池的電動勢 $\mathscr{E}_1 = 20.0\ V$、$\mathscr{E}_2 = 10.0\ V$、$\mathscr{E}_3 = 5.00\ V$ 和 $\mathscr{E}_4 = 5.00\ V$，其電阻均為 $2.00\ \Omega$。電流 i_1 的(a)大小和(b)方向（左或右）以及電流 i_2 的(c)大小和(d)方向為何？（這只能用心算回答。）(e)電池 4 的能量傳輸率是多少，以及(f)電池提供或吸收的能量是多少？

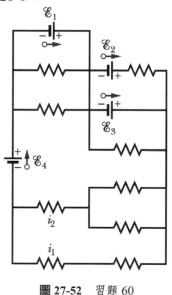

圖 27-52 習題 60

61 某一部汽車的汽油錶電路顯示於圖 27-53 中。指示器(在汽車的儀表板上)的電阻是 $10\ \Omega$。油槽裝置是一個連接到可變電阻器的浮標，可變電阻器的電阻會隨著汽油量線性改變。當油槽是空的時候，其電阻是 $140\ \Omega$ 當油槽全滿的時候，其電阻是 $20\ \Omega$。試求當油槽是(a)空的，(b)半滿，以及(c)全滿時的電路電流。請將電池視為理想的。

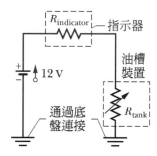

圖 27-53 習題 61

CHAPTER 28

磁場

28-1 磁場與 $\vec{B}$ 的定義

學習目標

在閱讀完這個區塊的文字之後，讀者應該能夠...

28.01 區分電磁鐵與永久磁鐵。

28.02 了解磁場是向量，因此有大小與方向。

28.03 解釋如何以一電荷粒子移經某場所發生的事來定義出磁場的。

28.04 對經過均勻磁場的帶電粒子，運用力大小 F_B、電荷 q、速度 v、場大小 B、以及速度向量 $\vec{v}$ 與磁場向量 $\vec{B}$ 之夾角 θ 的關係。

28.05 對被送進一均勻磁場的帶電粒子，藉由(1)應用右手定則來找出外積向量 $\vec{v} \times \vec{B}$ 的方向，以及(2)決定什麼會在方向上影響電荷 q，來得出磁力大小 $\vec{F}_B$。

28.06 以單位-向量和大小-角度的符號來計算外積 $q(\vec{v} \times \vec{B})$，以此找出作用於移動中的帶電粒子之磁力 $\vec{F}_B$。

28.07 了解磁力向量 $\vec{F}_B$ 必與速度向量 $\vec{v}$ 和磁場向量 $\vec{B}$ 垂直。

28.08 了解磁力對粒子速度與動能的影響。

28.09 了解磁鐵為一磁偶極。

28.10 了解相異磁極互相吸引，相同磁極互相排斥。

28.11 解釋磁場線，包含它們何處開始何處結束，以及它們的間距為何。

關鍵概念

● 當一帶電粒子移動移動經過一磁場 B，作用在該粒子的磁力為

$$\vec{F}_B = q(\vec{v} \times \vec{B})$$

其中 q 為粒子電荷（包含符號），以及 $\vec{v}$ 是粒子速度。

● 右手定則可得出外積向量 $\vec{v} \times \vec{B}$ 的方向，而 q 的符號可以決定 $\vec{F}_B$ 與 $\vec{v} \times \vec{B}$ 為同方向或反方向。

● $\vec{F}_B$ 的大小為

$$F_B = |q|vB\sin\phi$$

其中 ϕ 是 $\vec{v}$ 和 $\vec{B}$ 之間的夾角。

物理學是什麼？

　　如同我們已經討論過的，物理學的一個主要目標是研究電場如何產生在帶電物體上的電力。有一個密切相關的目標是研究磁場如何產生在(運動)帶電粒子上，或像磁鐵這樣有磁性的物體上的磁力。如果你曾經將便條紙利用小磁鐵附著在冰箱上，或者偶然將信用卡貼近磁鐵移動過，因而使信用卡的資料被抹除，那麼你可能已經稍微知道磁場是什麼。磁鐵是經由它的磁場對冰箱門或信用卡產生作用。

磁場和磁力的應用是數不盡的，而且每一年都快速地在改變。這裡只舉一些例子。幾十年來，娛樂工業都依靠磁性錄製方式，將音樂和影像保存在錄音帶和錄影帶上。雖然數位技術已經相當程度的取代磁性錄製技術，但是工業界仍然仰賴磁鐵控制 CD 和 DVD 播放器，以及電腦硬碟；磁鐵也用來驅動耳機、電視、電腦和電話中的揚聲器錐形物(speaker cones)。因為人們要求汽車配備馬達以便用來引擎點火，自動機械窗戶控制，遮陽篷頂控制和擋風玻璃雨刷控制，所以現代汽車都裝備了很多磁鐵。大多數安全警報系統、門鈴和自動機械門閂也有使用磁鐵。簡言之，磁鐵圍繞著我們。

磁場的科學是物理學；磁場的應用是工程學。科學和應用都以這一個問題開始探索的歷程：「什麼因素產生磁場？」

磁場由何產生

因為電場 E 是由電荷產生，所以我們可以合理預期磁場是由磁荷(magnetic charge)產生。個別磁荷稱為磁單極(magnetic monopole)，雖然有某些理論預測其存在，但是尚未被證實過。那麼磁場是如何產生的呢？有兩種方式可以產生磁場。

一種方法是利用移動的帶電粒子，例如金屬導線中的電流，來產生**電磁鐵**(electromagnet)。電流產生磁場，利用這種磁場可以用來像是控制電腦硬碟，或者像是挑選金屬碎屑(圖 28-1)之類的用途。在第 29 章中，我們將討論由電流所產生的磁場。

另一種產生磁場的方法是利用像電子這類的基本粒子，這是因為這些粒子具有固有的(intrinsic)磁場環繞著粒子本身的緣故。也就是說，就像質量與電荷(或沒有電荷)是每一個粒子的基本特徵一樣，磁場也是每一個粒子的特徵。如同我們將在第 32 章所討論的，在某些物質中，電子的磁場可以加總在一起，結果產生環繞著該物質的淨磁場。這樣的加總作用是**永久磁鐵**(permanent magnet)為什麼具有永久磁場的原因，永久磁鐵就是我們用於在冰箱器壁吸附備忘紙條的物質。在其他物質中，電子的磁場會相互抵銷，結果造成沒有淨磁場環繞著物質周圍。這樣的抵銷作用是為什麼我們的身體不具有磁場的原因；因為如果我們具有磁場，則當我們每次經過電冰箱門的時候，我們都可能會與冰箱門撞在一起，所以人的身體不具有磁場是有其優點的。

在本章中，我們的第一個任務是對磁場 B 加以定義。我們將藉著下列的實驗事實來完成這項任務，即當帶電粒子運動經過磁場的時候，會有磁力 $\vec{F}_B$ 作用在粒子上。

Digital Vision/Getty Images, Inc.

圖 28-1 鋼廠使用電磁鐵來蒐集與運送廢棄材料。

$\vec{B}$ 的定義

將靜止的、電荷量為 q 的測試粒子放在電場 $\vec{E}$ 中某一點，並測量其受到的電力 $\vec{F}_B$，我們以此決定該點的電場 $\vec{E}$。因此電場 $\vec{E}$ 的定義為

$$\vec{E} = \frac{\vec{F}_E}{q} \tag{28-1}$$

如果有一磁單極可資利用，便可以用相同的方法來定義磁場。但因找不到此種粒子，所以我們必需用其它的方法來定義 $\vec{B}$，即用移動中帶電的測試粒子所受到的磁力 $\vec{F}_B$ 來定義。

移動的帶電粒子。原則上，可用帶電粒子穿過磁場 $\vec{B}$ 中的某一點，並賦與該粒子各種不同的方向與速率，以決定粒子在磁場中所受到的作用力 $\vec{F}_B$。經過多次的試驗之後，我們會發現當粒子的速度 $\vec{v}$ 沿一特殊的軸經過該點時，$\vec{F}_B$ 的大小為零。對其他方向的 $\vec{v}$，$\vec{F}_B$ 的大小總是和 $v\sin\phi$ 成正比，其中 ϕ 為零作用力軸與 $\vec{v}$ 方向之夾角。而且 $\vec{F}_B$ 的方向總是垂直 $\vec{v}$ 的方向(此結果暗示著這其中存在外積的關係)。

場。於是我們可定義**磁場** $\vec{B}$ 為向量，其方向為零作用力軸的方向。接著，當 $\vec{v}$ 的方向垂直該軸時，測量 $\vec{F}_B$ 的大小，然後用力的大小定義 $\vec{B}$ 的強度：

$$B = \frac{F_B}{|q|v}$$

其中 q 為粒子的電荷量。

我們可用以下的向量式綜合整理所有的結果：

$$\vec{F}_B = q\vec{v} \times \vec{B} \tag{28-2}$$

意即，作用在粒子上的力相等於電荷量 q 乘上粒子速度與磁場的外積(所有的測量均在同一個座標軸)。用 3-24 式求此外積的值，我們可將 $\vec{F}_B$ 的大小寫成

$$F_B = |q|vB\sin\phi \tag{28-3}$$

其中 ϕ 是速度 $\vec{v}$ 與磁場 $\vec{B}$ 兩者方向之間的夾角。

求作用於粒子上的磁力

28-3 式告訴我們，在磁場中，作用於粒子上之力的大小 $\vec{F}_B$ 正比於粒子的電荷量 q 和速率 v。因此，若電荷量為零或粒子為靜止的，則力等於零。28-3 式亦告訴我們若 $\vec{v}$ 和 $\vec{B}$ 平行($\phi = 0°$)或反平行($\phi = 180°$)，則力的大小為零，且 $\vec{v}$ 和 $\vec{B}$ 互相垂直時，力為最大值。

將 $\vec{v}$ 對 $\vec{B}$ 作外積而得到新的向量 $\vec{v} \times \vec{B}$ | | 對正電荷之力 | 對負電荷之力

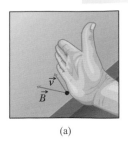 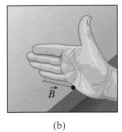 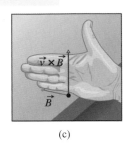 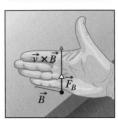 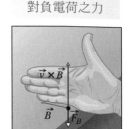

(a) (b) (c) (d) (e)

圖 28-2 (a)-(c)右手定則($\vec{v}$ 經過和 $\vec{B}$ 之間的小角度 ϕ 而掃向 $\vec{B}$)定出 $\vec{v} \times \vec{B}$ 的方向為大姆指的方向。(d)若 q 為正,則 $\vec{F}_B = q\vec{v} \times \vec{B}$ 的方向為 $\vec{v} \times \vec{B}$ 的方向。(e)若 q 為負,則 $\vec{F}_B$ 的方向和 $\vec{v} \times \vec{B}$ 的方向相反。

方向。28-2 式告訴我們上述所有結果及 $\vec{F}_B$ 的方向。由 3-3 節,我們知道 28-2 式之外積 $\vec{v} \times \vec{B}$ 為一向量,且同時垂直 $\vec{v}$ 和 $\vec{B}$ 向量。右手定則(圖 28-1a)告訴我們當右手手指由 $\vec{v}$ 掃向 $\vec{B}$ 時,右手大姆指指向 $\vec{v} \times \vec{B}$ 的方向。若 q 為正,則(由 28-2 式)力 $\vec{F}_B$ 與 $\vec{v} \times \vec{B}$ 符號相同,因此方向必定相同;意即,對正 q 而言,$\vec{F}_B$ 的方向沿姆指的方向,如圖 28-2d 所示。q 若為負,則力 $\vec{F}_B$ 和外積 $\vec{v} \times \vec{B}$ 符號相反,因此方向必定相反。對負 q 而言,$\vec{F}_B$ 的方向指向姆指的相反方向,如圖 28-2e 所示。

注意:忘記考慮電荷的負號是考試中常見的錯誤。

然而,不管電荷的符號為何,

 以速度 $\vec{v}$ 運動的帶電粒子經過磁場 $\vec{F}_B$ 時,作用在其上的力 $\vec{B}$ 永遠垂直於 $\vec{F}_B$ 和 $\vec{v}$。

因此 $\vec{F}_B$ 永遠不會有分量平行 $\vec{v}$。這表示 $\vec{F}_B$ 無法改變粒子的速率 v(因此也不能改變粒子的動能)。此力只能改變 $\vec{v}$ 的方向(也因此改變了粒子的運動方向);$\vec{F}_B$ 能加速粒子只是基於此種意義。

為增加大家對 28-2 式的認識,我們考慮圖 28-3 的情形。這幅圖是在 Lawrence Berkeley 實驗室所拍攝,它是帶電粒子快速穿過氣泡室而留下的軌跡。氣泡室裡充滿了液態氫,並置於強大的均勻磁場中,磁場的方向指出紙面。入射的 γ 射線粒子(沒有軌跡,因不帶電)在撞及氫原子並釋放出電子(標示 e^- 之長軌跡)時,γ 射線粒子也分裂為一個電子(標示為 e^- 的螺弦軌跡)及一個正子(標示 e^+ 之軌跡)。試由 28-2 式與圖 28-2,檢查看看這二個負粒子與一個正粒子所產生的三個軌跡的方向是否正確。

單位。由 28-2 式及 28-3 式可以得到 $\vec{B}$ 的 SI 單位為:牛頓/(庫侖)(公尺/秒)。為了方便起見,這個單位又稱為**特斯拉**(T),所以

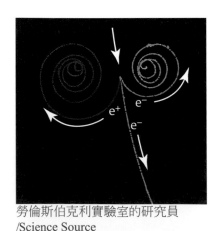

勞倫斯伯克利實驗室的研究員
/Science Source

圖 28-3 氣泡室中兩個負電子(e^-)與一個正電子(e^+)的軌跡,氣泡室放在均勻磁場中,此磁場方向指出紙面。

$$1\text{特斯拉} = 1\text{ T} = 1\frac{\text{牛頓}}{(\text{庫侖})(\text{公尺}/\text{秒})}$$

又因為安培的定義為庫侖/秒,所以

$$1\,\text{T} = 1\frac{\text{牛頓}}{(\text{庫侖}/\text{秒})(\text{公尺})} = 1\frac{\text{N}}{\text{A}\cdot\text{m}} \qquad (28\text{-}4)$$

早期的單位(非 SI 單位)，稱爲高斯(G)，今日仍然廣泛地在使用著，且

$$1\text{ 特斯拉} = 10^4\text{ 高斯} \qquad (28\text{-}5)$$

表 28-1 列示了一些情況下，磁場的大小。注意，靠近地表的地球磁場大約爲 10^{-4} T(= 100 μT 或 1 G)。

表 28-1 一些磁場的近似值	
中子星表面	10^8 T
大電磁鐵附近	1.5 T
小磁棒附近	10^{-2} T
地球表面	10^{-4} T
太空中	10^{-10} T
磁隔離室中可達到的最小磁場值	10^{-14} T

 測試站 1

如圖中顯示速度 $\vec{v}$ 的帶電粒子行經均勻磁場 $\vec{B}$ 的三種情形。在每一種情況下，作用在粒子上的磁力 $\vec{F}_B$ 之方向爲何？

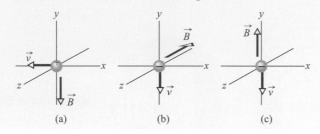

(a)　　　　　(b)　　　　　(c)

磁場線

就像電場一樣，我們可以用磁場線來表示磁場。適用相似的法則：(1)任何一點處的磁場線切線方向，即爲該點 $\vec{B}$ 的方向；(2)磁場線的間隔代表 $\vec{B}$ 的大小——線越密磁場越強，反之越弱。

圖 28-4a 顯示，如何用磁場線來表示磁棒(棒形的永久磁鐵)附近的磁場。這些磁場線都穿過磁鐵，且形成封閉迴路(甚至連那些在圖中沒有顯示出封閉迴路的磁場線亦皆是)。磁棒外的磁場以磁棒附近兩端最強，因爲那裏的場線分佈最密。因此，棒狀磁鐵的磁場在圖 28-4b 在靠近兩端蒐集鐵屑。

兩極。(封閉)磁場線由磁鐵一端進入而從另一端出來。發出磁場線的磁鐵端稱爲北極，另一端爲磁場線進入處，稱爲南極。由於磁鐵有 2 極，我們將之稱爲**磁偶極**(magnetic dipole)。我們用來將留言條固定在冰箱上的磁鐵爲短的磁棒。圖 28-5 顯示其他兩種常見的磁鐵形式：馬蹄形磁鐵與磁極表面爲互相面對面的 C 形磁鐵：(其磁極表面間的磁場可近似爲均勻磁場。不管磁鐵的外形如何，若將兩個磁鐵互相靠近，我們發現：

 　相反磁極會互相吸引，相同磁極會互相排斥。

當你手握兩個相靠近的磁鐵時，會互相吸引或是排斥，看似神奇，是因兩磁鐵之間無接觸，而無法判斷是推力或是拉力。當我們在處理兩帶電粒子之間的靜電力時，我們以看不見的場來解釋此非接觸力，在此，磁

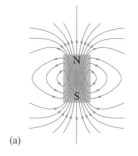

(a)

(b)

感謝普吉拉多城市的東南密蘇里州立大學理查德·坎農博士

圖 28-4 (a)磁棒的磁場線。(b)牛胃磁鐵，爲一種棒狀磁鐵讓避免牛隻誤食的鐵屑直接到腸子的意外發生。兩端的鐵屑顯現出磁力線。

場也是。

地球有由核心物質所造成的磁場,但核心結構目前仍不知道。在地表,我們可用指南針,基本上為置於低摩擦支持軸上的微小磁棒來測出此磁場。此磁棒,或指南針,因其北極端被地球的北極吸引而轉動。而在南半球,地球的磁場線通常從南極出發並向上指出地球。邏輯上,我們應該稱該極為南極。然而,因習慣上稱此方向為北方,故我們定地球的這個方向為地磁北極。

更仔細地觀察後會發現,在北半球,地球的磁場線通常朝向北極並向下指入地球。而在南半球,地球的磁場線通常從南極出發並向上指出地球——意即,從地球的地磁南極出來。

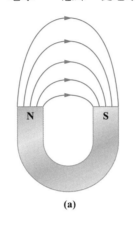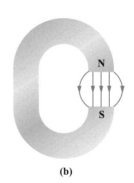

磁場線從北極到南極

圖 28-5 (a)馬碲形磁鐵和(b) C 形磁鐵
(圖中只畫出一些外部的磁場線.)

(a)　　　　　　**(b)**

範例 28.01 作用於移動帶電粒子的磁力

均勻磁場 $\vec{B}$,其大小為 1.2 mT,穿越氣泡室垂直指向上方。有一動能為 5.3 MeV 的質子,從南向北水平的運動,穿過氣泡室。試求當質子進入密室時,作用於其上的磁力有多大?質子的質量為 1.67×10^{-27} kg (忽略地球磁場)。

關鍵概念

因為帶電的質子穿過磁場時,會有磁力 $\vec{F}_B$ 作用於質子上。因為質子移動的起始方向並非是沿著磁場線,所以 $\vec{F}_B$ 不為零。

大小

為了求得 $\vec{F}_B$ 的大小,我們可以利用 28-3 式($F_B = |q| vB\sin\phi$)先求出質子的速率 v。我們可以從已知的動能解出 v 因為 $K = \frac{1}{2}mv^2$。對 v 求解我們得到

$$v = \sqrt{\frac{2K}{m}} = \sqrt{\frac{(2)(5.3\,\text{MeV})(1.60 \times 10^{-13}\,\text{J/MeV})}{1.67 \times 10^{-27}\,\text{kg}}}$$

$$= 3.2 \times 10^7\,\text{m/s}$$

由 28-3 式得到

$$F_B = |q| vB\sin\phi$$
$$= (1.60 \times 10^{-19}\,\text{C})(3.2 \times 10^7\,\text{m/s})$$
$$\times (1.2 \times 10^{-3}\,\text{T})(\sin 90°)$$
$$= 6.1 \times 10^{-15}\,\text{N} \qquad (答)$$

這看起來似乎是很小的力量,可是作用在質量很小的粒子上時,卻會產生相當大的加速度:

$$a = \frac{F_B}{m} = \frac{6.1 \times 10^{-15}\,\text{N}}{1.67 \times 10^{-27}\,\text{kg}} = 3.7 \times 10^{12}\,\text{m/s}^2$$

方向

接下來要求 $\vec{F}_B$ 的方向,我們運用的想法即是外積 $q\vec{v} \times \vec{B}$ 的方向,便是 $\vec{F}_B$ 的方向。因為電荷 q 為正,$\vec{F}_B$ 必須與 $\vec{v} \times \vec{B}$ 同方向,而外積的方向可由右手定則求得(圖 28-2d)。我們知道 的方向為水平方向由南向北,而則為垂直向上。右手定則告訴我們作用力 $\vec{F}_B$ 的方向為由西向東的水平方向,如圖 28-6 所示(圖中之點的排列表示磁場為垂直指出平面)。而若出現的是 X_s

的排列，則表示磁場爲垂直指入平面。

　　若粒子的電荷是負電，則磁力的方向反過來——
亦即，從東至西之水平方向。這是由 28-2 式將 $-q$
代替 q 可自動得到的結果。

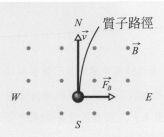

圖 28-6　在氣泡室中由上往下看一速度爲 $\vec{v}$ 的質子由
南向北運動的情形。氣泡室中的磁場垂直指向上，如圖
中點的排列所示(像箭的尖端)。此質子向東偏折。

WILEY **PLUS** Additional example,video,and practice available at *WileyPLUS*

28-2　互垂場：電子的發現

學習目標

在閱讀完這個區塊的文字之後，讀者應該能夠...
28.12 描述湯姆遜(J.J. Thomson)的實驗。
28.13 對一帶電粒子移經一磁場或電場時，以大小-角
度和單位-向量符號，來決定作用於粒子的淨力。

28.14 在磁力與電力以反方向作用於一粒子的情況
下，算出各力抵消、磁力爲主及電力爲主之下的
速度。

關鍵概念

● 若一帶電粒子移經一個同時包含電場與磁場的區
域時，它會同時受到電力與磁力的影響。

● 若場互相垂直時，可稱爲互垂場。

● 若力是互相爲反方向時，一特定的速率將導致該粒
子無偏轉。

互垂場：電子的發現

　　電場 $\vec{E}$ 和磁場 $\vec{B}$ 皆會對帶電粒子產生作用力。當這兩個場互相垂直
時，它們被稱爲互垂場。此節我們將探討當帶電粒子，即電子，穿過互
垂場時會發生什麼事。我們用爲例題的實驗，當初使湯姆遜於 1897 年在
劍橋大學發現電子。

　　兩個力。圖 28-7 爲一湯姆遜實驗儀器的現代簡單版——陰極射線管
(類似電視機中之「映像管」)。帶電粒子(現在我們知道它是電子)在射線
管尾端由加熱燈絲射出，然後因電位差而加速。通過阻隔板 C 上的狹縫
後形成狹窄的電子束。然後通過互相垂直的 $\vec{E}$ 和 $\vec{B}$，撞擊螢光幕 S 而產
生光點(在電視螢幕上，此光點爲影像的一部分)。在互垂場區域的作用力
可使帶電粒子偏離螢幕中心。以控制場的大小和方向的方式，湯姆遜就
能控制光點在螢幕上出現的位置。回想一下，電場作用於負電荷的方向
與電場的方向相反。如圖 28-7 之場的特殊安排，電場給電子向上的作用

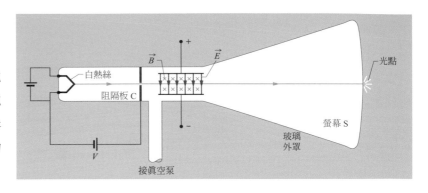

圖 28-7 湯姆遜用來量測電子質量與電荷的比值的儀器現代版。在板端接上電池而產生電場 $\vec{E}$。並利用線圈組(圖中未顯示)的電流產生 $\vec{B}$。其方向如×(像箭的羽毛端)之排列所示,為垂直指入紙面。

力,而磁場給電子向下的作用力,此即,此兩作用力是相反的。湯姆遜的實驗步驟如下:

1. 設定 $E = 0$ 且 $B = 0$,記錄電子束沒有偏折時,螢幕 S 上光點的位置。

2. 開啟 $\vec{E}$,測量電子束偏折的情形。

3. 維持 $\vec{E}$,再加上 $\vec{B}$,並調整其大小,直到電子束回到沒有偏折的位置(因兩作用力是相反的,可互相抵消)。

在範例 22.04 中,我們討論過帶電粒子通過平行板之間電場 $\vec{E}$ (這裡的步驟 2)時的偏折情形。得到粒子在平行板末端的偏折量為

$$y = \frac{|q|EL^2}{2mv^2} \tag{28-6}$$

其中 v 為粒子速率,m 為其質量,q 為其帶電量,L 為平行板長度。我們可將此公式用在圖 28-7 中的電子束上,測量電子束在螢幕 S 上的偏折量,然後推算在平行板末端的偏折量 y (因為偏折的方向是由粒子電荷的符號所決定,故湯姆遜能證明打到螢幕的粒子帶負電)。

力抵消。當圖 28-7 中的兩個場之大小調整至兩作用力恰抵消時(步驟 3),由 28-1 式與 28-3 式可得

$$|q|E = |q|vB\sin(90°) = |q|vB$$

或　　　$$v = \frac{E}{B} \quad \text{(相反力抵消)} \tag{28-7}$$

因此可得到帶電粒子通過此互垂場時的速率。將 28-7 式代入 28-6 式中的 v 後整理可得

$$\frac{m}{|q|} = \frac{B^2L^2}{2yE} \tag{28-8}$$

式中右邊的量均可測量。因此,互垂場可以讓我們量測運動經過湯姆遜儀器的粒子的比值 $m/|q|$。(注意:28-7 式只可應用在電力與磁力互為反向的情況下。你可以在習題作業中看到其他情況。)

湯姆遜宣稱此種粒子可在所有物質中找到。他亦宣稱此種粒子比已知最
輕原子(氫原子)還要輕超過 1000 倍(此精確比值後來證實為 1836.15)。他
的 $m/|q|$ 測量，及這兩個大膽的宣言，被認為是「電子的發現」。

 測試站 2

圖中顯示出帶正電粒子的四個速度 $\vec{v}$ 的方向，經過均勻電場 $\vec{E}$ (方
向為指出紙面，以點在圓圈中的圖形代表)和一均勻磁場 $\vec{v}$。根據粒
子所受到的淨作用力大小，將方向 1、2、3 由大至小排列。四個方
向中，那一個淨力為零？

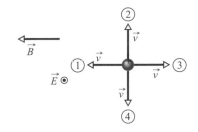

28-3 互垂場：霍爾效應

學習目標

在閱讀完這個區塊的文字之後，讀者應該能夠...

28.15 描述具電流的金屬片之霍爾效應，解釋電場如何
建立與其大小的限制。

28.16 對一個在霍爾效應情況下的導體片，畫出其磁場
與電場之向量。對其傳導電子畫出速度、磁場與
電場。

28.17 運用霍爾電位差 V、電場大小 E 與金屬片的寬
度 d 之間的關係。

28.18 運用電荷載子數密度 n、磁場大小 B、電流 i、
以及霍爾效應電位差 V 之間的關係。

28.19 運用霍爾效應之結果至一導體移經均勻磁場，來
了解跨接寬度所產生的霍爾效應電位差 V，並計
算 V 值。

關鍵概念

● 當一均勻磁場 $\vec{B}$ 外加於具電流 i 的導體片時，該場
垂直於電流方向，並由跨接此導體片所建立的霍爾
效應電位差 V。

● 作用於電荷載子上的電力 $\vec{F}_E$ 與磁力 $\vec{F}_B$ 會互相平
衡。

● 電荷載子數密度 n 為

$$n = \frac{Bi}{Vle}$$

其中 l 是導體片的厚度(平行於 $\vec{B}$)。

● 當一導體以速度 v 移經一均勻磁場 $\vec{B}$ 時，跨接的
霍爾效應電位差 V 為

$$V = vBd$$

其中 d 是垂直於速度 $\vec{v}$ 和場 $\vec{B}$ 的寬度。

互垂場：霍爾效應

如我們剛剛所討論的，在真空中，電子束可以被磁場偏折。而在銅
線中漂移的傳導電子也可以被磁場偏折嗎？在 1879 年，霍耳及一位在
Johns Hopkins 大學的 24 歲研究生證明了這些情況是會發生的。此**霍耳效
應**(Hall effect)幫助我們判斷，導體中帶電載子到底是帶正電還是帶負
電。除此之外，尚可以測量導體之單位體積內，該種載子的數目為多少。

在圖 28-8a 中，寬度為 d 的銅片載有自上而下的電流 i。如大家所知，此帶電載子為電子，其流動方向與電流 i 相反，流動速率設為 v_d。在圖 28-8a 所示的瞬間，指入紙面的外加磁場剛好加在銅片上，由 28-2 式可知磁偏向力將作用在每個流動電子上，將之推向銅片的右側。由 28-2 式可知磁偏向力 $\vec{F}_B$ 將作用在每個流動電子上，將之推向銅片的右側。

隨著時間的過去，電子移向右方，並堆積於銅片的右緣。在左緣上，失去電子而帶正電的粒子則留在原來的位置上。分離在左右側的正、負電荷在銅片內將建立電場 $\vec{E}$，此電場的方向為由左指向右，如圖 28-8b 所示。此電場對每個電子施加拉向左方的電力。因此，開始建立作用於電子上的電力，與施加在上面的磁力反向。

平衡。這些力很快便達到平衡狀態，亦即每個電子上的電力增至恰與磁力抵消。達到此狀態時，如圖 28-8b 所示，由於磁場 $\vec{B}$ 及電場 $\vec{E}$ 所產生的力互相平衡。於是銅片中的電子往上移動，且不再繼續堆積於銅片的右側，因此電場不再增加。

霍耳電位差 V 與橫越銅片的電場寬度 d 有關。由 24-21 式可知，電位差的大小為

$$V = Ed \tag{28-9}$$

將伏特計跨接在寬的兩邊，可測得銅片兩側間的電位差。此外，伏特計還可告知我們那一側電位較高。在圖 28-8b 的情況下，會得到左側的電位較高，此與我們假設帶電載子帶負電的結果一致。

我們暫時用相反的假設，即電流 i 中的帶電載子是帶正電(圖 28-8c)。你自己證明當這些帶電載子在銅片中由上向下移動時，它們會被 $\vec{F}_B$ 拉向右側，而因此右側的電位會較高。因最後的敘述與伏特計測量結果不符，故帶電載子必定帶負電。

數目密度。現在開始進行定量的計算當電子和磁力平衡時(圖 28-8b)，由 28-1 式及 28-3 式得到

$$eE = ev_d B \tag{28-10}$$

由 26-7 式，得到電子移動速率 v_d 為

$$v_d = \frac{J}{ne} = \frac{i}{neA} \tag{28-11}$$

其中 $J(= i/A)$ 為銅片內的電流密度，A 為銅片的截面積，n 為帶電載子的密度值(單位體積內的數目)。

將 28-9 式中的 E 和 28-11 式中的 v_d 代入 28-10 式，得

$$n = \frac{Bi}{Vle} \tag{28-12}$$

其中 $l(= A/d)$ 為銅片的厚度。因此我們可由測量得到 n 的值。

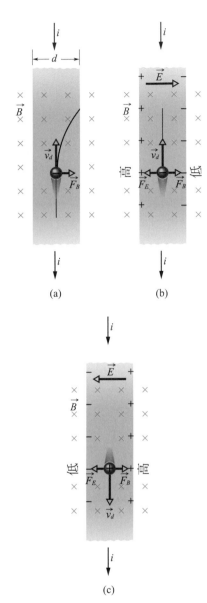

圖 28-8 磁場 $\vec{B}$ 中置有電流為 i 的銅片。(a)剛加上磁場時的情形。電子的走向如曲線所示。(b)平衡後的情形。注意，負電荷堆積在銅條的右側，正電荷則留在左側。因此左側的電位高於右側。(c)電流方向相同，但帶電載子為正電荷，則正電荷堆積在右側，於是右側的電位就比較高。

漂移速率。利用霍耳效應也可直接測量帶電載子的移動速率 v_d，其因次為每小時若干公分的大小。進行此實驗時，金屬片在磁場中被機械式地沿相反於帶電載子運動速度的方向移動。調節其移動速率，直到霍耳電位差為零。此時，因沒有霍耳效應，帶電載子相對於實驗室座標系的速度為零，因此，金屬片的速度與帶負電之載子速度大小相等而方向相反。

移動中的導體。當一個導體以速度 v 開始移經一磁場時，其傳導電子也會移動。然後它們會像圖 28-8a 和 b 中電流裡的移動傳導電子，且電位差 V 會很快地被建立。如電流，電力和磁力的平衡也會被建立，但如 28-10 式，我們可以以導體速度 v 而非電流中的漂移速率 v_d，寫下此情況：

$$eE = evB$$

以 28-9 式置換 E，我們可以得到電位差為

$$V = vBd$$

如此移動造成的電路電位差，在一些情況中需要被認真考慮，像是當一軌道衛星內的導體移經地球磁場時。然而，若一導體線(也稱電動纜索)懸掛於衛星，沿著此線所產生的電位可用來操控衛星。

範例 28.02　在移動導體所建立的電位差

圖 28-9a 顯示一個邊長 1.5 cm 的實心金屬方塊，以大小 4.0 m/s 的定速度 $\vec{v}$ 朝正 y 方向運動。此方塊經過大小為 0.050 T，方向朝正 z 方向的均勻磁場 $\vec{B}$。

(a)方塊運動經過此磁場時，那一面電位較低？那一面電位較高？

關鍵概念

因為此方塊經過磁場 $\vec{B}$ 時，其內部的傳導電子亦通過此磁場，這些帶電粒子受到磁力 $\vec{F}_B$ 的作用。

推論　當此方塊開始通過此磁場時，其內部的電子亦是如此。因為每個電子帶電量 q 都以速度 $\vec{v}$ 通過磁場，由 28-2 式得知，它們會受到磁力 $\vec{F}_B$ 的作用。因為 q 值為負，$\vec{F}_B$ 的方向會與外積 $\vec{v} \times \vec{B}$ 的方向相反，其方向為圖 28-9b 中的 x 軸正向。因此，$\vec{F}_B$ 作用在 x 軸的負方向，即朝向方塊的左面(圖 28-9c)。大多數的電子被限制於方塊的原子中。然而，因為方塊是一塊金屬，其內含可自由移動的傳導電子。某些傳導電子受到 $\vec{F}_B$ 的力量偏折到方塊的左面，使此面

帶負電，並使右面帶正電(圖 28-9d)。電荷的分離產生一電場 $\vec{E}$，其方向從帶正電的右面指往帶負電的左邊(圖 28-9e)。因此，左面處於較低的電位，且右面處於較高的電位。

(b)在較高與較低電位之間的電位差為何？

關鍵概念

1. 藉由電荷的分離而產生電場 $\vec{E}$，造成每個電子受到電力 $\vec{F}_E = q\vec{E}$ (圖 28-9f)。因為 q 為負值，此力與電場 $\vec{E}$ 方向相反——即朝右。因此，對每個電子而言，皆受到向右的電力 $\vec{F}_E$ 及向左的磁力 $\vec{F}_B$ 的作用。

2. 當方塊開始通過磁場，而且電荷開始分離時，電場 $\vec{E}$ 的大小從零開始增加。因此，電力的大小 $\vec{F}_E$ 也從零開始增加，且起始的電力小於磁力 $\vec{F}_B$。在起始階段，任何電子所受的淨力是由 $\vec{F}_B$ 所主導，造成電子連續地往方塊的左邊移動，增加電荷的分離(圖 28-9g)。

3. 然而，隨著電荷分離的增加，最後電力的大小 F_E 會與磁力的大小 F_B 相等(圖 28-9h)。任何電子所受到的淨力為零，不再有電子往方塊左邊移動。因此，電力 $\vec{F}_E$ 的大小不再增加，且電子處於平衡狀態。

計算　在達到平衡後(會很快地發生)，我們可以求出方塊左右兩面的電位差 V。於平衡時，我們先求出電場的大小 E 後，利用公式 28-9($V = Ed$)即可得 V 值。由於力量均衡($F_E = F_B$)，所以可以運用此公式。

對 F_E 而言，我們可用 $|q|E$ 代替，而對 F_B 而言，我們可以用 28-3 式以 $|q|vB\sin\phi$ 代替。從圖 28-9a，我們看到向量 $\vec{v}$ 與向量 $\vec{B}$ 間的角度 ϕ 為 90 度；因此，$\sin\phi = 1$ 且 $F_E = F_B$，可得：

$$|q|E = |q|vB\sin(90°) = |q|vB$$

由於 $E = vB$，所以 $V = Ed$ 為

$$V = vBd$$

代入已知數值，讓我們知道立方體左面和右面之間的電位差為

$$V = (4.0 \text{ m/s})(0.050 \text{ T})(0.015 \text{ m})$$
$$= 0.0030 \text{ V} = 3.0 \text{ mV} \qquad (答)$$

PLUS Additional example, video, and practice available at *WileyPLUS*

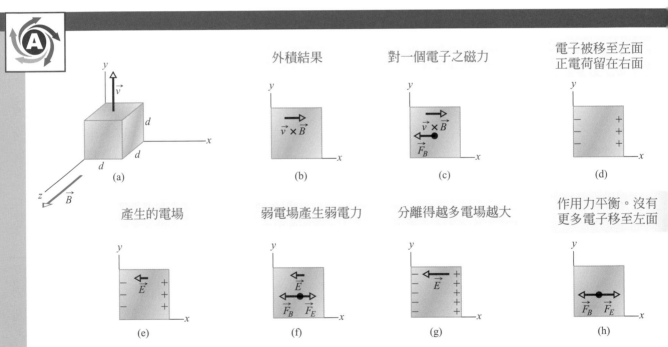

圖 28-9　(a)剛性金屬立方體以常速度在均勻磁場移動。(b)-(d)在這些正視圖，作用於電子上的磁力迫使電子移動至左側，此面標示為負而相反面標示為正。(e)-(f)導致微弱的靜電場與下一個電子間建立起靜電力，但這也是朝向左側。現在(g)較強的電場和(h)靜電力與磁力吻合。

28-4 圓周運動的帶電粒子

學習目標

在閱讀完這個區塊的文字之後，讀者應該能夠...

28.20 對於帶電粒子移經一均勻磁場，了解在什麼情況下，該粒子會以直線路徑、圓形路徑以及螺旋路線前進。

28.21 對於一均勻帶電粒子因磁力而作圓形運動，以牛頓第二運動定律作為開始，就場大小 B 和粒子質量 m、電荷大小 q 與速度 v 而言，推導出軌道半徑 r 的數學式。

28.22 對於在均勻磁場中，沿著圓形路徑移動的帶電粒子，計算和連結出速度、向心力、向心加速度、半徑、週期、頻率以及角頻率，並了解哪個物理量與速度無關。

28.23 對於在一均勻磁場中，沿著圓形路徑移動的正電荷與負電荷，畫出路徑並標出磁場向量、速度向量、速度與場向量外積結果以及磁力向量。

28.24 對於在一磁場中，以螺旋路徑移動的帶電粒子，畫出路徑並標出磁場、螺距、曲率半徑、平行於場的速度分量以及垂直於場的速度分量。

28.25 對於在一磁場中的螺旋運動，運用曲率半徑與其一速度分量之間的關係。

28.26 對於在一磁場中的螺旋運動，了解螺距 p，並與其一速度分量作連結。

關鍵概念

● 一質量為 m，電荷大小為 $|q|$ 之帶電粒子，以垂直於均勻磁場 $\vec{B}$ 的移動速度為 $\vec{v}$，將以圓形軌道運行。

● 應用牛頓第二定律至圓形運動上，可以得到

$$|q|vB = \frac{mv^2}{r}$$

可從下式得到圓半徑

$$r = \frac{mv}{|q|B}$$

● 可由下式得到旋轉頻率 f、角頻率 ω 以及運動週期 T

$$f = \frac{\omega}{2\pi} = \frac{1}{T} = \frac{|q|B}{2\pi m}$$

● 若粒子速度有一平行於磁場的分量，此粒子會相對於磁場 $\vec{B}$ 作螺旋路徑運動。

圓周運動的帶電粒子

　　如果一粒子以等速率做圓周運動，毫無疑問，作用於粒子上的淨力必為定值，方向永遠垂直於粒子的速度並指向圓心。考慮繫於繩端在水平面上旋轉的石頭，或在圓形軌道上繞地球運行的衛星。前者，繩子的張力提供了必需的向心力和向心加速度。而後者，地球的重力提供了向心力和加速度。

　　圖 28-10 則為另一例子：電子束由電子槍 G 射出。電子以速度 $\vec{v}$ 進入圖所在的平面，在電子運動的區域中，存在一垂直指出紙面的均勻磁場。結果，磁力 $\vec{F}_B = q\vec{v} \times \vec{B}$ 使電子持續偏折，由於 $\vec{v}$ 及 $\vec{B}$ 互相垂直，此偏折使得電子作圓周運動。當電子與附近的氣體原子碰撞時，氣體原子發出可見光，故可在圖上看到電子的運動路徑。

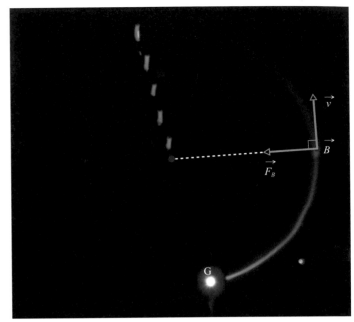

感謝Jearl Walker

圖 **28-10**　在充有低壓氣體的氣室中繞行的電子(路徑為圓形)。氣室中存在垂直指出紙面的均勻磁場 $\vec{B}$。注意，徑向磁力 $\vec{F}_B$ 為維持圓周運動，向心力 $\vec{F}_B$ 的方向必需指向圓心。利用外積的右手定則，以便確定 $\vec{F}_B = q\vec{v} \times \vec{B}$ 中的 $\vec{F}_B$ 的方向是否正確(別忘了 q 的符號)。

在此我們將要決定電荷量 $|q|$，質量為 m 的電子或其他的帶電粒子以垂直均勻磁場的速率 v 做圓周運動時的一些特性參數。由 28-3 式知，作用在粒子的力之大小為 $|q|vB$。因此由牛頓第二定律，可知均勻的圓周運動(6-18 式)可由下式表示

$$F = m\frac{v^2}{r} \tag{28-14}$$

可以得到

$$|q|vB = \frac{mv^2}{r} \tag{28-15}$$

然後我們解出 r，得到圓形路徑的半徑為

$$r = \frac{mv}{|q|B} \quad (半徑) \tag{28-16}$$

週期 T(轉動一圈所需的時間)等於圓周長除以速率：

$$T = \frac{2\pi r}{v} = \frac{2\pi}{v}\frac{mv}{|q|B} = \frac{2\pi m}{|q|B} \quad (週期) \tag{28-17}$$

頻率 f(每單位時間的轉動次數)為

$$f = \frac{1}{T} = \frac{|q|B}{2\pi m} \quad (頻率) \tag{28-18}$$

則此圓週運動的角頻率為

$$\omega = 2\pi f = \frac{|q|B}{m} \quad (角頻率) \tag{28-19}$$

其中 T、f 及 ω 與粒子的速率與粒子的速率(若其速率遠小於光速)無關。
速度快的粒子其半徑較大，速度慢者半徑則較小，但具有相同 $|q|/m$ 比值
的所有粒子，繞行一週所需的時間 T(即週期)相同。用 28-2 式你能證明，
若你順著磁場 $\vec{B}$ 的方向看去，帶正電的粒子之轉動方向必為逆時針方
向；帶負電的粒子必順時針轉動。

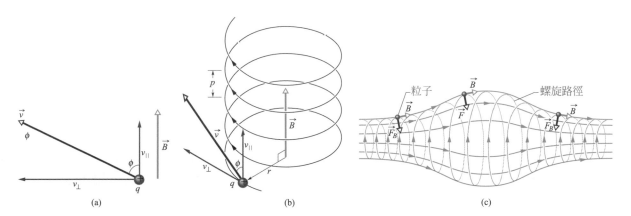

(a)　　　　　　　(b)　　　　　　　(c)

圖 28-11　(a)均勻磁場 $\vec{B}$ 中運動的帶電粒子，其速度 $\vec{v}$ 與磁場方向間的夾角為 ϕ。(b)粒子沿半徑為 r，螺距為 p 的
螺旋路徑前進。(c)帶電粒子在非均勻的磁場中作螺旋運動(粒子會在磁場較強的兩端間，來回的作螺旋狀運動)。注
意，左右兩端的磁力向量有一指向圖中心的分量。

螺旋路徑

　　若粒子的速度具有一平行於(均勻)磁場的分量，則它將會繞著磁場的
方向以螺旋路徑前進。例如在圖 28-11a 中，速度向量 $\vec{v}$ 被分解成平行及
垂直磁場 $\vec{B}$ 的兩個分量：

$$v_\| = v\cos\phi \quad 及 \quad v_\perp = v\sin\phi \tag{28-20}$$

平行分量決定了螺旋的螺距 p——亦即相鄰兩轉間的距離(見圖 28-11b)。
垂直分量決定了螺旋的半徑，而且此分量應該代入 28-16 式的 v。

　　圖 28-11c 顯示帶電粒子在非均勻磁場中螺旋線前進的情形。左、右
兩邊磁場線較密集的地方磁場較強。當一端的磁場夠大時，粒子會由其
中的一端「反彈」至另一端。如果粒子在兩端間反覆的反彈，則稱之被
磁瓶所捕捉。

 測試站 3

　　如圖為兩粒子以相同的速率在均勻磁場中運動的圓形路徑，磁場的
方向為指入紙面。兩粒子中有一粒子為質子，另一粒子為電子(其
質量較小)。(a)那一粒子的路徑為較小的圓，且(b)此粒子是順時針
或逆時針轉動？

範例 **28.03**　磁場中帶電粒子的螺旋運動

　　動能 22.5 eV 的電子進入強度為 4.55×10^{-4} T 的均勻磁場 $\vec{B}$ 當中。$\vec{B}$ 的方向和電子速度之間的夾角為 65.5°。則電子的螺旋路徑之螺距為多？

關鍵概念

(1)螺距 p 等於電子沿磁場的方向移動一個週期所走的距離。(2)由 28-17 式可求得週期 T，不必注意 $\vec{v}$ 和 $\vec{B}$ 方向之間所夾的角度(倘若此角度不為零，電子就不會做週期運動)。

計算　由 28-20 式和 28-17 式可得

$$p = v_{\parallel}T = (v\cos\phi)\frac{2\pi m}{|q|B} \qquad (28\text{-}21)$$

由電子的動能計算出其速度 v，我們得到 $v = 2.81 \times 10^6$ m/s，而 28-21 式可算出 p

$$p = (2.81 \times 10^6 \text{ m/s})(\cos 65.5°)$$
$$\times \frac{2\pi(9.11 \times 10^{-31} \text{ kg})}{(1.60 \times 10^{-19} \text{ C})(4.55 \times 10^{-4} \text{ T})}$$
$$= 9.16 \text{cm} \qquad (答)$$

範例 **28.04**　磁場中帶電粒子的均勻圓周運動

　　圖 28-12 為質譜儀的基本構造，它可用來測量離子的質量；質量 m(待測)，電荷量 q 的離子由離子源 S 所產生。因電位差 V 造成起初為靜止的離子被電場加速。離子離開 S 並進入均勻磁場中的選擇器，而磁場的方向與離子的路徑垂直。此磁場 $\vec{B}$ 使離子作半圓形運動後，撞擊距入口狹縫 x 距離的感光底片(且底片因此曝光)。設 $B = 80.000$ mT，$V = 1000.0$，$q = +1.6022 \times 10^{-19}$ C，$x = 1.6254$ m。用原子質量單位表示(1-7 式：1 u $= 1.6605 \times 10^{-27}$ kg)時，此特定離子的質量 m 為何？

關鍵概念

　　(1)因為(均勻的)磁場造成(電荷)離子遵循一個圓形路徑移動，所以我們可以運用 28-16 式($r = mv/|q|B$)找出離子質量 m 與路徑的半徑 r 間的關係。從圖 28-12 我們知道 $r = x/2$(半徑為直徑的一半)。從問題的敘述我們知道磁場 B 的大小。然而，我們卻不知道當離子被電位差 V 加速後，離子在磁場中的速度。(2)為了獲得 v 與 V 的關係，我們運用一個事實：力學能($E_{mec} = K + U$)在加速過程中是守恆的。

　　求速率　當離子離開出處時，其動能趨近於零。在加速器末端時，其動能是。也就是說，在加速時，正離子通過變化為 $-V$ 的電位。因為離子帶正電荷 q，所以它的電位能變化為 $-qV$。如果我們現在寫出力學能守恆的公式如下：

$$\Delta K + \Delta U = 0$$

我們得到

$$\tfrac{1}{2}mv^2 - qV = 0$$

或

$$v = \sqrt{\frac{2qV}{m}} \qquad (28\text{-}22)$$

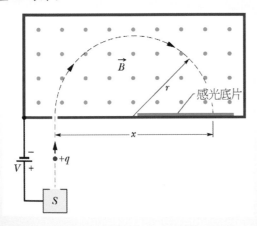

圖 28-12　一正離子從源頭 S 以電位差 V 加速，進入帶有均勻磁場的腔體，其路徑為半徑 r 的半圓，並擊中相距 x 的偵測器。

| 求質量 | 將此結果代入 28-16 式得 |

解出 m 並代入已知數據得

$$r = \frac{mv}{qB} = \frac{m}{qB}\sqrt{\frac{2qV}{m}} = \frac{1}{B}\sqrt{\frac{2mV}{q}}$$

$$m = \frac{B^2 qx^2}{8V}$$

故 $\qquad x = 2r = \frac{2}{B}\sqrt{\frac{2mV}{q}}$ 、

$$= \frac{(0.080000\,\text{T})^2(1.6022\times10^{-19}\,\text{C})(1.6254\,\text{m})^2}{8(1000.0\,\text{V})}$$

$$= 3.3863\times10^{-25}\,\text{kg} = 203.93\,\text{u} \qquad (\text{答})$$

WILEY PLUS Additional example, video, and practice available at *WileyPLUS*

28-5　迴旋加速器及同步加速器

學習目標

在閱讀完這個區塊的文字之後，讀者應該能夠...

28.27 描述迴旋加速器如何運作，並以圖表示粒子路徑，以及在哪個區域動能會增加，

28.28 了解共振條件。

28.29 對迴旋加速器，運用粒子質量與電荷、磁場與迴旋頻率之間的關係。

28.30 區分迴旋加速器與同步加速器。

關鍵概念

● 在迴旋加速器中，被電力加速之帶電粒子，會在磁場中迴旋。

● 同步加速器須對粒子加速到接近光速。

迴旋加速器及同步加速器

　　高能粒子束(像是高能電子或是質子)已經廣泛被用在偵測原子與原子核，以探索物質的基本結構。有些粒子束被設計成用來研究質子和中子組成的原子核，以及探索由膠子和夸克組成的質子和中子。因為電子和質子帶有電荷，所以若它們移經較大電位差時，可以被加速到所需的高能。對電子(質量較小)來說，其加速所需的距離較合理，但質子(質量較大)則否。

　　對這個問題的聰明解決作法是，首先讓質子和其他大質量粒子運動通過一個適當電位差(使得它們獲得適當的能量額度)，然後使用磁場驅使這些粒子環繞回來，接著再一次地運動通過適當電位差。如果使這個程序重複執行數千次，最後將可以讓粒子取得相當大的能量。

　　這裡我們將討論兩種運用磁場不斷地讓粒子回到一個加速區域的加速器(accelerator)，在這個加速區域中，粒子可以獲得越來越多的能量，直到它們最後變成高能粒子束。

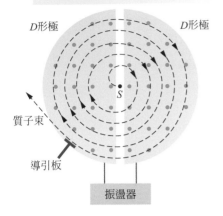

質子在加速器內螺旋向外行進並在兩極間隙間獲得能量

D形極　　　　　　　　D形極

S

質子束

導引板

振盪器

圖 28-13 迴旋加速器的元件，圖中有粒子源 S 及 D 形極。均勻磁場由紙面穿出。迴旋質子在中空的 D 形極內向外螺旋前進，每通過 D 形極的縫隙，便會獲得一些能量。

迴旋加速器

圖 28-13 為迴旋加速器的俯視圖，在其內部有粒子(如質子)在環行運動。中空的 D 形物體(開口在直的邊上)是由銅板製成的。此 D 形極是電振盪器的一部分。電振盪器在 D 形極中間接縫處產生一個變動電場。此電場方向先朝向左方 D 型極再變朝向右方 D 型極如此週而復始，使得內部圓周運動粒子能持續加速。這些 D 型極物體被放置在一個方向往外射向本頁紙平面、量值甚大的磁場內。這個磁場的量值 B 是藉由控制產生磁場的電磁體而加以決定。

假設有一質子被粒子源 S 投入圖 28-13 的迴旋加器的中央處，且所面對的 D 形極為負極。質子將向此極加速，並進入極中。進入之後，因受 D 形極銅壁的屏蔽的作用不受電場的影響。然而 D 形極無法屏蔽磁場，因此質子的軌跡彎曲，形成圓形路徑，其半徑則與速率有關，由 28-16 式($r = mv/|q|B$)可得。

假設質子離開 D 形極時，加速電位差的符號已經改變。因此，質子再次面對一帶負電的 D 形極而被加速。此過程會持續的進行下去，迴旋質子與 D 形極的電位振盪同步，直到質子由 D 形極的邊緣射出為止。在那裡有一個偏折板將質子經由出入口送出。

頻率。迴旋加速器操作的關鍵點為質子在磁場內迴轉的頻率 f(與其速率無關)必需等於電振盪器的固定振盪頻率 f_{osc}，亦即

$$f = f_{osc} \quad \text{(共振條件)} \tag{28-23}$$

此共振條件表示，若欲增加迴旋質子的能量，則饋入能量的頻率 f_{osc} 必需等於質子在磁場中迴轉的自然頻率 f。

將 28-18 式($f = |q|B/2\pi m$)及 28-23 式合併，可以得到共振條件為

$$|q|B = 2\pi m f_{osc} \tag{28-24}$$

對質子而言，q 及 m 均為定值。假設此振盪器的振盪頻率固定為 f_{osc}。我們然後調整加速器的磁場 B，使之滿足 28-24 式，便能產生高速的質子束。

質子同步加速器

當質子的能量達到 50 MeV 以上時，傳統的迴旋加速器便無法有效的運作，這是因為我們假設其運作原理為：帶電粒子在磁場內迴旋的轉動頻率與其速率無關。此一假設只有當速率遠小於光速時才成立。當粒子的速率增加達一定程度時，我們必需用相對論來研究這個問題。由相對論知道，當迴轉質子的速率接近光速時，它完成一圈迴轉所需的時間也越長，意即迴轉質子的轉動頻率將會穩定的下降。因此質子將與迴旋加速器的固定振盪頻率 f_{osc} 產生不同步的現象──最後造成迴旋質子的能量無法再增加。

此外，尚有一問題。以 500 GeV 的質子為例，在 1.5 T 的磁場內，其曲率半徑為 1.1 km。對傳統的迴旋加速器而言，其所需的磁鐵大小將會非常的昂貴，其 D 型極面積需有 4×10^6 m^2 這樣大。

質子同步加速器的設計，使它能克服這兩個難題。磁場 B 及振盪頻率 f_{osc}，不再像傳統迴旋加速器一樣為固定值，而是在每一個加速循環中隨時間而變化。若能適當的加以調變，則(1)環行質子的頻率恆與振盪器同步，且(2)質子的軌道為圓形，而非螺旋形。因此只要環狀的磁鐵即可，而不需要 4×10^6 m^2 大的磁鐵。然而，若要得到高能量，此環狀磁鐵仍需相當大。

範例 28.05　迴旋加速器中帶電粒子的加速

假設迴旋加速器的振盪頻率為 12 MHz，其 D 形極半徑為 $R = 53$ cm。

(a)試問要使氘核能在迴旋加速器中進行加速，所需要的磁場大小是多少？氘核質量是 $m = 3.34 \times 10^{-27}$ kg(質子質量的兩倍)。

關鍵概念

對於一個已知振盪頻率 f_{osc}，根據 28-24 式($|q|B = 2\pi m f_{osc}$)可知，在迴旋加速器內對任何粒子加速所需要的磁場大小 B 是和粒子的質量電荷比 $m/|q|$ 有關。

計算 由氘核與振盪頻率 $f_{osc} = 12$ MHz，我們可知

$$B = \frac{2\pi m f_{osc}}{|q|} = \frac{(2\pi)(3.34 \times 10^{-27}\,\text{kg})(12 \times 10^6\,\text{s}^{-1})}{1.60 \times 10^{-19}\,\text{C}}$$

$$= 1.57\,\text{T} \approx 1.6\,\text{T} \qquad \text{(答)}$$

注意，如果振盪頻率仍為 12 MHz，使質子加速的磁場必須為上述結果的一半。

(b)氘核最後的動能為多少？

關鍵概念

(1)當氘核運行於一個與 D 形極的半徑相等的圓形路徑時，氘核離開迴旋加速器的動能 $\frac{1}{2}mv^2$ 等於剛離開前的動能。(2)我們可以由 28-16 式($r = mv/|q|B$)求出氘核在圓形路徑的速率 v。

計算 在解 v 時，以 R 取代 r，且代入已知的數據，我們可知

$$v = \frac{R|q|B}{m} = \frac{(0.53\,\text{m})(1.60 \times 10^{-19}\,\text{C})(1.57\,\text{T})}{3.34 \times 10^{-27}\,\text{kg}}$$

$$= 3.99 \times 10^7\,\text{m/s}$$

此一速率，其相應的動能為

$$K = \frac{1}{2}mv^2$$

$$= \frac{1}{2}(3.34 \times 10^{-27}\,\text{kg})(3.99 \times 10^7\,\text{m/s})^2$$

$$= 2.7 \times 10^{-12}\,\text{J} \qquad \text{(答)}$$

或約 17 MeV。

PLUS Additional example, video, and practice available at *WileyPLUS*

28-6 作用在電流導線的磁力

學習目標

在閱讀完這個區塊的文字之後,讀者應該能夠...

28.31 對電流垂直於磁場的情況,畫出電流、磁場方向以及磁力作用於電流(或載有電流的導線)的方向。

28.32 對在磁場中的電流,運用磁力大小 F_B、電流 i、導線長 L、及長度向量 $\vec{L}$ 與場向量 $\vec{B}$ 的夾角 ϕ 之間的關係。

28.33 運用外積向量的右手定則,來找出在磁場中磁力作用於電流的方向。

28.34 對於磁場中的電流,以長度向量 $\vec{L}$ 與場向量 $\vec{B}$ 的外積來計算出磁力 $\vec{F}_B$,以大小-角度和單位-向量的符號表示。

28.35 描述導線非筆直或該場不均勻時,計算出在磁場中作用於載有電流導線之磁力的流程。

關鍵概念

● 一載有電流的筆直導線,在均勻磁場中受到一側向力

$$\vec{F}_B = i\vec{L} \times \vec{B}$$

● 在磁場中,作用於電流元素 $i\,dL$ 的力為

$$d\vec{F}_B = id\vec{L} \times \vec{B}$$

● 長度向量 $\vec{L}$ 或 $d\vec{L}$ 的方向是電流 i 的方向。

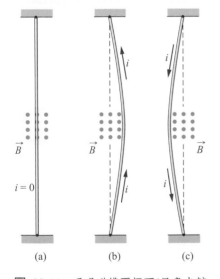

通過 B 磁場的電流所受的力

圖 28-14 通過磁鐵兩極面(只畫出較遠端的極面)間的可彎曲導線。(a)導線內沒有電流,導線是直的。(b)因導線內有向上的電流,故向右彎曲。(c)因導線內有向下的電流,故向左彎曲。導線兩端與電流源的接點並未畫在圖中。

作用在電流導線的磁力

在討論霍耳效應時,我們就已經知道磁場會對導線中的傳導電子施加側向推力。此一側向推力會傳送至導線上,因為傳導電子的側向運動受到導線壁的限制,不能穿出。

在圖 28-14a 中,兩端固定而沒有電流的導線垂直地懸於磁鐵的兩個極面之間。兩個極面之間的磁場方向為垂直由紙面指出。而在圖 28-14b 中,導線內有向上的電流,導線被推向右側。在圖 28-14c 中,電流的方向反過來而導線被推向左側。

圖 28-15 顯示了圖 28-14b 中導線的內部情形。有一傳導電子正以 v_d 的移動速率往下移動。28-3 式中的 $\phi = 90°$,所以作用在每一個電子上的磁力 $\vec{F}_B$ 的大小必為 ev_dB。由 28-2 式知,此力指向右方。所以導線本身也將受到向右的作用力,正好與圖 28-14b 相符。

圖 28-15 圖 28-14b 的導線某一段的放大圖。電流的方向向上,所以電子向下漂移。磁場垂直指出紙面,故電子與導線偏向右方。

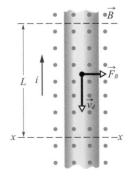

在圖 28-15 中，如果把電流或磁場的方向反過來，則同樣可使偏向力反過來指向左方。同時要注意，不論導線中的負電荷(實際的情形)往下移動或正電荷往上移動。導線上的偏向力之方向均相同。故此，我們可以放心的假設電流是由正帶電載子所傳送。

尋找力。考慮圖 28-15 中長度為 L 的一段導線。圖 28-15 中在這段中所有的傳導電子，在 $t = L/v_d$ 的時間內將完全通過 xx 截面。則此時間有電荷量

$$q = it = i\frac{L}{v_d}$$

通過此截面。把此一結果代入 28-3 式得到

$$F_B = qv_dB\sin\phi = \frac{iL}{v_d}v_dB\sin 90°$$

或　　　$F_B = iLB$　　　　　　　　　　　　　(28-25)

注意到，此式給出在均勻磁場 $\vec{B}$ (垂直於導線)內，長直導線上的某一段長 L、電流 i 之導線所受到的磁力。

如果磁場並不垂直於導線，如圖 28-16 所示，由 28-25 式加以推廣可以求得在此情況下所受的磁力為：

$$\vec{F}_B = i\vec{L} \times \vec{B}$$　　　　　　　　　　(28-26)

其中，$\vec{L}$ 為長度向量，其長度為 L，方向為導線內之(傳統)電流方向。此力量的大小 F_B 為

$$F_B = iLB\sin\phi$$　　　　　　　　　　(28-27)

其中 ϕ 是 $\vec{L}$ 方向和 $\vec{B}$ 方向的夾角。因為我們取電流 i 為正值，所以 $\vec{F}_B$ 的方向為外積 $\vec{L} \times \vec{B}$ 的方向。28-26 式告訴我們 $\vec{F}_B$ 總是與向量 $\vec{B}$ 與 $\vec{L}$ 所定義的平面垂直，如圖 28-16 所示。

28-26 式等效於 28-2 式，都可以做為磁場 $\vec{B}$ 的定義式。在實用上，我們用 28-26 式來定義 $\vec{B}$，因為測量作用在導線上的磁力較測量運動點電荷上的磁力來得容易。

非直線。如果導線並非直線，或者磁場不是均勻的，則可以想像把導線分成若干小段，並對每一小段運用 28-26 式。整條導線上的力即為各小段作用力的向量和。在微分極限下，我們可以寫出

$$d\vec{F}_B = i\,d\vec{L} \times \vec{B}$$　　　　　　　　(28-28)

對任何形狀的電流分佈，只要把 28-28 式對該形狀加以積分，便可以得到作用在導線上的淨力。

作用力垂直於磁場與長度方向

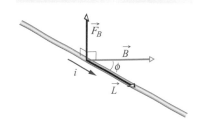

圖 28-16　電流為 i 的導線與磁場 $\vec{B}$ 夾角為 ϕ。導線在磁場中的長度為 L，其長度向量為(電流的方向)。作用於導線的磁力為 $\vec{F}_B = i\vec{L} \times \vec{B}$。

在應用 28-28 式時，要記得並沒有孤立的，長度爲 dL 的載電流導線存在。電流必需以某種方法從導線的一端進入，從另一端離開。

 測試站 4

此圖顯示在均勻磁場 $\vec{B}$ 中，有一電流爲 i 的導線，且有磁力 $\vec{F}_B$ 作用於其上。磁場的指向使得磁力爲最大。磁場方向爲何？

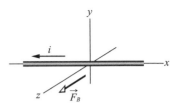

範例 28.06　作用在載流導線的磁力

長直水平延伸的銅線載有電流 $i = 28$ A。要用多大及方向爲何的磁場 $\vec{B}$ 才能使磁力與重力抵消？令此銅線漂浮於空中，銅線的線性密度爲 46.6 g/m。

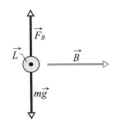

圖 28-17　載流指出頁面的導線(以截面表示)。

關鍵概念

(1) 因爲銅線帶有電流，若我們將銅線置於磁場 $\vec{B}$ 下會受到磁力 $\vec{F}_B$ 所作用。爲了平衡向下作用於銅線的重力 $\vec{F}_g$，我們希望 $\vec{F}_B$ 的方向往上(圖 28-17)。

(2) $\vec{F}_B$ 的方向和 $\vec{B}$ 方向及銅線長度向量 $\vec{L}$ 有關，即 28-26 式($\vec{F}_B = i\vec{L} \times \vec{B}$)。

計算　因爲 $\vec{L}$ 爲水平方向(且取其電流爲正)，由 28-26 式及右手定則中的外積告訴我們，$\vec{B}$ 必爲水平且向右(於圖 28-17 中)，$\vec{F}_B$ 才會向上。

$\vec{F}_B$ 的大小爲 $F_B = iLB \sin\phi$ (28-27 式)。因爲希望 $\vec{F}_B$ 與 $\vec{F}_g$ 平衡，即

$$iLB \sin\phi = mg \qquad (28\text{-}29)$$

其中 mg 爲 $\vec{F}_g$ 的大小且 m 爲銅線的質量。我們也希望以最小的磁力 B 來平衡 $\vec{F}_B$ 與 $\vec{F}_g$。因此，在 28-29 式中，我們需要最大的 $\sin\phi$ 值。爲了達到需求，我們取 $\phi = 90°$，因此安排 $\vec{B}$ 與銅線垂直。我們推論得 $\sin\phi = 1$ 後，28-29 式變成

$$B = \frac{mg}{iL \sin\phi} = \frac{(m/L)g}{i} \qquad (28\text{-}30)$$

我們這樣寫 28-30 式子，是因爲我們知道銅線的線密度 m/L。代入已知的數據後得到

$$B = \frac{(46.6 \times 10^{-3}\,\text{kg/m})(9.8\,\text{m/s}^2)}{28\,\text{A}} \qquad (\text{答})$$
$$= 1.6 \times 10^{-2}\,\text{T}$$

此結果約爲地球磁場強度的 160 倍。

28-7 作用於電流迴路的力矩

學習目標

在閱讀完這個區塊的文字之後，讀者應該能夠...

28.36 畫出一個在磁場中的長方形電流線圈，標出作用在四邊的磁力、電流方向、法向量 $\vec{n}$，以及力矩方向傾向於旋轉線圈的力。

28.37 對於在磁場中的多匝線圈，運用力矩大小 τ、匝數 N、每匝面積 A、電流 i、磁場大小 B、以及法向量 $\vec{n}$ 與磁場向量 $\vec{B}$ 的夾角 θ 之關係。

關鍵概念

● 雖然在外加均勻磁場中，多個磁力作用於載有電流之匝線圈的截面，其淨力為零。

● 作用於多匝線圈的淨力矩大小為

$$\tau = NiAB \sin\theta$$

其中 N 為線圈匝數、A 為每匝面積、i 為電流、B 為磁場大小，θ 為磁場 $\vec{B}$ 與線圈法向量 $\vec{n}$ 的夾角。

作用於電流迴路的力矩

在這個世界上，有許多的功都是由電動機所作的。作這些功的力，便是前幾節所討論的磁力——亦即磁場對載流導體的作用力。

圖 28-18 為簡單的電動機，它是由置於磁場 $\vec{B}$ 中的單迴路線圈所組成的。兩個磁力 $\vec{F}$ 及 $-\vec{F}$ 組合起來在迴路上產生一力矩，使得迴路沿著中心軸轉動。雖然省略了許多的細節，然而此圖說出了電動機的主要原理，即磁場對電流線圈施加力矩使之轉動。讓我們分析其動作過程。

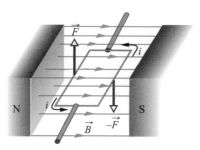

圖 28-18 電動機的示意圖。載有電流，可繞固定軸轉動的長方形線圈安置於一磁場中。在線圈的磁力產生力矩而轉動。當線圈轉動半圈時，有一換向器(圖中未畫出)每轉動半圈會顛倒電流的方向，使得力矩的方向保持相同不變。

在圖 28-19a 中，邊長為 a 及 b 的長方形線圈載有電流 i，置於均勻磁場 $\vec{B}$ 之中。我們將長邊(標示 1 及 3)與磁場的方向(指入紙面)垂直，而短邊(標示 2 和 4)則否。另外還需導引線把電流引入或流出迴路，但為了簡化起見，圖中並未畫出。

要定出線圈在磁場中的方向，我們可以利用垂直於線圈平面的法線向量 $\vec{n}$ 來加以定義。圖 28-19b 說明利用右手則的方式來定出 $\vec{n}$ 的方向。用右手沿著線圈電流的方向旋轉。則姆指所指的方向即為法線向量 $\vec{n}$ 的方向。

如圖 28-19c 所示，線圈的法線向量與磁場 $\vec{B}$ 的方向成夾角 θ。我們想求出此方位下的線圈所受之淨力及淨力矩。

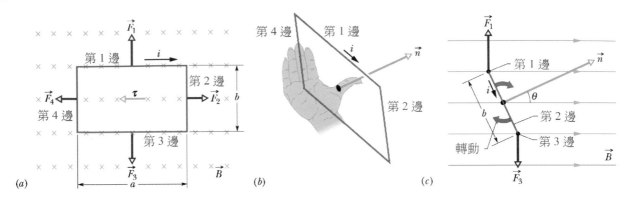

圖 28-19　邊長為 a 及 b，電流為的長方形線圈放在均勻磁場之中。有一轉矩作用其上，使其法線向量 $\vec{n}$ 的方向與磁場方向趨於一致。(a)沿磁場的方向所看到的線圈，(b)用右手定則決定法向量 $\vec{n}$ 的方向之示意圖，其方向與線圈平面垂直。從第二邊看到的線圈側視圖。線圈如圖所示地轉動。

淨力矩。淨作用力為分別作用在線圈四個邊上的作用力之向量和。對第二邊而言，28-26 式的向量 $\vec{L}$ 指向電流的方向，其大小則為 b。第二邊 $\vec{L}$ 及 $\vec{B}$ 的夾角為 $90° - \theta$ (參考圖 28-19c)。因此作用在此邊的作用力大小為

$$F_2 = ibB\sin(90° - \theta) = ibB\cos\theta \tag{28-31}$$

讀者亦可證明作用在第 4 邊的作用力 $\vec{F_4}$ 與 $\vec{F_2}$ 的大小相同，但方向相反。和 $\vec{F_2}$ 剛好完全抵消。又因兩力的力作用線皆通過線圈的中心，故而其合力矩為零。

對於第 1 邊及第 3 邊而言，情況則有所不同。$\vec{F_1}$ 及 $\vec{F_3}$ 的大小均為 iaB，且 $\vec{L}$ 和 $\vec{B}$ 垂直。因為其方向相反，故此它們不會使迴路發生上下移動。然而，如圖 28-19c 所示，它們的作用力並不在同一線上，所以它們會產生淨力矩。此淨力矩會轉動線圈使得其法線向量 $\vec{n}$ 與磁場 $\vec{B}$ 的方向趨於一致。此力矩的力臂為 $(b/2)\sin\theta$。由於 $\vec{F_1}$ 及 $\vec{F_3}$ 所造成的力矩(參考圖 28-19c)的大小為

$$\tau' = \left(iaB\frac{b}{2}\sin\theta\right) + \left(iaB\frac{b}{2}\sin\theta\right) = iabB\sin\theta \tag{28-32}$$

多匝線圈。若以 N 匝線圈代替單一線圈的電流。假設這些線圈都繞得夠緊以致於它們的尺寸都一樣並皆位於一平面上。則它們形成一平面線圈且為 τ' 每一圈上的力矩，其大小可由 28-32 式求得。作用在線圈上的總力矩大小為

$$\tau = N\tau' = NiabB\sin\theta = (NiA)B\sin\theta \tag{28-33}$$

其中 $A(= ab)$ 為線圈所包圍的面積。括號內 (NiA) 的量都是與線圈性質有關的量：分別是線圈的匝數，面積及電流。此公式對所有的平面線圈均成立，與線圈的形狀無關，但磁場必須為均勻的。對於此例，共同圓形線圈的半徑為 r，我們得到

$$(Ni\pi r^2)B\sin\theta \qquad\qquad\qquad (28\text{-}34)$$

　　法向量。把焦點關注在線圈的運動，倒不如觀察垂直於線圈平面的法線向量的運動來得簡單。28-33 式告訴我們，在磁場中載有電流的平面線圈將會發生轉動，以使其法向量與磁場同向。以馬達而言，當開始轉到磁場方向時，線圈內的電流就會反向流動，所以力矩使線圈繼續轉動。經由換向器的作用，可使電流的流向自動地顛倒，而換向器(整流子)使轉動線圈與提供某電源產生之電流的導線之間產生電性連接。

28-8　磁偶極

學習目標

在閱讀完這個區塊的文字之後，讀者應該能夠...

28.38 了解載有電流的線圈即是磁偶極矩為 $\vec{\mu}$ 的磁偶極，根據右手定則，具有法向量 $\vec{n}$ 的方向。

28.39 對載有電流的線圈，運用磁偶極矩大小 μ、匝數 N、每匝面積 A、電流 i 之間的關係。

28.40 在載有電流的線圈圖上，畫出電流方向，以及使用右手定則來決定磁偶極矩 $\vec{\mu}$ 的方向。

28.41 對位於外加磁場的磁偶極，運用力矩大小 τ、偶極矩大小 μ、磁場大小 B、以及偶極向量 $\vec{\mu}$ 與磁場 $\vec{B}$ 的夾角 θ 之間的關係。

28.42 了解根據旋轉方向來指定力矩正負號的慣例。

28.43 透過偶極矩向量 $\vec{\mu}$ 與外加磁場向量 $\vec{B}$ 的外積來計算磁偶極上的力矩，以大小-角度和單位-向量符號表示之。

28.44 對位於外加磁場的磁偶極，了解力矩在極大或極小時的偶極方位。

28.45 對位於外加磁場的磁偶極，運用磁位能 U、磁偶極矩大小 μ、外加磁場大小 B、以及磁偶極矩向量 $\vec{\mu}$ 與磁場向量 $\vec{B}$ 的夾角 θ 之間的關係。

28.46 透過偶極矩向量 $\vec{\mu}$ 與外加磁場向量 $\vec{B}$ 的內積來計算磁位能 U，以大小-角度和單位-向量表示。

28.47 了解在磁位能的極大值與極小值的狀況下，磁偶極在外加磁場中的方位。

28.48 對於在磁場中的磁偶極，連結磁位能與偶極在磁場中轉動時外力矩所做的功 W_a。

關鍵概念

● 在均勻磁場 $\vec{B}$ 中，作用於線圈(面積為 A，N 匝，載有電流 i)的力矩 $\vec{\tau}$ 為

$$\vec{\tau} = \vec{\mu} \times \vec{B}$$

此處 $\vec{\mu}$ 是線圈磁偶極矩，大小為 $\mu = NiA$，方向由右手定則決定。

● 磁偶極在磁場中的磁位能為

$$U(\theta) = -\vec{\mu} \cdot \vec{B}$$

● 若一外加媒介讓磁偶極從起始方位 θ_i 轉到另一方位 θ_f，且該偶極在初始與最終狀態都是靜止的，則該媒介作用在偶極的功 W_a 為

$$W_a = \Delta U = U_f - U_i$$

磁偶極

　　如同我們已經討論過的，有一個轉矩用來旋轉放在磁場中攜帶著電流的線圈。在這種意義下，線圈的行為就像放在磁場中的磁棒。因此就像磁棒一樣，攜帶著電流的線圈可以稱為**磁偶極**(magnetic dipole)。另外，為了解釋由磁場所引起、作用在線圈上的轉矩，我們對線圈指定一個**磁**

偶極矩(magnetic dipole moment) $\vec{\mu}$。$\vec{\mu}$ 的方向即為線圈所在平面的法線向量 $\vec{n}$，因此可以藉著圖 28-19 所示的相同右手定則予以求出。換言之，以與電流 i 同向，用右手手指握住線圈；此時右手拇指伸出的方向就是 $\vec{\mu}$ 的方向。$\vec{\mu}$ 的方向可得為：

$$\mu = NiA \quad (磁矩) \tag{28-35}$$

其中 N 是線圈的匝數，i 是通過線圈的電流，而 A 是由線圈的每一匝所包圍的面積。利用這個方程式，並且讓 i 的單位是安培，A 的單位是平方米，我們可以發覺 $\vec{\mu}$ 的單位是安培-平方米($A \cdot m^2$)。

力矩。利用，我們可改寫 28-33 式，磁場作用於線圈的力矩為

$$\tau = \mu B \sin\theta \tag{28-36}$$

其中 θ 為 $\vec{\mu}$ 及 $\vec{B}$ 兩個向量間的夾角。此式可以推廣成向量關係式

$$\vec{\tau} = \vec{\mu} \times \vec{B} \tag{28-37}$$

此式強烈令我們聯想到電偶極在電場中所受的力矩方程式，即 22-34 式：

$$\vec{\tau} = \vec{p} \times \vec{E}$$

在這兩個式子中，外加場(無論是磁場或電場)產生之力矩皆等於對應的偶極矩與該力場向量之向量積。

能量。外加磁場中的磁偶極所具有之能量取決於磁偶極在磁場中的方位。對電偶極，前文我們已經證得(22-38 式)

$$U(\theta) = -\vec{p} \cdot \vec{E}$$

直接類似比較，可以得到磁偶極的磁位能為

$$U(\theta) = -\vec{\mu} \cdot \vec{B} \tag{28-38}$$

在每一種情況下，場的能量等於對應的偶極和場向量之純量積之負值。

當磁偶極矩 $\vec{\mu}$ 的方向與磁場方向相同時，磁偶極能量最低($= -\mu B \cos 0 = -\mu B$)(圖 28-20)。而當 $\vec{\mu}$ 與磁場方向恰好相反時，能量為最高($= -\mu B \cos 180° = +\mu B$)。利用 28-38 式，並且讓 U 的單位是焦耳，$\vec{B}$ 的單位是特斯拉，我們發覺 $\vec{\mu}$ 的單位也可以是每特斯拉焦耳(J/T)，而不是如 28-35 式所告訴我們的為安培-平方米。

功。假如一個力矩(由外部施與)將磁偶極由初始方位 θ_i 旋轉到另一方位 θ_f，則外加的力矩對磁偶極作功為 W_a。若改變方位前後的偶極是靜止的時候，則功 W_a 是

$$W_a = U_f - U_i \tag{28-39}$$

這裡的 U_f 與 U_i 可由 28-38 式中計算出來。

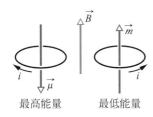

磁偶極矩向量傾向與磁場同向排列

最高能量　　最低能量

圖 28-20 在外加磁場 $\vec{B}$ 中，最高能量與最低能量之磁偶極的方向。電流 i 的方向可用右手定則決定出磁偶極矩 $\vec{\mu}$ 的方向，是依照圖 28-19(b)中依照右手定則所決定的 $\vec{n}$ 的方向。

表 28-2 一些磁偶極矩

小磁棒	5 J/T
地球	8.0×10^{22} J/T
質子	1.4×10^{-26} J/T
電子	9.3×10^{-24} J/T

到目前為止，我們已證明電流迴路就是一種磁偶極。然而，一根磁棒、轉動的電荷球也都是磁偶極。地球本身就是一個磁偶極。最後值得一提的是，很多的次原子粒子，包括了電子，質子及中子都具有磁偶極矩。在 32 章我們將會提到這些量均可視之為電流迴路。表 28-2 中列了一些近似的磁偶極矩值以供比較之用。

　　觀念。當偶極的方位改變時，有些指導者會將 28-38 式中的 U 認為是位能，並把它跟磁場作功連結在一起。這裡我們應該避免這樣的爭議，而是要說 U 是與偶極方位相關的能量。

　測試站 5

圖中顯示了一磁偶極矩 $\vec{\mu}$ 在磁場中的四個不同的方向，這些方向與磁場的夾角皆為 θ。試依(a)作用在偶極的力矩大小及(b)偶極的位能，由大到小排列之。

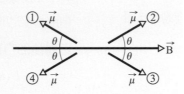

範例 28.07　磁場中轉動的磁偶極

　　圖 28-21 顯示的圓形線圈有 250 匝，面積 A 為 $2.52 \times 10^{-4}\ \mathrm{m}^2$，且電流為 100 μA。此線圈靜止於大小為 $B = 0.85\ \mathrm{T}$ 的均勻磁場，其磁偶極矩 $\vec{\mu}$ 起初與 $\vec{B}$ 同方向。

圖 28-21　帶電流的圓線圈之側視圖，其偶極矩與磁場 $\vec{B}$ 有一致的方向。

(a) 圖 28-21 中，電流在線圈內流動的方向為何？

　右手定則　想像將線圈用自己的右手圈圍住，讓右手姆指伸出指向 $\vec{\mu}$ 的方向。那麼你的手指圍繞線圈捲曲的方向便是電流在線圈內的流向。因此，在線圈接近我們的這一側的金屬線——我們於圖 28-21 中看到的——電流是從上往下流動。

(b) 若外加一力矩使線圈從起始方位旋轉 90°，使得 $\vec{\mu}$ 與 $\vec{B}$ 垂直且線圈再次靜止不動，則此力矩作多少功？

關鍵概念

　　外加力矩所作的功 W_a 等於線圈方位變化所造成的磁位能改變。

計算　從 28-39 式 $(W_a = U_f - U_i)$，我們求出

$$W_a = U(90°) - U(0°)$$
$$= -\mu B \sin 90° - (-\mu B \cos 0°) = 0 + \mu B$$
$$= \mu B$$

利用 28-35 式 $(\mu = NiA)$ 將 μ 取代，我們求得

$$W_a = (NiA)B$$
$$= (250)(100 \times 10^{-6}\ \mathrm{A})(2.52 \times 10^{-4}\ \mathrm{m}^2)(0.85\,\mathrm{T})$$
$$= 5.355 \times 10^{-6}\ \mathrm{J} \approx 5.4\ \mathrm{μJ} \qquad \text{(答)}$$

相類似的，我們可以把方位再轉另一個 90°，使得該偶極與場相反，此時需再提供 5.4 μJ。

重點回顧

磁場 $\vec{B}$ 作用於電荷量為 q，運動速度為 $\vec{v}$ 的測試粒子上的力 $\vec{F}_B$，可用來定義**磁場 $\vec{B}$**：

$$\vec{F}_B = q\vec{v} \times \vec{B} \tag{28-2}$$

其 SI 單位為**特斯拉**(T)：$1 \text{ T} = 1\text{N}/(\text{A} \cdot \text{m}) = 10^4$ 高斯。

霍耳效應 載有電流 i，厚度為 l 的條狀導體置於磁場 $\vec{B}$ 中，一些帶電載子(電量為基本電荷量)將堆積於導體邊緣上，而在條狀導體兩端將產生電位差 V。其極性告訴我們帶電載子的符號

在磁場中繞行的帶電粒子 質量 m，電荷為 $|q|$ 的帶電粒子以速度 $\vec{v}$ 垂直進入磁場 $\vec{B}$ 中，則粒子將做圓周運動。將牛頓第二運動定律用在圓周運動上，得

$$|q|vB = \frac{mv^2}{r} \tag{28-15}$$

由上式可得到圓的半徑為

$$r = \frac{mv}{|q|B} \quad \text{(半徑)} \tag{28-16}$$

其迴轉頻率 f，角頻率 ω 及週期 T

$$f = \frac{\omega}{2\pi} = \frac{1}{T} = \frac{|q|B}{2\pi m} \tag{28-19, 28-18, 28-17}$$

作用在電流導線的磁力 在均勻磁場中，載有電流 i 的直導線所受的橫向力為

$$\vec{F}_B = i\vec{L} \times \vec{B} \quad \text{(作用於電流的力)} \tag{28-26}$$

作用於磁場中電流元素的力為

$$d\vec{F}_B = i\,d\vec{L} \times \vec{B} \tag{28-28}$$

長度向量 $\vec{L}$ 或 $d\vec{L}$ 的方向為電流的方向。

作用在載電流線圈上的力矩 在均勻磁場 $\vec{B}$ 中的線圈(電流值 i，面積 A，N 匝)所受到的力矩為

$$\vec{\tau} = \vec{\mu} \times \vec{B} \tag{28-37}$$

其中 $\vec{\mu}$ 為線圈的**磁偶極矩**，其大小為 $\mu = NiA$，方向則用右手定則決定。

磁偶極的方位能 在磁場中，磁偶極的磁位能為

$$U(\theta) = -\vec{\mu} \cdot \vec{B} \tag{28-38}$$

假如一個外力將一個磁偶極由一個初始方位 θ_i 轉到其他方位 θ_f 且磁偶極在初始與末了都保持不變，則此外界力量對此偶極所做的功 W_a 為

$$W_a = \Delta U = U_f - U_i \tag{28-39}$$

討論題

1 質量 35 u 的原子 1 和質量 37 u 的原子 2 都只經過單獨一次離子化，其電荷量都是 $+e$。在加以引導進入質譜分析儀(圖 28-12)，並且從靜止狀態通過電位差 V = 7.3 kV 予以加速以後，每一個離子都在量值為 B = 0.50 T 的均勻磁場中，沿著圓形路徑運動。請問在兩個離子撞擊到偵測器的時候，兩個撞擊點之間的距離 Δx 是多少？

2 電荷 $+e$、質量 m 的質子以初速 $\vec{v} = v_{0x}\hat{i} + v_{0y}\hat{j}$ 進入均勻磁場 $\vec{B} = B\hat{i}$ 內。試求在往後任何時間 t，質子速度 $\vec{v}$ 的數學式，而且此數學式是以單位向量標記法予以表示。

3 在霍爾效應實驗中，用霍爾效應電場大小 E、電流密度大小 J 和磁場大小 B 表示帶電粒子的數量密度。

4 在 Hall 效應實驗中，一個 3.0 A 的電流通過寬度 1.0 cm、長度 4.0 cm 而且厚度 10 μm 的導體，其方向是沿著導體的長度方向，當 1.5 T 的磁場垂直通過導體的厚度時，此電流會產生橫向(越過導體寬度)Hall 電位差 10 μV。請利用這些數據，求出(a)電荷載子的漂移速度，(b)電荷載子的數量密度。假設該電荷載子是電子，並且請讀者在圖形上假設出電流和磁場的方向，然後在圖形上指出 Hall 電位差的極性。

5 某一條沿著 x 軸從 $x = 0$ 到 $x = 1.00$ m 放置的金屬線，攜帶著沿著 x 軸正方向流動的 3.00 A 電流。金屬線位於非均勻磁場中，該磁場可以表示成 $\vec{B} = (4.00 \text{ T/m}^2)x^2\hat{i} - (0.600 \text{ T/m}^2)x^2\hat{j}$。請問作用在金屬線上的磁力為何？並且以單位向量標記法表示之。

6 圖 28-22 顯示了一個單極發電機，它有一個固體導電盤作為轉子，並由馬達旋轉（未顯示）。電刷將這個電動勢設備連接到電路並透過該設備驅動電路中的電流，因為它們可在不破裂的狀況下以更高的角速度旋轉，所以該設備可以產生比線環轉子更大的電動勢。圓盤的半徑 R = 0.250 m，旋轉頻率 f = 4000

Hz，該裝置處於與圓盤垂直的大小為 $B = 60.0$ mT 的均勻磁場中。當磁盤旋轉時，沿著傳導路徑（虛線）的傳導電子被迫穿過磁場，則(a)對於指定的旋轉，圖中這些電子的磁力方向是向上還是向下？(b)磁力的大小是在圓盤的邊緣還是靠近圓盤的中心？(c)在邊緣和中心之間沿徑向移動電荷時，每單位電荷所作的功是多少？(d)設備的電動勢是多少？(e)如果電流為 50.0 A，產生電能的功率是多少？

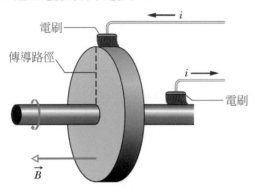

圖 28-22 習題 6

7 一個質子行進時，相對於強度 1.63 mT 的磁場方向為 23.0。，受到磁力 7.28×10^{-17} N 的作用。請計算(a)質子的速率，和(b)質子的動能，以電子伏特表示之。

8 某質子經過均勻磁場和均勻電場。磁場為 $\vec{B} = -2.50\hat{i}$。在某瞬間，質子速度是 $\vec{v} = 2000\hat{j}$ m/s。若在該瞬間的電場是(a) $9.80\hat{k}$ V/m，(b) $-9.80\hat{k}$ V/m，(c) $9.80\hat{i}$ V/m，請問作用於質子的淨力是多少？並且以單位向量標記法表示之。

9 靜止的電子被 120 V 的電位差加速。然後進入大小為 200 mT 的均勻磁場，其速度與磁場垂直。試求(a)電子的速率，(b)在磁場中繞行路徑的半徑？

10 某一個粒子源將速率為 $v = 8.5 \times 10^6$ m/s 的電子，注入量值為 $B = 2.0 \times 10^{-3}$ T 的均勻磁場中。電子速度與磁場方向形成 $\theta = 10$。的角度。針對通過注入點的磁場線，請求出電子下一次越過該磁場線的位置與注入點之間的距離 d。

11 在圖 28-23 中，某一個具有導電性的長方體固體以固定速度 $\vec{v} = (27.0$ m/s$)\hat{i}$，移動通過均勻磁場 $\vec{B} = (37.5$ mT$)\hat{j}$，其中長方體的尺寸是 $d_x = 6.20$ cm、$d_y = 4.50$ cm 和 $d_z = 3.00$ cm。試問：(a)在長方體固體內所

產生的電場為何，並且以單位向量標記法表示之，及(b)在固體兩端的電位差是多少？

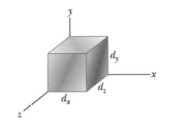

圖 28-23 習題 11 和 12

12 圖 28-23 所顯示的金屬物塊，其每一個面都與座標軸平行。金屬物塊位於量值等於 0.020 T 的均勻磁場中。物塊的其中一個邊長是 25 cm；物塊並沒有依比例繪製。物塊以 5.0 m/s 依序平行於每一個軸運動，並且量測出現在物塊兩端的電位差 V。當運動方向平行於 y 軸時，$V = 12$ mV；當運動方向平行於 z 軸時，$V = 18$ mV；當運動方向平行於 x 軸時，$V = 0$。試問物塊的邊長(a) d_x，(b) d_y，(c) d_z 為何？

13 圖 28-24 中，帶電粒子移動到均勻磁場 $\vec{B}$ 的區域，經過一半圓後離開該區域。這個帶電粒子不是質子就是電子(你必須自己決定)。它花了 212 ns 的時間在這個區域中。(a) $\vec{B}$ 的大小為何？(b)若帶電粒子被沿著相同路徑送回去，但是動能為先前的 2.00 倍，花在磁場中的時間要多少？

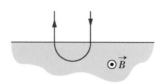

圖 28-24 習題 13

14 23.0 cm 長的導線載有 13.0 A 的電流，與 $B = 2.31$ mT 的磁場成 35.0。。試求作用於導線的磁力若干？試求作用於導線的磁力若干？

15 某金屬線從 $y = 0$ 到 $y = 0.250$ m 沿 y 軸放置，且沿負 y 軸載流 2.00 mA。金屬線完全位於非均勻磁場中，該磁場為 $\vec{B} = (0.300$ T/m$)y\hat{i} + (0.400$ T/m$)y\hat{j}$。請問作用在金屬線上的磁力為何？以單位向量標記法表示之。

16 電子在均勻磁場中,受到磁力 $\vec{F} = -$ (4.2 fN) $\hat{i}$ + (4.8 fN) $\hat{j}$ 作用,以速度 $\vec{v} = $ (40 km/s) $\hat{i}$ + (35 km/s) $\hat{j}$ 運動。如果 $B_x = 0$,則計算磁場 $\vec{B}$。

17 在圖 28-25 中,將質量 $m = 10.0$ g、長度 $L = 20.0$ cm 的 U 形導線兩端浸入水銀中(它是導體)。導線處於大小為 $B = 0.100$ T 的均勻磁場中。開關(未顯示)快速閉合然後重新打開,通過導線發送電流脈衝,導致導線向上跳躍。如果跳躍高度 $h = 3.00$ m,脈衝中有多少電荷?假設脈衝的持續時間遠小於飛行時間,考慮衝量的定義(方程式 9-30)及其與動量的關係(方程式 9-31),還要考慮電荷和電流之間的關係(方程式 26-2)。

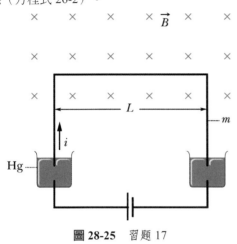

圖 28-25 習題 17

18 某一個質量 6.0 g 的粒子以速率 4.0 km/s 在 xy 平面中運動,其活動區域中具有均勻磁場,而且該磁場可以表示成 $5.0\hat{i}$ mT。在某一個瞬間,當粒子速度方向指向 x 軸正方向的逆時針 37 度的時候,作用在粒子上的磁力是 $0.48\hat{k}$ N。試問粒子所帶電荷是多少?

19 一個電子以速率 7.20×10^6 m/s 運動於強度為 83.0 mT 的磁場中。請問由磁場所引起、作用在電子上的力的(a)最大量值和(b)最小量值為何?在某一個點上,電子具有加速度量值 4.90×10^{14} m/s^2。試問在電子的速度和磁場之間的角度為何?

20 在時間 $t = 0$,具有動能 12 keV 的電子沿著 x 軸正方向通過 $x = 0$,而且這個方向也恰好是地球磁場 $\vec{B}$ 水平分量的方向。地球磁場的垂直分量方向往下,量值為 55.0 μT。(a)由 $\vec{B}$ 所引起的電子加速度的量值為何?(b)當電子抵達座標 $x = 20$ cm 的時候,請問電子與 x 軸的距離為何?

21 如圖 28-26 的班橋級(Bainbridge)質譜儀分離具有相同速度的離子。進入 S_1 與 S_2 狹縫後,離子會通過以帶電板 P 與 P' 產生之電場所組成的速度篩選器,和一個與電場和離子路徑垂直的磁場 $\vec{B}$。通過這個 $\vec{E}$ 與 $\vec{B}$ 的交叉場而不被偏離的離子會進入存在第二個磁場 $\vec{B}'$ 的區域,在此處會讓它們以圓形路徑飛行。一個顯影板(或現代的偵測器)紀錄著它們的到達。推導出對於離子,$q/m = E/rBB'$,其中 r 是圓形軌道的半徑。

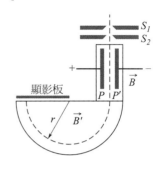

圖 28-26 習題 21

22 在某瞬間,均勻磁場 $\vec{B} = (2.00\hat{i} - 4.00\hat{j} + 8.00\hat{k})$ 中的質子其速度為 $\vec{v} = (-2.00\hat{i} + 4.00\hat{j} - 6.00\hat{k})$ m/s。請問在該瞬間,(a)作用在質子上的磁力 $\vec{F}$ 為何?並且以單位向量標記法表示之。(b)在 $\vec{v}$ 和 $\vec{F}$ 之間的角度為何,(c)在 $\vec{v}$ 和 $\vec{B}$ 之間的角度為何?

23 某電荷量 5.0 μC 的粒子運動通過一個均勻磁場和電場 $300\hat{j}$ V/m 的區域。在某一個瞬間,粒子速度是 $(17\hat{i} - 11\hat{j} + 7.0\hat{k})$ km/s。請問在該瞬間,作用在粒子上的淨電磁力(電力和磁力的合力)為何?以單位向量標記法表示之。

24 某一長的剛性導體沿著 x 軸放置,它傳送著方向往 x 軸負方向的電流 3.0 A。已知有一個磁場 $\vec{B}$ 出現,它可以表示成 $\vec{B} = 5.0\hat{i} + 6.0x^2\hat{j}$,其中 x 的單位是公尺,而且 $\vec{B}$ 的單位是 mT。對於 $x = 1.0$ m 和 $x = 3.0$ m 之間的 2.0 m 導體線段,試求作用在其上的力量,並且以單位向量標記法表示之。

25 某一個電子以速率 2.19×10^6 m/s,在半徑 $r = 5.29 \times 10^{-11}$ m 的圓形路徑中移動。將圓形路徑視為具有固定電流的圓環,其電流等於電子的電荷量值相對於運動週期的比值。如果圓環位於量值 $B = 2.11$ mT 的均勻磁場中,請問由磁場在圓環上所產生的力矩的最大可能量值為何?

26 在圖 28-27 中，某一個流動著電流的矩形環路，位於量值等於 25 mT 的均勻磁場的平面中。環路是由具有彈性的單一匝導電金屬線所組成，而此金屬線則纏繞在具有彈性的支架上，也因此矩形的尺寸是可以改變的(金屬線的總長度沒有變)。隨著邊長 x 從

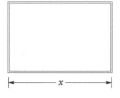

圖 28-27 習題 26

幾乎是零改變成近乎 4.0 cm 的最大值，作用在環路上的轉矩量值 τ 也跟著改變。已知 τ 的最大值是 6.2×10^{-8} N·m。試問環路中的電流為何？

27 載有 1.80 A 電流的圓形線圈迴路，其半徑為 13.0 cm。其面之法線與均勻磁場成 41.0° 的夾角，磁場的大小為 12.0 T。請計算此迴路的磁偶極矩。該線圈所受的力矩有多大？

28 某一個具有動能 2.5 keV 的電子沿著 x 軸的正方向運動，它會進入一個具有量值 10 kV/m 均勻電場的區域中，電場的方向是沿著 y 軸的負方向。為了使電子維持在 x 軸持續運動，我們建立起均勻磁場 $\vec{B}$，而且將 x 的方向選擇成讓所需要 $\vec{B}$ 的量值最小化。試問應該建立的 $\vec{B}$ 為何？以單位向量標記法表示之。

29 圖 28-28a 中，兩位於相同平面的同心線圈所流動的電流呈現相反方向。在較大的線圈 1 中，電流為固定。在線圈 2 中的電流 i_2 則可以改變。圖 28-28b 提供了雙線圈系統的淨磁矩，表示成 i_2 的函數圖形。垂直軸的尺度被設定為 $\mu_{net,s} = 4.0 \times 10^{-5}$ A·m²，而水平軸的尺度被設定為 $i_{2s} = 10.0$ mA。如果後來將線圈 2 的電流方向倒轉，請問當 $i_2 = 7.0$ mA 的時候，雙線圈系統的淨磁矩量值為何？

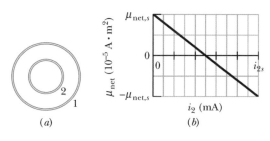

圖 28-28 習題 29

30 物理學家 S. A. Goudsmit 設計了一種藉由量測重離子在已知磁場中的圓周運動的週期，去量測重離子質量的方法。只帶一個基本電荷的碘離子在 45.0 mT 磁場中，於 1.29 ms 內轉動了 7.00 rev。請計算其質量並且以原子質量單位表示之。

31 具有電荷 2.0 C 的粒子運動經過均勻磁場。在某一個瞬間，粒子速度是 $(2.0\hat{i} + 4.0\hat{j} + 6.0\hat{k})$ m/s，而且作用在粒子上的磁力是 $(4.0\hat{i} - 20\hat{j} + 12\hat{k})$ N。已知磁場的 x 和 y 分量是相等的。試問 $\vec{B}$ 為何？

32 在圖 28-29 中，某一個電子以速率 $v = 100$ m/s 沿著 x 軸通過均勻電場和磁場。已知磁場 $\vec{B}$ 的方向垂直指入此頁頁面，並且具有量值 5.00 T。試問電場為何？以單位向量標記法表示之。

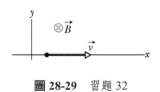

圖 28-29 習題 32

33 某一個質量 23 g 而且帶有電荷 80 μC 的粒子移動通過一個均勻磁場，在磁場所在區域中，自由落體加速度是 $-9.8\hat{j}$ m/s²。粒子的速度是固定的 $12\hat{i}$ km/s，而且此方向與磁場垂直。請問磁場為何？

34 在時間 t_1 的時候，某一個電子沿著 x 軸正方向移動，它同時通過電場 $\vec{E}$ 和磁場 $\vec{B}$，其中 $\vec{E}$ 的方向與 y 軸平行。圖 28-30 提供了由這兩個磁場作用在電子上的淨力的 y 分量 $F_{net,y}$，表示成在時間 t_1 時的電子速率 v 的函數圖形。速度軸的尺度被設定為 $v_s = 200.0$ m/s。在時間 t_1，淨力的 x 和 z 分量為零。假設 $B_x = 0$，請求出(a)量值 E 和(b) $\vec{B}$，並且以單位向量標記法表示之。

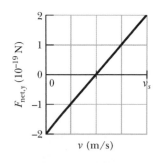

圖 28-30 習題 34

35　某一個具有 *D* 型腔半徑為 53.0 cm 的迴旋加速器，在 18.0 MHz 的振盪器頻率下，對質子進行加速。(a)試問為了達到共振狀態，所需要的磁場量值是多少？(b)在該磁場量值下，從迴旋加速器輸出的質子的動能為何？假設磁場量值變成是 $B = 2.11$ T。(c)請問此時要達到共振狀態所需要的振盪器頻率為何？(d)在該頻率下，從迴旋加速器輸出的質子的動能為何？

36　金屬條片，其長為 6.50 cm，寬為 0.850 cm，厚度為 0.760 mm 的磁場，以固定速度移經 $B = 3.50$ mT，垂直於條片的磁場，如圖 28-31 所示。在條片兩端的 *x* 及 *y* 點間量得電位差為 2.79 μV。試求速率 *v*？

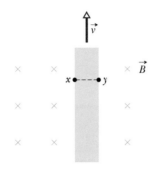

圖 28-31　習題 36

37　α 粒子以大小為 810 m/s 的速度 $\vec{v}$ 在強度為 0.057 T 的均勻磁場 $\vec{B}$ 中運動(α 粒子的電荷量為$+3.2 \times 10^{-19}$ C 且質量為 6.6×10^{-27} kg)。$\vec{v}$ 及 $\vec{B}$ 之間的夾角為 52°。(a)由磁場作用在粒子上的力 $\vec{F}_B$ 大小為何？(b)因 $\vec{F}_B$ 所造成的粒子之加速度為何？(c)粒子的速率增加、減少或維持不變？

38　2.95 kV/m 的電場及 0.310 T 的垂直磁場作用在一移動的電子，而淨作用力則為 0。電子的速率為何？

39　在圖 28-32 中，某一個具有初始動能 4.00 keV 的電子在時間 $t = 0$，進入區域 1。該區域含有一個均勻磁場，其方向指入此頁面，其量值則為 5.00 mT。電子通過半圓形路徑以後，離開區域 1，然後跨過 25.0 cm 空間間隙進入區域 2。在空間間隙兩端存在著電位差 $\Delta V = 2000$ V，此電位差的極性使得在橫越間隙時，電子的速率會均勻增加。區域 2 含有均勻磁場，其方向指出此頁面，其量值則為 10.0 mT。電子通過半圓形路徑，然後離開區域 2。試問它是在什麼時間 *t* 離開的？

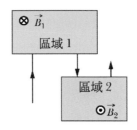

圖 28-32　習題 39

40　圖 28-33 所示，電流迴路 *ABCDEFA*，載有電流 $i = 7.80$ A。迴路各邊均與座標軸平行，且 $AB = 20.0$ cm，$BC = 30.0$ cm，$FA = 10.0$ cm。以單位向量標記法示之，求迴路之磁偶極矩的大小及方向？(提示：假想有一大小相同但方向相反的電流 *i* 流經 *AD*，然後將之看成有兩個矩形的線圈 *ABCDA* 及 *ADEFA*。)

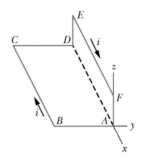

圖 28-33　習題 40

41　某一個靜止不動的圓形壁鐘具有半徑 15 cm 的正面。有六匝金屬線繞著其圓週邊緣；金屬線攜帶著順時針方向流動的 2.0 A 電流。壁鐘所在位置具有固定而且均勻的外部磁場，此磁場量值是 70 mT(但是壁鐘仍然能夠維持著正確時間)。在恰好是 1：00 P.M.的時候，壁鐘的時針指向外部磁場的方向。請問在經過多少分鐘以後，分針將會指向由磁場所引起作用在線圈上的轉矩的方向？(b)求轉矩的量值。

42　一個帶電荷 *q* 的粒子以速度 *v* 在半徑為 *r* 的圓中運動。將圓形路徑視為具有平均電流的電流迴路，求大小為 *B* 的均勻場施加在迴路上的最大扭矩。

43　一個質子、一個氘核子($q = +e$，$m = 2.0$ u)和一個 α 粒子($q = +2e$，$m = 4.0$ u)都具有相同動能，它們將進入一個具有均勻磁場 $\vec{B}$ 的區域，其速度方向與 $\vec{B}$ 垂直。試問(a)氘核子運動路徑 r_d 的半徑相對於質子運動路徑半徑 r_p 的比值，(b) α 粒子運動路徑半徑 r_α 相對於 r_p 的比值各為何？

44 一道動能爲 K 的電子束從位於加速眞空管末端的薄金屬箔「窗口」射出。某一個金屬板與窗口相距 d，其放置方向垂直於剛射出的電子束的方向(圖 28-34)。(a)試證明如果我們施加一個滿足下列數學式的均勻磁場，則我們可以防止電子束撞上金屬板

$$B = \sqrt{\frac{2mK}{e^2 d^2}}$$

其中 m 和 e 是電子的質量和電荷。(b) $\vec{B}$ 的方位應爲何？

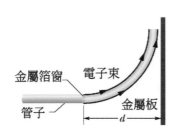

金屬箔窗　電子束

管子　　　金屬板

圖 28-34 習題 44

45 地球的磁偶極矩爲 8.00×10^{22} J/T。假設這是由於電荷在地球的熔融外核中流動所造成的。如果此一圓形路徑的半徑爲 3400 km，試求其電流值爲若干？

46 圖 28-35 提供了某一個磁偶極在外部磁場 $\vec{B}$ 中的位能 U，其表示成 $\vec{B}$ 與偶極矩間的夾角 ϕ 的函數。垂直軸的尺度被設定爲 $U_s = 2.00 \times 10^{-4}$ J。偶極可以繞著某一個

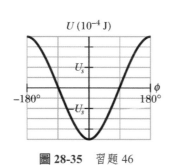

圖 28-35 習題 46

軸轉動，因而改變 ϕ，而且轉動過程的磨擦力可以忽略。從 $\phi = 0$ 開始的逆時針方向轉動，產生了正的 ϕ 值，而且順時針方向轉動則產生負值。我們要將偶極在角度 $\phi = 0$ 釋放，而且使其轉動動能等於 9.20×10^{-4} J，然後讓它逆時針轉動。試問它能夠轉動到的最大 ϕ 值是多少(以第 8-3 節的描述語言來說，就是它在圖 28-35 的位能井中的轉向點，所對應的 ϕ 值爲何？)

47 圖 28-36 所示爲半徑 $a = 2.2$ cm 的線圈其垂直於輻射型對稱發散磁場之共同方向。在線圈上各點之磁場大小均爲 $B = 3.4$ mT，且其方向與線圈面的法線成

$\theta = 20°$。若圖中扭曲的引線對問題無任何影響。求當線圈的電流爲 $i = 5.6$ mA 時，磁場作用於此線圈之力的大小與方向？

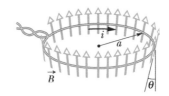

圖 28-36 習題 47

48 在圖 28-37 中，某一個粒子沿著圓形軌跡運動，此圓形軌跡位於量值 $B = 6.00$ mT 的均勻磁場中。這個帶電粒子不是質子就是電子(你必須自己決定)。該粒子所受的磁力量值是 1.98×10^{-15} N。試問(a)粒子的速率，(b)圓形軌跡的半徑，(c)運動的週期爲何？

圖 28-37 習題 48

49 在核子實驗中，2.2 MeV 的質子在均勻磁場內的圓形路徑上運動。若(a)α 粒子($q = +2e$，$m = 4.0$ u)，(b)氘($q = +e$，$m = 2.0$ u)在相同軌道上運動，則其能量爲多少？

50 某一個質子運動通過一個均勻磁場，此磁場可以表示成 $\vec{B} = (10\hat{i} - 20\hat{j} + 30\hat{k})$。在時間 t_1 的時候，質子的速度可表示成 $\vec{v} = v_x\hat{i} + v_y\hat{j} + (2.0 \text{ km/s})\hat{k}$，且作用在質子上的磁力爲 $\vec{F}_B = (8.0 \times 10^{-17} \text{ N}) \hat{i} + (4.0 \times 10^{-17} \text{ N})\hat{j}$。請問在該瞬間，(a) v_x 和(b) v_y 各爲何？

51 圖 28-38 電子加速穿過 $V_1 = 2.95$ kV 的電位差時，進入相距爲 $d = 28.0$ mm 的平行板間的區域，板間加有 $V_2 = 86.0$ V 的電位差。較低的平板爲低位。當電子進入平行板之間時，其方向與電場垂直。以單位向量表示，試求欲使電子沿直線運動所需與電子路徑及電場垂直的磁場大小爲何？

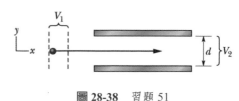

圖 28-38 習題 51

52 質子在迴旋加速器內循半徑 $r = 0.500$ m 的圓形軌道運行。若磁場的大小爲 1.80 T。(a)迴旋加速器的頻率爲若干？(b)質子的動能爲若干，請以電子伏特表示？

53 圖 28-39 中的彎曲金屬線位於均勻磁場中。每一個直線區段是 4.00 cm 長，且均與 x 軸夾 $\theta = 60°$，載流 13 mA。以單位向量表示時，作用在金屬線上的淨磁力爲何，如果磁場爲：(a) $4.0\hat{k}$ T，(b) $4.0\hat{i}$ T？

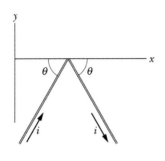

圖 28-39 習題 53

54 圖 28-40 中，某條質量 $m = 36.9$ mg 的金屬線，在磨擦力可忽略的情形下，沿著兩條水平且平行的軌道滑行，這兩條軌道的間隔距離是 $d = 2.56$ cm。軌道位於量值爲 42.0 mT 的垂直均勻磁場中。$t = 0$ 時，裝置 G 連接到軌道上，並且在金屬線和軌道中產生固定電流 $i = 9.13$ mA(正當金屬線在移動的時候)。在 $t = 61.1$ ms 的時候，請問金屬線的運動(a)速率和(b)方向(往左或往右)爲何？

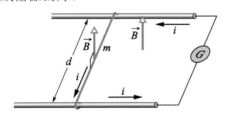

圖 28-40 習題 54

55 一個偶極矩大小爲 0.020 J/T 的磁偶極在大小爲 70 mT 的均勻磁場中由靜止釋放。該偶極因磁力所做的旋轉並不受阻礙。當偶極旋轉通過原點，也就是偶極矩沿磁場方向排列時，其動能爲 0.80 mJ。偶極矩與磁場一開始的夾角爲何？偶極下一次(瞬間)靜止時該角度爲何？

56 質子、氘核子($q = +e$，$m = 2.0$ u)，和 α 粒子($q = +2e$，$m = 4.0$ u)都會經過相同電位差進行加速，然後進入具有均勻磁場 $\vec{B}$ 的相同區域，而且其運動方向垂直於 $\vec{B}$。試問(a)質子的動能 K_p 相對於 α 粒子動能 K_α 的比值，(b)氘核子的動能 K_d 相對於 K_α 的比值各爲何？如果質子的圓形運動路徑的半徑是 10 cm，試問(c)氘核子的路徑的半徑，(d) α 粒子的路徑的半徑各爲何？

57 某一個電子在進入均勻磁場 $\vec{B} = 60\hat{i}$ μT 的時候，具有速度 $\vec{v} = (32\hat{i} + 40\hat{j})$ km/s。試問(a)電子行進的螺旋形路徑的半徑，以及(b)該路徑的傾斜度爲何？(c)對於從電子的進入點往磁場區域看進去的觀察者而言，電子在運動的時候，是順時針或逆時針螺旋前進？

58 (a)圖 28-8 中，證明 Hall 電場的量值 E 相對於，造成電荷(電流)沿銅條移動的電場量值 E_C 的比值是

$$\frac{E}{E_C} = \frac{B}{ne\rho}$$

其中 ρ 是材料的電阻率，而且 n 是電荷載子的數量密度。(b)針對習題 13 計算這個比值(參看表 26-1)。

59 某一個粒子在一個均勻磁場中，進行半徑 123 μm 的等速率圓週運動。作用在粒子上的磁力具有量值 3.96×10^{-17} N。試問粒子的動能爲何？

60 某一個電子從靜止狀態經過電位差 V 進行加速，然後進入一個具有均勻磁場的區域，在這個區域中，電子進行著等速率圓週運動。圖 28-41 提供了圓週運動的半徑 r 相對於 $V^{1/2}$ 的曲線圖形。垂直軸的尺度被設定爲 $r_s = 6.0$ mm，水平軸的尺度被設定爲 $V_x^{1/2} = 40.0$ $V^{1/2}$。試問磁場的量值爲何？

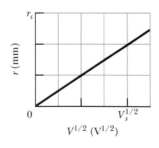

圖 28-41 習題 60

CHAPTER 29

電流所產生的磁場

29-1 電流所產生的磁場

學習目標

在閱讀完這個區塊的文字之後，讀者應該能夠...

29.01 畫出導線中單位電流長度元素，並指出其在導線附近某點所建立的磁場方向。

29.02 對於導線附近的某點與導線中某個電流長度元素，決定該元素引起之磁場的大小與方向。

29.03 了解在電流長度元素的方向線上某點，該元素所建立的磁場大小。

29.04 對於載有電流的長直導線旁的某點，運用磁場大小、電流、與到該點距離之間的關係。

29.05 對於載有電流的長直導線旁的某點，使用右手定則來決定場向量的方向。

29.06 了解在載有電流的長直導線周圍，磁場線爲圓形。

29.07 對於載有電流的半部無限長導線端點旁的一點，運用磁場大小、電流、與到該點距離之間的關係。

29.08 對於載有電流導線之圓弧的曲率中心，運用磁場大小、電流、曲率半徑、與此弧所對應的角度(弧度)之間的關係。

29.09 對於載有電流的短直導線旁的一點，積分必歐－沙伐定律來得到在該點由電流所建立的磁場。

關鍵概念

● 載有電流的導體所建立的磁場可以由必歐－沙伐定律得到。此定律說明距電流元素距離爲r的 P 點，此元素$i\,d\vec{s}$所產生的磁場$d\vec{B}$貢獻爲

$$d\vec{B} = \frac{\mu_0}{4\pi}\frac{i\,d\vec{s}\times\hat{r}}{r^2} \quad \text{(必歐－沙伐定律)}$$

其中$\hat{r}$是由該元素指向 P的單位向量。物理量 μ_0 稱爲磁導率，其值爲

$$4\pi\times10^{-7}\,\text{T}\cdot\text{m/A}\approx1.26\times10^{-6}\,\text{T}\cdot\text{m/A}$$

● 對載有電流i的長直導線，從此導線的垂直距離 R 處之磁場大小，可由必歐沙伐定律得到

$$B = \frac{\mu_0 i}{2\pi R} \quad \text{(長直導線)}$$

● 一半徑 R載有電流i的圓弧，其中心角ϕ(弧長)，位於弧中心的磁場大小爲

$$B = \frac{\mu_0 i\phi}{4\pi R} \quad \text{(位於圓弧中心)}$$

物理學是什麼？

物理學的一項基本觀察結果是，移動的電荷會在它本身周圍產生磁場。因此移動帶電粒子形成的電流，會在電流周圍產生磁場。這個屬於電磁學特徵的現象讓發現者感到相當驚奇，其中電磁學乃是一門電與磁效應結合起來的學科。不管是否覺得意外，因爲這項特性是無數電磁裝置的基礎，所以它在每天的生活中已經變得非常重要。舉例來說，在磁浮列車(maglev trains)和其他用於舉起沈重負載的裝置上，也能發現這樣的場。

本章課程進行的第一階段是求出在有電流流動的電線中，其很短的一段電流所引起的磁場。然後我們將針對幾個不同的線路安排方式，計算由整個線路所產生的磁場。

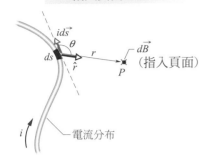

電流元素於P點產生
一指入頁面之磁場

圖 29-1 電流長度元素 $i\,d\vec{s}$ 在 P 點處建立一微小磁場 $d\vec{B}$，其中在 P 點上的小圓點處有一個符號×(箭尾)，我們用它來表示 $d\vec{B}$ 的方向為進入紙面。

計算電流所產生的磁場

圖 29-1 中為一條載流 i 的任意形狀導線。我們想求出附近一 P 點之磁場 $\vec{B}$。首先，將此導線分成長度為 ds 的微分長度元，並定義各元素之長度向量 $d\vec{s}$：大小 ds，方向為 ds 中的電流方向。然後定義一微小電流長度元素為 $i\,d\vec{s}$；我們希望算出基本的電流長度元素在 P 點所產生的磁場 $d\vec{B}$。由實驗得知，磁場像電場一樣，可由疊加得淨磁場。因此，我們可由積分所有電流長度元素所貢獻的磁場 $d\vec{B}$，而得到 P 點的淨磁場 $\vec{B}$。然而此計算比電場的計算更有挑戰性，其複雜性在於產生電場的電荷元素 dq 為一純量，而產生磁場的電流長度元素 $i\,d\vec{s}$ 是純量與向量的乘積。

大小。電流長度元素 $i\,d\vec{s}$ 在距離 r 處之 P 點所產生的磁場 dB 的大小為

$$dB = \frac{\mu_0}{4\pi}\frac{i\,ds\sin\theta}{r^2} \tag{29-1}$$

其中，θ 是 $d\vec{s}$ 與 $\hat{r}$ 方向間的夾角，而 $\hat{r}$ 是從 ds 延伸到 P 點的向量。常數 μ_0 被稱為**磁導率常數**(permeability constant)，其值定義為

$$\mu_0 = 4\pi\times10^{-7}\ \text{T·m/ A} \approx 1.26\times10^{-6}\ \text{T·m/ A} \tag{29-2}$$

方向。$d\vec{B}$ 的方向如圖 29-1 所示為進入紙面，$d\vec{s}\times\hat{r}$ 是從電流元素指向 P 點的向量。因此，29-1 式可以用向量形式表示為

$$d\vec{B} = \frac{\mu_0}{4\pi}\frac{i\,d\vec{s}\times\hat{r}}{r^2} \quad \text{(必歐-沙伐定律)} \tag{29-3}$$

此向量式及其純量形式(即 29-1 式)被稱為**必歐–沙伐定律**。經實驗推論，此定律為平方反比定律。我們可用此定律來計算任意電流分佈在某一點所造成的淨磁場 $\vec{B}$。

此處是一個簡單的描述：若導線中的電流是指向或是遠離量測點 P，你能夠從 29-1 式看出該電流在 P 點所產生的電場是零(角度 θ 在指向時是 0°，在遠離時是 180°，兩者都導致 $\sin\theta = 0$)嗎？

長直導線中之電流所產生的磁場

我們將用必歐-沙伐定律來證明，與載有電流 i 的長直導線垂直距離為 R 處的磁場大小為

$$B = \frac{\mu_0 i}{2\pi R} \quad \text{(長直導線)} \tag{29-4}$$

29-4 式中 B 的大小只與電流和與導線的垂直距離 R 有關。在式子的推導過程中，將可得知 $\vec{B}$ 的磁場線是以導線為圓心，所形成的一組同心圓，如圖 29-2 所示，也就是跟圖 29-3 中鐵粉的分佈情形一樣。在圖 29-2 中，可以發現隨著與導線距離的增加，場線間的距離也增加，這說明了 $\vec{B}$ 的大小隨 $1/R$ 減少，正如 29-4 式所言。圖中兩個 $\vec{B}$ 向量的長度也顯示了隨 $1/R$ 減少的關係。

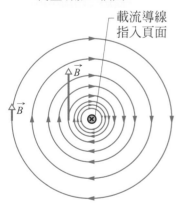

任一點上的磁場
向量切於一個圓

載流導線
指入頁面

圖 29-2 載有電流之長直導線在導線周圍所產生的磁場線為一組同心圓。此處的電流方向進入紙面，以 × 標示。

感謝教育發展中心

圖 29-3　當電流流經導線時，在紙板上的鐵粉會形成一組同心圓。鐵粉所排列出的形狀，就是由電流所建立磁場線的形狀。

方向。將數值代入 29-4 式來得到給定半徑的場大小 B 不是件太難的事。對於學生來說真正難的是去找出某點的場向量 $\vec{B}$ 方向。沿著長導線的場線是圓的，在圓上任一點的場向量都與此圓相切。這意味著該向量必定垂直於從導線延伸到該點的徑向線。但那個垂直向量有兩個可能的方向，如圖 29-4 所示，一個對於流進圖內的電流來說是對的，另一個則流出圖面的電流來說也是對的。你如何能指出哪個是哪個嗎？此處可以用簡單的右手定則來說出哪個向量是對的：

　曲－直右手定則：以右手緊握導線，讓大拇指指向電流方向。則手指彎曲的方向便是磁場線的方向。

將右手定則應用於圖 29-2 中，載電流之長直導線的結果，如圖 29-5a 所示，注意手指繞著導線的彎曲方向與圖 29-2 中的磁場線方向相同。如果要找出某一特別點的 $\vec{B}$ 之方向，就必須使右手繞著導線並且讓拇指指向電流的方向。然後讓指尖經過此點，如圖 29-5a 與 29-5b 所示，則指尖所指的方向即為 $\vec{B}$ 之方向。在圖 29-2 中，任一點的 $\vec{B}$ 均與磁場線相切；而在圖 29-5 中，$\vec{B}$ 則與連接該點及電流導線的虛線徑向直線垂直。

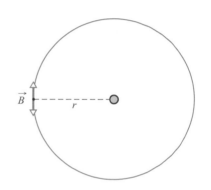

圖 29-4　磁場向量 $\vec{B}$ 垂直於載電流之長導線的延伸線的徑向線，不過是兩個垂直向量中的哪一個？

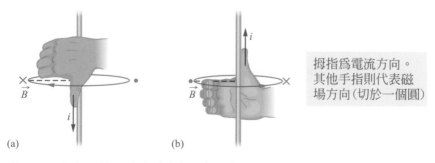

(a)　　　　(b)

拇指為電流方向。
其他手指則代表磁場方向（切於一個圓）

圖 29-5　右手定則能定出由導線中電流所建立之磁場的方向。(a)由側面觀看圖 29-2 中的情形。導線左邊的任何點上，其磁場 $\vec{B}$ 的方向為進入紙面，標示「×」，即手指所指的方向。(b)當電流的方向相反時，則導線左邊任何點上之磁場方向 $\vec{B}$ 為指出紙面，標示「•」。

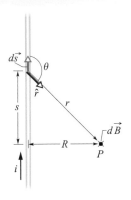

此段電流元素在 P 點處產生一指入頁面之磁場

圖 29-6 計算出載有電流 i 的長直導線所建立的磁場。由電流長度元素 $id\vec{s}$ 所產生的磁場 $d\vec{B}$ 之方向為進入紙面，如圖所示。

29-4 式的證明

圖 29-6 與圖 29-1 非常相似，只是在此圖中的導線為直線而且具有無限長度。我們要計算的是與導線垂直距離為 R 的 P 點之磁場 $\vec{B}$。由 29-1 式可得，由電流長度元素 $id\vec{s}$ 在 P 點(與電流長度元素的距離為 r)所產生的微量磁場為：

$$dB = \frac{\mu_0}{4\pi} \frac{i\, ds \sin \theta}{r^2}$$

在圖 29-6 中，$d\vec{B}$ 的方向是在 $d\vec{s} \times \hat{r}$ 的方向上——也就是垂直進入紙面。

請注意，在導線上由任何電流元素在 P 點處所產生的 $d\vec{B}$ 之方向皆相同。因此要求出導線上半部之(無限的)長導線中的電流長度元素在 P 點所產生的磁場大小，就必須把 29-1 式中的 dB 由 0 積分到 ∞。

現在考慮導線下半部中之對稱位置的電流長度元素，在 P 點之下的距離如在 P 點之上的 $d\vec{s}$。由 29-3 式可知，由此電流長度元素在 P 點所產生的磁場之大小和方向，與圖 29-6 中的元素 $id\vec{s}$ 相同。此外，下半部導線所產生的磁場與上半部所產生的完全相同。因此，要得到 P 點處之總磁場，只須將積分結果乘以 2。我們得到

$$B = 2\int_0^\infty dB = \frac{\mu_0 i}{2\pi}\int_0^\infty \frac{\sin \theta\, ds}{r^2} \tag{29-5}$$

變數 θ、s 及 r 並非各自獨立，(參考圖 29-5)它們之間的關係為

$$r = \sqrt{s^2 + R^2}$$

且

$$\sin \theta = \sin(\pi - \theta) = \frac{R}{\sqrt{s^2 + R^2}}$$

用附錄 E 的積分式 19 及將這些關係代入，29-5 式變成

$$\begin{aligned} B &= \frac{\mu_0 i}{2\pi}\int_0^\infty \frac{R\, ds}{(s^2 + R^2)^{3/2}} \\ &= \frac{\mu_0 i}{2\pi R}\left[\frac{s}{(s^2 + R^2)^{1/2}}\right]_0^\infty = \frac{\mu_0 i}{2\pi R} \end{aligned} \tag{29-6}$$

如我們所要的。注意，不管是圖 29-6 中之無限長導線的上半截或下半截在 P 點所產生的場都是此值的一半，亦即

$$B = \frac{\mu_0 i}{4\pi R} \quad \text{(半無限長直導線)} \tag{29-7}$$

圓弧導線中之電流所產生的磁場

為求出彎曲導線中之電流在某點所產生的磁場，我們須再一次使用 29-1 式，寫出單一電流長度元素所產生的磁場大小，並且，我們必須再一次積分所有的電流長度元素以得到淨磁場。此積分可能因導線的外形而變得困難；然而，若導線是圓弧狀且欲求之點為曲率中心，則此積分

是相當容易的。

　　圖 29-7a 爲圓心角 ϕ，半徑 R，圓心爲 C，載流 i 的弧形導線。導線上每一電流長度元素 $i\,d\vec{s}$ 在 C 所產生的磁場大小 dB 可由 29-1 式得到。此外，如圖 29-7b 所示，不論元素位於導線的何處，向量 $d\vec{s}$ 及 $\hat{r}$ 之間的夾角 θ 爲 90 度，且 $r = R$。因此，將 r 代入 29-1 式的 R，且 $\theta = 90$ 度，則可得

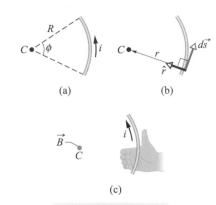

$$dB = \frac{\mu_0}{4\pi}\frac{i\,ds\sin 90°}{R^2} = \frac{\mu_0}{4\pi}\frac{i\,ds}{R^2} \qquad (29\text{-}8)$$

由圓弧上每段電流長度元素在 C 所引起的磁場大小，都和此值相同。

　　方向。由一長度元素所建立微小場 dB 的方向爲何？從上述我們知道，該向量必定垂直於從該元素延伸到點 C 的徑向線，無論它是流進圖 29-7a 面還是流出。要知道哪個方向是正確的，我們對任一元素使用右手定則，如圖 29-7c 所示。緊握導線並讓大拇指指向電流方向，且讓其它手指捲進 C 附近的區域，我們可以發現任一元素所造成的向量 $d\vec{B}$ 是流出圖面，而非流進圖面。

　　總磁場。要找出圓弧上所有元素造成的總磁場，我們需要加總所有微小的場向量 $d\vec{B}$。然而，因爲這些向量全部都在同一方向，所以我們不需要找分量。我們只要將由 29-8 式得出的大小 dB 相加。因爲這些要相加的數量很大，所以要用積分來作。我們想要用結果來看總磁場如何與弧角 ϕ 相關(而非弧長)。因此，在式中，我們利用等式 $ds = R\,d\phi$ 將 ds 改成 $d\phi$。然後積分式變爲

$$B = \int dB = \int_0^\phi \frac{\mu_0}{4\pi}\frac{iR\,d\phi}{R^2} = \frac{\mu_0 i}{4\pi R}\int_0^\phi d\phi$$

積分之，得

$$B = \frac{\mu_0\,i\,\phi}{4\pi R} \qquad \text{(圓弧的中心)} \qquad (29\text{-}9)$$

　　提醒。注意，此式只定出圓弧電流在曲率中心的磁場大小。當你要將數據代入此式時，須小心，ϕ 要用弧度(或強度、rad)，而不是用角度 (degree)。例如，求整個圓形電流中心的磁場大小，你可以將 29-9 式的 ϕ 以 2π rad 代入，便可得

$$B = \frac{\mu_0 i(2\pi)}{4\pi R} = \frac{\mu_0 i}{2R} \qquad \text{(整個圓形電路的中心)} \qquad (29\text{-}10)$$

右手定則產生在
中心處的磁場方向

圖 29-7　(a)內有電流的圓弧形導線，其圓心為 C。(b)對任一沿著弧形的導線元素，$d\vec{s}$ 與 $\hat{r}$ 之間的夾角為 90 度。(c)決定導線中的電流在圓心 C 所產生的磁場之方向；在 C 的方向為指出紙面，即手指指的方向，此處以有顏色的點表示。

範例 29.01 在圓弧電流中心的磁場

圖 29-8a 中之導線載有電流 i，其圓弧部分之半徑為 R，圓心角為 $\pi/2$，而直線部分之延長線相交於圓弧的圓心 C。試求電流在 C 處所產生之磁場 $\vec{B}$（大小與方向）為多少？

關鍵概念

我們可應用 29-3 式的必歐-沙伐定律到導線上以求出 C 點的磁場 $\vec{B}$。第二個關鍵概念則是 29-3 式的應用可藉由將導線分成三部分計磁場算 $\vec{B}$ 來簡化：(1)左邊的直線部分，(2)右邊的直線部分，(3)圓弧部分。

直線部分 對部分 1 中任何電流長度元素，$d\vec{s}$ 及 $\hat{r}$ 間的角度 θ 為零(圖 29-8b)；因此由 29-1 式得到

$$dB_1 = \frac{\mu_0}{4\pi} \frac{i\,ds\sin\theta}{r^2} = \frac{\mu_0}{4\pi} \frac{i\,ds\sin 0}{r^2} = 0$$

所以整條導線中的電流在第一部分對 C 點並不會產生磁場，即

$$B_1 = 0$$

對任意電流長度元素而言，在部分 2 中的情形也是一樣，而此處 $d\vec{s}$ 及 $\hat{r}$ 間的角度 θ 為 180 度。因此

$$B_2 = 0$$

圓弧部分 將必歐-沙伐定律應用到曲率中心將可導得到 29-9 式($B = \mu_0 i\,\phi/4\pi R$)。在此處圓弧的中心角 ϕ 為 $\pi/2$ 徑度。因此，由 29-9 式，圓弧中心 C 的磁場 $\vec{B}$ 大小為

$$B_3 = \frac{\mu_0 i(\pi/2)}{4\pi R} = \frac{\mu_0 i}{8R}$$

應用圖 29-5 所示的右手定則，便可得知 $\vec{B}_3$ 的方向。想像你用右手握住了圓弧，如圖 29-8c，拇指朝向電流方向。你的手指繞電線彎曲的方向便是磁場線的方向。這在導線周圍形成環形，從頁面的弧形指出並以弧形進入頁面。在 C 點的範圍(即圓弧內側)，你的手指是指向進入紙面的方向。$\vec{B}_3$ 是朝垂直進入紙面的方向。

淨場 一般來說，我們以向量的方式來結合多個磁場。然而，此處只有圓弧在 C 點處產生磁場。因此，我們可以把淨場 $\vec{B}$ 的值寫為

$$B = B_1 + B_2 + B_3 = 0 + 0 + \frac{\mu_0 i}{8R} = \frac{\mu_0 i}{8R} \tag{答}$$

$\vec{B}$ 的方向即 $\vec{B}_3$ 的方向——即垂直進入圖 29-8 紙面。

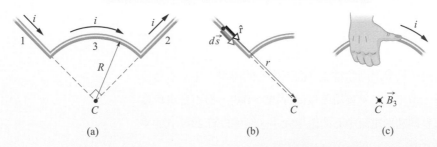

直線朝向或遠離 C 的電流不會在 C 產生任何場

(a)　　　　　　(b)　　　　　　(c)

圖 29-8 (a)導線載有電流 i，由兩個直線段(1 和 2)與圓弧(3)所組成。(b)對在第一線段中的電流元素而言，其與間的夾角為零。(c)決定由圓弧中的電流在 C 點所產生之磁場 $\vec{B}_3$ 的方向；其方向為指入紙面。

範例 29.02　兩條長直導線旁的磁場

圖 29-9a 中顯示了兩條方向相反且帶有電流 i_1 與 i_2 的長金屬線。在 P 點淨磁場的大小及方向為何？假設下述的值：$i_1 = 15$ A，$i_2 = 32$ A，$d = 5.3$ cm。

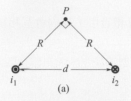

(a)

兩道電流所產生的磁場必須以向量相加來得到淨磁場

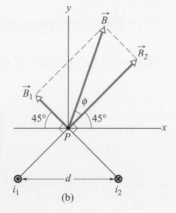

(b)

圖 29-9　(a)兩條帶相反方向電流 i_1 及 i_2 的金屬線(方向分別為指出和進入紙面)。注意在 P 點處所形成的直角。(b)個別磁場 $\vec{B}_1$ 及 $\vec{B}_2$ 以向量法合成淨磁場 $\vec{B}$。

關鍵概念

(1)在 P 點的淨磁場 $\vec{B}$ 是由兩條金屬線內的電流所產生的磁場向量之和。(2)我們可以應用必歐-沙伐定律求出任何電流所產生的磁場。在靠近長直導線電流的所有點，該定律都會推導成 29-4 式。

求出向量　在圖 29-9a 中，P 點到電流 i_1 與 i_2 的距離皆等於 R。因此，29-4 式告訴我們這些電流對 P 點產生的磁場 $\vec{B}_1$ 及 $\vec{B}_2$ 其大小為：

$$B_1 = \frac{\mu_0 i_1}{2\pi R} \quad 及 \quad B_2 = \frac{\mu_0 i_2}{2\pi R}$$

圖 29-9a 的直角三角形中，注意到底角(在 R 邊與 d 邊之間)皆為 45°。因此，可寫出 $\cos 45° = R/d$ 並且將 R 換成 $d\cos 45°$。然後磁場大小 B_1 及 B_2 變成

$$B_1 = \frac{\mu_0 i_1}{2\pi d\cos 45°} \quad 及 \quad B_2 = \frac{\mu_0 i_2}{2\pi d\cos 45°}$$

我們希望結合 $\vec{B}_1$ 與 $\vec{B}_2$ 而求出它們的向量和，也就是 P 點的淨磁場 $\vec{B}$。為了找出 $\vec{B}_1$ 及 $\vec{B}_2$ 的方向，我們對每一個電流(在圖 29-9a 中)使用圖 29-5 的右手定則。對於金屬線 1 而言，電流流出紙面，我們想像右手握住金屬線，姆指指出紙面。然後手指旋轉找出磁場線是逆時針方向。尤其在 P 點處，磁場線的方向是朝左上方的方向。回想一下，當一固定點靠近一段長且直的帶電金屬線時，該點的磁場必是垂直於此點與電流之間的連線。因此，$\vec{B}_1$ 必定指往左上方的方向，如圖 29-9b 所示(注意向量 $\vec{B}_1$ 與 P 到金屬線 1 的連線是互相垂直)。

對導線 2 中的電流重複這個分析，會發現 $\vec{B}_2$ 指向右邊，如圖 29-9b 所示。

相加向量　我們現在可以將 $\vec{B}_1$ 與 $\vec{B}_2$ 作向量的相加而求出 P 點的淨磁場 $\vec{B}$，可以使用向量平移計算或將向量分解成分量後，再對的分量做相加。

然而，在圖 29-9b 中，有第三個方法：因 $\vec{B}_1$ 和 $\vec{B}_2$ 互相垂直，所以它們形成一直角三角形，$\vec{B}$ 為斜邊。因此，

$$B = \sqrt{B_1^2 + B_2^2} = \frac{\mu_0}{2\pi d\cos 45°}\sqrt{i_1^2 + i_2^2}$$

$$= \frac{(4\pi \times 10^{-7}\,\text{T·m/A})\sqrt{(15\text{A})^2 + (32\text{A})^2}}{(2\pi)(5.3 \times 10^{-2}\,\text{m})(\cos 45°)}$$

$$= 1.89 \times 10^{-4}\,\text{T} \approx 190\,\mu\text{T} \tag{答}$$

在圖 29-8b 中，$\vec{B}$ 方向和 $\vec{B}_2$ 方向所夾的角度 ϕ 為

$$\phi = \tan^{-1}\frac{B_1}{B_2}$$

其中 B_1 和 B_2 已知，所以

$$\phi = \tan^{-1}\frac{i_1}{i_2} = \tan^{-1}\frac{15\text{A}}{32\text{A}} = 25°$$

然後，圖 29-9b 中 $\vec{B}$ 和 x 軸之間的夾角為

$$\phi + 45° = 25° + 45° = 70° \tag{答}$$

29-2 兩平行電流之間的力

學習目標

在閱讀完這個區塊的文字之後，讀者應該能夠...

29.10 對兩個同向平行或反向平行的電流，在第二個電流處找出第一個電流產生的磁場，並得出作用於第二個電流的力。

29.11 了解同向平行電流會互相吸引，反向會互相排斥。

29.12 描述電磁軌道發射槍如何運作

關鍵概念

● 載有電流的同向平行導線會互相吸引，而載有電流的反向平行導線會互相排斥。作用在其一長度為 L 導線上的力大小為

$$F_{ba} = i_b L B_a \sin 90° = \frac{\mu_0 L i_a i_b}{2\pi d}$$

其中 d 為兩導線間距離，且 i_a 和 i_b 為兩導線中的電流。

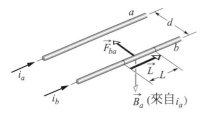

因為 a 電流產生的磁場在 b 處產生對 b 之作用力

圖 29-10 兩條載有相同電流方向的平行導線會互相吸引。$\vec{B}_a$ 是由導線 a 中的電流 i_a 在導線 b 上所產生的磁場。$\vec{F}_{ba}$ 是由導線 a 中的電流 i_a 在導線 b 上所產生的磁場 $\vec{B}_a$。

兩平行電流之間的力

兩條載著電流之平行長導線會互相施力。在圖 29-10 中，兩平行導線，相距 d，分別載有電流 i_a 及 i_b。讓我們來分析兩導線間互相施力的情形。

我們首先計算圖 29-10 中，導線 a 中之電流作用在導線 b 上的力。導線 a 中的電流產生磁場 $\vec{B}_a$，且確實是此磁場產生我們要找的力。為求出此力，我們需有磁場 $\vec{B}_a$ 在導線 b 處的大小及方向。由 29-4 式可知，在導線 b 上每一點 $\vec{B}_a$ 的大小為：

$$B_a = \frac{\mu_0 i_a}{2\pi d} \tag{29-11}$$

由直右手定則告訴我們，導線 b 處 $\vec{B}_a$ 的方向是向下，如圖 29-10 所示。

現在我們有了該場，就可以找到在導線 b 上產生的力。28-26 式告訴我們，外部磁場 $\vec{B}_a$ 在長為 L 之導線 b 上所引起力 $\vec{F}_{ba}$ 為

$$\vec{F}_{ba} = i_b \vec{L} \times \vec{B}_a \tag{29-12}$$

其中 $\vec{L}$ 為導線的長度向量。在圖 29-10 中，向量 $\vec{L}$ 和 $\vec{B}_a$ 是互相垂直的，因此，由 29-11 式得

$$F_{ba} = i_b L B_a \sin 90° = \frac{\mu_0 L i_a i_b}{2\pi d} \tag{29-13}$$

方向即為 $\vec{F}_{ba}$ 的方向。將右手定則用在 $\vec{L}$ 和 $\vec{B}_a$ 的外積，我們發現 $\vec{L}$ 垂直指向導線 a，如圖 29-10 所示。

求得作用在載電流導線上之力的一般步驟為：

> 為求得第二條載電流導線作用在第一條載電流導線上的
> 力，首先得先找出第二條導線在第一條導線上所產生的磁
> 場。然後求出磁場作用在第一條導線上的力。

我們現在可依此步驟來計算導線 b 中的電流對導線 a 所施的力。我們會發現此力垂直指向導線 b；因此，此兩載有平行電流的導線會互相吸引。同樣地，若此兩電流為反平行，我們可證明此兩條導線會互相排斥。因此

> 平行電流互相吸引，反平行之電流則互相排斥。

利用平行導線內電流間的作用力便可以定義出安培，安培是七個 SI 基本單位之一。此定義於 1946 年被採納，其敘述如下：把兩條載有同方向及大小電流，而且為無限長之長直導線相距 1 m，平行放置於真空中，其截面積忽略不計，則使得這兩條導線上，每單位長度(公尺)所受之力為 2×10^{-7} 牛頓時，導線上的電流即為 1 安培。

電磁軌道發射槍

圖 29-11a 是電磁軌道發射槍的基本架構。非常大的電流沿著兩平行導電軌道中之任一條送出，然後經由兩鋼軌間的導電「熔絲」(例如薄銅片)，沿著第二條軌回到電流源。而用來發射的拋射體是放在熔絲的另一端，並且不與鋼軌緊貼在一起。一旦電流通過時，熔絲即被熔化，而後蒸發，因此在熔絲所在的鋼軌間，形成導電氣體。

使用圖 29-5 中的右手定則，即可得知圖 29-11a 中鋼軌內的電流所產生磁場，在鋼軌間是朝下的。此淨磁場 $\vec{B}$ 會對流經導電氣體的電流 i 產生作用力 $\vec{F}$ (圖 29-11b)。由 29-12 式與右手定則可以知道，$\vec{F}$ 的方向是沿著鋼軌向外。因為氣體受到沿著鋼軌向外的作用力，所以會推動拋射體，使重量為 5×10^6 g 的拋射體加速，並以 10 km/s 的速度發射出去，以上的過程能在毫秒(1 ms)內完成。也許在未來，軌道發射槍會被用於將原料從月球上的採礦設施拋向太空。

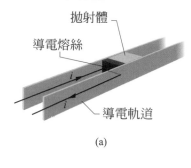

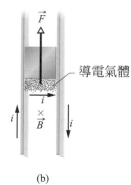

圖 29-11 (a)電磁軌道發射槍，當有電流 i 開始流入。該電流會使導電熔絲馬上熔融蒸發。(b)電流會在軌道間產生磁場 $\vec{B}$，磁場就會對導電氣體產生作用力 $\vec{F}$。此氣體就將拋射體沿著軌道發射出去。

 測試站 1

如圖為三條平行的長直導線，其上所載之電流完全相同，不是流入就是流出紙面。根據其他兩導線作用在第三條導線上的力之大小，將這些導線受力由大到小排列。

29-3 安培定律

學習目標

在閱讀完這個區塊的文字之後，讀者應該能夠...

29.13 應用安培定律於圍住電流的迴路中。

29.14 伴隨著安培定律，且使用右手定則來決定被包圍電流的符號。

29.15 對於安培迴路中多個電流，使用安培定律來決定淨電流。

29.16 應用安培定律於載有電流的長直導線，找出導線內外的磁場大小，了解只與被安培迴路所包圍的電流相關。

關鍵概念

● 安培定律為

$$\oint \vec{B} \cdot d\vec{s} = \mu_0 i_{enc} \quad \text{(安培定律)}$$

式子中的線積分是以圍繞著封閉迴路計算，該迴路稱為安培迴路。右邊的電流 i 是被迴路所包圍的淨電流。

安培定律

我們可以藉著先寫出由電荷元素所產生的微小電場 $d\vec{E}$，然後將所有電荷元素產生的 $d\vec{E}$ 加總起來，而求出任意電荷分佈所造成的淨電場。但若此分佈很複雜，我們可能就必須借助電腦。但若此分佈為平面的、圓柱形的或球形對稱，我們就可相對容易地用高斯定律求出淨電場。

同樣地，我們可以藉著先寫出由電流長度元素所產生的微小磁場 $d\vec{B}$ (29-3 式)，然後將所有電流長度元素產生的 $d\vec{B}$ 加總起來，而求出任意電流分佈所造成的淨磁場。但，我們可能又因複雜的分佈，而必須用到電腦。然而，若分佈具有某種對稱，我們可以很容易地用**安培定律** (Ampere's law)求出磁場。安培定律可由必歐-沙伐定律導出，由安培 (1775-1836)首先提出，電流的 SI 單位便是以他的姓氏命名。但是此定律實際上是由英國物理學家馬克士威爾加以改進。安培定律為

$$\oint \vec{B} \cdot d\vec{s} = \mu_0 i_{enc} \quad \text{(安培定律)} \tag{29-14}$$

積分符號上的圈是表示內積 $\vec{B} \cdot d\vec{s}$ 繞封閉迴路進行積分，此封閉迴路稱為安培迴路。電流 i_{enc} 是迴路所包圍的淨電流。

為了解及其積分的意義，我們將安培定律應用在圖 29-12 中的一般情況下。圖中顯示出三條垂直穿過紙面的長直導線之截面，分別載有電流 i_1、i_2 及 i_3，其方向如圖所示。任意的安培迴路完全位於該圖所在的平面上，並且包圍了其中的兩條電流。路徑上所標示的逆時針符號是在 29-14 式中隨意選擇的積分方向。

只有由迴路所包含的電流才能用於安培定律

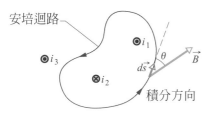

圖 29-12 對任意形狀的安培迴路應用安培定律，此迴路包圍了其中的兩道電流，而第三道電流位於迴路外。注意電流的方向。

為了應用安培定律，我們將路徑分成微分向量元素 $d\vec{s}$：其方向為沿著迴路的積分方向的切線方向。其中 $d\vec{s}$ 的位置如圖 29-12 所示，三個電流所產生的淨磁場為 $\vec{B}$。因為導線皆垂直紙面，故由每一電流在處所產生的磁場皆在圖 29-12 的平面上；因此此處的淨磁場必在此平面上，但無法確定 $\vec{B}$ 於平面內的方向。在圖 29-12 中，$\vec{B}$ 與 $d\vec{s}$ 的方向夾一任意角度 θ。29-14 式左方中的內積 $\vec{B} \cdot d\vec{s}$ 等於 $B\cos\theta\, ds$。因此，安培定律可寫成

$$\oint \vec{B} \cdot d\vec{s} = \oint B\cos\theta\, ds = \mu_0 i_{enc} \tag{29-15}$$

現在我們可以將內積 $\vec{B} \cdot d\vec{s}$ 解釋為安培迴路上的一段長 ds 和迴路相切的場分量 $B\cos\theta$ 之乘積。此積分可解釋成此乘積沿全部路徑的總和。

符號。當我們在計算此積分時，在積分前，我們不需知道 $\vec{B}$ 的方向，反而可以隨意假設 $\vec{B}$ 為一般地積分方向(如圖 29-12 所示)。然後我們用下列的曲-直右手定則之敘述，來決定組成淨迴路電流 i_{enc} 的每一電流的符號為正或負：

 右手的捲曲手指代表沿著安培迴路積分的方向。則右手直立的姆指方向，對包圍於迴路內的電流而言，即為正，反之則為負。

最後，我們解 29-15 式，得到 $\vec{B}$ 的大小。若計算的結果 B 為正，則我們先前所假設的 $\vec{B}$ 之方向是正確的，若結果為負，則忽略此負號，然後將 $\vec{B}$ 重繪成相反方向。

淨電流。圖 29-13 是將安培定律曲-直定則使用於圖 29-12 之情況的示意圖。將積分方向定為圖中所示的逆時針方向，則迴路中的淨電流為

$$i_{enc} = i_1 + i_2$$

(i_3 並未包括在迴路之內)。因此，29-15 式可改寫為

$$\oint B\cos\theta\, ds = \mu_0(i_1 - i_2) \tag{29-16}$$

你或許會懷疑，為什麼電流 i_3 對 29-16 式左邊的磁場大小 B 有貢獻，但卻不需要出現在等式的右邊？其答案是，因為 29-16 式是繞封閉迴路積分的，故電流 i_3 對磁場的貢獻被抵消了。相對地，被迴路所包圍的電流，對磁場的貢獻則沒有被抵消。

我們無法由 29-16 式得到磁場的大小 B，因為在圖 29-12 的情況中，沒有足夠的資訊將此積分簡化並求解。然而，我們卻知道積分的結果必定等於 $\mu_0(i_1-i_2)$ 的值，是由通過迴路的淨電流所決定。

接下來，我們要將安培定律應用在兩種對稱的情況下，其對稱條件可讓我們將積分簡化，並求得磁場。

指定安培定律中的
電流正負號之方法

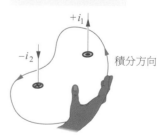

圖 29-13 右手定則用於安培定律中，它能找出由安培迴路所包圍電流的正、負號。圖中所示為圖 29-11 中的情形。

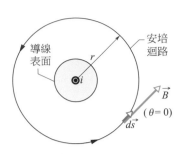

圖 29-14 以安培定律求出長直導線上電流所建立的磁場。安培迴路是在導線外的同心圓。

載流長直導線的外部磁場

圖 29-14 為載有電流的長直導線，其電流為垂直流出紙面。29-4 式告訴我們，在與導線相距同為 r 的各點上，電流所建立的磁場 $\vec{B}$ 的大小皆相同；亦即磁場 $\vec{B}$ 對導線為圓柱對稱。若我們用半徑為 r 的同心圓安培迴路環繞此導線，則可利用對稱性簡化安培定律中的積分(29-14 及 29-15 式)，如圖 29-14 所示。然後，此迴路上每一點的磁場 $\vec{B}$ 之大小 B 皆相同。取逆時針方向積分，並設 $\vec{B}$ 和 $d\vec{s}$ 元素相同方向，如圖 29-14 所示。

因在迴路上每一點之 $\vec{B}$ 皆與迴路相切，如同 $d\vec{s}$ 也是如此，故我們可簡化 29-15 式中的 $B\cos\theta$。因此在迴路的每一點上，$\vec{B}$ 與 $d\vec{s}$ 不是平行就是反平行，我們將任意地假設為前者。即每一點之 $d\vec{s}$ 與 $\vec{B}$ 之間的夾角為 0 度，所以 $\cos\theta = \cos 0° = 1$。然後 29-15 式的積分變成

$$\oint \vec{B} \cdot d\vec{s} = \oint B\cos\theta\, ds = B\oint ds = B(2\pi r)$$

注意，上式中的 $\oint ds$ 為圓形迴路上所有長度為 ds 的線段總和；即為迴路的周長 $2\pi r$。

由右手定則得知，圖 29-14 中的電流符號為正。因此安培定律的右邊為 $+\mu_0 i$，然後得

$$B(2\pi r) = \mu_0 i$$

或　　　$B = \dfrac{\mu_0 i}{2\pi r}$　　(長直導線外側)　　　　　　(29-17)

將符號稍作改變以後，此式恰為之前我們用必歐-沙伐定律導出的 29-4 式。此外，因算出來的 B 為正值，故 $\vec{B}$ 的正確方向必如圖 29-14 所示。

載電流長直導線的內部磁場

圖 29-15 所示為半徑 R 的長直導線之截面，導線上載有均勻分佈的電流 i，其方向為流出紙面。因為此電流均勻地分佈在導線中心的周圍，因此其所產生的磁場 $\vec{B}$ 必為圓柱形對稱。因此，要求導線內部的磁場，可再用半徑為 r 的安培迴路，而現在 $r < R$，如圖 29-15 所示。對稱性再一次告訴我們，$\vec{B}$ 正切於迴路，如圖所示。所以，安培定律的左邊為

$$\oint \vec{B} \cdot d\vec{s} = B\oint ds = B(2\pi r)　　　　　(29\text{-}18)$$

因為電流是均勻分佈的，所以被迴路所包圍的電流 i_{enc} 會垂直於迴路所包圍的面積；也就是說，

$$i_{enc} = i\frac{\pi r^2}{\pi R^2}　　　　　　　　(29\text{-}19)$$

右手定則告訴我們，i_{enc} 的符號為正。因此，安培定律給出

$$B(2\pi r) = \mu_0 i\frac{\pi r^2}{\pi R^2}$$

或　　　$B = \left(\dfrac{\mu_0 i}{2\pi R^2}\right)r$　　(在長直導線內)　　　(29-20)

只有安培迴路所包之電流才使用於安培定律

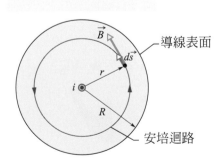

圖 29-15 長直導線之圓形截面圖，其中載有電流 i，利用安培定律計算由電流所建立的磁場。電流為均勻分佈在整個截面上，方向為流出紙面。安培迴路如圖中所示畫在金屬線內部。

因此，在導線內部，磁場的大小 B 與 r 成正比；在導線中心處，磁場爲零，而在表面即 $r = R$ 處，磁場有最大值。注意，29-17 式和 29-20 式在 $r = R$ 處的 B 值皆相同(皆爲最大值)。

測試站 2

如圖爲三條電流皆爲 i 的平行電流(其中一電流與其他反向)，及四個安培迴路。根據每個迴路上 $\oint \vec{B} \cdot d\vec{s}$ 的值，將此四個迴路由大到小排列。

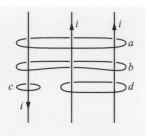

範例 29.03　以安培定律找出長圓柱電流內部的磁場

圖 29-16a 所示，長圓柱導體的截面，內徑 $a = 2.0$ cm、外徑 $b = 4.0$ cm。圓柱載有流出頁面的電流，在其截面的電流密度大小爲 $J = cr^2$，其中 $c = 3.0 \times 10^6$ A/m^4，r 的單位爲公尺。在圖 29-16a 上一點，磁場 $\vec{B}$ 爲何？此點從距離圓柱中心軸算起半徑 $r = 3.0$ cm 處。

關鍵概念

我們想要計算 $\vec{B}$ 中的點是位於圓柱導體材料內，且在內徑與外徑之間。要注意的是電流分佈是柱狀對稱(對圍繞截面的任一半徑均相同)。因此，對稱性允許我們使用安培定律來得到此點的 $\vec{B}$。首先，我們畫出安培迴路，如圖 29-16b。該迴路與圓柱同軸，且因爲我們想要計算從距離圓柱中心軸某處的 B，所以半徑 $r = 3.0$ cm。

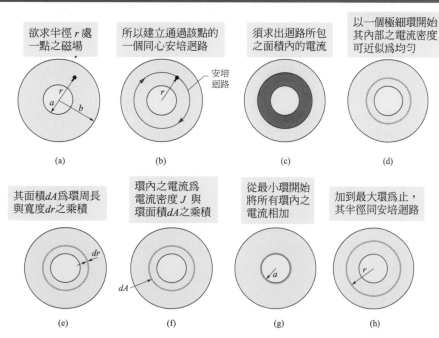

29-16　圖 29-16(a)-(b)為了找到位於圓柱導體內某點的磁場，我們使用通過該點的安培線圈。然後，我們需要被線圈包圍電流。(c)-(h)因為電流密度不是均勻的，我們以細環開始，並被包圍的區域內將所以這樣環內的電流加起來(以積分)。

接下來,我們必須計算被安培迴路所包圍的電流 i_{enc}。然而,因為電流並不是均勻分佈的,所以我們無法建立如 29-19 式那樣的比例分佈。反而,我們必須透過使用圖 29-16c 到 h 的步驟,從圓柱內徑 a 到迴路半徑 r 對電流密度大小作積分。

計算 我們把積分寫為

$$i_{enc} = \int J\, dA = \int_a^r cr^2(2\pi r\, dr)$$

$$= 2\pi c \int_a^r r^3\, dr = 2\pi c \left[\frac{r^4}{4}\right]_a^r$$

$$= \frac{\pi c(r^4 - a^4)}{2}$$

注意,在這些步驟中,我們取微小面積 dA 作為圖 29-16d–f 中的細環面積,然後以環的圓周 $2\pi r$ 和厚度 dr 的乘積來取代它。

對安培線圈來說,在圖 29-16b 中所指的積分路徑方向為順時鐘方向(隨意選取)。對那個線圈運用安培定律右手定則,我們發現應將 i_{enc} 視為負的,因為電流方向是流出頁面的,但拇指是指向頁面的。

接下來,我們如同圖 29-15 所做過的來計算安培定律的左邊,再次得到 29-18 式,然後由安培定律

$$\oint \vec{B} \cdot d\vec{s} = \mu_0 i_{enc}$$

我們得到

$$B(2\pi r) = -\frac{\mu_0 \pi c}{2}(r^4 - a^4)$$

解出 B 並代入已知數據,可得到

$$B = -\frac{\mu_0 c}{4r}(r^4 - a^4)$$

$$= -\frac{(4\pi \times 10^{-7}\ \text{T} \cdot \text{m/A})(3.0 \times 10^6\ \text{A/m}^4)}{4(0.030\ \text{m})}$$

$$\times \left[(0.030\ \text{m})^4 - (0.020\ \text{m})^4\right]$$

$$= -2.0 \times 10^{-5}\ \text{T}$$

因此,磁場 $\vec{B}$ 在距離中心軸 3.0 cm 處的大小為

$$B = 2.0 \times 10^{-5}\ \text{T} \tag{答}$$

而且所形成磁場線的方向與積分方向相反,即為逆時針方向,如圖 29-16b 所示。

29-4 螺線管與螺線環

學習目標

在閱讀完這個區塊的文字之後,讀者應該能夠...

29.17 描述螺線管與螺線環,並畫出他們的磁場線。

29.18 解釋安培定律如何用來找螺線管內的磁場。

29.19 運用螺線管內部磁場 B、電流 i、以及螺線管每單位長度匝數 n 之間的關係。

29.20 解釋安培定律如何用來找螺線環內的磁場。

29.21 運用螺線環內部磁場 B、電流 i、半徑 r、以及總匝數 N 之間的關係。

關鍵概念

● 載有電流i的長螺旋管內部,位於非接近底部的點,磁場的大小 B 為

$$B = \mu_0 in \quad \text{(理想螺線管)}$$

其中n為每單位長度匝數。

● 位於螺線環內部的點,磁場大小 B為

$$B = \frac{\mu_0 iN}{2\pi}\frac{1}{r} \quad \text{(螺線環)}$$

其中 r 為螺線環中心到該點的距離。

螺線管與螺線環

螺線管的磁場

　　我們現在將介紹另一個安培定律能有效地發揮功能的例子。它是由流經長而緊密的螺旋線圈的電流所產生的磁場，這樣的線圈我們稱為**螺線管**(solenoid)(圖 29-17)。假設螺線管之長度遠大於其直徑。

　　圖 29-18 所示為一節「伸展開」的螺線管。螺線管的磁場為每匝線圈所生磁場的向量和。在非常靠近每一匝線圈處，導線的磁性行為與長直導線非常相似，而且由每一匝導線所產生的 $\vec{B}$ 的場線差不多是同心圓。圖 29-18 顯示出相鄰導線之間的磁場有互相抵消的趨勢。其也顯示出在螺線管內距離導線較遠之點，$\vec{B}$ 幾乎平行螺線管的軸心。對理想螺線管(相同的導線緊密纏繞，長度為無限長時)而言，在線圈內的磁場為均勻分佈，並且平行於螺線管之軸心。

圖 29-17　載有電流 i 之螺線管。

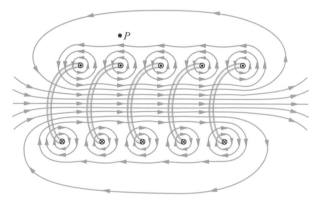

圖 29-18　「伸展開」螺線管的垂直截面圖也顯示出，此截面經過螺線管的中心軸。圖中五匝線圈的背面部分，在靠近線圈處會產生圓形的磁場線。每匝在本身附近產生環形磁場線。在螺線管軸心處的淨磁場方向是沿著軸心方向。間隔較小的磁場線部分，代表磁場較強。在螺線管外的磁場線間隔較大，代表該處的磁場較弱。

　　對螺線管上方的點(如圖 29-18 中的 P)而言，螺線管上方部分之線圈(標示 ⊙)在該處所產生的磁場指向左方(如 P 附近所示)，會抵消螺線管下方部分之線圈(標示 ⊗)所產生的磁場(方向指向右方，但圖中未畫出)。在理想螺線管的狀態下，管外各點之磁場為零。若有一長度遠大於其直徑的真實螺線管，而我們考慮像 P 點一樣的外部各點時，將其外部磁場取為零，為非常好的假設。我們注意到電流的分佈具有圓柱狀對稱。以右手握住螺線管，並令手指彎曲部分順著線中的電流方向，則姆指所指的方向將與軸心磁場同向。

　　圖 29-19 所示為真實螺線管的 $\vec{B}$ 場線。由 $\vec{B}$ 之場線在中心區域的排列，可以知道在線圈內的磁場非常強，並且非常均勻地分佈在線圈截面中。但在管外的磁場則相對地較弱。

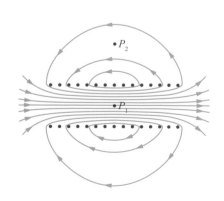

圖 29-19　有限長度的真實螺線管之磁場線。對管內之點(如 P_1 點)而言，磁場強而且均勻。

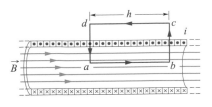

圖 29-20 對載有電流 i 的理想長螺線管之截面應用安培定律。長方形 $abcd$ 即為安培迴路。

安培定律。讓我們現在套用安培定律，

$$\oint \vec{B} \cdot d\vec{s} = \mu_0 i_{enc} \tag{29-21}$$

於圖 29-20 為理想螺線管，在管中的 $\vec{B}$ 均勻分佈，在管外則為零，對圖中的長方形安培迴路 $abcda$ 應用安培定律。把積分 $\oint \vec{B} \cdot d\vec{s}$ 寫成沿四段路徑的積分之和：

$$\oint \vec{B} \cdot d\vec{s} = \int_a^b \vec{B} \cdot d\vec{s} + \int_b^c \vec{B} \cdot d\vec{s} + \int_c^d \vec{B} \cdot d\vec{s} + \int_d^a \vec{B} \cdot d\vec{s} \tag{29-22}$$

29-22 式的右方之第一項積分結果為 Bh，其中 B 為螺線管內均勻磁場 $\vec{B}$ 的大小，h 是(任意)路徑 a 到 b 間的長度。第二及第四項積分為零，因為在這路徑上，$\vec{B}$ 不是與路徑垂直，就是等於零，因此 $\vec{B} \cdot d\vec{s}$ 為零。第三項積分是沿著螺線管外部的路徑，而因為管外所有點的 $B = 0$，所以該項積分也為零。因此，整個長方形積分路徑 $\oint \vec{B} \cdot d\vec{s}$ 的結果為 Bh。

淨電流。在圖 29-20 中，長方形安培迴路內所包圍的淨電流 i_{enc} 並不等於螺線管之導線中的電流 i，因為導線穿過安培迴路好幾次。令 n 為螺線管每單位長度之匝數；則該迴路包含 nh 匝：

$$i_{enc} = i(nh)$$

安培定律給出：

$$Bh = \mu_0 inh$$

$$或 B = \mu_0 in \quad (理想螺絲管) \tag{29-23}$$

雖然 29-23 式是由無限長之螺線管推導而得，但是，對真實的螺線管而言，只要應用的對象是在螺線管中央附近的內部點，則此結果仍然適用。由實驗結果發現，B 與螺線管之長度及直徑無關，即在螺線管的任何截面上，B 為定值，此結果與 29-23 式相符合。在實驗上，如要產生某一定值的均勻磁場，則螺線管是一個實用的元件，正如平行板電容器是產生一定值均勻電場的有效元件。

螺線環的磁場

圖 29-21a 所示為一**螺線環**(toroid)，我們可以將它描述為是螺線管捲成甜甜圈的樣子。在螺線環內(甜甜圈形「管」的內部)的磁場 $\vec{B}$ 是怎樣的情況呢？我們可以利用安培定律以及對稱性來找出答案。

依據對稱性，$\vec{B}$ 的場線在螺線環內呈同心圓排列，其方向如圖 29-21b 所示。選擇半徑為 r 的同心圓作為安培迴路，並且沿順時針方向繞行。由安培定律 29-14 式可得到

$$(B)(2\pi r) = \mu_0 iN$$

其中，i 為螺線環導線內流通的電流(安培迴路內者為正值)，N 為總匝數。因此可得

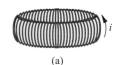

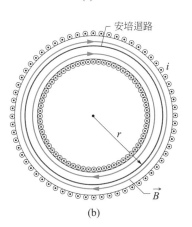

圖 29-21 (a)載有電流 i 之螺線環。(b)螺線環之水平截面圖。對圖中的安培迴路應用安培定律，便可求出內部的磁場(手鐲形管的內部)。

$$B = \frac{\mu_0 iN}{2\pi} \frac{1}{r} \quad \text{(螺線環)} \qquad\qquad (29\text{-}24)$$

與螺線管相反，螺線環截面上的 B 並非定值。

　　利用安培定律可以很容易地證明在理想螺線環外，$B = 0$（這就好像螺線環是由理想螺線管所做成的）。螺線環內的磁場方向可以由曲直右手定則求出：以右手握住螺線環，把手指沿導線內的電流方向捲曲，則直立的右手姆指即爲磁場方向。

範例 29.04　兩條長直導線旁的磁場

長度 $L = 1.23$ m，內直徑 $d = 3.55$ cm 的螺線管，其載流 $i = 5.57$ A。它由 5 層導線緊密堆疊而成，每個沿長度 L 上有 850 匝。試求中心處的 B 爲何？

關鍵概念

　　由 29-23 式（$B = \mu_0 in$）知，在螺線管中心的磁場大小和螺線管的電流 i 及每單位長度的匝數 n 有關。

計算　因爲 B 和線圈的直徑無關，5 層相同堆疊的 n 值就是單層 n 值的 5 倍。由 29-23 式

$$B = \mu_0 in = (4\pi \times 10^{-7}\ \text{T·m/A})(5.57\ \text{A})\frac{5 \times 850\,\text{turns}}{1.23\,\text{m}}$$

$$= 2.42 \times 10^{-2}\ \text{T} = 24.2\ \text{mT} \qquad\qquad \text{(答)}$$

這是不錯的近似，是通過大多數螺線管的磁場強度。

PLUS Additional example, video, and practice available at *WileyPLUS*

29-5　視爲磁偶極的載電流線圈

學習目標

在閱讀完這個區塊的文字之後，讀者應該能夠...

29.22 畫出載有電流之單一線圈磁場線。

29.23 對於載有電流線圈，運用偶極矩大小 μ、線圈電流 i、匝數 N，以及每匝面積 A 之間的關係。

29.24 對於沿著中心軸的點，運用磁場大小 B、磁偶矩 μ，以及離線圈中心距離爲 z 之間的關係。

關鍵概念

● 由載有電流之線圈所產生的磁場，並有一磁偶極，其位於沿著垂直於中心軸之上且距離軸 z 處之 P 點，此點的場方向平行於軸，其值爲

$$\vec{B}(z) = \frac{\mu_0}{2\pi}\frac{\vec{\mu}}{z^3}$$

其中 μ 是線圈偶極矩。這個公式只適用於 z 遠大於線圈大小。

視爲磁偶極的載電流線圈

　　到目前爲止，我們已經學習過長直導線、螺線管及螺線環所建立的磁場。現在，我們要把注意力轉到由單一載電流線圈所建立的磁場上。在第 28-8 節中已經說過，若把此線圈置於外磁場 $\vec{B}$ 中，則此線圈的行爲便相當於一個磁偶極，它將受到一個力矩 $\vec{\tau}$ 作用，此力矩爲

$$\vec{\tau} = \vec{\mu} \times \vec{B} \tag{29-25}$$

作用於它。其中，$\vec{\mu}$ 是線圈的磁偶極矩，其大小為 NiA，N 是匝數(或圈數)，i 是每匝內的電流，A 是每匝所包圍的面積(注意：請勿將磁偶極矩 $\vec{\mu}$ 和磁導率 μ_0 混淆了)。

$\vec{\mu}$ 的方向是由曲直右手定則決定之：把右手手指順著電流方向彎曲起來，則直立的右手姆指所指的方向，就是磁偶極矩的方向。

線圈的磁場

接著我們要探討作為磁偶極的載電流線圈的另一種性質。就是它在周圍空間所建立的磁場為多少？由於此問題的對稱性並不高，所以安培定律並不是有用的方法，而必須回到必歐-沙伐定律上。為了簡化問題，我們先考慮只有單一圓形迴路的線圈，且只考慮其中心軸上之點的磁場，並令中心軸為 z 軸，接著我們將證明此磁場在此處的大小為

$$B(z) = \frac{\mu_0 i R^2}{2(R^2 + z^2)^{3/2}} \tag{29-26}$$

其中，R 是圓形迴路的半徑，z 是問題中所討論的點至迴路中心的距離。另外，磁場的方向跟迴路的磁偶極矩的方向相同。

$z \gg R$。對軸上遠離迴路的點而言，在 29-26 式中 $z \gg R$。在此近似條件下，上式會成為

$$B(z) \approx \frac{\mu_0 i R^2}{2z^3}$$

πR^2 為迴路的面積，而且如把結果推廣到包含 N 匝的線圈上時，上式可以改寫為

$$B(z) = \frac{\mu_0}{2\pi} \frac{NiA}{z^3}$$

更由於 $\vec{B}$ 與 $\vec{\mu}$ 的方向相同，所以我們能把 $\mu = NiA$ 代入上式中，而得到上式的向量形式。

$$\vec{B}(z) = \frac{\mu_0}{2\pi} \frac{\vec{\mu}}{z^3} \quad \text{(載流線圈)} \tag{29-27}$$

所以，在下列兩種情形下，我們可以把一個載電流線圈視作為磁偶極：(1)當我們把它放置在外磁場中而受到力矩作用時；(2)考慮它在其軸上相距很遠之點所產生的內磁場時，見 29-27 式。圖 29-22 為電流迴路的磁場；迴路的一側作為北極($\vec{\mu}$ 的方向)，另一側為南極，如圖中假想的磁鐵所示。若我們放置一個載流線圈在外部磁場，就會如同一個棒狀磁鐵旋轉。

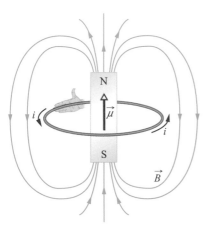

圖 29-22 電流迴路會產生類似於磁棒的磁場，因此有南、北極。由曲-直右手定則可知，迴路之磁偶極矩 $\vec{\mu}$ 的方向為由南極指向北極，即迴路中之磁場 $\vec{B}$ 的方向。

測試站 3

半徑為 r 或 $2r$ 的圓形迴路的四種配置圖，皆以垂直軸為圓心，且載有方向如圖所示的相同電流。根據位於中心軸上，兩迴路間之中點處的淨磁場大小，將此四圖由大到小排列。

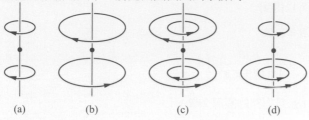

(a)　　　　(b)　　　　(c)　　　　(d)

29-26 式的證明

圖 29-23 為載有電流 i，半徑為 R 的圓形迴路之後半部截面圖。考慮在迴路軸上的一 P 點，它與迴路平面的距離為 z。我們對迴路左方的長度元素應用必歐-沙伐定律。此元素之長度向量垂直地穿出紙面。在圖 29-23 中，$d\vec{s}$ 與向量 $\hat{r}$ 間的夾角 θ 為 90 度；這兩個向量所組成的平面與紙面垂直且包含 $d\vec{s}$ 和 $\hat{r}$ 兩者。由必歐-沙伐定律(和右手定則)得知，此長度元素中的電流在 P 點所產生的微小磁場 $d\vec{B}$，將垂直於此平面，因此必在紙面上，且垂直於 $\hat{r}$，如圖 29-23 所示。

可以將 $d\vec{B}$ 分成兩個分量：平行於迴路之軸的分量 $dB_{\parallel}$，及垂直於軸的分量 $dB_{\perp}$。根據對稱性，垂直分量的向量和必為零，所以我們只須要考慮沿軸(平行)分量 $dB_{\parallel}$，可得

$$B = \int dB_{\parallel}$$

對圖 29-23 中的長度元素 $d\vec{s}$ 而言，由必歐-沙伐定律(29-1 式)告訴我們在距離 r 處的磁場為

$$dB = \frac{\mu_0}{4\pi} \frac{i \, ds \sin 90°}{r^2}$$

我們也有

$$dB_{\parallel} = dB \cos \alpha$$

合併兩式可得

$$dB_{\parallel} = \frac{\mu_0 i \cos \alpha \, ds}{4\pi r^2} \tag{29-28}$$

由圖 29-23 可知，r 與 α 並非獨立變數，而是互相關連的。讓我們以 P 點至迴路中心的距離變數 z 來表示 r 與 α。關係式是

$$r = \sqrt{R^2 + z^2} \tag{29-29}$$

且　　$$\cos \alpha = \frac{R}{r} = \frac{R}{\sqrt{R^2 + z^2}} \tag{29-30}$$

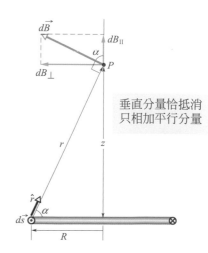

垂直分量恰抵消
只相加平行分量

圖 29-23　半徑為 R 之電流迴路橫截面。迴路的平面垂直紙面，且圖中只畫出迴路的後半部。以必歐-沙伐定律來求迴路軸心上 P 點處的磁場。

把 29-29 式與 29-30 式代入 29-28 式中，可得

$$dB_{\parallel} = \frac{\mu_0 iR}{4\pi(R^2+z^2)^{3/2}} ds$$

注意對所有路徑上的 ds 而言，i、R 及 z 之值皆相等。所以當我們把上式積分時，可以得到

$$B = \int dB_{\parallel}$$
$$= \frac{\mu_0 iR}{4\pi(R^2+z^2)^{3/2}} \int ds$$

或，因為 $\int ds$ 為迴路的圓周 $2\pi R$，

$$B(z) = \frac{\mu_0 iR^2}{2(R^2+z^2)^{3/2}}$$

這就是我們要證明的 29-26 式。

重點回顧

必歐-沙伐定律 載流導體所產生的磁場可由必歐-沙伐定律求出。此定律指出：電流長度元素 $id\vec{s}$ 在與其相距 r 處之 P 點上所產生的磁場 $d\vec{B}$ 為

$$d\vec{B} = \frac{\mu_0}{4\pi}\frac{id\vec{s}\times\hat{r}}{r^2} \quad \text{(必歐-沙伐定律)} \quad (29\text{-}3)$$

其中，$\hat{r}$ 為從元素指向 P 點的向量。μ_0 稱為磁導率常數，其值為

$$4\pi\times10^{-7}\ \text{T·m/A} \approx 1.26\times10^{-6}\ \text{T·m/A}$$

長直導線的磁場 載有電流 i 之長直導線，在距離 R 處所產生的磁場，可以由必歐-沙伐定律求得為

$$B = \frac{\mu_0 i}{2\pi R} \quad \text{(長直導線)} \quad (29\text{-}4)$$

圓弧形導線的磁場 載有電流 i，半徑為 R，圓弧所展開圓心角 ϕ 的圓弧形導線在中心處所產生的磁場為

$$B = \frac{\mu_0 i\phi}{4\pi R} \quad \text{(圓弧的中心)} \quad (29\text{-}9)$$

兩平行載流導線間的作用力 載有相同(相反)方向之電流的平行導線，會互相吸引(排斥)。而在導線上長度為 L 之線段，其所受的作用力大小為

$$F_{ba} = i_b LB_a \sin 90° = \frac{\mu_0 Li_a i_b}{2\pi d} \quad (29\text{-}13)$$

其中，d 為兩導線間之距離，i_a 及 i_b 各為導線中電流。

安培定律 此定律所述為

$$\oint \vec{B}\cdot d\vec{s} = \mu_0 i_{enc} \quad \text{(安培定律)} \quad (29\text{-}14)$$

式子中的線積分是沿著稱為安培迴路的封閉路徑作計算。電流 i 為迴路所包圍的淨電流。對某些電流分佈而言，使用 29-14 式去計算由電流產生的磁場，比使用 29-3 式容易。

螺線管與螺線環的磁場 對於載流的長螺線管，可以用安培定律求出在其中央附近的磁場大小 B 為

$$B = \mu_0 in \quad \text{(理想螺線管)} \quad (29\text{-}23)$$

其中 n 為每單位長度匝數。因此，在內部磁場為均勻的；在螺線管外部，磁場則趨近於零。

位於螺線環內部的點，磁場大小 B 為

$$B = \frac{\mu_0 iN}{2\pi}\frac{1}{r} \quad \text{(螺線環)} \quad (29\text{-}24)$$

其中，r 為螺線環的中心到該點的距離。

磁偶極的磁場 由載電流線圈(一個磁偶極)在其中心軸上距離為 z 之 P 點上所產生的磁場將與軸平行，其值為

$$\vec{B}(z) = \frac{\mu_0}{2\pi}\frac{\vec{\mu}}{z^3} \quad \text{(載電流線圈)} \quad (29\text{-}27)$$

其中 $\vec{\mu}$ 為該線圈之磁偶極。此公式只適用在當 z 遠大於螺線管大小的狀況。

討論題

1　螺線管長爲 95.0 cm，半徑爲 2.00 cm，匝數爲 1350 匝，載有 4.40 A 的電流。試計算螺線管中的磁場大小爲何？

2　圖 29-24 顯示了具有電流 i = 2.00 A 的封閉迴路。迴路包含了一個半徑 4.00 m 的半圓形，兩個半徑都是 2.00 m 的四

圖 29-24　習題 2

分之一圓形，以及三個徑向平直金屬線。試問在這些圓形區段的共同圓心處，其淨磁場量值爲何？

3　一條長的垂直金屬線傳送著未知電流。與這條金屬線同軸的是一根長而薄的圓柱形導體表面，此導體傳送著往上的 30 mA 電流。圓柱形表面的半徑是 3.0 mm。如果與金屬線距離 5.0 mm 處的磁場量值是 1.0 μT，試問在金屬線內的電流(a)大小和(b)方向爲何？

4　在圖 29-25 中，一個封閉迴路傳送著電流 i = 200 mA。迴路是由兩條徑向平直金屬線，和兩個半徑分別爲 2.00

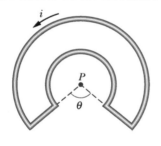

圖 29-25　習題 4

m 和 4.00 m 的同心圓弧組成。已知角度 θ 是 $\pi/4$ rad。請問在曲率中心 P 處的淨磁場：(a)量值和(b)方向(進入或離開頁面)爲何？

5　圖 29-26a 所示爲將導線彎成載流 i 的一匝線圈。圖 29-26b 所示則爲將同長度的導線彎成二圈。(a)若 B_a 及 B_b 各爲這二線圈中心處的磁場大小。求 B_b/B_a。(b)兩線圈之磁偶極矩的 μ_b/μ_a 的比值爲何？

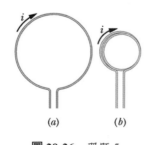

圖 29-26　習題 5

6　一段導線彎成如圖 29-27 的封閉電路，圓弧部份的半徑分別爲 a = 5.72 cm 與 b = 9.36 cm，而所載電流爲 i = 33.3 mA。試求點 P 處的(a)大小與(b)方向？此電路的磁偶極矩的(c)大小和(d)方向？

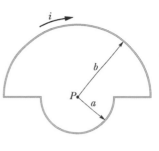

圖 29-27　習題 6

7　兩條長直平行導線，相距 0.75 cm，垂直於紙面，如圖 29-28 所示。導線 1 載有 3.0 A 電流，方向爲進入紙面。如果要使在 P 點處的磁場爲零，則導線 2 的電流(a)大小及(b)方向(進入或離開頁面)該如何，其中 d_2 = 1.50 cm？

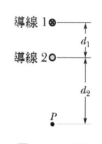

圖 29-28　習題 7

8　在圖 29-29 中，四條平直長金屬線的方向與此頁面垂直，而且它們的橫截面形成邊長 a = 12 cm 的正方形。在金屬線 1 和 4 中，電流是流出頁面，在金屬線 2 和 3 中，電流是流入頁面，而且每一條金屬線的電流都是 1.9 A。試問在正方形中央的淨磁場爲何，並且以單位向量標記法表示之？

9　圖 29-29 中，四條平直長金屬線的方向與此頁面垂直，而且它們的橫截面形成邊長 a = 7.25 cm 的正方形。每條金屬線都有電流 8.70 A 流動著，而且在金屬線 1 和 4 中，電流是流出頁面，在金屬線 2 和 3 中，電流是流入頁面。以單位向量標記法，試問作用在金屬線 4 的每公尺金屬線長度的淨磁力爲何？

10　圖 29-29 中，四條平直長金屬線的方向與此頁面垂直，而且它們的橫截面形成邊長 a = 5.93 cm 的正方形。每條金屬線都有電流 2.67 A

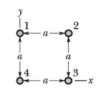

圖 29-29　習題 8、9、10

流動著，而且所有電流都是流出頁面。以單位向量標記法，試問作用在金屬線 1 的每公尺金屬線長度的淨磁力爲何？

11　圖 29-30 中，長度 $L = 18.0$ cm 的直導線，載有電流 $i = 71.1$ mA，點 P_1 在導線的中垂線上，與導線相距 $R = 9.80$ cm (請注意導線並不長)。在 P_1 處由 i 所產生的磁場之大小為何？

12　圖 29-30 中，長度為 $L = 25.0$ cm 的直導線載有電流 $i = 0.880$ A，點 P_2 與導線一端的垂直距離 $R = 13.6$ cm (請注意導線並不長)。在 P_2 所產生之磁場的大小為何？

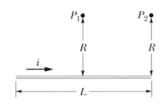

圖 29-30　習題 11 和 12

13　在圖 29-31 中，兩條長的平直金屬線(圖中以橫截面顯示)分別流動著電流 $i_1 = 30.0$ mA 和 $i_2 = 40.0$ mA，而且流動方向都是筆直流出頁面。它們

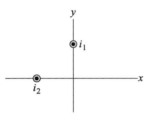

圖 29-31　習題 13

與原點的距離相等，而且它們在原點上建立了磁場。為了讓磁場順時針轉動 30.0 度，請問電流 i_1 必須改變成什麼樣的數值？

14　圖 29-32 中的八條導線，垂直穿過紙面。導線上均標有整數 k ($k = 1, 2, …, 8$)，表示所載之電流為 ki，其中 $i = 6.59$ mA。k 為奇數時，代表電流方向為離開紙面，k 為偶數者，代表電流方向為流入紙面。試依所示的方向沿封閉路徑求算 $\oint \vec{B} \cdot d\vec{s}$。

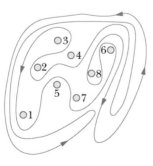

圖 29-32　習題 14

15　圖 29-33 顯示了兩條平行的長金屬線的橫截面圖形，兩條金屬線的間隔距離是 $d = 10.0$ cm；每一條金屬線都傳送著電流 100 A，其中金屬線 1 的電流方向是流出頁面。點 P 位於連接著兩條金屬線的線段的垂直平方線上。如果金屬線 2 的電流是(a)流出頁面，以及(b)流入頁面，請問在點 P 處的淨磁場為何，並且以單位向量標記法表示之？

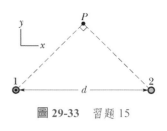

圖 29-33　習題 15

16　某一條半徑 8.00 mm 的圓柱形纜線傳送著電流 25.0 A，這些電流會均勻分佈在整個橫截面上。在金屬線內有一個位置，其磁場量值是 0.100 mT，請問這個位置與金屬線中心的距離是多少？

17　圖 29-34 顯示了兩條非常長的平直金屬線(以橫截面的形式顯示)，它們都流動著筆直流出頁面的電流 7.80 A。距離 $d_1 = 6.00$ m 與 $d_2 = 4.00$ m。試問在點 P 處的淨磁場量值為何，其中點 P 位於兩條金屬線的垂直平分線上？

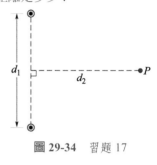

圖 29-34　習題 17

18　在圖 29-35a 中，金屬線 1 由一個圓弧和兩條徑向長度所組成；它攜帶著電流 $i_1 = 0.50$ A，其方向如圖所示。圖中以橫截面的方式顯示了金屬線 2，金屬線 2 既長且直，其方向與圖形所在平面成垂直。它與圓弧中心的距離等於圓弧的半徑 R，它所攜帶的電流 i_2 是可以改變的。這兩個電流在圓弧的中心建立起淨磁場 $\vec{B}$。圖 29-35b 為磁場量值的平方 B^2 相對於電流平方 i^2 的曲線圖形。垂直尺標由 $B_s^2 = 20.0 \times 10^{-10}$ T^2 所設定。試問圓弧所對應的角度為何？

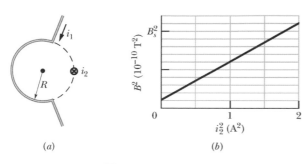

(a) (b)

圖 29-35 習題 18

19 與某一條長的平直金屬線相距 88.0 cm 處的磁場量值是 7.30 μT。金屬線中的電流為何？

20 兩條金屬線的長度都是 L，我們將它們形塑成一個圓形和一個正方形，而且兩者都有電流 i 流動著。試證明正方形迴路在其中心所產生的磁場會大於圓形迴路在其中心所產生的磁場。

21 有一條長金屬線沿著 x 軸放置，它傳送的電流是沿著 x 軸正方向的 30 A。第二條長金屬線垂直於 xy 平面，它經過點(0, 4.0 m, 0)，而且沿著正 z 方向傳送電流 10 A。試問在點(0, 2.0 m, 0)處的合磁場量值為何？

22 某一個金屬線環路中有電流流動著，環路是由一個半徑 9.00 cm 的半圓，一個比較

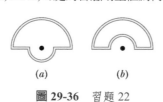

(a) (b)

圖 29-36 習題 22

小的同心半圓，和兩段徑向平直線所構成，而且它們都位於相同平面上。圖 29-36a 顯示了其配置方式，但是並沒有依比例繪製。在曲率中心處所產生的磁場量值是 47.25 μT。然後將比較小的半圓輕輕翻動(轉動)，直到整個環路又位於相同平面上(圖 29-36b)。此時在(相同)曲率中心處所產生的磁場具有量值 15.75 μT，而且其方向已經顛倒。試問比較小的半圓的半徑為何？

23 兩個正方形導體迴路，一載有 i_1 = 5.0 A 電流，另一載有 i_2 = 2.00 A 電

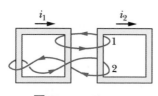

圖 29-37 習題 23

流，如圖 29-37 所示。試求沿著：(a)路徑 1，(b)路徑 2 的積分 $\oint \vec{B} \cdot d\vec{s}$ 為何？

24 圖 29-38 顯示了一個長度 Δs = 3.0 cm 的金屬線段，其中央點位於原點，傳送的電流是沿著 y 軸正向的 i = 2.0 A(此線段是一個電路的一部份)。為了計算由這

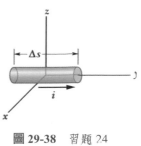

圖 29-38 習題 24

個節段在與原點相距幾公尺的位置所產生磁場 $\vec{B}$ 的量值，我們可以將必歐-沙伐定律改寫成 $B = (\mu_0/4\pi)i \Delta s (\sin \theta)/r^2$。這是因為 r 和 θ 在整個線段基本上都是常數的緣故。請計算在(x, y, z)座標：(a) (0, 0, 5.0 m)，(b) (0, 6.0 m, 0)，(c) (7.0 m, 7.0 m, 0)，(d) (−3.0m, −4.0m, 0.0)處的 $\vec{B}$。

25 有三條長金屬線都平行於 z 軸，而且每一條金屬線都沿著z軸正方向流動著 10 A 電流。它們與 xy 平面的交點形成邊長為 50 cm 的

圖 29-39 習題 25

等邊三角形，如圖 29-39 所示。第四條金屬線(金屬線 b)通過等邊三角形底邊的中點，其方向與其餘三條金屬線平行。如果作用在金屬線 a 上的力量為零，試問在金屬線 b 中的電流：(a)大小和(b)方向(+z 或−z)為何？

26 如圖 29-40 所示兩條無限長的金屬線流動著相等的電流 i。每一條金屬線都會在半徑為的相同圓形的周長上，形成 90 度圓弧。請證明在圓心處的磁場 $\vec{B}$，會等於一條流動著

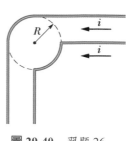

圖 29-40 習題 26

電流 i、而且電流方向往左的無限長筆直金屬線下方 R 距離處的磁場 $\vec{B}$。

27 圖 29-41 顯示了無限大的導體薄片截面,此薄片上每單位 x 長度有 λ 電流在流動

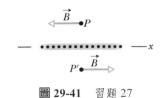

圖 29-41 習題 27

著;電流方向是垂直流出頁面。利用必歐-沙伐定律和對稱原理證明,在薄片上方所有的點 P,以及在薄片下方所有的點 P',其磁場 $\vec{B}$ 平行於薄片,而且方向如圖所示。(b)利用安培定律去證明在所有點 P 和 P' 上,$B = \frac{1}{2}\mu_0\lambda$。

28 在圖 29-42 中,如果 $i = 10$ A 且 $a = 8.0$ cm,試問在點 P 處的磁場為何,並且以單位向量標記法表示之?(請注意,金屬線不是很長。)

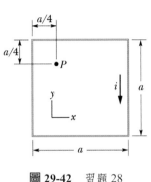

圖 29-42 習題 28

29 某一個長 L、寬 W 的矩形金屬線迴路有電流 i 流動著,試證明由此迴路電流在迴路中心所產生的磁場量值是

$$B = \frac{2\mu_0 i}{\pi}\frac{(L^2 + W^2)^{1/2}}{LW}$$

30 有位學生想自製一塊電磁鐵,他在直徑 $d = 7.00$ cm 的木頭圓柱上繞 300 圈的導線。再將線圈的兩端接到電池上,並且產生 5.2 A 的電流。試求此裝置的磁偶矩?試求與軸距離 $z \gg d$ 為多少時,才能使磁偶矩所造成的磁場為 5.0 μT(約為地球磁場的十分之一)?

31 圖 29-43 中,兩條分隔距離 $d = 30.0$ cm 的平直金屬線,其中流動的電流 $i_1 = 5.60$ mA 和 $i_2 = 3.00 i_1$ 都是流出此頁面。(a)在圖中所顯示的 x

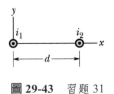

圖 29-43 習題 31

軸的什麼位置上,其由兩個電流所引起的淨磁場會等於零?(b)若兩個電流都加倍,則零磁場的位置將往金屬線 1 移動,往金屬線 2 移動,或者位置不變?

32 載有電流 $i = 17$ A 的直導體,分開成兩相同半徑的半圓形線匝,如圖 29-44 所示。則在圓形迴路中心 C 處所形成的磁場為多少?

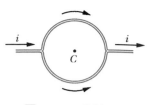

圖 29-44 習題 32

33 如圖 29-45 所示的導線載有電流 $i = 6.50$ A。有兩條半無限長的直線部份各自切於同一圓,且與此圓上圓心角為度之弧

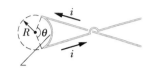

圖 29-45 習題 33

形導線相連接。弧與導線全部均在同一平面。試問 θ 需為幾度,才能使在圓中心處之 $B = 0$?

34 圖 29-46 顯示了半徑為 $a = 4.00$ cm 的長圓柱體的橫截面,這個圓柱體內含有一個半徑為 $b = 1.50$ cm 的圓柱形孔洞。圓柱體和孔洞的中央軸是平行的,而且兩者的間隔距離是 $d = 2.00$ cm;電流 $i = 5.25$ A 均匀分佈在著色區域內。(a)試問在孔洞中心處的磁場量值為何?(b)討論 $b = 0$ 和 $d = 0$ 的兩個特殊情況。

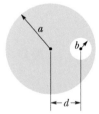

圖 29-46 習題 34

35 圖 29-47 是一個軌道發射槍的理想概要圖。投射物 P 位於兩條寬的軌道之間,軌道具有圓形橫截面;有一個電流源輸送出電流通過軌道和(具有導電性的)投射物(沒有使用保險絲)。(a)令 w 是兩條軌道之間的距離,R 是每一條軌道的半徑,而且 i 是電流。試證明作用在投射物上的力量,是沿著軌道的方向往右,而且可以近似地表示成

$$F = \frac{i^2 \mu_0}{2\pi}\ln\frac{w+R}{R}$$

若投射物是從軌道的左端由靜止狀態開始運動,試求它從軌道右端射出時的速率。假設 $i = 450$ kA,$w = 12$ mm,$R = 6.7$ cm,$L = 4.0$ m,且投射物的質量是 10 g。

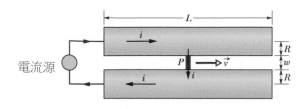

圖 29-47　習題 35

36　圖 29-48 以橫截面
的方式顯示了兩條長
的平行金屬線，兩條金
屬線之間的距離是 $d =$
18.6 cm。兩條金屬線
都有電流 4.23 A 流動
著，金屬線 1 的電流方
向是離開頁面，金屬線

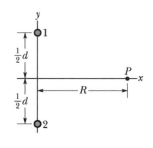

圖 29-48　習題 36

2 則是進入頁面。已知圖中所指示在點 P 處的距離 $R =$
34.2 cm，試問在點 P 的淨磁場爲何，並且以單位向
量標記法表示之？

37　在圖 29-49 中，
某一個電流 $i = 13.0$
A 流動於長的夾髮針
導體上，此夾髮針是

圖 29-49　習題 37

利用將金屬線彎曲成半徑 $R = 4.00$ mm 的半圓形而製
成。點 b 是在導體兩個直線部分之間的中點，而且點
與半圓形部分的距離大到足以讓我們將直線部分近
似地視爲無限長的金屬線。試問在點 a 處的(a)量值和
(b)方向(進入或離開頁面)，以及在點 b 處的(c)量值和
(d)方向爲何？

38　圖 29-50 爲半徑 a 的
圓柱形長導體之截面
圖，它載有均勻分佈的電
流 i，假設 $a = 2.00$ cm，$i =$
23.0 A，則電流在徑向距
離：(a) 0，(b) 1.00 cm，(c)

圖 29-50　習題 38

2.00 cm(金屬線的表面)，(d) 4.20 cm 處所產生的磁場
量值爲何？

39　在圖 29-51 中，位於 xy 平面中的五條平行長金屬
線彼此的分隔距離是 $d = 12.0$ cm，每條金屬線的長度
是 10.0 m，而且傳送
的電流都是 6.70 A，
方向爲流出頁面。每
條金屬線都受到由其
餘金屬線所引起磁力

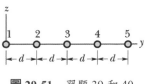

圖 29-51　習題 39 和 40

的作用。試問作用在(a)金屬線 1，(b)金屬線 2，(c)金
屬線 3，(d)金屬線 4，和(e)金屬線 5 的淨磁力爲何，
並且以單位向量標記法表示之？

40　在圖 29-51 中，在 xy 平面中的五條平行長金屬線
彼此的分隔距離是 $d = 50.0$ cm。其中流入頁面的電流
有 $i_1 = 2.00$ A，$i_3 = 0.677$ A，$i_4 = 8.00$ A 和 $i_5 = 2.00$ A；
流出頁面的電流是 $i_2 = 4.00$ A。請問由其餘電流所引
起作用在金屬線 3 的每單位長度的淨磁力，其量值是
多少？

41　某一條規格 10 的裸銅線(直徑 2.6 mm)，可以傳
送電流 50 A 而不會發生過熱的情形。對於這個電流
值而言，請問在金屬線表面處的磁場量值爲何？

42　在 xy 平面中放置著兩條長金屬線，每一條都沿
著 x 軸正方向傳送著電流。金屬線 1 位於 $y = 10.0$ cm
且傳送著電流 6.00 A；金屬線 2 位於 $y = 5.00$ cm 並且
傳送著電流 10.0 A。(a)原點的淨磁場 $\vec{B}$ 爲何，並以單
位向量標記法表示之？(a)當 y 值多少時，$\vec{B} = 0$？(c)
若將金屬線 1 的電流反向，請問當 y 值是多少的時
候，$\vec{B} = 0$？

43　圖 29-52 顯示了中空圓柱
形導體的橫截面，其半徑是 a
和 b，此導體流動著均勻分佈
的電流 i。(a)試證明徑向距離 r
位於 $b < r < a$ 範圍內的時候，
磁場量值 $B(r)$ 可以表示成

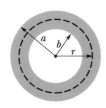

圖 29-52　習題 43

$$B = \frac{\mu_0 i}{2\pi(a^2 - b^2)} \frac{r^2 - b^2}{r}$$

試證明當 $r = a$ 時，這個方程式所得結果是長的平直
金屬線表面處的磁場量值 B，而且此時金屬線中的電
流是 i；當 $r = b$ 時，這個方程式所得結果是零磁場；

而且當 $b = 0$ 時，這個方程式所得結果是在半徑為 a 的實心導體內部的磁場，而且此時導體內的電流是 i。假設 $a = 2.0$ cm，$b = 1.8$ cm，且 $i = 100$ A，然後請畫出在 $0 < r < 6$ cm 範圍內的 $B(r)$。

44 已知某一根長金屬線的半徑大於 4.0 mm，而且其所運送的電流均勻分佈在其橫截面上。在與金屬線的軸相距 4.0 mm 處，由該電流引起的磁場量值是 0.28 mT，在與金屬線的軸相距 10 mm 處的磁場量值則為 0.20 mT。試問金屬線的半徑為何？

45 長螺線管的匝數為 150 匝/公分，載有電流 i。如有一電子在管內作圓周運動，此圓的半徑為 2.30 cm，且其路徑與管軸垂直。電子速率為 0.0267 c(c 為光速)。試求螺線管的電流 i 為多少？

46 在圖 29-53 中，平直長金屬線有電流 $i_1 = 30.0$ A 流動著，而且矩形環路有電流 $i_2 = 20.0$ A 在流動。假設 $a = 2.00$ cm，$b = 8.00$ cm，而且 $L = 30.0$ cm。試問由電流 i_1 所引起作用在環路上的淨力為何，並且以單位向量標記法表示之？

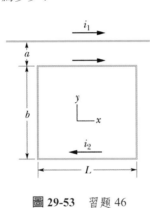

圖 29-53 習題 46

47 圖 29-54a 顯示了在極長長直金屬線中的一個長度 $ds = 1.00$ μm 的元素，而且此金屬線傳送著電流。在該組成單元中的電流，將於周圍空間建立起磁場微分量 $d\vec{B}$。圖 29-54b 提供了與該組成單元相距 2.5 cm 處的磁場量值 dB，並且將它表示成在金屬線和到該觀測點的直線之間的角度 θ 的函數。垂直軸的尺度被設定為 $dB_s = 90.0$ pT。試問在與金屬線相距 2.5 cm 垂直距離的位置上，由整個金屬線所建立的磁場量值為何？

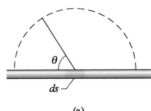

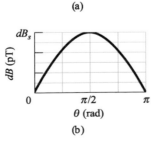

圖 29-54 習題 47

48 絕緣長導線被彎成如圖 29-55 所示的形狀，圓形部份的半徑 R = 2.50 cm，當有如圖中所示的電流流通時 i = 17.9 mA。以單位向量標記法，試求圓形中心 C 點處的磁場，假如將圓形(a)置於如所示的頁面(b)逆時針旋轉 90 度之後垂直於頁面？

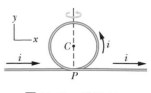

圖 29-55 習題 48

49 在圖 29-56 中，由兩條金屬線形成的同心圓環位於相同平面上，而且它們的電流方向是相同的。圓環 1 的半徑是 1.50 cm，電流為 4.00 mA。圓環 2 的半徑是 2.50 cm，電流為 6.00 mA。在我們對兩個圓環在其共同圓心所建立的淨磁場 $\vec{B}$ 進行量測的同時，我們也讓圓環 2 繞著某一個直徑轉動。請問圓環 2 必須轉動多少角度，才能夠讓該淨磁場的量值等於 65 nT？

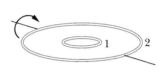

圖 29-56 習題 49

50 兩長直電線平行距離 3.0 cm。均攜帶相等的電流以致在它們中央處點上的磁場強度為 212 μT。(a)電流應為同向或反向？(b)需要多大的電流？

51 某一條長的平直金屬線有電流 50 A 流動著。一個電子在與金屬線相距 5.0 cm 的地方以 1.0×10^7 m/s 行進。如果電子速度的方向是(a)筆直指向金屬線、(b)平行於金屬線內電流的流動方向，及(c)垂直於(a)小題和(b)小題所定義的方向，試問作用在電子上的磁力量值為何？

52 圖 29-57 以橫截面的方式顯示了四條彼此平行而且非常長的平直細金屬線。它們流動著相等的電流，其方向如圖所示。起初所有四條金屬線都與座標系的原點相距 $d = 25.0$ cm，而且這四個電流在原點上建立了淨磁場 $\vec{B}$。為了讓 $\vec{B}$ 逆時針轉動 30 度，請問我們必須將金屬線 1 沿著軸移動到什麼座標值

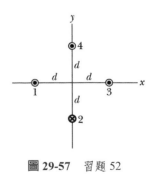

圖 29-57 習題 52

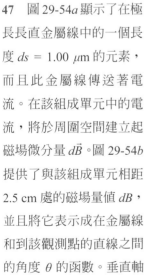

x？在將金屬線 1 放置在新位置以後，爲了要將 $\vec{B}$ 轉動 30 度回到初始的方位，請問我們必須將金屬線 3 沿著 x 軸移動到什麼座標値 x？

53 某一根長的中空圓柱體導體(內半徑 2.0 mm，外半徑是 4.0 mm)傳送著電流 24 A，此電流均勻分佈在其橫截面上。有一條長的細金屬線與圓柱體同軸，它沿著相反方向傳送著電流 24 A。請問與金屬線和圓柱體的中心軸相距：(a) 1.0 mm，(b) 3.0 mm，(c) 5.0 mm 處的磁場量値爲何？

54 圖 29-58 顯示了一條有電流 i = 210 mA 的平直長金屬線，一個質子以速度 $\vec{v}$ = $(-160 \text{ m/s})\hat{j}$ 往金屬線運動。

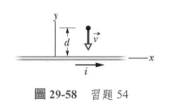

圖 29-58 習題 54

在圖中所示的瞬間，質子與金屬線的距離是 d = 2.89 cm。試問由此電流所引起作用在質子上的磁力爲何，並且以單位向量標記法表示之？

55 螺線環之截面積爲邊長 5.00 cm 的正方形，且其內半徑爲 15.0 cm，匝數爲 350 匝，並載有 0.600 A 的電流(此爲彎成甜甜圈形狀的正方形螺線管，而不像圖 29-17 中是圓形的)。試求在螺線環內之(a)內半徑，(b)外半徑處的磁場爲何？

56 有一條傳送著電流 100 A 的長金屬線，與量値爲 5.0 mT 的均勻磁場的磁場線垂直。請問與金屬線相距多遠的位置，其淨磁場會等於零？

57 圖 29-59 顯示了一個具有導電性的長同軸纜線的橫截面，而且其半徑是 (a, b, c)。在兩個導體中，均勻分佈著大小相等但是方向相反的電流。請

圖 29-59 習題 57

推導當徑向距離位於：(a) $r < c$，(b) $c < r < b$，(c) $b < r < a$，(d) $r > a$ 等範圍內的時候，其 $B(r)$ 的數學表示式。(e)針對你可以想到的所有特殊情況，測試這些數學式。(f)假設 a = 2.0 cm，b = 1.8 cm，c = 0.40 cm，且 i = 120 A，畫出在 $0 < r < 3$ cm 範圍內的函數 $B(r)$。

58 有三條長金屬線全部位於 xy 平面中，並且與 x 軸平行。它們彼此之間的距離都是 10 cm。兩條位於外圍的金屬線都傳送著電流 5.0 A，其方向是沿著軸正方向。如果在中央金屬線的電流是 3.2 A，而且方向是沿著(a)正 x 方向和(b)負 x 方向，請問作用在任一條外圍金屬線上的 3.0 m 節段的磁力量値是多少？

59 考慮圖 29-60 中的電路，其彎曲部份是由半徑分別 a = 15.1 cm 及 b = 10.7 cm 的圓弧所組成角度，θ = 74.0 度，直線線段則是沿著半徑方向。設

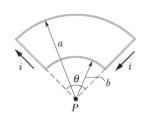

圖 29-60 習題 59

電路中的電流爲 i = 0.707 A。試求 P 點(曲率中心)的(a)磁場與(b)方向(進入或離開頁面)？

60 於圖 29-61 中，兩半圓弧半徑各爲 R_1 = 2.00 cm、R_2 = 7.80 cm，載有電流爲 i = 0.593 A，且共有共同中心 C。請

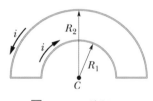

圖 29-61 習題 60

問 C 點之磁場(a)大小與(b)方向(進入或離開頁面)？

CHAPTER 30

感應與電感

30-1 法拉第定律與冷次定律

學習目標

在閱讀完這個區塊的文字之後，讀者應該能夠...

30.01 了解穿流過一表面(非沿著表面掠過)的磁場量是通過該表面的磁通量 Φ_B。

30.02 了解平面的面積向量是一個垂直於該表面的向量，且其大小等於該表面面積。

30.03 了解任何表面都可以被切成面積元素(網目單元)，該元素夠小也夠平坦以面積向量 $d\vec{A}$ 來表示，該向量垂直於該元素，其大小與元素面積相同。

30.04 透過對磁場向量和表面面積向量 $d\vec{A}$ (網目單元)的內積做積分，來計算通過一表面的磁通量 Φ_B，以大小-角度以及單位向量符號表示。

30.05 了解當被迴路所擷取的磁場線數目改變時，在導電迴路內會有一電流被誘發。

30.06 了解一導電迴路內的感應電流會被感應電動勢推動。

30.07 應用法拉第定律，其描述導電迴路內的感應電動勢與通過該迴路磁通量變化率之間的關係。

30.08 將法拉第定律從單一迴路延伸應用到多線圈迴路。

30.09 了解三種會讓通過線圈之磁通量改變的方式。

30.10 使用冷次定律右手定則來決定線圈中感應電動勢與感應電流的方向。

30.11 了解當通過線圈的磁通量改變時，迴路中的感應電流會建立一個磁場來抵抗那個改變。

30.12 若有一個感應電動勢在附有電池的迴路中被誘發，決定淨電動勢，並計算迴路中相對應的電流。

關鍵概念

● 在磁場 B 中，通過面積 A 的磁通量 Φ_B 定義為

$$\Phi_B = \int \vec{B} \cdot d\vec{A}$$

其中對該面積作積分。磁通量的 SI 單位是韋伯 (weber, Wb)，$1\,\text{Wb} = 1\ \text{T m}^2$。

● 若 $\vec{B}$ 是垂直於面積且均勻，通量為

$$\Phi_B = BA \quad (\vec{B} \perp A，\vec{B} \text{為均勻})$$

● 若通過一個被封閉導電迴路所爲面積的磁通量 Φ_B 會隨時間改變，該迴路會產生電流與電動勢；這個過程稱爲感應。感應電動勢爲

$$\mathcal{E} = -\frac{d\Phi_B}{dt} \quad \text{(法拉第定律)}$$

● 若迴路被一個封閉包裝的 N 匝線圈所取代，感應電動勢爲

$$\mathcal{E} = -N\frac{d\Phi_B}{dt}$$

● 感應電流具有方向，就像是電流產生的磁場抗拒產生該電流的磁通量改變。感應電動勢與感應電流方向相同。

物理學是什麼？

第 29 章已經討論了電流能產生磁場的這個事實。那個事實對發現其效應的科學家來說是很意外的。也許更令人驚訝的是發現其反面的效應：磁場能產生可以引起電流的電場。它產生(感應)的磁場和電場之間的這一個連結關係，人們現在稱爲法拉第感應定律。

法拉第和其他科學家的觀察致使這個定律誕生，這些觀察起先只是與基礎科學有關，然而今天那個基礎科學的應用幾乎無所不在。舉例來

說，電子吉他的運作基礎是感應作用，這個樂器徹底改革了早期搖滾音樂，而且現在仍然是重金屬和龐克的重要樂器。它也是發電機的基礎，而發電機可以提供城市和運輸工具電力來源。大型感應熔爐在鑄造廠中是常見的設備，在這類工廠中必須快速鎔鑄大量的金屬。

在我們開始說明像電子吉他這樣的應用之前，我們必須檢視兩個關於法拉第感應定律的簡單實驗。

兩個實驗

讓我們來探討兩個簡單的實驗幫助我們瞭解法拉第感應定律。

第一個實驗。圖 30-1 中，導線迴路的端點接在可以檢測迴路電流的靈敏檢流計上。在正常情況下，因為迴路中沒有電池或其他的電動勢源，故迴路中沒有電流。然而如果把磁棒推向迴路時，電流會突然出現在迴路中。當磁棒不動時，電流就消失了。如果把磁棒抽出迴路，電流會再次突然出現，但這次方向相反。若我們繼續實驗一陣子，我們會發現：

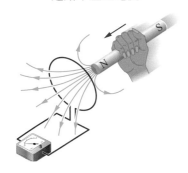

磁鐵的運動使迴路中產生電流

圖 30-1 當磁鐵對導線迴路有相對運動時，檢流計會測出導線迴路中有電流產生。

1. 只有當迴路和磁鐵間有相對運動(一個相對於另一個移動)時，電流才會出現；當相對運動停止時電流消失。

2. 運動愈快，所產生的電流也愈大。

3. 若使磁鐵北極朝迴路移動，會產生順時針的電流，再將北極移離迴路，會產生逆時針方向電流。且若使南極移近或移離迴路，亦會產生電流，但電流方向和北極所造成的相反。

迴路中產生的電流稱**感應電流**(induced current)，而對感應電流中的每個單位電荷所作的功(移動傳導電子而構成感應電流)稱**感應電動勢**(induced emf)；產生電流與電動勢的過程稱為**感應**(induction)。

第二個實驗。以圖 30-2 中的儀器來進行此一實驗，這兩個導電迴路非常的接近，但彼此間沒有接觸。如果把開關 S 閉合，則電池就會在右邊迴路產生電流，而左邊迴路的檢流計會短暫地測到電流——感應電流。如果把開關打開，則檢流計也短暫地測到電流，但方向相反。只有當右邊迴路的電流改變(開關開啟或閉合)的時候，左邊的迴路才會產生感應電流(及感應電動勢)。當右邊迴路的電流保持不變時(即使電流很大)，左邊迴路均不會產生電動勢。

在這兩個實驗中，當某些東西發生變化時，將會有感應電動勢和感應電流產生——但「某些東西」是什麼？法拉第知道！

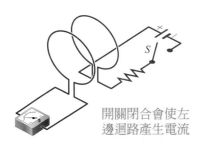

開關閉合會使左邊迴路產生電流

圖 30-2 當開關 S 閉合(導通右邊迴路中的電流)或開啟(截斷右邊迴路中的電流)時，檢流計短暫地測到左邊迴路中產生電流。此實驗中線圈不曾移動。

法拉第感應定律

法拉第瞭解到，改變通過迴路的磁場數量，就可在迴路中感應出電動勢及電流，如同先前的兩個實驗一樣。他更進一步把「磁場的數量」想像成通過迴路的磁場線。以上述兩個實驗來說明**法拉第感應定律**(Faraday's law of induction)，為：

在圖 30-1 及圖 30-2 中，只有當通過迴路中的磁場線的線數
發生變化時，才會在左邊的迴路中產生感應電動勢。

最重要的是，通過迴路的場線數並不重要；決定感應電動勢及感應電流
之值的是這個線數的變化率。

在第一個實驗中(圖 30-1)，磁場線由磁鐵的北極發出。因此，當我們
把北極朝迴路移近時，通過的場線數增加。此增加導致迴路中之傳導電
子移動(即感應電流)且提供它們移動的能量(即感應電動勢)。當磁鐵停止
移動時，通過迴路的場線數不再改變，因此感應電流與感應電動勢會消
失不見。

在第二個實驗中(圖 30-2)，當開關開啟時(沒有電流)，則無場線。但
當我們導通右邊迴路中的電流時，增加的電流會在迴路及左邊迴路周圍
建立磁場。當磁場剛建立時，通過左邊迴路的場線數目突然增加，就如
第一個實驗一般，通過迴路的場線增加，會感應出電流與電動勢。當右
邊迴路中的電流達到一個定值時，通過左邊迴路中的場線數就不再改
變，因此感應電流與感應電動勢就消失不見。

定量之分析

為了應用法拉第定律，我們需要計算通過迴路之磁場數量的方法。在第
23 章，在相似的情況下，我們需要計算通過某個表面的電場數量。那時
我們定義電通量 $\Phi_E = \int \vec{E} \cdot d\vec{A}$。故此處我們定義磁通量：假設迴路所包圍
的面積 A 被置於磁場 $\vec{B}$ 中，則通過此迴路的**磁通量**(magnetic flux)為

$$\Phi_B = \int \vec{B} \cdot d\vec{A} \quad \text{(通過面積 } A \text{ 的磁通量)} \tag{30-1}$$

如同第 23 章，$d\vec{A}$ 是大小為 dA 的向量，並垂直於微分面積 dA。跟電通
量一樣，我們想要得知穿流過表面(非掠過表面)的場分量。場和面積向量
的內積自動就會給出穿流的分量。

特例。 如 30-1 式的特例，假設迴路位於一平面，且磁場垂直於迴路
平面。然後我們可以以 30-1 式寫出內積為 $B\,dA\cos 0° = B\,dA$。若磁場也
是均勻的，則 B 就可以拿到積分符號之外。剩下的 $\int dA$ 就剛好是迴路的
面積。因此，30-1 式可以簡化成

$$\Phi_B = BA \quad (\vec{B} \perp \text{面積 } A \text{，} \vec{B} \text{是均勻的}) \tag{30-2}$$

單位。 由 30-1 式及 30-2 式可以發現磁通量的 SI 單位為特斯拉・平
方公尺，我們稱之為韋伯(簡寫 Wb)：

$$1 \text{ weber} = 1 \text{ Wb} = 1 \text{ T} \cdot \text{m}^2 \tag{30-3}$$

法拉第定律。定義了磁通量之後，便可以使用更定量的與更有用的方法來陳述法拉第定律：

 迴路中感應電動勢 $\mathcal{E}$ 之大小等於通過該迴路的磁通量之時變率 Φ_B。

下一節你將會看到，感應電動勢 $\mathcal{E}$ 有對抗磁通量之改變的傾向，因此，法拉第定律較正式的表示法為

$$\mathcal{E} = -\frac{d\Phi_B}{dt} \quad (法拉第定律) \tag{30-4}$$

其中的負號是表示對抗的意思。我們通常忽略 30-4 式中的負號，而只求感應電動勢的大小。

如果改變通過匝線圈的磁通量，則每一匝都會出現一個感應電動勢，而此線圈的總感應電動勢即為個別的感應電動勢相加之和。如果這些線圈纏繞得很細密，則通過每一匝的磁通量均相同，則這個線圈的總感應電動勢為

$$\mathcal{E} = -N\frac{d\Phi_B}{dt} \quad (N \text{ 匝線圈}) \tag{30-5}$$

我們一般改變通過線圈之磁通量的方法為：

1. 改變線圈內磁場的大小 B。
2. 改變線圈的面積，或改變線圈可能位在磁場內之面積(例如，擴大或移動線圈，使之超出磁場的範圍)。
3. 改變磁場的方向與線圈面積方向間的夾角(例如，轉動線圈，使剛開始是垂直於線圈平面，後來則平行於平面)。

☑ **測試站 1**

如圖顯示出以垂直方向通過導電迴路的均勻磁場 $B(t)$ 的大小，根據迴路中所感應出的電動勢大小，將圖中的五個區域由大到小排列。

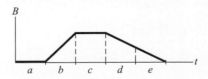

範例 30.01　由螺線管引起線圈的感應電動勢

圖 30-3 中的長螺線管 S 之匝數為 220 匝/公分，載有電流 $i = 1.5A$；直徑 $D = 3.2$ cm。在螺管的中心放一直徑 d 為 2.1 公分，匝數為 130 的緻密線圈 C。在 25 ms 的時間內，螺線管的電流以穩定的變動率下降至零。當螺線管內電流變化時，中央線圈 C 上產生的感應電動勢之大小為多少？

關鍵概念

1. 因為是在螺線管內，線圈 C 位於螺線管電流 i 所產生的磁場內；遂有一磁通量 Φ_B 通過線圈 C。

2. 因為電流 i 減少，所以磁通量 Φ_B 也減少。

3. 當 Φ_B 減少時，線圈 C 感應出電動勢 $\mathscr{E}$。

4. 通過線圈 C 的每一匝之磁通量與面積 A 及該匝在螺線管中的磁場的方向有關。因為 $\vec{B}$ 為均勻且方向垂直於 A，所以磁通量可由 30-2 式($\Phi_B = BA$)求得。

5. 螺線管內部磁場的大小 B 取決於螺線管的電流 i 及其單位長度的匝數 n，這是根據 29-23 式($B = \mu_0 in$)而得。

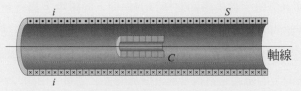

圖 30-3　線圈 C 置於螺線管 S 內部且載有電流 i。

計算　因為線圈 C 不只一匝，所以我們使用 30-5 式($\mathscr{E} = -N\,d\Phi_B/dt$)的法拉第定律，其中匝數 N 為 130 且 $d\Phi_B/dt$ 為每匝磁通量的改變率。

因螺線管內的電流以穩定的速率減少，遂磁通量 Φ_B 也以穩定速率減少，可將 $d\Phi_B/dt$ 改寫成 $\Delta\Phi_B/\Delta t$。然後，我們需要最終與最初的磁通量來計算 $\Delta\Phi_B$。因為在螺線管內最後的電流為零，所以最終的磁通量 $\Phi_{B,f}$ 為零。為了求出初始的磁通量 $\Phi_{B,i}$，我們首先注意 A 為 $\frac{1}{4}\pi d^2$ ($= 3.464 \times 10^{-4}$ m^2)且 n 為 220 匝/公分，或 22000 匝/公尺。將 29-23 式代入 30-2 中後得到

$$\begin{aligned}
\Phi_{B,i} = BA &= (\mu_0 in)A \\
&= (4\pi \times 10^{-7}\ \text{T·m/A})(1.5\,\text{A})(22\,000\ \text{turns/m}) \\
&\quad \times (3.464 \times 10^{-4}\ \text{m}^2) \\
&= 1.44 \times 10^{-5}\ \text{Wb}
\end{aligned}$$

現在我們可寫出

$$\begin{aligned}
\frac{d\Phi_B}{dt} &= \frac{\Delta\Phi_B}{\Delta t} = \frac{\Phi_{B,f} - \Phi_{B,i}}{\Delta t} \\
&= \frac{(0 - 1.44 \times 10^{-5}\ \text{Wb})}{25 \times 10^{-3}\ \text{s}} \\
&= -5.76 \times 10^{-4}\ \text{Wb/s} = -5.76 \times 10^{-4}\ \text{V}
\end{aligned}$$

我們感興趣的是大小，所以此處忽略負號而且將 30-5 式寫成

$$\begin{aligned}
\mathscr{E} = N\frac{d\Phi_B}{dt} &= (130\,\text{turns})(5.76 \times 10^{-4}\ \text{V}) \\
&= 7.5 \times 10^{-2}\ \text{V} = 75\,\text{mV} \qquad \text{(答)}
\end{aligned}$$

PLUS Additional example, video, and practice available at *WileyPLUS*

冷次定律

在法拉第發表他的感應定律後不久，冷次推出決定迴路內感應電流方向的規則，即所謂的冷次定律：

 感應電流的方向使其產生的磁場抵抗產生此電流的磁場變動。

此外，感應電動勢的方向與感應電流的方向相同。為了增加對**冷次定律** (Lenz's Law)的了解，我們將其應用在圖 30-4 中，以不同但效果一樣的方法進行。圖中將磁鐵的北極朝向導電迴路移動。

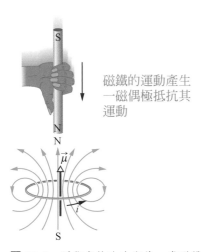

磁鐵的運動產生一磁偶極抵抗其運動

圖 30-4 運作中的冷次定律。當磁鐵移向迴路時，在迴路內感應出逆時針方向的電流。此電流建立起自己的磁場且磁偶極 $\vec{\mu}$ 的方位會抵抗磁鐵的運動。因此感應電流必為如圖的逆時針。

1. **對抗磁極之運動**。在圖 30-4 中，因磁鐵北極的接近增加了迴路中的磁場，因此在迴路內產生了感應電流。由圖 29-22 可知，迴路會因此而成為有南北極的磁偶極，且其磁偶極矩的方向為由南指向北。為了對抗磁鐵的接近所增加的磁場，迴路的北極(與 $\vec{\mu}$)會正面朝向接近的北極而排斥之(圖 30-4)。然後，由對 $\vec{\mu}$ (圖 29-22)的曲-直右手定則可知，迴路中的感應電流在圖 30-4 中為逆時針方向。

   若我們再將磁鐵拉離迴路，迴路內會再感應出另一電流，然而，此時迴路會以南極面對正遠離的磁鐵北極，以此對抗撤離。故感應電流為順時針方向。

2. **對抗磁通量變化**。圖 30-4 中，剛開始時，磁鐵位於很遠的距離，沒有磁通量通過迴路。當磁鐵的北極以方向向下的磁場 $\vec{B}$ 靠近迴路時，通過迴路的通量增加了。為對抗通量的增加，迴路內的感應電流 i 必須建立自己的磁場 $\vec{B}_{ind}$，並使其方向向內部的上方，如圖 30-5a 所示；然後向上的磁通量對抗著向下增加的 $\vec{B}$ 之通量。由圖 29-22 中的曲-直右手定則告訴我們，圖 30-5a 中的 i 必為逆時針方向。

提醒。$\vec{B}_{ind}$ 的通量總是會抵抗 $\vec{B}$ 通量的改變，但 $\vec{B}_{ind}$ 卻不會總是抵抗 $\vec{B}$。例如，若接下來我們將磁鐵拉離圖 30-4 的迴路，磁鐵的通量 Φ_B 仍然是向下穿過迴路，但它現在會減小。$\vec{B}_{ind}$ 的通量必須在迴路中向下，來抵抗那樣的減小(圖 30-5b)。因此，$\vec{B}_{ind}$ 和 $\vec{B}$ 現在是同方向的。在圖 30-5c 和 d 中，磁鐵南極的靠近或遠離迴路，那樣的抵抗會隨著改變。

增加外磁場 $\vec{B}$ 會感應出電流及抵抗變化的磁場 $\vec{B}_{ind}$

減少外磁場 $\vec{B}$ 會感應出電流及抵抗變化的磁場 $\vec{B}_{ind}$

增加外磁場 $\vec{B}$ 會感應出電流及抵抗變化的磁場 $\vec{B}_{ind}$

減少外磁場 $\vec{B}$ 會感應出電流及抵抗變化的磁場 $\vec{B}_{ind}$

感應電流產生磁場，試圖抵銷變化

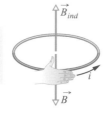 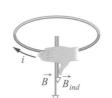 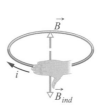 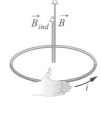

手指為電流方向；拇指為磁場方向

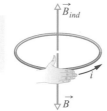  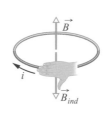 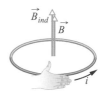

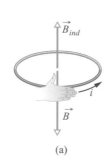  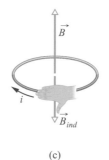 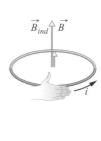

(a)　　　　(b)　　　　(c)　　　　(d)

圖 30-5　在迴路內所感應出的電流 i 之方向，會使得其所產生的磁場 $\vec{B}_{ind}$ 對抗感應 i 之磁場 $\vec{B}$ 的變化。$\vec{B}_{ind}$ 的方向永遠和增場 $\vec{B}$ 相反(a, c)，而和減少場 $\vec{B}$ 相同(b, d)。根據感應電場的方向，曲-直右手定則將告訴我們感應電流的方向。

測試站 2

三個相同的圓形導電迴路在均勻磁場中的三種情況如下圖所示，而磁場分別以相同的速率增加或減少其強度。圖中虛線的位置為圓形迴路的直徑。根據迴路內之感應電流的大小，將三個圖由大到小排列。

(a)　　　　(b)　　　　(c)

範例 30.02 由均勻變化磁場引起的感應電動勢與電流

圖 30-6 為由半徑 $r = 0.20$ m 的半圓形及三段直線所組成的導電迴路。半圓形部分在均勻磁場 $\vec{B}$ 中，磁場方向為指出紙面；磁場大小 $B = 4.0t^2 + 2.0t + 3.0$，B 的單位為特斯拉(T)，t 的單位為秒(s)。一電動勢 $\mathscr{E}_{bat} = 2.0$ V 的理想電池與迴路相接。迴路之電阻為 $2\,\Omega$。

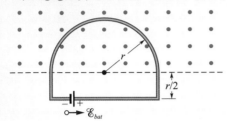

圖 30-6 問題電池接到導電迴路上，此迴路包含在均勻磁場內半徑 r 為的半圓形部分。磁場的方向為垂直指出紙面，其大小會改變。

(a)在 $t = 10$ s 時，磁場使 $\vec{B}$ 迴路內產生的感應電動勢 $\mathscr{E}_{ind}$ 之大小及方向為何？

關鍵概念

1. 根據法拉第定律，當通過線圈的磁通量改變時，$\mathscr{E}_{ind}$ 的大小會等於通過迴路之磁通量時變率 $d\Phi_B/dt$。

2. 通過線圈的通量與通量內線圈的面積大小有關，也與此面積在磁場 $\vec{B}$ 的方位有關。

3. 因為 $\vec{B}$ 是均勻的而且與線圈的面垂直，所以通量可由 30-2 式($\Phi_B = BA$)得到(我們不需要由 B 在此面積中的積分來求得通量)。

4. 感應磁場 B_{ind} (源自感應電流)須對抗磁通量的改變。

大小 我們使用式 30-2，並了解只有磁場強度 B 隨時間改變(面積 A 不會)，則可將 30-4 式的法拉第定律重寫成

$$\mathscr{E}_{ind} = \frac{d\Phi_B}{dt} = \frac{d(BA)}{dt} = A\frac{dB}{dt}$$

因為通量只穿過迴路的半圓形部分，故此式中的面積 A 為 $\frac{1}{2}\pi r^2$。將此數據與 B 的表示式代入上式得

$$\mathscr{E}_{ind} = A\frac{dB}{dt} = \frac{\pi r^2}{2}\frac{d}{dt}(4.0t^2 + 2.0t + 3.0)$$
$$= \frac{\pi r^2}{2}(8.0t + 2.0)$$

在 $t = 10$ s，則

$$\mathscr{E}_{ind} = \frac{\pi(0.20\,\text{m})^2}{2}[8.0(10) + 2.0]$$
$$= 5.152\,\text{V} \approx 5.2\,\text{V} \qquad (答)$$

方向 為了找出 $\mathscr{E}_{ind}$ 的方向，我們首先注意到在圖 30-6 中，通過迴路的通量是指出紙面且隨時間增加。因為感應磁場 B_{ind} (由感應電流所產生的)必對抗其增加，它必穿入紙面。用曲-直右手定則(圖 30-5c)可得感應電流的方向，必為順時針繞著迴路，而感應電動勢 $\mathscr{E}_{ind}$ 因此亦為順時針方向。

(b) $t = 10$ 時，迴路中的電流為多少？

關鍵概念

兩個電動勢令電荷繞著迴路移動。

計算 感應電動勢 $\mathscr{E}_{ind}$ 驅使電流順時針繞著迴路流動，而電池的電動勢 $\mathscr{E}_{bat}$ 驅使電流逆時針流動。因為 $\mathscr{E}_{ind}$ 大於 $\mathscr{E}_{bat}$，故淨電動勢 $\mathscr{E}_{ind}$ 是順時針方向，而電流亦是此方向。要算出 $t = 10$ s 的電流，我們使用 27-2 式($i = \mathscr{E}/R$)：

$$i = \frac{\mathscr{E}_{net}}{R} = \frac{\mathscr{E}_{ind} - \mathscr{E}_{bat}}{R}$$
$$= \frac{5.152\,\text{V} - 2.0\,\text{V}}{2.0\,\Omega} = 1.58\,\text{A} \approx 1.6\,\text{A} \qquad (答)$$

範例 30.03 非均勻變化磁場所引起的感應電動勢

圖 30-7 為矩形導線迴路置於非均勻且會變化的磁場 $\vec{B}$ 中,而磁場的方向垂直指入紙面。磁場大小為 $B = 4t^2x^2$,B 的單位為特斯拉,t 的單位為秒,x 則為公尺(注意此函數與時間及位置都有關)。此迴路寬 W = 3.0 m,高 H = 2.0 m。在 t = 0.10 s 時沿迴路之感應電動勢的方向及大小為何?

若磁場隨位置變化,須用積分求出迴路之通量

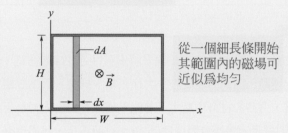

從一個細長條開始其範圍內的磁場可近似為均勻

圖 30-7 封閉的導電迴路,其寬度為 W,高度為 H,置於非均勻的,變化的,方向為指入紙面的磁場中。為了應用法拉第定律,我們使用高 H、寬 dx,面積為 dA 的垂直小細條。

關鍵概念

1. 因為磁場 $\vec{B}$ 的大小隨時間改變,所以通過迴路的磁通量 Φ_B 也跟著改變。

2. 迴路內磁通量的改變所形成感應電動勢 $\mathscr{E}$ 的大小可由法拉第定律得出,其可寫為 $\mathscr{E} = d\Phi_B/dt$。

3. 但要用此公式前,得先算出在任何時間 t 通過迴路之通量 Φ_B 的表示式。然而,因為 B 在迴路所包圍的面積上不是均勻,故不能用 30-2 式($\Phi_B = BA$),而要用 30-1 式($\Phi_B = \int \vec{B} \cdot d\vec{A}$)。

計算 在圖 30-7 中,$\vec{B}$ 垂直於迴路平面(遂平行微分面積向量 $d\vec{A}$);因此,30-1 式中的內積為 BdA。因磁場隨著 x 軸變化而不隨 y 軸變化,我們可把微小面積 dA 視為高 H 及寬 dx 的垂直小細條之面積(如圖 30-7 所示)。則 $dA = Hdx$,而通過迴路的通量為

$$\Phi_B = \int \vec{B} \cdot d\vec{A} = \int B \, dA = \int BH \, dx = \int 4t^2x^2H \, dx$$

在此積分中,將 t 視為常數且定積分的上下限為 $x = 0$ 與 $x = 3.0$ m,而得

$$\Phi_B = 4t^2H\int_0^{3.0} x^2 \, dx = 4t^2H\left[\frac{x^3}{3}\right]_0^{3.0} = 72t^2$$

其中我們代入了 H = 2.0 m 且 Φ_B 的單位為韋伯(Wb)。現在可用法拉第定律求出任何時刻 t 的 $\mathscr{E}$ 大小:

$$\mathscr{E} = \frac{d\Phi_B}{dt} = \frac{d(72t^2)}{dt} = 144t$$

其中,$\mathscr{E}$ 的單位為伏特。在 t = 0.10 秒,

$$\mathscr{E} = (144\,\text{V/s})(0.10\,\text{s}) \approx 14\,\text{V} \qquad (答)$$

圖 30-7 中,通過迴路的 $\vec{B}$ 通量是指入紙面的,且 B 是隨著時間增加。根據冷次定律,對抗此增加的感應電流所造成的磁場 B_{ind},其方向是指出紙面。圖 30-5a 中的曲-直右手定則告訴我們,感應電流是逆時針方向繞著迴路,且感應電動勢 $\mathscr{E}$ 的方向亦是如此。

30-2 感應與能量轉換

學習目標

在閱讀完這個區塊的文字之後，讀者應該能夠...

30.13 對拉近或拉離磁場的導電迴路，計算能量轉換熱能的速率。

30.14 運用感應電流與其產生熱能速率之間的關係。

30.15 描述渦狀電流。

關鍵概念

● 因通量改變產生的電流感應意味著有能量在該電流轉換。這能量可以轉成其他型態，像是熱能。

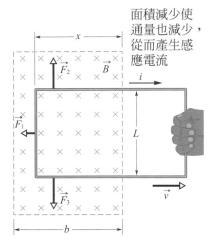

面積減少使通量也減少，從而產生感應電流

圖 30-8 以等速 $\vec{v}$ 把封閉迴路拉出磁場外。當迴路在移動時，迴路上會產生順時針方向的感應電流 i，且還在磁場中的迴路所受到的力分別為 $\vec{F_1}$、$\vec{F_2}$、$\vec{F_3}$。

感應與能量轉換

就冷次定律來說，在圖 30-1 中，不論是將磁石移近或移離迴路，皆會產生一力對抗此運動，因此你需要施一力作正功。同時，因為感應電流通過材料的電阻，迴路的材料中產生了熱能，而你經由施力轉移至封閉迴路+磁石系統的能量，最後會變成此熱能(至目前為止，我們忽略了在感應過程中，從迴路中所輻射出的能量，如電磁波)。你移動磁石的速率越快，即你越迅速地施力作功，則迴路中產生的熱能也越多；換言之，轉換的功率越大。

不管迴路中如何感應出電流，因為迴路中有電阻(除非迴路為超導體)，故在此過程中，能量總是會被轉換成熱能。例如，在圖 30-2 中，當開關 S 閉合且左邊迴路中短暫地產生感應電流時，能量從電池轉換成迴路中的熱能。

圖 30-8 顯示了包含感應電流的另一情況。寬度為 L 的矩形導線迴路，一端置於均勻的外磁場中，磁場與迴路面垂直。此磁場可以利用大的電磁鐵來產生。圖 30-8 中的虛線代表磁場的假設邊緣，磁場在此邊緣上的邊緣效應予以忽略不計。在實驗中，以等速度 $\vec{v}$ 將迴路往右拉。

通量改變。 圖 30-8 所描述的情形與圖 30-1 所示者在本質上並無不同。(至目前為止，我們忽略了在感應過程中，從迴路中所輻射出的能量，如電磁波。)在圖 30-1 中磁通量的變化是由於 $\vec{B}$ 在變化，而圖 30-8 中磁通量的變化是由於迴路在磁場中的面積之改變而導致的，但這差異並不重要。這兩種裝置的主要差異乃在於圖 30-8 的裝置在計算上較為簡單。現在，讓我們來計算當穩定地拉圖 30-8 中的迴路時，力學的功率為多少。

功率。 如果用等速 $\vec{v}$ 來拉動迴路，則你必須施固定的力 $\vec{F}$ 於迴路上，因為同時有一大小相同方向相反而作用於迴路上的作用力抵制你的作用力。從 7-48 式可以得知你作功的速率(即功率)為

$$P = Fv \tag{30-6}$$

其中 F 爲你施力的大小。我們希望能將 P 用磁場大小 B 及迴路的特性來表示——即電阻 R 及迴路大小 L。

當把圖 30-8 中的迴路往右移的時候，迴路在磁場內的面積減少。因此通過迴路的磁通量也減少，按照冷次定律可以得知，迴路中將產生感應電流。因爲這個電流的產生，所以會導致一力量抵抗你的力量。

感應電動勢。首先用法拉第定律來求出電流。如果迴路在磁場中的長度爲 x，則迴路在磁場中的面積爲 Lx。而從 30-2 式可以得知穿過迴路的磁通量大小爲

$$\Phi_B = BA = BLx \tag{30-7}$$

當 x 減小，磁通量也減少。法拉第定律告訴我們，當磁通量減少，迴路內會有感應電動勢產生。將 30-4 式的負號拿掉並利用 30-7 式得知感應電動勢的大小爲

$$\mathscr{E} = \frac{d\Phi_B}{dt} = \frac{d}{dt}BLx = BL\frac{dx}{dt} = BLv \tag{30-8}$$

其中我們以迴路的移動速率 v 來代替 dx/dt。

圖 30-9 將迴路顯示成一個電路：感應電動勢顯示於圖中左側，迴路全部的電阻 R 則畫於圖的右側。感應電流 i 的方向可以如同圖 30-5b 中，利用右手定則在磁通量減少的情形下求得；此定則告訴我們，電流方向必然是順時針的，而且感應電動勢必定同向。

感應電流。因爲我們無法定義出感應電動勢的電位差(請參考 30-3 節)，所以無法利用電路中之電位差的迴路法則來求得感應電流的大小。但我們可以利用 $i = \mathscr{E}/R$ 的公式來求得，利用 30-8 式，可得

$$i = \frac{BLv}{R} \tag{30-9}$$

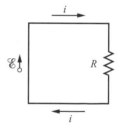

圖 30-9　當迴路移動時，圖 30-8 的等效電路。

在圖 30-8 中，在磁場中，迴路內有電流流動的三個部分，分別有側偏力作用在迴路上。從 28-26 式可得知這些偏向力可用通式寫成

$$\vec{F}_d = i\vec{L} \times \vec{B} \tag{30-10}$$

圖 30-8 中作用在迴路中三個部分的偏向力分別爲注意，由於對稱的關係，$\vec{F}_2$ 和 $\vec{F}_3$ 大小相同而互相抵消。於是只剩下 $\vec{F}_1$，與你施於迴路上的力 $\vec{F}$ 方向相反，因此，此力會抵抗你的施力。故，$\vec{F} = -\vec{F}_1$。

利用 30-10 式可得 $\vec{F}_1$ 的大小，注意磁場 $\vec{B}$ 和左段迴路之長度向量 $\vec{L}$ 間的夾角爲 90°，於是得到

$$F = F_1 = iLB \sin 90° = iLB \tag{30-11}$$

將 30-9 式代入 30-11 式中的可得

$$F = \frac{B^2L^2v}{R} \tag{30-12}$$

因 B、L 和 R 爲常數,且你施於迴路上的力之大小 F 爲固定,則你移動迴路的速率 v 也爲常數。

功率。將 30-12 式代入 30-12 式可以得到當你將迴路由磁場拉出時,你對迴路所作的功之功率爲:

$$P = Fv = \frac{B^2L^2v^2}{R} \quad \text{(功率)} \tag{30-13}$$

熱能。爲了完成我們的解析,現在讓我們來求當你以等速拉動迴路時,迴路中出現熱能的功率。從 26-27 式中我們計算它,

$$P = i^2R \tag{30-14}$$

將 30-9 式中的 i 代入,即得到

$$P = \left(\frac{BLv}{R}\right)^2 R = \frac{B^2L^2v^2}{R} \quad \text{(熱能功率)} \tag{30-15}$$

此結果與你對迴路作功的功率(30-13 式)完全相同。因此,在磁場中拉動迴路所作的功將轉變成迴路的熱能,而以迴路溫度上升的方式表現出來。

渦狀電流

假設我們以實心的導體板代替圖 30-8 中的導電迴路。若我們同樣地將平板移出磁場(圖 30-10a),則磁場與導體間的相對運動同樣會造成導體內部產生感應電流。因此,因爲有感應電流我們會再次遇到阻力而必須作功。然而對平板來說,構成感應電流的傳導電子並不像在迴路中一般,只依循一路徑移動。這些電子反而在平板內旋轉,好像它們被捲入水中的旋渦般。此種電流稱爲渦狀電流,好像如圖 30-10a 中所示,渦狀電流只遵循單一路徑流動。

如同圖 30-8 中的導電迴路,平板中的感應電流會導致力學能以熱能的形式消失。在圖 30-10b 中的消散更明顯;一個導體板可自由繞一樞點轉動,可如鐘擺般在一磁場內擺盪。每當此平板進入和離開磁場時,一部分的力學能就會轉移成熱能。幾次擺動之後,力學能消耗完畢此導體板就會靜靜地懸掛在固定軸下方。

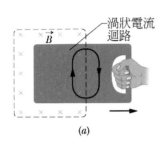

渦狀電流迴路

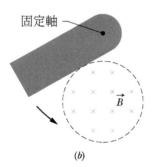

固定軸

(b)

圖 30-10 (a)當你將實心導體板拉出磁場時,平板內會感應渦狀電流。典型的渦狀電流迴路如圖所示。(b)導體板像單擺一樣,相對於固定軸擺動,而進入磁場的區域中。當它進入和離開磁場時,板內會感應出渦狀電流。

✓ **測試站 3**

如圖中有四個導線迴路,其邊長爲 L 或 $2L$。此四個迴路將以相同的等速度通過均勻磁場(方向爲指出紙面)。當它們通過磁場時,請根據其感應電動勢的最大值,將此四個迴路由大到小排列。

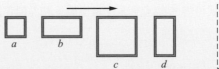

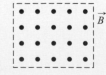

30-3 感應電場

學習目標

在閱讀完這個區塊的文字之後，讀者應該能夠...

30.16 了解磁場的改變會誘發電場，無論是否有導電迴路。

30.17 應用法拉第定律來連結沿著封閉路徑的感應電場 $\vec{E}$（無論它是否為導電材料）與被該路徑所包圍的磁通量改變率 $d\Phi/dt$。

30.18 了解電位與感應電場無關。

關鍵概念

● 電動勢是由磁通量改變所引起的，即使通量改變的迴路不是實體導電體，而是想像的線也算。磁場的改變會在這樣迴路的每一點誘發電場 $\vec{E}$；感應電動勢與電場 $\mathcal{E}$ 的關係為

$$\mathcal{E} = \oint \vec{E} \cdot d\vec{s}$$

● 考慮感應電場，我們將法拉第定律寫為更一般性的形式

$$\oint \vec{E} \cdot d\vec{s} = -\frac{d\Phi_B}{dt} \quad \text{（法拉第定律）}$$

磁場的改變誘發電場 $\vec{E}$。

感應電場

　　把半徑為 r 的銅環置於均勻的外磁場中，如圖 30-11a 所示。磁場分佈在半徑為 R 的圓柱狀空間中，並忽略邊緣效應。若穩定地增加磁場的強度，可以適當的方式增加產生此磁場的電磁鐵線圈內之電流來增加之。則通過銅環的磁通量將以穩定的速率改變——根據法拉第定律——會有感應電動勢及感應電流在銅環內產生。而根據冷次定律，可知道感應電流的方向為逆時針方向，如圖 30-11a 所示。

　　若在銅環內有電流產生，則沿著銅環必會有電場出現，此電場必需對移動中的傳導電子作功。此電場是由於磁通量變化所引起的。這個**感應電場**(induced electric field) $\vec{E}$ 就跟靜電荷產生的電場一樣真實；兩種電場會對帶電粒子 q_0 施力 $q_0\vec{E}$。

　　照這樣推論下去，可把法拉第定律重新以一種有效而帶有新訊息的形式表示成：

　　變化的磁場會產生電場。

這個敘述引人注目的地方是縱使沒有銅環的存在，電場仍會因感應而產生。因此，即便是在真空當中變動的磁場仍會產生電場。

圖 **30-11** (a)若磁場穩定的增加,在半徑 r 的銅環內會產生大小固定的感應電流。(b)縱使沒有銅環存在,空間中各點仍有感應電場的存在。(c)以電場線表示空間中的電場。(d)四個形狀相似的閉合路徑其所包圍的面積皆相同。路徑 1 和路徑 2 產生大小相同的電動勢,這兩個線圈完全落於變化的磁場內。路徑 3 只有一部分在變化的磁場內,產生的電動勢較小。路徑 4 則完全在磁場外所以沒有感應電動勢。

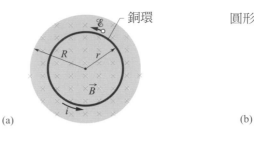
(a)

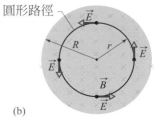
(b)

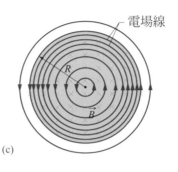
(c)

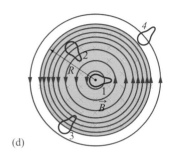
(d)

為了讓這個觀念更為牢固,考慮圖 30-11b 的情形。除了銅環被半徑的假想圓取代之外,此圖與 30-11a 完全相同。假設磁場 $\vec{B}$ 的增加率 dB/dt 為常數。沿圓形路徑周圍各點的感應電場基於對稱的原理,其方向為切線方向,如圖 30-11b 所示*。因此,圓形路徑為電場線。圓的半徑 r 沒有什麼特別之處,由於磁場的變化而產生的電場線將為同心圓,如圖 30-11c 所示。

只要磁場隨著時間增加,則以圖 30-11c 的電場線所代表的電場就會出現。若磁場不變化,則不會有感應電場,也不會有電場線。若磁場(以同樣的變化率)隨時間而減少,電場線的形狀仍將像圖 30-11c 中的同心圓,但方向則相反。以上所述,便是「時變磁場產生電場」的含義。

法拉第定律的新數學形式

考慮帶電量 q_0 的粒子沿圖 30-11b 的圓運動。感應電場對其每轉一圈所作的功 $W = \mathscr{E} q_0$,其中 $\mathscr{E}$ 為感應電動勢——沿此路徑移動測試電荷,對每單位電荷所做的功。由另一觀點,所作的功為

$$W = \int \vec{F} \cdot d\vec{s} = (q_0 E)(2\pi r) \tag{30-16}$$

其中 $q_0 E$ 為作用於測試電荷的力之大小,$2\pi r$ 則為該力作用的距離。令 W 的兩個表示式相等並消去 q_0,得

---

* 對稱性的觀點也允許圓路徑上的 $\vec{E}$ 線是徑向的,非只是切線方向。但是這樣的徑向線意味著有沿對稱軸對稱分布的自由電荷存在,而其電場線可能是起點或終點;但沒有這樣的電荷。

$$\mathscr{E} = 2\pi r E \tag{30-17}$$

其次我們改寫 30-16 式，以便產生更一般的數學表示式，利用這個數學式，我們可以計算作用在沿著任何封閉路徑在運動、帶有電荷 q_0 的粒子上的功：

$$W = \oint \vec{F} \cdot d\vec{s} = q_0 \oint \vec{E} \cdot d\vec{s} \tag{30-18}$$

(在每個積分符號上的圓圈代表這個積分運算是環繞著封閉路徑在進行。)
以 $\mathscr{E} q_0$ 替換 W，我們得到

$$\mathscr{E} = \oint \vec{E} \cdot d\vec{s} \tag{30-19}$$

若我們以此式來求圖 30-11b 的特例，則此積分會變成 30-17 式。

電動勢的意義。利用 30-19 式，我們可以擴充感應電動勢的意義。先前，感應電動勢的意義為，為維持變化之磁通量所產生的電流，對每單位電荷所做的功，或是在變化之磁通量內，使帶電粒子沿著封閉迴路移動時，對每單位電荷所做的功。但從圖 30-11b 及 30-19 式，我們不再需要利用電流或粒子來描述感應電動勢：感應電動勢是 $\vec{E} \cdot d\vec{s}$ 沿著封閉迴路積分所得到的和。其中 $\vec{E}$ 是由於磁通量變化所產生的感應電場，而 $d\vec{s}$ 則是沿著封閉路徑的微小長度向量。

若合併 30-19 式及 30-4 式的法拉第定律($\mathscr{E} = -d\Phi_B/dt$)，則法拉第定律可以改寫成

$$\oint \vec{E} \cdot d\vec{s} = -\frac{d\Phi_B}{dt} \quad \text{(法拉第定律)} \tag{30-20}$$

此方程式簡單地說即是，變化的磁場感應電場。式子的右邊為變化的磁場，左邊則是電場。

以 30-20 式之形式表示的法拉第定律適用於變化磁場中的任何閉合迴路。例如，在圖 30-11d 中顯示了四個這樣的路徑，其面積及形狀均相同，但分別置放於變化磁場中不同的位置上。路徑 1 和路徑 2 的感應電動勢 $\mathscr{E}(= \oint \vec{E} \cdot d\vec{s})$ 相同，因為它們同為完全置於磁場內的路徑，因此有相同的 $d\Phi_B/dt$ 值。這點是正確的，即使各路徑上電場向量的分佈不相同，如電場線的圖樣所示。路徑 3 的感應電動勢較小，因為 Φ_B(因此 $d\Phi_B/dt$)較小。路徑 4 的感應電動勢為零，即使路徑上各點的電場不為零。

電位新說

感應電場與靜電荷無關，但與磁通量之變化有關。雖然這兩種方法所建立的電場均能對帶電粒子施力，但兩者仍有一個重要的差異。這差異最簡單的例證便是：感應電場的電場線形成閉迴路，如圖 30-11c 所示。而靜電荷所產生的電場線則不會如此，它們必始於正電荷，終於負電荷。因此，電荷的場線無法繞一圈後回到場線本身，如我們在圖 30-11c 所看到的每條場線那樣。

感應而生的電場,與靜電荷所生的電場間的差異可以較正式地敘述如下:

 電位只對靜電荷所產生的電場有意義,對感應所生的電場,則沒有意義。

藉下述的思考可以定性地瞭解此敘述,考慮帶電粒子繞行圖 30-11b 的圓形路徑一圈的情形。當它從某一點出發,再回到該點時,它歷經了一個電動勢 $\mathscr{E}$,譬如說是 5 V 的電動勢;那就是說,電場對帶電粒子作了 5 J/C 的功,然後此粒子應該比該點高 5 V 的電位。然而,這是不可能的,因為空間中同一點不可能具有兩個電位值。故而,只能說,對由磁場變化感應而生的電場,電位是無意義。

由 24-18 式可以得到更正式的瞭解,此式定義了在電場 $\vec{E}$ 中,i 點與 f 點間的電位差為:

$$V_f - V_i = -\int_i^f \vec{E} \cdot d\vec{s} \tag{30-21}$$

在 24 章中,尚未提到法拉第感應定律,所以 24-18 式中的電場是指靜電荷所產生的電場。若 30-21 式中的 i 及 f 是同一點,則連接兩者的路徑即為一封閉迴路,V_i 及 V_f 相等,所以 30-21 式簡化為

$$\oint \vec{E} \cdot d\vec{s} = 0 \tag{30-22}$$

然而,若有變化之磁通量,則此積分不為零,而是 $-d\Phi_B/dt$,如 30-20 式所示。因此在感應電場指定電位是很矛盾的。所以,再一次,我們必須強調對感應電場而言,電位是無意義。

 測試站 4

圖中有五個標有字母的區域,其面積皆相同,均勻磁場延伸經過這些區域,其方向為指出紙面(如區域 a)或指入紙面。此磁場以相同穩定速率在五個區域中增加其強度,區域都是唯一的;另有 4 個標有數字的路徑,其 $\oint \vec{E} \cdot d\vec{s}$ 的大小以 mag(磁性)的數量表示。

決定在區域 b 至區域 e 的磁場方向為指出或指入紙面。

路徑	1	2	3	4
$\oint \vec{E} \cdot d\vec{s}$	mag	$2(mag)$	$3(mag)$	0

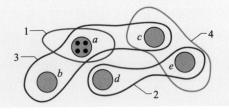

範例 30.04　非均勻變化磁場所引起的感應電動勢

在圖 30-11b 中，假設 $R = 8.5$ cm，$dB/dt = 0.13$ T/s。

(a)求在磁場內，距磁場中心半徑為 r 處各點的感應電場大小 E 的表示式。計算該式於 $r = 5.2$ cm 的值。

關鍵概念

根據法拉第定律，變化的磁場會感應出電場。
計算　為了計算電場 E，我們可用 30-20 式形式的法拉第定律。我們使用半徑 $r \leq R$ 的圓形積分路徑是因為希望電場 E 皆座落於磁場中。由對稱性，我們假設圖 30-11b 中的 $\vec{E}$ 與圓形路徑上的每一點相切。路徑向量 $d\vec{s}$ 亦總是與圓形路徑相切，故 30-20 式的內積 $\vec{E} \cdot d\vec{s}$ 在路徑上每一點之大小必為 Eds。由對稱性，我們亦可假設 E 在圓形路徑上每一點的值皆相同。則 30-20 式的左邊變成

$$\oint \vec{E} \cdot d\vec{s} = \oint E\, ds = E \oint ds = E(2\pi r) \quad (30\text{-}23)$$

(此積分 $\oint ds$ 為圓形路徑的周長 $2\pi r$)。

接著，我們需計算 30-20 式的右邊項。因為 $\vec{B}$ 均勻的分佈於積分路徑所圈繞出來的面積 A 上，並且方向垂直於該面積，所以由 30-2 式可求出磁通量為：

$$\Phi_B = BA = B(\pi r^2) \quad (30\text{-}24)$$

將上式與 30-23 式代入 30-20 式中並且去掉負號，我們得出

$$E(2\pi r) = (\pi r^2)\frac{dB}{dt}$$

或 $\quad E = \frac{r}{2}\frac{dB}{dt} \quad$ (答) $\quad (30\text{-}25)$

30-25 式即為在 $r \leq R$ 處(亦即在磁場內)各點的電場大小。將已知的數據代入，可得在 $r = 5.2$ cm 處的 $\vec{E}$ 之大小，

$$E = \frac{(5.2 \times 10^{-2}\text{ m})}{2}(0.13\text{T/s})$$

$$= 0.0034\text{ V/m} = 3.4\text{ mV/m} \quad \text{(答)}$$

(b)求在磁場外，距磁場中心半徑為 r 處各點的感應電場大小 E 的表示式。計算該式於 $r = 12.5$ cm 的值。

關鍵概念

此處也應用到(a)部分的概念，但摒除了使用半徑 $r > R$ 的圓形積分的考慮，因為我們想計算磁場外的電場 E。同(a)之步驟，會再得出 30-23 式。然而，接下去不會再得出 30-24 式，因為封閉路徑現在位於磁場外。因此，被包圍在路徑內的磁通量現在只能計算磁場的面積 πR^2。

計算　現在我們可以寫出

$$\Phi_B = BA = B(\pi R^2) \quad (30\text{-}26)$$

將上式與 30-23 式代入 30-20 式(不要負號)且解得 E

$$E = \frac{R^2}{2r}\frac{dB}{dt} \quad \text{(答)} \quad (30\text{-}27)$$

既然此處 E 的不為零，則即使是在變化的磁場外面，仍有感應電場，此重要的結果使得變壓器的工作原理成立(31-6 節將討論)。

將數據代入 30-27 式可得 $r = 12.5$ cm 處的 $\vec{E}$ 為

$$E = \frac{(8.5 \times 10^{-2}\text{ m})^2}{(2)(12.5 \times 10^{-2}\text{ m})}(0.13\text{T/s})$$

$$= 3.8 \times 10^{-3}\text{ V/m} = 3.8\text{ mV/m} \quad \text{(答)}$$

當 $r = R$，30-25 式和 30-27 式的結果必然相同，圖 30-12 是 $E(r)$ 的圖。注意圖的內外都是 $r = R$。

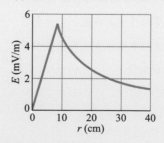

圖 30-12　感應電場 $E(r)$ 的圖。

30-4 電感器與電感

學習目標

在閱讀完這個區塊的文字之後，讀者應該能夠...

30.19 了解電感器。

30.20 對電感器，應用電感 L、總通量 N 與電流 i 之間的關係。

30.21 對螺線管，應用每單位長度的電感 L/l、每匝面積 A、每單位長度匝數 n。

關鍵概念

● 電感器是一種能夠用來在特定區域產生一已知磁場的裝置。若電流 i 穿過每一電感器的 N 線圈，磁通量 Φ_B 會與這些線圈有關。電感器的電感 L 為

$$L = \frac{N\Phi_B}{i} \quad \text{(電感的定義)}$$

● 電感的 SI 單位是亨利(H)，其中 1 亨利 $= 1\,\mathrm{H} = 1\,\mathrm{T \cdot m^2/A}$。

● 靠近截面積 A、每單位長度 n 匝的長螺線管中點的每單位長度電感為

$$\frac{L}{l} = \mu_0 n^2 A \quad \text{(螺線管)}$$

皇家學院/紐約的布理奇曼圖書館

法拉第發現感應定律時所用的電感原型。在那時這樣的市面上並沒有絕緣線材。法拉第將他太太的襯裙裁剪成條狀來做絕緣。

電感器與電感

在 25 章，我們發現電容器可用來產生所需要的電場。我們把平行板裝置視為基本的電容器。相似地，**電感器**(inductor，符號為 ⦚⦚⦚)可用來產生所需要的磁場。我們把長螺線管(更明確地說，是長螺線管中央附近的那一小段)視為基本的電感器。

若在電感器(螺線管)的線圈通上電流，此電流會產生磁通量 Φ_B 通過電感器的中央區域。則此電感器的**電感**(inductance)為

$$L = \frac{N\Phi_B}{i} \quad \text{(電感的定義)} \tag{30-28}$$

其中，N 為匝數。電感器的線圈與共同的磁通量互相關連，且乘積 $N\Phi_B$ 被稱為磁通鏈數。電感 L 是用來測量每單位電流所產生的磁通鏈數。

磁通量的單位為 $\mathrm{T \cdot m^2}$，因此電感的單位是 $\mathrm{T \cdot m^2/A}$，稱為**亨利**(H)，以紀念美國物理學家約瑟夫・亨利(Joseph Henry)，他是感應定律的發現者，與法拉第屬同一時代。因此

$$1 \text{ henry} = 1\,\mathrm{H} = 1\,\mathrm{T \cdot m^2/A} \tag{30-29}$$

在本章中，不管電感器的幾何形狀為何，我們假設所有電感器附近皆沒有磁性物質(例如鐵)的存在。這些物質的存在會造成電感器的磁場扭曲。

螺線管的電感

考量截面積為 A 的長螺線管。其中央附近，每單位長度的電感為多少？要應用電感的定義式(30-28 式)，須先算出螺線管線圈內的電流所造

成的磁通鏈數。考慮在螺線管中央附近長度為 l 的一小段。其磁通鏈數為

$$N\Phi_B = (nl)(BA)$$

其中，n 為螺線管單位長度之匝數，B 為螺線管內的磁場。

從 29-23 式得知，強度 B

$$B = \mu_0 in$$

所以從 30-28 式，

$$L = \frac{N\Phi_B}{i} = \frac{(nl)(BA)}{i} = \frac{(nl)(\mu_0 in)(A)}{i}$$

$$= \mu_0 n^2 lA \qquad\qquad (30\text{-}30)$$

因此長螺線管中央附近每單位長度的電感量為

$$\frac{L}{l} = \mu_0 n^2 A \quad \text{(螺線管)} \qquad\qquad (30\text{-}31)$$

電感與電容一樣，只與幾何形狀有關。電感隨單位長度之匝數的平方而變的關係是意料中事。若令 n 變成原來的 3 倍，不但匝數(N)變成 3 倍，穿過每匝線圈的通量($\Phi_B = BA = \mu_0 inA$)也變成原來的 3 倍，所以其乘積，磁通鏈數 $N\Phi_B$ 變成原來的 9 倍，所以電感 L 亦然。

若螺線管的長度遠大於其半徑，30-30 式所算出的電感會是一個很好的近似值。在此近似計算之中，磁場線在螺管末端的邊緣效應可予忽略，就像在計算平行板電容器的公式($C = \varepsilon_0 A/d$)時，我們也忽略了電容器板邊緣處電場的邊緣效應。

由 30-30 式及 n 為單位長度之匝數，我們發現電感可以寫成磁導率 μ_0 乘以長度的單位。因此，磁導率 μ_0 可以表成亨利/公尺，即

$$\mu_0 = 4\pi \times 10^{-7} \text{ T·m/A}$$

$$= 4\pi \times 10^{-7} \text{ H/m} \qquad\qquad (30\text{-}32)$$

對磁導係數來說，後者是較普遍的。

30-5　自感

學習目標

在閱讀完這個區塊的文字之後，讀者應該能夠...

30.22 了解當穿過線圈的電流改變時，會有感應電動出現在線圈中。

30.23 應用線圈中感應電動勢、線圈電感 L、以及電流改變的速率 di/dt 之間的關係。

30.24 當因為線圈中的電流改變，而線圈中有電動勢被誘發時，透過冷次定律來決定電動勢方向，並證明電動勢總是抵抗電流的改變，企圖維持原先的電流狀態。

關鍵概念

● 若線圈中的電流 i 隨時間改變，並在線圈中誘發電動勢。這個自感電動勢為

$$\mathscr{E}_L = -L\frac{di}{dt}$$

● 依據冷次定律，$\mathscr{E}_L$ 的方向為：自感電動勢會抵抗產生它的改變。

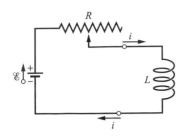

圖 30-13 改變電阻的接點位置,使線圈的電流發生變化,當電流改變時,線圈中出現自感電動勢 $\mathcal{E}_L$。

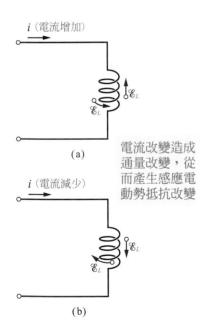

圖 30-14 (a)若電流增加,感應電動勢 $\mathcal{E}_L$ 的方向將抵制電流的增加。表示 $\mathcal{E}_L$ 的箭頭方向可以沿著線圈的匝向或軸向。兩種方向均有繪製。(b)若電流 i 減少,自感電動勢的方向將抵制電流的減少。

自感

　　若兩個線圈從現在起,稱之為電感器,且非常地靠近,則一個線圈上的電流,會在第二個線圈內產生 Φ_B 的磁通量。若改變電流而使其磁通量發生改變,根據法拉第定律可得知,第二個線圈會有感應電動勢產生,而第一個線圈也會產生感應電動勢。

 　　若一個線圈上的電流改變,線圈本身也會出現感應電動勢 $\mathcal{E}_L$。

此過程稱為**自感**(self-induction)(見圖 30-13),其所產生的電動勢稱為**自感電動勢**(self-induced emf)。這種電動勢就如同其他的感應電動勢一般,也遵從法拉第感應定律。

　　對任何的電感器而言,30-28 式告訴我們

$$N\Phi_B = Li \tag{30-33}$$

法拉第定律告訴我們

$$\mathcal{E}_L = -\frac{d(N\Phi_B)}{dt} \tag{30-34}$$

合併 30-33 式及 30-34 式,可寫出

$$\mathcal{E}_L = -L\frac{di}{dt} \quad \text{(自感電動勢)} \tag{30-35}$$

因此在任何電感器(例如線圈、螺線管或螺線環中),只要有電流的變化,便會有自感電動勢。電流本身的大小,並不影響感應電動勢的大小,只需考慮電流變化率的大小。

　　方向。利用冷次定律可以找出自感電動勢之方向。30-35 式中的負號顯示自感電動勢 L 的趨向為抵制電流的變化,正如冷次定律所言。當我們只求 $\mathcal{E}_L$ 的大小時,可將負號去掉。

　　在圖 30-14a 中,假設線圈上有電流 i,並令它以的變率 di/dt 增加。套用冷次定律的用語,電流的增加便是自感電動勢要抵制的「變化」。所以自感電動勢必產生在線圈之中,其方向如圖所示,用以抵制電流的增加。如果像圖 30-14b 所示的,將電流隨著時間減少,則自感電動勢的方向必是抵制電流減少之方向,如圖所示。在兩個例子中感應電動勢試圖維持初始條件。

　　電位。在 30-3 節我們無法針對因為磁通量的變化而產生的電場(或電動勢),定義出其電位的高低。意即當圖 30-13 的電感器產生自感電動勢時,在電感器上無法將電位定義出來。儘管如此,我們仍可在電感器以外的線路,定義出各點的電位,這些電感器以外線路的電位是因為電荷分佈產生的電場所造成。

（在圖30-14中間文字）電流改變造成通量改變,從而產生感應電動勢抵抗改變

其次，我們可以定義跨越電感兩端(電感器的兩個端點間，假設其位置是在磁通變化的區域之外)的電位差 V_L。若電感器是一個理想電感器(亦即線路中沒有電阻)，那麼 V_L 的大小，就等於自感電動勢 $\mathscr{E}_L$ 的大小。

另外，如果電感器中的導線有電阻值 r，那麼電感器可以分成一個電阻 r (位於磁通量變化區之外)及一個自感電動勢爲 $\mathscr{E}_L$ 的理想電感器。電感器兩端的電位差並不等於電動勢，除非這個電感器是一個理想電感器。在此我們假設電感器是理想的。

測試站 5

如圖爲線圈內產生的感應電動勢 $\mathscr{E}_L$。下列那一情況可描述線圈內的電流：(a)定值且向右，(b)定值且向左，(c)增加中且向右，(d)減少中且向右，(e)增加中且向左，(f)減少中且向左？

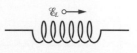

30-6　*RL* 電路

學習目標

在閱讀完這個區塊的文字之後，讀者應該能夠...

30.25 畫出電流開始上升之 *RL* 電路的簡圖。

30.26 寫出電流開始上升之 *RL* 電路的迴路方程式(微分方程)。

30.27 對電流開始上升之 *RL* 電路，應用以時間爲函數的電流方程式 $i(t)$。

30.28 對電流開始上升之 *RL* 電路，找到以時間爲函數之跨電阻器電位差 V、電流改變率 di/dt、電感器電動勢的方程式。

30.29 計算電感時間常數 τ_L。

30.30 畫出電流開始下降之 *RL* 電路的簡圖。

30.31 寫出電流開始下降之 *RL* 電路的方程式(微分方程)。

30.32 對電流開始下降之 *RL* 電路，應用以時間爲函數的電流方程式 $i(t)$。

30.33 從電流開始下降之 *RL* 電路的方程式，找到以時間爲函數之跨電阻器電位差 V、電流改變率 di/dt、電感器電動勢的方程式。

30.34 對 *RL* 電路，了解當電路中的電流開始改變(起始狀態)，以及經過一段長時間後達到平衡(最終狀態)時，通過電感器的電流與跨接的電動勢。

關鍵概念

● 若將穩定電動勢 $\mathscr{E}$ 加於一個含有電阻 R、電感 L 的單一迴路電路時，電流會依據下式上升到平衡值 $\dfrac{\mathscr{E}}{R}$

$$i = \frac{\mathscr{E}}{R}(1 - e^{-t/\tau_L}) \quad \text{(電流上升)}$$

其中 $\tau_L (= L/R)$ 控制電流的增加速率，並稱爲電路的電感時間常數。

● 當固定電源移走之後，電流由 i_0 開始依下式遞減

$$i = i_0 e^{-t/\tau_L}$$

RL 電路

在 27-4 節曾論及，若在電阻器 R 及電容器 C 組成的單迴電路上突然加上電動勢 $\mathscr{E}$，則電容器上的電荷並非立即增至平衡值 $C\mathscr{E}$，而是以指數形式漸漸接近：

$$q = C\mathscr{E}(1 - e^{-t/\tau_C}) \tag{30-36}$$

電荷積聚的速度由電容時間常數 τ_C 所決定，如 27-36 所定義：

$$\tau_C = RC \tag{30-37}$$

　　相同的電路中，如果突然將電動勢拿掉，電荷不會立刻降至零，而是以指數形式接近零：

$$q = q_0 e^{-t/\tau_C} \tag{30-38}$$

其下降的時間常數與上升的時間常數相同，均為 τ_C。

　　若在電阻器 R 和電感器 L 所組成的單迴路電路中突然加上(或移去)電動勢 $\mathscr{E}$，電流的上升(或下降)也會發生類似的延遲現象。例如把圖 30-15 的開關 S 置於 a 時(閉合)，電阻中的電流即開始上升。若沒有電感器，電流立即上升至穩定值 $\mathscr{E}/R$。但由於有電感器的關係，電路上即出現自感電動勢 $\mathscr{E}_L$；由冷次定律可知，此電動勢抵制電流的上升，亦即電動勢的極性與與電池電動勢相反。因此，電阻器之電流受到兩電動勢之差作用，一為電池的固定電動勢 $\mathscr{E}$，一為自感所生的變動電動勢 $\mathscr{E}_L (= -Ldi/dt)$。只要 $\mathscr{E}_L$ 存在，電阻器中的電流就會小於 $\mathscr{E}/R$。

　　隨著時間過去，電流增加放緩，與 di/dt 成正比的自感電動勢也變小，因此電路中的電流漸漸趨近 $\mathscr{E}/R$。

　　將上述的結果概述如下：

　　起初，電感器的作用為抵抗其內的電流變化。一段時間之後，其作用如同平常的導線。

　　現在，我們來定量析分此情況。將圖 30-15 的開關 S 置於 a 處，電路即成圖 30-16 所示的情形。從 x 處開始，以順時針方向沿著迴路應用迴路法則。

1. 電阻。因為按照電流 i 的方向通過電阻時，電位減少了 iR。因此，當我們從 x 點移動到 y 點時，我們遭遇到 $-iR$ 的電位改變。
2. 電感。因為電流 i 處於變化當中，所以電感會產生自感電動勢 $\mathscr{E}_L$。由 30-35 式得知 $\mathscr{E}_L$ 的大小為 Ldi/dt。在圖 30-16 中，因為電流 i 向下流經電感器且持續增加中，所以 $\mathscr{E}_L$ 的方向向上。因此，當我們從點 y 移動到 z 點時，L 的方向相反，我們遭遇到的電位改變 $-Ldi/dt$。
3. 電池。當我們從 z 點回到起始點 x 時，我們遭遇到電池所提供的電動勢 $+\mathscr{E}$ 的電位改變。

故由迴路法則得

$$-iR - L\frac{di}{dt} + \mathscr{E} = 0$$

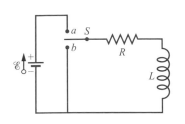

圖 30-15　一個 RL 電路。開關 S 切至 a 時，電流上升並趨向於極限值 $\mathscr{E}/R$。

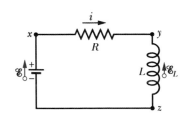

圖 30-16　圖 30-15 中開關放於 a 時的電路。從 x 點開始，以順時針方向，應用迴路法則。

或 $\qquad L\dfrac{di}{dt}+Ri=\mathscr{E}$ （RL 電路） $\qquad\qquad$ (30-39)

30-39 式為包含變數 i 及其一階導數 di/dt 的微分方程式。我們希望找出 $i(t)$，使 $i(t)$ 及其一階導數滿足 30-39 式，也能滿足其初始條件 $i(0)=0$。

30-39 式及其初始條件正是電路之 27-32 式，只要將 i 代替 q，L 代替 R，R 代替 $1/C$ 即可得。因此，30-39 式的解必定與 27-33 式的解相同，只是經過如上述相同的代換即可。其解是

$$i=\dfrac{\mathscr{E}}{R}(1-e^{-Rt/L})\qquad\qquad (30\text{-}40)$$

我們可改寫成

$$i=\dfrac{\mathscr{E}}{R}(1-e^{-t/\tau_L})\quad（電流增加）\qquad (30\text{-}41)$$

其中 τ_L 為**電感時間常數**，定義為

$$\tau_L=\dfrac{L}{R}\quad（時間常數）\qquad\qquad (30\text{-}42)$$

讓我們檢驗 30-41 式在開關關閉時(在時間 $t=0$)和開關關閉經過一段很長時間後($t\rightarrow\infty$)的情形。若將 $t=0$ 代入 30-41 式，指數項變成 $e^{-0}=1$。因此，30-41 式告訴我們電流為初始 $i=0$。接著，若我們令 t 趨近於 ∞，則指數項變成 $e^{-\infty}=0$。因此，30-41 式告訴我們電流變成其平衡值 $\mathscr{E}/R$。

我們也可以檢驗在電路中的電位差。例如，圖 30-17 顯示，當 $\mathscr{E}$、L 及 R 為特定值時，電阻器兩端的電位差 $V_R(=iR)$ 及電感器兩端的電位差 $V_L(=L\,di/dt)$ 隨時間變化的情形。讀者可將此圖與 RC 電路的圖形(圖 27-16)仔細做一番比較。

電阻器之電位差增加 　　　　電感器之電位差減少

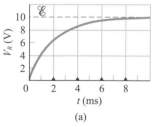 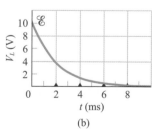
(a) 　　　　　　　　(b)

圖 30-17　(a)圖 30-16 電阻器兩端電位差 V_R，隨時間的變化圖，(b)線路中電感器兩端的電位差 V_L 隨時間的變化圖。小三角符號表示電感時間常數 $\tau_L=L/R$ 的間隔單位。令圖中 $R=2000\,\Omega$，$L=4.0$ H 及 $\mathscr{E}=10$ V。

為證明 $\tau_L(=L/R)$ 具有時間單位(因為在 30-41 式中的指數函數自變量須無單位)，我們由亨利每歐姆轉換如下所示：

$$1\dfrac{\text{H}}{\Omega}=1\dfrac{\text{H}}{\Omega}\left(\dfrac{1\text{V}\cdot\text{s}}{1\text{H}\cdot\text{A}}\right)\dfrac{1\Omega\cdot\text{A}}{\text{V}}=1\text{s}$$

第一個括弧內之量是由 30-35 式而得的換算因子。第二個括弧是由 $V = iR$ 所得到的換算因子。

時間常數。時間常數的物理意義可從 30-41 式得知。令此式中 $t = \tau_L = L/R$，可得

$$i = \frac{\mathscr{E}}{R}(1 - e^{-1}) = 0.63\frac{\mathscr{E}}{R} \tag{30-43}$$

因此，時間常數 τ_L 所需的時間約為即電路中電流達其最終平衡值 $\mathscr{E}/R$ 的 63%。因為電阻器的電位差 V_R 與電流成正比，所以遞增電流的線形與圖 30-17a 所示的 V_R 相同。

電流減少。在圖 30-15 中，若開關 S 置於 a 位置上的時間足以使電路中的電流達到穩定值 $\mathscr{E}/R$，便可以將開關撥至 b 的位置，如同電路中除去電池(切斷與 a 的連接之前，先與 b 連接，這樣的開關稱為「先接後離」開關)。因為電池已拆除，流經電阻器的電流將減少，電流不會瞬間降為零。但經過一段時間後漸漸衰減為零。令 30-39 式中的 $\mathscr{E} = 0$，便可得到描述電路中電流漸次衰減現象的微分方程式：

$$L\frac{di}{dt} + iR = 0 \tag{30-44}$$

因與 27-38 式及 27-39 式相似，故滿足初始條件 $i(0) = i_0 = \mathscr{E}/R$ 的微分方程式之解為

$$i = \frac{\mathscr{E}}{R}e^{-t/\tau_L} = i_0 e^{-t/\tau_L} \quad \text{(電流衰減)} \tag{30-45}$$

我們可以發現，不管 RL 電路的電流是上升(30-41 式)或下降(30-45 式)，其電感時間常數均為 τ_L。

在 30-45 式中，我們用 i_0 來表示 $t = 0$ 時的電流值。在此例中，其值恰好為 $\mathscr{E}/R$，但它可為其他的任意初始值。

☑ 測試站 6

如圖為有相同電池、電感器、電阻器的三個電路。根據下列時刻將通過電池的電流之大小，由大到小排列之：(a)開關剛閉合時，(b)長時間後(如果讀者在這裡遇到困難，可以往下一個問題並且再回來試一次)。

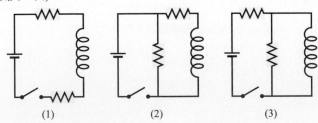

(1)　　　　(2)　　　　(3)

範例 **30.05**　*RL* 電路，切換後與長時間後的瞬間

圖 30-18a 為一電路，包含三個相同的電阻器(電阻 $R = 9.0\ \Omega$)，二個相同的電感器(電感 $L = 2.0$ mH)，和理想的電池(電動勢 $\mathscr{E} = 18$ V)。

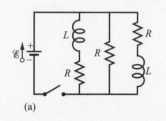

一開始電感器如同斷掉的導線

(a)

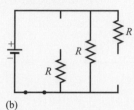

(b)

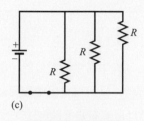

(c)

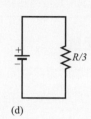

(d)

長時間之後電感器如同一般導線

圖 30-18　(a)開關打開時的 *RL* 電路。(b)開關剛閉合的等效電路。(c)長時間之後的等效電路。(d)電路(c)的等效電路。

(a)開關剛閉合時，流經電池的電流 *i* 為何？

關鍵概念

在開關剛關閉後，電感對電流變化產生抵抗。

計算　因為開關閉合前，流經每個電感器的電流為零，故恰在閉合之後亦為零。因此，開關剛閉合的瞬間，電感器的作用就像斷路的導線，如圖 30-18b。套用單一迴路之迴路法則可得

$$\mathscr{E} - iR = 0$$

將數據代入得

$$i = \frac{\mathscr{E}}{R} = \frac{18\ \text{V}}{9.0\ \Omega} = 2.0\ \text{A} \qquad\text{(答)}$$

(b)在開關已閉合一段長時間後，流經電池的電流 *i* 為何？

關鍵概念

在開關已閉合一段時間之後，電路中的電流已達其平衡值。此時電感器的作用如同普通的導線，如圖 30-18c 所示。

計算　此時電路由三個相同的電阻器並聯組成；由 27-23 式可知，其等效電阻為 $R_{eq} = R/3 = (9.0\ \Omega)/3 = 3.0\ \Omega$。圖 30-18d 為其等效電路，然後迴路的方程式為 $\mathscr{E} - iR_{eq} = 0$，或

$$i = \frac{\mathscr{E}}{R_{eq}} = \frac{18\ \text{V}}{3.0\ \Omega} = 6.0\ \text{A} \qquad\text{(答)}$$

範例 **30.06**　*RL* 電路，暫態的電流

螺線管的電感為 53 mH，電阻為 0.37 Ω。將之與電池相連，問電流值達其最終平衡值的一半，需時多少？(這是實際的螺線管，我們考慮了一個微小卻非零的內部阻抗。)

關鍵概念

我們可以把螺線管拆解成與電池串聯的電阻和電感，如圖 30-16 所示。將迴路法則套用到 30-39 式，就可得出 30-41 式的電流表示式的解。

計算　根據該解答，電流 i 是按指數方式從零增加到其平衡值 $\mathscr{E}/R$。如果在 t_0 時電流值為此值之半。則由 30-41 式知

$$\frac{1}{2}\frac{\mathscr{E}}{R} = \frac{\mathscr{E}}{R}(1 - e^{-t_0/\tau_L})$$

先消去 $\mathscr{E}/R$，然後將指數部分單獨移到方程式的一邊，再對兩邊取自然對數，可解出 t_0，我們發現

$$t_0 = \tau_L \ln 2 = \frac{L}{R} \ln 2 = \frac{53 \times 10^{-3}\ \text{H}}{0.37\ \Omega} \ln 2$$
$$= 0.10\ \text{s} \qquad\text{(答)}$$

30-7　磁場中所儲存的能量

學習目標

在閱讀完這個區塊的文字之後，讀者應該能夠...

30.35 對帶有固定電動勢的 *RL* 電路中的電感器，描述其磁場能量的式子推導。

30.36 對 *RL* 電路中的電感器，應用磁場能量 *U*、電感 *L* 與電流 *i* 之間的關係。

關鍵概念

● 若電感器 *L* 載有電流 *i* ，其電感器磁場儲存的能量為

$$U_B = \frac{1}{2} L i^2 \quad \text{（磁能量）}$$

磁場中所儲存的能量

　　如果把兩個不同符號的電荷拉開，在這過程中產生的電位能，儲存於二電荷的電場中。且此能量在二電荷靠近時，又可自電場中取回。同樣地，能量也可以儲存在磁場之中，但我們以電流而非電荷。

　　要推導出儲存於磁場中能量的定量表示式，考慮圖 30-16，其顯示電動勢 $\mathscr{E}$ 和電阻器 *R* 及電感器 *L* 相串聯。為方便起見，重新敘述 30-39 式，

$$\mathscr{E} = L\frac{di}{dt} + iR \tag{30-46}$$

此即描述電路中電流上升情形的微分方程式。必須強調的是此式為迴路法則的結果，而迴路法則又是單迴路電路之能量守恆定律的表示式。將 30-46 式兩側各乘以 *i* 得到

$$\mathscr{E}i = Li\frac{di}{dt} + i^2R \tag{30-47}$$

根據能量和功的觀念，對上式可作如下的物理說明：

1. 當電荷 *dq* 在 *dt* 時間內通過圖 30-16 中之電動勢 $\mathscr{E}$ 時，電池對電荷所作的功是 $\mathscr{E}dq$。電池的功率為$(\mathscr{E}dq)/dt$ 或 $\mathscr{E}i$。因此，30-47 式左邊為電動勢傳遞能量給電路的速率。

2. 30-47 式的右邊第二項為電阻器上能量變為熱能的轉換率。

3. 由能量守恆的假設，未生成熱能的能量均儲存於電感器的磁場之中，因 30-47 式表示 *RL* 電路中的能量守恆，所以中間項必代表磁位能 U_B 儲存於磁場中的速率 dU_B/dt。

因此

$$\frac{dU_B}{dt} = Li\frac{di}{dt} \tag{30-48}$$

可寫成

$$dU_B = Li\, di$$

積分得

$$\int_0^{U_B} dU_B = \int_0^i Li\, di$$

或　　　$U_B = \dfrac{1}{2}Li^2$　（磁能）　　　　(30-49)

此即載有電流 i 的電感器 L 所儲存的總能量。注意此關係式與攜有電荷 q 的電容器 C 所儲存的能量表示式之相似性，亦即，

$$U_E = \dfrac{q^2}{2C}$$
　　　　　　(30-50)

（變數 i^2 對應 q^2，而常數 L 對應 $1/C$。）

範例 **30.07**　磁場中所儲存的能量

一個線圈，其電感為 53 mH，電阻為 0.35 Ω。

(a)若線圈與 12 V 之電動勢連接，當電流達到平衡值時，儲存於磁場中的能量是多少？

關鍵概念

線圈磁場所儲存的能量，在任何時刻都和當時通過線圈的電流有關，30-49 式即其關係式（$U_B = \dfrac{1}{2}Li^2$）。

計算　因此要找出達到穩態時儲存的能量 $U_{B\infty}$，我們要先找出平衡時的電流值。由 30-41 式知，平衡電流值為

$$i_\infty = \frac{\mathscr{E}}{R} = \frac{12\,\text{V}}{0.35\,\Omega} = 34.3\,\text{A}$$
　　　(30-51)

代入得到

$$U_{B\infty} = \frac{1}{2}Li_\infty^2 = \left(\frac{1}{2}\right)(53\times10^{-3}\,\text{H})(34.3\,\text{A})^2$$

$$= 31\text{J}$$
　　　　　　（答）

磁場中所儲存的能量達穩定值之一半，需經過多少時間常數？

計算　現在我們要問的是：在什麼時候下式成立？

$$U_B = \frac{1}{2}U_{B\infty}$$

利用 30-49 式，上式可重新寫成

$$\frac{1}{2}Li^2 = \left(\frac{1}{2}\right)\frac{1}{2}Li_\infty^2$$

或　　　$i = \left(\dfrac{1}{\sqrt{2}}\right)i_\infty$　　　(30-52)

而上式告訴我們，電流從初始的零上升到 i_∞，磁場將有一半的儲存能量當電流到此值。一般而言，30-41 式給出 i，且 i_∞ 為（參考 30-51 式）$\mathscr{E}/R$；因此 30-52 式變成

$$\frac{\mathscr{E}}{R}(1-e^{-t/\tau_L}) = \frac{\mathscr{E}}{\sqrt{2}R}$$

消去 $\mathscr{E}/R$ 並重新組合，上式可以改寫成

$$e^{-t/\tau_L} = 1 - \frac{1}{\sqrt{2}} = 0.293$$

於是得到

$$\frac{t}{\tau_L} = -\ln 0.293 = 1.23$$

或　　　$t \approx 1.2\tau_L$　　　　　　（答）

因此，在 1.2 個時間常數後，儲存能量達到平衡值的一半。

30-8 磁場的能量密度

學習目標

在閱讀完這個區塊的文字之後，讀者應該能夠...

30.37 了解與任何磁場相關的能量。

30.38 應用磁場的能量密度 u_B 以及該磁場大小 B 之間的關係。

關鍵概念

● 若 B 是任一點(在電感器中或是其他地方)的磁場大小，在該點儲存磁能的密度為

$$u_B = \frac{B^2}{2\mu_0} \quad \text{(磁能密度)}$$

磁場的能量密度

考慮截面積為 A，帶電流的長螺線管中央附近長度 l 的一段，此段的體積為 Al。因螺線管外的磁場為零，所儲存的能量 U_B 應完全位於此體積內。再者，因內部各處(近似)為均勻磁場，所以，所儲存的能量應均勻分佈於螺線管內。

因此，磁場內每單位體積的能量為

$$u_B = \frac{U_B}{Al}$$

或，因為

$$U_B = \frac{1}{2} L i^2$$

可以得到

$$u_B = \frac{L i^2}{2Al} = \frac{L}{l} \frac{i^2}{2A} \tag{30-53}$$

此處 L 為該長度螺線管 l 的電感。將 30-31 式中的 L/l 代入，得到

$$u_B = \frac{1}{2} \mu_0 n^2 i^2 \tag{30-54}$$

其中，n 為單位長度內之匝數。由 29-23 式($B = \mu_0 in$)，此能量密度可寫為

$$u_B = \frac{B^2}{2\mu_0} \quad \text{(磁能密度)} \tag{30-55}$$

此式告訴我們，在磁場 B 中任何一點所儲存的能量密度。雖然 30-55 式是螺線管特例推導而得，但事實上，對以任何形式的磁場而言，此式仍然成立。比較 30-54 式及 25-25 式，

$$u_E = \frac{1}{2}\varepsilon_0 E^2 \tag{30-56}$$

這式子說明在電場中任何一點的能量密度(在真空中)。注意 u_B 及 u_E 均與對應的場量(B 或 E)的平方成正比。

測試站 7

左表列出三個螺線管單位長度的匝數、電流及截面積。根據螺線管內部的磁能密度由大到小排列。

螺線管	單位長度的匝數	電流	面積
a	$2n_1$	i_1	$2A_1$
b	n_1	$2i_1$	A_1
c	n_1	i_1	$6A_1$

30-9 互感

學習目標

在閱讀完這個區塊的文字之後，讀者應該能夠...

30.39 描述兩線圈的互感，並描繪它們的組成狀態。

30.40 計算一線圈相對於第二個線圈(或是正改變中的某第二電流)的互感。

30.41 計算在某一線圈中被第二個線圈誘發的電動勢，並以互感以及第二個線圈的電流改變速率為函數。

關鍵概念

● 若線圈1和2在附近，其中一個線圈有電流改變會誘發另一個線圈的電動勢。這樣的互感可描述為

$$\mathscr{E}_2 = -M\frac{di_1}{dt}$$

$$\mathscr{E}_1 = -M\frac{di_2}{dt}$$

其中 M 是互感(以亨利為單位)。

互感

在本節，將轉而考慮兩個交互作用的線圈。在 30-1 節中我們首次討論了這種線圈，在此我們將更正式加以討論。在圖 30-2 中發現，若兩線圈很接近時，一個線圈中的穩定電流 i，會在另一線圈中產生磁通量 Φ (與另一線圈形成一種連結)。如果電流隨著時間變化，則依據法拉第定律，會在第二個線圈中產生電動勢 $\mathscr{E}$，事實上，最好稱之為**互感**(mutual induction)，暗示二個線圈的相互作用，並藉此與只涉及一個線圈的自感區別。

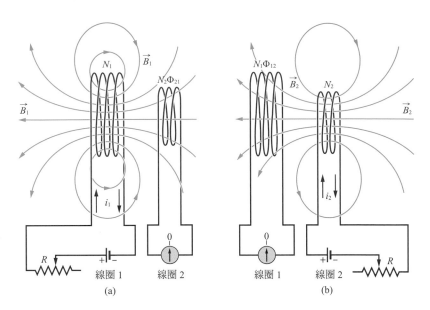

圖 30-19 互感。(a)磁場 $\vec{B}_1$ 是由在線圈 1 的電流 i_1 延伸至線圈 2 產生的。若 i_1 改變(藉由調整電阻 R),在線圈 2 內會產生感應電動勢,而電流計連接線圈 2。(b)線圈角色互換。

　　讓我們對互感作更深一層的定量探討。圖 30-19a 顯示兩個相鄰而且共軸的圓線圈。線圈 1 中有由外部電路的電池所提供的穩定電流 i_1。此電流產生磁場,圖中以 $\vec{B}_1$ 的磁場線表示。線圈 2 與敏感的檢流計相連接,但未接電池;Φ_{21} 是通過具有 N_2 匝的第二個線圈的磁通量(即線圈 1 的電流在線圈 2 所造成的磁通量)。

　　我們定義線圈 2 相對於線圈 1 的互感,M_{21} 為

$$M_{21} = \frac{N_2\Phi_{21}}{i_1} \tag{30-57}$$

其中和式 30-28 具有相同形式

$$L = N\Phi/i \tag{30-58}$$

電感的定義,30-57 式改寫為

$$M_{21}i_1 = N_2\Phi_{21} \tag{30-59}$$

　　若藉著調整 R 使 i_1 隨時間變化,可得

$$M_{21}\frac{di_1}{dt} = N_2\frac{d\Phi_{21}}{dt} \tag{30-60}$$

此方程式的右端正好是因線圈 1 之電流改變,而在線圈 2 中所引起的感應電動勢 $\mathscr{E}_2$。因此,以一負號指示方向,

$$\mathscr{E}_2 = -M_{21}\frac{di_1}{dt} \tag{30-61}$$

可與 30-35 式($\mathscr{E} = -Ldi/dt$)之自感作比較。

互換。現在將線圈 1 和 2 角色互換，如圖 30-19b 所示，即藉著電池在線圈 2 產生電流 i_2，並在線圈 1 中建立線圈 1 的磁通量 Φ_{12}。若藉由調整 R 使 i_2 隨時間改變，則根據與上面相同的討論，得

$$\mathcal{E}_1 = -M_{12}\frac{di_2}{dt} \qquad (30\text{-}62)$$

故知線圈內的感應電動勢正比於另一線圈的電流變化率。正比常數 M_{21} 和 M_{12} 看起來似乎不同，事實上它們是相同的。我們暫時不證明它，故可以把下標除去(這個結論是真的，但絕不顯而易見)。因此得到

$$M_{21} = M_{12} = M \qquad (30\text{-}63)$$

於是 30-61 式及 30-62 式可以重寫為

$$\mathcal{E}_2 = -M\frac{di_1}{dt} \qquad (30\text{-}64)$$

或 $$\mathcal{E}_1 = -M\frac{di_2}{dt} \qquad (30\text{-}65)$$

範例 **30.08** 兩平行線圈的互感

圖 30-20 中，兩個圓形且非常靠近的線圈同軸放在同一平面上，較小的線圈半徑為 R_2 共有 N_2 匝，較大者半徑為 R_1，共有 N_1 匝。

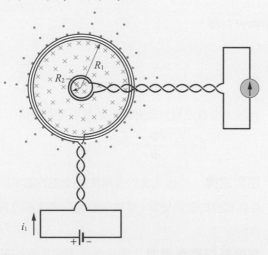

圖 30-20 小線圈置於大線圈的中央。送入大線圈的電流 i_1 可決定線圈的互感。

(a) 求由這兩個線圈所組成的裝置之互感 M，假設 $R_1 \gg R_2$。

關鍵概念

對這些線圈而言，互感是通過某一個線圈的磁通鏈數 $(N\Phi)$ 與另一個線圈的電流(也產生磁通鏈數)兩者之比例。因此，我們需要假設電流已存在於線圈中；然後計算其中一個線圈的磁通鏈數。

計算 由小線圈產生的磁場在通過大線圈時，其大小及方向都不是均勻的，所以以由小線圈產生的磁通量通過大線圈時是不均勻而且難以計算。然而，小線圈足夠小到我們假設當大線圈產生的磁場在通過小線圈時幾乎是均勻的。因此，由大線圈產生的磁通量在通過小線圈時，也幾乎是均勻的。因此，為了找出 M，我們假設有電流 i_1 在大線圈中，計算在小線圈中的磁通鏈數 $N_2\Phi_{21}$：

$$M = \frac{N_2\Phi_{21}}{i_1} \qquad (30\text{-}66)$$

通過小線圈的每一匝之磁通量 Φ_{21}，由 30-2 式可得

$$\Phi_{21} = B_1 A_2$$

其中 B_1 是在小線圈內由大線圈所產生的磁場大小，且 $A_2(=\pi R_2^2)$ 是小線圈所包圍的面積。因此，小線圈(有 N_2 匝)的磁通鏈數為

$$N_2\Phi_{21} = N_2 B_1 A_2 \tag{30-67}$$

我們可使用 29-26 式求出在比較小線圈內的 B_1，

$$B(z) = \frac{\mu_0 i R^2}{2(R^2+z^2)^{3/2}}$$

且取 z 為零是因為小線圈是在大線圈的平面上。這個方程式告訴我們大線圈的每一匝產生磁場大小為 $\mu_0 i_1/2R_1$。因此，大線圈(有 N_1 匝)在小線圈內所產生的總磁場大小為

$$B_1 = N_1 \frac{\mu_0 i_1}{2R_1} \tag{30-68}$$

將 30-68 式的 B_1 代入 30-67 式且將 A_2 以 πR_2^2 代入後得到

$$N_2\Phi_{21} = \frac{\pi\mu_0 N_1 N_2 R_2^2 i_1}{2R_1}$$

將此結果代入 30-66 式中，我們求出

$$M = \frac{N_2\Phi_{21}}{i_1} = \frac{\pi\mu_0 N_1 N_2 R_2^2}{2R_1} \qquad \text{(答)} \tag{30-69}$$

PLUS Additional example, video, and practice available at *WileyPLUS*

(b) 當 $N_1 = N_2 = 1200$ 匝，$R_2 = 1.1$ cm，$R_1 = 15$ cm 時，M 為何？

計算 由 30-69 式可得

$$M = \frac{(\pi)(4\pi\times10^{-7}\,\text{H/m})(1200)(1200)(0.011\text{m})^2}{(2)(0.15\text{m})}$$

$$= 2.29\times10^{-3}\,\text{H} \approx 2.3\,\text{mH} \qquad \text{(答)}$$

若令圖中二個角色互換，即在小線圈中產生電流 i_2，試由 30-57 式求 M，即得

$$M = \frac{N_1\Phi_{12}}{i_2}$$

Φ_{12} 的正確計算並不簡單(Φ_{12} 為被大線圈所包圍之小線圈的磁場)。若用計算機作數值計算，則會得到與上述答案相同的結果，即 2.3 mH。這使我們更瞭解 30-63 式($M_{12} = M_{21} = M$)的結果並非顯而易見的。

重 點 回 顧

磁通量 通過磁場 $\vec{B}$ 中某面積 A 的磁通量 Φ_B 定義為

$$\Phi_B = \int \vec{B} \cdot d\vec{A} \tag{30-1}$$

其中積分是就整個面積而言。磁通量的 SI 單位為韋伯，1 Wb =1 T · m²。若 $\vec{B}$ 垂直此面且在其上為均勻的，則 30-1 式會變成

$$\Phi_B = BA \ (\ \vec{B}\perp \text{面積} A \ ,\vec{B}\text{是均勻的}\ ) \tag{30-2}$$

法拉第感應定律 若封閉迴路所圍繞面積內之磁通量 Φ_B 隨著時間改變，則迴路內會產生感應電流及電動勢；此過程稱為感應。感應電動勢為

$$\mathcal{E} = -\frac{d\Phi_B}{dt} \quad \text{(法拉第定律)} \tag{30-4}$$

若以 N 匝線圈取代此迴路，則感應電動勢為

$$\mathcal{E} = -N\frac{d\Phi_B}{dt} \tag{30-5}$$

冷次定律 感應電流的方向使其產生的磁場抵抗產生此電流的磁場變動。感應電動勢與感應電流有相同方向。

電動勢與感應電場 即使迴路不是實質的導體而是假想的曲線，若通過它的磁通量改變，感應電動勢仍會出現。此變化的磁場在迴路上各處建立感應電場 $\vec{E}$；感應電動勢和 $\vec{E}$ 的關係為

$$\mathcal{E} = \oint \vec{E} \cdot d\vec{s} \tag{30-19}$$

其中積分乃就整個迴路而言。由 30-19 式，得法拉第定律之最普遍的形式，即

$$\oint \vec{E} \cdot d\vec{s} = -\frac{d\Phi_B}{dt} \quad \text{（法拉第定律）} \tag{30-20}$$

變化的磁場產生感應電場 $\vec{E}$。

電感器　電感器是一種可以在某個區域內產生已知磁場的裝置。若在共有 N 匝線圈的電感器上，有電流 i 通過每一線圈，將會有磁通量 Φ_B 與這些線圈相關連。電感器的**電感** L 為

$$L = \frac{N\Phi_B}{i} \quad \text{（電感的定義）} \tag{30-28}$$

電感的 SI 單位為**亨利**(H)，其中 1 亨利 $= 1\,\text{H} = 1\,\text{T} \cdot \text{m}^2/\text{A}$。截面積為 A，每單位長度有 n 匝的長螺線管，在中央附近每單位長度的電感為

$$\frac{L}{l} = \mu_0 n^2 A \quad \text{（螺線管）} \tag{30-31}$$

自感　若線圈中的電流隨時間改變，則線圈本身會產生感應電動勢。其值為

$$\mathcal{E}_L = -L\frac{di}{dt} \tag{30-35}$$

$\mathcal{E}_L$ 的方向由冷次定律決定：自感電動勢的作用方向為抵制產生此自感電動勢的變化。

串聯 RL 電路　固定的電動勢 $\mathcal{E}$ 加於含有電阻 R，電感 L 的單迴路電路上，電流依下式上升至穩定值

$$i = \frac{\mathcal{E}}{R}(1 - e^{-t/\tau_L}) \quad \text{（電流增加）} \tag{30-41}$$

其中 $\tau_L(= L/R)$ 控制了電流的增加率，故稱為電路的**電感時間常數**。當固定的電動勢源移走之後，電流由 i_0 開始依下式遞減

$$i = i_0 e^{-t/\tau_L} \quad \text{（電流衰減）} \tag{30-45}$$

磁能　如果電感器 L 的電流為 i，則電感的磁場中所儲存的能量為

$$U_B = \frac{1}{2}Li^2 \quad \text{（磁能）} \tag{30-49}$$

如果任一點的磁場為 B（在電感中或其他任何地方），則在該點磁場中的儲存能量密度為

$$u_B = \frac{B^2}{2\mu_0} \quad \text{（磁能密度）} \tag{30-55}$$

互感　如果有兩個接近的線圈（標示為 1 和 2），任一線圈中有電流的變化，則在另一線圈中會出現感應電動勢。這種互感可用下式表示

$$\mathcal{E}_2 = -M\frac{di_1}{dt} \tag{30-64}$$

及

$$\mathcal{E}_1 = -M\frac{di_2}{dt} \tag{30-65}$$

其中 M（單位為亨利）是互感係數。

討論題

1　圖 30-21 所示的均勻磁場 $\vec{B}$ 設計成限制在半徑為 R 的圓柱形體積內。$\vec{B}$ 的量值以固定速率 10 mT/s 減少。試問當電子在 (a)點 a（徑向距離 r = 5.0 cm），(b)點 b

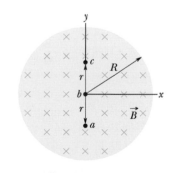

圖 30-21　習題 1

$(r = 0)$，(c)點 c ($r = 5.0$ cm)處予以釋放時，其初始加速度為何？以單位向量標記法表示之。

2　在圖 30-22 中，電感器共有 25 匝，而且理想電池具有電動勢 16 V。圖 30-23 提供了通過每一匝線圈的磁通量 Φ，相對於通過電感器的電流的曲線圖形。其垂直軸的尺度被設定為 $\Phi_s = 4.0 \times 10^{-4}\,\text{T} \cdot \text{m}^2$，而水平軸的尺度被設定為 $i_s = 2.00$ A。如果開關 S 在時間 $t = 0$ 予以閉合，請問在 $t = 2.5\,\tau_L$ 時電流的變化率？

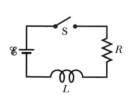

圖 30-22　習題 2,3,4,5

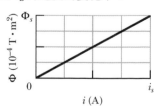

圖 30-23　習題 2

3　在圖 30-22 中，$R = 4.0$ kΩ，$L = 8.0$ μH，而且理想電池的 $\mathcal{E} = 20$ V。請問在開關 S 閉合多久以後，電流會變成 2.0 mA？

4　圖 30-22 中的開關 S 在時間 $t = 0$ 閉合，啟動了在 15.0 mH 電感器和 20.0 Ω 電阻器中的電流建立程序。請問在什麼時間點，電感器兩端的電動勢會等於在電阻器兩端的電位差？

5　在圖 30-22 中，在時間 $t = 0$ 的時候，12.0 V 理想電池，20 Ω 電阻器，以及電感器經由一個開關連接在一起。試問在 $t = 1.61\tau_L$ 的時候，電池以什麼樣的速率將能量轉移成電感器的磁場？

6　圖 30-24 顯示了一個閉合的金屬線迴路，此迴路是由兩個半徑 5.2 cm 的相同半圓所組成，兩者位於互相垂直的平面上。此迴路的形成方式是，將原本平坦的圓形迴路沿著直徑折

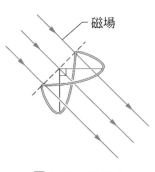

圖 30-24　習題 6

疊，直到兩個半圓彼此垂直。有一個量值 76 mT 的均勻磁場 $\vec{B}$，其方向與折疊直徑垂直，並且與兩個半圓所在的兩個平面夾著相等的角度(45 度)。在時間間隔 2.7 ms 內，磁場以固定變化率減少成零。請問在這段時間間隔內，迴路中感應的電動勢(a)量值和(b)方向(沿著磁場 $\vec{B}$ 的方向觀察，是順時針或逆時針)為何？

7　圖 30-25a 中，均勻磁場 $\vec{B}$ 的量值隨著時間 t 增加的情形如圖 30-25b 所示。其垂直軸的尺度被設定為 $B_s = 6.0$ mT，而水平軸的尺度被設定為 $t_s = 3.0$ s。某一面積 5.0×10^{-4} m^2 的導電圓環放置在磁場中，且位於此頁面所在平面上。在圓環上通過點 A 的電荷量 q 顯示於圖 30-25c 中，圖中是將它表示成時間 t 的函數。而垂直軸的尺度被設定為 $q_s = 6.0$ mC，而水平軸的尺度被設定為 $t_s = 3.0$ s。試問圓環的電阻為何？

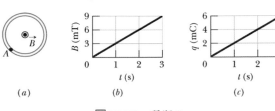

圖 30-25　習題 7

8　導線彎成三段圓弧，每段恰為半徑 $r = 15$ cm，如圖 30-26 所示。每段恰為四分之一圓，其中 ab、bc、ba 三部分分別在 xy、yz 及 zx 平面上。(a)有一均勻磁場 $\vec{B}$ 沿著 +x 軸方向，其大小隨時間的變率 5.7 mT/s 增加，求線圈上的感應電動勢？(b) bc 段上的電流方向為何？

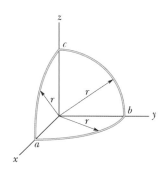

圖 30-26　習題 8

9　如圖 30-27 所示，$a = 14.0$ cm，$b = 18.0$ cm。長直導線中的電流為 $i = 4.50t^2 - 10.0t$，其中 i 及 t 的單位各為安培及秒。(a)求在 $t = 5.20$ s 時方形線圈的電動勢。(b)迴路中感應電流的方向為何？

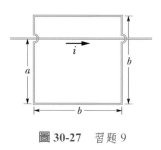

圖 30-27　習題 9

10　圖 30-28a 顯示了兩個同心圓區域，在這兩個區域中，存在著可以變動的均勻磁場。半徑 $r_1 = 1.0$ cm 的區域 1 具有方向為離開頁面的磁場 $\vec{B_1}$，其量值正在增加。半徑 $r_2 = 2.0$ cm 的區域 2 具有方向為離開頁面的磁場 $\vec{B_2}$，

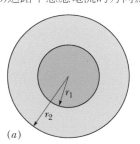

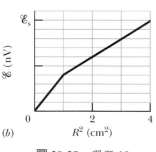

圖 30-28　習題 10

而且這個磁場也是正在變動。讓我們想像一個半徑 R、具有導電性的圓環，而且此時圍繞著圓環的電動勢 $\mathcal{E}$ 已經決定。圖 30-28b 將電動勢 $\mathcal{E}$ 表示成圓環半徑平方 R^2 的函數，其範圍到區域 2 的外邊緣為止。

垂直軸的尺度被設定為 $\mathscr{E}_s = 20.0$ nV。試問：(a) dB_1/dt，(b) dB_2/dt 為何？(c) $\vec{B}_2$ 的量值是增加、減少或維持不變？

11 圖 30-15 中的開關在時間 $t = 0$ 的時候閉合。請問：(a)在 $t = 0$ 後的瞬間，及(b)在 $t = 2.00\ \tau_L$ 的時候，電感器的自感電動勢相對於電池電動勢的比值 e_L/e 為何？(c)試問當時間 t_L 是 τ_L 的多少倍時，才會形成 $e_L/e = 0.500$ 的情形？

12 金屬棒以等速 $\vec{v}$ 在兩平行金屬軌道上移動，軌道一端以金屬片連

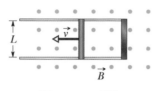

圖 30-29 習題 12

接，如圖 30-29 所示。$B = 0.480$ T 的磁場指出紙面。(a)若軌道間距為 $L = 30.0$ cm，金屬棒移動速率為 55.0 cm/s，會產生多大的電動勢？若金屬棒有 18.0 Ω 的電阻，而軌道與軌道端的金屬片的電阻不計，則金屬棒上的電流為何？能量被轉換成熱能的速率為何？

13 圖 30-30 中，兩個圓形區域 R_1 及 R_2 的半徑分別為 $r_1 = 20.0$ cm，$r_2 = 30.0$ cm。在 R_1 內有 $B_1 = 50.0$ mT 指入

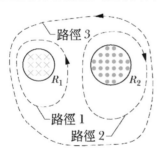

圖 30-30 習題 13

紙面的均勻磁場，在 R_2 內有指出紙面，$B_2 = 75.0$ mT 的均勻磁場(忽略磁場的邊緣效應)。兩個磁場均以 5.33 mT/s 的速率減少。分別計算圖中各路徑的 $\oint \vec{E} \cdot d\vec{s}$ 積分：(a)路徑 1，(b)路徑 2，(c)路徑 3。

14 某一個正方形金屬線迴路被維持在 0.24 T 均勻磁場中，磁場方向垂直於迴路所在的平面。迴路每一邊的邊長以固定速率 5.0 cm/s 減短。請問當邊長是 12 cm 的時候，迴路的感應電動勢是多少？

15 某一個具有 150 匝的線圈，當其電流是 2.00 mA 的時候，通過每一匝的磁通量是 50.0 nT · m^2。(a)請問線圈的電感是多少？當電流增加到 4.00 mA 的時

候，(b)線圈的電感量和(c)通過每一匝的磁通量是多少？當通過線圈的電流可以表示成 $i = (3.00$ mA)$\cos(377t)$ 的時候，其中的單位是秒，請問在線圈兩端的最大電動勢 $\mathscr{E}$ 是多少？

16 截面積為正方形之木製螺線環心之內半徑為 10 cm，外半徑為 12 cm，若以金屬線(直徑 1.0 mm，電阻為 0.040 Ω /m)繞一層。則此螺線環的(a)電感，(b)電感時間常數為何？假設絕緣層的厚度可忽略不計。

17 一段銅線載有電流 17 A，電流均勻分佈於截面上。試計算其表面處之(a)磁場能量密度，(b)電場能量密度。其直徑為 2.0 mm，單位長度的電阻為 3.3 Ω/km。

18 我們銀河系星際空間的磁場強度約為 10^{-10} T。在一個 10 光年邊長的立方體中，這個磁場中儲存了多少能量？（對於尺度，請注意最近的恆星距離 4.3 光年，星系的半徑約為 8×10^4 光年。）

19 在將電池移除以後，請問在一個 RL 電路(其 $L = 2.00$ H，$R = 3.00$ Ω)中，電阻兩端的電位差下降到其初始值的 10.0%，需要多少時間？

20 圖 30-31 顯示了一條導線被彎曲成半徑為 $r = 24.0$ cm 的圓弧，以 O 為中心。一條直導線 OP 可以繞 O 旋轉並與 P 處的圓弧滑動接觸。另一條直導線 OQ 完成導電迴路。三根導線的橫截面積為 1.20 mm^2，電阻率為 1.70×10^{-8} Ω · m，並且該裝置位於一個大小為 $B = 0.150$ T 的均勻磁場中，該磁場指向圖外。導線 OP 從靜止的角度 $\theta = 0$ 開始，並具有 12 rad/s^2 的等角加速度。以 θ（以弧度為單位）的函數表示，求(a)迴路的電阻和(b)通過迴路的磁通量。(c)什麼 θ 可產生最大的感應電流和(d)最大值是多少？

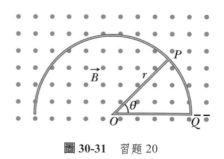

圖 30-31 習題 20

21 某一個具有電感值 2.0 H 和電阻值 10 Ω 的線圈突然連接到 $\mathscr{E} = 80$ V 的電池上。則 0.10 s 之後，(a)能量儲存於磁場的速率，(b)電阻產生熱能的速率，(c)電池傳送能量的速率各為多少？

22 若一段 70.0 cm 長的銅線(直徑為 1.00 mm)做成圓形迴路，並與一均勻磁場相垂直地放置，而此磁場以 17.5 mT/s 等速增加，則此迴路產生熱能的速率為何？

23 長螺線管，直徑為 12.0 cm。當電流流過其線圈，內部會產生 $B = 30.0$ mT 的均勻磁場。藉由減少 i，磁場以 3.90 mT/s 的變率減少。計算距螺線管軸(a) 4.20 cm 處及(b) 8.20 cm 處的感應電場。

24 RL 電路中的電流達到穩態值的三分之一時，需時 7.98 秒，試求此電路的電感時間常數。

25 均勻磁場 $\vec{B}$ 垂直於半徑為 r 的圓形線圈的平面。根據 $B = B_0 e^{-t/\tau}$，其磁場強度隨時間變化，其中 B_0 和 τ 是常數。找出循環中電動勢隨時間變化的表達式。

26 圖 30-32a 顯示一電阻 $R = 0.020$ Ω 的導電性矩形迴路，高 $H = 1.5$ cm，長 $D = 2.5$ cm，正以定速率 $v = 40$ cm/s 被拉過兩均勻磁場區域。圖 30-32b 為迴路中感應電流曲線圖形，其將感應電流表示成迴路右側邊長

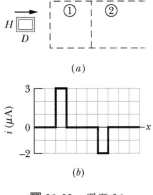

圖 **30-32** 習題 26

所在位置 x 的函數。垂直軸的尺度設定為 $i_s = 3.0$ μA。例如，當迴路進入區域 1 時，迴路將感應出 i_s 的順時針方向電流。則區域 1 中，其磁場(a)量值和(b)方向(進入或離開頁面)為何？在區域 2 中，其磁場(c)量值和(d)方向為何？

27 一半徑 15.0 cm，30.0 匝的線圈。由外部產生且垂直於線圈面之磁場，其大小為 4.95 mT。假設線圈上沒有電流，則其磁通量為多少？當線圈上的電流為朝向某個方向的 3.80 A 時，線圈上的磁通量變成 0。請問線圈的電感是多少？

28 面積 1.60 cm²，電阻 $R = 5.21$ μΩ 的環狀天線垂直於大小為 17.0 μT 的均勻磁場。而磁場在 4.05 ms 時間內降至零。求環中因磁場改變所產生的總熱能。

29 圖 30-33 中，經過圖中迴路的磁通量以 $\Phi_B = 6.0t^2 + 7.0t$ 之方式增加，其中 Φ_B 之單位為毫韋伯(mWb)，t 的單位為秒，(a)則當 $t = 0.50$ s 時，迴路中之感應電動勢大小為何？(b)流經 R 的電流方向為何？

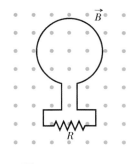

圖 **30-33** 習題 29

30 圖 30-34a 顯示了一個彎折成矩形($W = 35$ cm，$H = 45$ cm)的金屬線，其電阻是 5.0 mΩ。矩形內部被區隔成三個相等面積的區域，各區域中的磁場分別是 $\vec{B}_1$、$\vec{B}_2$ 與 $\vec{B}_3$。在每一個區域的磁場都是均勻的，而且其方向如圖所示指出或指入頁面。圖 30-34b 顯示了三個磁場的 z 分量 B_z 隨時間 t 變化的圖形，垂直軸的尺度被設定為 $B_s = 4.0$ μT 與 $B_b = -2.5B_s$，而水平軸的尺度被設定為 $t_s = 2.0$ s。試問在金屬線中的感應電流的(a)量值和(b)方向為何？

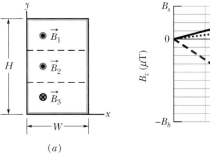

圖 **30-34** 習題 30

31 圖 30-35 中，直徑為 10 cm 的圓形導線迴路(此為其側面圖)被置於大小為 0.33 T 的均勻磁場 $\vec{B}$ 中，迴路之法線向量 $\vec{N}$ 與 $\vec{B}$ 的方向夾角 θ 為 30 度。以定速 57 rev/min 繞 $\vec{N}$ 的方向旋轉成圓錐體；θ 在此過程中維持不變。迴路中的感應電動勢為何？

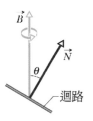

圖 **30-35** 習題 31

32 圖 30-36 中，正方形邊長為 2.5 cm。磁場指出紙面，其大小為 $B = 4.0t^2y$，其中 B、t、y 的單位各為特斯拉，秒及公尺。求在 $t = 3.0$ s 時方形線圈的感應電動勢的(a)大小及(b)方向？

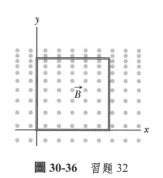

圖 30-36 習題 32

33 圖 30-37 中，$\mathscr{E} = 100$ V，$R_1 = 30.0$ Ω，$R_2 = 20.0$ Ω，$R_3 = 30.0$ Ω，$L = 2.00$ H。試求在開關 S 閉合的瞬間的(a) i_1 和(b) i_2 為何？(令與圖中指示方向具有相同方向的電流為正值，具有相反方向的為負值)。經過很長時間以後的(c) i_1 和(d) i_2 為何？然後將開關重新開啟。請問開啟瞬間的(e) i_1 和(f) i_2 是多少？經過很長時間以後的(g) i_1 和(h) i_2 各是多少？

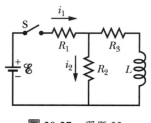

圖 30-37 習題 33

34 在圖 30-38a 中，開關 S 已經閉合在點 A 處有一段很長的時間，這段時間已經足以在電感值 $L_1 = 5.00$ mH 的電感器和電阻值 $R_1 = 25.0$ Ω 的電阻器中建立起穩定電流。同樣地，在圖 30-38b 中，開關 S 已經閉合在點 A 處有一段很長的時間，這段時間已經足以在電感值 $L_2 = 3.00$ mH 的電感器和電阻值 $R_2 = 30.0$ Ω 的電阻器中建立起穩定電流。通過電感器 2 的一匝線圈的磁通量，相對於通過電感器 1 的磁通量的比值 Φ_2/Φ_1 是 1.50。在時間 $t = 0$，兩個開關都閉合在點 B 處。試問在什麼時間 t，這兩個電感器中通過一匝線圈的磁通量會相等？

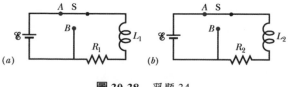

圖 30-38 習題 34

35 在時間 $t = 0$，有 12.0 V 電位差突然施加在一個電感值 23.0 mH 的線圈和一個電阻 R 的引線上。在時間 $t = 0.150$ ms 的時候，通過電感器的電流變化的速率是 280 A/s。試計算 R。

36 在時間 $t = 0$，將 45 V 電位差突然施加在一個具有電感值 $L = 50$ mH 和電阻 $R = 180$ Ω 的線圈引線上。請問在 $t = 1.2$ ms，通過線圈的電流增加率為何？

37 在圖 30-39 的電路中，$R_1 = 20$ kΩ，$R_2 = 20$ Ω，$L = 50$ mH，而且理想電池的 $\mathscr{E} = 40$ V。當開關在時間 $t = 0$ 閉合的時候，在此以前開關已經開啟了很長一段時間。試問在開關閉合以後的瞬間，(a)通過電池的電流 i_{bat}，(b)變化率 di_{bat}/dt 是多少？在 $t = 3.0$ μs，(c) i_{bat} 和(d) di_{bat}/dt 為何？經過很長一段時間以後，(e) i_{bat}，(f) di_{bat}/dt 為何？

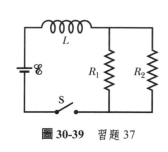

圖 30-39 習題 37

38 某一個正方形金屬線迴路具有邊長 20 cm，其電阻值是 20 mΩ，其所在平面與量值 $B = 2.0$ T 的均勻磁場互相垂直。如果我們拉動迴路的對立邊彼此互相遠離，則其餘兩邊會自動互相靠近，因而使迴路圈圍的面積減少。如果面積在時間 $\Delta t = 0.20$ s 內減少成零，請問在 Δt 時間間隔內，在迴路中感應的(a)平均電動勢和(b)平均電流各為何？

39 一均勻磁場 $\vec{B}$ 與直徑 8.0 cm 的銅線(銅線直徑為 2.5 mm)且電阻率為 1.69×10^{-8} Ω·m 之圓形迴路面垂直。若迴路中有 10 A 之感應電流，磁場 $\vec{B}$ 的變率需為多少？

40 於圖 30-40 中，兩條直導線在其端點處相接成直角。一導電棒在 $t = 0$ 時接觸直角導線的端點，並以 2.70 m/s 等速移動，如圖 30-56 所示。磁場大小為 0.190 T，指出紙面。計算：(a) $t = 3.00$ s 時，通過導線和棒所

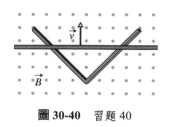

圖 30-40 習題 40

形成三角形的磁通量。(b)此時三角迴路上的電動勢爲何？(c)若將電動勢表示爲 $\mathcal{E} = at^n$，其中 a 和 n 爲常數，則 n 值爲何？

41 有一電池在時間 $t = 0$ 時，連接到串聯的 RL 電路。請問在多少個時間常數 τ_L 時，電流會比其平衡值小 0.300%？

42 一個矩形迴路(面積 0.15 m²)在一均勻磁場($B = 0.12$ T)中翻轉。當磁場和迴路平面法線之間的夾角是 $\pi/2$ rad 且以 0.40 rad/s 在增加的時候，請問迴路中所感應的電動勢爲何？

43 正方形導線圈，每邊長 2.00 m，並垂直於均勻磁場，線圈中只有一半面積在磁場內，如圖 30-41 所示。迴路中包含內電阻可忽略之 $\mathcal{E} = 8.00$ V 電池，若磁場大小

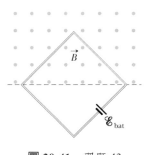

圖 30-41 習題 43

依 $B = 0.0420 - 0.870\,t$ 隨時間變化，其中 B 的單位爲特斯拉，t 的單位爲秒。(a)線路中的總電動勢爲何？(b)通過電池的電流方向爲何？

44 圖 30-42 中，$L = 40.0$ cm 且 $W = 25.0$ cm 的金屬線環路置於磁場 $\vec{B}$ 中。若 $\vec{B} = (4.00\times10^{-2}\,\text{T/m})y\hat{k}$，則在環路中所感應電動勢的(a)

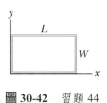

圖 30-42 習題 44

量值 $\mathcal{E}$ 和(b)方向(順時針或逆時針，或如果 $\mathcal{E} = 0$，則寫「無」)爲何？若 $\vec{B} = (2.00\times10^{-2}\,\text{T/s})t\hat{k}$ 則(c)$\mathcal{E}$ 和(d)方向爲何？若 $\vec{B} = (2.00\times10^{-2}\,\text{T/m·s})yt\hat{k}$，則(e)$\mathcal{E}$ 和(f)方向爲何？若 $\vec{B} = (3.00\times10^{-2}\,\text{T/m·s})xt\hat{k}$，則(g)$\mathcal{E}$ 和(h)方向爲何？若 $\vec{B} = (5.00\times10^{-2}\,\text{T/m·s})yt\hat{k}$，則(i)$\mathcal{E}$ 和(j)方向爲何？

45 某一個長的圓柱形螺線管具有 100 turns/cm，其半徑是 1.6 cm。假設它產生的磁場具有與管軸平行的方向，而且在螺線管內部是均勻的。(a)每公尺長度的電感爲何？(b)若電流變化率是 13 A/s，則每公尺所感應的電動勢是多少？

46 磁場通過單一迴路的線圈，其線圈半徑 16 cm，電阻 8.5 Ω。磁場 $\vec{B}$ 以圖 30-43 的方式隨時間變化。垂直軸的尺度被設定爲 $B_s = 0.80$ T，而水平軸的尺度設定爲 $t_s = 6.00$ s。線圈面垂直於 $\vec{B}$。求線圈中感應電動勢的時間函數。設考慮的時間區段：(a) $t = 0$ 到 $t = 2.0$ s，(b) $t = 2.0$ s 至 $t = 4.0$ s，(c) $t = 4.0$ s 至 $t = 6.0$ s。

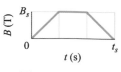

圖 30-43 習題 46

47 在某處，地球磁場強度 $B = 0.590$ 高斯，且角度爲水平偏下 70.0 度。水平的圓形線圈，其半徑爲 10.0 cm，總電阻 85.0 Ω 共 800 匝。將它接至具有 210 Ω 電阻的電流計上。把線圈翻轉半圈，使它又成水平狀。有多少電荷經過電流計？

48 緊密纏繞了 650 匝之電感器，其電感爲 8.0 mH。當所載電流爲 5.0 mA 時，通過線圈內之磁通量爲多少？

49 在某一瞬間一個電感的電流和感應電動勢的方向如圖 30-44 所示。(a)電

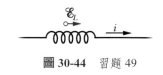

圖 30-44 習題 49

流正在增加或減少？(b)感應電動勢爲 38 V，而電流的改變速率是 25 kA/s；求出電感值。

50 在圖 30-45 中，電池爲理想，$\mathcal{E} = 10$ V，$R_1 = 5.0$ Ω，$R_2 = 10$ Ω，且 $L = 5$ H。在時間 $t = 0$ 時，開關 S 閉合。在閉合以後的瞬間，請問：(a) i_1，(b) i_2，(c)通過開關的電流 i_S，(d)在電阻器 2 兩端的電位差 V_2，(e)在電感器兩端的電位差 V_L，(f)變化率 di_2/dt 爲何？經過一段很長時間以後，請問：(g) i_1，(h) i_2，(i) i_S，(j) V_2，(k) V_L，(l) di_2/dt 各爲何？

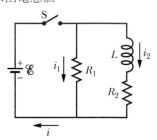

圖 30-45 習題 50

51 有一個緊密纏繞的繞組，其電感值可以在電流變化率是 5.00 A/s 的時候，感應出電動勢 3.00 mV。穩定電流 8.00 A 流經繞組，會造成每一匝線圈有 40.0 μWb 的磁通量通過。(a)計算線圈的電感。(b)此線圈有多少匝？

52 在 xy 平面中的某一個圓形區域有均勻磁場沿著 z 軸正方向穿過。磁場量值 B(單位特斯拉)依據 $B = at$ 隨著時間 t (單位秒)增加，其中 a

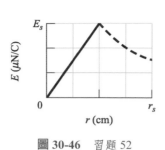

圖 30-46 習題 52

是常數。經由該磁場的增加而建立起量值 E 的電場，此電場相對於徑向距離 r 的關係顯示於圖 30-46；其垂直軸的尺度被設定為 $E_s = 600\ \mu$N/C，而水平軸的尺度被設定為 $r_s = 4.00$ cm。試求 a。

53 20 H 的電感器載有 3.0 A 的穩定電流，如何使其產生 60 V 的自感電動勢？

54 假設在圖 30-16 的電路中，電池的電動勢會隨著時間 t 改變，使得電流可以表示成 $i(t) = 3.0 + 7.0t$，其中 i 的單位是安培，而且 t 的單位是秒。假設 $R = 4.0\ \Omega$ 且 $L = 8.0$ H，請求出電池電動勢表示成時間函數的數學式(提示：應用迴路法則)。

55 在 $t = 0$ 時，將電池連接到一個電阻和一個電感串聯形成的電路。當電池接上之後，經過幾個時間常數，其磁場中儲存的磁能為穩態值的 0.333？

56 線圈 1 有 $L_1 = 25$ mH 及 $N_1 = 80$ 匝。線圈 2 有 $L_2 = 40$ mH 與 $N_2 = 200$ 匝。此二線圈位置固定，且其互感係數 $M = 3.0$ mH。線圈 1 有 6.0 mA 的電流，而其變化率為 5.0 A/s。(a)穿過線圈 1 的磁通量 Φ_{12} 為何？(b)而其自感電動勢為何？(c)穿過線圈 2 的磁通量 Φ_{21} 為何？(d)而其互感電動勢為何？

57 半徑為 60 mm 的圓形迴路，載有電流 70 A，電流均勻分佈於截面上。則(a)迴路中心的磁場強度，(b)迴路中心的能量密度為何？

58 在圖 30-47 中，$R_1 = 8\ \Omega$，$R_2 = 10\ \Omega$，$L_1 = 0.30$ H，$L_2 = 0.20$ H，而且理想電池的 $\mathscr{E} = 6.0$ V。(a) 在開關 S 閉合以後

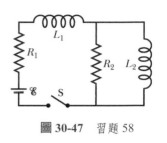

圖 30-47 習題 58

的瞬間，電感器 1 中的電流變化率是多少？(b)當電流處於穩態的時候，電感器 1 中的電流為何？

59 環形線圈的橫截面為 5.00 cm^2，內半徑為 15.0 cm，線匝數 500 匝，電流為 0.800 A，通過橫截面的磁通量是多少？

60 某特定線圈具有電阻 0.75 Ω，如果線圈電流是 5.5 A，則通過線圈的磁通匝鏈數(flux linkage)是 26 mWb。(a)計算線圈的電感。(a)若將 6.0 V 理想電池突然連接到線圈兩端，請問線圈電流要從 0 上升到 2.5 A，將花費多少時間？

61 螺線環狀電感器，其電感為 90.0 mH，體積為 0.040 m^3。如果環內的平均能量密度為 85.0 J/m^3，則流經電感的電流為多少？

62 電感為 2.0 H 且電阻為 10 Ω 的線圈突然與 $\mathscr{E} = 100$ V 的無電阻電池相連接。(a)平衡電流是多少？(b)當這個電流存在於線圈中的時候，儲存在磁場的能量是多少？

63 汽車點火線圈中有兩螺線管。當其中之一的電流於 2.5 ms 的時間內由 8.0 A 降至零，則在另一個螺線管上產生 30 kV 的電動勢。試求兩線圈之間的互感。

CHAPTER 31

電磁振盪與交流電

31-1 LC 振盪器

學習目標

在閱讀完這個區塊的文字之後，讀者應該能夠...

31.01 畫出 LC 振盪器，並解釋哪些物理量會振盪以及哪些是組成振盪週期。

31.02 對 LC 振盪器，以時間為函數畫出跨接電容的電位差圖，與流過電感的電流圖。並指出每一個圖的週期。

31.03 解釋木塊-彈簧振盪與 LC 振盪之間的相似之處。

31.04 對 LC 振盪器，應用角頻率 ω (以及相關頻率 f 和週期 T)、電感、電容之間的關係。

31.05 以木塊-彈簧系統之能量為開始，解釋 LC 振盪中電荷 q 的微分方程推導，然後了解 $q(t)$ 的解。

31.06 對 LC 振盪器，計算某一給定時間電容器上的電荷 q，並了解電荷振盪的振幅 Q。

31.07 以 LC 振盪中，電容器的電荷 $q(t)$ 式子開始，找出以時間為函數的電感器電流 $i(t)$。

31.08 對於 LC 振盪器，計算在某給定時間的電感器電流 i，並了解電流振盪的振幅 I。

31.09 對於 LC 振盪器，應用電荷振幅 Q、電流振幅 I 與角頻率 ω 之間的關係。

31.10 從在 LC 振盪的電荷 q 與電流 i 表示式中，找出磁能 $U_B(t)$、電能 $U_E(t)$ 和總能量。

31.11 對於 LC 振盪器，畫出磁能 $U_B(t)$、電能 $U_E(t)$ 和總能量的圖，均以時間為函數。

31.12 計算磁能 U_B 和電能 U_E 的最大值，並計算總能量。

關鍵概念

● 在振盪的 LC 電路，能量會在電容器電場與電感器磁場中來回往返；兩種能量型式的瞬間值為

$$U_E = \frac{q^2}{2C} \quad 或 \quad U_B = \frac{Li^2}{2}$$

其中 q 是電容器上的瞬間電荷，i 是電感器上的瞬間電流。

● 總能 $U(= U_E + U_B)$ 為常數。

● 由能量守恆得到

$$L\frac{d^2q}{dt^2} + \frac{1}{C}q = 0 \quad (LC 振盪)$$

為 LC 振盪的微分方程式(無阻值)。

● 微分方程的解為

$$q = Q\cos(\omega t) \quad (電荷)$$

其中 Q 是電荷振幅(電容器的最大電荷)，以及振盪的角頻率 ω 為

$$\omega = \frac{1}{\sqrt{LC}}$$

● 相位常數 ϕ 可以由系統的初始狀態($t = 0$)決定。

● 在任何時間 t 的系統中電流 i 為

$$i = -\omega Q\sin(\omega t + \phi) \quad (電流)$$

其中 ωQ 是電流振幅 I。

物理學是什麼？

我們已經探究電場和磁場的基本物理學，也已經探究能量如何儲存在電容器和電感器中。我們接下來將重點轉移到相關的應用物理學，這種物理學關心的是將儲存在某一個地點的能量轉移到另一個地點，以便能量可以在另一地點加以利用。舉例來說，發電廠產生的能量可以出現在我們的家中，然後使電腦運轉。現在這種應用物理學的總價值是如此的高，以致幾乎不可能估計它的價值。現代文明沒有應用物理學的確是不可能的。

在世界上大部分地方，電能並不是以直流的方式傳送，而是以正弦振盪電流(交流電或 *ac*)。物理學家和工程師的挑戰是設計可以有效傳輸能量的 *ac* 系統，以及建立使用這能量的應用。在這裡我們的第一步是研究具有電感 *L* 與電容 *C* 之電路中的振盪。

LC 振盪之定性研究

電阻器 *R*、電容器 *C* 及電感器 *L* 這三個電路元件，到目前為止已經討論過 *RC* 組合(在 27-4 節中)及 *RL* 組合(在 30-6 節中)。在這兩種電路中，我們發現電荷、電流以及電位差皆呈指數形式遞增或遞減。遞增或遞減的時間指標即為時間常數 τ，分別有電容時間常數及電感時間常數。

現在我們要討論剩下來的二元件電路，*LC* 電路。我們將會發現在電路中，電荷、電流及電位差不是隨時間作指數遞減，而是(隨週期 *T* 及角頻率 ω)作正弦變化。此電路被稱為在振盪，且因此而發生之電容器的電場及電感器的**磁場振盪**(electromagnetic oscillations)。這樣的電路稱為電磁振盪。

圖 31-1 的 *a* 到 *h* 子圖顯示了在一簡單 *LC* 電路中振盪的各階段之情形。由 25-21 式，在任何時刻儲存於電容器之電場內的能量為

$$U_E = \frac{q^2}{2C} \tag{31-1}$$

其中 *q* 為電容器上的電荷。由 30-49 式，在任何時刻存於電感器之磁場內的能量為

$$U_B = \frac{L i^2}{2} \tag{31-2}$$

其中 *i* 為通過電感器的電流。

我們現在採用一般的表示法，以小寫字母(如 *q*)表示正弦振盪電路之電量的瞬間值，而以大寫字母(如 *Q*)來表示那些量的振幅。在心中記住此表示法後，再假設圖 31-1 中，最初電容器上的電荷 *q* 為其最大值 *Q*，而通過電感器的電流 *i* 為零。此電路的初始狀態如圖 31-1a 所示。圖中包含表示能量的條狀圖，而在此初始狀態下，即通過電感器的電流為零，電容器

上的電荷量為最大值，條狀圖指示，磁場的能量 U_B 為零，且電場的能量 U_E 為最大值。如同電路振盪，能量於一個儲能裝置轉移到另一個，但總量是守恆的。

　　電容器開始經由電感器放電，正電荷載子沿著逆時針的方向移動，如圖 31-1b 所示。此意指電感器有一向下的電流，即 dq/dt。當電容器的電荷減少時，儲於電容器中之電場的能量也減少。因電感器中產生電流 i，由電容器中移出的能量轉換到電感器周圍的磁場中。因此，電場減少，磁場建立，能量從電場轉移至磁場。

　　最後，電容器上所有的電荷均已消失(圖 31-1c)，且因此損失其電場及電場中所儲存的能量。能量已全部轉入電感器的磁場之中。因為此時磁場之大小為最大值，故通過電感器的電流亦為其最大值 I。

　　雖然此時電容器上之電荷為零，但逆時針方向的電流必須繼續，因為電感器不允許其突然變成零。因此，在電路間的電流繼續將正電荷由上板輸送至下板(圖 31-1d)。此時能量由電感器流回電容器，而電容器內的電場再度建立。在此能量轉移的期間，電流逐漸地減少。最後，當能量完全回到電容器時(圖 31-1e)，電流(暫時地)降至零。圖 31-1(e)的情況與初始情況相像，除此時電容器充電的方向相反。

　　接著電容器又開始放電，但現在電流為順時針方向(如圖 31-1f)。根據前面的推論可知，順時針方向的電流會增至最大值(圖 31-1g)，然後再減少(圖 31-1h)，直到電路最後回復其初始狀況(圖 31-1a)。此過程以一定的頻率 f 重複進行著，這相當於以一定的角頻率 $\omega = 2\pi f$ 進行著。在這種

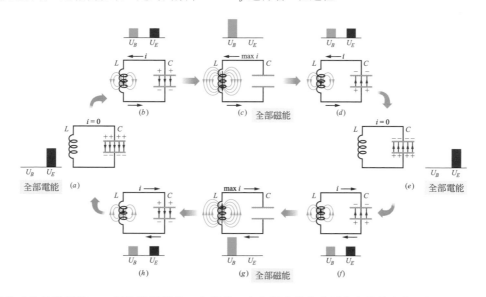

圖 31-1　無電阻的 LC 振盪電路，一個振盪週期的 8 個階段。每個圖中的條狀圖代表所儲存的磁能和電能。電感器的磁場線和電容器的電場線如圖所示。(a)電容器充滿電荷，沒有電流。(b)電容器放電，電流增加。(c)電容器完全放電，電流達最大值。(d)電容器充滿與(a)反向的電荷，電流降至零。(e)電容器充滿與(a)反向的電荷，電流降至零。(f)電容器放電，電流增加且與(b)方向相反。(g)電容器完全放電，電流達最大值。(h)電容器充電，電流減小。

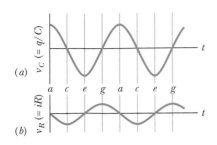

圖31-2 (a)圖 31-1 的電路中之電容器兩端的電位差對時間的函數關係圖。此量正比於電容之電荷量。(b)電位正比於圖 31-1 所示電路中的電流。各字母標示的振盪狀態對應於標示於圖 31-1 中的振盪狀態。

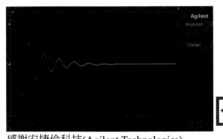

感謝安捷倫科技(Agilent Technologies)

圖31-3 示波器的掃瞄圖顯示 RLC 電路的振盪現象,因為電阻的熱能消耗而停擺。

沒有電阻的理想 LC 電路中,能量只在電容器的電場與電感器的磁場間來回的轉換,由於能量守恆,此振盪會無限期的進行下去。此振盪不需從所有的能量都在電場中開始;即初始狀態可以是振盪的任一階段。

欲求電容器上之電荷 q 對時間的函數,可用伏特計測量跨於電容器 C 兩端之時變電位差(或電壓) v_C。或由 25-1 式,我們寫出

$$v_C = \left(\frac{1}{C}\right)q$$

這可讓我們求得 q。欲測電流,可將一小電阻與電容器和電感器串連,並測其兩端的時變電位差 v_R,v_R 與 i 成正比其關係式為:

$$v_R = iR$$

這邊假設 R 值甚小,可不考慮對電路特性的影響。故 v_C 和 v_R 隨時間變化,而 q 和 i 亦隨時間變化,如圖 31-2 所示。所有四個量呈正弦變化。

在真正的 LC 電路中,振盪並不會無限的持續下去,因為電路中必然會有一些電阻,使得能量從電場及磁場中排出,並轉換成熱能而消耗,使得電路發熱。振盪開始之後,便會如圖 31-3 所示般逐漸的衰減。將此圖與圖 15-17 互相比較。圖 15-17 顯示了木塊彈簧系統的力學振盪因摩擦阻尼而衰減的情形。

 測試站 1

在 t = 0 時,一已充電的電容器與一電感器串連。試求下列敘述多久會達其最大值,以電路之振盪週期 T 表示:(a)電容器上的電荷,(b)電容器在最初的極性時,其兩端的電壓,(c)電場中所儲存的能量,(d)電流。

電學與力學的類似

　　讓我們更深入探討圖 31-1 的 LC 系統與振盪的木塊彈簧系統之間的相似性。在木塊彈簧系統中存在著兩種能量。一種是被壓縮或被拉長的彈簧之位能；另一種是在運動中的木塊之動能。這些可得到此兩能量的熟悉公式，列示於表 31-1 的左邊。

表 31-1　兩振盪系統能量的比較

木塊彈簧系統		LC 振盪器	
元件	能量	元件	能量
彈簧	位能，$\frac{1}{2}kx^2$	電容器	電能，$\frac{1}{2}(1/C)q^2$
木塊	動能，$\frac{1}{2}mv^2$	電感器	磁能，$\frac{1}{2}Li^2$
	$v = dx/dt$		$i = dq/dt$

　　表中(右邊)亦顯示 LC 振盪中包含了兩種能量。我們可看到這兩對能量的相似——木塊彈簧系統的力學能與 LC 振盪器的電磁能。表中底部的 v 及 i 之方程式可協助我們看出此一類似關係。由此可知 q 相當於 x，而 i 相當於 v (在兩方程式中，皆是微分前者而得到後者)。這些對應關係引導我們將獨立的能量水平的配對，如圖所示，因此 1/C 相當於 k，而 L 相當於 m，因此

　　　　q 相當於 x　　1/C 相當於 k

　　　　i 相當於 v　　　L 相當於 m

這些對應關係使我們聯想到，以數學形式來看，LC 振盪器中的電容器與木塊彈簧系統中的彈簧相似，而電感器則與木塊相似。

　　在 15-1 節中，我們知道(無摩擦的)木塊彈簧系統的振盪角頻率為

$$\omega = \sqrt{\frac{k}{m}} \quad \text{(木塊彈簧系統)} \tag{31-3}$$

利用上面所列的對應關係，可求出在一(無電阻的)LC 電路中的振盪角頻率。以 1/C 代替上式的 k，而 L 代替 m，便可得

$$\omega = \frac{1}{\sqrt{LC}} \quad \text{(LC 電路)} \tag{31-4}$$

LC 振盪的定量研究

　　在此我們將清楚顯示，31-4 式所示的 LC 振盪電路的角頻率是正確的。同時將進一步的檢視 LC 振盪與木塊彈振盪間的類似。以前文中對力學的木塊彈簧振盪的討論，將擴充作為 LC 振盪的定量研究之開端。

木塊-彈簧振盪器

在第 15 章我們曾以能量轉移的觀點來分析木塊彈簧振盪，在那時並沒有推導控制此振盪運動的基本微分方程式。這就是現在我們所要做的。

木塊彈簧振盪器在任一時刻的總能量 U 可以寫成

$$U = U_b + U_s = \frac{1}{2}mv^2 + \frac{1}{2}kx^2 \tag{31-5}$$

其中，U_b 和 U_s 分別是運動中的木塊之動能與被壓縮或拉長的彈簧之位能。假設沒有摩擦力，縱然 v 及 x 為變數，總能量 U 仍是不隨時間而變化的常數。以較正式的方式來敘述便是 $dU/dt = 0$，所以

$$\frac{dU}{dt} = \frac{d}{dt}\left(\frac{1}{2}mv^2 + \frac{1}{2}kx^2\right) = mv\frac{dv}{dt} + kx\frac{dx}{dt} = 0 \tag{31-6}$$

以 $v = dx/dt$ 和 $dv/dt = d^2x/dt^2$ 做置換，可以得到

$$m\frac{d^2x}{dt^2} + kx = 0 \quad \text{（木塊-彈簧振盪）} \tag{31-7}$$

31-7 式是描述無摩擦的木塊-彈簧振盪的基礎微分方程式。

31-7 式的一般解為(如同我們在 15-3 式所見)

$$x = X\cos(\omega t + \phi) \quad \text{（位移）} \tag{31-8}$$

其中 X 是力學振盪的振幅(在 15 章為 x_m)，ω 則為振盪的角頻率，且 ϕ 為相位常數。

LC 振盪器

現在要分析無電阻的 LC 電路之振盪，分析過程恰與剛應用在分析木塊彈簧振盪器上的過程相同。LC 振盪電路中任一時刻的總能量 U 為

$$U = U_B + U_E = \frac{Li^2}{2} + \frac{q^2}{2C} \tag{31-9}$$

其中 U_B 為電感器之磁場所儲存的能量，而 U_E 為電容器之電場所儲存的能量。因為假設電路的電阻為零，沒有能量被轉換成熱能，所以 U 是不隨時間變化的常數。以更正式的方式來敘述，即 dU/dt 須為 0。所以

$$\frac{dU}{dt} = \frac{d}{dt}\left(\frac{Li^2}{2} + \frac{q^2}{2C}\right) = Li\frac{di}{dt} + \frac{q}{C}\frac{dq}{dt} = 0 \tag{31-10}$$

然而，$i = dq/dt$，且 $di/dt = d^2q/dt^2$。所以 31-10 式變成

$$L\frac{d^2q}{dt^2} + \frac{1}{C}q = 0 \quad \text{（LC 振盪）} \tag{31-11}$$

這就是描述無電阻 LC 電路振盪的微分方程式。仔細比較 31-11 式及 31-7 式，可以發現兩個式子在數學形式上完全相同，只是所用的數學符號不同罷了。

電荷與電流振盪

由於這兩個微分方程式在數學上完全等效，所以它們的解亦必然如此。因為 q 對應 x，所以利用類比的方法，由 31-8 式類推得 31-11 式的一般

解，即

$$q = Q\cos(\omega t + \phi) \quad \text{（電荷）} \tag{31-12}$$

其中 Q 是電荷變化之振幅，ω 是電磁振盪的角頻率，而 ϕ 是相位常數。

將 31-12 式對時間做一次微分，可得 LC 振盪器的電流：

$$i = \frac{dq}{dt} = -\omega Q\sin(\omega t + \phi) \quad \text{（電流）} \tag{31-13}$$

此一正弦變化之電流的振幅 I 為

$$I = \omega Q \tag{31-14}$$

故 31-13 式可寫成

$$i = -I\sin(\omega t + \phi) \tag{31-15}$$

角頻率

把 31-12 式及其對時間的二次微分代入 31-11 式，便可檢測 31-12 式是否為 31-11 式的解。31-12 式的一次微分為 31-13 式。而其二次微分為

$$\frac{d^2q}{dt^2} = -\omega^2 Q\cos(\omega t + \phi)$$

把 q 及 d^2q/dt^2 代入 31-11 式可得

$$-L\omega^2 Q\cos(\omega t + \phi) + \frac{1}{C}Q\cos(\omega t + \phi) = 0$$

消去 $Q\cos(\omega t + \phi)$ 並整理之，可得

$$\omega = \frac{1}{\sqrt{LC}}$$

因此，若 ω 等於常數 $1/\sqrt{LC}$，則 31-12 式確實是 31-11 式的解。注意，此 ω 的表示式與 31-4 式的結果完全相同，而該結果是利用對應關係求得。

　　31-12 式中的相位常數 ϕ，是由任一特定時間的條件所決定——比如 $t = 0$。例如，若 $t = 0$ 時 $\phi = 0$，則由 31-12 式及 31-13 式分別可得 $q = Q$ 及 $i = 0$，這些初始條件如圖 31-1a 所示。

電能與磁能之振盪

　　由 31-1 式及 31-12 式可得，在任何時間 t 時，儲存於 LC 電路中的電能為

$$U_E = \frac{q^2}{2C} = \frac{Q^2}{2C}\cos^2(\omega t + \phi) \tag{31-16}$$

由 31-2 式及 31-13 式得到，所儲存的磁能為，

$$U_B = \frac{1}{2}Li^2 = \frac{1}{2}L\omega^2 Q^2\sin^2(\omega t + \phi)$$

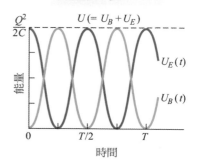

電能及磁能會變化但總能不變

圖 31-4　圖 31-1 的電路中所儲存的磁能與電能的時間函數圖。注意兩者的和為常數。T 為振盪週期。

把由 31-4 式所得之 ω 代入上式，可得

$$U_B = \frac{Q^2}{2C}\sin^2(\omega t + \phi) \tag{31-17}$$

圖 31-4 顯示，當 $\phi = 0$ 時 $U_E(t)$ 和 $U_B(t)$ 的圖形。注意：

1. U_E 和 U_B 的最大值皆爲 $Q^2/2C$。
2. 在任何瞬間，U_E 和 U_B 的和爲常數 $Q^2/2C$。
3. U_E 當爲極大值時，U_B 爲零，反之亦然。

 測試站 2

LC 振盪器中的電容器之最大電位差爲 17 V 及最大能量爲 160 μJ。當電容器的電位差爲 5 V 而能量爲 10 μJ 時，(a)電感器兩端的電動勢，及(b)磁場中所儲存的能量爲何？

範例 31.01 *LC 振盪器：位能改變，電流改變率*

當 1.5 μF 電容器經由電池充電至 57 V，爾後移除。在 $t = 0$ 時連接一個 12 mH 的電感，形成一個 LC 電路(圖 31-1)。

(a)跨接電感兩端的電位差 $v_L(t)$ 與時間的關係式爲何？

關鍵概念

(1)電路中的電流與電位差(電容的電位差與電感的電位差)均爲正弦函數振盪。

(2)我們可將迴路法規則應用於此振盪電路關係中，如同第 27 章中我們亦曾應用此法則於非振盪電路中。

計算 在任何時間的振盪狀態，利用迴路法則與圖 31-1 可得

$$v_L(t) = v_C(t) \tag{31-18}$$

意即不論在任何時候，跨接在電感的電位差都會等於跨接在電容的電位差，使整個線路的淨電位差爲 0，然後我們可從 $q(t)$ 及 25-1 式($q = CV$)得出 $v_C(t)$，再利用 $v_C(t)$ 得到 $v_L(t)$。

因爲在 $t = 0$ 時，電位差 $v_C(t)$ 是最大值，所以電荷 q 也會是最大值。相位常數 ϕ 必爲零；所以從 31-12 式中得到

$$q = Q\cos\omega t \tag{31-19}$$

因爲在 $t = 0$ 時，電位差 $v_C(t)$ 是最大值，所以電荷 q 也會是最大值，相位常數 ϕ 等於零，從 31-12 式中得到爲了得到 $v_C(t)$，將 31-19 式兩側均除以 C，可寫成：

$$\frac{q}{C} = \frac{Q}{C}\cos\omega t$$

再利用 25-1 式，寫成：

$$v_C = V_C\cos\omega t \tag{31-20}$$

而 V_C 爲跨接在電容兩端之電位差於振盪時的振幅。

依據 31-18 式，我們將 $v_C = v_L$ 代入，可得：

$$v_L = V_C\cos\omega t \tag{31-21}$$

由題目知道 V_C 的值與起始(最大)電位差相同，爲 57 V。則利用 31-4 式求出 ω 的大小：

$$\omega = \frac{1}{\sqrt{LC}} = \frac{1}{\left[(0.012\,\text{H})(1.5\times10^{-6}\,\text{F})\right]^{0.5}}$$
$$= 7454\,\text{rad/s} \approx 7500\,\text{rad/s}$$

於是 31-21 式變成爲

$$v_L = (57\,\text{V})\cos(7500\,\text{rad/s})t \tag{答}$$

(b) 電流在電路中是隨時間不斷改變的，請求出 i 的時變率最大值 $(di/dt)_{max}$？

關鍵概念

電荷大小隨電容振盪的關係如同 31-12 式所示，而電流則爲 31-13 式的形式。因爲 $\phi = 0$，於是該方程式可寫成：

$$i = -\omega Q \sin \omega t$$

計算 把上式微分可得

$$\frac{di}{dt} = \frac{d}{dt}(-\omega Q \sin \omega t) = -\omega^2 Q \sin \omega t$$

爲簡化式子，於是用 CV_C 取代 Q（理由爲我們已知 C 和 V_C 的大小，但不知道 Q 的大小），用 $1/\sqrt{LC}$ 取代 ω（根據 31-4 式）。我們得到

$$\frac{di}{dt} = -\frac{1}{LC}CV_C \cos \omega t = -\frac{V_C}{L}\cos \omega t$$

這告訴我們電流的改變率並非定值（是正弦時變），而這改變率的最大值爲

$$\frac{V_C}{L} = \frac{57\,\text{V}}{0.012\,\text{H}} = 4750\,\text{A/s} \approx 4800\,\text{A/s} \qquad \text{(答)}$$

31-2　*RLC* 電路的阻尼振盪

學習目標

在閱讀完這個區塊的文字之後，讀者應該能夠...

31.13 畫出阻尼 *RLC* 電路，並解釋爲何振盪是有阻尼的。

31.14 以在阻尼 *RLC* 電路中場能量和能量減少速率表示式爲開端，寫出電容器上電荷 q 的微分方程式。

31.15 對於阻尼 *RLC* 電路，應用電荷 $q(t)$ 的表示式。

31.16 了解在阻尼 *RLC* 電路中，電荷振幅和電場振幅會隨著時間指數地減少。

31.17 運用給定阻尼 *RLC* 振盪器的角頻率 ω'，與若移除後的電路角頻率 ω 之間的關係。

31.18 對於阻尼 *RLC* 電路，應用以時間爲函數的電能 U_E 表示式。

關鍵概念

● 當一個消耗元素 R 也出現在 *LC* 電路中，而電路的振盪會有阻尼性。表示式爲

$$L\frac{d^2q}{dt^2} + R\frac{dq}{dt} + \frac{1}{C}q = 0 \quad \text{(RLC 電路)}$$

● 微分方程式的解爲

$$q = Qe^{-Rt/2L}\cos(\omega't + \phi)$$

其中 $q = Qe^{-Rt/2L}\cos(\omega't + \phi)$

我們只考慮微小 R，因此會有微小阻尼的情況，即 $\omega' \approx \omega$。

RLC 電路的阻尼振盪

若一個電路包含電阻、電感和電容則稱爲 *RLC* 電路。我們在此僅討論 *RLC* 串聯電路，如圖 31-5 所示。電路中出現電阻 R，則總電磁能 U（電能和磁能的總合）不再爲定值，而是隨時間而減少，轉換成電阻器的熱能。因爲能量損失，所以此振盪的電荷、電流和電位差也持續地減少振幅；此時之振盪稱爲「有阻尼」，就如同 15-5 節之有阻尼物塊-彈簧振子。

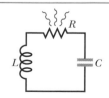

圖 31-5 一個 *RLC* 串聯電路。當來回振盪電路中之電荷通過電阻時，電磁能會損失而變成熱能，即阻尼振盪（振幅減少）。

為了分析此振盪電路,我們寫下此電路在任何瞬間的總電磁能 U 之方程式。因為電阻不能儲存電磁能,我們可以使用 31-9 式:

$$U = U_B + U_E = \frac{Li^2}{2} + \frac{Q^2}{2C} \tag{31-22}$$

然而,現在此總能量減少了,轉換成熱能。從 26-27 式,此轉換的速率為:

$$\frac{dU}{dt} = -i^2 R \tag{31-23}$$

負號表示能量 U 的減少。將 31-22 式對 t 微分,並將結果代入 31-23 式,可得

$$\frac{dU}{dt} = Li\frac{di}{dt} + \frac{q}{C}\frac{dq}{dt} = -i^2 R$$

以 dq/dt 代入 i,以 d^2q/dt^2 代入 di/dt,可得

$$L\frac{d^2q}{dt^2} + R\frac{dq}{dt} + \frac{1}{C}q = 0 \quad \text{(RLC 電路)} \tag{31-24}$$

這是描述 RLC 阻尼振盪的微分方程式。

電荷減少。31-24 式的一般解可以寫成下式

$$q = Qe^{-Rt/2L}\cos(\omega't + \phi) \tag{31-25}$$

其中

$$\omega' = \sqrt{\omega^2 - (R/2L)^2} \tag{31-26}$$

其中 $\omega = 1/\sqrt{LC}$,如無阻尼振盪一般。31-25 式告訴我們在 RLC 阻尼電路中,電容器上的電荷是如何振盪;15-42 式給出了木塊彈簧阻尼振盪器的位移。

31-25 式描述振幅呈指數遞減 $Qe^{-Rt/2L}$ 的正弦振盪(餘弦項)。有阻尼的振盪角頻率 ω' 永遠比無阻尼的振盪頻率 ω 小;但在此我們只考慮電阻 R 非常小的情形,可以令 $\omega' = \omega$ 而不會造成太大的誤差。

因此,電能會在餘弦平方項振盪,且那個振盪的振幅會隨著時間指數遞減。

能量減少。接下來我們來找以時間為函數的電路總電磁能 U 表示式。有個方法就是去監測電容器的電能,可以由 31-1 式得到($U_E = q^2/2C$),將 31-25 式帶進 31-1 式,可以得到

$$U_E = \frac{q^2}{2C} = \frac{\left[Qe^{-Rt/2L}\cos(\omega't + \phi)\right]^2}{2C} = \frac{Q^2}{2C}e^{-Rt/L}\cos^2(\omega't + \phi) \tag{31-27}$$

因此,電能會在餘弦平方項振盪,且那個振盪的振幅會隨著時間指數遞減。

範例 31.02　阻尼 *RLC* 電路：充電振幅

一 *RLC* 串聯電路的電感 L =12 mH，電容 C =1.6 μF，電阻 R = 1.5 Ω，於時間 t = 0 開始振盪。

(a)在什麼時間 t 之後，電路中之電荷振盪的振幅降至初始值的 50%？(注意我們並不知道初始值。)

關鍵概念

電荷振盪的振幅隨時間 t 呈指數遞減。根據 31-25 式，在任何時間 t 的充電振幅為 $Qe^{-Rt/2L}$，其中 Q 為在時間 t = 0 的振幅。

計算　當 31-25 式中電荷振盪的振幅 $Qe^{-Rt/2L}$ 衰減至 $0.50Q$，也就是當

$$Qe^{-Rt/2L} = 0.50Q$$

現在可以消去 Q (也就是說我們可以在不知道初始電荷的情況下解答)。並在等式兩邊取自然對數，得到

$$-\frac{Rt}{2L} = \ln 0.50$$

解 t 並將數據代入可得

$$t = -\frac{2L}{R}\ln 0.50 = \frac{(2)(12 \times 10^{-3}\,\text{H})(\ln 0.50)}{1.5\,\Omega}$$

$$= 0.0111\text{s} \approx 11\text{ms} \qquad (\text{答})$$

(b)此時間內完成了幾個振盪週期？

關鍵概念

一個完整振盪的週期為 $T = 2\pi/\omega$，其中 *LC* 角頻率由 31-4 式($\omega = 1/\sqrt{LC}$)得到。

計算　每一個振盪費時一週期，因此，在時間間隔 Δt = 0.0111 s 內，完整的振盪數為

$$\frac{\Delta t}{T} = \frac{\Delta t}{2\pi\sqrt{LC}}$$

$$= \frac{0.0111\text{s}}{2\pi\left[(12 \times 10^{-3}\,\text{H})(1.6 \times 10^{-6}\,\text{F}\right]^{1/2}} \approx 13 \ (\text{答})$$

因此在約 13 次振盪之後，振幅變成原來的一半。相較之下，此阻尼較圖 31-3 來得小。在圖 31-3 中，只要一個週期的時間，振幅便減少了一半以上。

PLUS Additional example,video,and practice available at *WileyPLUS*

31-3　三個簡單電路的強迫振盪

學習目標

在閱讀完這個區塊的文字之後，讀者應該能夠...

31.19 區分交流電與直流電。

31.20 對於交流電發電機，以時間為函數寫出電動勢，並了解此電動勢振幅，和推算出角頻率。

31.21 對於交流電發電機，寫出以時間為函數的電流，並了解其與電動勢相關的振幅和相位常數。

31.22 畫出一個以發電機驅動的 *RLC* 電路(串聯)之簡圖。

31.23 區分驅動角頻率 ω_d 和自然角頻率 ω。

31.24 在一個驅動(串聯) *RLC* 電路中，了解諧振的條件，以及電流振幅上的諧振效應。

31.25 對於三個基本電路中的每一個(純電阻性負載，純電容性負載，純電感性負載)，畫出其電路，並對電壓 $v(t)$ 和電流 $i(t)$ 畫出圖表與相量圖。

31.26 對三個基本電路，應用電壓 $v(t)$ 和電流 $i(t)$ 的公式。

31.27 在每個基本電路的相量圖上，了解角速度、振幅，以及垂直軸上投影和旋轉角。

31.28 對於每一個基本電路，了解相位常數，並以相關連的電流相量和電壓相量方向，以及領先和落後來解釋它。

31.29 應用口訣「正的 *ELI* 是冰人(*ICE* man)」。

31.30 對於每一基本電路，應用電壓振幅 V 和電流振幅 I 之間的關係。

31.31 計算容抗 X_C 與感抗 X_L。

關鍵概念

● 透過下式的外加交流電動勢，可以將串聯 RLC 電路在驅動角頻率時放進強迫振盪中

$$\mathscr{E} = \mathscr{E}_m \sin \omega_d t$$

● 在電路中被驅動的電流為

$$i = I \sin(\omega_d t - \phi)$$

其中 ϕ 為電流的相位常數。

● 跨接電阻器的交流電壓差有振幅 $V_R = IR$；電流與電壓差同相。

● 對電容器，$V_C = IX_C$，其中 $X_C = 1/\omega_d C$ 是容抗；此處電流領先電壓差 $90°$（$\phi = -90° = -\pi/2 \text{ rad}$）。

● 對電感器，$V_L = IX_L$，其中 $X_L = \omega_d L$ 是感抗；這裡的電流落後電壓差 $90°$（$\phi = +90° = +\pi/2 \text{ rad}$）。

交流電流

若外加電動勢裝置能提供足夠的能量，補償電阻 R 所損耗的熱能，則 RLC 電路中的振盪不會因阻尼而衰減。包含無數 RLC 電路的家庭、公司、工廠會從當地的電力公司接收到此能量。在大多數的國家中，此能量經由振盪的電動勢與電流所提供，此種電流稱為**交流電**，或簡寫為 **ac**（從電池送出的不會振盪之電流稱為**直流電**，或簡寫為 **dc**）。這些隨時間做正弦振盪的電動勢與電流每秒逆轉方向(在北美) 120 次，因此其頻率 $f =$ 60 Hz。

電子振盪。 乍看之下，此似為一奇怪的安排。我們已知道家用導線中之傳導電子典型的漂移速度為 4×10^{-5} m/s。若現在每 1/120 秒逆轉其方向一次，此種電子在半週期內只運動約 3×10^{-7} m。以此速率，一在導線中的典型電子在須逆轉其方向前所能經過的原子不超過 10 個。那麼，你可能會納悶，此電子究竟能到那裏去？

雖然這可能是一個令人困擾的問題，但事實上它卻是不必要的擔心。帶電載並不必須「遍布各處」。我們說導線中的電流為一安培時，意指帶電載子以每秒一庫侖的速率通過導線的任何截面。載子通過截面時的速率並不直接影響電流值，一安培電流可能相當於一大群緩慢運動的帶電載子或寥寥幾個快速運動的載子。再者，通知電子逆轉方向的訊號，在導體中以接近光速的速率前進，這訊號來自於電力公司之發電機所供應的交流電動勢。所有電子，不管身在何處，幾乎在同一時刻接到這逆轉指令。最後，我們發現在許多電器產品中，例如電燈泡或烤麵包機，只要電子確實在運動，並經由與原子的碰撞，把能量以熱能形式傳給電器產品便可，電子往哪一個方向運動並不重要。

為何是 ac？ 交流電的基本優點為：當電流改變時，導體附近之磁場亦會發生改變。如此一來，便可以根據法拉第感應定律，利用變壓器使交流電壓差之大小作任意的上升或下降。變壓器稍後將會在本章中介紹。再者，交流比(非交流)直流更適合轉動的機械，如發電機或馬達。

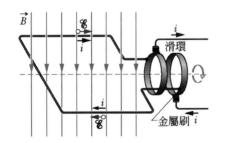

圖 31-6 交流發電機的基本原理是一導體迴路在外加磁場中轉動。在實用上，迴路由多匝的線圈組成，藉著連接於轉動軸與上述迴路末端的滑環。便可獲取在迴路中產生的交流感應電動勢，並以金屬刷作為電性連接將其送至電路的各部分。

電動勢與電流。圖 31-6 爲一個 *ac* 發電機的簡單模型。當導電迴路被迫在外磁場 $\vec{B}$ 中轉動時,迴路中會感應出一正弦振盪電動勢 $\mathcal{E}$:

$$\mathcal{E} = \mathcal{E}_m \sin \omega_d t \tag{31-28}$$

電動勢的角頻率 ω_d 等於迴路在磁場中旋轉的角速率;電動勢的相位爲 $\omega_d t$,而其振幅爲 $\mathcal{E}_m$(此下標表最大值)。當此轉動中的迴路爲封閉傳導路徑的一部分時,電動勢會產生(驅動)一沿著路徑的正弦(交流)電流,其角頻率亦爲 ω_d,因而被稱爲**驅動角頻率**(driving angular frequency)。此電流可寫成

$$i = I \sin(\omega_d t - \phi) \tag{31-29}$$

其中 I 爲此操作電流的振幅(傳統上電流相位中的相位常數慣用負號 $\omega_d t - \phi$ 而不使用 $\omega_d t + \phi$)。在 31-29 式中我們加入相位常數 ϕ,是因電流 i 不一定與電動勢 $\mathcal{E}$ 同相(你將在之後的課文中了解,相位常數端視電路與那一個發電機連接而定)。此電流亦可用**驅動頻率** f_d 表示,只需將 31-29 式中之 ω_d 用 $2\pi f_d$ 代入即可。

強迫振盪

我們已討論過無阻尼的 *LC* 電路及以角頻率 $\omega = 1/\sqrt{LC}$ 振盪的 *RLC* 阻尼電路(R 很小)中,兩者的電荷、電位差、與電流。這種振盪稱爲自由振盪(沒有外加電動勢),而角頻率 ω 稱爲電路的**固有角頻率**(natural angular frequency)。

當 31-28 式中的外加交流電動勢與 *RLC* 電路連接時,電荷、電位差,與電流的振盪稱爲驅動振盪或強迫振盪。這些振盪總是發生在驅動角頻率 ω_d 時:

> 不論電路的固有角頻率 ω 爲何,電路中的電荷、電流與電位差之強迫振盪總是發生於驅動角頻率 ω_d 時。

然而,你將會在 31-4 節看到,振盪的振幅變化與 ω_d 接近 ω 的程度有很大的相關性。當此兩頻率匹配——即**共振**的情況——電路之電流振幅爲最大值。

三個簡單的電路

稍後我們要將外加的交流電動勢裝置與 *RLC* 串聯電路連結,如圖 31-7 所示,然後求出以外加電動勢的振幅 $\mathcal{E}_m$ 及角頻率 ω_d 表示正弦振盪電路之振幅 I 及相位常數 ϕ 的表示式。一開始我們來先考慮三個簡單電路,每一個皆只有一外加電動勢及另一電路元件:R、C 或 L。我們以有電阻元件(純電阻性負載)的電路作爲開始。

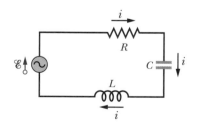

圖 31-7 包含有電阻器、電容器及電感器之單迴路電路。發電機(圖中圓圈內有波浪線者)產生交變流電動勢;圖中所示爲某一時刻的電動勢及電流方向。

圖 31-8 一電阻跨接於交流發電機兩端。

電阻性負載

圖 31-8 顯示一包含單電阻元件(其值為 R)及具有 31-28 式的交流電動勢之交流發電機。根據迴路法則,我們得到

$$\mathcal{E} - v_R = 0$$

由 31-28 式可得到

$$v_R = \mathcal{E}_m \sin \omega_d t$$

因為電阻兩端之交流電位差(或電壓)的振幅 V_R 等於交流電動勢的振幅 $\mathcal{E}_m$,故我們可將其寫成

$$v_R = V_R \sin \omega_d t \tag{31-30}$$

由電阻的定義($R = V/i$),我們現在可將電阻內的電流寫成

$$i_R = \frac{v_R}{R} = \frac{V_R}{R} \sin \omega_d t \tag{31-31}$$

由 31-29 式,我們亦可將此電流寫成

$$i_R = I_R \sin(\omega_d t - \phi) \tag{31-32}$$

其中 I_R 是電阻內之電流的振幅。比較 31-31 式與 31-32 式,我們發現,對一純電阻負載而言,相位常數 $\phi = 0°$。且電壓振幅與電流振幅的關係為

$$V_R = I_R R \quad \text{(電阻器)} \tag{31-33}$$

雖此關係是由圖 31-8 得到的,但其可應用於任何 ac 電路中的任何電阻。

由比較 31-30 式與 31-31 式可知,隨時間變化的量 v_R 與 i_R 皆為 $\phi = 0°$ 時之 $\sin \omega_d$ 的函數,因此,此兩個量為同相,亦即,它們的最大值(與最小值)會同時發生。圖 31-9a 為 $v_R(t)$ 與 $i_R(t)$ 關係圖,展示出這個事實。注意,v_R 與 i_R 在此並沒有衰減,因為發電機供給電路能量以補償 R 所損耗的能量。

隨時間變化之量 v_R 與 i_R 也可用幾何的相量來表示。記得在 16-11 節中,相量為繞原點旋轉的向量。在任意時刻 t,圖 31-9b 中之電阻兩端的電壓及其內之電流的相量如圖 31-8 所示。此種相量的特性如下:

角速率 此兩相量以逆時針方向繞原點旋轉的角速率與 v_R 和 i_R 的角頻率 ω_d 相等。

長度 每一相量的長度代表交流量的振幅:電壓的為 V_R,電流的為 I_R。

投影 每一相量在垂直軸上的投影代表在時之交流量的值:電壓的為 v_R,電流的為 i_R。

旋轉角 每一相量的旋轉角與時間時之交流量的相位相同。在圖 31-9b,電壓和電流同相,因此,它們的相量有相同的相位 $\omega_d t$ 與相同的旋轉角,且因此它們一起旋轉。

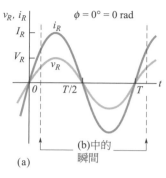

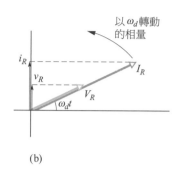

圖 31-9 (a)電流 i_R 和電阻兩端之電位差 v_R 在相同的圖中,皆對應於 t。電阻器兩端的電流與電位差同相,且在一週期 T 完成一循環。(b)相量圖顯示與(a)相同的結果。

以想像隨著轉動。你是否了解相量旋轉至 $\omega_d t = 90°$ 時(方向垂直指向上),是表示那時 $v_R = V_R$ 且 $i_R = I_R$?31-30 式與 31-32 式會告訴你相同的結果。

✓ **測試站 3**

如果我們在一個純負載性電路中增加驅動頻率,那麼(a)振幅 V_R 及(b)振幅 I_R 會增加,減小還是不變呢?

範例 31.03　純電阻性負載:電位差與電流

圖 31-8 中,電阻 R 為 200 Ω,正弦交流電動勢的振幅 $\mathscr{E}_m = 36.0$ V,頻率 $f_d = 60.0$ Hz。

(a)請問跨接在電阻兩端的電位差 $v_R(t)$ 與時間 t 的關係式,以及振幅V_R 的值。

關鍵概念

在一純電阻性負載的電路中,電阻兩端的電位差 $v_R(t)$ 會等於電動勢兩端的電位差(t)。

計算 對於我們的情況,$v_R(t) = \mathscr{E}(t)$ 和 $V_R = \mathscr{E}_m$。因 $\mathscr{E}_m$ 為已知,則能夠寫出

$$V_R = \mathscr{E}_m = 36.0\,\text{V} \qquad (答)$$

為求 $v_R(t)$,採用 31-28 式寫下

$$v_R(t) = \mathscr{E}(t) = \mathscr{E}_m \sin \omega_d t \qquad (31\text{-}34)$$

將 $\mathscr{E}_m = 36.0$ V 代入,且

$$\omega_d = 2\pi f_d = 2\pi(60\,\text{Hz}) = 120\pi$$

得到

$$v_R = (36.0\,\text{V})\sin(120\pi t) \qquad (答)$$

為了方便起見,我們保留了 sin 函數的形式,或者也可寫成(377 rad/s)t 或(377 s^{-1})t。

(b)請問電阻中的電流 $i_R(t)$ 及其振幅 I_R 的大小。

關鍵概念

在一個純電阻性負載的電路中,交流電流 $i_R(t)$ 與跨在電阻兩端的交流電位差 $v_R(t)$ 為同相。也就是說,相位常數 ϕ 為零。

計算 這裡我們可將 31-29 式寫為

$$i_R = I_R \sin(\omega_d t - \phi) = I_R \sin \omega_d t \qquad (31\text{-}35)$$

從 31-33 式,振幅 I_R 為

$$I_R = \frac{V_R}{R} = \frac{36.0\,\text{V}}{200\,\Omega} = 0.180\,\text{A} \qquad (答)$$

將此代入以及 $\omega_d = 2\pi f_d = 120\pi$ 代入 31-35 式,可得

$$i_R = (0.180\,\text{A})\sin(120\pi t) \qquad (答)$$

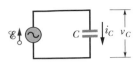

圖 31-10　一電阻跨接於交流發電機兩端。

電容性負載

　　圖 31-10 顯示一電路包含單一電容器及具有 31-28 式的交流電動勢之交流發電機。由迴路法則與求得 31-30 式的步驟，可得電容器兩端的電位差為

$$v_C = V_C \sin \omega_d t \tag{31-36}$$

其中 V_C 是電容器兩端的電壓振幅。由電容的定義可寫成

$$q_C = Cv_C = CV_C \sin \omega_d t \tag{31-37}$$

然而，我們在意的是電流而非電荷。因此，微分 31-37 式可得

$$i_C = \frac{dq_C}{dt} = \omega_d CV_C \cos \omega_d t \tag{31-38}$$

　　現在，我們用兩種方法重新計算 31-38 式，第一，為了符號的對稱性，我們引入物理量 X_C，稱為電容器之**容抗**(capacitive reactance)，其定義為

$$X_C = \frac{1}{\omega_d C} \quad (容抗) \tag{31-39}$$

其值不僅與電容值有關，亦與驅動角頻率 ω_d 有關。根據電容時間常數($\tau = RC$)的定義，可知 C 的 SI 單位可以表成秒/歐姆。應用於 31-39 式可知 X_C 的 SI 單位為歐姆，與電阻 R 的單位一樣。

　　第二，31-38 式中的 $\cos \omega_d t$ 以一相位移的正弦取代，即

$$cos\omega_d t = \sin(\omega_d t + 90°)$$

將正弦曲線往負方向位移 90 度，便可以驗證此等式。

　　經過兩次變動後，31-38 式變成

$$i_C = \left(\frac{V_C}{X_C} \right) \sin(\omega_d t + 90°) \tag{31-40}$$

由 31-29 式，我們亦可把圖 31-10 中的電流 i_C 寫成

$$i_C = I_C \sin(\omega_d t - \phi) \tag{31-41}$$

其中 I_C 為 i_C 的振幅。比較 31-40 式與 31-41 式，我們發現，對一純電容性負載而言，相位常數 $\phi = -90°$，而電壓振幅與電流振幅的關係為且電壓振幅與電流振幅的關係為

$$V_C = I_C X_C \quad (電容器) \tag{31-42}$$

雖然此式是由圖 31-10 所顯示的電路推導而得，但它適用於任何 ac 電路中的任一個電容器。

比較 31-36 式及 31-40 式，或觀察圖 31-11a，可發現 v_C 與 i_C 之相位差爲 90°、$\pi/2$ rad 或四分之一個週期。再者，可以發現 i_C 領先 v_C，亦即若監視圖 31-10 中電路內的電流 i_C 及電位差 v_C，可以發現 i_C 確實較 v_C 早四分之一個週期到達其最大值。

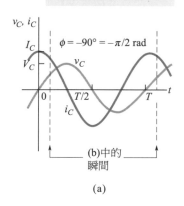

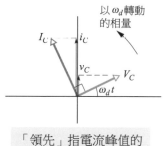

圖 **31-11**　(a)電容器上之電流領先電位差 90°(= $\pi/2$ rad)。(b)相量圖說明同一事實。

圖 31-11b 的相量圖亦清楚地說明了 i_C 與 v_C 間的這種關係。當代表這兩個量的相量逆時針地轉動時，標有 I_C 的相量確實以 90° 的角度領先標有 V_C 的相量，亦即相量 I_C 較相量 V_C 早四分之一個週期與垂直軸重合。仔細研讀圖 31-11b，直至你能明確瞭解該相量圖與 31-36 式及 31-40 式描述的關係相符爲止。

 測試站 4

如圖顯示，在(a)中，一正弦曲線 $S(t) = \sin(\omega_d t)$ 與其餘三個正弦形狀的曲線 $A(t)$，$B(t)$ 及 $C(t)$，其形式皆爲 $\sin(\omega_d t - \phi)$。(a)根據 ϕ 值將其餘三個曲線由最大正值至最小負值排列。(b)在(a)圖中的曲線分別對應(b)圖中的那一相量？(c)哪一曲線領先其他的曲線？

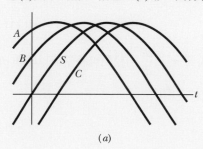

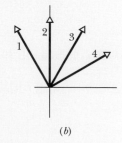

(a)　　　　　　　(b)

範例 31.04　純電容性負載。電位差與電流

圖 31-10 中，電容 $C = 15.0\ \mu F$，其中的正弦交流電動勢的振幅 $\mathscr{E}_m = 36.0\ V$，頻率 $f_d = 60.0\ Hz$。

(a)求跨接電容兩端的電位差 $v_C(t)$ 及其振幅 V_C。

關鍵概念

可以知道在一純電容性負載的電路中，電容兩端的電位差 $v_C(t)$ 與電動勢源兩端的電位差(t)是相等的。

計算　此處我們有 $v_C(t) = \mathscr{E}(t)$ 且 $V_C = \mathscr{E}_m$。$\mathscr{E}_m$ 為已知，可以得到

$$V_C = \mathscr{E}_m = 36.0\ V \qquad (答)$$

為了求 $v_C(t)$，我們採用 31-28 式

$$v_C(t) = \mathscr{E}(t) = \mathscr{E}_m \sin \omega_d t \qquad (31\text{-}43)$$

31-43 式再代入 $\mathscr{E}_m = 36.0\ V$ 與 $\omega_d = 2\pi f_d = 120\pi$，可得：

$$v_C = (36.0\ V)\sin(120\pi t) \qquad (答)$$

(b)求電流隨時間改變的關係式 $i_C(t)$ 及其振幅 I_C。

關鍵概念

在一純電容性負載的交流電路中，電容的交流電流 $i_C(t)$ 於相位上領先交流電位差 $v_C(t)$ 有 90 度，亦即相位常數等於 $-90°$ 或是 $-\pi/2$ rad。

計算　所以將 31-29 式寫成

$$i_C = I_C \sin(\omega_d t - \phi) = I_C \sin(\omega_d t + \pi/2) \quad (31\text{-}44)$$

我們可從 31-42 式($V_C = I_C X_C$)中求出振幅 I_C，當然在這之前我們需先求出 X_C。從 31-39 式($X_C = 1/\omega_d C$)，讓 $\omega_d = 2\pi f_d$，我們可寫出

$$X_C = \frac{1}{2\pi f_d C} = \frac{1}{(2\pi)(60.0\ Hz)(15.0 \times 10^{-6}\ F)}$$
$$= 177\ \Omega$$

由 31-42 式可算出電流振幅為

$$I_C = \frac{V_C}{X_C} = \frac{36.0\ V}{177\ \Omega} = 0.203\ A \qquad (答)$$

將此代入及 $\omega_d = 2\pi f_d = 120\pi$ 代入 31-44 式，我們有

$$i_C = (0.203\ A)\sin(120\pi t + \pi/2) \qquad (答)$$

PLUS Additional example, video, and practice available at *WileyPLUS*

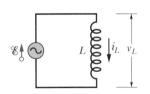

圖 31-12　一電感器跨接於交流發電機上。

電感性負載

圖 31-12 顯示一電路包含單一電容器及具有 31-28 式的交流電動勢之交流發電機。用迴路法則與得到 31-30 式的步驟，可知電感兩端的電位差為

$$v_L = V_L \sin \omega_d t \qquad (31\text{-}45)$$

其中 V_L 是 v_L 的振幅。由 30-35 式 $\mathscr{E}_L = -L\dfrac{di}{dt}$，我們可將電流以速率 di_L/dt 變化之電路中的電感 L 兩端之電位差寫成

$$v_L = L\frac{di_L}{dt} \qquad (31\text{-}46)$$

若合併 31-45 式及 31-46 式，可得

$$\frac{di_L}{dt} = \frac{V_L}{L}\sin \omega_d t \qquad (31\text{-}47)$$

然而我們關心的是電流，所以做了積分：

$$i_L = \int di_L = \frac{V_L}{L} \int \sin \omega_d t \; dt = -\left(\frac{V_L}{\omega_d L}\right) \cos \omega_d t \tag{31-48}$$

現在我們用兩種方式來修正這個式子。首先，因為符號對稱性的原因，我們引進了一個物理量 X_L，稱為電感器的**感抗**(inductive reactance)，其定義為

$$X_L = \omega_d L \quad \text{(感抗)} \tag{31-49}$$

X_L 的值依驅動角頻率 ω_d 而定。由電感的時間常數 τ_L 之單位可知，X_L 的 SI 單位與 X_C 及 R 同樣為歐姆。

第二，31-48 式的中的 $-\cos \omega_d t$ 以一相位移的正弦取代，即

$$-\cos \omega_d t = \sin(\omega_d t - 90°)$$

將正弦曲線往正方向位移 90°，便可以驗證此等式。

經兩個變動後，31-48 式變成

$$i_L = \left(\frac{V_L}{X_L}\right) \sin(\omega_d t - 90°) \tag{31-50}$$

由 31-29 式，亦可將電感內之電流寫成

$$i_L = I_L \sin(\omega_d t - \phi) \tag{31-51}$$

其中 I_L 是電流 i_L 的振幅。比較 31-50 式與 31-51 式，我們發現，對一純電感性負載而言，相位常數 $\phi = +90°$，且電壓振幅與電流振幅的關係為

$$V_L = I_L X_L \quad \text{(電感器)} \tag{31-52}$$

雖然 31-52 式是由圖 31-12 的電路推導而得，但它適用於任何 ac 電路中的任一個電感。

比較 31-45 式及 31-50 式，或觀察圖 31-13a，顯示 i_L 及 v_L 的相位差為 90°。然而，此時 i_L 落後 v_L，亦即，若監視圖 31-12 中電路內的電流 i_L 及電位差的 v_L 之變化，將發現 i_L 在 v_L 到達極大值後，可再經過四分之一個週期才到達其極大值。

圖 31-13b 的相量圖亦含有這樣的訊息。當圖中的相量逆時針轉動時，標有 I_L 的相量確實以 90° 的角度落後標有 V_L 的相量。仔細研讀圖 31-13b，直到確信該圖能代表 31-45 式及 31-50 式為止。

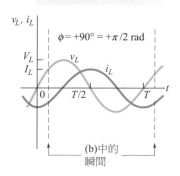

對於電感性負載
電流落後電位差90度

(a)

以 ω_d 轉動的相量

「落後」指電流峰值的時間點晚於電位差峰值

(b)

圖 31-13 (a)電感器上之電流落後電壓 90° (= $\pi/2$ rad)。(b)相量圖說明同一事實。

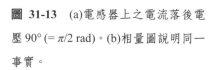

☑ **測試站 5**

如果在一純電容性負載的電路中將其驅動頻率增加，那麼(a)振幅 V_C 及(b)振幅 I_C 會增加，減小還是不變？反之，電路中若是純量純電感性的負載，那麼(c)振幅 V_L 及(d)振幅 I_L 會增加，減小還是不變？

解題策略

交流電路中的領先與落後

表 31-2 概述了我們所討論的三種電路元件，其電流 i 和電壓 v 之間的關係。當一外加的交流電壓提供它們一交流電流時，電流與電阻器兩端的電壓同相，但領先電容器兩端的電壓，而落後電感器兩端的電壓。

許多學生用「*ELI the ICE man*」口訣記住此結果。*ELI* 包含字母 L(為電感器)，且字母 I(為電流)在字母 E(為電壓或電動勢)之後。因此，對一電感器，電流落後電壓。同理，*ICE*(其所包含的 C 表電容器)意指電流領先電壓。你也許亦可用修正的口訣「正的 *ELI* 為冷凍人(*ICE* man)」來記憶電感的相位常數 ϕ 為正。

若你很難記住 X_C 是和 $\omega_d C$ 相等(錯)還是和 $1/\omega_d C$ 相等(對)，請你試著記住 C 是在「地下室(cellar)」中，亦即在分母。

表 31-2　交流電流及電壓之相位與振幅的關係

電路元件	符號	電阻或電抗	電流的相位	相位角 ϕ	振幅關係
電阻器	R	R	與 v_R 同相	0° (0 rad)	$V_R = I_R R$
電容器	C	$X_C = 1/\omega_d C$	領先 v_C 為 90° (= $\pi/2$ rad)	−90° (= −$\pi/2$ rad)	$V_C = I_C X_C$
電感器	L	$X_L = \omega_d L$	落後 v_C 為 90° (= $\pi/2$ rad)	+90° (= +$\pi/2$ rad)	$V_L = I_L X_L$

範例 31.05　純電感性負載。電位差與電流

圖 31-12 中，電感 L =230 mH，交流電動勢的振幅 $\mathscr{E}_m = 36.0\ V$，頻率 $f_d = 60.0$ Hz。

(a)跨接電感兩端的電位差 $v_L(t)$ 及其振幅 V_L 為何？

關鍵概念

我們可知道在純電感性負載的電路中，電感兩端的電位差 $v_L(t)$ 與電動勢兩端的電位差 $\mathscr{E}(t)$ 是相等的。

計算　此處我們有 $v_L(t) = \mathscr{E}(t)$ 且 $V_L = \mathscr{E}_m$。$\mathscr{E}_m$ 為已知，可以得到

$$V_L = \mathscr{E}_m = 36.0\,\text{V} \qquad (答)$$

為了求 $v_L(t)$，我們採用 31-28 式寫出

$$v_L(t) = \mathscr{E}(t) = \mathscr{E}_m \sin w_d t \qquad (31\text{-}53)$$

然後，31-53 式代入 $\mathscr{E}_m = 36.0$ V 與 $\omega_d = 2\pi f_d = 120\,\pi$，我們有：

$$v_L = (36.0\text{V})\sin(120\,\pi\,t) \qquad (答)$$

(b)電流隨時間改變的函式 $i_L(t)$ 及其振幅 I_L 為何？

關鍵概念

在一純電感負載的交流電路中，電感的交流電流 $i_L(t)$ 在相位上落後交流電位差 $v_L(t)$ 為 90° (在解題策略的助記符號，此電路為「絕對 ELI 電路」，告訴了我們電動勢 E 領先電流 I 且 ϕ 為正。)

計算　因為相位常數等於 +90° 或是 +π/2 rad，所以將 31-29 式寫成

$$i_L = I_L \sin(\omega_d t - \phi) = I_L \sin(\omega_d t - \pi/2) \quad (31\text{-}54)$$

我們可從 31-52 式($V_L = I_L X_L$)中求出振幅 I_L，當然在這之前我們需先求出 X_L。從 31-49 式($X_L = \omega_d L$)，讓 $\omega_d = 2\pi f_d$，我們可寫出

$$X_L = 2\pi f_d L = (2\pi)(60.0\text{Hz})(230\times10^{-3}\text{H})$$
$$= 86.7\Omega$$

由 31-52 式可算出電流振幅為

$$I_L = \frac{V_L}{X_L} = \frac{36.0\,\text{V}}{86.7\Omega} = 0.415\,\text{A} \qquad (答)$$

將此代入以及 $\omega_d = 2\pi f_d = 120\pi$ 代入 31-54 式，我們有

$$i_L = (0.415\,\text{A})\sin(120\pi t - \pi/2) \qquad (答)$$

31-4 *RLC* 串聯電路

學習目標

在閱讀完這個區塊的文字之後，讀者應該能夠...

31.32 畫出串聯 *RLC* 電路簡圖。

31.33 了解主要電感電路、主要電容電路、主要電阻電路的條件。

31.34 對於主要電感電路、主要電容電路、共振電路，畫出電壓 $v(t)$ 對電流 $i(t)$ 的圖，以及相量圖，並指出其爲領先、落後或共振。

31.35 計算阻抗 Z。

31.36 應用電流振幅 I、阻抗 Z，以及電動勢振幅 $\mathscr{E}_m$ 之間的關係。

31.37 應用相位常數 ϕ、電壓振幅 V_L 和 V_C 之間關係，以及相位常數 ϕ、電阻 R、電抗 X_L 與 X_C 之間的關係。

31.38 了解與主要電感電路、主要電容電路、主要電阻電路相關的相位常數 ϕ。

31.39 對共振，應用驅動角頻率 ω_d、自然角頻率 ω、電感 L、電容 C 之間的關係。

31.40 畫出電流振幅與比率 ω_d / ω 的圖，指認與主要電感電路、主要電容電路、主要電阻電路的部分，並了解電阻增加對曲線造成的影響。

關鍵概念

● 對具外加電動勢的 *RLC* 串聯電路

$$\mathscr{E} = \mathscr{E}_m \sin \omega_d t$$

電流爲

$$i = I \sin(\omega_d t - \phi)$$

電流振幅爲

$$I = \frac{\mathscr{E}_m}{\sqrt{R^2 + (X_L - X_C)^2}}$$

$$= \frac{\mathscr{E}_m}{\sqrt{R^2 + (\omega_d L - 1/\omega_d C)^2}} \quad \text{(電流振幅)}$$

● 相位常數爲

$$\tan \phi = \frac{X_L - X_C}{R} \quad \text{(相位常數)}$$

● 電路的阻抗爲

$$Z = \sqrt{R^2 + (X_L - X_C)^2} \quad \text{(阻抗)}$$

● 電流振幅和阻抗以下式連結

$$I = \mathscr{E}_m / Z$$

● 當驅動角頻率 ω_d 等於電路的自然角頻率 ω 時，電流振幅 I 爲最大值($I = \mathscr{E}_m/R$)，這個條件爲諧振。然後，$X_C = X_L$，$\phi = 0$，電流和電動勢同向。

RLC 串聯電路

觀察圖 31-7 的整個 *RLC* 電路，施於該電路上的 31-28 式之交流電動勢爲

$$\mathscr{E} = \mathscr{E}_m \sin w_d t \quad \text{(施加的電動勢)} \tag{31-55}$$

到圖 31-7 的整個 *RLC* 電路。因 *R*、*L*、*C* 爲串聯，故電流同爲

$$i = I \sin(\omega_d t - \phi) \tag{31-56}$$

於此三元件內被驅動。我們想要知道電流振幅 I 和相位常數 ϕ，並研究這些物理量如何跟驅動角頻率 ω_d 相關。解答會透過相量圖的使用被簡化，就像是 31-3 節的三個基本元件：電容負載、電感負載以及電阻負載。特別的是，我們應該使用電壓相量如何跟三個基本元件中的每一個元件之電流相量連結。我們也該知串聯 *RLC* 電路可以分成三種型態：主要

電容電路、主要電感電路、以及所有元件均在共振狀態中。

電流振幅

我們由圖 31-14a 開始，以相量代表 31-56 式在任何時刻 t 的電流。相量的長度為振幅 I，相量在垂直軸的投影為 t 時刻的電流 i，且相量旋轉的角度為電流在 t 時刻的相位 $\omega_d t - \phi$。

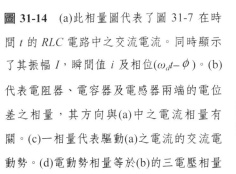

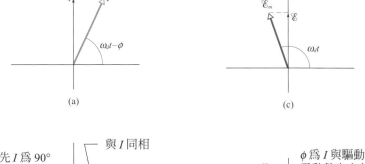

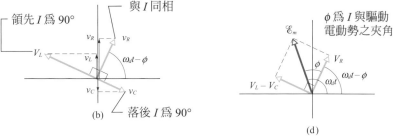

圖 31-14 (a)此相量圖代表了圖 31-7 在時間 t 的 RLC 電路中之交流電流。同時顯示了其振幅 I，瞬間值 i 及相位($\omega_d t - \phi$)。(b)代表電阻器、電容器及電感器兩端的電位差之相量，其方向與(a)中之電流相量有關。(c)一相量代表驅動(a)之電流的交流電動勢。(d)電動勢相量等於(b)的三電壓相量之向量和。此處電壓相量 V_L 及 V_C 相加而得其淨相量($V_L–V_C$)。

圖 31-14b 顯示的相量表示在相同的時刻 t 之 R、L、C 兩端的電壓。每一相量的方向與圖 31-14a 中之電流相量的轉動角度有關，而以表 31-2 為基礎：

電阻器 此處電流與電壓同相，因此電壓相量 V_R 的旋轉角與相量 I 的旋轉角相同。

電容器 此處電流領先電壓 90°，因此電壓相量 V_C 的旋轉角比相量 I 的旋轉角小 90°。

電感器 此處電流落後電壓 90°，因此電壓相量 v_L 的旋轉角比相量 I 的旋轉角大 90°。

圖 31-14b 亦顯示了在時間 t 時，R、C、L 的瞬間兩端的電壓 v_R、v_C、v_L；這些電壓為其相對應的相量在垂直軸之投影。

圖 31-14c 所顯示的相量代表 31-55 式的外加電壓，相量的長度為振幅 $\mathscr{E}_m$，而相量在垂直軸上的投影為 t 時刻的電動勢 $\mathscr{E}$，且相量的旋轉角為電動勢在 t 時刻的相位 $\omega_d t$。

現在，由迴路法則我們可知在任何時刻之電壓 v_R、v_C 及 v_L 與外加電動勢 $\mathscr{E}$ 相等：

$$\mathscr{E} = v_R + v_C + v_L \tag{31-57}$$

因此，在 t 時刻圖 31-14c 內的投影 $\mathscr{E}$ 等於圖 31-14b 內投影 v_R、v_C 及 v_L 的代數和。事實上，當這些相量一起旋轉時，此等式永遠成立，意即圖 31-14c 中的相量 $\mathscr{E}_m$ 必等於圖 31-14b 中三電壓相量 V_R、V_C 及 V_L 的向量和。

圖 31-14d 顯示出條件，其中相量 $\mathscr{E}_m$ 畫成 V_R、V_L 及 V_C 之和。因爲圖中的相量 V_C 和 V_L 方向相反，故可簡化此向量和，首先將它們合併成單一相量 V_L–V_C，然後再結合單一相量 V_R 而求出淨相量。再一次，此淨結果必與相量 $\mathscr{E}_m$ 一致，如圖所示。

圖 31-14d 中的三角形皆爲直角三角形。應用畢氏定理於其中之一，可得

$$\mathscr{E}_m^2 = V_R^2 + \left(V_L - V_C\right)^2 \tag{31-58}$$

由表 31-2 所示之電壓振幅資料，上式可寫成

$$\mathscr{E}_m^2 = (IR)^2 + \left(IX_L - IX_C\right)^2 \tag{31-59}$$

整理後可得

$$I = \frac{\mathscr{E}_m}{\sqrt{R^2 + \left(X_L - X_C\right)^2}} \tag{31-60}$$

31-60 式中的分母稱爲電路對該驅動角頻率 ω_d 的**阻抗**(inpedance) Z，即

$$Z = \sqrt{R^2 + \left(X_L - X_C\right)^2} \quad \text{（阻抗定義）} \tag{31-61}$$

31-60 式因而可寫成

$$I = \frac{\mathscr{E}_m}{Z} \tag{31-62}$$

若以 31-39 式及 31-49 式代入 X_C 及 X_L，則 31-60 式可更清楚寫成

$$I = \frac{\mathscr{E}_m}{\sqrt{R^2 + \left(\omega_d L - 1/\omega_d C\right)^2}} \quad \text{（電流振幅）} \tag{31-63}$$

現在我們已完成目標的一半：我們已得到電流振幅 I 的表示式，是以正弦的驅動電動勢及 RLC 串聯電路中的電路元件表示的。

I 的值是由 31-63 式中的 $\omega_d L$ 與 $1/\omega_d C$ 之間的差決定的，或由 31-60 式中的 X_L 和 X_C 之間的差決定的。在上述兩個式子中的任何一個，兩個量何者較大並不重要，因爲其差值須被平方。

在此節所描述的電流爲接上加外電動勢後一段時間所產生的穩態電流。當電動勢剛接上電路時，會產生一暫態電流。其所持續的時間(在進入穩態電流之前)是由「運作中的」電感性及電容性元件的時間常數 $\tau_L = L/R$ 及 $\tau_C = RC$ 所決定的。舉例來說，若在馬達的電路設計中沒有適當地計算，暫態電流可能會損壞一個剛開始運作的馬達。

相位常數

從圖 31-14d 右手邊的三角相量及表 31-2 我們可得

$$\tan\phi = \frac{V_L - V_C}{V_R} = \frac{IX_L - IX_C}{IR} \tag{31-64}$$

由此得到

$$\tan\phi = \frac{X_L - X_C}{R} \quad \text{(相位常數)} \tag{31-65}$$

這是我們另一半的解答：此為圖 31-7 中正弦驅動的 *RLC* 串聯電路中相位常數 ϕ 的方程式，基本上，此方程式依 X_L 和 X_C 的相對關係而給我們三個不同相位常數的結果：

$X_L > X_C$　即此電路中電感性成份較電容性成份為大：31-65 式告訴我們，在此電路中 ϕ 為正，此意謂著相量 $\mathscr{E}_m$ 旋轉在相量 I 之前(圖 31-15a)。$\mathscr{E}$ 和 i 對時間之圖形如圖 31-15b 所示(圖 31-14c、d 是假設 $X_L > X_C$。)

$X_C > X_L$　此電路中電容性成份較電感性成份為大。31-65 式告訴我們，在此電路中 ϕ 為負，此意謂相量 I 旋轉在 $\mathscr{E}_m$ 之前(圖 31-15c)。$\mathscr{E}$ 和 i 對時間之圖形如圖 31-15d 所示。

$X_C = X_L$　此電路稱為共振，此術語將於下面加以解釋。31-65 式告訴我們在此電路中 $\phi = 0°$，此意謂著相量 $\mathscr{E}_m$ 和 I 在一起旋轉(圖 31-15e)。$\mathscr{E}$ 和 i 對時間之作圖，如圖 31-15f 所示。

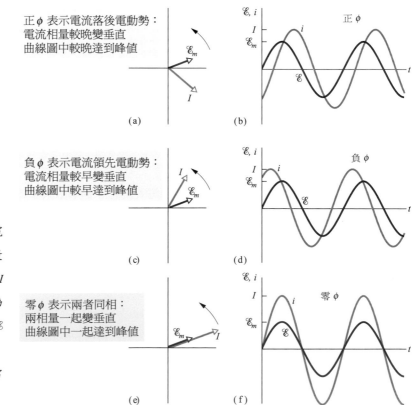

圖 31-15　圖 31-7 中被驅動的 *RLC* 串聯電路中的交流電動勢 $\mathscr{E}$ 和電流 i 之圖形及相量圖。在(a)之相量圖及(b)之圖形中，電流 I 落後驅動電動勢 $\mathscr{E}$ 而電流之相位常數 ϕ 為正。在(c)和(d)中，電流 I 領先驅動電動勢 $\mathscr{E}$ 而電流之相位常數 ϕ 為負。在(e)和(f)中，電流 I 同向於驅動電動勢 $\mathscr{E}$ 而電流之相位常數 ϕ 為零。

如圖解，我們再考慮兩種極端的電路：圖 31-12 中的純電感性電路，其 X_L 不為零，而 $X_C = R = 0$，31-65 式告訴我們 $\phi = +90°$ (ϕ 的最大值)，與圖 31-13b 一致。圖 31-10 中，一個純電容性電路，其 X_C 不為零，而 $X_L = R = 0$，31-65 式告訴我們 $\phi = -90°$ (ϕ 的最小值)，與圖 31-11b 一致。

共振

31-63 式給出 RLC 電路的電流振幅 I 為外加交流電動勢的驅動角頻率 ω_d 之函數。對於所給定的電阻 R，當分母 $\omega_d L - 1/\omega_d C$ 之值為零時，I 之振幅有最大值，即當：

$$\omega_d L = \frac{1}{\omega_d C}$$

或　　　$$\omega_d = \frac{1}{\sqrt{LC}} \quad (\text{共振}) \tag{31-66}$$

因為 RLC 電路的固有角頻率 ω 等於 $1/\sqrt{LC}$，當驅動角頻率和固有角頻率匹配時，I 產生最大值——即，處於共振。所以在 RLC 電路中，共振和最大電流振幅 I 產生於

$$\omega_d = \omega = \frac{1}{\sqrt{LC}} \quad (\text{共振}) \tag{31-67}$$

共振曲線。圖 31-16 所示為只有 R 不同的三個串聯 RLC 振盪電路的正弦驅動振盪曲線。每一個曲線當 ω_d / ω 為 1.00 時，都有一個電流振幅極大值 I，但隨著 R 的增加，最大電流 I 之值逐漸減小(I 的最大值為 $\mathscr{E}_m/R$；合併 31-61 和 31-62 式即可了解為什麼會如此)。除此之外，曲線的寬度(在圖 31-16 中為 I 最大值的一半)隨 R 的增加而增加。

要理解圖 31-16 的物理意義，我們考慮當我們增加驅動角頻率 ω_d 時，感抗 X_L 和容抗 X_C 的改變情形；一開始 ω_d 之值遠小於自然頻率 ω。相對於小的 ω_d，感抗 $X_L (= \omega_d L)$ 是小的，而容抗($= 1/\omega_d C$)是大的。所以此電路主要為電容性，而阻抗由大的 X_C 所支配，並保持低電流。

當我們增加 ωd，則 XC 仍然是主要的，一段時間之後 XC 減少而 XL 增加，因 XC 的減少而減少了阻抗，如圖 31-16 中任一曲線的左邊，在此情況下電流之值增加。當 XL 增加而 XC 減少到達到相等之值時，電流達最大而此電路 $\omega_d = \omega$ 為共振。

當我們繼續增加 ω_d，增加中的感抗 X_L 比減少的容抗 X_C 較能支配此電路，所以因為 X_L 的增加而增加了阻抗且減少了電流。如圖 31-16 右邊的任何共振曲線。簡言之：共振曲線中低角頻率的部分是由容抗所支配，而高角頻率的部分是由感抗所支配，且共振是產生在兩區域之間。

測試站 6

在此有三個正弦驅動的 RLC 串聯電路之容抗和感抗，分別為 50 Ω，100 Ω；(2)100 Ω，50 Ω；(3)50 Ω，50 Ω。(a)對於每一個電路，電流是領先還是落後於外加電動勢，或兩者同相？(b)哪一個電路為共振？

圖 31-16 $C = 100$ pF，和圖 31-7 中三個不同之 R 的 RLC 電路中所導出的共振曲線，交流電流振幅 I 視驅動角頻率 ω_d 和固有角頻率 ω 是如何接近而定，每條曲線的水平箭頭代表曲線的半寬，表示最大值之一半的寬度，而且也是測量共振尖銳度的量。在 $\omega_d/\omega = 1.00$ 的左邊，電路主要為電容性，其 $X_C > X_L$，在右邊，主要是電感性，其 $X_L > X_C$。

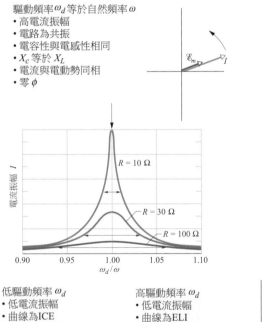

驅動頻率 ω_d 等於自然頻率 ω
• 高電流振幅
• 電路為共振
• 電容性與電感性相同
• X_C 等於 X_L
• 電流與電動勢同相
• 零 ϕ

低驅動頻率 ω_d
• 低電流振幅
• 曲線為ICE
• 電容性較多
• X_C 較大
• 電流領先電動勢
• 負 ϕ

高驅動頻率 ω_d
• 低電流振幅
• 曲線為ELI
• 電感性較多
• X_L 較大
• 電流落後電動勢
• 正 ϕ

範例 31.06 電流振幅、阻抗與相位常數

在圖 31-7 中，令 $R = 200\ \Omega$，$C = 15.0\ \mu F$，$L = 230$ mH，$f_d = 60.0$ Hz，及 $\mathscr{E}_m = 36.0$ V (這些參數和前面問題所用的都一樣。)

(a)電流振幅 I 為何？

關鍵概念

電流振幅 I 取決於驅動電動勢振幅 $\mathscr{E}_m$ 與電路的阻抗 Z，可由 31-62 式($I = \mathscr{E}_m/Z$)看出此關係。

計算 所以需要求出 Z，其與電路的電阻 R，容抗 X_C 以及感抗 X_L 相關。電路中唯一的電阻為 R。容抗是由電容引起，從之前的範例中知道 $X_C = 177\ \Omega$。感抗是由電感引起，從另一範例中知道 $X_L = 86.7\ \Omega$。於是電路的阻抗為

$$Z = \sqrt{R^2 + (X_L - X_C)^2}$$
$$= \sqrt{(200\Omega)^2 + (86.7\Omega - 177\Omega)^2}$$
$$= 219\Omega$$

我們得出

$$I = \frac{\mathscr{E}_m}{Z} = \frac{36.0\,\text{V}}{219\Omega} = 0.164\,\text{A} \qquad \text{(答)}$$

(b)電路中，電流相對驅動電動勢的相位常數 ϕ 為何？

關鍵概念

根據 31-65 式知道相位常數的大小決定於感抗、容抗以及電路電阻的大小。

計算 解 31-65 式求 ϕ，可得：

$$\phi = \tan^{-1}\frac{X_L - X_C}{R} = \tan^{-1}\frac{86.7\Omega - 177\Omega}{200\Omega}$$
$$= -24.3° = -0.424\,\text{rad} \qquad \text{(答)}$$

這個負的相位常數表示出電路主要的負載為電容所造成的，也就是 $X_C > X_L$。以驅動串聯 RLC 電路的一般輔助記憶法，此電路為 *ICE* 電路──電流領先驅動電動勢。

PLUS Additional example, video, and practice available at *WileyPLUS*

31-5 交流電路中的功率

學習目標

在閱讀完這個區塊的文字之後，讀者應該能夠...

31.41 對 ac 電路中的電流、電壓、電動勢，應用 *rms* 值和振幅之間的關係。

31.42 對連接電容器、電感器、或電阻的交流電動勢，畫出電流與電壓正弦變化的圖表，並指出峰值和 *rms* 值。

31.43 應用平均功率 P_{avg}、*rms* 電流 I_{rms}、和電阻 R 之間的關係。

31.44 在驅動 RLC 電路中，計算每一元件的功率。

31.45 對在穩態的驅動 RLC 電路，解釋(a)隨時間改變的平均儲存能量值(b)發電機轉入電路的能量。

31.46 應用功率因子 $\cos\phi$、電阻 R、阻抗 Z 之間的關係。

31.47 應用平均功率 P_{avg}、*rms* 電動勢 $\mathscr{E}_{rms}$、*rms* 電流 I_{rms}、功率因子 $\cos\phi$ 之間的關係。

31.48 了解為了在供給能量給阻值負載時將供比率最大化，功率因子是必要的。

關鍵概念

- 在串聯 *RLC* 電路中、發電機的平均功率 P_{avg} 等於在電阻器中熱能的產生速率：

$$P_{avg} = I_{rms}^2 R = \mathscr{E}_{rms} I_{rms} \cos\phi$$

- 縮寫 *rms* 是均方根值；因為 $I_{rms} = I/\sqrt{2}$ 、$V_{rms} = V/\sqrt{2}$、$\mathscr{E}_{rms} = \mathscr{E}_m/\sqrt{2}$，*rms* 值通常跟最大值有關。$\cos\phi$ 是電路的功率因子。

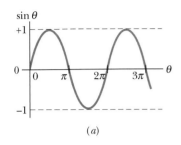

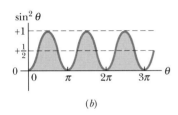

圖 31-17 (a)$\sin\theta$ 對 θ 的圖。一個週期的平均值為 0。(b)$\sin 2\theta$ 對 θ 的圖。一個週期的平均的平均值為 1/2。

交流電路中的功率

在圖 31-7 的 *RLC* 電路中，能量的來源是交流發電機。其所供給的能量，一部分儲存於電容器的電場中，一部分儲存於電感器的磁場中，而另一部分以熱能形式消耗於電阻器中。我們假設在穩態操作下，儲存於電容器及電感器中的平均能量維持不變，則能量的淨轉移乃從發電機流向電阻器，在電阻器上能量消散。

在電阻器上，能量之瞬間轉換率可借助於 26-27 式及 31-29 式寫成

$$P = i^2 R = \left[I\sin(\omega_d t - \phi) \right]^2 R = I^2 R \sin^2(\omega_d t - \phi) \tag{31-68}$$

電阻器上能量之平均轉換率，即 31-68 式對時間的平均值。雖然 $\sin\theta$ 的平均值為零(圖 31-17a)，其中 θ 為任意的角變數，$\sin^2\theta$ 函數對整個週期的平均值恰為 1/2(圖 31-17b)(注意，圖 31-17b 中標示著 $+\frac{1}{2}$ 的水平線上之陰影部分恰能填補該線下的空白部分)。因此，我們可將 31-68 式寫成，

$$P_{avg} = \frac{I^2 R}{2} = \left(\frac{I}{\sqrt{2}} \right)^2 R \tag{31-69}$$

我們稱 $I/\sqrt{2}$ 為電流的**均方根值**，或 *rms*：

$$I_{rms} = \frac{I}{\sqrt{2}} \quad (rms \text{ 電流}) \tag{31-70}$$

我們可以將 31-69 式寫成

$$P_{avg} = i_{rms}^2 R \quad (\text{平均功率}) \tag{31-71}$$

31-71 式與 26-27 式($P = i^2 R$)在數學型式上非常相像；此意謂著，如果取電流的均方根值，我們可以像直流電路一般來計算交流電路的能量之平均消耗速率。

我們也可以定義電壓的均方根值和交流電路的電動勢：

$$V_{rms} = \frac{V}{\sqrt{2}} \quad \text{和} \quad \mathscr{E}_{rms} = \frac{\mathscr{E}_m}{\sqrt{2}} \quad (\text{電壓均方根，電動勢均方根}) \tag{31-72}$$

交流電測量儀器(例如安培計或伏特計)，通常被校正爲可測量 I_{rms}、V_{rms} 及 $\mathscr{E}_{rms}$。因此，若把交流伏特針探計插入家中電器插座中，其讀值爲 120 V，這是它的均方根值。插座電位差之最大值即爲 $\sqrt{2} \times (120\text{V})$ 或是 170V。一般來說，科學家或是工程師會用 *rms* 值，而非最大值。

由於在 31-70 和 31-72 式中，三個變數的比例因子皆爲 $1/\sqrt{2}$，所以可把重要的 31-62 式及 31-60 式寫成

$$I_{rms} = \frac{\mathscr{E}_{rms}}{Z} = \frac{\mathscr{E}_{rms}}{\sqrt{R^2 + (X_L - X_C)^2}} \tag{31-73}$$

事實上，這就是我們最常用的形式。

我們可以將 31-71 式與關係式 $I_{rms} = \mathscr{E}_{rms}/Z$ 合併成一有用的等效式。我們寫出

$$P_{avg} = \frac{\mathscr{E}_{rms}}{Z} I_{rms} R = \mathscr{E}_{rms} I_{rms} \frac{R}{Z} \tag{31-74}$$

但由圖 31-14d，表 31-2 和 31-62 式，可發現 R/Z 即相位常數 ϕ 的餘弦。

$$\cos\phi = \frac{V_R}{\mathscr{E}_m} = \frac{IR}{IZ} = \frac{R}{Z} \tag{31-75}$$

則 31-74 式會變成

$$P_{avg} = \mathscr{E}_{rms} I_{rms} \cos\phi \quad \text{(平均功率)} \tag{31-76}$$

其中，$\cos\phi$ 稱爲**功率因子**(power factor)。因爲 $\cos\phi = \cos(-\phi)$，相常數 ϕ 的正負並不影響 31-76 式。

在 *RLC* 電路中，若希望能量能以最大的功率轉換至電阻器上，應令功率因子 $\cos\phi$ 儘量接近 1，也就是說，應令 31-29 式中的相常數儘量接近零。例如，若電路是高度電感性的，可以在電路中加入更多的電容(回憶一下將電容加至串連的電容減少串連之等效容值 C_{eq})。例如，若電路是高度電感性的，可以在電路中加入更多的電容，以降低相常數，而增加 31-76 式的功率因子。電力公司在電力輸送網路上加電容器的目的便是如此。

測試站 7

在 *RLC* 串聯電路中其所產生的電流(呈正弦變化)領先於電動勢，要增加供給電阻的能量速率，則要增加或減少電容？此改變導致電路的共振角頻率接近或更遠離於電動勢的角頻率？

範例 **31.07** 驅動 *RLC* 電路：功率因數與平均功率

一個 *RLC* 的串聯電路，在頻率 $f_d = 60.0$ Hz，$\mathscr{E}_{rms}$ = 120 *V* 時驅動。其包含一個 $R = 200\ \Omega$ 的電阻，$X_L = 80.0\ \Omega$ 的感抗和 $X_C = 150\ \Omega$ 的容抗。

(a)此電路的功率因子 $\cos\phi$ 和相位常數 ϕ 為何？

關鍵概念

首先找出阻抗 Z，則可以從 31-75 式($\cos\phi = R/Z$)求得功率因子 $\cos\phi$。

計算 從 31-61 式我們可得：

$$Z = \sqrt{R^2 + (X_L - X_C)^2}$$
$$= \sqrt{(200\ \Omega)^2 + (80.0\ \Omega - 150\ \Omega)^2} = 211.90\ \Omega$$

則 31-75 式為

$$\cos\phi = \frac{R}{Z} = \frac{200\ \Omega}{211.90\ \Omega} = 0.9438 \approx 0.944 \quad (答)$$

取反餘弦可得

$$\phi = \cos^{-1} 0.944 = \pm 19.3°$$

計算機對於反餘弦只會給出正的解，但+19.3° 與 −19.3° 的餘弦值均為 0.944。為判斷正負號，要討論電流是領先或是落後驅動電動勢的相位。又因為 $X_C > X_L$，此電路阻抗主要是電容引起，電流相位會領先驅動電動勢，所以相位常數 ϕ 必為負：

$$\phi = -19.3° \quad (答)$$

我們可將已知資料代入 31-65 式，可得到一個完全相同的答案。可以用計算機戴負號得到我們要的答案。

(b)電阻器中，能量的平均消耗功率 P_{avg} 為何？

關鍵概念

有兩個方法與概念可用：(1)因為在電路為穩態操作的假設下，所以能量在電阻中的消耗速率會相等於供給電路能量的速率，如 31-76 式($P_{avg} = \mathscr{E}_{rms} I_{rms} \cos\phi$)所示。(2)一個電阻 R 的能量消耗速率與通過它的 I_{rms} 的平方成正比，如 37-17 式($P_{avg} = I_{rms}^2 R$)所示。

第一種方法 已知驅動電動勢的方均根值 $\mathscr{E}_{rms}$，同時在(a)部分已知 $\cos\phi$ 的值。而 I_{rms} 由驅動電動勢之 *rms* 值及電路阻抗 Z(已知)決定(31-73 式)：

$$I_{rms} = \frac{\mathscr{E}_{rms}}{Z}$$

將上式代入 31-76 式，可得到

$$P_{avg} = \mathscr{E}_{rms} I_{rms} \cos\phi = \frac{\mathscr{E}_{rms}^2}{Z} \cos\phi$$

$$= \frac{(120\ \text{V})^2}{211.90\ \Omega}(0.9438) = 64.1\ \text{W} \quad (答)$$

第二種方法 因此，我們可寫成

$$P_{avg} = I_{rms}^2 R = \frac{\mathscr{E}_{rms}^2}{Z^2} R$$

$$= \frac{(120\ \text{V})^2}{(211.90\ \Omega)^2}(200\ \Omega) = 64.1\ \text{W} \quad (答)$$

(c)在電路其他參數不變的條件下，換另一個新的電容 C_{new} 使 P_{avg} 為最大，求此新電容之 C_{new}。

關鍵概念

當電路中的驅動電動勢為共振時，能量供給或消耗的平均速率 P_{avg} 為最大值。(2)當 $X_C = X_L$ 時，會發生共振。

計算 從已知的資料，我們知道 $X_C > X_L$。所以我們必須要減小 X_C 使達到共振。從 31-39 式($X_C = 1/\omega_d C$)，我們必須增加電容 C 的大小到 C_{new} 的值。

採用 31-39 式，我們利用 $X_C = X_L$ 的共振條件：

$$\frac{1}{\omega_d C_{new}} = X_L$$

用 $2\pi f_d$ 取代 ω_d(因已知 f_d，而非 ω_d)，然後解出 C_{new}：

$$C_{new} = \frac{1}{2\pi f_d X_L} = \frac{1}{(2\pi)(60\ \text{Hz})(80.0\ \Omega)}$$

$$= 3.32 \times 10^{-5}\ \text{F} = 33.2\ \mu\text{F} (答)$$

在(b)題中，如使用新電容 C_{new}，則 P_{avg} 的最大值為 72.0 W。

31-6 變壓器

學習目標

在閱讀完這個區塊的文字之後，讀者應該能夠...

31.49 對於功率傳輸線，理解爲何要在低電流高電壓的情況下進行傳輸。

31.50 了解位於傳輸線兩端點之變壓器的角色。

31.51 計算傳輸線的能量消耗。

31.52 了解變壓器的主線圈與副線圈。

31.53 應用在變壓器兩邊的電壓與匝數之間的關係。

31.54 區分升壓變壓器與降壓變壓器。

31.55 應用變壓器兩邊的電流與匝數之間的關係。

31.56 應用理想變壓器的功率進與出之間的關係。

31.57 了解變壓器的主線圈所見的等效電阻。

31.58 應用等效電阻與實際電阻之間的關係。

31.59 解釋在阻抗匹配中變壓器的角色。

關鍵概念

● 變壓器(假設爲理想化)是一軟鐵心，其上繞有 N_p 匝的主線圈和 N_s 匝的副線圈。若主線圈與交流發電機連接，則主、副線圈之電壓關係爲

$$V_s = V_p \frac{N_s}{N_p} \quad \text{(電壓的轉換)}$$

● 流經線圈之電流的關係

$$I_s = I_p \frac{N_p}{N_s} \quad \text{(電流的轉換)}$$

● 副電路之等效電阻(如發電機所見)爲

$$R_{eq} = \left(\frac{N_p}{N_s}\right)^2 R$$

其中 R 是副電路的電阻負載。N_p/N_s 爲變壓器匝數比值。

變壓器

能量傳遞需求

當交流電路中只有電阻負載時，在 31-76 式中的功率因子 $\cos 0° = 1$，而且電動勢的方均根 $\mathcal{E}_{rms}$ 之值等於橫跨此負載之電壓的方均根 V_{rms}，所以在此負載的電流之方均根值，其能量的供給和消耗的平均速率爲

$$P_{avg} = \mathcal{E}I = IV \tag{31-77}$$

(在本節中，根據應用上的習慣，把表示方均根的 *rms* 下標去掉。工程師及科學家假設時變電流及時變電壓的值爲方均根值，這正是從儀表上讀出的結果)。31-77 式告訴我們，爲了滿足功率的需求，我們有一個選擇的範圍，即從相對大的電流 I 和相對低的電位差 V 的組合以至相反的情形，只要它們的乘積 IV 維持定值即可。

在電力配電系統中，爲了安全及效率上的理由，(發電廠的)輸出端處及(家庭或工廠中的)接收端處之電壓都被設計爲一相對較低之值。譬如說，總沒有人希望烤麵包機以 10 kV 的高電壓操作。另一方面，我們希望電能自發電廠輸送至消費者的過程中，實際電流儘可能的小(即實際電位差儘可能的大)，以減少輸送線上 I^2R 的損失(常稱爲歐姆損失)。

例如，一 735 kV 線路用於將電能由魁北克省的 La Grande 2 水力發電廠輸送至 1000 km 以外的蒙特婁省。假設電流是 500 A，功率因子接近 1。由 31-77 式，供應能量的平均速率為

$$P_{avg} = \mathcal{E}I = (7.35 \times 10^5\,\text{V})(500\text{A}) = 368\text{MW}$$

線路具有約 0.220 Ω/km 的電阻，因而 1000 km 長的線路具有總電阻約 220 Ω。能量消耗於電阻中的速率約為

$$P_{avg} = I^2 R = (500\text{A})^2(220\Omega) = 55.0\text{ MW}$$

接近供應速率的 15%。

想像電流加倍且電壓減半會如何呢？電廠供應的能量速率仍為與前述相同的 368 MW，但現在能量的消耗率約為

$$P_{avg} = I^2 R = (1000\text{A})^2(220\Omega) = 220\text{MW}$$

幾乎為供應速率的 60%。因此一般能量傳輸法則為：傳送的電壓儘可能地高，而電流儘可能地低。

理想變壓器

此傳輸法則導致在有效率的高電壓傳輸需求與安全低電壓之產生及消耗的需要不能相符。我們需要一個裝置可升高(為了傳輸)及降低(為了使用)電路中的電位差，而保持電流與電壓的積為定值。**變壓器**即為如此的裝置。它沒有可動部分，依法拉第感應定律運作，但沒有直流用的變壓器。

圖 31-18 中的理想變壓器由兩組線圈組成，具有不同的匝數而繞於鐵心上(線圈與鐵心間絕緣)。主線圈有 N_p 匝，連接至交流發電機，其任意時間 t 的電動勢 $\mathcal{E}$ 為

$$\mathcal{E} = \mathcal{E}_m \sin \omega t \tag{31-78}$$

副線圈有 N_s 匝，連接至負載電阻 R，只要開關 S 打開，電路即為斷路(假設目前正是如此)，故副線圈中沒有電流。另外假設主、副線圈的電阻與鐵心的磁滯損耗可忽略不計。事實上，設計精良的高容量變壓器可將能量損耗減低到 1%，故理想變壓器的假設並非不合理。

就上述的條件而言，主線圈是純電感性(比較圖 31-12)。故(極小的)主線圈電流稱為磁化電流 I_{mag}，落後電位差 V_p 有 90 度，功率因子(= $\cos\phi$，見 31-76 式)為零，故沒有功率自發電機傳送到變壓器。

然而，這個很小的主線圈交變電流 I_{mag} 在鐵心中感應而生一交變磁通量 Φ_B。鐵心會增加通量，並傳到副線圈。因為 Φ_B 會變化，導致感應電動勢 $\mathcal{E}_{turn}(= d\Phi_B/dt)$ 產生於副線圈每一匝。事實上，主、副線圈每匝所產生的感應電動勢 $\mathcal{E}_{turn}$ 應相同。同時，主線圈的電壓 V_p 等於 $\mathcal{E}_{turn}$ 與匝數 N_p 的乘積，即 $V_p = \mathcal{E}_{turn} N_p$。同樣地，副線圈的電壓為 $V_s = \mathcal{E}_{turn} N_s$。因此，我們可寫成

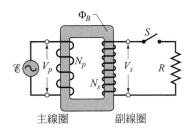

圖 31-18 一個理想的變壓器，在一個基本的變壓器電路中，兩個線圈繞於鐵心上。一個交流發電機在左邊(主)的線圈產生電流。當開關 S 接通時右邊(副)的線圈連接一個負載電阻 R。

$$\mathscr{E}_{turn} = \frac{V_p}{N_p} = \frac{V_s}{N_s}$$

或　　　$V_s = V_p \dfrac{N_s}{N_p}$　（電壓之轉換）　　　　　　　　(31-79)

若 $N_s > N_p$，稱為升壓變壓器，因它將 V_p 電壓升高；同理，若 $N_s < N_p$，則稱為降壓變壓器。

　　到目前為止，當開關 S 為斷路時，並無能量從變壓器傳輸到電路的其餘部分。但現若將開關 S 關上，此時副線圈與一電阻負載 R 連接(一般而言，通常負載亦含有電容性及電感性元件，但此處只考慮純電阻 R 情形)。底下是過程：

1.　在副線圈電路上，有交流電 I_s 產生。故在負載電阻中有相對應之能量消耗率 $I_s^2 R (= V_s^2/R)$。

2.　此電流在鐵心中感應而生其自己的交變磁通量，而此磁通量在主線圈中感應一相反的電動勢。

3.　但主線圈的電位差 V_p 不因此相反的電動勢而改變，因它恆與發電機供給之電動勢相等；

4.　為維持 V_p，現在發電機在主線圈所產生(除了 I_{mag})交流電流 I_p，其大小和相位正好與由 I_s 在主線圈上所產生之相反電動勢抵消，因為 I_p 的相位常數不像 I_{mag} 為 90 度，此 I_p 電流可將電流傳送至主線圈。

　　能量轉換。我們要把 I_s 和 I_p 關聯在一起，然而與其仔細分析此複雜的情況，倒不如借助能量守恆定理。由發電機傳送給主線圈的能量速率等於 $I_p V_p$。而主線圈傳送能量至副線圈(經由交流磁場連接這兩個線圈)的速率為 $I_s V_s$。因為我們假設沿此過程沒有能量損失，依能量守恆

　　　$I_p V_p = I_s V_s$

從 31-79 式的 V_s 代入上式，我們得

$$I_s = I_p \frac{N_p}{N_s} \tag{31-80}$$

此式告訴我們，副線圈的電流 I_s 是否大於、等於或小於主線圈的電流 I_p，全視 N_p/N_s 的比值而定。

　　出現在主電路的電流 I_p 是因為電阻負載 R 在副電路上，要找出 I_p，我們將 $I_s = V_s/R$ 代入 31-80 式，且將 31-79 式中的 V_s 代入。我們發現

$$I_p = \frac{1}{R}\left(\frac{N_s}{N_p}\right)^2 V_p \tag{31-81}$$

此方程式有一個形式為 $I_p = V_p/R_{eq}$，其中等效電阻 R_{eq} 為

$$R_{eq} = \left(\frac{N_p}{N_s}\right)^2 R \tag{31-82}$$

R_{eq} 爲負載電阻之值，如果連接一個電阻 R_{eq} 則發電機產生電流 I_p 和電位差 V_p。

阻抗匹配

31-82 式顯示變壓器尚有其他的功能。我們已經知道，若要令電動勢移至電阻性負載之能量轉移爲最大，發電機的電阻必須與負載之電阻相等。對交流電路而言，情形基本上亦是如此，除了此時我們要討論的是阻抗而非電阻。發電機的阻抗必須與負載的阻抗相等。然而，通常我們會發現阻抗匹配不容易做到。例如當我們把揚聲器與放大器接在一起時，放大器爲高阻抗，揚聲器爲低阻抗，可以在兩者之間連接一個具有適當線圈匝數比(N_p / N_s)的變壓器，以使得兩者間的阻抗能匹配。

 測試站 8

一交流電動勢裝置具有比其電阻性負載小的電阻，爲了增加由該裝置轉移到負載的能量，而在兩者之間接上了一個變壓器：(a) N_s 應該大於或小於 N_p ？(b)是升壓或降壓變壓器？

範例 **31.08**　變壓器：匝數比、平均功率、均方根電流

電線桿上之變壓器的主線圈端在 $V_p = 8.5$ kV 下操作，以 $V_s = 120$ V 供給附近住家用電。這些數據都是它們的方均根值。假設爲理想變壓器，理想的電阻負載，且功率因子爲 1。

(a)此降壓變壓器之匝數比 N_p/N_s 是多少？

關鍵概念

從 31-79 式($V_s = V_p N_s/N_p$)可知，匝數比 N_p/N_s 和(已知的)一次、二次電壓的方均根值有關。

計算　我們可以將 31-79 式寫成

$$\frac{V_s}{V_p} = \frac{N_s}{N_p} \qquad (31\text{-}83)$$

(注意式子右側的匝數比與題意相反)整理 31-83 式可得

$$\frac{N_p}{N_s} = \frac{V_p}{V_s} = \frac{8.5 \times 10^3 \text{ V}}{120 \text{ V}} = 70.83 \approx 71 \qquad \text{(答)}$$

(b)在某一段時間內，變壓器供給給住戶的用電之平均能量消耗率爲 78 kW。變壓器內，主線圈及副線圈之方均根電流是多少？

在一純電阻性負載中，功率因子 $\cos \phi$ 爲 1，於是能量供給和消耗的平均速率如 31-77 式($P_{avg} = \mathcal{E}I = IV$)所示。

計算　在主線圈中，$V_p = 8.5$ kV，於是由 31-77 式可得

$$I_p = \frac{P_{avg}}{V_p} = \frac{78 \times 10^3 \text{ W}}{8.5 \times 10^3 \text{ V}} = 9.176 \text{ A} \approx 9.2 \text{ A} \qquad \text{(答)}$$

同樣地，在第二線圈中：

$$I_s = \frac{P_{avg}}{V_s} = \frac{78 \times 10^3 \text{ W}}{120 \text{ V}} = 650 \text{ A} \qquad \text{(答)}$$

你可使用 31-80 式來檢驗 $I_s = I_p(N_p/N_s)$。副線圈電路中的等效負載電阻是多少？又主線圈中的等效負載電阻是多少？

第一種方法　用 $V = IR$ 建立起電阻與方均根電壓的關係，對於副線圈，我們得到

$$R_s = \frac{V_s}{I_s} = \frac{120 \text{ V}}{650 \text{ A}} = 0.1846 \,\Omega \approx 0.18 \,\Omega \qquad \text{(答)}$$

同樣的，對主線圈而言，我們可以得到

$$R_p = \frac{V_p}{I_p} = \frac{8.5 \times 10^3 \text{ V}}{9.176 \text{ A}} = 926 \,\Omega \approx 930 \,\Omega \qquad \text{(答)}$$

第二種方法　我們使用一個事實：R_p 等於由變壓器主線圈所見的等效電阻負載，由匝數比所調整，即 31-82 式[$R_{eq} = (N_r/N_s)\ 2R$]。如果將 R_p 取代 R_{eq} 且 R_s 取代 R，這方程式得到 $R_s = R$

$$R_p = \left(\frac{N_p}{N_s}\right)^2 R_s = (70.83)^2(0.1846\Omega)$$

$$= 926\Omega \approx 930\Omega \qquad (答)$$

PLUS Additional example,video,and practice available at *WileyPLUS*

重點回顧

LC 能量轉換　在(無電阻的)LC 振盪電路中，能量在電容器的電場及電感器的磁場中週期性地來回振盪，其瞬間大小為

$$U_E = \frac{q^2}{2C} \ \ 及 \ \ U_B = \frac{Li^2}{2} \qquad (31\text{-}1, 31\text{-}2)$$

其中 q 為電容的瞬間電荷而為通過電感的瞬間電流 i，總能量 $U(= U_E + U_B)$ 保持不變。

LC 電荷與電流振盪　根據能量守恆原理，可得

$$L\frac{d^2q}{dt^2} + \frac{1}{C}q = 0 \ (LC \ 振盪) \qquad (31\text{-}11)$$

此為 LC 無阻尼的自由振盪之微分方程式。而 31-11 式的解為

$$q = Q\cos(\omega t + \phi) \quad (電荷) \qquad (31\text{-}12)$$

其中 Q 為電荷的振幅(在電容上的最大電荷)，此共振的角頻率 ω 為

$$\omega = \frac{1}{\sqrt{LC}} \qquad (31\text{-}4)$$

31-12 式的相位常數 ϕ 是由此系統的最初情況所決定(在 $t = 0$)。此系統的電流 i 為

$$i = -\omega Q\sin(\omega t + \phi) \quad (電流) \qquad (31\text{-}13)$$

其中 ωQ 為電流的振幅 I。

阻尼振盪　LC 電路若加入耗損元件 R，則造成阻尼。然後

$$L\frac{d^2q}{dt^2} + R\frac{dq}{dt} + \frac{1}{C}q = 0 \quad (RLC \ 電路) \ (31\text{-}24)$$

這為微方程式的解為

$$q = Qe^{-Rt/2L}\cos(\omega' t + \phi) \qquad (31\text{-}25)$$

其中

$$\omega' = \sqrt{\omega^2 - (R/2L)^2} \qquad (31\text{-}26)$$

若僅考慮低阻尼的情況，則 $\omega' \approx \omega$。

交流電流；強迫振盪　一個 RLC 串聯電路，可外加一驅動角頻率為 ω_d 的電動勢而強迫振盪，其值為

$$\mathscr{E} = \mathscr{E}_m \sin\omega_d t \qquad (31\text{-}28)$$

電路中的驅動電流為

$$i = I\sin(\omega_d t - \phi) \qquad (31\text{-}29)$$

其中 ϕ 為相位常數。

共振　在 RLC 串聯電路中，當驅動角頻率 ω_d 等於自然角頻率 ω 時，由外加電動勢(呈正弦改變)驅動的電流振幅達最大值。然後 $X_C = X_L$，$\phi = 0$，且電流與電動勢同相。

單電路元件　電阻器兩端電位差之振幅為 $V_R = IR$；電流與電位差同相。

對電容器，$V_C = IX_C$，其中 $X_C = 1/\omega_d C$ 為**容抗**；電流領先電位差 $90°$ ($\phi = -90° = -\pi/2$ rad)。對電感器，$V_L = IX_L$，其中 $X_L = \omega_d L$ 為**感抗**；電流落後電位差 $90°$ ($\phi = +90° = +\pi/2$ rad)。

串聯 RLC 電路　對於具有 31-28 式的外加電動勢和 31-29 式的電流之 RLC 串聯電路，

$$I = \frac{\mathscr{E}_m}{\sqrt{R^2(X_L - X_C)^2}}$$

$$= \frac{\mathscr{E}_m}{\sqrt{R^2 + (\omega_d L - 1/\omega_d C)^2}} \ (電流振幅) \ (31\text{-}60, 31\text{-}63)$$

且

$$\tan\phi = \frac{X_L - X_C}{R} \quad (相位常數) \qquad (31\text{-}65)$$

定義電路阻抗 Z 為

$$Z = \sqrt{R^2 + (X_L - X_C)^2} \quad \text{(阻抗)} \quad (31\text{-}61)$$

便可將 31-60 式寫成 $I = \mathscr{E}_m/Z$。

功率 在 RLC 電路中，發電機的**平均輸出功率** P_{avg} 被輸送至電阻器而轉為熱能：

$$P_{avg} = I_{rms}^2 R = \mathscr{E}_{rms} I_{rms} \cos\phi \quad (31\text{-}71, 31\text{-}76)$$

「rms」代表方均根，**方均根值**與最大值的關係為 $I_{rms} = I/\sqrt{2}$，$V_{rms} = V/\sqrt{2}$，$E_{rms} = E_m/\sqrt{2}$。$\cos\phi$ 代表電路中的**功率因數**。

變壓器 變壓器(假設為「理想化」)是一軟鐵心，其上繞有匝的主線圈和 N_s 匝的副線圈。若主線圈與交流發電機連接，則主、副線圈之電壓關係為

$$V_s = V_p \frac{N_s}{N_p} \quad \text{(電壓之轉換)} \quad (31\text{-}79)$$

電流之關係為

$$I_s = I_p \frac{N_p}{N_s} \quad \text{(電流的轉換)} \quad (31\text{-}80)$$

副電路之等效電阻為

$$R_{eq} = \left(\frac{N_p}{N_s}\right)^2 R \quad (31\text{-}82)$$

其中 R 是副電路的電阻。(N_p/N_s) 之比值為變壓器的轉換率。

討論題

1 一冷氣機接上 $V_{rms} = 120$ V 的交流電後，可看成 8.00 Ω 的電阻與 3.00 Ω 的電感電抗串聯而成。計算(a)冷氣機的阻抗？(b)冷氣機的平均功率？

2 考慮圖 31-19 所示的電路。當開關 S_1 閉合，其餘兩個開關開啟的時候，這個電路的時間常數是 τ_C。當開關 S_2 閉合而且其餘兩個開關開啟的時候，電路具有時間常數 τ_L。當開關 S_3 閉合而且其餘兩個開關開啟的時候，電路的振盪週期是 T。請證明 $T = 2\pi\sqrt{\tau_C\tau_L}$。

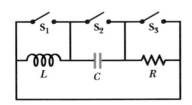

圖 31-19 習題 2

3 某一個 1.50 μF 的電感器具有電容性阻抗 12.0 Ω。(a)工作頻率必須是多少？(b)若頻率變成原來的兩倍，則電容性阻抗會變成多少？

4 圖 31-20 的交流訊號源供應了 120 V、60.0 Hz 的驅動訊號。當圖中的開關處於開啟狀態的時候，電流領先訊號源電動勢有 20.0 度。當開關處於位置 1 的時候，電流落後訊號源電動勢有 10.0 度。當開關處於位置 2 的時候，電流振幅是 2.00 A。試問：(a) R，(b) L，和(c) C 為何？

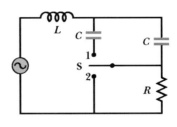

圖 31-20 習題 4

5 圖 31-7 的電路中，若移除電容器，並令 $R = 300$ Ω，$L = 230$ mH，$f_d = 80.0$ Hz，$\mathscr{E}_m = 36.0$ V。試求：(a) Z，(b) ϕ，(c) I。

6 在圖 31-7 中，$R = 20.0$ Ω，$C = 4.70$ μF，以及 $L = 25.0$ mH。發電機產生的 emf 具有 rms 電壓 75.0 V 以及頻率 550 Hz。(a)試計算 rms 電流。在(b) R，(c) C，(d) L，(e) C 和 L 為一個單元，(f) R、C 和 L 為一個單元的兩端的 rms 電壓是多少？由(g) R，(h) C，(i) L 消耗能量的平均速率是多少？

7 在圖 31-21 中，試證：當 $R = r$ 時，電阻 R 所消耗之功率為最大，其中 r 為交流發電機之內阻(至此題為止，在本章我們皆假設 $r = 0$)。

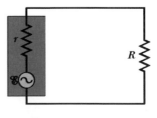

圖 31-21 習題 7 和 8

8　在圖 31-21 中，令左側的矩形盒子代表音頻放大器的(高阻抗)輸出端，其中 $r = 1000\ \Omega$。令 $R = 10\ \Omega$ 代表揚聲器的(低阻抗)線圈。爲了能將最大能量轉移到負載 R，我們必須使 $R = r$，而且在這個情況下這個條件並不滿足。然而，我們可以使用變壓器「轉換」阻抗，使它們的電性行爲看起來好像比它們實際的數值大或者小。(a)請畫出可以放置在圖 31-21 的放大器和揚聲器之間，以便匹配阻抗的變壓器初級線圈和次級線圈。(b)匝數比必須是多少？

9　有一 LC 電路在某一瞬間，有 65.0% 的總能量儲存在電感的磁場之中。(a)試用最大電荷值來表示，在該時刻的電容電荷量的大小？(b)試用最大電流值來表示該時刻的電感電流的大小？

10　某 LC 振盪電路的 $C = 4.00\ \mu F$。振盪過程中，電容的最大電位差爲 2.30 V，電感的最大電流值爲 50.0 mA。(a)電感 L 爲何？(b)振盪頻率爲何？(c)電容的電荷由 0 充至最大值需多少時間？

11　LC 電路的 $L = 1.10\ mH$，$C = 2.20\ \mu F$ 的電荷極大值爲 5.50 μC。試求其最大電流。

12　一 LC 振盪電路由一 2.4 nF 的電容器與一 3.0 mH 的電感組成，其尖峰電壓爲 5.7 V。(a)電容器上的電荷最大值爲若干？(b)線圈的尖峰電流爲若干？(c)儲存於電感磁場中的最大能量爲若干？

13　(a)在一 RLC 電路中，通過電感的電壓振幅，能否超過發電機輸出電壓的振幅？(b)考慮一 RLC 電路，$\mathscr{E}_m = 10\ V$，$R = 10\ \Omega$，$L = 1.0\ H$ 且 $C = 1.0\ \mu F$。求共振時，通過電感的電壓振幅？

14　一個典型的舞台燈光的調光器，如圖 31-22 所示，是由一可變電感 L(電感在 0 與 L_{max} 之間可調整)與燈泡 B 組成。若使用的電源爲 $V_{rms} = 120\ V$，$f = 60\ Hz$，燈泡規格爲 120 V，1000 W。(a)若要使燈泡的功率能從其上限 800 W 變化 5 倍，問該可變電感的最大電感值 L_{max} 爲多少？假設燈泡電阻不隨溫度變化，(b)我們是否可以用可變電阻(0 到 R_{max})代替該可變電感？(c)如果可以，其最大電阻值 R_{max} 爲多少？(d)一般設計爲何不如此做呢？

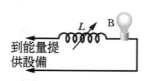

圖 31-22　習題 14

15　某一個 RLC 串聯電路由頻率 2000 Hz、電動勢振幅 170 V 的發電機驅動著。電感值是 60.0 mH，電容值是 0.400 μF，而且電阻值是 200 Ω。(a)相位常數是多少弧度？(b)電流振幅爲何？

16　某電動馬達連接到 120 V，60.0 Hz 的交流插座，它能夠以 0.100 hp(1 hp = 746 W)的供應速率做機械功。如果馬達使用了 0.650 A 的 rms 電流，試問相對於功率轉移而言，有效電阻是多少？這個電阻值與馬達線圈的電阻值相同嗎，其中馬達線圈電阻就是將馬達從插座上拔除以後，利用歐姆計進行量測的數值？

17　對於以正弦波驅動的串聯 RLC 電路而言，證明在週期爲 T 的一個完整循環上，(a)儲存在電容器中的能量不會改變；(b)儲存在電感器中的能量不會改變；(c)用來驅動的 emf 裝置供應了 $(\frac{1}{2}T)\mathscr{E}_m I\cos\phi$ 的能量；(d)電阻器消耗的能量是 $(\frac{1}{2}T)RI^2$。(e)試證明在(c)小題和(d)小題求得的答案是相等的。

18　電容值 158 μF 的電容器與一個電感器形成 LC 電路，此電路的振盪頻率是 8.15 kHz，其電流振幅是 4.21 mA。試問(a)電感值，(b)電路中的總能量，和(c)電容器上的最大電荷各是多少？

19　LC 電路的電感爲 75.0 mH 而電容爲 3.6 μF。如果電容器的最大電荷爲 5.90 μC。求(a)電路的總能量，(b)電路的最大電流。

20　當在具有負載情形下工作的時候，某一個電子馬達具有 72.1 Ω 的有效電阻，和 53.6 Ω 電感性阻抗。在交流電源兩端的電壓振幅是 315 V。試求電流振幅。

21　頻率爲多少時，一 9.0 mH 的電感器及一 23 μF 的電容器具有相同的電抗？(b)電抗值爲多少？(c)證此頻率即具有相同 L 及 C 值之振盪電路的自然頻率。

22　一單迴路電路由 3.65 Ω 的電阻，12.0 H 的電感與 3.20 μF 的電容組成。開始時，電容的電荷量爲 3.44 μC，電流爲 0。試分別計算振盪(a) $N = 5$，(b) $N = 10$，(c) $N = 100$ 個週期後，電容的電荷量爲多少？

23　某 LC 電路的 $C = 93.0\ \mu F$，且電流與時間的關係爲 $i = (1.60)\sin(2500t + 0.850)$，其中 i 的單位爲安培，t 爲秒，相角爲弧度量。(a)電流達最大值，需爲多少時間？(b)電路的電感 L 爲多大？(c)線路的總能量爲多少？

24 某一個 RLC 串聯電路由頻率 400 Hz 的交流電源驅動著,而且交流電源的電動勢振幅是 90.0 V。已知電阻是 20.0 Ω,電容是 12.1 μF,而且電感是 24.2 mH。請問在(a)電阻器,(b)電容器,和(c)電感器兩端的 rms 電位差為何?試問能量的平均消耗率是多少?

25 一變壓器之主線圈有 50.0 匝,副線圈有 400 匝。若主線圈的交流電壓為 80 V,副線圈產生的電壓為幾伏特?

26 一交流發電機輸出電壓為 $\mathcal{E} = \mathcal{E}_m \sin(\omega_d t - \pi/4)$,其中 $\mathcal{E}_m = 30.0$ V 且 $\omega_d = 350$ rad/s。連接到發電機的電路中,其電流可以表示成 $i(t) = I \sin(\omega_d t + \pi/4)$,其中 $I = 620$ mA。(a)請問在 $t = 0$ 以後多久的時間,發電機電動勢第一次到達最大值?(b)請問在 $t = 0$ 以後多久的時間,電流第一次到達最大值?(c)已知這個電路除了發電機以外,只包含一個電路元件。試問此元件是電感器、電容器或電阻器?請證明自己的答案是正確的。(d)就這個情況而言,此電容、電感或電阻的數值應該是多少?

27 一交流電壓其方均根值為 110 V,最大值為何?

28 某一個頻率是 3000 Hz 的訊號源驅動著 RLC 串聯電路,其電動勢振幅是 120 V。電阻值是 40.0 Ω,電容值是 1.60 μF,而且電感值是 850 μH。試問(a)相位常數是多少弧度,以及(b)電流振幅為何?(c)此電路是電容性、電感性或者處於共振狀態?

29 LC 電路的振盪頻率為 400 kHz。當時間 $t = 0$ 時,電容器的 A 板有最大的正電荷。求何時($t > 0$):(a) A 板會有最大的正電荷,(b)電容器的另一面板有最大的正電荷,(c)電感器有最大的磁場。

30 某一個 RLC 串聯電路具有 6.00 kHz 的共振頻率。當它在 8.00 kHz 下被驅動的時候,具有阻抗 1.00 kΩ 和相位常數 45 度。試問這個電路的:(a) R,(b) L,和(c) C 為何?

31 一變壓器之主線圈有 400 匝,副線圈有 15 匝。(a)若 $V_p = 120$ V(rms),副線圈電壓 V_s 之值為何?此時若其副線圈接上一 20 Ω 之負載,則(b)主線圈與(c)副線圈電流之值各為若干?

32 某一個 45.0 mH 電感器具有電抗 1.30 kΩ。(a)試問其工作頻率為何?(b)在該頻率下具有相同電抗的電容器,其電容值是多少?如果頻率變成原來的兩倍,則(c)電感器和(d)電容器的新電抗是多少?

33 一 RLC 振盪電路之電容器在一次振盪中,能量由其最大值降至一半所需的時間為何?假設 $t = 0$ 時,$q = Q$。

34 將電感器從圖 31-7 的電路中移除,並且設定 $R = 125$ Ω,$C = 15.0$ μF,$f_d = 80.0$ Hz,以及 $\mathcal{E}_m = 36.0$ V。請問(a) Z,(b) ϕ,(c) I 為何?

35 在將電容連接到 1.30 mH 電感器兩端的時候,為了使所產生振盪器共振於 3.50 kHz,試問此電容值應該是多少?

36 某一個 LC 電路在頻率 10.4 kHz 下產生振盪。如果電容值是 340 μF,請問電感值是多少?如果最大電流是 7.20 mA,則在電路中的總能量是多少?試問在電容器上的最大電荷量是多少?

37 某一個 LC 振盪電路具有電感 3.00 mH 和電容 10.0 μF。試計算振盪的(a)角頻率和(b)週期。在時間 $t = 0$,電容器充電到 200 μC,而且電流是零。請大略畫出電容器的電荷的時間函數圖形。

38 當範例 31.07 中的發電機電動勢為最大值時,則(a)發電機、(b)電阻、(c)電容和(d)電感兩端的電壓是多少?(e)通過將這些與適當的符號相加,驗證是否滿足電路法則。

39 某 LC 電路上的電荷極大值為 2.80 μC,總能量為 140 μJ。試求其電容值。

40 為了製作一個 LC 振盪系統,我們可以從 10 mH 電感器,6.0 μF 電容器,和 3.0 μF 電容器中進行選擇。試問經由這些元件以各種組合所能製作的(a)最小,(b)次小,(c)次大,和(d)最大的振盪頻率為何?

41 某 LC 電路,$L = 25$ mH,$C = 3.0$ μF,起始電流為最大值。試問需花多少時間電容器才能首度充滿電荷?

42 在圖 31-23 中，$R = 14.0\ \Omega$，$C = 6.20\ \mu F$，$L = 27.0$ mH，且理想電池的 emf 爲 $\mathscr{E} = 45.0$ V。開關置於 a 的位置已有相當長

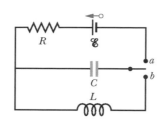

圖 31-23 習題 42

時間，如今將它撥至 b 的位置。試求(a)電流的振盪頻率？(b)電流振盪的振幅爲多少？

43 當某一個電動馬達接著負載，而且操作於 rms 電壓 220 V 的時候，流過馬達的 rms 電流是 3.00 A。馬達具有電阻 24.0 Ω 而且沒有電容性電抗。請問電感性電抗是多少？

44 在圖 31-24 中，三相位產生器 (three-phase generator) G 可產生藉由三條電線傳送的電功率。對

圖 31-24 習題 44

電線 1，其電位(每一條電線都相對於共同的參考位準)是 $V_1 = A\sin\omega_d t$；對電線 2，$V_2 = A\sin(\omega_d t - 120°)$；而且對電線 3，$V_3 = A\sin(\omega_d t - 240°)$。某些類型的重工業設備(例如馬達)具有三個端子，這就是設計成直接連接到這三條電線。爲了使用比較常見的二端子設備(例如燈泡)，我們可以將它連接到這三條電線中的其中兩條。請證明三條電線中任意兩條的電位差，(a)會隨著角頻率 ω_d 正弦振盪，以及(b)具有振幅 $A\sqrt{3}$。

45 如圖 31-7 之電路中，設 $R = 5.00\ \Omega$，$L = 80.0$ mH，$f_d = 60.0$ Hz，$\mathscr{E}_m = 50.0$ V。則當電阻所消耗之平均功率爲(a)最大值及(b)最小值時，電路上電容之值爲多少？(c)最大消耗率及相對應之(d)相角(e)功率因子各爲多少？(f)最小消耗率及相對應之(g)相角及(h)功率因子各爲多少？

46 某一個 RLC 電路由一個電動勢振幅爲 80.0 V 的發電機予以驅動，其電流振幅是 1.25 A。電流領先電動勢有 0.650 rad。請問電路的(a)阻抗和(b)電阻爲何？此電路是電感性、電容性或者處於共振狀態？

47 某一個由電阻器、電感器、電容器 R_1、L_1 和 C_1 組合而成的串聯電路，具有與另一個不同的 R_2、L_2 和 C_2 的組合電路，相同的共振頻率。我們現在將兩個組合電路串聯在一起。試證明這個新電路與個別電路具有相同共振頻率。

48 1.50 mH 電感器在某一個 LC 振盪電路中儲存的最大能量是 $10.0\ \mu J$。最大電流爲何？

49 在一個 LC 振盪電路中，當在電場中的能量是磁場中能量的 50.0% 時，請問電路中有多少電荷，試以電容器上的最大電荷量 Q 表示之？如果要讓這種情況發生，在電容器完全充滿電荷以後，必須經過週期的幾分之幾？

50 LC 電路中 2.50 H 的電感器存有 $6.00\ \mu J$ 的能量，電容器上的最大電荷爲 $175\ \mu C$。試求類比力學系統的(a)質量，(b)彈力常數，(c)最大位移，(d)所對應力學系統的最大速率。

51 LC 振盪器已經被用在連接揚聲器的電路中，以產生電子音樂。若電容值爲 $4.0\ \mu F$，則需用多大的電感值才能產生接近可聽音頻之中頻範圍的 10 kHz 的信號？

52 某一個 RLC 串聯電路施加驅動訊號源以後，其電感器兩端的最大電壓是電容器兩端最大電壓的 1.50 倍，而且是電阻器兩端最大電壓的 2.00 倍。(a)試問這個電路的 ϕ 是多少？(b)此電路是電感性、電容性或者處於共振狀態？已知電阻是 49.9 Ω，而且電流振幅是 200 mA。(c)驅動的電動勢振幅是多少？

53 於圖 31-12 中，一個 $\mathscr{E}_m = 23.0$ V 之交流發電機接上一 50.0 mH 的電感器。若電動勢之頻率爲(a) 2.00 kHz 及(b) 8.00 kHz，則所產生之交流電流之振幅各爲若干？

54 將一個振盪頻率可以調整的訊號產生器，串聯連接到一個 $L = 2.50$ mH 的電感器和一個 $C = 3.00\ \mu F$ 的電容器。請問當訊號產生器的頻率是多少的時候，可以在電路中產生具有最大可能振幅的電流？

55 對於某一驅動的串聯 RLC 電路而言，最大的發電機電動勢是 125 V，而且最大電流是 3.20 A。如果電流領先發電機有 0.982 rad，試問電路的(a)阻抗和(b)電阻爲何？(c)這個電路主要是電容性或電感性的？

56 LC 電路的 $L = 1.10$ mH，$C = 1.40$ F。在時間 $t = 0$，電流處於其最大值 12.0 mA。請問在振盪過程中，電容器上的最大電荷量是多少？對於 $t > 0$ 而言，電容器中的能量變化率達到最大的最早時刻為何？(c) 最大變化率是多少？

57 某電阻通以交流電時，最大電流為 4.50 A。若欲產生相同的熱量，應通以多大的直流電流？

58 一交流發電機之 $\mathcal{E}_m = 180$ V，運轉於 400 Hz，在一 $R = 220$ Ω、$L = 150$ mH、$C = 12.0$ μF 之 RLC 串聯電路引起振盪。求(a)容抗 X_C，(b)阻抗 Z，及(c)電流振幅 I。另有一相同電容值的電容器串聯於電路中。試決定：(d) X_C，(e) Z，(f) I 的值是增加，減少或維持原值。

59 某特定 RLC 串聯電路被頻率 60.0 Hz 訊號源驅動著，在電感器兩端的最大電壓是電阻器兩端最大電壓的兩倍，並且是電容器兩端最大電壓的兩倍。試問電流落後訊號源電動勢多少角度？如果訊號源最大電動勢是 30.0 V，則為了獲得最大電流 300 mA，電路的電阻應該是多少？

60 在圖 31-7 中，我們設定 $R = 400$ Ω，$C = 70.0$ μF，$L = 230$ mH，$f_d = 60.0$ Hz，$\mathcal{E}_m = 36.0$ V。試求：(a) Z，(b) ϕ，(c) I。

馬克斯威爾方程式；
物質的磁性

32-1　磁場的高斯定律

學習目標

在閱讀完這個區塊的文字之後，讀者應該能夠...

32.01 了解最簡單的磁結構是磁偶極。

32.02 透過磁場向量 $\vec{B}$ 與其所通過表面之面積向量 $d\vec{A}$ (網目元素)的內積，計算通過一表面的磁通量 Φ。

32.03 理解通過一高斯表面(封閉表面)的淨通量爲零。

關鍵概念

● 爲簡單的磁結構爲磁偶極。磁單極並不存在(到目前 止我們所知道的)。磁場的高斯定律

$$\Phi_B = \oint \vec{B} \cdot d\vec{A} = 0$$

說明了通過任一高斯表面(封閉)的磁通量爲零。意味著磁單極並不存在。

物理學是什麼？

　　這一章將揭露一些物理學的廣泛度，因爲閱讀完本章，我們將瞭解物理學的範圍是從電場和磁場等基礎科學，分佈到磁性材料等應用科學和工程學。首先我們可以對電場和磁場的基本討論做結論：在前面 11 章中的大部分物理學原理，可以只用四個方程式予以總結，這四個方程式稱爲馬克斯威爾方程式(Maxwell's equations)。

　　其次，我們檢查磁性材料的科學和工程學。許多科學家和工程師的一生都花費在理解爲什麼有些材料是磁性的，而其它卻不是，以及花在如何改進現存的磁性材料。這些研究人員很訝異爲什麼地球具有磁場，但是人卻沒有。在汽車、廚房、辦公室和醫院中，他們發現便宜的磁性材料有數不盡的應用，而且磁性材料時常以令人意想不到的方式出現。舉例來說，如果我們有紋身(圖 32-1)而且正在進行 MRI(磁共振成像)掃描，則掃描過程所使用的大磁場可能會明顯地用力拉扯我們有紋身的皮膚，這是因爲有些紋身用的墨水含有磁性粒子。在另一個例子中，因爲一些早餐穀類食品含有很小的鐵片供我們消化攝取，所以廣告會說它們「添加了鐵」。因爲這些小鐵片是磁性的，所以我們可以藉由將磁鐵經

圖 32-1　部分刺青使用的墨水包含著磁粒。

過由水和穀類食品混合成的泥狀物上，來收集他們。

在這裡我們討論的第一步是再一次利用高斯定律，但是這次是用於磁場的情形。

磁場的高斯定律

圖 32-2 所示為灑在透明薄片上的鐵粉，薄片則放在一根磁棒上方。鐵粉粒嘗試著要讓自己與磁鐵磁場對齊排列，結果形成一個透露出磁場幾何分佈狀態的圖樣。磁鐵的一端是磁場的源頭(磁力線從它發散出來)，另一端是磁場的入口(磁力線往它收斂)。依照傳統的作法，我們稱呼源頭是磁鐵的北極，入口則是南極，而且我們說具有兩個極的磁鐵是**磁偶極**(magnetic dipole)的一個例子。

若我們像折斷粉筆一般，把磁棒折斷(圖 32-3)。我們應該能夠獲得一個單獨的磁極。但是令人驚奇的是，我們無法做到——甚至我們把磁鐵細分至單獨的原子甚至電子和原子核，也無法做到。每一個磁鐵的碎片都有南北極。故；

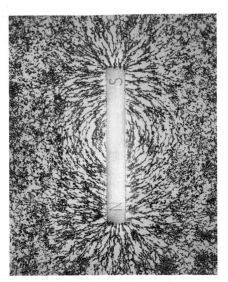

Richard Megna/Fundamental Photographs

圖 32-2 磁棒是磁偶極。鐵粉顯示磁力線方向(背景是以有顏色的光照亮著)

 存在自然界中最簡單的磁性結構為磁偶極。而磁單極並不存在(至目前為止)。

磁場的高斯定律是「磁單極並不存在」的正式陳述。此式指出，通過任何封閉高斯面之磁通量 Φ_B 為零；

$$\Phi_B = \oint \vec{B} \cdot d\vec{A} = 0 \quad \text{(磁場的高斯定律)} \tag{32-1}$$

把此式與電場的高斯定律做比對，

$$\Phi_E = \oint \vec{E} \cdot d\vec{A} = \frac{q_{enc}}{\varepsilon_0} \quad \text{(電場的高斯定律)}$$

在兩個定律中，積分都是對封閉的高斯面進行的。電場的高斯定律指出：此積分(通過此表面的淨電通量)與面積內所包圍之淨電荷 q_{enc} 成正比。磁場的高斯定律指出：沒有淨磁通量通過此面積，因為沒有淨「磁荷」(單獨的磁極)被高斯面包圍。可以存在的最簡單磁性結構且可被高斯面所包圍的為磁偶極，是由場線的來源端與進入端所構成。因此，進入高斯面的磁通量永遠與由高斯面出來的一樣多，故淨磁通量永遠為零。

　　磁場的高斯定律在比磁偶極更複雜的結構下也成立，且即使高斯面沒有包圍整個結構，此定律仍成立。圖 32-4 中的高斯面 II 靠近磁棒而沒有包圍任何磁極，而我們可以很容易的下結論，通過此面的淨磁通量為零。但高斯面 I 較難。它好像只包圍磁鐵的北極，因為它包圍住的是標示為 N 的地方而不是標示為 S 的。但南極必定與此高斯面較下方的邊界有關，因磁場線由此處進入表面(被包圍的部分似圖 32-3 中斷掉的磁鐵的一塊)。因此，高斯面 I 包圍了一個磁偶極且其淨磁通量為零。

圖 32-3　若把磁鐵折成若干段，每一段都會變成磁鐵，擁有自己的南極和北極。

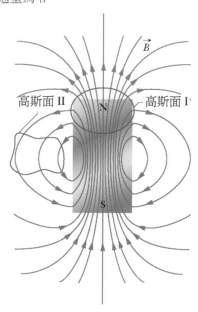

圖 32-4　短磁棒之磁場 $\vec{B}$ 的場線。圓形的曲線代表三維的封閉高斯面之截面。

 測試站 1

如圖顯示四個封閉表面，其頂面與底面皆為平的，而側邊為彎曲的。表中有平面的面積 A 與垂直通過那些面且大小為 B 的均勻磁場；A 與 B 的單位是任意但一致的。根據通過彎曲側面的磁通量大小將這些表面由大到小排列。

表面	A_{top}	B_{top}	A_{bot}	B_{bot}
a	2	6，向外	4	3，向內
b	2	1，向內	4	2，向內
c	2	6，向內	2	8，向外
d	2	3，向外	3	2，向外

(a)　　　(b)　　　(c)　　　(d)

32-2 感應磁場

學習目標

在閱讀完這個區塊的文字之後，讀者應該能夠...

32.04 了解電通量的改變會誘發磁場。

32.05 應用馬克斯威爾感應定律來連結封閉迴路內誘發的磁場與該迴路所圍電通量改變率。

32.06 畫出電容器內感應磁場的場線，該電容器為帶電荷平行圓盤，並指出電場與磁場的方向。

32.07 對磁場可以被感應的一般狀況，應用安培-馬克斯威爾(結合)定律。

關鍵概念

● 電通量的改變會誘發磁場 $\vec{B}$。馬克斯威爾定律

$$\oint \vec{B} \cdot d\vec{s} = \mu_0 \varepsilon_0 \frac{d\Phi_E}{dt} \quad \text{(馬克斯威爾定律)}$$

連結沿著封閉迴路的感應磁場與通過該迴路的電通量改變 Φ_E。

● 安培定律，$\oint \vec{B} \cdot d\vec{s} = \mu_0 i_{enc}$，給出了沿著封閉迴路之電流所產生的磁場。馬克斯威爾定律與安培定律可以被寫成單一式

$$\oint \vec{B} \cdot d\vec{s} = \mu_0 \varepsilon_0 \frac{d\Phi_E}{dt} + \mu_0 i_{enc} \quad \text{(安培-馬克斯威爾定律)}$$

感應磁場

在第 30 章你曾見過磁通量的改變會產生感應電場，而我們以法拉第感應定律做結論，其形式如下

$$\oint \vec{E} \cdot d\vec{s} = -\frac{d\Phi_B}{dt} \quad \text{(法拉第感應定律)} \tag{32-2}$$

因通過迴路磁通量 Φ_B 隨時間的改變而產生感應電場 $\vec{E}$，此處的 $\vec{E}$ 即為沿封閉迴路所產生的感應電場。由於在物理上，對稱性通常是非常有用的，故我們試圖去問，在相反的情況下是否也能發生感應，即改變電通量會產生感應磁場嗎？

此答案是肯定的，此外，表示感應磁場的方程式幾乎與 32-2 式對稱。我們為紀念馬克斯威爾而稱其為馬克斯威爾感應定律，而其表示式如下：

$$\oint \vec{B} \cdot d\vec{s} = \mu_0 \varepsilon_0 \frac{d\Phi_E}{dt} \quad \text{(馬克斯威爾感應定律)} \tag{32-3}$$

此處的 $\vec{B}$ 為改變封閉迴路所包區域內之電通量 Φ_E 而沿迴路之感應磁場。

帶電電容器。此種感應的一個例子為帶電的圓形平行板電容器(雖然我們將焦點放在此種特殊的裝置上，但電通量改變不論發生在何處，總是會產生感應磁場)。我們將穩定電流 i 送入連接的導線內，使得電容器(圖 32-5a)上的電荷以穩定的速率增加。則兩板間的電場必亦會以穩定的速率增加。

圖 32-5b 為由圖 32-5a 的兩板之間看右側面板的圖。其電場的方向是指入紙面。讓我們考慮半徑小於平行板，且與平行板為同心圓，並通過圖 32-5a 與 b 中之點 1 的圓形迴路。因為通過此迴路的電場在改變中，故通過此圓形迴路的電通量亦改變。根據 32-3 式，此改變的電通量會沿著此迴路感應出磁場。

實驗證明，繞此迴路確實會產生感應磁場 $\vec{B}$，方向如圖所示。而在此迴路上每一點的磁場大小皆相同，因此，相對於此電容器之平行板的中心軸形成圓形對稱。

若我們現在考慮一個大一點的迴路，亦即通過圖 32-5a 與 b 之平板外的點 2——我們發現，繞此迴路亦會有一感應磁場。因此，當電場改變時，在兩板之間，不論是空隙內或空隙外，皆會產生感應磁場。當電場停止改變時，感應磁場也就消失。

雖然 32-3 式與 32-2 式相似，但此兩方程式有兩個地方不同。第一，32-3 式有兩個額外的符號 μ_0 和 ε_0，但它們的出現只因我們使用 SI 制。第二，32-3 式沒有 32-2 式的負號。符號的不同意指，在其他相似情況下所產生的感應電場 $\vec{E}$ 與感應磁場 $\vec{B}$ 的方向會相反。以圖 32-6 來驗證方向的相反，當方向指入紙面的磁場 $\vec{B}$ 增加時，會產生感應電場 $\vec{E}$。此感應電場 $\vec{E}$ 之方向為逆時針，而圖 32-5b 中的感應磁場之方向為順時針。

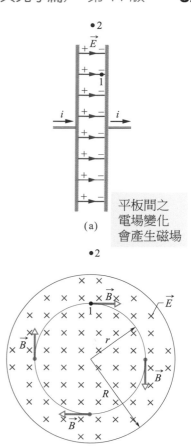

平板間之
電場變化
會產生磁場

(a)

(b)

圖 **32-5**　(a)圓形的平行板電容器之側視圖，以穩定電流充電。(b)由電容器中間看(a)右板的圖。電場 $\vec{E}$ 是均勻的，方向為指入紙面(指向板面)，並隨著電容器上的電荷增加而增加強度。因電場改變而感應出的磁場 $\vec{B}$ 顯示於圖中圖上之四點處，此圓之半徑 r 小於平板的半徑 R。

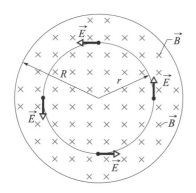

圖中之感應電場 $\vec{E}$ 方向與前一圖感應磁場 $\vec{B}$ 方向相反

圖 **32-6**　圓形區域內的均勻磁場。其方向為指入紙面，且其大小正在增加中。與圓形區域為同心圓之路徑上的四點顯示出，因磁場改變而感應出的電場。試將此情況與圖 32-5(b)比較。

安培－馬克斯威爾定律

現在，再看 32-3 式的左邊，內積 $\vec{B} \cdot d\vec{s}$ 沿一封閉迴路的積分，曾出現在另一個方程式中——即安培定律：

$$\oint \vec{B} \cdot d\vec{s} = \mu_0 i_{enc} \text{（安培定律）} \tag{32-4}$$

其中 i_{enc} 為封閉迴路所包圍的電流。因此，這兩個方程式說明以磁性物質以外之方法所產生的磁場 $\vec{B}$ (以電流和改變電場所產生的磁場)，且它們所決定的磁場形式正好相同。我們可將此兩方程式合成一方程式

$$\oint \vec{B} \cdot d\vec{s} = \mu_0 \varepsilon_0 \frac{d\Phi_E}{dt} + \mu_0 i_{enc} \quad \text{(安培-馬克斯威爾定律)} \quad (32\text{-}5)$$

當只有電流而沒有電通量的改變(如載有固定電流的導線)時，32-5 式的右邊第一項為零，且 32-5 式簡化成 32-4 式的安培定律。當有電通量的改變而沒有電流(如在充電中之電容器的空隙內外)時，32-5 式的右邊第二項為零，且 32-5 式簡化為 32-3 式的馬克斯威爾感應定律。

 測試站 2

如圖為四個均勻電場之大小 E 對時間的關係圖，所有的電場皆位於如圖 32-5b 中的相同圓形區域內。根據區域邊緣處的感應磁場大小，將電場由大至小排列。

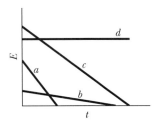

範例 32.01　充電電場感應的磁場

圖 32-5a 所示為正在充電之圓形平行板電容器。

(a) 導出不同半徑 r 處的感應磁場表示式，其中 $r \le R$。

關鍵概念

藉由電通量改變的感應作用或直接藉由電流都可以建立一個磁場，如 32-5 式所示。在圖 32-5 的兩板間沒有電流，但是那兒的電通量正在改變。因此 32-5 式中的 $i_{enc} = 0$，即

$$\oint \vec{B} \cdot d\vec{s} = \mu_0 \varepsilon_0 \frac{d\Phi_E}{dt} \quad (32\text{-}6)$$

我們分開計算上式的左邊與右邊。

32-6 式的左邊　我們選擇半徑 $r \le R$ 的圓形安培迴路，如圖 32-5b 所示，這是因為我們想要計算在 $r \le R$ 的磁場——即在電容器內。沿著迴路上所有點的磁場 $\vec{B}$ 和迴路相切，而路徑元素 $d\vec{s}$ 亦然。因此，迴路上的每一點的 $\vec{B}$ 及 $d\vec{s}$ 不是平行就是反平行。為了簡化問題，我們假設它們是平行的(這樣的選擇不會改變最後的結果)。然後

$$\oint \vec{B} \cdot d\vec{s} = \oint B \, ds \cos 0° = \oint B \, ds$$

由於面板的圓形對稱之故，我們也可以假設迴路上的每一點有相同的大小。因此，上式左邊的積分中，可以提到積分外面。剩下的積分為，等於迴路的周長 $2\pi r$。所以 32-6 式左邊項為 $(B)(2\pi r)$。

32-6 式的右邊　我們假設電場 $\vec{E}$ 在電容器與垂直平行板的方向上是均勻的。通過安培迴路的電通量 Φ_E 為 EA，其中 A 為電場迴路所圍繞的面積。因此 32-6 式右邊項為 $\mu_0 \varepsilon_0 d(EA)/dt$。

結果合併　將這些結果代入 32-6 中，我們得到

$$(B)(2\pi r) = \mu_0 \varepsilon_0 \frac{d(EA)}{dt}$$

因為 A 為常數，我們將 $d(EA)$ 寫成 AdE，我們得到

$$(B)(2\pi r) = \mu_0 \varepsilon_0 A \frac{dE}{dt} \quad (32\text{-}7)$$

在電場內圍繞安培迴路的面積 A 是迴路全部面積 πr^2，因迴路半徑 r 小於(或等於)平行板的半徑 R。將 32-7 式的 A 以 πr^2 代入並且解得在 $r \le R$ 的解為

$$B = \frac{\mu_0 \varepsilon_0 r}{2} \frac{dE}{dt} \qquad \text{(答)} \quad (32\text{-}8)$$

這個等式告訴我們在電容器的中心，即 $r = 0$ 處，$B = 0$，而隨著 r 向著圓形電容器之邊緣($r = R$ 處)延伸，B 作線性增加。

(b)求磁場 B 的大小，其中 $r = R/5 = 11.0$ mm 且 $dE/dt = 1.5 \times 10^{12}$ V/m·s。

計算 由(a)的答案，我們可得

$$\begin{aligned} B &= \frac{1}{2} \mu_0 \varepsilon_0 r \frac{dE}{dt} \\ &= \frac{1}{2}(4\pi \times 10^{-7}\ \text{T·m/A})(8.85 \times 10^{-12}\ \text{C}^2/\text{N·m}^2) \\ &\quad \times (11.0 \times 10^{-3}\ \text{m})(1.50 \times 10^{12}\ \text{V/m·s}) \\ &= 9.18 \times 10^{-8}\ \text{T} \end{aligned} \qquad \text{(答)}$$

(c)導出 $r \geq R$ 之情況下，感應磁場的表示式。

計算 我們使用和(a)部分相同的程序解題，除了我們現在利用安培迴路半徑 r 大於平行板半徑 R 來解電容器外部的 B。計算 32-6 式左邊項及右邊項，再次得到 32-7 式。然而，解此題的關鍵概念為：在面板

的半徑 R 以外，電場 E 為零。因此，在電場內由安培迴路圍繞的面積 A 不是迴路全部的面積 πr^2。更確切的說，A 只有面板的面積 πR^2。

將 32-7 式的 A 以代 πR^2 入並且解得在 $r \geq R$ 的 B 為：

$$B = \frac{\mu_0 \varepsilon_0 R^2}{2r} \frac{dE}{dt} \qquad \text{(答)} \quad (32\text{-}9)$$

這個等式告訴我們，在電容器外面，磁場 B 從面板邊緣($r = R$)的最大值逐漸地隨著距離 r 增加而減少。將 $r = R$ 代入 32-8 式及 32-9 式中，你可以發現它們是一致的；亦即，它們在平板的半徑處有相同的最大值。

在(b)部分算出的磁場是如此的小，以致簡單儀器幾乎無法測量它。這結果與感應電場(法拉第定律)成一個極明顯之對比，感應電場可以很容易地證實其存在。此實驗上的差別乃在於感應電動勢可以很容易地利用多匝線圈將之放大。但對感應磁場而言，則尚無較簡單而有效的技術。無論如何，本例題相關的實驗已經進行，而且該感應磁場已被定量地驗證了。

PLUS Additional example, video, and practice available at *WileyPLUS*

32-3 位移電流

學習目標

在閱讀完這個區塊的文字之後，讀者應該能夠...

32.08 了解安培-馬克斯威爾定律，電通量改變對感應磁場的貢獻，可歸因於假想電流(位移電流)來簡化式子。

32.09 了解在充電或放電的電容器中，位移電流被想像成均勻分佈在平板面上，並從一片到另一片平板。

32.10 應用電通量改變率與相關連的位移電流之間的關係。

32.11 對充電或放電的電容器，連結位移電流的量與實

際電流量，了解位移電流只有當電容器中的電場充電時才存在。

32.12 模仿實際電流導線內外的磁場公式，寫出(並應用)位移電流區域內內外的磁場公式。

32.13 應用安培-馬克斯威爾定律來計算實際電流以及位移電流的磁場。

32.14 對充電或放電的平行圓板電容器，畫出位移電流所引起的磁場線。

32.15 列出馬克斯威爾方程式與其每一公式的目的。

關鍵概念

● 我們的定義電通量改變所導致的假想電流為

$$i_d = \varepsilon_0 \frac{d\Phi_E}{dt}$$

● 然後安培-馬克斯威爾定律變為

$$\oint \vec{B} \cdot d\vec{s} = \mu_0 i_{d,enc} + \mu_0 i_{enc} \text{（安培-馬克斯威爾定律）}$$

其中 $i_{d,enc}$ 為積分迴路所包圍的位移電流。

● 位移電流的想法允許我們保留跨越電容器之電流連續性的概念。然而，位移電流並非真實的電荷移轉。

● 表32-1呈列出馬克斯威爾方程式摘要了電磁力並組成了其基本原理，包含光學。

位移電流

　　如果你比較 32-5 式右邊的兩項，你會發現第一項 $\varepsilon_0(d\Phi_E/dt)$ 的單位必與電流相同。事實上，將此部分視為一假想電流，稱為**位移電流** i_d：

$$i_d = \varepsilon_0 \frac{d\Phi_E}{dt} \quad \text{（位移電流）} \tag{32-10}$$

「位移」這個字是不恰當的選擇，因此處沒有任何東西發生位移，但我們仍堅持使用此字。儘管如此，現在我們可將 32-5 式改寫成

$$\oint \vec{B} \cdot d\vec{s} = \mu_0 i_{d,enc} + \mu_0 i_{enc} \quad \text{（安培-馬克斯威爾定律）} \tag{32-11}$$

其中 $i_{d,enc}$ 是積分迴路所包圍的位移電流。

充電前沒有磁場

(a)

充電時，磁場由真實電流及虛擬電流所產生

i_d

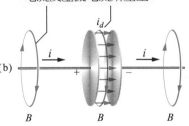

(b)

圖 32-7 在圓盤充電(a)之前和(d)之後，無磁場。(b)充電期間，由實際電流和(虛擬)位移電流建立磁場。(c)相同的右手定則用於電流和給出磁場方向。

充電時，右手定則適用於真實電流及虛擬電流

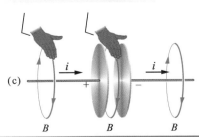

(c)

充電後，沒有磁場

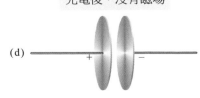

(d)

我們再次將焦點放在正在充電中的圓形面板電容器，如圖 32-7a。真實電流 i 對面板充電而改變了面板間的電場 $\vec{E}$。板間假想的位移電流與時變場 $\vec{E}$ 有關。我們來建立兩電流之關係。任何時間在平板上的電荷 q 與那時平行面板之間的 E 之大小，由 25-4 式：

$$q = \varepsilon_0 AE \tag{32-12}$$

其中 A 是面板面積。為得到真實電流 i，我們將 32-12 式對時間微分，得

$$\frac{dq}{dt} = i = \varepsilon_0 A \frac{dE}{dt} \tag{32-13}$$

為求得位移電流 i_d，我們可以用 32-10 式。假設在兩板之間的電場 $\vec{E}$ 是均勻的(忽略邊緣效應)，將 EA 代入電通量 Φ_E，則 32-10 式變成

$$i_d = \varepsilon_0 \frac{d\Phi_E}{dt} = \varepsilon_0 \frac{d(EA)}{dt} = \varepsilon_0 A \frac{dE}{dt} \tag{32-14}$$

同樣的價值。比較 32-13 式與 32-14 式，我們可看到真實電流 i 對電容器充電，且平板間之假想的位移電流 i_d 與 i 大小相同：

$$i_d = i \quad \text{(電容器中的位移電流)} \tag{32-15}$$

因此，我們將假想的位移電流 i_d 視為接續真實電流 i 由一板跨越電容器空隙至另一板。因為在平板之間電場是均勻分佈，因此假想的位移電流也是均勻分佈的，如在圖 32-7b 中電流分佈的箭號所顯示的。雖然實際上沒有電荷跨越兩板間的空隙，但假想電流 i_d 的想法能幫助我們很快地找出感應磁場的大小及方向，如下面我們即將要討論的內容。

求感應磁場

在 29 章中，我們發現，圖 29-5 之右手定則可以決定真實電流 i 所產生的磁場之方向。我們亦可應用此定則來找出由假想位移電流 i_d 所產生之磁場方向，如圖 32-7c 的中央的電容器所示。

對半徑為 R，正在充電的圓形平行面板電容器而言，我們亦可用 i_d 來找出感應磁場的大小。我們簡單地將兩板之間的空間視為載有假想電流 i_d，半徑為 R 的圓形導線。然後，由 29-20 式，電容器內一點，距中心半徑為 r 處之磁場大小為

$$B = \left(\frac{\mu_0 i_d}{2\pi R^2}\right) r \quad \text{(圓型電容器內)} \tag{32-16}$$

同理，由 29-17 式，在電容器外，距中心半徑 r 處的磁場大小為

$$B = \frac{\mu_0 i_d}{2\pi r} \quad \text{(圓形電容器外)} \tag{32-17}$$

測試站 3

如圖是從平行板電容器內部看電容器一塊平板的圖形。虛線部分是四個積分路徑(路徑 b 沿著平板的邊緣)。在電容器放電期間內根據沿著路徑的 $\oint \vec{B} \cdot d\vec{s}$ 大小，將這些路徑由大至小排列。

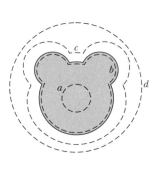

範例 32.02 將變動的電場視為位移電流

半徑 R 的圓形平行面板電容器正以電流 i 充電。

(a)兩板間 $\oint \vec{B} \cdot d\vec{s}$ 的振幅，以 μ_0 和 i 表示，在由中心算起半徑 $r = R/5$？

關鍵概念

藉由電通量改變的感應作用或直接藉由電流都可以建立一個磁場，如 32-5 式所示。在圖 32-5 的電容板間並沒有電流發生，但充電的過程卻有電通量存在，以假想的位移電流 i_d 取代。積分 $\oint \vec{B} \cdot d\vec{s}$ 是由 32-11 式求出，因為電容器面板之間沒有真實的電流，因此方程式簡化為

$$\oint \vec{B} \cdot d\vec{s} = \mu_0 i_{d,enc} \qquad (32\text{-}18)$$

計算 因為我們想計算在半徑 $r = R/5$(電容器內)的 $\oint \vec{B} \cdot d\vec{s}$，所以積分迴路只包含了總位移電流 i_d 的一部分 $i_{d,enc}$。我們假設位移電流在整個平板面積上是均勻分佈的。因此，被迴路所包圍之電流 $i_{d,enc}$ 與迴路所包圍的面積成正比：

$$\frac{i_{d,enc}}{i_d} = \frac{\text{被包圍的面積} \pi r^2}{\text{整個面板面積} \pi R^2}$$

由此我們可得

$$i_{d,enc} = i_d \frac{\pi r^2}{\pi R^2}$$

將此式代入 32-18 式，而得

$$\oint \vec{B} \cdot d\vec{s} = \mu_0 i_d \frac{\pi r^2}{\pi R^2} \qquad (32\text{-}19)$$

現將 $i_d = i$(由 32-15 式)與 $r = R/5$ 代入 32-19 式，可得

$$\oint \vec{B} \cdot d\vec{s} = \mu_0 i \frac{(R/5)^2}{R^2} = \frac{\mu_0 i}{25} \qquad \text{(答)}$$

(b)電容器內 $r = R/5$ 處的磁場大小為何？以感應磁場的最大值表示。

關鍵概念

因為此電容器有平行的圓形面板，我們可以將面板的間隔看成半徑為 R 的假想金屬線，帶有假想電流 i_d。然後我們可用 32-16 式求在電容器內任何點的感應磁場大小 B。

計算 在 $r = R/5$ 處，32-16 式變為

$$B = \left(\frac{\mu_0 i_d}{2\pi R^2}\right) r = \frac{\mu_0 i_d (R/5)}{2\pi R^2} = \frac{\mu_0 i_d}{10\pi R} \qquad (32\text{-}20)$$

由 32-16 式可知，電容器內 $r = R$ 處之磁場為磁場的最大值 B_{max}。可得為：

$$B_{max} = \left(\frac{\mu_0 i_d}{2\pi R^2}\right) R = \frac{\mu_0 i_d}{2\pi R} \qquad (32\text{-}21)$$

將 32-20 式除以 32-21 式，可得在 $r = R/5$ 處場的大小為

$$B = \frac{1}{5} B_{max} \qquad \text{(答)}$$

其實我們只需少許的推論及較少步驟就能得到此結果。32-16 式告訴我們，在電容器內部，B 隨 r 線性增加。因此在 R 的 $\frac{1}{5}$ 地方，即 B_{max} 發生的位置，磁場 B 就應該是 $\frac{1}{5} B_{max}$。

馬克斯威爾方程式

　　32-5 式是電磁學的四個基礎方程式的最後一個，而這四個基礎方程式稱爲馬克斯威爾方程式，列於表 32-1 中。此四種方程式可解釋許多不同的現象，從指南針爲什麼指向北方，到爲什麼當你轉動車鑰匙汽車就會發動等。它們是電磁裝置，如電動馬達、粒子迴旋加速器、電視之發射機與接收機、電話、傳眞機、雷達及微波爐等能夠使用的基本原理。

　　馬克斯威爾方程式是第 21 章的許多方程式的基礎，因爲那些方程式可由馬克斯威爾方程式推導出來。而它們亦是你將在介紹光學的第 33 章到 36 章所會看到的許多方程式之基礎。

表 32-1　馬克斯威爾方程式 [a]

名稱	方程式	
電學的高斯定律	$\oint \vec{E} \cdot d\vec{A} = q_{enc}/\varepsilon_0$	爲淨電通量與被包圍之淨電荷的關係
磁學的高斯定律	$\oint \vec{B} \cdot d\vec{A} = 0$	爲淨磁通量與被包圍之淨磁荷的關係
法拉第定律	$\oint \vec{E} \cdot d\vec{s} = -\dfrac{d\Phi}{dt}$	爲感應電場與磁通量之變化的關係
安培-馬克斯威爾定律	$\oint \vec{B} \cdot d\vec{s} = \mu_0 \varepsilon_0 \dfrac{d\Phi}{dt} + \mu_0 i_{enc}$	爲感應電場與電通量之變化及電流的關係

[a] 假設沒有介電質或磁性材料存在。

32-4　磁鐵

學習目標

在閱讀完這個區塊的文字之後，讀者應該能夠...

32.16 了解天然磁石。

32.17 了解地球磁場近似是偶極，並知道哪個半球爲地磁北極。

32.18 知道磁偏角與磁傾角。

關鍵概念

● 地球近似爲磁偶極，其偶極軸偏離轉軸，且南磁極位於北半球。

● 位置的磁場方向由磁偏角(從磁北極的向左或向右角)與磁傾角(水平的向上或向下角)表示。

磁鐵

　　第一種爲人所知的磁石是天然磁石，那是一種天然磁化(使物質帶有磁性)的石頭。當古希臘人和古中國人發現這些罕見石頭的時候，他們被這種石頭具有在短距離以內吸引金屬的能力逗得很開心，彷彿是在變魔術。只是他們要到很久以後才學會將天然磁石(和人工製造的磁化鐵片)使用於指南針，以便指引方向。

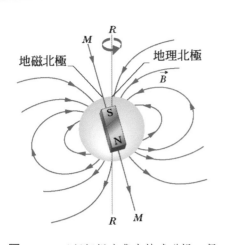

圖 32-8 以偶極場來代表地球磁場。偶極軸 *MM* 與地球的旋轉軸 *RR* 成 11.5 度的夾角。偶極的南極在北半球內。

今天磁鐵和磁性物質已經很普遍存在。他們的磁性可以追到他們的原子和電子。事實上，我們用來將紙條吸附在冰箱門上、不算昂貴的磁鐵，是量子物理的直接結果，在磁鐵之內，它發生於原子的和次原子的物質上。在我們探討這種物理學的一些面貌之前，讓我們簡短討論我們常常使用的最大型磁鐵——即地球本身。

地球的磁性

地球是一個大磁鐵；對地表附近的點而言，地球的磁場可用相當於置於地心附近的大磁棒(磁偶極)做為代表。圖 32-8 為理想對稱之磁偶極的示意圖，並沒有考慮由太陽輻射而來的帶電粒子通過時所造成的扭曲現象。

因為地球的磁場是由磁偶極所造成的，故其磁偶極矩 $\vec{\mu}$ 與磁場有關。圖 32-8 的理想場中，$\vec{\mu}$ 的大小為 8.0×10^{22} J/T 且 $\vec{\mu}$ 的方向與地球的旋轉軸(*RR*)相交成 11.5 度角。偶極軸(圖 32-8 中的 *MM*)沿著 $\vec{\mu}$ 且與地球表面交於兩點，稱做地磁北極(在格陵蘭的西北)和地磁南極(在南極洲)。通常地球磁場 $\vec{B}$ 之場線由南半球發出而由北半球進入。因此，在地球之北半球內的磁偶極，即大家所知的「北磁極」事實上，是地球之磁偶極的南極。

地表任何位置的磁場方向通常用兩個角度來表示。**磁偏角**(field declination)為地球北極(朝向緯度 90 度)與磁場的水平分量間(向左或向右)的夾角。**磁傾角**(field inclination)為水平面與磁場方向之間(向上或向下)的夾角。

量測。以磁力計測量這些夾角，可以非常精確地決定場的方向，然而，你也可以只用羅盤(指南針)和磁傾儀來測量。羅盤是一個可繞鉛直軸自由轉動的針形磁鐵。當它固定在水平面上時，指針北極端所指的是地磁北極(實際上是地磁南極)。針與地理北極間的夾角為磁偏角。磁傾儀是相似的磁鐵裝置，可在鉛直面上自由轉動。當其指針旋轉面與羅盤指向平行時，指針與水平線的夾角即磁傾角。

在地球表面上任何一點觀察到的磁場大小及方向，皆可能與圖 32-8 表示的理想化磁偶極場大為不同。事實上，磁場垂直進入地球表面的地點並非是位於格陵蘭的地磁北極，而被稱之為磁傾北極的是位於加拿大北部的伊莉莎白島，與格陵蘭相距甚遠。

此外在任何地點所測量的磁場均隨著時間而改變，這種變化往往要經過若干年的累積才能測量出來，比如大約 100 年的時間，此改變量便可累積到相當的程度。例如，從 1580 年到 1820 年，倫敦的羅盤針方向改變了 35 度。

雖然有這樣局部性的差異，但相對於如此短的時間週期，偶極場的平均變化是相當緩慢的。藉著對大西洋中央脊兩旁海洋板塊的微弱磁性

的測量(圖 32-9)，我們可以研究長週期的變化。此板塊是由地球內部經由
海底山脊所噴出的熔融岩漿形成的，經過凝固、板塊運動的漂移，然後
以每年幾公分的速率往海底山脊的兩側推送。當岩漿凝固時，它會帶有
微弱的磁性，而其方向與凝固時的磁場方向相同。研究海洋山脊兩側的
板塊發現，地球的磁極(南北極的方向)約每一百萬年會反轉(顛倒)，而反
轉的原因不知道。事實上，目前只含糊地知道產生地球磁場的機制。

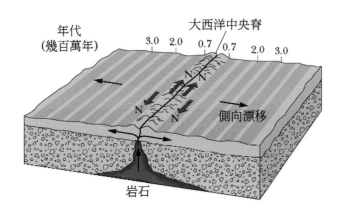

圖 32-9　大西洋中央脊兩側海洋板塊之
磁性研究。岩漿由海底山脊中噴出後，
成為大陸漂移的一部分，並往外擴散，
形成板塊，這些海洋板塊便成為一部地
核磁場的歷史。其磁場的方向，每一百
萬年便會反向一次。

32-5　磁性與電子

學習目標

在閱讀完這個區塊的文字之後，讀者應該能夠...

32.19 了解自旋角動量 $\vec{S}$ (通常簡稱自旋)與自旋磁偶極矩 $\vec{\mu}_s$ 是電子(也是質子和中子)的基本特質。

32.20 運用自旋向量 $\vec{S}$ 與自旋磁偶極矩 $\vec{\mu}_s$ 之間的關係。

32.21 了解 $\vec{S}$ 和 $\vec{\mu}_s$ 無法被觀察(測量)；只有它們在量測軸(通常稱作z軸)上的分量可以被觀察。

32.22 了解可被量測的分量 $\vec{S}_z$ 和 $\mu_{s,z}$ 是量子化的，並解釋其意涵。

32.23 應用分量 S_z 和自旋磁量子數 m_s 之間的關係，並詳細說明 m_s 的可能值。

32.24 針對電子自旋方向，區分自旋向上和自旋向下。

32.25 決定自旋磁偶極矩的 z 分量 $\mu_{s,z}$，以數值及波耳磁元 μ_B 表示之。

32.26 若電子在外加磁場中，決定其自旋磁偶極矩 μ_s 之位能 U。

32.27 了解在原子中的電子具有軌道角動量 $\vec{L}_{orb}$ 與軌道自旋偶極矩 $\vec{\mu}_{orb}$。

32.28 應用軌道自旋角動量 $\vec{L}_{orb}$ 與軌道自旋磁偶極矩 $\vec{\mu}_{orb}$ 之間的關係。

32.29 了解 $\vec{L}_{orb}$ 和 $\vec{\mu}_{orb}$ 無法被測量，但他們在z軸(量測軸)上的分量 $L_{orb,z}$ 和 $\mu_{orb,z}$ 可以。

32.30 應用軌道角動量的分量 $L_{orb,z}$ 和軌道磁量子數 m_ℓ 之間的關係，詳細說明 m_ℓ 的可能值。

32.31 決定軌道磁偶極矩的 z 分量 $\mu_{orb,z}$，以數值及波耳磁元 μ_B 表示之。

32.32 若原子在外加磁場中，決定軌道磁偶極矩 $\vec{\mu}_{orb}$ 的位能 U。

32.33 計算帶電粒子的磁矩大小，而該粒子在圓形路徑或像旋轉木馬般的均勻電荷環中繞著中心軸以固定速率移動。

32.34 解釋軌道電子的古典迴路模型，以及此迴路在非均勻磁場中所受的力。

32.35 區分反磁性、順磁性與鐵磁性。

關鍵概念

● 電子有本質上的角動量，稱為自旋角動量(或自旋) $\vec{S}$，與其本質的自旋磁偶極矩 $\vec{\mu}_s$ 有關：

$$\vec{\mu}_s = -\frac{e}{m}\vec{S}$$

● 針對沿著z軸的量測，分量僅具有的值可由下式得到

$$S_z = m_s\frac{h}{2\pi} \quad m_s = \pm\frac{1}{2}$$

其中 $h(= 6.63\times10^{-34}\,\text{J}\cdot\text{s})$ 是蒲朗克常數。

● 類似地

$$\mu_{s,z} = \pm\frac{eh}{4\pi m} = \pm\mu_B$$

其中 μ_B 是波耳磁元：

$$\mu_B = \frac{eh}{4\pi m} = 9.27\times10^{-24}\,\text{J/T}$$

● 在外加磁場 $\vec{B}_{ext}$ 中與自旋磁偶極矩方位相關的能量 U 為

$$U = -\vec{\mu}_s \cdot \vec{B}_{ext} = -\mu_{s,z}B_{ext}$$

● 原子中的電子具有額外的角動量，稱作軌道角動量 $\vec{L}_{orb}$，與軌道磁偶極矩 $\vec{\mu}_{orb}$ 有關：

$$\vec{\mu}_{orb} = -\frac{e}{2m}\vec{L}_{orb}$$

● 軌道角動量為量子化的，其只有在下列值可以被量測到

$$L_{orb,z} = m_\ell\frac{h}{2\pi} \quad m_\ell = 0,\pm1,\pm2,\cdots,\pm\,(\text{極限值})$$

● 相關的磁偶極矩可以下式得到

$$\mu_{orb,z} = -m_\ell\frac{eh}{4\pi m} = -m_\ell\mu_B$$

● 在外加磁場 $\vec{B}_{ext}$ 中與軌道磁偶極矩方位相關的能量 U 為

$$U = -\vec{\mu}_{orb} \cdot \vec{B}_{ext} = -\mu_{orb,z}B_{ext}$$

磁性與電子

從天然磁石至錄影帶的磁性材料皆帶有磁性，因為其內部皆有電子。我們已討論過電子產生磁場的一種方法：將它們送入導線中成為電子流，因它們的運動而在導線周圍產生磁場。另外還有兩種方法，每一個都與磁偶極矩在周圍空間產生磁場有關。然而，它們的解釋都需用到量子物理，而那是超出這本書範圍的物理學。因此，此處我們只概述其結果。

自旋磁偶極矩

電子有一固有角動量，稱為**自旋角動量**(或只稱**自旋**) $\vec{S}$；與此自旋有關的是固有**自旋磁偶極矩** $\vec{\mu}_s$(「固有」是指 $\vec{S}$ 和 $\vec{\mu}_s$ 皆為電子基本的特性，如其質量和電荷量)。$\vec{S}$ 和 $\vec{\mu}_s$ 的關係為

$$\vec{\mu}_s = -\frac{e}{m}\vec{S} \tag{32-22}$$

其中 e 為基本電荷($1.60 \times 10^{-19}\,\text{C}$)，$m$ 為電子質量($9.11 \times 10^{-31}\,\text{kg}$)。負號表示 $\vec{\mu}_s$ 和 $\vec{S}$ 方向相反。

自旋 $\vec{S}$ 在兩方面與第 11 章所提之角動量非常不同：

1. 自旋 $\vec{S}$ 本身無法測量。而是其沿任一軸的分量可測量出。

2. 可測量的 $\vec{S}$ 分量是量子化的(一般就是指它的值只能以特定值表示)；事實上，$\vec{S}$ 的可測分量永遠只能有兩個數值(不論所選擇的軸為何)，這兩數值唯一的差別在於符號。

假設自旋 $\vec{S}$ 的分量是沿直角座標的 z 軸測量，所測量的分量 S_z 只能有兩個值為

$$S_z = m_s \frac{h}{2\pi} \quad \text{其中 } m_s = \pm\tfrac{1}{2} \tag{32-23}$$

其中 m_s 為自旋磁量子數，而 $h (= 6.63 \times 10^{-34} \text{ J} \cdot \text{s})$ 為蒲朗克常數，是量子物理中到處可見的常數。32-23 式中的正負號與 S_z 沿 z 軸的方向有關。當 S_z 平行 z 軸時，m_s 為 $+\frac{1}{2}$ 且電子的自旋朝上。當 S_z 與 z 軸反平行，m_s 為 $-\frac{1}{2}$ 且電子的自旋向下。

電子的自旋磁偶極矩 $\vec{\mu}_s$ 本身亦是不可測量的；只有其分量可測量，且分量是量子化並永遠有相同數值，唯有符號不同。我們可用改寫 32-22 式在軸之分量的形式，找出在 z 軸的分量和 S_z 的關係，為

$$\mu_{s,z} = -\frac{e}{m} S_z$$

將 32-23 式代入 S_z，可得

$$\mu_{s,z} = \pm\frac{eh}{4\pi m} \tag{32-24}$$

其中正負號分別符合是平行及反平行 z 軸。32-24 式右邊的量稱為波耳磁元 μ_B：

$$\mu_B = \frac{eh}{4\pi m} = 9.27 \times 10^{-24} \text{ J/T} \quad \text{(波耳磁元)} \tag{32-25}$$

電子與其他的基本粒子的自旋磁偶極矩可以用 μ_B 表示。對電子而言，可測量的 $\vec{\mu}_s$ 在 z 軸的分量大小為

$$|\mu_{s,z}| = 1\mu_B \tag{32-26}$$

(電子的量子物理，稱為量子電動力學或 QED，顯示了 $\mu_{s,z}$ 事實上比 $1\mu_B$ 大一點點，但我們會忽略此事實。

能量。當電子置於外部磁場 $\vec{B}_{ext}$ 中，位能 U 與電子自旋磁偶極矩 $\vec{\mu}_s$ 的方向有關，就如同位能與置於外部磁場 $\vec{\mu}$ 中的電流迴路之磁偶極矩 $\vec{B}_{ext}$ 方向有關。從 28-38 式中，電子的方向

$$U = -\vec{\mu}_s \cdot \vec{B}_{ext} = -\mu_{s,z} B_{ext} \tag{32-27}$$

其中選 $\vec{B}_{ext}$ 的方向為 z 軸。

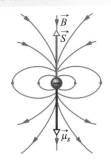

對電子而言，自旋方向與磁偶極矩相反

圖 32-10　以微小之球代表電子及其自旋 $\vec{S}$，自旋磁偶極矩 $\vec{\mu}_s$ 與磁場 $\vec{B}$

若把電子想像成極小的球(事實上並不是)，則可將自旋 $\vec{S}$，自旋磁偶極矩 $\vec{\mu}_s$，及其相關的磁偶極場用圖 32-10 表示出來。雖然我們用「自旋」個字，但電子並不像陀螺般的旋轉。然而，事實上沒有旋轉的物體如何能有角動量呢？再一次地，我們必需動用量子物理學來提供答案。

質子與中子也有稱為自旋的內稟角動量及與其相關的內稟自旋磁偶極矩。對質子而言，此兩向量方向相同，但對中子而言，兩向量方向相反。我們不用討論這些偶極矩對原子之磁場的貢獻，因為它們比電子所貢獻的小一千倍。

 測試站 4

如圖顯示在外磁場 $\vec{B}_{ext}$ 中的兩個粒子之自旋方向。(a)若兩粒子為電子，則那一個自旋方向位於較低的位能？(b)若為質子，則那一個自旋方向在較低的位能？

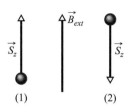

軌道磁偶極矩

當電子在原子內時，它會有額外的角動量，稱為**軌道角動量** $\vec{L}_{orb}$。與 $\vec{L}_{orb}$ 有關的是**軌道磁偶極矩** $\vec{\mu}_{orb}$；它們的關係為

$$\vec{\mu}_{orb} = -\frac{e}{2m}\vec{L}_{orb} \tag{32-28}$$

負號表示 $\vec{\mu}_{orb}$ 和 $\vec{L}_{orb}$ 方向相反。

軌道角動量不能測量；只有沿軸的分量可測量出來，而且那些分量是量子化的。分量沿 z 軸可能有的值為

$$L_{orb,z} = m_\ell \frac{h}{2\pi} \quad \text{其中 } m_\ell = 0, \pm 1, \pm 2, \ldots, \pm(\text{極限}) \tag{32-29}$$

其中 m_ℓ 為軌道磁量子數，而「極限」指可能有的最大整數值。32-29 式中的符號與 $L_{orb,z}$ 在 z 軸上的方向一致。

電子的軌道磁偶極矩 $\vec{\mu}_{orb}$ 本身亦無法測量出來；只有其分量可測量，且分量為量子化的。將 32-28 式寫成在 z 軸的分量形式，然後代入 32-29 式的 $L_{orb,z}$，可得到軌道磁偶極矩在 z 軸的分量 $\mu_{orb,z}$ 為

$$\mu_{orb,z} = -m_\ell \frac{eh}{4\pi m} \tag{32-30}$$

用波耳磁元表示為

$$\mu_{orb,z} = -m_\ell \mu_B \tag{32-31}$$

當原子置於外磁場 $\vec{B}_{ext}$ 中，則位能 U 與每一個在原子中之電子的軌

道磁偶極矩的方向有關。其值爲

$$U = -\vec{\mu}_{orb} \cdot \vec{B}_{ext} = -\mu_{orb,z} B_{ext} \tag{32-32}$$

其中，選擇 $\vec{B}_{ext}$ 的方向爲 z 軸。

　　雖然這裏我們用「軌道」與「軌道的」這些字，但原子中的電子並不像行星環繞太陽的軌道運行般，繞著原子核的軌道運行。電子沒有一般所謂的繞行運動而如何能有軌道角動量呢？再一次只有量子物理能夠解釋。

電子軌道的迴路模型

　　我們可以下列非量子學的方法導出 32-28 式，假設電子沿半徑比原子半徑大很多的圓形路徑運動（「迴路模型」之名的由來）。然而，此推導過程不能用於原子內的電子(它需要用到量子物理)。

　　假設電子以圖 32-11 中所示的逆時針方向及等速率 v 在半徑爲 r 的圓形路徑上運動。帶負電之電子的運動等於傳統的電流 i(帶正電)順時針方向流動，如圖 32-11 所示。此電流迴路的軌道磁偶極矩之大小可由 28-35 式得到，令 $N = 1$：

$$\mu_{orb} = iA \tag{32-33}$$

其中 A 爲迴路所包圍的面積。由圖 29-21 的右手定則可知圖 32-11 中磁偶極矩的方向爲向下的。

　　要計算 32-33 式，我們須得到電流 i。電流爲電子通過電流中某點的速率。設電荷大小爲 e，繞行一週所花的時間爲 $T = 2\pi r/v$，故

$$i = \frac{\text{電荷}}{\text{時間}} = \frac{e}{2\pi r/v} \tag{32-34}$$

將此式及迴路面積 $A = \pi r^2$ 代入 32-33 式，得

$$\mu_{orb} = \frac{e}{2\pi r/v} \pi r^2 = \frac{evr}{2} \tag{32-35}$$

　　要求出電子軌道角動量 $\vec{L}_{orb}$ 的表示式，我們用 11-18 式，$\vec{\ell} = m(\vec{r} \times \vec{v})$。因爲 $\vec{r}$ 和 $\vec{v}$ 互相垂直，故 $\vec{L}_{orb}$ 之大小爲

$$L_{orb} = mrv \sin 90° = mrv \tag{32-36}$$

圖 32-11 中 $\vec{L}_{orb}$ 的方向爲向上(參考圖 11-12)。將 32-25 式和 32-36 式合併，轉成向量公式，且向量間方向相反，以負號表示，得

$$\vec{\mu}_{orb} = -\frac{e}{2m} \vec{L}_{orb}$$

此即爲 32-28 式。因此，用「古典的」(非量子的)分析，我們可得到方向和大小皆與量子物理所得之結果相同。你可能會懷疑，既然此推導對在

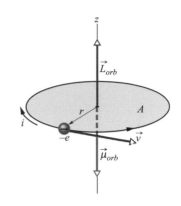

圖 32-11　電子以等速率 v 在半徑爲 r 的圓形路徑上運動，圓形路徑所包圍的面積爲 A。電子有軌道角動量 $\vec{L}_{orb}$ 和其相關的軌道磁偶極矩 $\vec{\mu}_{orb}$。順時針方向的電流 i(帶正電)，相等於帶負電之電子的逆時針運行。

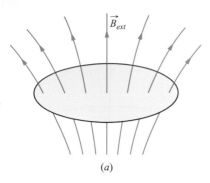

(a)

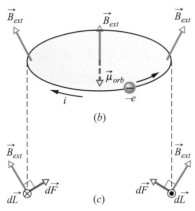

(b)

(c)

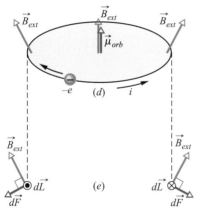

(d)

(e)

圖 32-12 (a)置於非均勻磁場 $\vec{B}_{ext}$ 中的原子，其內電子軌道的迴路模型。(b)電荷 $-e$ 作逆時針運動；則其代表的傳統電流 i 為順時針方向。(c)從迴路所在平面上，觀察迴路左邊和右邊所受到的磁力 $d\vec{F}$ 的情形。作用於迴路的淨力朝上。(d)電荷 $-e$ 順時針運動。(e)迴路上的淨力現在是向下的。

原子內的電子而言，可得正確的結果，但為什麼在此情況下，此推導是無效的呢？答案是，此線性結果所得到的其他結果與實驗不符。

非均勻場中的迴路模型

我們繼續將電子軌道視爲電流迴路，如圖 32-11 所示。現在把迴路置於非均勻的磁場 $\vec{B}_{ext}$ 中，如圖 32-12a 所示。(此場爲圖 32-4 中靠近磁北極的發散場。我們做此改變，是因往後幾節需討論到置於非均勻磁場中的磁性材料所受到的作用力。我們會先假設材料中的電子軌道是如圖 32-12a 的微小電流迴路然後再討論這些作用力。

此處我們假設所有沿電子圓形路徑上的磁場向量大小皆相同，且與垂直線的夾角皆相同，如圖 32-12b 與 d 所示。亦假設原子內所有的電子皆是逆時針(圖 32-12b)或順時針(圖 32-12d)運動。其相關的傳統電流環繞電流迴路，且由所產生的軌道磁偶極矩 $\vec{\mu}_{orb}$ 如圖所示。

如圖 32-12c 及 e 所示，從軌道平面觀察，分別位於直徑兩端的迴路長度元素，其方向與迴路的電流方向相同。圖中顯示了磁場 $\vec{B}_{ext}$ 和在 $d\vec{L}$ 上產生的磁力 $d\vec{F}$。在磁場 $\vec{B}_{ext}$ 中沿著元素 $d\vec{L}$ 的電流所受到的磁力 $d\vec{F}$ 可由 28-28 式得到，爲：

$$d\vec{F} = id\vec{L} \times \vec{B}_{ext} \tag{32-37}$$

32-37 式告訴我們，圖 32-12c 的左邊所受到的力方向爲右上方。而右邊所受到的力 $d\vec{F}$ 與左邊一樣大而方向是左上方。因爲它們與垂直軸的夾角皆相同，故其水平分量會互相抵消，而垂直分量可相加，在迴路上的其他任意兩對稱點亦是如此，故作用在圖 32-12b 中之電流迴路上的淨力必向上。由此結果可知作用在圖 32-12d 中之迴路上的淨力是向下的。當我們等一下討論磁性材料在非均勻磁場中的行爲時，會用到這兩個結果。

磁性材料

在原子內的每一個電子都有軌道磁偶極矩和自旋磁偶極矩以向量的方式合併，這個電子的合併結果，會再與同一原子的其他電子以向量方式再次合併。所形成此原子的合併結果，又擴大與別的原子以向量方式合併。若這些磁偶極矩結合後產生磁場，則此材料是帶磁性的。磁性有三種類型：反磁性，順磁性，及鐵磁性。

1. **反磁性**(diamagentism)出現於一般材料中，但若材料亦表現出其他兩種類型的磁性，則此性質因爲非常微弱而會被掩蓋。當材料被置於外磁場 $\vec{B}_{ext}$ 中時，因反磁性，故其原子內會產生弱磁偶極矩；所有這些感應偶極矩的合併會使材料整個成爲微弱的淨磁場。當移除 $\vec{B}_{ext}$ 時，這些偶極矩與其所產生的淨磁場亦會消失。反磁性材料一詞經常是指僅表現出反磁性的材料。

2. **順磁性**(paramagnetism)出現於含有過渡元素、稀土元素、和鋼系元素（參考附錄 G）的材料中。此類材料的每個原子中皆有合併的永久磁偶極矩，但這些偶極矩在材料中之方向是任意的，且整個材料沒有淨磁場。然而，外磁場 $\vec{B}_{ext}$ 可調整部分原子之磁偶極矩，而使材料有淨磁場。當 $\vec{B}_{ext}$ 被移除後，此調整與因而產生的磁場亦會消失。順磁性材料一詞經常是指主要表現出順磁性的材料。

3. **鐵磁性**(ferromagnetism)是鐵、鎳及某些其他元素（與這些元素之混合物、合金）的特性。此類材料中的一些電子會調整它們的合成磁偶極矩以產生強大磁偶極之區域。然後外磁場 $\vec{B}_{ext}$ 可調整這些區域的磁偶極矩，而使整個材料產生強大的磁場；當 $\vec{B}_{ext}$ 被移除後，此磁場仍有部分存留著。我們經常用鐵磁性材料一詞與更普遍的詞，「磁性材料」，來指主要表現出鐵磁性的材料。

下面三節將探討這三種類型的磁性。

32-6 反磁性

學習目標

在閱讀完這個區塊的文字之後，讀者應該能夠...

32.36 針對放在外加磁場中的反磁性樣品，了解該場在樣品中產生了一個磁偶極矩，並了解那偶極矩與場的相關方位。

32.37 針對放在非均勻磁場中的反磁性樣品，描述作用在樣品上的力與其產生的運動。

關鍵概念

● 反磁性材料只有在被放置在外加磁場時才會出現磁性；在其中它們會形成方向與外加場相反的磁偶極矩。

● 在非均勻場中，反磁性材料會排斥有較大磁場的區域。

反磁性

我們現在還無法討論量子物理對反磁性的解釋，但我們能以圖 32-11 與 32-12 的迴路模型提供一個古典的解釋。開始時，我們假設在反磁性材料中，原子軌道上的電子只有順時針方向，如圖 32-12d，或逆時針方向，如圖 32-12b 中所示。爲了說明在沒有外磁場 $\vec{B}_{ext}$ 時所缺乏的磁性，我們假設此原子缺少淨磁偶極矩。這就指出在加上 $\vec{B}_{ext}$ 之前，某種形式的電子軌道與另一形式的軌道的數目一樣多，其結果即原子向上的淨磁偶極矩與向下的淨磁偶極矩相等。

感謝倫敦曼徹斯特大學

圖 32-13 由上方觀察一隻懸浮於磁場中的青蛙，磁場由青蛙下方螺線管的電流所產生。

現在，加入圖 32-12a 中的非均勻磁場 $\vec{B}_{ext}$，其方向向上但為發散的(磁場線為發散)。可增加通過電磁鐵的電流量或用磁棒的北極由軌道下方接近的方法來達成磁場發散。$\vec{B}_{ext}$ 大小由零增加至固定的最大值時，根據法拉第定律及冷次定律，電子軌道的迴路周圍會產生順時針方向感應電場。接下來，讓我們來看感應電場如何影響圖 32-12b 和 d 中的軌道電子。

在圖 32-12b，逆時針方向的電子被順時針方向的電場加速，因此，當磁場 $\vec{B}_{ext}$ 增至其最大值時，電子速率會增至最大值。意即與其相關的傳統電流 i 及由 i 所引起的向下磁偶極矩 $\vec{\mu}$ 亦會增加。

在圖 32-12d，順時針方向的電子被順時針方向的電場減速。故此處的電子速率、相關電流 i 與由 i 所引起之向下的磁偶極矩 $\vec{\mu}$ 亦減少。因此，由於外加了磁場 $\vec{B}_{ext}$，我們給予此原子向上的淨磁偶極矩。若磁場均勻，一樣可以達到此結果。

力。磁場 $\vec{B}_{ext}$ 的不均勻亦會影響此原子。因圖 32-12b 中的電流增加，圖 32-12c 中的向上磁力 $d\vec{F}$ 亦增加，當然作用在電流迴路的向上淨作用力亦增加。同理，因圖 32-12d 中的電流 i 減少，圖 32-12e 中向下磁力 $d\vec{F}$ 亦減少，當然作用在電流迴路的向下淨作用力亦減少。因此，由於加上非均勻磁場 $\vec{B}_{ext}$，我們在原子上產生淨作用力，此外，作用力的方向是指離較大的磁場，亦即，由磁場線發散的區域離開或指入磁場線收斂的區域。

我們已討論過假想的電子軌道(電流迴路)，但是我們最後要談的是在反磁性材料中到底發生了什麼事情？若我們應用圖 32-12 的磁場，此材料會產生向下的磁偶極矩並會受到向上的作用力。當磁場移除後，偶極矩及作用力皆會消失。外部磁場放置的位置不必如圖 32-12 所示；我們可以對其他方向的 $\vec{B}_{ext}$ 作相似的討論。一般而言，

 置於外磁場 $\vec{B}_{ext}$ 中的反磁性材料會產生與 $\vec{B}_{ext}$ 方向相反的磁偶極矩。若磁場是非均勻的，反磁性材料會受到排斥力，將反磁性材料從較強的磁場移向較弱的磁場。

圖 32-13 所看到的青蛙是反磁性體(其它動物也是)。當青蛙被放置在垂直通電的螺線管上方的發散磁場時，在青蛙體內的每個原子都被向上排拒，遠離處在螺線管上端較強的磁場範圍。青蛙一直被向上移動到較弱的磁場，直到向上的磁力大小與重力的大小相等為止，於是青蛙就被懸在半空中，由於每個原子承受相同的力且在青蛙上沒有力的變異，青蛙不會感到不適。感覺是類似「失重」漂浮在水中的情況，青蛙們很喜歡如此。若我們製造出夠大的螺絲管，我們同樣能將一個人懸浮在半空中，這都要歸功於人體的反磁性。

測試站 5

如圖為置於磁棒南極附近的兩個反磁性球體。(a)作用在球體上的磁力與(b)球體的磁偶極矩，其方向是指向或遠離磁棒？(c)作用在球體 1 上的磁力是大於、小於或等於作用在球體 2 上的磁力？

32-7　順磁性

學習目標

在閱讀完這個區塊的文字之後，讀者應該能夠...

32.38 針對放在外加磁場中的順磁性材料，了解場的相關方向與材料的磁偶極矩。

32.39 針對放在非均勻磁場中的順磁性材料，描述作用在樣品上的力與其產生的運動。

32.40 應用樣品磁化 M、量測的磁矩與體積之間的關係。

32.41 應用居里定律連結樣品磁化 M 與其溫度 T、居里溫度 C、外加場的大小 B。

32.42 某一給定的順磁性樣品磁化曲線，連結給定磁場的磁化程度與溫度。

32.43 針對在某一溫度與給定磁場中的順磁樣品，比較與偶極方向相關的能量和熱運動。

關鍵概念

● 順磁性材料具有永久磁偶極矩的原子，但該磁矩的方位是隨機的、無淨磁矩的，除非該材料被放置於外加磁場 $\vec{B}_{ext}$ 中，在該場中偶極會傾向順著該場。

● 在體積 V 內的排列程度可以用下式的磁化強度 M 來衡量

$$M = \frac{測量磁矩}{體積V}$$

● 體積中所有N個偶極的完全平行排列(飽和)會得到最大值 $M_{max} = N\mu / V$。

● 在比率 B_{ext} / T 不太大時，

$$M = C\frac{B_{ext}}{T} \quad \text{(居里定律)}$$

其中 T 是溫度(凱氏)，C 是材料的居里常數。

● 在非均勻的外加場中，順磁性材料會被磁場較大的區域吸引。

順磁性

在順磁性材料中，每個原子內的電子之自旋與軌道磁偶極矩不會互相抵消，而是會向量相加而賦予原子淨(且永久的)磁偶極矩 $\vec{\mu}$。在沒有外磁場下，這些原子的偶極矩之方向是任意的，且材料的淨磁偶極矩是零。然而，若此種材料的樣品被置於外磁場 $\vec{B}_{ext}$ 中，偶極矩會傾向順著磁場排列，因而賦予此樣品淨磁偶極矩。此種順著外磁場排列的行為與我們在反磁性材料上看到的相反。

 順磁性材料置於外磁場 $\vec{B}_{ext}$ 中會產生與 $\vec{B}_{ext}$ 同向的磁偶極矩。若磁場為非均勻，順磁性材料會由較弱磁場的區域被吸引至較強磁場的區域。

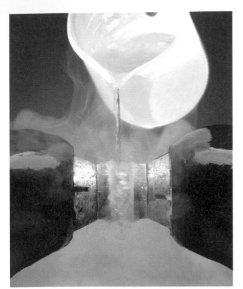

Richard Megna 授權

液態氧在一塊磁鐵的兩者之間的磁極面暫停，因為液體是順磁被磁鐵吸引。

若順磁性樣品之原子的偶極全部都整齊地排列，則有 N 個原子的樣品，就會有大小爲 $N\mu$ 的磁偶極矩。然而，由於熱擾動所引起原子間的隨意碰撞，會在原子之間轉移能量，而中斷其整齊的排列，且因此減弱樣品的磁偶極矩。

熱擾動。熱擾動的重要性可用比較兩能量而測得。由 19-24 式得知，其中之一爲原子在溫度 T 時的平均移動動能 $K(=\frac{3}{2}kT)$，其中 k 爲波茲曼常數(1.38×10^{-23} J/K)，T 爲凱氏(不是攝氏)溫標。由 28-38 式得另一個能量，就是在外加磁場下，原子之磁偶極矩平行排列與不平行排列之間的能量差 $\Delta U_B(= 2\ \mu B_{ext})$(較低的能階爲$-\mu B_{ext}$和較高的能階爲$+\mu B_{ext}$)。等一下我們會證明甚至在一般的溫度及磁場大小下，$K \gg \Delta U_B$。因此，在原子之間碰撞時的能量轉移是可以中斷原子偶極矩的排列，而使樣品的磁偶極矩遠小於 $N\mu$。

磁化強度。我們可用求出樣品之磁偶極矩與其體積 V 之比來表示所給定之順磁性材料的磁化程度。此向量，即單位體積的磁偶極矩，被稱爲樣品的**磁化強度**(magnetization) $\vec{M}$，而其大小爲

$$M = \frac{測得之磁矩}{V} \tag{32-38}$$

$\vec{M}$ 的單位是每立方公尺的安培-平方公尺，或每公尺安培(A/m)。原子偶極矩的完全平行排列，稱爲樣品的飽和，與最大值 $M_{max} = N\mu/V$ 有關。

在 1895 年，居里實驗發現順磁性樣品的磁化強度正好與樣品的外磁場 $\vec{B}_{ext}$ 成正比，與凱氏溫度 T 成反比；即

$$M = C\frac{B_{ext}}{T} \tag{32-39}$$

32-39 式即爲居里定律，而 C 則稱爲居里常數。增加 B_{ext} 使樣品中的原子偶極矩有整齊排列之趨勢，故而 M 會增加。而增加 T 則會因熱擾動而干擾排列之趨勢，故而 M 減小，所以此定律頗爲合理。然而此定律事實上是近似值，只適用於 B_{ext}/T 之值不太大時。

圖 32-14 爲硫酸鉻鉀樣品之對 M/M_{max} 的 B_{ext}/T 關係圖，其中鉻離子爲順磁性物質。此圖稱爲磁化強度曲線。直線部分爲居里定律，適用於 B_{ext}/T 小於 0.5 T/K 之左方的實驗數據，而量子理論則適用於曲線部分的所有數據點。右方靠近飽和的數據非常難得到，因爲即使在非常低的溫度下，仍需要非常強的磁場(約爲地球磁場的 100,000 倍)。

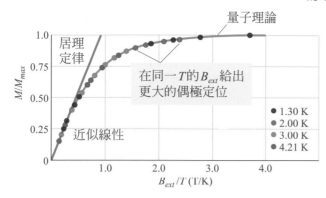

圖 **32-14** 順磁性鹽類硫酸鉻鉀的磁化強度曲線。此比例即為該鹽的磁化強度對最大的可能磁化強度比率 M / M_{max} 和 B_{ext} / T 的關係。居里定律適用於曲線左邊的數據；量子理論適用於所有的數據。摘自 W.E. Henry 的量測。

 測試站 6

如圖顯示靠近磁棒南極的兩個順磁性球體。(a)作用在球體上的磁力及 (b)球體之磁偶極矩的方向是指向或遠離磁棒？(c)作用在球體 1 上的磁力是大於、小於或等於作用在球體 2 上的磁力？

範例 **32.03** 順磁性氣體中磁場的定向能量

在室溫($T = 300$ K)下，有一順磁性氣體置於大小為 $B = 1.5$ T 的均勻外磁場中；氣體原子的磁偶極矩 μ $= 1.0$ μ_B。試計算氣體原子的平均位移動能 K 及在外磁場下，原子磁偶極矩平行排列與反平行排列之間的能量差 ΔU_B。

關鍵概念

(1)氣體中原子的平均位移動能與該氣體的溫度有關。(2)磁偶極 $\vec{\mu}$ 在外加磁場 $\vec{B}$ 中的位能 U_B 與 $\vec{\mu}$ 和 $\vec{B}$ 的夾角有關。

計算 由 19-24 式可知

$$K = \frac{3}{2}kT = \frac{3}{2}(1.38 \times 10^{-23} \text{ J/ K})(300 \text{K})$$

$$= 6.2 \times 10^{-21} \text{ J} = 0.039 \text{eV} \qquad (答)$$

由 28-38 式($U_B = -\vec{\mu} \cdot \vec{B}$)，可寫下平行排列($\theta = 0°$)及反平行排列($\theta = 180°$)間的位能差 ΔU_B 為

$$\Delta U_B = -\mu B \cos 180° - (-\mu B \cos 0°) = 2\mu B$$
$$= 2\mu_B B = 2(9.27 \times 10^{-24} \text{ J/T})(1.5 \text{T})$$
$$= 2.8 \times 10^{-23} \text{ J} = 0.000 17 \text{ eV} \qquad (答)$$

此處約為 ΔU_B 的 230 倍，故原子之間相互碰撞時的能量交換，可輕易地使原本已順著外磁場排列的任何磁偶極矩改變方向。亦即，只要一個磁偶極矩發生成為與外部磁場對齊，在磁偶極的低能量狀態，是非常好的機會，鄰近的原子將達到原子，傳送足夠的能量將在一個更高的能量狀態的偶極。而氣體所表現出來的磁偶極矩必為當時之原子偶極矩改變部分地排列所造成的。

32-8 鐵磁性

學習目標

在閱讀完這個區塊的文字之後，讀者應該能夠...

32.44 了解鐵磁性是起因於量子力學的交互作用，稱作交換耦合。

32.45 解釋為何當溫度超過居里溫度的時候，鐵磁性會消失。

32.46 應用鐵磁性樣品的磁化強度和其原子磁矩之間的關係。

32.47 對於在某一磁場某一溫度的鐵磁性樣品，比較與偶極方位相關的能量和熱運動。

32.48 描述並畫出羅蘭環(Rowland ring)。

32.49 了解磁域。

32.50 針對放置外加磁場的鐵磁性樣品，了解該場的相關方向與磁偶極矩。

32.51 了解鐵磁性樣品在非均勻場中的運動。

32.52 針對放在均勻磁場中的鐵磁性物體，計算力矩與位能。

32.53 解釋磁滯與磁滯迴路。

32.54 了解天然磁石的來源。

關鍵概念

● 在鐵磁性材料中的磁偶極矩可以透過外加磁場排列整齊，然後在外加場移除後，仍有部分區域(磁域)保持排列。

● 排列狀態在居里溫度之上的溫度時可以估計。

● 在非均勻的外加場中，鐵磁性材料會被吸往有較大磁場的區域。

鐵磁性

日常談話中，當我們談及磁性時，腦海中幾乎總是浮現出磁棒或圓盤狀磁鐵(可能是黏在冰箱門上的)的影像。此即，我們的想像是擁有強大的、永久磁性之鐵磁性材料，而不是強度較弱、只有暫時磁性的反磁性或順磁性材料。

鐵、鈷、鎳、釓、鏑這些元素與其他元素的混合物所表現出來的鐵磁性，是由於稱為交換耦合的量子效應所造成的。在此種過程中，原子內之電子自旋會與鄰近原子的電子自旋交互作用。雖然原子的碰撞有弄亂排列的趨勢，但上述效應使得原子的磁偶極矩仍能整齊排列，維持整齊排列的結果使得鐵磁性材料有永久磁性。

熱擾動。 當鐵磁性材料的溫度升高至某一臨界值(稱之為居里溫度)之上時，交換耦合的效應會失效，大部分的鐵磁性材料會變成順磁性，亦即，偶極乃傾向於順著磁場排列，但其強度非常弱，且此時熱擾動可容易地中斷排列。鐵的居里溫度為 1043 K(= 770 °C)。

量測。 我們可以用一種稱為羅蘭環(Rowland Ring)(圖 32-15)的裝置，來研究鐵磁性材料(比如鐵)的磁化強度。將鐵磁性材料做成截面積為圓形的螺線環心。每單位長度有 n 匝的主線圈 P 繞於環心上，且載有電流 i_P(此線圈基本上是將螺線管彎成圓形而做成的)。若無鐵心存在，線圈內的磁場可由 29-23 式得到，

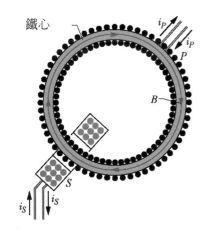

圖 32-15 羅蘭環。線圈核心是被電流磁化的鐵磁性材料(此處為鐵)。電流 i_P 被送入主線圈 P 中(黑點代表中表每匝的線圈)。鐵心磁化強度的大小決定了線圈 P 內的總磁場。副線圈 S 可用來量測。

$$B_0 = \mu_0 i_P n \tag{32-40}$$

然而，若鐵心存在，線圈內的磁場 $\vec{B}$ 會大於 $\vec{B}_0$，且通常大很多。我們可將此磁場表示為

$$B = B_0 + B_M \tag{32-41}$$

其中 B_M 是由鐵心所貢獻的磁場。此部分磁場(B_M)是由鐵內部的原子偶極矩經整齊排列而產生的，排列則是因為交換耦合及外加磁場 B_0 所造成的，而且 B_M 與鐵的磁化強度 M 成正比。亦即，B_M 與鐵之每單位體積的磁偶極矩成正比。欲求出 B_M，我們用副線圈 S 測出，以 32-40 式算出 B_0，再將 B 及 B_0 代入 32-41 式可得 B_M。

圖 32-16 為若蘭環內鐵磁性材料的磁化強度曲線圖：$B_M/B_{M,max}$ 對 B_0 之函數曲線，其中，$B_{M,max}$ 為 B_M 的可能最大值，代表鐵磁性材料的磁化強度達到飽和狀態。此圖和圖 32-14 相似，為順磁性物質的磁化強度曲線。二者都可計量材料中之原子偶極矩在外加磁場中整齊排列的程度。

對圖 32-16 中的鐵磁性核心而言，當 $B_0 \approx 1 \times 10^{-3}$ T 時，大約有 70% 的磁偶極排列整齊。若 B_0 增強至 1 T，則幾乎完全排列整齊($B_0 = 1$ T，而達到幾乎完全飽和，是相當困難的)。

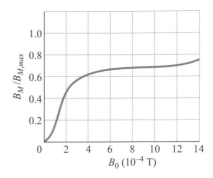

圖 32-16 若蘭環中的鐵磁性核心材料強度的磁化曲線。垂直軸上 1.0 處對應於材料中所有原子偶極皆作整齊排列(飽和)的狀態。

磁域

在溫度低於居里溫度時，交換耦合可使鐵磁性材料內部產生相鄰原子偶極強大的排向效果。但為什麼在沒有外加磁場 B_0 下，自然狀態中的物質無法達到飽和？為何每個小鐵塊不是自然生成的強磁鐵？

欲瞭解此點，先考慮做成單晶形式的鐵磁性材料樣品，例如鐵。在樣品的整個體積中，組成樣品的原子按照晶格形式週期性排列。這樣的晶體在正常狀態下，是由一群磁域所組成。磁域是晶體中原子偶極排列非常完美的區域。磁域之間並未按照同一方向排列，但對整個晶體而言，在對外界所表現出來的磁場效應，這些磁域會彼此互相抵消。

圖 32-17 是鎳單晶中，磁域組合的放大照片，將氧化鐵粉末做成細小的膠質懸浮體，灑在晶體表面上，便可得到這照片。各磁域中，基本磁偶極有一定的方向，從一磁域至另一磁域，磁偶極的方向會隨之改變。而各磁域間存在磁偶極方向發生轉變的窄小區域，即所謂的磁域界限。在這些區域上存在局部性強大非均勻的磁場，懸浮的膠質氧化鐵粒子會被這些小區域所吸引，呈現出白色的線條(並非所有的磁域界限都能在圖 32-17 中看到)。雖然各磁域中所有的原子偶極排列一致如白色箭號所示，但就整個晶體而言，總磁矩卻可能很小。

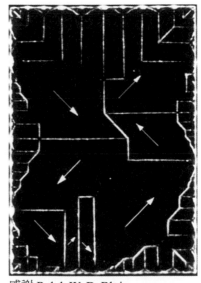

感謝 Ralph W. DeBlois

圖 32-17 鎳單晶的磁域照片，白線為磁域間的界線。箭頭顯示該磁域磁偶極的指向，因而決定磁域的淨磁偶極方向。如果淨磁場為零(所有磁域之向量和)，則晶體尚未磁化

事實上，一塊常見的鐵，如鐵釘，並不是單晶，而是許多任意排列的細小晶體的組合，稱之為多晶固體。然而每一個小晶體仍有如圖 32-17 的不同排列方向之磁域。將這樣的一塊樣品置於慢慢增強的外加磁場中使之磁化時，會發生兩種效應；將兩效應合併會得到圖 32-16 的磁化強度曲線。一個效應是使方向沿著順磁場方向的磁域範圍增大，而使不沿磁場方向排列的磁域範圍減小。第二個效應是，在磁域中各磁偶極的方向發生一致性的轉動，變得更接近磁場方向。

交換耦合與磁域改變告訴我們下列結果：

 鐵磁性材料置於外磁場 $\vec{B}_{ext}$ 中，會產生沿著 $\vec{B}_{ext}$ 方向的強磁偶極矩。若磁場為非均勻場，鐵磁性材料會由磁場較弱的區域吸引移至磁場較強的區域。

磁滯

當外加磁場先增加然後再減少時，鐵磁性材料的磁化強度曲線並不循著原路而回。圖 32-18 所示為依下列步驟操作若蘭環所得之 B_M 對 B_0 之圖：(1)開始時鐵未磁化(a 點)，增加螺線環的電流，使產生與 b 點對應的 $B_0(=\mu_0 in)$；(2)減少螺線環線圈上的電流回至零(c 點)；(3)反轉螺線環的電流方向，並加大到與 d 點對應的 B_0 產生；(4)再將電流減至零(e 點)；(5)再度反轉電流方向直到 b 點為止。

圖 32-18 顯示的不還原性稱為**磁滯**(hysteresis)，曲線 $bcdeb$ 稱為磁滯迴路。注意在 e 點及 c 點上，即使環的線圈中沒有電流，鐵心仍被磁化，這是大家所熟知的永久磁性現象。

以上述磁域的觀念為基礎可以了解磁滯。很明顯地，磁域邊界的移動與磁域方向的重新排列並非完全可逆的。當外加磁場 B_0 增加後再減少至其原狀時，磁域並不完全回到其原來的型態，而保留了一些在磁場增加過程中有關的「記憶」。在以磁性方法儲存資料時，磁性物質的「記憶」便非常的重要了。

磁域排列的記憶也可自然發生。當閃電沿著經過地面的數條彎曲路徑傳送電流時，電流會產生強大磁場，而突然磁化附近石頭內的任何鐵磁性物質。因為磁滯現象，這些石頭內的物質在閃電後(電流消失後)，仍保留了一些磁化強度。這些石頭稍後經過日曬、斷裂且經風化而解離，然後成為天然磁石。

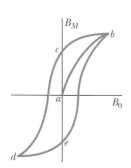

圖 32-18　鐵磁性樣品的磁化強度曲線(ab)及其磁滯迴路($bcdeb$)。

範例 32.04　一個羅盤針的磁偶極矩

由純鐵(密度 7900 kg/m³)製成的指南針，其長度 L 為 3.0 cm，寬 1.0 mm，厚度為 0.50 mm。鐵原子的磁偶極矩大小為 $\mu_{Fe} = 2.1 \times 10^{-23}$ J/T。若指南針的磁化強度相當於針內原子有 10% 的整齊排列，則指南針的磁偶極矩 $\vec{\mu}$ 大小為何？

關鍵概念

(1) 若針內所有的 N 個原子皆整齊排列，則針會有大小為 $N\mu_{Fe}$ 的磁偶極矩，而我們只整齊排列了 10%(其它隨意排列的對 $\vec{\mu}$ 並沒有貢獻)，因此

$$\mu = 0.10 N \mu_{Fe} \tag{32-42}$$

(2) 我們可由針的質量求得針內的原子數 N

$$N = \frac{\text{指南針質量}}{\text{鐵的原子質量}}$$

求 N　附錄 F 沒有鐵原子的質量，但是有它的莫耳質量。因此，變成

$$\text{鐵原子的質量} = \frac{\text{鐵的莫爾質量} M}{\text{亞佛加厥數} N_A} \tag{32-44}$$

接下來可改寫 32-43 式針的質量 m 為莫耳數為 M 且亞佛加厥數 N_A：

$$N = \frac{m N_A}{M} \tag{32-45}$$

針的質量 m 為其密度與體積的乘積，而體積為 1.5×10^{-8} m³

$$\begin{aligned}
\text{針的質量} m &= (\text{針的密度})(\text{針的體積}) \\
&= (7900 \text{kg/m}^3)(1.5 \times 10^{-8} \text{m}^3) \\
&= 1.185 \times 10^{-4} \text{ kg}
\end{aligned}$$

將 m 值代入 32-45 式中，並也將 M 以 55.847 g/mole (= 0.055847 kg/mole)，N_A 以 6.02×10^{23} 代入 32-45 式中，求得

$$\begin{aligned}
N &= \frac{(1.185 \times 10^{-4} \text{ kg})(6.02 \times 10^{23})}{0.055\,847 \text{ kg/mol}} \\
&= 1.2774 \times 10^{21}
\end{aligned}$$

求 μ　將此 N 值及 μ_{Fe} 的值代入 32-42 式中得到

$$\begin{aligned}
\mu &= (0.10)(1.2774 \times 10^{21})(2.1 \times 10^{-23} \text{ J/T}) \\
&= 2.682 \times 10^{-3} \text{ J/T} \approx 2.7 \times 10^{-3} \text{ J/T} \quad (\text{答})
\end{aligned}$$

PLUS Additional example, video, and practice available at *WileyPLUS*

重點回顧

磁場的高斯定律　最簡單的磁性構造為磁偶極，而磁單極並不存在(至目前為止)。磁場的**高斯定律**為，

$$\Phi_B = \oint \vec{B} \cdot d\vec{A} = 0 \tag{32-1}$$

說明通過任意(封閉的)高斯面之淨磁通量為零。並暗示磁單極不存在。

馬克斯威爾對安培定律的推廣　電通量改變可以感應出磁場 $\vec{B}$。馬克斯威爾定律，

$$\oint \vec{B} \cdot d\vec{s} = \mu_0 \varepsilon_0 \frac{d\Phi_E}{dt} \quad (\text{馬克斯威爾感應定律}) \tag{32-3}$$

為沿著封閉迴路的感應磁場和通過此迴路的電通量變化 Φ_E 之關係。安培定律，$\oint \vec{B} \cdot d\vec{s} = \mu_0 i_{enc}$ (32-4 式)，告訴我們被迴路所包圍之電流 i_{enc} 可產生磁場。馬克斯威爾定律與安培律可寫成一個方程式：

$$\oint \vec{B} \cdot d\vec{s} = \mu_0 \varepsilon_0 \frac{d\Phi_E}{dt} + \mu_0 i_{enc} \quad (\text{安培-馬克斯威爾定律}) \tag{32-5}$$

位移電流　根據電場改變而定義假想的位移電流為

$$i_d = \varepsilon_0 \frac{d\Phi_E}{dt} \tag{32-10}$$

則 32-5 式會變成

$$\oint \vec{B} \cdot d\vec{s} = \mu_0 i_{d,enc} + \mu_0 i_{enc} \quad \text{(安培-馬克斯威爾定律)} \quad (32\text{-}11)$$

其中 $i_{d,enc}$ 為積分迴路所包圍的位移電流。此位移電流的想法允許我們保留通過電容器之連續電流的概念。然而，位移電流不是電荷的移動。

馬克斯威爾方程式 列於表 32-1 中的馬克斯威爾方程式，總結所有的電磁學並成為電磁學的基礎。

地球的磁場 地球的磁場可視為磁偶極，其偶極矩與地球的轉動軸之夾角為 11.5 度，且偶極的南極在北半球內。地球表面上任何點之磁場的方向由磁偏角 (與地球北極向右或向左的夾角)與磁傾角(與水平向上或向下的夾角)決定。

自旋磁偶極矩 電子固有角動量稱為自旋角動量 $\vec{S}$ (或自旋)，與固有自旋磁偶極矩 $\vec{\mu}_s$ 之關係為：

$$\vec{\mu}_s = -\frac{e}{m}\vec{S} \quad (32\text{-}22)$$

對沿著軸的量測，分量 S_z 只會有下列的值

$$S_z = m_s \frac{h}{2\pi}, \quad m_s = \pm \tfrac{1}{2} \quad (32\text{-}23)$$

其中 $h(= 6.63 \times 10^{-34} \text{ J} \cdot \text{s})$ 為蒲朗克常數。同樣地，電子之自旋磁偶極矩本身無法量測，但其分量可以。沿著 z 軸，其分量為

$$\mu_{s,z} = \pm \frac{eh}{4\pi m} = \pm \mu_B \quad (32\text{-}24, 32\text{-}26)$$

其中 μ_B 為波耳磁元：

$$\mu_B = \frac{eh}{4\pi m} = 9.27 \times 10^{-24} \text{ J/T} \quad (32\text{-}25)$$

位能 U 與軌道磁偶極矩在外磁場 $\vec{B}_{ext}$ 中的方向有關，為

$$U = -\vec{\mu}_s \cdot \vec{B}_{ext} = -\mu_{s,z} B_{ext} \quad (32\text{-}27)$$

軌道磁偶極矩 在原子內的電子有額外的角動量稱為軌道角動量 $\vec{L}_{orb}$，與軌道磁偶極矩 $\vec{\mu}_{orb}$ 的關係為：

$$\vec{\mu}_{orb} = -\frac{e}{2m}\vec{L}_{orb} \quad (32\text{-}28)$$

軌道角動量是量子化的，且只能有特定值為

$$L_{orb,z} = m_\ell \frac{h}{2\pi} \quad m_\ell = 0, \pm 1, \pm 2, \ldots, \pm(\text{極限}) \quad (32\text{-}29)$$

相關的磁偶極矩可由下式得到

$$\mu_{orb,z} = -m_\ell \frac{eh}{4\pi m} = -m_\ell \mu_B \quad (32\text{-}30, 32\text{-}31)$$

位能 U 與軌道磁偶極矩在外磁場 $\vec{B}_{ext}$ 中的方向有關，為

$$U = -\vec{\mu}_{orb} \cdot \vec{B}_{ext} = -\mu_{orb,z} B_{ext} \quad (32\text{-}32)$$

反磁性 反磁性材料只有在置於外磁場 B 中，才會表現出磁性，然後它們會產生方向與 B_{ext} 相反的磁偶極矩。若磁場為非均勻的，則反磁性材料會被較強的磁場區排斥。

順磁性 在順磁性材料中，每個原子皆有永久的磁偶極矩，但偶極矩的方向是任意排列的，除非在外加磁場 B_{ext} 中，在場中偶極會傾向與外加場平行。體積為 V 之樣品被磁化的程度可由其磁化強度 M 得知，其值為

$$M = \frac{\text{測得之磁矩}}{V} \quad (32\text{-}38)$$

體積內所有 N 個原子磁偶極完全整齊排列，其磁化強度之最大值 $M_{max} = N\mu/V$。B_{ext}/T 在較小值時，

$$M = C\frac{B_{ext}}{T} \quad \text{(居里定律)} \quad (32\text{-}39)$$

其中 T 是溫度(凱氏) C 為材料的居里常數。
若 B_{ext} 為非均勻的，材料會被較強的磁場區吸引。

鐵磁性 鐵磁材料裡的磁偶極矩能夠透過外加磁場排列整齊，然後在外加場移除後，仍有部分區域(磁域)保持排列。排列狀態在居里溫度之上的溫度時可以估計。在非均勻的外加場中，鐵磁性材料會被吸往有較大磁場的區域。

討論題

1 圖 32-19 爲反磁性物質的迴路模型（迴路 L）。(a)繪製來自磁鐵，穿過及圍繞 L 迴

圖 32-19　習題 1 和 2

路的磁場線。(b)迴路的淨總磁矩 $\bar{\mu}$ 及(c)傳統電流 i 方向(圖中的順時針或逆時針)，(d)求迴路上的磁力。

2 圖 32-19 顯示了一個順磁性材料所製成的圓環模型（圓環 L）。(a)請畫出由磁鐵所引起，通過圓環和在圓環附近的磁場線。(b)迴路的淨總磁矩 $\bar{\mu}$ 爲何？(c)傳統電流 i 的方向(圖中的順時針或逆時針)爲何？(d)迴路上的磁力爲何？

3 如果某一個原子中的一個電子，其軌道角動量具有 m_ℓ 值，且限制範圍爲 ±3，請問這個電子的：(a) $L_{\mathrm{orb},z}$，(b) $\mu_{\mathrm{orb},z}$ 可以有多少個可能數值？(c) $L_{\mathrm{orb},z}$，(d) $\mu_{\mathrm{orb},z}$ 被容許的最大量值是多少？以 h、m 和 e 表示。(e)試問電子的淨角動量(軌道加自旋) z 分量的最大容許量值是多少？(f)電子淨角動量 z 分量被容許的數值有多少個(包含符號)？

4 地球的磁場可以近似地視爲偶極的磁場。在與地球中心相距任何距離 r 的位置，這個磁場的水平和垂直分量是

$$B_h = \frac{\mu_0 \mu}{4\pi r^3}\cos\lambda_m \qquad B_v = \frac{\mu_0 \mu}{2\pi r^3}\sin\lambda_m$$

其中 λ_m 是磁緯(magnetic latitude)(這類型的緯度是從地磁赤道往地磁北極或南極測量得到)。假設地球偶極矩具有量值 $\mu = 8.00 \times 10^{22}$ A · m²。(a)請證明在緯度 λ_m 處，地球磁場量値爲

$$B = \frac{\mu_0 \mu}{4\pi r^3}\sqrt{1 + 3\sin^2\lambda_m}$$

(b)試證明地球磁場傾斜角 ϕ_i 關連於磁緯 λ_m 的關係式爲 $\tan\phi_i = 2\tan\lambda_m$。

5 請利用習題 4 所顯示的結果去預測在地磁赤道上，地球磁場的：(a)量値和(b)傾斜角，在磁緯 60.0 度上地球磁場的：(c)量値和(d)傾斜角，以及在地磁北極，地球磁場的：(e)量値和(f)傾斜角。

6 請使用習題 4 所提供的近似法，求出(a)在相同緯度上，當磁場量値是地球表面磁場量値的 50.0% 時的高度；(b)在地球表面下方 2900 km 的地核-地函交界處的磁場最大量値，以及在地理北極的地球磁場(c)量値和(d)方向。請嘗試解釋爲什麼(c)小題和(d)小題的計算結果會與量測數值有差異。

7 在 1912 年某個地點和日期，地球磁場的平均水平分量爲 16 μT，平均傾斜或"傾角"爲 65°，相應的地球磁場大小是多少？

8 均勻電通量。圖 32-20 所顯示的半徑 $R = 3.00$ cm 圓形區域中，有指出頁面的均勻電通量存在。通過該區域的總電通量可以表示成 $\Phi_E = (4.20$ mV · m/s$)t$，其中 t

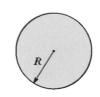

圖 32-20　習題 8 至 15

的單位是秒。試問在徑向距離(a) 2.50 cm 和(b) 5.00 cm 處，感應得到的磁場量値爲何？

9 非均勻電通量。圖 32-20 所顯示半徑 $R = 3.00$ cm 的圓形區域中，有指出頁面的電通量存在。由半徑的同心圓圈圍住的電通量可以表示成 $\Phi_{E,\mathrm{enc}} = (0.900$ V · m/s$)(r/R)t$，其中 $r \le R$ 而且 t 的單位是秒。請問在徑向距離(a) 2.50 cm 和(b) 5.00 cm 處，感應磁場量値爲何？

10 均勻電場。在圖 32-20 中，在半徑 $R = 3.00$ cm 的圓形區域內，有指出頁面的均勻電場存在。電場量値可以表示成 $E = (6.30 \times 10^{-3}$ V/m · s$)t$，其中 t 的單位是秒。請問在徑向距離(a) 2.00 cm 和(b) 5.00 cm 處，感應磁場量値爲何？

11 非均勻電場。圖 32-20 中，在半徑 $R = 3.00$ cm 的圓形區域內，有指出頁面的電場存在著。電場量値可以表示成 $E = (0.500$ V/m · s$)(1 - r/R)t$，其中 t 的單位是秒，而且 r 是徑向距離($r \le R$)。請問在徑向距離：(a) 1.50 cm；(b) 4.00 cm 處，感應磁場量値爲何？

12 非均勻位移電流密度。圖 32-20 所顯示的半徑 $R = 3.00$ cm 圓形區域中，有指出頁面的位移電流存在著。位移電流具有量値 $J_d = 5.50$ A/m² 的均勻密度。請問在徑向距離爲：(a) 2.50 cm 和(b) 6.00 cm 處，由位移電流所引起的磁場量値爲何？

13 均勻位移電流。圖 32-20 所顯示的半徑 R = 3.00 cm 圓形區域中，有指出頁面的均勻位移電流 i_d = 0.750 A 存在著。請問在徑向距離為(a) 2.50 cm 和(b) 6.00 cm 處，由位移電流所引起的磁場量值為何？

14 非均勻位移電流密度。圖 32-20 所顯示的半徑 R = 3.00 cm 圓形區域中，有指出頁面的位移電流 i_d 存在著。這個位移電流的密度量值可以表示成 J_d = (6.00 A/m²)(1 − r/R)，其中是徑向距離 $r \leq R$。試問在(a) r = 2.50 cm 和(b) r = 6.00 cm 處，由位移電流所引起的磁場量值為何？

15 非均勻位移電流。圖 32-20 所顯示的半徑 R = 3.00 cm 圓形區域中，有指出頁面的位移電流 i_d 存在著。位移電流的量值可以表示成 i_d= (5.00 A)(r/R)，其中 r 是徑向距離($r \leq R$)。請問在徑向距離為(a) 2.50 cm 和(b) 6.00 cm 處，由所引起的磁場量值為何？

16 以具有圖 32-14 的磁化曲線的順磁性鹽類來試驗其是否符合居里定律時，將此樣本置於 0.40 T 的固定磁場中，在 10 到 300 K 的溫度範圍內，測其磁化強度 M。在此情況下，居里定律是否適用？

17 在圖 32-21 中，一個棒形磁鐵放置在紙製圓柱形附近。(a)請畫出通過圓柱形表面的磁場線。(b)在表面的每一個區域 $d\vec{A}$ 的 $\vec{B} \cdot d\vec{A}$ 正負號為何？(c)這與磁學的高斯定律相矛盾嗎？請解釋。

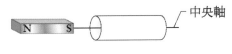

圖 32-21 習題 17

18 某一個具有圓形極板的平行極板電容器正在放電，其中極板的半徑是 R。有一個中央圓形區域與極板平行，其半徑是 $R/2$，已知通過此圓形區域的位移電流是 2.0 A。位移電流為何？

19 假設在某一個原子中，有一個電子的 m_ℓ 的極限值是±4。(a)試問此電子有多少可能的 $\mu_{orb,z}$？(b)這些可能的數值中最大的量值是多少？其次，假設這個原子位於量值為 0.250 T 的磁場中，而且磁場方向是在 z 軸正方向。試問與這些 $\mu_{orb,z}$ 可能數值相關連的(c)最大位能和(d)最小位能為何？

20 長 4.2 cm，截面積 0.60 cm² 的鐵棒中鐵原子的偶極矩為 2.1×10^{-23} J/T，若鐵棒中所有鐵原子的偶極矩都整齊排列。(a)鐵棒的偶極矩為若干？(b)置此棒於 1.5 T 的磁場中，則欲使棒與磁場成垂直時所需力矩為多少？(設鐵的密度為 7.9 g/cm³。)

21 電荷 q 均勻分佈在半徑為 r 的細圓環上。有一個軸通過圓環中心並且與圓環所在平面成垂直，這個圓環正繞著此軸以角速率 ω 轉動。請證明由轉動的電荷所引起的磁矩具有量值 $\mu = \frac{1}{2}q\omega r^2$。如果電荷為正，請問該磁矩的方向為何？

22 以 0.19 T 的磁場施加於具有 1.0×10^{-23} J/T 磁偶極矩的順磁性氣體。在什麼溫度時氣體原子的移動動能會等於在磁場中將磁偶極反向所需的能量？

23 均勻電場 $\vec{E}$ 隨時間變化關係如圖 32-22。其垂直軸的尺度被設定為 E_s = 9.0×10^5 N/C，而水平軸的尺度被設定為 t_s = 12.0 μs。就

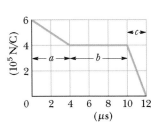

圖 32-22 習題 23

(a)、(b)、(c)三段時間分別計算通過垂直電場的面積 1.6 m² 區域的位移電流之大小？(忽略各區間之端點的狀況。)

24 順磁性鹽類的樣品保持在室溫(300 K)，其磁化曲線如圖 32-14，則：需外加多大的磁場才能使此樣品的磁化達飽和程度的(a) 50%？(b) 90%？(c)這樣的磁場在實驗中，能得到嗎？

25 當外加磁場大小為 0.48 T，方向與 z 軸平行，則電子的自旋磁偶極矩為平行與反平行排列時的 z 分量，其能量差為何？

26 在圖 32-23 中，圓形平行板電容器之間的電場大小為 $E = (9.0 \times 10^5) - (4.0 \times 10^4 t)$，$E$ 的單位為 V/m，而 t 的單位為秒。在 t = 0 時，電場 $\vec{E}$ 方向為向上如圖所示。平板的面積為 2.0×10^{-2} m²。對於 $t \geq 0$，兩平板間位移電流的(a)大小和(b)方向(上或下)為何？(c)環繞此平行板的感應磁場的方向是順時針還是逆時針方向？

圖 32-23 習題 26

27 某一條銀線的電阻率 $\rho = 1.62 \times 10^{-8}$ Ω·m，而且它具有截面積 6.00 mm²。金屬線中的電流呈現均勻分佈，而且當電流是 80.0 A 的時候，其變化率是 2400 A/s。(a)請問當金屬線中的電流是 100 A 的時候，金屬線中的(均勻)電場量值爲何？(b)在這個時候，金屬線中的位移電流爲何？(c)在與金屬線相距 r 的位置，由位移電流所引起的磁場量值，相對於由電流所引起的磁場量值的比值爲何？

28 在電容爲 1.5 μF 的平行板電容器中，若要產生 2.5 A 的位移電流則兩端電位差之變動率爲何？

29 兩個極板(如圖 32-7 所示)以一定電流進行放電。每一個極板的半徑是 4.00 cm。在兩個極板之間有一點，該點與中心軸的徑向距離一 2.00 cm，在放電期間，這一點的磁場量值是 12.5 nT。(a)請問在徑向距離 6.00 cm 處，其磁場量值爲何？(b)連結到極板的金屬線中的電流爲何？

30 某一個具有圓形極板的平行極板電容器正在放電。考慮一個以中央軸爲中心的圓形環路，而且此環路位於兩個極板之間。如果環路半徑是 3.00 cm，而且此半徑大於極板半徑，當沿著環路的磁場具有量值 2.00 μT 的時候，請問在兩個極板之間的位移電流是多少？

31 某一個平行極板電容器具有半徑 $R = 16$ mm 而且間隔寬度 $d = 5.0$ mm 的兩個極板，在兩個極板之間具有均勻電場。從時間 $t = 0$ 開始，在兩個極板之間的電位差是 $V = (100\text{V})e^{-t/\tau}$，其中時間常數 $\tau = 12$ ms。請問在與中心軸的徑向距離 $r = 0.80R$ 的位置上，其磁場量值(a)在 $t \geq 0$ 情形下的時間函數，以及(b)在時間 $t = 3\tau$ 的數值爲何？

32 將磁性指南針放置在水平面上，讓磁針安頓在其平衡位置，然後給予磁針一個輕微的擺動，使其相對於該平衡位置進行振盪。振盪頻率是 0.240 Hz。在磁針所在位置，地球磁場的水平分量是 18.0 μT。磁針具有 0.680 mJ/T 的磁矩。請問磁針相對於其(垂直)轉動軸的轉動慣量爲何？

33 在氫原子的最低能量狀態中，單一電子與中央質子(原子核)最可能出現的距離是 5.2×10^{-11}m。(a)計算在該距離的位置，由質子所產生的電場量值。質子的自旋磁偶極矩在 z 軸上量測得到的分量 $\mu_{s,z}$ 是 1.4×10^{-26} J/T。試計算在 z 軸上、距離 5.2×10^{-11} m 的位置上，質子的磁場量值爲何？(提示：利用 29-27 式)。試問電子的自旋磁偶極矩相對於質子自旋磁偶極矩的比值爲何？

34 具有半徑 40 mm 圓形極板的平行板電容器，正在藉由電流 5.0 A 進行放電。試問在電容器間隙(a)內部和(b)外部的多大半徑處，其感應磁場量值等於最大值的 60%？(c)該最大值爲何？

35 圖 32-24 顯示了一個封閉表面。沿著半徑 1.6 cm 的平坦頂部面，有一個量值 0.18 T 的垂直磁場 $\vec{B}$ 指向外。沿著平坦的底部面，有 0.70 mWb 的磁通量指向外。請問通過此表面的曲面部分的磁通量(a)量值和(b)方向(往內或往外)爲何？

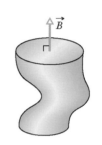

圖 32-24　習題 35

36 圖 32-25 的電路包含開關 S，9.60 V 理想電池，20.0 MΩ 電阻器，及以空氣爲電介質的電容器。電容器具有半徑 5.00 cm 的平行圓形極板，其

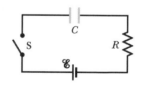

圖 32-25　習題 36

間隔距離爲 3.00 mm。在時間 $t = 0$，開關 S 閉合以便讓電容器開始充電。在極板之間的電場是均勻的。在時間 $t = 750$ μs 的時候，於電容器內部徑向距離 3.00 cm 處，其磁場量值爲何？

37 圓柱磁棒長度爲 5.00 cm，直徑爲 0.600 cm。其有均勻的磁化強度 5.30×10^3 A/m。則其磁偶極矩是多少？

38 一個圓形平行板電容器，其半徑爲 $R = 1.20$ cm，在放電過程中，釋出 18.0 A 的電流。考慮迴路的半徑爲 $R/3$(從兩板之間的中心軸算起)。迴路所包圍的位移電流爲多少？最大的感應磁場爲 12.0 mT。從平板的中心軸算起在電容器空隙之(b)內部(c)外部，半徑距離多少會使得感應磁場的大小爲 4.00 mT？

39 圖 32-26 的封閉表面的平坦底面，有個 7.0 mWb 的磁通量向外通過。沿平坦頂部表面(其半徑 4.2 cm)，有 0.40 T 的磁場 $\vec{B}$ 垂直於這個表面。請問通過此表面的曲面部分的磁通量：(a)量值和(b)方向(往內或往外)爲何？

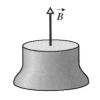

圖 32-26 習題 39

40 在圖 32-27 中，有一個平行極板電容器正在經由電流 $i = 5.0$ A 進行放電。極板是邊長 $L = 8.0$ mm 的正方形。試問此時在兩個極板之間的電場變化率爲何？圍繞著虛線路徑的 $\oint \vec{B} \cdot d\vec{s}$ 值爲何，其中 $H = 2.0$ mm 而且 $W = 3.0$ mm？

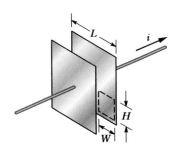

圖 32-27 習題 40

41 某根長度 4.00 cm，半徑 3.00 mm，且(均勻)磁化強度 2×10^3 A/m 的磁棒，可像指南針一樣繞著其中心點轉動。我們將它放置在一個量值 25.0 mT 的均勻磁場中，使其磁偶極矩的方向與夾著角度 60.0 度。(a)由 $\vec{B}$ 所引起作用在磁棒上的轉矩量值爲何？(b)若夾角變成 34.0 度，則磁棒的磁位能改變量爲何？

42 地球具有磁偶極矩 8.0×10^{22} J/T。如果我們想要建立這樣一個偶極，那麼在圍繞著地球的地磁赤道的單一匝金屬線中，必須流動著多少電流？像這樣的設置方式，可以用來抵銷(b)在地球表面上方相當距離處的地球磁性，或者(c)在地球表面上的地球磁性嗎？

43 直徑 20 cm 的圓形平板電容器，在充電中，其位移電流密度是均勻的分佈在平行板之間，其值爲 25 A/m²。求距對稱軸 $r = 75$ mm 處的磁場 B？(b)求該區域的 dE/dt。

44 某一個電子放置在方向沿著 z 軸的磁場 $\vec{B}$ 中。電子自旋磁矩的 z 分量與 $\vec{B}$ 的平行對齊和逆平行對齊之間的能量差值是 9.50×10^{-25} J。$\vec{B}$ 的大小爲何？

45 圖 32-28 提供了某一個順磁性材料的磁化曲線。其垂直軸的尺度設定爲 $a = 0.15$，而水平軸的尺度被設定爲 $b = 0.20$ T/K。令 μ_{sam} 是此材料的一個樣本

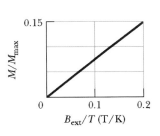

圖 32-28 習題 45

所量測到的淨磁矩，而且 μ_{max} 是該樣本的最大可能淨磁矩。根據居里定律，請問在溫度 4.00 K 下，如果將樣本放置在量值 0.350 T 的均勻磁場中，則比值 μ_{sam}/μ_{max} 將是多少？

46 若原子中的一個電子具有軌道角動量 $m = 0$，則分量(a) $L_{orb,z}$ 及(b) $\mu_{orb,z}$ 爲何？若該原子是在大小 103 mT、方向沿 z 軸的外加磁場 $\vec{B}$ 中，則(c)與電子的軌道磁矩 $\vec{\mu}_{orb}$ 相關的位能 U_{orb} 爲何？(d)與電子的自旋磁矩之方向 $\vec{\mu}_s$ 相關的位能 U_{spin} 爲何？又，令電子有 $m = -2$，求：(e) $L_{orb,z}$，(f) $\mu_{orb,z}$，(g) U_{orb}，(h) U_{spin}？

47 假設全俄亥俄州的地球磁場的垂直分量平均值爲 53.0 μT(向下)，該州的面積爲 116,000 平方公里。試計算通過地表其他地方(俄亥俄州以外的地表)的淨磁通量的(a)大小以及(b)方向是向外還是向內？

48 圖 32-29 提供了與某一個 2.0 m² 圓形面積互相垂直的電場，隨著時間變化的圖形。在圖中所顯示的時間期間，通過此面積的最大位移電流是多少？

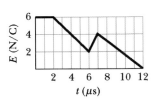

圖 32-29 習題 48

49 某一個具有半徑 55.0 mm 圓形極板的平行極板電容器正在充電。試問在電容器間隙(a)內部和(b)外部的多大半徑處，其感應磁場量值等於最大值的 50.0%？

50 在圖 32-7 中的電容器利用 2.50 A 的電流進行充電。金屬線的半徑是 1.50 mm，而且極板的半徑是 2.00 cm。假設金屬線中的電流 i，和電容器極板的間隙中的位移電流 i_d 都呈現均勻分佈。試問由電流所引起的磁場，在與金屬線的中心相距下列徑向距離的時候，其量值爲何：(a)1.00 mm(在金屬線內部)，(b)3.00 mm(在金屬線外部)，及(c)2.20 cm(在金屬線外部)？由 i_d 所引起的磁場，在兩個極板之間、與中心軸相距下列徑向距離的時候，其量值爲何：(d)1.00 mm(在間隙內部)，(e)3.00 mm(在間隙內部)，(f)2.20 cm(在間隙外部)？(g)解釋爲什麼對於金屬線和間隙而言，在兩個比較小的徑向距離處的磁場會相差這麼多，但是在最大徑向距離處的磁場則不會如此。

51 圖 32-14 的磁化曲線適用於某一個順磁鹽(paramagnetic salt)樣本，我們將這個樣本放置在 2.0 T 均勻磁場中。請問溫度是多少的時候，樣品的磁飽和程度爲(a)50%和(b)90%？

52 假設一個圓形平行板電容器其半徑 $R = 37$ mm，且兩板相距 4.0 mm，同時假設在兩板之間施以正弦波變化之電位差，其最大值爲 170 V，且頻率爲 60 Hz。亦即，

$$V = (170 \text{ V})\sin[2\pi(60 \text{ Hz})t]。$$

找出在 $r = R$ 處感應磁場的最大值 $B_{\max}(R)$。於 $0 < r < 10$ cm 的範圍之間畫出 $B_{\max}(r)$ 之圖。

53 某一個具有：(a) $m_\ell = 3$，(b) $m_\ell = -4$ 的電子，其軌道磁偶極矩被測量得到的分量爲何？

54 當(a) $m_\ell = 3$ 和(b) $m_\ell = -4$ 時，電子軌道磁偶極矩的測量分量爲何？

55 某一個磁性指南針具有質量 0.050 kg 的磁針，磁針的長度是 4.0 cm，在某一個地方，地球磁場的水平分量具有量值 $B_h = 16\ \mu$T，磁針在此處與該分量排列對齊。在我們給予指南針短暫而輕柔的搖動以後，磁針以角頻率 $\omega = 45$ rad/s 進行振盪。假設磁針的中央安裝在一根均勻細桿上，試求磁針的磁偶極矩量值。

CHAPTER 33

電磁波

33-1 電磁波

學習目標

在閱讀完這個區塊的文字之後，讀者應該能夠...

33.01 在電磁頻譜中，了解 AM、FM 收音機、電視、紅外線、可見光、紫外線、X 射線、以及加瑪射線相關波長(較長的或較短的)。

33.02 描述電磁波透過 LC 振盪和天線的傳播。

33.03 對 LC 振盪發射器，應用振盪器電感 L、電容 C、角頻率 ω、發射波頻率 f、波長 λ 之間的關係。

33.04 了解電磁波在眞空中的速度(以及近似在空氣中)。

33.05 了解電磁波不需要介質，以及可以在眞空中傳播。

33.06 應用電磁波的速度、波行進的直線距離、以及行進所需時間之間的關係。

33.07 應用電磁波的頻率 f、波長 λ、週期 T、角頻率 ω、速度 c 之間的關係。

33.08 了解電磁波是由電分量和磁分量所組成，這兩分量(a)垂直於行進方向、(b)互相垂直，以及(c)均是同頻率和相位的正弦波。

33.09 應用電磁波的電分量與磁分量的正弦方程式，此方程式以時間和位置的函數。

33.10 應用光速 c、介電常數 ε_0、磁導率 μ_0 之間的關係。

33.11 對任何瞬間與位置，應用電場大小 E、磁場大小 B 以及光速 c 之間的關係。

33.12 描述光速 c 以及電場振幅 E 與磁場振幅 B 的比率關係之推導。

關鍵概念

● 電磁波是由振盪的電場和磁場所組成。

● 電磁波的多種可能頻率組成頻譜，其中一小部分爲可見光。

● 沿著 x 軸前進的電磁波具有電場 E 與磁場 B，其大小與 x 和 t 的關係爲：

$$E = E_m \sin(kx - \omega t)$$

以及 $B = B_m \sin(kx - \omega t)$

其中 E_m 和 B_m 分別是 $\vec{E}$ 和 $\vec{B}$ 的振幅。該電場會誘發磁場，磁場再誘發電場。

● 電磁波在眞空中的速度爲 c，可寫爲

$$c = \frac{E}{B} = \frac{1}{\sqrt{\mu_0 \varepsilon_0}}$$

其中 E 和 B 是場即時的大小。

物理學是什麼？

我們生活的資訊時代幾乎是完全建立在電磁波物理學的基礎上。我們現在是全球性地被電視、電話和網路連接起來。而且不論喜歡它與否，我們會不停地浸沒在由電視、收音機和電話發射器所產生的訊號中。

許多這種全球資訊處理器的互相連結，即使是 40 年以前最具有遠見的工程師也無法想像這樣的情景。今天的工程師面臨的挑戰是，嘗試展

望全球性連結在 20 年以後會變成什麼樣子。迎接這項挑戰的起點是瞭解電磁波的基本物理學，它們以如此多的不同形式出現，以致於有人以詩意的方式說它們形成馬克斯威爾彩虹。

馬克斯威爾的彩虹

馬克斯威爾的最高成就(第 32 章)便是證明了光實際上就是電場與磁場交互作用下形成的行進波——電磁波——因此研究可見光這門學問可說是電磁學的分支學科之一。在本章，我們從一個主題移到另一個主題：我們將對電學與磁學現象的討論作一個結論，並且也建立起光學的基礎。

在馬克斯威爾的年代(1800 年代中期)，可見光、紅外光及紫外光是人們知道的全部電磁波種類。在馬克斯威爾研究的鼓舞之下，赫茲發現了現在所謂的無線電波，並證實這種無線電波在實驗室中運動的速率與可見光的相同，並指出它們如可見光一樣，具有相同的本質。

如圖 33-1 所示，我們現今知道了整個電磁波的頻譜(或範圍)：稱爲「馬克斯威爾的彩虹」。想想電磁頻譜中各不同區域與我們生活相關的程度。太陽輻射決定了我們這個族類的進化及存活環境，對我們的生活是最主要的泉源。身邊充滿了電視與無線電訊號。雷達系統及電話中繼系統發出的微波，亦可能傳到我們身上。燈泡、汽車中發熱的引擎、X 光機、閃電及埋藏在地球中的放射性物質，都會放出電磁波。此外，還有恆星，本銀河系中的其它物體，以及由其它銀河系發出而傳到我們身上的輻射。電磁波亦可能沿其他方向前進。以電視訊號爲例，從大約 1950 年開始，在地球上發射的電視訊號，現在正將人類的訊息，帶給那些可能存活於圍繞鄰近地球的 400 多個恒星的行星上，更高度文明之住民。

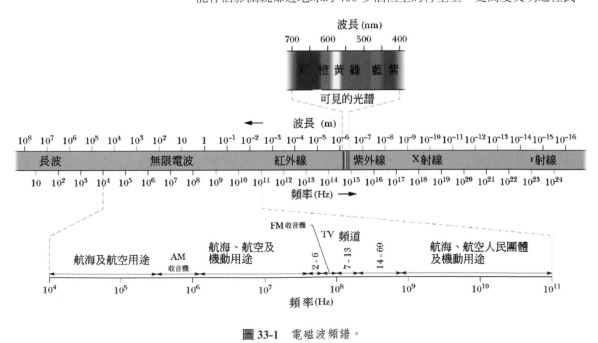

圖 33-1 電磁波頻譜。

對圖 33-1 的波長刻度(及對應之頻率刻度)而言，每兩個刻度間之波長(和所對應的頻率)相差 10 倍。刻度之兩端沒有終點，電磁波的波長並沒有先天上的上限及下限。

圖 33-1 的電磁光譜中有些區域標以熟悉的稱呼，如 X 射線和無線電波。這些標示代表的一些波長區域只是一種粗略的定義，每一區域中自有其常用的波源及輻射偵測器。圖 33-1 的其它區域，例如標示 TV 和 AM 的區域，代表由法律指定給某些商業或其它目的使用之特別波段，圖中只顯示了最熟悉的波段位置。電磁光譜中沒有間隙，所有的電磁波，不論其在光譜中的位置為何，均以相同的速率 c 在自由空間(真空)中行進。

光譜的可見光區域對我們來說當然是特別重要的。圖 33-2 顯示一假設的標準觀察者對不同波長的相對視力靈敏度。可見光區域的中心波長約為 555 nm；這種波長的光產生之視覺為黃綠色。

可見光的頻譜範圍並無明確的定義，因為視力的靈敏度曲線在長波長及短波長的方向都是緩慢的趨近於零靈敏度的。若隨意定視力靈敏度降至其最大值的 1%處之波長為極限，則極限約為 430 nm 和 690 nm；然而若在這兩個極限以外的某輻射有甚強的強度，眼睛仍能偵測到。

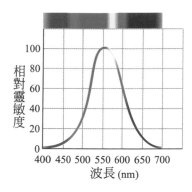

圖 33-2 人眼對不同波長的相對視力靈敏度。這一部分的電磁頻譜是由可見光所構成的。

行進電磁波的定性分析

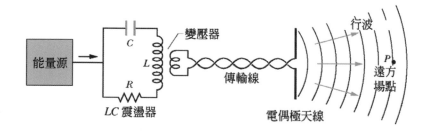

能量源 · C · L · R · LC 震盪器 · 變壓器 · 傳輸線 · 電偶極天線 · 行波 · P · 遠方場點

圖 33-3 產生屬於無線電短波波長範圍內之行進電磁波的裝置。LC 振盪器在天線上產生正弦型式的電流，因而產生波。P 是遠距離點，觀察者可以在那裏觀察行進波。

有些電磁波，如 X 射線、加瑪射線、可見光的波源是只有原子或原子核的大小，在這範圍內，是量子物理的天下。讓我們看看其它的電磁波是如何產生的。為簡化處理，我們只討論巨觀和可控制尺度的輻射波源所產生的頻譜區域(波長 $\lambda \approx 1$ m)。

圖 33-3 概略地顯示這種波的產生器。其心臟部分是一個能以角頻率 $\omega \, (= 1/\sqrt{LC})$ 振盪的 LC 振盪器，此電路中的電荷與電流以此角頻率作正弦型變化，如圖 31-1 所述。一外在能源，可能是交流發電機，供應了所需的能量，以補償電路中的熱損失與輻射電磁波載走的能量。

圖 33-3 的 LC 振盪器經變壓器耦合後再由輸送線傳送至天線，此天線包含了兩支細的固體導體棒。由於此耦合，在振盪器上之電流的正弦型變化將造成電荷沿著天線的兩分支呈正弦振盪，其角頻率為 ω。此移動電荷所產生的電流在棒上的大小和方向都以角頻率 ω 作正弦改變。天

線有電偶極的效應,即電偶極矩的大小和方向沿著天線的長度方向呈正弦變化。

因為電偶極矩的變化,偶極所產生的電場之大小與方向跟著變化。且因為電流的變化,由電流變化所產生的磁場之大小與方向跟著變化。然而,電場及磁場的改變不會瞬間發生,更確實地說,由天線發出的行進波以光速 c 改變。此變化場的組合形成一由天線發射出且以速率 c 行進的電磁波。此波的角頻率為 ω,與 LC 振盪器者相同。

電磁波。圖 33-4 顯示了當一個波長的波掃過圖 33-3 的遠方之 P 點時,電場 E 及磁場 B 隨時間變化的情形。在圖 33-4 中的每一部分,其行進波的方向是指向離開紙面的(我們選擇了遠方的點以至於在圖 33-3 中的波之曲率小到可以忽略。而稱此波為平面波,討論平面波簡單多了)。注意,在圖 33-4 中有幾個重要的特徵,無論波是如何創造,這些特徵一定存在:

1. 電場 $\vec{E}$ 和磁場 $\vec{B}$ 總是和波的行進方向垂直。所以,此波是如第 16 章所討論的橫波。
2. 電場總是垂直於磁場。
3. 該外積 $\vec{E} \times \vec{B}$ 代表波的行進之方向。
4. 該場總是依正弦型式在改變,如同 16 章所討論的橫波。此外,電、磁場是以相同的頻率在改變,且彼此同相。

為保持這些特徵,我們可以假設 P 點的電磁波之行進方向為正 x 方向,所以在圖 33-4 中之電場的振動方向是平行於 y 軸,而磁場的振動方向是平行於 z 軸(當然是使用右手座標系)。然後我們可以寫下電場和磁場之位置 x (沿著該撥的路徑)和時間 t 的正弦函數型式:

$$E = E_m \sin(kx - \omega t) \tag{33-1}$$

$$B = B_m \sin(kx - \omega t) \tag{33-2}$$

其中 E_m 和 B_m 為場的振幅,且如 16 章所示,ω 和 k 分別表示波的角頻率和角波數。注意,從這些方程式可知,這兩個場不只形成一個電磁波,而是每一個場都形成它自己所擁有的波。33-1 式為電磁波的電波分量,33-2 式為磁波分量。如我們將在下面所討論的,這兩個波分量不能單獨存在。

波速。從 16-13 式我們知道波速為 ω/k。然而,既然這是電磁波,它的波速(在真空中)符號為 c 而不是 v。在下一節你將看到 c 之值為

$$c = \frac{1}{\sqrt{\mu_0 \varepsilon_0}} \quad \text{(波速)} \tag{33-3}$$

其值約為 3.0×10^8 m/s。換句話說:

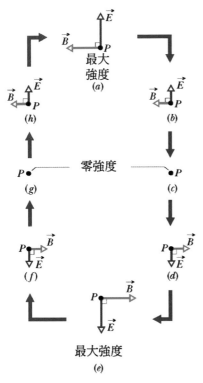

圖 33-4 (a)-(h)顯示圖 33-3 的遠距離點 P 當一個週期內的波長通過它時電場 $\vec{E}$ 和磁場 $\vec{B}$ 的變化情形。在此,行進波的方向是指出紙面的方向。兩個場的大小和方向是以正弦型式在變化。且兩者互相垂直並和波的行進方向垂直。

所有的電磁波，包括可見光，在眞空中都有相同的速率 c。

你也將看到波速 c 和電場與磁場之振幅的關係式爲

$$\frac{E_m}{B_m} = c \quad \text{(振幅比值)} \tag{33-4}$$

如果我們將 33-1 式除以 33-2 式後，再將 33-4 式代入，我們發現場的強度在每一瞬間的關係爲(強度比值)

$$\frac{E}{B} = c \quad \text{(強度比值)} \tag{33-5}$$

　　射線與波前。我們可以用一條射線(可以表示波的進行方向的指示線)和波前(想像一個表面在此表面，波的電場大小有相同的值)來表示電磁波，如圖 33-5a。在圖 33-5a 中，兩波前分開的距離爲一個波長 λ ($= 2\pi/k$) 的長度(波行進的方向幾乎與形成光束的方向相同，如雷射光束，它可以表示成一條射線。)

　　畫出波。我們也能把波表示成圖 33-5b 的型式，在此顯示了波在「快照」下電場和磁場向量的瞬間值。通過箭頭頂端的曲線表示出 33-1 式和 33-2 式的正弦振動，和的波分量是同相位，彼此互相垂直並垂直於波的行進方向。

　　要解釋圖 33-5b 必須用一點心思。此圖和 16 章所討論之拉緊的繩子之橫向波的圖相似，代表當波通過時繩之上下位移的部分(事實上有些東西在移動)。圖 33-5b 是更抽象的。此瞬間之圖像表示，沿著 x 軸的每一點其電場和磁場有確定的大小和方向(總是垂直於 x 軸)。我們選擇以箭頭來表示這些向量之量，所以我們必須畫出不同長度的箭頭，所有遠離 x 軸的點像是玫瑰花莖上的刺。但箭頭只表示在 x 軸上該點的場值。箭頭與正弦曲線都不表示有任何東西有側面的運動，而且箭頭也不是表示連接 x 軸和遠離 x 軸的點。

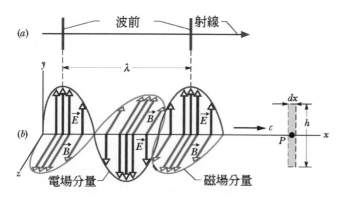

圖 33-5　(a)以一個射線和兩個波前表示電磁波，兩波前的分開距離為一個波長 λ。(b)於「快照」下在 x 軸各點之電場 $\vec{E}$ 和磁場 $\vec{B}$ 來表示相同的波，沿著 x 軸此波的行進速率為 c。當它通過 P 點時場的改變如圖 33-4 所示。波的電分量只包含電場而磁分量只包含磁場。在 P 點的方形虛線在圖 33-6 被使用。

回饋。畫出圖 33-5 可以幫助我們在心裡想像一個非常複雜之情況。首先考慮磁場。因為它呈正弦型式在改變,它導致(經由法拉第的感應定律)一個與之垂直的電場,此電場亦為正弦變化。但因為電場是隨正弦型式在變化,它導致(經由馬克士威爾感應定律)一個呈正弦變化且與之垂直的磁場。等等。這兩個場經由感應而不斷地創造對方,且造成行進電磁波之場呈正弦變化。沒有這個驚人的結果我們便無法看東西,真的,因為我們需要來自太陽的電磁波來保持地球上的溫度,否則我們根本不存在。

一個最難以理解的波

我們在 16 和 17 章所討論的波是需要介質(一些材料)來通過或沿著它而行進。我們有沿著繩子,通過地球和通過大氣的行進波。但電磁波(讓我們以光波或光來稱呼它)是令人難以理解的,因為它的行進不需有介質。事實上,它可以穿過如大氣和玻璃等介質,但它也可以通過星球和我們之間,近於真空的太空。

在 1905 年愛因斯坦發表狹義相對論的好幾年之後,相對論才被接受,且公認光速是特殊的。其中一個理由是光無論在哪一個參考座標上測量它都有相同的值。如果你沿著某軸送出一個光束,且問幾個以不同速率沿此軸運動(不管是和光束同方向或反方向)的觀察者,此時他們都會測得相同之光速值。這個結果是令人驚奇的,若這些觀察者測量的是其它型式的波,則會得到不同結果,對於其它波,觀察者相對於波的速度將影響他們的測量結果。

由於現今公尺的定義,所以光速(任何電磁波)在真空中都有一個確切之值為

$$c = 299{,}792{,}458 \text{ m/s}$$

這可當作一個標準量使用。如果現在你測量從一點到另一點之光脈衝的行進時間,你不能真實地測得光速,但可測得兩點間的距離。

行進電磁波的定量分析

我們現在將寫下 33-3 和 33-4 式,且更重要地,將探討電場和磁場雙重感應可提供我們光。

33-4 式和感應電場

在圖 33-6 中的方形虛線其長和寬分別為 dx 和 h,且被固定在 P 點上,此 P 點是在 x 軸和 xy 平面上(它是表示圖 33-5b 之右邊的圖)。當電磁波朝右通過方形時,通過方形的磁通量 Φ_B 改變了——依法拉第感應定律——長方形邊界上將因此產生感應電場。我們採用 $\vec{E}$ 和 $\vec{E}+d\vec{E}$ 為方形兩個長邊的感應場,事實上這個感應電場是電磁波的電分量。事實上這些感應磁場是電磁波的磁分量。

振盪磁場感應出
相垂直之振盪電場

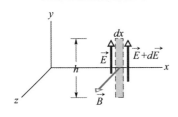

圖 33-6 當電磁波向右通過圖 33-5b 之 P 點的瞬間,呈正弦變化的磁場 $\vec{B}$ 通過方形的中心 P 點時,沿著矩形產生了電場。在此瞬間,磁場 $\vec{B}$ 的大小在方形右邊的磁場 $\vec{B}$ 相對和其左邊而言變少了,所以感應電場變大了。

注意磁分量從圖 33-5b 的 y 軸中標有紅色小區域。當磁分量通過紅色小區域讓我們考慮這些感應電場的情形。在 $+z$ 方向之磁場通過方形時，它的大小(在到達紅色區域之前其大小變大了)減小了。因為磁場減小所以通過方形的磁通量 Φ_B 也減小了。依據法拉第定律，感應電場相對的會改變此通量，且在 $+z$ 方向產生一個磁場 $\vec{B}$。

依據冷次定律，此意謂著若我們將長方形的邊界想像成是一個導電迴路，則在迴路中將產生一逆時針方向的感應電流。當然，此處並沒有導電迴路，但此項分析顯示感應電場向量 $\vec{E}$ 及 $\vec{E} + d\vec{E}$ 真的如圖 33-6 所示的指向，此處 $\vec{E} + d\vec{E}$ 大於 $\vec{E}$。否則，淨感應電場將不會以逆時針方向作用於長方形。

法拉第定律。現在讓我們應用法拉第感應定律，

$$\oint \vec{E} \cdot d\vec{s} = -\frac{d\Phi_B}{dt} \tag{33-6}$$

逆時針方向於圖 33-6 的長方形。長方形的上邊或底邊對積分無影響，因此處 $\vec{E}$ 與 $d\vec{s}$ 成直角。故積分變成

$$\oint \vec{E} \cdot d\vec{s} = (E + dE)h - Eh = h\,dE \tag{33-7}$$

通過長方形的磁通量 Φ_B 為

$$\Phi_B = (B)(h\,dx) \tag{33-8}$$

其中 B 是長方形中 $\vec{B}$ 的大小且 hdx 是長方形面積。將 33-8 式對 t 微分得

$$\frac{d\Phi_B}{dt} = h\,dx\frac{dB}{dt} \tag{33-9}$$

若我們將 33-7 式與 33-9 式代入 33-6 式中，可得

$$h\,dE = -h\,dx\frac{dB}{dt}$$

$$\frac{dE}{dx} = -\frac{dB}{dt} \tag{33-10}$$

事實上，B 與 E 二者均為變數，是座標 x 和時間 t 的函數，如 33-1 及 33-2 式所表示的。然而，在計算 dE/dx 時我們必須假設 t 是常數，因圖 33-6 為一「瞬時快照」。同時，在計算 dB/dt 時我們必須假設 x 是常數(一特定值)，因為所求的為圖 33-5b 中特定點 P 點上的 B 之時變率。在此條件下的微分稱為偏微分，而 33-10 式變成

$$\frac{\partial E}{\partial x} = -\frac{\partial B}{\partial t} \tag{33-11}$$

此式中負號為適當且必要的，因為在圖 33-6 中長方形處的 E 隨 x 增加，但 B 隨 t 減少。

由 33-1 式，我們有

$$\frac{\partial E}{\partial x} = k E_m \cos(kx - \omega t)$$

且由 33-2 式

$$\frac{\partial B}{\partial x} = -\omega B_m \cos(kx - \omega t)$$

33-11 式簡化為

$$k E_m \cos(kx - \omega t) = \omega B_m \cos(kx - \omega t) \tag{33-12}$$

我們知道行進波的 ω/k 比值恰為其速率，稱為 c。則 33-12 式會變成

$$\frac{E_m}{B_m} = c \quad \text{(振幅比值)} \tag{33-13}$$

此即 33-4 式。

33-3 式和感應磁場

圖 33-7 表示圖 33-5b 中在 P 點的另一個方形虛線；這個方形是在 xz 平面上。當電磁波朝右通過這個新的方形時，通過方形的電通量 Φ_E 改變了，且依據馬克斯威爾感應定律，貫穿此方形的區域出現了感應磁場。事實上這些感應磁場是電磁波的磁分量。

我們從圖 33-5b 中瞬時選擇了如圖 33-6 的磁場，如圖 33-7 之電場方形，兩者的方向都示於圖中。注意此瞬時選擇，在圖 33-6 的磁場是減少的。因為兩個場是同相的，所以圖 33-7 的電場必須是減少的，而其通過方形的電通量 Φ_E 亦減少。我們發現通量 Φ_E 的改變將感應 $\vec{B}$ 及 $\vec{B} + d\vec{B}$ 的磁場向量，指向如圖 33-7 所示，且 $\vec{B} + d\vec{B}$ 是大於 $\vec{B}$

馬克斯威爾定律。讓我們應用馬克斯威爾感應定律，

$$\oint \vec{B} \cdot d\vec{s} = \mu_0 \varepsilon_0 \frac{d\Phi_E}{dt} \tag{33-14}$$

以逆時針方向沿著圖 33-7 的虛線長方形行進積分。只有方形長的那一邊對積分有貢獻，因為沿著短邊的點積為零。因此，我們可寫成

$$\oint \vec{B} \cdot d\vec{s} = -(B + dB)h + Bh = -h \, dB \tag{33-15}$$

通過長方形的通量 Φ_E 為

$$\Phi_E = (E)(h \, dx) \tag{33-16}$$

其中是長方形內 $\vec{E}$ 的平均大小。將 33-16 式對 t 微分得

$$\frac{d\Phi_E}{dt} = h \, dx \frac{dE}{dt}$$

若將上式及 33-15 式代入 33-14 式可得

振盪電場感應出
相垂直之振盪磁場

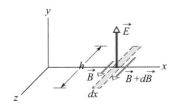

圖 33-7 依正弦變化的電場通過位於(此圖沒有顯示出來)圖 33-5b 之 P 點的方形，而產生了感應磁場。圖示瞬間為圖 33-6 中：$\vec{E}$ 的大小減小了，而感應磁場的大小變大了(右邊大於左邊)。

$$-h\,dB = \mu_0\varepsilon_0\left(h\,dx\,\frac{dE}{dt}\right)$$

或以偏微分代替,如同我們之前處理的(33-11 式),

$$-\frac{\partial B}{\partial x} = \mu_0\varepsilon_0\frac{\partial E}{\partial t} \tag{33-17}$$

式中之負號同樣是必須的,因圖 33-7 中在虛線長方形的 P 點處 B 雖隨 x
增加,但 E 隨 t 減少。

利用 33-1 式及 33-2 式來計算 33-17 式,可以發現

$$-kB_m\cos(kx - \omega t) = -\mu_0\varepsilon_0\omega E_m\cos(kx - \omega t)$$

可寫成

$$\frac{E_m}{B_m} = \frac{1}{\mu_0\varepsilon_0(\omega/k)} = \frac{1}{\mu_0\varepsilon_0 c}$$

合併上式及 33-13 式立刻可得

$$c = \frac{1}{\sqrt{\mu_0\varepsilon_0}} \quad (\text{波速}) \tag{33-18}$$

此即 33-3 式。

測試站 1

如圖(1)和圖 33-6 都是磁場 $\vec{B}$ 通過方型之圖,只是
表示不同瞬間,$\vec{B}$ 的方向在 xy 平面上且平行於 z
軸,其大小是增加的,藉由畫出感應電場且指出方
向和相對大小(如圖 33-6)來完成圖(1),在同一個瞬
間,藉由畫出電磁波的電磁場完成圖(2)。也請畫出
感應的磁場之方向及相對大小(如圖 33-7)。

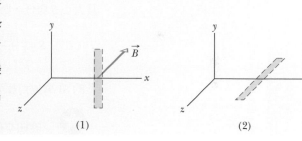

(1)　　　　　　　　(2)

33-2　能量傳輸與波印亭向量

學習目標

在閱讀完這個區塊的文字之後,讀者應該能夠...

33.13 了解電磁波的能量傳輸。

33.14 了解對於目標物而言,電磁波每單位面積的能量
傳輸速率可以由波印亭向量 $\vec{S}$ 得到,該向量與電
場 E 和磁場 B 的外積有關。

33.15 透過應用與波印亭向量相應的外積,來決定電磁
波行進(以及能量傳輸)的方向。

33.16 以瞬間電場量 E ,來計算電磁波的瞬時能量流
速率。

33.17 對電磁波的電場分量,連結 rms 的值 E_{rms} 和振
幅 E_m。

33.18 了解電磁波強度 I 與能量傳輸的關係。

33.19 應用電磁波強度 I 與電場 rms 的值 E_{rms} 與振
幅 E_m 之間的關係。

33.20 應用平均功率 P_{avg}、能量傳輸 ΔE 以及能量傳
輸所需時間 Δt 之間的關係。並應用瞬時功率與
能量傳輸速率 dE/dt 之間的關係。

33.21 了解各向同性點光源。

33.22 對各向同性點光源,應用發射功率 P、到量測點
的距離 r、在該點強度 I 之間的關係。

33.23 用能量守恆解釋為何各向同性點光源的強度會
隨著 $1/r^2$ 減少。

關鍵概念

● 每單位面積隨著電磁波傳輸的能量速率,可由波印亭向量 $\vec{S}$ 得到:

$$\vec{S} = \frac{1}{\mu_0} \vec{E} \times \vec{B}$$

$\vec{S}$ 的方向(以及波的行進方向和能量傳輸)和 $\vec{E}$ 與 $\vec{B}$ 兩者個方向垂直。

● 每單位面積能量傳輸平均時變率 S_{avg},也稱作波的強度 I:

$$I = \frac{1}{c\mu_0} E_{rms}^2$$

其中 $E_{rms} = E_m / \sqrt{2}$ 。

● 點狀電磁波源會等向的發射波,也就是說,在各方向均有相等強度。從距功率 P_s 之波源 r 處的波強度為

$$I = \frac{P_s}{4\pi r^2}$$

所有進行日光浴的人都知道,電磁波能輸送能量,當它照射到人體上時,它能把能量傳遞至人體上。在單位面積上,電磁波傳輸能量的時變率,可以用**波印亭向量** $\vec{S}$ 描述之,此向量是為了紀念波印亭(1852-1914)而命名的,他是首位討論該向量性質的人。這向量的定義為

$$\vec{S} = \frac{1}{\mu_0} \vec{E} \times \vec{B} \quad \text{(波印亭向量)} \tag{33-19}$$

其大小 S 與任一時刻($inst$),能量藉由波傳遞到一單位面積上的速率有關:

$$S = \left(\frac{能量／時間}{面積} \right)_{inst} = \left(\frac{功率}{面積} \right)_{inst} \tag{33-20}$$

$\vec{S}$ 的 SI 單位為每平方公尺瓦特(W/m²)。

 波印亭向量 $\vec{S}$ 的方向是電磁波在該點的行進方向,亦是該點上能量傳輸的方向。

因為在電磁波內的 $\vec{E}$ 與 $\vec{B}$ 互相垂直,$\vec{E} \times \vec{B}$ 的大小為 EB。而 $\vec{S}$ 的大小為:

$$S = \frac{1}{\mu_0} EB \tag{33-21}$$

其中,S、E 及 B 代表瞬間量。E 與 B 的關係非常密切,所以只需考慮其中一個便可以,通常會選擇,因為大部分偵測電磁波的儀器所偵測的是波的電分量,而不是磁分量。所以由 33-5 式 $B = E/c$,我們可將 33-21 式以電分量的形式寫成

$$S = \frac{1}{c\mu_0} E^2 \quad \text{(瞬時能量流速率)} \tag{33-22}$$

將 $E = E_m \sin(kx - \omega t)$ 代入 33-22 式,我們可以得到能量傳輸速率為時間的函數。然而在實行上,能量傳輸的時變量之平均值 S_{avg} 會更有用,S_{avg}

也稱爲波的**強度** I。由 33-20 式，此值爲

$$I = S_{avg} = \left(\frac{能量/時間}{面積}\right)_{avg} = \left(\frac{功率}{面積}\right)_{avg} \tag{33-23}$$

由 33-22 式可知

$$I = S_{avg} = \frac{1}{c\mu_0}\left[E^2\right]_{avg} = \frac{1}{c\mu_0}\left[E_m^2 \sin^2(kx - \omega t)\right]_{avg} \tag{33-24}$$

經過一個完整週期，對於任何角度變數 θ，$\sin^2\theta$ 的平均值爲 $\frac{1}{2}$（參考圖 31-17）。除此之外，我們定義一個新的量 E_{rms}，此爲電場的方均根值

$$E_{rms} = \frac{E_m}{\sqrt{2}} \tag{33-25}$$

我們可以將 33-24 式寫成

$$I = \frac{1}{c\mu_0}E_{rms}^2 \tag{33-26}$$

　　因爲 $E = cB$ 且 c 是非常大之數，你也許會斷定電場能量遠大於磁場能量。這種推論是錯的，事實上這兩個能量具有相同的值。爲了證明這個結果，我們從 25-25 式著手，可知在電場中的能量密度 $u(\frac{1}{2}\varepsilon_0 E^2)$，將 E 改爲 cB 可得

$$u_E = \frac{1}{2}\varepsilon_0 E^2 = \frac{1}{2}\varepsilon_0(cB)^2$$

把 33-3 式的 c 代入上式，我們得

$$u_E = \frac{1}{2}\varepsilon_0 \frac{1}{\mu_0\varepsilon_0}B^2 = \frac{B^2}{2\mu_0}$$

但 30-55 式告訴我們爲磁場中的能量密度 u_B，所以可知沿著電磁波的任何一處均有 $u_E = u_B$。

強度隨著距離而改變

　　一個眞實的電磁輻射源，其強度隨距離之變化是複雜的，特別是當此光源(像早期電影之探照燈)具有特定方向時。然而，在某些情況我們可以假設光源爲點光源，其所放射的光是各向同性的——也就是說在每一個方向其強度皆相等。圖 33-8 表示出在一個特定的瞬間，從各向同性點光源處 S 所擴散之球形波前的截面圖。

　　讓我們假設從此光源所擴散之波的能量是守恆的。如圖 33-8 所示，我們把波源設於想像的球心上。所有從此光源所放射出的能量必須通過此球面。所以藉由輻射通過球面的速率必須等於從光源所放射的速率——即此光源的功率 P_s。於球面測得之強度爲 I（每單位面積之功率）由 33-23 式可知必爲：

$$I = \frac{功率}{面積} = \frac{P_s}{4\pi r^2} \tag{33-27}$$

其中 $4\pi r^2$ 是球的面積。33-27 式告訴我們，電磁波的輻射強度從等向光源處隨著距離的平方而逐漸減小。

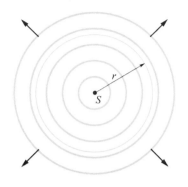

由光源 S 發出之能量
必通過半徑 r 之球

圖 33-8 一個點光源 S 往所有的方向放射出均勻的電磁波。球形波前通過一個以 S 為球心，半徑 r 的假想球面。

 測試站 2

如圖表示出在某一瞬間某一定點的電磁波之電場圖。波往負 z 方向傳輸能量。則在此瞬間該點的磁場方向為何？

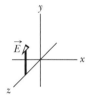

範例 33.01 光波：電場與磁場的均方根值

當你觀看北極星(Polaris)時，事實上是接受一個距離你 431 ly 且輻射能量的速率是我們太陽 2.2×10^3 倍($P_{sun} = 3.90 \times 10^{26}$ W)的星體的光。在忽略大氣吸收光的影響下，算出達到你的光線所具有的電場與磁場的方均根值。

關鍵概念

1. 光電場的方均根值 E_{rms} 和光的強度間 I 之關係式如 33-26 式($I = E_{rms}^2 / c\mu_0$)所示。

2. 因為是點光源很遠，故它沿著各方向發射出強度相同的光，在距離光源 r 處的強度和光源功率 P_s 的關係式為 33-27 式($I = P_s/4\pi r^2$)。

3. 一電磁波的電場與磁場之強度，在任何時刻任何地點與光速 c 間的關係為 33-5 式($E/B = c$)。因此，這些場的均方根值與 33-5 式亦有關。

電場 合併這兩個概念可得

$$I = \frac{P_s}{4\pi r^2} = \frac{E_{rms}^2}{c\mu_0}$$

且 $$E_{rms}^2 = \sqrt{\frac{P_s c \mu_0}{4\pi r^2}}$$

將 $P_s = (2.2 \times 10^3)(3.90 \times 10^{26}$ W)，$r = 431$ ly $= 4.08 \times 10^{18}$ m，與其它常數值代入，我們發現

$$E_{rms} = 1.24 \times 10^{-3} \text{ V/m} \approx 1.2 \text{ mV/m} \tag{答}$$

磁場 從 33-5 式我們可寫下

$$B_{rms} = \frac{E_{rms}}{c} = \frac{1.24 \times 10^{-3} \text{ V/m}}{3.00 \times 10^8 \text{ m/s}}$$
$$= 4.1 \times 10^{-12} \text{ T} = 4.1 \text{ pT}$$

無法比較這些場 注意，根據一般實驗室的標準，E_{rms} ($= 1.2$ V/m)是算小的，而 B_{rms} ($= 4.1$ pT)卻是相當小的。這差異有助於解釋為何一般偵測電磁波的儀器都偵測波的電場分量。然而，說電磁波的電場分量比磁場分量「更強」卻是不正確的。你不能比較單位不同的量。然而，電場分量及磁場分量的立足點是一致的，因為它們可比較的平均能量是等價的。

33-3　輻射壓

學習目標

在閱讀完這個區塊的文字之後，讀者應該能夠...

33.24 區分力與壓力。

33.25 了解電磁波的傳輸動量會對目標物施予力和壓力。

33.26 針對垂直於目標區域的均勻電磁波束，應用該區域面積、波強度、施在目標物上之力之間的關係，並考慮完全吸收與完全反射。

33.27 針對垂直於目標區域的均勻電磁波束，應用波強度、施在目標物上之壓力之間的關係，並考慮完全吸收與完全反射。

關鍵概念

● 當一表面攔截電磁波輻射時，會有力與壓力作用該表面上。

● 若輻射完全被表面所吸收，力為

$$F = \frac{IA}{c} \quad \text{(完全吸收)}$$

其中 I 為輻射的強度，A 為垂直於輻射路徑的表面積。

● 若輻射沿著原來路徑完全被反射，力為

$$F = \frac{2IA}{c} \quad \text{(沿原路完全反射)}$$

輻射壓力 p_r 為每單位面積的受力：

$$p_r = \frac{I}{c} \quad \text{(完全吸收)}$$

以及 $p_r = \frac{2I}{c}$ （沿原路完全反射）

輻射壓

　　電磁波不但有能量，而且有線動量，此意謂著對物體照光便能產生一個壓力，此即輻射壓。然而，此壓力必然是非常小的，因為當你被照像時，閃光燈閃亮之際你並未感覺到壓力的存在。

　　為了找出和解釋此壓力，讓我們在時間間隔 Δt 內照一束電磁輻射(比如光)於某物體。另外，假設此物體可以自由地移動且輻射可完全被該物體所**吸收**。此意謂著在 Δt 之時間內，該物體從輻射光中增加了 ΔU 的能量。馬克斯威爾表示，此物體亦增加了線動量。相對於能量之改變量 ΔU，其動量改變量之大小 Δp 為

$$\Delta p = \frac{\Delta U}{c} \quad \text{(完全吸收)} \tag{33-28}$$

其中 c 為光速。而動量改變的方向為入射光束的方向。

　　若不是吸收，則輻射可因為物體而**反射**，也就是說，輻射可被送到一個新的方向，好像是被該物體所彈回。如果輻射是沿著原來的路徑全部反射，則動量的改變量是之前的兩倍，或

$$\Delta p = \frac{2\Delta U}{c} \quad \text{(沿原路徑完全反射)} \tag{33-29}$$

同理，當完全彈性之網球自某物體彈回時傳給該物體的動量，為質量和速率均相同之完全非彈性的球(如一團油灰)與該物體相撞時，所傳給該物體動量的二倍。若入射光的一部分被吸收，一部分被反射，則物體的動量變化介於 $\Delta U/c$ 與 $2\Delta U/c$ 之間。

力。由牛頓第二定律的線動量形式(9-3 節)，我們知道動量改變量與力的關係為

$$F = \frac{\Delta p}{\Delta t} \tag{33-30}$$

為了求得以輻射強度 I 來表示的、輻射所施加的力量的數學表示式，我們首先要注意其強度是

$$I = \frac{\text{功率}}{\text{面積}} = \frac{\text{能量／時間}}{\text{面積}}$$

其次假設垂直於輻射路徑的面積 A 的平坦表面，將能攔截輻射。在時間間隔 Δt 內，由面積 A 攔截的能量是

$$\Delta U = IA\Delta t \tag{33-31}$$

若能量被完全吸收，則 33-28 式告訴我們 $\Delta p = IA\,\Delta t/c$，且由 33-30 式施於面積 A 的力為(完全吸收)

$$F = \frac{IA}{c} \quad \text{(完全吸收)} \tag{33-32}$$

同樣地，若輻射沿原路徑完全反射回來，33-29 式告訴我們 $\Delta p = 2IA\,\Delta t/c$，且由 33-30 式，

$$F = \frac{2IA}{c} \quad \text{(沿路徑完全反射)} \tag{33-33}$$

若輻射被部分吸收與部分反射，施於面積 A 的力之大小介於 IA/c 與 $2IA/c$ 之間。

壓力。物體由於輻射所產生之單位面積所受的力為輻射壓 p_r。我們可發現於 33-32 式與 33-33 式的情況下，將每個方程式兩邊各除以 A，則輻射壓為

$$p_r = \frac{I}{c} \quad \text{(完全吸收)} \tag{33-34}$$

與　　$$p_r = \frac{2I}{c} \quad \text{(沿路徑完全反射)} \tag{33-35}$$

小心，不要把輻射壓的符號 p_r 和動量的符號 p 混淆了。如同第 14 章的流體壓力，輻射壓的 SI 制單位為牛頓/公尺平方(N/m^2)，稱為巴斯卡(Pa)。

雷射技術旳發展，使我們可以獲得遠較上面討論的數值(照像機的閃光燈)為高的輻射壓。因雷射光不同於一般光束(如白熾光)，而可集中於一直徑約為波長大小的點內。這使相當大的能量能運送置於焦點的小物體。

測試站 3

一束強度均勻的光垂直地照射在可完全吸收的表面上，完全地照亮了此表面。若表面積減小，則表面的(a)輻射壓和(b)輻射之力是增加，減小或不變？

33-4 偏振

學習目標

在閱讀完這個區塊的文字之後，讀者應該能夠...

33.28 區分偏振光與非偏振光。

33.29 對一道射向自己的光束，畫出偏振光和非偏振光。

33.30 當一光束被送進偏振片，以偏振方向(或軸)來解釋偏振片的作用，以及被吸收和穿透的電場分量。

33.31 對於經由偏振片產生的光，了解其偏振與偏振片偏振方向的關係。

33.32 對於垂直入射偏振片的光束，應用二分之一定律與餘弦平方定律，並區分它們的用法。

33.33 區分起偏器與檢偏器。

33.34 解釋若光過兩偏振片會發生何事。

33.35 當光束被送進一偏振片系統，透過一片一片分析，找出穿透強度與偏振。

關鍵概念

● 若電磁波的電場向量均在單一面(稱為振盪平面)，則電磁波為偏振化。一般來源的光波無偏振化；也就是說，它們為非偏振的，或隨機偏振。

● 當偏振片被放在光路徑上時，只有光的電場分量與偏振片方向平行的部分會穿透；與偏振方向垂直的部分會被吸收。從偏振片產生的光會被偏振化成與偏振片方向平行。

● 若原光一開始是非偏振化的，穿透光的強度 I 會是原光強度 I_0 的一半：

$$I = \frac{1}{2}I_0$$

● 若原光一開始是偏振化的，穿透光的強度會與原光偏振方向和偏振片偏振方向之間的夾角 θ 有關：

$$I = I_0 \cos^2 \theta$$

偏振

VHF(Veny High Frequarcy)電視天線在英國是垂直的，但在北美是水平的。此差異是由於傳送至 TV 訊號的電磁波之振盪方向。在英國，此傳送裝置的設計是為了產生垂直偏振波；即電場呈垂直偏振。由於入射電視波的電場會沿著天線驅動一個電流(所以可提供一個訊號給電視)，所以天線必須是垂直的。在北美，此波是呈水平偏振。

圖 33-9a 表示一個電磁波其電場的振盪是平行於 y 軸，包含 $\vec{E}$ 向量的平面稱為波的**振盪平面**(所以，此波稱為 y 方向的平面偏振)，我們可藉由振盪平面的俯視圖之電場的振盪方向來表示波的偏振，如圖 33-9b 所示。圖中的雙箭頭表示當電磁波遠離我們而去時，其電場沿垂直方向振盪——它可以從垂直向上連續地改變成垂直向下。

偏振光

由電視站所放射出來的電磁波有相同的偏振，但由一般光源所放射的電磁波(如太陽或電燈泡)則是**隨機偏振**或**非偏振**(兩者代表同樣一件事)。即任何給定的點其電場總是垂直於行進波的方向，但方向是任意改變的。如果我們設法表示超過某時間週期的振盪俯視圖，我們不能畫出如圖 33-9b 的簡圖，而是一個紊亂之圖，如圖 33-10a。

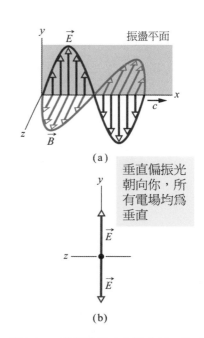

圖 33-9 偏振電磁波之振動面。為了表示偏振，沿振動面觀察且以雙箭頭表示電場的振動方向。

圖 33-10 (a)非偏振光包含由任意方向所組成的電場。在此所有的波都沿著相同的軸而傳播，其方向是指出紙面的方向，且都有相同的振幅，(b)表示非偏振光的第二種方法，此光為兩個振動面互相垂直的偏振波之疊加。

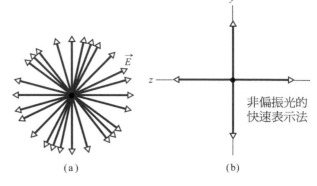

非偏振光朝向你，電場在平面上有所有方向

非偏振光的快速表示法

(a)　　　　　　　(b)

原則上，我們可藉由將電場分解成 y 及 z 分量來簡化圖 33-10a。當電磁波經過我們時，y 方向的淨分量平行 y 軸振動而 z 方向淨分量沿著 z 軸振動。因此，我們可如圖 33-10b 所示以一組雙箭頭來表示非偏振光。沿著 y 雙箭頭軸表示電場 y 分量的震盪。沿著 z 雙箭頭軸表示電場 z 分量的震盪。在這樣表示的時候，我們已經等效的將非偏振光變成二個偏振光的疊加，其振盪平面互相垂直，其中一個平面包含 y 軸另一平面包含 z 軸。圖 33-10b 的表示法遠較 33-10a 簡單多了。

我們也可用類似的圖來表示部分偏振(其電場振盪既非如圖 33-10a 般完全隨意，也不像圖 33-9b 一樣平行於單一軸)的光。在這種情況，以類似圖 33-10b 的表示法將一組雙箭頭畫得較另一組長一些。

偏振方向。事實上我們可以藉由通過偏振片而把非偏振的可見光轉換成偏振光，如圖 33-11 所示。此偏振片(商業上所熟知的人造偏振片或偏振濾波片)是在 1932 年由 Edwin Land 所發明的，當時他還是個大學生。此片是將特定長鏈狀分子分佈於塑膠中。在製造時，要使數排延伸的分子互相平行，像犁過的耕地一般。當光送至此片時，沿著某方向的電場分量會通過，而前述方向與垂直的電場分量則會完全被分子所吸收且消失。

我們不該老想著分子；反而應該指定給偏振片一個表示電場分量可通過的極化方向。

偏振片的極化軸爲垂直逐只有垂直偏振光通過

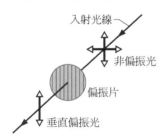

入射光線

非偏振光

偏振片

垂直偏振光

圖 33-11 非偏振光通過偏振片後變成偏振光。偏振方向平行於偏振片的極化方向，圖中以偏振片中的垂直線條表示偏振方向。

 平行於極化方向的電場分量可以通過偏振片，與之垂直者，則被此片吸收。

從此片所穿透的光僅包含平行於極化方向的電場分量，所以光在此方向必是偏振的。圖 33-11 表示垂直的分量可穿透此片，而水平分量被吸收了。此穿透波爲垂直偏振。

穿透偏振光的強度

接下來我們考慮穿透光的強度。開始是一個非偏振光，所以振盪的電場可以分解成 y 和 z 分量，如圖 33-10b。此外，我們可以安排 y 軸平行於此偏振片的極化方向。然後僅有 y 分量的光通過此片，而 z 分量則

被吸收，如圖 33-10b 所建議的，如果波源是任意方向的，則 y 分量和 z 分量的總和是相等的。當 z 分量被吸收，原光波強度 I_0 的一半會損失。所以穿透之偏振光的強度為

$$I = \frac{1}{2}I_0 \qquad (33\text{-}36)$$

此稱為二分之一定律，我們僅能在到達偏振片的光為非偏振時使用它。現在假設到達偏振片之光已經是偏振了。圖 33-12 表示偏振片置於書頁的平面，而一個偏振光波的電場 $\vec{E}$ 朝往此偏振片(並且在此之前任何都吸收)。我們可以將 $\vec{E}$ 相對應於此片的極化方向分解成兩個分量：平行分量 E_y 可以穿透此片，而垂直分量 E_z 則被吸收了。因為 θ 為 $\vec{E}$ 與偏振片極化方向之間的夾角，所以平行的分量為

$$E_y = E\cos\theta \qquad (33\text{-}37)$$

回憶一下，電磁波(例如光波)的強度是正比於電場強度(33-26 式，$I = E_{rms}^2 / c\mu_0$)。在我們目前的情況，穿透波的強度 I 是正比於 E_y^2 而波源的強度 I_0 是正比於 E^2。所以從 33-37 式我們可以寫出 $I/I_0 = \cos^2\theta$ 或

$$I = I_0 \cos^2\theta \qquad (33\text{-}38)$$

我們稱此為餘弦平方定律，只有當到達偏振片的光為已偏振時，我們才可以使用它。當波源平行於偏振片極化方向時(在 33-38 式的 θ 為 0 度或 180 度)，穿透波的強度 I 有最大值，此時 $I = I_0$ 然而當波源是垂直於偏振片極化方向時(θ 為 90 度)，I 之值為零。

兩偏振片。圖 33-13 表示最初非偏振的光傳送至兩個偏振片 P_1 和 P_2(通常第一片稱為起偏器，第二片稱為檢偏器)。因為 P_1 的偏振方向是垂直的，所以穿透 P_1 到達 P_2 之光為垂直偏振。如果 P_2 的偏振方向也是垂直的，則穿透 P_1 的光也會穿透 P_2。如果 P_2 的偏振方向是水平方向，則通過 P_1 的光都無法穿透 P_2。我們藉由只考慮兩片的相對指向而得到相同的結果：如果它們的極化方向是平行的，則通過第一片的所有光都可以穿過第二片(圖 33-14a)。如果這兩片的極化方向是垂直的(此兩偏振片即稱為交叉的)，則沒有光可以通過第二片(圖 33-14b)。最後，如果圖 33-13 之兩偏振片極化方向的夾角介於 0 度和 90 度之間，則通過的光有一部分會穿透，如 33-38 式所描述的一樣決定。

其他意味。光可藉由其它偏振方法而使之偏振，例如藉由反射(在 33-7 節中討論)和由原子或分子的散射。在散射方向，光被物體所攔截(例如分子)而送到許多(或許任意)方向。例如太陽光被大氣中的分子所散射而使得天空色彩紛呈。

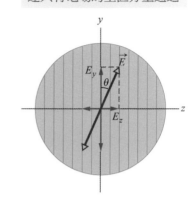

偏振片的極化軸為垂直遂只有電場的垂直分量通過

圖 33-12 當偏振光接近一個偏振片時。此光的電場可分解成兩個分量，E_y(平行於偏振片極化方向)和 E_z(垂直於偏振片極化方向)。E_y 的分量可以穿透此片而 E_z 分量則被吸收。

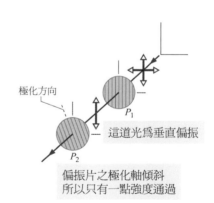

極化方向

這道光為垂直偏振

偏振片之極化軸傾斜所以只有一點強度通過

圖 33-13 光穿透垂直偏振的 P_1 偏振片(以垂直列所表示)。穿透 P_2 之光的總數是依據光的偏振方向和 P_2 偏振方向的夾角而定。

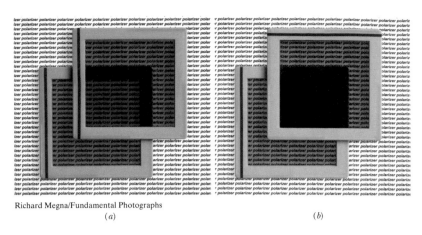

Richard Megna/Fundamental Photographs
　　　　　　　　　　(*a*)　　　　　　　　　　　　　　　　　　(*b*)

圖 33-14　(a)當光線來自於相同的方向時，重疊的兩張偏光片相會均勻地傳遞，但(b)他們當重疊時阻斷多數的光線。

　　雖然直射的陽光是非偏振的，但由天空所散射的光是部分偏振的。蜜蜂利用天空的偏振光來領航且形成蜂群。相似地，當日落後維京人使用天空的偏振光來引導他們橫越北海(因為北海具有高緯度)。這些早期的航海家發現，當將水晶轉至偏振光的方向時其顏色會改變。透過該水晶而看著天空，當轉至水晶有線形的光線時，即可確定隱藏的太陽之位置，而可決定南方的路徑。

☑ **測試站 4**

如圖為 4 對偏振片。每一對都被置於非偏振入射光的路徑上。每一個偏振片的極化方向(以虛線表示)都以與 *y* 軸或 *x* 軸的夾角來表示。依據光通過每一對偏振器的強度和最初強度的比值由大至小排列之。

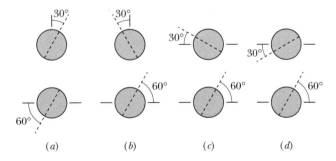

　　　　(*a*)　　　　　　　(*b*)　　　　　　　(*c*)　　　　　　　(*d*)

範例 33.02 三張偏光片的偏振與強度

圖 33-15a 表示最初非偏振的光通過三個偏振片的系統。第一片的極化方向是平行於 y 軸，第二片是從 y 軸逆時針旋轉 60 度，而第三片是平行於 x 軸。則穿透此系統之光和最初之強度 I_0 的比值為何，且此光的偏振是哪個方向？

關鍵概念

1. 我們一片一片地來看此系統如何工作，從光遇到的第一個偏振片到最後一個。
2. 我們用一半定律或餘弦平方定律來求通過任一偏振片的光強度，要用哪個則看光當時是非偏振或已偏振而定。
3. 通過一偏振片的光，其偏振方向恒平行於該偏振片的極化方向。

第一片 光源如圖 33-15b 所示，且用圖 33-10b 的俯視雙箭頭之表示。因為最初的光是非偏振的，所以通過第一片的強度 I_1 可由一半定律(33-36 式)求得。

$$I_1 = \tfrac{1}{2} I_0$$

此穿透光的偏振方向是平行於它所通過之偏振片的極化方向，所以在此是平行於 y 軸，如圖 33-15c 的俯視圖。

第二片 因為到達第二片的光是已偏振的，所以通過此片的光強度可由餘弦平方定律(33-38 式)求得。在此定律中，θ 值為入射光的偏振方向(平行於 y 軸)和第二片(從 y 軸逆時針旋轉 60 度)的極化方向之夾角，所以 θ 為 60 度(兩個方向間的大角為 120 度，也可以使用)可以得到

$$I_2 = I_1 \cos^2 60°$$

此穿透光的偏振方向為穿透之偏振片的極化方向，即從 y 軸逆時針旋轉 60 度，如圖 33-15d 的俯視圖。

第三片 因為此光是已偏振，所以穿透第三片之光強度 I_3 可從餘弦平方定律求得。此時的 θ 角為入射光的偏振方向(圖 33-15d)和第三片的極化方向(平行於 x 軸)之夾角，所以 $\theta = 30$ 度。因此

$$I_3 = I_2 \cos^2 30°$$

最後的穿透光的偏振方向是平行於 x 軸(圖 33-15e)。我們將 I_2 代入然後再將 I_1 代入，於是可得

$$I_3 = I_2 \cos^2 30° = (I_1 \cos^2 60°) \cos^2 30°$$
$$= \left(\frac{1}{2} I_0\right) \cos^2 60° \cos^2 30° = 0.094 I_0$$

所以 $\quad \dfrac{I_3}{I_0} = 0.094$ (答)

也就是說通過此系統的光強度為最初的 9.4%。(現在如果我們移走第二片，則通過此系統和最初之強度比為何？)

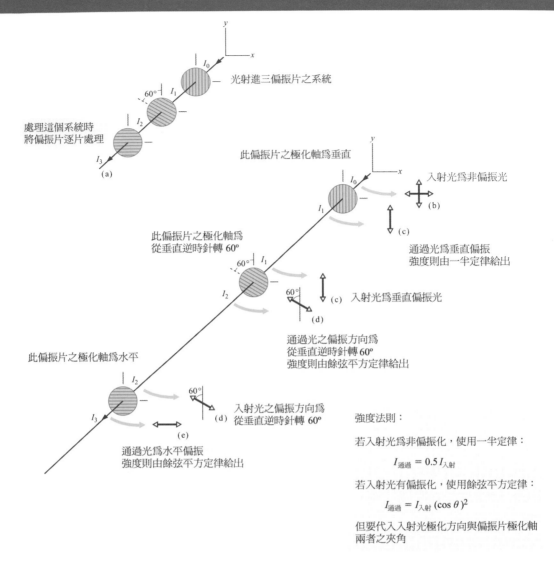

圖 33-15 最初非偏振的光其強度為 I_0，被送至由三個偏振片所組成的系統。I_1、I_2 和 I_3 分別表示通過這三片的強度。(b)最初光源的俯視圖，(c)穿過第一片，(d)穿過第二片，(e)穿過第三片的俯視圖。

33-5 反射和折射

學習目標

在閱讀完這個區塊的文字之後，讀者應該能夠...

33.36 在簡圖上，標出來自界面的光束反射，以及了解入射光、反射光、法線、入射角與反射角。

33.37 對於反射，連結入射角度與反射角度。

33.38 在簡圖上，標出在界面的光束折射，以及了解入射光、折射光、界面每一邊的法線、入射角與折射角。

33.39 對於光的折射，應用斯乃耳定律來連結在界面一邊的折射率、角度與另一邊的折射率、角度。

33.40 在簡圖上與使用未偏轉的方向線，表示出從某一材料到另一材料的折射光，並考慮第二個材料有較大折射率、較小折射率、相同折射率，以及對每一種情況描述折射是偏向法線、偏離法線或未有改變。

33.41 了解折射只有發生在界面，不會發生在材料內部。

33.42 了解色散。

33.43 對於紅光束和藍光束(或其他顏色)在界面的折射，了解當它們折射率比原材料小(或大)的材料時，哪一種顏色有較大的光偏折，哪一種有較大的折射率。

33.44 描述虹和霓是如何形成的，並解釋它們為何為弧狀的。

關鍵概念

● 幾何光學是光的近似描述，將光波以直的射線來代表。

● 當一條光線照在兩透明介質間的界面時，通常會有反射線和折射線出現。兩條射線都在入射平面上。反射角等於入射角，而透過斯乃耳定律折射角和入射角的關係為，

$$n_2 \sin \theta_2 = n_1 \sin \theta_1 \quad \text{(折射)}$$

其中 n_1 和 n_2 為入射和反射線所行進之介質的折射率。

反射和折射

　　雖然光波遠離光源時會擴散，但我們通常可以大約把它的路徑視為直線，我們在圖 33-5a 已把光波當成射線。在如此的近似下，對光波性質所作的研究，稱為幾何光學。在本章的剩餘部分和 34 章全部，我們將要討論可見光的幾何光學。

　　圖 33-16a 的黑白照片表示光波接近於直線。一束狹窄的光束從左邊與法線夾一角度而往下穿透空氣，然後照在平的水表面。有一部分的光被表面**反射**，而形成一束朝右上的光束，好像原光束被表面彈回去。其餘的光穿過表面且進入水中，形成一束朝右下的光束。因為光可以穿透此水，所以此水被稱為透明的，即我們可以看到光束通過它(在這章中我們將只考慮透明的材料而非光無法透過的不透明材料)。

　　穿透表面(或介面)的現象稱為**折射**。當光束穿過表面時，它的方向一定會改變，除非入射光和表面垂直。光改變了方向，可說是入射光在表面被「折彎」了。注意在圖 33-16a 中只有在表面處發生彎曲的現象，而在被水之內，光是以直線在行進。

(a)
©1974 FP/Fundamental Photographs

圖 33-16 (a)這張照片顯示入射光束。(b) 在水平面玻璃的表面產生反射和折射。

在圖 33-16b 之照片中，光束是由入射線，反射線和折射線(及波前)來表示。垂直於反射點和折射點所在表面的線稱為法線。在圖 33-16b 中，**入射角**是 θ_1、**反射角**是 θ'_1，而**折射角**是 θ_2，它們都是前述各射線和法線之間的夾角。由入射線和法線所構成的平面稱為入射平面，在圖 33-16b 中此平面即為紙面。圖 33-16b 在(a)所示的射線。入射角(θ_1)、反射角和折射角(θ_2)均已做標示。

實驗顯示反射和折射是由兩個定律所決定的：

反射定律：反射線在入射平面上且反射角等於入射角。在圖 33-16b 中，這意謂著

$$\theta'_1 = \theta_1 \quad (\text{反射}) \tag{33-39}$$

(我們現在把注意力集中於反射角。)

折射定律：折射線在入射平面上，而折射角和入射角的關係為：

$$n_2 \sin\theta_2 = n_1 \sin\theta_1 \quad (\text{折射}) \tag{33-40}$$

每一個 n_1 和 n_2 的符號都是無單位的常數，稱為**折射率**，而折射率是和該物質有關。在第 35 章中，我們稱這個方程式為**斯乃耳定律**。如我們在此所討論的，物質的折射率等於 c/v，v 為光在該介質中的速度，c 為真空中的光速。

表 33-1 列出真空和一些常見物質的折射率。對真空，n 等於 1；對空氣，n 很接近於 1(通常就用 1 來表示)。沒有任何物質的折射率小於 1。

表 33-1　折射率 [a]

介質	折射率	介質	折射率
真空	1(精確值)	典型晃牌玻璃	1.52
空氣(STP)[b]	1.00029	氯化鈉	1.54
水(20℃)	1.33	聚苯乙烯	1.55
丙酮	1.36	二硫化碳	1.63
乙醇	1.36	高含鉛量的玻璃	1.65
糖水(30%)	1.38	藍寶石	1.77
熔凝石英	1.46	含鉛量最高的玻璃	1.89
糖水(80%)	1.49	鑽石	2.42

[a] 波長用 589nm(納的黃色光)。
[b] STP 意指標準溫度(0℃)和壓力(一大氣壓)。

我們可以將 33-40 式重寫式為

$$\sin\theta_2 = \frac{n_1}{n_2}\sin\theta_1 \qquad (33\text{-}41)$$

比較折射角 θ_2 和入射角 θ_1。我們可以見到 θ_2 之值是和 n_1 和 n_2 有關。

1. 如果 $n_1 = n_2$，則 $\theta_2 = \theta_1$，在此情況下，折射的光束不會產生偏折，即連續通過表面而未產生曲折，如圖 33-17a。

2. 如果 n_2 大於 n_1，則 θ_2 小於 θ_1。在此情況下，折射光束會偏折，且離開未曲折的方向而較接近於法線，如圖 33-17b。

3. 如果 n_2 小於 n_1，則 θ_2 大於 θ_1。在此情況下，折射光束會偏折，且離開未曲折的方向而較遠離於法線，如圖 33-17c。

折射線不會偏折到使折射線和入射線都在法線的同一側。

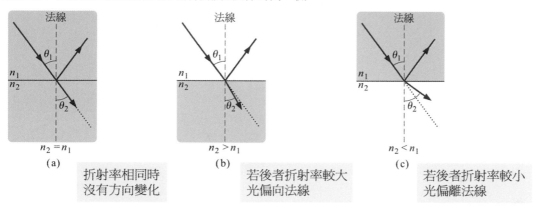

圖 33-17 光由折射率 n_1 的介質進入折射率 n_2 的介質之折射現象。(a)當 $n_1 = n_2$ 時，折射光沒有偏折而沿著未屈折的方向即和入射光沒入射光同方向。折射光(b) $n_2 > n_1$ 時較接近法線，(c) $n_2 < n_1$ 時折射光較遠離法線。

色散

除了真空以外，任何介質的折射率要由光的波長來決定。n 和波長有關即意謂著，當一光束包含不同波長的射線，這些射線由表面所折射的角度將有所不同，亦即藉由折射，光會擴散開。此擴散的結果被稱為**色散**，「色」是指每一波長所對應的顏色；而「散」是指將不同的波長或顏色分開。在圖 33-16 和 33-17 中的折射現象沒有顯示出色散，是因為此光束為單色光(單一波長或顏色)。

一般而言，較短的波長(例如藍色)在介質中的折射率大於較長波長(如紅光)的折射率。例如在圖 33-18 中即表示了熔化石英中的折射率和波長的關係。此相關性即意謂著，當一束具有藍色和紅色射線的光束穿透表面(從空氣中進入石英，或相反的情形)時，藍色分量的射線(此射線相對應於藍色光)比紅色射線偏折更大。

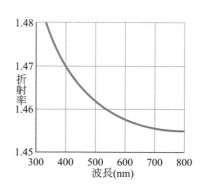

圖 33-18 熔化石英的折射率與波長的函數關係。此圖意謂著短波長的光，對應於較高的折射率，進入石英時偏折較大的角度。

在可見光譜中，一束白光包含所有顏色(或幾乎全部)的分量，且其強度大約是均勻的。當你看到此光束時是看到白光而不是單獨的顏色。在圖 33-19a 中，一束白光從空氣射入玻璃(因為此書頁是白色的，所以在此用灰色射線來代替白光。同樣地，一般以紅色射線來代替單色光)。在圖 33-19a 中只表示出紅色和藍色分量的折射光。因為藍色分量比紅色更偏折，所以藍光的折射角 θ_{2b} 是小於紅光的折射角 θ_{2r}(記住，角度的測量是相對於法線)。在圖 33-19b 中，一束白光從玻璃射入空氣。一樣，藍光比紅光更呈偏折，所以此時 $\theta_{2b} > \theta_{2r}$。

如果要增加顏色的分離，可用像圖 33-20a 有三角形截面的實心玻璃稜鏡。在第一個表面(在圖 33-20a,b 的左側)的色散被第二個表面的色散加強了。

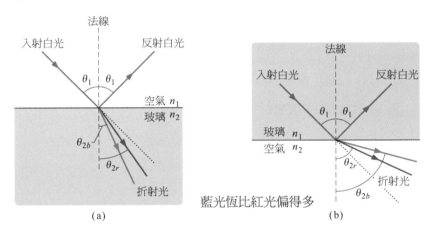

圖 **33-19** 白光的色散。藍光的偏折比紅光大。從空氣進入玻璃時，藍光的折射角較小。從玻璃進入空氣時，藍光的折射角較大。每一條虛線代表光會繼續行進的方向，若沒有任何折射的影響。

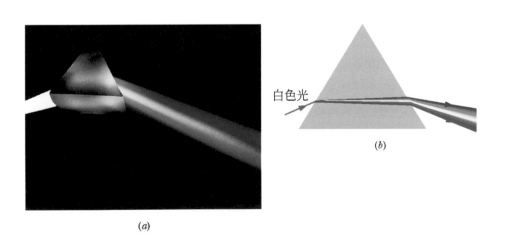

圖 **33-20** 三角形稜鏡將白光分成不同顏色成分。色散發生在第一個表面，而在第二個表面更為明顯。

彩虹

　　色散最迷人的範例是彩虹。當陽光(包含所有可看見的顏色)被掉落的雨滴攔截，有些陽光會折射進入雨滴，在雨滴內表面反射一次，然後再折射出雨滴。圖 33-21a 顯示的是太陽位於左方水平位置的情況(因此這個時候太陽光線是水平的)。第一次折射將陽光分離成其各組成的顏色，而第二次折射則增強此分離現象(圖中只顯示紅光線和藍光線)。如果有許多雨滴受到陽光明亮照射，則當水滴位於與背日點 A 的方向呈 42 度角的方向上時，我們可以看見水滴產生的分離顏色，其中 A 點是在我們視野中與太陽處於直接相對的點。

　　為了找出雨滴的位置，我們將臉朝向離開太陽的方向，並且讓雙臂直接指離太陽，朝向我們頭的陰影方向。然後移動我們的右手臂筆直往上，筆直往右，或者是任何中間角度，直到兩個手臂之間的角度是 42 度為止。如果被照亮的水滴碰巧在我們右手臂的方向，則我們可以在該方向看見顏色。

　　因為與 A 方向成 42 度角的任何方向的任何水滴都能有助於形成彩虹，所以彩虹永遠都是圍繞著 A 方向的 42 度圓弧(圖 33-21b)，而且彩虹的頂端絕不會大於在水平方向上方 42 度角。當太陽位於水平面上方的時候，A 的方向是在水平面以下，而且此時我們只能看見比較短、比較低的彩虹弧(圖 33-21c)。

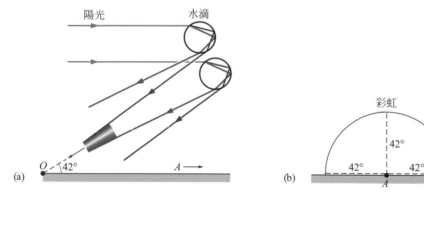

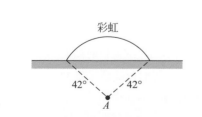

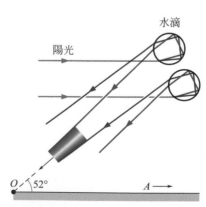

圖 33-21　(a)當陽光折射進入掉落的雨滴然後再折射出來，所形成的顏色分離將導致虹的產生。背日點 A 是在右方水平面上。彩虹顏色出現在與 A 方向成 42 度角的方向上。(b)與 A 方向成 42 度角的任何方向的雨滴都有助於彩虹形成。(c)當太陽比較高時的彩虹弧 (因此 A 比較低)。顏色的分離導致霓的形成。

因為以這種方式形成的彩虹，牽涉到每一個水滴內的一次光反射，它們通常稱為虹(primary rainbow)。霓(secondary rainbow)則牽涉到水滴內的兩次光反射，如圖 33-21d 所示。在霓中所出現顏色的方向會與 A 的方向成 52 度角。與虹相比，霓比較寬也比較黯淡，因此更不容易看見。另外，霓的顏色排列順序與虹的排列順序相反，比較圖 33-21 的 a 圖與 d 圖就能看出這一點。

牽涉到三次或四次反射的彩虹是發生在太陽的方向，我們無法逆著耀眼的陽光觀看該部分的天空。但具有特殊裝置的相機可以拍到。

 測試站 5

此處三個圖，如果有的話，何者是物理上可能的折射？

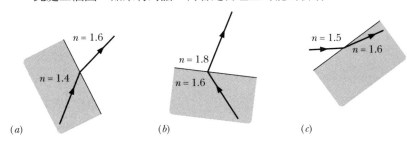

(a)　　　　(b)　　　　(c)

範例 **33.03** 單色光束的反射與折射

(a) 在圖 33-22a 中，物質 1 的折射率 $n_1 = 1.33$，物質 2 的折射率 $n_2 = 1.77$，一道單頻光由物質 1 打入物質 2，在介面的 A 點處被反射及折射。入射光和介面的夾角為 50 度。則 A 點處的反射角是多少？折射角是多少？

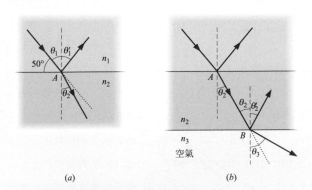

(a)　　　　　　(b)

圖 33-22　(a)光在物質 1 和物質 2 介面的 A 點處反射及折射。(b)光經物質 2 後在物質 2 及 3(空氣)介面的 B 點處反射及折射。每條虛短線皆為垂直，每條虛線給出行進的入射方向。

關鍵概念

(1) 反射角等於入射角，且兩個角度都是對應入射點平面的法線而量測出來的。

(2) 當光到達折射率不同(n_1 與 n_2)的兩個物質的介面時，根據式 33-40 的斯乃耳定律，部分的光會被介面折射：

$$n_2 \sin\theta_2 = n_1 \sin\theta_1 \tag{33-42}$$

這兩個角度都是對應折射點的法線而測得的。

計算　在圖 33-22a 中，在 A 點的法線是通過此點的虛線。注意，入射角 θ_1 並非題目所給的 50°。而是 $90° - 50° = 40°$。所以，反射角是

$$\theta_1' = \theta_1 = 40° \tag{答}$$

光由材質 1 進入材質 2 時，會在兩材料介面的 A 上點發生折射。我們可以再一次從折射點上，由法線和光線間求得角度。所以折射角就是在圖 33-22a 中的 θ_2。利用 33-42 式解出 θ_2

$$\theta_2 = \sin^{-1}\left(\frac{n_1}{n_2}\sin\theta_1\right) = \sin^{-1}\left(\frac{1.33}{1.77}\sin 40°\right)$$

$$= 28.88° \approx 29° \qquad \text{(答)}$$

此結果意謂著折射光偏向法射方向(原本與法線方向夾 40 度角,現在為 29 度)。這是因為光進入一折射率較大的物質。注意:注意光束沒有通過垂直方向,因此如同顯示於圖 33-22a 的左側。

(b)如圖 **33-22b** 所示,該道光由點進入物質 **2** 後在 **B** 點進入物質 **3**,空氣。包含 **B** 點的介面和 **A** 點處的介面平行。在 **B** 點處部分光反射,其餘的進入空氣。反射角是多少?折射角為多少?

計算 我們首先須要把點 *B* 處的一個角與點 *A* 處的已知角度關連起來。由於通過 *B* 的介面平行於通過點 *A* 的介面,*B* 處的入射角必等於 θ_2,如圖 33-22b 所示。對於反射,我們採用反射定律。因此,在 *B* 處的反射角是

$$\theta_2' = \theta_2 = 28.88° \approx 29° \qquad \text{(答)}$$

WILEY PLUS Additional example, video, and practice available at *WileyPLUS*

其次,光由介質 2 經過 *B* 點進入空氣時產生了折射一樣,這裡的關鍵概在於應用處的折射 θ_3 使滿足。因此,我們在此引用謝農定律的折射,但這次我們將 33-40 式改寫為

$$n_3 \sin\theta_3 = n_2 \sin\theta_2 \qquad (33\text{-}43)$$

解 θ_3 可得

$$\theta_3 = \sin^{-1}\left(\frac{n_2}{n_3}\sin\theta_2\right) = \sin^{-1}\left(\frac{1.77}{1.00}\sin 28.88°\right)$$

$$= 58.75° \approx 59° \qquad \text{(答)}$$

因此,折射光偏離法線方向(原本為偏離法線 29 度,現在是 59 度)因為光進入了另一個折射率較小的物質(空氣)。

33-6 全反射

學習目標

在閱讀完這個區塊的文字之後,讀者應該能夠...

33.45 在簡圖上解釋全反射,並包含其入射角、臨界角、以及在界面兩邊個相關折射率。

33.46 了解在臨界角入射的折射角。

33.47 對某兩已知的折射率,計算臨界角。

關鍵概念

● 若入射角超過臨界角 θ_c,遇到折射率較小之材料表面的波會發生全反射,θ_c 為

$$\theta_c = \sin^{-1}\frac{n_2}{n_1} \quad \text{(臨界角)}$$

全反射

　　在圖 33-23 中，玻璃中的一個點光源發出單色光線射在玻璃和空氣的介面上。對於與介面垂直的射線 *a* 而言，部分光線在介面反射，其餘光線則穿過介面且不改變方向。

　　對於從 *b* 到 *e* 的射線而言，入射角逐漸增大，在界面上也有反射和折射。隨著入射角的增加，折射角也增加；對於 *e* 射線而言，折射角為 90 度，也就是說折射光線沿著界面前進。造成這種情況的入射角稱為臨界角 θ_c。當入射角大於 θ_c，像射線 *f* 和 *g* 的時候，沒有折射線，所有的光都被反射，這個效應稱為全反射，因為所有的光線都留在玻璃內了。

　　要算出臨界角度，我們用 33-40 式，若任意取 1 代表玻璃而 2 代表空氣，那麼我們可用 θ_c 取代 θ_1，用 90 度取代 θ_2，得到

$$n_1 \sin\theta_c = n_2 \sin 90° \tag{33-44}$$

由此得到

$$\theta_c = \sin^{-1}\frac{n_2}{n_1} \text{（臨界角）} \tag{33-45}$$

因為任何角度的正弦值都不能大於 1，所以 n_2 不能大於 n_1。也就是說，當入射光是在折射率較低的介質時，全反射就不可能發生。如果在圖 33-23a 裡的光源是在空氣中，所有入射於空氣-玻璃介面的光線(包含 *f* 和 *g*)在介面上都同時會產生反射和折射。

　　全反射在醫療技術上有很多應用。例如內科醫師可用兩束細光纖經由胸腔到動脈中觀察病人動脈內部的狀況(圖 33-24)。光由其中一束光纖的外端進入，在光纖內壁進行多次全反射，所以即使光纖是彎曲的，光線依然能到達光纖另一端，把動脈內壁照亮。部分光線由動脈內壁反射，以同樣方式經由第二束光纖傳回，轉換成監視器上的影像。然後醫生就能夠呈現手術過程，像是支架放置手術。

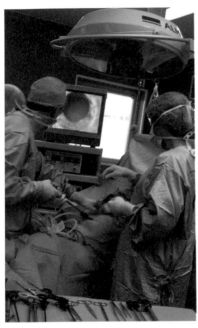

©Laurent/Phototake

圖 33-24 用於動脈檢查的內視鏡。

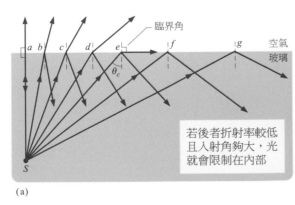

(a)

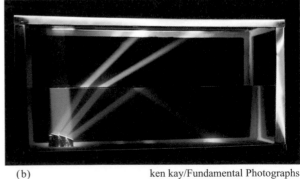

ken kay/Fundamental Photographs

(b)

圖 33-23 (a)當點光源 S 發出的光有大於臨界角 θ_c 的入射角，就會發生全反射。當入射角等於臨界角時，折射線平行於空氣與玻璃界面。(b)來自於一缸的水。

33-7 由反射產生之偏振

學習目標

在閱讀完這個區塊的文字之後，讀者應該能夠...

33.48 藉由簡圖解釋爲何非偏振光可以透過在界面的反射變成偏振光。

33.49 了解布魯斯特角。

33.50 應用布魯斯特角與界面兩邊折射率之間的關係。

33.51 解釋偏振太陽眼鏡的功用。

關鍵概念

● 若波以布魯斯特角 θ_B 抵達一界面，其反射波會完全偏振化，其電場向量 E 會垂直於入射面，而布魯斯特角爲

$$\theta_B = \tan^{-1} \frac{n_2}{n_1} \quad \text{（布魯斯特角）}$$

由反射產生之偏振

藉由轉動偏振片(例如偏振太陽眼鏡片)，你可增加或減少由水面反射而來的眩目陽光。這是因爲光被表面反射後達到完全或部分偏振的關係。

圖 33-25 所示爲一束非偏振光入射於玻璃表面上。光線中的電場向量可被分解成兩各分量。垂直分量垂直於入射平面，也垂直於圖 33-25 的紙面，以點來表示(好像我們看到向量的頂點)。平行分量以箭頭符號來表示，在入射平面上，也平行於此紙面。對非偏振光而言，這兩個分量的大小相等。

一般而言，反射光也有兩個分量但大小不相同。這意謂著反射光是部分偏振光——電場沿著單一方向震盪，比其他方向具有較大的振幅。然而當入射光是以一個特定的角度入射時，稱爲布魯斯特角 θ_B，則反射光只有垂直的分量，如圖 33-25 所示。在入射角的反射光完全被偏振了。而入射光的平行分量則沒有消失，它們和垂直分量形成穿透玻璃表面的折射光。

偏振太陽眼鏡。玻璃，水和其它在 25-5 節所討論的介電質可以部分和完全地藉反射來偏極化光。當你的眼睛接受到反射的太陽光，你看到的是在反光表面上眩目的亮點。如果這表面像圖 33-25 所示的水平，那麼反射光則會完全或部分地水平偏振。爲了從水平表面消除這種眩目反光，偏振太陽眼鏡的偏振方向是垂直的。

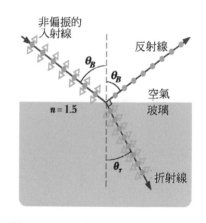

圖 33-25 一束未偏振化的光線從空氣中以布魯斯特角 θ_B 入射玻璃表面。沿著這條射線上的電場可被分解成垂直紙面(入射、反射與折射的平面)的分量，與平行紙面的分量。反射光只包含垂直紙面的電場分量，因此在這個方向上的光是被偏振化的。折射光具有原來平行於紙面的電場分量以及包含微弱的垂直紙面的電場分量；折射光被部分偏振化。

布魯斯特定律

根據實驗,當入射角為布魯斯特角跀時,反射線和折射線互相垂直。如圖 33-25,又因為反射角為 θ_B 而折射角為 θ_r,我們有

$$\theta_B + \theta_r = 90° \tag{33-46}$$

這兩個角在 33-40 式中是有所關聯的。33-40 式中以 1 代表入射線及反射線所在的物質,可得

$$n_1 \sin \theta_B = n_2 \sin \theta_r \tag{33-47}$$

合併這兩式,可得

$$n_1 \sin \theta_B = n_2 \sin(90° - \theta_B) = n_2 \cos \theta_B \tag{33-48}$$

由此得到

$$\theta_B = \tan^{-1} \frac{n_2}{n_1} \quad (\text{布魯斯特角}) \tag{33-49}$$

(注意 33-495 式中 n 旁的小字不是任意取的,我們是視它們的性質而定。) 如果入射線和反射線是在空氣中,我們可用 1 為 n_1 的近似值,並以 n 代表 n_2,即可將 33-49 式寫成

$$\theta_B = \tan^{-1} n \,(\text{布魯斯特定律}) \tag{33-50}$$

這個由 33-49 簡化的式子被稱為布魯斯特定律。這個定律和都是為了紀念大衛布魯斯特爵士而命名的,他於 1812 年根據實驗推導出這些結果。

重 點 回 顧

電磁波 電磁波包含振盪電磁場。各種可能頻率的電磁波形成一個光譜,其中一小部分為可見光。若電磁波沿著 x 軸傳播,則其電場 $\vec{E}$ 和磁場 $\vec{B}$ 的大小是依 x 和 t 而定:

$$E = E_m \sin(kx - \omega t)$$
$$B = B_m \sin(kx - \omega t) \tag{33-1, 33-2}$$

其中 E_m 和 B_m 為 E 和 B 的振幅,振盪電場會感應出磁場,反之亦然。任何在真空中的電磁波之速率為 c,此值以寫成

$$c = \frac{E}{B} = \frac{1}{\sqrt{\mu_0 \varepsilon_0}} \tag{33-5, 33-3}$$

其中 E 和 B 是同步(但非零)的電、磁場大小。

能量流 每單位面積經由電磁波所傳送的能量速率定義為波印亭向量 $\vec{S}$:

$$\vec{S} = \frac{1}{\mu_0} \vec{E} \times \vec{B} \tag{33-19}$$

$\vec{S}$ 的方向(即波的行進方向和能量的傳送方向)是垂直於 $\vec{E}$ 和 $\vec{B}$,每單位面積所傳送之能量的時間平均速率為 S_{avg},此稱為波的強度 I:

$$I = \frac{1}{c\mu_0} E_{rms}^2 \tag{33-26}$$

其中 $E_{rms} = E_m / \sqrt{2}$。一個點光源的電磁波其所放射的波是等向性的——即在所有方向上其強度相等。距點

光源處的強度 P_s 為

$$I = \frac{功率}{面積} = \frac{P_s}{4\pi r^2} \qquad (33\text{-}27)$$

輻射壓　當一表面截切電磁輻射，會對表面施加力與壓力。若輻射被完全吸收，則力為

$$F = \frac{IA}{c} \quad (完全吸收) \qquad (33\text{-}32)$$

其中 I 為輻射強度而 A 為垂直輻射路徑之表面的面積。若輻射沿原路徑被完全反射回來，則力為

$$F = \frac{2IA}{c} \quad (沿路徑完全反射) \qquad (33\text{-}33)$$

輻射壓 P_r 為單位面積上的力：

$$p_r = \frac{I}{c} \quad (完全吸收) \qquad (33\text{-}34)$$

$$p_r = \frac{2I}{c} \quad (沿路徑完全反射) \qquad (33\text{-}35)$$

偏振　若電磁波的電場向量都在單一平面上，則此電磁波為偏振波，此平面稱為振盪平面。從正面圖，場向量會平行於與波路徑垂直的單一軸振盪。普通光源之光波是未偏振的，即它們是非偏振或隨機偏振。從正面圖，場向量會平行於與波路徑垂直的每一可能的軸振盪。

偏振片　當一個偏振片置於光所行走之路徑上，則只有平行於此片之**偏振方向**的電磁波電場分量可以通過此偏振片，垂直於偏振方向的分量則被吸收。通過偏振片的光，其偏振方向為該偏振片的極化方向。

如果最初的光源是非偏振的，則穿透後的強度 I 為最初強度 I_0 的一半：

$$I = \frac{1}{2}I_0 \qquad (33\text{-}36)$$

由反射產生之偏振　若一非偏振的入射波以布魯斯特角 θ_B 入射於界面，其反射波會被完全偏振化，其 E 向量與入射平面垂直。布魯斯特角為

$$I = I_0 \cos^2\theta \qquad (33\text{-}38)$$

幾何光學　幾何光學是一種近似處理，將波以直的射線來代表。

反射和折射　當一條光線照在兩透明介質間的界面時，通常會有**反射**線和**折射**線出現。兩條射線都在入射平面上。**反射角**等於入射角，而**折射角**和入射角的關係為，

$$n_2 \sin\theta_2 = n_1 \sin\theta_1 \quad (折射) \qquad (33\text{-}40)$$

其中 n_1 和 n_2 為入射和反射線所行進之介質的折射率。

全反射　當波遇到一個折射率減少的界面，如果入射角超過**臨界角** θ_c，則會產生**全反射**，其中

$$\theta_c = \sin^{-1}\frac{n_2}{n_1} \quad (臨界角) \qquad (33\text{-}45)$$

由反射產生之偏振　若一非偏振的入射波以**布魯斯特角** θ_B 入射於界面，其反射波會被完全偏振化，其 $\vec{E}$ 向量與入射平面垂直。布魯斯特角為：

$$\theta_B = \tan^{-1}\frac{n_2}{n_1} \quad (布魯斯特角) \qquad (33\text{-}49)$$

◈ 討論題

1　於圖 33-26 中，原非偏振光射入三片偏振片，其極化方向與 y 軸的夾角為 $\theta_1 = \theta_2 = \theta_3 = 30°$。透射過此三偏振片系統的光為入射光的百分之幾？（提示：注意角度）

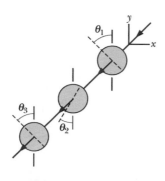

圖 33-26　習題 1 和 2

2　於圖 33-26 中，原非偏振光射入三片偏振片，其極化方向與 y 軸的夾角為 $\theta_1 = 40°$，$\theta_2 = 20°$ 及 $\theta_3 = 60°$。透射過此系統的光為入射光的百分之幾？（提示：注意角度）

3 在圖 33-27 中，起初在物質 1 中的光線折射進入物質 2，越過該物質以後，然後以臨界角入射在物質 2 和物質 3 之間的介面上。相關的折射率是 $n_1 = 1.60$，$n_2 = 1.50$ 和 $n_3 = 1.20$。

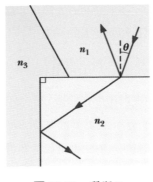

圖 33-27 習題 3

(a)試問角度 θ 是多少？(b)如果 θ 增加，則會有光折射進入物質 3 嗎？

4 彩虹。圖 33-28 顯示了在經過一次內部反射(參看圖 33-21a)以後，光線進入與然後離開掉落中的球形雨滴的路徑。行進過程的最後方向偏離(轉彎)初始方向達 θ_{dev} 的角度。(a)請證明 θ_{dev} 是

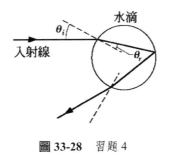

圖 33-28 習題 4

$$\theta_{dev} = 180° + 2\theta_i - 4\theta_r$$

其中 θ_i 是光線入射在水滴上的角度，而且 θ_r 光線在水滴內的折射角度。(b)使用 Snell 定律，以 θ_i 和水的折射率 n 替代 θ_r。然後，在具有畫圖能力的計算器上，或者使用電腦畫圖套裝軟體，在可能的 θ_i 範圍內，畫出 θ_{dev} 相對於 θ_i 的曲線圖形，其中對於紅光而言，$n = 1.331$，而對於藍光而言，$n = 1.333$。

紅光曲線和藍光曲線具有不同的最小值，這意味著不同顏色有不同的最小偏向角。任何給定顏色的光線以該顏色的最小偏向角離開水滴的時候，因為這些光線會在該角度下群集起來，所以將顯得特別明亮。所以明亮紅色光會在某一個角度離開水滴，明亮藍色光則會在另一個角度離開水滴。

試利用 θ_{dev} 曲線，求出(c)紅色光和(d)藍色光的最小偏向角。(e)如果這些色光來自彩虹的內邊緣和外邊緣(圖 33-21a)，請問彩虹的角寬度為何？

5 習題 4 所描述的虹在彩虹經常出現的區域中，是很常見的類型。它是藉由光線在水滴內反射一次所產生的。第 33-5 節描述的虹就比較少見，這種類型的彩虹是光線在水滴內反射兩次所產生(圖 33-29a)。(a)請證明光線進入以及隨後離開球形水滴的偏向角度是

$$\theta_{dev} = (180°)k + 2\theta_i - 2(k+1)\theta_r$$

其中 k 是內反射的次數。請使用習題 4 的程序，求出霓中(b)紅色光和(c)藍色光的最小偏離角。(d)該彩虹的角寬度是多少(圖 33-21d)？

在圖 33-29b 中的虹與三次內反射有關。它有可能發生，但是如同第 33-5 節所提醒的，因為它非常黯淡並且位於太陽周遭很亮的天空中，所以我們無法看見。試問在這類型彩虹中，(e)紅色光和(f)藍色光的最小偏向角為何？(g)此彩虹的角寬度為何？

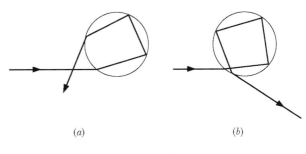

(a)   *(b)*

圖 33-29 習題 5

6 圖 33-30 顯示一個過度簡化的光纖：塑膠纖芯($n_1 = 1.62$)由塑膠纖套($n_2 = 1.53$)所圍繞。一道光線以角

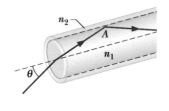

圖 33-30 習題 6

度 θ 入射在光纖的一端。光線要在點 A 進行全內反射，在此處光線會遭遇纖芯與纖套邊界(因此不會有光線因為穿透該邊界而損失掉)。則可讓光線在點 A 處發生全內反射的 θ 最大值為何？

7 某一光波中電場的均方根值為 0.200 V/m，其相關磁場的振幅是多少？

8　在圖 33-31 中，其中 $n_1 = 1.70$，$n_2 = 1.50$，$n_3 = 1.30$，光從材料 1 折射到材料 2。如果以材料 2 和 3 之間界面的臨界角入射在 A 點，則(a) B 點的折射角和(b)初始角 θ 是多少？相反的，如果光以材料 2 和 3 之間界面的臨界角入射在 B 點，則(c) A 點的折射角和(d)初始角 θ 是多少？如果不是所有這些，光以布魯斯特角入射在材料 2 和材料 3 之間的界面 A 點，那麼(e) B 點的折射角和(f)初始角 θ 是多少？

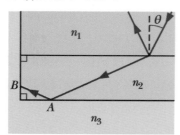

圖 33-31　習題 8

9　(a)請證明一道入射在厚度的玻璃片表面上的光線，從相反面射出以後，會與初始方向平行，但是會往旁邊偏移，如圖 33-32 所示。(b)證明明對小的入射角 θ 而言，這個偏移量可以表示成

$$x = t\theta \frac{n-1}{n}$$

其中 n 是玻璃的折射率，而且 θ 是以弧度為單位。

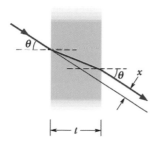

圖 33-32　習題 9

10　一束偏振光射入兩片偏振片。第一片的極化方向與光的振動方向夾 θ 角；第二片的極化方向垂直振動方向若入射強度的 0.20 倍透射過此兩片偏振片，則 θ 為何值？

11　一平面電磁波的磁場之最大值 B_m 為 3.3×10^{-4} T，其電磁波之平均強度為何？

12　圖 33-33 顯示了一個長度為 l、半徑為 a、電阻率為 ρ 的圓柱形電阻器，承載電流為 i。(a)如圖所示，證明電阻器表面的 Poynting 向量處處垂直於表面。(b)通過在該表面的 Poynting 向量積分計算，證明能量通過其圓柱表面流入電阻器的速率 P，等於產生熱能的速率：

$$\int \vec{S} \cdot d\vec{A} = i^2 R$$

（其中 $d\vec{A}$ 是圓柱表面的面積，而 R 是電阻）。

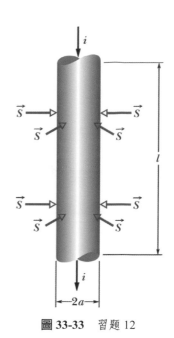

圖 33-33　習題 12

13　一個電磁波沿著 y 軸負方向行進。在某一個特定位置和時間，電場方向是沿著 z 軸正方向，而且其量值是 100 V/m。試問相對應的磁場(a)量值和(b)方向為何？

14　一強度為 18 mW/m² 的非偏振光，鉛直入射到一偏振片如圖 33-11。(a)計算穿透光的電場之最大值？(b)偏振片所受的輻射壓力有多大？

15　一甚小且載有乘員之小太空船質量(包括太空人)為 4.5×10^3 kg，在外太空飄浮，該處無重力場存在。若它使輻射功率為 125 kW 之探照燈照往太空，則因光束所攜動量而來之反作用力，會使該船在三天內得到多大的速率。

16　一束強度為 I 的光束自一半徑為 R 的全反射長圓柱中反射；光束垂直於圓柱體的中心軸，且直徑大於 $2R$。試問尺光束對每單位長度的圓柱體造成的力為多少？

17　在重力可以忽略的空間區域中，一個球體利用強度為 6.0 mW/m² 的均勻光束進行加速。球體可以吸收全部的光線，其半徑是 2.0 μm，而且具有均勻密度 5.0×10^3 kg/m³。試問由於光線所引起球體的加速度量值為何？

18 在圖 33-34 中，一根長直銅線（直徑為 2.50 mm，電阻為 1.00 Ω/300 m）在正 x 方向上承載 25.0 A 的均勻電流，對於導線表面上的點 P，計算(a)電場 $\vec{E}$、(b)磁場 $\vec{B}$，和(c) Poynting 向量 $\vec{S}$ 的大小，(d)並計算其方向。

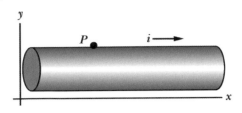

圖 33-34 習題 18

19 光從真空入射到玻璃表面。在真空中光束和表面的法線成 39.0 度角，而在玻璃中光束和法線成 22.0 度角。玻璃的折射率是多少？

20 當真空中的紅光以布魯斯特角入射到某塊玻璃板上時，折射角為 32.0°，則(a)玻璃的折射率和(b)布魯斯特角是多少？

21 從方程式 33-11 和 33-17 開始，其表明 $E(x, t)$ 和 $B(x, t)$ 是平面行進電磁波的電場和磁場分量，必須滿足"波動方程"

$$\frac{\partial^2 E}{\partial t^2} = c^2 \frac{\partial^2 E}{\partial x^2} \text{ 和 } \frac{\partial^2 B}{\partial t^2} = c^2 \frac{\partial^2 B}{\partial x^2}$$

22 一個可完全吸收的薄片，質量為 m、面積為 A、比熱為 c_s，被平面電磁波的垂直光束完全照射。其波的最大電場大小為 E_m，則由於波的吸收造成板材溫度升高速率 dT/dt 是多少？

23 (a)證明方程式 33-1 和 33-2 滿足習題 21 中顯示的波動方程。(b)證明 $E = E_m f(kx \pm \omega t)$ 和 $B = B_m f(kx \pm \omega t)$ 形式的任何表達式，其中 $f(kx \pm \omega t)$ 表示任意函數，也滿足這些波動方程。

24 某一道非偏振光被送入一疊偏光板中，其中含有四個偏光板，偏光板的方位安排使得相鄰偏光板的極化方向之間的夾角是 30 度。請問通過這一疊極偏光板的光強度是入射光強度的幾分之幾？

25 某一個氦氖雷射發出的光波長是 632.8 nm，其輸出功率為 3.0 mW。光束的發散角 $\theta = 0.17$ mrad（圖33-35）。(a)在與雷射相距 40 m 處的光強度是多少？(b)在該位置提供該強度的點光源，其功率為何？

圖 33-35 習題 25

26 在圖 33-36 中，兩道光線通過五層透明塑膠以後，又再度回空氣中。這些塑膠層具有平行的介面和未知厚度；它們的折射係數分別是 $n_1 = 1.7$，$n_2 = 1.6$，$n_3 = 1.5$，$n_4 = 1.4$ 和 $n_5 = 1.6$。光線 b 的入射角是 $\theta_b = 20°$。請問相對於最後一個介面的法線，(a)光線 a 和(b)光線 b 射出時的角度為何？(提示：以代數方法求解這個問題，可以節省時間)。如果圖中左側和右側的空氣變成是折射率為 1.5 的玻璃，請問(c)光線 a 和(d)光線 b 射出時的角度為何？

圖 33-36 習題 26

27 (a)一個無線電信號從發射器到天線共行進了 150 km，請問這個過程將花費多少時間？(b)我們是藉由太陽光的反射才能看見滿月。試問進入我們眼睛的太陽光是在多久以前離開太陽？地球-月球和地球-太陽的距離分別是 3.8×10^5 km 和 1.5×10^8 km。(c)在地球和圍繞著土星的太空船之間，光線要來回行進一次所需要的時間是多少，已知太空船是在距離地球 1.3×10^9 km 的位置？(d)在大約 6500 光年距離處的巨蟹座星雲，根據中國天文學家在西元 1054 年的記載，我們將它視為超新星爆炸的結果。試問爆炸實際上發生於哪一年？(當我們在夜空看到光線，實際上看到的已經是過去的。)

28 某一個等向點光源以功率 300 W 射出波長 500 nm 的光。一個光偵測器放置在與光源相距 350 m 的位置。試問在偵測器的位置，光的磁分量隨著時間改變的 $\partial B/\partial t$ 的最大變化率為何？

29 當我們要讓自己的手分隔開 2.0 奈光秒(光線行進 2.0 ns 的距離)時，請問我們應該讓手大約分開多遠？

30 在圖 33-37 中，信天翁以 15 m/s 等速度在水平地面上方水平滑翔，在包含太陽的垂直平面內

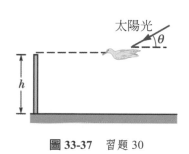

圖 **33-37** 習題 30

移動。它飛向高 h = 2.0 m 的牆壁，但它幾乎無法通過。在一天中某個時刻，太陽相對於地面的角度是 $\theta = 30°$。信天翁的影子以什麼速度移動(a)穿過水平地面然後(b)向上往牆壁移動？假設後來一隻鷹碰巧沿著同樣的路徑滑翔，同樣以 15 m/s 的速度滑翔。當它的陰影到達牆壁時，陰影的速度明顯增加。(c)與之前信天翁飛過時相比，太陽現在天空中的高度是更高還是更低？(d)如果鷹的影子在牆上的速度是 45 m/s，那麼太陽的角度 θ 是多少？

31 在大約西元 150 年，Claudius Ptolemy 提供了有關光束通過空氣進入水中時，入射角 θ_1 和折射角 θ_2 的下列量測方法：

θ_1	θ_2	θ_1	θ_2
10°	8°	50°	35°
20°	15°30′	60°	40°30′
30°	22°30′	70°	45°30′
40°	29°	80°	50°

假設這些數據與折射定律是吻合的，請使用它們去求出水的折射率。這些數據或許是目前所知被記錄下來的最古老物理量測資料，所以讓人感到興趣。

32 在圖 33-38 中，將非偏振光送入由三個偏光板組成的系統中，其中第一個和第三個偏光板的極化方向是在角度 $\theta_1 = 30°$ (逆時針方向)和 θ_3 = 30°(順時針方向)。請問從這個系統射出的光強度是初始光強度的幾分之幾？

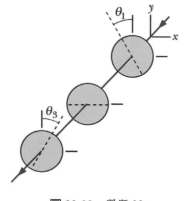

圖 **33-38** 習題 32

33 在一項測試過程中，某個 NATO 監測雷達系統具有功率 180 kW，其操作頻率 12 GHz，此雷達企圖要偵測出接近中的隱形飛機，其距離為 90 km。假設雷達波束在一個半球上均勻射出。(a)當電磁波束抵達飛機的位置時，波束的強度是多少？雖然飛機的截面積只有 0.22 m^2，此飛機還是會反射雷達波。(b)請問飛機的反射波的功率為何？假設雷達波束經過反射以後，電磁波也是均勻分佈在一個半球上。當這個雷達波回到雷達站的位置時，試問其(c)強度，(d)電場向量的最大值，以及(e)磁場的 rms 值為何？

34 在圖 33-39 中，光以角度 θ_1 = 50.1°入射在兩個透明物質之間的邊界上。某些光線往下行進通過接下來的三層物質，與此同時有些光線則向上反射，然後逃脫進入空氣中。如果 n_1

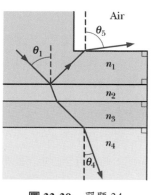

圖 **33-39** 習題 34

=1.30，n_2 = 1.40，n_3 = 1.32，且 n_4 =1.45，請問(a) θ_5 和(b) θ_4 的值為何？

35 一點光源在水面下 1.20 m 處。求光經水面射出的圓形半徑。

36 在圖 33-40 中，一道光線在點 A 以入射角 θ_1 = 45.0°進入厚玻璃板中，然後在點 B 進行了內部全反射(A 點的反射未顯示)。請問從這項資訊中，可以推論出玻璃折射率的最小值為何？

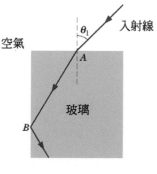

圖 **33-40** 習題 36

37 在圖 33-41 中,將非偏振光送入由三個偏光板組成的系統中,其中第一個和第二個偏光板的極化方向是在角度 $\theta_1 = 20°$ 和 $\theta_2 = 40°$。請問從這個系統射出的光強度是初始光強度的幾分之幾?

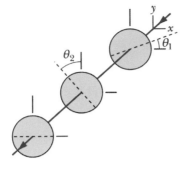

圖 33-41 習題 37

38 將三個偏光板堆疊在一起。第一個偏光板和第三個成垂直十字交叉;介於兩個之間的偏光板,其極化方向與另外兩個的極化方向成 45.0 度。請問透射過這一疊偏光板的光強度是起初的非偏振光強度的幾分之幾?

39 某一個頻率 4.00×10^{14} Hz 的電磁波沿著 x 軸正方向,通過真空行進。此電磁波在與 y 軸平行的方向上具有其電場,量值為 E_m。在時間 $t = 0$ 的時候,x 軸上的點 P 處,其電場值為 $+E_m/4$,而且此時隨著時間呈現減少的趨勢。如果我們往 x 軸:(a)負方向和(b)正方向搜尋,請問沿著 x 軸從點 P 到第一個 $E = 0$ 的點,其距離是多少?

40 如圖 33-42 所示,一支 2.20 m 長的垂直桿,自游泳池底部延伸至水面以上 70.0 cm 處。陽光與水平線夾 $\theta = 55.0°$ 入射。桿子在池底的影子有多長?

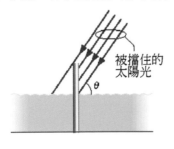

被擋住的太陽光

θ

圖 33-42 習題 40

41 一個點光源以 200 W 的功率各方向同性地發射,在距離光源 20 m 處,半徑為 2.0 cm 球體完全吸收光所產生的力是多少?

42 在圖 33-43 中,光線 A 從材料 $1(n_1 = 1.70)$ 折射進入材料 $2(n_2 = 1.80)$ 的薄層中,接著越過該層,然後以臨界角度入射在材料 2 和材料 $3(n_3 = 1.30)$ 之間的介面上。(a)入射角 θ_A 值為何?(b)若 θ_A 減少,則會有一部份光波折射進入材料 3 中嗎?

光線 B 從材料 1 折射進入薄層,接著越過該層,然後以臨界角度入射在材料 2 和材料 3 之間的介面上。(c)入射角 θ_B 值為何?(d)若 θ_B 減少,則會有一部份光波折射進入材料 3 中嗎?

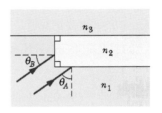

n_3

n_2

n_1

θ_B

θ_A

圖 33-43 習題 42

43 距離 500 W 燈泡 3.5 m 處之輻射壓力為何?設壓力所及之表面正對燈泡,並完全吸收且該燈泡向各方向均勻輻射。

44 一隻鯰魚在平靜湖面下 3.00 m 的位置。(a)請問鯰魚可看見水面外的事物,在水表面所形成的圓形區域的半徑是多少?(b)若鯰魚往比較深的位置移動,則該圓的直徑將增加、減少或維持不變?

45 某個人計畫要讓一個具有完全吸收電磁波的小球體,飄浮在一個等向點光源的 0.400 m 上方,使來自光源的向上輻射力能夠抵銷作用在球體的向下重力。球體密度是 19.0 g/cm³,且其半徑為 4.50 mm。(a)試問光源所需要的功率為何?(b)即使這樣一個光源已經準備好,為什麼球體的支撐狀態還是會不穩定?

46　在圖 33-44 中，強度 25 W/m² 的非偏振光被送入四個偏光板所成的系統，這四個偏光板的極化方向分別是角度 $\theta_1 = 40°$，$\theta_2 = 20°$，$\theta_3 = 20°$ 和 $\theta_4 = 30°$。試問離開系統之後的光強度為何？

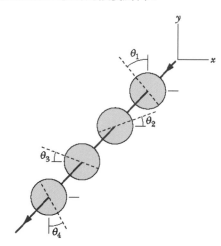

圖 33-44　習題 46

47　某一個偏振光束的電場分量是

$$E_y = (5.00 \text{ V/m}) \sin[(1.00 \times 10^6 \text{ m}^{-1})z + \omega t]$$

(a)寫出此電磁波磁場分量的數學式，其中包括 ω 的值這一個光波的(b)波長，(c)週期，及(d)強度為何？(e)磁場振盪的方向平行於哪一個軸？(f)這一個光波屬於電磁波譜的哪一個區域？

48　在太陽系中的某一個粒子受到太陽的重力吸引力，和由太陽光線引起的輻射力的雙重影響。假設該粒子是一個密度 1.0×10^3 kg/m³ 的球體，而且能夠吸收所有的入射光。(a)請證明如果其半徑小於某一個臨界半徑，則粒子將會被吹出太陽系。(b)試計算此臨界半徑。

49　在水中(折射率=1.33)傳播的光入射於玻璃片(折射率=1.65)。多大的入射角能使反射光被完全偏極化？

50　兩個偏振片，一個直接在另一個上面，透射出 p% 垂直入射到頂層的初始非偏振光，兩片偏振方向的夾角是多少？

51　某一道起初是非偏振光的光束通過兩個偏光板，其中一個偏光板放置在另一個的頂部。如果要使透射光的強度是入射光強度的三分之一，請問兩個偏光板的極化方向之間的夾角是多少？

52　某一個電磁波在真空中的磁場分量具有量值 85.8 nT，以及角波數 4.00 m⁻¹。試問(a)波的頻率，(b)電場分量的 rms 值，(c)光的強度為何？

53　在圖 33-45 中，將非偏振光送入由三個偏光板組成的系統中，三個偏光板的極化方向分別是在角度 $\theta_1 = 20°$，$\theta_2 = 60°$ 和 $\theta_3 = 40°$。請問從這個系統射出的光強度是初始光強度的幾分之幾？

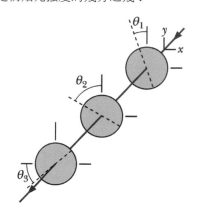

圖 33-45　習題 53

54　一道行進通過熔融狀石英的白色光，以角度 θ_1 入射在石英-空氣介面上。假設石英的折射率在可見光範圍的紅色端是 $n = 1.456$，在藍色端是 $n = 1.470$。如果 θ_1 是(a) 42.00°，(b) 43.10°，(c) 44.00°，請問折射光是白色光，可見光範圍的紅色端佔主要成分的白色光，或可見光範圍的藍色端佔主要成分的白色光，或者是沒有折射光？

55　偏振光波的磁分量可由公式 $B_x = (4.00 \mu T) \sin[ky + (2.00 \times 10^{15} s^{-1})t]$ 給出，則(a)波行進的方向，(b)偏振光平行於哪個軸？以及(c)其強度是多少？(d)寫出波電場的表達式，包括角波數的值。(e)波長是多少？(f)這個電磁波在電磁波譜的哪個區域？

56　請計算入射在熔融狀石英上的白光，其布魯斯特角的(a)上極限和(b)下極限。假設白光的波長極限是 400 和 700 nm。

57　某一個偏振光波的磁場分量是

$$B_x = (4.0 \times 10^{-6} \text{ T}) \sin[(1.57 \times 10^7 \text{ m}^{-1})y + \omega t]$$

(a)請問此光波的偏振方向平行於哪一個軸？此光波的(b)頻率和(c)強度為何？

58 如圖 33-46 所示，一雷射光束功率為 7.70 W，直徑 1.80 mm，鉛直向上發射至一完全反射之圓柱體的圓面(直徑 $d < 2.60$ mm)。該圓柱體藉雷射的光壓停留在半空中。若圓柱體的密度為 1.20 g/cm^3，求圓柱體的高度 H 為多少？

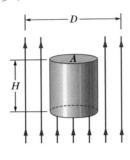

圖 33-46 習題 58

59 一個正方形的可完全反射的表面，在空間中垂直於來自太陽的光線，該表面的邊長為 2.0 m，距太陽中心 3.0×10^{11} m 處，光線對表面的輻射是多少？

60 強度為 I 的激光束從區域 A 的平坦全反射表面反射，法線與光束成 θ 角。當 $\theta = 0°$ 時，根據光束壓力 $p_{r\perp}$ 寫出光束在表面上的輻射壓力 $p_r(\theta)$ 的表達式。

CHAPTER 34

成像

34-1 影像與平面鏡

學習目標

在閱讀完這個區塊的文字之後,讀者應該能夠...

34.01 由實像分辨虛像。

34.02 解釋海市蜃樓現象。

34.03 由點光源反射所構成之射線圖指出物距與像距。

34.04 使用適當的代數符號講述物距 p 與像距 i。

34.05 在明亮的走廊中,依據等邊三角形法則你可由鏡子迷宮中看見自己。

關鍵概念

● 影像是由於物體經由光的再現。若影像可以顯像於平面上,此像為實像,而且在沒有觀察者下也可以存在。虛像則是需要觀察者視覺系統之影像。

● 由光源(或稱為物體)發出之光線重新導向後可於平面鏡中形成虛像,虛像是由反射線於延伸的面鏡後方位置成像。物距 p 與像距 i 之關係為

$$i = -p \quad \text{(平面鏡)}$$

像距 p 為正值,虛像之像距 i 則為負值。

物理學是什麼?

物理學的一個目標是去發現控制光的行為的基本定律,例如折射定律。比較廣泛的目標是讓那些定律可以供人使用,而也許最重要的應用就是影像的製造。第一張照相的影像是在 1824 年製作出來,那時候是絕無僅有的新奇事物,但是我們的世界現在到處都充滿影像。有極大產業是建立在電視、電腦和戲院螢幕上的影像製造。來自人造衛星的影像,在衝突時期可以引導軍事戰略家,在植物發生枯萎病期間可以引導環境戰略家。攝影監視能使地鐵系統更安全,但是它也能侵犯公民的隱私。生理學者和醫學工程師仍然困惑於人類的眼睛和大腦的視覺皮質如何產生影像,但是他們已經著手利用對視覺皮質施以電子式刺激,以便在一些失明的人腦中創造精神影像。

在這一章中我們第一個步驟是定義並分類影像。然後我們檢視幾個能產生它們的基本方法。

兩種成像

當你看一隻企鵝,你的眼睛必須接收到一些來自企鵝的光線,然後這些光線再到達眼睛後方的視網膜上。你的視覺系統起於視網膜終於你頭腦後方的視覺皮質區,將自動且潛意識地處理由光提供的訊息。此系統會鑑定出位置、方向、構造形狀以及色澤,然後迅速地將企鵝的影像(由光轉載而來)帶給你的意識:你可認知並辨識出企鵝在光來的方向和正確的距離。

此系統會鑑定出位置、方向、構造形狀以及色澤，然後迅速地將企鵝的影像(由光轉載而來)帶給你的意識：你可認知並辨識出企鵝在光來的方向和正確的距離。無論如何，你現在可在光經過反射或折射後來的方向看到企鵝，但你感覺到的距離可能會和實際上非常不同。

舉個例子，當光經過一面平面鏡的反射後射向你，此時企鵝會出現在鏡後是因為你接收的光線來自此一方向。當然企鵝是不在那裏的。這種像，即是所謂的虛像，只存在於腦中但卻不存在我們以為的地方。

實像的不同之處在於它是可以形成在一平面上，例如一張卡片或是電影屏幕。你可以見到實像(否則電影院會是空無一人的)，但是像的存在不是取決於你是否可以看到它，即使你沒看到它也有可能存在。之前我們仔細討論過實像與虛像，現在讓我們來探討一個自然虛像。

常見的海市蜃樓

一個常見虛像的例子，在大太陽下，你常可看見前面不遠處有一灘水，但卻永遠無法到達。那灘水即是海市蜃樓(一種幻覺)，是由來自你前方的天空較低部分的光所形成的(圖 34-1a)。當光線接近路面，其前進路徑會通過因為被路面加熱而逐漸變地比較熱的暖空氣。隨著空氣溫度的增加，空氣中的光速也跟著稍稍增加，而相對地空氣的折射率會稍稍降低。所以當光線下降遭遇到逐漸變小的折射率，其路徑將會持續轉向而漸趨於水平面(圖 34-1b)。

直到光線為水平且只是稍稍在路面之上，其依舊持續轉向，這是因為對每個波前而言，較低的部分處於稍微比較溫暖的空氣中，所以其移動地比較高部分要快(圖 34-1c)。這波前的不一致運動的結果使得光線向上偏。此後光線會因持續變大的折射率而繼續向上偏(圖 34-1d)。

若你接受到這些光，則你的視覺系統會自動認知光從向後延伸的地方產生，且為了合理化，會認為光來自路面上。若光來自藍天而碰巧是青色的，則海市蜃樓看起來就像水一樣是青色的。而因為空氣被加熱而不穩定，使得海市蜃樓看起來好像有水波似地閃爍著。而因為空氣被加熱而不穩定，使得海市蜃樓看起來好像有水波似地閃爍著。當你走向這虛幻的水池，你不會再接受到折射的光線，而這幻影即消失。

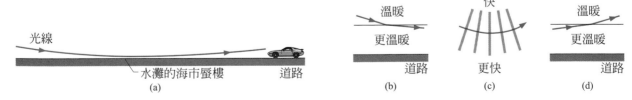

圖 34-1 (a)一來自天空低側部分的光線經過被道路加熱的空氣而折射(沒有碰到路面)。一個接受到這光線的觀察者錯認為它是路面上的一灘水。(b)一束彎曲的(誇大的)光線自暖空氣下沉穿過一個虛擬的邊界到暖空氣。(c)波前的移動以及一相關之彎曲的光線，此現象發生的原因是較低側的波前在暖空氣中移動得較快。(d)一束彎曲的光線自暖空氣上升穿過一虛擬的邊界到暖空氣。

平面鏡

　　鏡子是一個可以將光束反射到同一個方向而不是將其散射或吸收的表面。一個光亮的金屬表面其作用就像一片鏡子；而水泥牆就不是。在這一節中，我們將看看**平面鏡**(plane mirror，一個平滑反射面)能產生的影像。

　　圖 34-2 所示為一點光源 O (稱之為物體)，放在平面鏡前垂直距離為 p 之處。自 O 發出之射線代表入射於鏡面的光。從鏡面發出之射線代表反射光。如果我們將反射線往後延伸(至鏡後)，可發現這些延伸線在一點交會，而這點與鏡面之垂直距離為 i。

　　如果你往圖 34-2 的鏡子裡看，你的眼睛會接收到一些反射光。這些光看起來好像源自鏡後的交會點上之點光源。你所看到的是物體 O 的像 I。因為是一點，故稱其為點像，而因為這些光的射線事實上並沒有通過交會點，這個像被稱為虛像(你將會看到，在實像裡，射線確實有通過交會點)。

　　射線追蹤。圖 34-3 所示為從圖 34-2 的一群射線中選出的兩條射線。其中一條垂直地射在鏡面上的 b 點。另一條則與鏡面相交於一任意點 a，且在這點和法線形成入射角 θ。兩條反射線的延伸線也同時展現出來。直角三角形 $aOba$ 和 $aIba$ 有一共同邊和三個等角，所以是全等的，所以其水平邊是等長的。因此

$$Ib = Ob \qquad (34\text{-}1)$$

其中 Ib 和 Ob 分別是從鏡面到像和從鏡面到物體的距離。34-1 式告訴我們像在鏡後的距離等於物在鏡前的距離。而習慣上(這是為了去計算)，取物距 p 為正值，而虛像(如這裡)的像距 i 為負值。因此 34-1 式可寫成 $|i| = p$，或是

$$i = -p \quad \text{(平面鏡)} \qquad (34\text{-}2)$$

　　經由鏡面反射之後，只有互相非常靠近的一些光束可進入眼中。對於圖 34-4 中所示眼睛的位置，只有在 a 點附近一小部分的鏡面(一塊小於瞳孔的面積)被用來形成像。為了找到鏡子參與成像的部分，你先閉上一隻眼睛並注視著鏡中像鉛筆尖的一個小物體的像。然後在鏡面上移動指尖直到看不見這個像。只有在你指尖下的一小塊鏡面被用來形成像。

圖 34-4　來自 O 的一「鉛筆」光線在鏡子的反射之後射入眼睛。只有在 A 附近的小部分的鏡子涉及這個反射。這些光看起來有如起源於鏡子後面的 I 點。

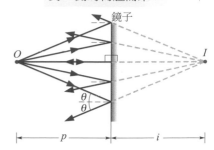

圖 34-2　一點光源 O，稱之為物體，放在平面鏡前垂直距離為 p 之處。從 O 到達鏡子的光線自鏡子反射。如果你的眼睛接受一些被反射的光線，你會錯覺的以為有一個點光源位在鏡子的後面垂直距離為 i 之處。被錯覺的光源 I 是物體 O 的虛像。

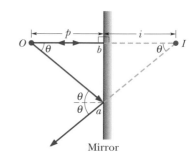

圖 34-3　於圖 34-2 的兩束光線。光線 Oa 與鏡面的法線夾 θ 角。光線 Ob 垂直於鏡子。

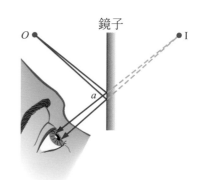

有長度的物體

在圖 34-5 裡，一個以向上箭號來代表有長度的物體 O(相對於點狀物體而言)，放置在平面鏡前垂直距離為 p 之處。物體上的每一小部分面對鏡子就像是圖 34-2 和圖 34-3 的點光源 O。如果你截取來自鏡子的反射光，你將看見由這些小部分的虛像所構成的一個虛像 I。這虛像宛如位在鏡後距離 i 的位置，距離 i 和 p 的關係以 34-2 式表示。

我們也能以如圖 34-2 中，求點狀物體的像的位置的同樣方式，來求有長度物體的成像位置：從物體的頂端畫一些射線到達鏡面，並畫出相對應的反射線，然後將這些反射線延伸至鏡後並使其相交，便形成物體頂端的像。以同樣方式來處理從物體底部發出的射線。如圖 34-5 所示，虛像 I 和物體 O 有同樣的方向和高度。

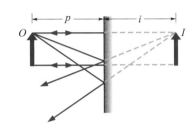

平面鏡中，像離鏡之距離同物體離鏡

圖 34-5 一延伸的物體 O 以及它在平面鏡 I 內的虛像。

鏡子迷宮

在鏡子迷宮中(圖 34-6)，每一面牆壁都從地板到天花板舖上一面鏡子。從這樣的迷宮通過，在大多數方向看見的是由反射的影像所形成令人困惑的蒙太奇(montage)。然而在某些方向，我們看見一條走廊，看起來似乎能提供通過迷宮的路徑。然而選擇這些走廊，在啪一聲碰上鏡子以後，我們很快就瞭解大部分走廊都是幻影。

感謝 Adrian Fisher, www.mazemaker.com

圖 34-6 一個鏡子迷宮。

　　圖 34-7a 是一個簡單鏡子迷宮的俯視圖，在這個迷宮中，不同顏色的地板區段形成等邊三角形(60 度角)，而且牆壁覆蓋著垂直的鏡子。當站在迷宮入口的中間點 O 時，我們往迷宮內看。在大部分方向上，我們看見令人迷惑的雜亂影像。然而在圖 34-7a 所顯示的光線方向中，我們看見引人好奇的某種事物。該光線離開鏡子 B 的中點，然後在鏡子 A 的中點反射到我們眼睛內(反射過程遵循反射定律，因此入射角和反射角都等於 30 度)。

　　為了使到達我們眼睛的光線源頭合理化，我們的大腦自動地將光線往後延伸。看起來原點在鏡 A 後面。亦即，我們感知到在 A 後面、B 的虛像，其距離等於 A 和 B 之間的實際距離(圖 34-7b)。因此當我們以這個方向面朝迷宮的時候，我們沿著表觀上直線的走廊看見 B，這個走廊是由四個三角形地板區域所組成。

　　然而因為到達我們眼睛的光線並不是從鏡子 B 發射出來，鏡子 B 只是反射此光線，所以這個敘述還不完整。為了找到光線源頭，當我們在這些鏡子上、一次反射接著一次反射地往後尋找，我們持續地應用反射定律。如圖 34-7c 所示處理過四次反射之後，我們最後找到光線的源頭：我們自己！當我們沿著表觀上直線的走廊觀看的時候，我們看見的是自己的虛像，虛像與我們自身相距九個三角形地板區域(圖 34-7d)(有第二個表觀走廊從點 O 往外延伸出去。我們必須面朝哪一條路，並沿著它觀看呢？)

測試站 1

在圖中，你朝一個擁有兩面直立而互相平行且相距 d 的鏡子 A 和 B 構成之系統的內部看。在距離鏡子 A 為 $0.2d$ 的點 O 放置著一個露齒而笑的怪獸。每一面鏡會產生第一層(最淺的)怪獸的影像。接著每一面鏡會以其對面鏡子中的第一層影像為物體產生第二個影像。接著再以第二層影像為物體於對面的鏡子中產生第三層影像，如此一直下去，你將可以看到數百個露齒而笑的怪獸像。在鏡子 A 中第一、二、三層的影像有多深呢？

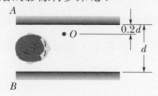

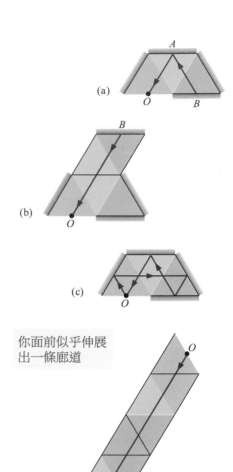

你面前似乎伸展出一條廊道

圖 34-7　(a)鏡子迷宮的上視圖。來自鏡子 B 的一束光線經由鏡子 A 反射到身於 O 處的你。(b)鏡子 B 看起來在 A 的後面。(c)到達你身上的光線起源於你。(d)你在一個虛構的廊道末端看見你自己的虛像。你可以找到由 O 點延伸出來的第二條明亮的走廊嗎？

34-2 球面鏡

學習目標

在閱讀完這個區塊的文字之後，讀者應該能夠...

34.06 區分凹面鏡與凸面鏡。

34.07 對於凹面鏡與凸面鏡，繪製一開始平行中心軸的反射線，並指出它們如何形成焦點以及辨識哪個是真實的，哪個是虛擬的。

34.08 區分實焦點與虛焦點，指出對應哪種面鏡及每個焦點相關聯的符號。

34.09 了解球面鏡之焦距與半徑的關係。

34.10 確認「焦點內」與「焦點外」的用詞。

34.11 對凹面鏡焦點內側的物體(a)及焦點外側的物體(b)，繪製至少兩條反射線以找到影像，並識別像的型態與方向。

34.12 區分凹面鏡之實像與虛像的位置與方向。

34.13 對於凸面鏡前方的物體，繪製至少兩條反射線以找到影像，並識別像的型態與方向。

34.14 區分哪種形式的面鏡可以產生實像與虛像，哪種形式的面鏡只能產生虛像。

34.15 識別實像與虛像距離 i 的代數符號。

34.16 對於凹面鏡、凸面鏡及平面鏡，應用焦距 f，物距 p 及像距 i 間的關係。

34.17 應用橫向放大率 m、像高 h'、物高 h、像距 i 及物距 p 間的相互關係。

關鍵概念

● 球面鏡在鏡面上只有一小部分具有球面的截面，這個截面可以是凹形的(曲率半徑 r 是正值)，可以是凸形的(曲率半徑 r 是負值)，或是平面的(平面的曲率半徑是無限大)。

● 若平行於中心軸的平行光射入凹面鏡，其反射光將通過距離面鏡 f(正值)的點(實焦點 F)。但若這些入射光射入凸面鏡，反射線於鏡後的延伸線則會通過鏡後距離面鏡 f(負值)的點(虛焦點 F)。

● 凹面鏡可以形成實像(物體在焦距外)，或是虛像(物體在焦距內)。

● 凸面鏡只可以形成虛像。

● 鏡像方程式與物距 p、面鏡焦距 f、曲率半徑 r 及像距 i 有關

$$\frac{1}{p} + \frac{1}{i} = \frac{1}{f} = \frac{2}{r}$$

● 橫向放大率的尺度是像高 h' 與物高 h 的比值：

$$|m| = \frac{h'}{h}$$

而且與物距 p 及像距 i 有相關性

$$m = -\frac{i}{p}$$

球面鏡

在前一節我們討論了平面鏡的成像，現在我們要看看如果鏡面是彎曲的，影像將會發生什麼情況。特別地，我們將考慮球面鏡，其鏡面形狀如同球表面的一小部分。事實上，平面鏡是一個曲率半徑為無限大的球面鏡。

製造球面鏡

我們從圖 34-8a 中那朝左面向物體 O 的平面鏡開始，圖中並無畫出觀察者。我們彎曲鏡子表面使其內凹(陷入)來製造**凹面鏡**(concave mirror)，如圖 34-8b。以此法使鏡面產生曲面，導致數種鏡子特性和其產生之物體影像的改變：

1. 曲率中心 C (構成鏡面之球面的球心)在平面鏡時，離鏡面無限遠；現在比較近但仍在凹面鏡的前方。

2. 視野(經反射到達觀察者的景像範圍)原本是寬的；現在變小了。

3. 平面鏡中的像距和其鏡前的物距是一樣的；而凹面鏡中的像距比較遠；也就是$|i|$比較大。

4. 對於平面鏡，像和物體的大小完全一樣。而對於這個凹面鏡而言，像比物體大，這就是化妝鏡和刮鬍鏡的原理，這些鏡面都會稍為凹陷，以將臉部放大。

我們可以彎曲一平面鏡使其外凸(突出)而變成**凸面鏡**，如圖 34-8c。以這種方法彎曲表面(1)會將曲率中心 C 移到鏡子的後面，及(2)增加視野。也會(3)移動物像更接近於鏡子，及(4)縮小它。超級市場中的監視鏡通常是凸面鏡，此乃因其能增大視野，如此店中更多的地方可被監視到。

球面鏡的焦點

對平面鏡而言，其像距的大小和物距是相等的。在我們決定球面鏡的這兩個量之前，我們必須考慮到從位於球面鏡前中央軸上由無限遠處的物體 O 而來的反射光。中央軸延伸通過曲率中心 C 和鏡子的中心 c。由於物體和鏡子間相距甚遠，使得從物體射出沿著中央軸到達鏡子的光波成為平面波。這表示代表光波的射線在到達鏡子時是和中央軸平行的。

形成焦點。當這些平行光線到達凹面鏡時，如圖 34-9a，這些靠近中央軸的光線反射後將通過同一點 F；圖中畫出其中兩條反射線。如果我們在 F 放一張卡片，則位於無限遠處的物體 O，其影像可被顯現在卡片上(對任何無限遠處的物體都可以)。點 F 稱為鏡子的**焦點**(focus)，其與鏡子中心的距離，即為該鏡的**焦距** f (focal legth)。

如果現在在我們以凸面鏡來代替凹面鏡，將發現平行光不再被反射至通過同一點。而是如圖 34-9b 地發散。但是，如果你的眼睛接收到這些反射光，你會覺得反射光好像是從鏡後的一點發散出來的。這個視覺上定出來的點位在反射線向後延伸通過的共同點上(圖 34-9b 的 F)。點 F 稱為凸面鏡的焦點，而其與鏡子中心的距離，即為該鏡的焦距f。若我們在焦點置一卡片，物體 O 的影像並不會顯現在卡片上，可見這焦點和凹面鏡的焦點不同。

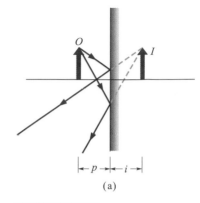

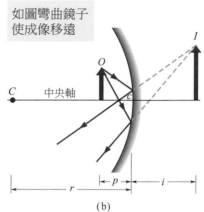

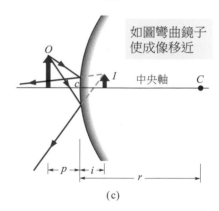

圖 34-8 (a)物體 O 在平面鏡內形成虛像 I。(b)如果彎曲鏡子，使其變凹，這影像會移動得更遠並且變得更大。(c)如果彎曲這平面鏡，使其變凸，這影像會移動得更近並且變得更小。

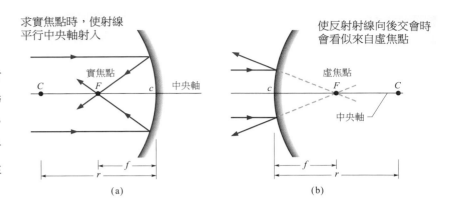

圖 34-9 (a)在凹面鏡，入射的平行光線會被聚焦到一個真正的焦點 F，其在鏡子同於斜射光線的一側。(b)在凸面鏡，入射的平行光線似乎從一個虛的焦點 F 發散出來，其在鏡子相反於入射光線的另一側。

兩種類型。為了分別凹面鏡的真實焦點和凸面鏡的視覺上焦點，前者稱為實焦點，而後者稱為虛焦點。此外，凹面鏡的焦距 f 被取為正值，而凸面鏡的焦距則為負值。對於這兩種鏡子，焦距 f 和曲率半徑 r 的關係均為

$$f = \frac{1}{2}r \quad \text{（球面鏡）} \tag{34-3}$$

其中對於凹面鏡 r 為正的，對於凸面鏡 r 為負的。

球面鏡的成像

內部。在對球面鏡的焦點下好定義後，我們可以來看凹和凸球面鏡其像距 i 和物距 p 的關係。如果我們把物體 O 放於凹面鏡的焦點之內，也就是在鏡面和焦點 F 之間(圖 34-10a)。觀察者將從鏡中看到 O 的虛像：影像出現在鏡中，其方向和物體 O 一樣。

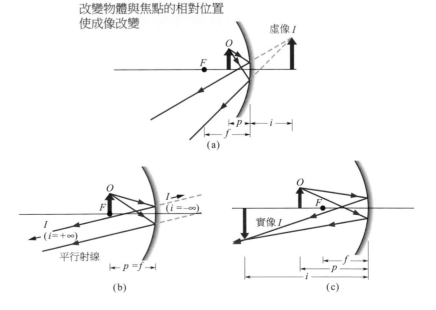

圖 34-10 (a)一個位在凹面鏡焦點內側的物體 O，以及它的虛像 I。(b)物體位在焦點 F。(c)位在焦點外側的物體，以及它的實像 I。

如果移動物體，使它遠離鏡面，直到它正好在焦點上，它的像會遠離鏡面直到無限遠處(圖 34-10b)。這時的影像是不清晰的，因為被鏡面反射的光線或往鏡後的延伸均不會相交以形成物體的像。

外部。若我們移動到焦距以外的地方-就是比焦點更遠離鏡面的地方，反射面鏡的光線會聚在鏡前形成與物體 O 上下相反的像(圖 34-10c)，像會由無限遠處往鏡面移動，若我們將物體往更遠的外部移動 F。如果我們將一張卡片放在像的位置，影像將會顯示在卡片上-該影像可以說是由鏡子聚焦在卡片上(動詞聚焦這個單字在本文中表示產生影像，不同於名詞焦點)。因為這個影像是實際出現在平面上的，所以為實像-是光線實際相交而產生影像，不論是否有存在有觀察者。實像的像距 i 是正值，而虛像之值則相反。我們現在可以統整一下關於球面鏡的圖像位置：

　　實像會和物體在鏡子的同一邊，而虛像在另一邊。

主要方程式。在第 34-6 節將會證明，當從物體而來的光線只和球面鏡的中心軸夾小角度時，物體到鏡的距離 p，像到鏡的距離 i，以及焦距 f 之間有個簡單的關係式，那就是：

$$\frac{1}{p}+\frac{1}{i}=\frac{1}{f} \quad \text{(球面鏡)} \tag{34-4}$$

為清楚起見，圖 34-10 中光線的角度被誇大了。根據這假設，34-4 式應用在任何凹凸面鏡及平面鏡。對一凸面鏡及平面鏡，只能形成虛像，不論物體是否在中心軸上。圖 34-8c 是凸面鏡的例子，像總是成像於物體的另一邊，而且與物體方向相同。

放大率。物體成像的大小，以垂直於鏡子中央軸的方向來測量，被稱為物高或像高。h 代表物高，而 h' 為像高。h' 和 h 的比值是鏡子的橫向放大率 m (lateral magnification)。不過，習慣上橫向放大率總是正號或負號，以顯示像的方向和物體相同(+)或相反(–)。為此，我們將 m 的公式寫成

$$|m|=\frac{h'}{h} \quad \text{(橫向放大率)} \tag{34-5}$$

等一下我們會證明橫向放大率也可被寫成

$$m=-\frac{i}{p} \quad \text{(橫向放大率)} \tag{34-6}$$

對平面鏡而言，$i=-p$，所以 $m=+1$。放大率為 1 代表像和物體一樣大。正號代表像和物體的方向相同。對於圖 34-10c 的凹面鏡，$m\approx-1.5$。

組織表。34-3 式到 34-6 式可被用於所有的鏡子：平面鏡、凹面鏡或凸面鏡。除了這些方程式外，你必須注意關於鏡子的許多訊息，而你自

己應將其組織起來填滿表 34-1。對於像位置，要看像和物體是在透鏡的同側或是異側。對於像的種類，看它是實或虛。對於像的方向，看它的方向和物體是相同或相反。對於正負號，賦予數量正負號或者若正負皆有可能時則填。你將會在處理作業或測驗時用到此列表。

表 34-1　你的面鏡表

鏡子種類	物體位置	像			正負號		
		位置	種類	方向	f	r	m
平面	任何						
凹面	F 內						
	F 外						
凸面	任何						

畫光線以決定像位置

　　圖 34-11a 和 b 所示為物體 O 置於凹面鏡前。我們可以追蹤下列四條射線中的任意兩條，便可以畫圖的方式求得任何不在中央軸上的點所成的像的位置，這四條射線為：

1. 原來平行於中央軸的射線，反射後穿過焦點(圖 34-11a 的射線 1)。
2. 穿過焦點的射線，經鏡面反射後平行於中央軸(圖 34-11a 的射線 2)。
3. 穿過曲率中心 C 的射線，經鏡面反射後由原路徑返回(圖 34-11b 的射線 3)。
4. 射在鏡面與中央軸交點 c 的射線，其入射線和反射線對稱於中央軸(圖 34-11b 中的射線 4)。

該點的像是在你所選的兩條射線的相交點。然後，找出物體上兩個或更多點的像所在位置，便可求得物體的像。對於如圖 34-11c, d 所示的凸面鏡，以上對射線之敘述需稍作修正，才能使用。

圖 34-11　(a, b)可以畫 4 條光線來被找出凹面鏡的成像。就所示的物體位置來說，這個影像是實像，倒立且比物體小。(c,d) 4 條類似的光線於凸面鏡的情況。就凸面鏡而言，這影像必是虛像，站立方向相同於物體者且比物體小。[在(c)，光線 2 最初射向焦點 F。在(d)，光線 3 最初射向 C 的曲率中心。]

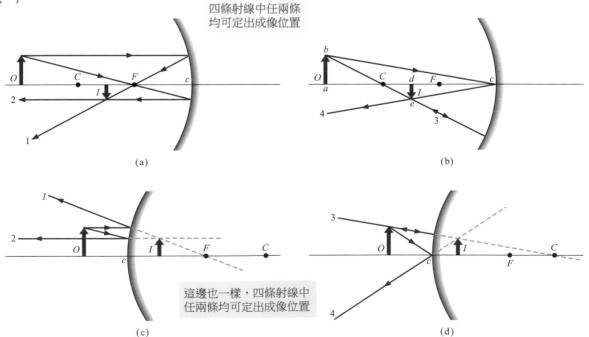

四條射線中任兩條
均可定出成像位置

(a)　　　　　　　　　　(b)

這邊也一樣，四條射線中
任兩條均可定出成像位置

(c)　　　　　　　　　　(d)

34-6 式的證明

現在是推導 34-6 式($m = -i/p$)的時候了,此式爲物體被鏡面反射之後的橫向放大率。考慮圖 34-11b 的射線 4。它在 c 點被反射,所以入射線和反射線在該點與鏡軸形成等角。

在圖中的兩個直角三角形 abc 和 dec 相似,所以

$$\frac{de}{ab} = \frac{cd}{ca}$$

左邊的數值(除符號外)是鏡子的橫向放大率 m。既然我們要以負的放大率來表示倒立的像,我們將此表示成$-m$。又因爲 $cd = i$ 且 $ca = p$,可得

$$m = -\frac{i}{p} \quad \text{(放大率)} \tag{34-7}$$

這也就是我們要證明的關係式。

測試站 2

一隻中美洲的吸血蝙蝠在一球形面鏡的中央軸上小憩,被以 $m = -4$ 放大。它的成像是(a)實像或是虛像,(b)倒立或是與蝙蝠的方向相同,(c)位在鏡子與蝙蝠的同側異側?

範例 **34.01** 球面鏡的成像

一種名叫 tarantula 的毒蜘蛛高 h,謹慎地坐在焦距的絕對值$|f| = 40$ cm 的球面鏡前。其爲鏡子所成之像和 tarantula 方向相同且高 $h' = 0.20h$。

(a)像是實或虛,而像位置是和 tarantula 在鏡子同一邊或不同邊?

推理 因爲像和 tarantula(物體)方向相同,所以其必定爲虛像且在不同邊(如果你有填滿表 34-1,你可以很容易明白)。

(b)此爲凹面或凸面鏡?焦距 f 爲何,包括正負號?

關鍵概念

我們能從像的種類來決定鏡子的種類嗎?不行,因爲此兩種鏡子都可形成虛像。我們能從我們僅有的兩個包括 f 的方程式(34-3 和 34-4 式)中找出 f 的正負號以判定鏡子的種類嗎?不行,我們沒有足夠的資訊。唯一的門路是去考慮來自倍率中的訊息。

計算 我們知道像高 h' 和物高 h 的比值是 0.20。所以從 34-5 式可知

$$|m| = \frac{h'}{h} = 0.20$$

因爲物和像的方向相同,所以我們知道 m 一定是正的:$m = +0.20$。代入 34-6 式並求解比如 i,可得之

$$i = -0.20p$$

這對找出 f 並無幫助。但我們可將之代入 34-4 式。該式給予我們

$$\frac{1}{f} = \frac{1}{i} + \frac{1}{p} = \frac{1}{-0.20p} + \frac{1}{p} = \frac{1}{p}(-5+1)$$

從此我們可得

$$f = -p/4$$

現在我們可得:因爲 p 是正的,所以 f 一定是負的,此意謂著此爲凸面鏡且有

$$f = -40 \text{ cm} \tag{答}$$

34-3 球形折射面

學習目標

在閱讀完這個區塊的文字之後,讀者應該能夠...

34.18 區分球型表面之反射線可產生一個物體的實像還是虛像,取決於兩者的表面兩側的折射率、表面的曲率半徑 r 及物體是面對凹面或是凸面。

34.19 對一個在球型折射表面中心軸的點物體,繪製六個一般分配的反射線並區分影像是實像還是虛像。

34.20 對於球面折射表面,確認與物體同側的是何種影像,異側的又是何種影像。

34.21 對於球面折射表面,應用兩種折射率間的關係,物距 p 、像距 i 和曲率半徑 r 。

34.22 區分物體對凹折射面及凸折射面之半徑 r 的代數符號。

關鍵概念

● 單球型表面的折射光可以形成圖像。

● 物距 p 、像距 i 及表面曲率半徑 r 間的關係為

$$\frac{n_1}{p} + \frac{n_2}{i} = \frac{n_2 - n_1}{r}$$

其中 n_1 代表物體所在位置的材質折射率, n_2 則代表另一側的折射率。

● 如果物體面對的表面是凸面時 r 是正的,如果為凹面則 r 是負的。

● 與物體同側的像是虛像,而異側的則是實像。

球形折射面

我們現在從反射成像,轉而注意穿過透明物質如玻璃表面的折射成像。將只考慮曲率半徑 r ,曲率中心 C 的球面。光從位於折射率 n_1 介質中的點物體 O 發射出;然後經過球面的折射後進入折射率 n_2 的介質中。

我們關心的是光線經表面折射後是形成實像(不需觀察者)或虛像(假設觀察者接收到光線)。此答案與 n_1 和 n_2 間的相對關係及系統的幾何形狀有關。

圖 34-12 顯示出六種可能結果。在圖中每一部分,皆用陰影來表示折射率較大的介質,而物體 O 總是位於折射面左邊折射率 n_1 的介質中。而在每一部分中皆畫出一條經表面折射後代表性的光線(該光線和另一條沿著中央軸的光線即可決定每一圖中狀況的像位置)。

在每一光線的折射點,折射面的法線是通過曲率中心的徑向線。因為折射,所以若是進入折射率較大的介質,光線會偏向法線;若是進入折射率小的介質,則光線會遠離法線。若光線接著朝中央軸前進,則其和其他光線(未畫出)將會在軸上成一實像。若光線遠離中央軸則無法形成實像;但是若該折射線和其他折射線向後延伸則可形成虛像,前提是(如用鏡子)要有一些光線被觀察者接收到。

Dr. Paul A. Zahl/Photo Researchers, Inc.

此昆蟲已埋在琥珀中大約 25 萬年。因為我們透過一個弧形的折射面觀看昆蟲,我們所看到的影像的位置與昆蟲的實際位置並非一致(見圖 34-12d)。

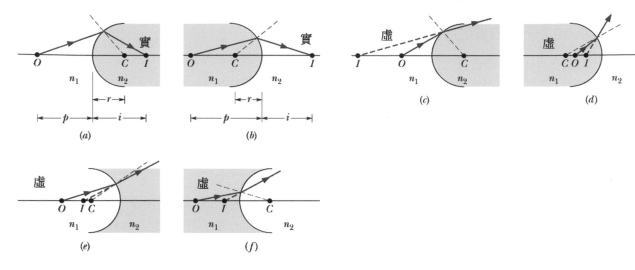

圖34-12 六種經過一半徑 r 和曲率中心 C 之球面折射成像的可能方式。 這球面隔開了折射率為 n_1 的介質與折射率為 n_2 的介質。點物體 O 一直處於折射率為 n_1 之介質內，球面的左邊。有較小折射率的材料是沒有塗上陰影的部分(視它是空氣，而另一個的材料是玻璃)。於(a)及(b)實像形成；於其他四種情況形成虛像。

圖 34-12 中的(a, b)兩部分的光線因折射而朝中央軸前進且形成實像，(c, d)部分形成虛像，其光線折射後遠離中央軸。注意，在這四部分中，當物體和折射面相距較遠時會形成實像，而物體和折射面相距較近時會形成虛像。在最後的情況(圖 34-12e 和 f)中，不論物距為何，折射總是使得光線遠離中央軸而總是形成虛像。

注意以下和反射成像的主要不同：

　　實像成像和物體是在鏡子的不同側，而虛像和物體同側。

於第 34-6 節中，我們將證明(針對與中央軸線只有夾小角度的光線)

$$\frac{n_1}{p} + \frac{n_2}{i} = \frac{n_2 - n_1}{r} \tag{34-8}$$

如同鏡子，物距 p 是正的，像距當實像為正，虛像為負。然而，為了使得 34-8 式中的所有正負號正確，我們必需用到以下關於曲率半徑 r 的正負之規則：

　　當物體面對凸面時，則曲率半徑 r 為正。若是凹面則 r 是負的。

小心！這和用鏡子時的正負號習慣剛好相反。

 測試站 3

一隻蜜蜂徘徊在一面由玻璃雕刻的球狀折射面前。(a)圖 34-12 的哪一部分是這樣的情況？(b)此表面所產生是實或虛像，而(c)其與蜜蜂同側或異側？

範例 34.02　一個由折射的表面產生影像

一隻侏羅紀的蚊子被埋在一塊折射率 1.6 的琥珀中。琥珀有一曲率半徑 3.0 mm 的球狀凸面（圖 34-13）。蚊子的頭剛好沿著此面的中央軸，當沿著此軸看過去，顯示其被埋於琥珀下 5.0 mm。實際上是多深？

關鍵概念

蚊子頭之所以只出現在琥珀內 5.0 mm 處，是因為觀察者所接收的光經過了琥珀面的折射彎曲。由 34-8 式知像距與實際的物距 p 的差值。要用該式找出物距 p，我們首先要注意：

1. 因為物體(頭)和其像位於折射面的同側，則像一定是虛的，所以 $i = -5.0$ mm。

2. 因為物體總被置於折射率 n_1 的物質內，我們令 $n_1 = 1.6$ 而 $n_2 = 1.0$。

3. 因為物體面對的是折射面的凹面，則曲率半徑 r 是負的，所以 $r = -3.0$ mm。

計算　將數據代入 34-8 式，

$$\frac{n_1}{p} + \frac{n_2}{i} = \frac{n_2 - n_1}{r}$$

得

$$\frac{1.6}{p} + \frac{1.0}{-5.0\,\text{mm}} = \frac{1.0 - 1.6}{-3.0\,\text{mm}}$$

且　　　$p = 4.0$ mm　　　　　　　　　（答）

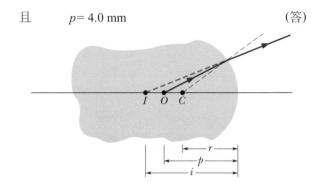

圖 34-13　一個侏羅紀時期內有蚊子的琥珀，其頭部被埋在點 O。在右端的球形折射面，其曲率中心為 C，提供一影像 I 予一名攔截來自 O 點物體之光線的觀察者。

34-4　薄透鏡

學習目標

在閱讀完這個區塊的文字之後，讀者應該能夠...

34.23 區別會聚透鏡與發散透鏡。

34.24 對於會聚與發散透鏡，繪製一開始平行於主軸的的光線圖，指出它們如何聚焦，並辨識哪個是真實的，哪個是虛假的。

34.25 區分實焦點與虛焦點，確認在何種狀況下對應哪種鏡片，與每一種焦距的對應符號。

34.26 位於會聚透鏡焦距內(a)與焦距外(b)的物體，繪製至少兩條射線以尋找像，同時確認像的種類與方位。

34.27 對於會聚透鏡，區分實像與虛像的位置與方位。

34.28 位於發散透鏡前的物體，繪製至少兩條射線以尋找像，同時確認向的種類與方位。

34.29 識別哪種透鏡可以同時產生實像與虛像，哪種透鏡只能產生虛像。

34.30 識別實像與虛像之像距 i 的代數符號。

34.31 對於會聚與發散透鏡，應用焦距 f 與物距 p 及像距 i 間的關係。

34.32 應用橫向放大率 m、像高與物高 h、像距 i 和物距 p 間的關係。

34.33 應用透鏡製造時的方程式去得到透鏡之焦距與折射率(在空氣中)及透鏡兩側曲率半徑間的關係

34.34 有個物體位於透鏡1前的多透鏡系統，找出透鏡1產生的像，並使用此像為透鏡2的物體等等。

34.35 對於多透鏡系統，可由每個透鏡的放大率計算得到最後的放大率(最後的像)。

關鍵概念

- 此部分主要考量對稱且具有球面的薄透鏡。
- 若平行光是平行中心軸射入會聚透鏡，其折射線會通過距離透鏡焦距 f(正量)的點(實焦點)。若折射線是通過發散透鏡，折射線向後的延伸線會通過距離透鏡焦距 f(負量)的點(虛焦點)。
- 會聚透鏡可以產生實像(如果物體在焦距之外)，產生虛像(如果物體在焦點內)。
- 發散透鏡只可以產生虛像
- 位於鏡前的物體，物距 p 和像距 I 與透鏡焦距 f、折射率 n 及曲率半徑 r_1、r_2 有關，其關係如下：

$$\frac{1}{p}+\frac{1}{i}=\frac{1}{f}=(n-1)(\frac{1}{r_1}-\frac{1}{r_2})$$

- 物體的橫向放大率 m 是像高 h' 與物高 h 的比值

$$|m|=\frac{h'}{h}$$

其與物距 p 與像距 i 的關係如下

$$m=-\frac{i}{p}$$

- 對於一個有有共同軸心的透鏡系統，第一個透鏡產生的像會是第二個透鏡的物，其後以此類推，並且總放大率是各個放大率的乘積。

薄透鏡

　　一個透鏡是由兩個中央軸重疊的折射表面構成的透明物體。而共同的中央軸即為透鏡的中央軸。當透鏡置於空氣中，光從空氣折射進入透鏡，穿過透鏡，然後再折射回到空氣。每次折射都會改變光路徑的方向。

　　如果光線原來平行於透鏡的中央軸，而透鏡使光線會聚在一起，這個透鏡稱為**會聚透鏡**(converging lens)。相反地，如果透鏡使光線發散，這透鏡就是**發散透鏡**(diverging lens)。當物體放在任一種型式的透鏡前，由物體發出的光經過折射可被成像。

　　透鏡方程式。在此我們考慮**薄透鏡**這個特例，也就是說，透鏡的厚度比物距 p，像距 i 或透鏡的兩個曲率半徑 r_1 和 r_2 還要小。我們將只考慮光線與中央軸夾小角度之情形(在這裏的圖都被誇大了)。在 34-6 節，我們將證明對這樣的光線，薄透鏡有焦距 f。此外，i 和 p 之間的關係為

$$\frac{1}{f}=\frac{1}{p}+\frac{1}{i} \quad \text{(薄透鏡)} \tag{34-9}$$

其型式和面鏡的方程式相同。我們也將證明當折射率 n 的薄透鏡位於空氣中時，其焦距 f 為

$$\frac{1}{f}=(n-1)\left(\frac{1}{r_1}-\frac{1}{r_2}\right) \quad \text{(空氣中的薄透鏡)} \tag{34-10}$$

此通常被稱為造鏡者方程式。r_1 為較靠近物體的透鏡表面之曲率半徑，r_2 是另一表面的。這些半徑的正負號可依第 34-6 節中關於球狀折射面之半徑的規則去判斷。如果透鏡被放在除了空氣以外折射率為 n_{medium} 的介質(如，玉米油)，我們將 34-10 式中的 n 以 n/n_{medium} 代替。記住 34-9 式和 34-10 式的依據：

感謝 Matthew G. Wheeler

利用透明冰塊做成的會聚透鏡可將陽光聚焦於報紙上，用來生火。透鏡是將水置入淺容器中，冰凍做成的(該容器有著凹曲的底部)。

 透鏡是因爲能曲折光線，所以可以產生物體的像；但其之所以可以曲折光線是因爲其折射率和周圍環境不同。

形成焦點。圖 34-14a 所示爲一薄凸透鏡。當平行於透鏡中央軸的射線穿過透鏡時，射線折射兩次，如放大圖 34-14b 所示。這兩次折射使射線會聚而通過一共同點 F_2，位於距透鏡中心 f 處。因此此透鏡爲一會聚透鏡；更進一步地，實焦點位於 F_2(因爲光線實際通過它)，而相應的焦距爲 f。當我們使得光線反向且平行中央軸通過透鏡，我們可以在透鏡的另一邊找到另一個實焦點 F_1。對薄透鏡而言，這兩焦點和透鏡間是等距的。

符號，符號，符號。因會聚透鏡是實焦點，令相應的焦距 f 爲正，和我們對凹面鏡的實焦點的作法相同。但光學中的正負號容易弄錯，所以最好用 34-10 式來檢驗之。若 f 是正的則該方程式的左邊爲正；那右邊又是如何呢？我們一項一項的檢驗。因爲玻璃或任何其他物質的折射率 n 都比 1 要大，故$(n-1)$必定是正的。因爲光源(物體)在左邊且面對透鏡的左面，所以根據折射面的正負號規則，這邊的曲率半徑 r_1 必定爲正的。類似地，因爲物體面對透鏡右邊的曲面，所以此邊的曲率半徑 r_2 必爲負的。因此，$(1/r_1 - 1/r_2)$這項是正的，整個 34-10 式的右邊是正的，而所有的正負號是一致的。

圖 35-14　(a)原來與會聚透鏡中央軸平行的射線，被會聚在實焦點 F_2。透鏡厚度薄於所繪出者，與垂直於它之線的寬度相同。我們將考慮所有發生在中央軸線之光線的彎曲。(b)透鏡(a)上半部分放大的結果; 其表面的法線以虛線表示。注意兩折射光線以朝向中央軸線的方式向下彎曲。(c)最初平行的光線被發散透鏡所發散。發散光線的延長線會通過虛焦點 F_2。(d)(c)透鏡上半部分的放大結果。注意兩折射光線以遠離中央軸線的方式向上彎曲。

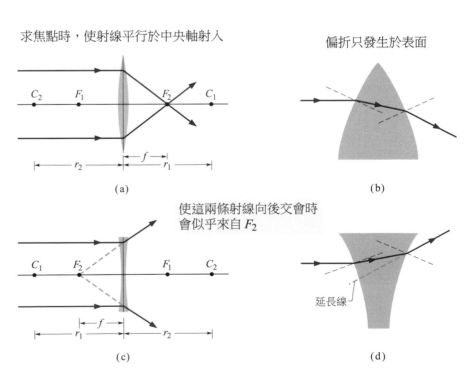

求焦點時，使射線平行於中央軸射入

(a)

偏折只發生於表面

(b)

使這兩條射線向後交會時會似乎來自 F_2

(c)

(d)

延長線

圖 34-14c 所示的是一面薄凹透鏡。當光線平行透鏡中央軸且通過透鏡，其經兩次折射，如被放大的圖 34-14d 所示；光線發散無通過任何共同點，所以此透鏡是一個發散透鏡。但是，光線的延伸線會通過距透鏡中心 f 的共同點 F_2。因此透鏡有一個虛焦點在 F_2（假如你的眼睛接受到一些發散的光線，你會以爲有一個發亮的點光源位於 F_2）。另一個虛焦點位於透鏡另一邊的 F_1 上，若是薄透鏡則位置是對稱的。因爲是虛焦點，所以焦距 f 是負的。

薄透鏡成像

我們現在考慮會聚和發散透鏡的成像種類。圖 34-15a 所示爲物體 O 置於會聚透鏡的焦點 F_1 之外。圖中所畫的兩條光線顯示透鏡在其和物體不同側處形成一眞實的、倒立的像 I。

當物體被放置在焦點 F_1 以內，如圖 34-15b 所示時，透鏡在其和物體同側處形成一同向的虛像。因此會聚透鏡可以形成實像或虛像，端視該物體是位於焦點外或內。

圖 34-15c 所示爲物體 O 置於發散透鏡前。一個發散透鏡只能形成虛像，不論物像距離爲何（不論物體置於焦點之內或焦點之外），且像的方向和物體相同，並和物體同側。

正如面鏡的情形，當其爲實像我們令像距 i 爲正；當其爲虛像令其爲負。但是透鏡的實和虛像的位置跟面鏡的剛好相反：

 　　實像和物體於透鏡的不同側，而虛像和物體同側。

會聚或發散透鏡的橫向放大率 m 可用 34-5 式及 34-6 式來求得，和凸面、凹面鏡相同。

在本節中你應吸收大量資訊並將其組織、整理，以利你塡滿表 34-2。對於像位置，要看像和物體是在透鏡的同側或異側。對於像的種類，要看像是眞實或虛假的。對於像的方向，要看其和物體方向是相同或相反。

表 34-2　你的薄透鏡表

透鏡種類	物體位置	像 位置	像 種類	像 方向	正負號 f	正負號 r	正負號 m
會聚	F 內						
	F 外						
發散	任何						

畫線找出有長度的物體之像距

圖 34-16a 所示爲一物體 O 置於會聚透鏡的焦點 F_1 之外。若畫出三條特殊光線當中的兩條，我們便能以畫圖方式求得物體上任何一點（例如圖 34-16a 中箭頭符號的頂點）所成之像的位置。這些由通過透鏡以成像的光線中被選出的特別的光線爲：

會聚透鏡可產生兩種成像

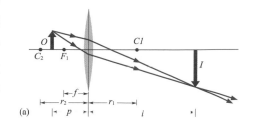

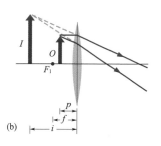

發散透鏡只產生虛像

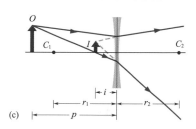

圖 34-15 （a）當物體 O 是在焦點 F_1 以外時，會聚透鏡形成一個眞實的，倒立的像。（b）當 O 位在焦點內，影像 I 是虛像且與 O 在相同的方向。（c）一發散透鏡形成一個虛像 I，與物體有相同的方向 O，不論 O 是位在透鏡的焦點內側或者在透鏡焦點的外側。

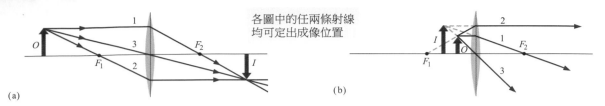

各圖中的任兩條射線
均可定出成像位置

(a)

(b)

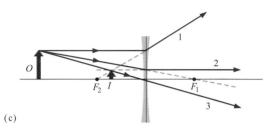

(c)

圖 34-16　利用三條特殊的射線，可求出薄透鏡成像
的位置，其中物體在會聚透鏡的焦點(a)外面或(b)裏
面，或(c)在發散透鏡前的任何位置。

1. 原來平行中央軸的射線將會通過焦點 F_2(圖 34-16a 的射線 1)。

2. 原來通過焦點 F_1 的射線，離開透鏡後將平行於中央軸(圖 34-16a 的
   射線 2)。

3. 原來指向透鏡中心的射線，離開透鏡後方向不變(圖 34-16a 射線 3)，
   因為它所穿過的兩側幾乎是平行的。

這些射線在透鏡遠端交錯之處即為各點所在的像。用物體上的兩或更多
點所形成的像便可標示出物體的像位置。

　　圖 34-16b 說明如何利用三條特殊射線的延伸線來求得置於會聚透鏡
焦點 F_1 內的物體成像之位置。注意射線 2 的說明需稍作修改(此射線現為
向後延伸線會通過 F_1)。

　　求發散透鏡(圖 34-17c)成像位置(任何地方)時，必須修改光線 1 和 2
的的說明。求發散透鏡(圖 34-16c)成像位置(任何地方)時，必須修改光線
1 和 2 的的說明。

雙透鏡系統

　　在這裡我們考慮一個位在雙透鏡系統前面的物體，這兩個透境的中
央軸線是疊合在一起的。一些可能的雙透鏡系統畫於圖 34-17，這圖並沒
有按比例描繪。在各個系統，物體位於透鏡 1 的左側，但可能位在透鏡
之焦點的內側或是外側。雖然透過任何這樣的雙透鏡系統來追蹤光線可
能深具挑戰性，但是我們能使用下述簡單的兩步驟解決辦法：

步驟 1　忽略透鏡 2，使用 34-9 式找到經過透鏡 1 所產生的之影像 I_1 的
位置。判斷該影像在透鏡的左側或是右側，它是實像還是虛像，
以及它是否與物體同一方向。粗略地畫出 I_1。圖 34-17a 的上
半部是個例子。

步驟 2　忽略透鏡 1，視 I_1 宛如它是透鏡 2 的物體。使用 34-9 式找出由
透鏡 2 所產生之影像 I_2 的位置。這是該系統的最後的影像。判
斷影像是位在透鏡的左側或是右側，它是實像或是虛像，以及
它是否與透鏡 2 的物體有相同的方向。粗略地畫出 I_2。圖 34-17a
的下半部是個例子。

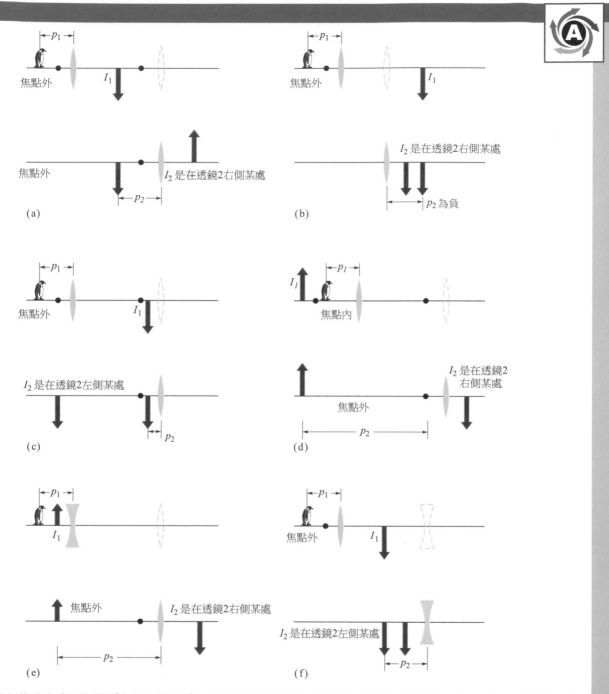

34-17 幾個雙透鏡系統的草圖(未按比例畫出)，其中物體位於透鏡 1 的左邊。在解決方案的第 1 步，我們考慮透鏡 1 並忽略透鏡 2(虛線所示)。在第 2 步，我們考慮透鏡 2 並忽略透鏡 1(不再顯示)。我們希望找到最後的影像，也就是說，透鏡 2 的像。

　　因此，我們將雙透鏡系統視同兩個單透鏡來計算，沿用用於單一透鏡的決定方式和規則。這個程序唯一的例外是，如果 I_1 位在透鏡 2(通過透鏡 2)的右側。我們仍視它如同透鏡 2 的物體，但當我們使用 34-9 式來

找出 I_2 的時候，我們採用物像距離 p_2 爲一負的數字。然後，如同在我們其他的例子，如果影像距離 i_2 是正的，這影像是實像，且位在透鏡的右邊。圖 34-17b 畫出一個例子。

　　相同的逐步分析方法可以適用於任何數目的透鏡。如果以一面鏡子取代透鏡 2，這分析方法也一體適用。一個透鏡系統(或是透鏡和一面鏡子)的整體(或者淨)橫向放大率 M 是各個橫向放大率的乘積如 34-7 式($m = -i/p$)。因此，對一個雙透鏡系統，我們有

$$M = m_1 m_2 \tag{34-11}$$

如果 M 是正的，最後的影像與物體有相同的方向(在透鏡 1 前面者)。如果 M 是負的，最後的影像是物體的倒立樣子。在 p_2 是負的情況，例如於圖 34-17b 中，決定最後影像之方向的最容易方法是檢查 M 的正負號。

 測試站 4

當指紋比薄透鏡的焦點距透鏡多 1.0 cm，透鏡產生倍率爲+0.2 的指紋的像。像的(a)種類和(b)方向爲何，而(c)透鏡種類爲何？

範例 **34.03**　由對稱的薄透鏡所產生的影像

　　有一隻螳螂位於距薄對稱透鏡 20 cm 前的中央軸上。螳螂因透鏡產生的橫向放大率 $m = -0.25$，而透鏡材質的折射率爲 1.65。

(a)判斷透鏡成像的種類、透鏡種類、物體(螳螂)是在焦點內或外、像是在透鏡的哪一側、像是否是倒立的。

推理　由所給的 m 值我們便可以知道許多關於透鏡和影像的事。由它和 34-6 式($m = -i/p$)，可得

$$i = -mp = 0.25p$$

甚至不用完成計算，我們就能回答問題。因爲 p 是正的，所以 i 必定是正的。意即我們有一實像，意即我們有一個會聚透鏡(唯一能產生實像的透鏡)。物體必定在焦點之外(唯一能產生實像的情形)。而像是倒立的且和物體位於透鏡的不同邊(這即是會聚透鏡如何產生實像)。

(b)透鏡的兩個曲率半徑 r 的值爲何？

關鍵概念

1. 因爲透鏡是對稱的，所以 r_1(較靠近物體的表面的)和 r_2 有相同大小 r。

2. 因爲是會聚透鏡，在近的一邊這物體面對一個凸面且所以 $r_1 = +r$ 而 $r_2 = -r$。與此類似，在遠的一邊它面對一個凹面；因此 $r_2 = -r$。

3. 可由造鏡者公式 34-10 式知道透鏡的曲率半徑與焦距 f 的關係(唯一含透鏡曲率半徑的方程式)。

4. 可由 34-9 式知道 f 與物距 p 和像距 i 的關係。

計算　我們已 p 之值但不知道 i。因此，我們的起點便是完成(a)部分 i 的計算；我們得到

$$i = (0.25)(20\ \text{cm}) = 5.0\ \text{cm}$$

現在從 34-9 式便可知

$$\frac{1}{f} = \frac{1}{p} + \frac{1}{i} = \frac{1}{20\text{cm}} + \frac{1}{50\text{cm}}$$

我們可得 $f = 4.0$ cm。從 34-10 式

$$\frac{1}{f} = (n-1)\left(\frac{1}{r_1} - \frac{1}{r_2}\right) = (n-1)\left(\frac{1}{+r} - \frac{1}{-r}\right)$$

或是，將已知的值代入，

$$\frac{1}{4.0\text{cm}} = (1.65-1)\frac{2}{r}$$

可得

$$r = (0.65)(2)(4.0\ \text{cm}) = 5.2\ \text{cm} \tag{答}$$

範例 **34.04** 由兩個系統薄透鏡產生的成像

在圖 34-18a 中，一粒種子 O_1 置於兩個同軸的薄對稱透鏡 1 和 2 前，焦距分別為 $f_1 = +24$ cm 和 $f_2 = +9.0$ cm。而透鏡間隔為 $L = 10$ cm。種子與透鏡 1 距離是 6.0 cm。求該種子最後成像之位置？

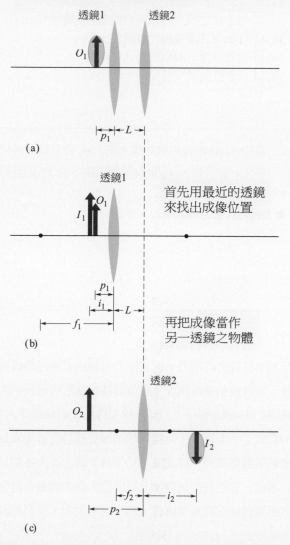

圖 34-18 (a)種子 O_1 與一透鏡相距 L 之雙透鏡系統相距 p_1。我們以箭頭代表種子的指向。(b)影像 I_1 由透鏡 1 單獨產生。(c)影像 I_1 單獨的當做透鏡 2 物體 O_2，由它產生最後的影像 I_2。

關鍵概念

可由光線經種子穿過兩透鏡的過程來找出此透鏡系統成像的位置。然而，這裡的關鍵概念就在於我們可藉由逐個透鏡地工作，一步步計算出此系統成像的位置。我們由較接近種子的透鏡開始。而我們要找的是最後一個，也就是由透鏡 2 產生的影像 2。

透鏡 1　忽略透鏡 2，找出被透鏡 1 單獨形成之像，對透鏡 1，34-9 式可寫成：

$$\frac{1}{p_1} + \frac{1}{i_1} = \frac{1}{f_1}$$

透鏡 1 的物體 O_1 為種子，距透鏡 6.0 cm；因此 p_1 代 +6.0 cm。並代入已知 f_1 值，可得

$$\frac{1}{+6.0\,\text{cm}} + \frac{1}{i_1} = \frac{1}{+24\,\text{cm}}$$

由此得到 $i_1 = -8.0$ cm。

這告訴我們像 I_1 離透鏡 1 的距離是 8.0 cm 且是虛的(若注意到種子是在透鏡 1 的焦點之內，便已經可以猜出像是虛的)。既然 I_1 是虛的，它就是在透鏡與物體 O_1 同側且和種子方向相同，如圖 34-18b 所示。

透鏡 2　將像 I_1 當成是第二透鏡單獨存在時的物體 O_2，而忽略透鏡 1。因為物體 O_2 是在透鏡 2 的焦點以外。我們可猜到透鏡 2 所成之像 I_2 是實像、倒立的，且與 O_2 不在透鏡的同一側。讓我們解解看。

從圖 34-18c，物體 O_2 和透鏡 2 之間的距離 p_2 為

$$p_2 = L + |i_1| = 10\,\text{cm} + 8.0\,\text{cm} = 18\,\text{cm}$$

然後，對透鏡 2，34-9 式可寫成

$$\frac{1}{+18\,\text{cm}} + \frac{1}{i_2} = \frac{1}{+9.0\,\text{cm}}$$

遂　　　　$i_2 = +18$ cm　　　　　　　　　　　(答)

正號證實了我們的猜測：透鏡 2 產生的像 I_2 為實像、倒立，且在透鏡 2 的右側(和 O_2 在不同側)，如圖 34-18c 所示。因此，這影像會出現在置於它的位置的卡片上。

34-5 光學儀器

學習目標

在閱讀完這個區塊的文字之後，讀者應該能夠...

34.36 識別視覺近點。

34.37 用簡單圖形說明一個簡單放大鏡的功能。

34.38 識別角放大率。

34.39 計算一個在簡單放大鏡焦點處物體的角放大率。

34.40 用簡單圖形說明複式顯微鏡。

34.41 確認由於物鏡的橫向放大率及目鏡的角放大率所造成之複式顯微鏡的整體放大率。

34.42 計算複式顯微鏡的整體放大率。

34.43 用簡單圖形說明折射式望遠鏡。

34.44 計算折射式望遠鏡的角放大率。

關鍵概念

● 簡單放大鏡的角放大率是

$$m_\theta = \frac{25\text{ cm}}{f}$$

其中 f 是焦距，25 cm 則是近點的參考值。

● 複式顯微鏡的整體放大率為

$$M = m m_\theta = -\frac{s}{f_{ob}} \frac{25\text{ cm}}{f_{ey}}$$

其中 m 爲物鏡的橫向放大率，m_θ 爲目鏡的角放大率，s 是管長，f_{ob} 是物鏡的焦距，而 f_{ey} 則是目鏡的焦距。

● 折射式望遠鏡的角放大率是

$$m_\theta = -\frac{f_{ob}}{f_{ey}}$$

光學儀器

　　人類的眼睛是相當有效率的器官，但其能力可經由很多光學儀器而更加擴大，如眼鏡、顯微鏡和望遠鏡等。許多這樣的裝置可把我們的視野擴展到可見光範圍之外，例如衛星上的紅外線相機及 X 射線顯微鏡等。

　　在幾乎所有的複雜光學器材裡，面鏡和薄透鏡公式只能被用來當作近似。在典型的實驗室顯微鏡裡，透鏡並不是「薄」的。在大多數光學儀器裡透鏡是複合透鏡，它們是由幾個部分組成的，而界面很少是完全球面的。接下來我們要討論三種光學儀器，爲了便於說明，我們假設薄透鏡公式仍然可用。

簡易放大鏡

　　如果物體的位置是介於無限遠和一個稱爲近點 P_n 的點之間，正常的人類眼睛便能將物體銳利地聚焦成像於網膜上(在眼睛的後方)。如果把物體移到比近點還近的位置，網膜上的像會變模糊不清。近點的位置通常隨年齡改變。我們都聽過有人說他不需要眼鏡，但他閱報時卻將報紙放在手臂長的距離，他的近點正在後退！要找你自己的近點，先拿掉眼鏡或隱形眼鏡，閉上一隻眼睛，然後將書本移近你張開的眼睛，直到看不清楚爲止。在下面的討論中，我們將近點到眼睛的距離定爲 25 cm，這比 20 歲的人的典型值要多一點。

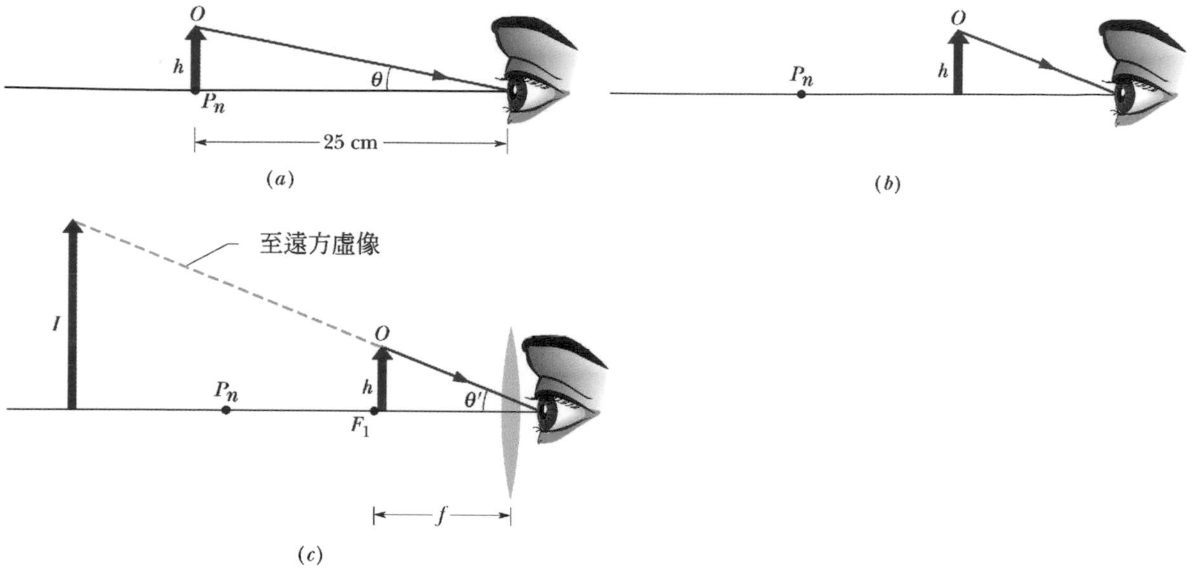

圖 34-19 (a)高度為 h 的物體 O 置於人眼的近點上，佔了視線裡 θ 角(b)物體被移得更近以增加角度，但此時觀察者無法將物體聚焦。(c)將一個會聚透鏡置於物體和眼睛之間，並使物體剛好在透鏡焦點 F_1 之內。那麼這透鏡所產生的像便可遠到足夠被眼睛聚焦，且像所佔的角度 θ' 比圖(a)中物體 O 的角度大。

　　圖 34-19a 所示為物體置於眼睛的近點 P_n 上。物體在網膜上成像的大小決定於物體在眼睛視野中所佔的角度 θ。若將物體往眼睛移近，如圖 34-19b 所示，可以增加角度，且可能將物體看得更仔細。但是，當物體比近點更近時，它就無法聚焦；影像也不再清楚。

　　若放置一個會聚透鏡使得 O 正好在透鏡之焦點 F_1 內(透鏡焦距為 f，圖 34-19c)，那麼經由這透鏡看 O，便可恢復聚焦。你所看見的便是透鏡所產生的 O 的虛像。這個像比近點要遠，所以眼睛可以清楚地看到它。

　　此外，虛像所佔的角度 θ' 比單獨物體能被清楚看到時所佔的最大角度 θ 還要大。角度放大率 m_θ(不要和橫向放大率 m 相混)為

$$m_\theta = \theta' / \theta$$

以字面上來說，簡易放大鏡的角度放大率即為當物體向觀察者的近點移動時，透鏡產生的像所占的角度和物體所占角度的比值。

　　由圖 34-19，假設 O 是在透鏡焦點上，且對於小的 θ 將 $\tan\theta$ 近似值取為 θ，$\tan\theta'$ 近似值取為 θ'，那麼

$$\theta \approx h/25 \text{ cm} \quad 及 \quad \theta' \approx h/f$$

故　　　$m_\theta \approx \dfrac{25\text{cm}}{f}$ 　(簡易放大鏡) 　　　　　　　(34-12)

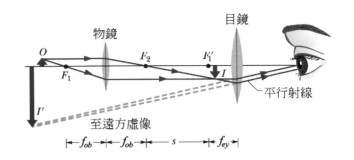

圖 34-20 以薄透鏡的型式來說明複合顯微鏡(不按照真實物體大小比例來畫)。物鏡產生的物體 O 的實像 I 剛好在目鏡的焦點 F'_1 之內。像 I 對目鏡而言有如一個物體，目鏡產生最後為觀察者看到的虛像 I'。物鏡的焦距是 f_{ob}；目鏡的焦鏡是 f_{ey}；而 s 是管長。

複合顯微鏡

圖 34-20 是以薄透鏡來說明複合顯微鏡。它是由一個焦距為 f_{ob} 的物鏡(前方的透鏡)和一個焦距為 f_{ey} 的目鏡(靠近眼睛的透鏡)所組成。它可以用來觀察距離物鏡很近的微小物體。

要被觀察的物體 O 正好位於物鏡的第一焦點 F_1 之外，且非常接近 F_1，所以我們可以將它和透鏡的距離 p 取近似值為 f_{ob}。然後，兩透鏡間的距離要調整使物鏡產生的放大倒立的實像 I 正好位於目鏡的第一焦點 F'_1 之內。圖 34-20 中的管長 s 比 f_{ob} 大很多，所以我們可將物鏡和像 I 的距離 i 取近似值為 s。

根據 34-6 式並利用我們對 p 及 i 取的近似值，可得物鏡的橫向放大率為：

$$m = -\frac{i}{p} = -\frac{s}{f_{ob}} \tag{34-13}$$

既然像 I 正好落於目鏡的焦點 F'_1 之內，目鏡的作用就如同簡易放大鏡，而觀察者可經由它看到一個最後的(虛的，倒立的)像 I'。整體的放大率為物鏡的橫向放大率 m (34-13 式)和目鏡的角放大率 m_θ (34-12 式)的乘積；亦即

$$M = mm_\theta = -\frac{s}{f_{ob}}\frac{25\text{cm}}{f_{ey}} \quad \text{(顯微鏡)} \tag{34-14}$$

折射式望遠鏡

望遠鏡有很多種型式。在這裡要描述的是由一個物鏡和一個目鏡所組成的簡單折射望遠鏡，在圖 34-21 中，物鏡和目鏡均以單一透鏡來表示，但實際上，和顯微鏡情形一樣，物鏡和目鏡各別均為複合透鏡系統。

望遠鏡和顯微鏡中透鏡的排列似乎很相似，但是，望遠鏡是被設計來觀看在遠方的大型物體，如銀河系，恆星、行星等，而顯微鏡的設計是為了相反的目的。並且注意圖 34-21 中物鏡的第二焦點 F_2 與目鏡的第一焦點 F'_1 重疊，但在圖 34-20 中這兩點分開管長 s 的距離。

在圖 34-21a 中來自遠處物體的平行光線與望遠鏡軸成 θ_{ob} 角入射於物鏡，在共同焦點 F_2 及 F'_1 形成一真實、倒立的像。這個像如同目鏡的物 I，而觀察者經由它會看到一個在遠方(仍倒立)的虛像 I'。形成這虛像的光線與望遠鏡軸形成 θ_{ey} 角。

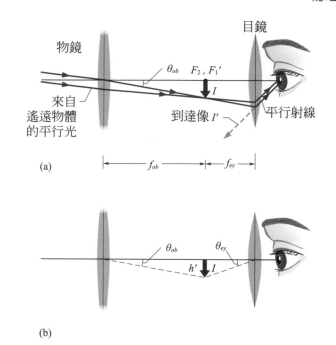

(a)

(b)

圖 34-21 （a)以薄透鏡的型式來說明折射望遠鏡。物鏡產生遙遠光源(物體)的實像 I，其光線在物鏡處是近似平行的(假設物體的一端靠在中央軸線上)。在共同焦點 F_2 和 F_1' 上形成的像 I，對目鏡來講有如一物體，而在距觀察者很遠的地方產生最後的虛像 I_1'。物鏡的焦距是 f_{ob}；目鏡的焦點是 f_{ey}。(b)像 I 有高度 h'，並占據從物鏡看是 θ_{ob} 的角度而從目鏡看是 θ_{ey} 的角度。

望遠鏡的角度放大率 m_θ 是 θ_{ey}/θ_{ob}。從圖 34-21b，對於靠近中央軸的光線，可令 $\theta_{ob} = h'/f_{ob}$ 而 $\theta_{ey} \approx h'/f_{ey}$，而得到

$$m_\theta = -\frac{f_{ob}}{f_{ey}} \quad \text{(望遠鏡)} \tag{34-15}$$

其中負號指 I' 為顛倒。字面上而言，望遠鏡的角度放大率即為望遠鏡所成的像所占據的角度和沒有用望遠鏡看時遠方物體所占的角度之比值。

放大率只是在設計天文望遠鏡時要考慮的因素之一，而且它很容易達成。好的望遠鏡需要有聚光本領，這決定了像的亮度。在觀察光線微弱的物體(如遠方的銀河系)時，這個因素很重要，可經由增大物鏡的直徑來達成。另外，要有好的鑑別率，這關係著望遠鏡分辨兩個角度很接近的遠方物體(如星球等)的能力。視野是另一項重要因素。用來看銀河系(只需小的視野)的望遠鏡在設計上和用來觀察流星(在較寬的視野上移動)的望遠鏡有很大的不同。

設計望遠鏡的人也需要考慮真實透鏡和理想薄透鏡之間的差別。有球表面的真實透鏡並無法形成清晰的像，這個缺點稱為球面像差。又因為由真實透鏡的兩個表面產生的折射和波長有關，真實透鏡無法將不同波長的光聚焦在同一點，這個缺點稱為色像差。

以上簡短的討論並沒有包括全部設計天文望遠鏡的考慮因素，還有很多因素。對於設計其他高級光學儀器，我們也有類似的考慮。

34-6 三項證明

球面鏡方程式(34-4 式)

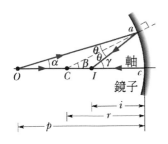

圖 34-22 點物體 O 經凹球面鏡反射後產生點實像 I。

圖 34-22 展示一個點物體 O 放在凹球面鏡的中央軸線上，位在曲率中心 C 外邊。一來自 O 而與這中央軸線形成一個角度 α 的光線於鏡子 a 反射之後交該軸於 I。另一條由 O 發出的射線，沿著軸前進，在 c 點反射後沿原路折回，也會通過 I。因而 I 是 O 的像，因為光線實際上有通過它，它是一個實像。現在讓我們來求像距 i。

有一個在這裡很有用的定理：三角形的外角等於其他兩個不相鄰內角之和。把這定理應用到圖 34-22 中的三角形 OaC 及 OaI，可得

$$\beta = \alpha + \theta \quad 及 \quad \gamma = \alpha + 2\theta$$

消去兩式中的 θ，可得

$$\alpha + \gamma = 2\beta \tag{34-16}$$

我們能寫出角度 α、β 與 γ，以強度為單位，為

$$\alpha \approx \frac{\widehat{ac}}{cO} = \frac{\widehat{ac}}{p} \qquad \beta \approx \frac{\widehat{ac}}{cC} = \frac{\widehat{ac}}{r}$$

以及

$$\gamma \approx \frac{\widehat{ac}}{cI} = \frac{\widehat{ac}}{i} \tag{34-17}$$

其中字頂符號表示「弧線」。其中只有 β 的公式是精確的，因為弧的曲率中心是在 C 上。但是，如果這些都夠小(這是對於光線靠近中央軸而言)。將 34-17 式代入 34-16 式，並利用 34-3 式，以 $2f$ 取代 r，然後消去，即可導出 34-4 式，這便是我們要證明的關係式。

球面折射公式(34-8 式)

在圖 34-23 中，從 O 入射的光線落在球形折射面上點 a 的折射會根據 34-40 式，

$$n_1 \sin \theta_1 = n_2 \sin \theta_2$$

如果 α 很小，θ_1 與 θ_2 也會是很小，我們能將其正弦值取代成這角度。所以，上式變成

$$n_1 \theta_1 \approx n_2 \theta_2 \tag{34-18}$$

我們再次應用三角形的外角等於兩個不相鄰內角之和的定理。在三角形 COa 和 ICa

$$\theta_1 = \alpha + \beta \quad 及 \quad \beta = \theta_2 + \gamma \tag{34-19}$$

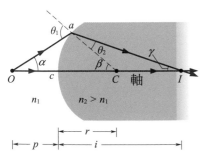

圖 34-23 點物體 O 在兩介質間之凸球表面折射後形成點實像 I。

若用 34-19 式消去 34-18 式中的 θ_1 和 θ_2，可得

$$n_1\alpha + n_2\gamma = (n_2 - n_1)\beta \tag{34-20}$$

以弧度計量角 α、β 及 γ 是

$$\alpha \approx \frac{\widehat{ac}}{p} \quad \beta \approx \frac{\widehat{ac}}{r} \quad \gamma \approx \frac{\widehat{ac}}{i} \tag{34-21}$$

其中只有第二式是精確的。因為 I 和 O 並不是弧 $\widehat{ac}$ 所在的圓的中心，其餘二式均為近似值。不過，當 α 很小時(即光線很靠近軸)，34-21 式的誤差也變小。將 34-21 式代入 34-20 式，即可得到我們要證明的 34-8 式。

薄透鏡公式(34-9 及 34-10 式)

我們將考慮透鏡的兩個表面為兩個折射面，以第一個表面形成的像當作第二個表面的物。

圖 34-24a 所示為一長度為 L 的厚玻璃「透鏡」，其左右折射表面的半徑分別為 r' 及 r''。一點物體 O' 被置於左表面附近，如圖所示。沿著軸離開 O' 的射線在進入和離開透鏡時均不偏折。

第二條離開 O' 的射線和軸成 α 角，和左表面相交於點 a'，然後被折射，和第二(右)表面相交於點 a''。射線再次被折射，和軸相交於 I''，這是兩條從 O' 發出的射線的交點，也就是點 O' 在兩個表面的折射之後形成的像。

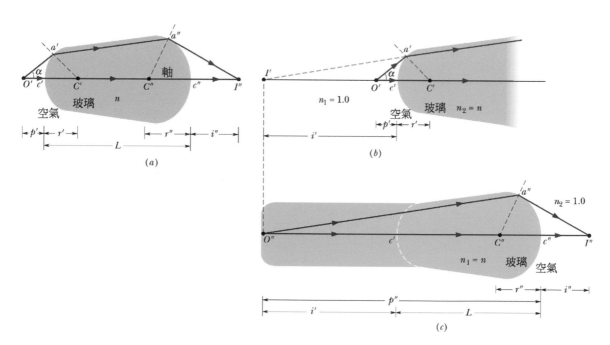

圖 34-24 (a)兩條來自 O' 的射線經「透鏡」的兩個球表面折射後，在 I'' 形成實像。物體面對透鏡左邊的凸面，及右邊的凹面。通過點 a' 和 a'' 的光線實際上非常貼近通過透鏡的中央軸(b)左邊和(c)右邊，個別地被呈現。

圖 34-24b 所示為第一(左)表面也形成一個 O' 的虛像 I'。要找出 I' 的位置，可用 34-8 式，

$$\frac{n_1}{p} + \frac{n_2}{i} = \frac{n_2 - n_1}{r}$$

令 $n_1 = 1$ 及 $n_2 = n$ 並記住像距是負的(即圖 34-24b 中的 $i = -i'$)，可得

$$\frac{1}{p'} + \frac{n}{i'} = \frac{n-1}{r'} \tag{34-22}$$

因為負號是明確的，所以 i' 是一個正值。

圖 34-24c 再次展現第二表面。除非在 a'' 點的觀察者已知道第一表面的存在，他將認為射到該點的光是由圖 34-24b 中的 I' 點所發出，而且在表面左方的區域是像圖中一樣充滿了玻璃。因此由第一表面形成的(虛)像 I' 就成為第二表面的真實物體 O''。這物體和第二表面的距離為

$$p'' = i' + L \tag{34-23}$$

將 34-8 式應用在第二表面，且因為這物體被當成是置於玻璃中，令 $n_1 = n$ 及 $n_2 = 1$。若用 34-23 式，則 34-8 式變成

$$\frac{n}{i'+L} + \frac{1}{i''} = \frac{1-n}{r''} \tag{34-24}$$

現在假設圖 34-24a 中的「透鏡」厚度 L 很小，與其他線性量(如 p'、i'、p''、i''、r'、r'')相比時可忽略。在此後我們均作這種「薄透鏡近似」。以 $L = 0$ 代入 34-24 式並整理右邊，可得

$$\frac{n}{i'} + \frac{1}{i''} = -\frac{n-1}{r''} \tag{34-25}$$

將 34-22 式及 34-25 式相加可得

$$\frac{1}{p'} + \frac{1}{i''} = (n-1)\left(\frac{1}{r'} - \frac{1}{r''}\right)$$

最後，令 p 為最初的物距，i 為最後的像距，可得

$$\frac{1}{p} + \frac{1}{i} = (n-1)\left(\frac{1}{r'} - \frac{1}{r''}\right) \tag{34-26}$$

於此，略為改變符號之後，為 34-9 式與 34-10 式。

重 點 回 顧

實像和虛像　像是利用光而產生物體的複製品。若像可在任何表面上形成，此即為實像且就算沒有觀察者它還是存在的。若需要觀察者的視覺系統者，才能看到的像即為虛像。

像的形成　球面鏡、球形折射面和薄透鏡都是靠改變來自光源的光線方向而形成光源(物體)的像。像會出現在偏折光線的交叉處(形成實像)或那些光線的向後延伸線的交叉處(形成虛像)。若光線非常靠近中央軸地通過球面鏡，折射面或薄透鏡，則我們要遵循物

距 p(正的)和像距 i(實像是正的，虛像是負的)間的關係：

1. 球面鏡

$$\frac{1}{p}+\frac{1}{i}=\frac{1}{f}=\frac{2}{r} \qquad (34\text{-}4,\ 34\text{-}3)$$

其中 f 是鏡的焦距而 r 是鏡的曲率半徑。平面鏡是 $r \to \infty$ 時的特例，所以其 $p=-i$。實像會形成在物體所在的鏡子的那一邊，虛像是在另一邊。

2. 球狀折射面

$$\frac{n_1}{p}+\frac{n_2}{i}=\frac{n_2-n_1}{r} \quad \text{(單一表面)} \qquad (34\text{-}8)$$

其中 n_1 是物體所處的物質的折射率，n_2 是位於折射面的另一側的折射率，r 是折射面的曲率半徑。當物所面對的折射面是凸面則半徑 r 是正的。若是凹面則 r 是負的。實像成像和物體是在鏡子的不同側，而虛像和物體同側。

3. 薄透鏡

$$\frac{1}{p}+\frac{1}{i}=\frac{1}{f}=(n-1)\left(\frac{1}{r_1}-\frac{1}{r_2}\right) \qquad (34\text{-}9,\ 34\text{-}10)$$

其中 f 是透鏡的焦距，n 是透鏡材質的折射率，r_1 和 r_2 是透鏡的兩邊的曲率半徑。面對著物體的凸透鏡面有正的曲率半徑；面對著物體的凹透鏡面有負的曲率半徑。實像和物體不同側，虛像和物體同側。

討論題

1 到 6 三透鏡系統。在圖 34-25 中，棒狀人形 O(物體)站在三個對稱薄透鏡的共同中心軸上，

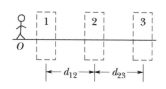

圖 34-25 習題 1 至 6

這三個透鏡安裝在圖中的三個分割區域內。透鏡 1 安

橫向放大率 球面鏡或薄透鏡的橫向放大率 m 為

$$m=-\frac{i}{p} \qquad (34\text{-}6)$$

m 的大小是

$$|m|=\frac{h'}{h} \qquad (34\text{-}5)$$

其中 h 和 h' 分別是物體和像的高度(垂直中央軸測量)。

光學儀器 三種用來擴展人類視覺的光學儀器為：

1. 簡易放大鏡，其角度放大率 m_θ 為

$$m_\theta \approx \frac{25\text{cm}}{f} \qquad (34\text{-}12)$$

f 是放大鏡的焦距。25 公分的距離是個傳統的選擇值，這個值略高於典型 20 歲者的近視點。

2. 複合顯微鏡，其整體放大率 M 為

$$M=m m_\theta=-\frac{s}{f_{ob}}\frac{25\text{cm}}{f_{ey}} \qquad (34\text{-}14)$$

其中 m 是物鏡的橫向放大率，m_θ 是目鏡的角度放大率，s 是管長，而 f_{ob} 和 f_{ey} 分別為物鏡和目鏡的焦距。

3. 折射望遠鏡，其角度放大率 m_θ 為

$$m_\theta=-\frac{f_{ob}}{f_{ey}} \qquad (34\text{-}15)$$

裝在最靠近 O 的分割區域內，其位置是物像距離為 p_1 的地方。透鏡 2 安裝在中間的分割區域內，它與透鏡 1 的距離是 d_{12}。透鏡 3 安裝在最遠的分割區域內，它與透鏡 2 的距離是 d_{23}。在表 34-3 的每一個習題會參照到不同的透鏡組合和不同的距離數值，這些距離數值的單位是公分。關於透鏡的類型，表中以 C 代表會聚透鏡，D 代表發散透鏡；在 C 或 D 之後的數值是透鏡與兩個焦點其中之一的距離(沒有指出焦距的正確符號)。試求(a)由透鏡 3 所產生的(最後)成像的像

表 34-3 習題 1 到 6：三透鏡系統。請參看這些習題的設置方式。

	p_1	透鏡 1	d_{12}	透鏡 2	d_{23}	透鏡 3	(a) i_3	(b) M	(c) R/V	(d) I/NI	(e) 同異側
1	+12	C, 8.0	28	C, 6.0	8.0	C, 6.0					
2	+4.0	D, 6.0	9.6	C, 6.0	14	C, 4.0					
3	+18	C, 6.0	15	C, 3.0	11	C, 3.0					
4	+2.0	C, 6.0	15	C, 6.0	19	C, 5.0					
5	+8.0	D, 8.0	8.0	D, 16	5.1	C, 8.0					
6	+4.0	C, 6.0	8.0	D, 4.0	5.7	D, 12					

距 i_3(系統產生的最後物像)，和(b)系統的整體橫向放大率 M(含正負號)。另外請求出最後物像究竟是(c)實像(R)或虛像(V)，與物體 O 相比是(d)倒立(I)或非倒立(NI)，以及，與物體 O 相比是在透鏡 3 的(e)相同側或相反側。

7 圖 34-26 顯示一個由兩個共軸的會聚透鏡所製作而成的擴束器(beam expander)，

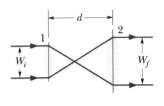

圖 34-26 習題 7

兩個透鏡的焦距分別是 f_1 和 f_2，其分隔距離是 $d = f_1 + f_2$。這個裝置可以將雷射光束予以擴大，與此同時還能夠將光線維持在一個光束中，而且光束的方向與通過兩個透鏡的中心軸平行。假設有一個均勻雷射光束具有寬度 W_i = 2.5 mm 和強度 I_i = 9.0 kW/m^2，並進入 f_1 = 12.5 cm 且 f_2 = 30.0 cm 的擴束器中。請問離開擴束器以後，光束的(a) W_f 和(b) I_f 為何？(c)如果將透鏡 1 替換成焦距 f_1 = −26.0 cm 的發散透鏡，請問這個擴束器所需的 d 為何？

8 某一枚硬幣位於池子底部，液體的折射率是 n 而且深度為 d，我們由液面上方往下看(圖 34-27)。因為我們是利用兩隻眼睛觀看，兩隻眼睛會攔截來自硬幣

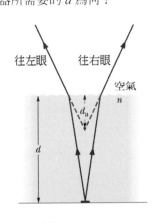

圖 34-27 習題 8

的不同光線，所以我們會感知硬幣是位於被攔截光線的延長線上，即位於 d_a 深度處而不是 d。假設在圖 34-27 中被攔截的光線很接近通過硬幣的垂直軸，請證明 $d_a = d/n$。(提示：利用小角度的近似，$\sin \theta \approx \tan \theta \approx \theta$。)

9 我們利用機器從平的玻璃圓盤(n = 1.5)研磨出如圖 34-28 所示的透鏡，而且這機器能夠研磨的曲率半徑有 40 cm 或 60 cm。當透鏡可以是兩種半徑中任何一種的時候，我們會選擇 40 cm 半徑。然後我們在太陽

圖 34-28 習題 9

光下拿著透鏡以便形成太陽的物像。請問：(a)焦距 f 及(b)(雙凸面)透鏡 1 之影像類型(實像或是虛像)，(c) f 及(d)(凸面境)透鏡 2 的影像類型，(e) f 及(f)(凹凸透鏡)透鏡 3 影像類型，(g) f 與(h)(雙凹)透鏡 4 之影像類型，(i) f 與(j)(平凹)透鏡 5 影像類型及(k) f 與(l)(彎凹)透鏡 6 之影像類型？

10 一隻金魚位於半徑 R 的球形魚缸中，其所在位置和魚缸中心 C 等高，且和玻璃面相距 $R/2$ 的距離(圖 34-29)。一位觀賞者的視線經過了金魚和魚缸中心，而且金魚是在比較靠近他的這一邊，請問此水缸所產生的金魚放大倍率是多少？水的折射率是 1.33。忽略魚缸的玻璃器壁。假設觀賞者以一隻眼睛觀看金魚。(提示：34-5 式有適用，但是 34-6 式則否。我們需要處理這個情況的光射線圖，並且假設光線很接近觀察者的視線，換言之，光線和視線只相差很小的角度。)

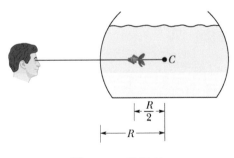

圖 34-29 習題 10

11 到 15 球面鏡。物體 O 站在球面鏡的中心軸上。針對這個情況，表 34-4 中的每一個習題提供了物距 p_s(公分)，面鏡類型，以及焦點和面鏡之間的距離(公分)，沒有給予正確的符號。請計算(a)曲率半徑 r(包括正負號)，(b)影像距離 i，(c)橫向放大率 m。另外請求出最後物像究竟是(d)實像(R)或虛像(V)，與物體 O 相比是(e)倒立(I)或非倒立(NI)，以及與物體 O 相比是在透鏡的(f)相同側或相反側。

16 到 20 薄透鏡。物體 O 站在對稱薄透鏡的中心軸上。針對這個情況，表 34-5 的每一個習題提供了物距 p(公分)，透鏡類型(C 代表會聚而且 D 代表發散)，以及焦點和透鏡之間的距離(公分，沒有給予正確符號)。請計算(a)像距 i 及(b)物體的橫向放大率 m，包括正負號。另外請求出最後物像究竟是(c)實像(R)或虛像(V)，與物體 O 相比是(d)倒立(I)或非倒立(NI)，以及，與物體 O 相比是在透鏡的(e)相同側或相反側。

21 針孔相機的孔距底片平面 12 cm，該平面是一個高 8.0 cm，寬 6.0 cm 的矩形，爲了在平面上獲得盡可能完整的圖像，應將相機的放置在距離尺寸爲 50 cm × 50 cm 的畫作多遠的地方？

22 一人將焦距爲 f 的放大鏡置於眼前一點，此人眼睛位於距放大鏡 25 cm 的 P_n。一個物體放在放大鏡前並使其能夠經由放大鏡成像於 P_n。(a)此放大鏡的角放大率爲多少？(b)若此物體被移動置成像位於無窮遠處的位置，則角放大率爲多少？若焦距 f = 10 cm，試求(c)與(a)相同情況下和(d)與(b)相同情況下的角放大率。（對於大多數人，想要看見 P_n 的成像需要眼部的肌肉幫助才能做到，而無窮遠處的成像則不太需要。）

23 在 圖 34-30 中，沙粒與薄透鏡 1 的距離爲 3.00 cm，其位於通過兩個對稱透鏡的中心軸

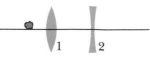

圖 34-30 習題 23

上。兩個透鏡的焦點與透鏡之間的距離均爲 4.00 cm；透鏡相距 8.00 cm。(a)透鏡 2 與它產生的沙粒圖像之間的距離是多少？那個圖像(b)在透鏡 2 的左側或右側？(c)是實像的還是虛像？以及(d)相對於沙粒是倒立的還是正立的？

24 艾薩克・牛頓，曾宣稱色差是折射望遠鏡的固有特性後（後來事實證明是錯誤的），其發明了反射望遠鏡，如圖 34-31 所示。他向皇家學會（倫敦）展示了他的第二款望遠鏡模型，放大率爲 38 倍。在圖 34-31 中，入射光與望遠鏡軸

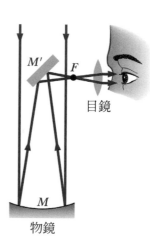

圖 34-31 習題 24

近似爲平行，落在物鏡 M 上，經過小鏡 M'（該圖未按比例）反射後，光線在焦點平面（在焦點 F 處垂直於視線的平面）處形成一個倒立的實像，然後通過目鏡查看該圖像。

表 34-4　習題 11 到 15：球面鏡。請參看這些習題的設置方式。

	p	鏡子	(a) r	(b) i	(c) m	(d) R/V	(e) I/NI	(f) 同異側
11	+24	凹面，36						
12	+12	凹面，18						
13	+18	凹面，12						
14	+15	凹面，10						
15	+8.0	凸面，10						

表 34-5　習題 16 到 20：薄透鏡。請參看這些習題的設置方式。

	p	透鏡	(a) i	(b) m	(c) R/V	(d) I/NI	(e) 同異側
16	+10	D, 6.0					
17	+8.0	D, 12					
18	+16	C, 4.0					
19	+12	C, 16					
20	+25	C, 35					

(a)證明該裝置的角放大率 m_θ 爲方程式 34-15 給出的：

$$m_\theta = -f_{ob}/f_{ey} ,$$

其中 f_{ob} 是物鏡的焦距，f_{ey} 是目鏡的焦距。

(b)加利福尼亞州帕洛瑪山反射望遠鏡中的 200 in. 鏡子的焦距爲 16.8 m，估計當物體在 2.0 km 外，由這面鏡子所形成的圖像的大小，假設入射光線爲平行。

(c)不同的反射天文望遠鏡的反射鏡有效曲率半徑皆爲約 10 m（"有效"是因爲這種反射鏡被研磨成拋物線而不是球面形狀，以消除球面像差缺陷）。所以當要獲得 200 的角放大率時，目鏡的焦距須爲多少？

25 到 33 更多的鏡子。物體 O 站在球面鏡或平面鏡的中心軸上。於這種情況，於表 34-6 中的問題涉及(a)面鏡的類型，(b)焦距 f，(c)曲率半徑 r，(d)物像距離 p，(e)影像距離 i，(f)橫向放大率 m(所有距離的單位都是公分)。另外求出最後物像究竟是(g)實像(R)或虛像(V)，與物體 O 相比是(h)倒立(I)或非倒立(NI)，以及與物體 O 相比是在透鏡的(i)相同側或相反側。請將缺少的資料填補上。在數據只缺少符號的地方，只要回答符號即可。

34 假設一個人在沒有視覺輔助的情況下能看到的最遠距離是 50 cm。(a)使人看得很遠的矯正鏡片的焦距是多少？(b)鏡頭是會聚還是發散？(c)鏡片的焦度 P（以曲光度爲單位）等於 $1/f$，其中 f 以 m 爲單位，則鏡頭的 P 爲何？

35 球面鏡的方程 $1/p + 1/i = 2/r$ 是一個近似值，如果圖像是由與中軸僅成小角度的光線形成的，則該近似值是有效的。實際上，許多光線與中軸的角度都很大，這會使圖像有些模糊。由以下步驟你可以估計出像差會有多少。參見圖 34-22 並考慮一條射線離開中軸上的點光源（物體）並與該軸成 α 角。

首先，找到光線與鏡子的交點。如果該交點的坐標爲 x 和 y，且原點位於曲率中心，則 $y = (x + p - r) \tan \alpha$ 和 $x^2 + y^2 = r^2$，其中 p 是物距，r 是鏡子的曲率半徑。接下來，使用 $\tan \beta = y/x$ 求出交點處的角度 β，然後使用 $\alpha + \gamma = 2\beta$ 求出 γ 的值。最後，使用關係 $\tan \gamma = y/(x + i - r)$ 求出圖像的距離 i。

(a)假設 $r = 12$ cm 且 $p = 20$ cm。對於以下每個 α 值，求出圖像的位置，即反射光線穿過中心軸的點的位置：0.500、0.100、0.0100 弧度，並將結果與透過等式 $1/p + 1/i = 2/r$ 獲得的結果進行比較。(b)重複計算當 $p = 4.00$ cm 的時候得到的結果。

表 34-6　習題 25 到 33：更多面鏡。請參看這些習題的設置方式。

	(a) 類型	(b) f	(c) r	(d) p	(e) i	(f) m	(g) R/V	(h) I/NI	(i) 同異側
25				+60		−0.50			
26				+30		0.40		I	
27		30				+0.20			
28		20				+0.10			
29		+20		+30					
30				+40		−0.70			
31			−40		−10				
32				+24		0.50		I	
33	凹面	20		+10					

表 34-7　習題 38 到 41：球形折射表面。請參看這些習題的設置方式。

	n_1	(a) n_2	(b) p	(c) r	(d) i	(e) R/V	(f) 同異側
38	1.5	1.0	+70	+30			
39	1.5		+100	−30	+600		
40	1.0	1.5	+10		−13		
41	1.0	1.5	+10	+30			

36 一枚硬幣放在雙鏡頭系統前 20 cm 處。鏡頭 1（靠近硬幣）的焦距 $f_1 = +10$ cm，鏡頭 2 的焦距 $f_2 = +12.5$ cm，鏡頭間距為 $d = 30$ cm。對於鏡頭 2 產生的圖像(a)像距 i_2（包括符號），(b)整體橫向放大率，(c)圖像類型（真實或虛擬），以及(d)圖像方向（相對於硬幣倒立或正立）？

37 一束平行的窄光束從左側入射到玻璃球上，並指向球的中心（球體是透鏡，但肯定不是薄透鏡）。將光線的入射角近似為 0°，並假設玻璃的折射率 $n < 2.0$。(a)以 n 和球體半徑 r 表示出球體產生的圖像與球體右側的距離是多少？(b)圖像是在左側還是右側？（提示：應用公式 34-8 定位球體左側折射產生的圖像，然後將該圖像作為球體右側折射的對象，定位最終圖像。在第二次折射，物距 p 是正還是負？）

38 到 41 球形折射面。某一個物體 O 站立在一個球形折射表面的中心軸上。於這種情況，於表 34-7 內的各個問題涉及物體所在之處的折射率 n_1，(a)在折射面的另一邊的折射率 n_2，(b)物像距離 p，(c)這表面的曲率半徑 r 及(d)影像距離 i。(所有距離的單位都是公分)。填寫遺漏的資料，包括這影像是否為(e)實像(R)或是虛像(V)以及(f)與物體 O 在該表面的同一側或是相反側。

42 在光學、微波和其他應用中廣泛使用的角反射器由三個固定在一起的平面鏡組成，可形成立方體中的角，試證明，經過 3 次反射後，方向正好與入射光線相反。

43 (a)證明如果圖 34-19c 中的物體 O 從焦點 F_1 朝向觀察者的眼睛，圖像從無窮遠處移入時，角度 θ'（以

及角度放大率 m_θ）會因此增加。(b)如果繼續這個動作，當 m_θ 為最大有效值時，圖像會在什麼位置？（你可以繼續增加 m_θ，但圖像將不再清晰。）(c)證明 m_θ 的最大值為 $1 + (25 \text{ cm})/f$。(d)證明在這種情況下角放大率等於橫向放大率。

44 胡椒種子放在透鏡前，種子的橫向放大率為+0.300，透鏡焦距的絕對值為 40.0 cm，則圖像離透鏡多遠？

45 物體位於焦距為 30 cm 的薄發散透鏡左側 20 cm 處。(a)像距 i 是多少？(b)畫出表示圖像位置的射線圖。

46 到 51 半徑已知的透鏡。物體 O 站在一薄透鏡前方，且在中心軸上。針對此情況，表 34-8 的每一習題提供了物距 p，透鏡的折射率 n，比較近的透鏡表面的半徑 r_1，以及比較遠的透鏡表面的半徑 r_2 (所有距離的單位都是公分)。請計算(a)像距 i 及(b)物體的橫向放大率 m，包括正負號。另外請求出最後物像究竟是(c)實像(R)或虛像(V)，與物體 O 相比是(d)倒立(I)或非倒立(NI)，以及，與物體 O 相比是在透鏡的(e)相同側或相反側。

52 在圖 34-32 中，一個位於點 P 的賞魚者透過魚缸的玻璃壁觀看魚。賞魚者的眼睛和魚的高度相同；玻璃的折射率是 8/5，而且水的折射率是 4/3。圖中

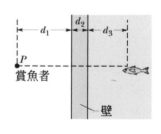

圖 34-32 習題 52

的距離分別是 $d_1 = 8.0$ cm，$d_2 = 3.0$ cm，$d_3 = 6.8$ cm。

表 34-8 習題 46 到 51：具有給定半徑的透鏡。請參看這些習題的設置方式。

	p	n	r_1	r_2	(a) i	(b) m	(c) R/V	(d) I/NI	(e) 同異側
46	+24	1.50	−15	−25					
47	+10	1.50	+30	−30					
48	+35	1.70	+42	+33					
49	+29	1.65	+35	∞					
50	+75	1.55	+30	−42					
51	+6.0	1.70	+10	−12					

(a)對魚而言，賞魚者看起來是在多遠的位置？（提示：賞魚者是一個物體。從物體發出的光線通過玻璃壁的外表面，此外表面的作用像具有折射能力的表面。求出由該表面產生的物像。然後將這個物像視為一個物體，其光線會通過玻璃壁的內表面，此內表面的作用像另一個具有折射能力的表面）。(b)對賞魚者而言，魚看起來是在多遠的位置？

53 奶酪辣醬玉米捲餅在會聚透鏡前 4.00 cm 處，奶酪辣醬玉米捲餅的放大倍數為 – 2.00，則該鏡頭的焦距是多少？

54 物體距離球面鏡 30.0 cm，沿球面鏡的中軸，反射鏡產生橫向放大率絕對值為 0.500 的倒立像，則鏡子的焦距是多少？

55 證明如果平面鏡旋轉角度 α，反射光束旋轉角度 2α。證明這個結果對於 $\alpha = 45°$ 是合理的。

56 一塊高 1.0 cm 的橡皮擦放置在雙透鏡系統前 10.0 cm 處，透鏡 1（靠近橡皮擦）的焦距 $f_1 = -15$ cm，透鏡 2 的焦距 $f_2 = 12$ cm，透鏡的間距為 $d = 12$ cm，對於透鏡 2 產生的圖像，請回答(a)像距（包括符號），(b)圖像高度，(c)圖像類型（實像或虛像），(d)圖像方向（相對於橡皮擦倒立或正立）？

57 到 63 更多透鏡。物體 O 站在對稱薄透鏡的中心軸上。於這種情況，於表 34-9 內的各個問題涉及(a)透鏡類型，會聚(C)或者發散(D)，(b)焦距 f，(c)物像距離 p，(d)影像距離 i 及(e)橫向放大率 m(所有距離的單位都是公分)。另外請求出最後物像究竟是(f)實像(R)或虛像(V)，與物體 O 相比是(g)倒立(I)或非倒立(NI)，以及與物體 O 相比是在透鏡的(h)相同側或相反

側。請填補上缺少的數據，其中包括當表格只給予 m 一個不等式時，我們必須求出 m 的值。在數據只缺少符號的地方，只要回答符號即可。

64 一小杯綠茶放在球面鏡的中軸上。杯子的橫向放大率為 + 0.250，鏡子與其焦點之間的距離為 2.00 cm。(a)鏡子與產生像之間的距離是多少？(b)焦距是正的還是負的？(c)實像還是虛像？

65 發光物體和屏幕相隔固定距離 D，(a)證明焦距為 f 的會聚透鏡放置在物體和屏幕之間，將在屏幕上形成實像的兩個透鏡位置相距一定的距離 $d = \sqrt{D(D-4f)}$。

(b)證明

$$\left(\frac{D-d}{D+d}\right)^2$$

給出了對這兩個透鏡位置之兩個圖像尺寸的比值。

66 一個點物體距離平面鏡 10 cm，與觀察者的眼睛（瞳孔直徑 5.0 mm）距離 20 cm。假設眼睛和物體位在垂直於鏡面的同一直線上，求出觀察點物體反射所用的鏡子面積。（提示：採用圖 34-4）

67 一個長度為 L 的短直物體位於球面鏡的中軸上，距球面鏡的距離為 p。(a)證明它在鏡子中的像的長度為 L'，其中

$$L' = L\left(\frac{f}{p-f}\right)^2$$

（提示：找到物體的兩端）。(b)證明縱向放大率 m'（$= L'/L$）等於 m^2，其中 m 為橫向放大率。

68 長玻璃棒（$n = 1.5$）的一端是半徑為 6.0 cm 的凸面。物體沿桿的軸位於空氣中，距凸端 10 cm。(a)物體和玻璃棒形成的圖像相距多遠？(b)為了產生虛像，物體必須位於距桿端的多少距離範圍內？

表 34-9 習題 57 至 63：更多透鏡。請參看這些習題的設置方式。

	(a) 類型	(b) f	(c) p	(d) i	(e) m	(f) R/V	(g) I/NI	(h) 同異側
57			+16		+0.25			
58			+16		−0.25			
59			+10		−0.50			
60	C	10	+20					
61		10	+5.0		<1.0			同側
62		+10	+5.0					
63		20	+8.0		<1.0		NI	

69 到 73 雙
透鏡系統。
在 圖 34-33
中，火柴棒
人形圖 O（物

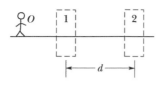

圖 34-33 習題 69 至 73

體）站在兩個對稱薄透鏡的共同中心軸上，這兩個透鏡是安裝在圖中兩個箱型區域內。透鏡 1 安裝在靠近 O 的箱型區域內，對此透鏡而言，人形圖的物距是 p_1。透鏡 2 安裝在比較遠的箱型區域內，它與透鏡 1 的距離是 d。在表 34-10 的每一個習題會參照到不同的透鏡組合和不同的距離數值，這些距離數值的單位是公分。透鏡的類型是以 C 代表會聚透鏡，並且以 D 代表發散透鏡；在 C 或 D 之後的數值是透鏡與其任一個焦點之間的距離(沒有指出焦距的正確符號)。

計算(a)由透鏡 2 所產生之影像的像距 i_2(由系統產生的最後的影像)及(b)此系統的整體放大率 M，括正負號。另外請求出最後物像究竟是(c)實像(R)或虛像(V)，與物體 O 相比是(d)倒立(I)或非倒立(NI)，以及，與物體 O 相比是在透鏡 2 的(e)相同側或相反側。

74 一隻蚱蜢跳到球面鏡中軸上的一點，鏡子的焦距為 40.0 cm，鏡子產生的圖像橫向放大率為 + 0.200，則(a)透鏡是凸面還是凹面？(b)蚱蜢離鏡子多遠？

75 蜈蚣位於直徑為 0.70 m 的閃亮球體表面前 1.0 m 處，則(a)蜈蚣的圖像出現在離表面多遠的地方？(b)如果蜈蚣的高度是 2.0 mm，那麼像高是多少？(c)圖像是否反向？

76 證明聚光薄透鏡形成的實像與物體間的距離總是大於或等於透鏡焦距的四倍。

77 在雙鏡頭系統前 40 cm 處放置一顆花生：鏡頭 1 (靠近花生) 的焦距 $f_1 = + 20$ cm，鏡頭 2 的 $f_2 = - 15$ cm，鏡頭間距為 $d = 10$ cm。對於鏡頭 2 產生的圖像，

試回答下列問題。(a)像距（包括符號），(b)圖像方向（相對於花生或不倒置），以及(c)圖像類型（實像的或虛像）？(d)橫向放大率。

78 凹面鏡的曲率半徑為 24 cm，如果形成的圖像下列圖像時，物體離鏡子多遠？(a)虛像和物體大小的 3.0 倍，(b)實像和物體尺寸的 3.0 倍，以及(c)實像和物體大小的 1/3。

79 20 毫米厚的水層（$n = 1.33$）漂浮在水箱中 40 毫米厚的四氯化碳層（$n = 1.46$）上，硬幣放在罐子的底部，則在頂部水面下多深度處讓你能看到硬幣嗎？（提示：使用習題 8 的結果和假設並使用射線圖。）

80 在 圖 34-34
中，松果在焦距 f_1
= 0.50 m 的透鏡前
方距離 $p_1 = 1.0$ m
處，平面鏡位於透
鏡後面距離 $d =$

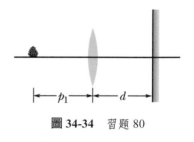

圖 34-34 習題 80

2.0 m 處，來自松果的反射光向右穿過透鏡，從鏡子反射後向左穿過透鏡，形成松果的最終圖像。(a)透鏡與該圖像之間的距離以及(b)松果的整體橫向放大率？(c)此圖像是實像的還是虛像（如果是虛像，則需要有人透過鏡頭對著鏡子看），(d)在鏡頭的左側或右側，以及(e)相對於松果是倒立還是正立？

81 一隻高度 H 的果蠅坐在透鏡 1 的前面，並且位於穿過透鏡的中心軸上。在離果蠅距離 $d = 20$ cm 之處透鏡形成果蠅的影像；這影像有果蠅的方向和高度 $H_I = 2.0H$。請問(a)透鏡的焦距 f_1 及(b)蒼蠅的物像距離 p_1？然後果蠅離開透鏡 1 並坐在透鏡 2 的前面，透鏡 2 在 $d = 20$ cm 的位置形成物像，此物像與果蠅具有相同方位，但此時 $H_I = 0.50 H$。(c)f_2 及(d)p_2 各為何？

表 34-10 習題 69 到 73：雙透鏡系統。請參看這些習題的設置方式。

	p_1	透鏡 1	d	透鏡 2	(a) i_2	(b) M	(c) R/V	(d) I/NI	(e) 同異側
69	+15	C, 12	67	C, 10					
70	+10	C, 15	10	C, 8.0					
71	+20	C, 9.0	8.0	C, 5.0					
72	+8.0	D, 6.0	12	C, 6.0					
73	+12	C, 8.0	32	C, 6.0					

82 在圖 34-35 中,將某一個物體放置在會聚透鏡之前,物體和透鏡之間的距離是透鏡焦距 f_1 的兩倍。在透鏡的另一側放置著焦距 f_2 的凹面鏡,面鏡與透鏡的距離是 $2(f_1 + f_2)$。由物體發出的光線會往右通過透鏡,由凹面鏡予以反射,往左通過透鏡,並且形成物體的最後物像。請問(a)透鏡和該物像之間的距離,以及(b)松果的總橫向放大率為何?請問此物像是(c)實像或虛像(如果它是虛像,則需要某一個人通過透鏡往面鏡方向觀看),(d)在透鏡的左側或右側,以及(e)相對於物體是倒立或非倒立?

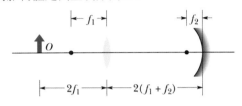

圖 **34-35** 習題 82

83 將兩個平面鏡擺置成彼此平行,而且分隔距離是 40 cm。有一個物體與其中一個平面鏡相距 10 cm。請求出在物體和物像之間的(a)最小、(b)第二小、(c)第三小(發生兩次),以及(d)第四小的距離。

84 圖 34-36a 是兩個垂直平面鏡的俯視圖,而且在這兩面鏡子之間放置了一個物體 O。如果你看著鏡子,你會看到 O 的多個影像。你能藉由畫出鏡子夾角區域內每面鏡子的反射樣子找到它們,如同於圖 34-36b 為左手邊的鏡子所做的。然後畫出反射的反射。持續在左側鏡子和右側鏡子執行這項工作,直到反射碰到鏡子背部,或者與鏡子背部重疊。然後我們可以計算 O 的物像個數。如果 θ 是(a) 90 度,(b) 45 度,和(c) 60 度,請問我們可以看見幾個的物像?如果 $\theta = 120$ 度,請判斷我們可以看見(d)最少的和(e)最多的物像個數,這個數值會與我們觀察的角度和 O 的位置有關。(f)每一個情形中,請如圖 34-36b 所示畫出物像的位置和方位。

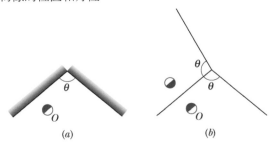

圖 **34-36** 習題 84

85 公式 $1/p + 1/i = 1/f$ 稱為薄透鏡公式的高斯形式(Gaussian form)。這一個公式的另一種形式是牛頓形式(Newtonian form),其產生方式是藉由考慮物體到第一個焦點的距離 x,以及從第二個焦點到物像的距離 x' 而得到。試證明 $xx' = f^2$ 是薄透鏡公式的牛頓形式。

86 圖 34-37 中,一個箱子位於左側某一個地方,其位置是在薄會聚透鏡的中心軸上。由平面鏡所產生箱子的像 I_m 位於鏡子「裡面」4.00

圖 **34-37** 習題 86

cm 處。透鏡-平面鏡之間的距離是 10.0 cm,且透鏡的焦距是 2.00 cm。(a)請問箱子和透鏡之間的距離是多少?由平面鏡反射的光線會回頭行經透鏡,然後由透鏡產生箱子的最後物像。(b)試問透鏡和該最後物像之間的距離是多少?

87 焦距分別是 f_1 和 f_2 的兩個透鏡互相碰觸在一起。試證明它們的實質效果相當於一個焦距為 $f = f_1 f_2 / (f_1 + f_2)$ 的單一透鏡。

88 某一個物體放置在球面鏡的中心,然後沿著中心軸移離開 70 cm,而且在這個過程中量測像距 i。圖 34-38 提供了 i 相對於物距 p 的曲線圖,p 的範圍顯示到

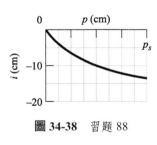

圖 **34-38** 習題 88

$p_s = 40$ cm。試問當物體和鏡子相距 70 cm 的時候,像距是多少?

89 光通過反射面上 O 點反射從 A 點傳播到 B 點。若不使用微積分,證明當入射角 θ 等於反射角 ϕ 時,路徑 AOB 是最小值。(提示:考慮鏡子中 A 的形象。)

90 圖 34-39 所示為從上方看到的迴廊,盡頭處有一平面鏡 M。一夜賊 B 偷偷沿著走廊朝鏡中心走去。若 $d = 3.0$ m,當安全警衛 S 剛開始看見鏡中的她時,她離鏡子有多遠?

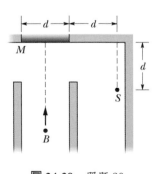

圖 **34-39** 習題 90

91 圖 34-40*a* 為照相機之基本構造。透鏡將光線聚焦於照像機後面的軟片上。將透鏡和底片間(可調整)的距離設在 *f* = 5.0 cm，從遠處物體 *O* 來的平行光線會聚於軟片上的一點。若物體移近至距離 *p* = 100 cm，透鏡和軟片之距離 *f* 也被調整以使倒立實像在軟片上形成(圖 34-40*b*)。(a)現在的透鏡和軟片之距離 *i* 為多少？(b)透鏡和軟片之距離改變了多少？

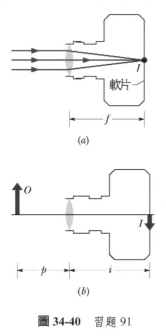

(a)

(b)

圖 34-40　習題 91

92 圖 34-41*a* 所示為人眼之基本構造。光經角膜折射後又被一透鏡改變方向，此透鏡之形狀(因而其聚焦能力)是以肌肉來控制。我們可將角膜和眼睛透鏡視為一「有效」單一薄透鏡(圖 34-41*b*)。若肌肉被放鬆，一隻「正常」眼睛能將來自遠方物體 *O* 的平行光線聚焦於視網膜上的一點，視訊號之處理由此開始。當一物體離眼睛較近時，肌肉改變透鏡之形狀以使射線在視網膜上形成倒立實像(圖 34-41*c*)。(a)假設對於圖 34-41a 和 b 的有效透鏡「放鬆」的焦距 *f* 為 2.50 cm。若物體置於距離 *p* = 40.0 cm 處，有效透鏡需要多大的焦距 *f'* 才能清楚看到物體？(b)眼睛的肌肉要增加還是減少眼透鏡之曲率半徑來製造 *f'* ？

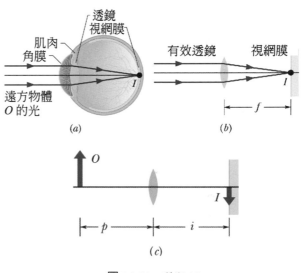

(a)　　　　　(b)

(c)

圖 34-41　習題 92

CHAPTER 35

干涉

35-1 光的波動性

學習目標

在閱讀完這個區塊的文字之後，讀者應該能夠...

35.01 利用圖形解釋惠更斯定理。

35.02 使用簡單圖形，與法線成一夾角之波前通過界面時的速度變化來解釋折射。

35.03 應用真空中的光速 C、材料中的光速 V 與材料折射率 n 間的關係。

35.04 應用材料厚度 L、材料中的光速 V 與脈衝光線通過 L 所需時間三者的關係。

35.05 應用司乃耳折射定律。

35.06 當光通過界面產生折射時，確認頻率不會改變，但是波長及波速則會改變。

35.07 應用真空中的波長 λ、材料中的波長 λ_n(內部波長)與材料折射率 n 之間的關係。

35.08 對於一定長度材料內的光線，計算符合此長度的內部波長數量。

35.09 若兩光波穿過兩不同折射率的材質並聚到相同點時，計算其相位差，並根據最大亮度、中等亮度及暗度來解釋干擾的結果。

35.10 應用17-3節的學習目標(聲波)，去找出兩通過不同長度路徑之波聚於同一點時的相位差與干擾

35.11 給定具有相同波長之兩波間的初始相位差，在通過不同路徑長及不同折射率後計算其相位差。

35.12 確認彩虹是光學干擾的例子。

關鍵概念

● 包括光在內的波動三維傳播，通常可以由惠更斯定理加以預測。此原理說明了波前上的每個點可做為球型次級小波的點波源。在一段時間後，波前的新位置將會形成一個垂直於這些次級小波的表面。

● 折射定律可由假設任何介質之折射率為 $n = c/v$ 的惠更斯定理推導出，其中 v 為光在介質中的速度，c 為光在真空中的速度。

● 光於介質中的波長 λ_n 是依據光於介質中的折射率 n 得到

$$\lambda_n = \frac{\lambda}{n}$$

其中 λ 為真空中的波長。

● 由於這種相依性，兩波間的相位會因為通過不同折射率的物質而改變。

物理學是什麼？

物理學的一個主要目標是去了解光的性質。因為光是複雜的，所以要達成這個目標很困難(到目前為止尚未完全達成)。然而這種複雜性意謂著光可以提供很多應用的機會，而其中一些最富含機會的包括光波的干涉——即**光學干涉**(optical interference)。

大自然使用色彩的光學干涉已經很久了。舉例來說，當我們從底部翅膀表面看大閃蝴蝶(Morpho butterfly)的時候，其翅膀是黯淡、不會引人注意的褐色，但是褐色會被醒目的藍色掩蓋住，這種藍色是該表面反射

出來的光經由干涉作用所產生的(圖 35-1)。而且其頂部表面是可以改變顏色的;如果我們改變視角或移動翅膀,顏色色調會改變。相似的顏色變化可以用在紙鈔墨水上,以防止偽鈔製造者,這些偽造者的複印機只能複製一個視點的顏色,而無法複製改變視點時的顏色變化。

為了理解光學干涉的基本物理原理,我們必須捨棄簡單的幾何光學觀念(這種觀點將光說成是光線),然後回到光的波動性質。

圖 **35-1** 閃蝶(Morpho butterfly)蝶翼上翼面的藍色是由於當您觀賞的角度改變時光的干涉和顏色變化所致。

菲利普–哥倫 / 照片光碟 / Getty Images, Inc.

光的波動性

荷蘭籍物理學家克里斯-惠更斯於 1678 年對光提出第一個讓人信服的波動理論,在數學上較馬克斯威爾的電磁理論簡單,它完美的利用波動解釋反射與折射現象,並且提出反射率的物理意義。

海更士的波動理論是根據一種幾何作圖,利用這種幾何作圖,若已知一波前的現在位置,我們便能知道它在未來任何時刻的位置。這種作圖方法的基礎為**海更士原理**,亦即:

波前上的每一點均可視為球面子波的點波源。經過一段時間 t 之後,波前的新位置將為這些子波的切面位置。

舉一個簡單的例子。在圖 35-2 的左側,一個在真空中往右移動的平面波,其波前位置以 ab 平面表示,與紙面垂直。經過一段時間 Δt 之後,波前會在哪裡?我們把 ab 平面上的一些點視為次級球面子波的波源並在 $t = 0$ 時發射。經過一段時間 Δt 之後,這些球面子波的半徑為 $c\Delta t$,在此為真空中的光速。我們用 de 平面來代表時間為 Δt 時,這些球面的公切面。這一平面即為平面波在 Δt 時的波前,它和 ab 平面平行,垂直距離為 $c\Delta t$。

折射定律

我們現在用海更士原理來推導折射定律,33-40 式(司乃耳定律)。介於空氣(介質 1)和玻璃(介質 2)間的平面上,一些波前的折射在圖 35-3 中以三個階段來表示。我們將入射波的波前與波前間之距離任意定為 λ_1,亦即在介質 1 中的波長。令空氣中之光速為 v_1 而玻璃中光速為 v_2,我們假設 $v_2 < v_1$,而這也符合事實。

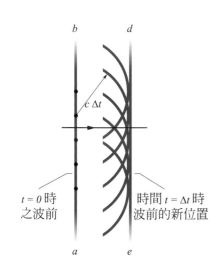

圖 **35-2** 以海更士原理來說明平面波在自由真空的傳播。

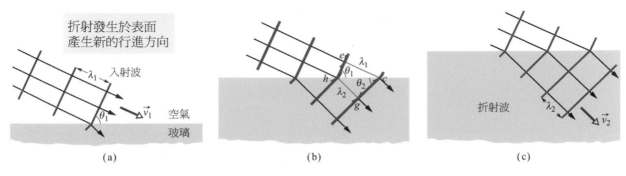

(a)   (b)   (c)

圖 35-3 以海更士原理來說明一平面波在空氣 – 玻璃介面之折射。玻璃中的波長小於空氣中的波長。為求簡單，沒有畫出反射波。(a)至(c)分別代表折射的三個階段。

    圖 35-3a 中的 θ_1 角為波前與表面間之夾角，也等於波前的法線(即入射線)和表面法線間之夾角。因此 θ_1 為入射角。

    當波進入玻璃，在圖 35-3b 中在 e 點上的一個海更士子波會擴及 c 點，與 e 點相距距離 λ_1。這擴大的時間間隔等於距離除以子波的波速，λ_1/v_1。現在留意在此相同的時間間隔，在 h 點的海更士子波會以減低的速度 v_2 和波長 λ_2 擴及 g 點。因此，這時間間隔也必須等於 λ_2/v_2。經由這兩個相等的時間，我們得到下式：

$$\frac{\lambda_1}{\lambda_2} = \frac{v_1}{v_2} \tag{35-1}$$

此式說明了光在介質中的波長與介質中之光速成正比。

    根據海更士原理，被折射後的波前必需與圓心為 h，半徑為 λ_2 之弧相切，比如在 g 點。也必需與圓心為 e，半徑為 λ_1 的弧相切於 c 點。然後折射後的波前之方向如圖所示。注意，折射後波前和表面之夾角 θ_2 實際上就是折射角。

    對於圖 35-3b 中的直角三角形 hce 和 hcg，我們可以寫出

$$\sin\theta_1 = \frac{\lambda_1}{hc} \quad (三角形\ hce)$$

和 $\sin\theta_2 = \dfrac{\lambda_2}{hc} \quad (三角形\ hcg)$

將此兩方程式的第一式除以第二式，並將 35-1 式代入，可得

$$\frac{\sin\theta_1}{\sin\theta_2} = \frac{\lambda_1}{\lambda_2} = \frac{v_1}{v_2} \tag{35-2}$$

    我們可將介質的**折射率** n 定義為光在真空中的速率與光在介質中的速率 v 之比值。因此，

$$n = \frac{c}{v} \quad (折射率) \tag{35-3}$$

特別地，對於我們的兩種介質，可知

$$n_1 = \frac{c}{v_1} \quad \text{及} \quad n_2 = \frac{c}{v_2}$$

結合 35-2 式和 35-4 式可得

$$\frac{\sin\theta_1}{\sin\theta_2} = \frac{c/n_1}{c/n_2} = \frac{n_2}{n_1}$$

或　　　　$n_1\sin\theta_1 = n_2\sin\theta_2$　　(折射定律)　　　　　　(35-4)

如同第 33 章所介紹的。

 測試站 1

如圖顯示了單色的光線穿過平行
的介面，從一開始的介質 a，經過
介質 b 層和 c 層，接著再進入介質
a。依照介質中的光速排列介質順
序，由最大的開始。

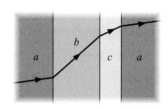

波長與折射率

我們現在來看當光通過介面從一個介質進入另一個時，伴隨著光速
的改變，其波長的改變情形。更進一步，根據 35-3 式，在任何介質中的
光速和介質的折射率有關。因此在任何介質中光的波長和介質的折射率
有關。令某單色光在真空中有波長 λ 和速率 c，而在介質中有波長 λ_n 和速
率 v，介質折射率為 n。我們接著可把 35-1 式寫成

$$\lambda_n = \lambda\frac{v}{c} \tag{35-5}$$

利用 35-3 式將 v/c 以 $1/n$ 替代可得

$$\lambda_n = \frac{\lambda}{n} \tag{35-6}$$

此式建立了在任何介質中光的波長和光在真空中的波長之關係。並告訴
我們在折射率較大的介質中光的波長較短。

以 f_n 代表折射率為 n 的介質中光之頻率。由一般式 16-13 式($v = \lambda f$)，
我們可以寫出

$$f_n = \frac{v}{\lambda_n}$$

代入 35-3 及 35-8 式得

$$f_n = \frac{c/n}{\lambda/n} = \frac{c}{\lambda} = f$$

其中 f 是光在真空中之頻率。因此，雖然光的速率和波長均和真空中不同，但光在介質中的頻率和在真空中相同。

相位差。由 35-6 式可知，在包括光波干涉的某些狀況下，光的波長取決於折射率這件事是很重要的，舉例來說，如圖 35-4 所示，光波(光線表現的波動)有相同的波長且初始同相。一個通過折射率為 n_1，長度為 L 的介質 1，另一個則通過折射率為 n_2，相同長度 L 的介質 2，當光波離開兩種介質後，它們會有如空氣中的相同波長。然而，因為光波在兩種介質中會有不同的波長，兩種波動將不再同個相位。

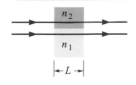

折射率的不同造成兩光線的相位差

圖 35-4 二道光線行經折射率不同之介質。

 當光波行經擁有不同折射率的不同材質時可以改變兩個光波間的相位差。

如我們不久後將討論的，相位差的改變可以決定當光波到達同一點時其干涉的情形。

為了用波長來表示兩波新的相位差，我們先計算介質 1 中，長度 L 裡面波長的數目 N_1。由 35-6 式，介質 1 中的波長為 $\lambda_{n1} = \lambda/n_1$；所以

$$N_1 = \frac{L}{\lambda_{n1}} = \frac{Ln_1}{\lambda} \tag{35-7}$$

我們以同樣的方式計算長度為 L 的介質 2 中，波長的數目 N_2，其中波長為 $\lambda_{n2} = \lambda/n_2$：

$$N_2 = \frac{L}{\lambda_{n2}} = \frac{Ln_2}{\lambda} \tag{35-8}$$

要計算兩波之間新的相位差，我們在 N_1 和 N_2 中，以大者減掉小者。假設 $n_2 > n_1$，可得

$$N_2 - N_1 = \frac{Ln_2}{\lambda} - \frac{Ln_1}{\lambda} = \frac{L}{\lambda}(n_2 - n_1) \tag{35-9}$$

假設由 35-9 式得到兩波現在的相位差為 45.6 個波長。那就相當於以原先兩波同相位為準，然後將其中之一平移 45.6 個波長。然而，平移波長的整數倍(如 45)會使兩波仍然同相位，所以，重要的只有小數部分(在此為 0.6)。相位差為 45.6 個波長就相當於相位差為 0.6 個波長。

相位差為 0.5 個波長正好使兩波反相位。如果此二波到達同一點，它們將產生完全破壞性干涉，在該處造成暗點。若相位差為 0.0 或 1.0 個波長，它們將產生完全建設性干涉，在該處形成亮點。在我們例子中，0.6 個波長的相位差為中間的情況，但較接近於破壞性干涉，因此兩波產生一強度微弱之交點。

我們也可以用弳(radian)和度(degree)來表示相位差，和我們以前所做的一樣。一個波長的相位差相等於 2π rad 和 360 度。

路徑長差。當我們於 17-3 節中對聲波的討論，兩起始相位相同的波動如果回到一起前經過不同長度的路徑，可以不同的相位差結束。關鍵是波路徑的長度差 $\triangle L$，或是 $\triangle L$ 與波長 λ 的比較。由方程式 17-23 與 17-24 中我們可知道，對光波來說完全相長性干涉(最大亮度)發生於......

$$\frac{\Delta L}{\lambda} = 0, 1, 2, \ldots \quad \text{(完全建設性干涉)} \tag{35-10}$$

且完全破壞性干涉(暗紋)發生於

$$\frac{\Delta L}{\lambda} = 0.5, 1.5, 2.5, \ldots \quad \text{(完全破壞性干涉)} \tag{35-11}$$

中間值對應於中間干擾且，因此也是明亮的

彩虹與光學干涉

在第 33-5 節中我們已經討論過，當太陽光行進通過落下的雨滴時，太陽光的各種顏色如何分離成彩虹。我們處理了單一白光線進入雨滴的簡化情形。光波實際上沿著面向太陽的整個邊進入雨滴。這裡我們不能討論這些光如何行進通過雨滴，然後跑出雨滴的詳細情形，但是我們可以瞭解，入射波的不同部分在雨滴內將行經不同路程。那意謂著從雨滴中穿出的各光波將具有不同相位。因此我們可以瞭解在某些角度，穿出的光波將具有相同相位，並且產生建設性干涉。彩虹是這種建設性干涉的結果。舉例來說，因為從每一個雨滴穿出的紅色光波，在我們看見彩虹的該部分的方向上處於同相關係，所以才會出現彩虹的紅色區域。自每顆雨滴其他方向出現的光波具有一系列不同的相位，因為他們通過每一顆雨滴時行經一系列不同的路徑，這光既不是白的，也不是彩色的，所以你不會注意到它。

如果我們夠幸運，並且仔細看彩虹的下方，我們可以看見比較黯淡、稱為複虹(supernumerary)的彩色圓弧(圖 35-5)。就像彩虹的主要圓弧一樣，形成複虹原因是從每一個水滴穿出的幾乎彼此同相的光波，產生建設性干涉。如果我們非常幸運，並且非常仔細地看彩虹的上方，我們或許可以看見更多(但是更黯淡)複虹。請記住，兩種類型的彩虹和兩種類型的複虹，是自然界自行發生的光學干涉範例，而且也是光由波所組成的自然界自行發生的證據。

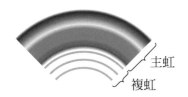

主虹
複虹

圖 35-5 虹和在虹下方的微弱複虹，是由光學干涉作用所引起。

測試站 2

圖 35-4 中射線的光波有相同的波長且一開始時同相位。(a)若上層長度中可容納 7.60 個波長，在下層長度中可容納 5.50 個波長，哪一層有較大的折射率？(b)若使射線角度稍為內傾，使兩波到達遠方屏幕上的同一點，干涉結果是明亮，稍亮，稍暗或全暗？

範例 35.01 因折射率不同所造成的兩個波的相位差

在圖 35-4 中，兩光波在進入介質 1 和介質 2 之前波長為 550.0 nm。他們也有相同的的振幅和相位。若介質 1 為空氣，而介質 2 為透明塑膠層，其折射率為 1.600 且厚度為 2.600 μm。

(a)光穿過介質之後，相位差以波長、弳度和度為單位各是多少？其有效相位差以波長為單位是多少？

關鍵概念

假如二光波行經二折射率不同的介質，此二光波之相位差將改變。因為其波長在不同介質是不同的。我們可藉由計數它們在各自的介質內之波長數目再相減求得相位差改變。

計算 當兩光波行經之路徑長相同時，35-9 式給出其結果。可得 $n_1 = 1.000$(空氣)，$n_2 = 1.600$，$L = 2.600$ μm 且 $\lambda = 550.0$ nm。因此，35-9 式變成

$$N_2 - N_1 = \frac{L}{\lambda}(n_2 - n_1) = \frac{2.600\times10^{-6}\text{ m}}{5.500\times10^{-7}\text{ m}}(1.600-1.000) = 2.84 \quad \text{(答)}$$

這相當於 2.84 個波長的相位差。因一個波長相當於弳度 2π 及 360 度，可知此相位差相當於

$$\text{相位差} = 17.8\text{ rad} \approx 1020\text{ 度} \quad \text{(答)}$$

有效的相位差是實際的相位差以波長表示時其小數點的部分。因此可知

$$\text{有效相位差} = 0.84\text{ 波長} \quad \text{(答)}$$

你可證明這相當於 5.3 rad 及 300 度。注意：我們並不是將實際相位差以弳度或角度表示時之小數點部分視為有效的相位差。例如說，我們並不將實際相位差 17.8 rad 之小數點部分 0.8 rad 視為有效相位差。

(b)若兩波到達遠方屏幕上的同一點，將於該點產生何種干涉？

推理 我們需將這些波長的有效相位差與造成極端干涉情形的相位差作比較。此處 0.84 個波長的有效相位差是介於 0.5 波長(完全破壞性干涉或最暗的可能結果)，及 1.0 波長(完全建設性干涉或最亮的可能結果)，但較接近 1.0 波長。因此這些波會產生中間干涉，且較接近完全建設性干涉——產生一相對亮點。

WILEY PLUS Additional example,video,and practice available at *WileyPLUS*

35-2 楊氏干涉實驗

學習目標

在閱讀完這個區塊的文字之後,讀者應該能夠...

35.13 描述光通過狹縫的現象及狹縫尺寸的影響。

35.14 利用圖形描述單色光之雙狹縫干涉實驗所產生的干涉圖案。

35.15 如楊氏實驗的例子,確認兩波之相位差在沿著不同長度路徑行進後可以改變。

35.16 在雙狹縫實驗中,應用光程差 ΔL 與波長間的關係,然後利用干涉來解釋結果(最大亮度、中等暗度與全黑暗)。

35.17 給定雙狹縫干涉圖案中一點,根據狹縫間隔 d 和到該點的角度,表示光線到達該點的光程差 ΔL。

35.18 在楊氏實驗中,應用狹縫間隔 d、波長與角度. . . 至最小值(暗紋)與最大值(亮紋)間的關係。

35.19 繪製雙狹縫干涉圖案,確認甚麼是位於中心及甚麼是暗紋與亮紋(如同第一面最大值與順序第三)。

35.20 應用雙狹縫屏幕與觀察屏幕的間距 D 及到干涉圖形中一點的角度 與至圖形中心點的距離 y 間的關係。

35.21 對於雙狹縫干涉圖形,確認當改變 d 或 λ 後的影響,並確認判定圖形的角度限制。

35.22 在楊氏實驗中,放置一個透明材料於一個狹縫上,確認移動一給定的條紋至條紋中心所需的厚度或折射率。

關鍵概念

● 在楊格狹縫實驗中,光線通過單狹縫會落在屏幕上的兩個狹縫上。光離開這些狹縫後會展開(繞射),而且干涉會產生在屏幕之外的地方。由於干涉的關係,條紋圖案會形成在觀測屏幕上。

● 最大與最小的條件是

$$d \sin\theta = m\lambda \qquad m = 0, 1, 2, \ldots \text{(極大值-亮紋)}$$

$$d \sin\theta = (m+\frac{1}{2})\lambda \qquad m = 0, 1, 2, \ldots \text{(極小值-暗紋)}$$

其中 θ 是光路與中心軸所夾的角度,而 d 是狹縫的間隔。

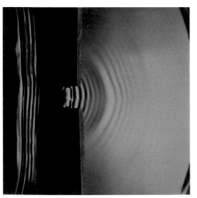

George Resch/ Fundamental Photographs

圖 35-6 由一擺動槳所製造的波沿水面鄰鄰地通過一障礙的開口處。

繞射

在此節中我們會討論首先證明光是波動的實驗,為了準備討論,我們必須介紹波**繞射**的概念,這個現象在第 36 章會有充分的探討。其本質是這樣,當波遇到一個開口類似於波長尺寸的阻擋,穿過開口之波的部分將展開(擴展)—將會繞射—進入越過障礙的區域。展開會與擴展的小波一致,如圖 35-2 中的惠更斯結構。繞射會發生在任何型式的波動,不單只有光波。圖 35-6 顯示通過淺水槽水面之水波產生的繞射現象。類似海浪波動通過障礙物後產生的繞射事實上會增加海浪對海岸的侵蝕而障礙物主要是要保護海岸。

圖 35-7a 所示為波長為 λ 的平面波入射於寬度 $a = 6.0\lambda$ 的狹縫。這個波很明顯地在狹縫另一邊擴散開來。圖 35-7b($a = 3.0\lambda$)及 35-7c($a = 1.5\lambda$)顯示繞射的主要特性:狹縫越窄,繞射越明顯。

　　繞射現象使得將電磁波以射線表示的幾何光學有所限制。如果我們想讓光通過一個狹縫或一連串的狹縫來形成這種射線，每次都會由於繞射而失敗。我們把狹縫做得越窄(希望製造較窄的光束)，由繞射造成的擴張情形就越嚴重。所以只有在障礙物、狹縫或其他孔徑的大小不會相當於或小於光的波長時，幾何光學才成立。

楊氏干涉實驗

　　在 1801 年，楊氏實驗證明光是波動的，推翻了那時大部分科學家的想法。他證明光像水波，聲波或其他的波動一樣會產生干涉。另外，他測得陽光的平均波長為 570 nm，非常接近現代被接受的 555 nm。我們將審視楊氏的實驗，並以此作為一個光波干涉的例子。

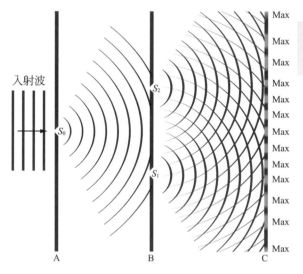

波由兩狹縫所產生的波重疊並形成干涉圖案

圖 35-8　在楊氏干涉實驗中，入射的單色光被狹縫 S_0 繞射，然後作用如一個點光源散發出半圓形波前。當光線到達屏幕 B，被狹縫 S_1 和 S_2 繞射，然後作用如兩個點光源。來自狹縫 S_1 和 S_2 的光波彼此重疊與干涉，在屏幕 C 形成一個極大和極小的干涉圖形。這張圖是一個剖面，屏幕、狹縫，干涉圖形內外延伸出這個頁面。於屏幕 B 和 C 之間，以 S_2 為中心的半圓形波前描出如果只有 S_2 是開放時在那兒的波。同樣地，那些以 S_1 為中心的波前會描出如果只有 S_1 開放時的波。

　　楊氏實驗裝置排列如圖 35-8。來自遠處的單色光源的光照亮於屏幕 A 的狹縫 S_0。湧現的光然後經由繞射照亮屏幕 B 兩個狹縫 S_1 和 S_2。繞射在此二狹縫再度產生，兩個重疊的球面波在屏幕右方的空間擴展，在此它們互相干涉。

　　在圖 35-8 的「快速攝影」中，顯示了波重疊干涉的結果。除非有屏幕 C 接收到光否則我們無法看到這些點。在屏幕上，干涉極大值的點形成可見的明亮條紋(稱為亮帶、亮紋或(粗略的說法)極大)延伸出圖 35-8 中

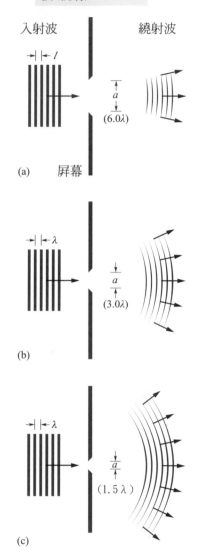

通過狹縫而散開的波（繞射）

(a)　屏幕

(b)

(c)

圖 35-7　繞射的示意圖。對於一個給定的波長 λ，狹縫的寬度越小繞射現象會更明顯。這些圖展示(a)狹縫寬度 $a = 6.0\lambda$，(b)狹縫寬度 $a = 3.0\lambda$，(c)狹縫寬度 $a = 1.5\lambda$。在所有三種情況，屏幕和狹縫的長度相當地伸進和伸出本頁面，垂直於它。

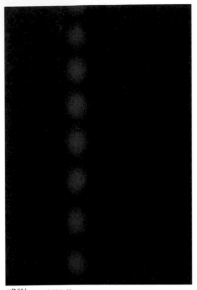

感謝 Jearl Walker

圖 35-9 一張由圖35-8所示的安排所產生的干涉圖樣的照片，但是用的是短的狹縫。(這張照片是一部分屏幕 C 的前視圖)交替的極大值和極小值稱為干涉條紋(因為它們神似有時用於服裝和地毯上的裝飾條紋)。

紙面及入紙面而分佈在屏幕上。暗的區域(稱為帶，暗紋或(粗略的說)極小)為完全破壞性干涉的結果，暗紋出現在每一對相鄰亮紋之間。(極大和極小正確的話應該在條紋的中間。由亮和暗紋在屏幕上構成的圖樣叫**干涉圖樣**。圖 35-9 是一部分干涉圖形的照片，這張照片是在圖 35-8 的安排下一名觀察者站在屏幕 C 左邊所觀看到的情形。

條紋的位置

在楊氏雙狹縫干涉實驗中光波產生條紋，我們如何正確地決定條紋的位置？我們將以圖 35-10a 的裝置來回答。在那裡，單色光的平面波入射於屏幕 B 的雙狹縫 S_1 和 S_2；光繞射通過狹縫，在屏幕上 C 產生干涉圖形。我們自屏幕 C 至兩個狹縫的中點間連起一條中心軸線作為參考。為了討論方便，我們接著任意選一點 P 位於屏幕上與該軸夾角為 θ。此點接收到來自下方狹縫的射線 r_1 的光波和來自上方狹縫的射線 r_2 的光波。

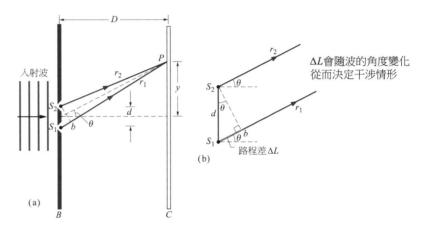

ΔL會隨波的角度變化從而決定干涉情形

圖 35-10 (a)來自狹縫 S_1 和 S_2(延伸到頁面)的波在在 P 結合，一個位在屏幕 C 上且與中心軸線相距 y 的任意點。θ 很方便的當做 P 的定位者。由於 $D \gg d$，故我們可將 r_1 與 r_2 射線近似為平行，其與中心軸的夾角為 θ。

路程差。這些波因為是相同入射波的一部分，所以通過雙狹縫時是同相的。然而，當這兩個波通過狹縫後要傳遞不同距離達到 P 點，我們在 17-3 節看到類似的聲波現象並提出結論。

 兩波到達同一點之路徑長度的差決定了在該點波的相位差。

相位差是來自光波走的路徑的路程差 ΔL。考慮兩波一開始同相位，在經過路程差 ΔL 的路徑後再通過同一點。如果路徑長度的差為零或是波長的整數倍，到達的兩波正好為同相位，而進行完全建設性干涉。若這剛好是射線 r_1 和 r_2 在圖 35-10 中的情形，則 P 點是亮紋的一部分。如果路徑長的差為半個波長的奇數倍，到達的兩波正好為反相位，而進行完全破壞性干涉。若這是射線 r_1 和 r_2 的情形，則 P 點是暗紋的一部分(而當然我們可以有中間的情況因而在 P 有中間的亮度)。因此，

在楊氏干涉實驗中,每一點的明暗度取決於光線到達該點的路程差 ΔL。

角度。我們可以透過中心軸到該紋路的角度來指出每條亮紋與暗紋於屏幕上的位置,為了找到 θ,我們必須找出它與 ΔL 間的關係。我們由圖 35-10a 開始沿著光線 r_1 找到 b 點,使得從 b 到 P 的距離與 S_2 到 P 的距離是相等的。然後兩光線的路程差就是 S_1 到 b 的距離。

此 S_1 到的距離和 θ 的關係非常複雜,但是我們可以考慮裝置中狹縫到屏幕的距離 D 遠大於狹縫間距 d 而加以簡化之。接著我們可視射線 r_1 和 r_2 近似於平行且與中央軸夾角 θ (圖 35-10b)。我們也可以視由 S_1、S_2 和 b 構成的三角形近似於直角三角形,其中在 S_2 的內角為 θ。然後,對此三角形而言,$\sin\theta = \Delta L/d$,所以

$$\Delta L = d\sin\theta \quad \text{(路程差)} \tag{35-12}$$

亮紋的 ΔL 必須為 0 或波長的整數倍。利用 35-12 式,可以把此需求寫成

$$\Delta L = d\sin\theta = (整數)(\lambda) \tag{35-13}$$

或寫成

$$d\sin\theta = m\lambda \quad m = 0, 1, 2, \ldots \text{(極大-亮紋)} \tag{35-14}$$

對於暗紋而言,ΔL 必須是半波長的奇數倍。再一次利用 35-12 式,我們可寫下

$$\Delta L = d\sin\theta = (奇數)(\tfrac{1}{2}\lambda) \tag{35-15}$$

或寫成

$$d\sin\theta = (m+\tfrac{1}{2})\lambda \quad m = 0, 1, 2, \ldots \text{(極小-暗紋)} \tag{35-16}$$

我們可以用 35-14 和 35-16 式來找到任何條紋的角度 θ 而因此得到該條紋的位置;進一步我們可以用 m 的值來標示條紋。當 $m = 0$,35-14 式告訴我們該亮紋位於 $\theta = 0$,因此在中央軸上。此中央極大即為來自兩狹縫的光波到達此點時路程差 $\Delta L = 0$,因此零相位差。

比如當 $m = 2$,35-14 式告訴我們亮紋位於角度如下:

$$\theta = \sin^{-1}\left(\frac{2\lambda}{d}\right)$$

角度是離中央軸之上和之下。來自兩狹縫的波在到達此兩條紋時,$\Delta L = 2\lambda$ 且相位差為兩個波長。這些條紋叫做第二級條紋(意謂 $m = 2$)或第二側邊極大,或它們被描述成從中央極大算來的第二條紋。

當 $m = 1$，35-16 式告訴我們暗紋位於

$$\theta = \sin^{-1}\left(\frac{1.5\lambda}{d}\right)$$

中央軸之上和之下。來自兩狹縫的波在到達此兩條紋時，$\Delta L = 2\lambda$ 且相位差為兩個波長。這些條紋稱第二暗紋或第二極小，因為它們是自中央軸算來的第二條紋。(第一條暗紋或第一極小位於 35-16 式 $m = 0$ 的位置。)

鄰近的屏幕。我們在 $D \gg d$ 的狀況下推導 35-14 與 35-16 式。然而，他們也適用當我們放置會聚透鏡在狹縫與屏幕間，觀察當移動屏幕使更靠近狹縫或是透鏡的焦點(然後屏幕會被認為在透鏡的焦平面中，也就是說，它是在垂直中心軸的焦點處)。會聚透鏡的一個特性是它會將所有平行彼此的光線聚焦在焦平面上的同一點。因此，到達屏幕上任意點的光線(焦點上)當他離開狹縫時會完全平行(不是近似)。他們會類似如圖 34-14a 中所示，於一開始就平行的光線會被透鏡導向一點(焦點)。

 測試站 3

在圖 35-10a 中，當 P 點是(a)第三側邊極大和(b)第三極小時，兩射線的 ΔL(以波長的倍數來表示)和相位差(以波長表示)為何？

範例 35.02 雙狹縫干涉圖形

在圖 35-10a 中的屏幕 C 上面，干涉圖樣的中心附近，相鄰的極大之間距離為多少？假設波長 λ 為 546 nm，狹縫間距離 d 為 0.12 mm，而狹縫到屏幕的距離 D 為 55 cm。假設圖 35-10a 中的 θ 角小到能夠用近似值 $\sin\theta \approx \tan\theta \approx \theta$，在此 θ 是以強度來表示。

關鍵概念

(1) 首先，選擇一個小的 m 值，使其相對應的極大位於圖樣的中心附近。之後由圖 35-10a 的幾何來看，距離圖樣中心的極大之垂直距離 y_m 與其中心夾角 θ 間的關係為：

$$\tan\theta \approx \theta = \frac{y_m}{D}$$

(2) 由 35-14 式第 m 個極大值的角度 θ 可得自

$$\sin\theta \approx \theta = \frac{m\lambda}{d}$$

計算 如果我們將此二式中的 θ 消去，而解出 y_m，可得

$$y_m = \frac{m\lambda D}{d} \tag{35-17}$$

一個相鄰的極大，可表示成

$$y_{m+1} = \frac{(m+1)\lambda D}{d} \tag{35-18}$$

條紋間隔距離可由 35-18 式減掉 35-17 式求得：

$$\begin{aligned}
\Delta y = y_{m+1} - y_m &= \frac{\lambda D}{d} \\
&= \frac{(546 \times 10^{-9}\text{ m})(55 \times 10^{-2}\text{ m})}{0.12 \times 10^{-3}\text{ m}} \\
&= 2.50 \times 10^{-3}\text{ m} \approx 2.5\text{ mm} \tag{答}
\end{aligned}$$

只要圖 35-10a 中的 d 和 θ 都很小，干涉條紋的間隔距離就和 m 無關，也就是說，條紋是均勻分佈的。

範例 35.03 塑膠片置於一狹縫上時雙狹縫的干涉圖形

如圖 35-10 所示，屏幕上產生雙狹縫干涉圖；光波是波長 600 nm 的單色光。將折射率 $n = 1.50$ 的透明塑膠片置於其中一個狹縫上。塑膠片的出現改變了來自兩個狹縫的光波干涉，導致干涉圖在整個屏幕上、從原始圖樣有所改變。圖 35-11a 顯示中央明亮條紋($m = 0$)，及在中央條紋上方和下方的第一條明亮條紋($m = 1$)的原始位置。塑膠片的用途是向上遷移干涉圖，使得較低的 $m = 1$ 明亮條紋遷移到干涉圖的中央。試問塑膠片應該放在頂狹縫(如同圖 35-11b 所任意繪製的)或底狹縫上，以及其厚度應該是多少？

關鍵概念

屏幕上一點的干涉取決於由狹縫到達之兩光線的相位差。因為來自於相同的波，所以光線在狹縫處是同相的，但是它們的相對相位是可以在到達屏幕的路上偏移的，是由於(1)所遵循路徑的長度差，和(2)當他們通過材料時的內部波長 λ_n 之數量差異。第一個條件適用於任何偏離中心的點，第二個條件則是當玻璃覆蓋其中一個狹縫時適用。

路徑長度的差 圖 35-11a 顯示了光線 r_1 和 r_2，沿著這兩個路徑，來自兩個狹縫的光波行進抵達較低的 $m = 1$ 明亮條紋。這些光波在兩個狹縫處同相出發，但是抵達條紋處的時候，剛好具有一個波長的相位差。為了提醒我們自己有關此條紋的這個主要特性，讓我們稱呼它為 1λ 條紋。

一個波長相位差是由抵達此條紋處的兩個光線之間的一個波長路程長度差所引起；換言之，沿著光線的路程 r_2 剛好沿著光線 r_1 的路程，多一個波長。圖 35-11b 展示於塑膠片放在頂狹縫的情況下 1λ 條紋向圖形的中心偏轉(仍然不知道塑膠片是否該在那兒或該放在底狹縫)。圖形也顯示了光線 r_1 和 r_2 抵達該條紋的新方位。沿著 r_2 仍然必須比沿著 r_1 多一個波長(因為它們仍然產生了 1λ 條紋)，但是此時在這兩個光線之間的路程長度差是零，我們可以從圖 35-11b 的幾何圖看出這一點。然而，r_2 現在通過塑膠。

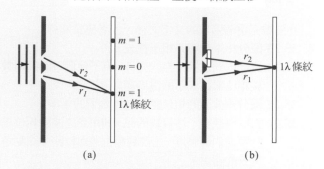

折射率的不同造成光線間的相位差，並使1λ條紋上移

圖 35-11 (a)雙狹縫干涉的安排方式(未依比例)。有三個亮紋(或極大值)的位置被標示出來。(b)一條塑膠片蓋住頂狹縫。我們希望 1λ 條紋位在圖形的中心。

內部的波長 在折射率 n 的物質內，其光波長 λ_n 小於真空中的波長，我們可以從 35-6 式($\lambda_n = \lambda/n$)看出這一點。在這裡，這意謂著在塑膠中的光波長小於在空氣中的波長。因此，通過塑膠片的光線會比只通過空氣的光線，具有更多的波長數目；所以藉著將塑膠片放在頂狹縫上，沿著光線 r_2 我們確實獲得我們需要的一個額外波長，如同圖 35-11b 所示。

厚度 要確定塑膠片所需的厚度 L，我們首先注意到剛開始時波是同相位，且經過不同的材料(塑膠片和空氣)時行走了相同的距離。因為我們知道相位差且需要 L，我們使用 35-9 式，

$$N_2 - N_1 = \frac{L}{\lambda}(n_2 - n_1) \tag{35-19}$$

我們知道，對於一個波長相位差而言($N_2 - N_1$)是 1，放在頂狹縫前面的塑膠片的折射率 n_2 是 1.50，在底狹縫前面的空氣的折射率 n_1 是 1.00，而且波長 λ 是 600×10^{-9} m。然後 35-19 式告訴我們，要將較低的 $m = 1$ 亮紋移到干涉圖形的中心，塑膠片必須有厚度

$$L = \frac{\lambda(N_2 - N_1)}{n_2 - n_1} = \frac{(600 \times 10^{-9}\,\text{m})(1)}{1.50 - 1.00}$$

$$= 1.2 \times 10^{-6}\,\text{m} \tag{答}$$

35-3 干涉與雙狹縫強度

學習目標

在閱讀完這個區塊的文字之後，讀者應該能夠...

35.23 區分相干性與非相干性光。

35.24 對於兩到達同一點的光波，寫下他們以時間函數與相位常數表示的電場組成。

35.25 區分兩波間的相位差以計算他們的干涉。

35.26 對於雙狹縫干涉條紋的點，利用到達波的相位差計算他們的強度，並得到相位差與紋路中該點角度 θ 的關係。

35.27 利用相量圖去找出一個共同點上的兩個或是更多光波的結果波形(振幅與相位常數)，並使用此結果去計算強度。

35.28 應用光波之角頻率 ω 與表示波之相量角速度 ω 間的關係。

關鍵概念

● 若兩光波在一點中相遇是可感知得會產生干涉，其彼此的相位會隨時間保持定值，也就是說，兩波動必定是相干的。當兩相干之波相遇，其產生的強度可以由相量找到。

● 在楊氏的干涉實驗中，兩個具有 I_0 強度的波動在觀察屏幕上會產生強度 I 的合成波，由

$$I = 4I_0 \cos^2 \frac{1}{2}\phi \qquad \text{其中} \ \phi = \frac{2\pi d}{\lambda} \sin\theta$$

同調性

要在圖 35-8 的屏幕 C 上看到干涉圖樣，到達屏幕上任一 P 點的光波必須有一不隨時間變化的相位差 ϕ。在圖 35-8 中，因為穿過狹縫 S_1 和 S_2 的波都是投射在狹縫上單一波的部分，所以符合以上條件。由於在任何地方的相位差都保持恆定，由狹縫 S_1 和 S_2 出來的光稱為完全**同調**。

陽光與指甲。直射之陽光部分是相干的，也就是說，兩點所擷取的陽光在非常接近時才會有相同的相位差，如果你在陽光下仔細觀察你的指甲，可以看到一個稱為斑點的微弱干涉條紋，它可以使釘子看起來被斑點所覆蓋。你可以看到這個影響是因為散射的光波在非常接近釘子的地方是充分的相干，並在你眼睛相互干擾。然而在雙狹縫實驗中的狹縫並不夠靠近，並且在直射陽光下，狹縫處的光是**不相干**的。為得到相干的光線，我們要透過單狹縫發射陽光，如同圖 35-8 所示，因為單狹縫是小的，所以通過它的光線是相干的。此外，相干的光線將由最小的狹縫產生，並照射雙狹縫實驗中之兩個狹縫產生的繞射去進行散布。

不相干來源。若我們用兩相似但相互獨立的單色光源取代雙狹縫，就好像兩條細的發光線，兩波間的相位差變化是快速且隨機的(這是因為光是由線中大量的原子所發射，在奈秒等級的極短時間內隨機且獨立地作用)。結果在觀測屏幕的任意點處，兩波源間的完全建設性及完全破壞性干涉會快速且隨機地變化。眼睛(最常見的光學檢測器)無法跟上這種變化所以沒有干涉條文會被見到，條紋會消失，屏幕上如同被均勻照明一樣。

相干來源。雷射與一般光源的不同在於它的原子以協調合作的方式發出光，於是使光同調。此外，它的光幾乎是單色的，以狹窄光束發出，擴散的量很低，而且可以被會聚成幾乎像波長一般的寬度。

雙狹縫干涉的強度

35-14 和 35-16 式說明了如何在圖 35-10 的屏幕 C 上以 θ 角的函數標出雙狹縫干涉條紋的極大和極小的位置。現在我們要推導條紋的強度 I 的 θ 函數。

離開狹縫的光是同調的。然而，讓我們假設光波的電場分量從兩狹縫到達 P 點時，是不同調的。並且隨時間改變，如下

$$E_1 = E_0 \sin \omega t \tag{35-20}$$

及　　　$$E_2 = E_0 \sin(\omega t + \phi) \tag{35-21}$$

其中 ω 為兩波之角頻率，而 ϕ 為 E_2 波的相位常數。注意兩波有相同的振幅 E_0，以及相位差 ϕ。因為它們有一特定的(固定的)相位差。以下我們將證明這兩波在 P 點結合之後，產生的光強度 I 為

$$I = 4I_0 \cos^2 \frac{1}{2} \phi \tag{35-22}$$

以及

$$\phi = \frac{2\pi d}{\lambda} \sin \theta \tag{35-23}$$

在 35-22 式中，I_0 為當另外一狹縫被蓋住時，兩狹縫之一投射在屏幕上的強度。我們假設狹縫寬度與波長相比很小，所以在屏幕上我們觀察條紋的區域內，這單狹縫所投射出來的強度是均勻的。

35-22 和 35-23 式放在一起，便能告訴我們干涉圖樣的強度如何隨著圖 35-10 的 θ 角改變，此二式也必然包含了關於極大和極小的位置的訊息。現在讓我們來求這些位置。

極大。由 35-22 式可發現，強度的極大會出現在

$$\frac{1}{2}\phi = m\pi \qquad m = 0, 1, 2, \ldots \tag{35-24}$$

如果把這結果代入 35-23 式，可得

$$2m\pi = \frac{2\pi d}{\lambda} \sin \theta \qquad m = 0, 1, 2, \ldots$$

或　　　$$d \sin \theta = m\lambda \qquad m = 0, 1, 2, \ldots \text{(極大)} \tag{35-25}$$

這和我們早先在 35-14 式中，推導出來的極大的位置完全相同。

極小。干涉圖樣的極小出現在

$$\frac{1}{2}\phi = (m + \frac{1}{2})\pi \qquad m = 0, 1, 2, \ldots \tag{35-26}$$

若將此式與 35-23 式合併，立刻可得

$$d \sin \theta = (m + \tfrac{1}{2})\lambda \qquad m = 0, 1, 2, \ldots (\text{極小}) \qquad (35\text{-}27)$$

這正是 35-16 式，條紋極小位置的表示式。

圖 35-12 35-22 式的圖形，顯示當它們從兩個狹縫抵達時，雙狹縫干涉圖形的強度是波間相位差的函數。I_0 是狹縫被蓋住時出現在屏幕上的(均勻)強度。條紋圖形的平均強度為 $2I_0$，最大強度(同調光) $4I_0$。

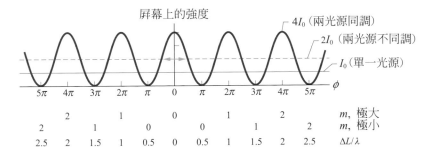

屏幕上的強度

	2		1		0		1		2	*m*, 極大
2		1		0		0		1		2	*m*, 極小
2.5	2	1.5	1	0.5	0	0.5	1	1.5	2	2.5	$\Delta L/\lambda$

圖 35-12 為 35-22 式的函數圖，顯示雙狹縫干涉之強度與相位差角度 ϕ 之關係。水平實線 I_0 代表其中一個狹縫被蓋起來時，屏幕上的(均勻)強度。由 35-22 式可知強度(永遠是正的)從極小條紋的零改變至極大條紋的 $4I_0$。

如果由兩光源(或兩狹縫)來的波為不同調，兩波之間沒有一定的相位關係，那麼屏幕上將不會有干涉圖樣，任何點上的強度均為 $2I_0$，圖 35-12 中的水平虛線即代表此值。

干涉並不能產生或消滅能量，而僅是把屏幕上的能量重新分佈。因此，不論光源是否同調，屏幕上的平均強度必然均為 $2I_0$。這直接得自 35-22 式；如果我們將餘弦平方的平均值代為 $\dfrac{1}{2}$，立即可得 $I_{avg} = 2I_0$。

35-22 及 35-23 式的證明

我們將把 35-20 和 35-21 式的個別電場分量 E_1 和 E_2 用第 16-6 節討論過的相位向量(相量)法組合起來。圖 35-13a 中，以一個大小 E_0 且以角速度 ω 繞著原點轉的相量來表示有 E_1 和 E_2 分量的光波。在任何時間的 E_1 和 E_2 的值即是其對應的相量在垂直軸上的投影量。圖 35-13a 中顯示在任何時間 t 時相量和其投影。與 35-20 式和 35-21 式一致，E_1 的相量旋轉角度為 ωt，E_2 的相量旋轉角度為 $\omega t + \phi$ (超前 E_1 的相位移)。當每個相量旋轉時，其於垂直軸上的投影以同樣於 35-20 式和 35-21 式中正弦函數隨時間變化的方式隨時間改變。

我們用向量相加把場分量 E_1 和 E_2 在相量圖(圖 35-10)中合併起來，如圖 35-13b 所示。向量和的大小即為合成波的振幅 E，而此波有一相位常數 β。去求出圖 35-13b 中的振幅 E，首先我們注意到兩個標示 β 的角是相等的，因為是等腰三角形的兩底角。由三角幾何定理，三角形之外角(此處為 ϕ，如圖 35-13b 所示)等於另外兩內角之和 $(\beta + \beta)$，所以 $\beta = \dfrac{1}{2}\phi$。因此可知

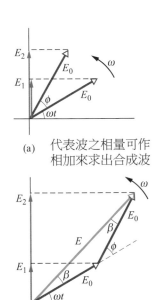

(a) 代表波之相量可作相加來求出合成波

(b)

圖 35-13 (a)以相量表示，在時間 t，35-20 式和 35-21 式所得之電場分量。兩個振幅度為 E_0 以及旋轉角速度為 ω 的相量。它們的相位差是 ϕ。(b)兩個相量的向量加法得到具有振幅 E 和相位常數 β 之合成波的相量表示式。

$$E = 2(E_0 cos\beta)$$

$$= 2E_0 \cos\frac{1}{2}\phi \tag{35-28}$$

將此關係式的兩邊平方，可得

$$E^2 = 4E_0^2 \cos^2\frac{1}{2}\phi \tag{35-29}$$

強度。 現在，由方程式 33.24 中我們可以知道電磁波的強度與其振幅的平方成正比，因此，我們結合圖 35-13b 振幅是 E_0 的波，每一個都有正比於 E_0^2 的強度 I_0。具有振幅 E 的合成波有正比於 E^2 的強度 I。因此

$$\frac{I}{I_0} = \frac{E^2}{E_0^2}$$

所以，將 35-29 式代入，則整理可得

$$I = 4I_0 \cos^2\frac{1}{2}\phi$$

這就是 35-22 式，是我們要證明的等式之一。

我們還要證明 35-23 式，此式描述當兩波到達圖 35-10 中屏幕上的任一點 P 時，兩波間相位差 ϕ 和 P 點位置指標 t 之關係。

35-21 式中的相位差 ϕ 與圖 35-10b 中的路徑差 S_1b 有關。如果 S_1b 為 $\frac{1}{2}\lambda$，則 ϕ 為 π，如果 S_1b 為 λ，則 ϕ 為 2π，依此類推。也就是說

$$相位差 = \frac{2\pi}{\lambda}(路徑差) \tag{35-30}$$

圖 35-10b 中的路程差 S_1b 是 $d\sin\theta$ (直角三角形的一邊)；因此方程式 35-30 中用於兩波達到屏幕上一點 P 的相位差變為

$$\phi = \frac{2\pi d}{\lambda}\sin\theta$$

這是 35-23 式，是為了讓 ϕ 與位置 P 的 θ 產生關連，我們設法證明的另一個方程式。

兩個波以上的合成

在一般情形，我們可能要求超過兩個正弦變化波的合成。無論波數為多少，步驟如下：

1. 畫出一組相量來代表待加的函數。將這些相量頭尾相接，保持相鄰相量間的正確相位關係。

2. 畫出這些排列相量的向量和。此向量和的長度即為合成之振幅。向量和與第一相量之夾角等於合成波與此第一相量之相位差。由這向量和在縱軸上的投影，可得到合成波在時間上的變化。

測試站 4

有四對光波各自到達屏幕上的一點。各光波之波長都相同。在到達的點上，它們的振幅和相位差為(a) $2E_0$、$6E_0$ 和 π 弧度；(b) $3E_0$、$5E_0$ 和 π 弧度；(c) $9E_0$、$7E_0$ 和 3π 弧度；(d) $2E_0$、$2E_0$ 和 0 弧度。根據在那些點上的光強度由大到小排列這四對光波。(提示：畫相量)

範例 35.04 用相量相組合三個光波

三個光波在某處組合在一起，該處的電場分量為

$$E_1 = E_0 \sin \omega t$$
$$E_2 = E_0 \sin(\omega t + 60°)$$
$$E_3 = E_0 \sin(\omega t + 30°)$$

求下列各波的合成波 $E(t)$。

關鍵概念

合成波為

$$E(t) = E_1(t) + E_2(t) + E_3(t)$$

在使用相量方法來求總和時，我們可以計算在任一時刻的相量。

計算 為了簡化答案，我們選擇 $t = 0$，對此所代表之三個波的相量展示於圖 35-14。現在我們將相量的加法視同於其他任何向量的加法。於分量法，我們先寫出水平分量的總和為

$$\sum E_h = E_0 \cos 0 + E_0 \cos 60° + E_0 \cos(-30°) = 2.37E_0$$

垂直分量的總和，亦即 E 在 $t = 0$ 的值，等於

$$\sum E_v = E_0 \sin 0 + E_0 \sin 60° + E_0 \sin(-30°) = 0.366E_0$$

合成波 $E(t)$ 的振幅 E_R 為

$$E_R = \sqrt{(2.37E_0)^2 + (0.366E_0)^2} = 2.4E_0$$

而相對於相量 E_1 的相位角 β

$$\beta = \tan^{-1}\left(\frac{0.366E_0}{2.37E_0}\right) = 8.8°$$

現在我們可以將合成波 $E(t)$ 寫成

$$E = E_R \sin(\omega t + \beta)$$
$$= 2.4E_0 \sin(\omega t + 8.8°) \qquad \text{(答)}$$

注意圖 35-14 中角所代表的意義：它是這四個相量成為一體，繞原點旋轉時，E_R 和 E_1 之間的恆定夾角。圖 35-14 中的 E_R 和水平軸之間的夾角並不保持為 β。

代表波之相量可作
相加來求出合成波

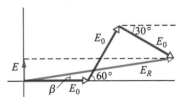

圖 35-14 三個相量，代表 $t = 0$ 時等振幅 E_0 且相常數 0°，60° 與 −30° 的波。這三個相量 E_1、E_2 和 E_3 組合成相量 E_R。

 Additional example, video, and practice available at *WileyPLUS*

35-4 薄膜干涉

學習目標

在閱讀完這個區塊的文字之後，讀者應該能夠...

35.29 繪製薄膜干涉的設置，顯示入射光線與反射光線(垂直於膜，但爲清楚起見略爲傾斜)，並識別厚度與三個折射率。

35.30 識別可產生相位移的反射條件，並得到相位移的值。

35.31 確認反射波干擾的三個條件：反射位移、路程差及內部波長(由膜的折射率確定)。

35.32 對一個薄膜，使用反射偏移與期望的結果去計算和應用相關厚度 L、波長 λ (由空氣中量測得到)與薄膜的折射率 n 的必須方程式。

35.33 在空氣中非常薄的膜(厚度遠小於可見光的波長)，解釋爲何膜總是黑的。

35.34 對於契形薄膜的每一端，計算並應用相關厚度 L、波長 λ (由空氣中量測得到)與薄膜的折射率 n 的必須方程式，然後計算穿過膜之亮帶與暗帶的數量。

關鍵概念

● 當光入射在薄透明膜上時，光反射於前表面與後表面之干涉。對於接近垂直之入射，膜於空氣中反射之最大及最小強度反射光的波長條件是

$$2L = (m + \frac{1}{2})\frac{\lambda}{n_2}$$

$m = 0, 1, 2, \ldots$　(極大值-空氣中最亮的膜)，

$$2L = m\frac{\lambda}{n_2}$$

$m = 0, 1, 2, \ldots$　(極小值-空氣中最暗的膜)

其中 n_2 是膜的折射率，L 是其厚度，λ 是光於空氣中的波長。

● 如果膜夾在除空氣外的介質之間，這些用於明膜與暗膜的方程式可以互換，這取決於相對的折射率。

● 如果入射在具有不同折射率介質的介面處之光是在較小折射率的介質中，反射會造成反射波有　弧度，或是半波長的相位改變。否則，沒有反射引起的相變化，折射是無法造成相位移的。

薄膜干涉

　　在日光照射下的肥皂泡或油膜的顏色是由透明薄膜前後表面光波的干涉所造成，肥皂或是油膜的厚度通常是所涉及(可見)光波波長的數量級。(較大的厚度破壞了光因干涉產生顏色的相干性)

　　圖 35-15 所示爲均勻厚度爲 L 且折射率爲 n_2 的透明薄膜，被來自遠方點光源之波長 λ 的亮光照射。現在，我們假設薄膜的兩邊皆是空氣，因此在圖 35-15 中 $n_1 = n_3$。爲了簡化，假設光線幾乎與薄膜垂直($\theta \approx 0$)。我們想知道當以幾乎垂直的角度觀察此薄膜時，它是亮的還是暗的(既然薄膜被光照射，它怎麼可能是暗的呢？接下來你就會了解)。

干涉取決於折射與路程長

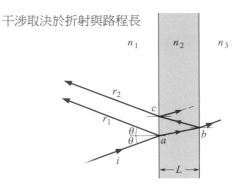

圖35-15 以射線 i 表示的光波入射在一厚度 L 且折射率 n_2 的薄膜上。射線 r_1 和 r_2 代表由薄膜前和後表面反射的光波(此三射線事實上和薄膜近似於垂直)。r_1 和 r_2 波的干涉取決於它們的相位差。位在左邊之介質的折射率 n_1 可以不同於位在右邊之介質 n_3 的折射率,但現在我們假設這兩個介質都是空氣,且 $n_1 = n_3 = 1.0$,這低於 n_2。

以射線 i 代表的光,入射於薄膜前表面的 a 點,進行反射與折射。反射光 r_1 進入觀察者的眼睛。折射光穿過薄膜到達後表面的 b 點,在該處進行反射與折射。在 b 點反射的光穿過薄膜到達 c 點,在此進行反射和折射。在 c 點折射的光以射線 r_2 來代表,進入觀察者的眼睛。

如果射線 r_1 和 r_2 的光波在眼睛是完全同相位的,它們產生干涉的極大,那麼薄膜上的 ac 區域是亮的。如果它們是完全反相位,將會產生一干涉的極小,那麼 ac 區域看起來是暗的,即使它已經被照明了。如果有其他在中間的相位差,就有中間的干涉和中間的亮度。

關鍵。因此,關鍵是觀察者所看到的是光波 r_1 與 r_2 間的相位差,兩光線都來自同樣的光線 i,但其產生 r_2 的路程差涉及光線穿過薄膜兩次(a 到 b,然後 b 到 c),而產生 r_1 的路徑不涉及薄膜的通過。因為 θ 約為零,我們將 r_1 與 r_2 兩波的路徑差近似為 $2L$。然而,要找到兩波之間的相位差,我們不可以只是找到等同於路程差為 $2L$ 的波長數量。這個簡單的途徑因為兩個原因而不可能:(1)路程差發生在除空氣以外的介質中,和(2)涉及可改變相位的反射。

 若其一或皆兩者被反射,則兩光波間的相位差會改變。

接下來討論由反射引起的相位改變。

反射之相位偏移

介面上的折射不會導致相位的改變,但反射會,且和介面兩邊的折射率有關。在圖 35-16 可看出當脈波在較重的繩子(於此繩上,脈波移動相對地較慢)和較輕的繩子(於此繩上,脈波移動相對地較快)上因反射而使得相位改變時發生了什麼事。

如圖 35-16a,當脈衝以相對慢的速度在重繩上傳遞而達到與輕繩的串接點,脈衝有部分透射有部分反射,其方向是沒有改變的。對於光,這種情況等同於較大折射率 n 之介質中行進的入射波(回憶一下,較大的 n 代表較慢的速度)。在那情形下,在介面處反射的波動不會遭受項變化,也就是說其反射的相移動為零。

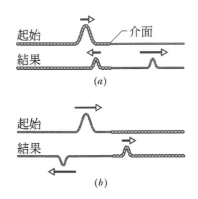

圖 35-16 兩條線密度不同的繩子被拉緊後,在介面上的反射所造成的相位改變。在較輕的繩子上,波速較快。(a)入射脈波在較重的繩子。(b)入射脈波在較輕的繩子。只有這種情況下,才有相位改變,並且只有反射波有改變。

在圖 35-16b 中，一脈波沿著較輕的繩子快速移動，當它到達與較重繩子的介面時。被傳遞的脈波保有原來的方向，但被反射的脈波是上下顛倒的。以正弦波而言，這種反轉相當於 π 弧度的相位改變，也相當於半個波長。對光而言，此情形對應於入射波在有較小折射率(有較大的速度)的介質中移動。在該例子中，在介質反射的波會發生 π 弧度的相位改變，也相當於半個波長。

我們可以把這些結果以把光反射開的介質之折射率的型式來總結：

反射	反射相位差
被較低折射率	0
被較高折射率	0.5 個波長

這可被記憶成「較高意謂一半(higher means half)」。

薄膜干涉的方程式

在這章中，我們現在來看看三種能使得兩波相位差改變的方法：

1. 反射。

2. 波經過長度不同的路徑。

3. 波經過折射率不同的介質。

在圖 35-15 中，當光被薄膜反射而產生射線 r_1 和 r_2 的光波時包含了以上三種情形。讓我們一個接一個來考慮。

反射移位。我們首先中重新查看圖 35-15 中的兩個反射，在前介面中的一點 a，入射波(空氣中)從兩折射率中較大者反射，因此反射光線 r_1 有 0.5 個波長的相位移動。在後介面的點 b，入射波(空氣中)從兩折射率中較小者反射，而反射的波不會因反射而有相位的偏移，也不會成為離開薄膜的光線 r_2 的一部分。我們可以使用表 35-1 的第一行來組織此資訊，他指出如圖 35-17 中對空氣中薄膜的簡化圖形。到目前為止，作為反射相位移的結果，波動 r_1 與 r_2 有 0.5 波長的相位差，因此其完全為反相的。

路程差。現在我們必須考量因為光線 r_2 穿過薄膜兩次，使得產生 $2L$ 的路程差(這個 $2L$ 的差距顯示在表 35-1 中的第二行)，如果波動 r_1 與 r_2 是完全同相的，所以他們會產生完全建設性干涉，長 $2L$ 的路徑必會引起 0.5, 1.5, 2.5...波長的額外相位差，只有這樣，淨相位差才會是波長的整數倍，因此，對於亮的薄膜我們必須有

$$2L = \frac{奇數}{2} \times 波長 \quad (同相波) \tag{35-31}$$

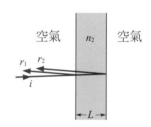

圖 35-17 空氣中一薄膜所造成的反射。

表 35-1 空氣中薄膜干涉之整理表(圖 35-17)[a]

	r_1	r_2
反射相位移	0.5 波長	0
路程差	$2L$	
產生路程差的折射率	n_2	
同相 [a]：	$2L = \dfrac{奇數}{2} \times \dfrac{\lambda}{n_2}$	
反向 [a]：	$2L = 整數 \times \dfrac{\lambda}{n_2}$	

[a] 當 $n_2 > n_1$ 和 $n_2 > n_3$ 時有效。

此處我們需要的是在包含路徑長度 2L，也就是折射率 n_2 的介質中的光之波長 λ_{n2}。

因此我們可將 35-31 式寫成

$$2L = \frac{奇數}{2} \times \lambda_{n2} \quad (同相波) \tag{35-32}$$

若波正好反相，而產生完全破壞性干涉，則路徑長 2L 必須導致相位差不變或 1, 2, 3, …個波長的相位差。唯有如此方使淨相位差為半波長的奇數倍。因此，對於暗淡無光的薄膜，我們有

$$2L = 整數 \times 波長 \quad (反相波) \tag{35-33}$$

再令在包含 2L 的介質中的波之波長為 λ_{n2}。現在可得

$$2L = 整數 \times \lambda_{n2} \quad (反相波) \tag{35-34}$$

現在回想一下，射線 r_2 的波有經過折射率 n_2 的介質，而射線 r_1 的波則沒有，則我們可用 35-8 式($\lambda_n = \lambda/n$)將薄膜中的波長寫成

$$\lambda_{n2} = \frac{\lambda}{n_2} \tag{35-35}$$

其中 λ 為入射光在真空中(和在空氣中近似)的波長。將 35-35 式代入 35-32 式並用($m + \frac{1}{2}$)替代「奇數/2」，可得

$$2L = (m + \tfrac{1}{2})\frac{\lambda}{n_2} \quad m = 0, 1, 2, \dots (極大-空氣中光亮的薄膜) \tag{35-36}$$

類似地，將 35-34 式的「整數」以 m 代替，可得

$$2L = m\frac{\lambda}{n_2} \quad m = 0, 1, 2, \dots (極小-空氣中暗淡的薄膜) \tag{35-37}$$

對一已知薄膜厚度 L，35-36 式和 35-37 式分別告訴我們在什麼波長薄膜是亮的或暗的，一個波長對應一個 m 值。中間的波長給予中間的亮度。對一已知的波長 λ，35-36 和 35-37 式分別告訴我們薄膜厚度為多少時，薄膜看起來是亮的或暗的，一個厚度對應一個 m 的值。中間的厚度給予中間的亮度。

小心。(1)對於被空氣包圍的薄膜，方程式 35-36 對應於明亮的反射，方程式 35-37 對應於無反射，對於透射，方程式的作用是相反的(畢竟，如果光被明亮地反射，則他就不會透射，反之亦然)。(2)如果我們有一組不同值的折射率，方程式的作用是相反的。對於任何給定的折射率，你必須經過表 35-1 後面的思考過程，並請特別去經反射偏移去確認哪個方程式適用於光亮反射，哪個適用於無反射。(3)方程式中的折射率是發生路程差之薄膜的。

薄膜厚度遠小於 λ

當薄膜很薄，即當 L 遠小於 λ，比如 L < 0.1λ 時，會產生一特例。此時路徑差 2L 可被忽略，而 r_1 和 r_2 間的相位差只是因反射而產生的相位移。圖 35-17 中的薄膜，其上之反射造成 0.5 個波長的相位差，若其厚度 L

< 0.1λ，不論照射於其上的光之波長和強度如何，r_1 和 r_2 都會正好反相，因此薄膜是暗的。這個特別情形對應於 35-37 式中 $m = 0$ 時。我們應視任何小於 0.1λ 的 L 為 35-37 式之最小厚度，該厚度使得圖 35-17 的薄膜是暗的(每個如是的厚度都對應到 $m = 0$)。下一個使薄膜變暗的較大厚度對應於 $m = 1$ 時。

在圖 35-18 中，亮白光照亮一個垂直的肥皂膜，其厚度由上往下逐漸增厚，然而，頂部部分因為太薄以至於是黑的，在(稍厚)中間，我們看到條紋或是亮帶，其顏色主要取決於反射光在特定厚度下經歷完整相長性干涉的波長。朝向(最厚的)底部，條紋變得越來越窄，顏色也開始重疊與褪色。

測試站 5

圖中顯示光從薄膜垂直反射的四種情況，各折射率如圖所給。對哪一情況所作之反射會使得兩反射線之相位差為零？若路徑差 2L 導致 0.5 波長的相位差，則在哪一個情況中薄膜會是黑的？

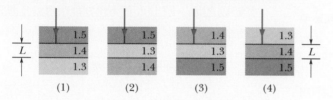

(1)　　　(2)　　　(3)　　　(4)

Richard Megna/Fundamental Photographs

圖 35-18 從環上的肥皂水薄膜反射出來的光。薄膜頂部很薄(由於重力坍落)，以致在該處反射的光進行破壞性干涉，使薄膜看起來是暗的。色彩繽紛的干涉條紋裝飾著薄膜的支架但是被液體的流動所破壞，此因構成薄膜的液體被重力向下拉。

範例 35.05　空氣中水膜的薄膜干涉

一束白光，在可見光波長範圍 400-690 nm 內有均勻之強度，垂直入射於折射率 n_2 為 1.33，厚度 L 為 320 nm，懸浮於空氣中的水薄膜上。波長為多少的光經此薄膜反射後看起來最亮？

關鍵概念

當被薄膜反射的各光線之間為同相位時看起來最亮。連繫波長 λ 及薄膜厚度 L 及其折射率 n_2 的方程式是 35-36 式或 35-37 式，視此薄膜之反射相位改變而定。

計算　欲決定是用那個式子，我們應填一個類似表 35-1 的表格。然而，因水膜的二面均是空氣，故情況和圖 35-17 完全一樣，故表和表 35-1 完全相同。由表 35-1 我們可看出當滿足下式時反射光同相位：

$$2L = \frac{奇數}{2} \times \frac{\lambda}{n_2}$$

即 35-36 式

$$2L = \left(m + \frac{1}{2}\right)\frac{\lambda}{n_2}$$

解出 λ 並代入 L 與 n_2，得到

$$\lambda = \frac{2n_2 L}{m + \frac{1}{2}} = \frac{(2)(1.33)(320\,\text{nm})}{m + \frac{1}{2}} = \frac{851\,\text{nm}}{m + \frac{1}{2}}$$

若 $m = 0$，可得 λ = 1700 nm，這是在紅外光範圍。若 $m = 1$，可得 λ = 567 nm，這是黃綠色光，接近可見光譜的中間。若 $m = 2$，λ = 340 nm，這是在紫外光的範圍。因此觀察者看到的最亮的光其波長為

$$\lambda = 567\,\text{nm} \tag{答}$$

WILEY PLUS Additional example, video, and practice available at *WileyPLUS*

範例 35.06 玻璃鏡片塗層的薄膜干涉

一玻璃透鏡的一側加了一層氟化鎂(MgF₂)薄膜以減低透鏡表面之反射(圖 35-19)。MgF₂ 之折射率為 1.38,而玻璃為 1.50。試求此薄膜之最小厚度應為多少,以消除(經由干涉)可見光譜中間($\lambda = 550$ nm)的反射。假設光是接近垂直於薄膜表面。

關鍵概念

當薄膜的厚度滿足使從二薄膜介面反射的光反相時反射光即可消除。用 35-36 或 35-37 式決定於介面的反射之相位改變。

計算 欲決定用哪一個式子,我們仍要填表 35-1。在第一個介面時,光從折射率較氟化鎂小的空氣入射。故我們在表中 r_1 下填 0.5(意謂著光線 r_1 在第一介面相位改變 0.5)。在第二介面時,光從折射率較玻璃小的氟化鎂入射,故我們在表中 r_2 下填入 0.5λ。故我們在表中 r_2 下填入 0.5λ。

因為這二次反射均造成相同的相位移,故它們傾向使 r_1 和 r_2 的波同相。因為我們希望使這些波反相,其路徑差

$$2L = \frac{奇數}{2} \times \frac{\lambda}{n_2}$$

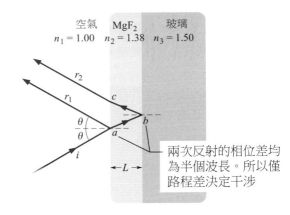

圖 35-19 中有一透鏡的折射率

空氣 $n_1 = 1.00$　MgF₂ $n_2 = 1.38$　玻璃 $n_3 = 1.50$

兩次反射的相位差均為半個波長。所以僅路程差決定干涉

圖 35-19 經由玻璃表面上一層厚度適當的氟化鎂透明薄膜,不需要的反射光可被消除(在某一個選定的波長)。

由上式可導至 35-36 式(在此佈置,空氣中的亮膜夾於暗紋之間)。解出 L 便可得知能由透鏡及薄膜消去反射的膜厚度

$$L = \left(m + \frac{1}{2}\right)\frac{\lambda}{2n_2} \qquad m = 0, 1, 2, \dots \qquad (35\text{-}38)$$

我們要的是薄膜的最小厚度——也就是最小的 L。因此我們選擇 m 的最小值,$m = 0$。代入 35-38 式的已知數據,可得

$$L = \frac{\lambda}{4n_2} = \frac{550\,\text{nm}}{(4)(1.38)} = 99.6\,\text{nm} \qquad (答)$$

範例 35.07 一個透明楔形塊的薄膜干涉

圖 35-20a 中有一透明塑膠方塊,其右方有一淺薄的楔形缺口(這張圖中楔的厚度被誇大)。一波長 $\lambda = 632.8$ nm 的紅光之粗光束直接向下通過方塊的頂端(入射角為 0 度)。一些光被楔形作用如一薄膜(空氣的)且厚度均勻地從左邊的 L_L 逐漸變化到右邊的 L_R(明塑膠方塊上方和下方的空氣太厚難以當做薄膜)。一觀察者朝下看此方塊可看到由沿著楔形分佈的六條暗紋和五條亮紅紋所組成的干涉圖樣。楔形兩端厚度差 $\Delta L (= L_R - L_L)$ 為多少?

關鍵概念

(1)沿著此充滿空氣的楔形的左到右的方向上之亮點是因為光波在楔形的上下二介面之間的反射波之干涉所形成。(2)由亮紋到暗紋的亮度改變是因為楔形的厚度改變所致。在一些區域,其厚度使反射波同相而產生反射(一條亮的紅色條紋)。在其它區域,其厚度使反射波反相而沒有反射光產生(一條暗紋)。

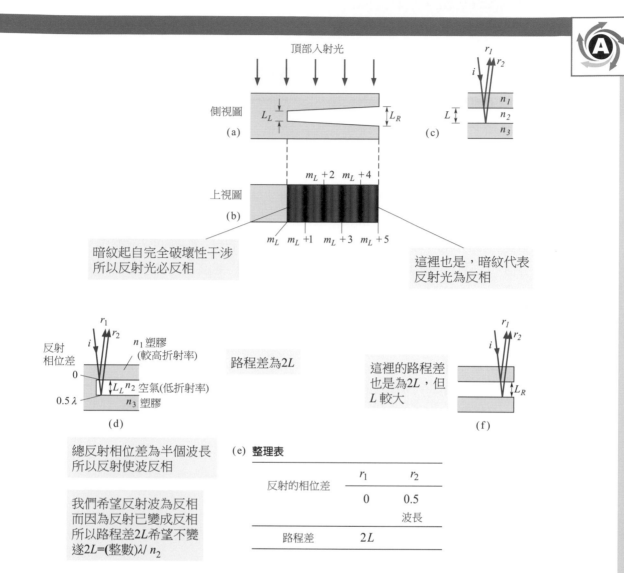

圖 35-20 (a)紅光於透明塑膠方塊的那一邊,入射充滿空氣的薄楔形。楔形左邊厚度為 L_L,右邊為 L_R。(b)俯視方塊:整個楔形區域分佈著六條暗紋和五條亮紋的干涉圖樣。(c)入射線 i,反射線 r_1 和 r_2,和沿著楔形的長邊之上任何地方之厚度 L 的表示圖。在(d)左邊(f)楔形的右端,及(e)它們的整理桌子之處的反射波。

整理反射光 因為觀察者看到的暗紋較亮紋多，我們可假設在楔形的二邊均是暗紋。因此圖 35-20b 即是干涉圖形。

我們可畫如圖 35-20c 的示意圖來表示沿著楔形由左到右的任一點上，在楔形厚度為 L 時，其上下二介面的反射光。讓我們將其應用在反射光是暗紋處。

我們知道對於暗紋處，圖 35-20d 中的光波 r_1 及 r_2 必須是反相。我們也知道連繫厚度 L、波長 λ 及薄膜折射率的式子為 35-36 或 35-37 式，視反射的相位移而定。要決定那一個方程式在楔形的左邊給出暗紋，我們應填類似表 35-1 的表格，如圖 35-20e。

在楔形的上介面，入射光從折射率較空氣大的塑膠入射。因此在表中 r_1 下填 0。在楔形的下介面，入射光從折射率較塑膠小的空氣入射。所以於 r_2 之下我們填入 0.5 波長。因此，由於反射所造成的相差變化是 0.5 波長。因此反射將使反射的光波 r_1 和 r_2 反相。

在左端的反射(圖 35-20d) 因為我們在楔形的左端看到暗紋，其僅由反射相移即足以產生，我們不想讓路徑差改變這種狀況。故此處之距徑差 $2L$ 必須滿足

$$2L = 整數 \times \frac{\lambda}{n_2}$$

即 35-37 式

$$2L = m\frac{\lambda}{n_2} \qquad m = 0, 1, 2, \ldots \qquad (35\text{-}39)$$

在右端的反射(圖 35-20f) 35-39 式並不只適用於楔形的最左側，它還適用於沿其左右方向上的任一暗紋處，這其中也包括了最右端，對於每一條暗紋是 m 不同的一個整數。最小的 m 值是對應暗紋處楔形的厚度最小之處。隨著厚度變寬的方向之暗紋處 m 值逐次增加。令 m_L 代表最左側的 m 值。則最右側的 m 值由圖 35-19b 知必須是 $m_L + 5$。因為由圖 35-20b，其右端位在自左算起的第五個暗紋。

厚度差 想求 ΔL，我們可解 35-39 式二次：一次是最左側之厚度 L_L，另一次是最右側之厚度 L_R

$$L_L = (m_L)\frac{\lambda}{2n_2} \quad , \quad L_R = (m_L + 5)\frac{\lambda}{2n_2} \qquad (35\text{-}40)$$

二式相減，並代入 $n_2 = 1.00$ 且 $\lambda = 632.8 \times 10^{-9}$ m 得

$$\Delta L = L_R - L_L = \frac{(m_L + 5)\lambda}{2n_2} - \frac{m_L \lambda}{2n_2} = \frac{5\lambda}{2n_2}$$

$$= 1.58 \times 10^{-6} \text{ m} \qquad (答)$$

PLUS Additional example, video, and practice available at *WileyPLUS*

35-5 邁克生干涉儀

學習目標

在閱讀完這個區塊的文字之後，讀者應該能夠...

35.35 利用圖形了解干涉儀的工作原理。

35.36 當透明材料插入干涉儀中其中一個光束時，應用光的相變(在波長方面)、材料厚度及其折射率的關係。

35.37 對於干涉儀，應用反射鏡移動的距離與干涉圖案中所產生之條紋移動的關係。

關鍵概念

● 在邁克生干涉儀中，光波被分成兩個光束，然後沿著不同路徑行進後重新組合。

● 所產生的干涉條紋取決於那些路徑長度與沿著路徑折射率的差異。

● 在折射率為 n，厚度為 L 的透明材料之光程中，那些組合光束的相位差(就波長而言)等於

$$相位差 = \frac{2L}{\lambda}(n-1)$$

其中 λ 為光的波長。

邁克生干涉儀

　　干涉儀是藉干涉條紋來精確地量測長度或長度變化的儀器。這裡介紹由邁克生在 1881 年所設置的原始形式。

　　現在考慮自非點光源 S 上之一點 P 發出的光線(圖 35-21)，且光線照在分束鏡 M 上。這是一面鏡子，能夠讓一半的入射光通過，並使另一半反射。在圖中為求方便我們已假設這面鏡子的厚度是可以忽略的。光在 M 處被分成兩個波。一波穿透後朝裝置臂上之鏡 M_1 前進，另一波反射後朝裝置另一臂上之鏡 M_2 前進。此二波在各鏡上反射，並沿其入射方向返回，最後進入望眼鏡 T。觀察者所看到的是彎曲的或是大約直線的干涉條紋圖形；後者類似斑馬的條紋。

　　鏡移位。兩個波在望遠鏡處重合時，路程差為 $2d_2 - 2d_1$，並且改變該路徑長度差異的任何事將導致在眼睛處的相位差變化，舉個例子，若一個鏡子 M_2 移動 $\frac{1}{2}\lambda$ 的距離時，其路程差改變 λ，條紋圖案則偏移一個條紋(好像斑馬身上的每個暗條紋都移動到相鄰的暗條紋位置)。相同的，移動鏡子 M_2 移動 $\frac{1}{4}\lambda$ 的距離時造成半個紋路的偏移(好像斑馬身上的每個暗條紋都移動到相鄰白色條紋的位置)。

　　插入。將薄透明材料插入其中一個鏡子的光路中也可以造成條紋圖案的偏移——對 M_1 之材料厚度為 L，折射率為 n，則通過材料沿著光往返路徑之波長數量由方程式 35-7，

$$N_m = \frac{2L}{\lambda_n} = \frac{2Ln}{\lambda} \tag{35-41}$$

而在放入此薄片前，在相同空氣厚度 $2L$ 中的波長數為：

$$N_a = \frac{2L}{\lambda} \tag{35-42}$$

因此，放置薄片後，從鏡子 M_1 回來的光經歷了相位改變，其大小為(以波長來表示)

$$N_m - N_a = \frac{2Ln}{\lambda} - \frac{2L}{\lambda} = \frac{2L}{\lambda}(n-1) \tag{35-43}$$

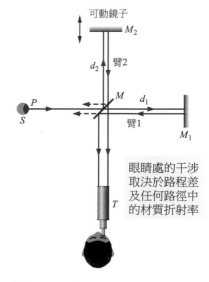

圖 35-21　邁克生干涉儀，圖示由非點光源 S 上的一點 P 發出的光線路徑。這束光被鏡面 M 分成兩束，然後分別自鏡面 M_1 和 M_2 反射回到 M，然後到達望遠鏡。觀察者可以自望遠鏡內看到干涉條紋的圖樣。

對於每一個波長的相位改變，條紋圖樣會移動一個條紋。因此，如果計算薄片造成圖樣移動的條紋數，代入 35-43 式的 $N_m - N_a$ 你就能得到此薄片的厚度 L(以 λ 來表示)。

長度標準。透過這種技術，物體的長度可以用光的波長來表示，在邁克生的年代，長度的標準-公尺，是在巴黎附近 Sèvres 保存的某種金屬棒上兩細小刻痕的距離。邁克生使用他的干涉儀顯示，標準公尺與某種含鎘光源發射之單色紅光的 1553163.5 個波長是相同的。對於這個仔細的量測，邁克生獲得 1907 諾貝爾物理學獎，他的工作使得最終放棄使用公尺圓柱為標準長度的基礎，並根據光的波長重新定義公尺。在 1983 年，即使這個以波長為基礎的標準不夠精確，以至於不能滿足日益增長的技術需求，所以被定義的光速值取代來成為新的標準。

重 點 回 顧

海更士原理　波(包括光)在三度空間的傳播，經常可用海更士原理來預測，海更士原理說波前上的各點都可被視為球面次級子波的點波源。經過一段時間 t 之後，波前的新位置將為這些子波的切面位置。

假設任一介質之折射率為 $n = c/v$，其中 v 為光在介質中的速率，c 為真空中的光速，那麼可以由海更士原理來推導折射定律。

波長與折射率　光在介質中的波長 λ_n 和介質的折射率 n 有關：

$$\lambda_n = \frac{\lambda}{n} \tag{35-6}$$

其中 λ 是於真空中的波長。因為此關係式，所以兩波間的相位差可以因其通過擁有不同折射率的材質而改變。

楊氏實驗　在**楊氏干涉實驗**中，光通過單狹縫而落在屏幕的兩個狹縫上。由這個兩個狹縫出發的光會散開，並在屏幕後產生干涉。而在視屏幕上會因干涉而產生條紋圖樣。

在視屏幕上任一點的光強度與兩狹縫至該點之路徑差有關。如果這路徑差是波長的整數倍，兩波發生建設性干涉，並產生強度極大。如果是半波長的奇數倍，則有破壞性干涉，產生一強度極小。強度極大和極小的條件為

$$d \sin\theta = m\lambda \quad m = 0, 1, 2, ...(\text{極大-亮紋}) \tag{35-14}$$

$$d \sin\theta = (m + \tfrac{1}{2})\lambda \quad m = 0, 1, 2, ...(\text{極小-暗紋}) \tag{35-16}$$

其中 θ 為路徑與中央軸之間的夾角，而 d 為狹縫寬度。

同調性　若兩重疊光波有可見的干涉現象，它們之間的相位差必需不隨時間改變，也就是說，此二波必需有**同調性**。當兩同調的波重疊時，合成的強度可用相量法來求得。

雙狹縫干涉的強度　於楊氏干涉實驗中利用兩束強度為 I_0 的光波，而在視屏幕上得到合成波的強度 I:

$$I = 4I_0 \cos^2 \tfrac{1}{2}\phi \quad \text{其中 } \phi = \frac{2\pi d}{\lambda}\sin\theta \tag{35-22, 35-23}$$

此式也包含了能指出極大條紋和極小條紋位置的 35-14 及 35-16 式。

薄膜干涉　當光入射於一透明薄膜上，從前表面和後表面反射的光波會互相干涉。對於接近垂直的入射光，自薄膜(置於空氣中)反射的光其強度極大和極小的波長條件為：

$$2L = (m + \frac{1}{2})\frac{\lambda}{n_2} \quad m = 0, 1, 2, ...$$

$$\text{(極大-空氣中光亮的薄膜)} \tag{35-36}$$

$$2L = m\frac{\lambda}{n_2} \quad m = 0, 1, 2,...$$

$$\text{(極小-空氣中暗淡的薄膜)} \tag{35-37}$$

其中 n_2 為薄膜之折射率，L 為其厚度，而 λ 為光在空

氣中之波長。

在兩折射率不同的介質的介面上，若光自折射率較小的介質入射，反射會在反射波裡造成 π 弧度或半個波長的相位改變。否則，反射將不會造成相位改變。折射不會造成相位改變。

邁克生干涉儀 在邁克生干涉儀裡，一光波被分為兩束光，然後行經不同路徑長度，再重合造成干涉，形成條紋圖樣。改變其中一條光束的路徑長，並計算條紋圖樣位移的條紋數，可使距離被精確地以光的波長來表示。

討論題

1 兩道波長為 500 nm 的光線起初具有同相位，藉由在圖 35-22 中的不同鏡面進行反射（這些反射作用本身不會產生相位移）。(a)如果要使兩道光線離開這個區域的時候恰好反相，請問距離 d 的最小值為何？（忽略光線 2 的路徑具有稍微傾斜的現象）。(b)假設整個裝置被浸沒在折射率為 1.38 的蛋白質溶液內，請重作這個問題。

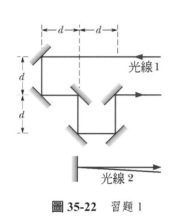

圖 35-22 習題 1

2 在圖 35-23 中，一油滴（$n = 1.20$）漂浮

圖 35-23 習題 2

在水面（$n = 1.33$）上，從上方觀察陽光垂直向下照射並垂直向上反射時，(a)液滴的外部（最薄）區域是亮的還是暗的？油膜顯示多種顏色光譜。(b)使用 475 nm 波長的藍光檢測，從邊緣向內移動到第三個藍色波段，求該處的薄膜厚度。(c)如果油的厚度增加，為

什麼顏色會逐漸變淡然後消失？

3 我們希望將平板玻璃（$n = 1.40$）鍍上一層透明物質（$n = 1.25$），以便波長為 500 nm 的光之反射藉干涉相消。若能如此，則鍍膜最小厚度多少？

4 到 10 物質層的反射。

圖 35-24 中，光線垂直入射在物質 2 的薄層上，且物質 2 是放置在（較厚）物質 1 和物質 3 間。（將射線畫成傾斜，只是為了清晰顯示。射線 r_1 和 r_2 的光波

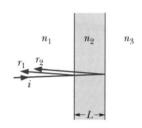

圖 35-24 習題 4 到 10

彼此干涉，且此處將干涉類型視為不是最大值(max)就是最小值(min)。針對這個情況，表 35-2 的每一習題提供了折射率 n_1、n_2 和 n_3，干涉類型，以奈米為單位的薄層厚度 L，及在空氣所量測、以奈米為單位的光波長 λ。在缺少的資料欄，請寫出在可見光範圍的波長。在缺少 L 的資料欄，請如欄位中所指示，寫出次薄厚度或第三薄厚度。

11 圖 35-25a 顯示了一個曲率半徑 R 的透鏡放置在平坦玻璃板上，並且從上方以波長 λ 之光照射。圖 35-25b（從透鏡上方攝取的照片）顯示，隨著在透鏡和平板玻璃之間的空氣膜厚度 d 的變化，出現了圓形干涉條紋[稱為牛頓環(Newton's rings)]。假設 $r/R \ll 1$，試求各干涉最大值的半徑 r。

表 35-2 習題 4 到 10：薄物質層的反射。請參看這些習題的設置方式

	n_1	n_2	n_3	干涉類型	L	λ
7	1.68	1.59	1.50	min	2nd	342
4	1.55	1.60	1.33	max	285	
9	1.60	1.40	1.80	min	200	
6	1.50	1.34	1.42	max	2nd	587
5	1.55	1.60	1.33	max	3rd	612
8	1.68	1.59	1.50	min	415	
10	1.50	1.34	1.42	min	380	

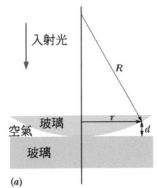

入射光

玻璃

空氣

玻璃

(a)

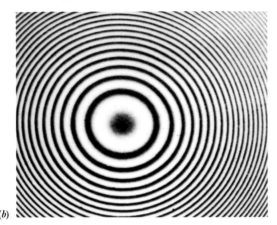

(b)

圖 35-25 習題 11 至 13(感謝 Bausch & Lomb)

12 習題 11 中,牛頓環實驗所使用的透鏡直徑爲 20 mm,表面的曲線半徑 $R = 6.0$ m。若使用在空氣中 $\lambda = 589$ nm 的光,則實驗裝置會(a)在空氣中與(b)浸在水中的情況下產生多少個亮環?($n = 1.33$)

13 我們利用一個牛頓環設備去求出一個透鏡的曲率半徑(請參看圖 35-25 和習題 11)。當照射的光線波長是 620 nm 的時候,對第 n 個和第$(n + 20)$個亮環的半徑進行量測的結果,分別是 0.162 和 0.368 cm。試計算透鏡的比較低表面的曲率半徑。

14 圖 35-26 中,沿著射線 r_1 的光波會從平面鏡反射一次,沿著射線

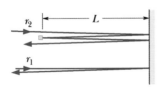

圖 35-26 習題 14 及 15

次,沿著射線 r_2 的光波會從相同平面鏡反射兩次,並且會從與上述平面鏡相距 L 的極小平面鏡上反射一次(忽略射線的輕微傾斜)。兩個光波都具有波長 420 nm,且起初是同相位的。(a)試問要讓最後的光波恰好反相的最小 L 值是多少?(b)在極小平面鏡放置在該 L 值的情形

下,請問此小平面必須移離開大平面鏡多遠的距離,才能讓最後的光波再度呈現反相的狀態?

15 在圖 35-26 中,沿著射線 r_1 的光波會從平面鏡反射一次,沿著射線 r_2 的光波會從相同平面鏡反射兩次,並且會從與上述平面鏡相距 L 的極小平面鏡上反射一次(忽略射線的輕微傾斜)。兩個光波都具有波長 λ,且一開始完全反相。試問會造成最後光波恰好同相的(a)最小,(b)次小,(c)第三小的 L/λ 值爲何?

16 在圖 35-27 中,兩個等向點光源(S_1 和 S_2)位於 y 軸上,間隔距離是 2.70 μm,它們發射出波長 450 nm、同相位而且相同振幅的光波。某一個光偵測器位於 x 軸的點 P 上,其座標值是 x_P。如果要讓偵測器偵測到的光屬於破壞性干涉的最小值,請問 x_P 的最小值爲何?

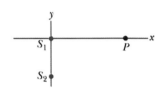

圖 35-27 習題 16 及 17

17 圖 35-27 顯示了兩個等向點光源(S_1 和 S_2),它們會發射出波長 800 nm、同相位而且相同振幅的光波。圖中顯示偵測點 P 位於 x 軸上,而且 x 軸也通過光源 S_1。在點 P 沿著軸從 $x = 0$ 往外移動到 $x = +\infty$ 的過程中,我們量測了來自兩個光源、抵達點 P 的光波之間的相位差 ϕ。往外直到 $x_s = 10 \times 10^{-7}$ m 的量測結果都顯示於圖 35-28。在往外直到$+\infty$的路程中,如果要讓來自 S_1 抵達點 P 的光波與來自 S_2 抵達點 P 的光波恰好反相,請問最大的 x 值是多少?

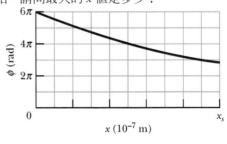

圖 35-28 習題 17

18 如圖 35-29 所示，兩個無線電頻率點波源 S_1 與 S_2 相距 $d = 2.0$

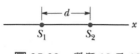

圖 35-29 習題 18 及 19

m，並以同相發 $\lambda = 0.60$ m 的波。一偵測器沿包含兩波源的平面上封閉圓形路徑運動。不列式計算，試求其偵測到多少極大值。

19 在圖 35-29 中，兩個等向點光源 S_1 和 S_2 發射出波長 λ 而且同相位的相同光波。兩個光源位於 x 軸上，間隔距離是 d，而且有一個偵測器繞著一個大圓移動，此大圓的圓心就是兩個光源的中點。它偵測到零強度的點有 26 個，包括位於 x 軸上的兩個點，其中一個是在兩個光源的左側，另一個是在兩個光源的右側。請問 d/λ 的值為何？

20 圖 35-10 是有關雙狹縫實驗的配置圖形，在投影屏任何一點上的波相位相量圖中，合成波的相量在 2.50×10^{-16} s 內轉動了 60.0 度。試問該光波的波長為何？

21 當雙狹縫實驗的入射光波長是 $\lambda = 589$ nm 的時候，如果要讓在遠處的投影屏上產生 0.018 rad 分隔角度的干涉條紋，試求兩個狹縫之間的間隔距離。

22 圖 35-30a 顯示了兩道光線行進通過一塊塑膠，起初兩道光線具有相同相位，其波長在空氣中加以量測都是 400 nm。光線 r_1 離開直接進入空氣。然而，在光線 r_2 離開進入空氣以前，它會行經位於塑膠塊內的中空圓柱體所承裝的液體。起初液體的高度 L_{liq} 是 40.0 μm，但是隨後液體開始蒸發。令 ϕ 是當光線 r_1 和 r_2 離開進入空氣時這兩道光線的相位差。圖 35-30b 顯示了 ϕ 相對於液體高度 L_{liq} 的曲線圖形，其中液體高度顯示到液體完全蒸發消失不見，而 ϕ 以波長表示，水平比例設為 $L_s = 40.00$ μm。試問(a)塑膠的折射率以及(b)液體的折射率為何？

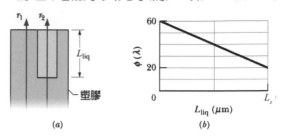

圖 35-30 習題 22

23 在圖 35-31 中，於寬廣湖泊水面上方高度 a 的地方，有一個微波發射器往對岸的接收器發射波長 λ 的微波，接收器的位置是在水面上方距離 x 處。從水面反射回來的微波會與由發射器直接抵達的微波產生干涉。假設湖泊寬度 D 遠大於 a 和 x，而且 $\lambda \geq a$，試求能提供當接收器上的訊號達到最大值時的 x 值的數學式。(提示：反射會引起相位變化嗎？)

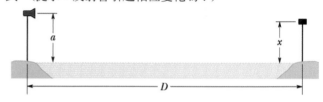

圖 35-31 習題 23

24 波長為 600.0 nm 的兩個光波最初為同相位。然後它們通過如圖 35-32 所示的塑膠層，其中 $L_1 = 4.00$ μm，$L_2 = 3.50$ μm，$n_1 = 1.40$，$n_2 = 1.55$。(a)當這兩波離

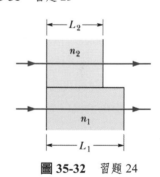

圖 35-32 習題 24

開塑膠層時，其相位差為多少倍的 λ？(b)若這兩個波稍後抵達某共同點，且振幅相同，則兩者是完全建設性干涉、完全破壞性干涉、靠近完全建設性的中間干涉或靠近完全破壞性的中間干涉？

25 一個厚度 0.410 μm 的薄膠片置於空氣中，一道白光垂直入射此膠片。若膠片的折射率為 1.50，則波長為多少的可見光在經過膠片的兩次介面折射後可以產生完全建設性干涉？

26 在圖 35-33 中，波長 400 nm 的寬光束往下方傳送，通過一對玻璃平板的上方平板，其中這一對玻璃平

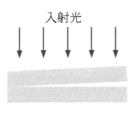

圖 35-33 習題 26–30

板的左方邊緣彼此緊靠著。在兩個玻璃平板之間的空氣層的作用像薄膜一樣，而且我們可以從平板上方看見干涉條紋。起初暗紋位於左方邊緣，亮紋位於右方邊緣，而且在這兩條邊緣條紋之間總共有九條暗紋。然後兩個平板以固定速率非常緩慢地擠壓在一起，藉此減少它們之間的角度。結果造成右方邊緣的干涉條紋每 20.0 s，就在亮紋與暗紋之間變換一次。(a)在兩個平板右方邊緣之間的空間距離，其變化速率是多少？(b)當左方邊緣和右方邊緣都是暗紋，而且在這兩條暗紋之間總共有五條暗紋的時候，試問右方邊緣的空間距離已經改變多少？

27 在圖 35-33 中，兩個顯微鏡載玻片在它們的一端互相接觸著，在另一端則分隔開。當波長 400 nm 的光線往下垂直照射在載玻片上的時候，上方的觀察者在載玻片上看見干涉圖樣，其中暗紋之間的間隔距離是 1.2 mm。請問在載玻片之間的角度是多少？

28 在圖 35-33 中，某一個單色光束垂直通過兩個玻璃平板，兩個玻璃平板的一端緊靠在一起，以便在兩個玻璃平板之間形成楔形空氣層。一位攔截到從楔形空氣層反射出來的光線的觀察者，沿著楔形空氣層的整個長度看見 5001 條暗紋，其中楔形空氣層的作用像薄膜一樣。當在平板之間的空氣被抽取掉以後，觀察者只看見 5000 條暗紋。試從這些數據計算空氣的折射率，並且取六位有效數字。

29 在圖 35-33 中，一延展光源(波長為 420 nm)垂直照射在兩玻璃片上。此兩玻璃片長 120 mm，左端接觸在一起，而右端分開 48.0 μm。在平板之間的空氣，其作用像薄膜一樣。從頂端玻璃片往下觀察所出現的亮紋有多少？

30 兩個長方形玻璃平板(n = 1.60)沿著一端邊緣接觸在一起，而且在相反端的邊緣是分隔開的(圖 35-33)。波長 400 nm 的光垂直入射在上方平板上。在平板之間的空氣，其作用像薄膜一樣。從上方平板的正上方可以觀察到此薄膜形成了九條暗紋和八條亮紋。如果將原先已經分隔開的邊緣端的距離增加 800 nm，請問此時整個上方平板會出現多少條暗紋？

31 到 38 薄物質層的透射。在圖 35-34 中，光線垂直入射在物質 2 的薄層上，而且物質 2 是放置在(比較厚)物質 1 和物質 3 之間。(將射

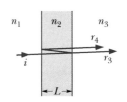

圖 35-34 習題 31 到 38

線畫成傾斜，只是為了清晰顯示。部分的光線最後以射線 r_3 (在物質 2 內部沒有經過反射過程的光)和射線 r_4 (在物質 2 內部經過兩次反射的光)的形式出現在物質 3 中。r_3 和 r_4 的光波彼此干涉，這裡我們將干涉類型視為不是最大值(max)就是最小值(min)。針對這個情況，表 35-3 的每一個習題提供了折射率 n_1、n_2 和 n_3，干涉類型，以奈米為單位的薄層厚度 L，以及在空氣所量測、以奈米為單位的光波長 λ。在缺少的資料欄，請寫出在可見光範圍的波長。在缺少 L 的資料欄，請如欄位中所指示的，寫出次薄厚度或第三薄厚度。

表 35-3 習題 31 到 38：薄物質層的反射。請參看這些習題的設置方式

	n_1	n_2	n_3	干涉類型	L	λ
31	1.55	1.60	1.33	min	285	
34	1.32	1.75	1.39	min	3rd	382
37	1.68	1.59	1.50	max	415	
36	1.50	1.34	1.42	max	380	
33	1.32	1.75	1.39	min	325	
38	1.68	1.59	1.50	max	2nd	342
35	1.40	1.46	1.75	max	2nd	482
32	1.40	1.46	1.75	max	210	

39 如果某一個雙狹縫干涉圖樣的第一個和第十個最小值之間的距離是 18.0 mm，兩個狹縫之間的距離是 0.150 mm，而且狹縫和投影屏之間的距離是 50.0 cm，請問所使用的光具有多大的波長？

40 在圖 35-35a 中，沿著射線 1 和 2 行進的光波起初是同相位的，在空氣中具有相同波長 λ。射線 2 通過了長度 L 而且折射率是 n 的材料。然後光線藉由平面鏡反射到螢幕上的共同點 P。假設我們可以從 $n = n_s = 1.0$ 到 $n = 2.5$ 改變 n。另外再假設，從 $n = 1.0$ 到 $n = 1.5$ 的範圍內，在點 P 的光強度 I 隨著 n 變化的情形如圖 35-35b 所示。請問在 n 大於 1.4 的情形下，當 n 為多少的時候，強度 I 是(a)最大值和(b)零？(c)當 $n = 2.0$ 的時候，在點 P 處，兩道光線之間的相位差是多少 λ？

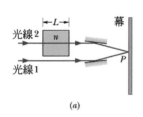
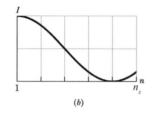

圖 35-35　習題 40 及 41

41 在圖 35-35a 中，沿著射線 1 和 2 行進的光波起初是同相位的，在空氣中具有相同波長 λ。射線 2 通過了長度 L 而且折射率是 n 的材料。然後光線藉由平面鏡反射到螢幕上的共同點 P。假設我們可以改變 L，其改變範圍從 0 到 2400 nm。另外也假設在點 P 處的光強度 I 會如圖 35-36 所示隨著 L 改變，圖形的繪製範圍從 $L = 0$ 到 $L_s = 900$ nm。請問當大於 L_s 的 L 值是多少時，強度 I 是(a)最大值和(b)零？(c)當 $L = 1200$ nm 的時候，請問在點 P 處，兩道光之間的相位差是多少 λ？

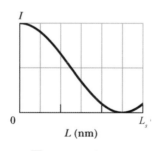

圖 35-36　習題 41

42 以波長 500 nm 的單色光照射兩個互相平行的狹縫。結果在與狹縫相距某一段距離處的投影屏上形成了干涉圖樣，而且在投影屏上，第四暗帶與中央光帶的距離是 1.68 cm。(a)請問對應於第四暗帶的光路程差是多少？(b)請問中央亮帶和中央亮帶兩側的第一亮帶之間，其在投影屏上的距離是多少？(提示：第四暗帶的角度和第一亮帶的角度已經小到足以讓近似式 $\tan \theta \approx \sin \theta$ 能夠成立)。

43 將波長 λ 的光波使用於 Michelson 干涉儀。令 x 是可移動平面鏡的位置，當兩個鏡臂具有相等長度 $d_2 = d_1$ 時，其 $x = 0$。令 I_m 是最大強度，請寫出被觀察到的光強度表示成 x 函數的數學式。

44 波長 700.0 nm 的光沿著長度 2000 nm 的路程傳送。然後我們在整個路程填裝了折射率為 1.400 的介質。試問介質使光的相位移動了多少度？請寫出(a)完整的移位角度，以及(b)其數值小於 360 度的等效移位角度。

45 圖 35-37 中的兩個點發射出相干光源。證明所有 r_1 和 r_2 的相位差是常數的點所形成的曲線（例如圖中所示的曲線）是雙曲線。(提示：相位差為常數即表示 r_1 和 r_2 的長度差為恆定。)

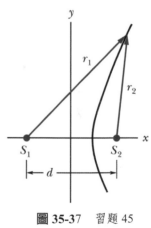

圖 35-37　習題 45

46 鈉燈（產生波長 $\lambda = 589$ nm 的顯眼黃光）經由雙狹縫干涉後，在中央亮紋附近產生的條紋角分辨率為 0.30°。若將整個實驗裝置浸於折射率 1.33 的水中，則條紋的角分辨率會變為多少？

47 利用相量法將下列諸量相加：$y_1 = 25 \sin \omega t$、$y_2 = 15 \sin(\omega t + 30°)$、$y_3 = 5.0 \sin(\omega t - 45°)$。

48 在圖 35-38 中，兩道光線藉由在不同平面鏡組合中的反射過程，通過了不同路徑。兩個光波都具有波長 620 nm，而且起初是同相位的。試問要讓光線從平面組合區域中射出時恰好反相位，則 (a)最小和(b)次小的距離 L 值是多少？

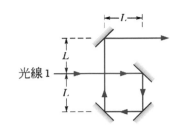

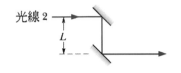

圖 35-38 習題 48 及 49

49 在兩個實驗中，要將光線藉由如圖 35-38 所示的不同平坦表面予以反射，因而形成的兩條路徑進行傳播過程。在第一個實驗中，光線 1 和 2 起初具有相同相位，而且波長都是 620.0 nm。在第二個實驗中，光線 1 和 2 起初具有相同相位，而且都具有波長 496.0 nm。如果想讓 620.0 nm 光波離開所示的區域時具有相同相位，但是 496.0 nm 光波離開所示的區域時卻是恰好反相的，請問所需要的距離 L 最小值是多少？

50 圖 35-39 所顯示的光纖是在一條中心塑膠芯外圍包上一層塑膠護套，其中塑膠芯的折射率是 $n_1 = 1.58$，護套折射率是 $n_2 = 1.53$。光可以沿著不同路徑在塑膠芯內行進，因而導致通過光纖的不同行進時間。這將導致起初很短的光脈波，在沿著光纖行進的過程中逐漸展開，結果造成訊息損失。讓我們考慮直接沿著光纖中心軸行進的光，以及沿著芯-護套介面的以臨界角不斷反射的光，後一種光會從光纖的一邊反射到另一邊，沿著塑膠芯往下行進。如果光纖的長度是 300 m，請問沿著這兩個路程行進的光所花費的時間差是多少？

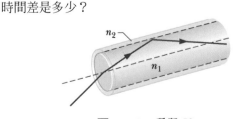

圖 35-39 習題 50

51 海波之移動速率爲 4.0 m/s，正接近一海岸，行進角度與法線夾 $\theta = 30$ 度，如圖 35-40 所示。假設在與海岸相距某特定距離處，水深突然改變了，而且在該處波速下降到 3.0 m/s。(a)在接近海岸的地方，請問波浪運動方向和法線之間的角度 θ_2 爲何？(假設此處的折射定律和光的折射定律相同。)(b)解釋爲什麼雖然大部分波浪會以各種不同角度逼近海岸，但是它們都是以近乎垂直的角度湧上海岸。

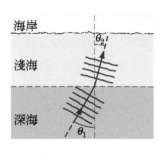

圖 35-40 習題 51

52 圖 35-41 中，兩等向點光源 S_1 和 S_2 發出具有相同相位的光，兩光波具有相同波長和振幅。光源在 x 軸上的分隔距離 $d = 6.00\lambda$。用於顯示的螢幕與 S_2 相距 $D = 20.0\lambda$，並與 y 軸平行。圖中顯示兩道光線抵達位於螢幕上的 P 點，該點位置是 y_P。(a)則當 λ 值爲何的時候，兩道光線具有可能的最小相位差？(b)最小相位差是 λ 的多少倍？(c)當 y_P 值爲何的時候，兩道光線具有可能的最大相位差？(d)該最大相位差及(e)當 $y_P = d$ 時的相位差，是多少 λ？(f)當 $y_P = d$，在點 P 所造成的光強度是最大值，最小值，中間值但是比較偏向最大值，或者中間值但是比較偏向最小值？

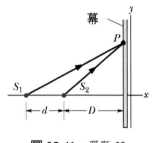

圖 35-41 習題 52

53 以波長爲 420 nm 的藍綠光進行楊氏實驗。若兩狹縫相距 1.80 mm，而與屏幕的距離爲 5.40 m。則靠近干涉圖樣中心之亮紋間相隔多遠？

54 在圖 35-42 中，波源 A 和 B 發射出波長 400 m 的波，從 A 到偵測器 D 的距離 r_A 比相對應的距離 r_B 長 1000 m。試問兩個波在 D 處的相位差是多少？

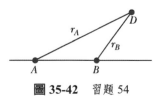

圖 35-42 習題 54

55 在圖 35-43 中，兩個等向點光源 S_1 和 S_2 都發射出波長 $\lambda = 400$ nm 的光。光源 S_1 位於 $y = 640$ nm 的位置；光源 S_2 位於 $y = -640$ nm 的位置。在點 P_1(位於 $x = 720$ nm)的位置，來自 S_2 的波比來自 S_1 的波早抵達了 0.600π rad 的相位差。(a)點 P_2 位於 $y = 720$ nm 的位置，請問來自兩個光源的光波抵達 P_2 的時候，兩個光波之間的相位差是多少 λ ？(此圖並沒有依比例繪製。)(b)若兩個光波抵達 P_2 時具有相同振幅，試問所產生的干涉是完全建設性、完全破壞性，中間型干涉但是比較接近完全建設性，中間型干涉但是比較接近完全破壞性。

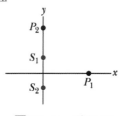

圖 35-43　習題 55

56 洛伊鏡（Lloyd's Mirror）。在圖 35-44 中，波長為 λ 的單色光通過一個不透明屏幕上的窄縫 S 產生繞射。在另一側，一平面鏡垂直於屏幕置於距狹縫 h 處，屏幕 A 的距離遠大於 h。(因為它位於通過透鏡焦點的平面上，屏幕 A 所在的位置視為遠處。忽略透鏡在實驗中其他作用。)從狹縫直接傳播到 A 的光會與從鏡子反射到 A 的光產生干涉，且反射會導致半波長的相位移。(a)對應於光程差為零的干涉條紋是亮或暗？找出在干涉圖案中位置(b)亮紋和(c)暗紋的表示式（如式 35-14 和 35-16）。(提示：考慮從屏幕上的一點看鏡子所產生的 S 的影像，然後考慮楊氏雙狹縫干涉。)

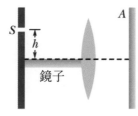

圖 35-44　習題 56

57 在圖 35-45 中，某一個波長 480 nm 的寬光束，以 90 度入射在折射率 1.50、楔形的薄膜上。一觀察者朝下看此方塊可看到由沿著楔形分布的九條暗紋和十條亮紅紋所組成的干涉圖樣。試問薄膜的厚度自左至右的變化為何？

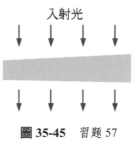

圖 35-45　習題 57

58 折射率 $n = 1.60$ 的一薄膜置於邁克生干涉儀之一臂上，並與光學路徑垂直。若以波長為 589 nm 的光照射而該薄膜導致 5.0 干涉條紋之移動圖樣，則該薄膜的厚度為多少？

59 某一個照相機使用的是折射率大於 1.30 的透鏡，透鏡表面覆蓋了一層折射率 1.25 的透明薄膜，以便經由干涉消除波長 λ 的光的反射，此光波垂直照射在透鏡上。試問所需要的薄膜最小厚度是多少 λ ？

60 圖 35-46 中，兩道光脈波垂直入射向厚度為 L 或 $2L$ 的多層塑膠片，這些塑膠片的折射率分別為 $n_1 = 1.65$，$n_2 = 1.70$，$n_3 = 1.60$，$n_4 = 1.45$，$n_5 = 1.42$，$n_6 = 1.65$ 和 $n_7 = 1.50$。(a)哪個光脈波用較少的時間通過多層塑膠片？(b)兩道光脈波通過塑膠片的時間差為多少倍的 L/c ？

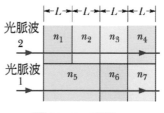

圖 35-46　習題 60

61 圖 35-47 顯示了 Texas 電腦遊戲的設計圖。有四把雷射槍指向塑膠層列陣的中央，在列陣中央放置著一只黏土狐狳作為標靶。各塑膠層的折射率是 $n_1 = 1.55$、$n_2 = 1.70$、$n_3 = 1.45$、$n_4 = 1.60$、$n_5 = 1.45$、$n_6 = 1.61$、$n_7 = 1.59$、$n_8 = 1.70$ 和 $n_9 = 1.60$。如圖所示，各塑膠層的厚度為 2.00 mm 和 4.00 mm，試問來自(a)雷射槍 1，(b)雷射槍 2，(c)雷射槍 3，和(d)雷射槍 4

的雷射脈衝，在到達中央位置以前通過各塑膠層所花費的時間是多少？(e)如果各雷射槍都是同時發射，請問哪一個雷射脈衝會最先擊中目標？

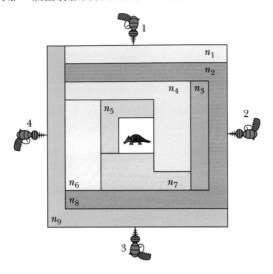

圖 35-47 習題 61

CHAPTER 36

繞射

36-1　單狹縫繞射

學習目標

在閱讀完這個區塊的文字之後，讀者應該能夠...

36.01 描述光波通過狹小開口與邊緣的繞射，並且描述所得到的干涉圖案。

36.02 描述一個示範Fresnel亮點的實驗。

36.03 用簡圖描述單狹縫繞射實驗的佈置。

36.04 用簡圖解釋如何將狹縫寬度分成相等之區域，導出繞射圖案中最小角度的方程式。

36.05 應用薄矩形狹縫或物體之寬度 a、波長 λ、到繞射圖形中最小角度、到觀測屏幕的距離及圖形中最小值與中心之距離的關係。

36.06 繪製單色光的繞射條紋、識別甚麼位於中心及不同的亮暗條紋(例如"第一最小值")。

36.07 識別當光的波長或是繞射孔徑或是物體改變時，繞射條紋等會發生甚麼事。

關鍵概念

● 當波動遇到邊緣，一個物體，或是一個孔徑與波長相當的孔，那些波在行進時因為會擴展，所以會受到干擾，此型式的干擾稱為繞射。

● 波穿過寬度為 a 的長狹縫，在觀測屏幕上會產生一個單狹縫繞射條紋，包括中心最大值(亮紋)和其

他最大值。他們由相對於中心軸 θ 角的最小值所區分：

$$a\sin\theta = m\lambda \quad \text{其中 } m = 1,2,3,\dots \text{ (最小值)}$$

● 最大值大約位於距離最小值中間的位置。

物理學是什麼？

　　物理學研究光的一個重點是瞭解光通過窄狹縫，或者(我們即將討論)經過狹窄障礙物或邊緣時的繞射行為。在第 35 章我們觀察光如何外擴(繞射)通過楊氏實驗的狹縫時，已經接觸過這種現象。然而通過給定狹縫的繞射比簡單的光線外擴更複雜，這是因為光也會與其自身互相干涉，並且產生干涉圖樣的緣故。就是因為有這樣的複雜度，使得光具有豐富的應用機會。即使光通過狹縫或經過障礙物時的繞射行為，看起來似乎具有令人畏怯的學術氣息，無數的工程師和科學家就使用這種物理學在謀生，而且全世界的繞射應用總價值是無法計數的。

　　在我們可以討論一些這類應用以前，我們首先必須討論繞射為什麼是由光的波性質所引起。

繞射與光的波動理論

　　在第 35 章中，我們曾粗略地定義繞射為光自一狹縫射出時，向兩邊展開的現象。然而，不僅只是向兩邊展開的現象發生，因為光也同時產生了干涉圖樣，即所謂的**繞射圖樣**。譬如，當來自遠方光源(或雷射)的單

Ken Kay/Fundamental
Photographs

圖 36-1 當光經過一水平狹縫而抵至屏幕時，出現在顯示屏幕上的繞射圖樣。繞射過程導致光沿狹縫長邊垂直展開。此過程亦產生出一干涉圖樣，圖樣中包含一條寬廣的中央極大及數條低強度且較窄的次(或側)極大與極小。

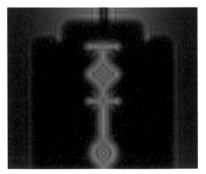

Ken Kay/Fundamental Photographs

圖 36-2 在單色光照射中的刮鬍刀片繞射圖樣。注意輪流交替的極大與極小強度條紋。

色光經過一狹縫而到達顯示屏幕，該光便在屏幕上產生一繞射圖樣，如圖 36-1 所示。這圖樣中包括一條寬廣而強度最高的中央極大以及一些較窄而強度較低的極大(稱為**次極大**或**側極大**)擴展至兩邊。在極大之間皆存有極小。光線綻放到那些黑暗的地區，但光波卻彼此抵消了。

這種圖樣在幾何光學中完全無法被預料出：如果光線如同射線般的直線行進，那麼這狹縫會讓光線中的一部分通過而在螢幕上形成明顯的狹縫還原圖形，而不是如圖 36-1 的明暗條紋。如第 35 章中一樣，我們必須再次作出一個結論，即幾何光學僅是一種近似。

邊緣。光的繞射並非侷限於光經過一狹窄開口的情況(如單狹縫或針孔)。當光經過一邊緣，如圖 36-2 中的剃刀邊緣，也會發生繞射。注意其極大與極小線條平行於邊緣，並位在剃刀內外兩側上。譬如說，當光經過左側垂直邊緣時，其會向左側及右側展開且進行干涉，而產生沿左側邊緣的圖樣。實際上該圖樣右側部分位於刀片由幾何光學預測的陰影邊緣內。

浮動。當你凝望晴朗的藍空，見到一些微小細粒及髮絲般的結構浮現在你視野中時，這可能便是最普遍的繞射例子。當光經過一些玻璃液(此透明物質充滿於眼球內)中的微小物邊緣時，就產生了這些所謂的漂浮物。當你見到漂浮物你所見到的即是由這些漂浮小塊之一所產生的繞射圖樣落在視網膜上。若你透過另一不透明片的針孔望去，而致使進入你眼中的光近似一種平面波，則你大概能夠分辨出圖樣中個別的極大與極小。

啦啦隊長。繞射是一種波效應。換言之，因為光是一種波，所以它才能發生，而且其他類型的波也會發生繞射現象。舉例來說，在足球比賽中讀者可能已經看見過繞射的運作。當靠近比賽場地的啦啦隊長向幾千名吵雜球迷嘶吼的時候，嘶吼聲很難被聽見，這是因為當聲波通過啦啦隊長嘴巴的狹窄開口時，聲波會繞射。這個擴口效應所造成向啦啦隊長前面球迷行進的聲波，實際上是很少的。為了抵補繞射作用，啦啦隊長可以透過擴音器向球迷嘶吼。這個時候聲波是從寬很多的擴音器開口往外輸出。因此擴口效應減少，而且抵達啦啦隊長前方球迷的聲波比原先大很多。

弗瑞奈亮點

依據光的波動理論，繞射已經可以獲得解釋。然而，這項理論由海更士發展，並經過 123 年後，才由楊氏利用來解釋雙狹縫干涉，但卻延遲許久才被廣泛採用，主要是由於其抵觸了牛頓所提出的理論，即光乃為粒子流的觀點。

　　牛頓的觀點在 19 世紀早期法國科學界是相當盛行的，當時弗瑞奈是一位年輕的軍械工程師。弗瑞奈相信光的波動理論，並向法國科學院遞交一篇有關他的實驗及利用波動理論解釋這些實驗的論文。

　　在 1819 年，法國科學院被一群牛頓的支持者所主宰，他們為了想向波動觀點挑戰，而籌組了一次有關繞射主題的論文有獎競賽。結果弗瑞奈贏了。不過，牛頓的信徒並沒有動搖。帕松即是其中之一，他指出，若弗瑞奈理論是正確的，則會產生一項「奇異的結果」，就是當光波經過球體邊緣時，光波將延展進入球體陰影區域，而於陰影中心產生一個亮點。評審委員安排了一次有關此著名數學家的預測的實驗，結果確實在陰影中心發現了這一亮點，即今日所謂的弗瑞奈亮點(圖 36-3)。原本要反駁該理論的一項預測，卻反而讓實驗給證實了，沒有任何事物能像這樣對該理論建立起無比的信心。

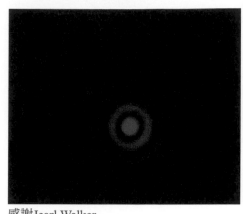

感謝Jearl Walker

圖 36-3　一個盤子的繞射圖形的照片。注意同心的繞射環和在這圖形的中心的弗瑞奈亮點。這個實驗本質上與測試弗瑞奈理論之委員會所安排者是相同的，因為他們使用的球體和這裡的圓盤都有圓形的剖面。

單狹縫繞射：極小的位置

　　讓我們來考慮一下，波長 λ 的平面光波係如何被不透明屏幕 B 上寬度 a 的單一長狹縫繞射，如圖 36-4 所示之橫截面(在那張圖中，這狹縫的長度穿透頁面，而入射的波前平行於屏幕 B)。當繞射的光線抵達觀看屏幕 C，其來自狹縫內的不同點的波會發生干涉，並在屏幕上產生了明暗條紋的繞射圖樣(干涉的最大值和最小值)。為了找出這些條紋的位置，我們將使用一個略近於找出雙狹縫干涉條紋位置的過程。然而，繞射的數學較具挑戰性，而我們僅求描述暗紋位置的方程式。

　　然而，在此之前，我們能先說明在圖 36-1 所看到中央亮紋的形成，且知道波從狹縫內所有的點都以同樣的距離到達圖樣中央，因而在該處相位相同。至於其它亮紋，我們僅能說，其位置大約位於相鄰兩暗紋之間。

　　配對。為了找出暗紋，我們將用一巧妙(且簡單)的技巧，其中將所有通過狹縫的光分成一對，接著找出使每一部分中的光波和另一部分相消的條件。圖 36-4 顯示出我們如何應用此技巧找出位於中央亮紋上方的第一暗紋位置，即 P_1 處。首先，我們將狹縫分成兩個寬度相等(即 $a/2$)的區域。然後將一個來自上方區域頂點處的光線 r_1 與一個來自下方區域頂點處的光線 r_2 延伸至 P_1 處。我們要沿這兩種射線的小波互相抵消，當他們到達 P_1。然後從兩個區域的光線的任何類似的配對會被取消。一中央軸由狹縫中央畫至屏幕 C，而 P_1 點與該軸的夾角為 θ。

　　路程差。射線 r_1 與 r_2 的波動在狹縫內皆成同相，因為它們源自通過狹縫的相同波前。可是，當它們抵至 P_1 時，為了形成暗紋，兩者相位差必須為 $\lambda/2$，這是因為 r_2 的波動必須比 r_1 的波動行進較長的距離才能抵至 P_1，這兩波動在 P_1 處的相位差係由於它們的路程差所造成。為了顯示此路程差，我們求得 r_2 射線上的 b 點，而由此 b 點至 P_1 的路程恰等於 r_1 射線的路程。因此，這兩射線間的路程差即為狹縫中心至 b 點的距離。

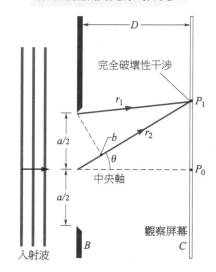

圖示的兩條光線在P_1處相消所有這種成對光線均如此

圖 36-4　由兩寬度為 $a/2$ 區域頂部兩點所產生的波動在顯示屏幕 C 上 P_1 處進行完全破壞性干涉。

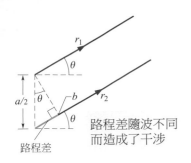

圖 **36-5** 由於 $D \gg a$，故我們可將 r_1 與 r_2 射線近似為平行，其與中心軸的夾角為 θ。

當顯示屏幕 C 如圖 36-4 靠近屏幕 B 時，則在屏幕 C 上的繞射圖樣難以作數學上地描述。然而，若我們安排屏幕距離 D 遠大於狹縫寬度 a 時，則便能相當地簡化其數學。因此，我們可將射線 r_1 與 r_2 近似成平行，並與中央軸相夾 θ 角(圖 36-5)。我們亦可用 b 點，狹縫頂點，以及狹縫中心約略形成一直角三角形，而 θ 為此直角三角形的一內角於是，射線 r_1 與 r_2 之間的路程差(其乃為狹縫中心至 b 點的距離)等於 $(a/2)\sin\theta$。

第一極小值。對於源自此兩區域其他對應點(譬如說，在此二區域的中點處)且擴展至 P_1 點的任一其它射線對，我們皆能重覆此分析。如此的每一射線對均具有路程差 $(a/2)\sin\theta$。令這種共通的路程差為 $\frac{\lambda}{2}$，則我們可得到：

$$\frac{a}{2}\sin\theta = \frac{\lambda}{2}$$

即可得知：

$$a\sin\theta = \lambda \quad \text{(第一極小)} \tag{36-1}$$

已知狹縫寬度 a 及波長 λ，則由 36-1 式即可知中央軸上方與下方(因對稱性)第一條暗紋的角度 θ。

狹縫縮小。注意，若由 $a > \lambda$ 開始，當波長維持不變而狹縫變窄時，則第一條暗紋的角度亦增加；亦即，狹縫愈窄，繞射程度(發散的程度)愈大。對於 $a = \lambda$，其第一暗紋的角度為 90 度。由於這些暗紋標示出中央亮紋的兩側邊緣，因而亮紋必須充斥整個顯示屏幕。

第二極小值。利用找出第一暗紋的方式，也能找出中央軸上下之第二暗紋，不同之處在於我們現在將狹縫分為寬度均為 $a/4$ 的四個區域，如圖 36-6a 所示。延伸此四區域頂點的射線 r_1、r_2、r_3 與 r_4 至 P_2 點，即第二條暗紋在中央軸上方的位置。為了產生該條紋，其中 r_1 與 r_2 的路程差，r_2 與 r_3 的路程差以及 r_3 與 r_4 的路程差皆為 $\lambda/2$。

對於 $D \gg a$，我們可將這四條射線近似成平行，並與中央軸的夾角為 θ。為了顯示它們的路程差，我們延長一垂線通過它們，如圖 36-6b 所示，而形成一系列重覆的直角三角形，其中每一個直角三角形皆有某一邊作為路程差。我們檢視最上的直角三角形，我們可得知 r_1 與 r_2 之間的路程差為 $(a/4)\sin\theta$。相似地，r_3 與 r_4 之間的路程差亦是 $(a/4)\sin\theta$。實際上，源自兩鄰近區域對應之點的任一對射線路程差皆為 $(a/4)\sin\theta$。由於在每一個這樣的情況中，路程差皆等於 $\lambda/2$，故我們可得：

$$\frac{a}{4}\sin\theta = \frac{\lambda}{2}$$

即可得知：

$$a \sin \theta = 2\lambda \quad \text{（第二極小）} \tag{36-2}$$

所有的極小值。憑藉分割狹縫成更多等寬的區域，我們可繼續找出繞射圖樣中的暗紋。我們總會選擇偶數的區域，以便這些區域(及它們的波動)能如已正進行的路程差分析一樣成對。我們發現這些暗紋可藉由下述一般式找出其所在的位置：

$$a \sin \theta = m\lambda \quad m = 1, 2, 3, \ldots \text{（極小-暗紋）} \tag{36-3}$$

你可用下述方法來記憶此結果。畫一個有如圖 36-5 其中之一的三角形，但是充斥整個狹縫寬度 a，並注意來自狹縫最上方和最下方的射線間之路程差為 $a \sin\theta$。所以，36-3 式說：

 在單狹縫實驗中，暗紋產生在使得最上方和最下方射線間之路程差($a \sin\theta$)等於 $\lambda, 2\lambda, 3\lambda, \ldots$。

這似乎是不正確的，因為當那兩條特殊射線的波，其路徑長的差值為波長的整數倍時，這兩個波恰好是同相的。然而它們各自仍然某一對彼此反相波的其中一個，因此這兩條特殊射線的波，各自會被其他的波抵銷掉，結果在屏幕形成暗的部分(兩個完全不同相位的光波會互相抵消，送出淨零波，即使它們湊巧與其他光波完全同相位)。

利用透鏡。36-1 式、36-2 式，以及 36-3 式皆係由 $D \gg a$ 的情況推導出。然而，若置一會聚透鏡於狹縫之後，並移動顯示屏幕至透鏡焦平面上，則上述諸式亦能運用之。這些抵達屏幕上任一點的射線，在離開狹縫時皆恰成平行(不只是近似而已)。它們有如圖 34-14a 中，一開始的平行光，其因透鏡而指向一點。

 測試站 1

我們用藍光照射在長狹縫上，而於顯示屏幕上產生繞射圖樣。圖樣的中央亮帶會向外擴張或向內收縮，當(a)光源改成黃光或(b)減少狹縫寬度？

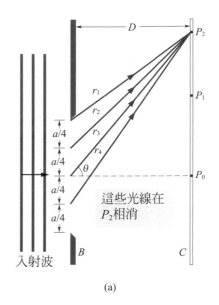

(a)

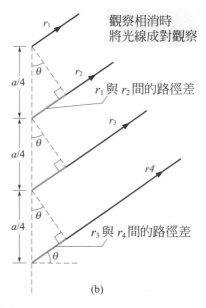

(b)

圖 36-6 (a)來自寬度為 $a/4$ 四個區域之頂點的波在點 P_2 遇到完全破壞性干涉。(b)對於 $D \gg a$，我們可將射線 r_1、r_2、r_3 及 r_4 近似成平行，並與中央軸的夾角為 θ。

範例 36.01 白光之單狹縫繞射圖形

以白光(包含可見光所有的波長)照射一寬度為 a 的狹縫。

(a)則當 $\lambda = 650$ nm 的紅光之第一極小位於 $\theta = 15°$ 時，a 應為多少？

關鍵概念

繞射是分別發生在通過狹縫的波長範圍內的每一個波長，每個波長的極小值由 36-3 式($a\sin\theta = m\lambda$)。

計算 令 $m = 1$(即第一極小值)，並將已知的 θ 及 λ 代入 36-3 式，得

$$a = \frac{m\lambda}{\sin\theta} = \frac{(1)(650\,\text{nm})}{\sin 15°}$$
$$= 2511\,\text{nm} \approx 2.5\,\mu\text{m} \qquad (\text{答})$$

為讓入射光擴展至±15°的範圍，狹縫確實必須非常微細——僅波長的四倍。為了比較，注意到，一根微細的頭髮直徑亦約有 100 μm 之大小。

(b)某光的第一側繞射極大位於 15°處，因而與紅光的第一極小相重合，試問該光的波長 λ' 為多少？

關鍵概念

任何波長的第一極大值大約位於此波長所產生的第一與第二極小中間。

計算 第一及第二極小值的位置令 36-3 式中的 $m = 1$ 和 $m = 2$ 求得。因此，在 36-3 式中令 $m = 1.5$，我們可發現其誤差不致於太大。故 36-3 式變成：

$$a\sin\theta = 1.5\lambda'$$

解 λ'，並代入已知之數據，可得

$$\lambda' = \frac{a\sin\theta}{1.5} = \frac{(2511\,\text{nm})(\sin 15°)}{1.5}$$
$$= 430\,\text{nm} \qquad (\text{答})$$

此波長的光是紫色光(遠藍色，接近人類可見光範圍的短波長限度)。從我們所使用的兩個式子看來，不論狹縫寬度，波長 430nm 之光的第一側極大總是與波長 650 nm 之光的第一極小相重合。若狹縫相對地變窄，則此重合發生的角度亦相對地變大，而反之亦然。如果是比較窄的狹縫，角度會比較大，反之亦然。

PLUS WILEY **Additional example,video,and practice available at _WileyPLUS_**

36-2 單狹縫繞射強度

學習目標

在閱讀完這個區塊的文字之後，讀者應該能夠...

36.08 將狹縫分成等寬的數個區域，並寫出以點到觀測屏幕之角度 θ 來表示小波間相位差的表達式。

36.09 對於單狹縫繞射，繪製中心最大值和幾個一邊之最大值與最小值的相量圖，指出兩相鄰相量之相位差，解釋如何計算靜電場，和指出相對應的繞射條紋。

36.10 利用條紋中點之淨電場去描述繞射條紋。

36.11 計算 α，繞射圖形中點角度 θ 的方便連接方式和該點的強度 I。

36.12 定繞射條紋中一點，在給定角度下，根據圖案中心的強度 I_m 計算強度 I。

關鍵概念

● 任何給定角度 θ 下的繞射條紋強度為

$$I(\theta) = I_m \left(\frac{\sin\alpha}{\alpha}\right)^2$$

其中 I_m 為中心條紋的強度和

$$\alpha = \frac{\pi a}{\lambda}\sin\theta$$

單狹縫繞射強度之定量探討

在 36-1 節中，我們知道如何求出單狹縫繞射圖樣中的極大與極小位置。現在我們轉變到一個更廣義的問題：求一個圖樣強度 I 與角度 θ 的函數關係表示式，θ 代表顯示屏幕上一點的角度位置。

為進行此項探討，我們將圖 36-4 的狹縫分成寬度為 Δx 的 N 個區域，因 Δx 相當小，故我們假設每個區域可作為海更士子波的輻射源。我們希望將抵達任一點 P 的子波重疊在一起，而此 P 點位於顯示屏幕上的 θ 角，故我們可決定出 P 點上的淨波動振幅 E_θ。在 P 點上的光強度正比振幅的平方。

為求出 E_θ，我們需要抵達子波間的相位關係。來自鄰接區域子波間的相位差如下所示：

$$\text{相位差} = \left(\frac{2\pi}{\lambda}\right)(\text{路程差})$$

對於位在 θ 角的 P 點，鄰接區域的路程差為 $\Delta x \sin\theta$；故相鄰區域的子波間的相位差 $\Delta\phi$ 如下所示：

$$\Delta\phi = \left(\frac{2\pi}{\lambda}\right)(\Delta x \sin\theta) \tag{36-4}$$

我們假設所有抵達 P 點位置的子波皆有相同振幅 ΔE。為了求出 P 點位置的淨波動振幅 E_θ，我們經由相量將諸振幅 ΔE 加起來。為進行此工作，我們作出一個 N 相量圖形，每相量對應於狹縫中的每個區域的子波。

中心極大值。 關於位在圖 36-4 之中央軸 $\theta = 0$ 上的 P_0 點，36-4 式告訴我們子波間的相位差 $\Delta\phi$ 等於零；即所有抵達該處的子波皆成同相。圖 36-7a 即為其對應的相量圖；鄰接相量代表來自鄰接區域的子波，並被頭尾排列相連。因子波間的相位差為零，故每對鄰接相量間的角度皆為零。在 P_0 的淨波動振幅 E_θ 即為這些相量的合成向量。這些相量的排列結果顯示出 E_θ 的一個最大值。我們稱這個值為 E_m，也就是說，E_m 是 $\theta = 0$ 時之 E_θ 值。

其次，我們考慮與中央軸夾小角度 θ 的點。如今，由 36-4 式可知，來自鄰接區域之子波間的相位差 $\Delta\phi$ 不再為零。圖 36-7b 顯示其對應的相量圖；如前所述，相量被頭尾排列相連，而現今鄰接相量間具有一角度 $\Delta\phi$。在此新點的振幅 E_θ 依舊為相量的向量相加，但較圖 36-7a 的為小，即意指在新點 P 的光強度較 P_0 的為小。

第一最小值。 若繼續增加 θ，則鄰接相量間的角度 $\Delta\phi$ 亦增加，而最終相量鏈完全地蜷曲成一圈，以致於最後相量的頭抵至第一相量的尾(圖 36-7c)。現今，E_θ 變為零，即意指光強度亦變為零。此時，我們已達到繞射圖樣中的第一極小或暗紋。第一個和最後一個相量現在有 2π 弧度的相位差，即意謂最上方和最下方的射線通過狹縫的路程差為一個波長。而此即為決定第一繞射極小的條件。

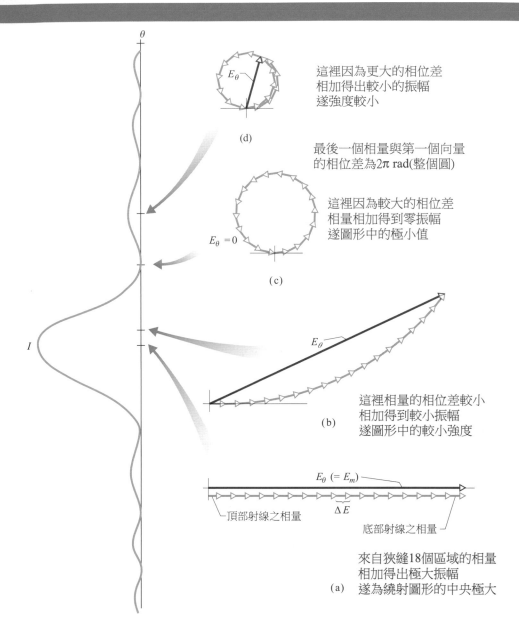

圖 36-7 單狹縫繞射的相量圖，這些圖相當於 $N = 18$，對應於單狹縫的 18 個區域。淨波動振幅 E_θ 為(a)中央極大在 $\theta = 0$，(b)稍微偏離中央軸 θ 角於屏幕的一點的某一方向，(c)第一極小，(d)第一側邊極大。

第一邊最大。 當我們繼續增加 θ，則鄰接相量間的 $\Delta\phi$ 角亦增加，相量鏈開始在自己身上纏繞回來，而終於蜷曲圈開始收縮。振幅 E_θ 不斷地成長變大直至其達到如圖 36-7d 中的配置中的極大值。此種排列相當於繞射圖樣中的第一側邊極大。

　　第二極小值。若我們再把 θ 增加一點，則蜷曲圈的收縮將使 E_θ 減小，即意指光強度亦減弱。當 θ 被增加的足夠大，則最後相量的頭將再碰觸第一相量的尾。因此，我們已達到第二極小。

　　儘管可繼續進行這種決定繞射圖樣中極大與極小的定性方法，但現今我們將轉變至一種定量方法來替代之。

測試站 2

如圖以比圖 36-7 更平滑的型式(有更多的相量)表示，在某繞射極大的相對邊的點之相量圖。(a)它是哪一個極大值？(b)對應於此極大的 M (於 36-3 式)的近似值爲何？

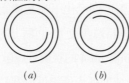

單狹縫繞射強度之定量探討

　　在圖 36-4 屏幕 C 上的單狹縫繞射圖樣中，36-3 式告訴我們如何找出其極小位置與 θ 角的函數關係。此處，我們希望推導出一個圖樣強度 $I(\theta)$ 對 θ 的函數關係表達式。我們陳述強度之表示式，並在稍後證明：

$$I(\theta) = I_m \left(\frac{\sin \alpha}{\alpha} \right)^2 \tag{36-5}$$

其中　　$\alpha = \dfrac{1}{2}\phi = \dfrac{\pi a}{\lambda} \sin \theta$ 　　　(36-6)

符號 a 只是位於顯示屏幕上一點的角度 θ 和該點的光強度 $I(\theta)$ 之間的一個方便轉換關係。I_m 是圖樣中強度 $I(\theta)$ 的最大值，其發生於繞射圖樣的中央(即相當於 $\theta = 0$ 處)，ϕ 爲來自狹縫項頂點及底點射線間的相位差(弧度)。

　　研究 36-5 式可得知，強度極小將發生於

$$\alpha = m\pi \quad m = 1, 2, 3, \ldots \tag{36-7}$$

若將此結果代入 36-6 式，則可求得：

$$m\pi = \frac{\pi a}{\lambda} \sin \theta \quad m = 1, 2, 3, \ldots$$

或　　　$a \sin \theta = m\lambda \quad m = 1, 2, 3, \ldots$(極小-暗紋)　　(36-8)

即爲 36-3 式，我們稍早係推導極小位置而得此式。

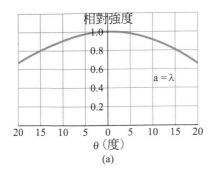

(a)

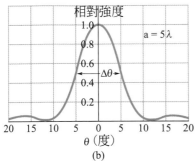

(b)

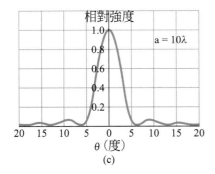

(c)

圖 36-8 a/λ 三個不同比值的單狹縫繞射相對強度圖。狹縫愈寬，中央繞射極大愈窄。

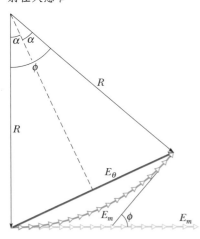

圖 36-9 使用於計算單狹縫繞射圖樣的作圖法。此情況相當於圖 36-7b。

圖。圖 36-8 顯示出 36-5 和 36-6 式計算所得之三種狹縫寬度：$a = \lambda$，$a = 5\lambda$，與 $a = 10\lambda$。注意，當狹縫寬度增加(相對於波長)，中央繞射極大的寬度(圖型中央如山狀的區域)減少，此即光在較大的狹縫發生較小的發散。次極大的寬度亦變小(且變弱)。在比波長 λ 大多的狹縫寬度極限 a，次極大將消失，不復有單狹縫繞射(但我們依舊有寬的狹縫之邊緣產生的繞射，如圖 36-2 中剃刀片的邊緣產生的)。

36-5 式及 36-6 式的證明

要找出繞射圖形上某一點強度的表達式，我們需要將狹縫劃分成許多區域，然後加入對應於這些區域的相量，正如我們在圖 36-7 中所做的。圖 36-9 中由相量形成的弧形顯示出子波抵達圖 36-4 顯示屏幕上任一點 P，而任一 P 點皆對應一特殊角度 θ。P 點上的合成振幅即為這些相量的總和，稱為 E_θ。若我們將圖 36-4 的狹縫分成數個寬度為 Δx 的無限小區域，則圖 36-9 中由相量形成的弧形便趨近於圓弧形，其半徑 R 如該圖所示。因為在繞射圖樣中心處的波動皆成同相且該弧形也變成如圖 36-7a 及圖 36-9 中的直線，故其弧形的長度即為繞射圖樣中心之振幅 E_m。

圖 36-9 下半部的角度 ϕ 即為弧形 E_m 左端及右端微小向量間的相位差。由幾何方法，我們可知 ϕ 也是圖 36-9 中兩半徑 R 之夾角。圖中的虛線接著形成兩個擁有角度 ϕ 的全等三角形。從任一個三角形我們可得

$$\sin \frac{1}{2}\phi = \frac{E_\theta}{2R} \tag{36-9}$$

以弧度測量 ϕ 可知

$$\phi = \frac{E_m}{R}$$

解出此方程式的 R 並代入 36-9 式，可得

$$E_\theta = \frac{E_m}{\frac{1}{2}\phi}\sin\frac{1}{2}\phi \tag{36-10}$$

強度。在 33-2 節中，我們瞭解到電磁波的強度與其電場的平方成正比。而在本節的情況中，即意指最大強度 I_m(在繞射圖樣的中心)正比於 E_m^2，以及在 θ 角的強度 $I(\theta)$ 正比於 E_θ^2。因此，可寫為：

$$\frac{I(\theta)}{I_m} = \frac{E_\theta^2}{E_m^2} \tag{36-11}$$

將 E_θ 用 36-10 式代入，而且代入 $\alpha = \frac{1}{2}\phi$，則導出強度與 θ 的函數關係：

$$I(\theta) = I_m\left(\frac{\sin\alpha}{\alpha}\right)^2$$

此即為 36-5 式，我們要證明的兩個式子之一。

其次，找出 α 角對 θ 角的關係。由 36-4 式可知，來自狹縫頂端與底端光線之間的相位差 ϕ 與兩者間的路程差之關係如下

$$\phi = \left(\frac{2\pi}{\lambda}\right)(a\sin\theta)$$

其中 a 為無限小狹縫寬度 Δx 的總和。但因 $\phi = 2\alpha$，故此式可立即簡化成 36-6 式。

測試站 3

波長 650 nm 和 430 nm 的兩個波各自用來做單狹縫繞射實驗。圖顯示了兩個繞射圖樣的光強度 I 和角度 θ 的對應關係。兩個波長接著同時使用，在(a)角度 A 和(b)角度 B，將會看此混合的繞射圖樣顯現什麼顏色？

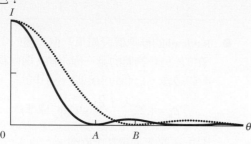

範例 36.02　單狹縫干涉圖形內極大的強度

在圖 36-1 的單狹縫繞射圖樣中，求前三個次極大(側邊極大)相對於中央極大的強度。

關鍵概念

次極大大約位於相鄰兩極小間的中央，而其角度位置如 36-7 式($\alpha = m\pi$)所示。因此，次極大(大約)發生於：

$$a = \left(m + \tfrac{1}{2}\right)\pi \quad , \ m = 1, 2, 3, \ldots$$

α 以 rad 表示。我們可由 36-5 式知道繞射模型中任一點的強度 I 與中心極大值的強度 I_m 的關係。

計算　將二次極大對應的 α 之近似值代入 36-5 式中，求出這些極大值相對的強度，即

$$\frac{I}{I_m} = \left(\frac{\sin\alpha}{\alpha}\right)^2 = \left(\frac{\sin\left(m+\tfrac{1}{2}\right)\pi}{\left(m+\tfrac{1}{2}\right)\pi}\right)^2 , \ m = 1, 2, 3, \ldots$$

當 $m = 1$，則發生第一個次極大，其相對強度為：

$$\frac{I_1}{I_m} = \left(\frac{\sin\left(1+\tfrac{1}{2}\right)\pi}{\left(1+\tfrac{1}{2}\right)\pi}\right)^2 = \left(\frac{\sin 1.5\pi}{1.5\pi}\right)^2$$

$$= 4.50\times10^{-2} \approx 4.5\% \qquad\qquad (\text{答})$$

當 $m = 2$ 及 $m = 3$，則可分別來求得

$$\frac{I_2}{I_m} = 1.6\% \qquad \frac{I_3}{I_m} = 0.83\% \qquad\qquad (\text{答})$$

正如你可以從這些結果中看到，二個連續極大其強度迅速降低。圖 36-1 的圖樣乃歷經過度曝光才顯現出這些微弱的次極大。

36-3 圓孔的繞射

學習目標

在閱讀完這個區塊的文字之後，讀者應該能夠...

36.13 描述並繪製由小圓孔或障礙物產生的繞射圖案。

36.14 對於小圓孔或障礙物的繞射，應用至第一極小值得角度、光的波長、圓孔的直徑 d、至觀測屏幕的距離 D 和最小至繞射條紋中心的距離 y 間的關係。

36.15 透過討論點物體之繞射圖案，解釋繞射如何限制物體的視覺解析度。

36.16 確定Rayleigh的標準解析給出兩個幾乎不能解析之點物體的(近似)角度。

36.17 應用Rayleigh標準的角度 θ_R、光的波長 λ、圓孔的直徑 d (舉例來說，眼睛瞳孔的直徑)、兩個遙遠點物體所對的角度和那些物體的距離 L。

關鍵概念

● 通過圓孔或是具有直徑 d 的透鏡並與第一極小值有 θ 角之繞射產生的中心。

極大值和同心極大值與極小值為

$$\sin\theta = 1.22\frac{\lambda}{d} \quad \text{(第一極小值-圓孔)}$$

● Rayleigh的標準假設如果一個物體的中心繞射極大值位於另一物體的第一極小值，則兩物體處在可解析的邊緣，它們的角距離不可小於

$$\theta_R = 1.22\frac{\lambda}{d} \quad \text{(Rayleigh 標準)}$$

其中 d 是光通過孔之直徑。

感謝 Jearl Walker

圖 36-10 圓孔的繞射圖樣。注意中央極大與圓形次極大。此圖係利用過度曝光來顯現次極大，而次極大的強度遠小於中央極大。

圓孔繞射

本節我們將探討圓孔所形成的繞射，例如光可通過的圓形透鏡。圖 36-10 展示了射向一直徑甚小之圓形孔之雷射光所形成的影像。此影像並非如幾何光學所提出的一點，而是一圓盤，其外圍並環繞一些逐漸暗淡的次級環。若與圖 36-1 相比較，則無疑地我們正在處理一個繞射現象。可是，此處卻是一個直徑 d 的圓孔，而非一個長方形狹縫。

這樣的圖樣的分析是複雜的，然而，其顯示直徑 d 的圓孔繞射圖樣之第一極小如下所示：

$$\sin\theta = 1.22\frac{\lambda}{d} \quad \text{(第一極小；圓孔)} \tag{36-12}$$

為中央軸到(圓孔的)極小上任一點之夾角。將上式與 36-1 式比較

$$\sin\theta = \frac{\lambda}{a} \quad \text{(第一極小；單狹縫)} \tag{36-13}$$

其係為寬度 a 的長狹縫第一極小發生位置。而主要的差異是係數 1.22，這是由於圓孔的形狀所造成。

鑑別率

當我們欲分辨兩個遠距離且間隔角度小的物體時，透鏡成像乃為繞射圖樣的事實便顯得相當重要。圖 36-11 顯示三個遠處間隔角度甚小之點狀物體(比如說，星球)的可見影像及其對應的強度圖樣。在圖 36-11a

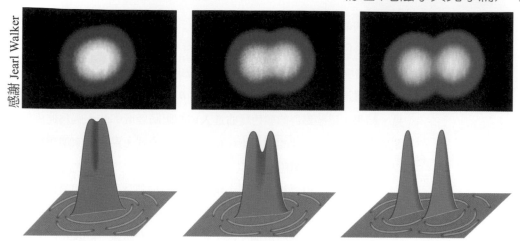

圖 36-11 上方各圖為會聚透鏡所形成的兩點光源(星球)之像。下方各圖，則為成像強度的截面表示。在(a)中，兩光源的角間隔太小，以致於不能分辨；在(b)中，則恰能分辨，而在(c)中，則可清楚地分辨。(b)的情況恰能滿足瑞立判據，即：其中一點光源繞射圖樣的中央極大與另一點光源繞射圖樣的第一極小重合。

中，由於繞射而不能鑑別這兩物體，也就是說，它們的繞射圖樣大多重疊在一起，故無法分辨其與單一點物體的差別。在圖 36-11b 中，則勉強可鑑別出它們，而在圖 36-11c 中，即可完全鑑別出它們。

在圖 36-11b 中，兩點光源的角間隔造成其中一個點光源繞射圖樣之中央極大落於另一個點光源繞射圖樣的第一極小上，此一狀態稱為**瑞立鑑別判據**(瑞立判據)。由 36-12 式可知，藉瑞立鑑別判據能勉強鑑別兩物體的角間隔 θ_R 為：

$$\theta_R = \sin^{-1} \frac{1.22\lambda}{d}$$

因涉及的角度相當小，我們可用弧度所表示的 θ_R 取代 $\sin\theta_R$，故得到：

$$\theta_R = 1.22\frac{\lambda}{d} \quad \text{(瑞立判據)} \tag{36-14}$$

　　人類的眼力。瑞立判據對鑑別率而言只是一種近似，因為鑑別率和許多因素有關，如光源和環境的相對亮度，光源和觀察者間空氣的騷動，及觀察者視覺系統的功能。實驗結果顯示實際上一個人能鑑別的最小的分離角通常略高於 36-14 式所得到的值。然而，為了計算的緣故，我們將把 36-14 式視為精確的判據：若光源間分開的角度 θ 比 θ_R 還大，則我們可以肉眼鑑別光源；若其較小，則無法鑑別。

　　點畫法。瑞立鑑別判斷可以解釋點彩畫法中引人注意的色彩錯覺(圖 36-12)。在這種風格，一幅畫並不是依通常所認知的筆法而是由無數的彩色小圓點所構成。點彩畫的迷人之處是，當你改變你的距離，它的顏色

會微妙的偏移,幾乎是以你不自覺的方式。這種色彩的偏移與你是否可以鑑別彩色圓點有關。當你站離畫夠近時,鄰接點分開的角度 θ 比 θ_R 大,如此,點可被獨立地看見。你所見的頻色即點彩畫家所用的顏色。然而,當你站離畫夠遠時,鄰接點分開的角度 θ 比 θ_R 小,如此點不能獨立被看見。結果,這些點群的顏色彎曲進入你的眼睛造成你的大腦為此虛擬了顏色——而實際上此顏色並不存在。在這種方式,點彩畫家使用你的視覺系統創造畫作的顏色。

當我們欲利用透鏡來鑑別小角度間隔的物體時,必須儘量使繞射圖樣減小。根據 36-14 式可知,藉由增加透鏡直徑或使用較短波長的光即可達到上述要求。基於這個原因,紫外線常與顯微鏡一起使用,因為它的波長短於可見光的波。

1890年馬克西米利盧斯於埃爾布萊旁的塞納河之作品。
照片由 Erich Lessing 提供 /Art Resource

圖 36-12 Maximilien Luce 所作之 The Seine at Herblay 點彩畫是由數以千計的彩色圓點所構成。當觀者非常接近畫布時,可以看到圓點和它們的真實色彩。在正常的觀看距離,圓點是無法被分辨出來的從而混合在一起。

 測試站 4

因你眼睛的瞳孔產生繞射使得你只能勉強鑑別 2 個紅點。若我們增加周圍的亮度使得你的瞳孔直徑變小,則對點的鑑別率將獲得改善或更差?只考慮繞射(你可以自己作實驗去檢驗你的答案)。

範例 36.03　點彩畫利用了你眼睛的繞射

圖 36-13a 是在點彩派畫家作品上彩色小點的呈現。假設點的中央-到-中央的平均間隔距離是 $D = 2.0$ mm。也假設我們眼睛瞳孔的直徑是 $d = 1.5$ mm，並且假設我們眼睛能鑑別的點之間的最小角度間隔，只由瑞立判據設定。試問要讓我們看不見畫作上的任何小點，則最小的觀賞距離是多少？

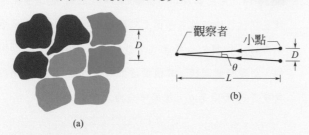

圖 36-13　(a)在點彩派畫作上某些點的呈現，圖中顯示了中央到中央平均間隔距離 D。(b)在兩個小點之間的間隔距離 D，它們的角度間隔 θ，以及觀賞距離 L 等因素的空間相對關係。

關鍵概念

觀察當我們靠近畫作的時候，我們能夠分辨的任何兩個相鄰小點。當我們將與畫作的距離拉遠，我們可以持續分辨這兩個小點，直到角度間隔 θ(在我們視野中)減少到瑞立判據設定的角度為止：

$$\theta_R = 1.22\frac{\lambda}{d} \tag{36-15}$$

計算　圖 36-13b 從側面顯示了，點的角度間隔 θ，它們的中央-到-中央間隔距離 D，以及我們與這些點的相隔距離 L。因為 D/L 很小，所以角度 θ 也很小，而且我們可以作出下列近似

$$\theta = \frac{D}{L} \tag{36-16}$$

將 36-16 式的設定成等於 36-15 式的 θ_R，並且求解 L，然後我們得到

$$L = \frac{Dd}{1.22\lambda} \tag{36-17}$$

36-17 式告訴我們，對於比較小的 λ 而言，L 會更大。當我們與畫作的距離拉遠的時候，在相鄰兩個藍點變得不可分辨以前，相鄰兩個紅點(長波長)會先變得不可分辨。為了找出沒有任何顏色的點可以被分辨出來的最小距離 L，我們將 $\lambda = 400$ nm(藍光或紫光)代入 36-17 式，結果得到

$$L = \frac{(2.2\times10^{-3}\ \text{m})(1.5\times10^{-3}\ \text{m})}{(1.22)(400\times10^{-9}\ \text{m})} = 6.1\,\text{m} \quad (\text{答})$$

在這個或更大的距離下，我們在畫作上任何指定點感知到的顏色，都是實際上並不存在於那裡、經過混合的顏色。

範例 36.04　鑑別兩個遠方物體的瑞立判據

一個直徑 $d = 32$ mm 及焦距 $f = 24$ cm 之圓形會聚透鏡，把遠方點物體成像於透鏡的焦平面。使用波長 $\lambda = 550$ nm。

(a)若考慮由該透鏡所造成的繞射，則遠處兩點狀物體欲滿足瑞立判據的角間隔為多少？

關鍵概念

圖 36-14 顯示在透鏡焦平面上的兩遠端物體 P_1 和 P_2、透鏡和觀察屏幕。它還在右側顯示了光強度

I 對於透鏡形成於屏幕中像之中心最大值的位置圖，注意物體的角距離 θ_0 與像的角距離 θ_i 是相同的。因此，當影像滿足 Rayleigh 標準，那些距離必須由方程式 36-14 而來(對小角度)

計算　由 36-14 式可得

$$\theta_o = \theta_i = \theta_R = 1.22\frac{\lambda}{d}$$

$$= \frac{(1.22)(550\times10^{-9}\ \text{m})}{32\times10^{-3}\ \text{m}} = 2.1\times10^{-5}\ \text{rad} \quad (\text{答})$$

於圖 36-14 中兩條強度曲線之每個中心最大值是以另一條曲線的第一極小值為中心

(b)在其平面上,像的中心相距Δx 為多少?(此即,兩曲線的中央尖峰相距為何?)

計算 從圖 36-14 中,透鏡和屏幕間的任一個三角形,可知 $\tan \theta_i/2 = \Delta x/2f$。重新整理並取近似 $\tan \theta \approx \theta$,可得

$$\Delta x = f\theta_i \qquad (36\text{-}18)$$

其中 θ_i 是以弧度來計算。然後我們發現

$$\Delta x = (0.24\,\text{m})(2.1\times10^{-5}\,\text{rad}) = 5.0\,\mu\text{m} \qquad (答)$$

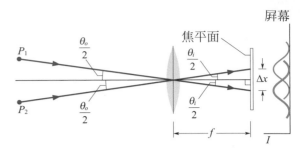

圖 36-14 由兩個遠方點物體 P_1 和 P_2 的光,通過會聚透鏡並在位於透鏡其焦平面上的顯示屏幕成像。只有顯示來自每一物體的一條具代表性的射線。影像不是點狀的,而是繞射圖樣,其強度近似右邊的圖。物體分開的角度是 θ_o 而像是 θ_i;像的中央極大相距 Δx。

WILEY PLUS Additional example,video,and practice available at *WileyPLUS*

36-4 雙狹縫繞射

學習目標

在閱讀完這個區塊的文字之後,讀者應該能夠...

36.18 在雙狹縫實驗的草圖中解釋通過每個狹縫的繞射如何改變雙狹縫干涉的圖案,和確認繞射的包絡、中央峰值及側鋒包絡。

36.19 對於雙狹縫繞射圖形的一定點,依據圖形中心處的強度 I_m 去計算強度 I。

36.20 在雙狹縫繞射圖形的強度方程式中,識別哪個部分對應於兩狹縫的干涉,甚麼部分對應於每個狹縫的繞射。

36.21 對雙狹縫繞射,應用 d/a 的比率、在單狹縫繞射圖形中極小值的位置的關係,然後計算包括中心峰值與側鋒繞射包絡之雙狹縫極大值的數量。

關鍵概念

● 通過兩狹縫的波產生雙狹縫干涉與每個子狹縫繞射的組合。

● 對於有寬度 a 與中心距 d 的相同狹縫,圖案中的強度隨著從中心軸線之角度 θ 而變化如

$$I(\theta) = I_m(\cos^2 \beta)(\frac{\sin \alpha}{\alpha})^2 \quad (雙狹縫)$$

其中 I_m 為圖形中心的強度,

$$\beta = (\frac{\pi d}{\lambda})\sin \theta$$

和 $\quad \alpha = (\frac{\pi a}{\lambda})\sin \theta$

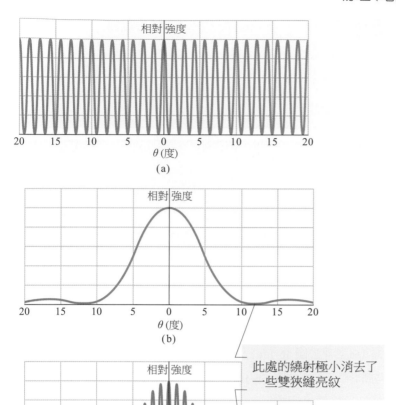

圖 36-15 狹縫寬度無限小的雙狹縫實驗中所預測的條紋強度均勻分佈圖樣。寬度 a(非無限小)的標準單狹縫繞射圖樣。寬度為 a 的兩狹縫所形成的條紋圖樣。圖(b)的曲線可當作一包跡來限制圖(a)中的雙狹縫條紋強度。注意，(b)的繞射圖樣的第一極小在圖(c)的接近 12° 處消去了雙狹縫條紋強度。

此處的繞射極小消去了一些雙狹縫亮紋

雙狹縫繞射

在第 35 章的雙狹縫實驗中，我們假設狹縫寬度比照射其上的光線波長為小；即 $a \ll \lambda$。則關於這樣的雙狹縫，其每一狹縫的中央繞射極大涵蓋了整個顯示屏幕。再者，來自雙狹縫的光干涉產生了強度近似相同之亮紋(圖 35-12)。

實際上，以可見光而言，$a \ll \lambda$ 的條件並不時常遇見。就相對較寬的狹縫而言，來自雙狹縫的光干涉後產生強度不完全相同的亮紋。亦即，雙狹縫干涉條紋的強度(第 35 章所討論)由穿過每個狹縫的光繞射來修正(如該章中討論)。

圖。例如，若狹縫無限窄(即 a 遠小於 λ 時，則圖 36-15a 所顯示的雙狹縫條紋圖樣將會出現；圖中所有的干涉亮紋強度皆相同。圖 36-15b 顯示了單一狹縫的實際強度圖樣；圖中展現出寬廣的中央極大及較弱的次極大位在。圖 36-15c 是兩狹縫的合成干涉圖樣。此圖樣可利用圖 36-15b 的繞射曲線作為圖 36-15a 強度曲線上的包跡而加以求得。同時，並可發現圖樣上的條紋位置未改變；而僅是強度受到影響。

圖 36-16 (a)雙狹縫系統的干涉條紋；其可與圖 36-15c 相比。(b)單狹縫的繞射圖樣；其可與圖 36-15b 相比。(Jearl Walker)

(a)

(b)

感謝 Jearl Walker

照片。圖 36-16a 顯示出一個真實的雙狹縫干涉與繞射之合成圖樣。若某一個狹縫被遮蓋，則結果將得到圖 36-16b 的單狹縫繞射圖樣。注意，圖 36-16a 對應於圖 36-15c，以及圖 36-16b 對應於圖 36-15b。在進行比較這些圖形時，須記住圖 36-16 係採用過度曝光，才能使微弱的兩個次極大(不是一個)顯示於圖中。

強度。若將繞射效應考慮進去，則雙狹縫干涉圖樣的強度如下所示：

$$I(\theta) = I_m (\cos^2 \beta) \left(\frac{\sin \alpha}{\alpha} \right)^2 \quad \text{(雙狹縫)} \tag{36-19}$$

其中

$$\beta = \frac{\pi d}{\lambda} \sin \theta \tag{36-20}$$

且

$$\alpha = \frac{\pi a}{\lambda} \sin \theta \tag{36-21}$$

此處的 d 及為兩個狹縫中心間的距離，而 a 為狹縫寬度。仔細注意 36-19 式的右方是 I_m 和兩個係數的乘積結果。(1)干涉係數 $\cos^2 \beta$ 係由間距的雙狹縫干涉所產生(如 35-22 式及 35-23 式所示)。(2)繞射係數為 $[(\sin \alpha)/\alpha]^2$ 由寬度的單一狹縫繞射所產生(如 36-5 式及 36-6 式所示)。

讓我們檢視這些係數。譬如，若令 36-21 式中的 $a \to 0$，則 $\alpha \to 0$ 且 $(\sin \alpha)/\alpha \to 1$。因此，36-19 式必然可簡化成狹縫間距 d 及寬度無限窄的雙狹縫干涉圖樣之描述式子。同理，在 36-20 式中令 $d = 0$，在物理意義上，即相當於將兩個狹縫合併成一個寬度為 a 的單狹縫。則 36-20 式可得 $\beta = 0$ 且 $\cos^2 \beta = 1$。此時，36-19 式必然可簡化成寬度為 a 的單狹縫繞射圖樣之描述式子。

語言。由 36-19 式所描述的及圖 36-16a 中顯示的雙狹縫圖樣，係將干涉與繞射緊密地合併在一起。干涉與繞射兩者皆是重疊效應，它們主要是由抵達某一點上的不同相位差波動組合而成。若這些合成的波來於有限數目的同調光源(通常數目很小)，如同在雙狹縫實驗中 $a \ll \lambda$ 的情

況,則此過程稱爲干涉。若這些合成的波來自於某一單一波前,如同在單狹縫實驗的情況,則此過程稱爲繞射。雖然這種干涉與繞射的區分(其中稍嫌隨意且非明確)乃爲一種相當簡便的觀念,但我們不應忘記干涉與繞射皆是重疊效應且兩者經常同時出現的事實(如圖 36-16a 所示)。

範例 36.05 以各內含的狹縫繞射進行雙狹縫實驗

在一個雙狹縫實驗中,光源波長 λ 爲 405 nm,狹縫間距 d 爲 19.44 μm,及狹縫寬度 a 爲 4.050 μm。考慮雙狹縫之光干涉及單狹縫之光繞射。

(a)有多少的亮紋位於繞射包跡的中央峰值中?

關鍵概念

首先,將實驗得到的光學圖樣,以二種機制分析:

1. **單狹縫繞射**:中央繞射峰的極限是第一繞射極小,起因於每個狹縫是獨立(看圖 36-15)。每個極小的角度位置可代入 36-3 式($a\sin\theta = m\lambda$)。我們可重寫方程式爲 $a\sin\theta = m_1\lambda$,下標 1 指的是單狹縫繞射。對第一繞射極小,代 $m_1 = 1$,得到

$$a\sin\theta = \lambda \tag{36-22}$$

2. **雙狹縫干涉**:雙狹干涉的亮紋角度位置可代入 35-14 式,可寫成

$$d\sin\theta = m_2\lambda \quad m_2 = 0, 1, 2, \ldots \tag{36-23}$$

下標 2 是表示是雙狹縫干涉。

計算 我們可以將 36-23 式除以 36-22 式,以標示在雙狹縫條紋圖樣中有第一繞射極小,並解出 m_2。接著代入所給的數據,我們可得

$$m_2 = \frac{d}{a} = \frac{19.44\ \mu m}{4.050\ \mu m} = 4.8$$

這告訴我們第一繞射極小發生在 $m_2 = 5$ 的亮紋之前。所以,在中央峰值中有中央亮紋($m_2 = 0$)和 4 條亮紋(直到 $m_2 = 4$)在其每一邊。因此雙狹縫干涉圖樣中的亮紋共有爲數九條位於繞射包跡的中央峰中。圖 36-17 顯示了位於中央亮紋其中一邊的亮紋。

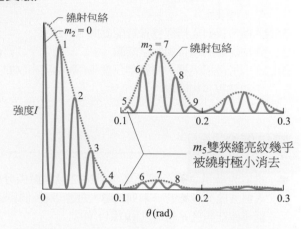

圖 36-17 雙狹縫干涉實驗的強度圖樣之一邊;繞射包跡由點線表示。內部顯示 C 垂直地延展,第一和次側繞射峰。

(b)在繞射包跡的整個第一側峰中有多少亮紋?

關鍵概念

第一繞射側峰的外限是次繞射極小,用 $a\sin\theta = m_1\lambda$ 式代 $m_1 = 2$ 可得其所在角度 θ:

$$a\sin\theta = 2\lambda \tag{36-24}$$

計算 用 36-24 式來除 36-23 式,可得

$$m_2 = \frac{2d}{a} = \frac{(2)(19.44\ \mu m)}{4.050\ \mu m} = 9.6$$

這告訴我們次繞射極小只發生在 36-23 式的 $m_2 = 10$ 的亮紋之前。所以在第一側峰中,我們有從 $m_2 = 5$ 到 $m_2 = 9$ 的條紋且因共有 5 條雙狹縫干涉圖樣(於圖 36-17 的內部)的亮紋。而 $m_2 = 5$ 的亮紋因第一繞射極小而幾乎不見,於是考慮因爲太暗了所以不算,則只有 4 條亮紋位於第一側繞射峰值。

PLUS Additional example, video, and practice available at *WileyPLUS*

36-5 繞射光柵

學習目標

在閱讀完這個區塊的文字之後，讀者應該能夠...

36.22 描述一個繞射光柵，並描繪它在單色光中產生的干涉圖案。

36.23 區分繞射光柵與雙狹縫配置的干涉圖案。

36.24 確認線的項目與數字階數。

36.25 對於繞射光柵，將數字尺度 m 與給出亮紋的光線路程差相關聯。

36.26 對於繞射光柵，將狹縫間隔 d，圖案中亮紋邊緣的角度 θ，邊緣的數字尺度 m 和光的波長 λ。

36.27 識別給定之繞射光柵爲何有最大階數的原因。

36.28 解釋繞射光柵圖案中半寬線方程式的推導。

36.29 計算繞射光柵圖案中給定角度下的半寬度線。

36.30 解釋增加繞射光柵中狹縫數量的優點。

36.31 解釋光柵光譜儀是如何工作的。

關鍵概念

● 繞射光柵是透過分離及顯示繞射之最大值去分離入射波成分量波的一系列狹縫，通過 N (多個)個狹縫導致在角度 θ 的最大值(線)，如此

$$d \sin\theta = m\lambda \quad m = 0,1,2,\dots \quad \text{(最大值)}$$

● 半寬度線是從它的中心到它消失在黑暗中之點的角度，而且尤其給出

$$\Delta\theta_{hw} = \frac{\lambda}{Nd\cos\theta} \quad \text{(半寬度)}$$

繞射光柵

繞射光柵是在研究光和放射及吸收光的物體時一個有用的工具。有點像圖 35-10 中雙狹縫的裝置，但此裝置有很大數目的 N 個狹縫(而通常稱作劃線)，大概像每毫米有數千條那麼多。圖 36-18 描述一個只有五條狹縫的理想光柵。當單色光通狹縫，會形成狹窄的干涉條紋，並經分析而測定光的波長(繞射光柵也可以是不透明表面上的平行窄凹槽，排列如圖 36-18 中的狹縫。光可從凹槽被散射回來而形成干涉條紋，而不是穿過開放的狹縫)。

圖案。用單色光入射在繞射光柵上，若我們從 2 個逐漸增加狹縫的數目到較大的數目 N 個，則強度圖樣從圖 36-15c 中典型的雙狹縫圖樣改變到較複雜的圖樣而最後變成如圖 36-19a 顯示的簡單圖樣。現在極大非常地窄(因而稱爲線)；它們之間被相對寬的暗區域所分隔。使用來自氦-氖雷射的單純紅光，可在顯示屏幕看到如圖 36-19b 所示。

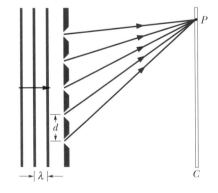

圖 36-18 一個擁有五條劃線的理想光柵，其在遠方的顯示屏幕 C 上產生干涉圖樣。

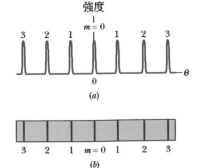

圖 36-19 (a)擁有許多劃線的繞射光柵產生的強度圖樣由被階數 m 標示的窄峰構成。(b)其在屏幕對應的亮紋被稱作線(line)，此處也標以 m。

方程式。我們用熟悉的程序去找顯示屏幕上亮線的位置。我們首先假設屏幕離光柵夠遠,使得當光離開光柵到達顯示屏幕上之一特定點 P 時是近似於平行的(圖 36-20)。接著我們對每一對相鄰的劃線用和我們於雙狹縫干涉時相同的推論。劃線間的間隔 d 被稱爲光柵間距(若 N 條劃線寬 w,則 $d = w/N$)。相鄰射線的路徑差再一次爲 $d \sin\theta$ (圖 36-20),其中 θ 是光柵(也是繞射圖樣的)的中央軸到 P 點的夾角。如果相鄰光線的路徑差等於波長的整數倍,則會有一條線會位在 P 點——亦即,如果

$$d \sin\theta = m\lambda \quad m = 0, 1, 2,\dots\text{(極大－線)} \tag{36-25}$$

其中 λ 是光的波長。每個整數 m 代表著不同的線;因此這些整數可用來標示線,如圖 36-19。這整數於是被稱作階數,而線被稱作零階線(中央線,$m = 0$),一階線($m = 1$),二階線($m = 2$),以此類推。

波長計算。若我們將 36-25 式重寫成 $\theta = \sin^{-1}(m\lambda/d)$,我們將發現,對已知的繞射光柵,中央軸和任何線(如三階段)間的角度與所用的光之波長有關。因此,當一未知波長的光通過繞射光柵,測量較高階線的角度,再利用 36-25 式,可決定出波長。此方法甚至可區分並鑑定數個未知波長。儘管其波長關係及方程式和這裡所用的相同,但我們不能用 35-2 節的雙狹縫裝置來做上述事情。在雙狹縫干涉中,不同波長的亮紋重疊的太多以致於無法區別。

線的寬度

光柵鑑別(區分)不同波長線之能力和光柵上線的寬度有關。我們將於此推導中央線($m = 0$ 的線)半寬度的表示式,並接著陳述較高階線半寬度的表示式。我們定義中央線的**半寬度**爲角度 $\Delta\theta_{hw}$ 是從線的中央 $\theta = 0$ 向外沿伸到線有效的邊界及開始於第一極小的有效黑暗區(圖 36-21)。在該極小,來自光柵 N 個狹縫的 N 條光線互相抵消(中央線的實際寬度當然是 $2(\Delta\theta_{hw})$,但線的寬度通常用半寬度來比較)。

在 36-1 節中,我們也關心因單狹縫繞射造成大量射線的相消。我們所得到的 36-3 式,其可用於相似的兩種情況,在這裏我們可用該式去找到第一極小。它告訴我們,第一極小發生在頂端和底部射線間路程差爲 λ 之處。對單狹縫繞射而言,此路程差爲 $a \sin\theta$。對有 N 個劃線的光柵而言,每條劃線和下一條的間距爲 d,所以頂端和底部劃線的間距爲 Nd (圖 36-22),因此,其路程差爲 $Nd \sin\Delta\theta_{hw}$。因此,第一極小存在於

$$Nd \sin\Delta\theta_{hw} = \lambda \tag{36-26}$$

因爲 $\Delta\theta_{hw}$ 很小,$\sin\Delta\theta_{hw} = \Delta\theta_{hw}$ (以強度測量)。代入 36-26 式,可得中央線半寬度爲

$$\Delta\theta_{hw} = \frac{\lambda}{Nd} \quad \text{(中央線的半寬度)} \tag{36-27}$$

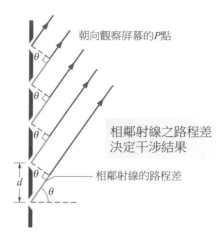

圖 36-20 由直繞射光柵之劃線往處方點 P 去的光是近似於平行的。每兩相鄰射線間之路程是 $d\sin\theta$,其中 θ 如圖測量(劃線朝紙面內部延伸)。

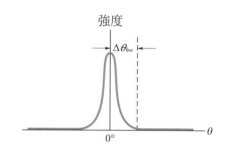

圖 36-21 中央線的半寬度 $\Delta\theta_{hw}$,其測量是從該線的中央 I 到 θ 與關係圖中的相鄰極小,如圖 36-19a。

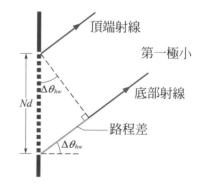

圖 36-22 有 N 條劃線的繞射光柵的頂端和底部劃線相距 Nd。經過這些劃線的頂端和底部射線有 $N_d \sin\Delta\theta_{hw}$ 的路程差,其中 $\Delta\theta_{hw}$ 爲到第一極大之角度(爲了清楚而把角度誇大了)。

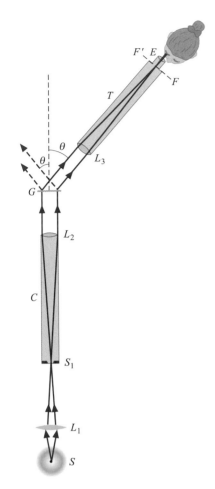

圖 36-23 一個簡單型式的光柵分光鏡，其應用於分析光源 *S* 所發出的光波長。

我們直述而不證明其他任何相對中央軸位置的線的半寬度爲

$$\Delta\theta_{hw} = \frac{\lambda}{Nd\cos\theta} \qquad \text{(在 } \theta \text{ 的線之半寬度)} \qquad (36\text{-}28)$$

注意，若光的波長和劃線間距 *d* 固定，則線的寬度隨著劃線數目 *N* 的增加而減少。因而，在兩個光柵中，*N* 的數目較大的光柵區分波長的能力較好，此乃因其繞射線較窄而使得重疊較小。

繞射光柵的應用

繞射光柵可廣泛運用於決定某些光源所發出的光波長，而這些光源的範圍可由燈泡至星體。圖 36-23 顯示出一個可用於確定光波長的簡單光柵分光鏡。來自光源的光藉由透鏡 L_1，聚焦於狹縫 S_1 上，其中狹縫 S_1 係置於透鏡 L_2 的焦平面上。由 *C* 管(即準直儀)發出的光乃爲一平面波，其垂直入射於光柵 *G* 上，而形成一繞射圖樣，此圖樣的 *m* = 0 階繞射係沿光柵中央軸 $\theta = 0$ 處分佈。

利用圖 36-23 中的望遠鏡 *T* 可見到在顯示屏幕上任一角度 θ 光源的繞射圖樣。望遠鏡的 L_3 透鏡將位於角度的繞射光(即稍小或稍大角度處)聚焦在望遠鏡內的 *FF′* 焦平面上。當我們透過目鏡 *E* 觀測時，則會發現這聚焦的影像被放大。

藉由改變望遠鏡的 θ 角，我們可檢視整個繞射圖樣。對於 *m* = 0 以外的任一階數而言，光柵分光鏡的優點是讓初始光依據波長(或顏色)大小而向兩邊展開，以致我們可利用 36-25 式來確定這光源所發出的一些波長大小。若這光源發出一寬廣的波長帶，則我們移動望遠鏡通過對應一個階數 *m* 的角度所見到的結果即是一寬廣色帶，其中較短波長端的角度比較長波長端的爲小。若光源發出一些不連續的波長，則我們所見到的將是對應於這些波長的色彩分離垂線。

氫氣。譬如，內含氫氣的氫燈發出的光中有四個不連續波長位於可見光的範圍中。若我們的眼直接去看，其爲白色。但若我們通過光柵分光鏡去看它，我們能在數個階數中把對應於可見光波長的 4 種顏色的線區分出來(這線被稱作發射譜線)。圖 36-24 中描繪出 4 階。在中央階(*m* = 0)，對應於所有 4 種光的線都加在一起，而在 $\theta = 0$ 處給出單一白線。在較高階中，顏色就被分開了。

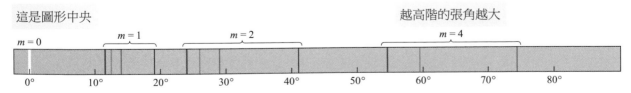

圖 36-24 由自氫的第零、第一，第二，及第四階可見發射線。注意，線更遠地分開在較大的角度(它們亦較暗的且較寬的，雖然並沒有在此顯示這些)。

Department of Physics, Imperial College/Science Photo Library/
Photo Researchers, Inc.

圖 36-25　鎘的可見放射線，經由光柵光譜儀所見的情形（帝國學院物理系科學照片庫/照片研究員）。

　　爲了清楚起見，圖 36-24 中並未畫出第三階；其實際上和第二階及第四階重疊。這裏我們使用的光柵並無法形成第 4 階的紅光，所以看不到它。此即，當我們嘗試用 $m-4$ 去解 36-25 式的紅光波長的角度時，我們發現 $\sin\theta$ 比一還大，而這是不可能的。於是說對這個光柵而言，第 4 階是不完整的；對於較大的光柵間距 d，它就可能不會不完整了，而這光柵將使得線的間距比圖 36-24 來的小。圖 36-25 是一張由鎘產生之可見放射線的照片。

 測試站 5

如圖顯示由紅色單色光繞射光柵產生的不同階的線。圖樣的中央是在左或右邊？若轉成用綠色單色光，則在相同階的線的半寬度將比圖中的爲大，小或相同？

36-6　光柵：色散度及鑑別率

學習目標

在閱讀完這個區塊的文字之後，讀者應該能夠...

36.32 識別散射與不同波長相關之繞射線的散開。

36.33 應用散色 D，波長差 $\Delta\lambda$，角距離 $\Delta\theta$，狹縫寬度 d，階數 m 及對應階數的角度 θ 間的關係。

36.34 識別若狹縫間距改變對繞射光柵的散射影響。

36.35 識別我們解析線時，繞射光柵必須使它們可區別。

36.36 應用分辨力 R，波長差 $\Delta\lambda$，平均波長 λ_{avg}，刻度數 N 和階數 m。

36.37 如果狹縫數 N 增加，識別對分辨力 R 的影響。

關鍵概念

● 繞射光柵的散射 D 是產生於兩波長相差 $\Delta\lambda$ 之線的角位移 $\Delta\theta$ 量度，在角度 θ 之階數 m 時，散射如下式

$$D = \frac{\Delta\theta}{\Delta\lambda} = \frac{m}{d\cos\theta} \quad \text{（散射）}$$

● 繞射光柵的分辨力 R 是使兩個波長接近之發射線可區分的能力量度，對於兩波長相差 $\Delta\lambda$ 且平均值爲 λ_{avg}，分辨率爲下式

$$R = \frac{\lambda_{avg}}{\Delta\lambda} = Nm \quad \text{（分辨力）}$$

Kristen Brochmann/Fundamental Photographs

這些位在光碟上的細劃線，每條寬 0.5 毫米，其功能有如繞射光柵。當一小白光源照亮光碟的時候，繞射光形成彩色的「線道」，它係由劃線的繞射圖形所組合而成的。

光柵：色散度及鑑別率

色散度

為了使用光柵(如光柵分光鏡)來分辨兩個彼此相當接近的波長，光柵必須將這兩波長有關的繞射線儘量伸展散開。這種散開，稱為**色散度**，其定義為：

$$D = \frac{\Delta\theta}{\Delta\lambda} \quad \text{(色散度定義)} \tag{36-29}$$

此處的 $\Delta\theta$ 即為波長相差 $\Delta\lambda$ 的兩光線角間隔。當 D 越大，則波長差為 $\Delta\lambda$ 的兩發射線之間距越大。一個光柵在角度 θ 的色散度將在下面證明為

$$D = \frac{m}{d\cos\theta} \quad \text{(一光柵的色散度)} \tag{36-30}$$

因此，為了獲得高色散度，我們必須使用較小柵線間隔(即小的 d 值)的光柵，並令其產生高階(即大的 m 值)的繞射線。注意色散度和劃線的數目無關。在 SI 制之下，D 的單位是每公尺幾度或每公尺幾弧度。

鑑別率

為了分辨波長接近在一起的繞射線，繞射線的寬度亦必須儘可能的狹窄。換言之，光柵應具備高的**鑑別率** R，其定義為：

$$R = \frac{\lambda_{avg}}{\Delta\lambda} \quad \text{(鑑別率定義)} \tag{36-31}$$

此處的 λ_{avg} 為兩條恰能分開光譜線的平均波長，而 $\Delta\lambda$ 為其波長差。若 R 愈大，則愈能鑑別彼此靠近的光譜線。一個光柵的鑑別率將在下面證明可簡單的表達為：

$$R = Nm \quad \text{(一光柵的鑑別率)} \tag{36-32}$$

為獲得高的鑑別率，光柵的劃線應多(N 值要大)。

36-30 式的證明

由 36-25 式著手，一光柵繞射圖樣中的各繞射線角位置表示如下：

$$d\sin\theta = m\lambda$$

將 θ 與 λ 當作變數，並取這式子的微分量。我們得到

$$d(\cos\theta)d\theta = m\,d\lambda$$

對於足夠小的角度，我們可將這些微分量視作微小變化差值，得到

$$d(\cos\theta)\Delta\theta = m\,\Delta\lambda \tag{36-33}$$

或 $$\frac{\Delta\theta}{\Delta\lambda} = \frac{m}{d(\cos\theta)}$$

左邊的比值即為 D(見 36-29 式)，故我們已確會推導出 36-30 式。

36-32 式的證明

讓我們由 36-33 式著手,此式已由 36-25 式推導得知,其對光柵繞射圖樣中的各繞射線之角位置有明確的表示。此處的 $\Delta\lambda$ 為光柵所繞射的兩波之微小波長差,而 $\Delta\theta$ 則是它們在繞射圖樣中的角間隔。若 $\Delta\theta$ 為兩繞射線能被鑑別的最小角度,則其必等於各繞射線的半寬度(根據瑞立判據),其如 36-28 式所示:

$$\Delta\theta_{hw} = \frac{\lambda}{Nd\cos\theta}$$

若將這裏的 $\Delta\theta_{hw}$ 代入 36-33 式的 $\Delta\theta$,則可得:

$$\frac{\lambda}{N} = m\,\Delta\lambda$$

由其中立即可得:

$$R = \frac{\lambda}{\Delta\lambda} = Nm$$

此即為我們所要推導的 36-32 式。

色散度與鑑別率的比較

不要將一光柵的鑑別率與其色散度混淆。表 36-1 顯示了三個光柵的特性,在每個光柵皆以波長為 $\lambda = 589$ nm 的光照射之,而所觀察到的繞射光皆為第一階(即 36-25 式中的 $m = 1$)。利用 36-30 式及 36-32 式,你可以分別計算出表中所示的 D 值與 R 值(在 D 值的計算中,你必須將 rad/m 轉換成 deg/μm)。

就表 36-1 中所標示的情況而言,光柵 A 與光柵 B 具有相同的色散度 D 而光柵 A 與光柵 C 具有相同的鑑別率 R。

圖 36-26 顯示出鄰近 $\lambda = 589$ nm 的兩波長 λ_1 與 λ_2 對這些光柵照射所產生的強度圖樣(線狀)。高鑑別率的光柵 B 產生的繞射線較窄,因此能鑑別比圖中兩波長更為接近在一起的波長。光柵 C 具有高色散度,其產生的繞射線之間的角間隔較大。

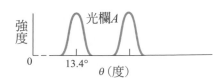

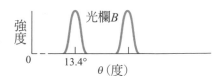

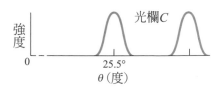

圖 36-26 波長不同的兩種光照在表 36-1 之光柵上所產生的強度圖樣。光柵 B 具有的解析率最高,而光柵 C 具有的色散度最高。

表 36-1 三種光柵 [a]

光柵	N	d (nm)	θ	D(°/μm)	R
A	10,000	2540	13.4°	23.2	10,000
B	20,000	2540	13.4°	23.2	20,000
C	10,000	1360	25.5°	46.3	10,000

[a] $\lambda = 589$ nm 及 $m = 1$ 的資料。

範例 36.06　色散和繞射光柵的鑑別能力

一繞射光柵具 1.26×10^4 條劃線均勻間隔分佈至 $w = 25.4$ mm 的寬度上。由鈉蒸汽燈所發出的黃光垂直照射在此繞射光柵上。這黃光中包含兩個波長為 589.00 nm 及 589.59 nm 的緊密相隔之光譜線(即為人所熟知的鈉雙線)。

(a)589.00 nm 之光照射所產生的第一階極大位於什麼角度？

關鍵概念

繞射分光鏡所產生的最大值可由 36-25 式決定($d \sin \theta = m\lambda$)。

計算　光柵間距 d 值為

$$d = \frac{w}{N} = \frac{25.4 \times 10^{-3} \text{ m}}{1.26 \times 10^4}$$
$$= 2.016 \times 10^{-6} \text{ m} = 2016 \text{ nm}$$

第一階極大對應於 $m = 1$。代 d 值與 m 值入 36-25 式，可得：

$$\theta = \sin^{-1} \frac{m\lambda}{d} = \sin^{-1} \frac{(1)(589.00 \text{ nm})}{2016 \text{ nm}}$$
$$= 16.99° \approx 17.0° \tag{答}$$

(b)兩繞射線(在第一階中)間的角間隔為多少？

關鍵概念

(1)兩繞射光在第一階中間的角間隔$\Delta\theta$ 與波長差 $\Delta\lambda$ 及色散度 D 有關，由 36-29 式($D = \Delta\theta / \Delta\lambda$)。(2)色散度 D 與求其值時的 θ 有關。

計算　可假設，在第一階中，2 條鈉射線夠近足以估算 D 值在 $\theta = 16.99$ 度時我們可以於(a)中找到其中一條線。可由 36-30 式知，色散度為

$$D = \frac{m}{d \cos \theta} = \frac{1}{(2016 \text{ nm})(\cos 16.99°)}$$
$$= 5.187 \times 10^{-4} \text{ rad/ nm}$$

由 36-29 式其中$\Delta\lambda$ 以 nm 表示，可得：

$$\Delta\theta = D\Delta\lambda = (5.187 \times 10^{-4} \text{ rad/ nm})(589.59 - 589.00)$$
$$= 3.06 \times 10^{-4} \text{ rad} = 0.0175° \tag{答}$$

只要柵線間隔 d 固定不變，則不論有多少條光柵線，此結果皆成立。

(c)能鑑別在第一階的鈉雙線的光柵劃線有多條？

關鍵概念

(1)鑑別率在任何階 m 是被光柵劃線數目 N 所調整的，根據 36-32 式($R = Nm$)。(2)最少的波長差$\Delta\lambda$ 可由平均波長差 λ_{avg} 與鑑別率所決定，由 36-31 式($R = \lambda_{avg}/\Delta\lambda$)。

計算　因為鈉雙線很難被鑑別，$\Delta\lambda$ 必須等於它們的波長差 0.59 nm，且 I_{avg} 必須等於它們的平均波長 589.30 nm。將這些觀點放一起，我們發現最小鈉雙線光柵劃線為

$$N = \frac{R}{m} = \frac{\lambda_{avg}}{m\Delta\lambda}$$
$$= \frac{589.30 \text{ nm}}{(1)(0.59 \text{ nm})} = 999 \text{ 條光柵線} \tag{答}$$

36-7 X 射線繞射

學習目標

在閱讀完這個區塊的文字之後，讀者應該能夠...

36.38 大致確定 X 射線位於電磁譜中的位置。

36.39 定義單元細胞。

36.40 定義定義單元格反射平面(或是晶面)和平面間距。

36.41 繪製從鄰近平面散射的兩條光線，顯示計算中使用的角度。

36.42 對於通過晶體之 X 射線強度最大的散射，應用平面間距 d，散射角度 θ，階數 m 及 X 射線的波長 λ。

36.43 給定單元格的圖，標示出如何可以確定平面的間距。

關鍵概念

● 單球型表面的折射光可以形成圖像。

● 如果 X 射線指向晶體結構，它們經歷布拉格散射，其最容易看到晶體原子是否在平行平面中。

● 對於具有波長 λ 的 X 射線由距離 d 之晶體平面散射，散射強度最大的角度 θ 為下式

$$2d\sin\theta = m\lambda \qquad m = 1,2,3,\dots \quad \text{(布拉格法則)}$$

X 射線繞射

　　X 射線乃為電磁輻射，其波長為 $1\text{Å}(=10^{-10}\text{ m})$數量級大小。試與可見光譜中央的 $550\text{ nm}(=5.5\times10^{-7}\text{m})$光波長相比較。圖 36-27 顯示出 X 射線的產生情形，即由熱燈絲 F 釋出電子後，經電位差 V 加速，撞擊金屬標靶 T 而產生。

　　標準的光學繞射光柵不能用來區別 X 射線波長範圍內的不同波長。譬如就 $\lambda = 1\text{Å}(= 0.1\text{ nm})$及 $d = 3000\text{ nm}$，36-25 式顯示第一階極大發生於

$$\theta = \sin^{-1}\frac{m\lambda}{d} = \sin^{-1}\frac{(1)(0.1\text{nm})}{3000\text{ nm}} = 0.0019°$$

這太靠近中央極大，以致不切實際。光柵需 $d \approx \lambda$ 方可使用，但因為 X 射線波長約等於原子直徑，這種光柵不能以機械方式製成。

　　在 1912 年，德國物理學家勞厄想到結晶固體係由原子規則的排列組成，其可以形成 X 射線的自然三維「繞射光柵」在如氯化鈉(NaCl)的晶體中，具有原子群的基本單元(即所謂的晶胞)在晶體排列中重覆出現。在 NaCl 中，每個晶胞擁有四個鈉離子與四個氯離子。圖 36-28a 代表一個 NaCl 的截面，並界定出這種基本單元。這種晶體是立體的，因此晶胞本身也是立體的，每邊長為 a_0。

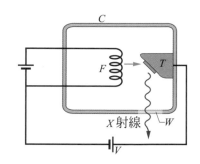

圖 36-27　當電子由熱燈絲 F 釋放，經電位差加速，撞擊一金屬標靶 T 時，即會產生 X 射線。W 在真空容器中為一個「視窗」(對 X 射線透明)。

當一束 X 射線進入 NaCl 這種晶體時，X 射線會被散射——亦即，在晶體結構的所有方向中改變方向。在某些方向上，散射波進行破壞性干涉而導致極小強度；並在某些其它方向上，進行建設性干涉而導致極大強度。這個繞射與散射的過程是一種干涉的形式。

虛擬平面。雖然由晶體所產生的 X 射線繞射過程是相當複雜，但卻可將極大視作 X 射線自一整群平行反射面(即晶體面)反射的方向上產生，而這平行反射面延長至晶體內數個原子(實際上，X 射線不反射；我們使用這虛假平面只是為了簡化真實的繞射過程)。

圖 36-28b 顯示出平面間距為的三反射平面，而其中入射的射線皆被反射。射線 1、2 以及 3 分別自第一，第二，以及第三平面反射。在每個反射中，入射角度與反射角度皆以 θ 表示。這些角度與一般光學中的習慣相反，其定義為與反射表面的夾角，而非與反射表面法線方向的夾角。就圖 36-28b 的情況而言，平面間距碰巧與晶胞大小 a_0 相等。

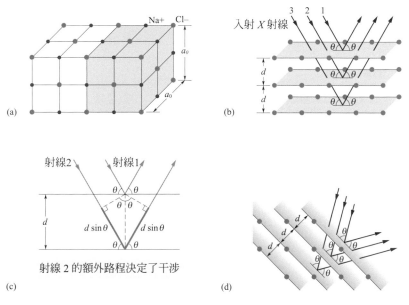

圖 36-28 NaCl 的立體結構，其中顯示出鈉與氯離子，以及一晶胞。一束 X 射線入射於(a)結構而進行繞射。X 射線之繞射彷若其被一族平行平面反射，其中反射角與入射角相等，兩個角度皆相對於平面來測量。(c)由相鄰兩平面有效反射的兩波動間相位差為 $2d\sin\theta$。(d)相對於結構不同方向的入射 X 光。而一不同的平行平面族今可有效地反射 X 射線。

圖 36-28c 顯示入射光束自相鄰一對平面反射的側視圖。射線 1 與射線 2 到達晶體時波成同相。而在反射後，又再度成為同相，這是因為反射及反射面係為了解釋晶體中 X 射線繞射的極大值而定義。X 射線進入晶體時，不像光線會產生折射；故不必定義在此狀況下的折射係數。因此，當射線 1 與射線 2 離開晶體時，它們之間的相對相位單獨由其路程差來確定。對於這些同相的射線，路程差必等於 X 射線波長 λ 的整數倍。

繞射方程式。由在圖 36-28c 中作虛線可知路程差爲 $2d \sin\theta$。事實上，這對於圖 36-28b 呈現的平面族中之任一對相鄰平面皆成立。因此，我們可得 X 射線繞射的強度極大的判據爲：

$$2d \sin\theta = m\lambda \quad m = 1, 2, 3,\ldots \quad \text{（布拉格定律）} \tag{36-34}$$

其中 m 爲強度極大之階數。36-34 式稱之爲**布拉格定律**，用以紀念英國物理學家 W. L. Bragg，他是第一個推導出這定律的人（他與他的父親因利用 X 射線來研究晶體結構而共同分享 1915 年的諾貝爾獎）。36-34 式中的入射角與反射角通稱爲布拉格角。

不論 X 射線進入晶體的角度爲多少，總有一族平面可進行反射，我們可應用布拉格定律。在圖 36-28d 中，晶體的結構與圖 36-28a 中的方位相同，但射線束進入晶體結構的角度不同於圖 36-28b。爲了經由布拉格定律解釋 X 射線繞射，故這新的角度需要一族新平面，其平面間距 d 與布拉格角 θ 皆應不同。

確定單元格。由圖 36-29 的平面可證明平面間距 d 與晶胞邊長 a_0。對於那兒所示的特殊平面族，由勾股定理

$$5d = \sqrt{\frac{5}{4}a_0^2}$$

或

$$d = \frac{a_0}{\sqrt{20}} = 0.2236a_0 \tag{36-35}$$

圖 36-29 告訴我們，一旦利用 X 射線繞射測量出平面間距後，如何求出晶胞的大小。

X 射線繞射是研究 X 射線光譜及晶體中原子排列的有效工具。爲研究光譜，必須選定一平面間隔 d 爲已知的晶體平面族。這些平面有效地反射在不同角度的不同波長。使用一種能鑑別角度的探測器來決定抵達探測器的輻射波長。在另一方面，我們可利用單色 X 射線束來研究晶體本身，其不僅能決定不同晶體平面的間隔，同時亦能決定晶胞的結構。

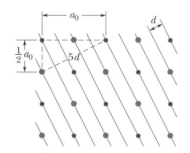

圖 36-29 通過圖 36-28a 結構的一族平面，以及找出一晶胞邊長 a_0 與平面間距 d 關係的一種方式。

重 點 回 顧

繞射　當波遭遇大小與波長相若的邊緣或障礙物或孔徑時，這些波會在其前進方向中展開，並進行干涉。這種效應即稱為**繞射**。

單狹縫繞射　當光通過一寬度為 a 的長狹縫時，即可產生**單狹縫繞射圖樣**，其中包含一中央極大和其他極大，它們被位於和中央軸夾角 θ 的極小分開，極小滿足

$$a \sin\theta = m\lambda \quad m = 1,2,3, \dots \text{(極小)} \quad (36\text{-}3)$$

在任一已知繞射角的繞射強度為：

$$I(\theta) = I_m \left(\frac{\sin\alpha}{\alpha} \right)^2 \text{ 其中 } \alpha = \frac{\pi a}{\lambda} \sin\theta \quad (36\text{-}5, 36\text{-}6)$$

且 I_m 是位於圖樣中央的強度。

圓孔繞射　直徑為 d 的圓孔或透鏡的繞射，亦會產生一個中央極大及一些同心圓的極大與極小，其中位於角度 θ 的第一極小如下所示

$$\sin\theta = 1.22 \frac{\lambda}{d} \quad \text{(第一極小；圓孔)} \quad (36\text{-}12)$$

瑞立判據　瑞立判據提出，透過一個望遠鏡或顯微鏡來觀測兩物體時，若一物體的中央繞射極大位於另一物體的第一繞射極小處，則此兩物體恰能鑑別。而它們的角間隔至少必須為：

$$\theta_R = 1.22 \frac{\lambda}{d} \quad \text{(瑞立判據)} \quad (36\text{-}14)$$

其中 d 為物鏡的直徑。

雙狹縫繞射　當光通過寬度為 a 且彼此中心相距 d 的兩狹縫時，呈現的繞射圖樣在不同繞射角 θ 之強度

$$I(\theta) = I_m (\cos^2\beta)\left(\frac{\sin\alpha}{\alpha} \right)^2 \quad \text{(雙狹縫)} \quad (36\text{-}19)$$

其中 $\beta = (\pi d/\lambda)\sin\theta$ 及 α 相同於單狹縫繞射。

繞射光柵　繞射光柵是一系列的「狹縫」，它可以經由分離和顯示各組成波長的繞射最大值，而將入射光波分離成其各組成波長。N(多重)狹縫繞射會在角度 θ 產生最大值

$$d \sin\theta = m\lambda \quad m = 0,1,2, \dots \text{(極大)} \quad (36\text{-}25)$$

而其中一些線的**半寬度**如下所示：

$$\Delta\theta_{hw} = \frac{\lambda}{Nd \cos\theta} \quad \text{(半寬度)} \quad (36\text{-}28)$$

繞射光柵是以色散度 D 和鑑別率 R 來描述其特徵：

$$D = \frac{\Delta\theta}{\Delta\lambda} = \frac{m}{d \cos\theta} \quad (36\text{-}29, 36\text{-}30)$$

且

$$R = \frac{\lambda_{avg}}{\Delta\lambda} = Nm \quad (36\text{-}31, 36\text{-}32)$$

X 射線繞射　晶體中的原子規則排列對短波長波動(如 X 射線)而言，其可成為一個三維繞射光柵。為了便於分析原子可被視為以間隔排列成平面。若由原子表面測得的入射波方向，以及輻射波長 λ 皆滿足**布拉格定律**，即

$$2d \sin\theta = m\lambda \quad m = 1,2,3, \dots \quad \text{(布拉格定律)} \quad (36\text{-}34)$$

討論題

1　在雙狹縫實驗中，若在中央繞射包跡(central diffraction envelope)內共有 17 條亮紋，且繞射極小亮度區與雙狹縫干涉極大亮度條紋重合在一起，請問兩個狹縫的間隔距離相對於狹縫寬度的比值為何？

2　某一波長的 X 射線束入射至 NaCl 晶體時，其入射束與晶體表面成 35.0° 夾角，而晶體的反射平面相隔 39.8 pm？若自這些平面的反射係屬第一級，則 X 射線的波長為多少？

3　某個單狹縫繞射實驗用的是波長 420 nm 的光，此光線垂直入射在寬度 5.10 μm 的狹縫上。觀察螢幕位於 3.20 m 之外的位置。請問在螢幕上，介於繞射圖樣的中央和第二繞射極小亮度區的距離為何？

4　某個寬度 1.5 cm 的繞射光柵在該寬度內含有 1000 lines/cm。對於波長 600 nm 的入射光而言，在第二級中，這個光柵能夠鑑別的最小波長差值是多少？

5　在單狹縫繞射實驗中，如果在投影屏上，第二繞射極小亮度的位置與繞射圖樣的中央互相夾著 37.0 度，試問狹縫寬度相對於波長的比值為何？

6 具有頻率 3200 Hz 與速率 343 m/s 的聲波由擴音箱上的矩型開口往一個長 d =100 m 的大聽

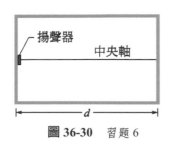

圖 36-30 習題 6

講堂繞射出去。這個具有 30.0 cm 的水平寬度的開口面對著 100 m 外的牆壁(圖 36-30)。沿著這個牆壁，聽者距離中間軸多遠時將會是第一個繞射極小處，而因此有聽到聲音的困難？(忽略反射的影響)

7 一繞射光柵寬 15.0 mm 且有 6000 條刻線。若入射波波長為 510 nm。則求極大出現在遠距離顯示屏幕時的角度：(a)最大值(b)第二大值(c)第三大值為何。

8 在以雷射光監測月球表面的蘇-法聯合實驗中，由紅寶石雷射(λ = 0.69 μm)發出的脈衝輻射，經由一個反射式望遠鏡指向月球，而且已知望遠鏡的面鏡半徑是 1.3 m。在月球上的反射器，其功能像一個半徑 10 cm 的圓形平面鏡，它會將光線直接反射回到地球上的望遠鏡。反射回來的光線被這個望遠鏡聚集在一個焦點上後，再進行偵測。試問由偵測器探集到的能量，大約是原始光能量的多少比例？假設在行進的每一個方向，所有能量都是集中在中央的繞射峰值處。

9 使用波長為 420 nm 的光照在單狹縫上，而於距單狹縫 70 cm 遠的屏幕上形成單狹縫繞射圖樣，圖樣中的第一極小與第五極小間之距離為 0.35 mm，則：(a)求狹縫的寬度。(b)算第一極小的繞射角 θ。

10 繞射光柵具有 200 刻線/mm，最大強度在 θ = 30.0°處。(a)入射可見光波長可能是多少？(b)它們所對應顏色為何？

11 假設雙狹縫繞射圖樣的中央繞射包跡中含有 13 條亮紋，且第一繞射極小消除了亮紋(同時發生)。則包跡的第一極小與第二極小間有多少亮紋存在？

12 如果我們注視著與我們相距 40 m 的某一樣事物，根據瑞立判據，我們能夠鑑別的最小長度(垂直於我們的視線)為何？假設我們眼睛瞳孔的直徑是 4.00 mm，並且令抵達我們眼睛的光波波長是 500 nm。

13 可見光垂直入射在 200 條刻線/mm 的繞射光柵上。試求在 θ = 30°時有強度最大值(a)最長波長、(b)第二長的波長和(c)第三長的波長。

14 如果在一個晶體中，第一級反射發生在布拉格角 4.1 度，請問相同的反射平面系列產生第二級反射時，其布拉格角是多少？

15 若將單狹縫的寬度增為兩倍，則雖然通過狹縫的能量只增為兩倍，但是繞射圖樣的中央極大亮度區的能量將增為四倍。請定性解釋這種現象。

16 包含兩種波長（500 和 600 nm）的混合光正向入射到繞射光柵上。希望達到(1)每個波長的第一和第二最大值出現在 $\theta \le 30°$，(2)色散盡可能高，以及(3)第三階的 600 nm 光是不存在的。(a)狹縫間隔應該是多少？(b)最小單一狹縫寬度可為多少？(c)以(a)和(b)計算所得的值，波長 600 nm 的光在光柵所產生的最大階數是多少？

17 對於單一狹縫而言，如果要讓第一繞射極小亮度區出現在 θ = 15.0 度，請問狹縫寬度相對於波長的比值為何？

18 (a)如果我們眼睛瞳孔的直徑是 1.5 mm，紅色沙粒是半徑 65 μm 的球體，而且來自沙粒的紅色光具有波長 650 nm，在要讓沙粒處於鑑別限度的情形下，請問我們應該使自己距離紅色沙粒有多遠？(b)如果沙粒是藍的，而且來自沙粒的光線具有波長 400 nm，請問(a)小題的答案會變長或變短？

19 當使用的光波長是 600 nm 的時候，某一個寬度 3.00 cm 的繞射光柵在 33.0 度的方向產生第二級。試問在光柵上，線條的總數目是多少？

20 如果超人真的具有波長 0.30 nm 的 X 射線視力，而且瞳孔直徑是 4.0 mm，請問他能夠分辨壞人和英雄的最大高度是多少，假設要達成這項任務，他需要解析分隔距離為 4.0 cm 的點？

21 在一個單狹縫繞射實驗中，在角度為 1.00 mrad 的相同方向上，可以觀察到橘光(λ = 600 nm)的極小強度，以及藍-綠光(λ =500 nm)的極小強度。試問要產生這種結果，所需要的狹縫寬度最少是多少？

22 某一個 $d = 1.5\ \mu m$ 的光柵以波長 600 nm 的光，從各種入射角照射之。請畫出第一級極大亮度位置偏離入射光方向的角度偏離量，其相對於入射角(0 到 90 度)的函數圖形(請參看習題 41)。

23 某一個間諜衛星在地表上方 160 km 處運行，它具有焦距 3.6 m 的透鏡，可以鑑別地面上小到 30 cm 的物體。舉例來說，它可以輕易地量測飛機的空氣引入風門的尺寸。經由單獨考慮繞射作用，試問透鏡的有效直徑是多少？假設 $\lambda = 550$ nm。

24 波長為 420 nm 的單色光入射於寬度為 0.025 mm 的一狹縫上。而由狹縫至屏幕的距離為 4.0 m。考慮屏幕上距中央極大 1.1 cm 之點。計算(a)這一點的 θ，(b) α，(c)這一點的強度與中央最大值之強度的比值。

25 一光柵具有 215 刻線/mm。則在可見光譜中的哪個波長下，可觀察到第八級繞射？

26 某一個具有狹窄波長範圍的光束垂直入射在繞射光柵上，已知波長範圍是以 450 nm 為中心，而且光柵的寬度是 1.80 cm，在該寬度內的線條密度是 1400 lines/cm。對於此光束而言，這個光柵在第三級中所能鑑別的最小波長差值為何？

27 證明由等寬的透明和不透明交替的條紋所組成的光柵可消除最大值中所有的偶數階 ($m = 0$ 除外)。

28 一音波雙狹縫系統（狹縫間距為 d，寬為 a）由兩個揚聲器驅動，如圖 36-31 所示。藉由可調變延遲線，其中一個揚聲器的相位可以相對於另一個揚聲器而變化。請詳細描述當揚聲器之間的相位差從 0 變化到 2π 時，遠距離雙縫繞射圖形會發生什麼變化。需同時考慮干涉和繞射效應。

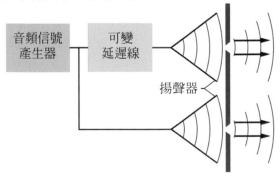

圖 36-31 習題 28

29 白光（由 400 nm 到 700 nm 的波長組成）正向入射到一光柵上。請證明無論光柵間距 d 值為何，第二和第三的繞射條紋會重疊。

30 某繞射光柵以單色光垂直照射，並在角度 θ 產生某特定一條線。(a)該線的半寬度與光柵鑑別率的乘積為何？(b)當狹縫間隔距離 900 nm 的光柵，以波長 420 nm 的光照射的時候，請針對第一級計算該乘積。

31 在圖 36-32 中，波長為 0.120 nm 的 X 射線束入射於 NaCl 晶體，其中入射束與晶體頂部表面的夾角為 45.0

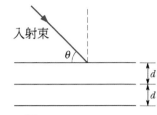

圖 36-32 習題 31 及 32

度。而晶體中反射平面的間隔為 $d = 0.252$ nm。這水晶以 ϕ 角度繞轉一條垂直於頁面的軸，直到這些反射面獲得繞射極大值。如果晶體是順時針轉動，請問(a)比較小的和(b)比較大的 ϕ 值為何，以及如果將晶體逆時針轉動，則(c)比較小的和(d)比較大的 ϕ 值為何？

32 在圖 36-32 中，波長由 95.0 pm 至 140 pm 的 X 射線束以 $\theta = 45.0$ 度入射於反射平面間隔的晶體上，其中 $d = 300$ pm。在光束的繞射圖樣中，請問各強度極大值的(a)最長波長和(b)相關連的級數 m，(c)最短的和(d)相關連的 m 各為何？

33 於雙狹縫干涉，如果狹縫相隔 14 毫公尺，狹縫的寬度各為 2.0 毫公尺，(a)有多少雙狹縫最大值位在繞射包絡線的中央極值及(b)有多少位於任一繞射包絡線的第一側極值？

34 請導出式 36-28，光柵繞射圖形中半寬線的表達式。

35 假設兩個點間的間距是 2.0 cm。如果以開口為 5.0 mm 的瞳孔觀察它們，請問這兩個點和觀察者的距離是多少的時候，會使它們處於瑞立鑑別極限(Rayleigh limit of resolution)？假設光的波長是 500 nm。

36 一駛近的汽車，其兩車頭燈相距 1.4 m。則眼睛能予以鑑別的(a)角度相隔及(b)最大距離為多少？假設瞳孔直徑為 5.0 mm，而所作用的光波長為 450 nm。同時，假設該繞射效應是惟一造成此鑑別的限制。

37 某一個繞射光柵在 1.20 cm 寬度內具有 8900 條狹縫。如果以波長 500 nm 的光通過此狹縫，試問在中央極大亮度區的一側會有多少級(極大亮度區)？

38 一單色光（波長 = 450 nm）垂直入射在一單狹縫（寬度 = 0.40 mm）上。一屏幕平行放置於狹縫平面，中央最大值兩側的兩個最小值之間的距離為 1.8 mm。(a)從狹縫到屏幕的距離是多少？（提示：與任一最小值的夾角足夠小，以至於 $\sin\theta \approx \tan\theta$。）(b)屏幕上和中心最大值同一側的第一最小值和第三最小值之間的距離是多少？

39 兩光線波長分別為 λ 和 $\lambda + \Delta\lambda$，其中 $\Delta\lambda \ll \lambda$。證明它們在光柵光譜儀中的角間距 $\Delta\theta$ 近似為

$$\Delta\theta = \frac{\Delta\lambda}{\sqrt{(d/m)^2 - \lambda^2}},$$

其中 d 是狹縫間隔，m 是階數。請注意，高階的角間距大於低階的角間距。

40 某一個寬度 110 nm 的光柵具有 40,000 條線，來自鈉燈、波長為 420 nm 的光垂直照射在此光柵上。試問第一級的(a)色散 D 和(b)鑑別率 R，第二級的(c) D 和(d) R，第三級的(e) D 和(f) R 各為何？

41 光如圖 36-33 所示以角度入射在光柵上。

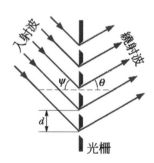

圖 36-33 習題 41

試證明發生在角度 θ 的亮紋會滿足下列方程式

$$d(\sin\psi + \sin\theta) = m\lambda, \quad m = 0, 1, 2, ...$$

（將這個方程式與 36-25 式互相比較。本章只處理 $\psi = 0$ 的特殊情況。）

42 在某一個雙狹縫干涉圖樣中，在繞射包絡的第二旁峰值區內共有 8 條亮紋，而且繞射的極小亮度位置與雙狹縫干涉的極大亮度位置重合。請問兩個狹縫的間隔距離相對於狹縫寬度的比值為何？

43 某一個繞射光柵具有鑑別率 $R = \lambda_{avg}/\Delta\lambda = Nm$。(a)證明光柵恰可鑑別的對應頻率範圍 Δf 可表示成 $\Delta f = c/Nm\lambda$。(b)由圖 36-22，試證明光沿著圖中下方射線行進所需要的時間，和沿著圖中上方射線行進所需要的時間，兩者的差值是 $\Delta t = (Nd/c)\sin\theta$。(c)證明 $(\Delta f)(\Delta t) = 1$，這個關係式與各種光柵參數無關。假設 $N \gg 1$。

44 整個可見光譜（400～700 nm）可經由條紋密度 500 lines/mm 的光柵可產生多少階？

45 如果我們使圖 36-34 中的 $d = a$，則兩個狹縫合併成一個寬度為 $2a$ 的狹縫。證明方程 36-19 簡化為這種狹縫的繞射圖。

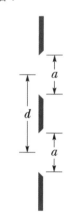

圖 36-34 習題 45

46 某寬度 1.00 cm 的繞射光柵具有 10000 平行狹縫。垂直入射在光柵的單色光經過繞射以後，其第一級是出現在 30 度的方向。試問入射光的波長為何？

47 以波長 589 nm 的光照在寬度 0.10 mm 的一狹縫上。考慮觀看螢幕上的一個點 p，於這一點上可看到狹縫的繞射圖形；這點與狹縫的中央軸線夾 40 度。計算由狹縫頂端至中點所發出的海更士子波至屏幕的相位差(提示：見 36-4 式)。

48 波長 589 nm 的光照在寬度 1.00 mm 的狹縫上。在距狹縫 6.00 m 遠的屏幕上可見一繞射圖樣。則在中央繞射極大之同一側上的首兩個繞射極小間的距離為多少？

49 某一個人的眼睛瞳孔具有直徑 5.00 mm。如果當兩個小物體與眼睛相距 250 mm 的時候，它們的影像勉強可以鑑別，根據瑞立判據，試問兩個小物體的分隔距離是多少？假設光源的波長是 500 nm。

50 波長為 415 nm 的光入射於一個窄狹縫上。其第一繞射極小在中央極大兩側的夾角為 2.40 度。試問該狹縫的寬度為多少？

51 某雙狹縫系統的個別狹縫寬是 0.030 mm，兩個狹縫的間隔距離是 0.18 mm，垂直照射於兩個狹縫所在的平面的光波長是 500 nm。試問在繞射圖樣的兩個第一級極小亮度區之間，總共有多少個完全亮紋？（不要計算與繞射圖樣極小亮度區重合的亮紋。）

52 某架太空梭的太空人聲稱她剛好勉強可以分辨在地表的兩個點光源，而且此時地表是在其下方 160 km 處。假設整個情況都是理想的，試計算它們的(a)角分隔距離和(b)線性分隔距離。假設光源的波長 $\lambda = 540$ nm，而且太空人眼睛瞳孔的直徑是 5.0 mm。

53 已知一光柵具有 200 條/mm。垂直入射在光柵的光含有的波長是從 550 nm 到 700 nm 的連續範圍。(a)請問會與另一級重疊的最低一級，其級數為何？(b)會出現完整光譜的最大級數是多少？

54 一束波長在 0.120 nm 到 0.0700 nm 之間的 X 射線從晶體中的一系列反射面散射。平面間距為 0.250 nm。觀察到產生了 0.100 nm 和 0.0750 nm 的散射光束。入射光束和散射光束之間的夾角是多少？

55 證明只通過測量幾個數量級的布拉格角無法同時確定入射輻射的波長和晶體中反射面的間距。

56 波長為 500 nm 的光通過寬度為 2.00 μm 的狹縫繞射到 2.00 m 外的屏幕上。在屏幕上，繞射圖案的中心與繞射第三個最小值之間的距離是多少？

57 如果在雙縫干涉圖中，繞射包絡的第一個側峰內有 8 條亮條紋，並且繞射最小值與雙縫干涉最大值重合，那麼狹縫間距與狹縫寬度的比值是多少？

58 在 1985 年六月，夏威夷 Maui 的空軍光學站台 (Air Force Optical Station)射出一道雷射光束，然後由在其正上方 354 km 處快速經過的發現者號太空梭反射回來。在太空梭所在位置，光束的中央極大亮度區的直徑據說是 9.1 m，而且光的波長是 500 nm。請問在 Maui 地面站台，雷射光孔徑的有效直徑是多少？（提示：雷射光束只會因為繞射作用而散開；假設雷射光的輸出口是圓形孔徑。）

59 證明光柵的色散為 $D = (\tan \theta)/\lambda$。

60 當單色光入射在一個寬度 22.0 μm 的狹縫上時，在偏離入射光 1.80 度的方向可以觀察到第一繞射極小條紋。試問該光波的波長為何？

61 某一個光束由兩個波長 590.159 nm 和 590.220 nm 所組成，此光束要利用一個繞射光柵予以解析。如果光柵在寬度 3.80 cm 的區域內製作了許多狹縫線條，試問如果要在第二級中解析出兩個波長，則所需要的線條數目最少是多少？

62 兩朵黃花位於某一條直線上，其分隔距離是 60 cm，這條直線與我們對黃花的視線彼此垂直。根據瑞立判據，當黃花處於鑑別率極限的時候，我們與黃花的距離是多少？假設來自黃花的光具有單一波長 550 nm，而且我們的瞳孔直徑是 5.5 mm。

CHAPTER 37

相對論

37-1 同時性與時間膨脹

學習目標

在閱讀完這個區塊的文字之後,讀者應該能夠...

37.01 了解(狹義)相對論的兩個假設,以及所適用的座標系類型。

37.02 了解光速(終極速率),並給出光速的近似值。

37.03 解釋如何用時鐘及測量棒構成的三維陣列來測量一個事件的時空座標,並解釋這樣為何不需要用到訊號傳至觀察者的行進時間。

37.04 了解時空的相對性是與兩個作相對運動的慣性座標間測量結果的傳遞有關,但我們仍然在一個座標系內使用古典運動學與牛頓力學。

37.05 了解對於彼此作相對運動的參考座標系,在其中一個座標系中的同時事件在其他座標系中一般不會是同時。

37.06 解釋兩個事件其時空間距之糾纏所蘊含的意義。

37.07 了解兩個事件的時距為原時的條件。

37.08 了解若在一座標系中測量時兩事件的時距為原時,則在另一座標系中測量時的時距會較大(膨脹)。

37.09 應用原時 Δt_0、膨脹時距 Δt 及兩座標的相對速率v三者之間的關係式。

37.10 應用相對速率 v、速率參數 β 及勞倫茲因子 γ 三者之間的關係式。

關鍵概念

● 愛因斯坦的狹義相對論奠基於兩個假設:
(1)對於所有慣性座標系中的觀察者而言,物理定律都一樣。
(2)在所有慣性座標系中,真空中的光速在所有方向均為相同的值 c。

● 三個空間座標及一個時間座標描述一個事件。相對論的一個任務,就是找出彼此相互作均勻運動的兩個觀察者所描述的這些座標間的關係。

● 若兩個觀察者作相對運動。對於兩個事件是否同時,他們一般不會達成共識。

● 若在一個慣性參考座標系內,於同一地點發生兩個連續事件,由該地點之一時鐘所測得的兩事件時距 Δt_0 是其原時距。而相對於該參考座標系作運動之觀察者恆測得一個較大的時間間隔 Δt,此效應稱為時間膨脹。

● 若兩座標系間的相對速率為 v,則

$$\Delta t = \frac{\Delta t_0}{\sqrt{1-(v/c)^2}} = \frac{\Delta t_0}{\sqrt{1-\beta^2}} = \gamma \Delta t_0$$

其中 $\beta = v/c$ 是速率參數, $\gamma = 1/\sqrt{1-\beta^2}$ 是勞倫茲因子。

物理學是什麼?

物理學的一個重要主題是**相對論**(relativity),它是測量事件(發生的事物)的研究領域:它們發生在哪裡和在何時,以及任何兩事件在空間和時間中分隔多遠。除此之外,相對論必須處理當不同參考座標系統之間彼此進行相對運動的時候,其測量結果的轉換(相對論的名稱由此而來)。

這種轉換和移動的參考座標系統就像我們在第4-6節和4-7節中所討論的那些，它們對1905年的物理學家而言是已經充分瞭解和相當例行公事化的。然後愛因斯坦(圖37-1)發表了他的**狹義相對論**(special theory of relativity)。形容詞「狹義」意指這個理論只處理**慣性參考座標系**(inertial reference frames)，而在慣性參考座標系中，牛頓定律是有效的[愛因斯坦的廣義相對論(general theory of relativity)處理的是更具挑戰性的情況，它可以處理參考座標系在進行重力加速度的情況；在這一章中「相對論」一詞只代表慣性參考座標系]。

以兩個簡單的假定爲出發點，愛因斯坦證明，儘管每個人都如此習慣於相對論的舊觀念，以致於這些舊觀念看起來似乎是毫無疑問的常識，但是這些舊觀念是錯誤的，愛因斯坦的證明讓整個科學界都目瞪口呆。然而這個推想性的常識只是從運動相對很慢的事物所得的經驗中推導出來。愛因斯坦的相對論經過證明對所有可能的速度都是正確的，他的理論預測了許多在剛開始研究時覺得很奇異的效應，不過這是因爲沒有人對它們有過經驗。

時空糾纏。很特別的是，愛因斯坦示範說明了空間和時間是糾纏在一起的；換言之，兩個事件間的時間是與它們發生時相距多遠有關，反之亦然。另外，時間與空間的牽連對於彼此具有相對運動的觀察者而言是不同的。這個理論推論的一項結果是時間不再以固定速率推移，若時間以固定速率推移，那就好像時間會根據某種主宰的、能控制全宇宙的祖父級時鐘，以機械性規律來流逝。但實情並非如此，實際上時間推移的速率是可調整的：相對運動能改變時間推移的速率。在1905年之前除了少數空想家以外，沒有人會想到那樣的事情。今日，因爲工程師和科學家對特殊相對論的經驗，已經重新塑造他們的常識，所以現在他們視爲理所當然。舉例來說，因爲在人造衛星上時間流逝的速率與地球表面並不相同，所以工作上與NAVSTAR人造衛星的全球定位系統有關連的任何工程師，都必須例行公事地使用相對論去判斷人造衛星上時間流逝的速率。如果工程師沒有考慮到相對論，GPS在不到一天的時間就幾乎變得無用。

狹義相對論以困難著稱。事實上就數學而言它並不困難，至少在這本書中不會困難。它的困難點在於我們必須非常注意關於誰在量測事件、事件是什麼以及事件是如何量測等事情；而且因爲它與日常經驗相衝突，所以它可能是困難的。

© Corbis-Bettmann

圖 37-1 逐漸成名的愛因斯坦後擺姿勢照片。

假說

我們現在細察兩個相對論的假設，它們是愛因斯坦理論的基礎：

 1. 相對性假設：對所有慣性參考座標系的觀察者而言，物理定律皆相同。沒有任何一個慣性座標系例外。

伽利略曾假設在所有慣性參考座標系中的力學定律皆相同。愛因斯坦將此觀念拓展至涵蓋所有物理的定律，特別是電磁學與光學。但這並不是說所有物理量的測量值也相同，就所有慣性觀察者而言，大部分物理量的測量結果並不相同。而是呈現各測量之間關係的物理定律相同。

 2. 光速恆定假設：在所有慣性參考座標系中，光速在真空中的任何方向皆相同。

我們亦可將此假設說成在自然界中存有一極限速率 c，此速率在所有方向及所有慣性座標系內皆相同。光恰以此極限速率前進。所以，被攜帶能量或訊息的實體不能超越此極限值。並且，任何具有質量的粒子，不論其加速多大或多久，都不會實際地達到光速(可惜，出現在科幻小說裡的超光速裝置明顯是不可能的)。

這兩個假設都已被徹底的檢驗過，而且沒有發現例外情況。

極限速率

在 1964 年，W. Bertozzi 在實驗中證實了加速電子的速率存有一個極限的事實，他將電子加速到不同的速率測量值，同時以另一種方法測量動能。他發現當作用於高速電子的力增加時，其所測量的動能值也相對地增加，但速率卻增加有限(圖 37-2)。電子曾至少被加速到光速的 0.999 999 999 95 倍，雖然與極限速率已相當接近，但仍比極限速率小。

此極限速度已被定義準確是

$$c = 299792458 \text{ m/s} \tag{37-1}$$

注意：在此之前本書均將 c 近似為 3.0×10^8 m/s，但本章中我們用 2.998×10^8 m/s。你可以將此準確值儲存在你的計算機的記憶體內，以備需要時叫出。

驗證光速的假設

假如光速在所有慣性參考座標系內都是相同，則由運動光源所發出的光，其速率應與靜止於實驗室的光源所發出的光速率相同。上述的主張已被一個高精確的實驗直接驗證。在這實驗中，「光源」為中性的 π 介子(以 π^0 表示之)，它是一個不穩定、短生命期的粒子，此粒子可由粒子加速器內的碰撞產生。它藉由下述過程衰變成兩道 γ 射線：

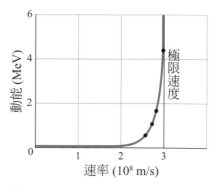

圖 37-2 電子動能之測量值相對於其速率測量值的變化圖，黑點顯示了測量結果。不論你加多少能量到電子(或任何其他具有質量的粒子)，都無法使其速率等於或超越極限速率 c (圖中曲線係指相對論的預測結果)。

$$\pi^0 \to \gamma + \gamma \qquad\qquad\qquad (37\text{-}2)$$

γ 射線是電磁光譜(在很高頻率)的一部分,並遵從光速假設,恰如可見光一樣的性質(本章中我們將所有型式的電磁波都稱為光,不管是否可見)。

在日內瓦附近的歐洲粒子物理實驗中心(CERN)的一群物理學家們,於 1964 年的一次實驗中,產生了一束 π 介子,其相對於實驗室的速率為 0.99975 c。然後,實驗者測量由這些快速運動源所發出的 γ 射線的速率。他們發現由非常接近光速的 π 介子所發射的光速率與相對於實驗室靜止的 π 介子所發射的光速率是完全一樣的,也就是 c。

測量一個事件

一個事件是指一觀察者能對所發生的事賦予三個空間座標及一個時間座標。其中可能的事件是:(1)打開或關閉一個小燈泡,(2)兩個粒子碰撞,(3)光脈衝通過通過特定的點,(4)發生爆炸,(5)時鐘的指針掃掠時鐘外緣的整點記號。一個固定在慣性參考座標系的觀察者可以對事件選定表 37-1 的時空座標。因為在相對論中時間和空間是彼此有關係的,所以我們稱這些座標為時空座標。這個座標是觀察者之參考座標的一部分。

某一特定事件可以被數個觀察者記錄,且每個觀察者在各自不同的慣性參考座標系內。一般而言,不同的觀察者將對同一事件賦予不同的時空座標。須注意一個事件不論如何皆不「屬於」任一特定的慣性參考座標系。一個事件只是某一發生的事情,任何人均可觀察它並賦予相關的時空座標。

行進時間。做這樣的工作可能因實際的問題而複雜化。例如在 9:00 A.M.時在你的右方 1 km 處,有一個氣球爆炸,同時在左方 2 km 處有一個爆竹爆裂,你無法在恰好 9:00 A.M.時偵測任一個事件,因為從事件所發出來的光還沒到達你的位置。從爆竹爆裂所發出的光是比較遠的,所以它到達你的眼睛比從氣球爆炸所發出的光慢,故爆竹爆裂似乎是比較慢發生。選定兩事件發生的時間為 9:00 A.M.,若你要找出實際的發生時間,則需計算光的行進時間,然後以到達的時間減去它則得實際發生的時間。

在更具有挑戰性的情況中,這個步驟是更麻煩的,我們需要自動忽略任何從事件到觀察者的行進時間,來簡化這個步驟,在測量棒和時鐘通過觀察者的慣性座標時。為了建立這個步驟,我們將建構一個假想陣列(此陣列和觀察者沒有相對運動)。這種結構可能顯得做作,但它讓我們免於許多的混亂和計算,使我們能夠找到座標,如下。

1. **空間座標**。我們想像觀察者的座標系上裝有緊密相連的三維陣列測量棒,此測量棒可按其方位分成三組,每組平行於一個座標軸。這些棒提供一種計算沿座標軸的座標的方法。因此,若事件是點亮一

表 37-1　事件 A 之紀錄

座標	數值
x	3.58 m
y	1.29 m
z	0 m
t	34.5 s

個小燈泡，則觀察者只需讀出燈泡所在的空間座標即可。

2. **時間座標**。對時間座標，我們想像每一個測量棒的陣列交點上都有一個小時鐘，藉由事件所發出的光，觀察者便能讀出時鐘的時間。圖 37-3 顯示出來我們所描述的測量棒與時鐘組成的「支架」。

這些時鐘的陣列必須被適當地調整爲同步。你可以認爲只要將一組完全相同且被調校至同一時刻的時鐘，放在它們的位置上即可。我們如何知道移動時鐘不會改變它們的行進率？(事實上，如此做時的確會)。我們必須先把時鐘放在它們的位置上，然後再調整爲同步。

若我們有辦法使訊號以無限大速率傳送，則同步化將是簡單的事。然而，並沒有此特性的訊號。我們選用光(廣義地涵蓋了全部電磁波光譜)來傳送此一同步訊號，因爲光在自由空間中係以可能最高的速率前進，即極限速率 c。

藉助光訊號是我們可以調整一個時鐘陣列達到同步的方法之一。即是觀察者在每一時鐘旁邊安置一位臨時性的助手。他自己則站在某一點上，並選擇此點爲原點，當原點時鐘讀數 $t = 0$ 時，他便送出一光脈波。當光脈波到達每位助手時，各助手便調整他(或她)的時鐘讀數爲 $t = r/c$，其中 r 爲各助手至原點之距離。這些時鐘便達成同步。

3. **時空座標**。觀察者可藉由時鐘記錄時間，及測量最靠近測量棒的位置，來對一個事件賦予時空座標。若有兩事件，觀察者以最靠近之時鐘上的時間，來計算它們在時間上的差距，並以最靠近之棒上的座標差異來計算它們在空間上的距離。我們便可避開等待從事件所發出的訊號到達觀察者的實驗問題，然後計算這些訊號行進的時間。

同時性的相對特性

假設一觀察者(山姆)注意到兩個獨立的事件(事件 R 與 B)同時發生。再假設另一觀察者(莎莉)以相對於山姆之速度作等速運動，亦觀察記錄到此兩事件。莎莉是否也能發現他們是同時發生的呢？

這個答案通常是否定的。

 若兩觀察者作相對運動，對於兩事件是否同時發生，一般而言，他們將沒有一致的看法。若一個觀察者發現兩事件是同時的，則另一個觀察者的結論通常將會與其不同。

我們不能說哪一個觀察者是對的或是錯的。他們的觀察都是同樣有效，沒有任何理由去偏好其中之一而捨棄另一個觀察結果。

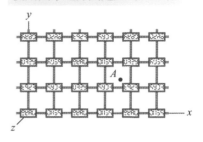

使用圖中之陣列定出時空座標

圖 37-3 三維的時鐘陣列的某一段以及觀察員可分配時空坐標給某一事件的測量桿，如在點 A 的閃光。事件的空間坐標大約是 $x = 3.6$ 倍桿長度，$y = 1.3$ 倍桿長，$z = 0$。時間坐標是在閃光的瞬間，最接近 A 之時鐘上出現的時間。

可用來修正相同事件卻有不同敘述之觀念，爲看似奇怪的愛因斯坦理論的結果。然而，在第 17 章中，我們討論了運動影響測量的另一種型式，而無須對其不同的結果感到猶豫：都卜勒效應中，一觀測者所測量的聲波頻率，與觀測者及聲源的相對運動有關。因此，互相作相對移動的兩觀測者可以對同一聲波量到不同頻率，而二者皆爲正確。

我們作出以下的結論：

> 同時性不是一種絕對觀念，而是相對的，因觀察者的運動狀態而定。

當然，假若觀察者們的相對速率遠小於光速，則對同時性的量測所造成的偏差便極小，以致於不被注意到。這就是我們日常生活中大部分經驗的情況；也說明了爲什麼同時的相對性對我們而言仍是相當陌生的。

對同時性的深入探討

讓我們以一個特例來闡明同時性的相對特性，我們直接以相對論的假說作爲分析的基礎，而不涉及時鐘或測量棒。圖 37-4 顯示兩艘長形太空船(太空船莎莉號與太空船山姆號)分別作爲觀察者莎莉與觀察者山姆的慣性參考座標系。兩位觀察者皆靜止於他們的太空船中央。這兩艘太空船沿著共同的軸各自分開，莎莉號相對於山姆號的速度爲 $\vec{v}$。圖 37-4a 顯示兩觀察者瞬間相對排列的位置。

兩塊隕石擊中這兩艘太空船，一塊產生紅色火焰(B 事件)，另一塊則產生藍色火焰(事件)。每個事件均在每艘太空船上留下明顯記號，其位置分別是 RR′與 BB′。

假設由這兩事件產生的波前向外擴展而同時達到山姆，如圖 37-4b 所示。並再進一步假設，在此兩事件發生之後，山姆測量出他自己位於記號 B 與 R 中點上。山姆說：

Sam 來自 R 事件與事件的光，同時到達我身上。而由太空船上的記號，我發現當來自此兩事件的光到達我身上時，我正好站在此兩光源的中間。因此，R 事件與 B 事件是同時發生的。

但研究圖 37-4 可發現，莎莉和發自 R 事件的擴展波前是相向前進，而她和發自 B 事件的擴展波前沿相同方向前進。因此在發自 R 事件的波前將較發自 B 事件的波前先到達莎莉。莎莉說：

Sally 來自 R 事件的光較 B 事件先到達。依我太空船的記號，我發現自己也是位在兩光源中點處。因此，兩事件不是同時發生的，R 事件先發生，然後才是 B 事件。

他們的說法互異。雖然如此，但兩個觀察者皆是正確的。

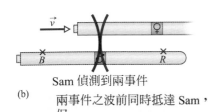

B 事件　　　　　　R 事件
(a)

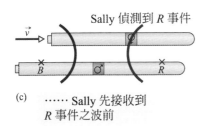

Sam 偵測到兩事件

(b)　兩事件之波前同時抵達 Sam，但……

Sally 偵測到 R 事件

(c)　……Sally 先接收到 R 事件之波前

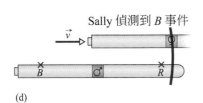

Sally 偵測到 B 事件

(d)

圖 37-4 莎莉(Sally)與山姆(Sam)的太空船與從山姆的觀點所看到的事件。莎莉的太空船以速度 $\vec{v}$ 向右移動。(a) R 事件發生在 RR′處，B 事件發生在 BB′處，每個事件均發出一道光波。(b)山姆同時偵測到從 R 及 B 事件傳來之波前。(c)莎莉偵測到 R 事件的波前。(d)莎莉偵測到從 B 事件來的波前。

必須要瞭解的是，在每個事件發生的位置上，僅有一個波前自此處擴展出去，並且此波前在這兩個慣性參考座標系中皆以速率 c 前進，與光傳播速率的假設吻合。

兩塊隕石撞擊太空船的事件，也有可能由莎莉觀察到它們同時發生。若是如此，則山姆便會宣稱它們不是同時發生的。

時間的相對性

如果由彼此作相對移動的不同觀察者測量兩事件的時距(或時間間隔)，通常他們會得到不同的結果。為什麼？因為空間的分隔可以影響到觀察者所測量的時間間隔。

> 兩事件的時距和它們分離多遠有關，即它們的空間和時間的間隔是有關的。

在這一節中我們以例子來討論這個相關性，然而這個例子受限於決定性的條件：其中一個觀察者所測量的兩個事件是在相同的位置上。直至 37-3 節以前，我們不會舉更一般化的例子。

在圖 37-5a 顯示了莎莉所安排的實驗之基本原理，莎莉帶著她的裝備——光源、鏡子與時鐘，坐在一輛相對於車站速度為 $\vec{v}$ 的列車上。脈衝光離開光源 B(事件 1)，垂直往上傳播，經由鏡面的反射垂直往下傳播，並且在原光源處偵測到此脈衝光(事件 2)。莎莉發現這兩事件的時距為：其中 D 為閃光燈源與天花板之間的距離。

$$\Delta t_0 = \frac{2D}{c} \quad (莎莉) \tag{37-3}$$

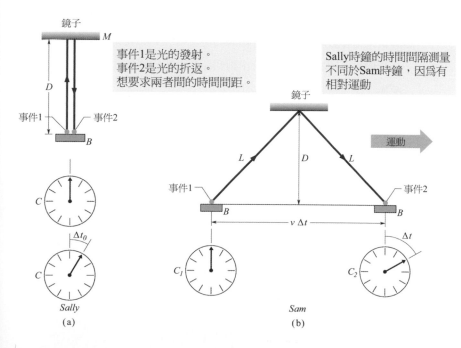

圖 37-5 (a)莎莉在列車上使用單一的鐘來測量光脈波來回行程所耗的原時段時間 Δt_0。對莎莉而言，這兩事件是在同一處發生，並且她可使用位在此處的單一時鐘 C 來測量這兩事件的時距，在圖 37-4a 中，時鐘顯示兩次：分別代表開始和結束的時間。(b)在行進列車上所發生的事件對於在月台的山姆來說，需要兩個同步時鐘 C_1 及 C_2 來量測其經過的時間 Δt。

這兩事件發生於莎莉的參照座標內相同位置,在該位置她只需一個時鐘 C 來測量時間間隔。圖 37-5a 中時鐘 C 被顯示兩次,在時段的開始和結束。

現在考慮由山姆所測得的相同的兩個事件,當火車駛進時,山姆本身係靜止在月台上。因為在光的行進時間內,此裝置是隨著火車在移動的,如圖 37-5b。對於山姆的參考座標而言,兩事件發生於不同位置,所以在測量兩事件的間隔時,山姆必須準備兩個相同的時鐘 C_1 和 C_2 來分別記錄兩個事件。根據愛因斯坦的光速假設,光對山姆和莎莉的前進速率應均為 c。但對山姆而言,光所行進的距離較遠,令為 $2L$。故山姆所量測到的兩事件間的時距為:

$$\Delta t = \frac{2L}{c} \quad \text{(山姆)} \tag{37-4}$$

其中
$$L = \sqrt{\left(\tfrac{1}{2}v\Delta t\right)^2 + D^2} \tag{37-5}$$

由 37-3 式,我們又可寫成:

$$L = \sqrt{\left(\tfrac{1}{2}v\Delta t\right)^2 + \left(\tfrac{1}{2}c\Delta t_0\right)^2} \tag{37-6}$$

若從 37-4 式及 37-6 式來消去 L,則我們可解得 Δt 為:

$$\Delta t = \frac{\Delta t_0}{\sqrt{1-(v/c)^2}} \tag{37-7}$$

37-7 式告訴我們山姆所測得之時距 Δt,和莎莉所測得的 Δt_0 之比較結果。因為 v 必須小於 c,所以 37-7 式的分母必須小於 1。所以,Δt 必定大於 Δt_0:山姆測量兩個事件之間的時間間隔大於莎莉者。山姆和莎莉測量兩相同事件的時距,但因為兩者的相對運動所以所測得的結果不同。我們斷定相對運動會改變兩事件間時間流逝的速率,此影響的主要關鍵是光速在於兩個觀察者是相同的。

我們以下列的術語來區分山姆和莎莉之間的測量:

當兩個事件在慣性座標的相同位置發生,則在此座標所測的時間間隔稱為**原時距**,一般簡稱為**原時**。從任何其它慣性座標所測得的時間間隔必大於原時距。

所以莎莉所測量的為原時距,而山姆所測量的則大於此時距[在那兒的適當(proper)一語是不幸的,在於它暗示任何其他測量值是不適當或不真實的。這並非如此]。兩事件的時距相對於原時而言,增加的部分稱為**時間膨脹**(膨脹意指擴展或伸長;此處時距便發生了擴展或伸長)。

通常 37-7 式中的 v/c 比值是以 β 來取代，稱爲**速率參數**；而 37-7 式中的平方根反比是以 γ 來取代，稱爲**勞倫茲因子**：

$$\gamma = \frac{1}{\sqrt{1-\beta^2}} = \frac{1}{\sqrt{1-(v/c)^2}} \qquad (37\text{-}8)$$

由於這些取代，我們可以把 37-7 式寫成

$$\Delta t = \gamma \Delta t_0 \quad \text{(時間膨脹)} \qquad (37\text{-}9)$$

速度參數 β 之值總是小於 1，若速度不爲零，則 γ 一定大於 1。然而除非 $v > 0.1c$，否則 γ 和 1 並無顯著不同。所以一般來說，「舊相對論」在 $v < 0.1c$ 之下就夠好用了，但對於更高速度之問題，我們必須使用狹義相對論。如圖 37-6 所示，當 β 接近於 1 時，γ 之值增加地非常快速。所以山姆和莎莉之間的相對速度愈小，則山姆所測得的時間間隔就會愈大，直到速率大到使間隔長到「永久」。

你也許不明白莎莉爲何會說山姆所測量的時距大於她所測量到的。山姆的測量沒有帶給莎莉任何驚訝，因爲對於莎莉而言，不管山姆是如何堅持他的同步化時鐘 C_1 和 C_2，其結果是失敗的。在相對運動的觀察者一般無法認同同時性。在此山姆堅稱他的兩個時鐘同時讀到事件 1 所發生的時間。然而對於莎莉而言，山姆的第二個時鐘放置地點有誤。所以當山姆在 C_2 讀取事件 2 所發生的時間時，對於莎莉而言，她認爲山姆延遲測量時間，這就是爲什麼兩事件的時間間隔對於山姆而言是較長的。

兩個時間膨脹的測試

1. **微觀的時鐘。** μ 介子是一種不穩定的次原子粒子，即當一個 μ 介子產生，它僅能短暫存在，隨即衰變成其它型式的粒子。μ 介子的生命期就是它產生(事件 1)和衰變(事件 2)之間的時間間隔。當 μ 介子靜止於實驗室且以靜止於實驗室的時鐘所測得之生命期爲 2.200 μs，此稱爲原時。因爲對於 μ 介子而言，事件 1 和事件 2 是在 μ 介子的參考座標——即附於 μ 介子本身——上之同一個位置所發生的。我們可以用 Δt_0 來表示原時間隔，此外我們可以稱此座標爲測量 μ 介子的靜止座標。

    如果 μ 介子相對於實驗室而運動，則在實驗室的時鐘上所測得的平均生命期將大於原來的生命期(平均生命期的膨脹)。爲了要說明此結果，我們假設 μ 介子以 $v = 0.9994c$ 的速率相對於實驗室而運動。從 37-8 式，$\beta = 0.9994$，在此速率下的勞倫茲因子爲

    $$\gamma = \frac{1}{\sqrt{1-\beta^2}} = \frac{1}{\sqrt{1-(0.9994)^2}} = 28.87$$

當速率參數趨近1.0(即速率趨近c)時 Lorentz因子趨近無窮大

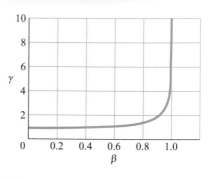

圖 37-6　勞倫茲因子 γ 對速率參數 β ($= v/c$)的函數圖。

就平均膨脹的生命期而言，由 37-9 式可得：

$$\Delta t = \gamma \Delta t_0 = (27.87)(2.200 \ \mu s) = 63.51 \ \mu s$$

真實的測量值，在實驗誤差內與此結果吻合。

2. **巨觀的時鐘**。在 1971 年 10 月，Joseph Hafele 及 Richard Keating 履行了一項相當累人的實驗。他們以民航機讓四個可攜式原子鐘每次依相反的方向環繞地球兩次。他們的目的是「以巨觀時鐘測試愛因斯坦的相對論」。正如前曾做過的，愛因斯坦的時間膨脹理論預測在微觀尺度上已被證實，但若能以真實的時鐘來證實，則是一件令人興奮愉快的事。如此巨觀的測量能夠被進行，主要是因為近代高精確度的原子鐘。Hafele 與 Keating 在 10% 的誤差範圍內驗證了此一預言(愛因斯坦的廣義相論預測了時鐘讀數將受重力的影響，其在本實驗中亦佔有一席之地)。

　　數年後，馬里蘭大學以更高的精確度進行了一個類似的實驗。他們在 15 小時內使一個原子鐘在 Chesapeake 灣的上空迴繞，成功地檢驗出時間膨脹誤差小於 1%。今日，當原子鐘為了校正或其他目的而從一地運送至另一地時，其中因運動而造成的時間膨脹效應一定要計算在內。

 測試站 1

站在鐵軌旁，我們突然被通過我們(相對)的車廂而嚇到，如圖所示。在車廂內，一個流動勞工從車廂的前方往後方發出一個雷射脈衝。(a)我們所得的脈衝速率是大於，小於或等於流動勞工所測得到的速率？(b)他所測量的脈衝飛行時間是否為原時？(c)他所測量的飛行時間和我們所測量的時間之間的關係是否和 37-9 式一致？

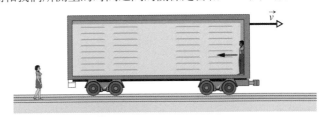

範例 37.01　一名返回地球的太空遊客所體驗的時間膨脹

你的太空船以 $0.9990c$ 的速率離開地球。在行進 10.0 年之後(你的時間)，你停在工作站 LP13，然後以相同的速率返回地球。此航行花另外 10.0 年(你的時間)。則在地球上所測得的時間為何？(忽略由於停止和轉彎時所造成的任何影響)。

關鍵概念

我們先只分析去程：

1. 本例題只和從二個慣性座標系所作的量測有關，其中一個在地球上，另一個則伴隨你的旅程之慣性座標系。

2. 去程只包含二個事件：在地球上的旅程出發點及位於 LP13 的旅程終點。

3. 在你的去程中所量測到的 10.0 年是這兩個事件的原時 Δt_0，因為這二事件對於你的參考座標系（即太空船）是在同一個一點上發生的。

4. 在地球上的座標系所量到去程的時距 Δt 應該較 Δt_0 長，由 37-9 式時間膨脹滿足 $\Delta t = \gamma \Delta t_0$。

計算 用 37-8 式代入 37-9 式中的 γ 得

$$\Delta t = \frac{\Delta t_0}{\sqrt{1-(v/c)^2}}$$

$$= \frac{10.0\text{年}}{\sqrt{1-(0.9990c/c)^2}} = (22.37)(10.0\text{年}) = 224\text{年}$$

範例 **37.02**　相對粒子之時間膨脹和旅行距離

稱為正 K 介子（K^+）的基本粒子是不穩定的，在於它可以衰變為其他粒子（轉換）。雖然衰變是隨機發生，但我們發現，平均而言，基本粒子之正 K 介子（K^+）在靜止時其平均壽命為 0.1237 μs——即此生命期是在靜止於 K^+ 之座標上所測得的。如果 K^+ 介子是以 0.990c 的速率相對於實驗室的參考座標而產生，則在生命期期間，根據古典物理（它對於速度比 c 少很多的情況下是合理的近似）及根據相對論（它對任何速度均適用），此介子將在實驗室座標行進了多遠？

關鍵概念

1. 本例題牽涉到兩個（慣性）座標系下作的量測，其中之一為伴隨著 K 介子的座標系；另一個則是實驗室座標系。

2. 這個問題也牽涉到兩個事件：K 介子開始運動（當它被製造出來後）及其旅程的結束（其生命期的終點）。

3. 在這兩個事件中 K 介子所經歷的距離和其速率 v 及這旅程之時距有下列關係：

$$v = \frac{\text{距離}}{\text{時距}} \tag{37-10}$$

有了這些想法之後，讓我們先用古典物理然後再用相對論解此距離。

在返程中我們有相同的情況和資料。所以此航行花你 20 年的時間，但在地球上的時間為

$$\Delta t_{total} = (2)(224\text{年}) = 448\text{年} \tag{答}$$

換句話說，當地球上的人老了 448 歲時，你才老了 20 歲。雖然你無法旅行到過去（就我們所知），但你可以旅行到未來，即使用相對的高速率來調整時間流逝的速率。

古典物理　在古典物理中不管我們是在 K 介子或是實驗室的座標系會發現量測到的距離及時距都是相同的（於 37-10 式）。因此，我們不需在意是從那一個座標系作量測。欲由古典物理求 K 介子所歷經的距離 d_{cp}，我們先改寫 37-10 式

$$d_{cp} = v\Delta t \tag{37-11}$$

其中 Δt 為在二個座標系中此二事件的時距。然後在 37-11 式中的 v 以 0.990c 代入及將 Δt 以 0.1237 μs 代入得：

$$d_{cp} = (0.990\ c)\Delta t$$

$$= (0.990)(299\ 792\ 458\text{ m/s})(0.1237 \times 10^{-6}\text{ s})$$

$$= 36.7\text{ m} \tag{答}$$

這就是若古典物理在速率接近 c 時仍然是正確時所求出來 K 介子將走的距離。

相對論　在相對論下我們必須非常小心，在 37-10 式中的距離及時距必須是在相同的座標系中所量得——尤其是當速度接近 c 的時候，如此處情形。因此，要求在實驗室座標系所量得的 K 介子所走的距離 d_{sr}，我們改寫 37-10 式成

$$d_{sr} = v\ \Delta t \tag{37-12}$$

其中 Δt 是在實驗室座標所量得此二事件之時距。

在計算 37-12 式中的 d_{sr} 之前，我們必須求 Δt。$0.1237\,\mu s$ 的時距是原時，因為這二個事件是發生在 K 介子座標系的同一地點——即在 K 介子自己身上。以 Δt_0 代表此原時。然後用 37-9 式($\Delta t = \gamma\Delta t_0$)時間膨脹公式求出由實驗室座標系所量得的時距 Δt。用 37-8 式代入 37-9 式中的 r 可得

$$\Delta t = \frac{\Delta t_0}{\sqrt{1-(v/c)^2}} = \frac{0.1237\times10^{-6}\,\text{s}}{\sqrt{1-(0.990c/c)^2}} = 8.769\times10^{-7}\,\text{s}$$

這約比 K 介子的原時生命期長約 7 倍。即在實驗室座標系 K 介子的生命期較其自己座標系中約長 7 倍——亦即 K 介子的生命期變長了。現在我們可以計算 37-12 式實驗室座標下的行進距離

$$\begin{aligned}
d_{sr} &= v\,\Delta t = (0.990\,c)\Delta t \\
&= (0.990)(299\,792\,458\ \text{m/s})(8.769\times10^{-7}\ \text{s}) \\
&= 260\ \text{m} \qquad\qquad\qquad\text{(答)}
\end{aligned}$$

這約 d_{cp} 的 7 倍。本例題所描述用來驗證相對論的實驗，成為物理實驗室的例行性工作已約數十年了。任何用到高速度粒子的科學或醫療設施在做工程設計或建造時必須將相對論列入考慮。

WILEY PLUS Additional example, video, and practice available at *WileyPLUS*

37-2 長度的相對性

學習目標

在閱讀完這個區塊的文字之後，讀者應該能夠...

37.11 了解因為時空間隔是彼此糾纏的，作相對運動的兩個座標系中的物體長度測量結果可能會不一樣。

37.12 了解測得的長度是原長的條件。

37.13 了解若在一座標系中測得一長度為原長，則在平行於該長度作相對運動的另一座標系中所測得的長度會較小(收縮)。

37.14 應用收縮長度 L、原長 L_0 及兩座標的相對速率 v 三者之間的關係式。

關鍵概念

● 在一慣性參考座標系中的觀察者測量一靜止物體所得的長度 L_0 稱為物體的原長。相對於該座標系且平行於該長度作運動之觀察者所測得之長度恆較短，此效應稱為長度收縮。

● 若座標系間的相對速率為 v，則收縮長度 L 及原長 L_0 的關係為

$$L = L_0\sqrt{1-\beta^2} = \frac{L_0}{\gamma}$$

其中 $\beta = v/c$ 是速率參數，$\gamma = 1/\sqrt{1-\beta^2}$ 是勞倫茲因子。

長度的相對性

若你想要測量一根相對於你是靜止的棒子的長度，則你可以很悠閒地記下棒子兩端在長尺上的讀數，然後將兩讀數相減便得出棒長。若這棒子正在運動，則你必須同時地記下棒子兩端的位置(在你的參考座標

內)，否則，你所測量的不能被稱爲一個長度。在圖 37-7 中暗示著，嘗試藉由不同時間的前後位置來測量運動企鵝的長度是困難的。因爲同時性是一種相對的觀念，而它又影響長度的測量，所以應可期待長度也是一個相對量，是沒錯的。

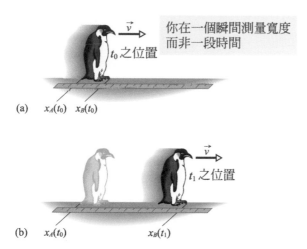

你在一個瞬間測量寬度而非一段時間

圖 37-7　如果你要測量一隻正在移動的企鵝之前後長度，你必須同一時間標定企鵝的前後位置(在你的座標系)，如圖(a)，而非不同的時間，如圖(b)。

令棒子的長度 L_0 在你的參考座標內是靜止的(即你和棒子是在相同的座標)。若這棒子以速率 v 通過你，則你將測量到的長度爲

$$L = L_0\sqrt{1 - \beta^2} = \frac{L_0}{\gamma} \quad (長度收縮) \tag{37-13}$$

如果有相對運動的話，因爲勞倫茲因子 γ 恆大於 1，故 L 小於 L_0。相對運動產生長度的收縮，L 稱爲收縮長度。速率 v 越大會造成收縮越多。

　在相對於物體爲靜止的慣性參考座標系內所測量出來的物體長度 L_0，稱爲**原長**或**靜止長度**。所有其他慣性參考座標系的觀察者對此物體長度的測量值皆較其爲小。

小心！長度的收縮只發生在沿著相對運動的方向上。同樣地，所測量的長度不必是一個如棒或圓的物體。可以是在相同靜止座標上的兩物體之間的長度或距離——例如太陽和鄰近的星球(至少它們彼此之間的關係是近似靜止的)。

運動中的物體真的會縮小了嗎？事實是由觀察和測量得到的，如果結果總是一致且找不到錯誤，則觀察和測量到的就是真實的。在這個觀念上，物體真的縮小了。然而更正確的說法是物體是真正被測量出縮小——運動狀態影響了測量，因此也影響了真實。

當你測量棒的收縮長度時,若有一個觀察者是和棒一起移動,他會認為你的測量為何?對於那位觀察者而言,你無法同時位於棒的兩端(一個觀察者和所要測量之物有相對運動的話,則他不會同意同時性)。對於觀察者而言,你首先位於棒的前端不久之後位於末端,這就是為什麼你所測的長度比原長短。

37-13 式的證明

長度收縮是時間膨脹的一個直接結果。再一次考慮觀察者莎莉及山姆。莎莉正坐在穿越車站的列車上,而山姆則在車站月台上,他們兩人想要測量月台長度。山姆使用捲尺量得長度為 L_0,因月台相對他是靜止,所以,山姆量得之長度為原長。山姆也注意到列車上的莎莉在 $\Delta t = L_0/v$ 的時間內通過這段長度,其中 v 表列車速率,即:

$$L_0 = v\,\Delta t \quad \text{(山姆)} \tag{37-14}$$

這時段 Δt 不是原時段,因為定義它的兩事件(列車上的莎莉穿越月台前後)發生在不同地方,而山姆須使用兩個同步時鐘來測量此一時段 Δt。

然而,對莎莉而言,月台正在運動。她看見它接近然後又後退(以速率 v),並且發現山姆所量測的兩事件在她參考系內是同一地點發生。她可用單一時鐘來計時,故她所測量的時距是原時距。月台的長度對她而言如下所示:

$$L = v\,\Delta t_0 \quad \text{(莎莉)} \tag{37-15}$$

若用 37-14 式除以 37-15 式,並且利用 37-9 式的時間膨脹方程式,可得:

$$\frac{L}{L_0} = \frac{v\Delta t_0}{v\Delta t} = \frac{1}{\gamma}$$

或 $$L = \frac{L_0}{\gamma} \tag{37-16}$$

此正如 37-13 式的長度收縮方程式。

範例 37.03 從每個座標所見的時間膨脹和長度收縮

圖 37-8 所示為莎莉(在 A 點)和山姆的太空船(原長為 $L_0 = 230$ m),山姆的太空船通過莎莉時的相對速率為 v。莎莉測量船經過她的時間為 3.57 μs (從通過圖 37-8a 的 B 點到通過圖 37-8b 的 C 點)。則莎莉和太空船的相對速率是多少?

關鍵概念

讓我們假設速率接近 c。即

1. 本例題只和從二個慣性座標系所作的量測有關,其中一個在地球上,另一個則伴隨你的旅程之慣性座標系。

2. 本題也牽涉到兩個事件:第一件是 B 點經過 Sally(圖 37-8a),第二件是 C 點經過 Sally (圖 37-8b)。

3. 從任何一個座標系來看,另一個座標系均以速率 v 經過,且在這二事件的時間間隔內行進了一定的距離:

$$v = \frac{距離}{時距} \tag{37-17}$$

因為速率 v 假設接近光速,我們要小心 37-17 式中的距離和時距是從相同的座標系所量得。否則,速率沒有意義。

計算 我們要選擇用哪一個座標系的量測均可。因爲我們知道從莎莉的座標系所量得此二事件之時間間隔 Δt 是 μs，讓我們也用從此座標系所量得此二事件之距離 L。所以 37-17 式變成

$$v = \frac{L}{\Delta t} \qquad (37\text{-}18)$$

我們雖不知道 L 但是可知它和已知的 L_0 之關係。在山姆的座標系所量得二事件的距離是太空船的原長 L_0。因此，從莎莉的座標系所量得的長度 L 可由 37-13 式長度收縮公式得知必小於 L_0。將 37-18 式中的 L 以 L_0/γ 代之並且用 37-8 式將 r 代入，可得：

$$v = \frac{L_0/\gamma}{\Delta t} = \frac{L_0 \sqrt{1-(v/c)^2}}{\Delta t}$$

解出 v 可得

$$v = \frac{L_0 c}{\sqrt{(c\Delta t)^2 + L_0^2}}$$

$$= \frac{(230\,\text{m})c}{\sqrt{(299\,792\,458\,\text{m/s})^2 (3.57\times10^{-6}\,\text{s})^2 + (230\,\text{m})^2}}$$

$$= 0.210c \qquad (\text{答})$$

所以莎莉和太空船的相對速率是光速的 21%。注意，在此只有莎莉和山姆的相對運動會影響結果，至於何者相對於(例如)太空站爲靜止，則與結果無關。在圖 37-8a 和 b 中，我們讓莎莉靜止，但我們也可以令太空船靜止而莎莉飛過它。當莎莉和 B 點對齊的時候，事件 1 再次發生(圖 37-8c)，當莎莉和 C 點對齊的時候，事件 2 再次發生(圖 37-8d)。然而，我們現在使用山姆的測量值。因此，這兩個事件之間的長度在他的座標是船舶的適當長度 L_0，而它們之間的時距不是莎莉的所測量的 Δt，而是膨脹的時間間隔 $\gamma\Delta t$。

將山姆的測量值代入 37-17 式，我們有

$$v = \frac{L_0}{\gamma\Delta t}$$

這正是我們使用莎莉的測量值所計算出的。因此，以任一組測量值我們都得到 $v = 0.210c$ 的相同結果，但必須小心不要混用來自兩個不同座標的測量值。

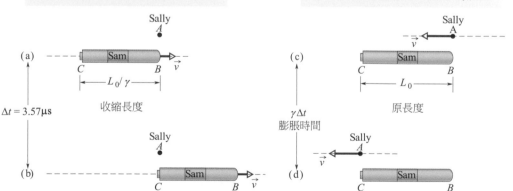

這些是Sally在其參考座標下的測量　　這些是Sam在其參考座標下的測量

(a) L_0/γ　收縮長度
$\Delta t = 3.57$μs
(b)

(c) L_0　原長度
$\gamma\Delta t$ 膨脹時間
(d)

圖 37-8　(a)-(b)當 B 通過莎莉(A 點)時事件 1 發生，C 點通過她時事件 2 發生。(c)-(d)事件 1 發生於莎莉通過 B 點時，事件 2 發生於她通過 C 點時。

範例 37.04 於逃脫超新星的時間膨脹和長度收縮

我們對於接近超新星感到驚恐,所以坐在太空船中以全速駛離爆炸的影響,希望能從以高速向我們噴射而來的物質中逃脫出來。我們相對於本地星球慣性座標系的勞倫茲因子 γ 是 22.4。

(a) 為了抵達安全的距離,我們估計自己需要行駛過的路程,以本地星球座標系來量測是 9.00×10^{16} m。試問以該座標係來量測,飛行過程需要花費多少時間?

關鍵概念

從第 2 章,對於固定的速度,我們知道

$$\text{速度} = \frac{\text{距離}}{\text{時距}} \tag{37-19}$$

由圖 37-6 我們知道,因為我們相對於本地星球的勞倫茲因子 γ 是 22.4 (頗大),所以我們的相對速度 v 幾乎是 c,而且接近到我們可以近似地將它視為 c。當速度 $v \approx c$ 的時候我們必須注意,在 37-19 式中的距離和時間間隔是在相同的參考座標系中進行量測。

計算 我們所得知的行進路徑距離(9.00×10^{16} m)是在本地星球參考座標系上所量測,而所需時間間隔 Δt 也是在該相同座標系上進行量測。因此我們可以寫出下列數學式

$$(\text{相對於星球的時距}) = \frac{\text{相對星球的距離}}{c}$$

然後代入已知的距離,我們求得

$$(\text{相對於星球的時距}) = \frac{9.00 \times 10^{16}\,\text{m}}{299\,792\,458\,\text{m/s}}$$

$$= 3.00 \times 10^8\,\text{s} = 9.51\,\text{年} \tag{答}$$

(b) 根據我們的量測(在我們的參考座標系),這趟行程需要花費多少時間?

關鍵概念

1. 現在我們需要在不同參考座標系中量測時距。因此我們需要將本地星球參考座標系中的已知數據,轉換成我們座標系的數據。

2. 因為行進路徑兩端在本地星球座標系中是靜止的,所以在該座標系中測得的長度 9.00×10^{16} m 是原長 L_0。當我們從自己的座標系中觀察,星球的參考座標系以及路徑的那兩個端點,會以 $v \approx c$ 的相對速度快速經過我們身邊。

3. 量測的是路徑的收縮長度 L_0/γ,而不是原長 L_0。

計算 我們可以將 37-19 式重新寫成

$$(\text{相對於你的時距}) = \frac{\text{相對於你的距離}}{c} = \frac{L_0/\gamma}{c}$$

代入已知數據,我們得到

$$(\text{相對於你的時距}) = \frac{(9.00 \times 10^{16}\,\text{m})/22.4}{299792458\,\text{m/s}}$$

$$= 1.340 \times 10^7\,\text{s} = 0.425\,\text{年} \tag{答}$$

在(a)小題中,我們發現在星球參考座標系中的飛行時間是 9.51 年。然而這裡我們發現,由於相對運動和所產生路徑長度收縮的影響,在我們的座標系中飛行過程只花費 0.425 y。

37-3 勞倫茲轉換

學習目標

在閱讀完這個區塊的文字之後,讀者應該能夠...

37.15 對於作相對運動的座標系,應用伽利略轉換將一事件的位置從一座標系轉換至另一座標系。

37.16 了解伽利略轉換是在相對速率較慢時為近似正確,但勞倫茲轉換是對於任何物理可能的速率都正確的轉換。

37.17 對相對速率 v 之兩座標系所測得的兩事件之時空間隔,應用勞倫茲轉換。

37.18 從勞倫茲轉換導出時間膨脹及長度收縮的公式。

37.19 從勞倫茲轉換證明,若在一座標系中兩事件是同時但有空間間隔,則在另一有相對運動之座標系中這兩個事件就不可能同時。

關鍵概念

● 兩個慣性座標 S 及 S' (S' 沿著正 x 及 x' 方向以速度 v 相對於 S 運動)中的觀察者各對同一事件所測得的時空座標,可透過勞倫茲轉換方程式建立起關係式。四個時空座標的關係式為

$$x' = \gamma(x - vt)$$

$$y' = y$$

$$z' = z$$

$$t' = \gamma(t - vx/c^2) \quad \text{(勞倫茲轉換方程式)}$$

勞倫茲轉換

如圖 37-9 所示,慣性參考座標 S' 以相對於參考座標 S 的速率 v,沿著他們共同水平軸(標示為 x 與 x')的正方向移動。在 S 上的觀察者對一事件賦予時空座標 $x、y、z、t$,而在 S' 的觀察者則對同一事件賦予 $x'、y'、z'、t'$。此兩組座標之間的關係為何?

我們可立刻宣稱(雖然它需證明) y 與 z 座標係垂直於運動方向,它們不受運動影響,即 $y = y'$, $z = z'$。則我們僅需找出 x 與 x' 以及 t 與 t' 之間的關係即可。

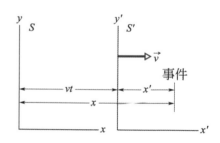

圖 37-9 兩慣性參考座標: S' 座標以速度 $\vec{v}$ 遠離 S 座標。

伽利略轉換方程式

在愛因斯坦發表狹義相對論以前,我們所尋找到的四個座標關係稱為伽利略轉換方程式:

$$\begin{aligned} x' &= x - vt \\ t' &= t \end{aligned} \quad \text{(伽利略轉換方程式:低速近似有效)} \qquad (37\text{-}20)$$

(這些方程式是建立在當 S 與 S' 的原點重合時, $t = t' = 0$ 的假設之下)。你可以利用圖 37-9 驗證第一個方程式。第二個方程式相當於宣稱:於兩參考座標中的觀察者而言,時間流失的速率是相同的。由於在愛因斯坦之前的科學家將之視為理所當然,以致於連提都不提到。當速率 v 相對於 c 很小時,式 37-20 通常是適用的。

勞倫茲轉換方程式

　　公式 37-20 在速率 v 較低的時候(跟 c 比)應用得很好,但實際上這些公式對任何速率都不正確,而且在比約 $0.10c$ 高的時候就錯得很嚴重。對任何物理可能的速率都正確的方程式稱爲**勞倫茲轉換方程式**[*](或就稱勞倫茲轉換)。

我們可以從相對論的假設推導出勞倫茲轉換,但在這裡我們改成先對其作檢驗,然後確認其正確性,方法是證明勞倫茲轉換與同時性、時間膨脹及長度收縮等結果一致。假設圖 37-9 中(事件 1),S 及 S' 的原點重合時 $t = t' = 0$,則任何其他事件的時空座標爲

$$x' = \gamma(x - vt)$$
$$y' = y \qquad \text{(勞倫茲轉換方程式:}$$
$$z' = z \qquad\quad \text{所有物理可能速率均有效)} \qquad (37\text{-}21)$$
$$t' = \gamma(t - vx/c^2)$$

注意到,空間座標值 x 及時間座標值 t 在第一個及最後一個式子中是連結在一起的。時空糾纏是愛因斯坦理論所傳達的一個重要訊息,而這是他很多同時代的人們長久以來都拒絕接受的。

　　若令 c 趨近於無限大,則 37-21 式應簡化成熟悉的古典方程式,這是相對論方程式的一般要求。畢竟,若光速爲無窮大,則所有有限的速率都將變得很小,故古典方程式將永遠適用。若令 37-21 式中的 $c \to \infty$,$\gamma \to 1$,則這些方程式,如我們所預期的簡化成伽利略方程式 37-20 式。請自行驗證看看。

　　37-21 式被寫成的形式,適用在知道 x 及 t,而希望求得 x' 及 t' 的狀況。然而,我們卻希望反其道而行。在這情況下我們由 37-21 式簡單解出 x 與 t,得到下式:

$$x = \gamma(x' + vt') \quad \text{及} \quad t = \gamma(t' + vx'/c^2) \qquad (37\text{-}22)$$

比較之下顯示,不論從 37-21 式或 37-22 式著手,皆能互換 x 與 x',t 與 t',並能改變相對論速度 v 的符號,使任一組方程式可得到另一組方程式(例如,如果 S' 座標相對於 S 座標的一名觀察員有正的速度如圖 37-9,那麼 S 座標相對於一名在 S' 座標的觀察員有負的速度)。

　　公式 37-21 描述了當第一個事件是 $t = t' = 0$ 時 S 及 S' 的原點彼此重合通過的情況下,第二個事件的座標表示方式。但一般而言,我們並不

---

[*]　你可能會感覺奇怪爲什麼不叫這些方程式爲愛因斯坦轉換方程式(及爲何 γ 不稱爲愛因斯坦因子)。偉大的荷蘭物理學家勞倫茲(H. A. Lorentz)早在愛因斯坦之前即實際地推導出這些方程式,但因爲他慷慨讓步,沒有進一步地去大膽解說這些方程式所描述的時空特性。這種解說便是相對論的核心所在。

想限制第一個事件只是原點重合通過的情形。所以我們要重寫勞倫茲轉換，用任何一對事件(事件 1 及事件 2)的時間間隔來表示。

$$\Delta x' = x_2 - x_1 \quad 與 \quad \Delta t = t_2 - t_1$$

如同由位於 S 的觀察員所測量，且

$$\Delta x' = x_2' - x_1' \quad 與 \quad \Delta t' = t_2' - t_1'$$

如同由位於 S' 的觀察員所測量。

　　表 37-2 列出了差值形式的勞倫茲方程式，適用於成對事件的分析。僅需將 37-21 式及 37-22 式中的四個變數代入差值(如 Δx 與 $\Delta x'$)，即可推導出表中的方程式。

表 37-2　對於成對事件的勞倫茲轉換方程式

1. $\Delta x = \gamma(\Delta x' + v\Delta t')$	1. $\Delta x' = \gamma(\Delta x - v\Delta t)$
2. $\Delta t = \gamma(\Delta t' + v\Delta x'/c^2)$	2. $\Delta t' = \gamma(\Delta t - v\Delta x/c^2)$

$$\gamma = \frac{1}{\sqrt{1-(v/c)^2}} = \frac{1}{\sqrt{1-\beta^2}}$$

座標系 S' 以速度 v 相對於 S 移動

　　小心！當你把這些差距值代入時，你必須保持一致且不要混淆第一事件和第二事件的值，若為負值，你一定要加上負號。同時，如果說 Δx，是一負的量，你一定要將負號包括在內。

測試站 2

　　在圖 37-9 中，座標系 S' 相對於座標系 S 的速度是 $0.90c$。在座標系 S' 的觀察者量測兩個事件，所得到的是下列時空座標值：黃色事件位於(5.0 m, 20 ns)，綠色事件是位於(–2.0 m, 45 ns)。在座標系 S 的觀察者想要求出兩個事件之間時間間隔 $\Delta t_{GY} = t_G - t_Y$。(a)試問應該使用表 37-2 中的哪一個方程式？在方程式右側和勞倫茲因數中的小括弧內，應該將 v 替換成或+0.90c 或 0.90c？在這些小括弧中，(c)第一項應該代入什麼數值，(d)第二項應該代入什麼數值？

勞倫茲轉換的一些結果

　　這裡我們使用表 37-2 的轉換方程式來肯定我們過去直接基於假說所得的一些論證結果。

同時性

　　考慮表 37-2 的式 2

$$\Delta t = \gamma(\Delta t' + \frac{v\Delta x'}{c^2}) \tag{37-23}$$

若兩事件發生在圖 37-9 中 S' 的不同處,則這方程式中的 $\Delta x'$ 將不為零。而由這式子可知,縱使這兩事件在 S' 中是同時發生(故 $\Delta t' = 0$),但在 S 中卻不一定是同時發生(這與我們在第 37-4 節的結論是一致的)。因此,在 S 中的時段將為:

$$\Delta t = \gamma \frac{v \Delta x'}{c^2} \quad \text{(在 } S' \text{ 中為同時性)}$$

因此,空間的隔離 $\Delta x'$ 保證了一時間的隔離 Δt。

時間膨脹

現在假設在 S' 中,兩事件發生在 S' 中同一處(故 $\Delta x' = 0$)但卻在不同時刻($\Delta t' \neq 0$)。則 37-23 式變成如下:

$$\Delta t = \gamma \Delta t' \quad \text{(在 } S' \text{ 中,發生在相同地點的兩事件)} \tag{37-24}$$

這式子證實了 S 及 S' 間的時間膨脹。因為 S' 在中,兩事件發生在相同地點,介於這兩事件之間的時段可藉由同一地點之單一時鐘量得。在這些條件下,所測量的時段為原時段,我們以 Δt_0 表之。於是,37-24 式變成:

$$\Delta t = \gamma \Delta t_0 \quad \text{(時間膨脹)}$$

此式正如 37-9 式的時間膨脹方程式。因此,時間膨脹是更一般之勞倫茲方程式的特殊情況。

長度收縮

考慮表 37-2 中的(1')式:

$$\Delta x' = \gamma(\Delta x - v\Delta t) \tag{37-25}$$

若一個棒子平行於圖 37-9 的 x' 軸且靜止於參考座標系 S' 中,則在 S' 中的觀察者可輕而易舉地測量出棒長。以棒子兩端座標相減而得的 $\Delta x'$ 即為原長 L_0。所得到的 $\Delta x'$ 值會是桿的適當長度 L_0,因為這測量值是在一個桿為靜止之座標內所做的。

假設棒子在 S 中移動。這意味只有棒子兩端點之座標同時(即假如 $\Delta t = 0$)被測量,則 Δx 才可稱為 S 中的棒長 L。在 37-25 式中,若我們設 $\Delta x' = L_0$, $\Delta x = L$ 及 $\Delta t = 0$,則可得:

$$L = \frac{L_0}{\gamma} \quad \text{(長度收縮)} \tag{37-26}$$

此正如 37-13 式的長度收縮方程式。因此,長度收縮是更一般的勞倫茲方程式的特殊情況。

範例 37.05 勞倫茲轉換與反轉的事件序列

地球上派出太空船去查看位於行星 P1407 的地球前哨基地,在此行星的衛星上,居住一群和地球敵對的爬蟲類。當太空船沿著直線路徑首先通過行星再通過衛星,它偵測到位於衛星上的爬蟲類發出高能量的微波爆震,而在 1.10 秒後,在地球的前哨基地上產生爆炸,在太空的參考座標上測得行星與衛星(爬蟲類的住所)的距離為 4.00×10^8 m。很顯然地爬蟲類在攻擊地球的前進基地,所以太空船準備和它們對抗。

(a)太空船相對於行星和它的衛星之速率為 0.980c。在行星-衛星的慣性座標上(亦即依據靜止狀態的居住者),所測得的發出爆震和產生爆炸的距離及時間間隔為何?

關鍵概念

1. 本例題牽涉到從二個座標系所做的量測,分別是行星-衛星座標系及太空船座標系。
2. 我們有兩個選擇:微波爆震及爆炸。
3. 我們需要轉換太空船座標所得到的數據到月亮星球座標下測量到的相應數據。

太空船座標系 在得到轉換式之前我們要小心選擇所使用的符號。我們先將情況畫成如圖 37-10 所示。圖中我們太空船座標系 S 是靜止的而行星-衛星座標系 S' 是以正速度(向右)前進(這是任意的選擇,我們也可以選擇行星-衛星座標系是靜止的。然後我們可將圖 37-10 之 $\vec{v}$ 重畫成是 S 座標系的移動速度並且是向左運動,因此 v 將是負值。結果將會相同)。令下標 e 和 b 分別表示爆炸和爆震。然後由題目所給的資料得

$$\Delta x = x_e - x_b = +4.00 \times 10^8 \text{ m}$$

以及 $\quad \Delta t = t_e - t_b = +1.10 \text{ s}$

其中,Δx 為正數,因為在圖 37-10 中,爆炸座標上的 x_e 大於爆震的座標 x_b,而 Δt 亦為正數,因為爆炸的時間 t_e 是大於(慢)爆震的時間 t_b。

相對運動會改變事件間的時間間距,甚至事件順序

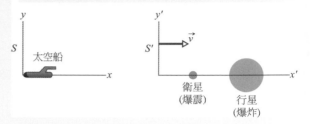

圖 37-10 一個行星和它的衛星在 S' 的參考座標上,以相對於太空船(在座標 S)的速度為 v 而移動者。

行星-衛星座標系 我們要找出 $\Delta x'$ 和 $\Delta t'$,我們應該把 S 座標所提供的資料轉換成 S' 座標。因為我們考慮二個事件,我們選擇表 37-2 的轉換式 1′ 和 2′:

$$\Delta x' = \gamma(\Delta x - v\Delta t) \tag{37-27}$$

及 $\quad \Delta t' = \gamma\left(\Delta t - \dfrac{v\Delta x}{c^2}\right) \tag{37-28}$

其中 $v = +0.980c$,而且勞倫茲因子為

$$\gamma = \frac{1}{\sqrt{1-(v/c)^2}} = \frac{1}{\sqrt{1-(+0.980c/c)^2}} = 5.0252$$

所以 37-27 式變成

$$\Delta x' = (5.0252)[4.00\times10^8\text{ m} - (+0.980c)(1.10s)]$$
$$= 3.86\times10^8\text{ m} \tag{答}$$

而 37-28 式變成

$$\Delta t' = (5.0252)\left[(1.10s) - \frac{(+0.980c)(4.00\times10^8\text{ m})}{c^2}\right]$$
$$= -1.04s \tag{答}$$

(b)所測得的 $\Delta t'$ 是負號有什麼意義?

推理 我們的想法必須和我們在(a)所建立的表示法一致。回憶原先所定義爆震和爆炸間的時間間隔:$\Delta t = t_e - t_b = +1.10$ s。為了使選擇的表示法一致,我們定義 $\Delta t' = t'_e - t'_b$,所以我們可得

$$\Delta t' = t'_e - t'_b = -1.04 \text{ s}$$

這個結果告訴我們 $t'_b > t'_e$,即當在行星-衛星的參考座標上是爆震在爆炸後 1.04 s 才發生,而不是太空船座標所測得的爆震發生後 1.10 s 爆炸才發生。

(c)是爆震造成爆炸還是爆炸造成爆震?

關鍵概念

此測得的結果在行星-衛星座標和太空船座標是剛好相反的。無論是兩種狀況中的哪一種,訊息都會從一個事件的地點行進到另一事件的地點,而使後者發生。

檢查速率 讓我們來查看此訊息所必須的速率。在太空船座標上其速率為

$$v_{info} = \frac{\Delta x}{\Delta t} = \frac{4.00 \times 10^8 \, \text{m}}{1.10 \, \text{s}} = 3.64 \times 10^8 \, \text{m/s}$$

但這個速率是不可能的,因為它超過光速 c。在行星-衛星的座標,此速度為 3.70×10^8 m/s,即結果亦不可能。所以任何一事件不可能造成另一事件,它們是獨立的事件。所以太空船不應該和爬蟲類對抗。

WILEY PLUS Additional example, video, and practice available at *WileyPLUS*

37-4 速度的相對性

學習目標

在閱讀完這個區塊的文字之後,讀者應該能夠...

37.20 用圖解釋如何測量一質點相對於兩個彼此作相對運動的座標系的速度。

37.21 應用作相對運動的兩個座標系間的相對論速度轉換關係式。

關鍵概念

● 當一質點在一慣性座標系 S' 中沿著正 x' 方向以速率 u' 運動時,且該座標系本身以平行於第二個慣性座標系 S 的 x 方向之速率 v 運動,則質點在 S 中所測得的速率 u 為

$$u = \frac{u' + v}{1 + u'v/c^2} \quad \text{(相對論速度定律)}$$

速度的相對性

在不同參考座標系 S 與 S' 中的兩觀察者,對相同運動粒子所測量出來的速度,本節希望以勞倫茲方程式來比較他們之間的差異。我們再度假設 S' 以速度 v 相對於 S 而運動。

假設粒子等速平行沿 x 及 x' 軸運動,如圖 37-11,並在運動中發出兩訊號。每個觀察者可量得這兩事件間的空間距離及時間間隔。有關這四個測量值可用表 37-2 中的轉換式 1 及 2 來描述:

$$\Delta x = \gamma(\Delta x' + v\Delta t')$$

及

$$\Delta t = \gamma(\Delta t' + \frac{v\Delta x'}{c^2})$$

若將第一式除以第二式,則可得:

$$\frac{\Delta x}{\Delta t} = \frac{\Delta x' + v\Delta t'}{\Delta t' + v\Delta x'/c^2}$$

運動粒子之速率取決於座標系

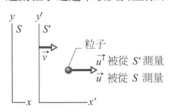

圖 **37-11** 座標 S' 以速度 $\vec{v}$ 相對於座標 S 移動。一個粒子相對於參考座標 S' 的速度為 $\vec{u}'$ 以及相對於參考座標 S 的速度 $\vec{u}$。

再將右邊的分子，分母同時除以 $\Delta t'$，則：

$$\frac{\Delta x}{\Delta t} = \frac{\Delta x'/\Delta t' + v}{1 + v(\Delta x'/\Delta t')/c^2}$$

但在微分極限下，$\Delta x/\Delta t$ 即爲 S 中所測量的粒子速度 u，而 $\Delta x'/\Delta t'$ 則爲 S' 中所測量的速度 u'。因此，最後可得：

$$u = \frac{u' + v}{1 + u'v/c^2} \quad \text{(相對論速度定律)} \tag{37-29}$$

此即相對論速度轉換定律。當採用 $c \to \infty$ 的一般測試時，37-29 式變爲古典的，或伽利略的速度轉換定律。

$$u = u' + v \quad \text{(古典速率轉換)} \tag{37-30}$$

當我們套用 $c \to \infty$ 測試公式。換言之，37-29 式對所有物理上可能的速度均適用，而 37-30 式對於速度遠小於 c 近似是對的。

37-5　光的都卜勒效應

學習目標

在閱讀完這個區塊的文字之後，讀者應該能夠...

37.22 了解在隨光源(靜止座標系)運動的座標系中測得之光的頻率爲原頻。

37.23 對於光源與偵測器的間隔增減，了解測得頻率之位移是比原頻增加或減少，了解位移增加是隨相對速率之增加，且會應用藍移及紅移。

37.24 了解徑向速率。

37.25 對於光源與偵測器的間隔增減，應用原頻 f_0、測得頻率 f、及徑向速率 v 三者之間的關係式。

37.26 在頻率位移及波長位移的方程式之間作轉換。

37.27 當徑向速率遠低於光速時，應用波長位移 $\Delta\lambda$、原波長 λ_0 及徑向速率 v 之間的近似關係式。

37.28 了解光(不是聲音)，即使當光源速度垂直於光源與偵測器之連線時，仍然有頻率位移，這效應是來自時間膨脹的關係。

37.29 建立測得頻率 f、原頻 f_0 及相對速率 v 之間的關係，進而應用橫向都卜勒效應的關係式。

關鍵概念

● 當光源與光偵測器彼此作相對運動時，在光源的靜止座標系中測得的光之波長爲原波長 λ_0。偵測器所測得的波長 λ 不是較長(紅移)就是較短(藍移)，而這取決於光源與偵測器的間隔是增加中或減少中。

● 當間隔增加中時，波長之間的關係爲

$$\lambda = \lambda_0 \sqrt{\frac{1+\beta}{1-\beta}} \quad \text{(光源與偵測器遠離)}$$

其中 $\beta = v/c$ 且 v 是相對徑向速率(沿光源與偵測器的連線方向)。若間隔減少中，β 前面的正負號須顛倒過來。

● 對於速率遠低於 c 時，都卜勒波長位移 $\Delta\lambda = \lambda - \lambda_0$ 與 v 的關係可近似爲

$$v = \frac{|\Delta\lambda|}{\lambda_0} c \quad (v \ll c)$$

● 若光源的相對運動垂直於光源與偵測器的連線，測得頻率 f 與原頻 f_0 的關係爲

$$f = f_0 \sqrt{1 - \beta^2}$$

橫向都卜勒效應是來自時間膨脹。

光的都卜勒效應

在 17-7 節中，討論了聲波的都卜勒效應(偵測頻率的位移)，並發現效應取決於波源與偵測器兩者相對於空氣的速度。光波的情形就不是如此，光波不需要介質(可在真空中行進)。光的都卜勒效應只和一個速度有關，即光源和偵測器的相對速度。令 f_0 表示光的**原頻**，此即觀察者在靜止座標上所測得的頻率。令 f 為一個觀察者相對於靜止座標以 $\vec{v}$ 移動所測得的頻率。若 $\vec{v}$ 的方向是遠離光源，則

$$f = f_0 \sqrt{\frac{1-\beta}{1+\beta}} \quad \text{(光源和偵測器遠離)} \tag{37-31}$$

其中 $\beta = v/c$。

因為光的相關測量通常是作波長而不是頻率，所以我們將公式 37-31 重寫，將 f 換成 c/λ，f_0 換成 c/λ_0，其中 λ 是測得波長，而 λ_0 是原波長(對應 f_0 的波長)。兩邊消掉 c 後，可得

$$\lambda = \lambda_0 \sqrt{\frac{1+\beta}{1-\beta}} \quad \text{(光源與偵測器遠離)} \tag{37-32}$$

當 $\vec{v}$ 的方向是直朝光源時，須改變公式 37-31 及 37-32 中 β 前面的正負號。

對於間隔增加的情形，可從公式 37-32(分子一個正號，分母一個負號)看出，測得波長大於原波長。這樣的都卜勒位移稱為「紅移」，其中「紅」不是指測得波長是紅的或可見的。這術語只是用來幫助記憶，因為紅色是位於可見光譜的長波長一端。所以 λ 大於 λ_0。類似地，對於間隔減少的情形，λ 小於 λ_0，此時的都卜勒位移稱為「藍移」。

低速下的都卜勒效應

在低速的情況下($\beta \ll 1$)，37-31 式可以對 β 作級數展開，其近似值為

$$f = f_0(1 - \beta + \frac{1}{2}\beta^2) \quad \text{(光源和偵測器遠離，低速度)} \tag{37-33}$$

對於聲波(或任何波，除了光波以外)，其所對應的低速方程式，第一項和第二項相同，但第三項的係數不同。所以低速度的光源和偵測器的相對效應僅在 β^2 項顯示出來。

警方的雷達裝置是利用微波的都卜勒效應來量測一輛車的速度。一個雷達裝置沿著道路輻射出微波訊號之光源，且有一定的原頻 f_0。一輛車朝著雷達裝置處開過去，且截到微波訊號，因為都卜勒效應其頻率增高，如 37-32 式。此車反射光波而使光波返回雷達裝置。因為車是開往雷達裝置，在此裝置上的偵測器會截斷反射訊號且頻率再次增高。此裝置可以將所偵測到的頻率和比較 f_0，且計算出車的速率 v。

天文學上的都卜勒效應

在天文學對星球、銀河、及其他發光源的觀測中，我們可藉由量測抵達我們身邊的光之都卜勒位移來決定發光源之移動多快，以及它們是朝向我們或遠移我們。如果某一特定星球相對於我們是靜止的，則我們偵測到從它發出的光將是一特定原頻 f_0。不過，若此星球不管是朝向或遠離我們移動，由於都卜勒效應我們偵測到的光頻率 f 將偏離 f_0。此都卜勒位移只來自於星球的徑向運動(其運動中直接指向或遠離我們的部分)，並且從此都卜勒位移我們只能決定星球徑向速率 v ——亦即，只有星球相對於我們的徑向分量。

假設有一個星球(或任何其他光源)以徑向速度 v 離開我們，而且 v 小到(β 夠小)可以讓我們將 β^2 項從 37-32 式中予以忽略。然後我們得到

$$f = f_0(1 - \beta) \tag{37-34}$$

因爲牽涉到光的天文量測通常是以波長而非頻率來進行，所以讓我們以 c/λ 取代 f，並且以 c/λ_0 取代 f_0，其中 λ 是量測到的波長，而 λ_0 是**原波長**(proper wavelength)，原波長指的是與 f_0 相關的波長。然後我們得到

$$\frac{c}{\lambda} = \frac{c}{\lambda_0}(1 - \beta)$$

或　　　$\lambda = \lambda_0(1 - \beta)^{-1}$

因爲我們已經假設 β 很小，所以我們可以用冪次級數展開 $(1 - \beta)^{-1}$。這麼做之後，我們只保留的第一個冪次項，最後我們得到

$$\lambda = \lambda_0(1 + \beta)$$

或　　　$$\beta = \frac{\lambda - \lambda_0}{\lambda_0} \tag{37-35}$$

以 v/c 取代 β，並且以 $|\Delta\lambda|$ 取代 $\lambda - \lambda_0$，結果我們得到

$$v = \frac{|\Delta\lambda|}{\lambda_0}c \quad \text{（光源的徑向速度，} v \ll c\text{）} \tag{37-36}$$

差值 $\Delta\lambda$ 是光源的波長都卜勒移位(wavelength Doppler shift)。我們對它取絕對值，以便讓我們可以總是取得波長位移的大小。37-36 式是一個只有在 $v \ll c$ 成立的情況下才能使用的近似式。在此條件滿足的時候，不論光源是接近或離開我們，都可以運用 37-36 式。

測試站 3

這張圖展示一個光源發射出適當頻率 f_0 的光，其以從參考座標 S 測量爲 $c/4$ 的速度向右移動。這張圖也展示一個光探測器，它測量到發射光的頻率 $f > f_0$。偵測器是往右移動或往左移動。偵測器所測量到的速度是大於 $c/4$，小於 $c/4$ 或等於 $c/4$(在 S 參考座標上所測量的)？

橫向都卜勒效應

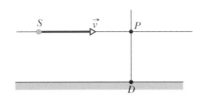

圖 37-12　一光源 S 以速度 $\vec{v}$ 前進，越過位於 D 的偵測器。根據狹義相對論，當光源穿過 P 點時，在這點將有橫向都卜勒效應；前進方向垂直 P 點延伸至 D 的連線。古典理論沒有預測到這種效果。

　　本節與第 17 章所討論的都卜勒效應都是針對光源與偵測器在一直線上彼此接近或遠離的情況。圖 37-12 展示了一種不同的安排，於此光源移動通過探測器 D。當 S 到達點 P，S 的速度垂直於 P 和 D 的連線，並在那一瞬間，S 既不朝向也不遠離 D。如果 S 是輻射出頻率爲 f_0 的聲波，D 所偵測到的頻率(沒有都卜勒效應)是來自 P 點所放射出來的聲波。然而，如果 S 是輻射出光波，此仍有都卜勒效應，稱爲**橫向都卜勒效應**。在此情況下，在 D 所測得來自 P 的光之頻率爲(橫向都卜勒效應)

$$f = f_0\sqrt{1-\beta^2} \quad \text{(橫向都卜勒效應)} \tag{37-37}$$

在低速情況下($\beta \ll 1$)，37-37 式可以對 β 作級數展開，其近似值爲

$$f = f_0(1-\frac{1}{2}\beta^2) \quad \text{(低速率)} \tag{37-38}$$

在此，第一項是我們所預期的聲波之結果，而低速的光源和偵測器的相對效應出現在 β^2 的這一項。

　　在原則上，一個警方的雷達裝置甚至可以決定車的路徑和雷達脈衝垂直時的車速。然而 37-38 式告訴我們，即使車速很快，β 值仍很小，在橫向都卜勒效應的相對論項 之值是非常地小。所以 $f \approx f_0$，雷達裝置所測得的車速爲零。

　　橫向都卜勒效應實際上是時間膨脹的另一個測試。若在 37-37 式中，藉著發射光波的振盪週期 T 替代頻率，即 $T = 1/f$，則可得：

$$T = \frac{T_0}{\sqrt{1-\beta^2}} = \gamma T_0 \tag{37-39}$$

其中 $T_0 (= 1/f_0)$ 是光源的**原週期**。當與 37-9 式相比較，顯示 37-39 式單純是時間膨脹公式。

37-6 動量與能量

學習目標

在閱讀完這個區塊的文字之後，讀者應該能夠...

37.30 了解動量及動能的古典表示式在低速時為近似正確，而相對論表示式是對任何物理可能速率都正確。

37.31 應用動量、質量及相對速率間的關係式。

37.32 了解一個物體具有來自質量的質量能量(或靜止能量)。

37.33 應用總能量、靜止能量、動能、動量、質量、速率、速率參數及勞倫茲因子間的關係式。

37.34 對於動能的古典及相對論表示式，畫出動能對比率 v/c (速率比光速)的圖形。

37.35 應用功-能定理建立起施力之作功與造成之動能變化兩者間的關係。

37.36 對於一反應，應用 Q 值與質量能變化兩者間的關係式。

37.37 對於一反應，了解 Q 值的正負號與反應將能量釋放或吸收的相關性。

關鍵概念

● 具有質量 m 的一質點其線動量 $\vec{p}$、動能 K 及總能量 E 的下列定義，在任何物理可能速率的情況下均有效：

$$\vec{p} = \gamma m \vec{v} \quad (\text{動量})$$

$$E = mc^2 + K = \gamma mc^2 \quad (\text{總能量})$$

$$K = mc^2(\gamma - 1) \quad (\text{動能})$$

其中 γ 是質點運動的勞倫茲因子，mc^2 則是此質點質量的質量能量或靜止能量。

● 上述公式可導出以下關係式

$$(pc)^2 = K^2 + 2Kmc^2$$

及

$$E^2 = (pc)^2 + (mc^2)^2$$

● 當一質點系統發生化學反應或核反應時，反應的Q值是系統總質量能量的變化取負值

$$Q = M_i c^2 - M_f c^2 = -\Delta M c^2$$

其中 M_i 為反應前的系統總質量，M_f 為反應後的系統總質量。

動量新觀

　　假設有許多觀察者，分別在不同的慣性參考座標系中，注視兩粒子之間的一個孤立碰撞。在古典力學裡，我們已瞭解到，縱使觀察者對碰撞粒子測量出不同的速度，他們都會發現動量守恆定律適用。也就是說，他們發現碰撞後粒子系統的動量等於碰撞前。

　　相對論對此碰撞情況有何影響？我們發現，若繼續定義粒子的動量 $\vec{p}$ 為 $m\vec{v}$，即質量與速度的乘積，則動量對所有慣性系的觀察者將不為守恆。因此，我們須重新定義動量，以便保存該守恆定律。

　　考慮一個粒子以等速 v 在 x 方向運動。從古典理論，其動量大小為

$$p = mv = m\frac{\Delta x}{\Delta t} \quad (\text{古典動量}) \tag{37-40}$$

其中 Δx 表在時間 Δt 內所經過的距離。為找尋有關動量的相對論表達式，我們重新定義：

$$p = m\frac{\Delta x}{\Delta t_0}$$

此處 Δx 仍如前面一樣，表一個受觀察者注視的運動粒子所行經的距離。然而，Δt_0 不是注視粒子運動的觀察者而是隨粒子運動的觀察者所測量到的時間，此時間是粒子移動 Δx 距離所需的時間。粒子相對於這第二個觀察者爲靜止，以至於這觀察者所測量的時間爲原時間 Δt_0。

利用時間膨脹公式 $\Delta t = \gamma \Delta t_0$ (37-9 式)，則可寫成：

$$p = m\frac{\Delta x}{\Delta t_0} = m\frac{\Delta x}{\Delta t}\frac{\Delta t}{\Delta t_0} = m\frac{\Delta x}{\Delta t}\gamma$$

但 $\Delta x/\Delta t$ 恰爲粒子速度 v，所以：

$$p = \gamma mv \quad \text{(動量)} \tag{37-41}$$

注意，這定義式僅與 37-40 式差了一個勞倫茲因子 γ。不過，這差異很重要：不像古典的定義，當粒子速率**趨**近極限光速時，相對論的定義允許動量 p **趨**於無窮大。

我們可將 37-41 式推廣成向量形式，如下：

$$\vec{p} = \gamma m\vec{v} \quad \text{(動量)} \tag{37-42}$$

此方程式對物理上可能的速率均給出正確的定義。對於速度遠小於 c 時，它簡化成動量的古典定義($\vec{p} = m\vec{v}$)。

能量新觀

質量能量

化學這門科學在最初發展時，假設了在化學反應中，能量和質量是各自守恆。在 1905 年，愛因斯坦證明由他的狹義相對論將會得到一個結果，即質量可被認爲是另一種形式的能量。因此，能量守恆定律實際上是質能守恆。

在一個化學反應(即原子或分子交互作用的過程)中，轉變成其它型式能量的質量(或相反過程)是如此小，以用於實驗室最好的秤也不可能量出其質量的改變。質量和能量看起來的確是各自守恆。然而，在原子核反應(其中原子核或基本粒子交互作用)，能量的釋放通常是化學反應的百萬倍大，因此質量的改變可較容易被量測出來。

一個質量爲 m 的物體和其等效能量 E_0 有如下關係

$$E_0 = mc^2 \tag{37-43}$$

若無下標 0 就是大家最爲熟知的科學方程式。這個對應於一物體質量之能量稱爲**質量能**或**靜止能**。第二個名詞暗示著一個物體即使在靜止時也有能量 E_0(如果你繼續研讀物理，你將會看到許多關於質量和能量更精確的討論。你甚至會遇到對質量與能量的關係是什麼及其意義爲何有許多不一致的看法)。

　　表 37-3 給出了一些物體的質量能或靜止能。例如一個美金一分的硬幣其質量能就相當巨大，其等值的電能將遠超過一百萬元。反過來說，全美國一年所製造的電能相當於一個質量為幾百克的物體(如石頭，木屑或其它任何東西)。

　　在實用上，SI 單位很少使用 37-43 式，因為它們太大了以致於不方便使用。質量之量測通常以原子質量單位

$$1 \text{ u} = 1.660\ 538\ 86 \times 10^{-27} \text{ kg} \tag{37-44}$$

而能量之量測通常以電子伏特或其倍數為單位

$$1 \text{ eV} = 1.602\ 176\ 462 \times 10^{-19} \text{ J} \tag{37-45}$$

以 37-44 及 37-45 式的單位，常數 c^2 值如下

$$c^2 = 9.314\ 940\ 13 \times 10^8 \text{ eV/u} = 9.314\ 940\ 13 \times 10^5 \text{ keV/u}$$

$$= 931.494\ 013 \text{ MeV/u} \tag{37-46}$$

表 37-3　一些物體之等效能量

物體	質量(kg)	等值能量	
電子	$\approx 9.11 \times 10^{-31}$	$\approx 8.19 \times 10^{-14}$ J	(≈ 511 keV)
質子	$\approx 1.67 \times 10^{-27}$	$\approx 1.50 \times 10^{-10}$ J	(≈ 938 MeV)
鈾原子	$\approx 3.95 \times 10^{-25}$	$\approx 3.55 \times 10^{-8}$ J	(≈ 225 GeV)
塵埃粒子	$\approx 1 \times 10^{-13}$	$\approx 1 \times 10^{4}$ J	(≈ 2 kcal)
美金一分硬幣	$\approx 3.1 \times 10^{-3}$	$\approx 2.8 \times 10^{14}$ J	(≈ 78 GW·h)

總能量

　　方程式 37-43 給出一個質量 m 的物體之質量能(或靜止能) E_0，不管此物體是靜止或運動。如果一個物體在運動，它還會有多出的動能 K。如果我們假設其位能為零，則其總能是質量能及動能的總合

$$E = E_0 + K = mc^2 + K \tag{37-47}$$

雖然我們將不證明它，總能也可以寫成

$$E = \gamma mc^2 \tag{37-48}$$

其中 γ 是物體運動的勞倫茲因子。

　　從第 7 章開始，我們已經討論過許多關於一個粒子或一個粒子系統總能變化的例子。然而，我們並沒有在討論中考慮到質量能，這是因為其中質量能的改變不是為零就是小到幾乎可以忽略。即使質量能變化很顯著，總能量守恆定律依然適用。因此不管質量能怎麼改變，在第 8-5 節的敘述依然正確：

　　　孤立系統的總能量 E 是不變的。

譬如,一個孤立系統中有二個交互作用的原子,其總質量能減少了,則在此系統中必然有其它型式的能量增加了,因總能量是守恆。

Q 值。一個系統若發生了化學或核反應,系統因這些反應造成總質量能的改變通常會定義一個值。一個反應的 Q 值可從下列式子求得

(系統初始的總質量能) = (系統最終總質量能) + Q

或 $\qquad E_{0i} = E_{0f} + Q$ (37-49)

由 37-43 式($E_0 = mc^2$),我們可將它改寫成初始總質量 M_i 和最終總質量 M_f 的關係

$$M_i c^2 = M_f c^2 + Q$$

或 $\qquad Q = M_i c^2 - M_f c^2 = -\Delta M c^2$ (37-50)

其中 $\Delta M = M_f - M_i$ 代表因反應造成的質量改變。

如果一個反應造成能量從質量能轉移為反應生成物的其它能量(如動能),則系統的總質量能 E_0(及總質量 M)將減少,故 Q 是正值;如果相反的,一個反應需要由其它能量轉移至質量能,則系統的總質量能(及其總質量 M)將增加,故 Q 是負值。

舉例來說,假若二個氫原子核發生融合反應時,它們將會結合成一單一的原子核並釋放出二個粒子:

$$^1\mathrm{H} + {}^1\mathrm{H} \rightarrow {}^2\mathrm{H} + e^+ + \nu$$

其中 $^2\mathrm{H}$ 是另一種氫原子核(除了質子還有一個中子),e^+ 是正子,而 ν 是微中子。生成的單一原子核及兩個釋出的粒子所具有的總質量能量(及總質量),小於反應前的氫原子核所具有的總質量能量(及總質量)。因此,核融合反應的 Q 值為正,並稱反應釋出能量(從質量能量而來)。這樣的能量釋放對我們很重要,因為太陽內部的氫原子核融合,是地球受到日照並得以產生生命的反應之一。

動能

在第 7 章定義一質量 m 的物體之動能 K 在其速率 v 遠小於 c 時是

$$K = \frac{1}{2}mv^2$$ (37-51)

然而,此古典方程式只對速率遠小於光速時才是一個夠好的近似。

讓我們找出一個對所有物理上可能的速率,包括非常接近 c 的情況都正確的動能表示式。在 37-47 式解出 K 並代入 37-48 式的 E,可得

$$K = E - mc^2 = \gamma mc^2 - mc^2$$

$$= mc^2(\gamma - 1) \qquad (\text{動能})$$ (37-52)

其中 $\gamma (= 1/\sqrt{1 - (v/c)^2})$ 是物體運動的勞倫茲因子。

圖 37-13 顯示一個電子的動能根據正確的定義(37-52 式)及古典的近似(37-51 式)對 v/c 作圖。注意到此二曲線的左邊重合，即本書至今我們於低速下所用以計算動能的情況。此圖中的左半部告訴我們 37-51 式的動能之古典表示式仍是正確的。不過，在圖的右半部，即接近 c 之高速情況下此二曲線顯著的偏離。當 v/c 趨近於 1 時，根據古典定義的動能只增加一點點，而正確定義的動能則戲劇性地增加，甚至趨近於無窮大。因此，當一物體之速率接近 c 時，我們必須用 37-52 式來計算動能。

功。圖 37-13 也告訴我們要把一個物體的速率增加(比如說 1%)要作多少功。所須作的功 W 等於物體的動能增加量 ΔK。如果此改變是在圖 37-13 的左邊低速部分，則所須作的功很有限。但是，若此改變是在圖 37-13 右邊高速部分，則所須作的功將非常巨大，因為隨著速率之增加而動能增加如此的迅速。原則上，要將一物體的速率增加至光速 c 須要無窮大的能量，因此物體是不可能被加速至光速。

電子、質子或其它粒子通常都以電子伏特為單位來描述其動能，或者以多少電子伏特來當形容詞。舉例來說，一個電子若有 20 MeV 的動能，便可描述成一個 20 MeV 的電子。

動量與動能

在古典力學裡，一個粒子的動量 $p = mv$，動能 K 為 $\frac{1}{2}mv^2$。若從這兩個式子之間消去 v，則可發現動量與動能之間的直接關係：

$$p^2 = 2Km \quad \text{(古典)} \tag{37-53}$$

在相對論中，從相對論的動量定義(37-41 式)與動能定義(37-52 式)之間消去 v，亦可發現類似的關係。經過一些代數處理後，得到下式：

$$(pc)^2 = K^2 + 2Kmc^2 \tag{37-54}$$

藉由 37-47 式的幫助，可將 37-54 轉換成粒子動量 p 與總能 E 的關係：

$$E^2 = (pc)^2 + (mc^2)^2 \tag{37-55}$$

圖 37-14 的正三角形可幫助記憶這些有用的關係。在那三角形中，你也可證明出：

$$\sin\theta = \beta \quad \text{與} \quad \cos\theta = 1/\gamma \tag{37-56}$$

在 37-55 式中，pc 之值必須和能量 E 有相同的單位，所以我們可以將動量的單位解釋成能量的單位除以 c，事實上，在粒子物理中通常把動量的單位表示成 MeV/c 或 GeV/c。

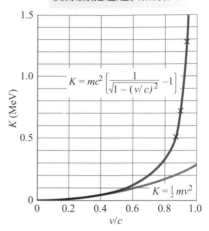

當 v/c 趨近於 1.0 時
實際動能趨近於無窮大

$$K = mc^2\left[\frac{1}{\sqrt{1-(v/c)^2}} - 1\right]$$

$$K = \frac{1}{2}mv^2$$

圖 37-13 一個電子的相對(37-52 式)和古典(37-51 式)動能方程式，繪製如 v/c 的函數，其中 v 是電子的速度，而 c 是光的速度。注意到在低速時二條曲線合在一起，而在高速時距離極度地發散。打×的實驗數據顯示出在高速時相對論的曲線和實驗相符，而古典的曲線則否。

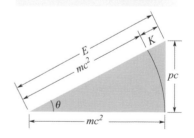

圖示方式可幫助記憶住關係

圖 37-14 一個幫助記憶的圖，有關總能 E，靜止能量 mc^2，動能 K 及動量 p 之間其在相對論中的關係。

 測試站 4

一個 1 GeV 電子的(a)動能和(b)總能量是大於、小於或等於 1 GeV 的質子？

範例 **37.06** 相對論性電子的能量和動量

(a)一個 2.53 MeV 的電子，其總能量是多少？

關鍵概念

由 37-47 式，總能是質量能量(或靜止能量)mc^2 及動能之和。

$$E = mc^2 + K \tag{37-57}$$

計算 於這問題的陳述中，形容詞「2.53 MeV」意指電子的動能是 2.53 MeV。要計算電子的質量能量 mc^2，我們代入附錄 B 中電子的質量 m，得到

$$mc^2 = (9.109 \times 10^{-31} \text{ kg})(299\ 792\ 458 \text{ m/s})^2$$

$$= 8.187 \times 10^{-14} \text{ J}$$

再將此結果除以 1.602×10^{-13} J/MeV 可得電子質量能為 0.511 MeV(驗證了表 37-3 中的值)。故 37-57 式得

$$E = 0.511 \text{ MeV} + 2.53 \text{ MeV} = 3.04 \text{ MeV} \quad \text{(答)}$$

(b)以 MeV/c 為單位，其動量 p 是多少？(請注意，c 是光速符號而不是一個單位。)

關鍵概念

由 37-55 式及總能量 E 和物質能量 mc^2 可得

$$E^2 = (pc)^2 + (mc^2)^2$$

計算 我們可解出 pc

$$pc = \sqrt{E^2 - (mc^2)^2}$$

$$= \sqrt{(3.04 \text{ MeV})^2 - (0.511 \text{ MeV})^2} = 3.00 \text{ MeV}$$

最後二邊除以 c 可得

$$p = 3.00 \text{ MeV/c} \quad \text{(答)}$$

範例 **37.07** 能源和旅行時間的驚人差異

最活躍的質子是由太空中的宇宙射線偵測到，其驚人的能量達 3.0×10^{20} eV(此能量足夠使一茶匙的水升高好幾度)。

(a)求勞倫茲因子 γ 和速率 v(相對於地面的偵測器)。

關鍵概念

(1) 質子的勞倫茲因子 γ 和其總能 E 及質量能 mc^2 有 37-48 式的關係($E = \gamma mc^2$)。

(2) 質子的總能是其質量能 mc^2 及所給的動能 K 之和。

計算 將此二概念合併可得

$$\gamma = \frac{E}{mc^2} = \frac{mc^2 + K}{mc^2} = 1 + \frac{K}{mc^2} \tag{37-58}$$

從表 37-3 中，質子的質量能量 mc^2 是 938 MeV。將這個數值以及給定的動能代入 37-58 式，我們得到：

$$\gamma = 1 + \frac{3.0 \times 10^{20} \text{ eV}}{938 \times 10^6 \text{ eV}}$$

$$= 3.198 \times 10^{11} \approx 3.2 \times 10^{11} \quad \text{(答)}$$

這個 γ 值太大了，所以我們無法從 γ 之定義(37-8 式)找出 v 值。可以試試，用計算機可算出 β 之值相當於 1，故 v 相當於 c。但我們要一個更精確的答案，所以先求解 37-8 式的 $1 - \beta$。開始前我們寫下

$$\gamma = \frac{1}{\sqrt{1-\beta^2}} = \frac{1}{\sqrt{(1-\beta)(1+\beta)}} \approx \frac{1}{\sqrt{2(1-\beta)}}$$

其中我們使用 β 趨近於 1，所以 $1 + \beta$ 趨近於 2(可以四捨五入兩個非常接近的數字的總和，但不是他們的差)。我們尋找的速度包含於 $1 - \beta$ 項內。故 $1 - \beta$ 為

$$1 - \beta = \frac{1}{2\gamma^2} = \frac{1}{(2)(3.198 \times 10^{11})^2}$$

$$= 4.9 \times 10^{-24} \approx 5 \times 10^{-24}$$

因此 $\beta = 1 - 5 \times 10^{-24}$

又因為 $v = \beta c$，

$$v \approx 0.999\ 999\ 999\ 999\ 999\ 999\ 999\ 995c \quad \text{(答)}$$

(b)假設質子沿著直徑為 9.8×10^4 光年的銀河系行進。則在一般地球銀河的參考座標上所測得質子通過此直徑所需的時間為何？

推理 我們看這個超相對論的質子其行進的速率僅略小於 c。而由光年定義，光走 9.8×10^4 年的時間稱為 9.8×10^4 光年，而這個質了幾乎花相同的時間。所以從地球銀河之參考座標上所測得的時間 Δt 為

$$\Delta t = 9.8 \times 10^4 \text{ 年} \qquad \text{(答)}$$

(c)若在質子的參考座標系上測量，則這趟路程花了多少時間呢？

關鍵概念

1. 這個問題牽涉到在兩個慣性參考座標系上做的量測：其中一個是地球與銀河系座標系，而另一個則是被質子所附著的座標系。

2. 這個問題也牽涉到兩個事件：第一個是質子在何時通過銀河系直徑的一端，而另一個則是它何時通過相對的一端。

WILEY PLUS Additional example, video, and practice available at *WileyPLUS*

3. 當在質子參考座標系上做量測時，上述兩個事件的時間間隔是原時距，因為事件是發生在座標系的同一位置上，也就是質子的本身。

4. 利用 37-9 式($\Delta t = \gamma \Delta t_0$)的時間擴張關係，我們可以藉由量測地球與銀河系座標系的時間間隔而找出原時距(Δt_0)(注意：我們之所以可以使用這個公式，是因為時間的測量是一適當的時間)。然而，如果我們使用勞倫茲轉換，我們會得到相同的關係式。

計算 解 37-9 式，並代入(a)的 γ 與(b)的 Δt，可得

$$\Delta t_0 = \frac{\Delta t}{\gamma} = \frac{9.8 \times 10^4 \text{ 年}}{3.198 \times 10^{11}}$$

$$= 3.06 \times 10^{-7} \text{ 年} = 9.7 \text{ s} \qquad \text{(答)}$$

在我們的座標系中，這個旅程整整花了 98000 年。然而在質子座標系中，它卻只花了 9.7 秒！如同我們在這一章開頭處所斷言的，相對的運動能夠改變時間經過的速度，而我們在這看到了一個極端的例子。

重點回顧

假說 愛因斯坦的**狹義相對論**僅基於下述兩假說：

1. 對所有慣性參考座標系的觀察者而言，物理定律皆相同。沒有任何一個慣性座標系例外。

2. 在所有慣性參考座標系中，光速在真空中的任何方向皆相同。

光在真空的速率是一個極限速率 c，沒有任何一種具能量或訊息之物可以超過此極限速率。

事件的座標 三個空間座標及一個時間座標即可指定一**事件**。找出兩個以等速作相對運動的觀察者對同一事件所賦予時空座標間的關係，這是狹義相對論的用處之一。

同時性的事件 若兩觀察者作相對運動，對於兩事件是否同時發生，一般而言，他們將沒有一致的看法。

時間膨脹 在一個慣性參考座標系中，若兩事件發生在相同地點，則可用單一時鐘測量出兩事件之間的時間間隔，即為**原時距**。所有其他觀察者皆量得較大之時距。對於一個以速率 v 相對於原慣性座標系運動的觀察者而言，其量得的時距為：

$$\Delta t = \frac{\Delta t_0}{\sqrt{1 - (v/c)^2}} = \frac{\Delta t_0}{\sqrt{1 - \beta^2}}$$

$$= \gamma t_0 \qquad \text{(時間膨脹)} \qquad \text{(37-7 至 37-9)}$$

此處 $\beta = v/c$ 是**速率參數**而 $\gamma = 1/\sqrt{1 - \beta^2}$ 是**勞倫茲因子**。一個重要的結果是運動中的時鐘，對於靜止的觀察者而言，其時間過得較慢。

長度收縮 靜置於慣性參考座標系內的物體，經由此座標系內的觀察者測量其長度，稱之為**原長**。所有其他慣性觀察者皆量得較短之長度 L_0。對於一個以速率 v 相對於原慣性座標系運動的觀察者而言，其量得的長度為：

$$L = L_0 \sqrt{1-\beta^2} = \frac{L_0}{\gamma} \quad (\text{長度收縮}) \qquad (37\text{-}13)$$

勞倫茲轉換 勞倫茲轉換描述了 S 及 S' 兩觀察者對同一事件所記錄得到的兩組座標間之關係，其中 S' 以速率 v 沿正 x 方向相對於運動 S。至於四個座標之間的關係如下所述：這四個座標的關係是

$$\begin{aligned} x' &= \gamma(x-vt) \\ y' &= y \\ z' &= z \\ t' &= \gamma(t - vx/c^2) \end{aligned} \qquad (37\text{-}21)$$

相對論速度 在 S' 慣性參考座標系中，一粒子以速率 u' 沿正 x' 方向運動，若 S' 本身亦以速率 v 沿著平行於第二個慣性座標系 S 運動，則在 S 中，所量得的粒子速率 u 為：(相對論速率)

$$u = \frac{u'+v}{1+u'v/c^2} \quad (\text{相對論速度定律}) \quad (37\text{-}29)$$

相對論性都卜勒效應 當一光源與一光偵測器相對彼此作直線運動，在光源之靜止座標系中所測得的光之波長為原波長 λ_0。而偵測器所測之波長 λ 不是更長(紅移)就是更短(藍移)，這取決於光源與偵測器之間隔是增加或減少中。當間隔是增加中時，兩個波長的關係為

$$\lambda = \lambda_0 \sqrt{\frac{1-\beta}{1+\beta}} \qquad (37\text{-}32)$$

其中 $\beta = v/c$，v 為相對徑向速率(沿著光源及偵測器之連線)。若間隔是減少中，β 前面的正負號就倒過來。對於速率遠低於 c 時，都卜勒波長位移 $(\Delta\lambda = \lambda - \lambda_0)$ 的大小與 v 的關係可近似為

$$v = \frac{|\Delta\lambda|}{\lambda_0} c \quad (v \ll c) \qquad (37\text{-}36)$$

橫向都卜勒效應 若光源的相關運動係垂直於光源至偵測器的直線，偵測器測得之頻率 f 與原頻率 f_0 之關係為

$$f = f_0 \sqrt{1-\beta^2} \qquad (37\text{-}37)$$

動量及能量 下列對一個質量為 m 的粒子之動量，動能 K 及總能 E 的定義是對任何物理上可能的速度均適用：

$$\vec{p} = \gamma m \vec{v} \quad (\text{動量}) \qquad (37\text{-}42)$$

$$E = mc^2 + K = \gamma mc^2 \quad (\text{總能}) \quad (37\text{-}47, 37\text{-}48)$$

$$K = mc^2(\gamma - 1) \quad (\text{動能}) \qquad (37\text{-}52)$$

此處 γ 是粒子運動之勞倫茲因子，mc^2 是粒子質量相關的質量能量或靜止能量。這些方程式可導出關係式

$$(pc)^2 = K^2 + 2Kmc^2 \qquad (37\text{-}54)$$

$$E^2 = (pc)^2 + (mc^2)^2 \qquad (37\text{-}55)$$

當一粒子系統發生一化學或核反應時，此反應的 Q 值是此系統總質量能改變的負值：

$$Q = M_i c^2 - M_f c^2 = -\Delta M c^2 \qquad (37\text{-}50)$$

其中 M_i 及 M_f 分別為系統在反應前及反應後之總質量。

討論題

1 事件的相對論性倒轉。圖 37-15a 和 b 所顯示的(平常)狀況是一個加入撇號的參考座標系，以量值 v 的固定相對速度，沿著 x 軸和 x' 軸的共同正方向經過一個未加入撇號的參考座標系。我們在未加入撇號的座標系中是呈現靜止狀態的；對相對論方面頗敏銳的學生布溫克則靜止於加入撇號的座標系中。圖中也指出了

發生於下列時空座標的事件 A 和 B，這些時空座標分別是在我們的未加撇號座標系中，和布溫克的加入撇號座標系中所量測得到：

事件	未加撇號	加撇號
A	(x_A, t_A)	(x'_A, t'_A)
B	(x_B, t_B)	(x'_B, t'_B)

在我們的座標系中，事件 A 發生於事件 B 之前，其時

間間隔 $\Delta t = t_B - t_A = 1.00\ \mu s$。而且空間間隔 $\Delta x = x_B - x_A = 400$ m。令 $\Delta t'$ 是布溫克量測到的兩個事件的時間間隔。(a)請利用速率參數 $\beta\ (= v/c)$ 和給定的數據，求出 $\Delta t'$ 的數學式。試針對下列兩個 β 的範圍，畫出 $\Delta t'$ 相對於 β 的曲線圖：

(b) 0 至 0.01 （v 是低的，從 0 到 0.01c）

(c) 0.1 至 1 （v 是高的，從 0.1c 到極限 c）

(d)當 β 為何值的時候，$\Delta t' = 0$？在什麼範圍內，由布溫克觀測到的事件 A 和 B 的順序，(e)和我們觀察到的順序相同，(f)和我們觀察到的順序相反？(g)事件 A 可以是事件 B 的原因嗎，或者事件 B 可以是事件 A 的原因嗎？請解釋。

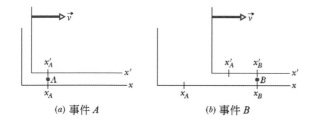

圖 37-15 習題 1、2、3 及 4

2 對於圖 37-15 中兩個正在互相經過的參考座標系而言，事件 A 和 B 發生於下列時空座標：根據無撇號座標系，(x_A, t_A) 與 (x_B, t_B)；根據有撇號座標系，(x'_A, t'_A) 和 (x'_B, t'_B)。在無撇號座標系中，$\Delta t = t_B - t_A = 1.00\ \mu s$ 而且 $\Delta x = x_B - x_A = 400$ m。(a)試求 $\Delta x'$ 的數學式，並且以速率參數 β 和給定數據表示之。試針對下列兩個 β 的範圍，畫出 $\Delta x'$ 相對於 β 的曲線圖：(b) 0 到 0.01 及(c) 0.1 到 1。(d)當 β 值為何的時候，$\Delta x'$ 是最小值，及(e)該最小值是多少？

3 兩個事件的時間間隔。在圖 37-15 的參考座標系中，事件 A 和 B 發生時的時空座標如下：根據無撇號座標系，(x_A, t_A) 與 (x_B, t_B)；根據有撇號座標系，(x'_A, t'_A) 和 (x'_B, t'_B)。在無撇號座標系中，$\Delta t = t_B - t_A = 1.00\ \mu s$ 且 $\Delta x = x_B - x_A = 240$ m。(a)試求出 $\Delta t'$ 的數學表示式，並且以速率參數 β 和給定的數據表示之。試針對下列兩個 β 的範圍，畫出 $\Delta t'$ 相對於 β 的曲線圖：(b) 0 到 0.01，(c) 0.1 到 1。(d)當 β 值為何的時候，$\Delta t'$ 會是最小值，及(e)該最小值為何？(f)兩事件其中之一可能導

致另一個事件發生嗎？請解釋。

4 兩個事件之間的空間間隔。對於圖 37-15 中兩個彼此經過的參考座標系而言，事件 A 和 B 發生時的時空座標如下：根據無撇號座標系，(x_A, t_A) 與 (x_B, t_B)；根據有撇號座標系，(x'_A, t'_A) 和 (x'_B, x'_B)。在無撇號座標系中，$\Delta t = t_B - t_A = 1.00\ \mu s$ 而且 $\Delta x = x_B - x_A = 240$ m。(a)試求 $\Delta x'$ 的數學式，並且以速率參數 β 和給定數據表示之。試針對下列兩個 β 的範圍，畫出 $\Delta x'$ 相對於 β 的曲線圖：(b) 0 到 0.01 及(c) 0.1 到 1。當 β 為何值的時候，$\Delta x' = 0$？

5 一太空船以 0.30c 之速率遠離地球。在太空船上的乘客看到太空船尾端之光源出的藍光（$\lambda = 450$ nm）。則在地球上的觀察者將會看到(a)波長及(b)顏色（藍、綠、黃或紅）為何？

6 超光速噴射流。圖 37-16a 顯示一個離子化氣體群噴射流的行經路徑，該噴射流由一個星系噴出。離子化氣體群以固定速度 v 行進，其方向與到地球的方向的夾角是 θ。氣體群偶爾會發射出爆炸性光線，最終被地球偵測到。圖 37-16a 指出兩次爆炸，在靠近爆炸地點的靜止座標系中，量測的時間間隔是 t。圖 37-16b 所顯示的兩次爆炸就好像是在相同底片上照相得到，第一個是在爆炸 1 的光線抵達地球的時候，稍後一個是在爆炸 2 的光線抵達地球的時候。氣體群在兩次爆炸之間行進的表觀距離 D_{app} 是氣體群路徑橫越地球觀察者的距離。兩次爆炸之間的表觀時間 T_{app} 是由它們發出的光線抵達地球的時間。然後氣體的表觀速度是 $V_{app} = D_{app}/T_{app}$。試問(a) D_{app} 和(b) T_{app} 為何，以 v、t 和 θ 表示之？(c)計算當 $V = 0.980c$ 且 $\theta = 30.0°$時的 V_{app}。當人們第一次觀察到超光速（比光速快）噴射流的時候，這種現象似乎否定了狹義相對論的正確性——至少直到正確的幾何（圖 37-16a）為人們所理解為止。

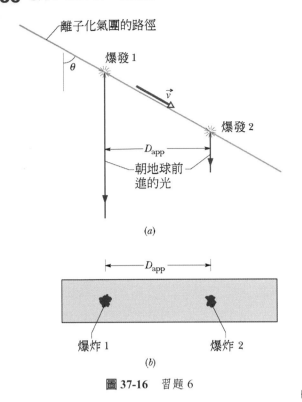

(a)

(b)

圖 37-16 習題 6

7 關於車庫內汽車的問題。卡曼剛購買了世界上最長的豪華大轎車，此汽車原長是 L_c = 30.5 m。在圖 37-17a 中，轎車停放在原長 L_g = 6.00 m 的車庫前面。車庫具有前門（圖中顯示此門呈開啓狀態）和後門（圖中顯示呈關閉狀態）。大轎車很明顯地比車庫長。不過擁有車庫並且也稍微知道相對論長度收縮的葛拉吉曼，仍然和卡曼打賭在車庫兩個門都關閉的情形下，大轎車可以停放在車庫內。卡曼在學習到特殊相對論以前，就已經放棄其物理課程，他說這樣的事情即使在原理上都是不可能的。

為分析葛拉吉曼的構想，將 x_c 軸指定附在轎車上，其中 x_c = 0 位於轎車後保險桿，並指定 x_g 軸連結於車庫，其中 x_g = 0 位於（現在還開啓著）前門。然後卡曼駕駛汽車以速度 0.9980c（這在技術上和財務上都是不可能的）筆直往前門移動。卡曼在 x_c 參考座標系中是靜止的；葛拉吉曼在 x_g 參考座標系中是靜止的。

有兩個事件必須予以考慮。事件 1：當後保險桿通過前門的時候，前門將關閉。對卡曼和葛拉吉曼兩個人而言，令這個事件發生的時間爲零：$t_{g1} = t_{c1} = 0$。事件發生在 $x_c = x_g = 0$。根據 x_g 參考座標系的描述，

圖 37-17b 顯示了事件 1。事件 2：當前保險桿抵達後門的時候，後門將開啓。根據 x_g 參考座標系的描述，圖 37-17c 顯示了事件 2。

從葛拉吉曼的觀點，(a)試問大轎車的長度爲何，以及事件 2 的時空座標(b) x_{g2} 和(c) t_{g2} 爲何？(d)在兩個門都關閉的條件下，大轎車短暫「困」在車庫內的時間有多久？現在考慮從 x_c 參考座標系看見的情況，在這個座標系中，車庫以速度$-0.9980c$ 急速經過大轎車。根據卡曼的描述，(e)請問經過的車庫具有的長度是多少，事件 2 的時空座標(f) x_{c2} 和(g) t_{c2} 爲何，(h)轎車曾經在兩個門都關閉的情形下置於車庫內嗎，(i)哪一個事件先發生？(j)請畫出卡曼看見的事件 1 和事件 2。(k)兩個事件具有因果上的相關性嗎；換言之，兩個事件其中之一會導致另一個發生嗎？(l)最後，請問誰贏了這個賭局？

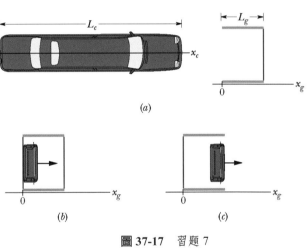

(a)

(b)　　　　　　*(c)*

圖 37-17 習題 7

8 靜止於實驗室的 μ 介子之平均壽命期是 2.2000 μs。自地球上所觀得的一陣宇宙射線中，高速 μ 介子的平均壽命經測量得知爲 24.000 μs。試求出這些宇宙射線中的介子相對於地球的速率爲何？

9 (a)某核分裂炸彈含有 3.0 kg 可分裂物質，試問此炸彈爆炸時將釋放多少能量？假設質量的0.10%會轉換成被釋放的能量。(b)須讓多少質量的 TNT 爆炸才能提供相同的釋放能量？假設每莫耳 TNT 在爆炸時釋放能量 3.4 MJ。TNT 的莫耳質量是 0.227 kg/mol。(c)對於相同的爆炸質量而言，在核子爆炸中釋放的能量相對於 TNT 爆炸釋放的能量，其比值爲何？

10　某一個在實驗室中產生的基本粒子，在它衰變以前以相對速率 $0.960c$ 在實驗室中行進了 0.230 mm（變成另一個粒子）。(a)此粒子的原生命期為何？(b)從粒子的靜止座標系所量測的粒子行進距離是多少？

11　決戰猩球（Planet of the apes）電影和書的場景是，冬眠中的太空人旅行到相當遠的地球未來，此時人類文明已經被猿人文明所取代。在只考慮特殊相對論的情形下，如果在太空人以相對於地球的速率 $0.9980c$ 行進的時候，他們睡了 100 y，首先他們往外飛行離開地球然後再回來，請問當他們醒來的時候，已經進入地球的未來有多遠？

12　某特定輻射光在實驗室的觀察得知具有波長 434 nm，在來自遙遠星系的輻射的紅移中，它具有波長 462 nm。(a)請問該星系相對於地球的徑向速率為何？(b)此星系是接近或遠離地球？

13　在圖 37-18 中，兩艘巡洋艦太空船駛向太空站。相對於太空站，太空船 A 的速度為 $0.800c$。那麼太空船 B 需要以相對於太空站多少的速度才能使其駕駛員看到太空船 A 和太空站以相同的速度接近 B？

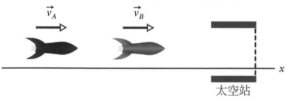

圖 37-18　習題 13

14　一個通過實驗室儀器質子的總能量是 10.611 nJ。請問它的速度參數 β 是多少？請使用附錄 B 在「最佳數值」下方所提供的質子質量，而不是平常我們所記得經過四捨五入的數值。

15　一時鐘以 $0.800c$ 的速率沿 x 軸移動，在通過原點時讀數為零。(a)計算此鐘的勞倫茲因子。(b)在時鐘通過 $x = 180$ m 處時，讀數為何？

16　遙遠的一星系發出來的某特定波長之光被觀測到發現比地球上對應的光源之波長長 0.32%，試問(a)此銀河相對於地球之徑向速度是多少？(b)此星系是接近或遠離地球？

17　(a)根據古典物理學，試問多大的電位差可以將電子加速到速率？(b)利用這個電位差，實際上可以使電子達到多大的速率？

18　地球半徑是 6370 km，其繞著太陽的軌道速率是 30 km/s。假設地球以該速率移動經過一位觀察者。試問對觀察者而言，地球直徑沿著運動方向收縮了多少？

19　一個 0.800 ly 長的太空艦隊（以它的靜止坐標系測量）相對於坐標系 S 中的地面站以 $0.800c$ 的速度移動。一個信使從艦隊的後面以相對於坐標系 S 中的地面站 $0.950c$ 的速度移動到前面。根據(a)在信使的靜止坐標系、(b)在艦隊的靜止坐標系和(c)地面坐標系 S 中的觀察者，所測量的行程需要多長時間？

20　一些熟悉的氫光譜線出現在類星體 3C9 的光譜中，但因它們往紅光偏移很多，以至於所觀察到的波長是在實驗室中所測量到的靜止氫原子波長的 3.0 倍。(a)證明在這此情況下，以標準都卜勒方程式所得出的相對後退速率大於 c。(b)假設 3C9 與地球的相對運動完全是由於宇宙膨脹，求以相對論都卜勒方程式所預測的後退速率。

21　一粒子 A（靜止能量為 200 MeV）在實驗室坐標系中處於靜止狀態，當它衰變為粒子 B（靜止能量 100 MeV）和粒子 C（靜止能量 50 MeV）時。粒子 B 的(a)總能量和(b)動量以及粒子 C 的(c)總能量和(d)動量是多少？

22　一艘靜止在某特定參考座標系 S 的太空船，被施予 $0.50c$ 的速率增加量。相對於其新的靜止參考座標系，它又被施予 $0.50c$ 的速率增加量。這個過程會一直持續到它相對於原初的座標系 S 的速率超過 $0.999c$ 為止。試問這個過程需要多少次這樣的速率增加量？

23　一靜止長度為 400 m 的太空船相對於某一參考座標系具有 $0.80c$ 的速率。同時，在此座標系中，一顆微小隕石亦以 $0.80c$ 的速率朝反向軌跡經過太空船。試求此顆隕石經過太空船頭尾所花的時間？

24　圖 37-9 中，觀察者 S 偵測到兩個閃光。大閃光發生在 $x_1 = 520$ m，稍後小閃光發生在 $x_2 = 480$ m。在兩個閃光之間的時間間隔是 $\Delta t = t_2 - t_1$。當觀察者 S' 會判斷兩個閃光發生於相同 x' 座標的時候，試問此時的 Δt 最小值為何？

25 一艘以 0.920c 速率離開地球的太空船，用 80.0 MHz 的頻率（以太空船座標系測量之）傳送回訊息。則地球的接收器收此訊息，須調整頻率為何值？

26 太空巡洋艦 A 和 B 平行於 x 軸的正方向移動。艦 A 的靜止長度為 L = 200 m，以較快的相對速度 v = 0.900c 移動。對艦 A 的飛行員來說，在兩艦尾部對齊的瞬間（t = 0），艦首也對齊。 對艦 B 的飛行員來說，艦首是多久後對齊的？

27 對於一個以速率 0.990c 移動的質子而言，其(a) K，(b) E，(c) p（以 GeV/c 為單位）為何？對於一個以速率 0.990c 移動的電子而言，其(d) K，(e) E，(f) p（以 MeV/c 為單位）是多少？

28 一個 Foron 巡洋艦筆直往 Reptulian 偵察艦行駛，並且向偵察艦發射一個誘標。相對於偵察艦，誘標的速率是 0.980c，而且巡洋艦的速率是 0.900c。試問誘標相對於巡洋艦的速率是多少？

29 實驗者安排同時觸發兩個閃光燈，一藍色閃光位於其參考座標系的原點，一紅色閃光則位於 x = 30.0 km 處。同時另一個以 0.707c 的速率向正 x 方向運動的觀察者也看到這兩個閃光。(a)她所看到的兩閃光間的時距為多少？(b)她說哪一個閃光先發生？

30 美國一年的電能消耗量約為 2.2×10^{12} kW·h。(a)當年消耗的能量相當於多少質量？(b)如果這種能量是在燃油、核能或水力發電廠中產生的，這對你的答案有什麼影響嗎？

31 除了地球自轉和軌道運動的影響外，實驗室參考座標系嚴格來說並非慣性坐標系，因為靜止的粒子通常不會保持靜止而是會墜落。然而，經常因為事件發生得太快，以至於我們可以忽略重力加速度並將坐標系視為慣性坐標系。例如，考慮一個速度為 v = 0.992c 的電子，水平投射到實驗室測試室中並移動 20 cm 的距離。(a)這需要多長時間，以及(b)在這段時間內電子會下降多遠？(c)在這種情況下，關於實驗室作為慣性系的適用性，你能得出什麼結論？

32 一電子速率由(a) 0.170c 增到 0.180c，(b) 0.970c 升到 0.980c，必須要作多少功？注意兩種情況的速率增加量都是 0.01c。

33 質量 m 的粒子必須具有多大的動量，才能讓粒子的總能量等於靜止質量的 4.00 倍？

34 一靜止長度 200 m 的相對論列車以 0.900c 的相對速度接近同樣靜止長度的隧道。當列車的前端通過隧道的遠端（事件 FF）時，引擎室中的漆彈將爆炸（且用藍色油漆覆蓋每個人）。但是，當後端的車廂通過隧道的近端時（事件 RN），該車廂中的一個設備會向引擎室發送信號來停用漆彈。列車所見：(a)隧道長度是多少？(b)哪一事件會先發生，FF 還是 RN？(c)事件之間的間隔時間多少？(d)漆彈會爆炸嗎？隧道所見：(e)列車長度是多少？(f)哪個事件會先發生？(g)事件之間的間隔時間是多少？(h)漆彈會爆炸嗎？如果你給(d)和(h)的答案不同，你需要解釋這個悖論，因為車艙只會出現被藍色油漆覆蓋的情況，或者沒有的情況；兩種情況不能同時存在。如果您的答案相同，則需要解釋原因。

35 在圖 37-19 中，三艘太空船在追逐。相對於慣性坐標系（例如地球坐標系）中的 x 軸，它們的速度為 $v_A = 0.900c$、v_B 和 $v_C = 0.800c$。 (a) v_B 須為多少才能使太空船 A 和 C 以相對於太空船 B 的相同速度接近太空船 B，以及(b)此相對速度為何？

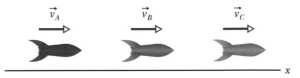

圖 37-19 習題 35

36 有一個宇宙射線粒子沿著地球的南-北軸接近地球，並且以速率 0.80c 往地理北極運動，另一個粒子則以速率 0.60c 往地理南極接近（圖 37-20）。試問其中一個粒子相對於另一個粒子接近的相對速率為何？

圖 37-20 習題 36

37 速度轉換的另一方法。圖 37-21 中，參考座標系 B 和 C 移動經過參考座標系 A，其運動方向沿著它們的 x 軸的共同方向。我們以兩個字母的下標，代表其中一個座標系相對於另一個座標系的速度的 x 分量。舉例來說，v_{AB} 是 A 相對於 B 的速度的 x 分量。同樣地，以兩個字母的下標代表對應的速率參數。舉例來說，$\beta_{AB}(= v_{AB}/c)$ 是對應於 v_{AB} 的速率參數。(a)證明

$$\beta_{AC} = \frac{\beta_{AB} + \beta_{BC}}{1 + \beta_{AB}\beta_{BC}}$$

令 M_{AB} 代表比值$(1 - \beta_{AB})/(1 + \beta_{AB})$，而且令 M_{BC} 和 M_{AC} 代表類似的比值。(b)證明關係式：

$$M_{AC} = M_{AB}M_{BC}$$

為眞，其作法是由它推導出(a)小題的方程式。

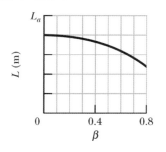

圖 37-21 習題 37、38 及 39

38 習題 37 的延續。將習題 37 中(b)小題的結果，運用於下列情況中沿著單一軸的運動。在圖 37-21 的座標系 A 隨附在一個粒子上，該粒子以速度$+0.500c$ 移動經過座標系 B，座標系 B 則以速度$+0.500c$ 移動經過座標系 C。試問(a) M_{AC}，(b) β_{AC}，(c)粒子相對於座標系 C 的速度？

39 習題 37 的延續。令圖 37-21 的參考座標系 C 移動經過參考座標系 D（未顯示）。(a)證明

$$M_{AD} = M_{AB}M_{BC}M_{CD}$$

(b)現在讓我們運用這個一般性結果：有三個粒子平行於單一軸在運動，在這個軸上配置著一位觀察者。令正號和負號代表沿著該軸的運動方向。粒子 A 以 $\beta_{AB} = +0.20$ 移動經過粒子 B。粒子 B 以 $\beta_{BC} = -0.40$ 移動經過粒子 C。粒子 C 通過觀察員 D 於 $\beta_{CD} = +0.60$。請問粒子 A 相對於觀察者 D 的速度為何？（這裡的解答技術比使用 37-29 式快很多。）

40 當某一個粒子具有(a) $K = 3.00E_0$ 和(b) $E = 3.00E_0$ 的時候，試問其 β 為何？

41 如果我們攔截來自織女星而且具有總能量 1533 MeV 的電子，其中織女星距離我們 26 ly，請問在電子的靜止座標系中，這趟行程經歷了多遠的距離，並且以光年表示之？

42 一根棒子以固定速率 v 沿著參考座標系 S 的 x 軸移動，而且棒子的長度平行於該軸。在座標系 S 中的一位觀察者想要量測棒子的長度 L。圖 37-22 在某一個 β 值的範圍內，提供了長度 L 相對於速率參數 β 的曲線圖形。垂直軸的尺度被設定為 $L_a = 2.00$ m。如果 $v = 0.98c$，請問 L 是多少？

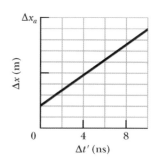

圖 37-22 習題 42

43 請問動能為 2.00 MeV 的電子，其動量是多少，並且以 MeV/c 為單位？

44 參考座標系 S' 以某特定速度經過參考座標系 S，如圖 37-9 所示。據 S' 觀察者所說，事件 1 和事件 2 具有某特定空間間隔距離 $\Delta x'$。不過據該觀察者的記載，它們的時間間隔 $\Delta t'$ 迄今尚未設定。圖 37-23 提供了由 S 觀察者所記載的兩事件空間間隔距離 Δx，相對於 $\Delta t'$ 的函數圖形，其中 $\Delta t'$ 的範圍如圖所示。垂直軸的尺度被設定為 $\Delta x_a = 10.0$ m。試問 $\Delta x'$ 為何？

圖 37-23 習題 44

45 一質子同步加速器將質子加速到 500 GeV 的動能。在此能量下，計算(a)勞倫茲因子、(b)速率參數和(c)質子運動軌道的曲率半徑為 750 m 下的磁場。

46 當圖 37-24 顯示了星艦經過地球（圖中的點）然後往返地球的三種情況，每種情況都在給定的勞倫茲因子下。在地球靜止坐標系中測量，往返距離如下：行程 1 為 $2D$；行程 2 為 $4D$；行程 3 為 $6D$。忽略加速所需的任何時間並以 D 和 c 表示，得出從地球靜止坐標系所測量的(a)行程 1、(b)行程 2 和(c)行程 3 的行程時間。接著，從星艦的靜止坐標系中計算出(d)行程 1、(e)行程 2 和(f)行程 3 的行程時間。（提示：對於一個大的勞倫茲因子，相對速度幾乎是 c。）

$\gamma = 10$ $\gamma = 24$ $\gamma = 30$

(1)   (2)   (3)

圖 37-24 習題 46

47 以下速率的速率參數為何：(a)典型的大陸板塊漂移率（1 in./y）；(b)載流導體中電子的典型漂移速率（0.5 mm/s）；(c)高速公路限速 55 mi/h；(d)氫分子在室溫下的均方根速率；(e)一架以 2.5 馬赫（1200 km/h）飛行的超音速飛機；(f)拋射體在地球表面的逃逸速率；(g)地球繞太陽公轉的速率；(h)由於宇宙膨脹，一個遙遠類星體的典型後退速率（3.0×10^4 km/s）？

48 座標系 S' 中的米尺與 x' 軸成 25°角。若該座標系以 $0.95c$ 的速率沿 x 軸相對於 S 慣性座標系運動，則由 S 所量得的米尺長度為多少？

49 當進到地球大氣層比較高區域的高能宇宙射線粒子，與原子核發生碰撞的時候，會產生 π 介子（pion）。如此形成的 π 介子將以速率 $0.99c$ 往地表向下運動。在 π 介子處於靜止狀態的參考座標系中，π 介子衰變的平均生命期是 26 ns。當我們是在固定於地球的座標系上進行量測的時候，這樣一個 π 介子在它衰變以前將會通過大氣層有多遠的距離（平均值）？

50 一架飛機的靜止長度為 40.0 m，速率為 630 m/s。對於地面觀察者來說，(a)飛機的長度收縮了多少？以及(b)它的時鐘需要多長時間才會慢 1.00 μs？

51 請問要將質子從速率 $0.9850c$ 加速到速率 $0.9860c$ 所需要的功為多少？

52 一個雷達發射器 T 固定於參考座標系 S' 上，此座標系相對於參考座標系 S 以速率 v 往右移動（圖 37-25）。某一個在座標系 S' 中的機械式計時器（基本上是一個時鐘）具有週期 τ_0（在 S' 中的量測結果），可以引起發射器 T 發出經過時間安排的雷達脈波，此脈波會以光速行進，並且由固定於座標系 S 的接收器 R 所接收。(a)就固定於座標系 S 的觀察者 A 而言，其所偵測到的計時器週期 τ 是多少？(b)證明由 T 發出的兩個脈波，抵達接收器 R 的時間間隔，對 R 而言不是 τ 或 τ_0，而是

$$\tau_R = \tau_0 \sqrt{\frac{c+v}{c-v}}$$

(c)請解釋為何在同一參考座標之接收者 R 和觀察員 A，測量到不同的發射器週期（提示：時鐘和雷達脈波並不是相同的事物）。

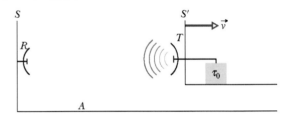

圖 37-25 習題 52

53 為了要環繞著地球的低層軌道運轉，某一個人造衛星必須具有大約 2.7×10^4 km/h 的速率。假設有兩個這樣的人造衛星以相反方向繞著地球運轉。(a)根據古典的伽利略速度轉換方程式，當它們彼此經過對方的時候，其相對速率是多少？(b)因為不使用（正確的）相對論轉換方程式，使得(a)小題的計算結果產生多少部分誤差（fractional error）？

54 一艘太空船以 $0.42c$ 的速率接近地球。船前端的燈對船上的乘客顯示為紅色（波長 650 nm）。地球上的觀察者會看到什麼樣的(a)波長和(b)顏色（藍色、綠色或黃色）？

55 某一個質量 m 的粒子相對於慣性座標系 S 具有速率 $c/2$。此粒子與另一個相對於座標系 S 呈現靜止的完全相同粒子發生碰撞。如果座標系 S' 是這兩個粒子的總動量在其中為零的座標系，試問此座標系相對於 S 的速率為何？這個座標系稱為質心座標系（center of momentum frame）。

56 在跑步機上鍛鍊的太空人脈搏維持在每分鐘 150 次。如果他以 1.00 m/s 的步幅按照飛船上的時鐘鍛鍊 1.00 小時，而飛船相對於地面站以 0.900c 的速度行進，那麼(a)太空人每分鐘脈搏次數以及(b)地面站人員測量的步行距離爲多少？

57 一棒子平行於參考座標系 S 的軸，並以 0.630c 的速率沿 x 軸運動。原靜止時，棒長爲 2.50 m。座標系 S 中所測得的棒長爲多少？

58 在圖 37-26a 中，粒子 P 以相對於參考座標系 S 的某特定速度，平行於參考座標系 S 和 S′的 x 軸和 x′軸進行運動。座標系 S′以平行於座標系 S 的 x 的速度 v 移動。圖 37-26b 針對某一個 v 值範圍，提供了粒子速度 u′ 相對於座標系 S′的關係圖形。垂直軸的尺度被設定為 $u'_a = -0.800c$。若(a) v = 0.80c 和(b) v → c，試問 u′ 值爲何？

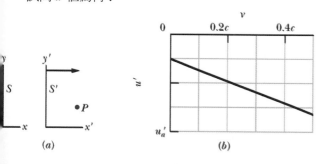

圖 37-26 習題 58

59 某一個粒子行經光所行進的 6.0 ly 距離，結果比光多花費了 2.0 y 時間，試求此粒子的速率參數。

60 在第 28-4 節中，我們已經證明了一個電荷 q 而且質量 m 的粒子，當它的速度 $\vec{v}$ 垂直於均勻磁場 $\vec{B}$ 的時候，它將沿著半徑 r = mv/|q|B 的圓形軌跡運動。我們也發現運動週期 T 和速率 v 無關。如果 v ≪ c，則這兩項結果幾乎是正確的。對於相對論性速率而言，我們必須使用與半徑有關的修正方程式：

$$r = \frac{p}{|q|B} = \frac{\gamma mv}{|q|B}$$

(a)使用這個方程式和週期的定義（$T = 2\pi r/v$），求出週期的正確數學式。(b) T 與 v 無關嗎？如果一個 10.0 MeV 的電子在量值 1.50 T 的均勻磁場中，沿著圓形路徑運動，試問(c)根據第 28 章的觀點求出的半徑，(d)正確的半徑，(e)根據第 28 章的觀點求出的週期，及(f)正確週期各爲何？

61 游離測量顯示一個特定輕量級核粒子帶有雙電荷（= 2e）並以 0.710c 的速率移動。其在 1.00 T 磁場中測得的曲率半徑爲 6.28 m。請求出該粒子的質量並指出該粒子爲何。（提示：輕量級核粒子由數量大致相等的中子（不帶電荷）和質子（電荷 = + e）組成。假設每個這樣的粒子的質量爲 1.00 u。）（見習題 60。）

62 一 2.50 MeV 電子在曲率半徑爲 3.0 cm 的路徑中垂直於磁場移動。求磁場 B 爲何？（見習題 60。）

`

CHAPTER 38

光子和物質波

38-1　光子：光的量子

學習目標

在閱讀完這個區塊的文字之後，讀者應該能夠...

38.01 以量子化的能量及光子來解釋光的吸收與發射。

38.02 對於光子的吸收與發射，應用能量、功率、強度、光子吸收及發射率、普朗克常數、相關的頻率及波長等之間的關係式。

關鍵概念

● 電磁波(光)是可被量子化的(只允許特定數量)，且該量子稱為光子。

● 對於頻率 f 及波長λ的光，光子能量為

$$E = hf$$

其中 h 是普朗克常數。

物理學是什麼？

物理學的一個主要重點是愛因斯坦的相對論，這個理論將我們帶到一個遠超過我們日常經驗的世界——那是一個物體運動速度接近光速的世界。除了其他令人驚奇之處，愛因斯坦的理論更預言時鐘推移的速率與這個時鐘相對於觀察者移動多快有關：移動愈快，時鐘速率也愈慢。相對論的這項預測和其他預測已經通過迄今為止所設計每一個實驗的測試，而且相對論已經帶領我們到達一個更深刻和更令人滿意的空間和時間本質的視野。

現在你正要去探究第二個在日常經驗以外的世界——即次原子世界。你將遭遇一系列新的意外，雖然它們有時候看起來似乎很奇異，但是它們已經一步一步地引導物理學者到達關於真實世界的更深視野。

我們的新主題稱為量子物理學(quantum physics)，它能回答像這樣的問題：星星為什麼發光？元素為什麼展現出在週期表中所顯示如此明顯的秩序？電晶體和其他微電子裝置如何動作？為什麼銅能導電但是玻璃不能？事實上，在幾乎所有日常生活領域中，科學家及工程師都已經有應用到量子物理，從醫療儀器到運輸系統及娛樂產業皆有。因為量子物理學能解釋包括生物化學在內的所有化學，所以如果我們想要了解生命本身，則我們需要了解量子物理學。

即使對研究量子物理學基本原理的物理學者和哲學家而言,量子物理學的一些預測看起來似乎還是很奇怪。但是一次接著一次的實驗還是已經證明理論的正確性,而且許多實驗甚至顯露出這個理論讓人更陌生的面向。量子世界是一個充滿令人驚奇旅行的遊樂園,保証能顛覆我們從孩提時代開始建立的常識世界觀。我們以光子開啓我們對這個量子公園的探索。

光子:光的量子

量子物理(也稱爲量子力學及量子理論)主要是研究微觀世界的學問。有許多物理量被發現只能有一個最小(或基本)量,或者是此基本量的整數倍,這稱爲量子化。此基本量稱爲該物理量的**量子**(單數爲 quantum,複數爲 quanta)。

粗略的來說,美國的貨幣也是量子化,因爲其最小幣值爲一分(或 0.01 元),且其它的硬幣或紙幣均是此最小量的整數倍。換言之,貨幣的量子就是 0.01 元,其它較大幣值均爲 n (0.01 元)的型式,此處 n 是一正整數。例如說,你不可能有\$0.755 元=75.5(\$0.01 元)。

在 1905 年,愛因斯坦提出電磁輻射(或光)是量子化的,且存在一個現在稱爲**光子**的最基本量。此論點看起來似乎有點怪,因爲我們才花了好幾章來討論光是正弦波(波長 λ ,頻率 f, 速率 c 滿足下式)的古典觀念

$$f = \frac{c}{\lambda} \tag{38-1}$$

更進一步,在第 33 章我們討論到古典的光波可看成由振盪頻率爲 f 的獨立電磁場所組成。此振盪的場是怎麼可能由某個基本量——光量子所組成呢?到底什麼是光子?

光量子或光子的觀念被發現遠較當初愛因斯坦所想像的更微妙及更神奇多了。事實上,它尚未被清楚的瞭解。在本書,順著愛因斯坦當初的思路方向,我們來討論光子觀念的一些基本的部份。

根據愛因斯坦的論點,頻率 f 的光波其單一光量子之能量爲

$$E = hf \quad \text{(光子能量)} \tag{38-2}$$

h 稱爲**普朗克常數**,我們第一次在 32-23 式所遇到的常數,其值爲

$$h = 6.63 \times 10^{-34} \text{ J} \cdot \text{s} = 4.14 \times 10^{-15} \text{ eV} \cdot \text{s} \tag{38-3}$$

頻率 f 的光波所能具有的最小能量爲 hf ,也就是一個光子的能量。若光波具有更多能量,其總能量必爲 hf 的整數倍。光波不可能具有比如 $0.6\,hf$ 或 $75.5\,hf$ 這種能量。

愛因斯坦更進一步提出當光被一物體吸收或釋放時，此吸收或釋放的事件發生在該物體內的原子。當波長 f 的光被一個原子吸收時，一個光子的能量 hf 由光轉移給原子。在這吸收事件中，光子消失且稱為此原子吸收了光子。當頻率 f 的光由原子釋放出來，能量 hf 從原子轉移至光。在此放光事件，一個光子瞬間產生了且稱之為被原子釋放出來。因此，在一物體中我們可有原子的光子吸收及光子釋放。

對一個由多種原子組成的物體，它可以有許多的光子吸收(如太陽眼鏡)或光子釋放(如照明燈)。不過，每一個吸收或釋放事件仍然只牽涉到一個單獨光子能量的轉移。

在先前的章節內，當我們討論光的吸收或釋放時所牽涉到的光都很多以致於不須要用量子物理而用古典物理即可。然而，在二十世紀後期，技術已進步到足以作單光子的實驗甚至有實際的應用。也因此量子物理已經成為標準工程應用上(尤其是光學工程)的一部分。

測試站 1

依照光子能量，由大至小排列下面的輻射：(a)來自鈉鈉蒸汽燈的黃光，(b)從放射性核所發出的伽瑪射線，(c)商業電台天線發射的無線電波，(d)機場交通管制雷達發出的微波束。

範例 38.01　以光子形式的光之發射和吸收

一個鈉蒸氣燈置於大球的中心，此球吸收所有落至它身上的鈉光。鈉射出的能量是 100 W，鈉光的波長為 590 nm。球的光子吸收率為何？

關鍵概念

我們假設光被射出並以光子的方式被吸收。燈發出的光完全被大球所吸收。故大球的光子吸收率 R 和燈之光子釋放率 R_{emit} 相等。

計算 這個速率是

$$R_{emit} = \frac{能量釋放率}{每光子之能量} = \frac{P_{emit}}{E}$$

愛因斯坦認為能量是光量子(在現代被稱為光子)，故可將 38-2 式($E = hf$)代入；然後，可將吸收率寫成

$$R = R_{emit} = \frac{P_{emit}}{hf}$$

由 38-1 式並代入已知數據可得

$$R = \frac{P_{emit}\lambda}{hc}$$

$$= \frac{(100\,\text{W})(590 \times 10^{-9}\,\text{m})}{(6.63 \times 10^{-34}\,\text{J} \cdot \text{s})(2.998 \times 10^{8}\,\text{m/s})}$$

$$= 2.97 \times 10^{20} \text{ 光子/秒} \tag{答}$$

38-2 光電效應

學習目標

在閱讀完這個區塊的文字之後，讀者應該能夠...

38.03 簡單描繪一個光電實驗的基本圖示，顯示出入射光、金屬板、擊出的電子(光電子)與集電極。

38.04 解釋在愛因斯坦之前物理學家對光電效應的問題，以及愛因斯坦對此效應的解釋有何歷史重要性。

38.05 了解截止電位 V_{stop}，並建立截止電位與擊出的光電子之最大動能 K_{max} 之間的關係。

38.06 對於光電效應的實驗設置，應用入射光的頻率及波長、光電子的最大動能 K_{max}、功函數Φ及截止電位 V_{stop} 之間的關係式。

38.07 對於光電效應的實驗設置，畫出截止電位 V_{stop} 對光的頻率之圖形，找出截止頻率 f_0，並建立斜率與普朗克常數h及基本電荷e之間的關係。

關鍵概念

● 當頻率夠高的光照射金屬表面時，透過吸收照射光中的光子，電子可獲得足夠能量而脫離金屬，這稱為光電效應。

● 在光電效應的吸收及脫離中的能量守恆寫為

$$hf = K_{max} + \Phi$$

其中 hf 為被吸收的光子能量，K_{max} 為脫離的電子中能量最高者的動能，Φ(功函數)則為一個電子要脫離金屬中束縛電子的電力所需的最低能量。

● 若 $hf = \Phi$，電子恰脫離但沒有動能，此時頻率稱為截止頻率 f_0。

● 若 $hf < \Phi$，電子無法脫離。

光電效應

若將波長夠短的一束光照射至乾淨的金屬表面上，光會造成電子脫離表面(光會將電子擊出表面)。光電效應使用在很多設備中，包括攝錄影機。愛因斯坦的光子概念可以解釋此效應。

讓我們來分析兩個光電實驗，它們均使用圖 38-1 的儀器、頻率 f 為的光照射在靶 T 上，而自靶上擊出電子。在靶 T 和集電極(集極)C 之間加上一個位差 V 以便收集電子，稱為光電子。光電子匯集成光電流 i，由安培計 A 測量。

第一個光電實驗

在圖 38-1 中，我們藉由移動可滑動的接點來調整電位差 V，集極電位低於靶 T。因此，此電位差可減速電子。然後我們改變 V 之值直到集極的安培計 A 的讀數恰為零，此時的電位差 V 稱為截止電位 V_{stop}。當 $V = V_{stop}$ 時，最快的光電子會被阻止於集極之前。最快光電子的動能 K_{max} 為

$$K_{max} = e V_{stop} \tag{38-4}$$

其中 e 為基本電量。

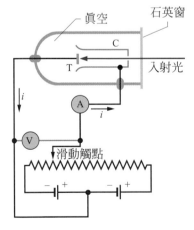

圖 38-1 一種用來研究光電效應的儀器。入射光照在靶 T 上，射出電子，電子由集極 C 所收集。電子在電路中移動的方向與傳統的電流方向相反。電池及可變電阻被使用來產生並調整 T 與 C 之間的電位。

測量的結果告訴我們，對某個特定頻率的光而言，其 K_{max} 值不會因光的強度而變。不管光源是多麼地明亮或是多麼地微弱(或介於兩者之間)，電子之最大動能具有相同值。

對於古典物理而言，此結果使我們感到困惑。如果你將入射光看成古典電磁波。你會有一種想法，即入射光波之電場會使得靶上的電子來回振盪。在正常的情況下，電子會儲存足夠的能量而從靶表面脫離。因此，若你增加波及其振盪電場的振幅，電子被射出時會得到能量較多的一「踢」。但事實並非如此。給一個特定的頻率，強的入射光和弱的入射光其脫離電子速率之極大值皆相同。

如果我們依照光子的觀點，此結果將是理所當然的。在圖 38-1 中，靶 T 上的電子可以從單一光子之入射光儲存最大的能量。增加光的強度只是增加靶表面光子的數目，但由 38-2 式，因為頻率不變，所以每個光子的能量仍然沒有改變。所以轉移到電子的最大動能沒有改變。

第二個光電實驗

現在我們改變入射光的頻率 f 且測量相關的截止電位 V_{stop}。圖 38-2 是 f 和 V_{stop} 的關係圖。如果頻率小於特定的**截止頻率** f_0，也就是說，如果波長超過對應的**截止波長** $\lambda_0 = c/f_0$，則無法產生光電效應。無論光的強度有多大，皆然。

對於古典物理，這是另一個使人困惑的結果。如果你把光看成是電磁波，無論多麼低頻率的光，只要你提供足夠的能量，電子總是會被打出來——亦即，如果你用足夠明亮的光。但事實並非如此。對於低於特定頻率的光，無論光源再怎麼明亮仍無法產生光電效應。

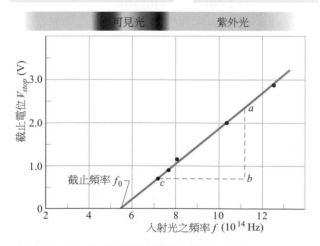

圖 **38-2**　當圖 38-1 中的 P 板為鈉金屬時，截止電位與入射光頻率之函數圖。[此數據由密立根(R.A. Millikan)在 1916 年公布]

如果能量是由光子所傳遞，那麼截止頻率的存在即是我們所期待產生光電效應的最低限制。在靶裡面的電子是被電力所束縛著(如果不是這樣，則電子會因重力的影響而從靶上掉落下來！)為了從靶上脫離，電子必須儲存最小的能量 Φ，其中 Φ 與靶材料的性質有關，稱為**功函數**。如果由光子傳遞給電子的能量 hf 超過物質的功函數(即 $hf > \Phi$)，電子可以從靶表面脫離。如果能量沒有超過功函數(即 $hf < \Phi$)則電子無法脫離。這就是圖 38-2 所表示的結果。

光電方程式

愛因斯坦將兩個光電實驗總結寫成方程式

$$hf = K_{max} + \Phi \quad \text{(光電方程式)} \tag{38-5}$$

此方程式說明了功函數為 Φ 的靶吸收單一光子時，遵守能量守恒原理。能量為 hf 的光子，將所有能量傳遞給靶中的某一個電子。如果電子從靶上脫離，它最少必須獲得 Φ 的能量。任何剩下來的能量($hf - \Phi$)即成為電子的動能。在最順利的情況下，電子脫離表面而在整個過程中不失去動能，則在脫離時將擁有最大動能 K_{max}。

讓我們把 K_{max} 代入 38-4 式($K_{max} = e\,V_{stop}$)，然後重寫 38-5 式。經過整理之後 38-5 式可重寫成

$$V_{stop} = \left(\frac{h}{e}\right)f - \frac{\Phi}{e} \tag{38-6}$$

比值 h/e 和 Φ/e 為常數，所以我們預期截止電位 V_{stop} 和頻率 f 的關係圖為一直線，如圖 38-2 所示。更進一步地說，直線的斜率即為 h/e。為了證明，我們測量在圖 38-2 中的 ab 和 bc 之值，寫成

$$\frac{h}{e} = \frac{ab}{bc} = \frac{2.35\,\text{V} - 0.72\,\text{V}}{(11.2 \times 10^{14} - 7.2 \times 10^{14})\,\text{Hz}}$$
$$= 4.1 \times 10^{-15}\,\text{V·s}$$

將此結果乘上基本電量 e 我們得到

$$h = (4.1 \times 10^{-15}\,\text{V·s})(1.6 \times 10^{-19}\,\text{C}) = 6.6 \times 10^{-34}\,\text{J·s}$$

此普朗克常數值和由其它方法所測得之值是相同的。

題外話：解釋光電效應確實需要量子物理。長久以來，愛因斯坦的解釋也是光子存在的一個有力論證。然而，在 1969 年，發現了使用量子物理的另一種光電效應解釋，但不需要光子概念。事實上，光是量子化的，但愛因斯坦對光電效應的解釋並非此事實的最佳論證。

測試站 2

題目的圖中資料和圖 38-2 類似，靶分別由銫、鉀、鈉和鋰所組成。直線是互相平行的。(a)照功函數由大至小排列這些靶。(b)照所得的 h 值由大至小排列下面的圖形。

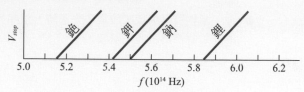

範例 38.02　光電效應和功函數

由圖 38-2 所給的資料求出鈉的功函數 Φ。

關鍵概念

我們可以從截止頻率 f_0 得到功函數 Φ。理由是：在截止頻率處，38-5 式的動能 K_{max} 為零。因此，從一個光子轉到一個電子的所有能量 hf 全部給了電子可跳離的能量，也就是功函數 Φ。

計算　由最後一個概念，38-5 式及 $f = f_0$ 給出

$$hf_0 = 0 + \Phi = \Phi$$

在圖 38-2 中的截止頻率 f_0 和頻率軸的交點其值約為 5.5×10^{14} Hz。然後我們得到

$$\Phi = hf_0 = (6.63 \times 10^{-34} \text{ J·s})(5.5 \times 10^{14} \text{ Hz})$$
$$= 3.6 \times 10^{-19} \text{ J} = 2.3 \text{eV} \qquad \text{(答)}$$

WILEY PLUS Additional example, video, and practice available at *WileyPLUS*

38-3　光子具有動量

學習目標

在閱讀完這個區塊的文字之後，讀者應該能夠...

38.08 對於光子，應用動量、能量、頻率及波長之間的關係。

38.09 依圖所示，描述康卜吞實驗的基本性質。

38.10 了解康卜吞散射的歷史重要性。

38.11 對於康卜吞散射角 ϕ 的增加，了解散射X射線中的物理量(動能、動量及波長)是否增加或減少。

38.12 對於康卜吞散射，描述動量如何守恆及動能如何導出給定一波長位移 $\Delta\lambda$ 之方程式。

38.13 對於康卜吞散射，應用入射和散射的X射線之波長、波長位移 $\Delta\lambda$、光子散射的角度 ϕ，與電子最終能量和動能(都有大小和角度)。

38.14 在光子方面，解釋標準版本下的雙狹縫實驗、單光子版本，及單一光子大角度版

關鍵概念

● 雖然不具質量,但光子具有動量,動量與光子的能量 E、頻率 f 及波長 λ 的關係爲

$$p = \frac{hf}{c} = \frac{h}{\lambda}$$

● 在康卜吞散射中,X 射線從標靶中稍微被束縛的電子散射出的行爲就像粒子(光子)。

● 散射中,一個 X 射線光子損失之能量及動量轉移至標靶電子。

● 造成的光子波長增加量(康卜吞位移)爲

$$\Delta\lambda = \frac{h}{mc}(1 - \cos\phi)$$

其中 m 爲標靶電子的質量,ϕ 爲光子偏離初始行進方向的散射角度。

● 光子:當光與物質互動時,互動方式就像粒子,發生在一個點並轉移能量及動量。

● 波:光源射出一個光子時,光子的行進是解釋爲機率波。

● 波:當物質發射或吸收很多光子時,這些光子形成的光是解釋爲古典電磁波。

光子具有動量

1916 年愛因斯坦延伸他的光子觀念指出光子具有線性動量。能量爲 hf 之光子,動量大小爲

$$p = \frac{hf}{c} = \frac{h}{\lambda} \quad \text{(光子動量)} \tag{38-7}$$

其中 f 用 38-1 式($f = c/\lambda$)代入。因此,當一個光子和物質交互作用時,能量及動量均有轉移,就如同光子和物質間有古典碰撞一樣(第 9 章)。

在 1923 年,阿瑟·康卜吞在聖路易斯華盛頓大學展示了透過光子而發生的動量和能量轉移。如圖 38-3 所示,他將一束波長爲 λ 的 X 射線照在石墨靶上。X 射線是一種高頻而短波長的電磁輻射。康卜吞從不同的方向測量由石墨靶散射出的 X 射線之波長和強度。

圖 38-4 顯示他的結果。雖然入射的 X 射線只有單一波長($\lambda = 71.1$ pm),但散射的 X 射線卻有一定的波長分佈範圍並且有兩個顯著的高峰值。其一峰值相對應於入射波長 λ,另一峰值相對應於波長 λ',λ' 比 λ 長了 $\Delta\lambda$ 的量,此值即爲**康卜吞位移**。康卜吞位移隨 X 射線的散射角度而變化,角度越大就越大。

對於古典物理而言,圖 38-4 仍然令人困惑。如果你將入射的 X 射線想成是電磁波。你必須想像電子在入射光波所造成的電場影響下,在石墨靶上來回振盪。電子的振盪頻率將和入射光的頻率一致,像一個小無線電傳送天線,它將發射相同的頻率。散射的 X 射線應該有相同的頻率,並因此有相同的波長——但它們卻不是這樣。

康卜吞以入射 X 射線與石墨靶中稍微被束縛的電子兩者之間,透過光子而發生的能量和動量轉移,來解釋 X 射線從石墨靶發出的散射。我們來看看如何利用量子物理的解釋來了解康卜吞的結果。

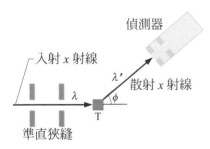

圖 38-3 研究康卜吞效應的儀器。X 射線束其波長 $\lambda = 71.1$ pm 落在石墨靶 T 上。在與入射線夾各種不同角度處來觀測散射的 X 射線。偵測器測量出這些 X 射線被散射的強度與波長。

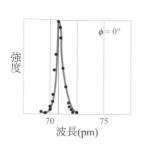 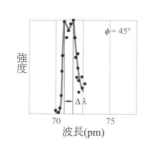 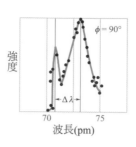 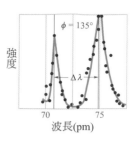

圖 38-4 四個不同散射角 ϕ 的康卜吞散射實驗結果。注意，康卜吞位移 $\Delta\lambda$ 隨散射角度增加而增加。

假設只有單一光子(能量 $E = hf$)與入射的 X 射線和靜止之電子間的交互作用有關。一般而言，X 射線的方向將會改變(X 射線的光子會被散射)而且電子會被彈開，所以電子將獲得一些動能。因為在此作用下能量是守恆的。散射光子的能量($E' = hf'$)必須小於入射光子。散射的 X 射線比起入射的 X 射線來有較低的頻率 f' 和較長的波長 λ'，如同圖 38-4 康卜吞的實驗所示。

從定量上，首先我們應用能量守恆。圖 38-5 表示 X **射線**和最初靜止的自由電子之間的「碰撞」。此碰撞的結果表示，波長 λ' 的 X **射線**在角度中被散射，而電子在角度 θ 處離開。由能量守恆可得

$$hf = hf' + K$$

其中 hf 是入射之 X 射線的能量， hf' 是散射 X 射線光子的能量，而 K 是被彈開電子的動能。因為被彈開的電子速率接近於光速，所以必須使用相對論的 37-52 式

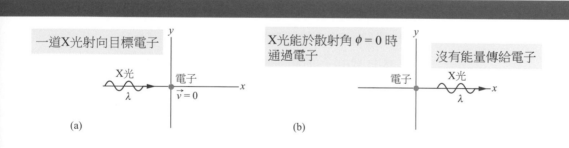

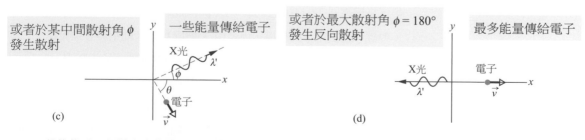

38-5 (a)X 射線接近一個靜止中的電子。X 射線可能(b)移繞過電子(前向散射)而沒有移轉任何能量或動量，(c)以些微的角散射其中轉移了一些能量和動量，或(d)向後散射並轉移最大的能量和動量。

$$K = mc^2(\gamma - 1)$$

此為電子之動能。m 為電子的質量，γ 為勞倫茲因子。

$$\gamma = \frac{1}{\sqrt{1 - (v/c)^2}}$$

以 K 代入能量守恆方程式

$$hf = hf' + mc^2(\gamma - 1)$$

然後以 c/λ 代替 f，以 c/λ' 代替 f' 得

$$\frac{h}{\lambda} = \frac{h}{\lambda'} + mc(\gamma - 1) \tag{38-8}$$

下一步，我們將動量守恆定律套用到圖 38-5 的 X 射線電子碰撞。從 38-7 式($p = h/\lambda$)，入射光子的動量大小為 h/λ，散射光子的動量大小為 h/λ'。由 38-41 式可得散射電子的動量($p = \gamma mv$)。分別寫出 x 和 y 方向的動量守恆。

$$\frac{h}{\lambda} = \frac{h}{\lambda'}\cos\phi + \gamma mv\cos\theta \quad (x\ \text{方向}) \tag{38-9}$$

$$0 = \frac{h}{\lambda'}\sin\phi - \gamma mv\sin\theta \quad (y\ \text{方向}) \tag{38-10}$$

我們要找出 $\Delta\lambda\ (= \lambda' - \lambda)$，即 X 射線散射的康卜吞位移。在 38-8、38-9 和 38-10 式所出現的五個碰撞變數 $(\lambda, \lambda', v, \phi, \theta)$，我們選擇消去只與電子有關的 v 和 θ。經過代數計算(有點複雜)導出

$$\Delta\lambda = \frac{h}{mc}(1 - \cos\phi) \quad (\text{康卜吞位移}) \tag{38-11}$$

38-11 式符合康卜吞的實驗結果。

38-11 式中 $\dfrac{h}{mc}$ 的是一個常數，稱為**康卜吞波長**。其值決定於粒子質量 m。此處粒子是稍微被束縛的電子，因此我們將以電子的質量代入 m 去計算電子康卜吞散射之康卜吞波長。

尚未解決的地方

接下來解釋圖 38-4 中波長 $\lambda(= 71.1\ \text{pm})$未改變的峰值 。此峰值並非來自 X 射線和自由電子的相撞，而是由 X 射線和緊密地束縛於標靶原子內的電子之散射。事實上，此碰撞如同 X 射線和整個碳原子的碰撞。在 38-11 式中我們用碳原子的質量(大約是電子質量的 22,000 倍)來代替 m，我們可以發現此時的 $\Delta\lambda$ 值小於原來的 22,000 倍——小得無法偵測。所以在這些碰撞中散射之 X 射線的波長等於原來的 X 射線。圖 38-4 中提供無位移之峰值。

✅ 測試站 3

比較 X 射線($\lambda \approx 20$ pm)和可見光($\lambda \approx 500$ nm)的康卜吞散射。下列數值哪一個較大(a)康卜吞位移，(b)波長位移的比率，(c)光子能量改變的比率，(d)傳給電子的能量？

範例 38.03　電子光的康卜吞散射

波長 22 pm 的 X 射線(光子能量= 56 keV)，從碳靶散射出，在偏離入射光束 85° 之處，觀測此被散射的輻射。

(a)康卜吞位移是多少？

關鍵概念

康卜吞位移是 X 射線被靶內束縛較鬆的電子散射所產生的波長變化。此外，根據 38-11 式，此位移與偵測 X 射線的角度有關。這種於 $\phi = 0°$ 角度時的向前散射位移是零，於角度 $\phi = 180°$ 的向後散射下位移最大。這裡我們有一個於角度 $\phi = 85°$ 的中間情況。

計算　由 38-11 式，代入85° 角及電子質量 9.11×10^{-31} kg(因為是由電子產生的散射)可得

$$\Delta\lambda = \frac{h}{mc}(1 - \cos\phi)$$

$$= \frac{(6.63 \times 10^{-34} \text{ J·s})(1 - \cos 85°)}{(9.11 \times 10^{-31} \text{ kg})(3.00 \times 10^{8} \text{ m/s})}$$

$$= 2.21 \times 10^{-12} \text{ m} \approx 2.2 \text{ pm} \qquad \text{(答)}$$

(b)由最初的 X 射線光子傳遞給被彈開電子的能量百分比為何？

關鍵概念

我們需要找出被電子散射之光子的能量損耗的百分比：

$$比例 = \frac{能量損失}{起始能量} = \frac{E - E'}{E}$$

計算　由 38-2 式($E = hf$)，我們可以把初始能量 E 與 X 射線的偵測能量 E' 用頻率來表示。然後從 38-1 式($f = c/\lambda$)，我們可以把頻率換成波長。我們得到

$$比例 = \frac{hf - hf'}{hf} = \frac{c/\lambda - c/\lambda'}{c/\lambda} = \frac{\lambda' - \lambda}{\lambda'}$$

$$= \frac{\Delta\lambda}{\lambda + \Delta\lambda}$$

將數值代入得

$$比例 = \frac{2.21 \text{ pm}}{22 \text{ pm} + 2.21 \text{ pm}} = 0.091 \text{ 或 } 9.1\% \quad \text{(答)}$$

雖然康卜吞位移 $\Delta\lambda$ 和入射之 X 射線波長無關(見 38-11 式)，但是 X 射線損耗的能量比例卻和 λ 有關，由 38-12 式，減少入射光的波長將會增加其比例。

WILEY PLUS Additional example, video, and practice available at *WileyPLUS*

如同機率波的光

物理中的一個基本謎團，就是光如何能像古典物理的波一樣(分佈在某一範圍)，但是卻又能像量子物理的光子一樣被發射與吸收(以點的方式產生與消失)。35-2 節的雙狹縫實驗便直指此謎團的核心。讓我們來討論該實驗的三個版本。

干涉圖形

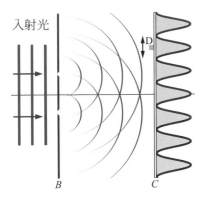

入射光

圖 38-6 光射入包含兩個平行狹縫的屏幕 *B* 上。光從狹縫射出且因繞射而散開。兩個繞射波重疊於屏幕 *C* 且形成一組干涉條紋。在 *C* 之平面上置一個小的光子偵測器 *D*，當它吸收光子時即會產生「卡」聲。

標準版的實驗

圖 38-6 為 1801 年由楊氏所完成的最初實驗，和圖 35-8 一樣。光打至屏幕 *B* 上，*B* 包含了兩個平行的狹縫。光從兩狹縫射出，經過繞射和重疊，到達屏幕 *C* 時是干涉的結果，此圖形是最大亮度和最小亮度之間的交替。在 35-2 節中我們以干涉條紋的存在來證實光具有波的性質。

我們於屏幕 *C* 上的某一點安置一個微小的光子偵測器 *D*。假定一個光電裝置當它吸收一個光子時即會產生「卡嗒」聲。我們發現在任何地方它產生一連串的「卡嗒」聲，每一個「卡」聲表示從光波屏幕吸收了單一光子的能量。若我們將圖 38-6 中的偵測器上下移動我們會發現「卡嗒」聲的速率將會有所增減，最大速率和最小速率的「卡」聲相對應於最亮和最暗的干涉條紋。

此想像實驗的重點如下所述：我們無法預測光子會在屏幕 *C* 上的某特定點上被偵測到，而是在隨意區間的個別位置被偵測到。然而我們可以預測在特定時間間隔內，在特定位置能偵測到單一光子的相對機率，即測出入射光在屏幕 *C* 上之強度的比例值。

在 33-5 節中的 33-26 式($I = E_{rms}^2 / c\mu_0$)可知於任何一點的光波強度 *I* 是正比於 E_m 的平方，E_m 為那一點的電場振幅之大小。因此，

 在所給的光波中，其任何一小點的中心地方能偵測到光子的機率是正比於在那點的電場向量振幅大小之平方。

現在我們已用機率的觀念來描述光波，因此這是另一個解釋光的方法。光不僅是電磁波而且也是**機率波**。該機率為光子在該點上任何小體積中被偵測到機率，我們可以對光波上任何一點附上機率的數值(每單位時間間隔)。

單一光子版的實驗

單一光子的雙狹縫實驗首先是由泰勒於 1909 年所完成的，並且在之後又被重做了好幾次。不同於雙狹縫干涉實驗的作法，光源是如此地微弱以致於每次只有一個光子發出。令人驚訝的是，如果實驗運轉夠久，仍會有干涉條紋出現在屏幕 *C* 上(泰勒早期所作的時間是好幾個月)。

我們該如何解釋單一光子雙狹縫實驗的結果？在我們考慮此結果之前，我們不得不詢問類似如此的問題。如果每一次只有一個光子通過此雙狹縫，那麼光子是通過哪一個狹縫呢？這個光子是如何「知道」有另一個狹縫的存在以至於干涉現象是可能的？單一光子能以某種方式通過兩個狹縫而且和自己干涉嗎？

記住，我們只知道何時光子和物質交互作用，我們只能藉由物質(如用一偵測器或螢幕)和它的交互作用來偵測它。因此在圖 38-6 的實驗中，

我們只知道光子由光源產生並在螢幕消失。在光源跟螢幕之間，我們不知道光子在那裏或發生什麼事。然而，因最後在螢幕上產生干涉圖樣，我們可以猜測每一個光子以類似波的形式在光源到螢幕間的空間行進，最終在螢幕被吸收而消失並且和螢幕的某一點有能量跟動量的轉移。

對於任一個從光源出發的光子我們均無法預測在何處會發生這種轉移。不過，我們可以預測在螢幕上的任一點此轉移會發生的機率。轉移傾向發生在螢幕的干涉圖樣之亮紋處；轉移傾向不發生在暗紋處。因此，我們可以說從光源到螢幕的波是一種機率波，它將會在螢幕上產生一組「機率條紋」的圖樣。

單一光子大角度版的實驗

在過去，物理學家嘗試用古典光波的小波包各自射向狹縫的觀點，來解釋單光子雙狹縫實驗。他們會將這些小波包定義成光子。但是近代的一些實驗證明這樣的解釋及定義並不可行。圖 38-7 是這些實驗的其中之一，是 1992 年新墨西哥大學的 Ming Lai 和 Jean-Claude Diels 所提出。光源 S 中的分子在間隔設計好的時間發射光子。然後放置好鏡子 M_1 和 M_2，用來反射光源所射出並沿兩不同路徑 1 和 2 之光，兩路徑分開的夾角 θ 接近 180 度。此種配置不同於標準的雙狹縫實驗，因為標準雙狹縫實驗中，到達雙狹縫的光波路徑夾角非常小。

從 M_1 和 M_2 反射之後，光波沿路徑 1 和 2 行進而在分束鏡 B 處相遇，分束鏡可以透射一半入射光並反射另一半。在圖 38-7 中 B 的右邊，沿路徑 2 行進而在 B 被反射的光，和沿路徑 1 行進而在 B 透射的光，兩者結合。這兩道光波在偵測器 D 處互相干涉，D 為可偵測到個別光子的光電倍增管。

由偵測器輸出的是一連串任意間隔之電子脈衝，每一個電子脈衝即代表一個光子。在此實驗中，分光儀在水平方向慢慢地移動(由實驗所描述最大只移動約 50 μm)，由偵測器輸出的訊號是由圖表記錄器所記錄。移動分光儀來改變路徑 1 和 2 的長度，在光到達偵測器 D 時產生一個相位移。由偵測器輸出的訊號可知干涉的極大和極小值。

這個實驗從傳統方法是很難理解的。例如，當分子在源頭處輻射單一光子，在圖 38-7 中，光子是沿路徑 1 或 2 行進(或者沿任何其它路徑)？它如何在同一時間在兩個方向行進？為了解釋此現象，我們假設當分子輻射出光子時，是往各個方向輻射機率波。此實驗裝置選擇其中方向幾乎完全相反的兩方向之光波。

我們可以由三個假設來解釋上述三種版本的雙狹縫實驗(1)光源以射出光子來發光，(2)偵測器以光子為單位吸收光，(3)光在光源和偵測器之間有如機率波般傳播。

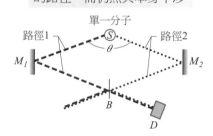

一個單一光子能採許多不同的路徑，而仍然與本身干涉

圖 38-7 單光子從源頭 S 輻射，行進於分開角極大的兩個路徑，在經過分束鏡 B 後再度結合且在偵測器 D 形成干涉條紋。

(Ming Lai 與 Jean-Claude Diels, Journal of the Optical Society of America B, 9, 2290-2294, December 1992)

38-4 量子物理的誕生

學習目標

在閱讀完這個區塊的文字之後,讀者應該能夠...

38.15 了解理想的黑體輻射體與其光譜輻射強度分佈 $S(\lambda)$。

38.16 了解在普朗克研究以前,物理學家對黑體輻射的問題,並解釋普朗克與愛因斯坦如何解決該問題。

38.17 已知波長與溫度時,應用普朗克輻射定律。

38.18 對於一狹窄的波長範圍,根據已知波長與溫度,求出黑體輻射的強度。

38.19 應用強度、功率及面積之間的關係式。

38.20 應用維恩定律建立起,理想黑體輻射體的表面溫度,與光譜輻射強度為最大值的波長,這兩者間的關係

關鍵概念

● 為了測量理想黑體輻射體的熱輻射發射量,我們利用在給定的波長 λ 時,每單位波長的發射強度,據以定義光譜輻射強度。

$$S(\lambda) = \frac{強度}{單位波長}$$

● 描述原子振子產生熱輻射的普朗克輻射定律為

$$S(\lambda) = \frac{2\pi c^2 h}{\lambda^5} \frac{1}{e^{hc/\lambda kT} - 1}$$

其中 h 為普朗克常數,k 為波茲曼常數,T 為輻射表面的溫度(凱氏溫標)。

● 普朗克定律首次提出,產生輻射的原子振子其能量為量子化。

● 維恩定律描述黑體輻射體的溫度 T,與光譜輻射強度為最大值的波長 λ_{max},兩者之間的關係為:

$$\lambda_{max} T = 2898 \ \mu m \cdot K$$

量子物理的誕生

我們現在已經知道了,光電效應與康卜吞散射是怎麼驅使物理學家進入量子物理領域,那回到最一開始,能量量子化的想法從實驗數據中浮現那時候。故事開始於現今可能看來尋常,但對於 1900 年代的物理學家卻是眾所矚目的焦點。主角是理想黑體輻射體所發出的熱輻射,也就是,一個輻射體發出的輻射只跟其溫度有關,跟組成材料、表面性質或任何溫度以外的東西都無關。簡單說,麻煩就在這裡:實驗結果大大不同於理論預測,而沒有人對原因有一絲頭緒。

實驗設置。我們可以這樣製造一個理想輻射體,也就是在一個物體內形成一個腔室,並保持腔壁處於一均勻溫度。物體內壁的原子會振動(因為有熱能),這使得原子發射電磁波,即熱輻射。為了將熱輻射取樣,在壁上鑽一小孔,讓一些輻射可藉以脫離腔室而被測量(但脫離量不足以改變腔內輻射)。我們有興趣的地方是,輻射強度與波長的關係。

　　處理強度分佈時，對在已知波長 λ 發射的輻射定義了其**光譜輻射強度** $S(\lambda)$：

$$S(\lambda) = \frac{強度}{單位波長} = \frac{功率}{(輻射體單位面積)(單位波長)} \quad (38\text{-}12)$$

如果 $S(\lambda)$ 乘上一個狹窄的波長範圍 $d\lambda$，就得到波長在 λ 到 $\lambda + d\lambda$ 範圍內的發射強度(壁中之孔其每單位面積的功率)。

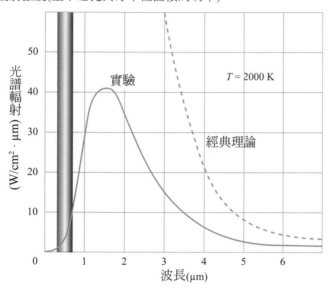

圖 38-8 中的實線為壁溫 2000K 之腔室在一波長範圍所得到的實驗結果。雖然這樣的輻射體會在暗室中發光發熱，但可從圖看出，實際上只有一小部分的輻射能量是位在可見範圍(以彩色標示)。在實驗的溫度下，大部分輻射能量位於波長較長的紅外線範圍。

圖 38-8　實線為 2000K 之腔室所得到的光譜輻射強度實驗結果。注意到以虛線表示的古典理論預測失敗。圖中也標出可見光波長的範圍。

　　理論。已知溫度 T (凱氏溫標)下，古典物理對光譜輻射強度的預測為

$$S(\lambda) = \frac{2\pi ckT}{\lambda^4} \quad (古典輻射定律) \quad (38\text{-}13)$$

其中 k 為波茲曼常數(公式 19-7)，等於

$$k = 1.38 \times 10^{-23} \text{ J/K} = 8.62 \times 10^{-5} \text{ eV/K}$$

對 $T = 2000$ K 時的古典預測結果也有描繪在圖 38-8。雖然理論結果與實驗結果在長波長時(超出圖右邊)符合得很好，但在短波長時一點也不接近。確實，理論預測還不包括如實驗結果中可見的最大值，反而「爆掉」到無窮大去了(這讓物理學家感到相當困擾，甚至尷尬)。

　　普朗克的解決方法。在 1900 年時，普朗克想出一個 $S(\lambda)$ 式子，漂亮地符合所有波長及溫度下的實驗結果

$$S(\lambda) = \frac{2\pi c^2 h}{\lambda^5} \frac{1}{e^{hc/\lambda kT} - 1} \quad (普朗克輻射定律) \quad (38\text{-}14)$$

公式中的關鍵元素就在指數的參數：hc/λ，這可重寫為 hf 的形式，讓式子更易於聯想。公式 38-14 是首次使用符號 h，且 hf 的出現也暗示腔壁原子振子的能量是量子化的。然而，因為本身的古典物理訓練，儘管普朗克的公式一下子就成功符合所有實驗數據，他就是不能相信這種結果。

愛因斯坦的解決方法。長達 17 年都無人理解公式 38-14，但愛因斯坦用一個非常簡單的模型解釋了這式子，兩個關鍵想法為：(1) 腔壁原子輻射出的能量確實為量子化的。(2) 腔室內的輻射能量也是量子化的(其量子現在稱為光子)，每個量子的能量為 $E = hf$。在他的模型中，他解釋了原子能夠發射及吸收光子的過程，還有原子如何與發射及吸收的光達到平衡。

最大值。已知溫度 T 下，$S(\lambda)$ 為最大值的波長 λ_{max} 可以這樣求出：由公式 38-14 對 λ 取一階導數，再求解導數為零時的波長。得到的結果稱為維恩定律：

$$\lambda_{max} T = 2898\ \mu m \cdot K \quad \text{(最大輻射強度對應的波長)} \tag{38-15}$$

例如，在圖 38-8 中，$T = 2000$ K，而 $\lambda_{max} = 1.5\ \mu m$ 比可見光譜的長波段末端還大，落於紅外線區域。若增加溫度，λ_{max} 會減小，圖 38-8 中的峰值會改變形狀並更移入可見範圍。

輻射功率。若在給定溫度下，對公式 38-14 作積分，範圍是所有波長，則會得到一個熱輻射體的單位面積功率。若再乘上總表面積 A，則會得到總輻射功率 P。我們在公式 18-38 已經看過結果了(符號略作改變)：

$$P = \sigma \varepsilon A T^4 \tag{38-16}$$

其中 $\sigma (= 5.670 \times 10^{-8}$ W/m$^2 \cdot$ K^4 為史特凡-波茲曼常數，ε 為輻射表面的發射率($\varepsilon = 1$ 是理想黑體輻射體的情況)。實際上，公式 38-14 對所有波長作積分很難。然而，給定溫度 T、波長 λ 及波長範圍 $\Delta\lambda$ (相對於 λ 很小)時，只要計算 $S(\lambda) A\, \Delta\lambda$，就可以近似該範圍的功率。

38-5 電子與物質波

學習目標

在閱讀完這個區塊的文字之後，讀者應該能夠...

38.21 了解電子(及質子與所有其他基本粒子)是物質波。

38.22 對於相對論性與非相對論性的粒子，應用德布羅意波長、動量、速率及動能之間的關係式。

38.23 描述如電子之粒子所得的雙狹縫干涉圖形。

38.24 對物質波應用光學的雙狹縫公式(35-2節)與繞射公式(36-1)。

關鍵概念

● 一個運動中的粒子，如電子，可以描述為物質波。
● 物質波的波長是粒子的德布羅意波長 $\lambda = h/p$，其中 p 為粒子的動量。

● 粒子：當電子與物質交互作用時，交互作用就像粒子，發生在一個點，並轉移能量與動量。
● 波：當電子行進中時，將其描述為一個機率波。

電子和物質波

在 1924 年法國的物理學家德布羅意作下列對稱性的陳述。光是波，但它以光子的形式傳遞能量和動能給物質。為什麼一束粒子不能有相同的性質呢？就是為什麼我們不能想到移動的電子，或其它的粒子具有物質波的性質？

尤其是，德布羅意提出，公式 38-7（$p = h/\lambda$）不止應用至質子，電子也可以。在 38-3 節中我們使用該公式去賦予波長 λ 之光子一個動量 p。現在則這麼使用

$$\lambda = \frac{h}{p} \quad \text{（德布羅意波長）} \tag{38-17}$$

上式中我們給動量為 p 的粒子波長為 λ。38-17 式中之波長稱為移動粒子的**德布羅意波長**。德布羅意所預言的物質波，在 1927 年由貝爾實驗室的德維生和革末首次以實驗證明之，同時蘇格蘭愛伯大樂的湯姆遜亦以實驗證實物質波的存在。

圖 38-9 所示為近來用照相方式證明物質波的一個最近的實驗。實驗中，當電子被一個接一個地通過雙狹縫後，在螢幕上會形成一組干涉圖樣。除了顯示的螢幕類似電視螢幕外，此設備和前面用來示範光學式干涉實驗是類似的。當電子打到螢幕時，它會造成一個亮光因此可記錄其位置。

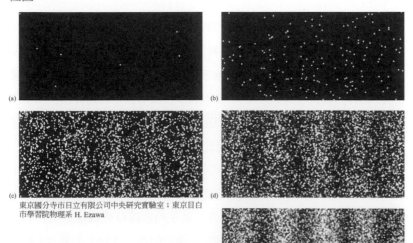

(a) (b) (c) (d) (e)

東京國分寺市日立有限公司中央研究實驗室；東京目白市學習院物理系 H. Ezawa

圖 38-9　在真實雙狹縫干涉實驗中，電子干涉圖樣的建立如圖 38-6。物質波和光波一樣為機率波。由上而下的圖形中，電子數目分別為(a)7 個，(b)100 個，(c)3000 個，(d)20,000 個，(e)70,000 個。

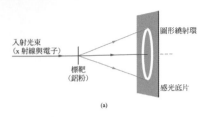

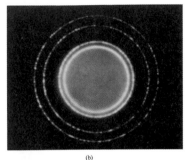

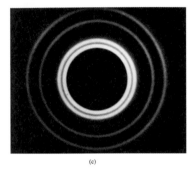

圖 (b) 及圖 (c) 來自 PSSC film "Matter Waves," 感謝
Education Development Center, Newton, Massachusetts 提供

圖 38-10 (a)由繞射技術來證實入射
光具有波動性質之實驗裝置。(b)當入
射光為 X 射線時之繞射圖,(c)當入射
光束為電子束(物質波)時之繞射圖。兩
圖之基本的幾何形狀相同。

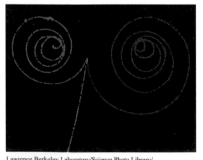

Lawrence Berkeley Laboratory/Science Photo Library/
Photo Researchers, Inc.

圖 38-11 氣泡室照片顯示了在 γ 射線
進入該室以後,兩個電子和一個正子
經過的位置。

前面的一些電子(前二張照片)並不顯示出什麼特別圖樣,只在螢幕造成一些隨機的點。不過在累積幾千個電子之後,有一個圖樣漸形成,顯示出有些條紋區有許多電子打至螢幕,及有些條紋區很少有電子打到。此圖樣正是我們預期的干涉圖樣。因此,每一個經過此設備的電子都像是一個物質波,行經其中之一狹縫部分和行經另一狹縫部份的物質波干涉。此干涉決定了在螢幕上的某定點處電子出現並撞擊螢幕的機率。許多電子撞擊處相當於光學干涉的亮紋,而較少電子撞擊處相當於暗紋。

類似的干涉實驗也分別用質子、中子及許多原子作過。在 1994 年,也有人用比電子重 500000 倍且更複雜的碘分子 I_2 作實驗。在 1999 年,則有人用更複雜的碳簇 C_{60} 及 C_{70} 作(碳簇是碳原子所組成像足球狀的分子,其中 C_{60} 及 C_{70} 各由 60 個及 70 個碳原子組成)。顯然地,像電子、質子、原子及分子之類小物體在行進中均像物質波。但是,當我們考慮更大且更複雜的物體時,我們一定會到一定地步無法再驗證其物質波的特性。在此處,我們將回到我們所熟悉的非量子世界,而其中的物理是我們本書前幾章所討論的。簡言之,一個電子是一物質波並且可和自己干涉;但是一隻貓則不是一個物質波並且無法和牠自己干涉。

粒子和原子的波動性在許多科學及工程領域已經被認為是理所當然。舉例而言,電子及中子繞射已被用於固體及液體的原子結構之研究,而電子繞射則被用於固體表面的原子特性之研究。

圖 38-10a 是一個可用來示範 X 光或電子被晶體散射的裝置。一束 X 光(或電子)打至由細小粉末的鋁晶體所組成的靶。X 光的波長為 λ。電子則給予足夠能量使其德布羅意波長和 λ 相同。晶體對 X 光或電子之散射在底片上形成一組同心圓的干涉圖樣。圖 38-10b 及 38-10c 分別顯示 X 光及電子之散射圖樣。其圖樣是相同的,不管 X 光或是電子都是波。

波和粒子

關於物質的波性質,圖 38-9 和圖 38-10 是具有說服力的證據,但是我們還是可以找到無數實驗暗示我們物質的粒子特性。舉例來說,圖 38-10 顯示了粒子(而不是波)在氣泡室所留下的軌跡。當帶電粒子通過氣泡室內所充滿的液態氫時,粒子會導致液體沿著粒子的運動路徑產生蒸發現象。因此一系列的泡泡可以標記粒子路徑,而且由於氣泡室設置了與該室所在平面成垂直的磁場,因此粒子路徑通常呈曲線狀。

在圖 38-11 中,當射線進入氣泡室頂端的時候,因為此射線是電中性,所以它沒有留下軌跡。然而它會與眾多氫原子中的一個發生碰撞,並且從該原子撞擊出一個電子;電子產生的曲線路徑抵達此照片的底部,我們以綠色標記它。碰撞的同時,伽瑪射線在成對產生事件中轉化為一個電子和一個正電子(見 21-15 式)。這兩個粒子然後緊螺旋的方式移動(電子為色彩編碼綠色而正子為紅色),因為它們與氫原子反覆碰撞而逐

漸失去能量。這些軌跡確實是電子和正子粒子特性的證據，但是圖 38-10 是否有任何波性質的證據呢？

　　為簡化這種情況，我們移去磁場，使得這一串的氣泡變成筆直。我們所看到的每一個氣泡就是偵測電子出現的偵測點。物質波在偵測點之間嘗試了 I 和 f 間所有可能的路徑，如圖 38-12 所示為偵測點 I 和 F 間的一些可能的路徑。

　　一般而言，對於連接 I 與 F 的每一路徑(除了直線路徑)，都會有一條鄰近路徑使得沿這兩條路徑的物質波因干涉而相消。對於連接 I 與 F 的直線路徑，途經所有鄰近路徑的物質波均會加強沿著直線路徑的波。可以將形成軌跡的氣泡想成是一連串偵測點，在偵測點上的物質波則發生建設性干涉。

圖 38-12　兩個粒子偵測點 I 和 F 之間有許多條路徑。只有在接近直線的路徑，物質波產生建設性的干涉。對於其它鄰近的路徑則產生破壞性的干涉。所以物質行進於直線路徑。

　測試站 4

　　電子和質子有相同之(a)動能，(b)動量，(c)速率，在每一種情況下，哪一個粒子有較短的德布羅意波長？

範例 38.04　一個電子的德布羅意波長

　　動能為 120 eV 之電子的德布羅意波長為何？

關鍵概念

　　(1)如果先得到電子的動量 p 的值，便可從 38-13 式($\lambda = h/p$)得到電子的德布羅意波長 λ。(2)由電子動能 K，我們可以求出電子的動量 p，即可從 38-13 式求得德布羅意波長。因為此電子動能遠小於電子的靜止能(0.511 MeV，參見表 37-3)。因此我們可以運用古典近似的動量 $p = mv$ 及動能 $K = \frac{1}{2}mv^2$。

計算　我們得到動能的值。為了使用德布羅意關係式，首先要由動能等式得 v，再將其帶入動量等式。

$$p = \sqrt{2mK}$$
$$= \sqrt{(2)(9.11\times10^{-31}\,\text{kg})(120\,\text{eV})(1.60\times10^{-19}\,\text{J/eV})}$$
$$= 5.91\times10^{-24}\,\text{kg·m/s}$$

由 38-13 式，得

$$\lambda = \frac{h}{p}$$

$$= \frac{6.63\times10^{-34}\,\text{J·s}}{5.91\times10^{-24}\,\text{kg·m/s}}$$

$$= 1.12\times10^{-10}\,\text{m} = 112\,\text{pm} \qquad \text{(答)}$$

這是典型原子之大小。如果我們增加動能，則此波長將變得更短。

PLUS Additional example,video,and practice available at *WileyPLUS*

38-6 薛丁格方程式

學習目標

在閱讀完這個區塊的文字之後，讀者應該能夠...

38.25 了解物質波由薛丁格方程式描述。

38.26 對於沿 x 軸移動的非相對論性粒子，寫下薛丁格方程式與其波函數空間項的一般解。

38.27 對於非相對論性粒子，應用角波數、能量、位能、動能、動量及德布羅意波長之間的關係式。

38.28 已知薛丁格方程式空間項的解時，寫下包括時間項的完整解。

38.29 已知一複數時，求出共軛複數。

38.30 已知一波函數時，計算機率密度。

關鍵概念

● 物質波(例如一電子)是由一個波函數 $\Psi(x, y, z)$ 所描述，波函數可分成空間項 $\psi(x, y, z)$ 與時間項 $e^{-i\omega t}$，其中 ω 為波的角頻率。

● 一個非相對論性粒子具有質量 m，沿 x 軸行進且具有能量 E 及位能 U，空間項可解底下的薛丁格方程式而得出

$$\frac{d^2\psi}{dx^2} + k^2\psi = 0$$

其中 k 是角波數，其與德布羅意波長 λ、動量 p 與動能 $E - U$ 之間的關係為

$$k = \frac{2\pi}{\lambda} = \frac{2\pi p}{h} = \frac{2\pi\sqrt{2m(E-U)}}{h}$$

● 粒子並不具有特定的位置，直到真的測量其位置時才確定。

● 對於微小空間體積中的一粒子，偵測到其位在一已知點的機率，是正比於物質波在該點的機率密度 $|\psi|^2$。

薛丁格方程式

一個簡單的行進波，如繩波、聲波、光波等，各以不同的一些變量來描述這些樣式相異之波。例如光波，就是光波的電場 $\vec{E}(x, y, z, t)$ 來描述。它任意點的觀察值和觀察的位置及時間有關。

我們應該使用哪一種變化量來描述物質波呢？我們所稱為**波函數** $\Psi(x, y, z, t)$ 的這個量比前述光波所對應的電場還要複雜，因為物質波除了能量和動量之外也傳遞質量和電荷。Ψ 是希臘字 psi 的大寫，在數學上它表示一個複數函數，我們總是可以將其值寫成 $a + ib$ 的形式，其中 a 及 b 都是實數而 $i^2 = -1$。

在所有情況下時間和空間項可以分開來，於是我們將 Ψ 寫成

$$\Psi(x, y, z, t) = \psi(x, y, z)e^{-i\omega t} \tag{38-18}$$

其中 $\omega (= 2\pi f)$ 是物質波的角頻率。而 ψ 是希臘字 psi 的小寫，只表示空間部份的空間函數，即與時間無關之波函數。我們要注意 ψ。現在有兩個問題產生：波函數的意義是什麼？我們要如何求得它？

波函數的意義是什麼呢？一個物質波如光波一般是機率波。例如，物質波打至一個小的粒子偵測器；那麼，此粒子在特定時間區間被偵測到的機率正比於 $|\psi|^2$，而 $|\psi|$ 是某偵測位置之波函數的絕對值。雖然 ψ 總是

一個複數量，$|\psi|^2$ 則一定是正實數。$|\psi|^2$ 即所謂的**機率密度**，且具有物理意義，但 ψ 不具有物理意義。非嚴格地說，

> 在所給的物質波上某一點之小體積的中心，其偵測到粒子的機率(每單位時間)正比於那一點的$|\psi|^2$之值。

因為 ψ 通常是複數值，我們由 ψ 和 ψ^* 相乘來求得 ψ 之絕對值的平方，其中 ψ^* 是 ψ 的共軛複數(我們把 ψ 中的 i 改成 $-i$ 即可得到 ψ^*)。

我們要如何求得波函數呢？聲波和繩波是以牛頓力學的方程式來描述。光波是由馬克斯威爾方程式來描述。非相對論性粒子的物質波則由**薛丁格方程式**來描述，薛丁格方程式是在 1926 年由奧地利的物理學家薛丁格所提出的。

在許多情況下我們也應該討論當粒子在 x 方向移動且通過一個區域，此區域有一個力作用於粒子上而產生一個位能 $U(x)$。在此特殊的情況，薛丁格方程式變成

$$\frac{d^2\psi}{dx^2}+\frac{8\pi^2 m}{h^2}\big[E-U(x)\big]\psi=0 \quad (\text{一維運動的薛丁格方程式}) \quad (38\text{-}19)$$

其中 E 是移動中粒子的總機械能量(在這個非相對論方程式中，我們不考慮質量能源)。我們無法由更基本的原理導出薛丁格方程式，因為此式已是基本原理。

可以重寫第二項來簡化薛丁格方程式的表示式。首先注意到，$E-U(x)$ 是粒子的動能。假設位能為均勻且定值(也可能是零)。因為粒子為非相對論性，可用速率 v 及動量 P 的古典方式來寫動能，然後可使用德布羅意波長而引進量子理論。

$$E-U=\frac{1}{2}mv^2=\frac{p^2}{2m}=\frac{1}{2m}\left(\frac{h}{\lambda}\right)^2 \qquad (38\text{-}20)$$

在平方項的分子分母同乘 2π，便可用角波數 $k=2\pi/\lambda$ 來重寫動能：

$$E-U=\frac{1}{2m}\left(\frac{kh}{2\pi}\right)^2 \qquad (38\text{-}21)$$

將上式代換至公式 38-19 可得

$$\frac{d^2\psi}{dx^2}+k^2\psi=0 \quad (\text{薛丁格方程式，均勻 } U) \qquad (38\text{-}22)$$

其中，由公式 38-21，角波數為

$$k=\frac{2\pi\sqrt{2m(E-U)}}{h} \quad (\text{角波數}) \qquad (38\text{-}23)$$

公式 38-22 的一般解爲

$$\psi(x) = Ae^{ikx} + Be^{-ikx} \tag{38-24}$$

其中的 A 及 B 爲常數。可證明上式確實爲公式 38-22 的一個解，將上式及其二階導數直接代入即可，並注意到會滿足等式。

公式 38-24 是薛丁格方程式的一個與時間無關的解。可假設其爲在某個初始時間 $t = 0$ 的波函數之空間項。給定 E 及 U 的值，可決定係數 A 及 B 而知道 $t = 0$ 時的波函數爲何。然後，若想知道波函數如何隨時間變化，對照公式 38-18，將公式 38-24 乘上時間項 $e^{-i\omega t}$：

$$\Psi(x,t) = \psi(x)e^{-i\omega t} = (Ae^{ikx} + Be^{-ikx})e^{-i\omega t}$$

$$= Ae^{i(kx-\omega t)} + Be^{-i(kx+\omega t)} \tag{38-25}$$

不過這部分我們點到爲止。

求機率密度 $|\psi|^2$

在 16-1 節，我們看到任何函數 F，若形式爲 $F(kx \pm \omega t)$，則代表是一個行進波。在第 16 章，這些函數爲正弦(sin 及 cos)；在這裡則爲指數。若我們想要，恆可利用尤拉公式在這兩種形式間作轉換：對於一個一般角度 θ

$$e^{i\theta} = \cos\theta + i\sin\theta \quad 及 \quad e^{-i\theta} = \cos\theta - i\sin\theta \tag{38-26}$$

公式 38-25 右式第一項表示一個沿正 x 方向行進的波，第二項則表示沿負 x 方向行進的波。讓我們計算只有正向運動的粒子其機率密度 $|\psi^2|$。將 B 設爲 0 以消去負向運動，然後 $t = 0$ 時的解變成

$$\psi(x) = Ae^{ikx} \tag{38-27}$$

爲了計算機率密度，我們取絕對值的平方：

$$|\psi|^2 = |Ae^{ikx}|^2 = A^2 |e^{ikx}|^2$$

因爲

$$|e^{ikx}|^2 = (e^{ikx})(e^{ikx})^* = e^{ikx}e^{-ikx} = e^{ikx-ikx} = e^0 = 1$$

可得

$$|\psi|^2 = A^2(1)^2 = A^2$$

注意到重點：對於我們設定的條件(均勻位能 U，包括 $U = 0$ 時的自由粒子)，沿 x 軸上任一點的機率密度爲一常數(都是 A^2)，如圖 38-13 所示。這表示若我們作量測要確定粒子的位置，位置有可能在任何 x 值。於是我們不能說，粒子以汽車沿街道移動那樣的古典方式沿著軸移動。事實上，粒子並不具有位置，直到我們去測量。

機率密度$|\psi(x)|^2$

圖 38-13 一個自由粒子在 x 方向移動之機率密度$|\psi|^2$圖。對於 x 軸而言，$|\psi|^2$ 爲常數亦即在每一點所偵測到粒子的機率一樣。

38-7 海森堡的測不準原理

學習目標

在閱讀完這個區塊的文字之後，讀者應該能夠...

38.31 對比如一個沿 x 軸移動的電子應用海森堡測不準原理，並解釋其意義。

關鍵概念

● 量子物理的機率本質對偵測粒子的位置及動量設下了一個重要極限。也就是，不可能同時無限精準地測量粒子的位置 $\vec{r}$ 與動量 $\vec{p}$。這些物理量的分量中的不確定性爲

$$\Delta x \cdot \Delta p_x \geq \hbar$$
$$\Delta y \cdot \Delta p_y \geq \hbar$$
$$\Delta z \cdot \Delta p_z \geq \hbar$$

海森堡的測不準原理

圖 38-13 中我們無法預測具有均勻電位能的粒子之位置，這就是**海森堡測不準原理**的第一個例子，此原理是在 1927 年由德國的物理學者海森堡所提出。原理說的是，不可能同時以無限精確度得到某一粒子其位置 $\vec{r}$ 和動量 $\vec{p}$ 的測量值。

以 $\hbar = h / 2\pi$ (稱爲「h-bar」)表達下，這原則告訴我們

$$\Delta x \cdot \Delta p_x \geq \hbar$$
$$\Delta y \cdot \Delta p_y \geq \hbar \quad \text{(海森堡測不準定理)} \tag{38-28}$$
$$\Delta z \cdot \Delta p_z \geq \hbar$$

其中 Δx 和 Δp_x 表示測量 $\vec{r}$ 和 $\vec{p}$ 之 x 分量時，固有的不確定性。即使是現代科技所能提供的最好測量儀器，38-20 式中位置和動量之不確定性的乘積將大於 $\hbar$，永遠不可能比 $\hbar$ 還小。

我們這裡不推導這些不確定性關係式，先應用就好。不確定性來自一個事實，電子與其他粒子是物質波，而對其位置及動量的反覆量測涉及的是機率，不是確定性。測量結果作統計時，可將 Δx 及 Δp_x 視爲測量中的分散程度(實際上，標準差)。

我們也可以用一個物理論證(雖然高度簡化過)來證明其正確性：在之前的章節，對於如沿街行駛的車子或滾過桌面的撞球，我們將位置及運動的偵測及測量視爲理所當然。我們可以看著物體而確定移動物體的位置，也就是，攔截由物體散射而出的光。散射並不會改變物體的運動。

但在量子物理中，偵測行為本身就改變了位置及運動。比如沿 x 軸移動的電子，越是想要精確決定位置(使用光或其他方法)，電子的動量就被我們改變得越多，於是動量就越不準。也就是，減少 Δx 時，就一定會增加 Δp_x。反之亦然，若動量被決定得越準(Δp_x 越小)，電子會在哪裡就越不確定(增加了 Δx)。

後者的狀況就是我們在圖 38-13 中發生的情形。我們知道了電子確定的 k，由德布羅意關係式可得，等於一個確定的動量 p_x。於是，$\Delta p_x = 0$。由公式 38-28，$\Delta x = \infty$。若這時設置實驗來偵測電子，電子可以出現在 $x = -\infty$ 到 $x = +\infty$ 之間的任何地方。

對此，你可能會這樣駁斥：難道不能非常精確地測量 p_x，接著非常精確地測量 x，不論電子剛好在哪出現？這樣不就代表可以測量 p_x 及 x，既同時又非常精確？並沒有，問題就出在雖然第一次測量得到一個精確的 p_x 值，第二次測量便一定改變那個精確值。確實，若第二次測量真的得到一個精確的 x 值，我們就會不知道 p_x 會是多少。

範例 38.05 測不準原理：位置和動量

假設一電子是沿著軸運動且具有 2.05×10^6 m/s 之速率測量此速率時有 0.5%的精確度。則同時測量電子在軸上之位置時，最少的不準度為何？(此不準量是因為海森堡原理所造成的)

關鍵概念

量子理論所許可的最小不準度是由海森堡測不準原理(38-28 式)所給出。因為運動沿 x 軸，且也只求沿該軸的不準度 Δx，所以只須考慮 x 分量即可。因為要求的是所允許的最小不準度，所以本題中以等號取代 38-28 式 x 部份的不等號，即 $\Delta x \cdot \Delta p_x = \hbar$。

計算 要計算動量的不準度 Δp_x，我們必須先計算 p_x。因為此電子的速率 v_x 遠小於光速，所以我們可以用非相對理論來求其動量 p_x。我們得到

$$p_x = mv_x = (9.11 \times 10^{-31} \text{ kg})(2.05 \times 10^6 \text{ m/s})$$
$$= 1.87 \times 10^{-24} \text{ kg} \cdot \text{m/s}$$

速率的不準確性是量測速率的 0.50%。因為 p_x 直接與速率有關，所以動量中的 Δp_x 不準確性一定為動量的 0.50%：

$$\Delta p_x = (0.0050)p_x$$
$$= (0.0050)(1.87 \times 10^{-24} \text{ kg} \cdot \text{m/s})$$
$$= 9.35 \times 10^{-27} \text{ kg} \cdot \text{m/s}$$

由海森堡原理，我們得到

$$\Delta x = \frac{\hbar}{\Delta p_x} = \frac{(6.63 \times 10^{-34} \text{ J} \cdot \text{s})/2\pi}{9.35 \times 10^{-27} \text{ kg} \cdot \text{m/s}}$$

$$= 1.13 \times 10^{-8} \text{ m} \approx 11 \text{nm} \qquad \text{(答)}$$

約為 100 個原子的直徑。在題目給定的動量測量中，位置的測量的確無法比上述之值更精確。

38-8 從勢階反射

學習目標

在閱讀完這個區塊的文字之後，讀者應該能夠...

38.32 對於在一固定位能(包括零)區域的電子，寫出薛丁格方程式的一般波函數。

38.33 畫個圖，指出電子的勢階及勢階高度 U_b。

38.34 對於兩個相鄰區域的電子波函數，利用邊界的值及斜率要一致而決定係數(機率振幅)。

38.35 決定電子入射勢階的反射及穿透係數，其中入射電子均有零位能 $U = 0$ 及大於勢階高 U_b 的力學能 E。

38.36 了解因為電子是物質波，即使具有比足以通過勢階還多的能量，還是可能從勢階反射。

38.37 利用電子從勢階反射或穿透的機率，還有電子總數中射至勢階的平均數量，來解釋反射及穿透係數。

關鍵概念

● 粒子可能從一邊界(使位能改變)反射，即使以古典情況考慮是不會反射的。

● 反射係數 R 給出一個粒子在邊界的反射機率。

● 對於一道數量龐大的粒子束，R 給出會發生反射的平均比例。

● 穿透係數 T 給出穿透邊界的機率為

$$T = 1 - R$$

從勢階反射

這裡我們很快看一下在更進階的量子物理會遇到的內容。在圖 38-14 中，射出一道數量龐大的非相對論性電子束，每一電子具有總能 E，通過一狹管而沿 x 軸行進。起初電子在區域 1，位能為 $U = 0$，但在 $x = 0$ 處，電子碰到電位能 V_b 為負的區域。這樣的過渡稱為勢階或位能能階。並稱勢階具有高度 U_b，指的是電子一旦在 $x = 0$ 通過勢階時會具有的位能，如圖 38-15 所示，位能畫成位置 x 的函數。(回憶 $U = qV$。這裡位能 V_b 為負，電子的電荷 q 為負，所以位能 U_b 為正。)

就古典觀點，電子有許多能量是與電位步驟相關

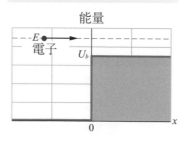

電子可以與負電位的區域相關嗎？

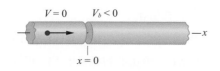

圖 38-14 圖中顯示狹管的組成元素，其中電子(小圓點)逐漸接近負電位 V_b 的區域。

圖 38-15 圖中描繪圖 38-14 的能量圖，包含兩部分：(1) 畫出電子的力學能 E。(2)電子的電位能 U 表示成電子位置 x 的函數。圖形的非零部分(勢階)具有高度 U_b。

考慮 $E > U_b$ 的情況。從古典來看，電子應該全部通過邊界，因為就是有足夠的能量。確實，在第 22 到 24 章廣泛討論了這種運動，電子進入電位能區域並改變位能及動能。我們只是作力學能守恆，並注意到位能增加，動能就減少相同的量，而速率也跟著減少。我們視為理所當然的是，因為電子能量 E 大於位能 U_b，所有電子都會通過邊界。然而，若應用薛丁格方程式的話會大吃一驚，因為電子是物質波，不是微小的實心(古典)粒子，實際上有一些電子會從邊界反射。我們來決定入射電子有多少比例 R 會反射。

在區域 1，U 為零，公式 38-23 告訴我們角波數為

$$k = \frac{2\pi\sqrt{2mE}}{h} \tag{38-29}$$

而公式 38-24 告訴我們，薛丁格方程式的空間項一般解為

$$\psi_1(x) = Ae^{ikx} + Be^{-ikx} \quad \text{（區域 1）} \tag{38-30}$$

在區域 2 中，位能為 U_b，角波數為

$$k_b = \frac{2\pi\sqrt{2m(E-U_b)}}{h} \tag{38-31}$$

而以此角波數的一般解為

$$\psi_2(x) = Ce^{ik_b x} + De^{-ik_b x} \quad \text{（區域 2）} \tag{38-32}$$

我們使用係數 C 和 D 是因為跟區域 1 的係數不一樣。

指數為正幅角之項表示粒子在 $+x$ 方向移動；而負幅角表示粒子在 $-x$ 方向移動。然而，圖 38-14 及圖 38-15 的右邊盡頭沒有電子源，不可能有電子在區域 2 移向左邊。所以，設 $D = 0$，區域 2 的解就變成

$$\psi_2(x) = Ce^{ik_b x} \quad \text{（區域 2）} \tag{38-33}$$

接下來，我們必須確定我們的解在邊界處是「良好的」。也就是，解必須在 $x = 0$ 處的值及斜率彼此一致。這些條件稱為**邊界條件**。先將 $x = 0$ 代入公式 38-30 及 38-33 的波函數，然後使結果彼此相等。這給出第一個邊界條件：

$$A + B = C \quad \text{（值一致）} \tag{38-34}$$

假使係數具有上述關係，在 $x = 0$ 的函數值就相等。

接下來，公式 38-30 對 x 取導數，再代 $x = 0$。然後公式 38-33 也對 x 取導數並代 $x = 0$。最後將兩個結果作相等($x = 0$ 處的斜率要相等)。可得

$$Ak - Bk = Ck_b \quad \text{（斜率一致）} \tag{38-35}$$

假使係數及角波數滿足上述關係式，在 $x = 0$ 的斜率就相等。

我們想要求出電子從勢階反射的機率。回憶機率密度是正比於 $|\psi|^2$。我們將反射的機率密度(正比於 $|B|^2$)與入射電子束的機率密度(正比於 $|A|^2$)兩者，透過定義**反射係數** R 而建立起關係：

$$R = \frac{|B|^2}{|A|^2} \tag{38-36}$$

R 給出了反射的機率，所以也是入射電子中的反射比例。**穿透係數**(穿透的機率)則為

$$T = 1 - R \tag{38-37}$$

例如，假設 $R = 0.010$。此時若向勢階射出 10,000 個電子，會發現約 100 個被反射。然後，永遠不可能去猜哪 100 個被反射。我們只有機率。對任何一個電子，我們最多能說這個電子有 1.0%的機會被反射，而有 99%的機會穿透。電子的波本質不允許我們比這樣更精確。

給定任意 E 及 U_b 之值而要計算 R 時，我們先解公式 38-34 及 38-35，消去 C 再用 A 表示而求出 B，然後將結果代入公式 38-36。最後，使用公式 38-29 及 38-31，代入 k 及 k_b 的值。令人訝異的是，R 不是 0 (T 也不是 1)，不是我們在之前章節作的古典假設那樣。

38-9 位壘穿隧

學習目標

在閱讀完這個區塊的文字之後，讀者應該能夠...

38.38 畫圖，指出電子的位壘、位壘高度 U_b 與厚度 L。

38.39 了解若粒子要通過位壘時，對於粒子能量的要求，古典的能量觀點為何。

38.40 了解穿隧的穿透係數。

38.41 對於穿隧，利用粒子的能量 E 與質量 m 還有位壘的高度 U_b 與厚度 L，來計算穿透係數 T。

38.42 以任一粒子穿隧位壘的機率，或以很多粒子穿隧位壘的平均比例，來解釋穿透係數。

38.43 在穿隧位壘的設置中，描述位壘前、位壘內及位壘後的機率密度。

38.44 描述掃描式穿隧顯微鏡如何運作。

關鍵概念

● 位壘是粒子行經時位能會增加 U_b 的區域。

● 若粒子的總能 $E > U_b$ 時可通過位壘。

● 從古典來看，若 $E < U_b$ 則粒子無法通過，但在量子物理裡則可以，稱為穿隧效應。

● 對於質量 m 的粒子及厚度 L 的位壘，穿透係數為

$$T \approx e^{-2bL}$$

其中 $b = \sqrt{\dfrac{8\pi^2 m(U_b - E)}{h^2}}$

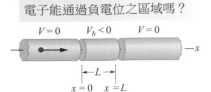

電子能通過負電位之區域嗎?

圖 38-16　圖中顯示狹管的組成元素,其中電子(小圓點)逐漸接近負電位 V_b 的區域,此區域從 $x=0$ 到 $x=L$。

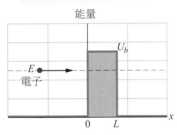

就古典觀點,電子缺少能量來通過屏障

圖 38-17　圖中描繪圖 38-16 的能量圖,包含兩部分:(1)對任何 $x<0$ 的座標畫出了電子的力學能 E。(2)電子的電位能 U 表示成電子位置 x 的函數,並假設電子可抵達任何 x 值。圖形的非零部分(位壘)具有高度 U_b 與厚度 L。

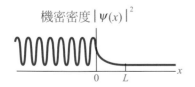

機密密度 $|\psi(x)|^2$

圖 38-18　圖 38-17 的情況下<電子物質波的機率密度 $|\psi|^2$ 之圖形。$|\psi|^2$ 的值在位壘右邊不為零。

位壘穿隧

我們將圖 38-14 的勢階換成**位壘**(或**位能壘**),一個厚度 L 的區域(位壘厚度或長度),且電位能為 V_b (<0) 而位壘高度為 U_b ($=qV$),如圖 38-16 所示。位壘右邊是 $V=0$ 之區域 3。跟之前一樣,我們向位壘發射非相對論性之電子束,每一電子具有能量 E。若一樣考慮 $E>U_b$,狀況比之前的勢階更複雜,因為現在電子可能從兩個邊界反射,即 $x=0$ 及 $x=L$ 處。

我們不去研究那個情況,換來考慮 $E<U_b$,也就是力學能小於電子在區域 2 所需的位能。若真如此,會要求電子在區域 2 的動能($E-U_b$)為負,這當然不合理,因為動能必恆為正($\frac{1}{2}mv^2$ 的式子不能為負)。因此,從古典觀點,區域 2 對於 $E<U_b$ 的電子是禁區。

穿隧。然而,因為電子是物質波,實際上有漏過(或更好的說法,穿隧過)位壘並在另一側恢復粒子性的一個機率。一旦通過位壘,電子又有完整的力學能 E,好像在 $0 \le x \le L$ 的區域內並沒有發生任何(奇怪的或其他的)事情一樣。圖 38-17 中,畫出位壘及接近中的電子,且電子能量小於位壘高度。我們感興趣的是,電子出現在位壘另一側的機率。因此我們想要知道穿透係數 T。

要求出 T 的式子,原則上遵循勢階之 R 的求法。對於圖 38-16 的三個區域,各自解薛丁格方程式之一般解。至於波行進於 $-x$ 方向的區域 3 之解則不會處理(右邊盡頭沒有電子源)。然後,利用邊界條件以入射電子的係數 A 來決定係數,也就是在兩個邊界處使波函數的值及斜率一致。最後,以入射機率密度來決定區域 3 的相對機率密度。然而,這些要作很多數學運算,我們這裡只檢驗一般的結果。

圖 38-18 中,畫出三個區域的機率密度圖形。位壘左邊($x<0$)的振盪曲線是入射物質波與反射物質波(振幅比入射波小)的結合。振盪會發生是因為這兩個波行進於相反方向,彼此干涉,形成一駐波圖形。

位壘內($0<x<L$)時,機率密度隨 x 呈指數遞減。然而,若 L 很小,在 $x=L$ 的機率密度不會小到接近零。

位壘右邊($x>L$)時,機率密度的圖形描述了一個穿透波(通過位壘),振幅很小但為定值。因此,在這區域中,電子可以被偵測到,但機率相對較小(這部分的圖形與圖 38-13 作比較)。

如同我們處理勢階的情形,可賦予入射波及位壘一個穿透係數 T。此係數給出入射電子穿透過位壘的機率,也就是穿隧發生。例如,若 $T=0.020$,每 1000 個電子射向位壘,平均有 20 個會穿隧,980 個會被反射。穿透係數 T 的近似為

$$T \approx e^{-2bL} \qquad\qquad (38\text{-}38)$$

其中 $\qquad b = \sqrt{\dfrac{8\pi^2 m(U_b - E)}{h^2}} \qquad\qquad (38\text{-}39)$

而 e 爲指數函數。因爲公式 38-38 的指數形式，T 值對相關的三個變數非常敏感：粒子質量 m，位壘厚度 L 及能量差 $U_b - E$。(因爲這裡不包含相對論效應，E 不包含質量能量。)

位壘穿隧在科技中有許多應用，包含穿隧二極體，其利用電子化方法控制位壘高低來迅速打開或關閉穿隧電子流。1973 年的諾貝爾物理學獎是由三位研究穿隧現象的科學家所共享，他們是 Leo Esaki(研究半導體的穿隧現象)，Ivar Giaever(研究超導體的穿隧現象)，以及 BrianJosephson(研究約瑟夫森接點(Josephson junction)，一種基於穿隧現象而設計的量子開關)。而 1986 年的諾貝爾獎也是頒給了發展掃描式穿隧顯微鏡的 Gerd Binnig 和 Heinrich Rohrer 兩位科學家。

 測試站 5

　　在圖 38-18 中的穿透波長是大於，小於或等於原來的穿透波長？

掃描式穿隧顯微鏡(STM)

光學顯微鏡可以看到的細節尺度受限於顯微鏡使用之光線的波長(紫外線波長約 300 nm)。原子層級的影像所要求的細節尺度小得許多，因此需要更小的波長。所用的波是電子物質波，但不是從欲檢查之表面散射而來，像光學顯微鏡那樣。相反地，我們看到的影像是由穿隧過**掃描式穿隧顯微鏡(STM)**尖端處之位壘的電子所產生的。

　　圖 38-19 爲掃描式穿隧顯微鏡的核心。一個極尖細的金屬尖端設置於三個相互垂直之石英棒的交點，尖端則接近於要檢查的表面。在尖端和表面之間供應一個極小的電位差，或許只有 10 mV。結晶的石英有一種有趣特性稱爲**壓電效應**：當供給電位差於結晶石英之樣品時，此樣品的長度會輕微改變。這個特性被用來改變圖 38-19 的三個石英棒長度，長度改變得很平滑流暢且量很小，所以尖端可在表面上來回掃瞄(在 x 和 y 方向)，也可相對於表面作升降(z 方向)。

　　表面和尖端之間的間隔形成一個位壘，很像圖 38-17 那樣。如果尖端足夠靠近表面，則來自樣本的電子能夠穿隧位壘而從尖端抵達表面，並形成穿隧電流。

　　在操作上，以回饋電路來調整尖端的垂直位置，藉此當尖端來回掃描表面時可以保持穿隧電流爲定值。這也意謂著在掃描期間尖端與表面的距離保持固定。此裝置會輸出尖端垂直位置不斷改變的視訊，也就是表面輪廓的圖形，其以尖端之 xy 平面位置爲函數。

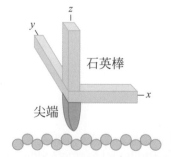

圖 38-19 掃描式穿隧顯微鏡的本體。三個石英棒用於引導尖端橫越所用觀察的表面，而且保持尖端和表面之間的距離。尖端上下地移動可以劃出表面的輪廓，而記錄移動所得的圖形可供電腦建立表面影像。

STM 不只可提供靜態表面的影像，也可用來操縱表面上的原子與分子，如下一章圖 39-12 的量子圍欄。用一種稱爲橫向操控程序，STM 探針一開始先往下靠近分子，且足夠近使分子被吸向探針，但不必實際接觸到。之後移動探針橫越過背景表面(如銅)，並拖動探針所吸的分子直到分子到達想要的位置。然後探針被往上移而遠離分子，減弱並消除對分子的吸力。雖然這項工作要求非常精細的控制，但最後還是能夠完成設計。於圖 39-12 中，STM 探針已用於移動 48 個鐵原子橫越一銅表面，並放入一直徑 14 nm 的圓形圍欄，在圍欄中電子可被捕捉。

範例 38.06 物質波的障礙穿隧

假設總能量為 5.1 eV 的電子正接近一個高度 U_b = 6.8 eV 和厚度 L = 750 pm 的位壘，如圖 38-17 所示。

(a)電子穿透位壘出現在另一邊的機率為何？

關鍵概念

我們要找的機率即 38-21 式的穿透係數 T ($T \approx e^{-2bL}$)，其中

$$b = \sqrt{\frac{8\pi^2 m(U_b - E)}{h^2}}$$

計算 在平方根裡面之分子的部份為

$(8\pi^2)(9.11 \times 10^{-31} \text{kg})(6.8\text{eV} - 5.1\text{eV})$

$\times(1.60 \times 10^{-19} \text{J/eV}) = 1.956 \times 10^{-47} \text{J} \cdot \text{kg}$

因此 $b = \sqrt{\dfrac{1.956 \times 10^{-47} \text{J} \cdot \text{kg}}{6.63 \times 10^{-34} \text{J/s}}} = 6.67 \times 10^9 \text{ m}^{-1}$

(無因次的)$2bL$ 之量爲

$2bL = (2)(6.67 \times 10^9 \text{ m}^{-1})(750 \times 10^{-12} \text{ m}) = 10.0$

從 38-38 式其穿透係數 T

$$T \approx e^{-2bL} = e^{-10.0} = 45 \times 10^{-6} \qquad \text{(答)}$$

因此，撞擊障礙的每百萬個電子中，約有 45 個會穿過隧道，每個出現在另一邊的電子都具有原有的 5.1 eV 總能量(通過障礙的傳輸不會改變一電子的能量或任何其他性質)。

(b)若為相同 5.1 eV 總能之質子，穿透至能障另一側而出現(可被偵測)的機率為何？

推論 穿透係數 T(及穿透機率)與粒子質量有關。眞的，因爲質量 m 是指數 e 的其中一個因子，所以穿透機率才會對粒子質量非常敏感。這次，重覆進行上述計算，但電子質量以質子質量(1.67×10^{-27} kg)取代之，可得透射係數對於愈重的粒子，其值確實會被減少很多。對於質量更重的物體可想像透射係數將會有多小，即 $T \approx 10^{-186}$。因此，雖然質子會被傳輸的機率是不完全爲零，這幾乎比零大不了多少。對於具有相同的 5.1 eV 能量的大規模粒子，傳輸的概率是呈指數級降低。

重點回顧

光量子–光子 當光和物質交互作用時，能量和動量會轉換爲一個不連續的小能量包，我們稱此能量包爲光子。對於頻率和波長分別爲 f 和 λ 的光波，其光子的能量和動量爲

$E = hf$ (光子能量) (38-2)

$p = \dfrac{hf}{c} = \dfrac{h}{\lambda}$ (光子動量) (38-7)

光電效應 當足夠高頻率的光打至乾淨的金屬表面時，因爲在金屬內之光子-電子的交互作用使得電子從表面輻射出來。此關係式爲

$$hf = K_{max} + \Phi \qquad (38\text{-}5)$$

爲光子的能量，K_{max} 是最大動能，而 Φ 爲**功函數**——即要在靶表面擊出光電子所需最低的能量。如果 hf 小於 Φ，則光電效應無法產生。

康卜吞位移 當 X 射線從標靶上之自由電子散射時，有一些被散射的 X 射線其波長比入射的 X 射線長。此**康卜吞位移**(在波長方面)爲

$$\Delta\lambda = \frac{h}{mc}(1 - \cos\phi) \qquad (38\text{-}11)$$

其中 ϕ 爲散射之 X **射線**的角度。

光波和光子 當光和物質交互作用時，能量和動量藉由光子來轉換。然而，當光在行進時我們以機率波來解釋光波，此**機率波**(每單位時間)爲光子能被偵測到的機率，正比於 E_m^2，E_m 爲該偵測點之振盪電場的振幅。

理想黑體輻射 作爲理想黑體輻射體的一種熱輻射度量，利用在給定波長 λ 時每單位波長的發射強度，我們定義了光譜輻射強度 $S(\lambda)$。對於普朗克輻射定律，其描述原子振子產生熱輻射，則有

$$S(\lambda) = \frac{2\pi c^2 h}{\lambda^5}\frac{1}{e^{hc/\lambda kT} - 1} \qquad (38\text{-}14)$$

其中 h 是普朗克常數，k 是波茲曼常數，T 是輻射表面的溫度。維恩定律則爲黑體輻射體的溫度 T 及光譜輻射強度爲最大值的波長 λ_{max} 兩者間的一個關係式：

$$\lambda_{max} T = 2898 \,\mu m \cdot K \qquad (38\text{-}15)$$

物質波 一個移動的粒子，如電子和質子，可以用**物質波**來描述，它的波長(稱爲**德布羅意波長**)$\lambda = h/p$，其中 p 爲粒子的動量大小。

波函數 物質波的位移以波函數 $\Psi(x, y, z, t)$ 來描述，且可以分成空間部份 $\psi(x, y, z)$ 和時間部份 $e^{-i\omega t}$。若一個質量爲 m 的粒子其總能 E 在 x 方向通過一個位能爲 $U(x)$ 的區域，則其 $\psi(x)$ 可由解簡化的**薛丁格方程式**來求得

$$\frac{d^2\psi}{dx^2} + \frac{8\pi^2 m}{h^2}[E - U(x)]\psi = 0 \qquad (38\text{-}19)$$

一個物質波像光波一樣可以用機率波來解釋，如果將一個偵測器置於物質波中，則在任何時間區間，測出粒子的機率將正比於 $|\psi|^2$，此量稱爲**機率密度**。

對於一個自由粒子，此粒子之 $U(x) = 0$(在 x 方向移動)，則在 x 方向之任何位置其 $|\psi|^2$ 之值皆爲固定值。

海森堡的測不準原理 一個量子物理的自然或然率，對於偵測粒子的位置和動量時有一個重要的限制。意即，我們無法任意精確地同時測量粒子的位置和動量。這些測不準的分量爲

$$\begin{aligned}
\Delta x \cdot \Delta p_x &\geq \hbar \\
\Delta y \cdot \Delta p_y &\geq \hbar \qquad (38\text{-}28)\\
\Delta z \cdot \Delta p_z &\geq \hbar
\end{aligned}$$

勢階 這個術語所定義的區域，會使粒子增加位能，但代價是減少動能。根據古典物理，若粒子的初始動能超過位能，粒子應該不會從該區域反射。然而，根據量子物理，有一個反射係數 R 給出反射的有限機率。穿透的機率則爲 $T = 1 - R$。

位壘穿隧 依照古典物理，若位壘高於粒子的動能，則當粒子射至位壘時，會被位壘所反射。然而，依照量子物理，關於粒子之機率波將會有一個有限機率穿透位壘。一個質量爲 m，能量爲 E 的粒子，其穿透高爲 U_b，厚爲 L 的位壘的穿透係數爲

$$T \approx e^{-2bL} \qquad (38\text{-}38)$$

其中

$$b = \sqrt{\frac{8\pi^2 m(U_b - E)}{h^2}} \qquad (38\text{-}39)$$

討論題

1 考慮在室溫和大氣壓力下,一個內部充滿氦氣氣體的氣球。請計算(a)氦原子的平均德布羅意波長,以及(b)原子在這些條件下的平均距離。原子的平均動能等於$(3/2)kT$,其中 k 是波茲曼常數。(c)在這些條件下,原子可以視為粒子嗎?請解釋。

2 若一質子的德布羅意波長為 280 fm,則(a)該質子的速率為何?(b)該質子需經多大的電位差加速才能獲得此速率?

3 假設您的表面溫度為 98.6°F,並且您是理想的黑體輻射體(您很接近),請找出(a)您的光譜輻射最大時的波長,(b)您從 5.00 cm² 的表面積發射 1.00 nm 波長範圍內的熱輻射的功率,以及(c)從該區域發射的光子發射率。使用 500 nm 波長(在可見光範圍內),(d)重新計算功率和(e)光子發射率。(正如您所注意到的,您在黑暗中明顯不會發光。)

4 當一能量 E 的光子被一自由電子散射,則請證明該電子的最大動能,如下所示:

$$K_{\max} = \frac{E^2}{E + mc^2/2}$$

5 某一顆質量 40 g 的子彈以 1000 m/s 行進。雖然子彈明顯地過於龐大因而不能視為物質波,但是請求出 38-17 式所預測子彈在該速率下的德布羅意波長。

6 利用鈉表面進行的光電實驗中,你會發現入射光波長為 300 nm 的截止電位為 1.85 V,而入射光波長為 400 nm 的截止電位則為 0.820 V。請由這些資料求出(a)普朗克常數值,(b)鈉的功函數 Φ,(c)鈉的截止波長 λ_0。

7 一顆光子在一個靜態的自由電子處經過了康卜頓散射的過程。這顆光子以它原來的 90.0° 方向散射出去;它的初始波長為 4.00×10^{-12} m。電子的動能為何?

8 (a)要由金屬鈉中彈射出電子所需要的最小能量值是 2.28 eV。請問對於波長 $\lambda = 680$ nm 的紅色光,鈉會顯示出光電效應嗎?(也就是說,是否光導致電子的射出?)(b)鈉的光電放射截止波長為何?(c)該波長對應的是什麼顏色的光?

9 在 38-27 式中為描述自由粒子的波函數 $\psi(x)$,即在 38-19 式之薛丁格方程式中位能 $U(x) = 0$。現在假設 $U(x) = U_0 = $ 常數。顯示 38-27 式仍然是一個薛丁格方程式的解,

$$k = \frac{2\pi}{h}\sqrt{2m(E - U_0)}$$

只是粒子的角波數變為 k 。

10 圖 38-13 表示動量 p_x 是固定的,所以 $\Delta p_x = 0$,從 38-28 式之海森堡測不準原理可知粒子之 x 方向的位置是完全無法知道的。另一種相反的說明在此原理亦是正確的,即如果粒子之 x 方向的位置是確定的($\Delta x = 0$),則動量的不準度是無限的。

考慮介於中間的情況,即粒子的位置是可測量的而不是無限的,但位置是在 $\lambda/2\pi$ 之內,λ 為德布羅意波長。證明動量的不準度等於它本身之動量,即 $\Delta p_x = p$。在這種情況之下,若測到零動量會使你驚訝嗎?若所測得之動量為 $0.5p$、$2p$ 或 $12p$ 則情況為何?

11 試證明 $|\psi|^2 = |\Psi|^2$,其中 ψ 和 Ψ 的關係如 38-14 式所說明的。換言之,即證明機率密度與時間變數無關。

12 已知鎢的功函數為 4.50 eV。當能量 5.00 eV 的光子入射於鎢片上時,則請計算射出的光電子中最快速率為何?

13 在 38-25 式中保留兩項且讓 $A = B = \psi_0$。則此方程式描述兩振幅相等但行進方向相反之物質波的重疊情形(即為駐波)(a)證明 $|\Psi(x, t)|^2$ 等於

$$|\Psi(x,t)|^2 = 2\psi_0^2[1 + \cos 2kx]$$

(b)繪製此函數,且證明它所描述的為駐波振幅的平方。(c)證明駐波的節點在

$$x = (2n+1)(\tfrac{1}{4}\lambda) \text{ ,其中 } n = 0, 1, 2, 3,...$$

λ 為粒子之德布羅意波長。(d)表示出最有可能發現粒子的位置。

14 在 1911 年,拉塞福發現原子核的存在,他適當地解釋了粒子束被黃金等金屬箔片散射的實驗。(a)若 α 粒子的動能為 7.5 MeV,則其德布羅意波長為多少?(b)解釋這些實驗時,α 粒子的波動性質是否應被考慮進去。α 粒子的質量為 4.00 u,在這些實驗中,最接近原子核中心的距離為 30 fm(物質的波動性質直到這些決定性的實驗完成後,才被提出)。

15　一個氦氖雷射輻射出紅光（$\lambda = 633$ nm），其光束直徑為 3.5 mm，輻射功率為 23.0 mW。一偵測器置於光束之路徑上且完全吸收光束。則偵測器每單位面積的光子吸收率為何？

16　若鈉所放射的黃色光譜線之波長為 590 nm。則一電子的動能須多大才能具有相同的德布羅意波長？

17　與物質處於熱平衡的中子具有平均動能 $(3/2)kT$，其中 k 是波茲曼常數，而且 T 是中子的環境溫度，我們可以將此溫度選定為 300 K。(a)這樣一個中子的平均動能為何？(b)其對應的德布羅意波長為何？

18　對於圖 38-14 和 38-15 的排列，區域 1 中入射束中的電子速度為 1.60×10^7 m/s，區域 2 的電位為 $V_2 = -480$ V。(a)區域 1 和(b)區域 2 中的角波數分別是多少？(c)反射係數為何？(d)如果入射光束向電位階躍發射 2.00×10^9 個電子，大約有多少電子會被反射？

19　證明非相對論性自由粒子之波數 k 可寫成

$$k = \frac{2\pi\sqrt{2mK}}{h}$$

其中 m 為粒子的質量，K 為粒子的動能。

20　計算下列粒子的物質波波長(a) 4.00 keV 的電子，(b) 4.00 keV 的質子，(c) 4.00 keV 的中子。

21　如果將光子與一個質量 m 的粒子發生碰撞時，所產生的能量部分損失以 $\Delta E/E$ 代表，請證明 $\Delta E/E$ 可以表示成

$$\frac{\Delta E}{E} = \frac{hf'}{mc^2}(1-\cos\phi)$$

其中 E 是入射光子的能量，f' 是被散射的光子頻率，而且 ϕ 的定義如圖 38-5 所示。

22　對於表面溫度為 2000 K 的理想黑體輻射體的熱輻射，根據光譜輻射的經典表達式，I_c 是單位波長的強度，I_P 是根據普朗克表示式的單位波長的相應強度。對於(a) 400 nm（在可見光譜的藍色端）和(b) 300 μm（在遠紅外線中）的波長，I_c/I_P 的比率是多少？(c)在較短波長範圍或較長波長範圍內，經典表達式是否與普朗克表達式一致？

23　一群具有速率為 $0.9900c$ 的光子射向狹縫距離為 2.50×10^{-9} m 的雙狹縫實驗中。一個雙狹縫干涉圖樣在觀察屏幕中被呈現出來。圖像中央與第二極小處（中央的任一邊）之間的角度為何？

24　入射光子鈉金屬表面，導致光電子射出。截止電位為 6.0 V，且功函數為 2.2 eV。則入射光之波長為何？

25　某 X 射線的波長為 26.0 pm，(a)其所對應的頻率為何？計算其所對應之(b)光子能量，(c)光子動量（keV/c）。

26　被加速到能量為 70 GeV 的電子其德布羅意波長小到足以藉由散射而偵側核靶的內部結構。假設這個能量非常大以致於動量 p 與能量 E 之間的關係滿足極端相對論性的關係式 $p = E/c$（在這個極端的情況下，電子的動能遠超過其本身的靜止質能）。(a)λ 為何？(b)若核靶的半徑是 $R = 5.0$ fm，則比值 R/λ 為何？

27　在大約 1916 年，Millikan 在他的光電實驗中，發現金屬鋰的截止電位（stopping-potential）實驗數據：

波長（nm）	433.9	404.7	365.0	312.5	253.5
截止電位（V）	0.55	0.73	1.09	1.67	2.57

請使用這些數據畫出像圖 38-2（這是與鈉有關的圖形）的曲線圖形，並且使用此曲線圖形去求出(a)普朗克常數以及(b)鋰的功函數（work function）。

28　考慮如圖 38-17 的位能障，但其高度 U_b 為 6.00 eV，厚度 L 為 1.30 nm。若入射電子的穿透係數為 0.00100，則其能量為多少？

29　電子沿著 x 軸的位置測不準度是 152 pm，此數量大約等於氫原子的半徑。請問針對這個電子的動量 p_x 分量同時間所進行的測量，其最少的測不準度是多少？

30　將 $\psi(x)$ 及其二階導數代入 38-22 式，以此證明 38-24 式確實是 38-22 式的解。

31　以波長 491 nm 的光照射某一金屬表面，則從該表面射出光電子之截止電位為 0.710 V。當入射波長改至一新值，則所求得的截止電位為 0.980 V。(a)新的波長為多少？(b)該表面的功函數為多少？

32　光譜放射線是波長範圍窄到可以視爲單一波長的電磁輻射。有一個在天文學中頗重要的這種放射線具有波長 21 cm。在電磁波中，該波長的光子能量是多少？

33　(a)將 38-27 式的波函數 $\psi(x)$改寫成 $\psi(x) = a + ib$，其中 a 及 b 都爲實數（假設 ψ_0是實數）。(b)寫出對應於 $\psi(x)$之時間相依的波函數 $\Psi(x, t)$。

34　有一個具有吸收面積爲 2.00×10^{-6} m^2 且在波長爲 600 nm 時吸收 50%入射光的光偵測器。此偵測器於距離 15.0 m 處面對一個等向性光源。光源輻射出的能量 E 與時間 t 的關係如圖 38-20 所示（$E_s = 5.0$ nJ，$t_s = 2.0$ s）。光子被偵測器吸收的速率爲何？

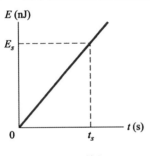

圖 38-20　習題 34

35　有一個具有吸收面積爲 2.00×10^{-6} m^2 且在波長爲 500 nm 時吸收 80%入射光的光偵測器（你的眼睛）。此偵測器於距離 3.60 m 處面對一個等向性光源。假如偵測器吸收光子的速率準確地爲 5.000 s^{-1}，則輻射源所放射出的光功率爲何？

36　計算下列之康卜吞波長(a)電子，(b)質子。波長爲(c)電子以及(d)質子康卜吞波長 2.5 倍的電磁波，其光子能量爲多少？

37　圖 38-13 顯示了，因爲海森堡的不確定性原理的緣故，所以要給沿 x 軸移動的電子指定一個 x 座標是不可能的。(a)我們能夠指定 y 座標或 z 座標嗎？（提示：電子的動量沒有 y 分量或 z 分量）。(b)請描述物質波在三維空間的範圍。

38　當光子在自由電子之康卜吞碰撞中損耗 60.0%能量時，光子波長增加了百分之幾？

39　(a)若金屬之功函數爲 1.8 eV，則對於波長爲 350 nm 之光，其截止電位爲多少？(b)金屬表面上所射出的電子，最大速率爲多少？

40　若電子的動能相等於鈉光（$\lambda = 590$ nm）之光子的能量，則電子的運動速率爲何？

41　(a)令複數 $n = a + ib$，a 和 b 爲實數（正或負）。證明其乘積 nn^*總是正實數。(b)令 $m = c + id$ 爲另一個複數。證明$|nm| = |n||m|$。

42　請使用動量和動能的古典方程式，證明電子的德布羅意波長可以寫成 $\lambda = 1.226\sqrt{K}$，其中波長的單位是奈米，K 是電子的動能，單位是電子伏特。

43　在 38-24 式中，令 $A = 0$，$B = \psi_0$。(a)波函數的描述爲何？(b)圖 38-13 會如何改變？

44　請問(a)對應於波長爲 3.00 nm 的光子能量(b)德布羅意波長爲 3.00 nm 的電子的動能(c)對應於波長爲 3.00 fm 的光子能量，和(d)德布羅意波長爲 3.00 fm 的電子的動能爲多少？

45　一個紫外光燈泡，發射波長 350 nm 的光。一個紅外光燈泡，發射波長 750 nm 的光，兩者的發射功率皆爲 480 W。試問(a)哪一個燈泡的光子發射率較大？(b)其每秒產生的光子數差距爲多少？

46　讓我們想像在某一個宇宙（不是我們的宇宙）中玩棒球，而且這個宇宙的普朗克常數是 0.60 J·s，因此量子物理會影響巨觀的物體。已知這個 0.50 kg 棒球以速率 20 m/s 沿著一個軸運動，如果此棒球的速率不確定性是 1.0 m/s，試問其位置的不確定性是多少？

47　試由 38-8 式、38-9 式和 38-10 式，藉由消去 v 和 θ，進而推導出康卜吞位移方程式，即 38-11 式。

48　一個電子以 500 eV 的（總）能量穿過均勻電位爲 − 300 V 的區域。它的(a)動能（以電子伏特爲單位）、(b)動量、(c)速度、(d)德布羅意波長和(e)角波數是多少？

49　一個 3.0 MeV 質子入射於厚度 8.0 fm 與高度 10 MeV 的位壘。試求(a)穿透係數 T，(b)若它穿過位壘，則它在另一側將具有的動能 K_t，(c)若它從位壘反射回來，則它將具有的動能 K_r？一個 3.0 MeV 的氘核子（其帶電量與質子相同，但質量爲質子的兩倍）入射於同一位壘，試求它的(d) T、(e) K_t、(f) K_r？

50　一 0.750 MeV 的 Gamma 射線光子經鋁塊中的自由電子康卜吞散射。(a)入射 Gamma 射線的波長爲多少？(b)與入射射線呈 90 度角之散射 gamma 射線之波長爲何？(c)散射光子的能量爲多少？

51　以 950 V 的電位差加速單價鈉離子，則：(a)鈉離子所獲得的動量爲多少？(b)其德布羅意波長爲何？

52　試問(a)能量爲 3.00 eV 的光子，(b)能量爲 3.00 eV 的電子，(c)能量爲 3.00 GeV 的光子，(d)能量爲 3.00 GeV 的電子波長各爲多少？

53　一個 200 keV 的光子須以何種角度被電子散射，才能造成光子 22.0%的能量損耗？

54　波長爲 20.0 pm 的 X 射線光子對一自由電子作正向（ϕ=180°）撞擊。試求出(a)光子波長的改變量，(b)光子能量的改變量，以及(c)分予電子的動能，以及(d)電子的運動方向。

55　波長爲 1.20 pm 的光子入射於含有自由電子的標靶上。(a)求出與入射方向成散射角 30.0°的光子波長。(b)若散射角成 120°時，同樣請求出其波長。

56　電子與光子具有相同的波長 0.40 nm。則(a)電子與(b)光子的動量（kg · m/s）爲多少？(c)電子與(d)光子的能量（eV）爲多少？

57　對於圖 38-14 和 38-15 的排列，區域 1 中入射束中的電子具有能量 $E = 700$ eV，並且電位階躍的高度爲 $U_1 = 600$ eV。(a)區域 1 和(b)區域 2 中的角波數分別是多少？(c)反射係數爲何？(d)如果入射光束向電位階躍發射 5.00×10^5 個電子，大約有多少電子會被反射？

58　假設一個 240 W 的鈉蒸汽燈以波長爲 589 nm 之光子形式均勻地輻射於所有方向上。(a)該鈉燈每單位時間所輻射的光子爲多少？(b)當一個完全吸收的屏幕，其吸收光子的速率爲 0.800 光子/cm² · s 時，蒸汽燈與屏幕的距離爲何？(c)距該鈉燈 2.00 m 處的光子之通量（單位時間單位面積的通過的光子數）爲何？

59　光子與自由質子間行康卜吞碰撞時，該光子的最大波長變化值爲何？

60　考慮兩個粒子之間的碰撞，一個是初始能量 65.6 keV 的 X 射線光子，另一個是靜止的電子，其中光子將向後散射，而電子經過撞擊以後將向前運動。(a)試問向後散射的光子具有多少能量？(b)衛星的動能是多少？

附 錄 A

國際單位系統(SI)*

表 1　SI 基本單位

物理量	名稱	符號	定義
長度	公尺	m	「…光在真空中，於一秒的 1/299,792,458 內所行進的路徑長度。」(1983)
質量	公斤	kg	「…該公斤原型(某一鉑-銥圓柱體)就是質量單位。」(1889)
時間	秒	s	「…Cs^{133} 原子基態之兩個超精細能階間的躍遷所生輻射其 9,192,631,770 個週期所對應的時間。」(1967)
電流	安培	A	「…若兩無限長之長直平行導體的截面積可忽略且在真空中相距為 1 m，則使這兩導體間產生每公尺 2×10^{-7} 牛頓之力的一固定電流。」(1946)
熱力學溫度	克耳文	K	「…水三相點熱力學溫度的 1/273.16。」(1967)
物質量	莫耳	mol	「…一系統內含之基本實體數量等於 0.012kg 的 C^{12} 所包含之原子數量時，此系統所具有之物質總量。」(1971)
發光強度	新燭光	cd	「…意指沿著已知的方向發出 540×10^{12} 赫茲的單色輻射，而且沿著該方向的輻射強度是每球面度 1/683 瓦的光源在該方向的發光強度。」(1979)

---

* 採自國際標準局特別出版品330(1972年版)之「The International System of Units (SI)」。

　上述定義皆由國際度量衡會議在表中所標日期開始採行。在本書中，我們並未採用燭光。

表2　一些 SI 導出單位

物理量	單位名稱	符號	
面積	平方公尺	m^2	
體積	立方公尺	m^3	
頻率	赫茲	Hz	s^{-1}
質量密度(密度)	每立方公尺-仟克	kg/m^3	
速率，速度	每秒-公尺	m/s	
角速度	每秒-弳	rad/s	
加速度	每平方秒-公尺	m/s^2	
角加速度	每平方秒-弳	rad/s^2	
力	牛頓	N	$kg \cdot m/s^2$
壓力	帕斯卡	Pa	N/m^2
功，能量，熱量	焦耳	J	N·m
功率	瓦特	W	J/s
電荷量	庫侖	C	A·s
電位差，電動勢	伏特	V	W/A
電場強度	每公尺-伏特(或每庫侖-牛頓)	V/m	N/C
電阻	歐姆	Ω	V/A
電容	法拉	F	A·s/V
磁通量	韋伯	Wb	V·s
電感	亨利	H	V·s/A
磁通量密度	特士拉	T	Wb/m^2
磁場強度	每公尺-安培	A/m	
熵	每克耳文-焦耳	J/K	
比熱	每仟克·克耳文度-焦耳	J/(kg·K)	
熱導率	每公尺·克耳文度-瓦特	W/(m·K)	
輻射強度	每球面度-瓦特	W/sr	

表3　SI 補充單位

物理量	單位名稱	符號
平面角	弳度	rad
立體角	球面度	sr

附 錄 B

一些物理基本常數*

常數	符號	計算值	最佳數值(1998) 數值 [a]	最佳數值(1998) 不確定性 [b]
真空中的光速	c	3.00×10^8 m/s	2.997 924 58	精確
基本電荷	e	1.60×10^{-19} C	1.602 176 487	0.025
重力常數	G	6.67×10^{-11} m³/s²·kg	6.674 28	100
理想氣體常數	R	8.31 J/mol·K	8.314 472	1.7
亞佛加厥常數	N_A	6.02×10^{23} mol⁻¹	6.022 141 79	0.050
波茲曼常數	k	1.38×10^{-23} J/K	1.380 650 4	1.7
史特凡-波茲曼常數	σ	5.67×10^{-8} W/m²·K⁴	5.670 400	7.0
理想氣體在 STP[d] 的莫耳體積	V_m	2.27×10^{-2} m³/mol	2.271 098 1	1.7
介電系數	ϵ_0	8.85×10^{-12} F/m	8.854 187 817 62	精確
磁導率常數	μ_0	1.26×10^{-6} H/m	1.256 637 061 43	精確
普朗克常數	h	6.63×10^{-34} J·s	6.626 068 96	0.050
電子質量[c]	m_e	9.11×10^{-31} kg	9.109 382 15	0.050
		5.49×10^{-4} u	5.485 799 094 3	4.2×10^{-4}
質子質量[c]	m_p	1.67×10^{-27} kg	1.672 621 637	0.050
		1.0073 u	1.007 276 466 77	1.0×10^{-4}
質子質量與電子質量比	m_p / m_e	1840	1836.152 672 47	4.3×10^{-4}
電子荷質比	e/m_e	1.76×10^{11} C/kg	1.758 820 150	0.025
中子質量[c]	m_n	1.68×10^{-27} kg	1.674 927 211	0.050
		1.0087 u	1.008 664 915 97	4.3×10^{-4}
氫原子質量[c]	m_{1_H}	1.0078 u	1.007 825 031 6	0.0005
氘原子質量[c]	m_{2_H}	2.0136 u	2.013 553 212 724	3.9×10^{-5}
氦原子質量[c]	$m_{4_{He}}$	4.0026 u	4.002 603 2	0.067
μ 介子質量	m_μ	1.88×10^{-28} kg	1.883 531 30	0.056
電子磁矩	μ_e	9.28×10^{-24} J/T	9.284 763 77	0.025
質子磁矩	μ_p	1.41×10^{-26} J/T	1.410 606 662	0.026
波耳磁元	μ_B	9.27×10^{-24} J/T	9.274 009 15	0.025
原子核磁元	μ_N	5.05×10^{-27} J/T	5.050 783 24	0.025
波耳半徑	a	5.29×10^{-11} m	5.291 772 085 9	6.8×10^{-4}
雷德堡常數	R	1.10×10^7 m⁻¹	1.097 373 156 852 7	6.6×10^{-6}
電子康卜吞波長	λ_C	2.43×10^{-12} m	2.426 310 217 5	0.0014

[a] 本欄所示之值與計算值具有相同的單位及 10 的冪次。

[b] 每百萬分之幾(ppm)。

[c] 以統一的原子質量單位來表示質量，1 u = 1.660 538 782 × 10⁻²⁷ kg。

[d] STP 意指標準溫度與壓力：0 °C 及 1.0 atm (0.1 MPa)。

* 本表數值選自 1998 CODATA 建議值(www.physics.nist.org)。

表 2　一些 SI 導出單位

物理量	單位名稱	符號	
面積	平方公尺	m^2	
體積	立方公尺	m^3	
頻率	赫茲	Hz	s^{-1}
質量密度(密度)	每立方公尺-仟克	kg/m^3	
速率，速度	每秒-公尺	m/s	
角速度	每秒-弳	rad/s	
加速度	每平方秒-公尺	m/s^2	
角加速度	每平方秒-弳	rad/s^2	
力	牛頓	N	$kg \cdot m/s^2$
壓力	帕斯卡	Pa	N/m^2
功，能量，熱量	焦耳	J	N·m
功率	瓦特	W	J/s
電荷量	庫侖	C	A·s
電位差，電動勢	伏特	V	W/A
電場強度	每公尺-伏特(或每庫侖-牛頓)	V/m	N/C
電阻	歐姆	Ω	V/A
電容	法拉	F	A·s/V
磁通量	韋伯	Wb	V·s
電感	亨利	H	V·s/A
磁通量密度	特斯拉	T	Wb/m^2
磁場強度	每公尺-安培	A/m	
熵	每克耳文-焦耳	J/K	
比熱	每仟克·克耳文度-焦耳	J/(kg·K)	
熱導率	每公尺·克耳文度-瓦特	W/(m·K)	
輻射強度	每球面度-瓦特	W/sr	

表 3　SI 補充單位

物理量	單位名稱	符號
平面角	弳度	rad
立體角	球面度	sr

附 錄 **D**

轉換因子

從下列各表可直接讀出換算因子。例如，1 度＝2.778×10^{-3} 轉，所以，$1.67°＝16.7 \times 2.778 \times 10^{-3}$ 轉。
SI 單位是充分被利用的。部分摘錄自 G. Shortley 及 D. Williams, *Elements of Physics*, 1971, Prentice-Hall,
Englewood Cliffs, NJ。

平面角

	°	′	″	弳	轉
1 度 =	1	60	3600	1.745×10^{-2}	2.778×10^{-3}
1 分 =	1.667×10^{-2}	1	60	2.909×10^{-4}	4.630×10^{-5}
1 秒 =	2.778×10^{-4}	1.667×10^{-2}	1	4.848×10^{-6}	7.716×10^{-7}
1 弳 =	57.30	3438	2.063×10^{5}	1	0.1592
1 轉 =	360	2.16×10^{4}	1.296×10^{6}	6.283	1

立體角

1 球 ＝ 4π 球面度 ＝ 12.57 球面度

長度

	公分(cm)	公尺(m)	公里(km)	吋(in)	呎(ft)	哩(mi)
1 公分 =	1	10^{-2}	10^{-5}	0.3937	3.281×10^{-2}	6.214×10^{-6}
1 公尺 =	100	1	10^{-3}	39.37	3.281	6.214×10^{-4}
1 公里 =	10^{5}	1000	1	3.937×10^{4}	3281	0.6214
1 吋 =	2.540	2.540×10^{-2}	2.540×10^{-5}	1	8.333×10^{-2}	1.578×10^{-5}
1 呎 =	30.48	0.3048	3.048×10^{-4}	12	1	1.894×10^{-4}
1 哩 =	1.609×10^{5}	1609	1.609	6.336×10^{4}	5280	1

1 埃 ＝ 10^{-10} m　　　1 費米 ＝ 10^{-15} m　　　1 噚 ＝ 6 ft　　　　　　1 竿 ＝ 16.5 ft

1 浬 ＝ 1852 m　　　1 光年 ＝ 9.461×10^{12} km　　1 波耳半徑 ＝ 5.292×10^{-11}m　1 密爾 ＝ 10^{-3} in

　　　＝ 1.151 mi ＝ 6076 ft　1 秒差距 ＝ 3.084×10^{13} km　1 碼 ＝ 3ft　　　　　1 nm ＝ 10^{-9} m

面積

	平方公尺(m²)	平方公分(cm²)	平方呎(ft²)	平方吋(in²)
1 平方公尺 =	1	10^{4}	10.76	1550
1 平方公分 =	10^{-4}	1	1.076×10^{-3}	0.1550
1 平方呎 =	9.290×10^{-2}	929.0	1	144
1 平方吋 =	6.452×10^{-4}	6.452	6.944×10^{-3}	1

1 平方哩 ＝ 2.788×10^{7} 平方呎 ＝ 640 畝　　　　　1 畝 ＝ 43560 平方呎

1 邦(barn) ＝ 10^{-28} 平方公尺　　　　　　　　　　　1 公頃 ＝ 10^{4} m² ＝ 2.471 畝

面積

	立方公尺(m³)	立方公分(cm³)	升(L)	立方呎(ft³)	立方吋(in³)
1 立方公尺 =	1	10^6	1000	35.31	6.102×10^4
1 立方公分 =	10^{-6}	1	1.000×10^{-3}	3.531×10^{-5}	6.102×10^{-2}
1 升 =	1.000×10^{-3}	1000	1	3.531×10^{-2}	61.02
1 立方呎 =	2.832×10^{-2}	2.832×10^4	28.32	1	1728
1 立方吋 =	1.639×10^{-5}	16.39	1.639×10^{-2}	5.787×10^{-4}	1

1 加侖(美) = 4 夸脫(美) = 8 品脫(美) = 128 啢(美) = 231 立方吋

1 加侖(英) = 277.4 立方吋 = 1.201 加侖(美)

質量

有淡藍底的量不是質量單位，但時常被用作質量單位。比如，當我們寫 1 kg " = " 2.205 lb 時，即意指在 g 具有標準值 9.80665m/s² 之處，1 kg 之**質量會重** 2.205 磅。

	克 (g)	公斤 (kg)	斯勒 (slug)	原子質量單位(u)	盎斯 (oz)	磅 (lb)	噸 (ton)
1 克 =	1	0.001	6.852×10^{-5}	6.022×10^{23}	3.527×10^{-2}	2.205×10^{-3}	1.102×10^{-6}
1 公斤 =	1000	1	6.852×10^{-2}	6.022×10^{26}	35.27	2.205	1.102×10^{-3}
1 斯勒 =	1.459×10^4	14.59	1	8.786×10^{27}	514.8	32.17	1.609×10^{-2}
1 原子質量單位 =	1.661×10^{-24}	1.661×10^{-27}	1.138×10^{-28}	1	5.857×10^{-26}	3.662×10^{-27}	1.830×10^{-30}
1 盎斯 =	28.35	2.835×10^{-2}	1.943×10^{-3}	1.718×10^{25}	1	6.250×10^{-2}	3.125×10^{-5}
1 磅 =	453.6	0.4536	3.108×10^{-2}	2.732×10^{26}	16	1	0.0005
1 噸 =	9.072×10^5	907.2	62.16	5.463×10^{29}	3.2×10^4	2000	1

1 公噸 = 1000 公斤

密度

有淡藍底的量乃為重量密度，其與質量密度的因次不同。參閱質量表的註釋。

	斯勒/呎³	公斤/公尺³	克/公分³	磅/呎³	磅/吋³
1 斯勒/呎³ =	1	515.4	0.5154	32.17	1.862×10^{-2}
1 公斤/公尺³ =	1.940×10^{-3}	1	0.001	6.243×10^{-2}	3.613×10^{-5}
1 克/公分³ =	1.940	1000	1	62.43	3.613×10^{-2}
1 磅/呎³ =	3.108×10^{-2}	16.02	16.02×10^{-2}	1	5.787×10^{-4}
1 磅/吋³ =	53.71	2.768×10^4	27.68	1728	1

時間

	年	天	小時	分	秒
1 年 =	1	365.25	8.766×10^3	5.259×10^5	3.156×10^7
1 天 =	2.738×10^{-3}	1	24	1440	8.640×10^4
1 小時 =	1.141×10^{-4}	4.167×10^{-2}	1	60	3600
1 分 =	1.901×10^{-6}	6.944×10^{-4}	1.667×10^{-2}	1	60
1 秒 =	3.169×10^{-8}	1.157×10^{-5}	2.778×10^{-4}	1.667×10^{-2}	1

速率

	呎/秒	公里/小時	公尺/秒	哩/小時	公分/秒
1 呎/秒 = 1	1.097	0.3048	0.6818	30.48
1 公里/小時 = 0.9113	1	0.2778	0.6214	27.78
1 公尺/秒 = 3.281	3.6	1	2.237	100
1 哩/小時 = 1.467	1.609	0.4470	1	44.70
1 公分/秒 = 3.281×10^{-2}	3.6×10^{-2}	0.01	2.237×10^{-2}	1

1 節(knot) = 1 浬/小時 = 1.688 呎/秒

1 哩/分 = 88.00 呎/秒 = 60.00 哩/小時

力

有淡藍底部分內的力單位目前較少使用。必須明瞭：1 克力(= 1 gf)乃指質量 1 克的物體在 g 為標準值(=9.80665 m/s²)區域中所受到的重力。

	達因	牛頓	磅	磅達	克力	公斤力
1 達因 = 1	10^{-5}	2.248×10^{-6}	7.233×10^{-5}	1.020×10^{-3}	1.020×10^{-6}
1 牛頓 = 10^5	1	0.2248	7.233	102.0	0.1020
1 磅 = 4.448×10^5	4.448	1	32.17	453.6	0.4536
1 磅達 = 1.383×10^4	0.1383	3.108×10^{-2}	1	14.10	1.410×10^2
1 克力 = 980.7	9.807×10^{-3}	2.205×10^{-3}	7.093×10^{-2}	1	0.001
1 公斤力 = 9.807×10^5	9.807	2.205	70.93	1000	1

1 頓 = 2000 磅

壓力

	大氣壓(atm)	達因/公分²	吋水柱	公分水銀柱	帕斯卡(Pa)	磅/吋²	磅/呎²
1 大氣壓 = 1	1.013×10^6	406.8	76	1.013×10^5	14.70	2116
1 達因/公分² = 9.869×10^{-7}	1	4.015×10^{-4}	7.501×10^{-5}	0.1	1.405×10^{-5}	2.089×10^{-3}
1 吋水柱 [a] (在 4°C) = 2.458×10^{-3}	2491	1	0.1868	249.1	3.613×10^{-2}	5.202
1 公分汞柱 [a] (在 0°C) = 1.316×10^{-2}	1.333×10^4	5.353	1	1333	0.1934	27.85
1 帕斯卡(帕) = 9.869×10^{-6}	10	4.015×10^{-3}	7.501×10^{-4}	1	1.450×10^{-4}	2.089×10^{-2}
1 磅/吋² = 6.805×10^{-2}	6.895×10^4	27.68	5.171	6.895×10^3	1	144
1 磅/呎² = 4.725×10^{-4}	478.8	0.1922	3.591×10^{-2}	47.88	6.944×10^{-3}	1

[a] 此處的重力加速度乃為標準值 9.80665 公尺/秒²。

1 巴 = 10^6 達因/公分² = 0.1 MPa

1 毫巴 = 10^3 達因/公分² = 10^2 Pa

1 托(Torr) = 1 毫米汞柱

能量、功、熱

有淡藍底部分內的量並非能量單位，但為方便起見而囊括。它們係導自於相對論之質能等價公式 $E = mc^2$，並代表當一公斤或一原子質量單位(u)完全轉換成能量(底部兩欄)或完全轉換成某一能量單位之質量(最右側兩欄)時所釋出的能量。

	Btu	耳格	呎磅	hp·h	焦耳	卡	kW·h	eV	MeV	公斤	u
1 英熱單位	= 1	1.055×10^{10}	777.9	3.929×10^{-4}	1055	252.0	2.930×10^{-4}	6.585×10^{21}	6.585×10^{15}	1.174×10^{-14}	7.070×10^{12}
1 耳格	$= 9.481 \times 10^{-11}$	1	7.376×10^{-8}	3.725×10^{-14}	10^{-7}	2.389×10^{-8}	2.778×10^{-14}	6.242×10^{11}	6.242×10^{5}	1.113×10^{-24}	670.2
1 呎磅	$= 1.285 \times 10^{-3}$	1.356×10^{7}	1	5.051×10^{-7}	1.356	0.3238	3.766×10^{-7}	8.464×10^{18}	8.464×10^{12}	1.509×10^{-17}	9.037×10^{9}
1 馬力小時	= 2545	2.685×10^{13}	1.980×10^{6}	1	2.685×10^{6}	6.413×10^{5}	0.7457	1.676×10^{25}	1.676×10^{19}	2.988×10^{-11}	1.799×10^{16}
1 焦耳	$= 9.481 \times 10^{-4}$	10^{7}	0.7376	3.725×10^{-7}	1	0.2389	2.778×10^{-7}	6.242×10^{18}	6.242×10^{12}	1.113×10^{-17}	6.702×10^{9}
1 卡	$= 3.968 \times 10^{-3}$	4.1868×10^{7}	3.088	1.560×10^{-6}	4.1868	1	1.163×10^{-6}	2.613×10^{19}	2.613×10^{13}	4.660×10^{-17}	2.806×10^{10}
1 仟瓦小時	= 3413	3.600×10^{13}	2.655×10^{6}	1.341	3.600×10^{6}	8.600×10^{5}	1	2.247×10^{25}	2.247×10^{19}	4.007×10^{-11}	2.413×10^{16}
1 eV	$= 1.519 \times 10^{-22}$	1.602×10^{-12}	1.182×10^{-19}	5.967×10^{-26}	1.602×10^{-19}	3.827×10^{-20}	4.450×10^{-26}	1	10^{-6}	1.783×10^{-36}	1.074×10^{-9}
1 MeV	$= 1.519 \times 10^{-16}$	1.602×10^{-6}	1.182×10^{-13}	5.967×10^{-20}	1.602×10^{-13}	3.827×10^{-14}	4.450×10^{-20}	10^{-6}	1	1.783×10^{-30}	1.074×10^{-3}
1 公斤	$= 8.521 \times 10^{13}$	8.987×10^{23}	6.629×10^{16}	3.348×10^{10}	8.987×10^{16}	2.146×10^{16}	2.497×10^{10}	5.610×10^{35}	5.610×10^{29}	1	6.022×10^{26}
1 u	$= 1.415 \times 10^{-13}$	1.492×10^{-3}	1.101×10^{-10}	5.559×10^{-17}	1.492×10^{-10}	3.564×10^{-11}	4.146×10^{-17}	9.320×10^{8}	932.0	1.661×10^{-27}	1

功率

	英制單位/小時	呎磅/秒	馬力	卡/秒	仟瓦	瓦特
1 英制熱單位/小時 = 1		0.2161	3.929×10^{-4}	6.998×10^{-2}	2.930×10^{-4}	0.2930
1 呎磅/秒 = 4.628		1	1.818×10^{-3}	0.3239	1.356×10^{-3}	1.356
1 馬力 = 2545		550	1	178.1	0.7457	745.7
1 卡/秒 = 14.29		3.088	5.615×10^{-3}	1	4.186×10^{-3}	4.186
1 仟瓦 = 3413		737.6	1.341	238.9	1	1000
1 瓦特 = 3.413		0.7376	1.341×10^{-3}	0.2389	0.001	1

磁場

	高斯	特斯拉	毫高斯
1 高斯 = 1		10^{-4}	1000
1 特斯拉 = 10^{4}		1	10^{7}
1 毫高斯 = 0.001		10^{-7}	1

1 特斯拉 = 1 韋伯/公尺^2

磁通量

	馬克斯威	韋伯
1 馬克斯威 = 1		10^{-8}
1 韋伯 = 10^{8}		1

附 錄 E
實用數學公式

幾何

半徑 r 的圓：圓周$=2\pi r$ ；面積$=\pi r^2$

半徑 r 的圓球：面積$=4\pi r^2$ ；體積$=\frac{4}{3}\pi r^3$

半徑 r 及高度 h 的正圓柱體：

$$面積=2\pi r^2 + 2\pi rh\text{ ；體積}=\pi r^2 h$$

底為 a 及高為 h 的三角形：面積$=\frac{1}{2}ah$

一元二次方程式

若 $ax^2 + bx + c = 0$ ，則 $x = \dfrac{-b \pm \sqrt{b^2 - 4ac}}{2a}$

角度為 θ 的三角函數

$\sin\theta = \dfrac{y}{r}$　$\cos\theta = \dfrac{x}{r}$

$\tan\theta = \dfrac{y}{x}$　$\cot\theta = \dfrac{x}{y}$

$\sec\theta = \dfrac{r}{x}$　$\csc\theta = \dfrac{r}{y}$

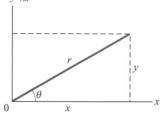

畢氏定理

在右圖之三角形中，
$$a^2 + b^2 = c^2$$

三角形

角度為 A、B、C，對邊為 a、b、c

$A + B + C = 180°$ ，$\dfrac{\sin A}{a} = \dfrac{\sin B}{b} = \dfrac{\sin C}{c}$

$c^2 = a^2 + b^2 - 2ab\cos C$ ，外角 $D = A + C$

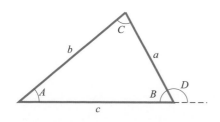

數學記號與符號

$=$　等於

$\approx$　約等於

$\sim$　具有數量級

$\neq$　不等於

$\equiv$　恆等於，定義為

$>$　大於($\gg$ 遠大於)

$<$　小於($\ll$ 遠小於)

$\geq$　大於或等於(不小於)

$\leq$　小於或等於(不大於)

$\pm$　正或負

$\propto$　正比於

$\sum$　總和

x_{avg}　x 之平均值

三角恆等式

$\sin(90° - \theta) = \cos\theta$

$\cos(90° - \theta) = \sin\theta$

$\sin\theta / \cos\theta = \tan\theta$

$\sin^2\theta + \cos^2\theta = 1$

$\sec^2\theta - \tan^2\theta = 1$

$\csc^2\theta - \cot^2\theta = 1$

$\sin 2\theta = 2\sin\theta\cos\theta$

$\cos 2\theta = \cos^2\theta - \sin^2\theta = 2\cos^2\theta - 1 = 1 - 2\sin^2\theta$

$\sin(\alpha \pm \beta) = \sin\alpha\cos\beta \pm \cos\alpha\sin\beta$

$\cos(\alpha \pm \beta) = \cos\alpha\cos\beta \mp \sin\alpha\sin\beta$

$\tan(\alpha \pm \beta) = \dfrac{\tan\alpha \pm \tan\beta}{1 \mp \tan\alpha\tan\beta}$

$\sin\alpha \pm \sin\beta = 2\sin\frac{1}{2}(\alpha \pm \beta)\cos\frac{1}{2}(\alpha \mp \beta)$

$\cos\alpha + \cos\beta = 2\cos\frac{1}{2}(\alpha + \beta)\cos\frac{1}{2}(\alpha - \beta)$

$\cos\alpha - \cos\beta = -2\sin\frac{1}{2}(\alpha + \beta)\sin\frac{1}{2}(\alpha - \beta)$

二項式定理

$(1 + x)^n = 1 + \dfrac{nx}{1!} + \dfrac{n(n-1)x^2}{2!} + \cdots \quad (x^2 < 1)$

指數展開

$$e^x = 1 + x + \frac{x^2}{2!} + \frac{x^3}{3!} + \cdots$$

對數展開

$$\ln(1+x) = x - \tfrac{1}{2}x^2 + \tfrac{1}{3}x^3 - \cdots \quad (|x| < 1)$$

三角函數展開(θ 為弧度)

$$\sin\theta = \theta - \frac{\theta^3}{3!} + \frac{\theta^5}{5!} - \cdots$$

$$\cos\theta = 1 - \frac{\theta^2}{2!} + \frac{\theta^4}{4!} - \cdots$$

$$\tan\theta = \theta + \frac{\theta^3}{3} + \frac{2\theta^5}{15} + \cdots$$

Cramer 定則

二個具未知數 x 和 y 的聯立方程式，

$$a_1 x + b_1 y = c_1 \quad \text{和} \quad a_2 x + b_2 y = c_2$$

其解為

$$x = \frac{\begin{vmatrix} c_1 & b_1 \\ c_2 & b_2 \end{vmatrix}}{\begin{vmatrix} a_1 & b_1 \\ a_2 & b_2 \end{vmatrix}} = \frac{c_1 b_2 - c_2 b_1}{a_1 b_2 - a_2 b_1}$$

且

$$y = \frac{\begin{vmatrix} a_1 & c_1 \\ a_2 & c_2 \end{vmatrix}}{\begin{vmatrix} a_1 & b_1 \\ a_2 & b_2 \end{vmatrix}} = \frac{a_1 c_2 - a_2 c_1}{a_1 b_2 - a_2 b_1}$$

向量的乘積

令 $\hat{i}$、$\hat{j}$、$\hat{k}$ 分別為沿 x、y、z 方向的單位向量，則：

$$\hat{i} \cdot \hat{i} = \hat{j} \cdot \hat{j} = \hat{k} \cdot \hat{k} = 1$$
$$\hat{i} \cdot \hat{j} = \hat{j} \cdot \hat{k} = \hat{k} \cdot \hat{i} = 0$$
$$\hat{i} \times \hat{i} = \hat{j} \times \hat{j} = \hat{k} \times \hat{k} = 0$$
$$\hat{i} \times \hat{j} = \hat{k}$$
$$\hat{j} \times \hat{k} = \hat{i}$$
$$\hat{k} \times \hat{i} = \hat{j}$$

任何沿 x、y、z 軸之分量為 a_x、a_y、a_z 的向量 $\vec{a}$ 可被寫成：

$$\vec{a} = a_x \hat{i} + a_y \hat{j} + a_z \hat{k}$$

令向量 $\vec{a}$、$\vec{b}$、$\vec{c}$ 的大小分別為 a、b、c。則：

$$\vec{a} \times (\vec{b} + \vec{c}) = (\vec{a} \times \vec{b}) + (\vec{a} \times \vec{c})$$

$$(s\vec{a}) \times \vec{b} = \vec{a} \times (s\vec{b}) = s(\vec{a} \times \vec{b}) \quad (s = \text{純量})$$

令 $\vec{a}$ 與 $\vec{b}$ 之間的較小夾角為 θ，則：

$$\vec{a} \cdot \vec{b} = \vec{b} \cdot \vec{a} = a_x b_x + a_y b_y + a_z b_z = ab\cos\theta$$

$$\vec{a} \times \vec{b} = -\vec{b} \times \vec{a} = \begin{vmatrix} \hat{i} & \hat{j} & \hat{k} \\ a_x & a_y & a_z \\ b_x & b_y & b_z \end{vmatrix}$$

$$= \hat{i} \begin{vmatrix} a_y & a_z \\ b_y & b_z \end{vmatrix} - \hat{j} \begin{vmatrix} a_x & a_z \\ b_x & b_z \end{vmatrix} + \hat{k} \begin{vmatrix} a_x & a_y \\ b_x & b_y \end{vmatrix}$$

$$= (a_y b_z - b_y a_z)\hat{i} + (a_z b_x - b_z a_x)\hat{j} + (a_x b_y - b_x a_y)\hat{k}$$

$$\left| \vec{a} \times \vec{b} \right| = ab\sin\theta$$

$$\vec{a} \cdot (\vec{b} \times \vec{c}) = \vec{b} \cdot (\vec{c} \times \vec{a}) = \vec{c} \cdot (\vec{a} \times \vec{b})$$

$$\vec{a} \cdot (\vec{b} \times \vec{c}) = (\vec{a} \cdot \vec{c})\vec{b} - (\vec{a} \cdot \vec{b})\vec{c}$$

導數與積分

在下列各式中，字母 u 與 v 代表 x 的任意兩個函數，而 a 與 m 則皆為常數。每一不定積分皆應加上一任意積分常數。

The Handbook of Chemistry and Physics (CRC 出版)有更詳盡的列表。

1. $\dfrac{dx}{dx} = 1$

2. $\dfrac{d}{dx}(au) = a\dfrac{du}{dx}$

3. $\dfrac{d}{dx}(u + v) = \dfrac{du}{dx} + \dfrac{dv}{dx}$

4. $\dfrac{d}{dx}x^m = mx^{m-1}$

5. $\dfrac{d}{dx}\ln x = \dfrac{1}{x}$

6. $\dfrac{d}{dx}(uv) = u\dfrac{dv}{dx} + v\dfrac{du}{dx}$

7. $\dfrac{d}{dx}e^x = e^x$

8. $\dfrac{d}{dx}\sin x = \cos x$

9. $\dfrac{d}{dx}\cos x = -\sin x$

10. $\dfrac{d}{dx}\tan x = \sec^2 x$

11. $\dfrac{d}{dx}\cot x = -\csc^2 x$

12. $\dfrac{d}{dx}\sec x = \tan x \sec x$

13. $\dfrac{d}{dx}\csc x = -\cot x \csc x$

14. $\dfrac{d}{dx}e^u = e^u\dfrac{du}{dx}$

15. $\dfrac{d}{dx}\sin u = \cos u\dfrac{du}{dx}$

16. $\dfrac{d}{dx}\cos u = -\sin u\dfrac{du}{dx}$

1. $\displaystyle\int dx = x$

2. $\displaystyle\int au\,dx = a\int u\,dx$

3. $\displaystyle\int (u + v)\,dx = \int u\,dx + \int v\,dx$

4. $\displaystyle\int x^m\,dx = \dfrac{x^{m+1}}{m+1}\ (m \neq -1)$

5. $\displaystyle\int \dfrac{dx}{x} = \ln|x|$

6. $\displaystyle\int u\dfrac{dv}{dx}\,dx = uv - \int v\dfrac{du}{dx}\,dx$

7. $\displaystyle\int e^x\,dx = e^x$

8. $\displaystyle\int \sin x\,dx = -\cos x$

9. $\displaystyle\int \cos x\,dx = \sin x$

10. $\displaystyle\int \tan x\,dx = \ln|\sec x|$

11. $\displaystyle\int \sin^2 x\,dx = \dfrac{1}{2}x - \dfrac{1}{4}\sin 2x$

12. $\displaystyle\int e^{-ax}\,dx = -\dfrac{1}{a}e^{-ax}$

13. $\displaystyle\int xe^{-ax}\,dx = -\dfrac{1}{a^2}(ax + 1)e^{-ax}$

14. $\displaystyle\int x^2 e^{-ax}\,dx = -\dfrac{1}{a^3}(a^2x^2 + 2ax + 2)e^{-ax}$

15. $\displaystyle\int_0^\infty x^n e^{-ax}\,dx = \dfrac{n!}{a^{n+1}}$

16. $\displaystyle\int_0^\infty x^{2n} e^{-ax^2}\,dx = \dfrac{1 \cdot 3 \cdot 5 \cdots (2n-1)}{2^{n+1} a^n}\sqrt{\dfrac{\pi}{a}}$

17. $\displaystyle\int \dfrac{dx}{\sqrt{x^2 + a^2}} = \ln(x + \sqrt{x^2 + a^2})$

18. $\displaystyle\int \dfrac{x\,dx}{(x^2 + a^2)^{3/2}} = -\dfrac{1}{(x^2 + a^2)^{1/2}}$

19. $\displaystyle\int \dfrac{dx}{(x^2 + a^2)^{3/2}} = \dfrac{x}{a^2(x^2 + a^2)^{1/2}}$

20. $\displaystyle\int_0^\infty x^{2n+1} e^{-ax^2}\,dx = \dfrac{n!}{2a^{n+1}}\ \ (a > 0)$

21. $\displaystyle\int \dfrac{x\,dx}{x + d} = x - d\ln(x + d)$

附錄 F

元素性質

除非有另外指定，所有的物理性質均為在 1 atm 下的量測結果。

元素	符號	原子序 Z	莫耳質量 g/mol	密度 g / cm³ (20 °C)	熔點 °C	沸點 °C	比熱 J/(g·°C)(25 °C)
錒	Ac	89	(227)	10.06	1323	(3473)	0.092
鋁	Al	13	26.9815	2.699	660	2450	0.900
鎇	Am	95	(243)	13.67	1541	—	—
銻	Sb	51	121.75	6.691	630.5	1380	0.205
氬	Ar	18	39.948	1.6626×10^{-3}	−189.4	−185.8	0.523
砷	As	33	74.9216	5.78	817(28atm)	613	0.331
砈	At	85	(210)	—	(302)	—	—
鋇	Ba	56	137.34	3.594	729	1640	0.205
鉳	Bk	97	(247)	14.79	—	—	—
鈹	Be	4	9.0122	1.848	1287	2770	1.83
鉍	Bi	83	208.980	9.747	271.37	1560	0.122
鏂	Bh	107	262.12	—	—	—	—
硼	B	5	10.811	2.34	2030	—	1.11
溴	Br	35	79.909	3.12(液體)	−7.2	58	0.293
鎘	Cd	48	112.40	8.65	321.03	765	0.226
鈣	Ca	20	40.08	1.55	838	1440	0.624
鉲	Cf	98	(251)	—	—	—	—
碳	C	6	12.01115	2.26	3727	4830	0.691
鈰	Ce	58	140.12	6.768	804	3470	0.188
銫	Cs	55	132.905	1.873	28.40	690	0.243
氯	Cl	17	35.453	$3.214 \times 10^{-3}(0 °C)$	−101	−34.7	0.486
鉻	Cr	24	51.996	7.19	1857	2665	0.448
鈷	Co	27	58.9332	8.85	1495	2900	0.423
鎶	Cp	112	(285)	—	—	—	—
銅	Cu	29	63.54	8.96	1083.40	2595	0.385
鋦	Cm	96	(247)	13.3	—	—	—
鐽	Ds	110	271	—	—	—	—
𨧀	Db	105	262.114	—	—	—	—
鏑	Dy	66	162.50	8.55	1409	2330	0.172
鑀	Es	99	(254)	—	—	—	—
鉺	Er	68	167.26	9.15	1522	2630	0.167
銪	Eu	63	151.96	5.243	817	1490	0.163
鐨	Fm	100	(237)	—	—	—	—

元素	符號	原子序 Z	莫耳質量 g/mol	密度 g/cm³ (20°C)	熔點 °C	沸點 °C	比熱 J/(g·°C)(25°C)
鈇	Fl	114	(289)	—	—	—	—
氟	F	9	18.9984	1.696×10^{-3}(0C°)	−219.6	−188.2	0.753
鍅	Fr	87	(223)	—	(27)	—	—
釓	Gd	64	157.25	7.90	1312	2730	0.234
鎵	Ga	31	69.72	5.907	29.75	2237	0.377
鍺	Ge	32	72.59	5.323	937.25	2830	0.322
金	Au	79	196.967	19.32	1064.43	2970	0.131
鉿	Hf	72	178.49	13.31	2227	5400	0.144
𨭆	Hs	108	(265)	—	—	—	—
氦	He	2	4.0026	0.1664×10^{-3}	−269.7	−268.9	5.23
鈥	Ho	67	164.930	8.79	1470	2330	0.165
氫	H	1	1.00797	0.08375×10^{-3}	−259.19	−252.7	14.4
銦	In	49	114.82	7.31	156.634	2000	0.233
碘	I	53	126.9044	4.93	113.7	183	0.218
銥	Ir	77	192.2	22.5	2447	5300	0.130
鐵	Fe	26	55.847	7.874	1536.5	3000	0.447
氪	Kr	36	83.80	3.488×10^{-3}	−157.37	−152	0.247
鑭	La	57	138.91	6.189	920	3470	0.195
鐒	Lr	103	(257)	—	—	—	—
鉛	Pb	82	207.19	11.35	327.45	1725	0.129
鋰	Li	3	6.939	0.534	180.55	1300	3.58
鉝	Lv	116	(293)	—	—	—	—
鎦	Lu	71	174.97	9.849	1663	1930	0.155
鎂	Mg	12	24.312	1.738	650	1107	1.03
錳	Mn	25	54.9380	7.44	1244	2150	0.481
䥑	Mt	109	(266)	—	—	—	—
鍆	Md	101	(256)	—	—	—	−138
汞	Hg	80	200.59	13.55	−38.87	357	0.251
鏌	Mc	115	(289)	—	—	—	—
鉬	Mo	42	95.94	10.22	2617	5560	0.188
釹	Nd	60	144.24	7.007	1016	3180	0.03
氖	Ne	10	20.183	0.8387×10^{-3}	−248.597	−246.0	1.26
錼	Np	93	(237)	20.25	637	—	1.444
鎳	Ni	28	58.71	8.902	1453	2730	0.264
鉨	Nh	113	(286)	—	—	—	—
鈮	Nb	41	92.906	8.57	2468	4927	0.03
氮	N	7	14.0067	1.1649×10^{-3}	−210	−195.8	1.03
鍩	No	102	(255)	—	—	—	—

元素	符號	原子序 Z	莫耳質量 g/mol	密度 g/cm³ (20 °C)	熔點 °C	沸點 °C	比熱 J/(g·°C)(25 °C)
鿫	Og	118	(294)	—	—	—	—
鋨	Os	76	190.2	22.59	3027	5500	0.130
氧	O	8	15.9994	1.3318×10^{-3}	−248.80	183.0	0.913
鈀	Pd	46	106.4	12.02	1552	3980	0.243
磷	P	15	30.9738	1.83	44.25	280	0.741
鉑	Pt	78	195.09	21.45	1769	4530	0.134
鈽	Pu	94	(244)	19.8	640	3235	0.130
釙	Po	84	(210)	9.32	254	—	—
鉀	K	19	39.102	0.862	63.20	760	0.758
鐠	Pr	59	140.907	6.773	931	3020	0.197
鉕	Pm	61	(145)	7.22	(1027)	—	—
鏷	Pa	91	(231)	15.37(估計值)	(1230)	—	—
鐳	Ra	88	(226)	5.0	700	—	—
氡	Rn	86	(222)	$9.96\times10^{-3}(0\,°C)$	(−71)	−61.8	0.092
錸	Re	75	186.2	21.02	3180	5900	0.134
銠	Rh	45	102.905	12.41	1963	4500	0.243
錀	Rg	111	(280)	—	—	—	—
銣	Rb	37	85.47	1.532	39.49	688	0.364
釕	Ru	44	101.107	12.37	2250	4900	0.239
鑪	Rf	104	261.11	—	—	—	—
釤	Sm	62	150.35	7.52	1072	1630	0.197
鈧	Sc	21	44.956	2.99	1539	2730	0.569
𨭎	Sg	106	263.118	—	—	—	—
硒	Se	34	78.96	4.79	221	685	0.318
矽	Si	14	28.086	2.33	1412	2680	0.712
銀	Ag	47	107.870	10.49	960.8	2210	0.234
鈉	Na	11	22.9898	0.9712	97.85	892	1.23
鍶	Sr	38	87.62	2.54	768	1380	0.737
硫	S	16	32.064	2.07	119.0	444.6	0.707
鉭	Ta	73	180.948	16.6	3014	5425	0.138
鎝	Tc	43	(99)	11.46	2200	—	0.209
碲	Te	52	127.60	6.24	449.5	990	0.201
鿬	Ts	117	(293)	—	—	—	—
鋱	Tb	65	158.924	8.229	1357	2530	0.180
鉈	Tl	81	204.37	11.85	304	1457	0.130
釷	Th	90	(232)	11.72	1755	3850	0.117
銩	Tm	69	168.934	9.32	1545	1720	0.159

元素	符號	原子序 Z	莫耳質量 g/mol	密度 g / cm³ (20 °C)	熔點 °C	沸點 °C	比熱 J/(g·°C)(25 °C)
錫	Sn	50	118.69	7.2984	231.868	2270	0.226
鈦	Ti	22	47.90	4.54	1670	3260	0.523
鎢	W	74	183.85	19.3	3380	5930	0.134
鈾	U	92	(238)	18.95	1132	3818	0.117
釩	V	23	50.942	6.11	1902	3400	0.490
氙	Xe	54	131.30	5.495×10^{-3}	−111.79	−108	0.159
鐿	Yb	70	173.04	6.965	824	1530	0.155
釔	Y	39	88.905	4.469	1526	3030	0.297
鋅	Zn	30	65.37	7.133	419.58	906	0.389
鋯	Zr	40	91.22	6.506	1852	3580	0.276

- 莫耳質量欄內的括號數值為該放射性元素其最長生命期之同位素質量數。

- 括號中的熔點與沸點為不確定的。

- 有關氣體的數據僅適用於其正常的分子狀態，如：H_2、He、O_2、Ne 等。這些氣體的比熱為定壓下的數值。

- **出處**：摘自 J. Emsley, *The Elements*, 3rd ed, 1998, Clarendon Press, Oxford。

  亦可參見 www.webelements.com 可查知最新數值及元素。

附錄 G

元素週期表

金屬 / 類金屬 / 非金屬

鹼金屬 · 鈍氣 · 過渡金屬

水平週期	IA	IIA	IIIB	IVB	VB	VIB	VIIB	VIIIB	VIIIB	VIIIB	IB	IIB	IIIA	IVA	VA	VIA	VIIA	0
1	1 H																	2 He
2	3 Li	4 Be											5 B	6 C	7 N	8 O	9 F	10 Ne
3	11 Na	12 Mg											13 Al	14 Si	15 P	16 S	17 Cl	18 Ar
4	19 K	20 Ca	21 Sc	22 Ti	23 V	24 Cr	25 Mn	26 Fe	27 Co	28 Ni	29 Cu	30 Zn	31 Ga	32 Ge	33 As	34 Se	35 Br	36 Kr
5	37 Rb	38 Sr	39 Y	40 Zr	41 Nb	42 Mo	43 Tc	44 Ru	45 Rh	46 Pd	47 Ag	48 Cd	49 In	50 Sn	51 Sb	52 Te	53 I	54 Xe
6	55 Cs	56 Ba	57-71 *	72 Hf	73 Ta	74 W	75 Re	76 Os	77 Ir	78 Pt	79 Au	80 Hg	81 Tl	82 Pb	83 Bi	84 Po	85 At	86 Rn
7	87 Fr	88 Ra	89-103 †	104 Rf	105 Db	106 Sg	107 Bh	108 Hs	109 Mt	110 Ds	111 Rg	112 Cn	113 Nh	114 Fl	115 Mc	116 Lv	117 Ts	118 Og

內過渡金屬

鑭系 *	57 La	58 Ce	59 Pr	60 Nd	61 Pm	62 Sm	63 Eu	64 Gd	65 Tb	66 Dy	67 Ho	68 Er	69 Tm	70 Yb	71 Lu
錒系 †	89 Ac	90 Th	91 Pa	92 U	93 Np	94 Pu	95 Am	96 Cm	97 Bk	98 Cf	99 Es	100 Fm	101 Md	102 No	103 Lr

- 請參見 www.webelements.com 中的最新資訊及最新元素。

CP 為測試站的答案，P 為討論題的(奇數題)答案

Chapter 21

CP **1.** C and D attract; B and D attract **2.** (a) leftward; (b) leftward; (c) leftward **3.** (a) a, c, b; (b) less than **4.** $-15e$ (net charge of $-30e$ is equally shared)

P **1.** (a) 2.23×10^{-14} C; (b) no **3.** 0.707 **5.** (a) 4.00 cm; (b) 0; (c) -0.444 **7.** (a) (89.9 N) $\hat{i}$; (b) $(-2.50$ N) $\hat{i}$; (c) 68.3 cm; (d) 0 **9.** 9.0 kN **11.** (a) $(L/2)(1 + kqQ/Wh^2)$; (b) $(3kqQ/W)^{0.5}$ **13.** (a) 1.3×10^{-6} kg; (b) 1.2×10^{-10} C **15.** -1.32×10^{13} C **17.** $-45\,\mu$C **19.** (a) ^{9}C; (b) ^{13}O; (c) ^{13}C **21.** 1.7×10^8 N **23.** (a) 1.25×10^{13} electrons; (b) from you to faucet; (c) positive; (d) from faucet to the cat; (e) stroking the cat transfers electrons from you to the fur, which then induces charge in the cat's body, with negative charge on the surface away from the stroked region; if you bring your positive hand near the negative nose, electrons can spark across the gap **25.** (a) 6.4×10^{-19} C; (b) 4 **27.** (a) 2.19×10^6 m/s; (b) 1.09×10^6 m/s; (c) decrease **29.** 0.500 **31.** 3.8 N **33.** (a) 2.00×10^{10} electrons; (b) 1.33×10^{10} electrons **35.** 1.31×10^{-22} N **37.** 2.2×10^{-6} kg **39.** -5.1 m **41.** $+16e$ **43.** -2.25 **45.** (a) 5.1×10^2 N; (b) 7.7×10^{28} m/s^2 **47.** 1.2×10^{-5} C **49.** (a) 5.7×10^{13} C; (b) cancels out; (c) 6.0×10^5 kg **51.** 4.68×10^{-19} N

Chapter 22

CP **1.** (a) rightward; (b) leftward; (c) leftward; (d) rightward (p and e have same charge magnitude, and p is farther) **2.** (a) toward positive y; (b) toward positive x; (c) toward negative y **3.** (a) leftward; (b) leftward; (c) decrease **4.** (a) all tie; (b) 1 and 3 tie, then 2 and 4 tie

P **1.** (a) $0.10\,\mu$C; (b) 1.3×10^{17}; (c) 5.0×10^{-6} **3.** (a) 2.51×10^{-6} N/C; (b) $-76.4°$ **5.** $+1.00\,\mu$C **7.** 921 N/C; (b) $45°$ **9.** (a) 50 km/s; (b) $94\,\mu$m **11.** (a) $0°$; (b) 9.96 pN **13.** 61 N/C **15.** (a) top row: 4, 8, 12; middle row: 5, 10, 14; bottom row: 7, 11, 16; (b) 1.63×10^{-19} C **17.** $217°$ **19.** (a) 5.53×10^{-2} N/C; (b) west **21.** (a) 19.5 N/C; (b) $90°$ **23.** (a) $3.41L$ **25.** (a) 1.04×10^{-17} N; (b) 32.5 N/C **27.** 9.0×10^{-15} N **29.** (a) 1.46×10^7 N/C; (b) $-45°$ **31.** (a) 47 N/C; (b) 27 N/C **33.** 51 μm **35.** (a) $(2q/4\pi\varepsilon_0d^2)\alpha/(1 + \alpha^2)^{1.5}$; (c) 0.71; (d) 0.20 and 2.0 **37.** (a) -1.12×10^{-13} C/m; (b) 3.40×10^{-3} N/C; (c) $-180°$; (d) 4.06×10^{-8} N/C; (e) 4.06×10^{-8} N/C **39.** 0.231 m **41.** 4.3×10^3 N/C **43.** -7.35 cm **45.** (a) -1.49×10^{-26} J; (b) $(-1.98 \times 10^{-26}$ N $\cdot$ m); (c) 3.47×10^{-26} J **47.** 9:30 **49.** $-2.83Q$ **51.** (a) 0; (b) 1.4×10^{-22} N $\cdot$ m; (c) 0 **53.** 2.66×10^{-23} J **55.** (a) 8.87×10^{-15} N; (b) 120 **57.** (a) yes; (b) upper plate, 2.72 cm **59.** (a) $qd/4\pi\varepsilon_0r^3$; (b) $-90°$

Chapter 23

CP **1.** (a) $+EA$; (b) $-EA$; (c) 0; (d) 0 **2.** (a) 2; (b) 3; (c) 1 **3.** (a) equal; (b) equal; (c) equal **4.** 3 and 4 tie, then 2, 1

P **1.** (a) 0; (b) -1.45 N $\cdot$ m^2/C; (c) 0; (d) 0 **3.** (a) 5.21 N $\cdot$ m^2/C; (b) 46.1 pC; (c) 5.21 N $\cdot$ m^2/C; (d) 46.1 pC **5.** 0.89 μC **7.** (a) 0; (b) 7.99×10^3 N/C **9.** (a) $1.5\,\mu$C/m^2; (b) 1.6×10^5 N/C **11.** (a) 180 N/C; (b) -4.77 nC/m^2; (c) $+2.39$ nC/m^2 **13.** $(5.65 \times 10^4$ N/C) **15.** (a) -96 N $\cdot$ m^2/C; (b) $+32$ N $\cdot$ m^2/C; (c) -20 N $\cdot$ m^2/C; (d) 0; (e) -64 N $\cdot$ m^2/C **17.** (a) 3.62 N $\cdot$ m^2/C; (b) 51.1 N $\cdot$ m^2/C **19.** 3.6 nC **21.** (a) 0; (b) $q_a/4\pi\varepsilon_0r^2$; (c) $(q_a + q_b)/4\pi\varepsilon_0r^2$ **23.** (a) 0.50 N $\cdot$ m^2/C; (b) 2.2 pC **25.** (a) 4.0×10^6 N/C; (b) 0 **27.** (a) 3.12×10^4 N/C; (b) 1.80×10^4 N/C **29.** 1.77 μC **31.** 1.1 μC/m^2 **33.** (a) 0; (b) 2.88×10^4 N/C; (c) 200 N/C **35.** -1.04 nC **37.** 7.1 N $\cdot$ m^2/C **39.** (a) $(4.26 \times 10^{-11}$ N/C)$\hat{j}$; (b) 0; (c) $(-4.26 \times 10^{-11}$ N/C) $\hat{j}$ **41.** 4.2 kN/C; (b) 2.4 kN/C **43.** (a) $+4.0\,\mu$C; (b) $-4.0\,\mu$C **45.** (a) 5.4 N/C; (b) 6.8 N/C **47.** -2.12 nC **49.** -8.4×10^{-3} N $\cdot$ m^2/C **51.** (a) 693 kg/s; (b) 693 kg/s; (c) 347 kg/s; (d) 347 kg/s; (e) 575 kg/s **53.** 2.6×10^5 N $\cdot$ m^2/C **55.** 5.8 μC/m^2 **57.** (a) 21 μC; (b) 2.3×10^6 N $\cdot$ m^2/C **59.** 6.7 cm

Chapter 24

CP **1.** (a) negative; (b) increase; (c) positive; (d) higher **2.** (a) rightward; (b) 1, 2, 3, 5: positive; 4, negative; (c) 3, then 1, 2, and 5 tie, then 4 **3.** all tie **4.** a, c (zero), b **5.** (a) 2, then 1 and 3 tie; (b) 3; (c) accelerate leftward

P **1.** (a) 1.8 cm; (b) 8.4×10^5 m/s; (c) 2.1×10^{-17} N; (d) positive; (e) 1.6×10^{-17} N; (f) negative **3.** 3.5 km/s **5.** (a) -24 J; (b) 0 **9.** (a) $q(3R^2 - r^2)/8\pi\varepsilon_0R^3$; (b) $q/8\pi\varepsilon_0R$ **11.** (a) 0; (b) 5.0×10^6 m/s **13.** None **15.** 2.0×10^9 eV **17.** (a) 6.0×10^{-23} J; (b) -0.375 mV **19.** (a) spherical, centered on q, radius 4.5 m; (b) no **21.** (a) 38 s; (b) 280 days **23.** (a) 0.322 mm; (b) 976 V **25.** -13.8 V **27.** 8.8×10^{-14} m **29.** $p/2\pi\varepsilon_0r^3$ **31.** (a) $+7.19 \times 10^{-10}$ V; (b) $+2.30 \times 10^{-28}$ J; (c) $+2.43 \times 10^{-29}$ J **33.** 3.28 mV **35.** 2.1 days **37.** -22.1 V **39.** 2.30×10^{-22} J **41.** 2.30×10^{-28} J **43.** $(2.9 \times 10^{-2}$ m$^{-3})A$ **45.** (a) -90 V; (b) 5.9 kV; (c) -8.9 kV **47.** -1.92 MV **49.** 53.4 kV **51.** 23.6 mV **53.** (a) 3.6×10^5 V; (b) no **55.** 0.956 V **57.** 240 kV **59.** 0 **61.** -1.7

Chapter 25

CP **1.** (a) same; (b) same **2.** (a) decreases; (b) increases; (c) decreases **3.** (a) V, $q/2$; (b) $V/2$; q

P **1.** (a) 41 μF; (b) 42 μF **3.** (a) 0.708 pF; (b) 1.67; (c) -5.44 J; (d) sucked in **5.** 1.1 mC **7.** (a) 6.0 μF; (b) 6.0 μF **9.** 8.10 pF **11.** 40 μF **13.** (a) $7.20\,\mu$C; (b) $18.0\,\mu$C; (c) Battery supplies charges only to plates to which it is connected; charges on other plates are due to electron transfers between plates, in accord with new distribution of voltages across the capacitors. So battery does not directly supply charge on capacitor 4. **15.** $4.62\,\mu$F **17.** 24.0 μC **19.** Mica **21.** 1.06 nC **23.** (a) 37.6 pF; (b) 1.13 nC **25.** (a) 631 μC; (b) 63.1 V **27.** (a) 240 μC; (b) 48.0 μC **29.** (a) 36 μC; (b) 12 μC **31.** (a) $q^2/2\varepsilon_0A$ **33.** 12.8 μF **35.** 40 μC **37.** 3.6 **39.** (a) 857 μC; (b) 42.9 V; (c) 18.4 mJ; (d) 571 μC; (e) 57.1 V; (f) 16.3 mJ; (g) 286 μC; (h) 57.1 V; (i) 8.16 mJ **41.** (a) 20 pF; (b) 12 nC; (c) 3.5 μJ; (d) 0.43 MV/m; (e) 0.81 J/m^3 **43.** 16 μC **45.** (a) 5.72×10^{-19} J/m^3; (b) 5.72×10^{-7} J/m^3; (c) 5.72×10^5 J/m^3; (d) 5.72×10^{17} J/m^3; (e) ∞ **47.** 59.8 nJ **49.** (a) 10.0 μF; (b) 1.20 mC; (c) 200 V; (d) 0.800 mC; (e) 200 V **51.** 1.69 nC **53.** (a) 32.0 V; (b) 181 pJ; (c) 481 pJ; (d) 301 pJ **55.** 455 **57.** 5.3 V **59.** 45 μC

Chapter 26

CP **1.** 8 A, rightward **2.** (a)–(c) rightward **3.** a and c tie, then b **4.** device 2 **5.** (a) and (b) tie, then (d), then (c)

P **1.** (a) 2.3×10^{12}; (b) 5.0×10^3; (c) 10 MV **3.** 146 kJ **5.** 24 mW **7.** (a) 9.4×10^{13} s^{-1}; (b) 2.40×10^2 W **9.** (a) 225 μC; (b) 60.0 μA; (c) 0.450 mW **11.** 560 W **13.** 364 kJ **15.** 13.3 Ω **17.** 0.14 V **19.** 0.20 hp **21.** (a) 10 A/cm^2; (b) eastward **23.** 10 kC **25.** (a) 3.75 kA; (b) 133 MA/m^2; (c) 8.48×10^{-8} Ω.m **27.** (a) 3.8×10^{-5} A/m^2; (b) 2.8×10^{-15} m/s **29.** 90 V **31.** 8.0 ms **33.** (a) 38 A/m^2; (b) north; (c) cross-sectional area **35.** (a) 0.0017%; (b) 0.0034%; (c) 0.43% **37.** 2.0×10^{-8} Ω.m **39.** 2.4 kW **41.** (a) 0.38 mV; (b) negative; (c) 3 min 58 s **43.** (a) 23.5 mA; (b) 67.2 A/m^2; (c) 7.88 mm/s; (d) 139 V/m **45.** 0.92 mm **47.** 21 min **49.** 660 W **51.** (a) 1.74 A; (b) 2.15 MA/m^2; (c) 36.3 mV/m; (d) 2.09 W **53.** (a) 19.2 Ω; (b) 3.91×10^{19} s^{-1} **55.** (a) 250°C; (b) yes

Chapter 27

CP **1.** (a) rightward; (b) all tie; (c) b, then a and c tie; (d) b, then a and c tie **2.** (a) all tie; (b) R_1, R_2, R_3 **3.** (a) less; (b) greater; (c) equal **4.** (a) $V/2$, i; (b) V, $i/2$ **5.** (a) 1, 2, 4, 3; (b) 4, tie of 1 and 2, then 3

P **1.** 0.90% **5.** the cable **7.** $-13\ \mu C$ **9.** (a) 4.0 A; (b) up
11. (a) 52.5 Ω; (b) 114 mA; (c) 42.9 mA; (d) 42.9 mA; (e) 28.6
mA **13.** 6.00 Ω **15.** (a) $2.8 \times 10^2\ \Omega$; (b) 3.4 mW **17.** (a) 46.3
mA; (b) down; (c) 16.8 mA; (d) right; (e) 29.5 mA; (f) left; (g)
+4.63 V **19.** (a) 0.844 W; (b) 43.8 mW; (c) 0.935 W; (d) 1.84 W;
(e) -54.1 mW **21.** (a) 0; (b) 14.4 W **23.** (a) 6.67 Ω; (b) 6.67 Ω;
(c) 0 **25.** (a) 5.00 A; (b) left; (c) supply; (d) 100 W; (e) supply;
(f) 50.0 W; (g) supply; (h) 56.3 W **27.** (a) 3.0 A; (b) 10 A; (c) 13
A; (d) 1.5 A; (e) 7.5 A **29.** (a) 12.0 A; (b) 15.0 A; (c) series; (d)
30.0 A; (e) 24.0 A; (f) parallel **31.** (a) 0.10 A; (b) 0.14 A; (c) 13
V **33.** (a) 25 V; (b) 21 V; (c) negative **35.** -8.0 V **37.** (a) 38
Ω; (b) 260 Ω **39.** 77.6 μA **41.** (a) 4.0 A; (b) up; (c) 0.50 A; (d)
down; (e) 64 W; (f) 16 W; (g) supplied; (h) absorbed **43.** 2.5
A **45.** 3 **47.** (a) 8.0 mΩ; (b) 1 **49.** (a) -17 V; (b) -13 V
51. (a) 85.0 Ω; (b) 915 Ω **55.** (a) 22.2 μs; (b) 1.48 nF **57.** 20 Ω
59. (a) 3.00 A; (b) 3.75 A; (c) 3.94 A **61.** (a) 80 mA; (b) 0.13 A;
(c) 0.40 A

Chapter 28

CP **1.** $a, +z$; $b, -x$; c, $\vec{F}_B = 0$ **2.** (a) 2, then tie of 1 and 3 (zero);
(b) 4 **3.** (a) electron; (b) clockwise **4.** $-y$ **5.** (a) all tie;
(b) 1 and 4 tie, then 2 and 3 tie
P **1.** 8.2 mm **3.** $n = JB/eE$ **5.** $(-0.600\ N)\hat{k}$ **7.** (a) 714 km/s;
(b) 2.66 keV **9.** (a) 6.49×10^6 m/s; (b) 0.185 mm **11.** (a) $(-1.01$
V/m)$\hat{k}$; (b) 30.4 mV **13.** (a) 0.155 T; (b) 212 ns **15.** $(18.8\ \mu N)\hat{k}$
17. 3.8 C **19.** (a) 9.56×10^{-14} N; (b) 0; (c) 0.267° **23.** $(0.80\hat{j} -$
$1.1\hat{k})$ mN **25.** 1.96×10^{-26} N · m **27.** (a) 0.0956 A.m²; (b) 0.752
N · m **29.** 9.6×10^{-5} A.m² **31.** $(-3.0\hat{i} -3.0\hat{j} -4.0\hat{k})$ T **33.** $-0.23\hat{k}$
T **35.** (a) 1.18 T; (b) 18.8 MeV; (c) 32.2 MHz; (d) 59.9 MeV
37. (a) 1.2×10^{-17} N; (b) 1.8×10^9 m/s²; (c) same **39.** 11.4 ns
41. (a) 20 min; (b) 5.9×10^{-2} N · m **43.** (a) 1.4; (b) 1.0 **45.** 2.20
GA **47.** 0.90 μN **49.** (a) 2.2 MeV; (b) 1.1 MeV **51.** $-(0.102$
mT)$\hat{k}$ **53.** (a) $-1.0\hat{j}$ mN; (b) 0 **55.** (a) 65°; (b) 65° **57.** (a) 3.8
mm; (b) 19 mm; (c) clockwise **59.** 2.44×10^{-21} J

Chapter 29

CP **1.** b, c, a **2.** d, tie of a and c, then b **3.** d, a, tie of b and c (zero)
P **1.** 7.86 mT **3.** (a) 5.0 mA; (b) downward **5.** (a) 4.0; (b)
0.50 **7.** (a) 2.0 A; (b) out **9.** $(-313\ \mu N/m)\hat{i} + (104\ \mu N/m)\hat{j}$
11. 98.1 nT **13.** 93.6 mA **15.** (a) $(-400\ \mu T)\hat{i}$; (b) $(400\ \mu T)\hat{j}$
17. 499 nT **19.** 32.1 A **21.** 3.2 μT **23.** (a) $-3.8\ \mu T.m$; (b) -15
$\mu T.m$ **25.** (a) 15 A; (b) $-z$ **31.** (a) 7.5 cm; (b) unchanged
33. 2.00 rad **35.** (b) 2.3 km/s **37.** (a) 1.7 mT; (b) out; (c) 1.3 mT;
(d) out **39.** (a) $(156\ mN)\hat{j}$; (b) $(623\ \mu N)\hat{j}$; (c) 0; (d) $(-623\ \mu N)\hat{j}$;
(e) $(-156\ mN)\hat{j}$ **41.** 7.7 mT **45.** 0.105 A **47.** 4.5 μT **49.** 157°
51. (a) 3.2×10^{-16} N; (b) 3.2×10^{-16} N; (c) 0 **53.** (a) 4.8 mT; (b)
0.93 mT; (c) 0 **55.** (a) 280 μT; (b) 210 μT **57.** (a) $\mu_0 ir/2\pi c^2$; (b)
$\mu_0 i/2\pi r$; (c) $\mu_0 i(a^2 - r^2)/2\pi(a^2 - b^2)r$; (d) 0 **59.** (a) 0.249 μT; (b) out

Chapter 30

CP **1.** b, then d and e tie, and then a and c tie (zero) **2.** a and b
tie, then c (zero) **3.** c and d tie, then a and b tie **4.** b, out; c, out;
d, into; e, into **5.** d and e **6.** (a) 2, 3, 1 (zero); (b) 2, 3, 1
7. a and b tie, then c
P **1.** (a) $(4.4 \times 10^7\ m/s^2)\hat{i}$; (b) 0; (c) $(-4.4 \times 10^7\ m/s^2)\hat{i}$ **3.** 1.0
ns **5.** 1.15 W **7.** 0.50 mΩ **9.** (a) 1.66 μV; (b) counterclock-
wise **11.** (a) 1.00; (b) 0.0821; (c) 0.693 **13.** (a) -0.670 mV; (b)
-1.51 mV; (c) 0.837 mV **15.** (a) 3.75 mH; (b) 3.75 mH; (c) 100
nWb; (d) 4.24 mV **17.** (a) 4.6 J/m³; (b) 1.4×10^{-14} J/m³ **19.** 1.54
s **21.** (a) 1.5×10^2 W; (b) 99 W; (c) 2.5×10^2 W **23.** (a) 81.9
$\mu V/m$; (b) 85.6 $\mu V/m$ **25.** $(\pi B_0 r^2/\tau)\exp(-t/\tau)$ **27.** (a) 10.5 mWb;
(b) 2.76 mH **29.** (a) 13 mV; (b) left **31.** 0 **33.** (a) 2.00 A; (b)
2.00 A; (c) 2.38 A; (d) 1.43 A; (e) 0; (f) -0.952 A (reversed); (g)
0; (h) 0 **35.** 95.4 Ω **37.** (a) 8.0 $\times 10^2$ A/s; (c) 1.8 mA; (d)
4.4×10^2 A/s; (e) 4.0 mA; (f) 0 **39.** 1.7 T/s **41.** 5.81
43. (a) 9.74 V; (b) counterclockwise **45.** (a) 0.10 H/m;
(b) 1.3 V/m **47.** 9.45 μC **49.** (a) decreasing; (b) 1.5 mH
51. (a) 0.600 mH; (b) 120 **53.** 3.0 A/s **55.** 0.861 **57.** (a) 0.73 mT;
(b) 0.21 J/m³ **59.** 1.15 μWb **61.** 8.69 A **63.** 9.4 H

Chapter 31

CP **1.** (a) $T/2$; (b) T; (c) $T/2$; (d) $T/4$ **2.** (a) 4.25 V; (b) 150 μJ
3. (a) remains the same; (b) remains the same **4.** (a) C, B, A;
(b) 1, A; 2, B; 3, S; 4, C; (c) A **5.** (a) remains the same; (b) increases;
(c) remains the same; (d) decreases **6.** (a) 1, lags; 2, leads; 3, in
phase; (b) 3 ($\omega_d = \omega$ when $X_L = X_C$) **7.** (a) increase (circuit is
mainly capacitive; increase C to decrease X_C to be closer to reso-
nance for maximum P_{avg}); (b) closer **8.** (a) greater; (b) step-up
P **1.** (a) 8.54 Ω; (b) 1.58 kW **3.** (a) 8.84 kHz; (b) 6.00 Ω **5.** (a)
322 Ω; (b) 21.1°; (c) 112 mA **9.** (a) 0.592; (b) 0.806 **11.** 0.117
A **13.** (a) yes; (b) 2.0 kV **15.** (a) +1.22 rad; (b) 0.288 A
19. (a) 4.83 μJ; (b) 11.4 mA **21.** (a) 0.35 kHz; (b) 20 Ω **23.** (a)
288 μs; (b) 1.72 mH; (c) 2.20 mJ **25.** 640 V **27.** 156 V **29.** (a)
2.50 μs; (b) 1.25 μs; (c) 0.625 μs **31.** (a) 4.5 V; (b) 8.4 mA; (c) 0.23
A **33.** $(L/R)\ln 3$ **35.** 1.59 μF **37.** (a) 5.77×10^3 rad/s; (b) 1.09
ms **39.** 28.0 nF **41.** 0.43 ms **43.** 69.3 Ω **45.** (a) 66.0 μF; (b) 0;
(c) 250 W; (d) 0°; (e) 1; (f) 0; (g) $-90°$; (h) 0 **49.** (a) 0.577Q; (b)
0.152 **51.** 63 μH **53.** (a) 36.6 mA; (b) 9.15 mA **55.** (a) 39.1 Ω;
(b) 21.7 Ω; (c) capacitive **57.** 3.18 A **59.** (a) 45.0°; (b) 70.7 Ω

Chapter 32

CP **1.** d, b, c, a (zero) **2.** a, c, b, d (zero) **3.** tie of b, c,
and d, then a **4.** (a) 2; (b) 1 **5.** (a) away; (b) away; (c) less
6. (a) toward; (b) toward; (c) less
P **1.** (b) $+x$; (c) clockwise; (d) $+x$ **3.** (a) 7; (b) 7; (c) $3h/2\pi$; (d)
$3eh/4\pi m$; (e) $3.5h/2\pi$; (f) 8 **5.** (a) 31.0 μT; (b) 0°; (c) 55.9 μT; (d)
73.9°; (e) 62.0 μT; (f) 90.0° **7.** 38 μT **9.** (a) 5.31×10^{-17} T; (b)
3.19×10^{-17} T **11.** (a) 2.78×10^{-20} T; (b) 2.09×10^{-20} T **13.** (a)
4.17 μT; (b) 2.50 μT **15.** (a) 33.3 μT; (b) 16.7 μT **17.** (b) sign is
minus; (c) no, because there is compensating positive flux through
open end nearer to magnet **19.** (a) 9; (b) 3.71×10^{-23} J/T; (c)
$+9.27 \times 10^{-24}$ J; (d) -9.27×10^{-24} J **21.** (b) in the direction of the
angular momentum vector **23.** (a) 1.1 A; (b) 0; (c) 4.2 A
25. 8.9×10^{-24} J **27.** (a) 0.216 V/m; (b) 3.44×10^{-16} A; (c) $4.30 \times$
10^{-18} **29.** (a) 16.7 nT; (b) 5.00 mA **31.** (a) $(1.2 \times 10^{-13}$ T$)\exp[-t/$
(0.012 s)]; (b) 5.9×10^{-15} T **33.** (a) 5.3×10^{11} V/m; (b) 20 mT; (c)
6.6×10^2 **35.** (a) 0.84 mWb; (b) inward **37.** 7.49 mJ/T **39.** (a)
9.2 mWb; (b) inward **41.** (a) 6.61×10^{-5} N · m; (b) $-25.1\ \mu J$
43. (a) 1.2 μT; (b) 2.8×10^{12} V/m.s **45.** 0.066 **47.** (a) 6.2 MWb;
(b) outward **49.** (a) 27.5 mm; (b) 110 mm **51.** (a) 4 K; (b) 1
K **53.** (a) -2.78×10^{-23} J/T; (b) 3.71×10^{-23} J/T **55.** 0.84 kJ/T

Chapter 33

CP **1.** (a) (Use Fig. 33-5.) On right side of rectangle, $\vec{E}$ is in
negative y direction; on left side, $\vec{E} + d\vec{E}$ is greater and in same
direction; (b) $\vec{E}$ is downward. On right side, $\vec{B}$ is in negative
z direction; on left side, $\vec{B} + d\vec{B}$ is greater and in same direction.
2. positive direction of x **3.** (a) same; (b) decrease
4. a, d, b, c (zero) **5.** a
P **1.** 3.1% **3.** (a) 34.2°; (b) yes **5.** (b) 230.4°; (c) 233.5°; (d) 3.1°;
(e) 317.5°; (f) 321.9°; (g) 4.4° **7.** 9.43×10^{-10} T **11.** 13 MW/m²
13. (a) 0.33 μT; (b) $-x$ **15.** 2.4 cm/s **17.** 1.5×10^{-9} m/s²
19. 1.68 **25.** (a) 83 W/m²; (b) 1.7 MW **27.** (a) 0.50 ms; (b) 8.4 min;
(c) 2.4 h; (d) 5446 B.C. **29.** 60 cm **31.** 1.3 **33.** (a) 3.5 $\mu W/m^2$;
(b) 0.78 μW; (c) 1.5×10^{-17} W/m²; (d) 1.1×10^{-7} V/m; (e) 0.25 fT
35. 274 cm **37.** 0.024 **39.** (a) 30.1 nm; (b) 345 nm **41.** $1.7 \times$
10^{-13} N **43.** 1.1×10^{-8} Pa **45.** (a) 6.74×10^{11} W; (b) any chance
disturbance could move sphere from directly above source---the
two force vectors no longer along the same axis **47.** (a) (16.7
nT) $\sin[(1.00 \times 10^6\ m^{-1})z + (3.00 \times 10^{14}\ s^{-1})t]$; (b) 6.28 μm; (c) 20.9
fs; (d) 33.2 mW/m²; (e) x; (f) infrared **49.** 51.1° **51.** 35°
53. 0.034 **55.** (a) $-y$; (b) z; (c) 1.91 kW/m²; (d) $E_z = (1.20\ kV/m)$
$\sin[(6.67 \times 10^6\ m^{-1})y + (2.00 \times 10^{15}\ s^{-1})t]$; (e) 942 nm; (f) infra-
red **57.** (a) z axis; (b) 7.5×10^{14} Hz; (c) 1.9 kW/m² **59.** 9.2 μN

Chapter 34

CP **1.** 0.2d, 1.8d, 2.2d **2.** (a) real; (b) inverted; (c) same
3. (a) e; (b) virtual, same **4.** virtual, same as object, diverging

P **1.** (a) +8.6 cm; (b) +2.6; (c) R; (d) NI; (e) opposite　**3.** (a) +7.5 cm; (b) –0.75; (c) R; (d) I; (e) opposite　**5.** (a) +24 cm; (b) –0.58; (c) R; (d) I; (e) opposite　**7.** (a) 6.0 mm; (b) 1.6 kW/m²; (c) 4.0 cm　**9.** (a) 40 cm; (b) real; (c) 80 cm; (d) real; (e) 2.4 m; (f) real; (g) –40 cm; (h) virtual; (i) –80 cm; (j) virtual; (k) –2.4 m; (l) virtual　**11.** (a) +72 cm; (b) –72 cm; (c) +3.0; (d) V; (e) NI; (f) opposite　**13.** (a) +24 cm; (b) +36 cm; (c) –2.0; (d) R; (e) I; (f) same　**15.** (a) –20 cm; (b) –4.4 cm; (c) +0.56; (d) V; (e) NI; (f) opposite　**17.** (a) –4.8 cm; (b) +0.60; (c) V; (d) NI; (e) same　**19.** (a) –48 cm; (b) +4.0; (c) V; (d) NI; (e) same　**21.** 100 cm　**23.** (a) 3.33 cm; (b) left; (c) virtual; (d) not inverted　**25.** (a) concave; (b) +20 cm; (c) +40 cm; (e) +30 cm; (g) R; (h) I; (i) same　**27.** (a) convex; (b) minus; (c) –60 cm; (d) +1.2 m; (e) –24 cm; (g) V; (h) NI; (i) opposite　**29.** (a) concave; (c) +40 cm; (e) +60 cm; (f) –2.0; (g) R; (h) I; (i) same　**31.** (a) convex; (b) –20 cm; (d) +20 cm; (f) +0.50; (g) V; (h) NI; (i) opposite　**33.** (a) plus; (c) +40 cm; (e) –20 cm; (f) +2.0; (g) V; (h) NI; (i) opposite　**35.** (a) $\alpha = 0.500$ rad: 7.799 cm; $\alpha = 0.100$ rad: 8.544 cm; $\alpha = 0.0100$ rad: 8.571 cm; mirror equation: 8.571 cm; (b) $\alpha = 0.500$ rad: –13.56 cm; $\alpha = 0.100$ rad: –12.05 cm; $\alpha = 0.0100$ rad: –12.00 cm; mirror equation: –12.00 cm　**37.** (a) $(0.5)(2 - n)r/(n - 1)$; (b) right　**39.** (a) 1.0; (e) R; (f) opposite　**41.** (d) –18 cm; (e) V; (f) same　**43.** (b) P_n　**45.** (a) –12 cm　**47.** –15 cm; (b) +1.5; (c) V; (d) NI; (e) same　**49.** (a) –63 cm; (b) +2.2; (c) V; (d) NI; (e) same　**51.** (a) –26 cm; (b) +4.3; (c) V; (d) NI; (e) same　**53.** 2.67 cm　**57.** (a) D; (b) –5.3 cm; (d) –4.0 cm; (f) V; (g) NI; (h) same　**59.** (a) C; (b) +3.3 cm; (d) +5.0 cm; (f) R; (g) I; (h) opposite　**61.** (a) D; (b) minus; (d) –3.3 cm; (e) +0.67; (f) V; (g) NI　**63.** (a) D; (b) minus;(d) –5.7 cm; (e) +0.71; (f) V; (h) same　**69.** (a) –23 cm; (b) –13; (c) V; (d) I; (e) same　**71.** (a) +3.1 cm; (b) –0.31; (c) R; (d) I; (e) opposite　**73.** (a) +24 cm; (b) +6.0; (c) R; (d) NI; (e) opposite　**75.** (a) 0.15 m; (b) 0.30 mm; (c) no　**77.** (a) –30 cm; (b) not inverted; (c) virtual; (d) 1.0　**79.** 42 mm　**81.** (a) 40 cm; (b) 20 cm; (c) –40 cm; (d) 40 cm　**83.** (a) 20 cm; (b) 60 cm; (c) 80 cm; (d) 1.0 m　**91.** (a) 5.3 cm; (b) 3.0 mm

Chapter 35

CP **1.** b (least n), c, a　**2.** (a) top; (b) bright intermediate illumination (phase difference is 2.1 wavelengths)　**3.** (a) 3λ, 3; (b) 2.5λ, 2.5　**4.** a and d tie (amplitude of resultant wave is $4E_0$), then b and c tie (amplitude of resultant wave is $2E_0$)　**5.** (a) 1 and 4; (b) 1 and 4

P **1.** (a) 50.0 nm; (b) 36.2 nm　**3.** 100 nm　**5.** 478 nm　**7.** 161 nm　**9.** 560 nm　**11.** $[(m + ½)\lambda R]^{0.5}$, for $m = 0, 1, 2, \ldots$　**13.** 88.0 cm　**15.** (a) 0.25; (b) 1.25; (c) 1.75　**17.** 7.0 μm　**19.** 6.5　**21.** 33 μm　**23.** $x = (D/2a)(m + 0.5)\lambda$, for $m = 0, 1, 2, \ldots$　**25.** 492 nm　**27.** $(9.55 \times 10^{-3})°$　**29.** 229　**31.** 608 nm　**33.** 455 nm　**35.** 248 nm　**37.** 528 nm　**39.** 600 nm　**41.** (a) 1500 nm; (b) 2250 nm; (c) 0.80　**43.** $I_m \cos^2(2\pi x/\lambda)$　**47.** $42 \sin(\omega t + 5.5°)$　**49.** 310.0 nm　**51.** (a) 22°; (b) refraction reduces θ　**53.** 1.26 mm　**55.** (a) 2.90; (b) intermediate closer to fully constructive　**57.** 1.44 μm　**59.** 0.20　**61.** (a) 42.0 ps; (b) 42.3 ps; (c) 43.2 ps; (d) 41.8 ps; (e) 4.

Chapter 36

CP **1.** (a) expand; (b) expand　**2.** (a) second side maximum; (b) 2.5　**3.** (a) red; (b) violet　**4.** diminish　**5.** (a) left; (b) less

P **1.** 9.0　**3.** 53.4 cm　**5.** 3.3　**7.** (a) 54.7°; (b) 37.7°; (c) 24.1°　**9.** (a) 3.4 mm; (b) 1.3×10^{-4} rad　**11.** 6　**13.** (a) 625 nm; (b) 500 nm; (c) 416 nm　**17.** 7.73　**19.** 1.36×10^4　**21.** 3.0 mm　**23.** 36 cm　**25.** 581 nm　**31.** (a) 16.6°; (b) 31.2°; (c) 0.585°; (d) 27.2°　**33.** (a) 13; (b) 6　**35.** 164 m　**37.** 2　**47.** 204°　**49.** 30.5 μm　**51.** 11　**53.** (a) fourth; (b) seventh　**57.** 9　**61.** 4.84×10^3

Chapter 37

CP **1.** (a) same (speed of light postulate); (b) no (the start and end of the flight are spatially separated); (c) no (because his measurement is not a proper time)　**2.** (a) Eq. 2; (b) +0.90c; (c) 25 ns; (d) –7.0 m　**3.** (a) right; (b) more　**4.** (a) equal; (b) less

P **1.** (a) $\gamma[1.00 \mu s - \beta(400 m)/(2.998 \times 10^8 m/s)]$; (d) 0.750; (e) 0 $< \beta < 0.750$; (f) $0.750 < \beta < 1$; (g) no　**3.** (a) $\gamma[1.00 \mu s - \beta(240 m)/(2.998 \times 10^8 m/s)]$; (d) 0.801; (e) 0.599 μs; (f) yes　**5.** (a) 613 nm; (b) red　**7.** (a) 1.93 m; (b) 6.00 m; (c) 13.6 ns; (d) 13.6 ns; (e) 0.379 m; (f) 30.5 m; (g) –101 ns; (h) no; (i) 2; (k) no; (l) both　**9.** (a) 2.7×10^{14} J; (b) 1.8×10^7 kg; (c) 6.0×10^6　**11.** 1.58×10^3 y　**13.** $0.500c$　**15.** (a) 1.67; (b) 0.450 μs　**17.** (a) 256 kV; (b) $0.745c$　**19.** (a) 1.00 y; (b) 1.28 y; (c) 3.20 y　**21.** (a) 119 MeV; (b) 64.0 MeV/c; (c) 81.3 MeV; (d) 64.0 MeV/c　**23.** 1.4 μs　**25.** 16.3 MHz　**27.** (a) 5.71 GeV; (b) 6.65 GeV; (c) 6.58 GeV/c; (d) 3.11 MeV; (e) 3.62 MeV; (f) 3.59 MeV/c　**29.** (a) 35.4 μs; (b) small flash　**31.** (a) 6.7×10^{-10} s; (b) 2.2×10^{-18} m; (c) acceptable　**33.** $3.87mc$　**35.** (a) $0.858c$; (b) $0.185c$　**39.** (b) $+0.44c$　**41.** 8.7×10^{-3} ly　**43.** 2.46 MeV/c　**45.** (a) 534; (b) 0.999 998 25; (c) 2.23 T　**47.** (a) 3×10^{-18}; (b) 2×10^{-12}; (c) 8.2×10^{-8}; (d) 6.4×10^{-6}; (e) 1.1×10^{-6}; (f) 3.7×10^{-5}; (g) 9.9×10^{-5}; (h) 0.10　**49.** 55 m　**51.** 189 MeV　**53.** (a) 5.4×10^4 km/h; (b) 6.3×10^{-10}　**55.** $0.27c$　**57.** 1.94 m　**59.** 0.75　**61.** 4.00 u, probably a helium nucleus

Chapter 38

CP **1.** b, a, d, c　**2.** (a) lithium, sodium, potassium, cesium; (b) all tie　**3.** (a) same; (b)–(d) x rays　**4.** (a) proton; (b) same; (c) proton　**5.** same

P **1.** (a) 73 pm; (b) 3.4 nm; (c) yes, their average de Broglie wavelength is smaller than their average separation　**3.** (a) 9.35 μm; (b) 1.47×10^{-5} W; (c) 6.93×10^{14} photons/s; (d) 2.98×10^{-37} W; (e) 5.87×10^{-19} photons/s　**5.** 1.7×10^{-35} m　**7.** 1.9×10^{-14} J　**13.** (d) $x = n(\lambda/2)$, with $n = 0, 1, 2, 3, \ldots$　**15.** 7.6×10^{21} photons/m².s　**17.** (a) 38.8 meV; (b) 146 pm　**23.** $(6.5 \times 10^{-6})°$　**25.** (a) 1.15×10^{19} Hz; (b) 4.78×10^4 eV; (c) 47.8 keV/c　**27.** (a) 4.14×10^{-15} eV.s; (b) 2.31 eV　**29.** 6.9×10^{-25} kg · m/s　**31.** (a) 444 nm; (b) 1.82 eV　**35.** 2.0×10^{-10} W　**37.** (a) no; (b) plane wavefronts of infinite extent, perpendicular to x axis　**39.** (a) 1.7 V; (b) 7.8×10^2 km/s　**45.** (a) infrared; (b) 1.8×10^{21} photons/s　**49.** (a) 9.21×10^{-5}; (b) 3.0 MeV; (c) 3.0 MeV; (d) 1.96×10^{-6}; (e) 3.0 MeV; (f) 3.0 MeV　**51.** (a) 3.4×10^{-21} kg · m/s; (b) 195 fm　**53.** 74°　**55.** (a) 1.53 pm; (b) 4.84 pm　**57.** (a) 1.36×10^{11} m⁻¹; (b) 5.12×10^{10} m⁻¹; (c) 0.204; (d) 1.02×10^5　**59.** 2.64 fm

Chapter 39

CP **1.** b, a, c　**2.** (a) all tie; (b) a, b, c　**3.** a, b, c, d　**4.** $E_{1,1}$ (neither n_x nor n_y can be zero)　**5.** (a) 5; (b) 7

P **1.** (a) 2.86 eV; (b) 5; (c) 2　**3.** 1.66 eV　**7.** (a) 1.89 eV; (b) 1.00×10^{-27} kg · m/s; (c) 656 nm　**9.** 5.0×10^{-4}　**11.** 109 eV　**15.** (c) $(r^2/8a^3)(2-r/a)^2 \exp(-r/a)$　**17.** (a) 13.6 eV; (b) 1.51 eV　**19.** 3.4 eV　**23.** 1.12　**25.** (a) $(r^4/8a^5)[\exp(-r/a)] \cos^2\theta$; (b) $(r^4/16a^5)[\exp(-r/a)] \sin^2\theta$　**27.** 0.68　**29.** 0.98 eV　**33.** 236 eV　**37.** (a) 8; (b) 0.75; (c) 1.00; (d) 1.25; (e) 3.75; (f) 3.00; (g) 2.25　**39.** (a) 13.6 eV; (b) –27.2 eV　**41.** (b) meter⁻²·⁵　**43.** (a) 0.013; (b) 13　**45.** 393 eV　**47.** (b) $(2\pi/h)[2m(U_0 - E)]^{0.5}$　**51.** (b) $\pm(2\pi/h)(2mE)^{0.5}$　**53.** (a) 25.6 eV; (b) 38.8 nm; (c) 48.5 nm; (d) 194 nm; (e) 116 nm; (g) 194 nm; (h) 72.7 nm　**55.** (a) n; (b) $2\ell + 1$; (c) n^2

Chapter 40

CP **1.** 7　**2.** (a) decrease; (b)–(c) remain the same　**3.** A, C, B

P **1.** (a) 4.3 μm; (b) 10 μm; (c) infrared　**3.** 5.0×10^{18}　**5.** (a) 2.55 s; (b) 0.50 ns; (c) $(4.5 \times 10^{-4})°$ or 1.6" of arc　**7.** 26.6°　**9.** (a) 4.72×10^{-34} J.s; (b) 4.22×10^{-34} J.s　**11.** (a) 4.35 mm; (b) 8.21×10^{17}　**13.** 6.44 keV　**17.** (a) 10; (b) 6; (c) 6; (d) 2　**19.** (a) –25%; (b) –15%; (c) –11%; (d) –7.9%; (e) –6.4%; (f) –4.7%; (g) –3.5%; (h) –2.6%; (i) –2.0%; (j) –1.5%　**21.** 0.563　**23.** (a) 18.00; (b) 18.25; (c) 19.00　**27.** (a) 51; (b) 53; (c) 56　**31.** 6.2 kV　**35.** 80.3 pm　**37.** 42　**39.** (a) 2; (b) 32; (c) 8; (d) 18　**41.** 32　**43.** (a) 4; (b) 2; (c) 18　**45.** 5.0×10^{16} s⁻¹　**47.** 3.0 eV　**49.** (a) 4; (b) 5　**53.** (a) 3×10^{74}; (b) 6×10^{74}; (c) 6×10^{-38} rad　**57.** $n > 3$; $\ell = 3$; $m_\ell = +3, +2, +1, 0, -1, -2, -3$; $m_s = \pm½$

Chapter 41

CP **1.** larger **2.** a, b, and c
P **1.** (a) 4.79×10^{-10}; (b) 0.0140; (c) 0.824 **3.** 763 K **7.** 57.1 kJ
11. 3 **13.** (a) 1.31×10^{29} m^{-3}; (b) 9.43 eV; (c) 1.82×10^{3} km/s;
(d) 0.40 nm **15.** 6.0×10^{5} **17.** (a) 1.5×10^{-6}; (b) 1.5×10^{-6}
19. (a) 7.01 eV; (b) 1.80×10^{28} m^{-3} eV^{-1}; (c) 1.62×10^{28} m^{-3}
eV^{-1} **21.** 3.54 eV **23.** (a) 1.52×10^{28} m^{-3} eV^{-1}; (b) 1.68×10^{28} m^{-3}
eV^{-1}; (c) 9.01×10^{27} m^{-3} eV^{-1}; (d) 9.56×10^{26} m^{-3} eV^{-1}; (e) 1.76×10^{23} m^{-3} eV^{-1} **25.** 0.22 μg **27.** (b) 1.8×10^{28} m^{-3} eV^{-1}
29. (a) 1.0; (b) 0.99; (c) 0.50; (d) 4.1×10^{-8}; (e) 2.4×10^{-17};
(f) 7.0×10^{2} K **33.** (a) 226 nm; (b) ultraviolet **37.** 6.9×10^{19}
39. 8.49×10^{28} m^{-3} **45.** (a) 109.5°; (b) 238 pm **47.** (a) 5.86×10^{28}
m^{-3}; (b) 5.49 eV; (c) 1.39×10^{3} km/s; (d) 0.522 nm **49.** (b) 6.81×10^{27} m^{-3} eV$^{-3/2}$; (c) 1.40×10^{28} m^{-3} eV^{-1} **51.** (a) 2.38×10^{3} K; (b)
5.35×10^{3} K **53.** about 10^{-42}

Chapter 42

CP **1.** ^{90}As and ^{158}Nd **2.** a little more than 75 Bq (elapsed time is
a little less than three half-lives) **3.** ^{206}Pb
P **1.** ^{225}Ac **3.** (a) 4.8×10^{-18} s^{-1}; (b) 4.6×10^{9} y **5.** 420 d
7. 4.28×10^{9} y **11.** 4.269 MeV **13.** (a) 64.2 h; (b) 0.0625; (c)
0.0205 **15.** (a) 3.2×10^{12} Bq; (b) 86 Ci **17.** 3.87×10^{10} K
19. 0.19 pm **21.** 4.88 mSv **23.** (a) −9.50 MeV; (b) 4.66 MeV;
(c) −1.30 MeV **25.** (a) 19.8 MeV; (b) 6.26 MeV; (c) 2.23 MeV;
(d) 28.3 MeV; (e) 7.07 MeV; (f) no **27.** 30 MeV **29.** 8.4×10^{8}
Bq **31.** (a) 8.2 fm; (b) yes **33.** 3.2×10^{4} y **35.** (a) 2.0×10^{20}; (b)
2.8×10^{9} s^{-1} **37.** 4×10^{-22} s **39.** (a) 59.5 d; (b) 1.18 **41.** (a) 0.125;
(b) 0.0625 **43.** 8.1×10^{13} Bq **45.** 600 keV **49.** ^{7}Li **53.** 27
55. 0.419 g **59.** 1.21 MeV **61.** 78.3 eV

Chapter 43

CP **1.** c and d **2.** e
P **1.** ^{238}U + n → ^{239}U → ^{239}Np + e + ν, ^{239}Np → ^{239}Pu + e + ν
7. 4.7×10^{16} **9.** 1.67 kW **11.** (a) 84 kg; (b) 1.7×10^{25}; (c) 1.3×10^{25} **13.** (a) 1.8×10^{38} s^{-1}; (b) 8.2×10^{28} s^{-1} **15.** 1.0×10^{11} s^{-1}
17. 10^{-12} m **21.** (a) 75 kW; (b) 5.8×10^{3} kg **23.** (a) 35 MJ;
(b) 7.6 kg; (c) 3500 MW **25.** (a) 3.1×10^{31} protons/m^{3}; (b) 1.2×10^{6} **27.** 1.7×10^{3} kg **29.** 1.41 MeV **33.** (a) 16 day^{-1}; (b) 4.3×10^{8} **35.** −23.0 MeV **37.** 1.7×10^{9} y **39.** (a) 251 MeV;
(b) typical fission energy is 200 MeV **41.** 170 keV **43.** (b) 1.0;
(c) 0.89; (d) 0.28; (e) 0.019; (f) 8 **45.** 14.4 kW **49.** (a) 4.1 eV/
atom; (b) 9.0 MJ/kg; (c) 1.5×10^{3} y **51.** 1.13×10^{27} MeV
53. (a) ^{153}Nd; (b) 110 MeV; (c) 60 MeV; (d) 1.6×10^{7} m/s;
(e) 8.7×10^{6} m/s **55.** (a) 4.3×10^{9} kg/s; (b) 3.1×10^{-4}
57. 181 MeV

Chapter 44

CP **1.** (a) the muon family; (b) a particle; (c) $L_\mu = +1$
2. b and e **3.** c
P **1.** 13×10^{9} y **3.** 2.7 cm/s **5.** (a) yes; (b)-(d) no **9.** 2.4×10^{-43} **11.** 1.4×10^{10} ly **13.** (b) 5.7 H atoms/m^{3} **15.** (a) 0.785c;
(b) 0.993c; (c) C2; (d) C1; (e) 51 ns; (f) 40 ns **17.** $\pi^- \to \mu^- + \bar{\nu}$
19. 2.14 × 10^{9} m **21.** (a) energy; (b) strangeness; (c) charge
23. (b) 0.934; (c) 1.28×10^{10} ly **25.** (a) ssd; (b) $\bar{s}\bar{s}\bar{d}$ **27.** (a) 121
m/s; (b) 0.00406; (c) 248 y **29.** (a) $\bar{u}\bar{u}\bar{d}$; (b) $\bar{u}\bar{d}\bar{d}$ **31.** (a) 0; (b)
−1; (c) 0 **33.** (a) 2.6 K; (b) 976 nm **37.** (a) angular momentum,
L_e; (b) charge, $L\mu$; (c) energy, $L\mu$ **39.** (a) Ξ^0; (b) Σ^- **41.** (a)
K$^+$; (b) $\bar{n}$; (c) K^0 **43.** s$\bar{d}$ **49.** 2.4 pm **51.** (a) 605 MeV; (b) −181
MeV **53.** (c) rα/c + (rα/c)^2 + (rα/c)^3 + . . .; (d) rα/c; (e) α = H; (f)
6.5×10^{8} ly; (g) 6.9×10^{8} y; (h) 6.5×10^{8} y; (i) 6.9×10^{8} ly; (j) 1.0×10^{9} ly; (k) 1.1×10^{9} y; (l) 3.9×10^{8} ly

國家圖書館出版品預行編目資料

物理. 電磁學與光學篇 / David Halliday, Robert Resnick,
Jearl Walker 原著；葉泳蘭, 林志郎編譯. -- 十一版. -- 新
北市：全華圖書股份有限公司, 2021.12
　面；　公分
譯自：principles of physics, 11th ed, global ed.
ISBN 978-626-328-036-6(平裝)
1.物理學
330   110021384

物理(電磁學與光學篇)(第十一版)

Halliday and Resnick's Principles of Physics 11/E, Global Edition

原著 / David Halliday, Robert Resnick, Jearl Walker

編譯 / 葉泳蘭、林志郎

發行人 / 陳本源

執行編輯 / 李信輝

出版者 / 全華圖書股份有限公司

郵政帳號 / 0100836-1 號

印刷者 / 宏懋打字印刷股份有限公司

圖書編號 / 06156027

十一版二刷 / 2024 年 04 月

定價 / 新台幣 800 元

ISBN / 9786263280366(平裝)

全華圖書 / www.chwa.com.tw

全華網路書店 Open Tech / www.opentech.com.tw

若您對書籍內容、排版印刷有任何問題，歡迎來信指導 book@chwa.com.tw

臺北總公司(北區營業處)
地址：23671 新北市土城區忠義路 21 號
電話：(02) 2262-5666
傳真：(02) 6637-3695、6637-3696

南區營業處
地址：80769 高雄市三民區應安街 12 號
電話：(07) 381-1377
傳真：(07) 862-5562

中區營業處
地址：40256 臺中市南區樹義一巷 26 號
電話：(04) 2261-8485
傳真：(04) 3600-9806

有著作權・侵害必究

歡迎加入

全華會員

● 會員獨享
會員享購書折扣、紅利積點、生日禮金、不定期優惠活動…等。

● 如何加入會員
掃 QRcode 或填妥讀者回函卡直接傳真 (02) 2262-0900 或寄回，將由專人協助登入會員資料，待收到 E-MAIL 通知後即可成為會員。

如何購買

全華書籍

1. 網路購書
全華網路書店「http://www.opentech.com.tw」，加入會員購書更便利，並享有紅利積點回饋等各式優惠。

2. 實體門市
歡迎至全華門市（新北市土城區忠義路21號）或各大書局選購。

3. 來電訂購
(1) 訂購專線：(02) 2262-5666 轉 321-324
(2) 傳真專線：(02) 6637-3696
(3) 郵局劃撥（帳號：0100836-1　戶名：全華圖書股份有限公司）
※ 購書未滿 990 元者，酌收運費 80 元。

OpenTech 全華網路書店 **.com.tw**

全華網路書店 www.opentech.com.tw
E-mail: service@chwa.com.tw

※ 本會員制如有變更則以最新修訂制度為準，造成不便請見諒。

讀者回函卡

掃 QRcode 線上填寫 ▶▶

姓名：　　　　　　　　　　生日：西元　　　　年　　　月　　　日　性別：□男 □女

電話：（　　　）　　　　　　　　　手機：

e-mail：（必填）

註：數字零，請用 Φ 表示，數字 1 與英文 L 請另註明並書寫端正，謝謝。

通訊處：□□□□□

學歷：□高中・職　□專科　□大學　□碩士　□博士

職業：□工程師　□教師　□學生　□軍・公　□其他

學校／公司：　　　　　　　　　　科系／部門：

· 需求書類：

□A. 電子 □B. 電機 □C. 資訊 □D. 機械 □E. 汽車 □F. 工管 □G. 土木 □H. 化工 □I. 設計

□J. 商管 □K. 日文 □L. 美容 □M. 休閒 □N. 餐飲 □O. 其他

· 本次購買圖書為：　　　　　　　　　　書號：

· 您對本書的評價：

封面設計：□非常滿意 □滿意 □尚可 □需改善，請說明

內容表達：□非常滿意 □滿意 □尚可 □需改善，請說明

版面編排：□非常滿意 □滿意 □尚可 □需改善，請說明

印刷品質：□非常滿意 □滿意 □尚可 □需改善，請說明

書籍定價：□非常滿意 □滿意 □尚可 □需改善，請說明

整體評價：請說明

· 您在何處購買本書？

□書局　□網路書店　□書展　□團購　□其他

· 您購買本書的原因？（可複選）

□個人需要　□公司採購　□親友推薦　□老師指定用書　□其他

· 您希望全華以何種方式提供出版訊息及特惠活動？

□電子報　□DM　□廣告（媒體名稱　　　　　　　　）

· 您是否上過全華網路書店？（www.opentech.com.tw）

□是　□否　您的建議

· 您希望全華出版哪方面書籍？

· 您希望全華加強哪些服務？

感謝您提供寶貴意見，全華將秉持服務的熱忱，出版更多好書，以饗讀者。

填寫日期：　　／　　／

2020.09 修訂

親愛的讀者：

感謝您對全華圖書的支持與愛護，雖然我們很慎重的處理每一本書，但恐仍有疏漏之處，若您發現本書有任何錯誤，請填寫於勘誤表內寄回，我們將於再版時修正，您的批評與指教是我們進步的原動力，謝謝！

全華圖書　敬上

勘　誤　表

書號		書 名		作 者
頁 數	行 數	錯誤或不當之詞句		建議修改之詞句

我有話要說：　（其它之批評與建議，如封面、編排、內容、印刷品質等・・・・・・）